약과 먹거리
식물도감

약과 먹거리 식물도감

초판인쇄 2018년 2월 9일
초판발행 2018년 2월 9일

지은이 강병화
펴낸이 채종준
펴낸곳 한국학술정보(주)
주 소 경기도 파주시 문발동 파주출판문화정보산업단지 513-5
전 화 031) 908-3181(대표)
팩 스 031) 908-3189
홈페이지 http://ebook.kstudy.com
E-mail 출판사업부 publish@kstudy.com
등 록 제일산-115호(2000.6.19)

ISBN 978-89-268-8258-0 96480

한국학술정보(주)의 학술 분야 출판 브랜드입니다.

책에 대한 더 나은 생각, 끊임없는 고민, 독자를 생각하는 마음으로 보다 좋은 책을 만들어갑니다.

약과 먹거리 식물도감

Ecological Flora of Medicinal and Edible Plants

고려대학교 명예교수(농학박사) **강병화** 지음

Korea University, Professor Emeritus

Kang, Byeung-Hoa

추천사

지구온난화에 의한 기후변화, 국토개발, 농업환경, 산림환경, 덩굴식물과 외래식물의 분포확산 등의 영향으로 주변에서 발생하는 식물의 종류와 발생지역이 많이 변하고 있으며 많은 주변식물들이 사라지고 있다. 국제화로 인하여 외래식물이 증가하고 있으며, 많은 작물과 원예식물이 새로이 도입되어 재배되고 있다. 일부의 식물분류학자들을 제외하고는 대부분 새로운 식물을 식별하거나 동정하지 못하고 이름과 학명을 찾기가 어렵다. 식물과 관련되는 모든 분야의 연구나 이용부문에 있어 자료식물의 정확을 기하지 않으면 소기의 목적을 달성할 수 없기 때문에 식물을 정확히 식별하고 이름을 알아야 한다.

일반적인 식물도감에는 식물의 잘 변하지 않는 생식형질 즉 꽃이나 열매의 특징에 초점을 맞추어 그림을 그리거나 사진을 찍은 것이다. 그러나 우리들이 흔히 접하는 것은 꽃이나 열매가 없을 때가 많고 성장의 여러 단계에 있는 것들이며, 우리가 식물을 약이나 먹거리로 이용하는 것은 대부분이 어린식물이나 생육중인 식물이 많기 때문에 독초를 잘못 이용하여 피해를 보는 경우가 있다.

사람에게 이용성이 있고 경제성이 있어 재배하는 식물을 작물(作物, crop)이라 부르고, 이용성에 따라 약으로 쓰이면 약용작물이라 하는데 나는 40여종의 약용작물을 대학에서 강의하였다. 강병화교수는 '한국자원식물총람 ebook'에서 34년간 현장과 문헌으로 조사한 우리나라 식물 3,630종 중에서 2,270종이 약으로 쓰이고, 1,647종이 먹거리로 이용되어 왔다고 하였다. 각 지방의 현장과 민속식물의 이용성을 조사하여 보면 더 많은 식물이 약이나 먹거리로 이용되고 있을 것으로 추정된다. 그러나 각 식물들의 약효나 먹거리로의 이용성이 과학적으로 규명되지 못한 것이 대부분이다. 식물의 이름을 정확하게 알고 동정한 후 그 특성을 과학적으로 규명하고 자생지와 비슷한 환경에서 재배하여 이용해야 한다.

식물분류학을 전공하지 않은 나는 농촌진흥청에서 연구생활과 미국에서 유학시절 및 대학에서 약용작물을 강의 할 때에도 연구대상의 몇 가지 작물만을 깊게 공부하고 연구하였다. 우리나라의 모든 자원식물을 파악하고 동정한 자료가 부족하였기 때문이었고, 각 식물에 대한 설명과 이용성을 다룬 문헌이 빈약하였다. 이번에 발간되는 '약과 먹거리 식물도감'은 우리나라에서 발생하거나 재배하는 약과 먹거리가 되는 613종의 특성과 이용성을 정리하고, 각 초종별로 10장정도의 생태사진을 수록하였다. 국제화를 대비하여 연구자들과 학생들이 참고하도록 특성설명, 지방명, 영어명, 중국명과 본초명, 영어설명 등을 수록하였고, 표준명이나 학명으로 찾아보도록 편집하였다. 연구자와 국민들이 정확한 식물명을 알아 볼 수 있도록 되어 있고, 남북통일을 대비하여 북한명도 지방명에 포함하여 기재되었다. 25년간 같은 교수로서 봉직하며 옆에서 4천여일의 현장조사와 많은 참고문헌을 조사하며 정리하는 것을 보아온 나의 의견으로 식물에 관심이 있는 연구자와 학생 및 국민들이 약이나 먹거리로 이용하는 식물을 식별하고, 과학적인 생각을 갖게 되는 계기가 되리라 확신하며 이 도감을 적극 추천하는 바이다.

전 한국약용작물학회 회장, 전 고려대학교 교수

농학박사 성락춘

머리말

저는 대학원에서 작물재배학을 전공하고, 독일에서 잡초방제에 관한 논문으로 농학박사학위를 취득한 후 고려대학교에 재직하며 재배환경, 잡초방제, 야생식물, 자원식물 등에 관한 강의를 하였습니다. 작물과 잡초를 전공하였지만, 식물을 모르면서 재배하고 방제하는 경우가 있어, 논과 밭뿐만 아니라 산과 들에서 자라는 자원식물인 풀을 찾아 동정 · 촬영 · 채종하기 위하여 34년간 4,732일의 야외조사를 하였습니다. 그 동안 약 3,000초종 50만장의 생태사진과 1,700초종에 속하는 약 7,000점의 종자를 수집하였습니다. 퇴임 후 종자는 '고려대학교 야생자원식물종자은행'에 기증하였고, 지금은 야외조사를 계속하면서 50만장의 생태사진을 정리하고 있습니다. 저는 전공이 농학이라 논밭의 작물과 주변에서 발생하는 초본식물을 비롯하여 우리나라에 자생하거나 재배하는 식물을 34년간 현장과 문헌으로 조사한 결과 3,630종 중에서 2,270종의 식물이 약으로 쓰이고, 그 중에서 1,647종은 먹거리로 이용되고 있음을 파악하였으며 그 대부분이 생활주변식물이었습니다.

대학에 재직하는 동안 학생들과 국민들이 우리나라의 자원식물을 너무 모르고 있어 저에게는 상당히 충격적이었고, 강의하는 중에 식물의 형태와 용어를 이해하고 이용하기에 어려움이 많아 식물의 생육시기별 생태사진이 구비된 도감의 필요성을 절감하여, 2008년 2,037초종의 생육시기별 사진 16,236장을 정리하여 '韓國生藥資源 生態圖鑑(약초 · 산채 · 야생화 · 산야초 · 농작물)[1,2,3권]'을 출간하였으나 너무 방대하고 무거워, 2013년에 다시 엄선하여 주변의 초본식물 약 1,000종의 생육시기별 생태사진 9,522장을 재정리하여 가정과 학교에서 함께 보고 식물을 배우도록 '우리주변식물 생태도감'을 발간한 바 있습니다. 이번에는 사람들이 농작물보다는 약과 먹거리로 쓰이는 야생식물에 관심이 많기 때문에 가정과 개인이 소장하기 편하도록 몇 종의 나무를 포함하여 생활주변에서 약과 먹거리로 많이 쓰이는 식물 중 시장에서 팔리고 있는 산야초와 문헌상에 약으로 많이 쓰이는 풀과 나무를 선별하여 613초종을 편집하였습니다. 약으로 많이 쓰이는 몇 종의 작물도 포함하였지만 지면의 제약으로 많은 야생식물 외에 작물과 과수 및 나무들을 수록하지 못하여 아쉬움이 있습니다. 훗날 생육시기별 사진과 간단한 설명을 수록한 콘텐츠에 게재하고자 합니다.

각 초종 당 종자에서 성숙기까지 평균 10장의 생태사진을 수록하였다.

과명, 우리명* · 학명, 북한명ⓝ, 지방명[LN] · 영어명(EN) · 중국명 또는 본초명[CN or MN] 등과 국제화에 대비하여 특성[Character]을 영어로도 설명하였습니다. 각 식물의 특성은 형태와 생태 및 용도[식용 및 약용]를 설명하였습니다. 약용으로 쓰이는 증상과 효과에 대한 한자용어의 설명은 부록에 수록하였고, 학생들을 포함한 온 가족이 집에서도 주변식물을 쉽게 파악할 수 있도록 자세한 설명과 사진 위주로 집필하였습니다.

제가 천학비재하여 재직시절의 많은 제자들과 고마우신 분들의 도움이 없이는 책의 출판이 불가능하였습니다. 제가 부탁한 원고의 부분적인 작성과 교정을 도와주신 많은 분들께 진심으로 감사를 드리며, 사진과 설명 및 부록에 대한 오류는 모두가 저자인 저에게 책임이 있기 때문에 훗날 개정판의 기회가 있으면 시정하도록 하겠습니다. 사진의 동정에 많은 분류전문가의 도움을 받았지만 오류가 있으면 그 분들에게 누가 될까봐 성함을 쓰지 않았습니다. 특히 사진 중에서 [20130417 표]는 '호영'의 표종환선생에게 저작권이 있습니다. 정년 후 사진의 정리를 도와주고 34년간 4,732일의 야외조사 중에서 3,500일 이상을 동반해준 아내 황경순과 영어 원고의 교정을 도와 준 딸 지원에게 고맙게 생각합니다. 재직시절 많은 날을 야외조사에 전념하도록 허용해준 고려대학교와 정년후 자료정리를 위한 장소를 마련해 주신 고려대학교 김병철 전총장님과 매주 토요일 야외조사와 약초공부를 함께하여 주신 반룡인수한의원 한태영원장님과 식물애호가 박제숙선생님, 원고수정을 도와주신 한국식물연구회 권연조선생님께도 감사드립니다. 재직시에 '잡초 및 자원식물 연구실'에서 함께 고생한 대학원과 학부 졸업생들에게 고마움을 전합니다. 사진의 선택에서 책의 제작까지 최선을 다해준 '한국학술정보'에 감사드리고, 34년간 식물을 조사하고 종자를 수집하는 동안 도와주신 많은 분들께도 감사드립니다. 많은 학생들과 국민들이 식물에 친숙하게 되도록 저술하였습니다. 저는 식물분류전문가나 사진전문가가 아닌 농학자이기 때문에 주변의 자원식물에 관심을 가지고 종자에서 성숙기까지의 생태사진을 촬영하려고 노력하였습니다. 희귀식물이나 특산식물과 야생화에 대한 꽃사진은 분류전문가나 야생화전문가들이 저술한 책을 참조하시기 바랍니다. 다만 이 책을 통하여 우리의 자원식물을 배우고 우리나라 자연환경을 사랑하여 보존하는 마음을 갖도록 하는 것이 저의 소망입니다. 사람들이여! 식물에 대하여 관심을 가져봅시다!

2018년 1월 1일

고려대학교 생명과학대학 환경생태공학부 명예교수
사단법인 야생자원식물소재연구회 이사장
농학박사 강 병 화 드림

[**참고사항**]

생육 중인 식물이 꽃이 없을 때 식별하기는 매우 어려웠다. 이 책을 집필하면서 부닥친 같은 속(屬, genus)이며, 약과 먹거리로 이용성이 비슷하나 생육 중에 구별하기 어려운 식물의 몇 가지 예를 들면 다음과 같다.

Achyranthes속의 쇠무릎과 털쇠무릎, 개다래와 쥐다래, Adenophora속의 모시대와 잔대, Allium속의 산부추와 참산부추, Arisaema의 천남성과 둥근잎천남성, Artemisia속의 개똥쑥과 개사철쑥, Asparagus속의 방울비짜루와 비짜루, Aster속의 비짜루국화와 큰비짜루국화, Boehmeria속의 모시풀과 섬모시풀, Brassica속의 갓과 유채, Calystegia속의 메꽃과 큰메꽃, Campanula속의 초롱꽃과 섬초롱꽃, Cardamine속의 좁쌀냉이와 싸리냉이, Chenopodium속의 명아주와 흰명아주, Cimicifuga속의 눈빛승마와 승마, Clinopodium의 층층이꽃과 두메층층이, Codonopsis속의 더덕과 소경불알, Conyza속의 망초와 큰망초, Crepidiastrum속의 까치고들빼기와 지리고들빼기, Cuscuta속의 실새삼과 미국실새삼, Datura속의 독말풀과 흰독말풀, Dendranthema속의 감국과 산국, Dianthus속의 술패랭이꽃과 구름패랭이꽃, Echinochloa속의 돌피와 물피, Eleocharis속의 남방개와 올방개, Filipendula속의 터리풀과 단풍터리풀, Gagea속의 중의무릇과 애기중의무릇, Geum속의 뱀무와 큰뱀무, Gnaphalium속의 떡쑥과 풀솜나물, Hemerocallis속의 원추리와 큰원추리, Hepatica속의 노루귀와 새끼노루귀, Iris속의 붓꽃과 부채붓꽃, Isodon속의 오리방풀과 방아풀, Ixeris속의 노랑선씀바귀와 선씀바귀, Kummerowia속의 매듭풀과 둥근매듭풀, Lactuca속의 산씀바귀와 두메고들빼기, Lepidium속의 큰다닥냉이와 콩다닥냉이, Ligularia속의 곰취와 곤달비, Lilium속의 참나리와 중나리, Lysimachia속의 까치수염과 큰까치수염, Maianthemum속의 두루미꽃과 큰두루미꽃, Medicago속의 좀개자리와 개자리, Melampyrum속의 알며느리밥풀과 애기며느리밥풀, Oenothera속의 달맞이꽃과 큰달맞이꽃, Papaver속의 흰양귀비와 흰두메양귀비, Patrinia속의 마타리와 뚝갈, Persicaria속의 여뀌와 바보여뀌, Phragmites속의 갈대와 달뿌리풀, Plantago속의 질경이와 왕질경이, Polygonatum속의 퉁둥굴레와 용둥굴레, Potentilla속의 양지꽃과 물양지꽃, Pulsatilla속의 할미꽃과 가는잎할미꽃, Rorippa속의 개갓냉이와 속속이풀, Rubia속의 꼭두서니와 갈퀴꼭두서니, Rumex속의 소리쟁이와 참소리쟁이, Sagittaria속의 벗풀과 보풀, Sanguisorba속의 긴오이풀과 가는오이풀, Scirpus속의 송이고랭이와 세모고랭이, Smilax속의 밀나물과 청가시덩굴, Sonchus속의 방가지똥과 큰방가지똥, Stellaria속의 별꽃과 쇠별꽃, Taraxacum속의 민들레와 서양민들레, Veratrum속의 여로와 박새, Viola속의 제비꽃과 호제비꽃, Yucca속의 유카와 실유카, Zingiber속의 생강과 양하.

이 책의 사용방법

- 목본성식물인 나무와 달리 초본성식물인 풀은 토양상태, 발생장소, 생육계절, 생육시기, 영양상태, 수분상태 등 환경에 따라 식물체와 잎의 크기나 모양이 달라 식물전문가라도 식물의 생육 중 동정(同精)하는 데에 어려움이 있다. 정확한 동정은 지속적인 관심을 가지고 관찰하여야 한다. 본 저서에서는 식물에 관심이 있으면 동정하기 쉽게 생육시기별 사진을 수록하였다.

- 이 식물도감에 수록된 613종의 약과 먹거리는 재배하는 농작물과 나무류 보다는 야생하는 초본류를 중심으로 편집하였다. 지면의 제약으로 수록하지 못한 자원식물들과 사진에 관한 정보는 시공미디어에서 제공할 콘텐츠를 참조해야 한다. 각 식물의 사진을 수록하면서 유연식물의 사진은 촬영 연월일 다음에 식물이름을 기재하여 비교하도록 하였다[예: 속속이풀뿌리사진비교 20171130판매황새냉이].

- 우리나라 식물 중에서 우리 국민들이 알아야 할 약과 먹거리로 쓰이는 생활주변식물 613 초종의 사진 5,842장(표종환사진 237장 포함)을 수록하였고, 각 식물종의 종자에서 생육시기별 사진을 평균 10장씩 배열하여 초보자들도 식물에 관심이 있으면 쉽게 알 수 있도록 편집하였다.

- 34년간 현장과 문헌으로 특성을 조사한 식물은 3,630분류군이었고, 그 중에서 약으로 쓰이는 식물이 2,270종이었고, 먹거리로 쓰이는 식물이 1,647종이었다. 본서에서는 지면의 제약으로 수록하지 못한 더 많은 정보는 이미 발간된 '한국생약자원생태도감 전3권(2008. 지오북)', '우리주변식물생태도감(2013. 한국학술정보[주])' 또는 '한국자원식물총람(ebook. 2014. 리치바닐라)'을 참조하기 바란다.

- 과명(family name)은 우리과명(라틴어과명)으로 표기하고, 과와 초종의 배열은 '원색대한식물도감(2003. 이창복. 향문사)'을 따랐으며, '원색대한식물도감'에 수록되지 않은 농작물과 귀화식물은 적당한 순서에 배치하였지만, 사진수와 설명문의 장단에 차이가 있어 배열순서를 바꾼 경우도 있다.

- 우리명과 학명의 표기는 '국가표준식물목록(국립수목원, 한국식물분류학회)'에 수록된 표기를 주로 하였다. 우리명의 영어표기는 '우리명(u-ri-myeong)'으로 글자마다 "-"로 표시하여 구별하였다. 우리명과 학명에 관한 정보는 이미 발행한 '한국과 세계의 자원식물명 전2권(2012. 한국학술정보)'을 참조하기 바란다.

- 한글명의 찾아보기에서는 '우리식물이름*'과 ⓁⓃ = [Local name, 지방명]에 '북한명ⓝ 및 기타 지방명'을 포함하여 각각 참조하도록 하였다. 시장에서 팔리고 있는 산나물과 들나물 중에서 70종 이상이 국가표준식물목록의 표준국명과 다르게 표기되고 있어 지방명에 포함하여 수록하였고, 식물분류학의 발달로 표준국명과 학명의 수정이 많아 표기가 책마다 다른 경우가 있지만 국가표준식물목록'을 따랐다.

- ⒺⓃ = [English name, 영어명]은 영어를 사용하는 나라가 많아 여러 개가 있고, 식물이름이 보통명사이기에 소문자로 시작하였고, 2개 이상의 단어로 구성된 이름은 혼돈을 방지하고, 이해를 위한 편의상 각 단어를 '-'로 연결하였다. [Character, 특성]의 영어설명은 문장으로 설명하지 않고 아래와 같은 단어를 나열하여 간단한 특성을 표시하였다.
[Character : annual herb(1년생초본), arborescent(소교목), biennial herb(2년생초본), climbing vine(덩굴성식물), creeping type(포복형식물), cultivated(재배되는), deciduous(낙엽성의), dicotyledon(쌍자엽식물), edible(식용의), erect type(직립형식물), evergreen(상록성의), fleshy(다육성의), floating hydrophyte(부유성 수생식물), gymnosperm(나자식물), halophyte(염생식물), harmful(해로운), hydrophyte(수생식물), hygrophyte(습지식물), insectivorous plant(식충식물), medicinal(약용의), monocotyledon(단자엽식물), parasitic plant(기생식물), perennial herb(다년생초본), polypetalous flower(이판화), pteridophyte(양치식물), ornamental(관상용의), poisonous(독성의), saprophyte(부생식물), shrub(관목), submerged hydrophyte(침수성 수생식물), suffrutescent(아관목), surface hydrophyte(부엽성 수생식물), sympetalous flower(합판화), tree(교목), vine(덩굴성), wild(야생의).]

- ⒸⓃ or ⓂⓃ = [Chinese name or Medicinal name, 중국명 또는 본초명](00)에는 식물에 따라 많은 이름이 있어 우리나라의 문헌에서 많이 쓰이는 대표적인 이름에 #표기를 하였고 한글명(漢文名 , mandarin)을 표기하였다. 초종에 따라 더 많은 본초명(00: 본초명수)의 내용은 이미 발행한 '본초명과 기원소재(2012. 한국학술정보)'을 참조하기 바란다.

- 각 식물의 설명문의 말미에 '다음과 같은 증상이나 효과에 약으로 쓰인다'의 내용 중에서, 예를 들어 '식물이름(14: 증상과 효능 수): 증상, 효능' 등의 용어는 첨부된 부록 '동양의학에서 증상과 효과의 용어해설'을 참조하고, 더 많은 용어는 이미 발행한 '식물학 · 재배학 · 동양의학 · 식품학 용어해설(2012. 한국학술정보발행)'을 참조하기 바란다.

- 본문의 설명은 식별과 이용에 도움이 되도록 생육형 분포 형태 이용성 등에 대한 설명을 간단하게 하였고, 화기의 구조에 대한 설명은 제외하여 분류학자가 쓴 책이나 도감을 참조하도록 하였다. 문헌에 의한 한약재명과 적용 증상 및 효능을 기록 하였다. 설명에서 식용과 약용의 증상과 효능은 문헌에 의한 것으로 임의로 먹거나 약으로 복용하지 말고, 초본식물은 생육장소와 시기에 따라 모양이 다른 경우가 많아 정확한 동정을 하고, 모든 식물은 다소간의 독성이 있는 경우가 있음으로 의사나 식품전문가에게 처방과 조리법을 문의하고 이용하기 바란다.

- 사진에 표기된 20120417, 촬영한 년(2012년)월(4월)일(17일)을 표기하였고 재배상태와 자생상태을 구별하지 않았다. 다만 종자사진의 연월일은 자생지 또는 재배지에서 직접 수집한 날짜로 종자를 채종하려는 전문가들에게 큰 도움이 되리라 생각되며, 초본식물의 경우 매년 발생장소가 변화하기 때문에 생육 중에 지속적인 관찰로 성숙기를 놓치지 않아야 한다. 다만 저자가 촬영한 사진이 아니고 '20120417표'로 표기한 것은 저작권도 표종환에게 있다.

- 종자사진의 배경은 눈금이 1㎜인 모눈종이이고, 대부분의 생태사진에 설치된 대나무막대의 눈금 하나는 1㎝이다.

● 이 책에 수록된 교과서식물(125초종)

식물의 이용법

본문의 설명은 식별과 이용에 도움이 되도록 생육형 분포 형태 이용성 등에 대한 설명을 간단하게 하였고, 화기의 구조에 대한 설명은 제외하여 분류학자가 쓴 책이나 도감을 참조하도록 하였다. 설명에서 식용과 약용의 증상과 효능은 문헌에 의한 것으로 임의로 먹거나 약으로 복용하지 않아야 한다. 모든 식물은 다소간의 독성이 있는 경우가 많으며, 특히 초본식물은 생육장소와 시기에 따라 모양이 다른 경우가 많아 정확한 동정을 하고 이용해야 한다.

● 문헌에 의하면 대부분의 작물과 생활주변식물들이 건강에 좋고 많은 질병에 약으로 쓰인다고 기록되고 있다. 그러나 섭취량이나 체질에 따라 부작용이 나타나는 경우가 있다. 많은 식품과 약이 동물에 독성이 있는 경우가 있기 때문에 모든 음식과 약은 오용(誤用)과 남용(濫用)을 하지 말아야 하고 의사와 한의사 및 식품전문가들의 의견을 들어 이용해야 한다.

● 산나물과 들나물은 종류가 다양하고 조리하여 이용하는 방법도 다양하다. 총체적으로 다음과 같이 요약할 수 있지만 요리사나 경험이 많은 분들께 문의하여 조리하고 식용하는 것이 안전하다.

| 요약 내용 |

- 전식물체나 뿌리는 호미를 이용하여 캐고, 지상부의 잎, 줄기, 꽃, 열매는 손으로 뜯어서 깨끗이 씻고 다듬는다.

- 나물은 채취한 후 가능하면 빨리 생으로 먹거나 데쳐서 냉장실에 보관한다.

- 냉이나 산달래 및 고들빼기 등과 같이 뿌리까지 채취하는 나물은 흙이 묻은 채로 신문지에 싸서 냉장실에 보관하면 신선도가 오래 유지된다.

- 생으로 먹을 수 있는 산야초는 많지 않고, 대부분의 산야초는 쓰거나 약간의 독소가 있어 소금을 첨가한 끓는 물에 약간 데치거나, 데친 후 찬물에 담가서 독소를 우려낸 후 조리한다.

- 오래 보관하며 이용하기 위해서는 데친 후 말려서 만든 묵나물은 다시 삶아 찬물에 담가서 독소를 우려낸 후 조리한다.
- 무쳐서 먹을 경우에는 간장, 된장, 고추장, 식초, 깨, 마늘, 양파 등을 주된 양념으로 하고 구미에 맞게 참기름, 들기름, 식물성기름 등을 사용한다. – 생으로 먹을 경우에 우리나라는 양념장을 곁들이고, 서양식에서는 식물성 기름, 식초, 소금, 향신료 등을 첨가한 소스를 곁들인 샐러드(salad)로 식용한다. 한식에서는 많은 양을 섭취하지만, 양식에서는 적은 양을 섭취하기 때문에 적은 양의 독소가 있어도 문제가 되지 않는 경우가 많다.

- 나물국으로 이용할 경우에는 된장, 간장, 멸치, 조개, 소금 등을 첨가한다.

- 튀겨서 먹을 경우에는 튀김옷을 입힌 후 식용유에 튀겨서 양념간장을 곁들인다.

- 종류에 따라 간장이나 된장을 이용하여 약한 불에 끓여서 조림을 만든다.

- 산야초는 종류에 따라 간장, 된장, 고추장을 이용하여 장아찌를 만든다.

- 산야초는 손질한 후 설탕을 첨가하여 식초나 발효액을 만들어 음용하거나 조미료로 이용한다.

- 많은 종류의 산야초는 가공하여 건강차로 이용한다.

- 많은 종류의 산야초는 가공하거나 생으로 소주에 담가 산야초술로 음용한다.

- 질병이 있어 산야초를 약으로 이용할 경우에는 의사나 한의사의 처방에 의하여 체질(體質)에 따른 이용법(利用法)과 사용량(使用量)을 준수해야 한다.

- 야생이나 재배하는 먹거리는 시장에서 여러 지방명으로 유통되고 있었으며 점차 표준명으로 정착하고 있지만, 식물을 모르는 소비자가 오용이나 남용하여 부작용이 우려됨으로 표준명으로 유통되는 것이 바람직하다. 농작물은 전국에서 표준명으로 거래되고 있어나 야생식물은 지방마다 다르게 부르는 경우가 많다. 우선 필자가 조사한 먹거리의 표준명과 지방명을 소개한다. 판매되는 먹거리의 이름[표준명 및 지방명(표준명, 북한명ⓝ)]
  가새씀바귀(벋씀바귀), 가시씀바귀(벋음씀바귀), 가죽나물(참죽나무), 강황(울금), 개두릅(음나무), 개똥쑥(개똥쑥), 개복숭아(산복사나무), 갯방풍(갯방풍), 고구마순(고구마잎자루), 고들빼기(고들빼기), 고추나물(고추나무), 고추나물(고추잎), 곤드레(고려엉겅퀴), 곰보배추(배암차즈기), 나문재나물(나문재), 나문재(해홍나물), 냉이(냉이), 누리대(왜우산풀), 다래(다래열매), 다래나물(다래순), 달래(달래, 애기달래ⓝ), 달래(산달래, 달래ⓝ), 당귀순(참당귀), 당귀순(왜당귀), 당귀잎(참당귀), 도라지순(도라지유식물), 돈나물(돌나물), 돌미나리(미나리), 돼지감자(뚱딴지), 두릅(독활), 두릅(두릅나무), 땅두릅(독활), 떡취(수리취), 뚱딴지(뚱딴지), 막나물(별꽃과보리싹 혼합), 매실(매실나무열매), 머구(머위잎자루), 머우잎(머위유식물), 멜라초(산괴불주머니유식물), 명이(산마늘), 모밀싹(메밀), 모시대(모시대), 모싯대(모시대), 모싯대참나물(모시대), 모싯잎(모시플), 목적(속새), 물곳(무릇), 물쑥(물쑥), 미삼(인삼유식물), 미역취(미역취), 미역취(울릉미역취), 미싹(모시대), 미쯔바(파드득나물), 민들레(민들레), 민들레(산민들레), 민들레(서양민들레), 바위솔(바위솔), 방애잎(배초향), 방풍(갯기름나물), 방풍나물(갯기름나물), 밭달래(산달래재배), 밭미나리(미나리), 백년초(선인장), 벌나무(산겨릅나무), 부지깽이나물(섬쑥부쟁이), 불미나리(미나리), 비듬나물(개비름), 비름(개비름), 비름나물(개비름), 뽕잎(뽕나무잎), 뿌리부추(삼채), 사추싹(삽주), 산마늘(산마늘), 산청목(산겨릅나무), 산취(참취), 삼나물(눈개승마), 삼동초(유채), 삼채(삼채), 선인장(선인장), 새발나물(갯개미자리), 세발나물(갯개미자리), 소리쟁이(소리쟁이), 속새(속새), 속세(씀바귀), 솔방울(소나무열매), 송순(소나무싹), 수리취(수리취), 식방풍(갯기름나물), 쑥(쑥), 쑥부쟁이(쑥부쟁이), 씀바귀(노랑선씀바귀), 씀바귀(벋음씀바귀), 씀바귀(벌씀바귀), 씀바귀(선씀바귀), 씀바귀(씀바귀), 씀바귀(왕고들빼기), 씀바귀(이고들빼기), 아마란순(아마란스유식물), 야관문(비수리), 약쑥(황해쑥), 어수리(어수리), 엉겅퀴(엉겅퀴), 엉겅퀴(지느러미엉겅퀴), 오가피(오갈피나무), 오디(뽕나무열매), 옻순(옻나무), 와송(바위솔), 왕고들빼기(왕고들빼기), 왕까마중(민까마중), 울금(울금), 울릉취(울릉미역취), 울릉취(섬쑥부쟁이), 원추리(원추리), 은달래(산달래), 음나무순(음나무), 익모초(익모초), 익무초(익모초), 일당귀(왜당귀), 잇꽃(잇꽃), 잔대싹(잔대), 전호(전호), 주치(지치), 지초(지치), 지치(지치), 질경이(질경이), 차조기(소엽), 참가죽(참죽나무), 참고비(섬고사리), 참나물(참나물), 참나물(파드득나물), 참냉이(냉이), 참당귀(참당귀), 참두릅(두릅나무), 참옻순(옻나무), 참죽나물(참죽나무), 참취(참취), 천연초(선인장 천년초), 초석잠(쉽싸리, 초석잠), 초석잠-골뱅이초석잠(초석잠), 초석잠-누에초석잠(쉽싸리초석잠), 취나물(참취), 퉁퉁마디(퉁퉁마디), 하루나(유채), 함초(퉁퉁마디), 해방풍(갯방풍), 해홍나물(해홍나물), 홍화(잇꽃), 황새냉이(개갓냉이뿌리), 황새냉이(속속이풀뿌리), 황새냉이(좀개갓냉이뿌리), 흙달래(산달래), 흰꽃민들레(흰민들레).

• 이 책의 구성

이 책은 양치식물류, 쌍자엽식물 이판화류, 쌍자엽식물 합판화류, 단자엽식물류 순으로 수록하였다. 613여 종의 식물 5,842장의 생태사진을 수록하였다. 1종당 평균 10장 내외의 생태사진을 배치하여 식물의 성장 모습과 생태지의 변화를 다양하게 볼 수 있도록 구성하였다. 본문 사진과 식물명, 설명글 등의 구성 방법은 아래와 같다.

종자사진
연월일은 채종 날짜이다.
종자사진의 배경은 눈금이 1mm인 모눈종이이고, 대부분의 생태사진에 설치된 대나무막대의 눈금 하나는 1cm를 표시한 것이다.

우리과명 · 라틴어명
각 식물이 속한 우리과명과 라틴어 표기

학명
『국가식물목록』에 표기된 학명을 사용하였다.

우리식물이름*
우리식물이름은 큰글자*로 표기하였다.

북한명ⓝ 및 지방명
우리식물이름에 북한명에는 ⓝ을 붙여 구별하였다.

우리이름 영어표기

쌍자엽식물 이판화

작두콩* jak-du-kong

콩과 Fabaceae
Canavalia ensiformis DC.

줄작두콩ⓝ, 도두 chopper-bean, jack-bean, horse-bean, chickasaw, jackbean-limabean, swordbean or (7): 도두#(刀豆 Dao-Dou), 마도두(馬刀豆 Ma-Dao-Dou), 협검두(挾劍豆 Xie-Jian-Dou)
[Character: dicotyledon, polypetalous flower, annual herb, vine, cultivated, medicinal, edible plant]

열대산의 1년생 덩굴식물로 종자로 번식한다. 중부 이남에서 심고 있다. 잎은 3출엽으로 정소엽은 난상 긴 타원형이며 길이 10㎝ 정도로서 끝이 뾰족하다. 긴 화경이 자라 끝이 활같이 굽으면서 10여 개의 꽃이 총상으로 달린다. 꽃은 8월에 피고 연한 홍색 또는 백색이다. 꼬투리는 길이 20~30㎝ 정도이며 뒷등이 편평하며 작두 같고 10~14개의 종자가 들어 있다. 종자는 편평하며 홍색 또는 백색이고 선상의 제부와 길이가 거의 같다. '해녀콩'과 달리 꼬투리는 길이 30㎝, 너비 5㎝ 정도로 작두같이 생겼다. '도두'라 하여 약으로 쓴다. 종자와 연한 잎, 어린 꼬투리를 식용한다. 다음과 같은 증상이나 효과에 약으로 쓰인다. 작두콩(19): 강장보호, 강화, 곽란, 구역증, 구토, 복부창만, 소갈우독, 약물중독, 열질, 온중하기, 온풍, 이질, 익신장원, 장위카타르, 주중독, 중이염, 축농증, 치핵, 하지근무력증

212

칡* chik

콩과 Fabaceae
Pueraria lobata (Willd.) Ohwi

ⓝ 칡ⓝ, 葛, 칡덤불, 칙, 칡덤불 Ⓔ kudzu, japanese-arrowroot, lobed-kudzu-vine, kudzu-vine Ⓚ or Ⓜ (29): 갈#(葛 Ge), 갈근#(葛根 Ge-Gen), 야갈#(野葛 Ye-Ge), 황근(黃芹 Huang-Jin)

[Character: dicotyledon. polypetalous flower. deciduous shrub. vine. wild, medicinal, edible, forage, green manure plant]

덩굴식물로서 낙엽성 관목이나 다년생 초본같이 자라기도 하고 땅속줄기나 종자로 번식한다. 전국적으로 분포하고 산기슭의 양지쪽에서 자란다. 덩굴줄기는 5~10m 정도까지 자라며 줄기에 갈색 또는 백색의 퍼진 털이 있다. 어긋나는 3출엽의 소엽은 길이와 너비가 각각 10~15㎝ 정도인 마름모진 난형으로 털이 있으며 가장자리가 밋밋하거나 얕게 3개로 갈라진다. 8~9월에 총상꽃차례에 무한꽃차례로 많이 피는 꽃은 홍자색이다. 꼬투리는 길이 4~9㎝, 너비 8~10㎜ 정도의 넓은 선형으로 편평하고 길고 굳은 퍼진 털이 있으며 열매는 9~10월에 익는다. '해녀콩'과 달리 뒤쪽 꽃받침잎 2개는 다른 것보다 짧으며 꼬투리에 털이 있고 농선이 없다. 밀원용, 퇴비용, 사료용, 사방용으로 이용한다. 뿌리의 녹말은 갈분으로 줄기는 새끼대용으로 사용한다. 껍질로는 '갈포'를 만든다. 봄에 새순과 어린잎은 튀김을 해 먹는다. 데쳐서 무치거나 볶아서 치즈를 올린 오븐구이로 먹기도 한다. 장아찌를 담그거나 칡밥을 짓기도 한다. 다음과 같은 증상이나 효과에 약으로 쓰인다. 칡(65): 감기, 강장보호, 견교, 견비통, 경련, 경중양통, 고혈압, 과실중독, 관격, 관절통, 광견병, 구토, 근육통, 금창, 난청, 당뇨, 발한, 소아토유, 숙취, 식중독, 식해어체, 아편중독, 암내, 약물중독, 온신, 위암, 음식체, 이완출혈, 인플루엔자, 일사병, 열사병, 자한, 장염, 장위카타르, 장출혈, 장풍, 적면증, 조갈증, 종창, 주독, 주중독, 주체, 주황병, 중독증, 중풍, 지갈, 지구역, 지혈, 진경, 진정, 진통, 치열, 태양병, 편도선염, 풍독, 풍한, 피부소양증, 해독, 해수, 해열, 현벽, 현훈, 협심증, 홍역, 활혈, 흉부답답

213

종속 식물문
각 식물이 속한 식물군

꽃 사진
연월일은 촬영 날짜이다.

식물의 촬영일과 촬영지역
사진 설명으로 '20120819'는 촬영한 년(2012년), 월(8월), 일(19일)을 의미한다. 식물군락지의 경우에는 촬영지역을 연월일 뒤에 표기했다(예: 20120819 남양주). 재배와 자생은 구별하지 않았다.

언어별 명칭
ⓝ 북한명ⓝ 및 지방명 Ⓔ 영어명
Ⓚ or Ⓜ 본초명과 중국명의 중국표준 발음 영어 표기

영어명은 나라와 문헌에 따라 다른 이름으로 쓰이고, 또 다르게 표현하는 경우가 많아 편의상 연결되는 단어마다 '-'로 표시하고 소문자로 표기하였다.

본문 설명
식별과 이용에 도움이 되도록 생육형·분포·형태·이용성 등에 대한 설명을 간단하게 하였다.

본초명 수

증상이나 효과 수

목차

4 단자엽식물

1 양치식물

속새과 Equisetaceae
고비과 Osmundaceae
잔고사리과 Dennstaedtiaceae
우드풀과 Woodsiaceae
처녀고사리과 Thelypteridaceae
네가래과 Marsileaceae

쇠뜨기* soe-tteu-gi

속새과 Equisetaceae
Equisetum arvense L.

ⓛⓝ 쇠띄기ⓝ, 뱀밥, 즌솔, 필두채 ⓔⓝ common-horsetail, horsetail, field-horsetail, scouring-rush, toad-pipe ⓒⓝ or ⓜⓝ (8): 문형#(問荊 Wen-Jing), 절절초(節節草 Jie-Gu-Cao), 필두채(筆頭菜 Bi-Tou-Cai)
[Character: pteridophyte. perennial herb. erect type. wild, medicinal, edible, harmful plant]

다년생 초본으로 땅속줄기나 포자로 번식한다. 전국적으로 강가나 산 가장자리 및 둑의 양지에서 잘 자란다. 4~11월에 생육하고 4~5월에 생식경의 끝에 길이 2㎝ 정도인 타원형의 포자낭수가 달린다. 영양경은 높이 20~40㎝ 정도이며 속은 비어 있고 겉에 능선이 있다. 마디에는 가지와 비슷한 비늘 같은 잎이 3~4개씩 돌려난다. 뿌리줄기는 길게 옆으로 벋으며 잔털로 덮여 있다. '개쇠뜨기'와 다르게 첫째 가지의 첫째 마디 사이 길이는 그 자리가 달린 주축의 잎집보다 길다. '물쇠뜨기'에 비하여 줄기의 절간은 잔점을 제외하고는 거의 평활하며 줄기 초의 치편은 전면이 갈색이고 가지의 것은 바늘모양의 삼각형이다. 산간지의 밭작물에서 잡초로 발생된다. '쇠뜨기'는 소가 뜯는 풀이란 뜻으로 소가 잘 먹기도 하며 연마제로 사용하기도 한다. 어린잎을 데쳐 나물, 조림, 계란찜, 산채로 이용하거나 기름에 볶아 간장으로 간을 해서 먹기도 한다. 생식줄기는 뱀밥이라 하며 머리 부분의 육각형 홀씨주머니가 벌어지기 전에 채취하여 잎집을 제거한 후 튀김, 조림, 뱀밥밥을 해 먹는다. 요리하기 전에 소금물에 담그거나 데친 후 해로운 물질을 제거해 주어야 한다. 다음과 같은 증상이나 효과에 약으로 쓰인다. 쇠뜨기(26): 각혈, 간염, 골절번통, 관절염, 근염, 당뇨, 명안, 변비, 이뇨, 이완출혈, 임병, 자궁출혈, 장출혈, 지해, 치질, 치핵, 칠독, 탈강, 탈항, 토혈각혈, 통리수도, 폐기천식, 하리, 해수, 현벽, 활혈

20120916표

19970808 20100424

20070519 19940522 19900523

20100522 20050625 20110921

속새* sok-sae | 속새과 Equisetaceae *Equisetum hyemale* L.

ⓛⓝ 속새ⓝ, 목적 ⓔⓝ horsetail, scouring-rush, rough-horsetail, scouring-rush-horsetail, dutch-rush, common-scouring-rush ⓒⓝ or ⓜⓝ (12): 목적#(木賊 Mu-Zei), 절골초(節骨草 Jie-Gu-Cao), 지초#(砥草 Di-Cao), 필두초(筆頭草 Bi-Tou-Cao)

[Character: pteridophyte. evergreen, perennial herb. erect type. hygrophyte. ild, medicinal, ornamental plant]

상록다년초로 땅속줄기나 포자로 번식한다. 전국적으로 산야의 습지에서 자란다. 땅 표면 가까이에 옆으로 벋는 땅속줄기에서 여러 개씩 나오는 줄기는 높이 40~80㎝, 지름 4~8㎜ 정도로 원통형의 녹색이다. 가지가 없고 뚜렷한 마디 사이에는 10~18개의 능선이 있다. 마디는 길이 3~6㎝ 정도이고 흑색 또는 갈색으로 끝이 톱니 모양인 잎집으로 둘러싸인다. 포자낭수는 원줄기 끝에 원추형으로 곧추 달리고 끝이 뾰족하며 녹갈색에서 황색으로 된다. '개속새'와 다르게 가지가 없으며 잎집은 길이와 지름이 비슷하고 그 상하양단에 흑색을 띠고 치편은 12~30개로 탈락한다. 원줄기의 능선은 규산염이 축적되어 딱딱하기 때문에 나무를 가는 용도로 사용하여 '목적'이란 이름이 생겼다. 연마제나 세공제로 이용된다. 관상식물로 이용되기도 한다. 다음과 같은 증상이나 효과에 약으로 쓰인다. 속새(20): 명목퇴예, 명안, 부인하혈, 산통, 소산풍열, 옹종, 인후통, 인후통증, 자궁출혈, 장염, 장출혈, 조경, 종기, 치질, 치핵, 탈강, 탈항, 통리수도, 해열, 혈변

20120414

20000414 20120526

19910430  20100503  20120505

19930515  19950614  20110723

고비* go-bi

고비과 Osmundaceae
Osmunda japonica Thunb.

LN 고비ⓝ, 가는고비 EN japanese-royal-fern CN or MN (17): 구척#(狗脊 Gou-Ji), 궐채미#(蕨菜薇 Jue-Cai-Wei), 금모구척#(金毛狗脊 Jin-Mao-Gou-Ji), 자기#(紫萁 Zi-Qi)
[Character: pteridophyte. perennial herb. erect type. hygrophyte. wild, medicinal, edible, harmful, ornamental plant]

다년생 초본으로 근경이나 포자로 번식한다. 산야의 숲 가장자리나 습지에서 자란다. 이른 봄에 근경에서 여러 개씩 나오는 어린잎은 용수철처럼 풀리면서 자라고 처음에는 적갈색 털로 덮여 있지만 곧 없어진다. 성숙한 잎은 윤기가 있고 털이 없다. 영양엽은 길이 60~100㎝ 정도로 자라며 2회 우상복엽이고, 우편은 길이 20~30㎝ 정도로 첫째 것이 가장 길고 2개씩 갈라진 곁맥은 50도 내외의 각을 형성한다. 포자엽은 영양엽보다 일찍 나오고, 상부에서 2회 깃 모양으로 갈라지며 포자낭군은 입체적으로 달린다. '꿩고비'나 '음양고비'에 비해 나엽은 난형으로 2회 우상복생한다. 관상식물로 심기도 하고, 봄에 연한 잎을 삶아 말려 묵나물로 이용하거나 조림, 볶음, 무침으로 먹기도 하고 다른 재료와 같이 산적을 만들어 먹기도 한다. 식용하기 전에 소금물에 담그거나 데친 후 해로운 물질을 제거해 주어야 한다. 다음과 같은 증상이나 효과에 약으로 쓰인다. 고비(22): 각기, 감기, 관절통, 구충, 난관난소염, 대하, 수종, 실뇨, 양혈지혈, 요슬산통, 요통, 월경이상, 임질, 좌골신경통, 지혈, 청열해독, 코피, 토혈, 토혈각혈, 해열, 혈변, 혈붕

19920822  19890605

19920519  19890605 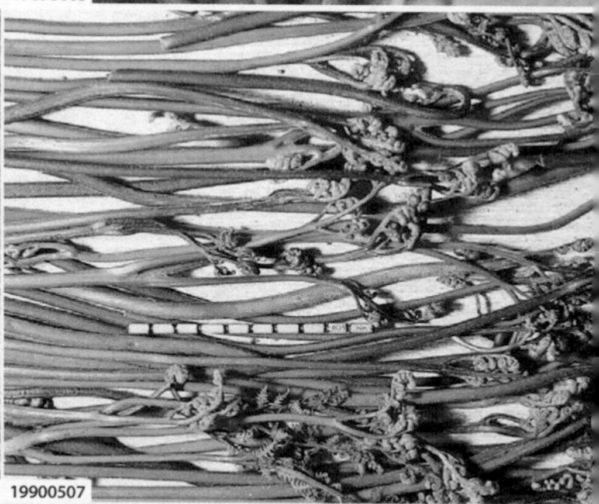 19900507

20110805  20121117  20000417

고사리* go-sa-ri

잔고사리과 Dennstaedtiaceae
Pteridium aquilinum var. *latiusculum* (Desv.) Underw. ex Hell.

LN 고사리ⓝ, 층층고사리, 참고사리, 북고사리 EN bracken, bracken-fern, common-bracken-fern, eastern-fern, northern-bracken-fern, eastern-brackenfern CN or MN (41): 계강(鷄薑 Ji-Jiang), 골쇄보#(骨碎補 Gu-Sui-Bu), 궐#(蕨 Jue), 호손강(胡猻薑 Hu-Sun-Jiang) [Character: pteridophyte. perennial herb. erect type. cultivated, wild, medicinal, edible, harmful plant]

다년생 초본으로 땅속줄기나 포자로 번식한다. 전국에 걸쳐 산야의 햇빛이 잘 드는 쪽에서 잘 자란다. 굵은 땅속줄기가 옆으로 벋으면서 군데군데 잎이 나오고 높이가 80~120㎝ 정도에 이른다. 잎자루는 길이 20~80㎝ 정도로 우편 밑을 제외하고는 털이 없으나 땅에 묻힌 밑부분은 흑갈색이고 털이 있다. 포자엽의 최종 열편은 너비 3~6㎜ 정도로 가장자리가 뒤로 말려 포막처럼 되고, 그 아래 포자낭이 달린다. 포막은 투명하게 보이고 털이 없다. 봄에 연한 잎을 삶아 말려 묵나물로 이용하거나 삶아 우려내어 볶거나 비빔밥, 육개장에 넣기도 한다. 전으로도 이용하며 농가에서 소득 작물로 재배하기도 한다. 뿌리에서 전분을 채취하여 풀을 만들기도 한다. '점고사리속'에 비해 자낭군은 잎가장자리를 따라 신장하여 유합한다. 제주도의 목야지에서는 방제가 어려운 잡초로 문제가 되고 있다. 식용하기 전에 소금물에 담그거나 데친 후 해로운 물질을 제거해 주어야 한다. 다음과 같은 증상이나 효과에 약으로 쓰인다. 고사리(23): 강근골, 강기, 고치, 고혈압, 부종, 소아탈항, 야뇨증, 열질, 윤장, 음식체, 이뇨, 자양강장, 지혈, 청열, 치핵, 탈항, 통경, 통변, 통리수도, 해열, 화염, 황달, 흥분제

청나래고사리* cheong-na-rae-go-sa-ri

우드풀과 Woodsiaceae
Matteuccia struthiopteris (L.) Tod.

Ⓛ 청나래좀면마Ⓘ, 포기고사리, 청나래개면마, 청날개고사리 Ⓔ ostrich-fern Ⓒ or Ⓜ (1): 협과궐#(莢果蕨 Jia-Guo-Jue)
[Character: pteridophyte. perennial herb. erect type. wild, medicinal, edible, harmful, ornamental plant]

다년생 초본으로 근경이나 포자로 번식한다. 전국적으로 분포하며 습기가 있는 숲 속에서 잘 자란다. 옆으로 벋는 땅속줄기에 모여 나는 잎은 길이 40~80㎝ 정도이다. 영양엽의 잎몸은 길이 40~60㎝ 정도이며 밝은 녹색이고 우편은 넓은 선형이다. 열편은 긴 타원형으로 가장자리에 파상의 잔톱니가 있다. 가을에 나오는 포자엽은 높이 30~60㎝ 정도로 잎자루가 잎몸보다 짧고 표면에 깊은 홈이 있다. 포자낭군은 우편 주맥의 양쪽에 2~3줄로 달린다. 우편은 30~50쌍이며 밑으로 갈수록 작아지고, 실우편이 좁은 선형이며 다소 잘록한 것이 '개면마'와 다르다. 관상식물로 이용하며 잎이 돌돌 말려 있을 때 채취하여 갈색 솜털을 제거한 후 데쳐서 무치거나 볶음, 튀김, 조림으로 식용한다. 식용하기 전에 소금물에 담그거나 데친 후 해로운 물질을 제거해 주어야 한다. 다음과 같은 증상이나 효과에 약으로 쓰인다. 청나래고사리(11): 금창, 기생충, 양혈지혈, 자궁출혈, 진경, 진정, 청열해독, 토혈, 해소, 해열, 혈리

야산고비* ya-san-go-bi

우드풀과 Woodsiaceae
Onoclea sensibilis var.*interrupta* Maxim.

LN 야산고사리ⓝ EN sensitive-fern CN or MN (1): 구자궐#(球子蕨 Qiu-Zi-Jue)
[Character: pteridophyte. perennial herb. erect type. hygrophyte. wild, medicinal, edible, harmful, ornamental plant]

다년생 초본으로 근경이나 포자로 번식한다. 전국적으로 분포하며 산 가장자리나 논둑과 밭둑 및 풀밭의 습한 곳에서 자란다. 옆으로 길게 벋은 근경에서 드문드문 나오는 잎은 길이가 30~60㎝ 정도이다. 영양엽의 잎자루는 길이 20~30㎝ 정도이며 연한 갈색을 띠는 난형의 인편이 있다. 잎몸은 길이가 15~30㎝ 정도인 난상 삼각형이고, 5~10쌍의 우편은 긴 타원형으로 가장자리에 둔한 파상의 톱니가 있다. 포자엽은 2회 우상으로 갈라지고, 2줄로 달리는 소우편의 열편은 3~4개로 각각 1개의 포자낭군을 둘러싸고 있으며 갈색으로 된다. '개면마속'과 달리 소맥은 작은 그물눈 모양으로 결합한다. 관상식물로 이용하기도 하며, 봄에 연한 잎을 삶아 말려 묵나물로 이용한다. 식용하기 전에 소금물에 담그거나 데친 후 해로운 물질을 제거해 주어야 한다. 다음과 같은 증상이나 효과에 약으로 쓰인다. 야산고비(4): 금창, 이뇨, 자궁출혈, 해열

처녀고사리* cheo-nyeo-go-sa-ri

처녀고사리과 Thelypteridaceae
Thelypteris palustris (Salisb.) Schott

Ⓛⓝ 애기고사리ⓝ, 새발고사리 Ⓔⓝ eastern-marsh-fern, marsh-fern Ⓒⓝ or Ⓜⓝ (1): 소택궐#(沼澤蕨 Zhao-Ze-Jue)
[Character: pteridophyte. perennial herb. erect type. hygrophyte. wild, medicinal, edible, harmful, ornamental plant]

다년생 초본으로 근경이나 포자로 번식한다. 전국적으로 분포하며 햇볕이 잘 쬐는 산 가장자리나 논, 밭둑 및 풀밭의 약간 습한 곳에서 잘 자란다. 옆으로 길게 벋는 근경에는 인편이 없으며 잎이 드문드문 나온다. 잎자루는 적자색으로 떨어지기 쉬운 인편이 약간 있다. 영양엽은 길이 25~30㎝ 정도의 피침형으로 옆으로 퍼지고 열편은 난형 둔두이며 가장자리가 밋밋하고 뒤로 말리는 경향이 있다. 곧추서는 포자엽의 중앙부에 달리는 포자낭군의 포막은 신장형이고 털이 밀생하며 일찍 떨어진다. '큰처녀고사리'와 달리 잎자루에 인편이 적고 하부에 흔적적인 우편이 있다. 관상식물로 이용하기도 하며, 봄에 연한 잎을 삶아 말려 묵나물로 이용한다. 식용하기 전에 소금물에 담그거나 데쳐서 해로운 물질을 제거해 주어야 한다. 다음과 같은 증상이나 효과에 약으로 쓰인다. 처녀고사리(3): 금창, 자궁출혈, 해열

네가래* ne-ga-rae

네가래과 Marsileaceae
Marsilea quadrifolia L.

ⓛⓝ 네가래ⓝ, 네잎가래, 평 ⓔⓝ fourleaf-pepper-wort, european-water-clover, water-clover, pepper-wort, european-pepper-wort ⓒⓝ or ⓜⓝ (5): 빈#(蘋 Pin), 사엽빈#(四葉蘋 Si-Ye-Pin), 전자초#(田字草 Tian-Zi-Cao), 평#(苹 Ping)
[Character: pteridophyte. perennial herb. surface hydrophyte. wild, medicinal, edible, harmful, ornamental plant]

다년생 초본으로 근경이나 포자로 번식하는 수생식물이다. 전국적으로 분포하며 연못과 수로 및 논에서 자란다. 논과 수로에서 방제하기 어려운 잡초 중의 하나이다. 잎자루의 길이는 물의 깊이에 따라 다르고 5~50㎝ 정도로 차이가 많으며 물이 마르면 공중에 서기도 한다. 잎은 4개의 소엽이 잎자루 끝에서 수평으로 퍼진다. 잎자루의 밑부분에서 1개의 가지가 나와서 다시 2~3개로 갈라져 끝에 각각 1개씩 작은 주머니가 생기며 그 안에서 크고 작은 여러 개의 포자낭이 형성된다. 암수가 한그루에 생긴다. 잎 모양을 보고 '전자초'라 하기도 한다. 특징으로는 질흙에 나는 작은 수초로 잎자루 상단에 거의 윤생상으로 4개의 소엽이 나고 포자낭은 포자낭과에 싸인다. 식용, 관상용으로 이용하기도 한다. 식용하기 전에 소금물에 담그거나 데쳐서 해로운 물질을 제거해 주어야 한다. 다음과 같은 증상이나 효과에 약으로 쓰인다. 네가래(14): 간염, 나력, 소갈, 신장염, 유방염, 이수, 지혈, 청열, 치질, 코피, 토혈, 풍열목적, 해독, 혈뇨

2 쌍자엽식물 이판화

삼백초과 Saururaceae
후추과 Piperaceae
참나무과 Fagaceae
뽕나무과 Moraceae
삼과 Cannabaceae
쐐기풀과 Urticaceae
겨우살이과 Loranthaceae
쥐방울덩굴과 Aristolochiaceae
마디풀과 Polygonaceae
명아주과 Chenopodiaceae
비름과 Amaranthaceae
분꽃과 Nyctaginaceae
자리공과 Phytolaccaceae
번행초과 Aizoaceae
쇠비름과 Portulacaceae
석죽과 Caryophyllaceae
수련과 Nymphaeaceae
미나리아재비과 Ranunculaceae
으름덩굴과 Lardizabalaceae
매자나무과 Berberidaceae
방기과 Menispermaceae
목련과 Magnoliaceae
양귀비과 Papaveraceae
현호색과 Fumariaceae
풍접초과 Capparidaceae
십자화과 Brassicaceae
돌나물과 Crassulaceae
범의귀과 Saxifragaceae
장미과 Rosaceae
콩과 Fabaceae
쥐손이풀과 Geraniaceae
괭이밥과 Oxalidaceae
한련과 Tropaeolaceae
운향과 Rutaceae
멀구슬나무과 Meliaceae
대극과 Euphorbiaceae
옻나무과 Anacardiaceae
무환자나무과 Sapindaceae
봉선화과 Balsaminaceae
포도과 Vitaceae
아욱과 Malvaceae
다래나무과 Actinidiaceae
물레나물과 Hypericaceae
제비꽃과 Violaceae
선인장과 Opuntiaceae
보리수나무과 Elaeagnaceae
부처꽃과 Lythraceae
마름과 Hydrocaryaceae
바늘꽃과 Onagraceae
두릅나무과 Araliaceae
산형과 Apiaceae
층층나무과 Cornaceae

삼백초* sam-baek-cho

삼백초과 Saururaceae
Saururus chinensis (Lour.) Baill.

ⓁⓃ 삼백초ⓝ, 약모밀 ⒺⓃ chinese-lizard-tail, lizard's-tail, swamp-lily ⒸⓃ or ⓂⓃ (36): 구절우(九節藕 Jiu-Jie-Ou), 백두초(白頭草 Bai-Tou-Cao), 백황각(白黃脚 Bai-Huang-Jiao), 삼백초#(三白草 San-Bai-Cao), 즙#(蕺 Ji), 즙채#(蕺菜 Ji-Cai)

[Character: dicotyledon. polypetalous flower. perennial herb. creeping and erect type. hygrophyte. cultivated, wild, medicinal, edible, ornamental plant]

다년생 초본으로 근경이나 종자로 번식한다. 남부지방이나 제주도와 울릉도에 분포하고 풀밭의 습지에서 자라며 재배하기도 한다. 백색의 근경은 땅속을 옆으로 벋어가고 원줄기는 높이 50~100㎝ 정도까지 자란다. 어긋나는 잎은 길이 5~15㎝, 너비 3~8㎝ 정도의 난상 타원형으로 5~7개의 맥이 있으며 가장자리가 밋밋하고 표면은 연록색이며 뒷면은 연백색이다. 7~8월에 개화한다. 수상꽃차례는 굽어지며 백색의 양성화가 핀다. 열매는 둥글고 종자가 1개씩 들어 있다. '약모밀'과 달리 꽃차례에 총포가 없다. 윗부분의 잎 2~3개가 희고 꽃과 뿌리가 희기 때문에 '삼백초'라고 부르며 개화기가 지나면 잎의 흰색이 없어진다. 관상용으로 심기도 한다. 새싹과 잎은 꽃피기 전 채취해 튀김, 말린 차로 먹거나 새싹의 경우 으깨질 때까지 데쳐서 무침으로, 뿌리는 살짝 데쳐서 조림으로 먹는다. 다음과 같은 증상이나 효과에 약으로 쓰인다. 삼백초(44): 각기, 간염, 감기, 개선, 갱년기장애, 건위, 견비통, 고혈압, 골수염, 과식, 대하, 변독, 보습제, 선창, 소종해독, 수종, 아감, 암, 옹종, 완화, 요통, 유선염, 이뇨, 임질, 종독, 중이염, 중풍, 지방간, 청열이습, 충치, 치루, 치조농루, 치통, 치핵, 편도선비대, 폐농양, 폐렴, 풍독, 피부윤택, 해독, 해열, 협심증, 황달, 흉부냉증

20001002

19990604

20000621

20100417

20120428 19910512

20070521

20120714 19890904

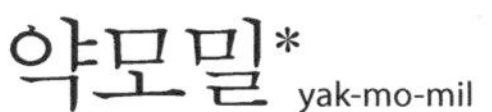

약모밀* yak-mo-mil

삼백초과 Sauruaceae
Houttuynia cordata Thunb.

LN 즙채ⓝ, 삼백초, 집약초, 십자풀, 어성초 EN fishwort, heartleaf-houttuynia CN or MN(61): 사간#(射干 She-Gan), 어성초#(魚腥草 Yu-Xing-Cao), 중약#(重藥 Zhong-Yao), 즙채#(蕺菜 Ji-Cai)
[Character: dicotyledon. polypetalous flower. perennial herb. creeping and erect type. hygrophyte. cultivated, wild, medicinal, edible, ornamental plant]

다년생 초본으로 땅속줄기나 종자로 번식한다. 중남부지방과 제주도와 울릉도에 분포하고 습지에서 자란다. 백색의 뿌리는 옆으로 벋고 원줄기는 높이 20~40㎝ 정도로 곧추 자란다. 어긋나는 잎은 잎자루가 길고 잎몸은 길이 4~8㎝, 너비 3~6㎝ 정도의 난상 심장형이며 연한 녹색이다. 6~7월에 개화한다. 길이 1~3㎝ 정도의 수상꽃차례가 발달하여 많은 나화가 달리며 꽃차례 밑에 십자형으로 4~6매의 꽃잎 같은 흰색의 포가 있다. '삼백초'와 달리 꽃차례에 4~6매의 하얀 총포가 있다. 관상용으로 심기도 하나 전 식물체에서 물고기 냄새가 나기 때문에 '어성초'라 하며 주로 약용으로 재배한다. 차로 마시거나 뿌리를 소주에 담가 술로 마시기도 한다. 또는 말린 꽃잎을 우려내서 차로 마신다. 다음과 같은 증상이나 효과에 약으로 쓰인다. 약모밀(43): 간염, 강심제, 개선, 거담, 고혈압, 관상동맥질환, 관절염, 기관지염, 동맥경화, 매독, 방광염, 배농, 수종, 식도암, 완화, 요도염, 유옹, 유종, 윤피부, 이뇨, 이뇨통림, 인후통증, 임질, 자궁내막염, 종독, 종창, 중이염, 중풍, 청열해독, 축농증, 치루, 치질, 치창, 탈항, 통리수도, 폐농양, 폐렴, 피부염, 하리, 해독, 해열, 화농, 흉부냉증

20001002

19990604

20121031

20110126 20030510 20110530

20121030 20121031 20121031

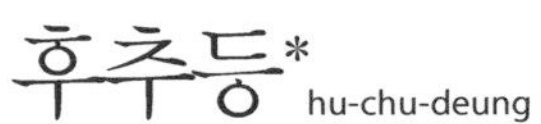

후추등* hu-chu-deung | 후추과 Piperaceae *Piper kadsura* (Choisy) Ohwi

LN 후추등ⓝ, 바람등칡, 호초등, 풍등덩굴 EN kadsura-pepper, japanese-pepper-bush CN or MN (7): 과산풍(過山風 Guo-Shan-Feng), 풍등#(風藤 Feng-Teng), 해풍등#(海風藤 Hai-Feng-Teng)
[Character: dicotyledon. polypetalous flower. evergreen shrub. vine. wild, medicinal, ornamental plant]

남쪽 섬에서 자라는 상록 덩굴식물로 길이 3~6m 정도이고 큰 것은 지름 3㎝ 정도이다. 줄기는 종선이 있고 가지가 많으며 마디가 환절로 되어 있어 뿌리가 내린다. 벋어가는 가지의 잎은 길이 7~15㎝, 너비 5~10㎝ 정도의 넓은 난형 또는 심장형이며, 열매가지의 잎은 길이 3~10㎝ 정도의 난형이나 긴 난형 또는 넓은 피침형이고 표면은 짙은 녹색, 뒷면은 연한 녹색이다. 꽃은 2가화이며 6~7월에 피고 웅성수는 잎과 마주난다. 과수는 길이 3~8㎝ 정도이며 조밀하게 달리는 열매는 둥글고 가을에서 겨울 동안에 걸쳐 적색으로 익는다. 관상용으로 이용한다. 향기가 있어 입욕제로 쓰인다. 다음과 같은 증상이나 효과에 약으로 쓰인다. 후추등(14): 거풍습, 건위, 관절통, 구충, 구풍, 근골동통, 만성해수, 위한증, 이기, 제습, 천식, 통경, 풍, 해독

상수리나무* sang-su-ri-na-mu

참나무과 Fagaceae
Quercus acutissima Carruth.

LN 참나무ⓝ, 도토리나무, 보춤나무, 강참, 꿀밤 EN sawtooth-oak, oriental-chestnut-oak. japanese-chestnut-oak, CN or MN (13): 마력(麻櫟, Ma-Li), 상#(橡, Xiang), 상두자(橡斗子, Xiang-Dou-Zi), 상목(橡木, Sang-Mu), 상목피#(橡木皮, Xiang-Mu-Pi), 상실#(橡實, Sang-Shi), 상실각(橡實殼, Xiang-Shi-Qiao), 상자#(橡子, Xiang-Zi), 역#(櫟, Li), 역수피(櫟樹皮, Li-Shu-Pi), 토골피#(土骨皮, Tu-Gu-Pi).
[Character: dicotyledon. polypetalous flower. deciduous tree. erect type. wild, medicinal, edible, ornamental, forage, green manure plant.]

평안도 및 함남 이남에서 자라는 낙엽교목이다. 높이 20~25m, 지름 1m 정도이며 수피는 흑회색으로 갈라지고 잔가지에 잔털이 있으나 없어진다. 잎은 길이 10~20㎝ 정도의 긴 타원형이고 침상의 예리한 톱니와 겉맥이 있으며 표면은 털이 없고 뒷면은 다세포의 단모가 있다. '밤나무'잎과 비슷하나 잎 가장자리에 있는 바늘 모양의 톱니에 엽록소가 없어 황색으로 보인다. 꽃은 1가화로서 5월에 피며 열매는 다음해 10월에 익는다. '굴참나무'와 달리 줄기에 코르크가 발달하지 않으며 잎의 양면의 색이 같고 뒷면은 다세포의 단모가 있다. 견과는 둥글고 식용·사료용·퇴비용·가공 및 공업용·관상용으로 이용한다. '참나무류'중에서 열매가 제일 크고 둥글다. 상수리 전분으로 묵을 만들어 먹으며, 탄닌 성분이 많으므로 물에 우려 떫은맛을 제거하고 구황식품으로 이용하기도 한다. 열매와 나무껍질은 쓴맛이 있다. 다음과 같은 증상이나 효과에 약으로 쓰인다. 상수리나무(17): 감기, 강장보호, 구창, 구토, 나력, 사리, 악창, 암, 장위카타르, 종독, 주름살, 지혈, 탈항, 편도선염, 피부소양증, 해독, 화상.

꾸지뽕나무* kku-ji-ppong-na-mu

뽕나무과 Moraceae
Cudrania tricuspidata (Carr.) Bureau ex Lavallée

LN 꾸지뽕나무ⓝ, 구지뽕나무, 굿가시나무, 활뽕나무 EN tricuspid-cudrania, chinese-silkworm-thorn JN hariguwa GN Seidenwurmdorn CN or MN (12): 산려지(山荔枝, Shan-Li-Zhi), 자목#(柘木, Zhe-Mu), 자목백피(柘木白皮, Zhe-Mu-Bai-Pi), 자목피#(柘木皮, Zhe-Mu-Pi), 자상(柘桑, Zhe-Sang), 자수(柘樹, Zhe-Shu), 자수경엽(柘樹莖葉, Zhe-Shu-Jing-Ye), 자수과#(柘樹果, Ci-Shu-Guo), 자수과실(刺樹果實, Ci-Shu-Guo-Shi), 자수엽#(柘樹葉, Zhe-Shu-Ye), 황상(黃桑, Huang-Sang), 황상엽(黃桑葉, Huang-Sang-Ye).

[Character: dicotyledon. polypetalous flower. deciduous shrub or arborescent. erect type. wild, medicinal, edible plant.]

황해도 이남에서 자라는 낙엽 소교목 또는 관목이다. 가지에 가시가 있으며 잔가지에 털이 있다. 잎자루는 길이 15~25㎜ 정도로서 털이 있다. 길이 6~10㎝, 너비 3~6㎝ 정도의 잎은 3개로 갈라지는 것과 가장자리가 밋밋하고 난형인 것이 있다. 꽃은 1가화로서 5~6월에 핀다. 취과는 지름 1~3㎝ 정도로서 둥글며 육질이고 9월에 적색으로 익는다. 수과는 길이 5㎜ 정도로서 흑색이다. 잎겨드랑이에 가지의 변형인 가시가 있고 잎에 톱니가 없으며 수꽃이삭이 두상인 점이 다른 속과 구별된다. 과육은 달기 때문에 오디와 같이 열매는 식용한다. 가공 및 공업용으로도 이용한다. 다음과 같은 증상이나 효과에 약으로 쓰인다. 꾸지뽕나무(11): 강장보호, 경혈, 관절통, 완하, 요통, 이뇨, 진해, 타박상, 해열, 혈결, 활혈.

뿅나무* ppong-na-mu

뽕나무과 Moraceae
Morus alba L.

LN 뽕나무ⓝ, 오디나무, 새뽕나무, 오디나무, 뽕잎, 오디 EN white-mulberry, silkworm-mulberry, white-mulberry-tree, mulberry, CN or VN (58): 백상피(白桑皮, Bai-Sang-Pi), 상#(桑, Sang), 상과#(桑果, Sang-Guo), 상근(桑根, Sang-Gen), 상근백피(桑根白皮, Sang-Gen-Bai-Pi), 상근피(桑根皮, Sang-Gen-Pi), 상두충#(桑蠹蟲, Sang-Tan-Chong), 상립(桑粒, Sang-Li), 상목(桑木, Sang-Mu), 상목이#(桑木耳, Sang-Mu-Er), 상백근피(桑白根皮, Sang-Bai-Gen-Pi), 상백피#(桑白皮, Sang-Bai-Pi), 상실(桑實, Sang-Shi), 상심#(桑椹, Sang-Shen), 상심자#(桑椹子, Sang-Shen-Zi), 상엽#(桑葉, Sang-Ye), 상이#(桑耳, Sang-Er), 상지#(桑枝, Sang-Zhi), 상표(桑藨, Sang-Piao), 상피(桑皮, Sang-Pi), 상황(桑黃, Sang-Huang), 상황고(桑黃菇, Sang-Huang-Gu), 오심(烏椹, Wu-Shen), 자상엽(炙桑葉, Zhi-Sang-Ye), 자상피(炙桑皮, Zhi-Sang-Pi), 청상엽(靑桑葉, Qing-Sang-Ye), 청상피(靑桑皮, Qing-Sang-Pi), 흑심(黑椹, Hei-Shen).
[Character: dicotyledon. polypetalous flower. deciduous shrub or tree. erect type. cultivated, wild, medicinal, edible, forage plant.]

낙엽교목 또는 관목으로 종자로 번식한다. 높이 5~10m 정도까지 자라고 가지가 많다. 수피는 회갈색이고 작은 가지는 회백색이다. 잎자루는 길이 20~25㎜ 정도로 잔털이 있고, 잎몸은 길이 6~12㎝ 정도의 난상 원형으로 3~5개로 갈라지며 가장자리에 둔한 톱니가 있다. 5월에 2가화로 개화하여 열매는 6~7월에 흑색으로 익는다. '산뽕나무'와 비슷하지만 암술대가 거의 없고 톱니 끝이 둔하다. 누에의 먹이로 이용하기 위하여 밭에 재배하여 수형을 조절하고 있다. 새싹은 튀기거나 데쳐서 무침으로 먹고 쌈으로 먹는다. 장아찌를 담기도 한다. 생으로 말렸다가 뽕잎 밥을 지어먹기도 한다. 다음과 같은 증상이나 효과에 약으로 쓰인다. 뽕나무(110): 각기, 간작반, 감기, 강장보호, 갱년기장애, 거담, 거풍습, 건망증, 경련, 경중양통, 경풍, 경혈, 고혈압, 곽란, 관절염, 관절통, 구갈, 기관지염, 기관지천식, 기억력감퇴, 담, 만성피로, 몽정, 발한, 배가튀어나온증세, 부종, 사독, 소아감적, 소아경간, 소아경풍, 소아번열증, 소아변비증, 소아불면증, 소아열병, 소아천식, 소아피부병, 소아해열, 수종, 식견육체, 식예어체, 식하돈체, 신경통, 실뇨, 안면경련, 안오장, 안정피로, 안태, 야뇨증, 양모, 양모발약, 양위, 여드름, 열질, 오로보호, 오림, 오한, 온풍, 외이도염, 외이도절, 요통, 원형탈모증, 월경이상, 유두파열, 유방왜소증, 유선염, 유정증, 유창통, 윤피부, 음부소양, 음식체, 음위, 이급, 이뇨, 이명, 일체안병, 자양강장, 자한, 적취, 정력증진, 제습, 조루증, 주부습진, 중풍, 진정, 진해, 창종, 청열, 촌충, 촌충증, 최음제, 축농증, 충독, 타박상, 토혈각혈, 편두통, 폐결핵, 폐기천식, 폐렴, 풍, 피부노화방지, 피부병, 피부소양증, 피부윤택, 한열왕래, 해수, 해열, 현훈, 환각치료, 활혈, 황달.

20050608

19870907 19890725

20060618 20120704 20120704 19870707

19870707 19870907 수그루 19870914 암그루

삼* sam

삼과 Cannabaceae
Cannabis sativa L.

Ⓛ 삼ⓝ, 대마초, 대마, 마, 역삼, 역마 Ⓔ hemp, marihuana, hemp-fimble, red-root, indian-hemp, true-hemp, common-hemp, marijuana Ⓒ or Ⓜ (40): 대마#(大麻 Da-Ma), 대마초#(大麻草 Da-Ma-Cao), 마근#(麻根 Ma-Gen), 마엽#(麻葉 Ma-Ye), 마자인#(麻子仁 Ma-Zi-Ren), 화마인#(火麻仁 Huo-Ma-Ren)
[Character: dicotyledon. polypetalous flower. annual herb. erect type. cultivated, medicinal, edible plant]

1년생 초본으로 종자로 번식하며 섬유작물로 재배한다. 원줄기는 높이 100~150㎝ 정도로 곧추 자라고, 둔한 사각형이며 잔털이 있고 녹색이다. 윗부분에서 가지가 갈라진다. 잎은 밑부분에서는 마주나고 잎자루가 길며 잎몸은 5~9개로 갈라진 장상복엽이다. 줄기의 윗부분에서는 어긋나고 잎몸이 3개로 갈라지거나 갈라지지 않는다. 꽃은 7~8월에 피는 2가화로 연한 녹색의 수꽃은 원추꽃차례에 달리고 암꽃은 짧은 수상꽃차례에 달린다. 수과는 지름 1.5~2.5㎜ 정도의 난상 원형으로 딱딱하고 회색이다. 공업용으로도 이용한다. 민간에서는 잎을 무좀에 사용하기도 하고 말린 잎과 씨를 환각제로 이용하여 문제가 되기도 한다. '대마'라고 부르기도 한다. 섬유작물이나 어린잎과 종자를 약으로 쓰거나 식용하기도 한다. 다음과 같은 증상이나 효과에 약으로 쓰인다. 삼(45): 강장보호, 강정제, 강화, 개선, 건망증, 건위, 고미, 광견병, 구충, 구토, 기억력감퇴, 난산, 내분비기능항진, 당뇨, 대하증, 변비, 사태, 살충, 설사, 안산, 안오장, 안태, 양모발약, 오충, 완화, 요통, 월경이상, 위장염, 유즙결핍, 윤장, 이뇨, 종독, 주부습진, 진정, 진통, 최면, 최면제, 타박상, 타복, 탈피기급, 통리수도, 통유, 해수, 허리디스크, 활혈

환삼덩굴* hwan-sam-deong-gul

삼과 Cannabaceae
Humulus japonicus Siebold & Zucc.

Ⓛⓝ 한삼덩굴ⓝ, 범상덩굴, 좀환삼덩굴, 언겅퀴 Ⓔⓝ japanese-hop, japanese-hops Ⓒⓝ or Ⓜⓝ (16): 갈늑만(葛勒蔓 Ge-Le-Wan), 율초#(葎草 Lu-Cao), 천장초(穿腸草 Chuan-Chang-Cao)
[Character: dicotyledon. polypetalous flower. annual herb. vine. wild, medicinal, edible plant]

1년생 초본의 덩굴식물로 종자로 번식한다. 전국적으로 분포하며 산 가장자리와 풀밭 및 빈터에서 자란다. 덩굴성인 줄기와 잎자루에 밑을 향한 잔가시가 있어 거칠다. 마주나는 잎의 잎몸은 긴 잎자루 끝에 달리며 길이와 너비가 각각 6~12㎝ 정도의 장상엽으로 5~7개의 열편으로 갈라지고 양면에 거친 털이 있으며 가장자리에 규칙적인 톱니가 있다. 꽃은 7~8월에 피는 2가화로 연한 녹색의 수꽃은 원추꽃차례에 달리고 암꽃은 짧은 총상꽃차례에 달린다. 수과는 지름 3~5㎜ 정도인 난상 원형으로 황갈색이 돌며 윗부분에 잔털이 있다. '호프'와 달리 잎이 3~7개로 깊은 장상으로 갈라지고 암꽃의 포는 난원형이며 녹색으로 일부에 자갈색을 띤다. 초지나 사료작물 포장에서 문제잡초가 되어 수량과 가축의 기호성을 감소시킨다. 공업용으로 이용하며 새순을 쌈으로 먹거나 데쳐서 나물로 먹기도 한다. 깻잎김치 담그듯 절임으로 먹기도 하고 말려서 가루를 내 분말로 먹기도 한다. 다음과 같은 증상이나 효과에 약으로 쓰인다. 환삼덩굴(20): 감기, 건위, 관격, 나창, 오림, 옹종, 위암, 이뇨, 임파선염, 진정, 청혈해독, 치질, 치핵, 퇴허열, 파상풍, 폐결핵, 폐렴, 폐혈, 하리, 학질

19990806 19900401 19890520 20011029

20010415 20060423 19920510

19900607 19950817 19890918

호프* ho-peu

삼과 Cannabaceae
Humulus lupulus L.

LN 호프ⓝ, 홉 EN hop, european-hop, common-hop CN or MN (4): 비주화#(啤酒花 Pi-Jiu-Hua), 사마초#(蛇麻草 She-Ma-Cao), 홀포#(忽布 Hu-Bu)
[Character: dicotyledon. polypetalous flower. perennial herb. vine. cultivated, medicinal, edible, ornamental plant]

다년생 초본의 덩굴식물로 땅속줄기나 종자로 번식한다. 유럽이 원산지로 강원도 홍천지방에서 맥주 원료로 많이 재배하였으나 지금은 거의 재배하지 않는다. 덩굴성인 줄기는 오른쪽으로 감으면서 올라간다. 마주나는 잎의 잎몸은 둥글지만 3~5개의 열편으로 갈라지기도 하며 가장자리에 뾰족한 톱니가 있다. 잎자루는 잎몸보다 짧다. 7~8월에 개화하며 꽃은 2가화로 루풀린(lupulin)이 들어 있어 좋은 향기를 내고 이것이 맥주의 쓴맛을 낸다. 구과를 9~10월에 수확한다. 암꽃의 성숙한 포는 연한 황갈색이다. 어린순은 나물로 하기도 한다. 봄에 잎이 벌어지기 전에 채취해 국이나 무침으로 먹고 구과는 맥주의 원료로 사용한다. 관상용으로 심기도 한다. 다음과 같은 증상이나 효과에 약으로 쓰인다. 호프(14): 건위, 경련, 방광염, 복창, 불면증, 소화불량, 위장염, 이뇨, 정신분열증, 진경, 진정, 최면, 통리수도, 하초습열

모시풀* mo-si-pul

쐐기풀과 Urticaceae
Boehmeria nivea (L.) Gaudich.

LN 모시풀ⓝ, 모시, 모싯잎, 남모시풀, 남모시 EN ramie, china-ramie, chinese-silk-plant, china-grass CN or MN (7): 저근#(苧根 Zhu-Gen), 저마#(苧麻 Zhu-Ma), 저마화(苧麻花 Zhu-Ma-Hua)
[Character: dicotyledon. polypetalous flower. perennial herb. erect type. cultivated, wild, medicinal, edible plant]

다년생 초본으로 땅속줄기나 종자로 번식한다. 중남부지방에 분포하며 섬유자원으로 재배하고 있다. 원줄기는 높이 80~160㎝ 정도로 둥글며 약간 가지가 갈라지고 녹색이며 잔털이 있고 뿌리는 목질이다. 어긋나는 잎의 잎몸은 길이 10~15㎝, 너비 5~10㎝ 정도의 난상 원형으로 끝이 꼬리처럼 약간 길며 표면은 짙은 녹색이고 털이 약간 있으나 뒷면은 솜 같은 털이 밀생하여 흰빛이 돈다. 잎자루는 길이 3~6㎝ 정도이고 7~8월에 개화한다. 원줄기 밑부분에 수꽃차례, 윗부분에 암꽃차례가 달린다. 열매는 길이 1㎜ 정도의 타원형으로 여러 개가 함께 붙어 있다. '섬모시풀'과 달리 가지와 잎자루에 긴 털이 밀생한다. 특히 충남 한산지방에서 많이 재배하며 껍질로 모시를 짠다. 잎으로 차를 만들어 마시기도 한다. 가을에 연한 잎을 삶아 멥쌀과 빻은 다음 모시 송편이나 모시 개떡을 하거나 장아찌를 담가 먹는다. 다음과 같은 증상이나 효과에 약으로 쓰인다. 모시풀(20): 견광, 경혈, 광견병, 안태, 양혈지혈, 옹종, 이뇨, 제충제, 지혈, 청열안태, 치루, 치출혈, 타박상, 태루, 토혈각혈, 통경, 하혈, 해독, 해열, 혈뇨

겨우살이* gyeo-u-sal-i

겨우살이과 Loranthaceae
Viscum album var. *coloratum* (Kom.) Ohwi

ⓁⓃ 겨우사리ⓝ, 붉은열매겨우사리 ⒺⓃ colored-mistletoe, mistletoe ⒸⓃ or ⓂⓃ (37): 곡기생#(槲寄生 Hu-Ji-Sheng), 동청(凍青 Dong-Qing), 상기생#(桑寄生 Sang-Ji-Sheng), 인동#(忍冬 Ren-Dong)

[Character: dicotyledon. polypetalous flower. evergreen shrub. erect type. parasitic plant. wild, medicinal, ornamental plant]

상록성 관목으로 종자로 번식한다. 전국적으로 분포하며 다른 나무에 기생하여 자란다. 가지는 차상으로 갈라지고 둥글며 황록색이고 털이 없으며 마디 사이가 3~6㎝ 정도이다. 마주나는 잎은 길이 3~6㎝, 너비 6~12㎜ 정도의 피침형으로 짙은 녹색이며 두껍고 윤기가 없다. 화경이 없이 정생하는 꽃은 황색이다. 열매는 지름 6㎜ 정도로 둥글며 연한 황색으로 익는다. 관상용으로 이용하며, 다음과 같은 증상이나 효과에 약으로 쓰인다. 겨우살이(21): 각기, 강장보호, 거풍습, 고혈압, 관절염, 근골위약, 동맥경화, 보간신, 안태, 열질, 요통, 장풍, 제습, 진정, 진통, 최토, 치통, 치한, 태루, 통경, 풍

등칡* deung-chik

취방울덩굴과 Aristolochiaceae
Aristolochia manshuriensis Kom.

LN 등칡ⓝ, 등칙, 큰쥐방울, 칡향, 긴쥐방울 EN manchurian-dutchmanspipe, manchurian-birthwort CN or MN (12): 관목통#(關木通 Guan-Mu-Tong), 목통#(木通 Mu-Tong), 통초#(通草 Tong-Cao), 후이초(猴耳草 Hou-Er-Cao)

[Character: dicotyledon. polypetalous flower. deciduous shrub. vine. wild, medicinal, ornamental plant]

낙엽덩굴성 목본식물로 근경이나 종자로 번식한다. 전국적으로 분포하며 깊은 산 계곡에서 자란다. 덩굴은 10m 정도까지 자라고 햇가지는 녹색이지만 2년생의 가지는 회갈색이다. 어긋나는 잎의 잎몸은 지름 10~25㎝ 정도의 원형으로 심장저이며 표면에 털이 없다. 잎자루는 길이 7㎝ 정도로 털이 없다. 5~6월에 개화하며 화병은 길이 2~3㎝ 정도이고 꽃은 길이 10㎝ 정도로 U자형으로 꼬부라지며 겉은 연한 녹색, 안쪽 중앙부는 연한 갈색이다. 열매는 삭과이며 길이 10㎝, 지름 3㎝ 정도의 긴 타원형으로 6개의 능선이 있고 털이 없으며 9~10월에 익는다. '쥐방울덩굴'과 달리 목본으로 오래된 줄기에 코르크질이 발달하며 잎은 원형으로 심장저이고 꽃은 잎겨드랑이에 1개씩 난다. 관상용으로 심는다. 다음과 같은 증상이나 효과에 약으로 쓰인다. 등칡(24): 강심제, 강화, 거질, 구내염, 복통, 사독, 신경쇠약, 신장쇠약, 요독증, 이뇨, 종독, 주독, 진통, 진해, 창저, 천식, 청혈, 치열, 치질, 통경, 하유, 해독, 해열, 현기증

쥐방울덩굴* jwi-bang-ul-deong-gul

쥐방울덩굴과 Aristolochiaceae
Aristolochia contorta Bunge

LN 방울풀ⓝ, 쥐방울, 마도령, 까치오줌요강 EN northern-dutchmanspipe, birthwort
CN or MN (59): 광방기(廣防己 Guang-Fang-Ji), 마두령#(馬兜鈴 Ma-Dou-Ling), 천선등#(天仙藤 Tian-Xian-Teng), 청목향#(靑木香 Qing-Mu-Xiang)
[Character: dicotyledon. polypetalous flower. perennial herb. vine. wild, medicinal plant]

다년생 초본이며 덩굴성이고 근경이나 종자로 번식한다. 전국적으로 분포하며 산이나 들에서 자란다. 털이 없는 덩굴은 5m 정도까지 자라나 지주가 없으면 뭉쳐서 자란다. 어긋나는 잎의 잎몸은 길이 5~10㎝, 너비 4~8㎝ 정도의 넓은 난상 심장형으로 가장자리가 밋밋하며 잎자루는 길이 1~7㎝ 정도이다. 7~8월에 개화한다. 꽃은 잎겨드랑이에서 여러 개가 함께 나오고 꽃받침은 통 같으며 밑부분이 둥글게 커진다. 삭과는 지름 3㎝ 정도로 둥글며 밑부분에서 6개로 갈라진다. '등칡'과 달리 초본으로 잎은 심장형이고 털이 없으며 꽃은 잎겨드랑이에 몇 개씩 속생한다. 다음과 같은 증상이나 효과에 약으로 쓰인다. 쥐방울덩굴(15): 각혈, 고혈압, 기관지염, 소아천식, 옹종, 제습, 종독, 지통, 치핵, 폐기천식, 폐혈, 해독소종, 해수, 행기, 화습

족도리풀* jok-do-ri-pul

쥐방울덩굴과 Aristolochiaceae
Asarum sieboldii Miq.

LN 족도리풀ⓝ, 민세신, 민족두리풀, 조리풀, 화세신, 뿔족도리풀, 족도리, 만주족도리풀, 민족도리풀, 서울족도리풀, 세신, 족두리풀, 털족도리풀 EN siebold-wildginger, manchurian-wildginger, wildginger CN or MN (21): 금분초(金盆草 Jin-Pen-Cao), 북세신(北細辛 Bei-Xi-Xin), 세신#(細辛 Xi-Xin), 한성세신#(漢城細辛 Han-Cheng-Xi-Xin)

[Character: dicotyledon. polypetalous flower. perennial herb. erect type. cultivated, wild, medicinal, poisonous, ornamental plant]

다년생 초본이며 근경이나 종자로 번식한다. 전국적으로 분포하며 산간지의 나무 그늘에서 자란다. 근경은 마디가 많으며 육질이고 매운맛이 있다. 원줄기 끝에서 2개의 잎이 나와 마주 퍼져 마주난 것처럼 보인다. 잎자루는 길며 자줏빛이 돌고 잎몸은 길이가 4~8㎝ 정도인 신장상 심장형으로 표면은 녹색이며 윤기가 없고 가장자리가 밋밋하다. 꽃은 검은 홍자색이다. 열매는 장과상이고 끝에 화피열편이 달려 있으며 종자가 20개 정도 들어 있다. 암술대가 6개이고 수술이 12개이며 잎끝이 뾰족하고 화피열편은 넓은 난상 삼각형이다. 관상용으로 심기도 한다. 전체에 독이 강해 나물로 먹으면 안 된다. 다음과 같은 증상이나 효과에 약으로 쓰인다. 족도리풀(24): 감기, 거풍, 골습, 관절염, 두통, 류머티즘, 산한, 온폐, 위내정수, 이뇨, 자한, 정신분열증, 제습, 진정, 진통, 진해, 축농증, 치통, 통기, 풍, 풍독, 풍비, 해수, 해표

애기수영* ae-gi-su-yeong

마디풀과 Polygonaceae
Rumex acetocella L.

LN 애기괴싱아ⓝ, 애기승애 EN red-sorrel, field-sorrel, sheep-sorrel, sour-dock, sheep's-dock, sour-grass, sheep's-sorrel, common-sorrel CN or MN (12): 산모#(酸模 Suan-Mo), 산모근#(酸模根 Suan-Mo-Gen), 소산모#(小酸模 Xiao-Suan-Mo)
[Character: dicotyledon. polypetalous flower. perennial herb. creeping and erect type. wild, medicinal, edible, ornamental, forage plant]

다년생 초본으로 근경이나 종자로 번식한다. 중남부지방에 분포하며 들이나 길가에서 자란다. 근경이 벋으면서 왕성하게 번식한다. 모여 나는 줄기는 높이 20~50㎝ 정도로 털이 없고 세로로 능선이 있으며 적자색이 돌고 신맛이 난다. 근생엽은 모여 나고 잎자루가 길며 잎몸은 길이 3~6㎝, 너비 1~2㎝ 정도의 창검 같은 모양이다. 경생엽은 어긋나며 긴 타원형이고 줄기와 더불어 신맛이 난다. 5~6월에 개화하며 홍록색의 꽃은 원추꽃차례의 가지에서 돌려나고 짧은 녹갈색의 화경이 있다. 열매는 타원형으로 3개의 능선이 있고 갈색이며 윤기가 없다. '수영'과 비슷하지만 화피 열편이 꽃이 핀 다음 자라지 않는다. 유럽원산의 귀화식물이며 연한 부분을 식용한다. 관상용, 밀원용, 사료용으로 쓴다. 초지에서는 방제하기 어려운 잡초가 되기도 한다. 어린순을 데쳐서 무쳐 먹는다. 다음과 같은 증상이나 효과에 약으로 쓰인다. 애기수영(13): 개선, 경혈, 비즘, 소변불통, 악창, 양혈, 옴, 종독, 청열, 토혈각혈, 통경, 피부병, 해열

수영* su-yeong

마디풀과 Polygonaceae
Rumex acetosa L.

LN 괴싱아ⓝ, 시금초, 괴승애 EN sorrel, garden-sorrel, green-souce-dock, common-sorrel, sharp-dock, meadow-sorrel, sour-dock, green-sorrel CN or MN (10): 당약(當藥 Dang-Yao), 산모#(酸模 Suan-Mo), 산양제(山羊蹄 Shan-Yang-Ti), 우이대황(牛耳大黃 Niu-Er-Da-Huang)
[Character: dicotyledon. polypetalous flower. perennial herb. erect type. wild, medicinal, edible, ornamental, forage plant]

다년생 초본으로 근경이나 종자로 번식한다. 전국적으로 분포하며 들이나 길가에서 자란다. 원줄기는 높이 40~90㎝ 정도이고 원주형으로 많은 줄이 있으며 홍자색이 돌고 잎과 더불어 신맛이 난다. 근생엽은 모여 나고 경생엽은 어긋나며 피침상 긴 타원형으로 위로 올라갈수록 잎자루가 짧아지고 턱잎은 초상의 막질이다. 5~6월에 개화하며 녹자색의 꽃은 길이 15~30㎝ 정도의 원추꽃차례에서 돌려나고 짧은 화경이 있다. 열매는 길이 2㎜ 정도의 세모진 타원형으로 흑갈색이고 윤기가 있다. '애기수영'과 달리 화피 열편은 꽃이 핀 다음 자란다. 연한 잎은 식용하며 밀원, 관상, 사료로도 이용한다. 어린순을 데쳐서 나물이나 국을 끓여 먹고 잎은 채소나 샐러드, 샌드위치, 스프, 소스 등에 이용한다. 향미료로 쓰이기도 한다. 다음과 같은 증상이나 효과에 약으로 쓰인다. 수영(17): 개선, 건선, 비듬, 소변불통, 악창, 양혈, 양혈거풍, 옴, 완선, 종독, 청열, 통경, 통리수도, 피부병, 해열, 혈뇨, 활혈

토대황* to-dae-hwang

마디풀과 Polygonaceae
Rumex aquaticus L.

LN 물송구지ⓝ, 묵개대황 EN water-sorrel, scottish-dock, water-dock, grainless-dock, scottish-dock, trossach's-dock CN or MN (2): 대황#(大黃 Da-Huang)
[Character: dicotyledon. polypetalous flower. perennial herb. erect type. hygrophyte. wild, medicinal, edible, ornamental plant]

다년생 초본으로 근경이나 종자로 번식한다. 중북부지방에 분포하며 산골짝의 냇가에서 자란다. 모여 나는 줄기는 높이 80~160㎝ 정도이고 흔히 자줏빛이 돈다. 근생엽과 밑부분의 경생엽은 길이 20~40㎝ 정도의 긴 타원상 난형으로 털이 없다. 뿌리는 굵으며 곧추 들어간다. 7~8월에 개화하며 꽃은 녹색이고 층층이 달려 전체가 원추형이 된다. 소과경에 마디가 없고 열매는 '메밀'처럼 세모가 진다. '개대황'과 달리 잎은 심장저이고 내화피는 절저이며 과병에 마디가 없다. 밀원이나 관상식물로도 이용한다. 연한 잎은 삶아 나물로 먹고 초무침을 하거나 된장, 매실 진액에 무쳐 먹거나 된장국을 끓여 먹기도 한다. 다음과 같은 증상이나 효과에 약으로 쓰인다. 토대황(16): 개선, 건위, 관절염, 버짐, 부인하혈, 소아피부병, 종, 옹창, 장염, 장풍, 청열, 토혈각혈, 통경, 통리수도, 피부병, 황달

돌소리쟁이* dol-so-ri-jaeng-i

마디풀과 Polygonaceae
Rumex obtusifolius L.

LN 세포송구지ⓝ, 돌소루쟁이, 둥근소리쟁이 EN broadleaved-dock, bitter-dock, blunt-leaved-dock, broad-leaf-dock CN or MN (1): 금불환#(金不換 Jin-Bu-Huan)
[Character: dicotyledon. polypetalous flower. perennial herb. erect type. wild, medicinal, edible, forage plant]

다년생 초본으로 근경이나 종자로 번식한다. 구아대륙원산의 귀화식물로 전국적으로 분포하며 길가나 도랑에서 자란다. 원줄기는 높이 60~120㎝ 정도로 곧게 서고 세로로 많은 골이 파이며 중간부터 가지가 갈라진다. 근생엽은 잎자루가 길고 잎몸은 길이 20~35㎝, 너비 5~15㎝ 정도의 장타원상 난형으로 가장자리에 파상의 톱니가 있다. 어긋나는 경생엽도 비슷하지만 위로 갈수록 잎자루와 잎몸이 작아진다. 6~8월에 개화하며 담녹색의 꽃은 원추꽃차례에 돌려나서 달린다. 수과는 길이 2.5㎜ 정도의 세모진 넓은 난형으로 흑갈색이며 안쪽의 꽃받침열편으로 싸여 있다. '좀소리쟁이'와 달리 밑쪽의 잎은 장타원상 난형 또는 넓은 난형이고 뒷면에 털 모양의 돌기가 있으며 기부는 심장형이다. 어릴 때에는 식용한다. 소가 먹지만 초지에서 문제잡초가 된다. 연한 잎은 삶아 나물로 먹고 초무침을 하거나 된장, 매실 진액에 무쳐 먹거나 된장국을 끓여 먹기도 한다. 다음과 같은 증상이나 효과에 약으로 쓰인다. 돌소리쟁이(12): 각기, 건위, 변비, 부종, 산후통, 살충, 설사, 어혈, 통경, 피부병, 해열, 황달

소리쟁이* so-ri-jaeng-i

마디풀과 Polygonaceae
Rumex crispus L

LN 송구지ⓝ, 소루쟁이, 긴잎소루쟁이, 긴소루장이지, 긴소루쟁이 EN curly-dock, yellow-dock, crispate-dock, sorrel, dock CN or MN (46): 금불환(金佛換 Jin-Fo-Huan), 야대황(野大黃 Ye-Da-Huang), 양제#(羊蹄 Yang-Ti), 축(蓄 Xu), 토대황(土大黄 Tu-Da-Huang)

[Character: dicotyledon. polypetalous flower. perennial herb. erect type. hygrophyte. wild, medicinal, edible, ornamental, forage plant]

다년생 초본으로 근경이나 종자로 번식한다. 전국적으로 분포하며 들의 습지에서 자란다. 모여 나는 줄기는 높이 50~100㎝ 정도로 곧추 자라며 녹색 바탕에 흔히 자줏빛이 돌고 뿌리가 비대해진다. 근생엽은 잎자루가 길고 잎몸은 길이 15~30㎝, 너비 4~6㎝ 정도의 피침형 또는 긴 타원형이며 가장자리가 파상이다. 경생엽은 어긋나며 잎자루가 짧고 장타원상 피침형으로 주름살이 있다. 6~7월에 개화하며 연한 녹색의 꽃은 원추꽃차례에 돌려난다. 열매의 내화피는 길이 4~5㎜ 정도의 난형으로 톱니가 없다. '참소리쟁이'와 달리 뿌리에서 돋은 잎은 원저 또는 설저이고 잎의 가장자리는 거의 톱니가 없거나 밋밋하다. 어릴 때에는 식용하며 사료로도 쓴다. 관상용으로 심기도 한다. 소가 잘 먹지만 초지에서 방제하기 어려운 잡초이다. 연한 잎은 삶아 나물로 먹고 초무침을 하거나 된장, 매실 진액에 무쳐 먹거나 된장국을 끓여 먹기도 한다. 다음과 같은 증상이나 효과에 약으로 쓰인다. 소리쟁이(68): 각기, 간염, 갈충, 갑상선염, 개선, 거품대변, 건선, 건위, 경혈, 관격, 관절염, 관절통, 구창, 근골동통, 근염, 난소종양, 만성위염, 백혈병, 변비, 보습제, 부인하혈, 부종, 산후통, 살충, 설사, 소아두창, 십이지장충증, 어혈, 연주창, 열질, 완선, 외이도절, 요부염좌, 요슬산통, 월경이상, 유선염, 윤피부, 음부소양, 음부질병, 음양음창, 임질, 장염, 장위카타르, 적백리, 적취, 종독, 좌섬요통, 지혈, 창독, 척추관협착증, 청열양혈, 타태, 토혈각혈, 통경, 통리수도, 통변살충, 풍, 피부병, 피부소양증, 피부윤택, 해수, 해열, 혈리, 호흡기질환, 화상, 화염지해, 황달, 후굴전굴

대황* dae-hwang

마디풀과 Polygonaceae
Rheum rhabarbarum L.

Ⓛⓝ 대황ⓝ, 당대황 Ⓔⓝ common-rhubarb, garden-rhubarb, rhubarb, medicinal-rhubarb, pieplant Ⓒⓝ or Ⓜⓝ (66): 금문대황#(錦紋大黃 Jin-Wen-Da-Huang), 대황#(大黃 Da-Huang), 화삼(火蔘 Huo-Shen)

[Character: dicotyledon. polypetalous flower. perennial herb. erect type. cultivated, wild, medicinal, edible, ornamental plant]

다년생 초본으로 근경이나 종자로 번식한다. 시베리아가 원산지인 약용 식물로 전국적으로 재배한다. 굵은 황색의 뿌리가 있고 원줄기는 높이 100~200㎝ 정도에 달하며 속이 비어 있다. 근생엽은 자줏빛이 도는 긴 잎자루가 있으며 잎몸은 길이가 25~30㎝ 정도인 난형이고 가장자리가 파상이다. 경생엽은 위로 올라갈수록 잎자루와 잎몸이 작다. 7~8월에 개화한다. 복총상꽃차례는 가지와 원줄기 끝에서 원추꽃차례를 형성하고 화경이 있는 황백색의 꽃이 돌려난다. '장군풀'과 달리 잎이 갈라지지 않는다. 어릴 때에는 식용한다. 관상용이나 밀원용으로 심기도 한다. 연한 잎과 줄기를 삶아 나물로 먹거나 국을 끓여 먹는다. 다음과 같은 증상이나 효과에 약으로 쓰인다. 대황(24): 각기, 거담, 건위, 경혈, 급성복막염, 냉풍, 보습제, 어혈, 열병, 요결석, 유즙결핍, 종독, 창종, 청열해독, 청화습열, 타박상, 피부윤택, 해열, 혈뇨, 호흡기질환, 화상, 황달, 활혈거어, 흉부냉증

20070527

20020627 20020627

20030612

20020627

20030322  20120331 가는범꼬리  20120407 가는범꼬리

20120414 가는범꼬리  20100424  20120526

범꼬리* beom-kko-ri

마디풀과 Polygonaceae
Bistorta manshuriensis (Petrov ex Kom.) Kom.

LN 북범꼬리풀ⓝ, 범의꼬리, 만주범의꼬리, 범꼬리풀 EN bistort, alpine-bistort, serpent-grass, snakeweed CN or MN (23): 권삼#(拳蔘 Quan-Shen), 흘탑칠(疙瘩七 Ge-Da-Qi)
[Character: dicotyledon. polypetalous flower. perennial herb. erect type. wild, medicinal, edible, forage plant]

다년생 초본으로 근경이나 종자로 번식한다. 전국적으로 분포하며 깊은 산의 초원에서 자란다. 근경은 짧고 크며 많은 잔뿌리가 나온다. 모여 나는 줄기는 높이 40~80㎝ 정도이고 전체에 털이 없거나 잎 뒷면에 백색 털이 있다. 근생엽은 잎자루가 길며 잎몸은 길이 5~10㎝, 너비 3~7㎝ 정도의 넓은 난형으로 점차 좁아져서 끝이 뾰족해지며 밑부분이 심장저이고 뒷면이 흰빛이다. 경생엽은 위로 올라갈수록 작아지고 잎자루가 없다. 6~7월에 개화하며, 화경 끝에서 길이 4~8㎝ 정도의 원주형 화수가 발달하고 연한 홍색 또는 백색의 꽃이 핀다. '가는범꼬리'와 달리 잎은 창모양의 타원형 또는 장타원형이고 심장저이다. 밀원용이나 사료용으로 이용한다. 어린잎과 줄기를 생으로 먹어도 되고 데쳐서 무치거나 묵나물로 먹는다. 다음과 같은 증상이나 효과에 약으로 쓰인다. 범꼬리(24): 간질, 경련, 구금불언, 구내염, 언어장애, 열병, 옹종, 우울증, 이습, 임파선염, 장위카타르, 정신분열증, 종독, 지사, 지혈, 진경, 진정, 진통, 청열, 통경, 파상풍, 하리, 해독, 해열

싱아* sing-a

마디풀과 Polygonaceae
Aconogonon alpinum (All.) Schur.

ⓁⓃ 싱아ⓝ, 승애, 숭애, 넓은잎싱아 ⒸⓃ or ⓂⓃ (4): 당약(當藥 Dang-Yao), 산모#(酸募 Suan-Mu), 산탕채#(酸湯菜 Suan-Tang-Cai)
[Character: dicotyledon. polypetalous flower. perennial herb. erect type. wild, edible plant]

다년생 초본으로 근경이나 종자로 번식한다. 전국적으로 분포하며 산이나 들에서 자란다. 원줄기는 높이 100~200㎝ 정도로 곧추서고 가지가 많이 갈라진다. 어긋나는 잎은 잎자루가 짧고 잎몸은 길이 10~15㎝, 너비 4~5㎝ 정도의 난상 타원형 또는 긴 타원형이며 양면에 털이 없다. 초상의 턱잎은 막질이고 털과 맥이 있으며 곧 갈라진다. 7~8월에 개화하며 원추꽃차례에는 백색의 작은 꽃이 많이 달린다. 수과는 길이 4㎜ 정도이며 세모가 지고 화피보다 길며 볏짚색으로 윤기가 있다. '승애'라고도 한다. '참개싱아'와 달리 전체에 털이 없고 복총상꽃차례로 짧으며 꽃은 백색이고 잎집은 막질이며 수과의 길이는 5㎜ 정도이다. 어릴 때에는 신맛이 있어 생식하며 밀원용으로 이용하기도 한다. 연한 잎과 줄기를 삶아 나물로 먹거나 다른 산나물과 같이 데쳐서 무쳐 먹는다. 쌈에 넣기도 하고 생으로 무치기도 한다. 다음과 같은 증상이나 효과에 약으로 쓰인다. 싱아(11): 개선, 건위, 구충, 음양음창, 일사병열사병, 적백리, 창양, 치핵, 토혈각혈, 해열, 황달

왕호장근* wang-ho-jang-geun

마디풀과 Polygonaceae
Fallopia sachalinensis (F. Schmidt) Ronse Decr.

LN 큰감제풀ⓝ, 왕호장, 왕싱아, 왕감제풀, 엿앗대, 개호장, 왕까치수영 EN giant-knotweed, sakhalin-knotweed CN or MN (15): 고장(苦杖 Ku-Zhang), 대활혈#(大活血 Da-Huo-Xue), 산장#(酸杖 Suan-Zhang), 왕호장#(王虎杖 Wang-Hu-Zhang), 호장(虎杖 Hu-Zhang)
[Character: dicotyledon. polypetalous flower. perennial herb. erect type. wild, medicinal, edible, ornamental plant]

다년생 초본으로 근경이나 종자로 번식한다. 울릉도와 남부지방에 분포하며 산이나 들에서 자란다. 근경은 굵으며 겉은 갈색이고 안쪽은 황색이다. 줄기는 높이 2~4m 정도까지 자라고 가지가 많이 갈라진다. 원줄기의 속은 비어 있으며 녹색이지만 광선이 닿으면 붉어지고 어린순은 죽순 같은 모양이다. 어긋나는 잎은 잎자루가 있고 잎몸은 길이 15~30㎝, 너비 10~20㎝ 정도의 긴 난형으로 뒷면에 흰빛이 돌며 턱잎은 막질이다. 8~9월에 개화하며 총상꽃차례로 피는 꽃은 백색이다. 수과는 길이 3㎜ 정도의 세모진 난형이다. 잎의 길이가 15~30㎝, 잎집의 길이가 2~7㎝ 정도로 '호장근'보다 길다. 어릴 때에 식용하기도 하고 밀원용이나 관상용으로 심기도 한다. 어린순을 삶아 나물로 먹는다. 연한 줄기는 데친 뒤 버섯이나 고기, 멸치를 넣고 볶기도 한다. 샐러드, 조림, 무쳐 먹기도 한다. 다음과 같은 증상이나 효과에 약으로 쓰인다. 왕호장근(14): 보익, 암, 완화, 월경이상, 이뇨, 청열이습, 치핵, 타박상, 통경, 해독, 화염지해, 활혈정통, 황달, A형간염

19991107

19941001

19941001  20120810

19930515  19980523

20060604

20060603  19890917

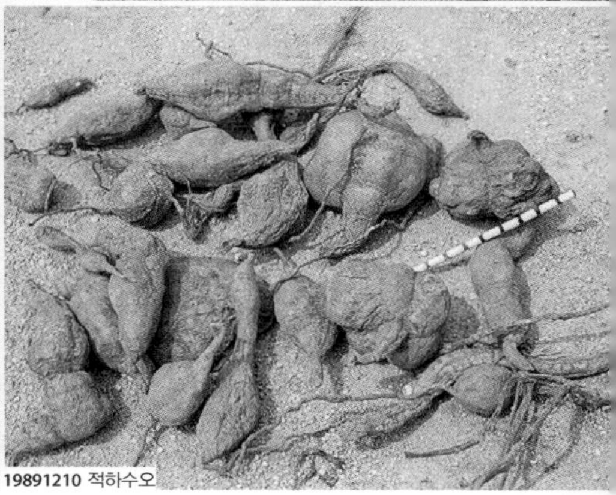

19891210 적하수오

하수오* ha-su-o

마디풀과 Polygonaceae
Fallopia multiflora (Thunb.) Haraldson

LN 하수오ⓝ, 적하수오 EN chinese-knotweed CN or MN (36): 적하수오#(赤何首烏 Chi-He-Shou-Wu), 하수오#(何首烏 He-Shou-Wu)
[Character: dicotyledon. polypetalous flower. perennial herb. vine. cultivated, wild, medicinal, edible, ornamental plant]

다년생 초본의 덩굴식물로 괴근이나 종자로 번식한다. 중국에서 들어와 약용식물로 재배하고 들이나 산에서 야생으로도 자란다. 뿌리는 땅속으로 벋으면서 둥근 괴근이 달린다. 덩굴성의 줄기는 길이 2~4m 정도로 자라며 전체에 털이 없다. 어긋나는 잎은 잎자루가 있고 잎몸은 길이 3~6㎝, 너비 2~4㎝ 정도로 난상 심장형이며 끝이 뾰족하고 가장자리가 밋밋하다. 8~9월에 개화한다. 원추꽃차례에 백색의 꽃이 핀다. 열매는 길이 7~8㎜ 정도로 3개의 날개가 있으며 꽃받침으로 싸인다. 수과는 길이 2.5㎜ 정도로 세모진 난형이다. '나도하수오'와는 달리 잎의 맥상에 털이 없고 뿌리에 덩이뿌리가 있다. 밀원용이나 관상용으로 심는다. 어린 싹과 잎은 데쳐서 무쳐 먹는다. 다음과 같은 증상이나 효과에 약으로 쓰인다. 하수오(43): 각풍, 간기능회복, 간염, 간허, 감기, 감비, 강심제, 강장보호, 강정제, 갱년기장애, 거담, 건망증, 과로, 관절염, 구풍, 권태증, 근골위약, 내풍, 두통, 백일해, 보익, 수풍, 신경쇠약, 양위, 양혈, 오발, 완화, 요슬산통, 임파선염, 장위카타르, 정기, 정력증진, 종독, 진통, 진해, 척추질환, 토혈, 통경, 통기, 풍습, 해독, 혈색불량, 활혈

이삭여뀌* i-sak-yeo-kkwi

마디풀과 Polygonaceae
Persicaria filiformis (Thunb.) Nakai ex Mori

LN 이삭여뀌ⓝ, 이삭역귀 CN or MN(7): 금선초#(金線草 Jin-Xian-Cao), 야료(野蓼 Ye-Liao), 해각초(蟹殼草 Xie-Qiao-Cao)
[Character: dicotyledon. polypetalous flower. perennial herb. erect type. wild, medicinal, edible, ornamental plant]

다년생 초본으로 근경이나 종자로 번식한다. 전국적으로 분포하며 산이나 들에서 자란다. 군락으로 나오는 줄기는 높이 50~100㎝ 정도로 마디가 있으며 전체에 긴 털이 있다. 어긋나는 잎의 잎몸은 길이 7~15㎝, 너비 4~8㎝ 정도의 도란형으로 끝이 뾰족하며 밑부분이 좁고 양면에 털이 있으며, 표면에는 흔히 흑색의 반점이 있다. 잎자루는 길이 1~3㎝ 정도이다. 7~9월에 개화하며 길이 20~40㎝ 정도의 수상꽃차례에 드문드문 달리는 짧은 화경에 적색의 꽃이 핀다. 열매는 양끝이 좁은 난형이다. 암술대가 갈고리모양으로 휘고 탈락하지 않으며 화피가 4개로 갈라진다. 어릴 때는 식용하고 관상용이나 밀원용으로 이용하기도 한다. 다음과 같은 증상이나 효과에 약으로 쓰인다. 이삭여뀌(20): 각기, 거풍제습, 견비통, 경혈, 관절통, 만성요통, 오십견, 요통, 월경과다, 월경통, 위통, 이기지통, 장출혈, 제습, 지혈, 지혈산어, 타박상, 탄산토산, 혈변, 활

며느리배꼽* myeo-neu-ri-bae-kkop

마디풀과 Polygonaceae
Persicaria perfoliata (L.) H. Gross

LN 참가시덩굴여뀌ⓝ, 며누리배꼽, 사광이풀 EN perfoliate-knotweed CN or MN(11): 강판귀#(扛板歸 Gang-Ban-Gui), 뇌공등(雷公藤 Lei-Gong-Teng), 용선초(龍仙草 Long-Xian-Cao), 호설초(虎舌草 Hu-She-Cao)
[Character: dicotyledon. polypetalous flower. annual herb. vine. wild, medicinal, edible, green manure plant]

1년생 초본으로 덩굴성 식물이며 종자로 번식한다. 전국적으로 분포하여 들이나 길가에서 자란다. 길이 2m 정도의 덩굴성 줄기는 밑으로 향한 가시가 있어 다른 물체에 잘 붙는다. 어긋나는 잎의 긴 잎자루는 잎몸 밑에서 약간 올라붙어 있어 '배꼽'이라는 이름이 붙어 있다. 삼각형의 잎몸은 표면이 녹색이고 뒷면은 흰빛이 돌며 잎맥 위에 밑을 향한 잔가시가 있다. 7~9월에 개화한다. 연한 녹색의 꽃은 수상꽃차례에 달린다. 수과는 지름 3㎜ 정도의 난상 구형으로 약간 세모가 지고 흑색으로 윤기가 있으며 육질화된 하늘색 꽃받침으로 싸여 있어 장과처럼 보인다. '며느리밑씻개'와 달리 잎자루가 잎새 뒷면에 달렸고 잎은 끝이 뾰족하다. 신맛이 있어 어린잎을 생식하며 밀원용으로 심기도 한다. 퇴비로도 이용한다. 봄여름에 어린잎은 나물이나 국거리로 이용한다. 다음과 같은 증상이나 효과에 약으로 쓰인다. 며느리배꼽(16): 간염, 개선, 급성간염, 백일해, 수종, 습진, 옴, 이수소종, 종독, 청열활혈, 편도선염, 피부병, 하리, 해독, 해열, 활혈, 황달

며느리밑씻개* myeo-neu-ri-mit-ssit-gae

마디풀과 Polygonaceae
Persicaria senticosa (Meisn.) H. Gross ex Nakai var. *senticosa*

LN 가시덩굴여뀌ⓝ, 며누리밑씻개, 가시모밀, 사광이아재비 EN manyspiny-knotweed
CN or MN(4): 낭인#(廊茵 Lang-Yin), 자료#(刺蓼 Ci-Liao)
[Character: dicotyledon. polypetalous flower. annual herb. vine. wild, medicinal, edible, forage, green manure plant]

1년생 초본으로 덩굴성이며 종자로 번식한다. 전국의 들이나 길가에서 자란다. 80~160㎝ 정도의 덩굴줄기는 가지가 많이 갈라지고 단면이 사각형이며 잎자루와 더불어 붉은빛이 돌고 갈고리 같은 가시가 있어 다른 물체에 잘 붙는다. 어긋나는 잎의 잎몸은 길이와 너비가 각각 4~6㎝ 정도의 삼각형으로 양면에 털이 있다. 잎자루가 길고 턱잎은 잎 같지만 작고 녹색이다. 7~8월에 개화한다. 연한 홍색의 꽃은 가지 끝에 둥글게 모여 달리고 화경에 잔털과 선모가 있다. 종자는 흑색이며 꽃받침으로 싸여 있고 윗부분은 노출되며 둥글지만 약간 세모가 진다. 잎의 끝이 뾰족한 것은 '며느리배꼽'과 비슷하지만 잎자루가 잎새 밑에 달렸고 턱잎이 작으며 가시 외에 잔털이 있으며 꽃이삭에 엽상포가 없다. 어린잎을 식용하며 밀원용으로 심기도 한다. 목초나 녹비로도 이용한다. 어리고 부드러운 잎은 생으로 먹거나 생즙을 내어 마신다. 잎사귀를 샐러드로 먹거나 살짝 데쳐 먹기도 한다. 다음과 같은 증상이나 효과에 약으로 쓰인다. 며느리밑씻개(20): 독사교상, 발육촉진, 소종해독, 소양증, 습진, 식욕촉진, 옴, 옹종, 자궁하수, 종독, 치질, 치핵, 타박상, 태독, 통경, 피부병, 해독, 행혈산어, 활혈, 황달

20001019

20050918표

20030921 중간

19910812 19931023 흰색

20120414  20100425  19871010 자주

20120428  19910714  20120714

고마리* go-ma-ri

마디풀과 Polygonaceae
Persicaria thunbergii (Siebold & Zucc.) H. Gross ex Nakai

Ⓛⓝ 고마리ⓝ, 꼬마리, 조선꼬마리, 큰꼬마리, 고만이, 줄고만이, 고만잇대, 꼬마니, 돼지풀 Ⓔⓝ thunberg-knotweed Ⓒⓝ or Ⓜⓝ(4): 극엽료#(戟葉蓼 Ji-Ye-Liao), 수마료#(水麻蓼 Shui-Ma-Liao)
[Character: dicotyledon. polypetalous flower. annual herb. creeping and erect type. hygrophyte. wild, medicinal, edible, forage plant]

1년생 초본으로 종자로 번식한다. 전국적으로 분포하며 들의 습지나 개울가에서 자란다. 줄기는 길이 50~100㎝ 정도로 옆으로 비스듬히 자라고 땅에 닿은 마디에서는 뿌리가 내리며 가지가 갈라진다. 어긋나는 잎의 잎몸은 길이 4~8㎝, 너비 3~6㎝ 정도의 난형으로 밑부분이 심장저이며 짙은 녹색으로 약간의 털이 있고 윤기가 없다. 밑부분의 잎은 잎자루가 있으나 윗부분의 잎은 짧아지고 흔히 날개가 있으며 소엽같이 달리는 잎집은 길이 4~8㎜ 정도로 가장자리에 짧은 털이 있다. 8~9월에 개화한다. 화경에 짧은 털과 대가 있는 선모가 있고 꽃은 붉은빛이 도는 꽃 또는 백색바탕에 붉은빛이 도는 꽃과 흰빛이 도는 꽃이 있다. '나도미꾸리낚시'와 달리 잎집 끝이 대개 밋밋하고 잎의 열편은 넓으며 성모가 적다. 사료로 이용하기도 한다. 봄에 연한 잎과 줄기를 삶아 나물로 먹거나 된장국을 끓여 먹는다. 된장이나 간장, 초고추장에 무쳐 먹기도 한다. 다음과 같은 증상이나 효과에 약으로 쓰인다. 고마리(15): 견비통, 경혈, 류머티즘, 명목, 오십견, 요통, 음종, 이뇨, 이질, 지혈, 치핵, 타박상, 통리수도, 해독, 활혈

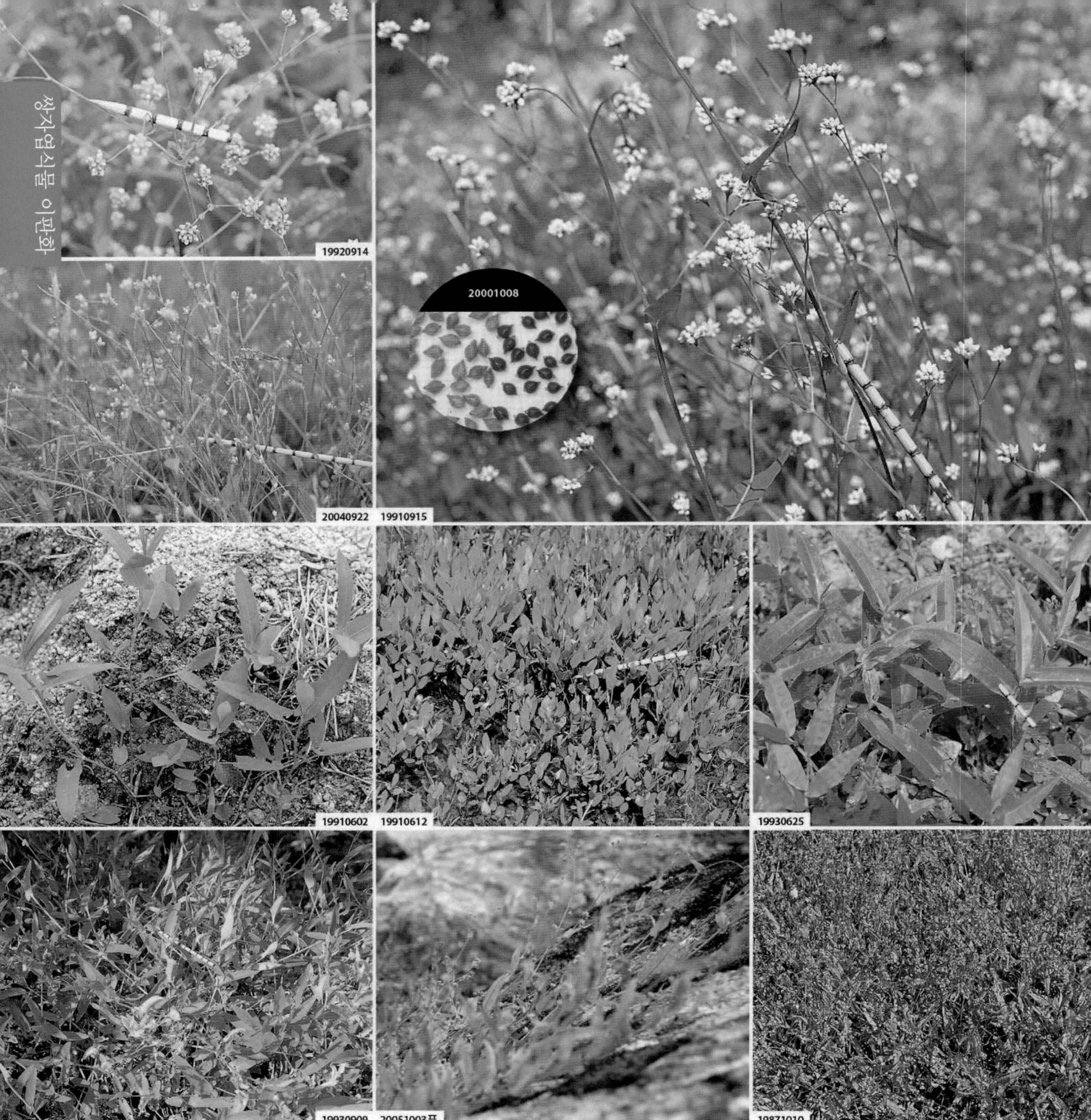

미꾸리낚시* mi-kku-ri-nak-si

마디풀과 Polygonaceae
Persicaria sagittata (L.) H. Gross ex Nakai

LN 미꾸리낚시ⓝ, 미꾸라지낚시, 여뀟대, 낚시여뀌, 늦미꾸리낚시 EN siebold-knotweed, arrowleaf-tearthunb, american-tearthumb CN or MN2): 소전엽료#(小蓼葉蓼, Xiao-Jian-Ye-Liao), 작교#(雀翹, Que-Qiao)
[Character: dicotyledon. polypetalous flower. annual herb. creeping and erect type. hygrophyte. wild, medicinal, forage, green manure plant]

1년생 초본으로 종자로 번식한다. 전국적으로 분포하며 산골짜기나 물가에서 자란다. 밑부분이 옆으로 누우며 자라는 줄기는 길이 40~80㎝ 정도이고 가지가 갈라지며 밑을 향한 잔가시가 있어 잘 붙는다. 어긋나는 잎은 잎자루가 있고, 잎몸은 피침형으로 심장저이며 털이 없으나 뒷면의 잎맥과 잎자루에는 밑을 향한 가시가 있다. 잎집 같은 턱잎은 길이 5~10㎜ 정도이며 털이 없다. 7~9월에 개화하며 가지 끝에 두상으로 모여 달리는 꽃은 연한 홍색이다. 수과는 길이 3㎜ 정도로 능선이 있으며 흑색이고 화피로 싸여 있다. '긴미꾸리낚시'와 달리 잎집의 끝이 비스듬하며 털이 없고 잎의 기부 열편은 평행하다. 밀원용으로 심으며 퇴비나 사료로 이용한다. 다음과 같은 증상이나 효과에 약으로 쓰인다. 미꾸리낚시(8): 개선, 대상포진, 명목, 익기, 소종지통, 습진, 청열해독, 피부염

털여뀌* teol-yeo-kkwi

마디풀과 Polygonaceae
Persicaria pilosa (Roxb.) Kitagawa

ⓛⓝ 털여뀌ⓝ, 털역귀, 붉은털여뀌, 노인장대, 말여뀌 ⓔⓝ prince-feather, kiss-me-over-the-garden-gate ⓒⓝ or ⓜⓝ(15): 대료(大蓼 Da-Liao), 수홍자#(水葒子 Shui-Hong-Zi), 홍료#(葒蓼 Hong-Liao), 홍초화#(葒草花 Hong-Cao-Hua)
[Character: dicotyledon. polypetalous flower. annual herb. erect type. wild, medicinal plant]

1년생 초본으로 종자로 번식하고 중북부지방에 분포하며 길가나 빈터에서 자란다. 줄기는 굵고 높이 100~200㎝ 정도로 자라 상부에서 가지가 많이 갈라지며 곧추선다. 어긋나는 잎은 길이 10~20㎝, 너비 7~15㎝ 정도의 난상 심장형으로 끝부분이 뾰족하고 밑부분이 심장저이다. 잎자루가 길고 초상의 턱잎은 통 같으며 털이 있고 소엽 같은 것이 달리기도 한다. 7~8월에 개화하며 길이 4~8㎝ 정도의 수상꽃차례는 밑으로 처지고 꽃은 분홍색이다. 수과는 길이 3㎜ 정도로 원반 같고 흑갈색이며 꽃받침으로 싸여 있다. 키가 크고 털이 많으며 잎의 기부는 둥글거나 심장형으로 긴 잎자루가 있다. 다음과 같은 증상이나 효과에 약으로 쓰인다. 털여뀌(13): 각기, 거풍제습, 관절염, 류머티즘관절염, 산기, 위장염, 제습, 종독, 창종, 통기, 학질, 해열, 혈뇨

20001109

19921012

20091015

20121018 20021009

20120427

20120524 20060602

19861003 명아자여뀌와 흰명아자여뀌

20100904 흰명아자여뀌 20110913 흰명아자여뀌

명아자여뀌* myeong-a-ju-yeo-kkwi

마디풀과 Polygonaceae
Persicaria nodosa (Pers.) Opiz

LN 마디여뀌ⓝ, 큰개여뀌, 명아주여뀌, 흰여뀌, 흰개여뀌, 수캐여뀌, 왕개여뀌 EN pale-persicaria, green-smartweed, bulbous-persicaria, dock-leaved-persicaria, knotted-persicaria, pale-smart-weed, pale-willow-weed CN or MN(3): 저료자초(猪蓼子草 Zhu-Liao-Zi-Cao), 절료(節蓼 Jie-Liao), 대마료#(大馬蓼 Da-Ma-Liao)
[Character: dicotyledon. polypetalous flower. annual herb. erect type. hygrophyte. wild, medicinal, edible, green manure plant]

1년생 초본으로 종자로 번식한다. 전국적으로 분포하며 들의 풀밭이나 습지에서 자란다. 곧추서는 줄기는 높이 1m 이상으로 자라고 많은 가지가 갈라진다. 흔히 붉은빛을 띠며 마디가 굵고 원줄기에 흑자색의 점이 있다. 어긋나는 잎의 잎몸은 길이 7~20㎝, 너비 2~5㎝ 정도의 타원상 피침형으로 끝이 길게 뾰족해지며 가장자리에 약간의 털이 있고 때로는 잎 중앙부에 흑색의 무늬가 있다. 8~9월에 개화하며 길이 3~5㎝ 정도의 수상꽃차례는 원주형으로 밑으로 처지고 밀착하는 꽃은 홍자색이나 백색이다. 수과는 길이 2㎜ 정도의 편원형으로 흑갈색이고 꽃받침으로 싸여 있다. '흰여뀌'와 달리 줄기가 장대하고 마디가 굵으며 꽃이삭이 길이 10㎝ 정도에 이른다. 밀원용이나 퇴비로 이용하며 식용하기도 한다. 다음과 같은 증상이나 효과에 약으로 쓰인다. 명아주여뀌(3): 옴, 육체, 피부병

19890905 도란형

20110903 도란형 19891009 긴타원형

20120926 긴타원형 19991106 긴타원형 20001020 도란형

20050520 긴타원형 200305607 긴타원형 19920809 긴타원형

19910614 도란형 20000710 도란형 19910807 도란형

쪽* jjok

마디풀과 Polygonaceae
Persicaria tinctoria H. Gross

ⓛⓝ 쪽ⓝ, 남, 목람, 청대 ⓔⓝ indigo-plant, polygonum-indigo, chinese-indigo ⓒⓝ or ⓜⓝ(28): 남#(藍 Lan), 남청(藍靑 Lan-Qing), 대청#(大靑 Da-Qing), 요람#(蓼藍 Liao-Lan), 청대#(靑黛 Qing-Dai)
[Character: dicotyledon. polypetalous flower. annual herb. erect type. cultivated, wild, medicinal plant]

1년생 초본으로 종자로 번식한다. 중국이 원산지인 염료식물로 자연 상태에서도 발생한다. 줄기는 높이 40~60㎝ 정도로 가지가 많이 갈라지고 홍자색을 띤다. 중국에서 들어온 '쪽'의 특징은 어긋나는 잎의 잎몸이 길이 3~5㎝ 정도의 도란형이고 녹색이며 마르면 검은빛이 도는 남색이다. 일본에서 들여와 재배되는 품종은 잎몸의 길이가 4~8㎝ 정도의 긴 타원형이다. 잎자루가 짧으며 초상의 턱잎은 막질이고 가장자리에 털이 있다. 8~9월에 개화한다. 총상꽃차례에 밀생하는 꽃은 적색이다. 수과는 길이 2㎜ 정도의 세모진 난형으로 흑갈색이며 화피로 싸여 있다. 염료작물로 재배하고 야생으로도 자라서 밀원용으로 이용한다. 다음과 같은 증상이나 효과에 약으로 쓰인다. 쪽(17): 간열, 감기, 강장보호, 경혈, 구내염, 기관지염, 옹종, 장위카타르, 종독, 지혈, 충독, 토혈각혈, 폐렴, 해독, 해열, 황달, 후두염

19981029 19930807

19900927

19951009 19951009

20010415  20030524

20000713

19930807  19950810

19970930

여뀌* yeo-kkwi

마디풀과 Polygonaceae
Persicaria hydropiper (L.) Spach var. *hydropiper*

LN 버들여뀌ⓝ, 버들역귀, 버들잎역귀, 해박, 역꾸, 매운여뀌, 역귀 EN waterpepper, marshpepper, smartweed, red-knees, lady's-thumb, peachwort, marsh-pepper-smartweed CN or MN(14): 날료#(辣蓼 La-Liao), 수료#(水蓼 Shui-Liao), 요#(蓼 Liao), 택료(澤蓼 Ze-Liao)
[Character: dicotyledon. polypetalous flower. annual herb. hygrophyte. erect type. wild, medicinal, edible plant]

1년생 초본으로 종자로 번식한다. 전국적으로 분포하며 들이나 개울가의 습지에서 자란다. 줄기는 높이 40~80㎝ 정도로 가지가 많이 갈라진다. 잎은 어긋나며 잎몸은 길이 4~12㎝, 너비 1~3㎝ 정도의 피침형으로 양끝이 좁고 가장자리가 밋밋하다. 표면은 털이 없으며 녹색이고 씹으면 맵다. 잎자루가 없으며 초상의 턱잎은 막질이고 가장자리에 털이 있다. 6~9월에 개화한다. 길이 5~10㎝ 정도의 수상꽃차례는 밑으로 처지고 화피는 녹색이나 약간 적색인 꽃이 핀다. 수과는 흑색이며 길이 2~3㎜ 정도의 편난형이고 잔 점이 있으며 꽃받침에 싸여 있다. '바보여뀌'와 달리 수과는 렌즈형이고 줄기에 털이 없으며 잎에 검은 반점이 없고 매운맛이 난다. 밀원용으로 심으며 식용하기도 한다. 어린잎은 나물이나 향신료로 이용하고 여뀌 즙으로 만든 누룩을 여뀌누룩이라 하며 술도 빚는다. 논에서 문제잡초가 되기도 한다. 다음과 같은 증상이나 효과에 약으로 쓰인다. 여뀌(26): 각기, 감기, 강심제, 개선, 고혈압, 만성피로, 부종, 월경이상, 이뇨, 장염, 장위카타르, 제충제, 종독, 중풍, 지구역, 지혈, 창종, 치통, 타박상, 통경, 포징, 풍, 해열, 현벽, 혈뇨, 황달

개여뀌* gae-yeo-kkwi

마디풀과 Polygonaceae
Persicaria longiseta (Bruijn) Kitag.

LN 여뀌ⓝ, 역귀 EN tufted-knotweed, bristly-ladysthumb CN or MN(5): 신채(辛菜 Xin-Cai), 어독초(魚毒草 Yu-Du-Cao), 택료#(澤蓼 Ze-Liao)
[Character: dicotyledon. polypetalous flower. annual herb. creeping and erect type. wild, medicinal, forage plant]

1년생 초본으로 종자로 번식한다. 전국적으로 분포하며 밭이나 들의 풀밭에서 자란다. 줄기는 높이 20~50㎝ 정도이며 밑부분이 비스듬히 자란다. 땅에 닿으면 뿌리가 내리며 가지가 뻗어 곧추 자라므로 모여 나는 것처럼 보이고 털이 없으며 적자색을 띤다. 어긋나는 잎은 길이 4~8㎝, 너비 1~3㎝ 정도의 넓은 피침형 또는 피침형이고 양끝이 좁으며 가장자리가 밋밋하다. 잎자루는 짧고 턱잎의 가장자리에 털이 있다. 8~9월에 개화하며 길이 1~5㎝ 정도의 수상꽃차례에 밀착한 꽃은 적자색 또는 백색이다. 수과는 길이 2㎜ 정도의 난형으로 세모가 지고 흑갈색이다. '장대여뀌'와 달리 초지나 밭에서 자라며 잎은 짙은 녹색이고 털이 없으며 꽃은 홍색이고 배게 달린다. 밀원용이나 사료용으로 이용한다. 향신료의 재료로 쓰인다. 특히 고랭지의 채소밭이나 감자밭에서 문제잡초가 된다. 다음과 같은 증상이나 효과에 약으로 쓰인다. 개여뀌(16): 각기, 부종, 온풍, 요종통, 요통, 월경과다, 장염, 장출혈, 장풍, 지혈, 타박상, 통경, 통리수도, 풍, 해독, 해열

마디풀* ma-di-pul

마디풀과 Polygonaceae
Polygonum aviculare L.

LN 마디풀ⓝ, 돼지풀, 옥매듭, 편축 EN knotgrass, knotweed, prostrate-knotweed, wireweed, common-knotweed, bloot-wort, bird's-knot-grass, centynody CN or MN(38): 노변초(路邊草 Lu-Bian-Cao), 우편초(牛鞭草 Niu-Bian-Cao), 편축#(萹蓄 Bian-Xu), 편축료#(萹蓄蓼 Bian-Xu-Liao)
[Character: dicotyledon. polypetalous flower. annual herb. creeping and erect type. wild, medicinal, edible, forage, green manure plant]

1년생 초본으로 종자로 번식한다. 전국적으로 분포하며 들의 풀밭이나 길가에서 자란다. 줄기는 높이 30~40㎝ 정도이고 곧추서는 것도 있으나 흔히 옆으로 비스듬하게 퍼진다. 가지가 많이 갈라지며 다소 딱딱한 감이 든다. 어긋나는 잎의 잎몸은 길이 1~2㎝, 너비 3~10㎜ 정도의 긴 타원형이다. 잎자루가 짧으며 초상의 턱잎은 막질이고 가장자리에 털이 있다. 6~7월에 개화하며 잎겨드랑이에 1~3개씩 달리는 꽃은 녹색 바탕에 흰빛 또는 붉은빛이 돈다. 수과는 세모가 지고 화피보다 짧으며 윤기가 없다. 어린잎은 식용하며 퇴비나 사료로 이용한다. 다음과 같은 증상이나 효과에 약으로 쓰인다. 마디풀(23): 개선, 곽란, 구충, 백대하, 살충, 소양증, 습진, 옹저, 외치, 요충증, 음낭습, 음양음창, 이수통림, 장염, 장위카타르, 창종, 치질, 치핵, 통리수도, 피부소양증, 해열, 황달, 회충증

메밀* me-mil

마디풀과 Polygonaceae
Fagopyrum esculentum Moench

LN 메밀ⓝ, 모밀, 뫼밀, 매물, 미물, 메밀싹 EN common-buckwheat, buckwheat CN or MN (15): 교맥#(蕎麥 Qiao-Mai), 교맥양#(蕎麥穰 Qiao-Mai-Rang), 양맥#(養麥 Yang-Mai), 화양(花養 Hua-Yang)
[Character: dicotyledon. polypetalous flower. annual herb. erect type. cultivated, medicinal, edible plant]

1년생 초본으로 종자로 번식한다. 중앙아시아에서 들어온 재배작물이며 전국적으로 재배하는 구황작물이다. 원줄기는 가지가 갈라지고 높이 50~100㎝ 정도로 속이 비어 있으며 연한 녹색이지만 흔히 붉은빛을 띤다. 어긋나는 잎의 잎몸은 길이 3~6㎝ 정도의 심장형으로 끝이 뾰족하다. 잎자루가 길며 초상의 턱잎은 막질이고 매우 짧다. 6~10월에 개화한다. 총상꽃차례에 달리는 꽃은 백색이거나 붉은빛이 돈다. 수과는 길이 5~6㎜ 정도의 예리하게 세모진 난형으로 흑갈색으로 익는다. 어린 싹을 생으로 식용하기도 하며 종자의 전분은 국수나 묵의 원료로 쓴다. 개화기에 밀원용으로 이용하고 있다. 다음과 같은 증상이나 효과에 약으로 쓰인다. 메밀(17): 각혈, 감기, 고창, 고혈압, 나력, 당뇨, 만성하리, 월경이상, 옹종, 위경련, 종독, 하기소적, 하리, 학질, 해독, 화상, 황달

근대* geun-dae

명아주과 Chenopodiaceae
Beta vulgaris var. *cicla* L.

LN 근대ⓝ, 다채, 군달, 첨채 EN foliage-beet, leaf-beet, chard, swiss-chard, spinach-beet
CN or MN(5): 군달(莙薘 Jun-Da), 군달채#(莙薘菜 Jun-Da-Cai), 첨채#(甛菜 Tian-Cai)

[Character: dicotyledon. polypetalous flower. biennial herb. erect type. cultivated, medicinal, edible plant]

2년생 초본으로 종자로 번식하며 전국적으로 심는다. 남부 유럽이 원산으로 채소로 많이 재배하고 있다. 원줄기는 높이 1m 정도이고 가지가 많다. 근생엽은 긴 타원형으로 두껍고 연하며 경생엽은 피침형으로 끝이 뾰족하다. 5~6월에 개화한다. 원추형으로 되는 수상꽃차례는 포액에 황록색의 작은 꽃이 모여서 1개의 덩어리처럼 된다. 열매는 크게 자란 화탁과 화피로 된 딱딱한 껍질 속에 1개씩 들어 있다. 근생엽을 식용하며 '군달채'라 하여 약으로 쓴다. 잎을 데쳐서 무쳐 먹거나 된장국으로 이용한다. '사탕무, *Beta vulgaris* L. var. *saccharifera* Alef.'는 잎이 작고 뿌리가 굵으며 당분이 많고 잎을 데쳐서 무쳐 먹거나 된장국으로 이용하기도 한다. 다음과 같은 증상이나 효과에 약으로 쓰인다. 근대(5): 보익, 안산, 정혈, 지혈, 해독

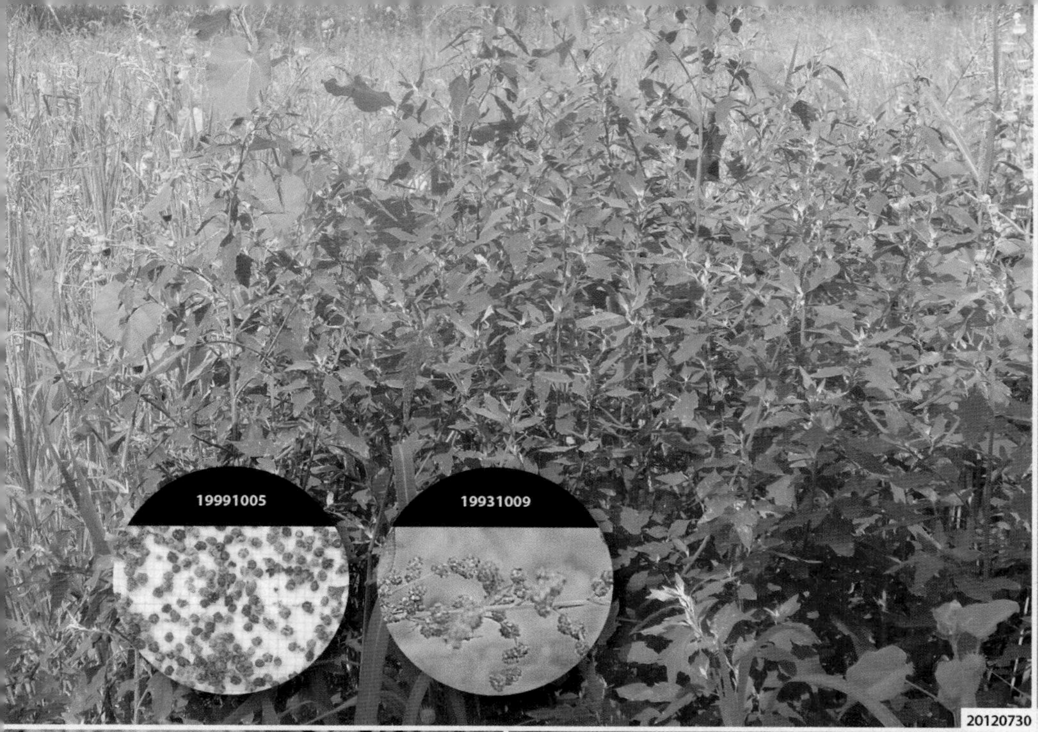

20120730

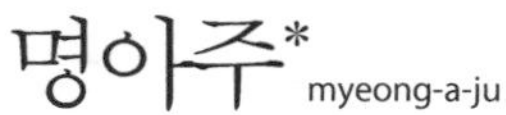

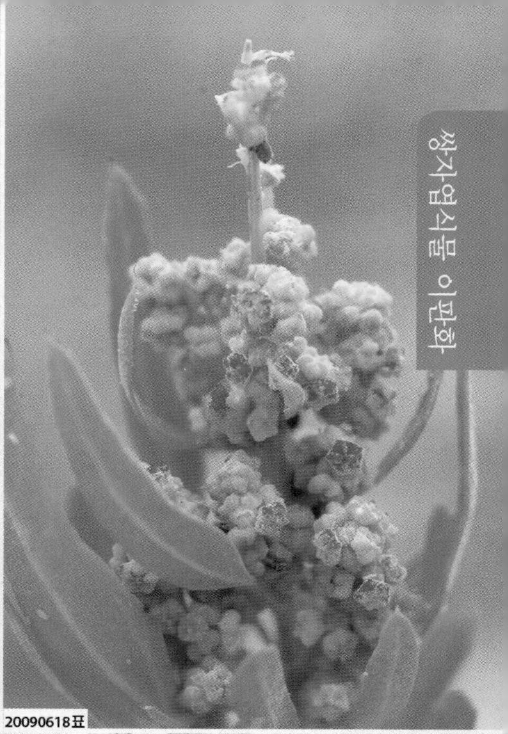
20090618표

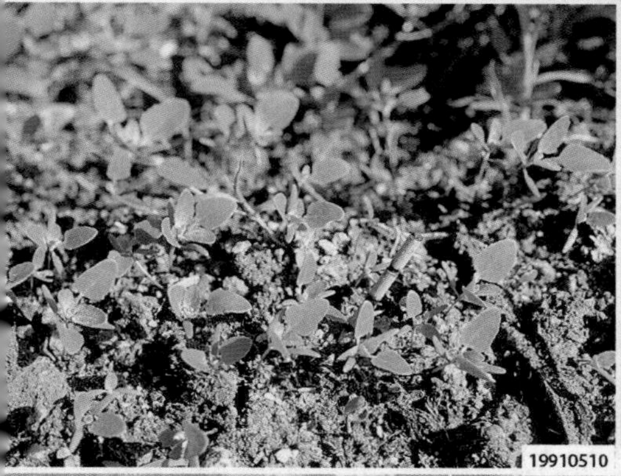
19910510

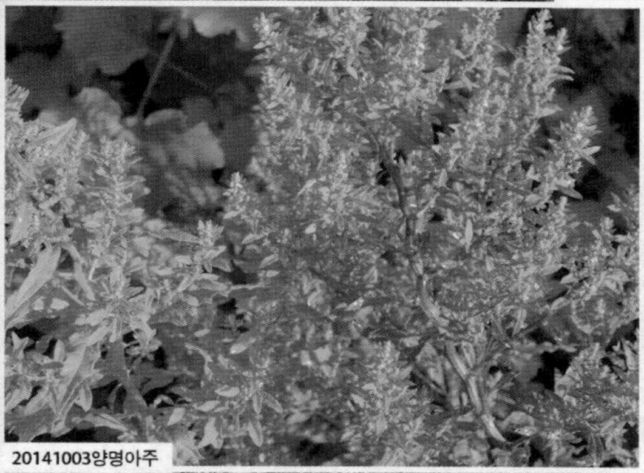
20141003양명아주

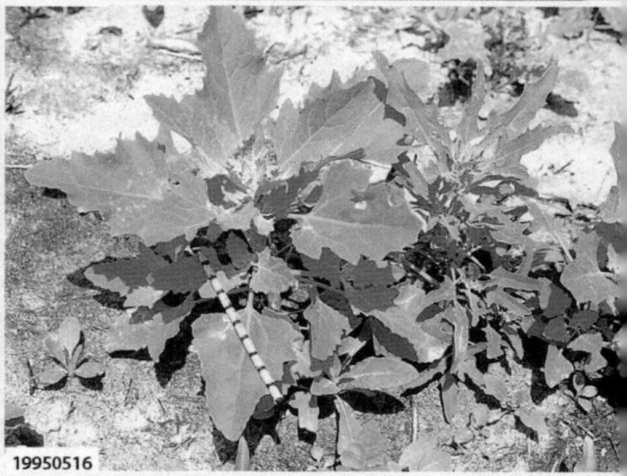
19950516

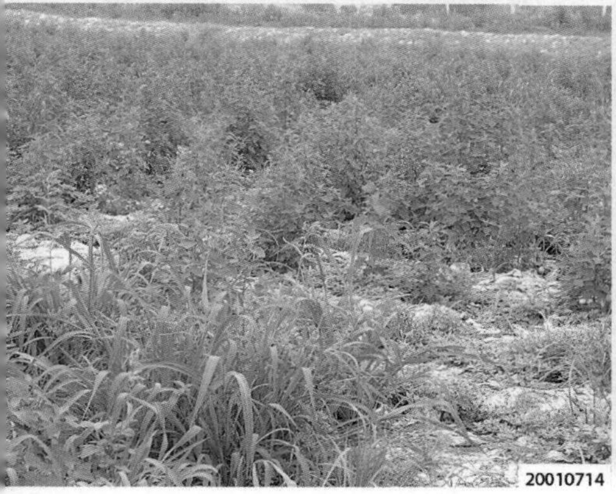
20010714

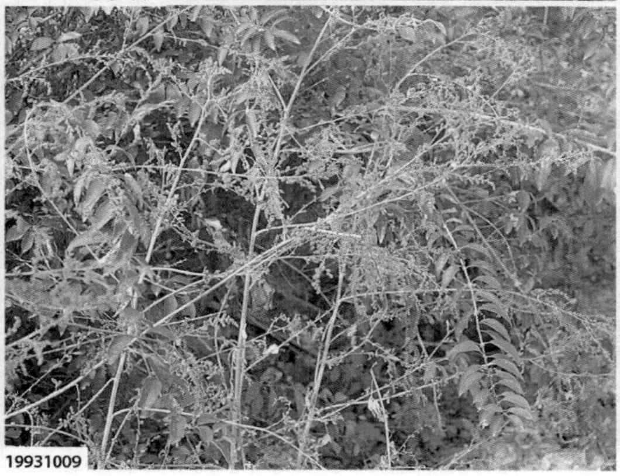
19931009

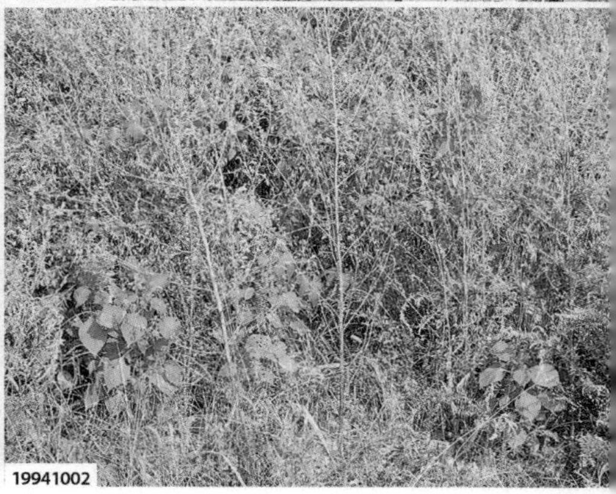
19941002

명아주* myeong-a-ju

명아주과 Chenopodiaceae
Chenopodium album var. *centrorubrum* Makino

Ⓛⓝ 붉은잎능쟁이ⓝ, 는쟁이, 능쟁이, 붉은능쟁이 Ⓔⓝ lambsquarters, goosefoot Ⓒⓝ or Ⓜⓝ (11): 몽화(蒙花 Meng-Hua), 상시회#(桑柴灰 Sang-Chai-Hui), 여#(藜 Li), 회채(灰菜 Hui-Cai)
[Character: dicotyledon. polypetalous flower. annual herb. erect type. wild, medicinal, edible, forage plant]

1년생 초본으로 종자로 번식한다. 전국적으로 분포하며 들이나 밭에서 자란다. 곧추 자라는 줄기는 높이 1~2m 정도로 자라고 녹색 줄이 있으며 성숙 후에는 붉은빛을 띤다. 어긋나는 잎의 잎몸은 길이 3~6㎝, 너비 2~4㎝ 정도의 삼각상 난형으로 가장자리에 파상의 톱니가 있으며 중심부 근처의 어린잎에 붉은빛을 띠는 가루 같은 돌기가 있다. 7~9월에 개화한다. 수상꽃차례가 발달하여 전체적으로 원추꽃차례를 형성하며 많이 달리는 작은 꽃은 황록색이다. '좀명아주'와 달리 키가 크고 잎에 불규칙한 톱니가 있으며 종자에 광택이 있고 '흰명아주'는 어린잎이 적색으로 되지 않는다. 어릴 때에는 식용한다. 사료용으로도 이용한다. 줄기를 말려서 만든 지팡이를 '청려장'이라고 하며 효도지팡이로 이용되기도 한다. 연한 잎과 줄기를 삶아 나물로 먹거나 쌈으로 먹고 국을 끓여 먹는다. 여름 밭작물 포장에서 문제잡초가 되기도 한다. 다음과 같은 증상이나 효과에 약으로 쓰인다. 명아주(26): 강장보호, 개선, 건위, 근계, 백전풍, 살충, 습창양진, 아감, 이질, 장염, 장위카타르, 종기, 중풍, 청열이습, 충독, 충치, 치조농루, 치통, 탈피기급, 통리수도, 폐기천식, 풍열, 하리, 한창, 해독, 해열

19880417

19991015

20161029 창명아주 20070618

20120513 19930619 흰명아주, 취명아주, 좀명아주

19940726 20120924 19861020

흰명아주* huin-myeong-a-ju

명아주과 Chenopodiaceae
Chenopodium album L.

ⓚ 능쟁이ⓝ, 흰능쟁이, 가는명아주 ⓔ white-goosefoot, common-lambsquarters, green-pigweed, pigweed-father, fat-hen, pigweed ⓒ or ⓜ(7): 여#(藜 Li), 회여(灰藜 Hui-Li), 회채(灰菜 Hui-Cai)
[Character: dicotyledon. polypetalous flower. annual herb. erect type. wild, medicinal, edible plant]

1년생 초본으로 종자로 번식한다. 형태와 생태 및 이용성은 '명아주'와 같으나 어린잎에 붉은빛이 없으며 줄기도 붉은빛이 없어 성숙 후에도 연한 녹색을 띤다. 7~8월에 개화한다. '명아주'보다 널리 발생되고 있으며 여러 작물의 밭 포장에서 방제하기 어려운 문제잡초이다. 연한 잎과 줄기를 삶아 나물로 먹거나 쌈으로 먹고 국을 끓여 먹는다. 다음과 같은 증상이나 효과에 약으로 쓰인다. 흰명아주(9): 강장, 건위, 개선, 백전풍, 살충, 습창양진, 이질, 청열이습, 충독

좀명아주* jom-myeong-a-ju

명아주과 Chenopodiaceae
Chenopodium ficifolium Smith

ⓛ 푸른능쟁이ⓝ, 좀능쟁이, 청능쟁이 ⓔ figleaved-goosefoot, small-goosefoot, fig-leaved-goosefoot ⓒ or ⓜ(4): 소려(小藜 Xiao-Li), 여(藜 Li), 회조(灰藋 Hui-Zhuo)
[Character: dicotyledon. polypetalous flower. annual herb. erect type. wild, edible, forage, medicinal plant]

1년생 초본으로 종자로 번식한다. 유럽이 원산지이며 전국적으로 분포하고 들이나 밭에서 자란다. 줄기는 높이 25~100㎝ 정도로 자라고 가지가 갈라진다. 어긋나는 잎의 잎몸은 길이 2~5㎝, 너비 1~3㎝ 정도의 삼각상 긴 타원형으로 가장자리에 깊은 파상의 톱니가 있다. 잎자루가 있으나 짧다. 5~6월에 개화하며 연한 녹색의 작은 꽃이 달리는 수상꽃차례가 모여서 원추꽃차례를 형성한다. 포과는 뒷면에 능선이 있는 꽃받침으로 싸여 있으며 1개의 흑색 종자가 들어 있다. '명아주'와 달리 잎이 얕게 갈라지고 종자에 용골과 윤채가 없다. 어릴 때에는 나물로 하고 사료용으로도 이용한다. '회조'라 하여 약으로 쓰인다. 연한 잎과 줄기를 삶아 나물로 먹거나 쌈으로 먹고 국을 끓여 먹는다. 봄 작물 특히 마늘, 감자, 딸기 등의 포장에서 문제잡초가 된다.

댑싸리* daep-ssa-ri

명아주과 Chenopodiaceae
Kochia scoparia (L.) Schrad. var. *scoparia*

LN 대싸리ⓝ, 비싸리, 공쟁이, 답싸리 EN kochia, summer-cypress, mexican-burningbush, broom-cypress, mock-cypress, belvedere, broom-goosefoot, mexican-burning-bush CN or MN(29): 낙추자#(落帚子 Luo-Zhou-Zi), 소추자(掃帚子 Sao-Zhou-Zi), 지부자#(地膚子 Di-Fu-Zi), 천풍자(天風子 Tian-Feng-Zi)
[Character: dicotyledon. polypetalous flower. annual herb. erect type. cultivated, wild, medicinal, edible plant]

1년생 초본으로 종자로 번식한다. 유럽이 원산지이나 전국적으로 재배되고 야생으로도 자란다. 줄기는 곧추 자라서 높이가 1~2m 정도에 달하고 가지가 많이 갈라진다. 어긋나는 잎은 길이 3~6㎝, 너비 2~8㎜ 정도의 선상 피침형으로 양끝이 좁고 가장자리가 밋밋하며 긴 털이 약간 있다. 7~8월에 개화하며 꽃은 모여 달리고 화경이 없으며 전체가 수상꽃차례가 되기도 한다. 포과는 원반형으로 1개의 종자가 들어 있다. 식물체를 말려서 빗자루를 만들기도 하며 공업용으로 이용한다. 가을에 열매가 익은 후 채취해 말린 것을 데쳐 껍질을 벗겨 무침이나 초무침, 마즙에 곁들여 먹는다. 다음과 같은 증상이나 효과에 약으로 쓰인다. 댑싸리(26): 강장, 개선, 과실식체, 과실중독, 난관난소염, 대하, 동통, 명목, 목통, 보약, 수은중독, 악창, 유선염, 음낭습, 음부소양, 음위, 이뇨, 이소변, 임질, 적리, 적백리, 전립선비대증, 종독, 청습열, 통리수도, 흉통

통통마디* tung-tung-ma-di

명아주과 Chenopodiaceae
Salicornia europaea L.

ⓛⓝ 통통마디ⓝ, 함초 ⓔⓝ glasswort, samphine, samphire, march-samphire, crab-grass, saltwort, glasswort, pickle-plant, slender-sea-grape ⓒⓝ or ⓜⓝ(4): 함초#(鹹草 Xian-Cao), 삼지(三枝 San-Zhi), 신초(神草 Shen-Cao)
[Character: dicotyledon. polypetalous flower. annual herb. erect type. halophyte. cultivated, wild, medicinal, edible, ornamental plant]

1년생 초본으로 종자로 번식한다. 전국의 해안지방에 분포하며 바닷가에서 자라고 재배하기도 한다. 곧추서는 줄기는 높이 20~40㎝ 정도의 원주형이며 짙은 녹색이다. 마주나는 가지가 많고 잎은 짧은 막질의 통으로 퇴화하고 없으며 두드러진 마디가 많다. 8~9월에 개화한다. 윗부분의 마디 사이 양쪽 오목한 곳에 소화가 3개씩 달린다. 종자는 타원형이며 흑색이다. 마디가 튀어 나오므로 '통통마디'라고 한다. 전체가 녹색이며 털이 없고 가을에 홍자색으로 변하기 때문에 아름답다. 식용과 관상용으로 심기도 한다. 어린 것을 데쳐 나물로 또는 볶음으로 또 국이나 찌개로 이용한다. 말린 가루는 국수나 떡에 혼합하고 건강식품으로 개발되고 있다. 다음과 같은 증상이나 효과에 약으로 쓰인다. 통통마디(17): 간작반, 감비, 갑상선염, 고혈압, 관절염, 근육통, 만성피로, 요통, 월경이상, 저혈압, 조루증, 지혈, 치핵, 폐기천식, 피부윤택, 해독, 활혈

칠면초* chil-myeon-cho

명아주과 Chenopodiaceae
Suaeda japonica Makino

LN 칠면초ⓝ, 해홍나물 EN sea-blite CN or MN(1): 염봉#(鹽蓬 Yan-Feng)
[Character: dicotyledon. polypetalous flower. annual herb. erect type. halophyte. wild, medicinal, edible, ornamental plant]

1년생 초본으로 종자로 번식한다. 전국의 해안지방에 분포하며 바닷가에서 자란다. 곧추서는 줄기는 높이 20~40㎝ 정도로 윗부분에서 가지가 갈라진다. 어긋나는 잎은 육질이고 길이 5~35㎜, 너비 2~4㎜ 정도의 도피침형이나 방망이 같고, 처음에는 녹색이나 점차 변하여 대부분이 홍자색이 된다. 8~9월에 개화하며 잎겨드랑이에 화경이 없는 꽃이 2~10개씩 모여 달리고 꽃색도 처음에 녹색이지만 점차 자주색으로 변한다. 포과는 지름 1.5~2㎜ 정도의 원반형으로 꽃받침에 싸여 있고 1개씩 있는 종자는 렌즈형이다. '해홍나물'과 달리 잎은 원두 내지 둔두이며 곤봉형으로 홍자색을 띤다. 관상용으로 이용하기도 한다. 어린 것을 데쳐 나물로 또는 볶음으로 또 국이나 찌개로 이용한다. 비빔밥이나 쌈밥 재료로 쓰인다. 다음과 같은 증상이나 효과에 약으로 쓰인다. 칠면초(4): 청열, 연견소적, 결핵성 림프염

나문재* na-mun-jae | 명아주과 Chenopodiaceae *Suaeda glauca* (Bunge) Bunge

LN 나문재ⓝ, 갯솔나물, 나문재나물 EN common-seepweed, sea-blite, jian-peng CN or MN (3): 염봉#(鹽蓬 Yan-Peng), 함봉#(鹹蓬 Jian-Peng)
[Character: dicotyledon. polypetalous flower. annual herb. erect type. halophyte. wild, medicinal, edible, ornamental plant]

1년생 초본으로 종자로 번식한다. 전국의 해안지방에 분포하며 바닷가에서 자란다. 곧추서는 줄기는 높이 50~100㎝ 정도로 자라고 가지가 많이 갈라진다. 모여 나는 잎은 녹색이고 길이 1~3㎝ 정도의 좁은 선형이다. 7~9월에 개화한다. 잎겨드랑이에 1~2개씩 달리는 꽃은 윗부분에 잎이 없으므로 수상꽃차례처럼 되고 짧은 화경이 있으며 녹색이다. 포과는 지름 3~5㎜ 정도의 구형이며 꽃받침에 둘러싸이고 흑색의 종자가 들어 있다. '해홍나물'과 달리 포과는 보다 크고 꽃은 잎겨드랑이에 1~2개씩 나며 상부의 것은 짧은 화경이 있다. 어린 것을 데쳐 나물로 또는 볶음으로 또 국이나 찌개로 이용한다. 비빔밥이나 쌈밥 재료로 쓰인다. 관상용으로 이용하기도 한다. 다음과 같은 증상이나 효과에 약으로 쓰인다. 나문재(3): 결핵성, 연견소적, 청열

해홍나물* hae-hong-na-mul | 명아주과 Chenopodiaceae *Suaeda maritima* (L.) Dumortier

Ⓛ 해홍나물ⓝ, 나문재, 갯나문재, 남은재나물, 나문재나물 Ⓔ sea-goosefoot, salt-goosefoot, sea-blite, atlantic-sea-blite, annual-sea-blite
[Character: dicotyledon. polypetalous flower. annual herb. erect type. halophyte. wild, edible, ornamental plant]

1년생 초본으로 종자로 번식한다. 중남부지방의 해안지방에 분포하며 바닷가에서 자란다. 곧추서는 줄기는 높이 30~60㎝ 정도이고 가지가 많이 갈라진다. 어긋나는 잎은 길이 1~3㎝ 정도의 좁은 선형이고 끝이 뾰족하다. 7~8월에 개화한다. 잎겨드랑이에 3~5개씩 달리는 꽃은 화경이 없다. '칠면초'와 비슷하지만 잎이 약간 길고 엉성하게 달리며 개화기에 식물체의 윗부분이 늘어지는 경향이 있다. 포과는 지름 1.2~1.5㎜ 정도의 원반형으로 흑색의 종자가 1개씩 들어 있다. '칠면초'와 달리 잎은 피침형 또는 도피침형으로 끝이 뾰족하다. 어린 것을 데쳐 나물로 또는 볶음으로 또 국이나 찌개로 이용한다. 비빔밥이나 쌈밥 재료로 쓰인다. 관상용으로 이용하기도 하며 '나문재나물'이라고도 한다.

방석나물* bang-seok-na-mul

명아주과 Chenopodiaceae
Suaeda australis (R. Br.) Moq.

Ⓛⓝ 해홍나물, 좁은해홍나물, 가는나문재

[Character: dicotyledon. polypetalous flower. annual herb. creeping and erect type. halophyte. wild, edible, ornamental plant]

1년생 초본으로 종자로 번식한다. 중남부의 해안지방에 분포하며 바닷가에서 자란다. 옆으로 벋는 줄기는 높이 10~20㎝ 정도이고 가지가 많이 갈라져서 방석 모양으로 자란다. 모여 나는 잎은 길이 1~3㎝ 정도의 좁은 선형이다. 7~8월에 개화한다. 잎겨드랑이에 3~5개씩 달리는 꽃은 화경이 없다. 어린 것을 데쳐 나물, 볶음 또는 국이나 찌개로 이용한다. 비빔밥이나 쌈밥 재료로 쓰인다. 관상용으로 이용하기도 한다.

호모초* ho-mo-cho

명아주과 Chenopodiaceae
Corispermum stauntonii Moq.

ⓁⓃ 푸른대싸리ⓝ, 푸른댑싸리, 푸른장다리 ⒺⓃ candelabra-tickseed ⒸⓃ or ⓂⓃ(1): 촉대충실#(燭臺蟲實 Zhu-Tai-Chong-Shi)
[Character: dicotyledon. polypetalous flower. annual herb. erect type. halophyte. wild, medicinal, edible plant]

1년생 초본으로 종자로 번식한다. 바닷가 모래땅에서 자라며 줄기는 높이 50㎝ 정도에 달하고 밑부분에서 가지가 많이 갈라지며 털이 없다. 잎은 적고 어긋나며 선형이고 끝이 뾰족하다. 중앙부의 잎은 길이 3㎝, 너비 1㎜ 정도로서 위로 다소 말리고 털이 없다. 꽃은 7~8월에 피며 황록색으로 수상꽃차례에 달린다. 종자는 편평한 타원형이고 길이 3㎜ 정도로 표면이 다소 들어가고 뒷면은 다소 볼록해지며 가장자리가 좁은 날개로 되고 누른빛이 도는 볏짚색이다. 종자는 형태가 빈대같이 생겨서 속명에 coris(빈대)와 sperma(종자)의 의미가 포함되어 있다. 공업용으로 이용하고 식용하기도 한다. 다음과 같은 증상이나 효과에 약으로 쓰인다. 호모초(4): 개선, 백전풍, 충독, 한창

털비름* teol-bi-reum

비름과 Amaranthaceae
Amaranthus retroflexus L.

LN 털비름ⓝ, 푸른맨도램이, 청맨드래미 EN redroot-pigweed, rough-pigweed, redroot-amaranth, green-amaranth, pigweed, wild-beet, carelessweed, common-amaranth, careless-weed, slender-pigweed, redroot-pigweed CN or MN(1): 반지현#(反枝莧 Fan-Zhi-Xian)

[Character: dicotyledon. polypetalous flower. annual herb. erect type. wild, medicinal, edible, forage plant]

1년생 초본으로 종자로 번식한다. 열대 아메리카가 원산지인 귀화식물로 전국적으로 분포하며 들이나 밭에서 자란다. 곧추 자라는 원줄기는 높이 40~150㎝ 정도이고 세로로 능선이 발달하였다. 군락으로 자랄 때에는 가지가 많지 않으나 단독으로 자랄 때에는 굵은 가지가 갈라진다. 어긋나는 잎의 잎자루는 길이 3~8㎝ 정도이고 잎몸은 길이 5~10㎝, 너비 3~6㎝ 정도로 마름모와 비슷한 난형이며 표면에 털이 없으나 뒷면은 털이 있다. 꽃은 자웅이화로 7~9월에 핀다. 털이 많은 수상꽃차례가 생기며 연한 녹색의 꽃이 밀착하여 큰 원추꽃차례를 형성한다. 종자는 흑갈색이고 광택이 있다. '비름'과 달리 5수성이고 '줄맨드라미'와 달리 꽃차례가 녹색이며 선다. 포는 화피 열편길이의 1.5~2배이고 종자는 검다. 어린순을 데쳐서 된장이나 간장, 고추장을 넣고 무치거나 국을 끓여 먹고 볶음, 튀김, 조림, 덮밥으로 이용한다. 어린순은 사료로 쓰기도 한다. 다음과 같은 증상이나 효과에 약으로 쓰인다. 털비름(7): 보익, 복사, 안질, 이뇨, 이질, 창종, 회충

가는털비름* ga-neun-teol-bi-reum

비름과 Amaranthaceae
Amaranthus patulus Bertol.

LN 미확인 EN speen-amaranth, redshank, princes-feather, green-amaranth, green-pigweed, slim-amaranth, smooth-pigweed, splee-amaranth
[Character: dicotyledon. polypetalous flower. annual herb. erect type. wild, medicinal, edible, forage plant]

1년생 초본으로 종자로 번식한다. 남아메리카가 원산지인 귀화식물로 전국적으로 분포하며 들이나 밭에서 자란다. 곧추 자라는 원줄기는 높이 1~2m 정도이고 세로로 능선이 발달한다. 군락으로 자랄 때에는 가지가 많지 않으나 단독으로 자랄 때에는 굵은 가지가 갈라진다. 어긋나는 잎의 잎몸은 길이 6~12㎝, 너비 3~6㎝ 정도의 능상 난형이고 표면에 털이 없으나 뒷면은 털이 있다. 7~10월에 개화한다. 털이 많은 수상꽃차례가 생기며 연한 녹색의 꽃이 밀착하여 큰 원추꽃차례를 형성한다. 종자는 흑색이고 광택이 있다. 어린순을 데쳐서 된장이나 간장, 고추장을 넣고 무치거나 국을 끓여 먹고 볶음, 튀김, 조림, 덮밥으로 이용한다. 어린순은 사료로 쓰기도 한다. 전국적으로 분포하고 황무지에서도 자라며 여름 밭작물의 포장에서 문제잡초가 된다. 다음과 같은 증상이나 효과에 약으로 쓰인다. 가는털비름(4): 안질, 이뇨, 창종, 회충

색비름* saek-bi-reum

비름과 Amaranthaceae
Amaranthus tricolor L.

LN 삼색비름ⓝ, 색맨드라미, 비름, 삼색비림 EN three-colored-amaranth, chinese-amaranth, tampala, spleen-amaranth, chinese-spinach, joseph's-coat, fountain-plant
CN or MN(2): 안래홍#(雁來紅 Yan-Lai-Hong), 장춘화(長春花 Chang-Chun-Hua)
[Character: dicotyledon. polypetalous flower. annual herb. erect type. wild, medicinal, edible, ornamental plant]

1년생 초본으로 종자로 번식한다. 열대아시아가 원산지로 정원이나 길가에 관상용으로 심는다. 곧추서는 원줄기는 높이 70~140㎝ 정도이고 가지가 약간 갈라진다. 어긋나는 잎의 잎자루는 길이 3~10㎝ 정도이고 잎몸은 길이 7~20㎝, 너비 2~7㎝ 정도의 난형 또는 피침형이고 양끝이 좁으며 적자색이나 중앙 부위에 홍색의 윤기가 있어 아름답다. 8~9월에 개화하며 연한 녹색 또는 연한 홍색의 꽃이 잎겨드랑이에 모여 달린다. 열매는 난상 타원형으로 1개의 종자가 들어 있다. '비름'과 비슷하지만 꽃차례가 잎겨드랑이에 모여 달리며 잎은 홍색 또는 황색이다. 채소로 재배하기도 한다. 어린 순을 데쳐서 된장이나 간장, 고추장을 넣고 무치거나 국을 끓여 먹고 볶음, 튀김, 조림, 덮밥으로 이용한다. 다음과 같은 증상이나 효과에 약으로 쓰인다. 색비름(5): 보익, 안질, 이뇨, 창종, 회충

20070703 20020718 20000706

19900517  20020529  20020619

19940712  20040820  20121031

청비름* cheong-bi-reum

비름과 Amaranthaceae
Amaranthus viridis L.

LN 푸른비름ⓝ, 비름, 꼬리비름 EN slender-amaranth, green-amaranth, wrinkled-fruit-amaranth, wild-or-green-amaranth CN or MN(8): 녹현(綠莧 Lu-Xian), 백현(白莧 Bai-Xian), 야현#(野莧 Ye-Xian), 저현(猪莧 Zhu-Xian)
[Character: dicotyledon. polypetalous flower. annual herb. erect type. wild, medicinal, edible plant]

1년생 초본으로 종자로 번식한다. 열대아메리카가 원산지인 귀화식물로 전국적으로 야생하고 들이나 밭에서 자란다. 곧추서는 원줄기는 높이 40~80㎝ 정도로 자라고 가지가 많이 갈라진다. 어긋나는 잎의 잎자루는 길이 2~6㎝ 정도이고 잎몸은 길이 4~8㎝, 너비 2~6㎝ 정도의 삼각상 난형이며 털이 없다. 7~9월에 개화하며 수상꽃차례는 원줄기 윗부분의 잎겨드랑이와 끝에 달리고 녹색의 꽃이 밀착한다. 열매는 벌어지지 않고 주름이 많으며 종자는 지름이 1㎜ 정도이다. '비름'과 '눈비름'와 달리 포과에 현저한 주름이 있다. 어린순을 데쳐서 된장이나 간장, 고추장을 넣고 무치거나 국을 끓여 먹고 볶음, 튀김, 조림, 덮밥으로 이용한다. 여름작물의 포장에서 문제잡초가 되기도 한다. 다음과 같은 증상이나 효과에 약으로 쓰인다. 청비름(6): 감기, 일체안병, 종독, 치핵, 해독, 해열

개비름* gae-bi-reum

비름과 Amaranthaceae
Amaranthus lividus L.

LN 개비름ⓝ, 비름, 참비름, 비듬나물, 비름나물 EN livid-amaranth, wild-amaranth, wild-blite, emarginate-amaranth, purple-amaranth CN or MN(3): 백현#(白莧 Bai-Xian), 야현채#(野莧菜 Ye-Xian-Cai)
[Character: dicotyledon. polypetalous flower. annual herb. erect type. cultivated, wild, medicinal, edible plant]

1년생 초본으로 종자로 번식한다. 유럽이 원산지인 귀화식물로 전국적으로 분포하며 빈터와 밭에서 자란다. 원줄기는 높이 40~80㎝ 정도이며 기부에서 많은 가지가 갈라져 비스듬히 자라고 전체에 털이 없다. 어긋나는 잎의 잎몸은 길이 4~8㎝ 정도의 사각상 난형으로 가장자리가 밋밋하다. 7~9월에 개화한다. 수상꽃차례에 모여 달리는 녹색의 꽃은 전체적으로 원추꽃차례를 형성한다. 포과는 둥글며 꽃받침보다 다소 길고 주름살이 없다. '눈비름'과 달리 잎은 너비 2.5~4㎝ 정도이며 끝이 약간 파지고 줄기는 처음에 비스듬히 자라다가 곧추선다. 나물로 하며 재배하기도 하며 어린순을 데쳐서 된장이나 간장, 고추장을 넣고 무치거나 국을 끓여 먹고 볶음, 튀김, 조림, 덮밥으로 이용한다. 여름작물의 포장에서 문제잡초가 된다. 다음과 같은 증상이나 효과에 약으로 쓰인다. 개비름(6): 안질, 이뇨, 이질, 창종, 청혈해독, 회충

개맨드라미* gae-maen-deu-ra-mi

비름과 Amaranthaceae
Celosia argentea L.

Ⓚ 들맨드래미ⓝ, 개맨드래미, 개맨도램이 Ⓔ feather-cockscomb, cocks-comb, celosia, red-spinach, quail-grass, cock's-comb, wool-flower, silvery-cock's-comb Ⓒ or Ⓜ(14): 구미파자(狗尾巴子 Gou-Wei-Ba-Zi), 야계관#(野鷄冠 Ye-Ji-Guan), 청상#(青葙 Qing-Xiang), 초호(草蒿 Cao-Hao)
[Character: dicotyledon. polypetalous flower. annual herb. erect type. cultivated, wild, medicinal, ornamental plant]

1년생 초본으로 종자로 번식한다. 열대지방이 원산지인 귀화식물이다. 곧추 자라는 원줄기는 높이 40~80㎝ 정도이고 가지가 많이 갈라지며 털이 없다. 어긋나는 잎의 잎자루는 없거나 약간 있고 잎몸은 길이 4~8㎝, 너비 10~25㎜ 정도의 좁은 난형으로 끝이 뾰족하다. 7~8월에 개화한다. 연한 홍색의 수상꽃차례는 가지 끝과 원줄기 끝에 달린다. 열매는 꽃받침보다 짧으며 수평으로 갈라져서 윗부분이 떨어지고 종자는 여러 개씩 들어 있으며 지름 1.5㎜ 정도이다. '맨드라미'와 달리 잎이 피침형 또는 좁은 난형이고 잎자루가 거의 없으며 꽃차례가 원주형이다. 관상용이나 약용으로 많이 심으나 빈터에 야생으로도 자란다. 다음과 같은 증상이나 효과에 약으로 쓰인다. 개맨드라미(22): 개선, 거풍열, 고혈압, 나기, 명목, 목정통, 부인음창, 비출혈, 살충, 삼충, 안질, 일체안병, 종통, 지방간, 창종, 청간화, 통경, 풍, 피부소양증, 하혈, 해수, 해열

맨드라미* maen-deu-ra-mi

비름과 Amaranthaceae
Celosia cristata L.

ⓁⓃ 맨드래미ⓝ, 단기맨드래미 ⒺⓃ cock's-comb, common-cocks-comb, celosia, quail-grass, wool-flower, silvery-cock's-comb ⒸⓃ or ⓂⓃ(14): 계관(鷄冠 Ji-Guan), 계관화#(鷄冠花 Ji-Guan-Hua), 청상자#(靑葙子 Qing-Xiang-Zi)
[Character: dicotyledon. polypetalous flower. annual herb. erect type. cultivated, medicinal, ornamental plant]

1년생 초본으로 종자로 번식한다. 열대지방이 원산지인 관상식물이다. 곧추 자라는 원줄기는 높이 50~100㎝ 정도로서 가지가 갈라지고 털이 없으며 흔히 붉은빛이 돈다. 어긋나는 잎의 잎자루는 길며 잎몸은 길이 5~10㎝, 너비 1~3㎝ 정도의 난상 피침형으로 끝이 뾰족하다. 7~9월에 개화한다. 화경에 대가 없이 밀생한 작은 꽃은 주로 홍색, 황색, 백색 등의 것이 있다. 열매는 난형으로 꽃받침으로 싸여 있고 옆으로 갈라져서 뚜껑처럼 열리며 3~5개의 흑색 종자가 들어 있다. '개맨드라미'와 달리 잎이 난형 또는 난상피침형이며 잎자루가 길고 화경은 편평하며 꽃차례의 상단이 닭벼슬같이 편평하다. 관상용으로 많이 심고 있다. 꽃차례는 염료로 사용하기도 한다. 다음과 같은 증상이나 효과에 약으로 쓰인다. 맨드라미(35): 각혈, 개선, 거담, 구토, 대하, 부인하혈, 설사, 요결석, 요혈, 월경이상, 이완출혈, 임신중독증, 임질, 자궁내막염, 자궁암, 자궁염, 적백리, 제출혈, 조경, 지혈, 치누하혈, 치루, 치통, 치풍, 치핵, 타박상, 탈강, 토혈각혈, 풍, 피부병, 피부소양증, 하리, 해수, 해열, 혈뇨

쇠무릎* soe-mu-reup

비름과 Amaranthaceae
Achyranthes japonica (Miq.) Nakai

ⓁⓃ 쇠무릅ⓝ, 우슬, 쇠무릅풀, 쇄무릅풀 ⒺⓃ twotooth-achyranthes ⒸⓃ or ⓂⓃ(32): 계교골(鷄膠骨 Ji-Jiao-Gu), 우슬#(牛膝 Niu-Xi), 토우슬#(土牛膝 Tu-Niu-Xi), 후비초(喉痺草 Hou-Bi-Cao)
[Character: dicotyledon. polypetalous flower. perennial herb. erect type. wild, medicinal, edible plant]

다년생 초본으로 근경이나 종자로 번식한다. 전국적으로 분포하고 산이나 들의 길가에서 자란다. 곧추서는 원줄기는 60~120㎝ 정도 자라 가지가 갈라진다. 형태와 생태는 '털쇠무릎'과 비슷하며 전체에 털이 약간 있거나 없다. 마주나는 잎의 잎자루는 짧고 잎몸은 길이 6~12㎝, 너비 4~8㎝ 정도의 타원형으로 털이 약간 있다. 8~9월에 개화한다. 수상꽃차례가 자라며 연한 녹색의 꽃은 양성이고 밑에서 피어 올라가는 무한꽃차례로서 꽃이 진 다음에도 굽어지지 않는다. 꽃차례의 길이가 '털쇠무릎'보다 길다. 열매는 쉽게 떨어져서 다른 물체에 잘 붙고 1개의 종자가 들어 있다. '비름속'과 달리 잎은 대생하고 꽃은 성숙기에 반곡한다. '천일홍'과 달리 암술머리가 갈라지지 않는다. 어린잎은 나물로, 또 살짝 데쳐 초간장, 된장 등에 무쳐 숙채로, 뿌리는 차로 마시거나 술로 담가 먹는다. 다음과 같은 증상이나 효과에 약으로 쓰인다. 쇠무릎(79): 각기, 간혈파행증, 강근골, 강장보호, 강정제, 강직성척추관절염, 견비통, 경결, 경혈, 골다공증, 골반염, 골절번통, 골절증, 관절염, 관절통, 근골동통, 근염, 담혈, 민감체질, 보익, 부인하혈, 사태, 소아경결, 소아야뇨증, 신경통, 야뇨증, 양위, 연골증, 오줌소태, 외이도염, 요결석, 요부염좌, 요삽, 월경불순, 월경이상, 유선염, 음부소양, 음위, 이뇨, 이뇨통림, 임신중요통, 자궁수축, 장간막탈출증, 적취, 전립선비대증, 정력증진, 정수고갈, 정혈, 종독, 좌섬요통, 중추신경장애, 중풍, 진통, 척추질환, 치조농루, 타박상, 타태, 통경, 통리수도, 통풍, 편도선염, 피부궤양, 하리, 학질, 해독, 허리디스크, 현벽, 현훈구토, 혈기심통, 혈뇨, 혈담, 혈압조절, 혈우병, 홍안, 활혈, 활혈거어, 후굴전굴, 흉부냉증, 흉협통

분꽃* bun-kkot

분꽃과 Nyctaginaceae
Mirabilis jalapa L.

ⓁⓃ 분꽃ⓝ, 여자화 ⒺⓃ common-four-o'clock, prairie-four-o'clock, four-o'clock-plant, marvel-of-peru, false-jalap ⒸⓃ or ⓂⓃ(14): 분단화(粉團花 Fen-Tuan-Hua), 자말리#(刺茉莉 Ci-Mo-Li), 화분두(花粉頭 Hua-Fen-Tou)
[Character: dicotyledon. polypetalous flower. annual herb. erect type. cultivated, medicinal, ornamental plant]

1년생 초본으로 종자로 번식하고 멕시코가 원산지인 관상식물이다. 뿌리가 굵으며 겉은 흑색이다. 높이 50~100㎝ 정도의 원줄기는 마디가 굵고 가지가 많이 갈라진다. 마주나는 잎의 잎몸은 길이 4~8㎝ 정도의 난형이고 끝이 뾰족하며 가장자리가 밋밋하다. 7~9월에 개화한다. 가지 끝에 달리는 취산꽃차례에 피는 꽃은 홍색, 황색, 백색 또는 잡색이고 저녁때부터 아침까지 핀다. 종자는 둥글며 얇은 백색의 종의로 싸여 있고 배유도 밀가루 같은 백색이다. 공업용으로 사용한다. 다음과 같은 증상이나 효과에 약으로 쓰인다. 분꽃(25): 각혈, 간작반, 감창, 개선, 건선, 경혈, 골절, 관절염, 버짐, 식마령서체, 악창, 여드름, 옴, 월경이상, 유옹, 음식체, 종독, 주독, 종기, 충독, 토혈각혈, 풍, 해열, 활혈, 황달

자리공* ja-ri-gong | 자리공과 Phytolaccaceae *Phytolacca esculenta* Van Houtte

LN 자리공ⓝ, 장녹, 상륙 EN pokeweed, indian-poke, indian-pokeberry CN or MN(45): 상륙#(上陸 Shang-Lu), 야라복(野蘿蔔 Ye-Luo-Bo), 장륙(章陸 Zhang-Lu), 현륙(莧陸 Xian-Lu)

[Character: dicotyledon. polypetalous flower. perennial herb. erect type. wild, medicinal, edible, poisonous, ornamental plant]

다년생 초본으로 근경이나 종자로 번식한다. 전국적으로 분포하며 산 가장자리나 민가 주위에서 자란다. 뿌리가 크게 비대해지고 원줄기는 높이 50~100㎝ 정도로 자라며 전체에 털이 없다. 어긋나는 잎의 잎자루는 길이 1~3㎝, 잎몸은 길이 10~20㎝, 너비 5~12㎝ 정도의 넓은 피침형으로 양 끝이 좁으며 가장자리가 밋밋하다. 5~7월에 개화한다. 잎과 마주나서 나오는 총상꽃차례는 곧추서거나 비스듬히 위를 향한다. 과수는 곧추서며 8개의 열매가 서로 연결되어 1개의 장과와 비슷하게 되고 자주색으로 익으며 1개씩 흑색 종자가 들어 있다. 꽃은 백색이며 연한 홍색을 띠기도 한다. '섬자리공'과 달리 소화경은 길이 10~12㎜ 정도이고 꽃차례에 젖꼭지 같은 돌기가 없다. 유독식물이지만 잎을 데쳐서 식용하기도 하며 관상용으로도 심는다. 어린순을 데쳐서 우려내고 무치거나 쌈으로 먹기도 하지만 독이 강해 나물로 많이 먹으면 안 된다. 자리공(16): 각기, 다망증, 소종산결, 수종, 신장염, 옹종, 이뇨, 이뇨투수, 인후종통, 인후통증, 전립선비대증, 포징, 표저, 하리, 항문주위농양, 해열

미국자리공* mi-guk-ja-ri-gong

자리공과 Phytolaccaceae
Phytolacca americana L.

LN 빨간자리공 EN american-pokeweed, poke, pokeberry, pigeonberry, common-pokeweed, pokeweed, virginian-poke, ink-bush, scoke, garget CN or MN(10): 당륙(當陸 Dang-Lu), 미상륙#(美商陸 Mei-Shang-Lu), 상륙#(商陸 Shang-Lu), 장유근#(章柳根 Zhang-Liu-Gen)
[Character: dicotyledon. polypetalous flower. perennial herb. erect type. wild, medicinal, edible, poisonous, ornamental plant]

다년생 초본으로 근경이나 종자로 번식한다. 북아메리카가 원산지인 귀화식물로 전국적으로 분포하며 공업단지 주변의 오염지에서도 잘 자란다. 줄기는 높이 1~2m 정도로 가지가 많이 갈라지고 보통 적자색이 돌며 털이 없다. 어긋나는 잎의 잎자루는 길이 1~4㎝, 잎몸은 길이 10~30㎝, 너비 5~15㎝ 정도의 난상 타원형으로 양끝이 좁고 가장자리가 밋밋하다. 6~9월에 개화한다. 꽃은 붉은빛이 도는 백색이며 총상꽃차례는 길이 10~15㎝ 정도로 열매가 익을 때에는 밑으로 처진다. 열매는 육질로 지름 7~8㎜ 정도의 편구형이며 적자색으로 익고 흑색 종자가 1개씩 들어 있다. '자리공'과 달리 과서가 드리우며 심피가 10개로 합생하고 종자가 평활하다. 유독식물이지만 열매를 적색 염료로 사용하기도 하며 관상용으로도 심는다. 어린순을 데쳐서 우려내고 무치거나 쌈으로 먹기도 하지만 독이 강해 나물로 많이 먹으면 안 된다. 다음과 같은 증상이나 효과에 약으로 쓰인다. 미국자리공(13): 각기, 구충, 늑막염, 수종, 신장염, 옹종, 이뇨, 인후통증, 제습, 종기, 종독, 피부진균병, 하리

번행초* beon-haeng-cho

번행초과 Aizoaceae
Tetragonia tetragonoides (Pall.) Kuntze

LN 번행초ⓝ, 번향, 갯상추 EN common-tetragonia, newzealand-spinach, new-zealand-spinach, new-zealand-iceplant CN or MN(6): 번행#(蕃杏 Fan-Xing), 번행초#(蕃杏草 Fan-Xing-Cao), 빈와거(瀕萵苣 Bin-Wo-Ju)
[Character: dicotyledon. polypetalous flower. perennial herb. creeping and erect type. halophyte. wild, medicinal, edible plant]

다년생 초본으로 근경이나 종자로 번식한다. 남부 해안지방에 분포하며 바닷가 모래땅에서 자란다. 줄기는 길이 30~60㎝ 정도로 밑에서부터 굵은 가지가 갈라지고 비스듬히 또는 지면을 따라 번으며 육질로 돌기가 있다. 어긋나는 잎의 잎자루는 길이 2㎝ 정도이고 잎몸은 길이 3~6㎝, 너비 2~4㎝ 정도의 두꺼운 난상 삼각형이며 끝이 뭉텅하다. 5~9월에 개화한다. 봄부터 가을까지 계속 피는 황색의 꽃은 잎겨드랑이에 1~2개씩 달리며 화경이 짧고 굵다. 열매는 딱딱하고 겉에 4~5개의 돌기와 꽃받침이 붙어 있으며 벌어지지 않고 여러 개의 종자가 들어 있다. '석류풀속'과 달리 잎은 호생하고 턱잎이 없으며 화피는 통으로 되고 자방은 합생하며 각 실에 1개씩의 배주가 들어 있다. 어린순을 나물로 하고 '갯상추'라고 부르기도 한다. 봄에 연한 잎을 생으로 요리해 먹거나 샐러드, 겉절이를 해 먹는다. 나물로 먹거나 국을 끓이기도 하며 비빔밥이나 쌈밥에 넣어 먹는다. 다음과 같은 증상이나 효과에 약으로 쓰인다. 번행초(17): 거풍소종, 구충, 암, 위암, 위장병, 위장염, 일체안병, 장염, 종기, 종독, 청열해독, 충독, 폐혈병, 풍, 해독, 해열, 홍종

쇠비름* soe-bi-reum

쇠비름과 Portulacaceae
Portulaca oleracea L.

LN 돼지풀ⓝ EN purslane, common-purslane, pigweed, porcelain, fatweed CN or MN(41): 마시채(馬屎菜 Ma-Shi-Cai), 마치현#(馬齒莧 Ma-Chi-Xian), 육자엽채(肉子葉菜 Rou-Zi-Ye-Cai), 장명현(長命莧 Chang-Ming-Xian)
[Character: dicotyledon. polypetalous flower. annual herb. creeping and erect type. wild, medicinal, edible plant]

1년생 초본으로 종자로 번식한다. 전국적으로 분포하며 들이나 밭에서 자란다. 적갈색이고 육질인 원줄기는 높이 30㎝ 정도까지 자라나 경합이 없으면 비스듬히 옆으로 퍼진다. 잎은 마주나거나 어긋나지만 끝부분의 것은 돌려나는 것처럼 보인다. 잎몸은 길이 10~20㎜, 너비 5~15㎜ 정도의 도란형으로 가장자리가 밋밋하다. 6~10월에 개화한다. 가지 끝에 달리는 꽃은 황색이다. 열매는 타원형이고 중앙부가 옆으로 갈라지며 많은 종자가 들어 있다. 종자는 찌그러진 원형이며 검은빛이 돌고 가장자리가 약간 거칠다. 꽃받침의 하부가 자방에 합착하고 삭과는 옆으로 터져 상반부가 탈락한다. 여름작물 포장에서 방제하기 어려운 문제잡초이다. 봄과 여름에 연한 잎과 줄기를 나물로 먹거나 죽으로 먹고 또 겉절이를 해서 초고추장에 무쳐 먹는다. 비빔밥에 넣거나 쌈으로 먹기도 한다. 사방용으로 심기도 한다. 다음과 같은 증상이나 효과에 약으로 쓰인다. 쇠비름(48): 각기, 관절염, 구충, 나력, 마교, 명목, 사독, 생목, 소아감적, 소아경풍, 시력감퇴, 양혈, 열독증, 옹종, 요도염, 월경이상, 윤피부, 음극사양, 음양음창, 이뇨, 이완출혈, 이질, 임파선염, 장위카타르, 저혈압, 적백리, 적취, 종창, 지갈, 지혈, 청열해독, 촌충증, 충독, 치핵, 칠독, 통리수도, 통림, 투진, 편도선염, 폐열, 풍열, 피부병, 하리, 해독, 해열, 혈뇨, 혈림, 활혈, 흉부냉증

20070703 19901015 20050613표 20040829 19880830 19880704 20050529 20110804

채송화* chae-song-hwa | 쇠비름과 Portulacaceae *Portulaca grandiflora* Hook.

LN 채송화ⓝ, 댕명화, 따꽃 EN common-portulaca, largeflower-purslane, moss-rose, sun-plant, rose-moss, garden-portulaca, purslane CN or MN(22): 대화마치현(大花馬齒莧 Da-Hua-Ma-Chi-Xian), 반지련#(半枝蓮 Ban-Zhi-Lian), 불갑초(佛甲草 Fo-Jia-Cao), 일조초#(日照草 Ri-Zhao-Cao), 타흠불사(打歆不死 Da-Xin-Bu-Si)
[Character: dicotyledon. polypetalous flower. annual herb. creeping and erect type. cultivated, medicinal, ornamental plant]

1년생 초본으로 종자로 번식하고 남아메리카가 원산지인 관상식물이다. 원줄기는 높이 15~30㎝ 정도로 가지가 많이 갈라지고 육질이며 붉은빛이 돈다. 어긋나는 잎의 잎몸은 길이 10~20㎜ 정도의 원주형으로 육질이다. 꽃은 화경이 없고 홍색, 백색, 황색, 자주색 등으로 여러 가지이며 밤에는 오므라든다. 삭과는 막질이며 중앙부에서 수평으로 갈라져 많은 종자가 나온다. 잎겨드랑이에 흰 털이 밀생한다. 관상용으로 정원에 많이 심으며 사방용으로 심기도 한다. 다음과 같은 증상이나 효과에 약으로 쓰인다. 채송화(20): 각기, 나력, 마교, 살충, 생목, 습창, 이병, 이질, 인후종통, 종독, 종창, 지갈, 창종, 청열해독, 촌충, 타박상, 해독, 해열, 혈리, 화상

갯개미자리* gaet-gae-mi-ja-ri

석죽과 Caryophyllaceae
Spergularia marina (L.) Griseb.

㉿ 바늘별꽃ⓝ, 개미바늘, 나도별꽃, 세발나물, 새발나물 ㉾ saltmarsh-sandspurry, lesser-seaspurry, lesser-sea-spurrey
[Character: dicotyledon. polypetalous flower. annual or biennial herb. creeping and erect type. halophyte. wild, edible plant]

1년생 또는 2년생 초본으로 종자로 번식한다. 전국의 해안지방에 분포하며 바닷가의 갯벌 근처와 바위틈에서 자란다. 원줄기는 높이 10~20㎝ 정도이고 밑에서 가지가 여러 개로 갈라지며 윗부분과 꽃받침에 선모가 있다. 마주나는 잎은 길이 1~3㎝ 정도의 반원주상 선형이고 털이 없으며 가장자리에 2~3개의 톱니가 있다. 5~8월에 개화하며 백색 또는 분홍색의 꽃은 잎겨드랑이에 달린다. 삭과는 길이 5~6㎜ 정도의 난형으로 3개로 갈라진다. 종자는 길이 0.5~0.7㎜ 정도의 넓은 난형이다. '들개미자리'와 달리 암술대는 3개이고 '개미자리'와 달리 백색막질의 턱잎이 있다. 개화기 전에 전초를 데쳐서 무쳐 먹는다. 간척지에서 재배하여 '세발나물'이라 부르며 겨울철의 들나물로 이용하고 있다.

벼룩이자리* byeo-ruk-i-ja-ri

석죽과 Caryophyllaceae
Arenaria serpyllifolia L.

LN 벼룩이자리ⓝ, 좁쌀뱅이, 모래별꽃 EN sandwort, thymeleaf-sandwort, serpoletleaf-sandwort, thyme-leaved-sandwort CN or MN(2): 소무심채#(小無心菜 Xiao-Wu-Xin-Cai), 조철#(蚤綴 Zao-Zhui)

[Character: dicotyledon. polypetalous flower. annual or biennial herb. erect type. wild, medicinal, edible plant]

1년생 또는 2년생 초본으로 종자로 번식하고 전국적으로 분포하며 밭이나 들에서 자란다. 원줄기는 높이 10~25㎝ 정도로서 밑에서부터 가지가 많이 갈라져서 모여 난 것처럼 보인다. 마주나는 잎의 잎몸은 길이 4~8㎜, 너비 2~5㎜ 정도의 난형으로 양끝이 좁으며 잎자루가 없다. 4~5월에 개화하며 윗부분의 잎겨드랑이에서 길이 10㎜ 정도의 화병이 나와 백색의 꽃이 달리며 전체적으로 잎이 달리는 취산꽃차례로 된다. 삭과는 길이 3㎜ 정도의 난형으로 끝이 6개로 갈라진다. 종자는 길이 0.3~0.5㎜ 정도의 신장형으로 짙은 갈색이며 겉에 잔 점이 있다. '벼룩이울타리'와 달리 줄기에 잔털이 많고 잎이 난원형이며 꽃잎은 꽃받침보다 짧다. 어린순은 나물로 한다. 봄에 새순을 생으로 초장에 무쳐 먹거나 국을 끓여 먹고 데쳐서 무쳐 먹기도 한다. 맥류포장에서 문제잡초가 된다. 다음과 같은 증상이나 효과에 약으로 쓰인다. 벼룩이자리(6): 급성결막염, 명목, 인후통, 청혈, 치주염, 해독

점나도나물* jeom-na-do-na-mul

석죽과 Caryophyllaceae
Cerastium holosteoides var. *hallaisanense* (Nakai) Mizush.

LN 점나도나물ⓝ, 섬좀나도나물, 섬점나도나물 EN common-mouseear, mouseear-chickweed CN or MN(4): 권이#(卷耳 Juan-Er), 아앙채#(鵝秧菜 E-Yang-Cai), 파파지갑채(婆婆指甲菜 Po-Po-Zhi-Jia-Cai)
[Character: dicotyledon. polypetalous flower. biennial herb. erect type. wild, medicinal, edible plant]

2년생 초본으로 종자로 번식한다. 전국적으로 분포하며 들이나 밭에서 자란다. 원줄기는 높이 15~30㎝ 정도이고 가지가 많이 갈라져서 모여 난 것처럼 보이며 흑자색이 돌고 털이 있다. 마주나는 잎은 잎자루가 거의 없고 잎몸은 길이 6~12㎜, 너비 4~8㎜ 정도의 난형으로 가장자리가 밋밋하며 양끝이 좁고 잔털이 있다. 5~6월에 개화하는 취산꽃차례에 달리는 꽃은 백색이다. 삭과는 길이 9㎜ 정도의 원통형이며 수평으로 달리고 황갈색이다. 종자는 갈색이고 사마귀 같은 소돌기가 있다. '큰점나도나물'과 달리 꽃잎이 꽃받침보다 짧고 '유럽점나도나물'과 비슷하지만 소화경이 꽃받침보다 길고 선모와 털이 다소 적다. 월동 맥류포장에서 문제잡초가 된다. 봄에 어린순을 데쳐서 나물로 먹거나 무쳐 먹는다. 된장국을 끓여 먹기도 하고 부추와 조갯살을 넣고 전을 부쳐 먹기도 한다. 전초는 '아앙채'라 하여 약으로 쓰인다.

유럽점나도나물* yu-reop-jeom-na-do-na-mul

석죽과 Caryophyllaceae
Cerastium glomeratum Thuill.

LN 끈끈이점나도나물ⓝ, 양점나도나물 EN sticky-mouseear, mouseear-chickweed, glomerate-mouse-ear, sticky-chickweed, sticky-mouse-ear, mouse-ear-chickweed
CN or MN(2): 구서권이#(球序卷耳 Qiu-Xu-Juan-Er), 권이#(卷耳 Juan-Er)
[Character: dicotyledon. polypetalous flower. biennial herb. erect type. wild, edible plant]

2년생 초본으로 종자로 번식한다. 유럽이 원산지인 귀화식물이며 전국적으로 분포하여 들이나 밭에서 자란다. 원줄기는 높이 15~30㎝ 정도로 가지가 많이 갈라져서 모여 난 것처럼 보이고 담록색이 돌며 줄기 상부에는 점질의 털이 밀생한다. 마주나는 잎은 잎자루가 거의 없고 잎몸은 길이 7~14㎜, 너비 3~7㎜ 정도의 난형으로 가장자리가 밋밋하며 양끝이 좁고 잔털이 있다. 4~5월에 개화한다. 취산꽃차례에 달리는 꽃은 둥글게 뭉쳐지며 백색이다. '점나도나물'과 비슷하지만 소화경이 꽃받침보다 짧거나 같고 선모와 퍼진 털이 밀생한다. 과수원 및 초지와 월동맥류 포장에서 문제 잡초가 된다. 봄에 어린순을 데쳐서 나물로 먹거나 무쳐 먹는다. 된장국을 끓여 먹기도 하고 부추와 조갯살을 넣고 전을 부쳐 먹기도 한다.

쇠별꽃* soe-byeol-kkot | 석죽과 Caryophyllaceae *Stellaria aquatica* (L.) Scop.

LN 쇠별꽃ⓝ, 콩버무리 EN water-stichwort, water-chickweed, aquatic-myosoton, chickweed CN or MN(8): 번루#(繁縷 Fan-Lu), 아아장채(鵝兒腸菜 E-Er-Chang-Cai), 아장초#(鵝腸草 E-Chang-Cao), 우번루#(牛繁縷 Niu-Fan-Lu)
[Character: dicotyledon. polypetalous flower. biennial or perennial herb. creeping and erect type. hydrophyte. wild, medicinal, edible, forage, ornamental plant]

2년생 또는 다년생 초본으로 근경이나 종자로 번식한다. 전국적으로 분포하며 밭이나 들의 다소 습한 곳에서 자란다. 원줄기는 길이 30~60㎝ 정도로 밑부분이 옆으로 자라고 윗부분이 곧추서며 1개의 실 같은 관속이 있고 윗부분에는 선모가 약간 있다. 마주나는 잎의 잎몸은 길이 2~6㎝, 너비 8~30㎜ 정도의 타원형이고 심장저는 줄기를 둘러싼다. 5~10월에 개화하며 취산꽃차례에 백색의 꽃이 달린다. 삭과는 난형으로 5개로 갈라진 후 다시 2개로 갈라진다. 종자는 길이 0.8㎜ 정도의 타원형으로 약간 편평하며 겉에 유두상의 돌기가 있다. '별꽃'과 비슷하지만 암술대가 5개이며 삭과는 5개로 갈라진다. 봄에 연한 잎과 줄기를 데쳐서 나물로 먹는다. 전초는 사료용으로 이용한다. 관상용으로 심기도 한다. 다음과 같은 증상이나 효과에 약으로 쓰인다. 쇠별꽃(19): 경혈, 외음부부종, 월경불순, 위장병, 유두파열, 유즙결핍, 이질, 자궁근종, 장위카타르, 정혈, 창종, 최유, 타박상, 폐렴, 피임, 해독, 해열, 활혈, 활혈소종

별꽃* byeol-kkot

석죽과 Caryophyllaceae
Stellaria media (L.) Vill.

LN 별꽃ⓝ, 번루, 막나물 EN common-chickweed, chickweed, white-bird's-eye, starwort, winterweed CN or MN(8): 계장초#(鷄腸草 Ji-Chang-Cao), 번루#(繁縷 Fan-Lu), 아장초#(鵝腸草 E-Chang-Cao), 은시호#(銀柴胡 Yin-Chai-Hu)
[Character: dicotyledon. polypetalous flower. biennial herb. erect type. wild, medicinal, edible, ornamental plant]

2년생 초본으로 종자로 번식한다. 전국적으로 분포하며 들이나 밭과 길가에서 자란다. 원줄기는 높이 20~40㎝ 정도로 밑에서 가지가 많이 나와 모여 난 것처럼 보이고 줄기에 1줄의 털이 있다. 마주나는 잎은 잎자루가 위로 갈수록 짧아진다. 잎몸은 길이 1~2㎝, 너비 8~15㎜ 정도의 난형으로 양면에 털이 없으며 가장자리가 밋밋하다. 4~6월에 개화한다. 취산꽃차례에 달리는 꽃은 백색이고 소화경은 길이 5~30㎜ 정도이다. 삭과는 6개로 갈라지고 종자는 겉에 유두상의 돌기가 있다. '큰별꽃'과 달리 잎이 짧고 전혀 털이 없으며 꽃받침조각은 끝이 둔하고 꽃잎보다 길며 '쇠별꽃'과 비슷하지만 암술대가 3개이며 삭과가 6개로 갈라진다. 월동맥류 포장에서 문제잡초가 된다. 봄에 어린순을 국을 끓여 먹거나 데쳐서 된장이나 간장에 무쳐 먹는다. 관상용으로 심기도 한다. 다음과 같은 증상이나 효과에 약으로 쓰인다. 별꽃(15): 산후복통, 악창종, 장위카타르, 정양, 정혈, 종독, 청열해독, 최유, 충치, 치통, 타박상, 피임, 해열, 화어지통, 활혈

벼룩나물* byeo-ruk-na-mul

석죽과 Caryophyllaceae
Stellaria alsine var. *undulata* (Thunb.) Ohwi

LN 애기별꽃ⓝ, 보리뱅이, 개미바늘, 들별꽃, 벼룩별꽃, 뺄금다지, 불구닥지 EN sandwort CN or MN (7): 작설초#(雀舌草 Que-She-Cao), 조철(蚤綴 Zao-Zhui), 천봉초#(天蓬草 Tian-Peng-Cao), 한초(寒草 Han-Cao)
[Character: dicotyledon. polypetalous flower. biennial herb. erect type. wild, medicinal, edible plant]

2년생 초본으로 종자로 번식한다. 전국적으로 분포하며 들이나 밭에서 자란다. 원줄기는 높이 15~25㎝ 정도이며 털이 없고 밑부분에서 가지가 많이 나와서 모여 나는 것처럼 보인다. 마주나는 잎은 잎자루가 없고 잎몸은 길이 6~12㎜, 너비 3~4㎜ 정도의 긴 타원형 또는 난상 피침형이며 가장자리가 밋밋하다. 4~5월에 개화한다. 취산꽃차례로 달리는 꽃은 백색이다. 삭과는 타원형이며 6개로 갈라지고 종자는 길이 0.5㎜ 정도의 둥근 신장형으로 짙은 갈색이며 표면에 돌기가 약간 있다. 집 근처에서 잘 자라고 월동맥류 포장에서 문제잡초이다. 어린순을 뜯어 쌈이나 겉절이로 먹고 초고추장에 무쳐 먹는다. 데쳐서 간장이나 고추장에 무치기도 한다. 다음과 같은 증상이나 효과에 약으로 쓰인다. 벼룩나물(10): 간염, 감기, 급성간염, 상풍감모, 이질, 종독, 치루, 타박상, 해독, 해열

20060624 20060715표

19970512 20020404 20020404

20100503 20050520 20070519 꽃패랭이꽃류

패랭이꽃* pae-raeng-i-kkot

석죽과 Caryophyllaceae
Dianthus chinensis L. var. *chinensis*

LN 패랭이꽃ⓝ, 석죽, 꽃패랭이꽃, 패랭이 EN annual-pink, china-pink, chinese-pink, pink, rainbow-pink, indian-pink CN or MN(26): 거구맥(巨句麥 Ju-Ju-Mai), 구맥#(瞿麥 Qu-Mai), 석죽#(石竹 Shi-Zhu), 죽절초(竹節草 Zhu-Jie-Cao)
[Character: dicotyledon. polypetalous flower. perennial herb. erect type. cultivated, wild, medicinal, ornamental plant]

다년생 초본으로 근경이나 종자로 번식한다. 전국적으로 분포하며 산 가장자리나 들의 건조한 곳이나 모래땅에서 자란다. 원줄기는 모여 나서 큰 포기를 이루며 높이 20~40㎝ 정도로 곧추서고 분백색이 돈다. 마주나는 잎은 선형으로 끝이 뾰족하고 밑부분이 서로 합쳐져서 짧게 통처럼 되며 가장자리가 밋밋하다. 6~8월에 개화하며 분홍색 또는 홍색의 꽃이 피고 꽃잎은 5개이다. '난장이패랭이꽃'과 달리 꽃이 한 꽃대에 1~3개씩 달리고 '카네이션'과 달리 소포가 꽃받침통 길이의 1/2 정도이거나 같다. 관상용으로 심기도 한다. 다음과 같은 증상이나 효과에 약으로 쓰인다. 패랭이꽃(32): 경혈, 고뇨, 난산, 늑막염, 무월경, 석림, 소염, 수종, 안질, 옹종, 요도염, 유정증, 음양음창, 음축, 이뇨, 이수통림, 인후염, 인후통증, 일체안병, 임질, 자상, 치질, 치핵, 타박상, 타태, 통경, 통리수도, 풍치, 피임, 하리, 활혈통경, 회충

대나물* dae-na-mul

석죽과 Caryophyllaceae
Gypsophila oldhamiana Miq.

LN 마디나물ⓝ, 은시호 EN gypsophyll, oldham-gypsophila, gypsophila CN or MN (13): 사석죽#(絲石竹 Si-Shi-Zhu), 은시호#(銀柴胡 Yin-Chai-Hu), 은하시호(銀厦柴胡 Yin-Xia-Chai-Hu)
[Character: dicotyledon. polypetalous flower. perennial herb. erect type. halophyte. wild, medicinal, edible, ornamental plant]

다년생 초본으로 근경이나 종자로 번식한다. 전국적으로 분포하며 해안지방의 산이나 들에서 자란다. 뿌리가 굵으며 줄기는 한군데에서 여러 개가 나와 높이 50~100㎝ 정도로 곧추 자라고 윗부분에서 가지가 갈라지며 전체에 털이 없다. 마주나는 잎은 길이 3~6㎝, 너비 5~10㎜ 정도의 피침형이며 밑부분이 좁아져서 잎자루처럼 되고 가장자리는 밋밋하다. 6~8월에 개화한다. 산방상 취산꽃차례에 백색의 꽃이 많이 달린다. 삭과는 둥글며 4개로 갈라진다. 관상용으로 많이 심는다. 연한 잎과 줄기를 데쳐서 나물로 먹는다. 잎의 너비가 1~3㎝ 이상이며 밑부분이 넓어서 원줄기를 감싸는 것을 '가는대나물'이라고 하며 연한 잎과 줄기를 데쳐서 나물로 먹는다. 다음과 같은 증상이나 효과에 약으로 쓰인다. 대나물(13): 강장보호, 거담제, 골증, 골증열, 도한, 소아경간, 소아오감, 절옹, 청감열, 퇴허열, 학질, 해열, 허로

동자꽃* dong-ja-kkot

석죽과 Caryophyllaceae
Lychnis cognata Maxim.

ⓁⓃ 동자꽃ⓝ, 참동자 ⒺⓃ lobate-campion, lychnis, campion ⒸⓃ or ⓂⓃ (3): 전추라#(剪秋羅 Jian-Qiu-Luo), 전하라#(剪夏羅 Jian-Xia-Luo)
[Character: dicotyledon. polypetalous flower. perennial herb. erect type. wild, medicinal, edible, ornamental plant]

다년생 초본으로 근경이나 종자로 번식한다. 전국적으로 분포하며 산지에서 자란다. 원줄기는 높이 40~100㎝ 정도이다. 마주나는 잎은 길이 5~8㎝, 너비 2~5㎝ 정도의 난상 타원형으로 양끝이 좁으며 가장자리가 밋밋하고 황록색이다. 7~8월에 개화하며 원줄기 끝과 잎겨드랑이에서 나오는 소화경에 1개씩 달리는 꽃은 진한 적색이다. 삭과는 꽃받침통 안에 들어 있고 많은 종자가 있다. '털동자꽃'과 달리 전체에 털이 적고 꽃잎은 얕게 갈라지며 꽃받침의 길이가 2~3㎝ 정도로 더 길다. 연한 잎과 줄기를 데쳐서 나물로 먹는다. 관상용으로 심고 있다. 다음과 같은 증상이나 효과에 약으로 쓰인다. 동자꽃(4): 감한, 두창, 해독, 해열

장구채* jang-gu-chae

석죽과 Caryophyllaceae
Silene firma Siebold & Zucc.

ⓛⓝ 장구채ⓝ, 금궁화, 전금화 ⓔⓝ hard-melandryum ⓒⓝ or ⓜⓝ (16): 광악여루채(光萼女婁菜 Guang-E-Nu-Lou-Cai), 맥람자(麥藍子 Mai-Lan-Zi), 왕불유행#(王不留行 Wang-Bu-Liu-Xing)
[Character: dicotyledon. polypetalous flower. biennial herb. erect type. wild, medicinal, edible plant]

2년생 초본으로 종자로 번식한다. 전국적으로 분포하며 산과 들의 풀밭에서 자란다. 곧추 자라는 원줄기는 높이 40~80㎝ 정도로 가지가 갈라지고 자줏빛이 도는 녹색이지만 마디 부분은 흑자색이다. 마주나는 잎은 길이 4~10㎝, 너비 1~3㎝ 정도의 긴 타원형이며 양면에 털이 약간 있다. 7~9월에 개화하며 취산꽃차례가 층층으로 달리고 꽃은 백색이다. 삭과는 길이 7~8㎜ 정도의 난형이고 끝이 6개로 갈라진다. 종자는 신장형으로 자갈색이며 겉에 소돌기가 있다. '애기장구채'와 달리 줄기는 평활하고 마디는 흑자색이며 꽃이 백색이다. 연한 잎과 줄기를 데쳐서 나물로 먹는다. 다음과 같은 증상이나 효과에 약으로 쓰인다. 장구채(32): 건비위, 경혈, 금창, 난산, 무월경, 연주창, 옹종, 요도염, 월경이상, 유옹, 유즙결핍, 이질, 인후통증, 정혈, 제습, 조루증, 종독, 중이염, 지혈, 진통, 최유, 치열, 통경, 통리수도, 풍독, 풍습, 하리, 해열, 혈림, 홍안, 활혈, 활혈통경

끈끈이대나물* kkeun-kkeun-i-dae-na-mul

석죽과 Caryophyllaceae
Silene armeria L.

KN 끈끈이대나물ⓝ, 세레네, 씨레네 EN sweetwilliam-catchfly, sweetwilliam-silene, catchfly, lobel's-catchfly, garden-catchfly, sweet-william-catchfly CN or MN (1): 고설륜#(高雪輪 Gao-Xue-Lun)
[Character: dicotyledon. polypetalous flower. annual or biennial herb. erect type. cultivated, wild, medicinal, edible, ornamental plant]

1년 또는 2년생 초본으로 종자로 번식한다. 유럽이 원산지이며 관상식물로 들어온 귀화식물이고 전국에 분포하며 들에서 자란다. 원줄기는 높이 40~60㎝ 정도이고 전체에 분백색이 돌며 털이 없고 가지가 갈라지며 윗마디에서 점액을 분비한다. 마주나는 잎의 잎몸은 길이 3~5㎝, 너비 1~2㎝ 정도의 난형이다. 6~8월에 개화하며 홍색 또는 백색의 꽃이 핀다. 삭과는 긴 타원형이고 대가 있으며 끝이 6개로 갈라진다. '끈끈이장구채'와 달리 잎은 난형 내지 넓은 피침형이며 꽃은 홍색, 백색으로 산방상으로 달린다. 관상용으로 쓰이며 어릴 때에는 식용한다. 다음과 같은 증상이나 효과에 약으로 쓰인다. 끈끈이대나물(2): 정혈, 최유

19980704

20010825

19980704

20010526

20030820 수련과 순채

19980630

19970731

20010825

순채* sun-chae

수련과 Nymphaeaceae
Brasenia schreberi J. F. Gmelin

LN 순채ⓝ EN water-shield, purple-when-dock CN or MN (4): 사순(絲蓴 Si-Chun), 순#(蓴 Chun), 순채#(蓴菜 Chun-Cai)

[Character: dicotyledon. polypetalous flower. perennial herb. surface hydrophyte. creeping type. cultivated, wild, medicinal, edible, ornamental plant]

연못에서 자라는 다년생 초본으로 근경이나 종자로 번식한다. 근경이 옆으로 가지를 치면서 자라고 원줄기는 수면을 향해 길게 자라며 드문드문 가지를 친다. 잎은 어긋나고 잎이 피려고 할 때 어린줄기와 더불어 점질의 투명체로 덮인다. 완전히 자란 잎은 수면에 뜨며 타원형으로 가장자리가 밋밋하고 길이 6~10㎝, 너비 4~6㎝ 정도이다. 6~7월에 개화한다. 꽃은 검은 홍자색이며 물에 약간 잠긴 채로 핀다. 열매는 난형으로 물속에서 익고 꽃받침과 암술대가 달려 있다. '연꽃'과 달리 꽃과 잎이 소형이며 꽃받침조각과 꽃밥이 각 3개이고 수술은 12~18개이다. 봄과 여름에 어린 싹이 점액으로 덮여 있을 때 채취하여 묵나물, 무침, 맑은장국, 양념장국을 넣어 소면처럼 먹는다. 식용이나 관상용으로 심기도 한다. 다음과 같은 증상이나 효과에 약으로 쓰인다. 순채(11): 건위, 곽란, 보정, 소갈, 소종해독, 주독, 지혈, 진통, 청열이뇨, 해열, 황달

개연꽃* gae-yeon-kkot

수련과 Nymphaeaceae
Nuphar japonicum DC.

LN 긴잎련꽃ⓝ, 개구리연, 개연, 개련꽃, 긴잎좀련꽃 EN cow-lily, spatterdock, yellow-pond-lily CN or MN (10): 수속포(水粟包 Shui-Su-Bao), 천골#(川骨 Chuan-Gu), 천골자#(川骨子 Chuan-Gu-Zi), 평봉초(萍蓬草 Ping-Peng-Cao)

[Character: dicotyledon. polypetalous flower. perennial herb. surface hydrophyte. creeping and erect type. cultivated, wild, medicinal, ornamental plant]

중부 이남의 얕은 물속에서 자라는 다년생 초본이다. 근경은 굵고 옆으로 벋으며 군데군데 잎이 달렸던 자리가 있다. 잎은 근경 끝 부근에서 나오며 수중엽은 길고 좁으며 가장자리가 파상이다. 물위의 잎은 긴 난형 또는 긴 타원형이며 길이 20~30㎝, 너비 7~12㎝ 정도이다. 긴 화경이 8~9월에 물위로 나와 황색 꽃이 1개씩 달린다. 잎과 열매는 물속에서는 초록색이고 익으면 물컹물컹해져 종자가 나온다. '왜개연꽃'이나 '남개연꽃'과는 달리 잎의 뒷면 주맥에 털이 약간 있으며 잎자루와 잎몸이 물위로 올라오는 정수식물이고 암술머리는 방석처럼 퍼지고 톱니가 있다. 관상용으로 재배하고 다음과 같은 증상이나 효과에 약으로 쓰인다. 개연꽃(16): 강장, 강장보호, 강정제, 건비, 건위, 경혈, 만성피로, 산전후상, 소화불량, 월경이상, 조경, 정양, 정혈, 지혈, 타박상, 허약체

왜개연꽃* wae-gae-yeon-kkot

수련과 Nymphaeaceae
Nuphar pumilum (Timm.) DC.

LN 작은잎련꽃ⓝ, 좀개연꽃, 애기좀연꽃, 물개구리연, 북개연, 왜개련꽃 EN dwarf-cow lily, least-water-lily CN or MN (11): 수속근(水粟根 Shui-Su-Gen), 천골#(川骨 Chuan-Gu), 평봉초#(萍蓬草 Ping-Feng-Cao)

[Character: dicotyledon. polypetalous flower. perennial herb. surface hydrophyte. creeping type. wild, medicinal ornamental plant]

다년생 초본의 수생식물로 근경이나 종자로 번식한다. 남부지방에 분포하며 늪이나 연못에서 자란다. 근경은 굵고 진흙 속에서 옆으로 뻗어간다. 잎은 근경에서 나오며 잎자루가 길다. 수면에 뜨는 잎은 길이 5~10㎝, 너비 6~10㎝ 정도의 난상 원형이고 밑부분이 심장저이며 뒷면에 잔털이 밀생한다. 8~9월에 개화하며 물위로 화경이 나와 피는 꽃의 꽃잎은 황색이나 꽃밥은 붉은색이다. '개연꽃'과 달리 잎이 넓은 난형, 난상 원형 내지 타원형이며 물에 뜨고 뒷면에 잔털이 밀생한다. 관상용으로 이용한다. 왜개연꽃(11): 강장보호, 건위, 경중양통, 만성피로, 월경이상, 장염, 장풍, 정혈, 지혈, 타박상, 허약체질

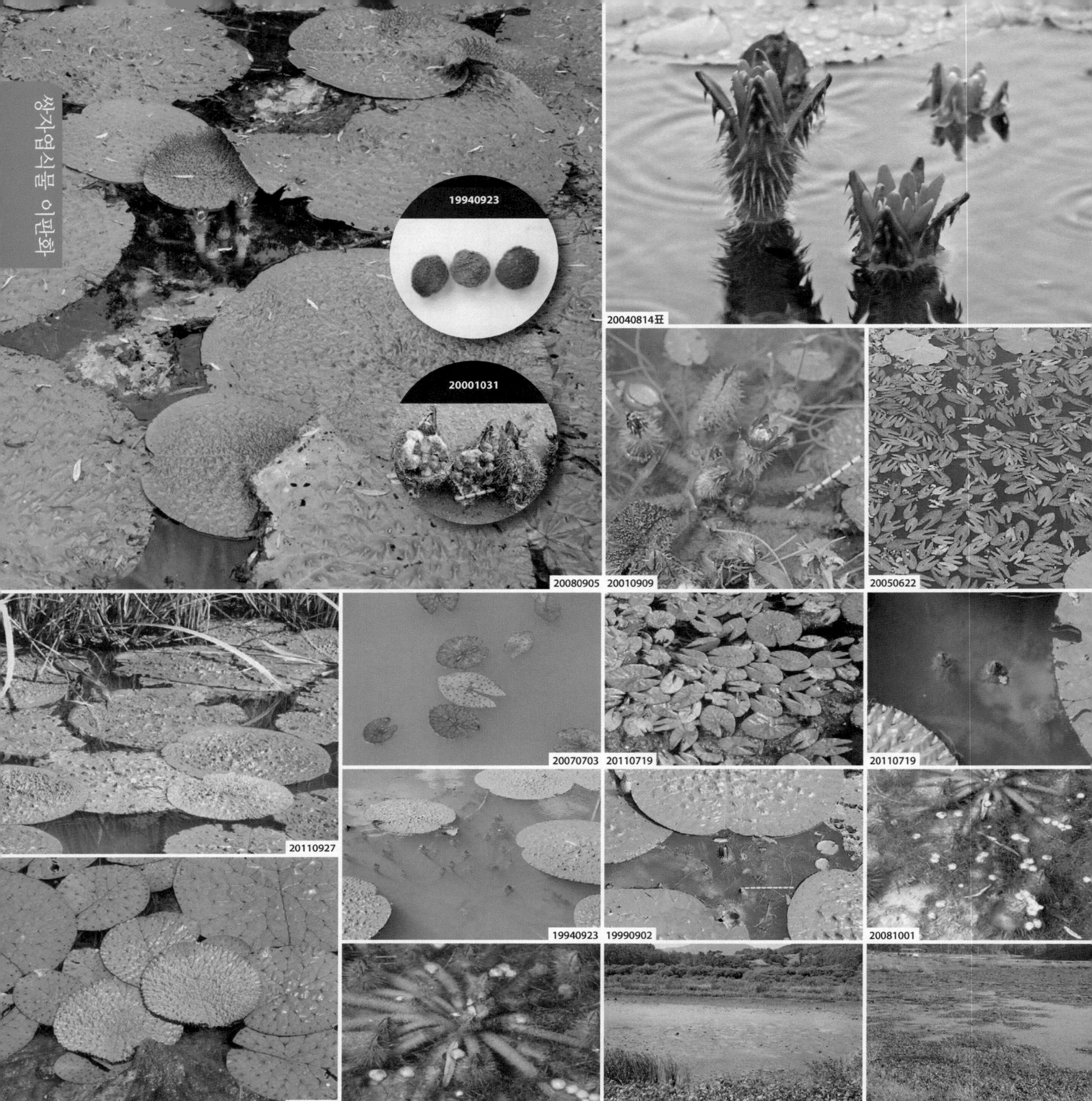

가시연꽃* ga-si-yeon-kkot

수련과 Nymphaeaceae
Euryale ferox Salisb.

LN 가시련ⓝ, 개연, 가시연, 철남성, 칠남성 EN euryale, foxnut, golden-euryale, prickly-water-lily, chicken's-head, fox-nut, gorgon-plant, makhana CN or MN (39): 검(芡 Qian), 검인근#(芡仁根 Qian-Ren-Gen), 수계두(水鷄頭 Shui-Ji-Tou)

[Character: dicotyledon. polypetalous flower. annual herb. surface hydrophyte. wild, cultivated, medicinal, edible, ornamental plant]

1년생 초본의 수생식물로 종자로 번식한다. 남부지방에 분포하며 늪이나 연못에서 자란다. 근경은 짧고 수염뿌리가 많이 나온다. 어린 식물의 잎은 작으며 화살 같지만 타원형을 거쳐 점차 큰 잎이 나오기 시작하여 자라면 둥글게 된다. 물위에 뜨는 잎은 지름 20~120㎝ 정도로 표면에 주름이 지고 윤기가 있으며 뒷면은 흑자색으로 맥이 튀어 나오고 짧은 줄이 있다. 잎의 양면 맥 위에 가시가 돋는다. 7~8월에 개화한다. 가시가 돋은 긴 화경이 자라서 자주색 꽃이 핀다. 열매는 길이 5~7㎝ 정도의 타원형 또는 구형으로 겉에 가시가 있고 끝에 꽃받침이 뾰족하게 남아 있다. 종자는 거의 둥글며 육질의 종피로 싸이고 과피는 흑색이며 딱딱하고 배유는 백색이다. '수련'와 달리 일년초로 전주에 가시가 있고 자방하위이다. '어항마름'과 달리 잎이 갈라지지 않고 가시가 있다. 식용하며 관상용으로 심기도 한다. 다음과 같은 증상이나 효과에 약으로 쓰인다. 가시연꽃(30): 강심익지, 강장, 강장보호, 강정제, 건비위, 건위, 견비통, 곽란, 관절통, 대하, 보비거습, 보정, 소변실금, 오십견, 완화, 요통, 위내정수, 유정, 익신고정, 자양강장, 정기, 정양, 주독, 지혈, 진통, 통풍, 폐기천식, 해수, 해열, 허약체질

연꽃* yeon-kkot

수련과 Nymphaeaceae
Nelumbo nucifera Gaertn.

LN 련꽃ⓝ, 연, 쌍둥이련꽃, 련 EN hindu-lotus, lotus, sacred-lotus, sacred-water-lily, east-indian-lotus, indian-lotus, sacred-indian-lotus, oriental-lotus, egyptian-lotus, chinese-water-lily, bunga-padam, bean-of-india CN or MN (76): 고의(苦薏 Ku-Yi), 백련자(白蓮子 Bai-Lian-Zi), 석련자#(石蓮子 Shi-Lian-Zi), 연(蓮 Lian), 연근#(蓮根 Lian-Gen), 우(藕 Ou), 하(蕸 Xia)
[Character: dicotyledon. polypetalous flower. perennial herb. hydrophyte. cultivated, wild, medicinal, edible, ornamental plant]

다년생 초본의 수생식물로서 근경이나 종자로 번식한다. 전국적으로 분포하며 연못이나 강가에서 자란다. 근경에서 나오는 잎의 잎자루는 원주형이고 잎몸은 지름 25~50㎝ 정도의 원형으로 백록색이며 물에 잘 젖지 않는다. 7~8월에 개화한다. 연한 홍색 또는 백색의 꽃이 1개씩 달리고 꽃잎은 도란형이다. 열매는 길이 1~2㎝ 정도의 타원형으로 흑색이다. '가시연꽃'과 달리 다년초로 가시가 없고 심피는 도원추형의 화탁속에 이생하며 배주는 1~2개이다. 관상용으로 많이 심으며, 꽃과 잎을 차로 이용하기도 한다. 여름에 연한 잎을 말려 죽을 쑤어 먹으며 뿌리는 각종 요리에 쓰며, 각 지역에서 많은 건강식품이 개발되고 있다. 다음과 같은 증상이나 효과에 약으로 쓰인다. 연꽃(88): 각혈, 강심제, 강장, 강장보호, 강정안정, 강정제, 건망증, 건위, 경신익지, 경혈, 고혈압, 구내염, 구토, 근골위약, 기관지염, 민감체질, 배가튀어나온증세, 변비, 보비지사, 보익, 부인하혈, 비육, 소아리수, 소아소화불량, 소아탈항, 식균용체, 식시비체, 신경쇠약, 신장염, 실뇨, 안산, 안태, 야뇨증, 양혈거풍, 어혈, 열독증, 오심, 요통, 우울증, 월경이상, 위궤양, 위장염, 유옹, 유정증, 이완출혈, 익신, 익신고정, 임질, 장출혈, 정력증진, 조루증, 조비후증, 종창, 주독, 중독증, 증세, 지갈, 지사, 지혈, 진통, 청서이습, 청열, 초조감, 최토, 충치, 치통, 치핵, 탈강, 탈항, 토혈각혈, 통리수도, 튀어나온편도선비대, 편도선염, 폐결핵, 폐기천식, 폐렴, 폐혈, 피부노화방지, 학질, 해독, 해열, 허약체질, 혈뇨, 협심증, 화농, 황달, 흉통.

요강나물* yo-gang-na-mul

미나리아재비과 Ranunculaceae
Clematis fusca var. *coreana* (H. Lev. et Vaniot) Nakai

LN 선종덩굴ⓝ, 선요강나물 CN or MN (1): 갈모위령선#(褐毛威靈仙 He-Mao-Wei-Ling-Xian)
[Character: dicotyledon. polypetalous flower. deciduous suffrutescent. erect type. wild, medicinal, poisonous, ornamental plant]

낙엽성 반관목으로 종자로 번식한다. 중북부지방의 높은 산에서 자란다. 높이 40~80㎝ 정도로 곧추선다. 마주나는 잎은 3개의 소엽으로 구성되거나 또는 단엽으로서 깊게 3개로 갈라지고 양면 맥 위에 잔털이 있다. 5~6월에 개화하며 줄기 끝에 1개씩 달리는 흑갈색의 꽃은 밑을 향한다. '검종덩굴'과 달리 곧추서고 소엽은 3개이거나 윗부분에서 1개이며 깊게 3개로 갈라지기도 한다. 관상용으로 심기도 한다. '나물'이라고 부르지만 독성이 강해 먹을 수 없다. '선종덩굴'이라고 하기도 한다. 다음과 같은 증상이나 효과에 약으로 쓰인다. 요강나물(13): 각기, 개선, 거풍습, 발한, 복중괴, 악종, 요슬통, 이뇨, 절상, 조경, 진통, 천식, 파상풍, 풍질

큰꽃으아리* keun-kkot-eu-a-ri

미나리아재비과 Ranunculaceae
Clematis patens C. Morren & Decne.

LN 큰꽃으아리ⓝ, 어사리, 개비머리 EN lilac-clematis CN or MN (4): 위령선#(威靈仙 Wei-Ling-Xian), 전자련#(轉子蓮 Zhuan-Zi-Lian), 철전련#(鐵傳蓮 Tie-Chuan-Lian)
[Character: dicotyledon. polypetalous flower. deciduous suffrutescent. vine. wild, cultivated, medicinal, edible, ornamental plant]

낙엽성 반관목의 덩굴식물로 종자로 번식한다. 전국적으로 분포하며 산지의 숲에서 자란다. 길이 2~4m 정도로 벋는 덩굴줄기는 가늘고 길며 잔털이 있다. 마주나는 잎은 3출 또는 우상복엽이고, 3~5개의 소엽은 길이 4~10㎝ 정도의 난상 피침형이며 가장자리에 톱니가 없다. 5~6월에 개화하며 꽃은 백색 또는 연한 자주색이다. 수과는 난형으로 갈색 털이 있는 긴 암술대가 그대로 달려 있다. '위령선'과 달리 꽃자루에 포가 없고 꽃받침조각이 8개이며 소엽에 톱니가 없다. 연한 잎은 식용하기도 하고 정원이나 울타리에 관상용으로 심는다. 큰꽃으아리(18): 간염, 개선, 거풍습, 급성간염, 발한, 복중괴, 악종, 요슬통, 중풍, 진통, 천식, 치통, 통풍, 파상풍, 풍, 풍질, 해독, 황달

으아리* eu-a-ri

미나리아재비과 Ranunculaceae
Clemastis terniflora var. *mandshurica* (Rupr.) Ohwi

Ⓛⓝ 으아리ⓝ, 위령선, 북참으아리, 응아리 ⒺⓃ chinese-clematis, clematis, virgin's-bower, mandshurian-clematis ⒸⓃ or ⓂⓃ 으아리(21): 철각위령선(鐵脚威靈仙 Tie-Jiao-Wei-Ling-Xian), 백목통#(白木通 Bai-Mu-Tong), 위령선#(威靈仙 Wei-Ling-Xian), 구초계(九草階 Jiu-Cao-Jie)
[Character: dicotyledon. polypetalous flower. deciduous suffrutescent. vine. wild, medicinal, edible, harmful, ornamental plant]

낙엽성 반관목으로 근경이나 종자로 번식하는 덩굴식물이다. 전국적으로 분포하며 산기슭이나 들에서 자란다. 덩굴줄기는 길이 1.5~3m 정도이다. 마주나는 잎은 5~7개의 소엽으로 구성된 우상복엽이고 소엽은 난형이며 잎자루는 구부러져서 흔히 덩굴손과 같은 역할을 한다. 6~8월에 개화하며 취산꽃차례로 달리는 꽃은 백색이다. 9월에 익는 수과는 난형으로 백색의 털이 있고, 길이 2㎝ 정도의 꼬리 같은 암술대가 달려 있다. '외대으아리'와 달리 과실에 날개가 없고 암술대에 우상백모가 있으며 '참으아리'와 달리서는 줄기가 경질이고 잎밑이 둥글거나 쐐기모양이다. 관상용으로 심는다. 어린순을 나물로 먹으나 성숙한 것은 독성이 약간 있어 묵나물로 하여 우려서 먹는다. 다음과 같은 증상이나 효과에 약으로 쓰인다. 으아리(30): 각기, 간염, 간질, 거풍습, 골절, 관절염, 관절통, 근육통, 발한, 복중괴, 악종, 안면신경마비, 언어장애, 요슬통, 요통, 절상, 제습, 진통, 천식, 통경, 통풍, 파상풍, 편도선염, 폐기천식, 풍, 풍질, 하리, 한열왕래, 항바이러스, 황달

사위질빵* sa-wi-jil-ppang

미나리아재비과 Ranunculaceae
Clematis apiifolia DC.

LN 모란풀ⓝ, 질빵풀 EN october-clematis CN or MN (6): 만초(蔓草 Wan-Cao), 산목통(山木通 Shan-Mu-Tong), 여위#(女萎 Nü-Wei), 천산등(穿山藤 Chuan-Shan-Teng)
[Character: dicotyledon. polypetalous flower. deciduous suffrutescent. vine. wild, medicinal, edible, harmful, ornamental plant]

낙엽성 반관목의 덩굴식물로 근경이나 종자로 번식한다. 중남부지방에 분포하며 산지나 들에서 자란다. 덩굴줄기는 길이 2~4m 정도이고 어린 가지에 잔털이 있다. 마주나는 잎은 3출 또는 2회 3출하고 소엽은 길이 4~7㎝ 정도의 난상 피침형으로 결각상의 톱니가 있으며, 뒷면 맥 위에 잔털이 있다. 7~9월에 개화한다. 취산꽃차례에 달리는 꽃은 백색이다. 수과는 5~10개씩 모여 달리고 털이 있으며 백색 또는 연한 갈색의 털이 있는 긴 암술대가 달려 있다. '좀사위질빵'과 달리 잎이 3출 간혹 2회 3출이고 열매에 털이 있다. 어린잎은 식용하며 정원에 관상용으로 심기도 한다. 독성이 있으므로 어린순을 데쳐서 우려내고 된장이나 간장에 무쳐 먹는다. 다른 나물과 같이 먹기도 한다. 다음과 같은 증상이나 효과에 약으로 쓰인다. 사위질빵(24): 각기, 간질, 개선, 경련, 골절, 곽란설사, 근골동통, 발한, 복중괴, 사리, 소아경간, 악종, 요삽, 요슬통, 이뇨, 자한, 절상, 진경, 진통, 천식, 탈항, 파상풍, 폐기천식, 풍질

할미꽃* hal-mi-kkot

미나리아재비과 Ranunculaceae
Pulsatilla koreana (Yabe ex Nakai) Nakai ex Mori

Ⓛⓝ 할미꽃ⓝ, 노고초, 가는할미꽃 Ⓔⓝ korean-pulsatilla, korean-pasque-flower, pasque-flower, windflower Ⓒⓝ or Ⓜⓝ (36): 백두옹#(白頭翁 Bai-Tou-Weng), 호왕사자(胡王使者 Hu-Wang-Shi-Zhe)
[Character: dicotyledon. polypetalous flower. perennial herb. erect type. wild, medicinal, poisonous, ornamental plant]

다년생 초본으로 근경이나 종자로 번식한다. 전국적으로 분포하며 산이나 들의 양지쪽에서 자란다. 뿌리는 굵고 흑갈색이며 윗부분에서 많은 잎이 나온다. 잎은 잎자루가 길고 5개의 소엽으로 구성된 우상복엽이며 전체에 긴 백색 털이 밀생하여 흰빛이 돌지만 표면은 짙은 녹색으로 털이 없다. 4~5월에 개화한다. 1개의 꽃이 밑을 향해 달리며 꽃받침 열편의 겉 부분은 털이 밀생하고 안쪽은 털이 없으며 적자색이다. 수과는 길이 5㎜ 정도의 긴 난형으로 겉에 백색 털이 밀생하며 암술대는 길이 40㎜ 정도로 우상의 퍼진 털이 밀생한다. '분홍할미꽃'과 달리 꽃이 붉은 자줏빛이다. 관상용으로 많이 심는다. 독성이 있어 먹으면 복통과 설사, 즙이 닿으면 수포 등 염증이 생긴다. 우리나라에 자생하는 할미꽃 종류는 '가는잎할미꽃', '노랑할미꽃', '동강할미꽃', '분홍할미꽃', '산할미꽃', '할미꽃' 등이 있으며 약용으로는 같이 쓰인다. 다음과 같은 증상이나 효과에 약으로 쓰인다. 할미꽃(48): 건위, 경중양통, 경혈, 과민성대장증후군, 뇌암, 두창, 만성위염, 백독, 부종, 비암, 비출혈, 선기, 소영, 수렴, 심장통, 암, 양혈, 요슬풍통, 월경이상, 위장염, 음부소양, 익혈, 임파선염, 자궁경부암, 장염, 장위카타르, 장출혈, 적백리, 적취, 정혈, 지혈, 진통, 청혈해독, 치암, 치출혈, 타박상, 폐암, 풍양, 피부암, 하리, 학질, 한열왕래, 해독, 해열, 혈림, 혈전증, 활혈, 흉부냉증

노루귀* no-ru-gwi

미나리아재비과 Ranunculaceae
Hepatica asiatica Nakai

LN 노루귀풀ⓝ, 뾰족노루귀 EN asiatic-hepatica, hepatica, asian-liverleaf, liverleaf, noble-liverwort, trinity CN or MN 노루귀(3): 장이세신#(樟耳細辛 Zhang-Er-Xi-Xin), 파설초(破雪草 Po-Xue-Cao)
[Character: dicotyledon. polypetalous flower. perennial herb. creeping and erect type. wild, medicinal, ornamental plant]

다년생 초본으로 근경이나 종자로 번식한다. 전국적으로 분포하며 산지의 그늘에서 자란다. 근경은 비스듬히 자라고 많은 마디에서 잔뿌리가 사방으로 퍼진다. 뿌리에서 모여 나는 잎은 심장형이고 가장자리가 3개로 갈라진다. 4~5월에 잎이 나오기 전에 화경에 백색 또는 연한 분홍색의 꽃이 위를 향해 핀다. 수과는 많으며 퍼진 털이 있고 밑에 총포가 있다. '새끼노루귀'와 달리 잎에 무늬가 있거나 없으며 꽃이 잎보다 먼저 피고 꽃받침조각은 6~11개로 보다 길다. 관상용으로 심는다. 다음과 같은 증상이나 효과에 약으로 쓰인다. 노루귀(17): 간기능회복, 근골산통, 노통, 만성위장염, 소종, 위장염, 장염, 종독, 지음증, 진통, 진해, 창종, 충독, 치루, 치통, 치풍, 해수

개구리자리* gae-gu-ri-ja-ri

미나리아재비과 Ranunculaceae
Ranunculus sceleratus L.

LN 습바구지ⓝ, 놋동이풀 EN blister-buttercup, poisonous-buttercup, cursed-crowfoot, celeryleaf-buttercup, celery-leaved-ache, blisterwort, celery-leaved-crowfoot, celery-leaf-buttercup, cursed-buttercup, marsh-crowfoot, crowfoot-buttercup CN or MN (9): 석룡예#(石龍芮 Shi-Long-Rui), 야근채(野芹菜 Ye-Qin-Cai), 호초채(胡椒菜 Hu-Jiao-Cai)
[Character: dicotyledon. polypetalous flower. biennial herb. erect type. hygrophyte. wild, medicinal, poisonous, edible plant]

2년생 초본으로 종자로 번식한다. 중남부지방에 분포하며 개울가와 습지와 논에서 자란다. 줄기는 물기가 많은 육질이고 높이가 40~60㎝ 정도로 자란다. 전체적으로 털이 없으며 윤기가 있다. 모여 나는 근생엽은 잎자루가 길고 잎몸은 3개로 깊게 갈라진다. 어긋나는 경생엽은 밑부분이 막질로서 퍼지고 잎자루가 없으며 3개로 완전히 갈라지고 열편은 피침형으로 끝이 둔하다. 5~6월에 개화하며 소화경에 달리는 꽃은 황색이다. 수과는 길이 1㎜ 정도의 넓은 도란형으로 털이 없다. '개구리갓'과 달리 2년생 초본이며 전체에 광택이 있고 수과는 장타원상 원주형의 화탁에 모여 달린다. 독을 우려내고 나물로 먹는 지역도 있는데 독이 강하니 먹으면 안 된다. 다음과 같은 증상이나 효과에 약으로 쓰인다. 개구리자리(17): 간염, 결핵, 급성간염, 나력, 말라리아, 옹종, 종독, 진통, 창종, 청혈해독, 충독, 충치, 하리궤양, 학질, 해독, 해열, 황달

미나리아재비* mi-na-ri-a-jae-bi

미나리아재비과 Ranunculaceae
Ranunculus japonicus Thunb.

LN 바구지ⓝ, 놋동이, 자래초, 참바구지 EN buttercup, japanese-buttercup, crowfoot CN or MN (13): 날자초(辣子草 La-Zi-Cao), 모간초#(毛茛草 Mao-Gen-Cao), 모랑#(毛茛 Mao-Liang), 천리광(千里光 Qian-Li-Guang)
[Character: dicotyledon. polypetalous flower. perennial herb. erect type. hygrophyte. wild, medicinal, edible, harmful plant]

다년생 초본으로 근경이나 종자로 번식한다. 전국적으로 분포하며 산과 들의 습한 풀밭에서 자란다. 줄기는 높이 40~60㎝ 정도이고 잔뿌리가 많이 나온다. 근생엽은 잎자루가 길며 오각상 원심장형으로 3개로 깊게 갈라지고 가장자리에 톱니가 있다. 경생엽은 잎자루가 없으며 3개로 갈라지고 열편은 선형으로 톱니가 없다. 6~7월에 개화하며 취산상으로 갈라진 소화경에 1개씩 달리는 꽃은 황색이다. 수과는 길이 2㎜ 정도의 도란상 원형으로 약간 편평하며 털이 없고 끝에 짧은 돌기가 있다. '애기미나리아재비'와 달리 근생엽의 잎자루와 줄기의 기부에 퍼진 털이 나며 잎의 열편 폭이 좁다. 어린잎을 데쳐서 우려내고 나물을 해 먹는 곳도 있지만 독이 강하여 먹지 않는 게 좋다. 다음과 같은 증상이나 효과에 약으로 쓰인다. 미나리아재비(17): 간염, 개선, 결막염, 관절염, 급성간염, 기관지염, 명목, 살충, 옹저, 이습퇴황, 종독, 진통, 창종, 치통, 편두통, 해열, 황달

복수초* bok-su-cho

미나리아재비과 Ranunculaceae
Adonis amurensis Regel & Radde

Ⓛⓝ 복풀ⓝ, 가지복수초, 눈색이꽃, 애기복수초, 땅복수초, 측금잔화, 눈색이속, 연노랑복수초 Ⓔⓝ amur-pheasant's-eye, amur-adonis, pheasant's-eye, Amur-adonis Ⓒⓝ or Ⓜⓝ (11): 복수초#(福壽草 Fu-Shou-Cao), 장춘국#(長春菊 Chang-Chun-Ju), 측금잔화#(側金盞花 Ce-Jin-Zhan-Hua)
[Character: dicotyledon. polypetalous flower. perennial herb. erect type. wild, cultivated, medicinal, poisonous, ornamental plant]

다년생 초본으로 근경이나 종자로 번식한다. 전국적으로 분포하며 산지의 숲 속에서 자란다. 근경은 짧고 굵으며 흑갈색 잔뿌리가 많이 나온다. 원줄기는 높이 10~30㎝ 정도로 털이 없으며 밑부분의 잎은 얇은 막질로 원줄기를 둘러싼다. 어긋나는 잎은 삼각상 넓은 난형으로 2회 우상으로 잘게 갈라지고 최종 열편은 피침형이다. 3~5월에 개화하며, 황색의 꽃은 원줄기 끝에 1개씩 달린다. '미나리아재비속'과 달리 꽃잎에 밀선이 없다. 관상용으로 심는다. 잎이 나물로 먹는 산형과식물과 닮아서 조심해야 한다. 먹으면 심장마비가 일어난다. 다음과 같은 증상이나 효과에 약으로 쓰인다. 복수초(9): 강심, 강심제, 수종, 심력쇠갈, 심장기능부전, 이뇨, 진통, 창종, 통리수도

금꿩의다리* geum-kkwong-ui-da-ri

미나리아재비과 Ranunculaceae
Thalictrum rochebrunianum var. *grandisepalum* (H. Lev.) Nakai

금가락풀ⓝ or (2): 마미련#(馬尾連 Ma-Wei-Lian), 시과당송초(翅果唐松草 Chi-Guo-Tang-Song-Cao)
[Character: dicotyledon. polypetalous flower. perennial herb. erect type. wild, cultivated, medicinal, edible, harmful, ornamental plant]

다년생 초본으로 근경이나 종자로 번식한다. 중북부지방에 분포하며 산지의 숲에서 자란다. 원줄기는 높이 80~160㎝ 정도이고 가지가 갈라진다. 밑부분의 잎은 잎자루가 짧으며 3~4회 3출엽이고 소엽은 길이 2~3㎝, 너비 15~25㎜ 정도의 도란형으로 3개의 둔한 톱니가 있다. 7~8월에 개화하며 원추꽃차례에 연한 자주색의 꽃이 핀다. 수과는 8~20개이며 넓은 긴 타원형으로 날개 같은 능선이 있다. '연잎꿩의다리'와 달리 소엽이 도란형이고 수과가 8~20개로 많고 짧은 자루가 있으며 꽃이 자색을 띤다. 관상용으로 심기도 하고 어린잎을 나물을 해 먹는 곳도 있지만 알칼로이드 성분이 있어 많이 먹으면 구토와 설사를 한다. 다음과 같은 증상이나 효과에 약으로 쓰인다. 금꿩의다리(9): 결막염, 사화해독, 습진, 이질, 장염, 청열조습, 편도선염, 해수, 황달

매발톱* mae-bal-top

미나리아재비과 Ranunculaceae
Aquilegia buergeriana var. *oxysepala* (Trautv. et Meyer) Kitam.

LN 매발톱꽃ⓝ EN early-columbine, columbine CN or MN (4): 누두채#(耬斗菜 Lou-Dou-Cai), 첨악누두채#(尖萼耬斗菜 Jian-E-Lou-Dou-Cai)
[Character: dicotyledon. polypetalous flower. perennial herb. erect type. wild, medicinal, poisonous, ornamental plant]

다년생 초본으로 근경이나 종자로 번식한다. 전국적으로 분포하며 산지에서 자란다. 원줄기는 높이 40~80㎝ 정도이고 윗부분이 다소 갈라진다. 근생엽은 잎자루가 길고 2회 3출엽이며 소엽은 쐐기형으로 2~3개씩 갈라지고 뒷면이 분백색이다. 경생엽은 위로 갈수록 잎자루가 짧다. 6~7월에 개화한다. 꽃은 지름 3㎝ 정도이며 갈자색이다. 골돌과는 5개이며 털이 있다. '하늘매발톱꽃'과 달리 꽃받침조각이 피침형으로 끝이 뾰족하고 꽃이 갈자색으로 '노랑매발톱'과도 다르다. 잎이 야들야들해서 먹을 수 있을 것 같지만 독이 강해 먹으면 안 된다. 관상용으로도 심는다. 다음과 같은 증상이나 효과에 약으로 쓰인다. 매발톱(27): 간장염, 거습, 건비, 건위, 결막염, 고미, 과민성대장증후군, 다식, 담석, 변비, 사하, 산진, 생리불순, 설사, 안질, 열질, 옹종, 음낭습, 일체안병, 임파선염, 장염, 조습, 진해, 통경활혈, 해열, 황달, A형간염

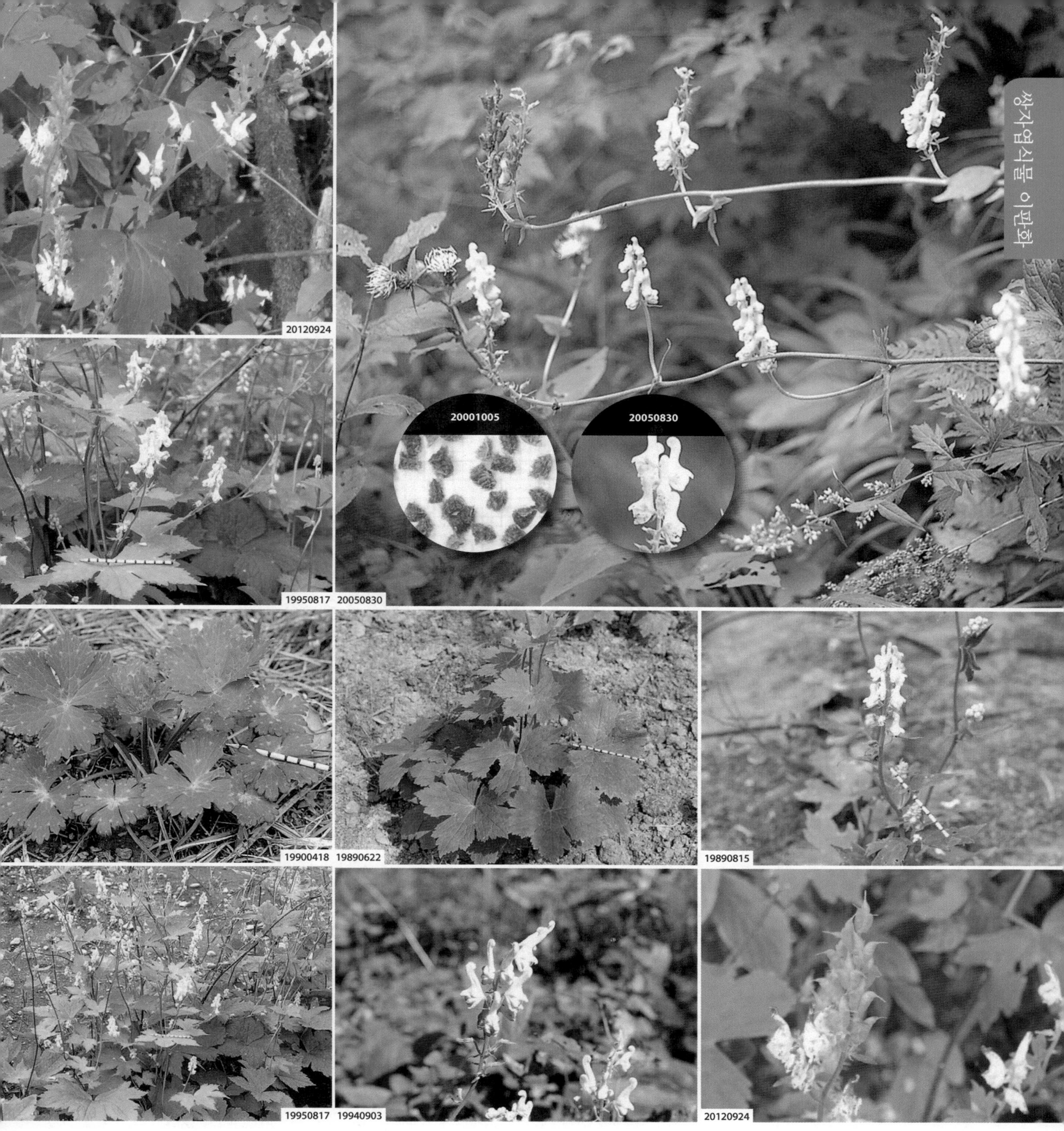

흰진범* huin-jin-beom | 미나리아재비과 Ranunculaceae *Aconitum longecassidatum* Nakai

LN 흰진교ⓝ, 힌진범 CN or MN (8): 진교#(秦艽 Qin-Jiao), 진구(秦仇 Qin-Qiu), 진범(秦凡 Qin-Fan), 한진교#(韓秦艽 Han-Qin-Jiao)
[Character: dicotyledon. polypetalous flower. perennial herb. vine and erect type. wild, medicinal, poisonous, ornamental plant]

다년생 초본의 덩굴식물로 근경이나 종자로 번식한다. 중부지방에 분포하며 산지의 그늘에서 자란다. 원줄기는 비스듬히 자라거나 덩굴이 되어 길이 80~120㎝ 정도이고 윗부분에 꼬부라진 털이 있다. 근생엽은 잎자루가 길고 잎몸이 3~7개로 갈라진다. 경생엽은 위로 갈수록 잎자루가 짧아지며 잎몸이 3~5개로 갈라져 작아진다. 7~8월에 개화한다. 총상꽃차례에 피는 꽃은 백색 또는 연한 황백색이다. 종자는 삼각형으로 날개가 있으며 겉에 주름이 진다. '흰줄바꽃'과 달리 꽃이 연한 황백색이고 꽃차례에 잔털이 있다. 관상용으로 심는다. 독초이므로 새잎이 나올 때 다른 산나물과 비슷한 것이 많아 주의해야 한다. 다음과 같은 증상이나 효과에 약으로 쓰인다. 흰진범(13): 강심제, 관절염, 근골구급, 냉풍, 살충, 이뇨, 종기, 진경, 진정, 진통, 충독, 통리수도, 황달

진범* jin-beom | 미나리아재비과 Ranunculaceae *Aconitum pseudolaeve* Nakai

LN 진교ⓝ, 오독도기, 덩굴오독도기, 줄오독도기, 덩굴진범, 가지진범, 줄바꽃 CN or MN (31): 진교#(秦艽 Qin-Jiao), 천진교(川秦艽 Chuan-Qin-Jiao), 한진교(韓秦艽 Han-Qin-Jiao)
[Character: dicotyledon. polypetalous flower. perennial herb. vine and erect type. wild, medicinal, poisonous, ornamental plant]

다년생 초본으로 근경이나 종자로 번식한다. 전국적으로 분포하며 산지에서 자란다. 뿌리는 직근이고 원줄기는 높이 40~80㎝ 정도로 곧추 또는 비스듬히 자라며 흔히 자줏빛이 돌고 윗부분에 짧은 털이 밀생한다. 근생엽은 잎자루가 길고 잎몸은 원심형이며 5~7개로 갈라지고 가장자리에 톱니가 있다. 경생엽은 위로 갈수록 작아지고 간단하게 된다. 7~8월에 개화한다. 총상꽃차례에 피는 꽃은 연한 자주색이다. 골돌과는 3개로 끝에 뒤로 젖혀진 암술대가 남아 있다. '줄바꽃'과 달리 줄기가 비스듬히 서며 밑부분에 능선이 있고 위쪽에 짧은 털이 밀생한다. 관상용으로 심으며 전체에 독이 있어 먹으면 안 되지만 뿌리는 약으로 쓴다. 다음과 같은 증상이나 효과에 약으로 쓰인다. 진범(16): 강심, 경련, 관절염, 근골동통, 냉풍, 살충, 소아복냉증, 이뇨, 제습, 중풍, 진경, 진정, 진통, 풍, 풍비, 황달

노루삼* no-ru-sam

미나리아재비과 Ranunculaceae
Actaea asiatica H. Hara

ⓁⓃ 노루삼ⓝ, 녹두승마 ⒺⓃ asian-baneberry, red-baneberry, baneberry, necklace-weed, snakeberry ⒸⓃ or ⓂⓃ (5): 녹두승마#(綠豆升麻 Lu-Dou-Sheng-Ma), 장승마#(樟升摩 Zhang-Sheng-Mo)
[Character: dicotyledon. polypetalous flower. perennial herb. erect type. wild, medicinal, edible, harmful, ornamental plant]

다년생 초본으로 근경이나 종자로 번식한다. 전국적으로 분포하며 산지의 나무 그늘에서 자란다. 원줄기는 높이 40~80㎝ 정도이며 밑부분에 인편같은 잎이 있고 윗부분에 꽃차례와 더불어 잔털이 있다. 어긋나는 2~3개의 경생엽은 잎자루가 길고 2~4회 3출복엽이며 최종소엽은 길이 4~10㎝, 너비 2~6㎝ 정도의 좁은 난형이고 가장자리에 결각상의 톱니가 있으며 맥위에 잔털이 있다. 6월에 개화하며 총상꽃차례에 피는 꽃은 백색이다. 소과경은 지름 0.6㎜ 정도이며 장과는 지름 6㎜ 정도이고 둥글며 흑색으로 익는다. '촛대승마'와 달리서는 과실이 장과이고 줄기기부에 인편같은 잎이 있다. 꽃차례는 길이 3~5㎝ 정도이고 소과경은 굵으며 열매는 검게 익는다. 관상용으로 심는다. 해로운 성분을 우려낸 후 식용하기도 한다. 다음과 같은 증상이나 효과에 약으로 쓰인다. 노루삼(7): 구풍해표, 기관지염, 두통, 신경통, 일해, 청열진해, 해수

눈빛승마* nun-bit-seung-ma

미나리아재비과 Ranunculaceae
Cimicifuga dahurica (Turcz. ex Fisch. et C. A. Mey.) Maxim

LN 눈빛승마ⓝ, EN bugbane, dahurian-bugbane CN or MN(10): 계골승마(鷄骨升摩, Ji-Gu-Sheng-Ma), 귀검승마#(鬼臉升摩, Gui-Lian-Sheng-Ma), 녹승마(綠升摩, Lu-Sheng-Ma), 승마#(升摩, Sheng-Ma), 승마#(升麻, Sheng-Ma), 치마(雉麻, Zhi-Ma), 흥안승마(興安升麻, Xing-An-Sheng-Ma).
[Character: dicotyledon. polypetalous flower. perennial herb. erect type. wild, medicinal, edible, harmful, ornamental plant.]

다년생초본으로 근경이나 종자로 번식한다. 전국적으로 분포하며 산지의 숲속에서 자란다. 원줄기는 높이 2m 정도이다. 뿌리잎은 잎자루가 길고, 어긋나는 줄기잎도 잎자루가 길며 잎몸은 3출 우상으로 갈라진다. 소엽은 난상 타원형으로 끝이 뾰족하며 가장자리에 결각상의 톱니가 있다. 7~8월에 개화하며, 큰 원추화서가 총상으로 달리고 2가화인 백색의 꽃이 많이 핀다. 암그루에는 양성화가 있으나 수그루에는 암술이 거의 없고 열매는 골돌과이다. '승마'와 달리 잎이 복우상모양으로 3출한다. 관상용으로 심기도 한다. 해로운 성분을 우려낸 후 식용하기도 한다. 다음과 같은 증상이나 효과에 약으로 쓰인다. 눈빛승마(23): 각기, 소아식탐, 소아요혈, 소아인후통, 소아탈항, 어린이요혈, 오한발열, 온신, 옹종, 음종, 인후통증, 자궁하수, 자한, 종독, 진통, 창달, 탈항, 편도선염, 편두염, 피부염, 한열왕래, 해독, 해열.

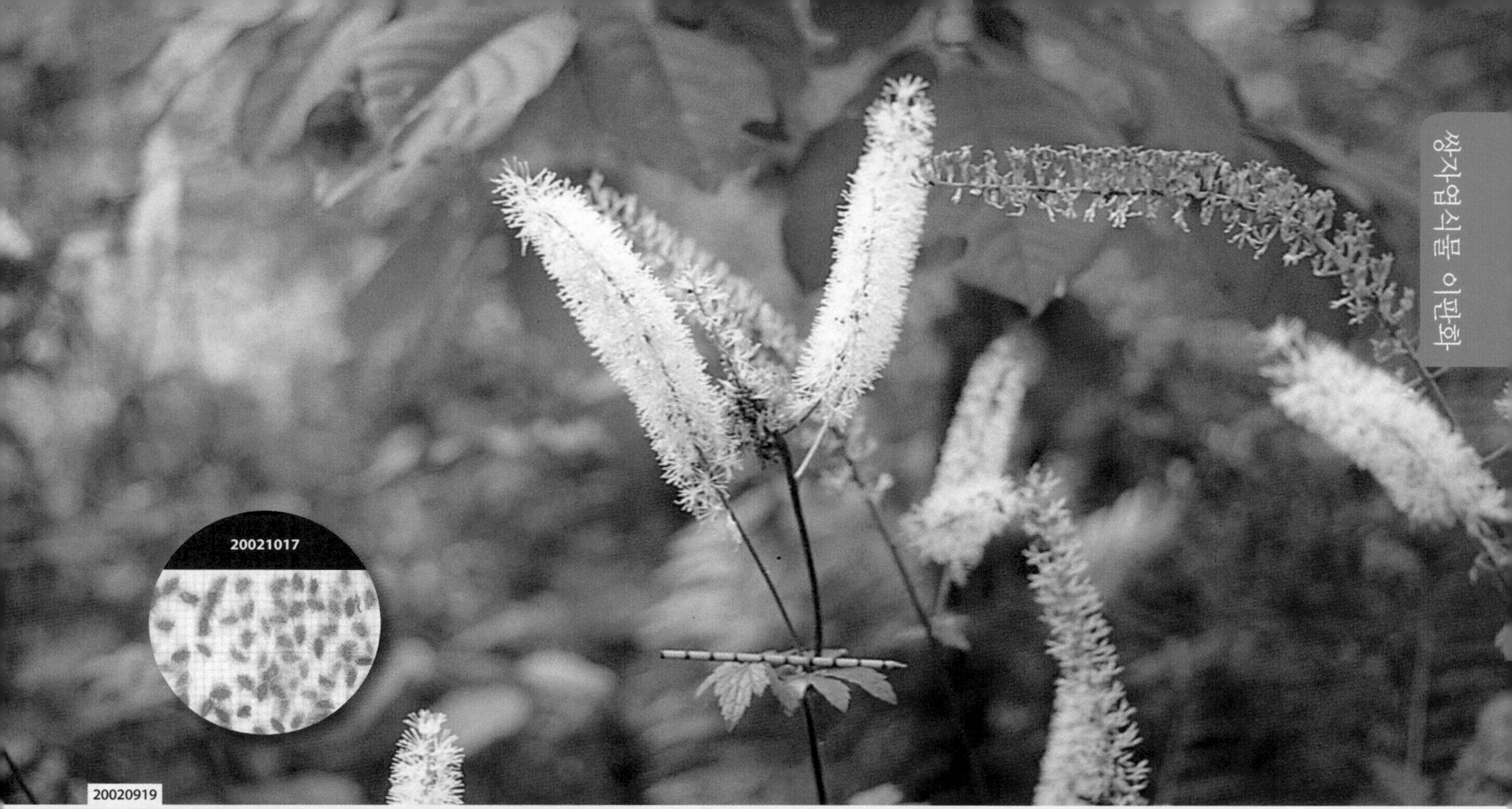

20021017

20020919

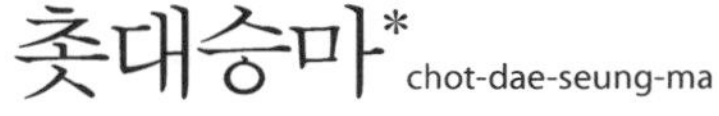

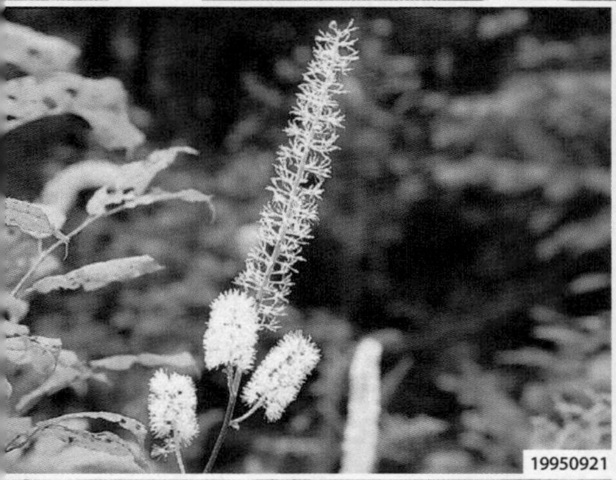

19950921

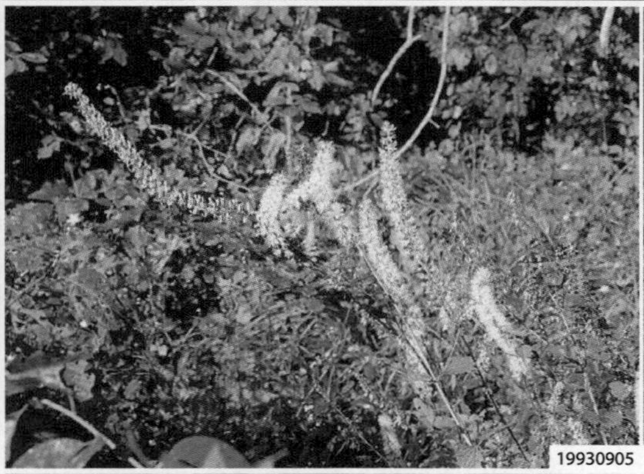

19930905

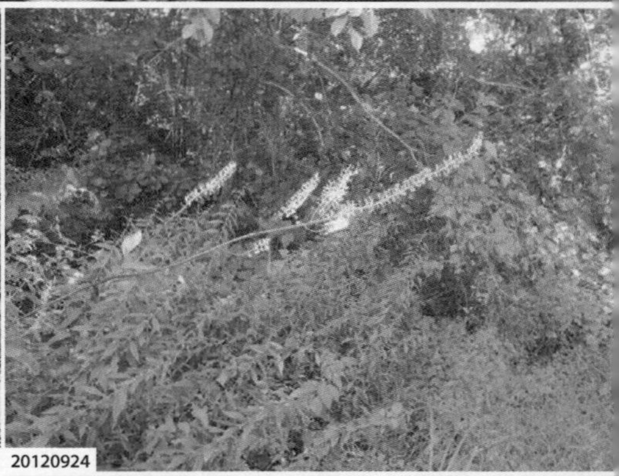

20120924

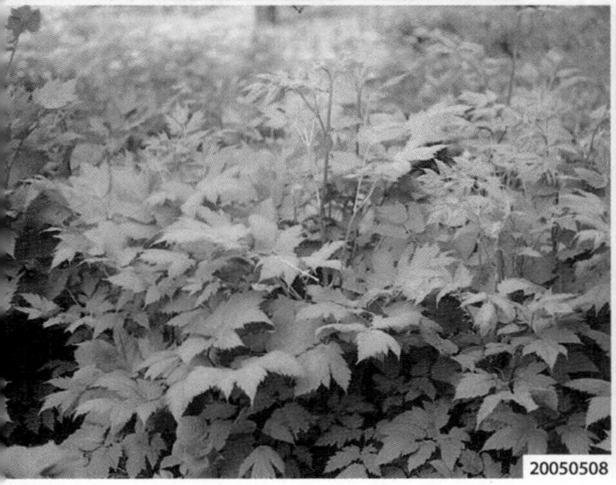

20050508

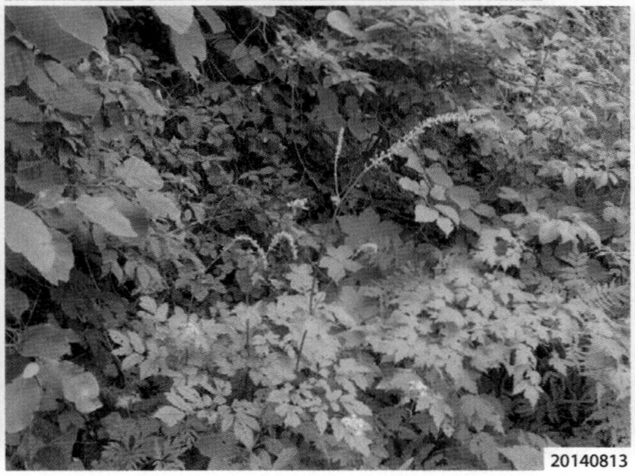

20140813

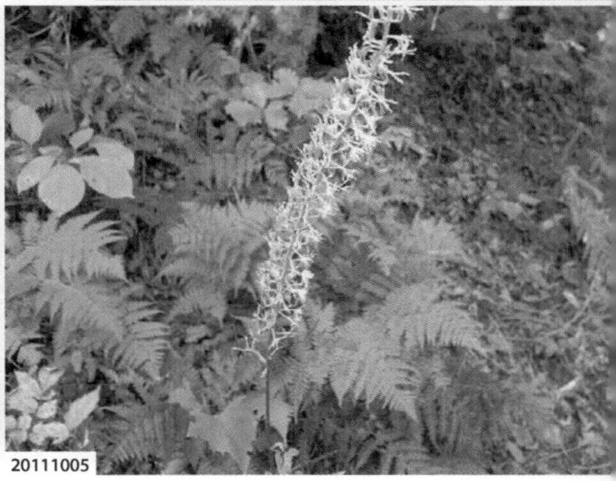

20111005

촛대승마* chot-dae-seung-ma

미나리아재비과 Ranunculaceae
Cimicifuga simplex (DC.) Turcz.

LN 초대승마ⓝ, 초때승마, 섬촛대승마, 산촛대승마, 외대승마, 나물승마, 섬승마, 대승마 EN kamtchaka-bugbane CN or MN (4): 단수승마#(單穗升麻 Dan-Sui-Sheng-Ma), 쇄채승마#(晒菜升麻 Shai-Cai-Sheng-Ma), 승마#(升麻 Sheng-Ma)
[Character: dicotyledon. polypetalous flower. perennial herb. erect type. wild, medicinal, edible, poisonous, ornamental plant]

다년생 초본으로 근경이나 종자로 번식한다. 중북부지방에 분포하며 산지의 숲 속에서 자란다. 줄기는 높이 1m 정도에 달하고 꽃차례와 더불어 백색의 털이 있다. 어긋나는 잎은 2~3회 3개씩 갈라지고 소엽은 길이 3~8㎝, 너비 1~5㎝ 정도의 좁은 난형으로 가장자리에 결각상의 불규칙한 톱니가 있다. 8~9월에 개화하며 원줄기 끝에 길이 20~30㎝ 정도의 총상꽃차례가 달리고 백색 꽃이 많이 달린다. 길이 1㎝ 정도의 긴 타원형인 골돌과는 긴 대가 있으며 털이 약간 있거나 없고 끝에 꼬부라진 암술대가 있다. '승마'와 달리 소화경의 길이 5~10㎜ 정도이고 하엽은 3회3출하고 상엽은 2~3회3출한다. '황새승마'와 달리 심피는 2~7개이며 털이 있다. 어린잎은 식용하기도 하지만 먹으면 구토, 설사를 하고 심장마비가 일어난다. 관상용으로 심기도 한다. '외대승마'라고 하기도 다음과 같은 증상이나 효과에 약으로 쓰인다. 촛대승마(11): 소아요혈, 요혈, 제습, 종독, 창달, 투진, 편도선염, 편두염, 해독, 해열

동의나물* dong-ui-na-mul

미나리아재비과 Ranunculaceae
Caltha palustris L. var. *palustris*

LN 동의나물ⓝ, 참동의나물, 원숭이동의나물, 눈동의나물, 동이나물, 산동이나물, 누운동의나물, 좀동의나물, 산동의나물 EN kingcup, marsh-marigold, membranaceous-marsh-marigold, cowslip, goldcup, cow's-lip CN or MN (6): 마제초#(馬蹄草 Ma-Ti-Cao), 수호로#(水葫蘆 Shui-Hu-Lu), 여제초#(驢蹄草 Lu-Ti-Cao)
[Character: dicotyledon. polypetalous flower. perennial herb. erect type. hygrophyte. wild, medicinal, edible, poisonous, ornamental, forage plant]

다년생 초본으로 근경이나 종자로 번식한다. 전국적으로 분포하며 산지의 습지나 물가에서 자란다. 뿌리는 백색이고 수염뿌리가 많이 난다. 연약한 줄기는 높이 40~80㎝ 정도이고 곧추서며 가지가 갈라진다. 모여 나는 근생엽은 잎자루가 길고 경생엽은 올라갈수록 잎자루가 짧아지며 잎몸은 길이와 너비가 각각 5~10㎝ 정도인 심장형이다. 4~5월에 황색의 꽃이 핀다. 골돌과는 4~16개이고 길이 1㎝ 정도로 끝에 길이 1~2㎜ 정도의 암술대가 있다. 다소 유독하나 이른 봄에 채취하여 덮밥, 나물이나 무침, 김말이로 먹는다. '곰취'와 구분하기 힘들며 독이 강해 먹으면 위험하다. 사료로 쓰고 관상용으로 심기도 한다. 해로운 성분을 우려낸 후 식용하기도 한다. 다음과 같은 증상이나 효과에 약으로 쓰인다. 동의나물(11): 거풍, 산한, 염좌, 위내정수, 전신동통, 진통, 치질, 타박상, 풍, 현기증, 현훈

백작약* baek-jak-yak

미나리아재비과 Ranunculaceae
Paeonia japonica (Makino) Miyabe & Takeda

ⓁⓃ 흰함박꽃ⓝ, 산작약 ⒺⓃ white-peony ⒸⓃ or ⓂⓃ (34): 백작#(白芍 Bai-Shao), 백작약#(白芍藥 Bai-Shao-Yao), 작약#(芍藥 Shao-Yao), 천백작(川白芍 Chuan-Bai-Shao), 항백작(杭白芍 Hang-Bai-Shao)
[Character: dicotyledon. polypetalous flower. perennial herb. erect type. wild, medicinal, poisonous, ornamental plant]

다년생 초본으로 괴근이나 종자로 번식한다. 전국적으로 분포하며 산지의 나무 밑에서 자란다. 원줄기는 높이 30~60㎝ 정도이고 밑부분이 비늘 같은 잎으로 싸여 있으며 뿌리는 육질이고 굵다. 어긋나는 잎은 잎자루가 길고 2회3출엽으로 갈라진다. 소엽은 길이 5~12㎝, 너비 3~7㎝ 정도의 긴 타원형이고, 가장자리가 밋밋하며 뒷면에 흰빛이 돌고 털이 없다. 5~6월에 흰색의 꽃이 핀다. 자방은 3~4개이며 암술대는 젖혀진다. 골돌과는 벌어지면 안쪽이 붉어지고 가장자리에 자라지 못한 적색 종자와 익은 흑색 종자가 달린다. '산작약'과 비슷하지만 꽃이 희며 암술머리가 짧고 약간 밖으로 굽었으며, 잎은 뒷면에 털이 없고 열매는 뒤로 젖혀졌다. 관상용으로도 심는다. 백작약(33): 각혈, 객혈, 경련, 근육통, 금창, 대하, 두통, 복통, 부인병, 양혈거풍, 완화, 월경이상, 위경련, 음위, 이뇨, 자한, 저혈압, 지혈, 진경, 진정, 진통, 창종, 치통, 치핵, 토혈각혈, 통경, 폐혈, 하리, 해열, 허약체질, 혈림, 홍역, 흉통

20050512표

20070527

20120404  20100417  20120428

20100503  20070527  20010825

작약* jak-yak

미나리아재비과 Ranunculaceae
Paeonia lactiflora Pall.

ⓛⓝ 함박꽃ⓝ, 적작약, 민산작약, 산함박꽃 ⓔⓝ common-peony, chinese-peony, common-garden-peony, white-peony, japanese-peony, fragrant-peony ⓒⓝ or ⓜⓝ (13): 금작약(金芍藥 Jin-Shao-Yao), 백작약#(白芍藥 Bai-Shao-Yao), 작약#(芍藥 Shao-Yao), 적작약(赤芍藥 Chi-Shao-Yao)

[Character: dicotyledon. polypetalous flower. perennial herb. erect type. wild, medicinal, ornamental plant]

다년생 초본으로 괴근이나 종자로 번식한다. 황해도에 분포하며 산이나 들에서 자란다. 원줄기는 높이 40~80㎝ 정도이고 뿌리가 방추형이며 굵고 자르면 붉은빛이 돌기 때문에 '적작약'이라고 한다. 잎은 잎자루가 길며 1~2회 우상으로 갈라진다. 소엽은 타원형으로 양면에 털이 없고 표면은 짙은 녹색이며 가장자리가 밋밋하고 잎맥은 붉은빛이 돈다. 5~6월에 개화한다. 1개씩 달리는 꽃은 백색과 적색 등 여러 가지가 있다. 자방은 3~5개이며 암술대는 젖혀지고 골돌과는 내봉선으로 터진다. 관상용으로 심는다. 다음과 같은 증상이나 효과에 약으로 쓰인다. 작약(17): 감기, 객혈, 금창, 대하, 두통, 복통, 부인병, 유방동통, 이뇨, 이완출혈, 지혈, 진경, 진통, 창종, 하리, 해열, 혈림

모란* mo-ran

미나리아재비과 Ranunculaceae
Paeonia suffruticosa Andr.

LN 모란ⓝ, 목단, 부귀화 EN subshrubby-peony, tree-paeony, japanese-tree-peony, moutan-peony, tree-peony CN or MN (26): 모단#(牡丹 Mu-Dan), 목단#(牧丹 Mu-Dan), 화왕(花王 Hua-Wang)
[Character: dicotyledon. polypetalous flower. deciduous shrub. erect type. cultivated, medicinal, poisonous, ornamental plant]

낙엽성 관목으로 분주나 종자로 번식한다. 중국이 원산지로 전국에서 관상용과 약용으로 심는다. 높이 80~160㎝ 정도이고 가지가 갈라지며 전체에 털이 없다. 어긋나는 잎은 잎자루가 있으며 3~5개의 소엽이다. 표면은 털이 없으나 뒷면은 잔털이 있고 흰빛이 돈다. 원줄기나 가지 끝에 피는 꽃은 여러 가지 색깔이다. 암술은 2~6개로 털이 있으며 열매는 내봉선에서 터져 종자가 나온다. 종자는 둥글고 흑색이다. '작약'과 달리 관목으로 턱잎이 주머니처럼 되어 자방을 싼다. 많은 재배 품종이 있다. 겉질과 뿌리는 독성이 있으나 약으로 쓴다. 다음과 같은 증상이나 효과에 약으로 쓰인다. 모란(47): 간질, 개선, 객혈, 경결, 경련, 경혈, 고혈압, 골증열, 관상동맥질환, 관절염, 금창, 대하, 두통, 복통, 부인병, 소아경결, 소염, 안오장, 야뇨증, 여드름, 열병, 옹종, 요통, 월경이상, 이뇨, 임질, 자궁내막염, 자궁암, 적취, 정혈, 종기, 지혈, 진경, 진정, 진통, 창종, 치핵, 타박상, 타태, 통경, 통리수도, 편두통, 하리, 해열, 혈림, 혈폐, 활혈

으름덩굴* eu-reum-deong-gul

으름덩굴과 Lardizabalaceae
Akebia quinata (Houtt.) Decne.

LN 으름덩굴ⓝ, 목통, 으름, EN fiveleaf-akebia, chocolate-vine, chocolate-fiveleaf-akebia, akebia, five-leaf-akebia, CN or MN (52): 관목통#(關木通, Guan-Mu-Tong), 구월찰#(九月札, Jiu-Yue-Zha), 마목통(馬木通, Ma-Mu-Tong), 만년등(萬年藤, Wan-Nian-Teng), 목통#(木通, Mu-Tong), 목통근(木通根, Mu-Tong-Gen), 연복(燕覆, Yan-Fu), 연복자(燕覆子, Yan-Fu-Zi), 연복자(燕蓄子, Yan-Fu-Zi), 예지자#(預知子, Yu-Zhi-Zi), 오엽목통(五葉木通, Wu-Ye-Mu-Tong), 왕옹(王翁, Wang-Weng), 통초(通草, Tong-Cao), 통초근#(通草根, Tong-Cao-Gen), 통초자#(通草子, Tong-Cao-Zi), 팔월찰#(八月扎, Ba-Yue-Zha), 해목통(海木通, Hai-Mu-Tong).
[Character: dicotyledon. polypetalous flower. deciduous shrub. vine. wild, medicinal, edible, ornamental plant.]

낙엽성 목본의 덩굴식물로 종자로 번식한다. 중남부지방에 분포하며 산지의 숲속에서 자란다. 덩굴은 길이 5m 정도까지 자라고 가지는 털이 없으며 갈색이다. 새로운 가지에서 나오는 잎은 어긋나고 묵은 가지에서는 잎이 모여 나며 장상복엽이다. 소엽은 5개로 길이 3~6㎝ 정도의 타원형이며 가장자리가 밋밋하다. 4~5월에 개화한다. 총상화서에 달리는 1가화의 꽃은 자갈색이다. 장과는 길이 6~10㎝ 정도로 자갈색으로 익고 복봉선으로 터지며 과육을 먹을 수 있다. 종자는 흑색이다. '멀꿀'과 달리 잎이 낙엽하고 꽃받침조각이 3개이며 수술은 이생하고 과실은 열개한다. 연한 잎과 어린순을 데쳐서 초고추장이나 된장에 찍어 먹거나, 무쳐 먹고 새싹은 나물이나 무침, 국으로 먹거나 볶아먹는다. 열매도 식용하거나 약으로 쓰인다. 가공 및 공업용으로 이용하며, 관상용으로도 심는다. 다음과 같은 증상이나 효과에 약으로 쓰인다. 으름덩굴(39): 강심제, 개선, 관상동맥질환, 관절염, 구금불언, 구충, 금창, 배농, 보정, 부종, 사태, 소염, 소영, 오심, 월경이상, 유즙결핍, 음낭종독, 음양음창, 이뇨, 이명, 익정위, 인후, 인후통증, 임질, 장위카타르, 정력증진, 종독, 진통, 진해, 창달, 타태, 통경, 통리수도, 통풍, 통혈기, 해수, 해열, 활혈, 흉부답답.

멀꿀* meol-kkul

으름덩굴과 Lardizabalaceae
Stauntonia hexaphylla (Thunb.) Decne.

LN 멀꿀나무ⓝ, 멀굴, 멍, EN japanese-staunton-vine, stauntonia, CN or MN (6): 나등(那藤, Na-Teng), 모등#(毛藤, Mao-Teng), 목통칠엽련#(木通七葉蓮, Mu-Tong-Qi-Ye-Lian), 수등(手藤, Shou-Teng), 야목과#(野木瓜, Ye-Mu-Gua), 칠저매등(七姐妹藤, Qi-Jie-Mei-Teng).
[Character: dicotyledon. polypetalous flower. evergreen shrub. vine. wild, medicinal, edible plant.]

남쪽 섬에서 자라는 상록성 덩굴식물이다. 길이 15m 정도에 달하며 1년경은 녹색이고 털이 없다. 잎은 두꺼우며 장상복엽이고 소엽은 5~7개로 난형 또는 타원형으로 길이 6~10㎝, 너비 2~4㎝ 정도이다. 꽃은 1가화로서 황백색이고 총상화서는 액생하며 2~4개의 꽃이 달린다. 장과는 난형 또는 타원형이고 길이 5~10㎝ 정도로서 10월에 적갈색으로 익는다. 과육은 황색이고 으름보다 맛이 좋다. 종자는 타원형 또는 난상 타원형이며 약간 편평하고 흑색이다. '으름'와 달리 잎은 상록이고 꽃받침조각은 6개이며 수술은 6개로 합생하고 과실은 열개하지 않으며 과육은 황색으로 맛이 좋다. 식용과 가공 및 공업용으로 이용한다. 열매는 단맛이 있어 생으로 먹기도 하고 건강주를 만들기도 한다. 다음과 같은 증상이나 효과에 약으로 쓰인다. 멀꿀(19): 강심제, 건위, 구충, 금창, 소염, 이뇨, 배농, 보정, 부종, 익정위, 인후, 진통, 진해, 창달, 통경, 통혈기, 해산촉진, 해수, 해열.

삼지구엽초* sam-ji-gu-yeop-cho

매자나무과 Berberidaceae
Epimedium koreanum Nakai

Ⓚ 삼지구엽초ⓝ, 음양각, 음양곽 Ⓔ korean-epimedium, barrenwort Ⓒ or Ⓜ (32): 동북음양곽(東北淫羊藿 Dong-Bei-Yin-Yang-Huo), 삼지구엽초(三枝九葉草 San-Zhi-Jiu-Ye-Cao), 선령비#(仙靈脾 Xian-Ling-Pi), 음양곽#(淫羊藿 Yin-Yang-Huo)
[Character: dicotyledon. polypetalous flower. perennial herb. erect type. cultivated, wild, medicinal, edible plant]

다년생 초본으로 근경이나 종자로 번식한다. 중북부지방에 분포하며 산지의 나무 밑에서 자라고 재배하기도 한다. 한 포기에서 여러 대가 나와 곧추 자라고 높이는 20~40㎝ 정도이다. 근경은 옆으로 번으며 잔뿌리가 많이 달리고 꾸불꾸불하며 원줄기 밑을 비늘 같은 잎이 둘러싼다. 원줄기에서 1~2개의 잎이 어긋나고 3개씩 2회 갈라지므로 '삼지구엽초'라고 부른다. 4~5월에 개화한다. 총상꽃차례에 밑을 향해 달리는 꽃은 황백색이다. 열매는 골돌과로 길이 10~13㎜, 지름 5~6㎜ 정도이다. 관상용으로 심기도 한다. '꿩의다리아재비속'과 달리 심피가 종자를 싸고 꽃에 거가 있으며 일본산과 달리 꽃이 황백색이다. 봄에 새싹의 잎이 벌어지기 전에 채취해 튀김으로 먹거나 말린 잎을 차로 이용한다. 다음과 같은 증상이나 효과에 약으로 쓰인다. 삼지구엽초(38): 강장, 강장보호, 강정, 강정제, 갱년기장애, 거풍제습, 건망증, 관절냉기, 근골위약, 발기불능, 보신장양, 생목, 야뇨증, 양위, 오로보호, 요슬산통, 우울증, 월경불순, 유정증, 음왜, 음위, 이뇨, 자궁내막염, 자양강장, 장근골, 저혈압, 정력증진, 정양, 제습, 중풍, 창종, 치조농루, 탈모증, 통리수도, 풍, 풍비, 허랭, 흉부냉증

깽깽이풀* kkaeng-kkaeng-i-pul

매자나무과 Berberidaceae
Jeffersonia dubia (Maxim.) Benth. & Hook. f. ex Baker & S. Moore

KN 산련풀ⓝ, 조황련, 황련, 깽이풀 EN twinleaf, chinese-twinleaf CN or MN (13): 모황련#(毛黃連 Mao-Huang-Lian), 선황련#(鮮黃蓮 Xian-Huang-Lian), 황련(黃蓮 Huang-Lian)
[Character: dicotyledon. polypetalous flower. perennial herb. erect type. wild, cultivated, medicinal, ornamental plant]

다년생 초본으로 근경이나 종자로 번식한다. 전국적으로 분포하며 산지에서 자란다. 원줄기 없이 근경에서 여러 개의 잎이 나오고 많은 잔뿌리가 있다. 긴 잎자루 끝에 달리는 잎몸은 길이가 각각 4~8㎝ 정도인 원형으로 가장자리가 파상이다. 4~5월에 개화한다. 봄에 잎보다 먼저 나오는 화경에 1개씩 달리는 꽃은 홍자색이다. 열매는 골돌과로 넓은 타원형이고 끝이 부리처럼 길며 종자는 흑색이고 타원형이다. '세잎풀'과 달리 잎이 단엽이며 열매는 옆으로 갈라지며 지상경이 없고 잎이 원상심장형으로 물결모양의 톱니가 있다. 관상용으로 심는다. 다음과 같은 증상이나 효과에 약으로 쓰인다. 깽깽이풀(14): 건위, 건위지사, 결막염, 구내염, 이뇨, 일체안병, 주독, 청열해독, 태독, 토혈, 편도선염, 하리, 해독, 해열

새모래덩굴* sae-mo-rae-deong-gul

방기과 Menispermaceae
Menispermum dauricum DC.

Ⓛ 새모래덩굴ⓝ, 편복등, 편복갈근 Ⓔ asiatic-moonseed, moonseed, siberian-moonseed Ⓒ or Ⓜ (18): 광두근#(廣豆根 Guang-Dou-Gen), 만주방기(滿洲防己 Man-Zhou-Fang-Ji), 북두근#(北豆根 Bei-Dou-Gen), 산두근#(山豆根 Shan-Dou-Gen), 편복갈#(蝙蝠葛 Bian-Fu-Ge)
[Character: dicotyledon. polypetalous flower. deciduous shrub. vine. wild, medicinal plant]

낙엽성 관목의 덩굴식물로 근경이나 종자로 번식한다. 전국적으로 분포하며 산지나 들의 양지쪽에서 자란다. 덩굴줄기는 길이 1~3m 정도이고 털이 없다. 어긋나는 잎은 잎자루가 있고 잎몸은 길이와 너비가 각각 5~10㎝ 정도인 심장형으로 3~7각이거나 가장자리가 밋밋하다. 잎의 표면은 녹색이고 뒷면은 흰빛이 돌며 털이 없다. 6~7월에 개화한다. 원추꽃차례에 달리는 꽃은 연한 황색이다. 열매는 지름 0.5~1㎝ 정도로 둥글고 흑색으로 익으며 종자는 편평하고 지름 7㎜ 정도의 둥근 신장형으로 요철이 심한 홈이 있다. '함박이'와 달리 헛수술이 있으며 수술은 12~24개이고 이생한다. 공업용, 사방용으로 이용하기도 한다. 다음과 같은 증상이나 효과에 약으로 쓰인다. 새모래덩굴(19): 각기, 거풍청열, 기관지염, 나력, 요통, 위암, 위장염, 이기화습, 이뇨, 제습, 종독, 중풍, 진통, 타박상, 편도선염, 풍, 풍비, 해독, 해열

댕댕이덩굴* daeng-daeng-i-deong-gul

방기과 Menispermaceae
Cocculus trilobus (Thunb.) DC.

KN 댕댕이덩굴ⓝ, 끈비돗초, 댕강덩굴, 댕댕이덩쿨, 목방기, 암대미덩굴, 장대미덩굴, 정동, 끗기돗초 EN japanese-snailseed, orbicular-snailseed, queen-coralbeads CN or MN (32): 광방기#(廣防己 Guang-Fang-Ji), 목방기#(木防己 Mu-Fang-Ji), 방기#(防己 Fang-Ji), 청등#(靑藤 Qing-Teng), 토방기#(土防己 Tu-Fang-Ji)
[Character: dicotyledon. polypetalous flower. deciduous shrub. vine. wild, medicinal plant]

낙엽성 관목의 덩굴식물로 근경이나 종자로 번식한다. 전국적으로 분포하며 산지나 들의 양지쪽에서 자란다. 덩굴줄기는 길이 1~3m 정도이고 털이 약간 있다. 어긋나는 잎은 잎자루가 있고 잎몸은 길이 3~12㎝, 너비 2~10㎝ 정도의 난상 원형이며 약간의 털이 있다. 5~6월에 개화한다. 원추꽃차례에 달리는 꽃은 황백색이다. 지름 5~8㎜ 정도인 구형의 핵과는 흑색으로 익으며 백분으로 덮여 있다. 종자는 편평하며 지름 4㎜ 정도로서 원형에 가깝고 많은 환상선이 있다. '방기'와 달리 수술은 6~9개이고 암술머리가 갈라지지 않는다. 사방용으로 심거나 줄기로 바구니를 만든다. 다음과 같은 증상이나 효과에 약으로 쓰인다. 댕댕이덩굴(47): 각기, 감기, 개선, 거풍지통, 건비위, 건위, 경련, 경변, 고미, 고혈압, 곽란, 관절염, 관절통, 구안괘사, 구창, 구토, 근육통, 난관난소염, 류머티즘, 만성요통, 부종, 수종, 설사, 신경통, 안면신경마비, 안질, 옹종, 요도염, 요통, 우울증, 이뇨, 일체안병, 임질, 중통, 중풍, 진통, 충독, 탈강, 탈항, 탈홍, 통리수도, 파상풍, 학질, 한열왕래, 해독, 해열, 현벽

오미자* o-mi-ja

목련과 Magnoliaceae
Schisandra chinensis (Turcz.) Baill.

㉿ 오미자나무ⓝ, 개오미자 ⓔ chinese-magnolia-vine ⓒ or ⓜ (20): 금령자(金鈴子 Jin-Ling-Zi), 미(味 Wei), 북오미자#(北五味子 Bei-Wu-Wei-Zi), 오미자#(五味子 Wu-Wei-Zi), 현급(玄及 Xuan-Ji)
[Character: dicotyledon. polypetalous flower. deciduous shrub. vine. cultivated, wild, medicinal, edible plant]

낙엽성 관목의 덩굴식물로 종자로 번식한다. 전국적으로 분포하며 산지에서 자란다. 덩굴줄기는 길이 3~5m 정도이나 군락으로 서로 엉켜서 높이 2~3m 정도의 울타리로 된다. 어긋나는 잎의 잎자루는 길이 2~3㎝ 정도이고 잎몸은 길이 6~10㎝, 너비 3~5㎝ 정도의 긴 타원형으로 가장자리에 작은 톱니가 있다. 6~7월에 개화한다. 꽃은 약간 붉은빛이 도는 황백색으로 관상용으로 심는다. 열매는 8~9월에 홍색으로 익으며 길이 6~12㎜ 정도의 도란상 구형으로 1~2개의 종자가 들어 있다. '흑오미자'와 달리 줄기에 코르크질이 발달하지 않으며 잎은 도란원형 내지 도란형이며 톱니가 있다. 익은 열매는 술을 담거나 효소를 만들기도 하고 말려서 차로 마시기도 한다. 어린순은 데쳐서 간장이나 고추장에 무쳐 먹는다. 다음과 같은 증상이나 효과에 약으로 쓰인다. 오미자(56): 간기능회복, 간염, 감기, 강근골, 강장보호, 강정제, 경신익지, 구갈, 구토, 권태증, 급성간염, 기관지염, 기부족, 단독, 만성피로, 소아번열증, 소아천식, 수감, 식우유체, 양위, 양혈거풍, 열격, 열질, 오심, 월경이상, 유정증, 유체, 윤피부, 음경, 음극사양, 음위, 이명, 일사병열사병, 자양, 자한, 정력증진, 정수고갈, 조루증, 주독, 초조감, 축농증, 탈모증, 폐기천식, 폐렴, 풍, 하리, 해독, 해소, 해수, 해열, 허로, 허혈통, 혈압, 흉부냉증, 흉부담, 흥분제

20010517

20030601

20060604

19970710 흰두메양귀비

20100424

20100424

20100424

20030516

20010517

20020919

흰양귀비* huin-yang-gwi-bi

양귀비과 Papaveraceae
Papaver amurense (N. Busch) N. Busch ex Tolm

ⓊⓃ 흰아편꽃ⓝ, 힌개양귀비, 흰개양귀비 ⒸⓃ or ⓂⓃ (1): 야앵속#(野罌粟, Ye-Ying-Su).
[Character: dicotyledon. polypetalous flower. biennial herb. erect type. cultivated, wild, medicinal, ornamental plant.]

두만강 하류 연안에서부터 북쪽 우쓰리지역까지 분포되어 있는 2년초로서 높이가 50㎝ 정도에 달하고 전체적으로 굵은 털이 밀생한다. 잎은 밑부분에서 모여나기하며 잎자루가 길고 긴 타원형으로서 우상으로 깊게 갈라지며 밑부분에 전년도의 마른 잎자루가 그대로 달려 있고 열편은 피침형으로서 끝이 뾰족하며 가장자리에 결각상의 톱니가 있다. 꽃은 6~7월에 피고 백색이며 잎이 없는 긴 화경 끝에 1개씩 달리고 꽃받침열편은 2개이며 타원상 주형으로서 겉에 털이 있고 일찍 떨어진다. 꽃잎은 4개가 교호로 마주나며 도란상 원형이고 수술은 많으며 암술머리는 합쳐져서 방사형으로 된다. 삭과는 도란형이고 위쪽 구멍에서 종자가 나온다. '두메양귀비'와 달리 전체에 긴털이 많고 잎은 우상으로 갈라지며 꽃은 백색이다. 관상용으로 화단에 심는다. 다음과 같은 증상이나 효과에 약으로 쓰인다. 흰양귀비(14): 뇌염, 다발성경화증, 마비, 무도병, 위장병, 진경, 진통, 진해, 최면, 최토, 토제, 피하주사, 하리, 호흡진정.

20010717

20010727  19970619

20070519

19870530  19890619

19860625

19880614  19860620

양귀비* yang-gwi-bi

양귀비과 Papaveraceae
Papaver somniferum L.

LN 아편꽃ⓝ, 앵속, 약담배 EN opium-poppy, poppy, garden-poppy CN or MN (25): 아편#(阿片 A-Pian), 앵속#(罌粟 Ying-Su), 양귀비각(楊貴妃殼 Yang-Gui-Fei-Ke)
[Character: dicotyledon. polypetalous flower. annual or biennial herb. erect type. cultivated, medicinal, ornamental, edible plant]

1년생 또는 2년생 초본으로 종자로 번식한다. 유럽이 원산지인 약용식물로 원줄기는 높이 60~120㎝ 정도이고 곧추서며 전체에 털이 없다. 어긋나는 잎은 긴 난형으로 밑부분이 원줄기를 반 정도 돌려 안고 있으며 가장자리에 불규칙한 톱니가 있고 전체가 회청색이다. 6~7월에 개화한다. 꽃은 백색 외에 여러 가지 색이 있고 꽃봉오리는 밑으로 처진다. 삭과는 길이 4~6㎝, 지름 3~4㎝ 정도의 난상 구형으로 털이 없으며 익으면 윗부분의 구멍에서 종자가 나온다. '개양개비'와 달리 전체에 털이 없고 잎은 우상중열 또는 결각상의 톱니가 있으며 기부는 줄기를 싼다. 약용, 식용 또는 관상용으로 쓰이나 현재는 재배를 제한하고 있다. 다음과 같은 증상이나 효과에 약으로 쓰인다. 양귀비(25): 거품대변, 경련, 구토, 뇌염, 다발성경화증, 마비, 무도병, 소아청변, 열질, 위장병, 장염, 장위카타르, 적백리, 진경, 진통, 진해, 최면, 최토, 피하주사, 하리, 해독, 해수, 혈리, 호흡곤란, 호흡진정

애기똥풀* ae-gi-ttong-pul

양귀비과 Papaveraceae
Chelidonium majus var. *asiaticum* (Hara) Ohwi

LN 젖풀ⓝ, 까치다리, 씨아똥 EN greater-celandine, tetterwort, asian-celandine, asian-celandine-poppy CN or MN (16): 가황련(假黃連 Jia-Huang-Lian), 백굴채#(白屈菜 Bai-Qu-Cai), 하청화#(荷靑花 He-Qing-Hua)
[Character: dicotyledon. polypetalous flower. biennial herb. erect type. wild, medicinal, poisonous plant]

2년생 초본으로 종자로 번식한다. 전국적으로 분포하며 산 가장자리나 들과 민가 부근에서 자란다. 원뿌리는 땅속 깊이 들어가고 원줄기는 높이 40~80㎝ 정도이며 가지가 갈라진다. 상처를 내면 등황색의 유액이 나오기 때문에 '애기똥풀'이라고 하며 여기에 강한 독이 있어 먹으면 안 된다. 어긋나는 잎은 1~2회 우상으로 갈라지고 길이 7~15㎝ 정도로 가장자리에 둔한 톱니와 결각이 있다. 5~8월에 산형꽃차례에 황색의 꽃이 핀다. 삭과는 길이 3~4㎝, 지름 2㎜ 정도이고 양끝이 좁으며 같은 길이의 대가 있다. '피나물'과 달리 자방이 선형이다. 줄기나 잎을 꺾으면 노란 액이 나오는데 다음과 같은 증상이나 효과에 약으로 쓰인다. 애기똥풀(29): 간경변증, 간기능회복, 간반, 간염, 강장보호, 개선, 건선, 경련, 기관지염, 독사교상, 완선, 월경불순, 월경통, 위궤양, 위암, 위장염, 이뇨해독, 자반병, 종독, 종창, 진경, 진정, 진통, 진해, 칠독, 통리수도, 해독, 해수, 황달

피나물* pi-na-mul

양귀비과 Papaveraceae
Hylomecon vernalis Maxim.

LN 피나물ⓝ, 노랑매미꽃, 선매미꽃, 매미꽃, 봄매미꽃 CN or MN (2): 하청화#(荷靑花 He-Qing-Hua), 하청화근#(荷靑花根 He-Qing-Hua-Gen)
[Character: dicotyledon. polypetalous fl ower. perennial herb. erect type. cultivated, wild, medicinal, poisonous, edible plant]

다년생 초본으로 근경이나 종자로 번식한다. 중북부지방에 분포하며 산지의 숲 속에서 자란다. 근경은 짧고 굵으며 옆으로 자라서 많은 뿌리가 나오고 원줄기는 높이 30㎝ 정도로 근생엽과 길이가 비슷하다. 근생엽은 우상복엽이며 소엽은 길이 2~5㎝, 너비 1~3㎝ 정도의 넓은 난형으로 가장자리에 결각상의 톱니가 있고 어긋나는 경생엽은 5개의 소엽으로 구성된다. 4~5월에 개화한다. 원줄기 끝의 잎겨드랑이에서 1~3개의 화경이 나와 그 끝에 1개씩 황색의 꽃이 핀다. 삭과는 길이 3~5㎝, 지름 3㎜ 정도의 원주형으로 많은 종자가 들어 있다. 줄기에 상처를 내면 붉은색의 유액이 나온다. '애기똥풀'과 달리 자방이 피침형이고 '매미꽃'과 유사하지만 꽃줄기에 잎이 달려 있다. 관상용으로 심는다. 어린순을 데쳐서 우려내고 나물로 먹는 곳도 있지만 독이 있어서 함부로 먹으면 안 된다. 다음과 같은 증상이나 효과에 약으로 쓰인다. 피나물(16): 개선, 거풍습, 관절염, 류머티즘성, 상어소종, 서근활락, 옹종, 제습, 종독, 지통지혈, 지혈, 진통, 창양, 타박상, 항문주위농양, 활혈

매미꽃* mae-mi-kkot

양귀비과 Papaveraceae
Coreanomecon hylomeconoides Nakai

ⓛⓝ 매미꽃ⓝ, 여름매미꽃, 개매미꽃, 피나물 ⓒⓝ or ⓜⓝ (2): 하청화#(荷靑花 He-Qing-Hua), 하청화근#(荷靑花根 He-Qing-Hua-Gen)

[Character: dicotyledon. polypetalous flower. perennial herb. erect type. cultivated, wild, ornamental, medicinal plant]

남쪽지방의 산에서 자라는 다년초로 근경이나 종자로 번식한다. 높이 20~40㎝ 정도이며 짧고 굵은 근경에서 잎이 모여난다. 근생엽은 1회 우상복엽이며 소엽은 3~7개이고 타원형, 난형 또는 도란형으로서 끝이 길고 뾰족해지며 가장자리에 날카로운 톱니가 있고 결각상으로 갈라지기도 한다. 5~8월에 개화한다. 화경은 잎자루보다는 길지만 잎보다는 짧고 잎이 없으며 꽃은 황색으로 1~10개가 위를 향해 달린다. 삭과는 끝에 긴 부리가 있으며 염주 같고 종자는 황갈색으로 둥글며 겉에 돌기가 있다. '피나물'과 달리 땅속줄기가 없고 꽃대는 뿌리에서 총생하며 꽃줄기에 잎이 없고 화분은 구형이다. 관상용으로 심는다. 다음과 같은 증상이나 효과에 약으로 쓰인다. 매미꽃(5): 옹종, 옹창, 진통, 타박상, 활혈

20120503 / 20000619 / 20090503표 / 20100503 / 19980424 흰금낭화 / 20070527 / 20010424 흰금낭화 / 20120331 / 20120331 / 20120407 / 20100417 / 19930502 흰금낭화 / 19980424 금낭화와 흰금낭화

금낭화* geum-nang-hwa

현호색과 Fumariaceae
Dicentra spectabilis (L.) Lem.

ⓁⓃ 금낭화ⓝ, 며누리주머니, 며느리주머니, 등모란 ⒺⓃ bleeding-heart, showy-breeding-heart, showy-dicentra, show-dicentra ⒸⓃ or ⓂⓃ (5): 금낭#(錦囊 Jin-Nang), 하포목단#(荷包牡丹 He-Bao-Mu-Dan), 화만초#(華鬘草 Hua-Man-Cao)

[Character: dicotyledon. polypetalous flower. perennial herb. erect type. cultivated, wild, medicinal, edible, harmful, ornamental plant]

다년생 초본으로 근경이나 종자로 번식한다. 전국적으로 분포하며 산지에서 곧추 자란다. 모여 나는 원줄기는 높이 40~60㎝ 정도이고 전체가 흰빛이 도는 녹색이다. 어긋나는 잎은 잎자루가 길고 3개씩 2회 갈라지며 소엽은 길이 3~6㎝ 정도로서 3~5개로 깊게 갈라진다. 5~6월에 총상꽃차례에 한쪽으로 치우쳐서 주렁주렁 연한 홍색 꽃이 달린다. '현호색속'과 달리 외측 2개의 꽃잎은 기부에 포가 있다. 관상용으로 심으며, 봄에 연한 잎과 줄기, 꽃 이삭을 삶아 물에 독을 뺀 후 데쳐서 묵나물로 먹기도 한다. 다음과 같은 증상이나 효과에 약으로 쓰인다. 금낭화(8): 산혈, 소창독, 옹종, 제풍, 종독, 타박상, 탈홍증, 해독

현호색* hyeon-ho-saek

현호색과 Fumariaceae
Corydalis remota Fisch. ex Maxim.

KN 현호색ⓝ, 조선현호색, 소엽현호색 EN corydalis CN or MN (12): 무호색(武胡索 Wu-Hu-Suo), 연호색#(延胡索 Yan-Hu-Suo), 원호색#(元胡索 Yuan-Hu-Suo), 현호색(玄胡索 Xuan-Hu-Suo)
[Character: dicotyledon. polypetalous flower. perennial herb. erect type. wild, medicinal, poisonous, ornamental plant]

다년생 초본으로 괴경이나 종자로 번식한다. 전국적으로 분포하며 산지나 들에서 자란다. 원줄기는 높이 10~20㎝ 정도이고 괴경은 지름 1㎝ 정도이며 속이 황색이다. 어긋나는 잎은 잎자루가 길며 3개씩 1~2회 갈라진다. 열편은 도란형으로 윗부분이 결각상으로 갈라지며 표면은 녹색이고 뒷면은 분회색이다. 4~5월에 개화하며 총상꽃차례에 달리는 꽃은 연한 홍자색 또는 연한 청색이다. 삭과는 긴 타원형으로 한쪽으로 편평해지고 양끝이 좁으며 끝에 암술머리가 달린다. 관상용으로 심기도 한다. 독성이 있어 먹으면 호흡곤란, 심장마비 등이 일어난다. 다음과 같은 증상이나 효과에 약으로 쓰인다. 현호색(27): 견비통, 경련, 경혈, 골절, 골절증, 두통, 오십견, 오줌소태, 요슬산통, 요통, 월경이상, 월경통, 유창통, 이완출혈, 임신중독증, 자궁수축, 정혈, 조경, 진경, 진정, 진통, 질벽염, 타박상, 통기, 포징, 풍비, 활혈

산괴불주머니* san-goe-bul-ju-meo-ni

현호색과 Fumariaceae
Corydalis speciosa Maxim.

LN 산뿔꽃ⓝ, 암괴불주머니, 조선괴불주머니, 산불꽃, 멜라초 EN beautiful-corydalis
CN or MN (1): 황근#(黃菫 Huang-Jin)
[Character: dicotyledon. polypetalous fl ower. biennial herb. erect type. hygrophyte. wild, medicinal, poisonous, ornamental, edible plant]

2년생 초본으로 종자로 번식한다. 전국적으로 분포하며 산지의 습기가 많은 곳에서 자란다. 원줄기는 곧추서서 가지가 많이 갈라지고 높이 30~60㎝ 정도이며 전체에 분록색이 돌고 속이 비어 있다. 어긋나는 잎의 잎몸은 길이 10~15㎝ 정도로서 난상 삼각형이고 2~3회 우상으로 갈라진다. 4~6월에 개화하며 총상꽃차례에 피는 꽃은 황색이다. 삭과는 길이 2~3㎝ 정도의 선형으로 염주같이 잘록잘록하며 종자는 흑색이고 둥글며 오목하게 파인 점이 있다. '괴불주머니'와 비슷하지만 종자 표면에 오목점이 많고 '염주괴불주머니'와 달리 개화기까지 남는 근생엽과 경생엽은 난형으로 우상 복생한다. 관상용으로 심기도 한다. 괴불주머니 종류는 모두 독이 있어서 먹으면 안 된다. 연한 잎을 데쳐서 우려내고 먹는 곳도 있다. 다음과 같은 증상이나 효과에 약으로 쓰인다. 산괴불주머니(8): 살충, 이뇨, 조경, 진경, 진통, 청열, 타박상, 해독

풍접초* pung-jeop-cho

풍접초과 Capparidaceae
Cleome spinosa Jacq.

LN 백화채ⓝ EN spiny-spiderflower, prickly-spiderflower, giant-spiderflower, pink-queen
CN or MN (2): 자룡자#(紫龍髭 Zi-Long-Zi), 취접화#(醉蝶花 Zui-Die-Hua)
[Character: dicotyledon. polypetalous flower. annual herb. erect type. cultivated, medicinal, ornamental plant]

1년생 초본으로 종자로 번식하고 열대아메리카가 원산지인 관상식물이다. 원줄기는 높이가 60~120㎝ 정도이고 전체적으로 선모와 더불어 잔가시가 산생한다. 어긋나는 잎은 장상복엽이고 소엽은 5~7개이며 길이 9㎝ 정도의 긴 타원상 피침형이고 가장자리가 밋밋하다. 8~9월에 개화하고 총상꽃차례에 달리는 꽃은 홍자색 또는 백색이다. 삭과는 길이 8~11㎝ 정도의 선형으로 하반부가 가늘어져 대같이 되며 종자는 신장형이다. 관상용으로 정원에 심는다. 다음과 같은 증상이나 효과에 약으로 쓰인다. 풍접초(3): 사지마비, 타박상, 활혈

대청* dae-cheong

십자화과 Brassicaceae
Isatis tinctoria L.

LN 좀대청ⓝ, 갯갓, 개갓 EN common-dyer's-woad, dyer's-woad CN or MN (44): 남엽(藍葉 Lan-Ye), 대청#(大靑 Da-Qing), 숭람#(菘藍 Song-Lan), 요람(蓼藍 Liao-Lan), 청대#(靑黛 Qing-Dai), 판람근#(板藍根 Ban-Lan-Gen)
[Character: dicotyledon. polypetalous flower. biennial herb. erect type. halophyte. cultivated, wild, medicinal, edible plant]

원산이북의 바닷가에서 자라는 2년생 초본이다. 높이 30~70㎝ 정도이고 분백색이다. 근생엽은 크고 경생엽은 긴 타원형 또는 타원상 피침형이며 끝이 뾰족하다. 황색의 꽃이 5~6월에 총상꽃차례에 핀다. 각과는 쐐기 같은 도피침형으로 끝이 뾰족하고 밑으로 처지며 흑색으로 익는다. '갯무'와 달리 각과는 편평하고 종자는 1개이며 꽃은 황색이다. 관상용이나 염료용으로 재배하고 봄에 새로 나오는 연한 잎을 삶아 나물로 먹거나 생으로 초장을 하여 먹는다. 다음과 같은 증상이나 효과에 약으로 쓰인다. 대청(10): 간염, 구갈, 급성폐렴, 양혈소반, 유행성감기, 이질, 청열해독, 토혈, 하리, 황달

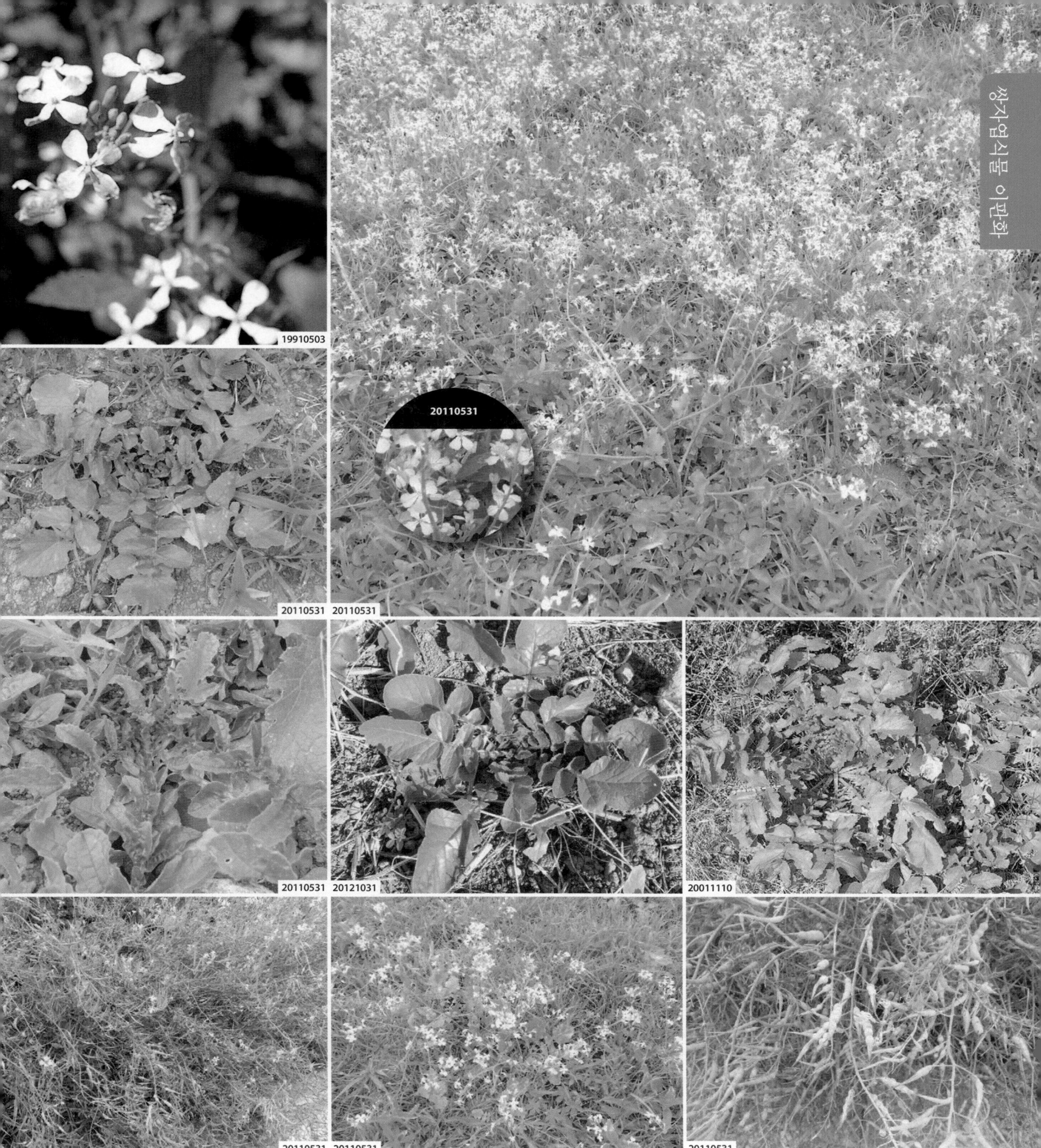

갯무* gaet-mu

십자화과 Brassicaceae
Raphanus sativus var. hortensis for. raphanistroides Makino

LN 무우아재비ⓝ, 무아재비 EN wild-radish
[Character: dicotyledon. polypetalous fl ower. biennial herb. erect type. halophyte. wild, medicinal, edible plant]

2년생 초본으로 종자로 번식한다. 남부지방에 분포하며 바닷가에서 자란다. 형태와 생태는 '무우'와 비슷하나 뿌리가 딱딱하며 굵어지지 않고 잎도 '무우'보다 작다. 4~5월에 개화한다. 어릴 때에 채취하여 식용하기도 하며 봄에 어린순을 데쳐서 무쳐 먹거나 잎과 뿌리로 김치를 담가 먹거나 삶아서 된장국을 끓여 먹기도 한다. 다음과 같은 증상이나 효과에 약으로 쓰인다. 갯무(6): 개선, 건위, 기관지염, 소화, 폐렴, 해소

19860810 · 19940501 · 19980504 · 19980504 · 19950509 적갓 · 20110913 갓똥 · 20111019 · 20111021 · 20000622 · 19940426 적갓 · 20120413 적갓 · 19940501 적갓

갓* gat

십자화과 Brassicaceae
Brassica juncea (L.) Czern. var. *juncea*

ⓚ 갓ⓝ, 서양갓, 계자 ⓔ japanese-mustard, brown-mustard, indian-mustard, white-mustard, leaf-mustard, spinach-mustard, tuberous-rooted-mustard, chinese-turnip, india-mustard ⓒ or ⓜ (9): 개(芥 Jie), 개자#(芥子 Jie-Zi), 개채자#(芥菜子 Jie-Cai-Zi), 하개(夏芥 Xia-Jie)
[Character: dicotyledon. polypetalous flower. biennial herb. erect type. cultivated, wild, medicinal, edible plant]

2년생 초본으로 종자로 번식한다. 중국에서 들어온 채소이고 야생상태로도 자란다. 원줄기는 높이 60~120㎝ 정도이고 윗부분에서 가지가 많이 갈라진다. 근생엽은 넓은 타원형으로 가장자리에 불규칙한 톱니가 있고 경생엽은 잎자루가 없거나 원줄기를 감싼다. 5~6월에 총상꽃차례에 황색 꽃이 핀다. 각과는 길고 비스듬히 선다. '배추'와 달리 잎은 타원형이며 주맥은 정상적인 크기이고 잎자루에 엽편이 달린 것도 있다. 근생엽은 식용하고 종자로 겨자를 만든다. 어린순을 뜯어 쌈으로 먹거나 갓김치를 담가먹는다. 다음과 같은 증상이나 효과에 약으로 쓰인다. 갓(26): 감기, 강심, 강심제, 거담, 건위, 기관지염, 소담음, 소생, 실신, 열격, 온중산한, 위한토식, 이뇨, 이변, 인플루엔자, 열격, 최면제, 통경, 폐결핵, 폐렴, 폐한해수, 피부병, 해수, 해소, 혈기심통, 화비위

20050702표

20070505 19910503

20000520

19980409  20060511  19910504

20070530  19910612  20121031

유채* yu-chae | 십자화과 Brassicaceae *Brassica napus* L.

ⓚ 유채ⓝ, 운대, 하루나, 삼동초 ⓔ rape, oilseed-rape, colza ⓒ or ⓜ (20): 구주유채#(歐洲油菜 Ou-Zhou-You-Cai), 운대#(蕓薹 Yun-Tai), 운대자#(蕓薹子 Yun-Tai-Zi), 호채자(胡菜子 Hu-Cai-Zi)
[Character: dicotyledon. polypetalous flower. biennial herb. erect type. cultivated, wild, medicinal, edible, forage plant]

2년생 초본으로 종자로 번식한다. 유료작물로 남부지방과 제주도에서 재배한다. 원줄기는 높이 80~150m 정도이고 가지가 많이 갈라진다. 근생엽의 표면은 짙은 녹색이고 뒷면은 흰빛이 돈다. 경생엽은 밑부분이 원줄기를 감싸며 넓은 피침형이다. 4~5월에 총상꽃차례에 황색 꽃이 핀다. 각과는 긴 원주형으로 끝에 긴 부리가 있으며 익으면 벌어져서 흑갈색 종자가 나온다. 종자로 기름을 짜서 식용이나 공업용으로 이용한다. 남부지방에서 일출하여 자라고 청예사료작물로 이용하기도 한다. 연한 잎과 줄기로 김치를 담가 먹거나 삶아 나물로 먹고, 어린순은 겉절이 하거나 쌈으로 먹는다. 데쳐서 무쳐 먹기도 하고 된장국을 끓여 먹기도 한다. 다음과 같은 증상이나 효과에 약으로 쓰인다. 유채(16): 단독, 산혈, 소종, 악창, 어혈복통, 옹종, 유방염, 이질, 종기, 종독, 치루, 치창, 통기, 편두통, 풍, 활혈

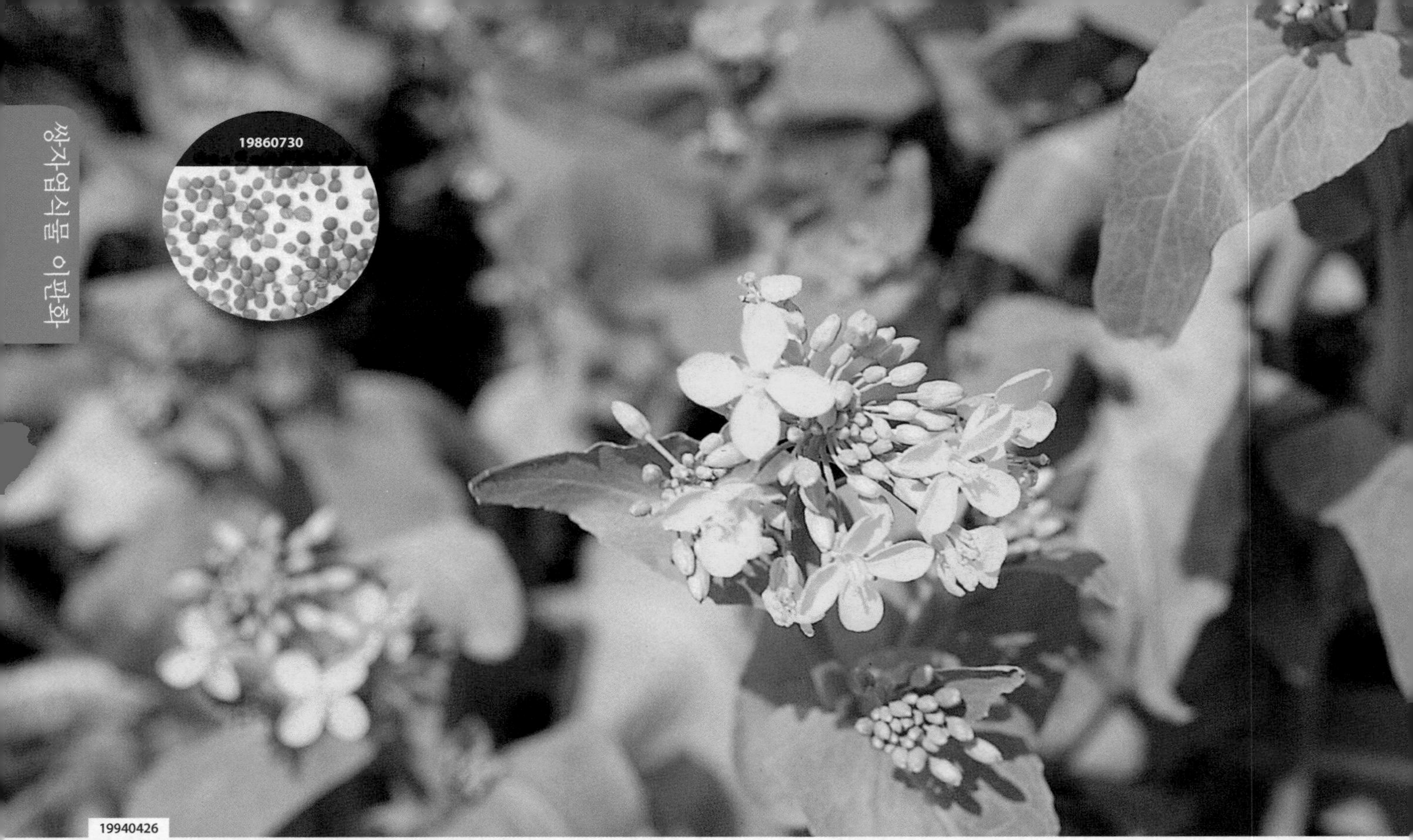
19860730
19940426

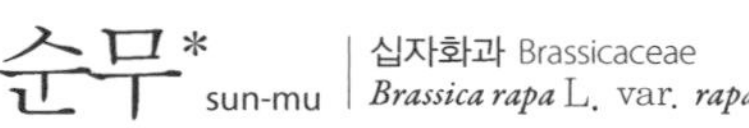

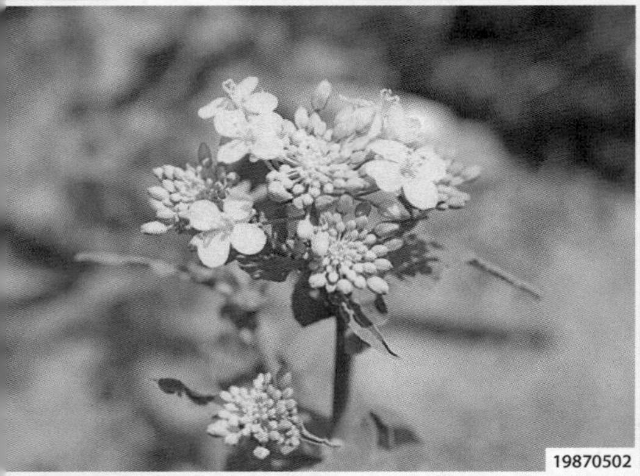
19870502

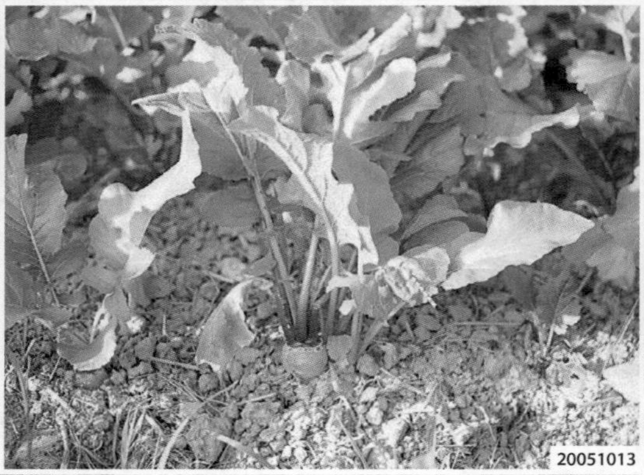
20051013

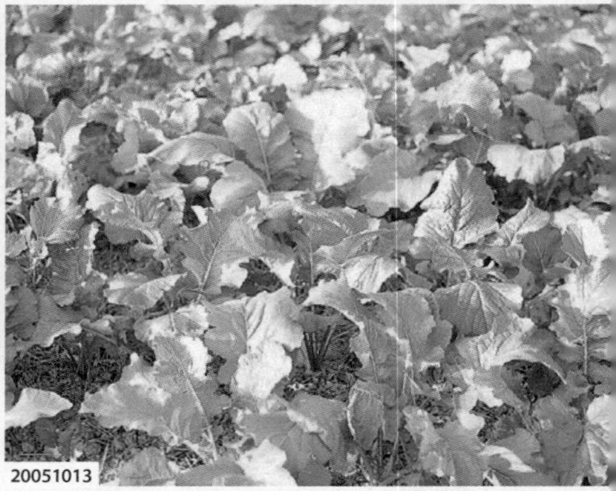
20051013

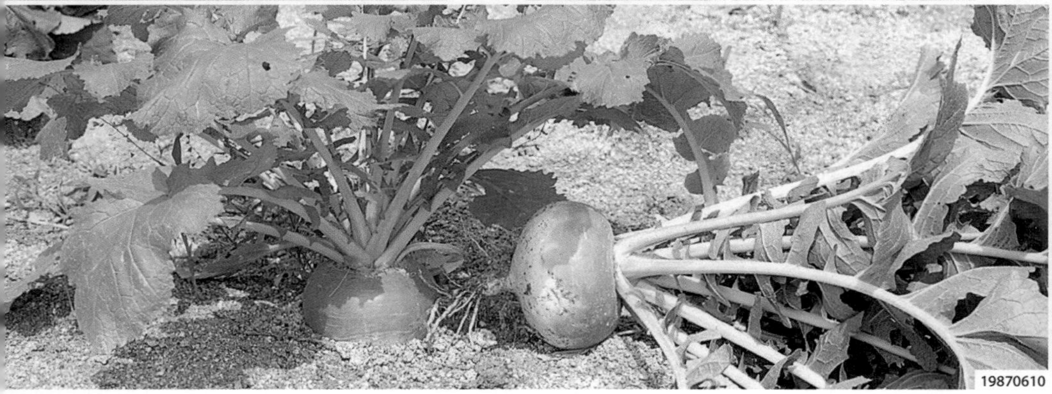
19870610

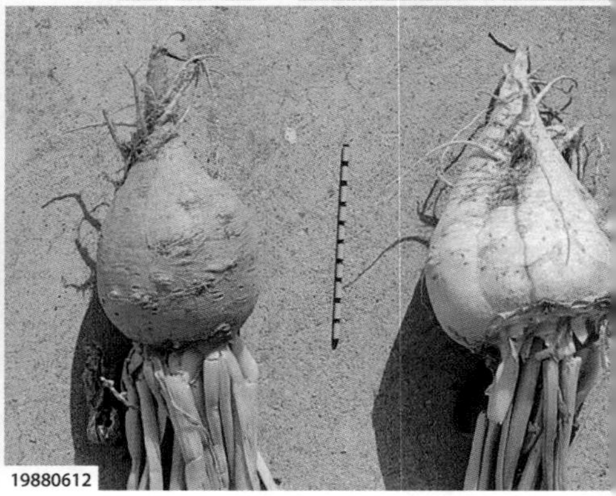
19880612

순무* sun-mu

십자화과 Brassicaceae
Brassica rapa L. var. *rapa*

KN 순무우ⓝ, 숫무 EN turnip, field-cabbage, japanese-turnip CN or MN (6): 만청#(蔓菁 Wan-Jing), 무청#(蕪菁 Wu-Jing), 운태(芸苔 Yun-Tai)
[Character: dicotyledon. polypetalous flower. biennial herb. erect type. cultivated, medicinal, edible, forage plant]

2년생 초본으로 종자로 번식한다. 구미에서 들어온 채소 및 사료작물이다. '무우'와 모양이 비슷하나 그 형태와 생태는 품종에 따라 다양하다. 봄에 추대하여 4~5월에 총상꽃차례에 황색의 꽃이 핀다. 사료작물로 봄과 가을에 재배하고 뿌리는 '무청'이라 하여 약으로 쓴다. 강화도에서는 많이 재배하여 식용으로 이용하고 있다. 어린잎을 데쳐서 무쳐 먹거나 잎으로 김치를 담근다. 다음과 같은 증상이나 효과에 약으로 쓰인다. 순무(3): 경신익기, 소식, 이오장

콩다닥냉이* kong-da-dak-naeng-i | 십자화과 Brassicaceae *Lepidium virginicum* L.

ⓁⓃ 콩말냉이 ⒺⓃ virginia-pepperweed, virginian-peppergrass, peppergrass, poor-man's-pepper, wild-peppergrass ⒸⓃ or ⓂⓃ (4): 북미독행채#(北美獨行菜 Bei-Mei-Du-Xing-Cai), 정력자#(葶藶子 Ting-Li-Zi)

[Character: dicotyledon. polypetalous flower. biennial herb. erect type. wild, medicinal, edible plant]

2년생 초본으로 종자로 번식한다. 북미가 원산지인 귀화식물로 높이 30~60㎝ 정도이며 윗부분에서 가지가 많이 갈라진다. 모여 나는 근생엽은 잎자루가 길고 1회 우상복엽이다. 어긋나는 경생엽은 긴 타원형으로 가장자리에 톱니가 있고 밑부분이 좁아져서 잎자루로 흐른다. 7~8월에 개화하며 총상꽃차례에 백색의 꽃이 달린다. 열매인 각과는 오목하게 파진 원반형이며 종자는 적갈색의 작은 원반형이고 가장자리에 있는 백색 막질의 날개가 젖으면 점질이 된다. '다닥냉이'와 달리 꽃잎의 길이가 꽃받침의 길이와 같거나 길며 각과의 길이는 2.5~4㎜ 정도이다. '다닥냉이'보다 잎이 넓으며 개화기가 늦다. '큰다닥냉이'와 달리 각과는 원형이다. 어릴 때에는 식용하며 데쳐서 나물, 된장찌개, 국거리 등 '냉이'와 동일하게 이용한다. 다음과 같은 증상이나 효과에 약으로 쓰인다. 콩다닥냉이(5): 두풍, 백독, 이뇨, 해소, 회충

말냉이* mal-naeng-i

십자화과 Brassicaceae
Thlaspi arvense L.

㉠ 말냉이ⓝ, 석명, 애기황새냉이 ⓔ pennycress, common-pennycress, field-pennycress, wildcress, dish-mustard, fanweed, frenchweed, mithridate-mustard, stink-weed, french-weed ⓒ or ⓜ (13): 석명#(菥蓂 Xi-Mi), 석명자#(菥蓂子 Xi-Mi-Zi), 알람채(遏藍菜 E-Lan-Cai)
[Character: dicotyledon. polypetalous flower. biennial herb. erect type. wild, medicinal, edible plant]

2년생 초본으로 종자로 번식한다. 유럽이 원산지인 귀화식물로 전국적으로 분포하며 들과 밭에서 자란다. 원줄기는 높이 30~60㎝ 정도로 가지가 약간 갈라지고 능선이 있으며 전체에 털이 없다. 모여 나는 근생엽은 사방으로 퍼지고 주걱형이며 가장자리에 톱니가 없거나 약간 있다. 어긋나는 경생엽은 도피침상의 긴 타원형으로 가장자리에 톱니가 있다. 4~5월에 개화하며, 총상꽃차례에 피는 꽃은 백색이다. 열매는 길이 15㎜, 너비 10~12㎜ 정도의 편평한 도란상 원형으로 넓은 날개가 있고 끝이 오므라지며 소화경이 열매보다 길다. 종자는 길이 1.2㎜ 정도로 주름살이 있다. '다닥냉이속'과 달리 종자가 각 과실에 수 개씩 들어 있다. 월동맥류에서 문제잡초가 되나, 어릴 때에는 식용하기도 하며, 봄에 어린잎과 줄기를 삶아 나물로 먹거나 된장국을 끓여 먹는다. 데쳐서 무치거나 콩가루를 묻혀 국을 끓이고 찐 다음 무쳐 먹기도 한다. 다음과 같은 증상이나 효과에 약으로 쓰인다. 말냉이(14): 간염, 급성간염, 늑막염, 명목, 보강, 신경통, 신장염, 이뇨, 익기, 일체안병, 자궁내막염, 종독, 중풍, 현기증

황새냉이* hwang-sae-naeng-i

십자화과 Brassicaceae
Cardamine flexuosa With.

ⓁⓃ 황새냉이ⓝ, 싸라기제 ⒺⓃ flexuous-bittercress, wavy-bittercress, bittercress ⒸⓃ or ⓂⓃ (2): 만곡쇄미제(彎曲碎米薺 Wan-Qu-Sui-Mi-Ji), 쇄미제#(碎米薺 Sui-Mi-Ji)
[Character: dicotyledon. polypetalous flower. biennial herb. erect type. hydrophyte. wild, medicinal, edible plant]

들이나 습지에서 자라는 2년초로 군락을 이룬다. 원줄기는 높이 20~40㎝ 정도로서 가지가 갈라지며 하반부에 퍼진 털이 있고 흑자색이 돈다. 근생엽은 모여 나고 경생엽은 어긋나며 기수 우상복엽이고 잔털이 있다. 4~5월에 총상꽃차례에 백색 꽃이 핀다. 열매는 길이 2㎝, 너비 1㎜ 정도로 털이 없으며 익으면 2조각이 뒤로 말리고 길이 7㎜ 정도의 종자가 튀어나온다. '큰황새냉이'와 달리 2년초로 소엽이 많고 상부의 소엽은 많은 것이 선형 또는 피침형이며 '좁쌀냉이'와 달리 가지가 길고 구불구불하며 털이 적다. 이른 봄에 새싹과 꽃봉오리가 달렸을 때 채취해 데쳐서 물에 담가두었다가 나물이나 무침, 튀김으로 먹는다. 다음과 같은 증상이나 효과에 약으로 쓰인다.
황새냉이(4): 명목, 양혈, 조경, 청열

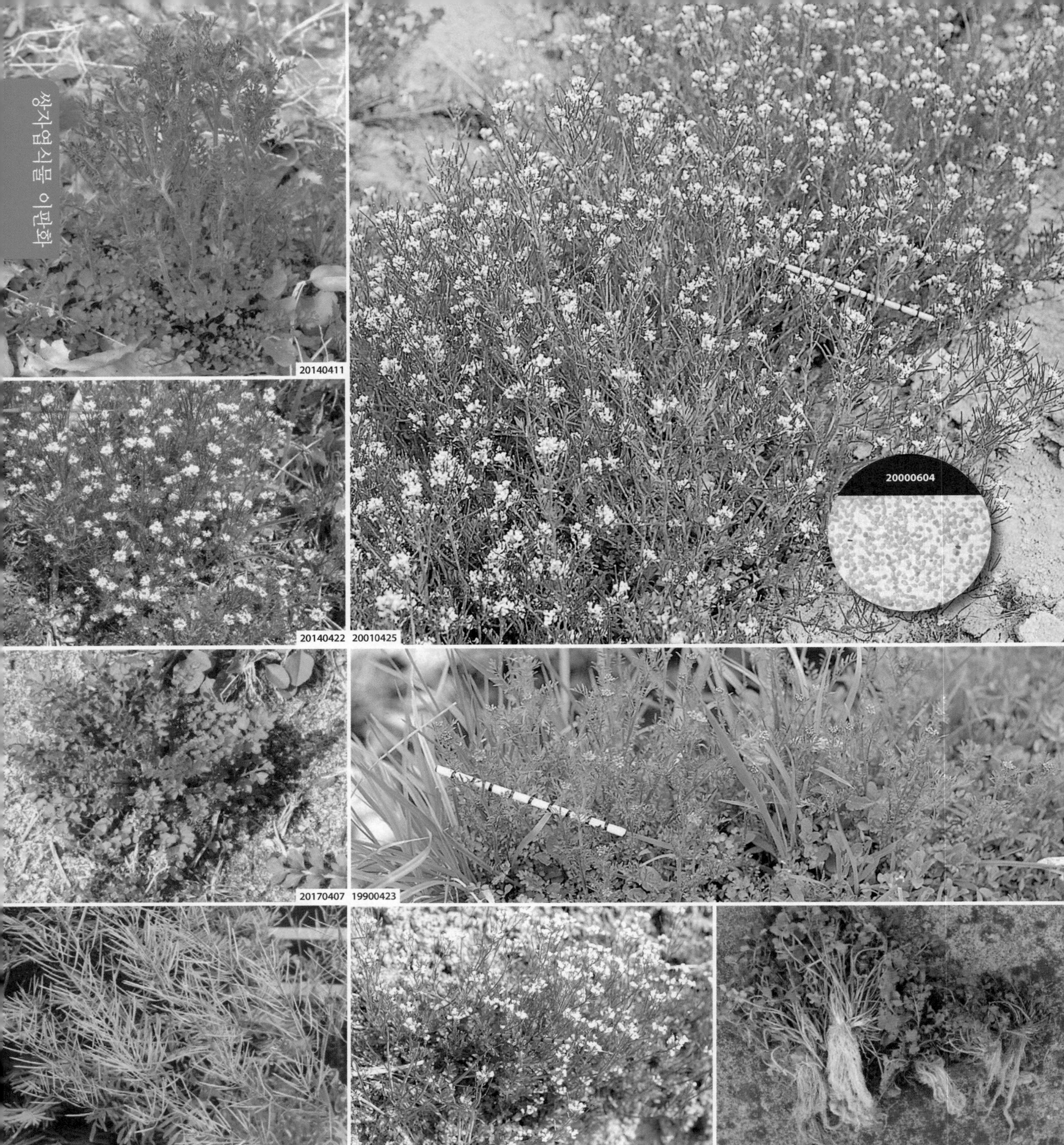

좁쌀냉이* jop-ssal-naeng-i

십자화과 Brassicaceae
Cardamine fallax L.

Ⓢ 좁쌀황새냉이ⓝ, 선황새냉이, 민좁쌀냉이, 선털황새냉이, 좁살냉이
[Character: dicotyledon. polypetalous flower. biennial herb. erect type. hydrophyte. wild, edible plant]

2년생 초본으로 종자로 번식한다. 전국적으로 분포하며 산지나 들의 다소 습지에서 자란다. 원줄기는 높이 15~25㎝ 정도이고 가지가 많다. 어긋나는 경생엽은 기수우상 갈라지며 열편에 불규칙한 톱니가 있다. 4~5월에 총상꽃차례에 백색 꽃이 핀다. 열매는 길이 2㎝ 정도로서 작은 종자가 많이 들어 있으며 2개로 잘 터진다. '황새냉이'와 달리 줄기는 직립하며 잎이 소형이고 가지가 짧거나 없고 털이 많으며 건조한 곳에서 자란다. 월동 맥류포장에서 잡초가 되고 어릴 때에는 식용하기도 한다. 이른 봄에 새싹과 꽃봉오리가 달렸을 때 채취해 데쳐서 물에 담가두었다가 나물이나 무침, 튀김으로 먹는다.

물냉이* mul-naeng-i

십자화과 Brassicaceae
Nasturtium officinale R. Br.

Ⓛ 물냉이ⓝ Ⓔ watercress, cresson Ⓒ or Ⓜ (3): 두판채#(豆瓣菜 Dou-Ban-Cai), 서양채건#(西洋菜乾 Xi-Yang-Cai-Gan), 화란개#(和蘭芥 He-Lan-Jie)
[Character: dicotyledon. polypetalous flower. biennial herb. erect type. hydrophyte. cultivated, wild, edible plant]

2년생 초본으로 근경이나 종자로 번식한다. 유럽이 원산지인 귀화식물로 전국적으로 분포하며 개울가에서 자란다. 모여 나는 원줄기는 높이 50~100㎝ 정도이며 가지가 갈라지고 털이 없다. 어긋나는 경생엽은 우상분열을 하며 3~9개의 소엽이 있다. 5~7월에 총상꽃차례에 백색 꽃이 핀다. 꽃잎은 길이 4~5㎜ 정도이다. 식용으로 재배하여 연한 어린 싹을 나물로 먹는다. 봄 또는 1년 내내 채취해 어린순을 뜯어 닭고기 샐러드를 만들거나 절임, 튀김, 버터볶음, 데쳐서 무침이나 초무침하여 먹는다.

고추냉이* go-chu-naeng-i

십자화과 Brassicaceae
Wasabia japonica (Miq.) Matsum.

Ⓛⓝ 고추냉이ⓝ, 겨자냉이, 고초냉이, 매운냉이, 섬고추냉이 Ⓔⓝ wasabi, japanese-horseradish Ⓒⓝ or Ⓜⓝ (6): 산규#(山葵 Shan-Kui), 산근#(山根 Shan-Gen), 산유채(山柚菜 Shan-You-Cai) 신엽#(辛葉 Xin-Ye), 일본산규채#(日本山葵菜 Ri-Ben-Shan-Kui-Cai), 정심초#(灯芯草 Deng-Xin-Cao)
[Character: dicotyledon. polypetalous flower. perennial herb. erect type. hygrophyte. wild, medicinal, edible plant]

다년생 초본으로 땅속줄기나 종자로 번식한다. 울릉도에 분포하고 산의 계곡의 습한 곳에서 자란다. 굵은 원주형의 땅속줄기에 많은 엽흔이 남아 있고 화경은 높이 20~40㎝ 정도이다. 땅속줄기에서 모여 나는 잎의 잎자루는 길이 15~30㎝ 정도이다. 잎몸은 길이 8~10㎝ 정도의 심장형으로 가장자리에 불규칙한 잔 톱니가 있고 어긋나는 경생엽은 크기가 작다. 5~6월에 개화하며 총상꽃차례에 달리는 꽃은 백색이다. 소화경은 길이 1~4㎝ 정도이며 열매는 길이 15~18㎜ 정도이고 약간 굽으며 끝에 부리가 있고 종자가 들어 있는 곳이 약간 두드러진다. 식용하며 땅속줄기는 조미료로 사용한다. 잎은 어릴 때 생으로 먹거나 꽃은 소금을 뿌려 찐 후 가다랑어포와 간장을 뿌려 먹거나 살짝 데쳐서 나물이나 샐러드로 먹는다. 다음과 같은 증상이나 효과에 약으로 쓰인다. 고추냉이(14): 건비, 건위, 류머티즘, 발한, 방부, 살균, 살어독, 소염, 식욕촉진, 신경통, 유방암, 온중진식, 자궁암, 진통

20070626 유럽나도냉이 20100601표 19920503 19990619 19901101 20120413 19910416 20120426 19920627 20120724

나도냉이* na-do-naeng-i

십자화과 Brassicaceae
Barbarea orthoceras Ledeb.

LN 나도냉이ⓝ, 시베리아장대, 산냉이, 시베리야장대 EN erecttop-winter-cress, winter-grass, american-yellow-rocket CN or MN (2): 제채#(薺菜 Ji-Cai), 제채자#(薺菜子 Ji-Cai-Zi) [Character: dicotyledon. polypetalous flower. biennial herb. erect type. hygrophyte. wild, medicinal, edible plant]

2년생 초본으로 종자로 번식한다. 전국적으로 분포하며 냇가나 들에서 자란다. 원줄기는 높이 50~100㎝ 정도이고 전체에 털이 없다. 모여 나는 근생엽은 잎자루가 길고 도란형이며 우상으로 크게 갈라진다. 어긋나는 경생엽은 잎자루가 없고 가장자리가 우상으로 갈라진다. 잎의 표면은 털이 없고 윤기가 있으며 뒷면은 자줏빛이 돈다. 5~6월에 개화하며 총상꽃차례에 피는 꽃은 황색이다. 열매는 길이 3㎝ 정도로 능선이 있고 목질이며 곧추서서 줄기에 붙고 잘 터지지 않으나 2조각으로 갈라진다. '개갓냉이속'과 달리 각편은 단단한 막질로 중늑이 있다. 어린순을 데쳐서 나물이나 국을 끓여 먹는다. 다음과 같은 증상이나 효과에 약으로 쓰인다. 나도냉이(4): 기관지염, 부종, 이뇨, 해소

겨자무* gyeo-ja-mu

십자화과 Brassicaceae
Armoracia rusticana P. G. Gaertner

UN 양고추냉이 EN horse-radish, horseradish CN or MN (1): 랄근#(辣根 La-Gen)
[Character: dicotyledon. polypetalous flower. perennial herb. erect type. cultivated, medicinal, edible plant]

다년생 초본으로 근경이나 종자로 번식한다. 유럽이 원산지인 재배식물로 중남부지방에서 월동한다. 뿌리가 굵고 깊게 들어가며 원줄기는 높이 40~80㎝ 정도이다. 모여 나는 근생엽은 잎자루가 길며 잎몸은 길이 10~25㎝ 정도의 긴 타원형이고 털이 없으며 가장자리에 끝이 둥근 톱니가 있다. 5~6월에 개화하며 총상꽃차례에 피는 꽃은 백색이다. '미륵냉이'와 달리 꽃차례가 액생 또는 정생한다. 뿌리를 '겨자'와 같이 향신료로 이용한다. 어린순을 데쳐서 나물이나 국을 끓여 먹고 다음과 같은 증상에 약으로 쓰인다. 겨자무(1): 자한

개갓냉이* gae-gat-naeng-i

십자화과 Brassicaceae
Rorippa indica (L.) Hiern

LN 줄속속이풀ⓝ, 쇠냉이, 갓냉이, 선속속이풀, 개갔냉이, 황새냉이 EN indian-rorippa, indian-marsh-cress, yellow-cress, indian-marshcress CN or MN (5): 랄미채(辣米菜 La-Mi-Cai), 야개채#(野芥菜 Ye-Jie-Cai), 한채#(蔊菜 Han-Cai)
[Character: dicotyledon. polypetalous flower. biennial herb. erect type. wild, medicinal, edible plant]

2년생 초본으로 근경이나 종자로 번식한다. 전국적으로 분포하며 들이나 밭에서 자란다. 원줄기는 높이 20~40㎝ 정도이고 가지가 많이 갈라지며 전체에 털이 없다. 모여 나는 근생엽은 우상으로 갈라지거나 또는 갈라지지 않고 가장자리에 불규칙한 톱니가 있다. 어긋나는 경생엽은 피침형으로 갈라지지 않고 양끝이 좁으며 잎자루가 없다. 5~10월에 총상으로 황색꽃이 달린다. 열매는 길이 10~20㎜, 너비 1.2㎜ 정도의 선형으로 약간 안으로 굽으며 끝에 굵고 짧은 암술대가 있다. 종자는 황색이다. '속속이풀'과 달리 각과는 좁은 선형으로 길며 암술대는 굵고 짧다. 어린순은 식용하며 데쳐서 나물이나 국을 끓여 먹는다. 다음과 같은 증상이나 효과에 약으로 쓰인다. 개갓냉이(19): 각기, 간염, 개선, 건위, 기관지염, 소화, 이뇨, 종독, 청열, 타박상, 통경, 폐렴, 해독, 해소, 해수, 해열, 혈폐, 활혈, 황달. 속속이풀과 같이 뿌리가 황새냉이로 판매된다.

좀개갓냉이* jom-gae-gat-naeng-i

십자화과 Brassicaceae
Rorippa cantoniensis (Lour.) Ohwi

LN 앉은꽃속속이풀ⓝ, 좀구실냉이, 좀갓냉이, 좀구슬갓냉이, 좀개갔냉이, 좀구슬냉이, 황새냉이 EN canton-rorippa CN or MN (1): 세자한채#(細子葶菜 Xi-Zi-Han-Cai)
[Character: dicotyledon. polypetalous flower. annual or biennial herb. erect type. wild, medicinal, edible plant]

1년 또는 2년생 초본으로 종자로 번식한다. 전국적으로 분포하며 들과 밭에서 자란다. 원줄기는 높이 15~30㎝ 정도이고 가지가 갈라진다. 모여 나는 근생엽은 지면으로 퍼지고 우상복엽이다. 어긋나는 경생엽은 우상으로 갈라지고 위로 갈수록 작아지며 결각상의 톱니가 있다. 4~10월에 개화하며 윗부분의 잎겨드랑이에 소화경이 없는 황색의 꽃이 핀다. 꽃은 포가 있는 총상꽃차례로 달리거나 잎겨드랑이에 1개씩 나고 자주가 거의 없다. 각과는 길이 6~10㎜, 지름 2~3㎜ 정도의 원주형이고 종자는 황색이다. 어릴 때에는 식용하며 어린순을 데쳐서 나물이나 국을 끓여 먹는다. 다음과 같은 증상이나 효과에 약으로 쓰인다. 좀개갓냉이(6): 개선, 건위, 기관지염, 소화, 폐렴, 해소. 속속이풀과 같이 뿌리가 황새냉이로 판매된다.

20120924표

19991106

19950508 20120601

20121004 20120413 19950610

19990602

20110203 20121117 19910602

20120427

19910601 20171130 20171130 판매황새냉이

속속이풀* sok-sok-i-pul

십자화과 Brassicaceae
Rorippa palustris (Leyss.) Besser

KN 속속이풀ⓝ, 속속냉이, 황새냉이 EN marsh-cress, yellow-cress, bog-marsh-cress, marsh-water-cress, yellow-marsh-cress, marsh-yellow-cress, marsh-watercress, marsh-yellowcress, yellow-marshcress CN or VN (1): 풍화채#(風花菜 Feng-Hua-Cai)
[Character: dicotyledon. polypetalous flower. biennial herb. erect type. wild, medicinal, edible plant]

2년생 초본으로 종자로 번식한다. 전국적으로 분포하며 들과 밭에서 자란다. 원줄기는 높이 30~60㎝ 정도이고 전체에 털이 없으며 윗부분에서 가지가 갈라진다. 모여 나는 근생엽은 길이 7~15㎝ 정도로 깊게 우상으로 갈라지고 잎자루와 톱니가 있다. 어긋나는 경생엽은 잎자루가 없고 피침형이며 톱니가 있다. 5~10월에 총상으로 황색꽃이 개화한다. 열매는 길이 4~6㎜, 너비 2~2.5㎜ 정도의 긴 타원상 원주형으로 암술대가 매우 짧고 종자는 황색이다. '개갓냉이'와 달리 각과가 짧고 암술대가 약간 가늘며 짧고 잎이 깊게 갈라지며 '구슬갓냉이'와 달리 각과는 장타원형이다. 봄 작물 포장에서 문제잡초가 된다. 어린순은 식용하기도 하며 데쳐서 나물이나 국을 끓여 먹는다. 다음과 같은 증상이나 효과에 약으로 쓰인다. 속속이풀(10): 개선, 건위, 기관지염, 소화, 전신부종, 종기, 청열이뇨, 폐렴, 해독소종, 해

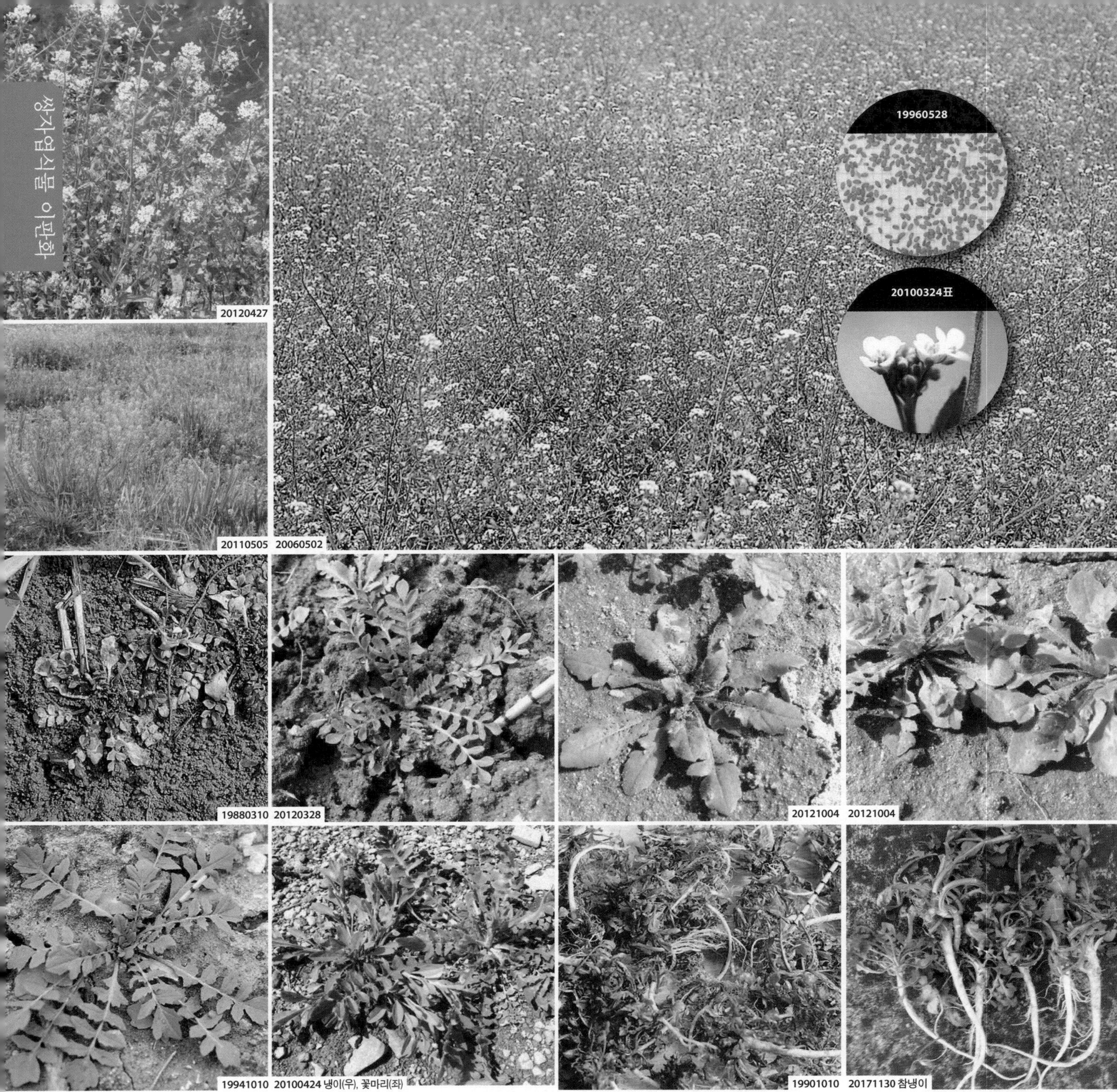

냉이* naeng-i

십자화과 Brassicaceae
Capsella bursa-pastoris (L.) L. W. Medicus

KN 냉이ⓝ, 나생이, 나숭게, 나숭게, 내생이, 참냉이 EN shepherd's-purse, pick-purse, shovel-weed, capsell CN or MN (22): 능각채(菱角菜 Ling-Jiao-Cai), 석명자#(菥蓂子 Xi-Mi-Zi), 제채자#(薺菜子 Ji-Cai-Zi), 호생초(濩生草 Hu-Sheng-Cao)
[Character: dicotyledon. polypetalous flower. biennial herb. erect type. cultivated, wild, medicinal, edible plant]

2년생 초본으로 종자로 번식한다. 전국적으로 분포하며 들과 밭에서 자란다. 원줄기는 높이 25~50㎝ 정도이고 가지가 많이 갈라지며 전체에 털이 있다. 뿌리는 곧고 백색이다. 모여 나는 근생엽은 지면으로 퍼지고 잎몸은 길이 5~10㎝ 정도이며 우상으로 갈라진다. 어긋나는 경생엽은 위로 갈수록 작아져서 잎자루가 없어지고 끝에서는 큰 치아상으로 된다. 5~6월에 총상으로 백색 꽃이 달린다. 열매는 길이 6~7㎜, 너비 5~6㎜ 정도의 도삼각형으로 철두이고 털이 없으며 20~25개의 종자가 들어 있다. 종자는 길이 0.8㎜ 정도의 도란형이고 황색이다. 맥류 포장에서는 방제하기 어려운 문제잡초이다. '양구슬냉이'와 달리 각과는 편평한 도삼각형이고 경엽에 성상모가 섞여난다. 어린순과 뿌리는 봄나물로 식용하며 겨울~이른 봄에 꽃자루가 나오기 전에 채취해 겉절이를 하거나 데쳐서 죽이나 밥, 된장국을 끓여 먹기도 한다. 나물이나 무침으로도 먹는다. 다음과 같은 증상이나 효과에 약으로 쓰인다. 냉이(52): 간기능회복, 간질, 거풍, 건비위, 건위, 견비통, 결막염, 고혈압, 구충, 두통, 명목, 부인하혈, 부종, 소아변비증, 소아열병, 소아이질, 안심정지, 열격, 열병, 오한, 위경련, 위열, 위장염, 이뇨, 이비, 이수, 이완출혈, 임질, 일체안병, 자궁수축, 적백리, 중풍, 지혈, 천식, 치통, 토혈, 토혈각혈, 통리수도, 폐결핵, 폐기천식, 폐농양, 폐렴, 폐열, 피부소양증, 하리, 한열왕래, 해독, 해수, 해열, 회충, 흉부답답, 간경변증

꽃다지* kkot-da-ji

십자화과 Brassicaceae
Draba nemorosa L. for. *nemorosa*

Ⓛⓝ 꽃다지ⓝ, 꽃따지, 코딱지나물 Ⓔⓝ woolly-draba, nemorosus-draba, draba, whitlow-grass
Ⓒⓝ or Ⓜⓝ (7): 대실#(大室 Da-Shi), 정력#(葶藶 Ting-Li), 정력자#(葶藶子 Ting-Li-Zi)
[Character: dicotyledon. polypetalous flower. biennial herb. erect type. wild, medicinal, edible plant]

2년생 초본으로 종자로 번식한다. 전국적으로 분포하며 들과 밭에서 자란다. 원줄기는 높이 15~30㎝ 정도이고 가지가 갈라지며 섬모가 밀생한다. 모여 나는 근생엽은 방석처럼 퍼지고 어긋나는 경생엽은 길이 1~3㎝ 정도의 긴 타원형으로 가장자리에 톱니가 약간 있고 털이 밀생한다. 4~5월에 개화하며 총상꽃차례로 피는 꽃은 황색이다. 열매는 길이 5~8㎜, 너비 2㎜ 정도의 긴 타원형으로 전체에 털이 있다. '산꽃다지'와 달리 단모와 성모가 밀생하고 가지가 보다 위쪽에서 갈라진다. 월동작물 포장에서 문제잡초가 된다. 어린순은 나물로 식용하며 봄에 어린순을 데쳐서 무침을 해 먹거나 국으로 먹고 양념과 버무려 생채로 먹거나 비빔밥에 먹기도 한다. 생식 또는 녹즙으로 먹는다. 사방용으로 심기도 한다. 다음과 같은 증상이나 효과에 약으로 쓰인다. 꽃다지(8): 기관지염, 당뇨, 완하, 이뇨, 통리수도, 폐기천식, 해수, 호흡곤란

재쑥* jae-ssuk

십자화과 Brassicaceae
Descurainia sophia (L.) Webb ex Prantl

LN 재쑥ⓝ, 당근냉이 EN flixweed, herb-sophia, tansy-mustard CN or MN (6): 대실(大室 Da-Shi), 정력(丁藶 Ding-Li), 정력자#(葶藶子 Ting-Li-Zi), 파낭호#(播娘蒿 Bo-Niang-Hao)
[Character: dicotyledon. polypetalous flower. biennial herb. erect type. hydrophyte. wild, medicinal, edible plant]

2년생 초본으로 종자로 번식한다. 전국적으로 분포하며 습기가 있고 햇빛이 드는 산과 들에서 자란다. 원줄기는 높이 50~100㎝ 정도로 곧추 자라며 윗부분에서 가지가 갈라지고 전체에 백색 털이 있다. 모여 나는 근생엽과 어긋나는 경생엽은 잎자루가 없으며 2~3회 우상으로 갈라진다. 5~6월에 개화하며 총상으로 피는 꽃은 황색이다. 길이 15~25㎜, 너비 1㎜ 정도의 각과는 옆으로 퍼진 소과경에 위를 향해 달리고 1줄로 나열된 종자는 갈색이며 긴 타원형이다. '쑥부지깽이'와 달리 암술머리는 2열하지 않고 잎이 우상으로 세열하며 각편은 얇은 막질이다. 어린순을 데쳐서 나물이나 국을 끓여 먹는다. '파낭호'라 하여 약으로 쓴다.

낙지다리* nak-ji-da-ri

돌나물과 Crassulaceae
Penthorum chinense Pursh

ⓚ 낙지다리ⓝ, 낙지다리풀 ⓔ chinese-penthorum, stonedrop ⓒ or ⓜ (6): 수재람(手滓藍 Shou-Zi-Lan), 수택란#(手澤蘭 Shou-Ze-Lan), 차근채#(扯根菜 Che-Gen-Cai)
[Character: dicotyledon. polypetalous flower. perennial herb. creeping and erect type. hygrophyte. wild, medicinal, ornamental plant]

다년생 초본으로 근경이나 종자로 번식한다. 전국적으로 분포하며 강가나 풀밭의 습기가 많은 곳에서 자란다. 원줄기는 높이 40~80㎝ 정도이고 가지가 갈라지며 땅속줄기는 길게 벋는다. 어긋나는 잎은 잎자루가 없고 길이 5~15㎝, 너비 6~12㎜ 정도의 선형으로 양끝이 좁으며 가장자리에 잔톱니가 있다. 7~8월에 개화하며 총상꽃차례에 황백색의 꽃이 달린다. 삭과는 심피가 붙어 있는 부분의 위쪽이 떨어지기 때문에 그곳에서 종자가 나온다. 식물체가 육질이 아니고 심피가 합생하여 5실로 된다. 뿌리에서 짜낸 물을 부스럼에 바르기도 한다. 관상용으로 심으며 밀원용으로도 쓴다. 다음과 같은 증상이나 효과에 약으로 쓰인다. 낙지다리(5): 강장보호, 월경이상, 타박상, 혈폐, 활혈

바위솔* ba-wi-sol

돌나물과 Crassulaceae
Orostachys japonica (Maxim.) A. Berger

LN 바위솔ⓝ, 지붕지기, 집웅지기, 와송, 넓은잎지붕지기, 오송, 넓은잎바위솔, 지붕직이
CN or MN (15): 와송#(瓦松 Wa-Song), 와위#(瓦葦 Wa-Wei), 향천초(向天草 Xiang-Tian-Cao)
[Character: dicotyledon. polypetalous flower. perennial herb. erect type. hygrophyte. wild, medicinal, ornamental plant]

다년생 초본으로 종자로 번식한다. 전국적으로 분포하며 산지의 바위 겉이나 지붕 위의 습한 기왓장에서 자란다. 근생엽은 로제트형으로 퍼지고 원줄기에는 경생엽이 다닥다닥 달린다. 잎은 잎자루가 없으며 육질의 피침형이고 녹색이지만 자주색과 분백색을 띤다. 8~9월에 개화하며 길이 6~15㎝ 정도의 총상꽃차례에 화경이 없는 백색의 꽃이 밀착한다. '둥근바위솔'과 비슷하지만 잎 끝이 뾰족하여 굳어져서 가시처럼 되고 꽃밥은 암적자색이다. 관상용으로 이용한다. 다음과 같은 증상이나 효과에 약으로 쓰인다. 바위솔(17): 간열, 간염, 강장, 소종, 습진, 옹종, 유방암, 이습지리, 자궁암, 종독, 지혈, 치창, 청열해독, 통경, 학질, 해열, 화상

20001007 20020929 20090915 20120516 20070511 20100424 20120516 20050520 세잎꿩의비름 20120731 세잎꿩의비름 20110804 19991010

둥근잎꿩의비름* dung-geun-ip-kkwong-ui-bi-reum

돌나물과 Crassulaceae
Hylotelephium ussuriense (Kom.) H. Ohba

LN 경천 CN or MN (1): 경천#(景天 Jing-Tian)
[Character: dicotyledon. polypetalous flower. perennial herb. creeping and erect type. wild, medicinal, edible, ornamental plant]

다년생 초본으로 근경이나 종자로 번식한다. 중남부지방에 분포하며 경북 주왕산 계곡의 바위틈에서 자란다. 굵은 뿌리에서 나오는 원줄기는 길이 15~30㎝ 정도이며 밑으로 처지고 붉은빛이 돈다. 잎자루가 없이 마주나는 잎은 약간 육질이고 길이와 너비가 각각 2~5㎝ 정도인 난상 원형으로 가장자리에 불규칙한 둔한 톱니가 있으며 밑부분이 줄기를 감싼다. 7~8월에 개화하며 원줄기 끝에 둥글게 모여 달리는 꽃은 짙은 자홍색이다. '자주꿩의비름'과 달리 잎이 난상 원형이며 줄기가 옆으로 눕는다. 어린순은 식용하며 관상용으로도 이용한다. 다음과 같은 증상이나 효과에 약으로 쓰인다. 둥근잎꿩의비름(2): 대하증, 선혈

꿩의비름* kkwong-ui-bi-reum

돌나물과 Crassulaceae
Hylotelephium erythrostictum (Miq.) H. Ohba

Ⓛ 꿩의비름ⓝ, 큰꿩의비름 Ⓔ common-stonecrop Ⓒ or Ⓜ (12): 경천#(景天 Jing-Tian), 경천초#(景天草 Jing-Tian-Cao), 미인초(美人草 Mei-Ren-Cao)
[Character: dicotyledon. polypetalous flower. perennial herb. erect type. wild, medicinal, edible, ornamental plant]

다년생 초본으로 근경이나 종자로 번식한다. 중북부지방에 분포하며 산지에서 자란다. 곧추 자라는 원줄기는 높이 40~100㎝ 정도이고 둥글며 분백색이 돈다. 마주나거나 또는 돌려나는 육질의 잎은 잎자루가 없으며 길이 5~10㎝, 너비 1~3㎝ 정도의 타원상 난형으로 가장자리에 둔한 톱니가 있고 털이 없다. 8~9월에 개화하며 산방상 취산꽃차례에 달리는 많은 꽃은 백색 바탕에 붉은빛이 돈다. 골돌과는 5개이다. '세잎꿩의비름'과 비슷하지만 잎이 마주나거나 또는 어긋나며 반점이 없다. 관상용으로 이용하고 어린순은 식용하며 연한 잎과 줄기로 물김치를 담가 먹거나 생채, 샐러드, 겉절이 또는 된장국을 끓여 먹거나 갈아서 즙으로 먹기도 한다. 다음과 같은 증상이나 효과에 약으로 쓰인다. 꿩의비름(15): 강장, 강장보호, 강정제, 단독, 대하증, 선혈, 온신, 일체안병, 종독, 지혈, 토혈각혈, 피부병, 해열, 화농, 활혈

20030328 20120404 19920620 19991106 20100424 20070518 20020527 20110805 19880907

기린초* gi-rin-cho

돌나물과 Crassulaceae
Sedum kamtschaticum Fisch. & Mey.

ⓁⓃ 기린초ⓝ, 넓은잎기린초, 각시기린초 ⒺⓃ orange-stonecrop, kamschataka-stonecrop ⒸⓃ or ⓂⓃ (7): 경천초(景天草 Jing-Tian-Cao), 기린채#(麒麟菜 Qi-Lin-Cai), 비채#(費菜 Fei-Cai)
[Character: dicotyledon. polypetalous flower. perennial herb. erect type. wild, medicinal, edible, ornamental plant]

다년생 초본으로 근경이나 종자로 번식한다. 중북부지방에 분포하며 산지의 바위틈에서 자란다. 군생으로 나오는 원줄기는 높이 15~30㎝ 정도이고 뿌리가 굵다. 어긋나는 잎은 길이 2~4㎝, 너비 1~2㎝ 정도의 도란형 또는 넓은 도피침형으로 가장자리에 둔한 톱니가 있고 양면에 털이 없다. 6~7월에 개화하며 산방상 취산꽃차례에 많이 달리는 꽃은 황색이다. '가는기린초'와 달리 줄기가 총생하며 때로는 가지가 갈라지고 잎은 도란상 또는 도란상타원형이다. 어릴 때에는 식용하고 봄에 어린순을 삶아 나물로 먹거나 데쳐서 초고추장이나 된장에 무쳐 먹는다. 데친 나물을 김밥에 넣어 먹기도 한다. 관상용으로 심기도 한다. 다음과 같은 증상이나 효과에 약으로 쓰인다. 기린초(17): 각혈, 강장, 강장보호, 단독, 선혈, 신장증, 옹종, 이뇨, 정혈, 종독, 지혈, 진정, 타박상, 토혈각혈, 통리수도, 해독, 활혈

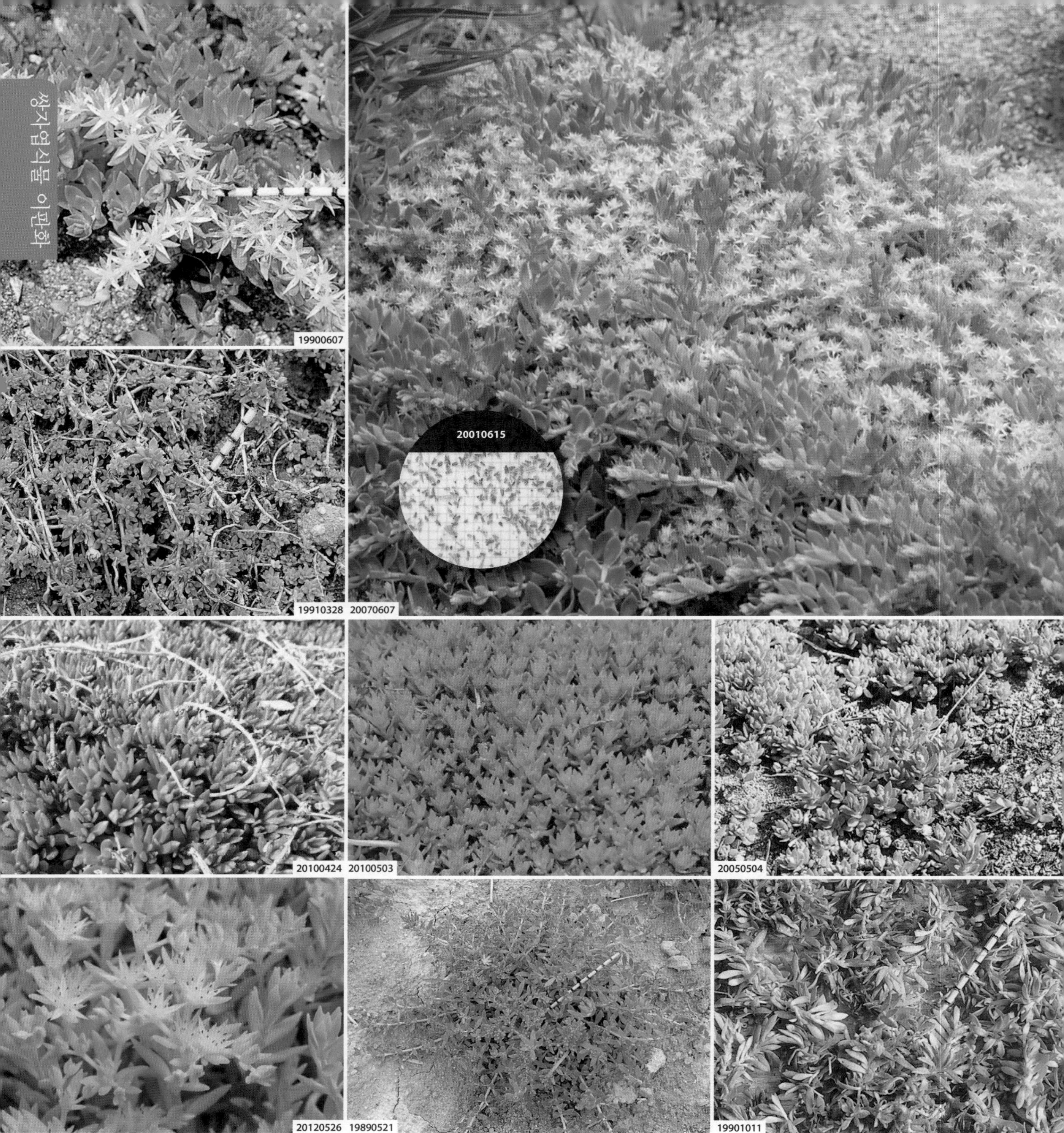

돌나물* dol-na-mul | 돌나물과 Crassulaceae *Sedum sarmentosum* Bunge

돌나물ⓝ, 돈나물 stonecrop, stringy-stonecrop, orpine, live-forever or (11): 반지련(半支蓮 Ban-Chi-Lian), 불지갑(佛指甲 Fo-Zhi-Jia), 석지갑#(石指甲 Shi-Zhi-Jia), 수분초#(垂盆草 Chui-Pen-Cao)

[Character: dicotyledon. polypetalous flower. perennial herb. creeping and erect type. hygrophyte. cultivated, wild, medicinal, edible, ornamental plant]

다년생 초본으로 근경이나 종자로 번식한다. 전국적으로 분포하며 산골짜기나 들의 습기 있는 곳에서 자란다. 원줄기는 가지가 많이 갈라져서 지면으로 벋고 마디에서 뿌리가 내린다. 3개씩 돌려나는 잎은 길이 7~25㎜, 너비 3~6㎜ 정도의 긴 타원형 또는 도피침형으로 약간 육질이며 가장자리가 밋밋하고 녹색이지만 분백색을 띤다. 5~6월에 개화하며 취산꽃차례에 달리는 꽃은 황색이다. 골돌과는 비스듬히 벌어진다. 재배도 하고 어린순은 나물로 하며 연한 잎과 줄기로 물김치를 담가 먹거나 생채, 샐러드, 겉절이 또는 된장국을 끓여 먹거나 갈아서 즙으로 먹기도 한다. 관상용으로도 심는다. 다음과 같은 증상이나 효과에 약으로 쓰인다. 돌나물(16): 간장병, 간염, 건선, 기관지염, 대하증, 선혈, 옹종, 인후통증, 종독, 청열소종, 타박상, 해독, 해열, 허혈통, 화상, 황달

도깨비부채* do-kkae-bi-bu-chae

범의귀과 Saxifragaceae
Rodgersia podophylla A. Gray

LN 수레부채ⓝ, 독개비부채 CN or MN (2): 모하(慕荷 Mu-He), 반룡칠#(盤龍七 Pan-Long-Qi)
[Character: dicotyledon. polypetalous flower. perennial herb. erect type. wild, medicinal, ornamental plant]

다년생 초본으로 근경이나 종자로 번식한다. 중북부지방에 분포하며 깊은 산에서 자란다. 화경은 높이 1m 정도에 달하나 장상복엽인 근생엽의 잎자루는 높이 40~60㎝ 정도이다. 5개의 소엽이 있으며 큰 것은 지름이 50㎝ 정도인 것도 있다. 소엽은 길이 15~35㎝, 너비 10~25㎝ 정도의 도란형이고 얕게 갈라지며 가장자리에 불규칙한 톱니가 있다. 총상꽃차례로서 꽃은 황백색이다. 삭과는 길이 5㎜ 정도의 넓은 난형이며 2개로 갈라진다. '개병풍'과 달리 잎이 장상복엽이다. 관상용으로 심기도 한다. 다음과 같은 증상이나 효과에 약으로 쓰인다. 도깨비부채(6): 거풍습, 관절염, 월경불순, 타박상, 해열, 활혈조경

노루오줌* no-ru-o-jum

범의귀과 Saxifragaceae
Astilbe rubra Hook. f. et Thomson var. *rubra*

LN 노루풀ⓝ, 큰노루오줌, 왕노루오줌 EN chinese-astilbe, false-goats-beard CN or MN (9): 금모칠#(金毛七 Jin-Mao-Qi), 낙신부#(落新婦 Luo-Xin-Fu), 적승마#(赤升麻 Chi-Sheng-Ma)
[Character: dicotyledon. polypetalous flower. perennial herb. creeping and erect type. hygrophyte. cultivated, wild, medicinal, edible, ornamental plant]

다년생 초본으로 근경이나 종자로 번식한다. 전국적으로 분포하며 산지의 골짜기나 습지에서 자란다. 군락으로 자라며 근경은 굵고 옆으로 짧게 벋는다. 화경은 높이 50~100㎝ 정도이고 긴 갈색의 털이 있다. 잎자루가 긴 잎은 3출복엽이고 2~3회 갈라지며 소엽은 길이 2~8㎝, 너비 1~4㎝ 정도로서 긴 난형이고 가장자리에 톱니가 있다. 7~8월에 개화한다. 원추꽃차례로서 꽃은 홍자색이나 그늘에서는 흰색으로 변한다. 삭과는 길이 3~4㎜ 정도이다. '숙은노루오줌'과 비슷하지만 꽃차례가 곧추서고 갈색 털이 있으며 꽃은 홍자색이다. 어릴 때에는 식용하며 연한 잎과 줄기를 데쳐서 무쳐 먹거나 된장국으로 이용한다. 관상용으로도 심는다. 다음과 같은 증상이나 효과에 약으로 쓰인다. 노루오줌(16): 거풍, 경혈, 관절통, 근골동통, 소염, 지해, 진통, 청열, 충독, 타박상, 풍, 해동, 해수, 해열, 활혈, 회충증

눈개승마* nun-gae-seung-ma

장미과 Rosaceae
Aruncus dioicus var. ***kamtschaticus*** (Maxim.) H. Hara

KN 눈산승마ⓝ, 삼나물, 죽토자 EN goat's-beard, sylvan-goat's-beard CN or MN (2): 가승마#(假升麻 Jia-Sheng-Ma), 승마초#(升麻草 Sheng-Ma-Cao)
[Character: dicotyledon. polypetalous flower. perennial herb. erect type. cultivated, wild, medicinal, edible, ornamental plant]

다년생 초본으로 근경이나 종자로 번식한다. 고산지대에서 자란다. 근경은 목질화되어 굵어지고 밑부분에 떨어지는 인편이 몇 개 붙어 있다. 어긋나고 잎자루가 긴 2~3회 우상복엽의 소엽은 길이 3~10㎝, 너비 1~6㎝ 정도의 난형으로 가장자리에 결각의 톱니가 있다. 6~8월에 개화하며 원추꽃차례에 달리는 2가화인 꽃은 황록색이다. 골돌과는 밑을 향하며 익을 때에 윤기가 있고 길이 2.5㎜ 정도로서 긴 타원형이며 암술대가 짧다. '한라개승마'와 달리 잎이 2~3회 우상복엽이나 깊게 갈라지지 않으며 외관은 '숙은노루오줌'에 유사하나 잎이 호생한다. 관상용으로 이용된다. 울릉도에서 '삼나물'이라 하여 식용으로 재배하고 있다. 봄에 잎이 다 벌어지기 전에 채취해 밑동의 질긴 부분을 제거한 후 데쳐서 물에 우려내고 무침으로 먹거나 튀김, 볶음으로 먹는다. 다음과 같은 증상이나 효과에 약으로 쓰인다. 눈개승마(4): 정력, 지혈, 편도선염, 해독

한라개승마* han-ra-gae-seung-ma

장미과 Rosaceae
Aruncus aethusifolius (H. Lév.) Nakai

Ⓚ 한나산승마ⓝ, 한라산승마아재비 Ⓔ dwarf-goat's-beard
[Character: dicotyledon. polypetalous flower. perennial herb. erect type. cultivated, wild, medicinal, edible, ornamental plant]

한라산 계곡의 바위틈에서 자라는 다년생 초본이다. 잎은 넓은 삼각형이며 2회 우상 3출엽으로 열편은 난형이고 정열편이 가장 크다. 꼬리처럼 길게 뾰족해지며 결각상으로 갈라진다. 꽃은 8월에 피고 황백색이며 총상꽃차례는 원줄기 끝에 모여 큰 원추꽃차례를 형성하고 백색 털이 있다. 열매는 길이 3㎜ 정도로서 털이 없으며 윤기가 있다. 젖혀진 암술대는 길이 0.8㎜ 정도며 종자가 2개씩 들어 있다. '눈개승마'와 달리 잎이 2회 우상3출엽이고 결각상으로 분열한다. 관상용으로 심고 있으며 다음과 같은 증상이나 효과에 약으로 쓰인다. 한라개승마(4): 정력, 지혈, 편도선염, 해독

뱀딸기* baem-ttal-gi | 장미과 Rosaceae *Duchesnea indica* (Andr.) Focke

LN 뱀딸기ⓝ, 배암딸기, 큰배암딸기, 홍실뱀딸기, 산뱀딸기 EN false-strawberry, mock-strawberry, india-mock-strawberry, india-strawberry, yellow-flowered-strawberry CN or MN (12): 사과초(蛇果草 She-Guo-Cao), 사매#(蛇梅 She-Mei), 야양매(野楊莓 Ye-Yang-Mei), 추과사매(皺果蛇莓 Zhou-Guo-She-Mei)
[Character: dicotyledon. polypetalous flower. perennial herb. creeping and erect type. wild, medicinal, edible plant]

다년생 초본으로 근경이나 종자로 번식한다. 전국적으로 분포하며 산 가장자리나 들의 풀밭에서 자란다. 포복지의 마디에서 뿌리가 내려 길게 벋고 긴 털이 있다. 어긋나는 잎은 잎자루가 길고 잎몸은 3출엽이며 소엽은 길이 2~4㎝, 너비 1~3㎝ 정도의 난형으로 가장자리에 톱니가 있다. 4~6월에 개화하는 긴 화경에 1개씩 달리는 꽃은 황색이다. 열매는 지름 7~14㎜ 정도로 둥글며 연한 홍백색 바탕에 붉은빛이 도는 수과가 점처럼 흩어져 있다. '딸기'에 비해 꽃이 황색이고 부악과 꽃받침의 열편폭이 좁다. 봄에 연한 잎과 줄기를 삶아 나물로 먹거나 된장국을 끓여 먹는다. 달여서 음료수처럼 먹거나 열매로 잼을 만들어 먹기도 한다. 다음과 같은 증상이나 효과에 약으로 쓰인다. 뱀딸기(33): 각혈, 감기, 결기, 골수암, 당뇨병, 대열, 상한, 소종해독, 양혈거풍, 열독증, 옹종, 월경이상, 위염, 장위카타르, 제독, 종독, 종창, 중풍, 지해지혈, 진해, 청열양혈, 타박상, 태독, 토혈, 통경, 통혈, 폐기천식, 해독, 해수, 해열, 혈압조절, 화상, 활혈

가락지나물* ga-rak-ji-na-mul | 장미과 Rosaceae *Potentilla anemonefolia* Lehm.

ⓛⓝ 쇠스랑개비ⓝ, 소스랑개비, 큰잎가락지나물, 가는잎쇠스랑개비, 작은잎가락지나물, 아기쇠스랑개비 ⓔⓝ klein-cinquefoil ⓒⓝ or ⓜⓝ (8): 사가(蛇街 She-Jie), 사함#(蛇含 She-Han), 포지위릉채#(匍枝委陵菜 Pu-Zhi-Wei-Ling-Cai)
[Character: dicotyledon. polypetalous flower. perennial herb. creeping and erect type. wild, medicinal, edible, ornamental plant]

다년생 초본으로 포복경이나 종자로 번식한다. 전국적으로 분포하며 산 가장자리나 풀밭과 논, 밭둑에서 자란다. 높이 20~40㎝ 정도이다. 밑부분의 줄기는 비스듬히 자라고 잎겨드랑이에서 가지가 나와 위를 향한다. 근생엽은 긴 잎자루 끝에 5출 장상복엽이 달리고 줄기에 달린 잎은 잎자루가 짧다. 소엽은 길이 1~5㎝, 너비 8~20㎜ 정도의 좁은 난형으로 가장자리에 톱니가 있다. 5~7월에 개화하며 취산꽃차례에 피는 꽃은 황색이다. 꽃받침은 가장자리에 짧은 털이 있으며 수과는 털이 없고 세로로 약간 주름이 진다. 어린순과 연한 잎을 삶아 나물로 먹거나 된장국을 끓여 먹는다. 관상용으로 심기도 한다. 다음과 같은 증상이나 효과에 약으로 쓰인다. 가락지나물(10): 말라리아, 사교상, 소아경풍, 옹종, 인후통, 종독, 청열, 해독, 해수, 해열

양지꽃* yang-ji-kkot

장미과 Rosaceae
Potentilla fragarioides var. *major* Maxim.

KN 양지꽃ⓝ, 소시랑개비, 큰소시랑개비, 좀양지꽃, 애기양지꽃, 왕양지꽃 EN dewberryleaf-cinquefoil, five-finger-scinquefoil CN or MN (6): 연위릉#(綖萎陵 Yan-Wei-Ling), 치자연#(雉子綖 Zhi-Zi-Yan), 치자연근#(雉子綖根 Zhi-Zi-Yan-Gen)
[Character: dicotyledon. polypetalous flower. perennial herb. erect type. wild, medicinal, edible, ornamental plant]

다년생 초본으로 근경이나 종자로 번식한다. 전국적으로 분포하며 산지나 들에서 자란다. 전체에 긴 털이 있고 높이 20~40㎝ 정도이다. 모여 나는 근생엽은 사방으로 비스듬히 퍼지고 잎자루가 긴 기수 우상복엽으로 3~15개의 소엽이 있다. 3개의 정소엽은 길이 2~5㎝, 너비 1~3㎝ 정도로 크기가 비슷하며 밑부분의 것은 점차 작아져서 넓은 도란형이고 가장자리에 톱니가 있다. 4~7월에 개화하는 취산꽃차례의 꽃은 황색이다. 열매는 길이 1㎜ 정도의 난형으로 가는 주름살이 있다. '제주양지꽃'과 비슷하지만 포복지가 없고 소엽은 3~9개이다. 어린순과 연한 잎을 삶아 나물로 먹거나 된장국을 끓여 먹는다. 관상용으로 심기도 한다. 다음과 같은 증상이나 효과에 약으로 쓰인다. 양지꽃(12): 건위, 구창, 보음도, 산증, 영양장애, 월경이상, 익중기, 지혈, 토혈각혈, 폐결핵, 해수, 허약체질

세잎양지꽃* se-ip-yang-ji-kkot

장미과 Rosaceae
Potentilla freyniana Bornm.

LN 세잎양지꽃ⓝ, 털양지꽃, 털세잎양지꽃, 우단양지꽃 EN freyn-cinquefoil CN or MN (9): 삼엽사매(三葉蛇莓 San-Ye-She-Mei), 삼엽위릉채#(三葉委陵菜 San-Ye-Wei-Ling-Cai), 지풍자#(地風子 Di-Feng-Zi)

[Character: dicotyledon. polypetalous flower. perennial herb. creeping and erect type. wild, medicinal, edible, ornamental plant]

다년생 초본으로 근경이나 종자로 번식한다. 중남부지방에 분포하며 산지나 들에서 자란다. 굵고 짧은 뿌리에서 근생엽과 벋는 가지가 돋는다. 근생엽은 잎자루가 길고 경생엽은 잎자루가 짧으며 3출엽으로 전체에 털이 있다. 소엽은 길이 2~6㎝, 너비 1~3㎝ 정도의 긴 타원형으로 가장자리에 톱니가 있다. 4~5월에 개화하며 취산꽃차례에 피는 꽃은 황색이다. 수과는 털이 없고 길이 1㎜ 정도로 주름살이 있다. '민눈양지꽃'과 달리 소엽은 도란상 장타원형이며 톱니가 낮고 포복지의 것은 뿌리에서 돋은 잎보다 작고 꽃은 지름이 1~1.5㎝ 정도이며 '양지꽃'에 비해 잎은 3출엽이며 약간 짧은 포복지를 낸다. 어린순과 연한 잎을 삶아 나물로 먹거나 된장국을 끓여 먹는다. 관상용으로 심기도 한다. 다음과 같은 증상이나 효과에 약으로 쓰인다. 세잎양지꽃(13): 경혈, 골반염, 골수염, 구내염, 옹종, 음축, 임파선염, 종독, 지혈, 치핵, 타박상, 해독, 해열

물양지꽃* mul-yang-ji-kkot

장미과 Rosaceae
Potentilla cryptotaeniae Maxim.

KN 물양지꽃ⓝ, 세잎딱지, 세잎물양지꽃 EN nippon-cinquefoil CN or MN (2): 지봉자#(地蜂子 Di-Feng-Zi), 치자연#(雉子筵 Zhi-Zi-Yan)
[Character: dicotyledon. polypetalous flower. perennial herb. erect type. hygrophyte. wild, medicinal, edible, ornamental plant]

다년생 초본으로 근경이나 종자로 번식한다. 깊은 산지의 계곡에서 자란다. 원줄기는 길이 40~80㎝ 정도이고 전체에 털이 있다. 모여 나는 근생엽은 꽃이 필 때에 없어지고 어긋나는 경생엽은 3출엽으로 잎자루가 위로 갈수록 짧아진다. 소엽은 길이 4~8㎝, 너비 2~3㎝ 정도의 타원형으로 가장자리에 둔한 겹톱니가 있다. 7~8월에 개화하는 취산꽃차례에는 황색의 꽃이 핀다. 수과는 길이 1㎜ 정도로 연한 색이고 털이 없으며 잔주름이 있다. '딱지꽃'에 비해 잎이 3개의 소엽으로 되고 잎뒷면에 백색 선모가 없으며 개화시에 근생엽이 없어진다. 어린순과 연한 잎을 삶아 나물로 먹거나 된장국을 끓여 먹는다. 관상용으로 심기도 한다. 다음과 같은 증상이나 효과에 약으로 쓰인다. 물양지꽃(9): 구내염, 구충, 복통, 설사, 이질, 지혈, 창독, 항균, 해독

딱지꽃* ttak-ji-kkot

장미과 Rosaceae
Potentilla chinensis Ser. var. *chinensis*

KN 딱지꽃ⓝ, 갯딱지, 딱지, 당딱지꽃 EN chinese-cinquefoil, chinese-potentilla CN or MN (17): 계조초(鷄爪草 Ji-Zhao-Cao), 번백초#(翻白草 Fan-Bai-Cao), 위릉채#(委陵菜 Wei-Ling-Cai)
[Character: dicotyledon. polypetalous flower. perennial herb. erect type. wild, medicinal, edible plant]

다년생 초본으로 근경이나 종자로 번식한다. 풀밭의 양지쪽에서 자란다. 굵은 뿌리에서 모여 나는 원줄기는 높이 30~60㎝ 정도이다. 모여 나는 근생엽과 어긋나는 경생엽은 우상복엽으로 15~29개의 소엽이 있고 윗부분의 것이 보다 크다. 소엽은 길이 2~5㎝, 너비 8~15㎜ 정도의 긴 타원형이고 가장자리가 거의 중륵까지 갈라진다. 산방상 취산꽃차례에 피는 꽃은 황색이다. 수과는 길이 1.3㎜ 정도의 넓은 난형이고 세로로 주름살이 지며 뒷면에 능선이 있다. '원산딱지꽃'과 달리 뿌리에서 돋은 잎의 소엽이 15~27개이다. 어린순과 연한 잎을 삶아 나물로 먹거나 된장국을 끓여 먹고 뿌리도 식용한다. 다음과 같은 증상이나 효과에 약으로 쓰인다. 딱지꽃(22): 골격통, 골절, 근골동통, 근육통, 보익, 부인하혈, 양혈지혈, 옴, 이질, 자궁내막염, 제습, 종독, 지혈, 청열해독, 토혈각혈, 통경, 폐결핵, 폐보, 풍, 하리, 해독, 해열

개소시랑개비* gae-so-si-rang-gae-bi

장미과 Rosaceae
Potentilla supina L.

LN 깃쇠스랑개비ⓝ, 큰양지꽃, 수소시랑개비, 개쇠스랑개비 EN carpet-cinquefoil
CN or MN (4): 복위릉채#(伏委陵菜 Fu-Wei-Ling-Cai), 치자연#(雉子筵 Zhi-Zi-Yan)
[Character: dicotyledon. polypetalous flower. annual or biennial herb. creeping and erect type. wild, medicinal, edible, ornamental pla

1~2년생 초본으로 근경이나 종자로 번식한다. 중북부지방에 분포하며 들에서 자란다. 원줄기는 30~60㎝ 정도이고 가지가 갈라지며 밑부분이 비스듬히 자라다가 곧추선다. 모여 나는 근생엽과 어긋나는 경생엽은 잎자루가 길고 2~4쌍의 소엽이 있는 기수 우상복엽이며 소엽은 타원형으로 가장자리에 톱니가 있다. 5~7월에 개화하며 액생하는 취산꽃차례에 달리는 꽃은 황색이다. 수과에는 털이 없다. '좀딸기'에 비해 줄기는 밑부분이 비스듬하게 옆으로 자라다가 곧추서며 잎이 우상복엽이다. 관상용으로 심기도 한다. 어린순과 연한 잎을 삶아 나물로 먹거나 된장국을 끓여 먹는다. 다음과 같은 증상이나 효과에 약으로 쓰인다. 개소시랑개비(5): 건위, 보음도, 산증, 익중기, 폐결핵

큰뱀무* keun-baem-mu

장미과 Rosaceae
Geum aleppicum Jacq.

KN 큰뱀무ⓝ, 큰배암무, EN aleppo-avens, CN or MN (2): 수양매#(水楊梅, Shui-Yang-Mei), 오기조양초#(五氣朝陽草, Wu-Qi-Chao-Yang-Cao).

[Character: dicotyledon. polypetalous flower. perennial herb. erect type. wild, medicinal, edible plant.]

다년생초본으로 근경이나 종자로 번식한다. 전국적으로 분포하며 산지나 들에서 자란다. 원줄기는 높이 30~100㎝ 정도이고 전체에 옆으로 퍼진 털이 있다. 모여 나는 뿌리잎은 잎자루가 길고 우상복엽이며, 정소엽은 길이 5~10㎝, 너비 3~10㎝ 정도의 사각상 난형으로 가장자리에 불규칙한 톱니가 있다. 5~7월에 황색의 꽃이 가지 끝의 잎겨드랑이에 1개씩 달린다. 과탁에 길이 1㎜ 정도의 털이 있고, 수과에도 털이 있으며 암술머리가 남아 있다. '뱀무'와 비슷하지만 소화경에 퍼진 털이 있고 과탁의 털이 짧은 것이 다르고 측소엽이 2~5쌍이며 과탁의 털은 길이 1㎜ 정도이다. 어린순과 연한 잎을 삶아 나물로 먹거나 된장국을 끓여 먹는다. 다음과 같은 증상이나 효과에 약으로 쓰인다. 큰뱀무(19): 강심, 거풍제습, 경련, 고혈압, 관절통, 옹저, 위궤양, 인통, 적백리, 제습, 종독, 진경, 치혈, 타박상, 토혈, 풍, 해소, 활혈, 활혈소종.

멍석딸기* meong-seok-ttal-gi

장미과 Rosaceae
Rubus parvifolius L. for. *parvifolius*

㏐ 멍석딸기ⓝ, 번둥딸나무, 멍두딸, 수리딸나무, 멍딸기, 덤풀딸기, 사슨딸기, 멍석딸, 제주멍석딸, 사수딸기 EN thimbleberry, japanese-raspberry, small-leaf-raspberry, sand-blackberry CN or MN (16): 능류(菱藟 Ling-Lei), 봉류#(蓬藟 Peng-Lei), 산매#(山莓 Shan-Mei), 호전표#(薅田藨 Hao-Tian-Biao)

[Character: dicotyledon. polypetalous flower. deciduous shrub. creeping and erect type. wild, medicinal, edible plant]

낙엽성 관목으로 근경이나 종자로 번식한다. 전국적으로 분포하며 산기슭이나 논, 밭둑에서 자란다. 줄기는 처음에는 곧추서다가 옆으로 벋으며 길이 2~4m 정도이고 전체적으로 짧은 가시와 털이 있다. 근생엽은 5출 우상복엽이고 경생엽은 3출 우상엽이며 소엽은 길이 2~5㎝ 정도의 난상 원형으로 표면에 잔털과 뒷면에 백색의 밀모가 있고 가장자리에 톱니가 있다. 5~7월에 개화하며 산방 또는 총상꽃차례에 피는 꽃은 적색이다. 7~8월에 익는 열매는 둥글고 적색으로 익으며 맛이 좋다. '멍덕딸기'에 비해 가지는 길게 벋으며 소엽이 넓은 도란형 또는 난상원형이고 가시는 바늘모양이 아니다. 밀원용으로 이용하며 열매를 식용하고 과실주를 만들기도 한다. 다음과 같은 증상이나 효과에 약으로 쓰인다. 멍석딸기(32): 간열, 간염, 감기, 강장, 강장보호, 경혈, 버짐, 산어지통, 살충, 악창, 양모, 양모발약, 옴, 인후통증, 임파선염, 제습, 종독, 지갈, 진통, 청량, 치핵, 타박상, 토혈, 토혈각혈, 통리수도, 풍, 하리, 해독, 해수, 해열, 혈폐, 활혈

터리풀* teo-ri-pul

장미과 Rosaceae
Filipendula glaberrima (Nakai) Nakai

LN 터리풀ⓝ, 민털이풀, 털이풀 EN queen-of-the-meadow, meadowsweet CN or MN (2): 광엽문자초(光葉蚊子草 Guang-Ye-Wen-Zi-Cao), 문자초#(蚊子草 Wen-Zi-Cai)
[Character: dicotyledon. polypetalous flower. perennial herb. erect type. wild, medicinal, edible, ornamental plant]

다년생 초본으로 근경이나 종자로 번식한다. 전국적으로 분포하며 산지에서 자란다. 높이가 40~80㎝ 정도이다. 군락으로 나오는 근생엽은 1회 우상복엽이고 정소엽은 길이 16㎝, 너비 25㎝ 정도로 단풍잎처럼 5개로 갈라지며 측소엽은 길이가 1~20㎜ 정도로 작다. 줄기에 달린 잎은 어긋난다. 7~8월에 개화하며 취산상 산방꽃차례에 피는 꽃은 백색이다. 삭과는 난상 타원형이다. '단풍터리풀'에 비해 잎뒤에 털이 거의 없고 '붉은터리풀'과 달리 측소엽이 6~9쌍이고 줄기에 달린 잎은 1~7쌍이며 꽃은 희다. 연한 잎과 어린순을 데쳐서 된장이나 간장, 고추장에 무쳐 먹거나 데쳐서 쌈이나 묵나물로 먹기도 한다. 관상용으로 심기도 한다. 다음과 같은 증상이나 효과에 약으로 쓰인다. 터리풀(5): 거풍습, 관절염, 전간, 지경, 풍

오이풀* o-i-pul

장미과 Rosaceae
Sanguisorba officinalis L.

KN 오이풀ⓝ, 수박풀, 외순나물, 지유, 지우초, 지우 EN great-burnet, garden-burnet, burnet-bloodwort CN or MN (37): 백지유(白地楡 Bai-Di-Yu), 적지유(赤地楡 Chi-Di-Yu), 지유#(地楡 Di-Yu), 황근자(黃根子 Huang-Gen-Zi)
[Character: dicotyledon. polypetalous flower. perennial herb. erect type. wild, medicinal, edible, ornamental plant]

다년생 초본으로 근경이나 종자로 번식하고 전국적으로 분포하며 산지나 들에서 자란다. 근경이 옆으로 갈라져서 자라며 방추형으로 굵어지고 원줄기는 높이 60~150㎝ 정도로 곧추 자라고 윗부분에서 가지가 갈라진다. 모여 나는 근생엽은 잎자루가 길고 1회 우상복엽으로 소엽은 타원형으로 가장자리에 톱니가 있다. 어긋나는 경생엽은 잎자루가 짧고 소엽의 수도 적다. 7~9월에 개화하며 수상꽃차례의 긴 소화경 끝에 검은 혈적색의 꽃이 핀다. 수과는 사각형이며 꽃받침으로 싸여 있다. 화수가 타원형 또는 도란타원형으로 곧추서고 길이 1~2㎝ 정도이며 꽃은 암홍자색이고 수술은 꽃받침보다 짧으며 작은 잎자루가 있다. 관상용으로도 심는다. 봄에 어린잎을 삶아 나물로 먹거나 겉절이, 쌈, 튀김으로 먹는다. 다른 산나물과 같이 데쳐서 된장이나 간장에 무쳐 먹기도 한다. 다음과 같은 증상이나 효과에 약으로 쓰인다. 오이풀(44): 각혈, 객혈, 견교독, 골절, 누혈, 대하, 동상, 민감체질, 산후복통, 수감, 습진, 양혈거풍, 양혈지혈, 연주창, 열질, 오줌소태, 옹저, 완선, 월경과다, 월경이상, 위궤양, 음부소양, 장염, 장출혈, 적백리, 종기, 종독, 지혈, 진통, 창종, 충독, 치출혈, 치핵, 타박상, 토혈, 토혈각혈, 피부궤양, 피부소양증, 하리, 해독, 혈담, 혈우병, 화상, 활혈

긴오이풀* gin-o-i-pul

장미과 Rosaceae
Sanguisorba longifolia Bertol.

Ⓛ 긴잎오이풀ⓝ, 이삭지우초, 이삭오이풀 Ⓒ or Ⓜ (8): 백지유(白地楡 Bai-Di-Yu), 지유#(地楡 Di-Yu), 황근자(黃根子 Huang-Gen-Zi)
[Character: dicotyledon. polypetalous flower. perennial herb. erect type. wild, medicinal, edible, ornamental plant]

다년생 초본으로 근경이나 종자로 번식한다. 중부지방에 분포하며 속리산의 산속에서 자란다. 군락으로 자라고 원줄기는 높이 60~120㎝ 정도며 윗부분에서 가지가 갈라진다. 모여 나는 근생엽은 기수 1회 우상복엽으로 6~12쌍의 소엽은 선상 긴 타원형으로 가장자리에 톱니가 있고 뒷면이 분백색이다. 가지 끝에 달리는 꽃차례는 긴 원주형이고 수상으로 달리는 꽃은 홍자색이며 8~9월에 위에서부터 핀다. '가는오이풀'과 달리 소엽은 5~9개로서 너비 8~10㎜ 정도이고 꽃이 홍자색이고 수술대가 실 모양으로 편평하지 않고 꽃밥이 보다 가늘고, '오이풀'에 비해 소엽이 좁고 길며 화수가 가늘게 신장한다. 관상용으로 심는다. 어린 싹은 식용한다. 다음과 같은 증상이나 효과에 약으로 쓰인다. 긴오이풀(20): 객혈, 경혈, 대하, 동상, 산후복통, 습진, 양혈지혈, 옹종, 완선, 월경과다, 지혈, 창종, 충독, 치루, 치통, 토혈, 토혈각혈, 하리, 해독, 혈리

산오이풀* san-o-i-pul

장미과 Rosaceae
Sanguisorba hakusanensis Makino

LN 산오이풀ⓝ, 지유 CN or MN (8): 백지유(白地楡 Bai-Di-Yu), 산자#(酸赭 Suan-Zhe), 지유#(地楡 Di-Yu), 황근자(黃根子 Huang-Gen-Zi)
[Character: dicotyledon. polypetalous flower. perennial herb. creeping and erect type. wild, medicinal, edible, ornamental plant]

다년생 초본으로 근경이나 종자로 번식한다. 지리산, 설악산 및 북부지방의 높은 산에서 자란다. 굵은 근경이 옆으로 벋고 화경은 높이 30~60㎝ 정도며 털이 없다. 모여 나는 근생엽은 잎자루가 길고 4~6쌍의 소엽으로 구성된 기수 1회 우상복엽으로 소엽은 길이 3~6㎝, 너비 1~3㎝ 정도의 타원형으로 가장자리에 톱니가 있으며 경생엽은 보다 작다. 8~9월에 개화하는 가지 끝에 달리는 원주형의 꽃차례는 길이 5~10㎝ 정도이고 홍자색의 꽃이 위에서부터 핀다. 수술이 6~12개이고 잎의 톱니가 크고 포가 크다. 관상용이나 밀원용으로 이용한다. 어린잎을 생으로 먹거나 데쳐서 무쳐 먹는다. 다음과 같은 증상이나 효과에 약으로 쓰인다. 산오이풀(26): 객혈, 견교독, 경혈, 누혈, 대하, 동상, 산후복통, 수감, 습진, 양혈지혈, 옹종, 월경과다, 지혈, 창종, 충독, 치루, 치질출혈, 치창, 치출혈, 치통, 치풍, 토혈, 토혈각혈, 하리, 해독, 혈리

가는오이풀* ga-neun-o-i-pul

장미과 Rosaceae
Sanguisorba tenuifolia Fisch. ex Link.

Ⓚ 흰가는오이풀ⓝ, 흰오이풀, 애기오이풀, 붉은오이풀, 좁은잎오이풀 Ⓔ whiteflower-burnet, whiteflower-siberian-burnet, siberian-burnet Ⓒ or Ⓜ (10): 수지유#(水地榆 Shui-Di-Yu), 장엽지유#(長葉地榆 Chang-Ye-Di-Yu), 지유#(地榆 Di-Yu)
[Character: dicotyledon. polypetalous flower. perennial herb. erect type. hygrophyte. wild, medicinal, edible, ornamental plant]

다년생 초본으로 근경이나 종자로 번식한다. 전국적으로 분포하며 산 가장자리와 들의 습지에서 자란다. 뿌리가 갈라져 방추형으로 되고 옆으로 퍼져 군락으로 나온 줄기는 곧추선다. 높이 70~140㎝ 정도이며 윗부분에서 가지가 갈라진다. 군생하는 근생엽은 잎자루가 길고 1회 우상복엽이고 소엽은 길이 3~8㎝, 너비 5~20㎜ 정도의 긴 타원형이고 가장자리에 톱니가 있다. 경생엽도 비슷하지만 보다 작고 뒷면 밑부분에 백색의 털이 있다. 7~9월에 개화하며 원줄기와 가지 끝에 달리는 화수는 곧추서거나 끝이 약간 처지고 백색의 꽃이 위로부터 핀다. 수과는 도란형이고 날개가 있다. '긴오이풀'과 달리 소엽이 11~15개로서 너비 5~20㎜ 정도이고 꽃이 희다. 식용하며 관상용이나 밀원용으로 이용한다. 다음과 같은 증상이나 효과에 약으로 쓰인다. 가는오이풀(7): 견교독, 대하, 동상, 수감, 양혈지혈, 창종, 해독

짚신나물* jip-sin-na-mul

장미과 Rosaceae
Agrimonia pilosa Ledeb.

Ⓚ 집신나물ⓝ, 등골짚신나물, 큰골짚신나물, 산집신나물, 북짚신나물 Ⓔ hairyvein-agrimony, hair-vein-agrimony Ⓒ or Ⓜ (60): 과로황#(過路黃 Guo-Lu-Huang), 금전초#(金錢草 Jin-Qian-Cao), 낭아초(狼牙草 Lang-Ya-Cao), 선학초#(仙鶴草 Xian-He-Cao), 용아초#(龍牙草 Long-Ya-Cao)
[Character: dicotyledon. polypetalous flower. perennial herb. erect type. wild, medicinal, edible plant]

다년생 초본으로 근경이나 종자로 번식한다. 전국적으로 분포하며 들이나 길가에서 자란다. 모여서 나오는 원줄기는 높이 60~120㎝ 정도이고 윗부분에서 가지가 갈라지며 전체에 털이 있다. 모여 나는 근생엽과 어긋나는 경생엽은 우상복엽으로 밑부분의 소엽은 작고 윗부분의 소엽 3개는 긴 타원형으로 양면에 털이 있으며 가장자리에 큰 톱니가 있다. 6~8월에 개화하는 총상꽃차례는 황색의 꽃이 피고 성숙하면 갈고리 같은 털이 있어 다른 물체에 잘 붙는다. '산짚신나물'과 달리 턱잎이 작고 큰 소엽이 5~7개이며 잎뒤에 황색 선점이 있고 밀생하는 꽃의 수술은 12개이다. 연한 잎을 삶아 나물로 먹거나 튀김, 볶음으로 먹는다. 다른 나물에 같이 데쳐서 무쳐 먹는다. 뿌리는 커피대용으로 먹는다. 다음과 같은 증상이나 효과에 약으로 쓰인다. 짚신나물(37): 간장암, 강장보호, 개선, 거담, 건위, 경선결핵, 관절염, 구충, 뇌암, 누혈, 대장암, 대하, 방광암, 백혈병, 부인하혈, 비암, 살충, 식도암, 신장암, 옹종, 위궤양, 위암, 자궁암, 자궁탈수, 장염, 장위카타르, 적백리, 전립선암, 지혈, 직장암, 치암, 치핵, 토혈각혈, 폐암, 하리, 해독, 후두암

해당화* hae-dang-hwa

장미과 Rosaceae
Rosa rugosa Thunb.

Ⓚ 해당화ⓝ, 매괴화, Ⓔ turkestan-rose, japanese-rose, rugose-rose, hedgerow-rose, ramanas-rose, Ⓒ or Ⓜ (15): 매괴(玫瑰, Mei-Gui), 매괴근#(玫瑰根, Mei-Gui-Gen), 매괴화#(玫瑰花, Mei-Gui-Hua), 매괴화근#(玫瑰花根, Mei-Gui-Hua-Gen), 자매화(刺玫花, Ci-Mei-Hua), 자목과화(刺木果花, Ci-Mu-Guo-Hua), 적장미(赤薔薇, Chi-Qiang-Wei), 필두상화(筆頭花, Bi-Tou-Hua), 해당#(海棠, Hai-Tang), 해당화#(海棠花, Hai-Tang-Hua), 호화(糊花, Hu-Hua).
[Character: dicotyledon. polypetalous flower. deciduous shrub. erect type. wild, medicinal, edible, ornamental plant.]

낙엽성 관목으로 종자나 근경으로 번식한다. 전국적으로 분포하며 해변의 모래밭이나 산기슭에서 자란다. 원줄기는 높이 70~150㎝ 정도며 가지가 갈라지고 전체에 가시가 많다. 어긋나는 잎은 7~9개의 소엽으로 된 기수 우상복엽이며, 소엽은 길이 2~5㎝ 정도의 타원형으로 표면에 주름이 많고 가장자리에 잔 톱니가 많다. 잎이 두껍고 턱잎의 가장자리에 톱니가 있다. 5~7월에 개화하며, 가시가 많은 화경의 끝에 피는 꽃은 홍자색이나 흰 꽃이 피는 종류도 있다. 열매는 지름 15~25㎜ 정도의 편구형으로 적색으로 익으며 수과는 길이 4㎜ 정도로서 털이 없다. '인가목'에 비해 가시에 융털이 있으며 잎에 주름이 많다. 밀원용이나 관상용으로 이용한다. 향료나 염료의 원료로 사용한다. 열매가 붉게 익은 후 채취, 잼이나 과실주를 담가 먹는다. 다음과 같은 증상이나 효과에 약으로 쓰인다. 해당화(27): 각혈, 객혈, 건위, 견인통, 경혈, 관절염, 금창, 양혈거풍, 월경이상, 유뇨, 유선염, 이기, 장간막탈출증, 제습, 종독, 지혈, 진통, 치통, 타박상, 토혈각혈, 통경, 통기, 폐혈, 해울, 협통, 화혈산어, 활혈.

마가목* ma-ga-mok

장미과 Rosaceae
Sorbus commixta Hedl.

(LN) 마가목ⓝ, 은빛마가목, (EN) mountain-ash, chinese-scarlet-rowan, japanese-rowan, japanese-mountain-ash, (CN) or (MN) (13): 남등(南藤, Nan-Teng), 마가목#(馬家木, Ma-Jia-Mu), 마가자#(馬家子, Ma-Jia-Zi), 마아실(馬牙實, Ma-Ya-Shi), 마아피(馬牙皮, Ma-Ya-Pi), 석남등(石南藤, Shi-Nan-Teng), 정공기(丁公寄, Ding-Gong-Ji), 정공등#(丁公藤, Ding-Gong-Teng), 정공피#(丁公皮, Ding-Gong-Pi), 정부(丁父, Ding-Fu), 천산화추#(天山花楸, Tian-Shan-Hua-Qiu), 화초(花椒, Hua-Jiao), 화추#(花楸, Hua-Qiu).
[Character: dicotyledon. polypetalous flower. deciduous arborescent. erect type. wild, medicinal, edible, ornamental plant.]

낙엽성 소교목으로 종자로 번식한다. 중남부지방에 분포하며 깊은 산의 중턱 이상에서 자란다. 높이 6~8m 정도이고 작은 가지와 겨울눈에 털이 없으며, 겨울눈에는 점성이 있다. 어긋나는 잎은 9~13개의 소엽이 있는 우상복엽이고, 소엽은 길이 3~8㎝ 정도의 넓은 피침형으로 가장자리에 겹톱니가 있다. 5~6월에 개화하며, 복산방화서에 백색의 꽃이 핀다. 열매는 지름 5~8㎜ 정도로 둥글고 적색으로 익는다. '당마가목'과 달리 겨울눈과 어린 가지에 털이 없고 잎에 윤채가 없으나 점성이 있다. 관상용이나 가공 및 공업용으로 이용한다. 어린순은 무치거나 볶아먹고 국거리로 쓴다. 열매는 과실주나 잼으로 졸여 먹는다. 다음과 같은 증상이나 효과에 약으로 쓰인다. 마가목(15): 강장, 강장보호, 거풍, 관상동맥질환, 구충, 기관지염, 보비생진, 보혈, 신체허약, 양모, 장위카타르, 중풍, 진해, 청폐지해, 폐결핵.

비파나무* bi-pa-na-mu

장미과 Rosaceae
Eriobotrya japonica (Thunb.) Lindl.

KN 비파나무ⓝ, 피파나무, EN loquat, japanese-medlar, nispero, liquat, CN or MN(13): 노귤(盧橘, Lu-Ju), 무선(無憂扇, Wu-You-Shan), 비파#(枇杷, Pi-Pa-Gen), 비파근#(枇杷根, Pi-Pa-Gen), 비파목백피#(枇杷木白皮, Pi-Pa-Mu-Bai-Pi), 비파엽#(枇杷葉, Pi-Pa-Ye), 비파엽로(枇杷葉露, Pi-Pa-Ye-Lu), 비파핵#(枇杷核, Pi-Pa-He), 비파화#(枇杷花, Pi-Pa-Hua), 생파엽(生杷葉, Sheng-Pa-Ye), 자파엽(炙杷葉, Zhi-Pa-Ye), 파엽#(杷葉, Pa-Ye).

[Character: dicotyledon. polypetalous flower. evergreen arborescent. erect type. cultivated, medicinal, edible, ornamental plant.]

상록성 소교목으로 종자로 번식한다. 일본이 원산지인 과수로 남부지방에서 재배한다. 높이 5~10m 정도이고, 가지가 갈라지며 어린 가지는 굵고 연한 갈색의 밀모로 덮여있다. 어긋나는 잎은 길이 15~25㎝, 너비 3~5㎝ 정도의 타원상 긴 난형으로 표면에 털이 없이 윤기가 있으며 뒷면은 갈색 솜털로 덮여 있다. 가장자리에 톱니가 드문드문 있다. 10~11월에 개화하며, 가지 끝에 달리는 원추화서에 피는 꽃은 백색이다. 열매는 다음해 6월에 황색으로 익고 지름 3~4㎝ 정도의 구형이나 타원형이다. 종자는 1~5개로 흑갈색이고 심으면 발아가 잘 된다. '다정큼나무'에 비해 꽃받침이 숙존하고 과실은 약간 크며 황색으로 익는다. 관상용으로 심고, 가공 및 공업용으로도 이용한다. 열매는 맛이 달아 생으로 먹거나 건강주를 담아 식용한다. 다음과 같은 증상이나 효과에 약으로 쓰인다. 비파나무(52): 각기, 간기능회복, 간염, 간장암, 감기, 개선, 거담, 건비위, 견비통, 고혈압, 골수암, 골절증, 구충, 기관지염, 담, 만성피로, 목소양증, 식도암, 암, 어깨결림, 여드름, 염증, 오십견, 외이도염, 외이도절, 위궤양, 위암, 유방동통, 윤폐, 자율신경실조증, 전립선비대증, 전립선암, 종독, 지갈, 직장암, 진통, 질벽염, 타박상, 탄산토산, 토혈, 통증, 편도선염, 폐결핵, 폐기천식, 폐암, 피부윤택, 해독, 해수, 화담지해, 화상, 후두암, 흉협통.

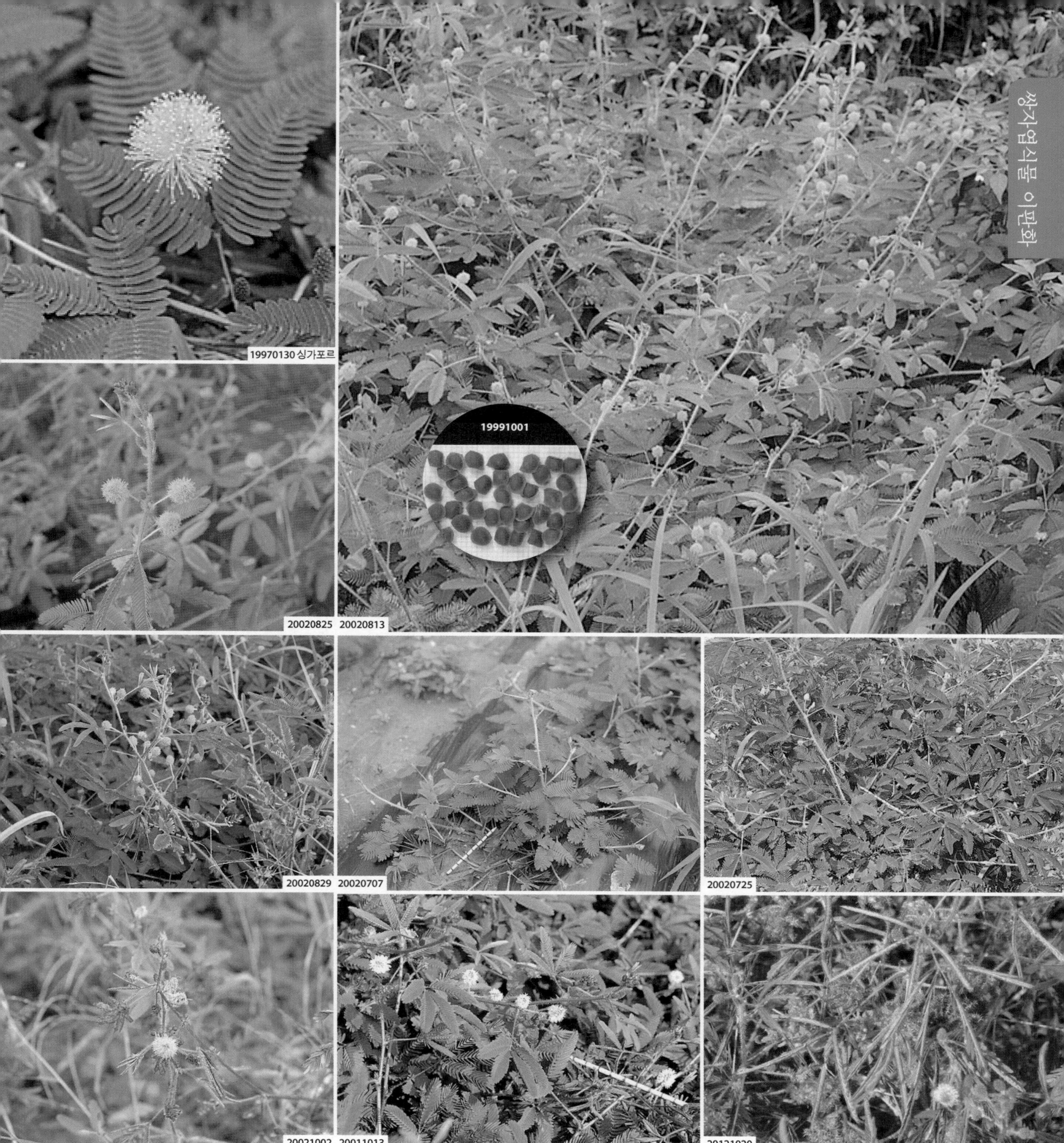

미모사* mi-mo-sa | 콩과 Fabaceae *Mimosa pudica* L.

ⓛⓝ 감응초, 잠풀, 함수초, 신경초, 민감풀 ⓔⓝ common-sensitive-plant, humble-plant. shame-plant, mimosa, action-plant ⓒⓝ or ⓜⓝ (8): 갈호초(噶呼草 Ga-Hu-Cao), 감응초(感應草 Gan-Ying-Cao), 함수초#(含羞草 Han-Xiu-Cao)

[Character: dicotyledon. polypetalous flower. annual or perennial herb. erect type. cultivated, medicinal, ornamental plant]

1년 또는 다년생 초본으로 종자로 번식한다. 브라질이 원산지인 관상식물이다. 높이 20~40㎝ 정도로 가지가 갈라지며 잔털과 가시가 있다. 어긋나는 잎은 잎자루가 있고 2쌍의 우편이 장상으로 퍼져서 다시 우상으로 갈라진다. 소엽은 선형이고 가장자리가 밋밋하다. 7~8월에 개화하며 두상으로 달리는 꽃은 연한 홍색이다. 꼬투리는 마디가 있고 겉에 털이 있으며 3개의 종자가 들어 있다. 관상식물로 온실에 심는데 잎을 건드리면 곧 밑으로 처지고 좌우의 소엽이 오므라든다. 다음과 같은 증상이나 효과에 약으로 쓰인다. 미모사(17): 감기, 기관지염, 대상포진, 불면, 소아감적, 소적, 안신, 월경이상, 장염, 장위카타르, 종독, 진정, 진통, 청열, 폐기천식, 해독, 해열

차풀* cha-pul

콩과 Fabaceae
Chamaecrista nomame (Siebold) H. Ohashi

LN 차풀ⓝ, 며누리감나물, 눈차풀 EN nomame-senna, sensitiveplant-like-senna, senna
CN or MN (7): 관문초(關門草 Guan-Men-Cao), 산편두#(山扁豆 Shan-Bian-Dou), 수조각(水皂角 Shui-Zao-Jiao)
[Character: dicotyledon. polypetalous flower. annual herb. erect type. wild, medicinal, edible plant]

1년생 초본으로 종자로 번식한다. 전국적으로 분포하며 산 가장자리와 들에서 자란다. 높이 20~60㎝ 정도이고 가지가 갈라지며 줄기에 안으로 꼬부라진 짧은 털이 있다. 어긋나는 잎은 잎자루가 있으며 우수 우상복엽으로 소엽은 30~60개이고 길이 8~12㎜, 너비 2~3㎜ 정도의 선상 타원형이다. 7~8월에 개화하며 잎겨드랑이에 1~2개씩 달리는 꽃은 황색이다. 열매는 편평한 타원형으로 겉에 털이 있고 2개로 갈라진다. 종자는 흑색으로 윤기가 있으며 편평하고 네모다. 꽃이 나비 모양이 아니고 상측의 꽃잎이 더 안에 있으며 수술은 4개이고 소엽은 수면운동을 한다. 여름작물의 포장에서 잡초가 되기도 한다. 종자를 차로 이용한다. 다음과 같은 증상이나 효과에 약으로 쓰인다. 차풀(13): 각기, 건비위, 건위, 산어화적, 수종, 야맹증, 이뇨, 일체안병, 지사, 청간이습, 통리수도, 해열, 황달

석결명* seok-gyeol-myeong

콩과 Fabaceae
Senna occidentalis (L.) Link.

KN 석결명ⓝ, 강남차, 석결명풀 EN coffee-senna, negro-coffee, styptic-weed CN or MN (16): 금두자(金頭子 Jin-Tou-Zi), 망강남#(望江南 Wang-Jiang-Nan), 석결명#(石決明 Shi-Jue-Ming), 천리광(千里光 Qian-Li-Guang)
[Character: dicotyledon. polypetalous flower. annual herb. erect type. cultivated, medicinal, edible plant]

1년생 초본으로 종자로 번식하고 중남미가 원산지인 약용식물이다. 높이 60~120㎝ 정도로 가지가 많이 갈라지며 전체에 털이 없다. 어긋나는 잎은 잎자루가 길고 우수 1회 우상복엽이며 3~6쌍의 소엽은 길이 3~5㎝ 정도의 타원형으로 가장자리가 밋밋하다. 6~8월에 잎겨드랑이에서 화경이 나와 2~6개씩 황색의 꽃이 달린다. 꼬투리는 길이 10㎝ 정도로서 양쪽으로 튀어 나온다. '긴강남차'와 달리 소엽이 3~6쌍으로 많고 끝이 뾰족하며 꼬투리는 길이 10㎝ 정도이며 활같이 굽지 않는다. '강남차'라고 부르기도 하며, 종자를 끓여서 차로 마신다. 다음과 같은 증상이나 효과에 약으로 쓰인다. 석결명(9): 강장, 건위, 사독, 시력강화, 야맹증, 청간명목, 충독, 통경, 통변

결명자* gyeol-myeong-ja

콩과 Fabaceae
Senna tora (L.) Roxb.

LN 초결명ⓝ, 긴강남차, 결명차, 긴결명자, 초명차 EN sickle-senna, sickle-pod, foetid-cassia, sago-palm, oriental-senna, sicklepod, coffee-weed CN or MN (35): 가녹두(假綠豆 Jia-Lu-Dou), 결명(決明 Jue-Ming), 결명자#(決明子 Jue-Ming-Zi), 마제초(馬蹄草 Ma-Ti-Cao)
[Character: dicotyledon. polypetalous flower. annual herb. erect type. cultivated, medicinal, edible plant]

1년생 초본으로 종자로 번식한다. 북미가 원산지인 약용식물이다. 높이 60~120㎝ 정도 자라고 가지가 갈라진다. 어긋나는 잎은 우수 1회 우상복엽으로 2~4쌍의 도란형의 소엽이 길이 3~4㎝ 정도로 달린다. 6~8월에 잎겨드랑이에서 1~2개씩 나와 화경에 피는 꽃은 황색이다. 꼬투리는 길이 12~16㎝ 정도로 활처럼 굽고 녹색이며 네모진 종자가 1줄로 배열된다. '석결명'과 달리 소엽이 2~4쌍으로 적고 꼬투리는 길이 12~16㎝ 정도이며 활같이 굽는다. 종자는 '결명자'라 하여 보리차처럼 볶아서 차를 달여 마시기도 한다. 다음과 같은 증상이나 효과에 약으로 쓰인다. 결명자(71): 각기, 각막염, 간경변증, 간기능회복, 간염, 감비, 갑상선염, 강장, 강장보호, 건위, 결막염, 경신익지, 고혈압, 과민성대장증후군, 관절염, 구내염, 구창, 근시, 급성간염, 기울증, 명목, 목소양증, 목정통, 민감체질, 사독, 사태, 소아소화불량, 소아변비증, 소아야뇨증, 시력강화, 안적, 안정피로, 야뇨증, 야맹증, 오풍, 완화, 위궤양, 위무력증, 위산과다증, 위장염, 위하수, 위학, 일체안병, 장결핵, 장위카타르, 정력증진, 정수고갈, 주독, 지혈, 청간, 청력보강, 청명, 초조감, 충독, 치통, 탄산토산, 통경, 통리수도, 통변, 폐결핵, 폐기천식, 풍열, 해독, 현훈, 현훈구토, 홍안, 홍채, 환각치료, 활혈, 황달, A형간염

고삼* go-sam

콩과 Fabaceae
Sophora flavescens Solander ex Aiton

LN 능암ⓝ, 너삼, 뱀의정자나무, 느삼, 도둑놈의지팡이, 넓은잎능암 EN lightyellow-sophora, sophora CN or MN (35):고삼#(苦蔘 Ku-Shen), 골담근#(骨膽根 Gu-Dan-Gen), 금작화#(金雀花 Jin-Que-Hua), 토황기(土黃芪 Tu-Huang-Qi)
[Character: dicotyledon. polypetalous flower. perennial herb. erect type. wild, medicinal plant]

다년생 초본으로 근경이나 종자로 번식한다. 전국적으로 분포하며 산지와 들에서 자란다. 원줄기는 높이 90~180㎝ 정도이고 윗부분에서 가지가 갈라지며 녹색이나 검은빛이 돌기도 한다. 어긋나는 잎은 잎자루가 길고 기수 우상복엽이고 15~39개의 소엽은 길이 2~4㎝, 너비 7~15㎜ 정도의 긴 타원형으로 가장자리가 밋밋하다. 6~8월에 피는 총상꽃차례에 많이 달리는 꽃은 연한 황색이다. 꼬투리는 길이 7~8㎝, 지름 7~8㎜ 정도의 선형이며 짧은 대가 있다. '회화나무'에 비해 하부가 다소 목질인 초본이며 꽃은 총상꽃차례로 달린다. 다음과 같은 증상이나 효과에 약으로 쓰인다. 고삼(56): 가래톳, 간기능회복, 간염, 감기, 개선, 거품대변, 거풍살충, 건위, 경선결핵, 구고, 구충, 나창, 만성위염, 만성위장염, 민감체질, 살충, 설사, 소아토유, 신경통, 연주창, 요통, 위경련, 음부소양, 이급, 이뇨, 자한, 장결핵, 장염, 제습, 제충제, 주독, 진통, 청열조습, 최토제, 충치, 치루, 치통, 치핵, 탈항, 태독, 통리수도, 편도선염, 폐렴, 피부병, 피부소양증, 하리, 학질, 한열왕래, 항바이러스, 해열, 현훈, 혈뇨, 홍채, 황달, 흉부냉증, 흉통

20120908

20120928 자주비수리 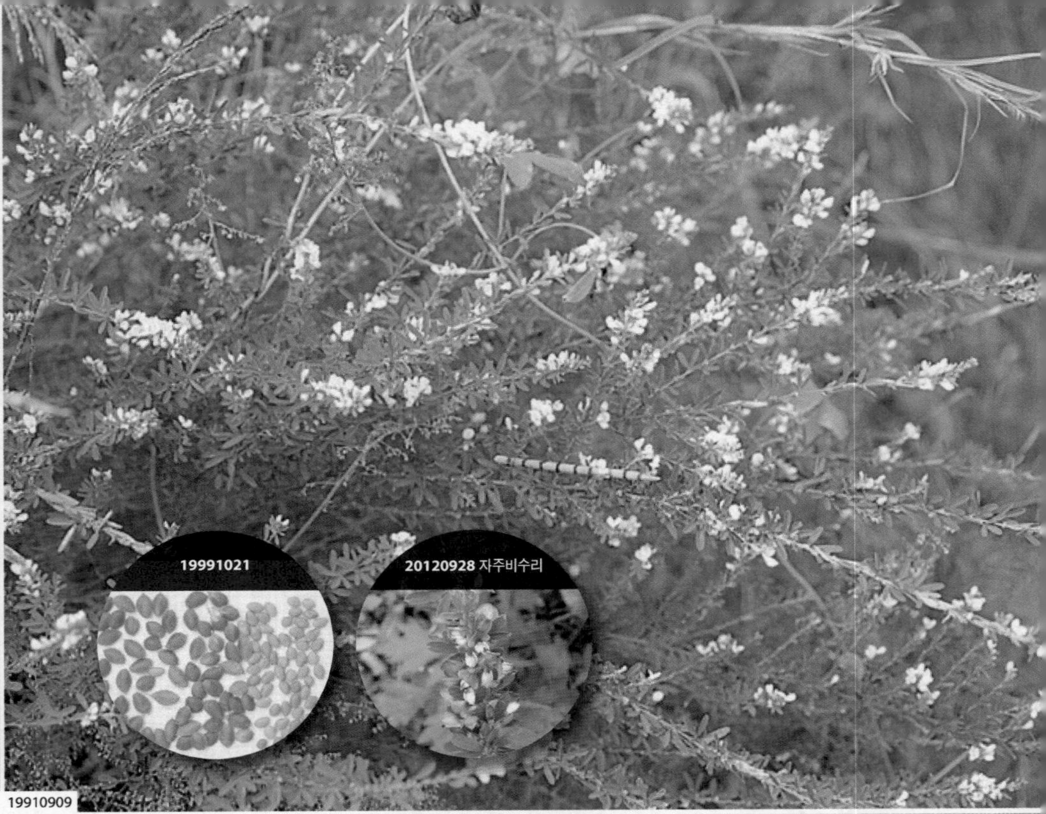 19910909

19991021

20120928 자주비수리

19950523  20050623

20120628

20120726  20120928 자주비수리

19921019

비수리* bi-su-ri | 콩과 Fabaceae *Lespedeza cuneata* G. Don

Ⓛ 비수리ⓝ, 공겡이대, 야관문 Ⓔ bush-clover, chinese-bush-clover, cuneate-lespedeza, perennial-lespedeza, sericea-lespedeza, silberean-lespedeza, cuneate-bush-clover Ⓒ or Ⓜ (7): 백마편(白馬鞭 Bai-Ma-Bian), 야관문#(夜關門 Ye-Guan-Men), 철소파#(鐵掃把 Tie-Sao-Ba)

[Character: dicotyledon. polypetalous flower. perennial herb. erect type. wild, medicinal, forage, green manure, ornamental plant]

다년생 초본으로 분주나 종자로 번식한다. 전국적으로 분포하며 산 가장자리와 들에서 자란다. 모여 나는 원줄기는 높이 40~80㎝ 정도이고 짧은 가지와 더불어 털이 있다. 어긋나는 잎에 3출하는 소엽은 길이 8~16㎜ 정도의 선상 피침형으로 표면에 털이 없으나 뒷면에 잔털이 있다. 8~9월에 개화하며 윗부분의 잎겨드랑이에서 피는 꽃은 백색이고 자주색의 줄이 있다. 열매는 길이 3㎜ 정도의 넓은 난형으로 10월에 짙은 갈색으로 익는다. '땅비수리'와 달리 꽃받침잎에 1맥이 있고 협과의 길이는 꽃받침의 1.5~2배 정도이다. 종자는 길이 1.5~2㎜ 정도로 신장형과 비슷하고 황록색 바탕에 적색반점이 있다. 사료용, 퇴비용, 사방용으로 이용하며 관상용이나 밀원용으로 심기도 한다. 다음과 같은 증상이나 효과에 약으로 쓰인다. 비수리(18): 보간신, 소아감적, 시력감퇴, 신장염, 안질, 야뇨증, 위통, 유옹, 유정, 유정증, 이뇨, 일사병열사병, 일체안병, 폐기천식, 폐음, 해수, 해열, 활혈

19991007 20040828 20100829표 19910522 20060527 20070630 19870720 19861003 19921019

매듭풀* mae-deup-pul

콩과 Fabaceae
Kummerowia striata (Thunb.) Schindl.

LN 매듭풀ⓝ, 매돕풀, 가위풀, 가새풀, 레스피데자 EN japanese-bush-clover, japanese-lespedeza, common-lespedeza, striata-lespedeza, japanese-clover, striate-kummrowia, hoop-coop-plant CN or MN (4): 계안초#(鷄眼草, Ji-Yan-Cao), 장악계안초(長萼鷄眼草, Chang-E-Ji-Yan-Cao), 조선계안초(朝鮮鷄眼草, Chao-Xian-Ji-Yan-Cao)
[Character: dicotyledon. polypetalous flower. annual herb. erect type. wild, medicinal, forage, green manure plant]

1년생 초본으로 종자로 번식하고 전국적으로 분포하며 들이나 길가에서 자란다. 원줄기는 높이 15~30㎝ 정도이고 밑부분에서 가지가 많이 갈라지며 밑을 향한 털이 있다. 어긋나는 잎은 잎자루가 짧고 3출하는 소엽은 길이 8~16㎜, 너비 5~8㎜ 정도의 긴 도란형이다. 윗부분의 잎겨드랑이에서 1~2개씩 달리는 꽃은 연한 홍색이다. 꼬투리는 둥글며 1개의 종자가 들어 있다. '둥근잎매듭풀'과 비슷하지만 식물체의 털이 밑을 향하고 소엽은 도란상 장타원형 또는 좁은 장타원형으로 둔두 또는 원두이다. 사료용이나 퇴비용으로 이용한다. 다음과 같은 증상이나 효과에 약으로 쓰인다. 매듭풀(9): 건비위, 배농, 이습, 이질, 전염성간염, 청열해독, 통리수도, 해독, 해열

땅콩* ttang-kong

콩과 Fabaceae
Arachis hypogaea L.

LN 땅콩ⓝ, 낙화생, 호콩, 락화생 EN peanut, groundnut, earth-nut, goober, monkey-nut, mani, monkeynut CN or MN (12): 낙화생#(落花生 Luo-Hua-Sheng), 화생#(花生 Hua-Sheng), 화생의#(花生衣 Hua-Sheng-Yi)
[Character: dicotyledon. polypetalous flower. annual herb. erect type. cultivated, medicinal, edible plant]

1년생 초본으로 남아메리카가 원산지인 재배식물로서 종자로 번식한다. 전국적으로 재배하며 높이 40~60㎝ 정도의 원줄기는 밑부분에서 가지가 많이 갈라져 옆으로 비스듬히 자라고 약간의 털이 있다. 어긋나는 잎은 1회 우상복엽이며 4개가 달리는 소엽은 도란형이다. 밑부분의 잎겨드랑이에 1개씩 달리는 꽃은 황색이고 수정되면 자방의 밑부분이 길게 자라 자방이 땅속으로 들어가 꼬투리를 형성한다. 꼬투리는 긴 타원형으로 두껍고 딱딱한 황백색으로 그물 같은 맥이 있으며 1~3개의 타원형의 종자가 들어 있다. '자귀풀'과 달리 단체수술이다. 식용하며 공업용으로도 이용한다. 종자를 생으로 먹거나 조리하여 식용한다. 다음과 같은 증상이나 효과에 약으로 쓰인다. 땅콩(21): 각기, 감기, 강장, 강장보호, 거담, 건위, 고혈압, 기관지염, 담, 만성간염, 만성피로, 반위, 암, 위궤양, 유즙결핍, 윤폐, 조해, 치매증, 피부노화방지, 화위, 황달

큰도둑놈의갈고리* keun-do-duk-nom-ui-gal-go-ri

콩과 Fabaceae
Desmodium oldhami Oliv.

Ⓚ 큰갈구리풀ⓝ, 큰도둑놈의갈구리, 큰도둑놈의갈쿠리 Ⓔ podocarpium-oldhamii
[Character: dicotyledon. polypetalous flower. perennial herb. erect type. wild, medicinal, forage, ornamental plant]

다년생 초본으로 분주나 종자로 번식한다. 전국적으로 분포하며 산지에서 자란다. 원줄기는 높이 80~160㎝ 정도이고 여러 대가 나와서 포기를 형성하고 굵은 털과 잔털이 있다. 어긋나는 잎의 소엽이 5~7개인 우상복엽이며 소엽은 길이 7~14㎝ 정도의 긴 타원형으로 끝이 뾰족하다. 7~8월에 개화하는 3~6개의 총상꽃차례에는 연한 홍색의 꽃이 핀다. 꼬투리는 길이 20~40㎜ 정도이고 1~2개의 마디와 갈고리 같은 털과 대가 있다. '도둑놈의갈고리'와 소엽이 5~7개인 우상복엽으로 구별된다. 관상용이나 사료용으로 이용한다. 다음과 같은 증상이나 효과에 약으로 쓰인다. 큰도둑놈의갈고리(11): 개선, 거풍, 산어, 임질, 타박상, 토혈, 해독소종, 해소, 해열, 화농성유선염, 황달

자귀풀* ja-gwi-pul

콩과 Fabaceae
Aeschynomene indica L.

ⓁⓃ 자귀풀ⓝ, 합맹 ⒺⓃ budda-pea, indian-joint-vetch, curly-indigo, hard-sola, kat-sola, common-aeschynomene, indian-sensitive-joint-vetch, sensitive-joint-vetch, knuckle-bear-bush ⒸⓃ or ⓂⓃ (14): 백경통#(白梗通 Bai-Geng-Tong), 야관문(野關門 Ye-Guan-Wen), 전조각(田皂角 Tian-Zao-Jiao), 합맹#(合萌 He-Meng)
[Character: dicotyledon. polypetalous flower. annual herb. erect type. hygrophyte. wild, medicinal, edible, forage plant]

1년생 초본으로 종자로 번식한다. 전국적으로 분포하며 습지나 밭과 논에서 자란다. 원줄기는 높이 70~140㎝ 정도이고 속이 비어 있으며 가지가 많이 갈라진다. 어긋나는 잎에 우상복엽으로 30~60개씩 달리는 소엽은 길이 7~15㎜, 너비 2~4㎜ 정도의 선상 타원형으로 뒷면이 분백색이다. 7~9월에 개화하는 총상꽃차례에 피는 꽃은 연한 황색이다. 꼬투리는 털이 없고 편평한 선형으로 마디가 있으며 익으면 마디사이의 양쪽에 주름이 생긴다. '땅콩'과 달리 수술은 5개씩 양체웅예이다. 논에서 방제하기 어려운 잡초이다. 차대용으로 식용하며 연할 때에는 사료용으로 이용하기도 한다. 다음과 같은 증상이나 효과에 약으로 쓰인다. 자귀풀(17): 간염, 감기, 거풍, 급성간염, 복부팽만, 소종, 습진, 옹종, 위염, 이습, 이질, 장위카타르, 종독, 청열, 해독, 해열, 황달

감초* gam-cho

콩과 Fabaceae
Glycyrrhiza uralensis Fisch.

LN 감초ⓝ EN ural-licorice, glycyrrhizae-radix, licorice CN or MN (30): 감초#(甘草 Gan-Cao), 감초절#(甘草節 Gan-Cao-Jie), 감초초#(甘草稍 Gan-Cao-Shao), 첨초#(甛草 Tian-Cao), 향초(香焦 Xiang-Jiao)
[Character: dicotyledon. polypetalous flower. perennial herb. erect type. cultivated, medicinal, edible plant]

다년생 초본으로 종자로 번식한다. 시베리아와 중국 북부지방에서 자라는 식물이며 약용으로 재배한다. 뿌리가 땅속 깊이 들어가고 줄기는 높이 60~120㎝ 정도로 곧추 자라며 능선이 있다. 어긋나는 잎은 기수 우상복엽이고 7~17개의 소엽은 길이 2~5㎝, 너비 1~3㎝ 정도의 난형으로 양면에 백색 털과 더불어 선점이 있으며 가장자리가 밋밋하다. 7~8월에 액생하는 총상꽃차례에 달리는 꽃은 남자색이다. 꼬투리는 길이 3~4㎝, 너비 8㎜ 정도의 선형으로 겉에 가시 같은 선모가 있고 종자는 신장형이다. '개감초'에 비해 가지에 백색 털이 밀생하고 열매가 길며 감미가 많다. 뿌리는 식용하거나 다음과 같은 증상이나 효과에 약으로 쓰인다. 감초(74): 간염, 간질, 감기, 강장보호, 거담, 건망증, 건비위, 건위, 경결, 경련, 과실중독, 광견병, 교미, 근골구급, 근육통, 기관지확장증, 보혈, 비체, 소아감병, 소아경결, 소아소화불량, 소아천식, 소아청변, 식중독, 안면경련, 암내, 약물중독, 열격, 열독증, 열성경련, 염증, 오로보호, 오풍, 오한, 온신, 옹저, 옹종, 완화, 위궤양, 위암, 윤폐, 이급, 인두염, 인후통, 인후통증, 일체안병, 자양강장, 장근골, 장위카타르, 저혈압, 정력증진, 종독, 주중독, 진정, 진해, 질벽염, 청열, 초오중독, 치핵, 칠독, 태독, 통기, 통증, 통풍, 편도선비대, 편도선염, 폐기천식, 피부염, 해독, 해수, 해열, 화농, 활혈, 후두염

나비나물* na-bi-na-mul

콩과 Fabaceae
Vicia unijuga A. Braun

LN 너비나물ⓝ, 큰나비나물, 민나비나물, 참나비나물, 꽃나비나물, 봉울나비나물, 가지나비나물 EN two-leaf-vetch, pair-vetch CN or MN (3): 삼령자#(三鈴子 San-Ling-Zi), 왜두채(歪頭菜 Wai-Tou-Cai)
[Character: dicotyledon. polypetalous flower. perennial herb. erect type. wild, medicinal, edible, forage, green manure, ornamental plant]

다년생 초본으로 분주나 종자로 번식한다. 전국적으로 분포하며 산지나 들에서 자란다. 모여 나는 원줄기는 높이 50~100㎝ 정도로 곧추 자라고 능선으로 인하여 네모가 진다. 어긋나는 잎은 한 쌍의 소엽으로 구성되며 소엽은 길이 3~8㎝, 너비 2~4㎝ 정도의 난형으로 가장자리가 밋밋하며 끝이 길게 뾰족해진다. 7~8월에 개화하며 총상꽃차례에 한쪽으로 치우쳐서 달리는 많은 꽃은 홍자색이다. 열매는 길이 3㎝ 정도이고 털이 없다. '긴잎나비나물'과 달리 소엽은 2개로 나비 모양이고 너비 2~4㎝ 정도이다. 어린 순은 나물로 식용하며 관상용, 사료용, 밀원용, 퇴비용으로 이용한다. 봄에 연한 잎을 삶아 나물로 먹거나 다른 산나물과 데쳐서 간장이나 된장에 무치거나 된장국을 끓여 먹는다. 다음과 같은 증상이나 효과에 약으로 쓰인다. 나비나물(3): 노상, 두운, 보허

활량나물* hwal-ryang-na-mul

콩과 Fabaceae
Lathyrus davidii Hance

㉠ 활량나물ⓝ, 활양나물 ㉡ david-vetchling ㉢ or ㉣ (2): 강망결명#(江茫決明 Jiang-Mang-Jue-Ming), 대산려두#(大山黧豆 Da-Shan-Li-Dou)
[Character: dicotyledon. polypetalous flower. perennial herb. vine and erect type. wild, medicinal, edible, forage, green manure, ornamental plant]

다년생 초본으로 땅속줄기나 종자로 번식한다. 전국적으로 분포하며 산지나 들에서 자란다. 원줄기는 높이 80~120㎝ 정도로 약간 비스듬히 자라고 전체에 털이 없으며 윗부분에 둔한 능선이 있다. 어긋나는 잎은 우수우상복엽으로 끝에 2~3개로 갈라진 덩굴손이 있다. 4~8개의 소엽은 길이 3~8㎝, 너비 2~4㎝ 정도의 타원형으로 표면은 녹색이고 뒷면은 분백색이다. 6~8월에 개화하며 1~2개씩 나오는 총상꽃차례에 밑을 향해 달리는 꽃은 황색에서 황갈색으로 변한다. 열매는 길이 6~8㎝ 정도의 편평한 선형이고 10개 정도의 종자가 들어 있으며 종자는 '팥'과 비슷한 모양이다. '갯완두'와 달리 꽃차례에 꽃이 많다. 관상용, 사료용, 밀원용, 퇴비용으로 이용한다. 어린순을 데쳐서 돌돌 말아 초고추장에 찍어 먹거나 다른 나물과 같이 데쳐서 된장이나 고추장에 무쳐 먹는다. 다음과 같은 증상이나 효과에 약으로 쓰인다. 활량나물(2): 강장, 이뇨, 진통제

갯완두* gaet-wan-du | 콩과 Fabaceae *Lathyrus japonicus* Willd.

ⓁⓃ 갯완두ⓝ, 반들갯완두, 개완두 ⒺⓃ beach-pea, sea-pea, japanese-vetchling ⒸⓃ or ⓂⓃ (4): 대두황권#(大豆黃卷 Da-Dou-Huang-Juan), 해변향완두#(海邊香豌豆 Hai-Bian-Xiang-Wan-Dou)
[Character: dicotyledon. polypetalous flower. perennial herb. vine and erect type. halophyte. wild, medicinal, edible, forage plant]

다년생 초본으로 땅속줄기나 종자로 번식한다. 전국적으로 분포하며 해안지방의 바닷가에서 자란다. 원줄기는 길이 20~60㎝ 정도로 옆으로 길게 자라서 곧추서며 능각이 있다. 어긋나는 잎은 우수 우상복엽이고 끝의 덩굴손은 1개이나 2~3개로 갈라지는 것도 있다. 6~12개의 소엽은 길이 15~30㎜, 너비 10~20㎜ 정도의 난형으로 분백색이 돈다. 5~6월에 개화하며 총상꽃차례에 한쪽으로 치우쳐서 달리는 꽃은 적자색이다. 꼬투리는 길이 5㎝, 너비 1㎝ 정도이고 3~5개의 종자가 들어 있다. '활량나물'과 달리 꽃차례에 꽃이 적다. 식용, 사료용, 밀원용으로 이용하기도 한다. 봄에 새싹을 꽃봉오리가 달리기 전에 채취해 데쳐서 무치거나 볶아 먹는다. 열매는 데친 뒤 버섯을 넣고 볶거나 튀겨먹는다. 다음과 같은 증상이나 효과에 약으로 쓰인다. 갯완두(11): 감기, 건위, 골절번통, 부종, 산후병, 식중독, 악혈, 이뇨, 적취, 종독, 해독

여우팥* yeo-u-pat

콩과 Fabaceae
Dunbaria villosa (Thunb.) Makino

ⓛⓝ 덩굴팥ⓝ, 새콩, 새돔부, 여호팥, 돌팥, 덩굴돌팥 ⓔⓝ villous-dunbaria ⓒⓝ or ⓜⓝ (4): 모야편두#(毛野扁豆 Mao-Ye-Bian-Dou), 홍초등#(紅草藤 Hong-Cao-Teng)
[Character: dicotyledon. polypetalous flower. perennial herb. vine. wild, medicinal, edible, forage plant]

다년생 초본의 덩굴식물로 분주나 종자로 번식한다. 중남부지방에 분포하며 산지나 들에서 자란다. 원줄기는 가지가 갈라지고 덩굴이 지며 털이 밀생한다. 어긋나는 잎은 잎자루가 길고 3출엽으로서 정소엽은 길이와 너비가 각각 15~30㎜ 정도인 사각형으로 짧은 털이 밀생한다. 7~8월에 개화하며 총상꽃차례 달린 3~8개의 꽃은 황색이다. 꼬투리는 길이 4~5㎝, 너비 8㎜ 정도의 편평한 선형으로 털이 있고 4~6개의 종자가 들어 있다. '여우콩'에 비해 협과에 3~8개의 종자가 들어 있다. 식용, 사료용으로 이용한다. 연한 싹을 데쳐서 무쳐 먹는다. 다음과 같은 증상이나 효과에 약으로 쓰인다. 여우팥(2): 백대하, 종독

여우콩* yeo-u-kong

콩과 Fabaceae
Rhynchosia volubilis Lour.

LN 덩굴돌콩ⓝ, 녹각, 개녹곽, 덩굴들콩, 개녹각 EN twining-rhynchosia CN or MN (7): 녹곽#(鹿藿 Lu-Huo), 녹곽두#(鹿藿豆 Lu-Huo-Dou), 녹두(鹿豆 Lu-Dou)
[Character: dicotyledon. polypetalous flower. perennial herb. vine. wild, medicinal, edible, forage plant]

다년생 초본의 덩굴식물로 분주나 종자로 번식한다. 중남부지방에 분포하며 산지나 들에서 자란다. 원줄기는 밑부분에서 가지가 많이 갈라지며 덩굴이 지고 밑으로 향한 짧은 갈색 털로 덮여 있다. 어긋나는 잎은 잎자루가 길고 3출엽으로서 정소엽은 길이 3~5㎝, 너비 2~3㎝ 정도의 도란상 마름모꼴로 양면에 털이 많다. 8~9월에 개화하며 총상꽃차례에 황색의 꽃이 10~20개 달린다. 꼬투리는 길이 15㎜, 너비 8㎜ 정도의 편평한 타원형으로 양면에 털이 있고 붉은색으로 익으며 2개의 검은 종자가 들어 있다. 꼬투리가 터진 다음에도 종자가 달려 있다. '큰여우콩'과 달리 정소엽이 도란형이며 끝이 둥글고 중앙보다 윗부분이 넓고 밑의 꽃받침잎은 통부의 길이보다 길다. 사료용으로 사용하고 연한 싹을 데쳐서 무쳐 먹는다. 다음과 같은 증상이나 효과에 약으로 쓰인다. 여우콩(14): 강근골, 거담, 골다공증, 근골위약, 기관지염, 약물중독, 제습, 종독, 천식, 청열, 폐렴, 풍비, 허약체질, 황달

새팥* sae-pat

콩과 Fabaceae
Vigna angularis var. *nipponensis* (Ohwi) Ohwi et H. Ohashi

ⓁⓃ 새팥ⓝ, 돌팥 ⒸⓃ or ⓂⓃ (1): 산녹두#(山綠豆 Shan-Lu-Dou)
[Character: dicotyledon. polypetalous flower. annual herb. vine. wild, medicinal, edible, forage, green manure plant]

1년생 초본의 덩굴식물로 종자로 번식한다. 전국적으로 분포하며 밭과 들의 풀밭에서 자란다. 원줄기는 밑부분에서 가지가 많이 갈라지고 전체에 퍼진 털이 있다. 어긋나는 잎은 잎자루가 길고 3출하는 정소엽은 길이 3~7㎝, 너비 2~5㎝ 정도의 난형으로서 가장자리가 밋밋하지만 3개로 약간 갈라지기도 한다. 윗부분의 잎겨드랑이에서 나온 화경에 2~3개씩 달리는 꽃은 황색이다. 꼬투리는 밑으로 처지며 길이 4~5㎝ 정도의 원주형으로 흑갈색으로 익는다. 종자는 원주상 타원형으로 '팥'보다 훨씬 작으며 녹갈색으로 흑색 잔 점이 있다. '덩굴팥'과 달리 소포가 난형이며 맥이 많다. 퇴비용, 식용, 사료용, 밀원용으로 이용한다. 다음과 같은 증상이나 효과에 약으로 쓰인다. 새팥(7): 각기, 단독, 부종, 설사, 이뇨, 종기, 통유

동부* dong-bu

콩과 Fabaceae
Vigna unguiculata (L.) Walp.

KN 동부ⓝ, 광정이 EN cow-pea, common-cowpea, asparagus-bean, black-eyed-pea, southern-pea CN or MN (6): 강두#(豇豆 Jiang-Dou), 계두엽채두#(鷄頭葉菜豆 Ji-Tou-Ye-Cai-Dou), 홍두(虹豆 Hong-Dou)
[Character: dicotyledon. polypetalous flower. annual herb. vine. cultivated, medicinal, edible, forage, ornamental plant]

1년생 초본의 덩굴식물로 종자로 번식한다. 중국이 원산지인 재배식물이다. 원줄기는 길이 2~4m 정도로 가지가 많이 갈라지고 전체에 털이 없다. 어긋나는 잎은 잎자루가 길고 3출하는 소엽 중에서 정소엽은 길이 8~12㎝ 정도의 사각상 난형으로 끝이 뾰족하며 측소엽은 일그러진 난형으로 잎자루가 짧다. 윗부분의 잎겨드랑이에서 나온 긴 화경의 끝에 2~5개씩 달리는 꽃은 황색 또는 연한 보라색이다. 꼬투리는 길고 종자가 많이 들어 있다. '돌동부'와 달리 식물체에 털이 없다. 사료용이나 관상용, 밀원용으로 심기도 한다. 종자를 식용하거나 연한 싹을 데쳐서 무쳐 먹는다. 다음과 같은 증상이나 효과에 약으로 쓰인다. 동부(14): 건비보신, 건비위, 근골동통, 기부족, 백대하, 비위허약, 빈뇨, 사리, 소갈, 요통, 자한, 토역, 하리, 현훈

20021204

19891018

19891009

19910901  20070616 붉은편두

20060805 붉은편두

20120927 붉은편두  20021013 붉은편두

20091015 붉은편두

편두 pyeon-du | 콩과 Fabaceae *Dolichos lablab* L.

LN 까치콩ⓝ, 제비콩, 나물콩, 편두콩, 작두콩 EN bonavist, hyacinth-dolichos, hyacinth-bean, lablab-bean, lablab, bonavit-bean, seins-bean, indian-bean, lubia-bean, egypt-bean, bonavist-bean, tonga-bean CN or MN (14): 남두화(南豆花 Nan-Dou-Hua), 백편두#(白扁豆 Bai-Bian-Dou), 편두#(扁豆 Bian-Dou)

[Character: dicotyledon. polypetalous flower. annual herb. vine. cultivated, medicinal, edible, ornamental plant]

1년생 초본의 덩굴식물로 종자로 번식한다. 열대지방이 원산지로 다년생이나 우리나라에서는 1년생이다. 원줄기는 길이 2~5m 정도이고 가지가 많이 갈라지며 털이 다소 있다. 어긋나는 잎은 잎자루가 길고 3출하는 소엽은 길이 5~10㎝ 정도의 넓은 난형으로 가장자리가 밋밋하다. 7~9월에 총상꽃차례에 많이 달리는 꽃은 자주색 또는 백색이다. 꼬투리는 길이 5~7㎝, 너비 2㎝ 정도로 낫 모양 같고 종자가 5개 들어 있으며 어린 꼬투리를 식용한다. 종자는 마르기 전에는 육질의 종피가 있고 배꼽부는 백색이다. 관상용으로도 심는다. 백색 꽃이 피는 것은 '백편두'라고 약으로 쓰인다. 종자를 식용하거나 연한 싹을 데쳐서 무쳐 먹는다. 다음과 같은 증상이나 효과에 약으로 쓰인다. 편두(26): 가스중독, 건비, 건비위, 건위, 곽란, 구역증, 구토, 근계, 소감우독, 소서, 식강어체, 식욕감소, 약물중독, 적백대하, 조갈증, 주독, 주중독, 지구역, 척추질환, 하돈중독, 하리, 해독, 해열, 화농, 화습, 화중

작두콩* jak-du-kong

콩과 Fabaceae
Canavalia ensiformis DC.

ⓁⓃ 줄작두콩ⓝ, 도두 ⒺⓃ chopper-bean, jack-bean, horse-bean, chickasaw, jackbean-limabean, swordbean ⒸⓃ or ⓂⓃ (7): 도두#(刀豆 Dao-Dou), 마도두(馬刀豆 Ma-Dao-Dou), 협검두(挾劍豆 Xie-Jian-Dou)
[Character: dicotyledon. polypetalous flower. annual herb. vine. cultivated, medicinal, edible plant]

열대산의 1년생 덩굴식물로 종자로 번식한다. 중부 이남에서 심고 있다. 잎은 3출엽으로 정소엽은 난상 긴 타원형이며 길이 10㎝ 정도로서 끝이 뾰족하다. 긴 화경이 자라 끝이 활같이 굽으면서 10여 개의 꽃이 총상으로 달린다. 꽃은 8월에 피고 연한 홍색 또는 백색이다. 꼬투리는 길이 20~30㎝ 정도이며 뒷등이 편평하며 작두 같고 10~14개의 종자가 들어 있다. 종자는 편평하며 홍색 또는 백색이고 선상의 제부와 길이가 거의 같다. '해녀콩'과 달리 꼬투리는 길이 30㎝, 너비 5㎝ 정도로 작두같이 생겼다. '도두'라 하여 약으로 쓴다. 종자와 연한 잎, 어린 꼬투리를 식용한다. 다음과 같은 증상이나 효과에 약으로 쓰인다. 작두콩(19): 강장보호, 강화, 곽란, 구역증, 구토, 복부창만, 소감우독, 약물중독, 열질, 온중하기, 온풍, 이질, 익신장원, 장위카타르, 주중독, 중이염, 축농증, 치핵, 하지근무력증

20011119
20040828
19910514 
19890810 20120530  20120916
19881017 
19890702 수원  20090917 남양주  20091013 양수리 
20100802 양평  20120809 통영  20120810 금강변 
20110519 20120810 영동  20110126 제주도  20120328 남양주

칡* chik | 콩과 Fabaceae *Pueraria lobata* (Willd.) Ohwi

ⓁⓃ 칡ⓝ, 츩, 칙덤불, 칙, 칡덤불 ⒺⓃ kudzu, japanese-arrowroot, lobed-kudzu-vine, kudzu-vine ⒸⓃ or ⓂⓃ (29): 갈#(葛 Ge), 갈근#(葛根 Ge-Gen), 야갈#(野葛 Ye-Ge), 황근(黃芹 Huang-Jin)
[Character: dicotyledon. polypetalous flower. deciduous shrub. vine. wild, medicinal, edible, forage, green manure plant]

덩굴식물로서 낙엽성 관목이나 다년생 초본같이 자라기도 하고 땅속줄기나 종자로 번식한다. 전국적으로 분포하고 산기슭의 양지쪽에서 자란다. 덩굴줄기는 5~10m 정도까지 자라며 줄기에 갈색 또는 백색의 퍼진 털이 있다. 어긋나는 3출엽의 소엽은 길이와 너비가 각각 10~15㎝ 정도인 마름모진 난형으로 털이 있으며 가장자리가 밋밋하거나 얕게 3개로 갈라진다. 8~9월에 총상꽃차례에 무한꽃차례로 많이 피는 꽃은 홍자색이다. 꼬투리는 길이 4~9㎝, 너비 8~10㎜ 정도의 넓은 선형으로 편평하고 길고 굳은 퍼진 털이 있으며 열매는 9~10월에 익는다. '해녀콩'과 달리 뒤쪽 꽃받침잎 2개는 다른 것보다 짧으며 꼬투리에 털이 있고 능선이 없다. 밀원용, 퇴비용, 사료용, 사방용으로 이용한다. 뿌리의 녹말은 갈분으로 줄기는 새끼대용으로 사용한다. 껍질로는 '갈포'를 만든다. 봄에 새순과 어린잎은 튀김을 해 먹는다. 데쳐서 무치거나 볶아서 치즈를 올린 오븐구이로 먹기도 한다. 장아찌를 담그거나 칡밥을 짓기도 한다. 다음과 같은 증상이나 효과에 약으로 쓰인다. 칡(65): 감기, 강장보호, 견교, 견비통, 경련, 경중양통, 고혈압, 과실중독, 관격, 관절통, 광견병, 구토, 근육통, 금창, 난청, 당뇨, 발한, 소아토유, 숙취, 식중독, 식해어체, 아편중독, 암내, 약물중독, 온신, 위암, 음식체, 이완출혈, 인플루엔자, 일사병, 열사병, 자한, 장염, 장위카타르, 장출혈, 장풍, 적면증, 조갈증, 종창, 주독, 주중독, 주체, 주황병, 중독증, 중풍, 지갈, 지구역, 지혈, 진경, 진정, 진통, 치열, 태양병, 편도선염, 풍독, 풍한, 피부소양증, 해독, 해수, 해열, 현벽, 현훈, 협심증, 홍역, 활혈, 흉부답답

돌콩* dol-kong

콩과 Fabaceae
Glycine soja Siebold et Zucc.

LN 돌콩ⓝ, 야료두 EN wild-soybean CN or MN (13): 야대두등#(野大豆藤 Ye-Da-Dou-Teng), 야료두#(野料豆 Ye-Liao-Dou), 요두(料豆 Liao-Dou)
[Character: dicotyledon. polypetalous flower. annual herb. vine. wild, medicinal, edible, forage plant]

1년생 초본의 덩굴식물로 종자로 번식한다. 전국적으로 분포하며 산 가장자리나 들에서 자란다. 줄기는 100~200㎝ 정도로 자라고 가지가 갈라지며 밑으로 향한 갈색 털이 있다. 어긋나는 3출엽은 긴 잎자루가 있고 소엽은 길이 3~8㎝, 너비 8~25㎝ 정도의 타원상 피침형으로 가장자리가 밋밋하다. 7~8월에 총상꽃차례에 피는 꽃은 연한 자주색이다. 열매는 길이 2~3㎝ 정도로 털이 많고 '콩'의 꼬투리와 비슷하다. 종자도 타원형이나 신장형으로 작지만 콩알과 비슷하다. '콩'과 달리 덩굴성이며 밑을 향한 털이 있고 '새콩'에 비해 잎이 좁고 길다. 식용, 사료용으로 이용한다. 줄기와 잎을 잘라서 데친 뒤 양념을 넣어 나물로 먹는다. 장아찌를 담가 먹기도 하고 연한 줄기와 잎을 그대로 샐러드로 해 먹기도 한다. 다음과 같은 증상이나 효과에 약으로 쓰인다. 돌콩(14): 거담, 건비, 건비위, 건위, 견비통, 근골동통, 상근, 오십견, 요통, 자양강장, 자한, 타박상, 허약체질, 현훈

새콩* sae-kong

콩과 Fabaceae
Amphicarpaea bracteata subsp. edgeworthii (Benth.) H. Ohashi

LN 새콩ⓝ, 여우팥, 새돔부, 여호팥, 돌팥, 덩굴돌팥 EN edgeworth-amphicarpaea, hog-peanut CN or MN (1): 양형두#(兩型豆 Liang-Xing-Dou)
[Character: dicotyledon. polypetalous flower. annual herb. vine. wild, medicinal, edible, forage plant]

1년생의 덩굴식물로 종자로 번식한다. 전국적으로 분포하며 산 가장자리나 들에서 자란다. 줄기는 길이 100~200㎝ 정도로 자라고 가지가 많으며 전체에 밑으로 향하여 퍼진 털이 있다. 어긋나는 잎의 긴 잎자루에 3출하는 소엽은 길이 3~6㎝, 너비 2~4㎝ 정도의 난형으로 퍼진 털이 있다. 8~9월에 개화하며 총상꽃차례에 달리는 3~6개 정도의 꽃은 백색으로 연한 자줏빛을 띤다. 꼬투리는 편평한 타원형이고 봉선에 따라 털이 있으며 약간 굽는다. 종실이나 연한 잎을 식용하거나 전초를 사료용으로 이용한다. 다음과 같은 증상이나 효과에 약으로 쓰인다. 새콩(2): 사지동통, 지통

등* deung

콩과 Fabaceae
Wisteria floribunda (Willd.) DC. for. *floribunda*

LN 참등ⓝ, 등나무, 참등나무, 조선등나무, 왕등나무, 연한붉은참등덩굴 EN japanese-wisteria, wisteria CN or MN (6): 다화자등#(多花紫藤 Duo-Hua-Zi-Teng), 등#(藤 Teng), 자등#(紫藤 Zi-Teng)

[Character: dicotyledon. polypetalous flower. deciduous shrub. vine. cultivated, wild, medicinal, edible, ornamental, forage plant]

낙엽성 관목이며 덩굴식물로 분주나 종자로 번식한다. 중남부지방에 분포하며 산지나 민가 근처에서 자란다. 덩굴줄기는 10m 이상으로도 자라고 가지가 갈라지며 작은 가지는 밤색 또는 회색의 막으로 덮여 있다. 어긋나는 잎은 기수 우상복엽으로 13~19개의 소엽은 길이 4~8㎝ 정도의 난생 타원형이고 약간의 털이 있다. 5~6월에 총상꽃차례는 밑으로 늘어지고 연한 자주색의 많은 꽃이 핀다. 꼬투리는 길이 10~15㎝ 정도며 털이 있고 기부로 갈수록 좁아지며 열매는 9월에 익는다. '애기등'에 비해 총상꽃차례가 작은 가지 끝에 나고 꽃이 연한 자색이며 기판기부에 경점이 있다. 관상용, 공예용, 사료용, 밀원용으로도 이용된다. 사방용으로 심는다. 봄에 새싹은 채취하여 무침으로 먹고 종자는 볶아서 식용하며 꽃으로 떡과 전을 만들어 먹는다. 다음과 같은 증상이나 효과에 약으로 쓰인다. 등(4): 구내염, 근골동통, 설사, 자궁근종

벌노랑이* beol-no-rang-i

콩과 Fabaceae
Lotus corniculatus var. *japonica* Regel

Ⓛⓝ 벌노랑이ⓝ, 노랑들콩, 노랑돌콩, 털벌노랑이, 잔털벌노랑이, 버드즈푸트레포일 Ⓔⓝ birdsfoot-trefoil, birdsfoot-deervetch Ⓒⓝ or Ⓜⓝ (5): 금화채#(金花菜 Jin-Hua-Cai), 백맥근#(百脈根 Bai-Mai-Gen), 일미약(一味藥 Yi-Wei-Yao)

[Character: dicotyledon. polypetalous flower. perennial herb. creeping and erect type. cultivated, wild, medicinal, edible, ornamental, forage plant]

다년생 초본으로 근경이나 종자로 번식하고 유럽이 원산지인 귀화식물이다. 전국적으로 분포하며 해안지방과 들에서 자란다. 모여 나와 비스듬히 자라는 줄기는 길이 20~30㎝ 정도이고 가지가 많이 갈라지며 전체에 털이 없다. 어긋나는 잎은 5개의 소엽으로 구성되는데 하부의 1쌍은 엽축 기부의 턱잎 위치에 나며 소엽은 길이 7~15㎜ 정도의 도란형이다. 황색의 꽃은 6~7월에 피며 화경 끝에 산형으로 달린다. 꼬투리는 길이 3㎝ 정도로 곧고 두 조각으로 갈라져서 많은 흑색 종자가 나온다. 사료용, 밀원용, 관상용으로 심기도 한다. 새싹을 식용한다. 다음과 같은 증상이나 효과에 약으로 쓰인다. 벌노랑이(16): 감기, 강장, 고혈압, 대장염, 인후염, 인후통증, 이질, 장염, 정혈, 지갈, 지혈, 치통, 치핵, 하기, 해열, 혈변

자운영* ja-un-yeong

콩과 Fabaceae
Astragalus sinicus L.

ⓁⓃ 자운영ⓝ, 홍화채 ⒺⓃ chinese-milkvetch, milkvetch, chinese-clover ⒸⓃ or ⓂⓃ (9): 교요(翹搖 Qiao-Yao), 쇄미제(碎米薺 Sui-Mi-Ji), 자운영#(紫雲英 Zi-Yun-Ying), 홍화채#(紅花菜 Hong-Hua-Cai)
[Character: dicotyledon. polypetalous flower. biennial herb. creeping and erect type. cultivated, wild, medicinal, edible, green manure, forage, ornamental plant]

2년생 초본으로 종자로 번식한다. 중국이 원산지로 남부지방에 분포하며 들에서 자란다. 4~5월에 개화한다. 원줄기는 높이 30~60㎝ 정도이고 가지가 갈라지며 논과 밭에서는 꺾어져서 옆으로 자라다가 곧추서기 때문에 높이 30㎝ 정도이다. 어긋나는 잎에 9~11개가 달리는 소엽은 길이 6~20㎜, 너비 3~15㎜ 정도의 타원형이며 끝이 둥글거나 파진다. 꽃대 끝에 퍼진 모양으로 모여 달리는 꽃은 홍자색이다. 꼬투리는 길이 20~25㎜, 너비 6㎜ 정도로 털이 없고 2실로 되며 종자는 누른빛이 돈다. 녹비용, 사료용, 밀원용, 관상용 등으로 쓰이고 봄나물로 먹기도 한다. 잎과 어린순을 데쳐서 된장이나 고추장, 간장에 무쳐 먹는다. 꽃은 볶아먹거나 튀김, 데쳐서 무쳐 먹는다. 그동안 중부지방에서는 월동이 불가능하다는 인식이 있었으나, 경기도 남양주에 소재한 고려대학교 부속농장에서 재배가 가능하였다. 다음과 같은 증상이나 효과에 약으로 쓰인다. 자운영(9): 대상포진, 인후통증, 일체안병, 정혈, 청열, 통리수도, 해독, 해수, 해열

황기* hwang-gi

콩과 Fabaceae
Astragalus membranaceus Bunge var. *membranaceus*

KN 단너삼ⓝ, 노랑황기, 도미황기 EN milkvetch, membraneous-milkvetch, astragal
CN or MN (70): 대심(戴椹 Dai-Shen), 사원자#(沙苑子 Sha-Yuan-Zi), 사질려(沙蒺藜 Sha-Ji-Li), 황기#(黃耆 Huang-Qi), 황기#(黃芪 Huang-Qi)
[Character: dicotyledon. polypetalous flower. perennial herb. erect type. cultivated, wild, medicinal, edible plant]

다년생 초본으로 근경이나 종자로 번식한다. 중북부지방에 분포하며 산지에서 자란다. 원줄기는 높이 60~120㎝ 정도로 가지가 많이 갈라지고 전체에 잔털이 있다. 어긋나는 잎은 기수 우상복엽으로 13~23개의 소엽은 난형이고 가장자리가 밋밋하다. 7~8월에 총상꽃차례에 달린 꽃은 황색이다. 꼬투리는 길이 2~3㎝ 정도의 도란상 타원형이며 길이 2~3㎝ 정도이다. 줄기에 희색의 연모가 있고 소엽은 15~19개이며 턱잎은 선형이고 꽃은 연한 황색이며 자방에 털이 있다. 약용식물로 재배한다. 뿌리를 조리하여 식용한다. 다음과 같은 증상이나 효과에 약으로 쓰인다. 황기(76): 간작반, 감기, 강심제, 강장보호, 경선결핵, 경중양통, 고혈압, 과실중독, 관절염, 근육경련, 기력증진, 기부족, 나창, 난청, 늑막염, 만성피로, 민감체질, 보중익기, 비육, 비허설사, 사태, 안면창백, 양궐사음, 양위, 열독증, 열질, 오한, 오한발열, 옹종, 옹창, 완화, 월경이상, 위하수, 위한증, 유방동통, 유옹, 음극사양, 이수소종, 익기고표, 자궁수축, 자한, 적리, 적백리, 정력증진, 조갈증, 종독, 종창, 중풍, 지갈, 지한, 창양, 치질, 치핵, 탈모증, 탈항, 통기, 통리수도, 통증, 투진, 폐결핵, 폐병, 폐열, 피부노화방지, 피부윤택, 하지근무력증, 한열왕래, 해수, 해열, 허로, 허약체질, 허혈통, 혈비, 혈허복병, 화농, 활혈, 흉부냉증

붉은토끼풀* buk-eun-to-kki-pul

콩과 Fabaceae
Trifolium pratense L.

LN 붉은토끼풀ⓝ, 레드클로버 EN red-clover, purple-clover, pea-vine-clover, cow-clover
CN or MN (1): 홍차축초#(紅車軸草 Hong-Che-Zhou-Cao)
[Character: dicotyledon. polypetalous flower. perennial herb. erect type. cultivated, wild, medicinal, edible, forage, ornamental, green manure plant]

다년생 초본으로 근경이나 종자로 번식한다. 유럽이 원산지인 귀화식물로 전국적으로 분포하며 들에서 자란다. 모여 나는 줄기는 높이 25~50㎝ 정도로 곧추 자라서 약간의 가지가 갈라지며 전체에 털이 있다. 어긋나는 잎은 잎자루가 길며 3출하는 소엽은 길이 2~5㎝ 정도의 난형으로 백색의 점이 있고 가장자리에 잔 톱니가 있다. 6~7월에 개화하며 화경이 없이 둥글게 모여 달리는 꽃은 홍자색이다. '토끼풀'에 비해 줄기가 서고 꽃차례에 화경이 거의 없고 정생하는 것같이 보이고 포엽이 없으며 원줄기에 퍼진 털이 있기 때문에 구별할 수 있다. 사료용, 퇴비용, 밀원용, 관상용으로 재배하며 식용하기도 한다. 다음과 같은 증상이나 효과에 약으로 쓰인다. 붉은토끼풀(6): 경련, 기관지염, 진경, 천식, 해수, 활혈

달구지풀* dal-gu-ji-pul | 콩과 Fabaceae *Trifolium lupinaster* L.

KN 달구지풀ⓝ EN wild-clover, bastard-lupine CN or MN (1): 야화구(野火球 Ye-Huo-Qiu)
[Character: dicotyledon. polypetalous flower. perennial herb. erect type. wild, medicinal, edible, forage, ornamental, green manure plant]

다년생 초본으로 땅속줄기나 종자로 번식한다. 북부지방의 산지 풀밭에서 자란다. 모여 나는 줄기는 높이 20~30㎝ 정도이고 비스듬히 자란다. 어긋나는 잎은 잎자루가 짧고 5개의 소엽이 장상으로 달리며 소엽은 길이 2~4㎝, 너비 5~10㎜ 정도의 피침형으로 뒷면에 털이 약간 있다. 6~8월에 개화하며 화경의 끝에 두상꽃차례로 피는 10~20개의 꽃은 짙은 홍색이다. 꼬투리에는 4~6개의 종자가 들어 있다. '토끼풀'에 비해 소엽은 보통 5개가 손바닥 모양으로 나고 잎자루는 턱잎과 합생한다. 어릴 때에는 식용하기도 하며 사료용, 밀원용, 관상용, 퇴비용으로 심기도 한다. 다음과 같은 증상이나 효과에 약으로 쓰인다. 달구지풀(6): 결핵, 소종, 진통, 청열, 치질, 해독

19861003 토끼풀과 붉은토끼풀

20010521

19890701

20060527

20030309

20050508

20110505

20070607

19950721 옥수수밭

토끼풀* to-kki-pul | 콩과 Fabaceae *Trifolium repens* L.

Ⓛ 토끼풀ⓝ, 크로바, 화이트클로버 Ⓔ white-clover, radino-clover, dutch-clover, shamrock Ⓒ or Ⓜ (2): 백차축초#(白車軸草 Bai-Che-Zhou-Cao), 삼소초#(三消草 San-Xiao-Cao)

[Character: dicotyledon. polypetalous flower. perennial herb. creeping and erect type. wild, medicinal, edible, forage, ornamental, green manure plant]

다년생 초본으로 근경이나 종자로 번식한다. 유럽이 원산지인 귀화식물로 전국적으로 분포하며 풀밭에서 자란다. 줄기의 밑부분에서 갈라진 가지가 옆으로 기면서 마디에서 뿌리가 내린다. 어긋나는 잎은 잎자루가 길며 3출하는 소엽은 길이 15~25㎜, 너비 10~25㎜ 정도의 도란형으로 가장자리에 잔 톱니가 있다. 6~7월에 개화하며 화경의 끝에 달리는 두상꽃차례에 백색의 많은 꽃이 산형으로 달린다. 꼬투리는 선형이며 4~6개의 종자가 있다. '붉은토끼풀'에 비해 줄기는 기고 털이 없으며 꽃대가 길고 소화경도 있으며 꽃은 백색이다. 땅속줄기가 없는 것이 '선토끼풀'과 다르다. 사료나 청예용, 관상용으로 이용한다. 잔디밭이나 골프장에서는 문제잡초이다. 생으로 먹거나 샐러드, 녹즙을 내 먹는다. 튀겨먹기도 한다. 다음과 같은 증상이나 효과에 약으로 쓰인다. 토끼풀(4): 신경이상, 양혈, 청열, 치질

전동싸리* jeon-dong-ssa-ri

콩과 Fabaceae
Melilotus suaveolens Ledeb.

ⓚ 전동싸리ⓝ, 노랑풀싸리, 스위트클로버 ⓔ **yellow-sweet-clover, daghestan-sweet-clover, field-melilot** ⓒ or ⓜ (7): 벽한초#(擘汗草 Bi-Han-Cao), 야화생(野花生 Ye-Hua-Sheng), 초목서(草木犀 Cao-Mu-Xi), 향마료(香馬料 Xiang-Ma-Liao)
[Character: dicotyledon. polypetalous flower. biennial herb. erect type. wild, medicinal, edible, forage, ornamental plant]

2년생 초본으로 종자로 번식한다. 중국이 원산지인 귀화식물로 해안지대에서 잘 자란다. 원줄기는 높이 80~160㎝ 정도로 곧추 자라고 가지가 많이 갈라진다. 잎은 어긋나고 잎자루의 끝에서 3출하는 소엽은 길이 15~30㎜ 정도의 긴 타원형으로 가장자리에 톱니가 있다. 7~8월에 개화하며 총상꽃차례에 달리는 꽃은 황색이다. 꼬투리는 난형으로 털이 없고 흑색으로 익는다. '개자리속'에 비해 협과가 소형이거나 난형으로 말리지 않는다. '흰전동싸리'와 달리 꽃은 길이 3~4㎜ 정도로 황색이다. 관상용, 사료용으로 이용한다. 연한 싹을 데쳐서 식용한다. 다음과 같은 증상이나 효과에 약으로 쓰인다. 전동싸리(14): 기관지염, 살충, 신장염, 안질, 이뇨, 이질, 일사병, 열사병, 일체안병, 임질, 임파선염, 청열, 해독, 해열

흰전동싸리* huin-jeon-dong-ssa-ri

콩과 Fabaceae
Melilotus alba Medicus ex Desv.

LN 흰전동싸리ⓝ, 꿀풀싸리 EN white-sweet-clover, honey-clover, white-melilot, bokhara-clover CN or MN (4): 백화초목서(白花草木犀 Bai-Hua-Cao-Mu-Xi), 벽한초(辟汗草 Bi-Han-Cao)
[Character: dicotyledon. polypetalous flower. biennial herb. erect type. wild, medicinal, edible, forage, ornamental plant]

2년생 초본으로 종자로 번식한다. '전동싸리'와 혼합하여 자란다. 원줄기는 높이 70~140㎝ 정도이고 가지가 많이 갈라지고 곧추선다. 7~8월에 개화하며 형태와 생태는 '전동싸리'와 비슷하고 꽃의 색깔이 백색인 것이 다르다. 관상용, 사료용으로 이용하며 연한 싹을 데쳐서 식용한다. 다음과 같은 증상이나 효과에 약으로 쓰인다. 흰전동싸리(4): 장염, 안질, 이뇨, 해열

20090913표

20020815  20020811

19991005

19880904  20050925

19991005

19991005  20111026

20111026

활나물* hwal-na-mul | 콩과 Fabaceae *Crotalaria sessiliflora* L.

Ⓛⓝ 활나물ⓝ, 농길리 Ⓔⓝ purpleflower-crotalaria, rattlebox Ⓒⓝ or Ⓜⓝ (7): 농길리#(農吉利 Nong-Ji-Li), 야백합#(野白合 Ye-Bai-He), 자소용#(自消容 Zi-Xiao-Rong)
[Character: dicotyledon. polypetalous flower. annual herb. erect type. wild, medicinal, edible, ornamental plant]

1년생 초본으로 종자로 번식한다. 전국적으로 분포하며 산 가장자리나 들에서 자란다. 원줄기는 30~60㎝ 정도로 곧추 자라고 가지가 갈라지며 전체에 갈색의 긴 털이 있다. 어긋나는 잎은 잎자루가 거의 없으며 잎몸은 길이 4~10㎝, 너비 3~10㎜ 정도의 넓은 선형이다. 7~8월에 개화하며 총상으로 달리는 꽃은 청자색이다. 꼬투리는 길이 10~12㎜ 정도의 긴 타원형이고 밋밋하며 2개로 갈라진다. 잎은 선상 장타원형이고 잎 표면을 제외한 전식물체에 갈색 털이 밀생하고 꽃받침은 대형으로 꽃잎과 과실을 감싼다. 어릴 때에 식용하기도 하며 관상용으로 심기도 한다. 연한 싹을 데쳐서 식용한다. 다음과 같은 증상이나 효과에 약으로 쓰인다. 활나물(14): 간장암, 강심, 기관지염, 소아감적, 식도암, 야뇨증, 이뇨, 자궁경부암, 진통, 통경, 피부상피암, 항암, 해독, 해열

둥근이질풀* dung-geun-i-jil-pul

쥐손이풀과 Geraniaceae
Geranium koreanum Kom.

Ⓛⓝ 둥근손잎풀ⓝ, 긴이질풀, 산이질풀, 왕이질풀, 둥근쥐손이, 둥근이질풀 Ⓔⓝ **korean-cranebill** Ⓒⓝ or Ⓦⓝ (9): 노관초#(老鸛草 Lao-Guan-Cao), 조선방우아묘(朝鮮牻牛兒苗 Chao-Xian-Mang-Niu-Er-Miao), 현초(玄草 Xuan-Cao)
[Character: dicotyledon. polypetalous flower. perennial herb. erect type. wild, medicinal, forage plant]

산과 들에서 자라는 다년초이다. 여러 대가 한 포기에 나오며 가지가 없는 것도 있고 원줄기는 사각형이며 털이 없다. 잎은 마주나고 4열성으로서 3~5개로 갈라지며 열편은 피침형 또는 도피침형으로 큰 톱니가 있다. 연한 홍색의 꽃이 6~7월에 피고 원줄기 끝에 3~5개로 산형으로 달린다. 삭과에 털이 있다. 특징으로는 원줄기가 네모지고 턱잎이 광활하며 수술의 하부가 날개 모양이다. 사료로도 이용한다. 다음과 같은 증상이나 효과에 약으로 쓰인다. 둥근이질풀(20): 대하증, 방광염, 변비, 역리, 열질, 위궤양, 위장병, 위장염, 장염, 장풍, 적리, 적백리, 종창, 지사, 지혈, 통경, 피부병, 피부염, 해독, 활혈

쥐손이풀* jwi-son-i-pul | 쥐손이풀과 Geraniaceae *Geranium sibiricum* L.

LN 손잎풀ⓝ EN siberian-crane's-bill, crane's-bill CN or MN (24): 노관초#(老鸛草 Lao-Guan-Cao), 노학초#(老鶴草 Lao-He-Cao), 현지초(玄之草 Xuan-Zhi-Cao), 현초(玄草 Xuan-Cao)
[Character: dicotyledon. polypetalous flower. perennial herb. creeping and erect type. wild, medicinal, forage plant]

다년생 초본으로 근경이나 종자로 번식한다. 전국적으로 분포하며 산지나 들에서 자란다. 원줄기는 높이 40~80㎝ 정도이나 옆으로 벋으며 밑을 향한 털이 있다. 마주나는 잎은 잎자루가 길고 잎몸은 지름 4~7㎝ 정도로서 오각상 심원형으로 5개로 깊게 갈라지며 퍼진 털이 있다. 6~8월에 개화하며, 화경의 끝에 1~2개씩 달리는 꽃은 연한 홍색 또는 홍자색이다. 암술머리는 길이 1㎜ 정도이며 열매는 곧추선다. '이질풀'에 비해 뿌리는 1개의 주근이 있고 꽃대에 1~2개의 꽃이 달린다. 사료로도 이용한다. 다음과 같은 증상이나 효과에 약으로 쓰인다. 쥐손이풀(19): 대하증, 방광염, 변비, 역리, 위궤양, 위장병, 위장염, 장염, 장위카타르, 적리, 적백리, 제습, 종창, 지사, 통경, 풍, 피부병, 하리, 해독

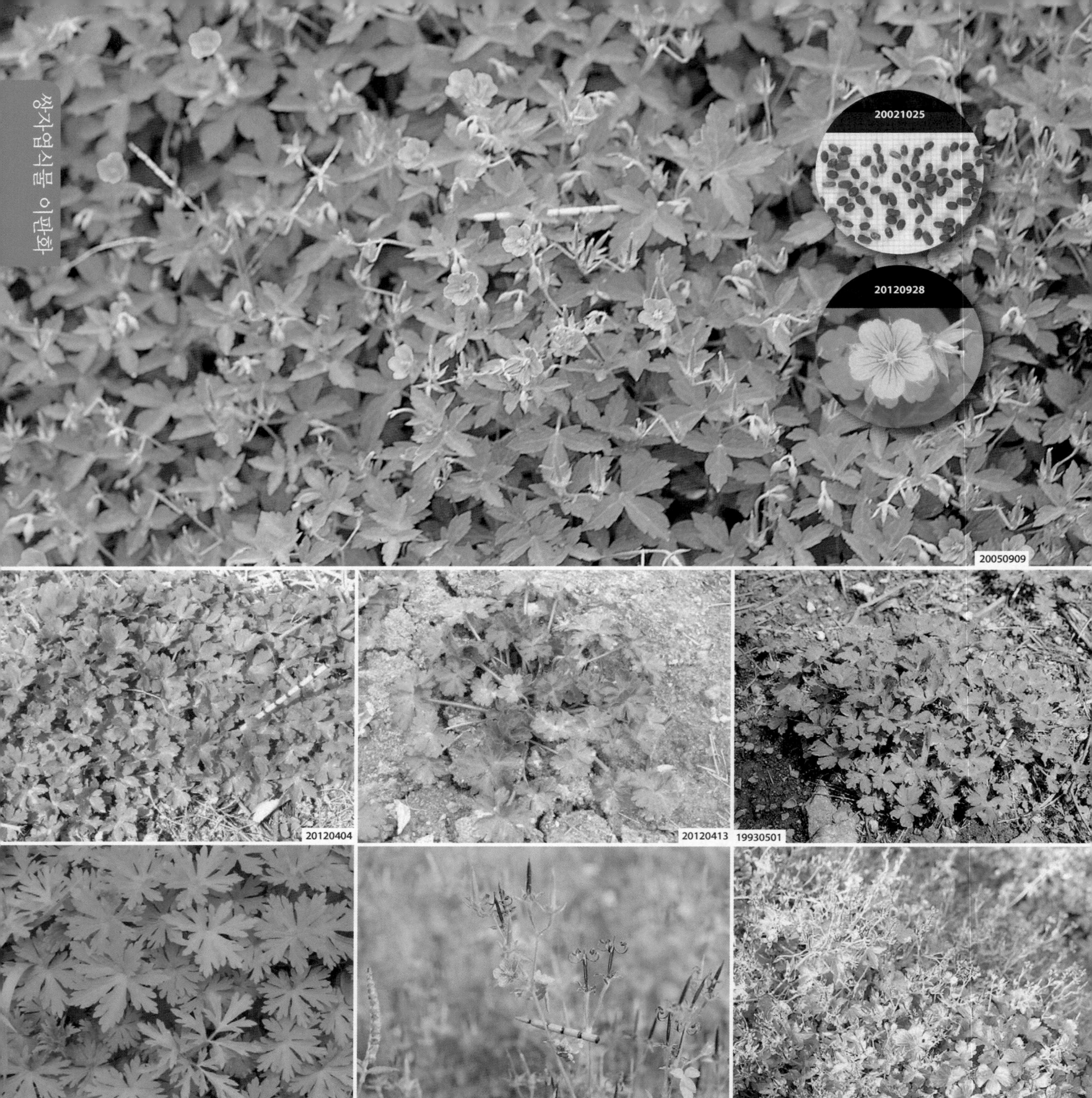

이질풀* i-jil-pul

쥐손이풀과 Geraniaceae
Geranium thunbergii Siebold et Zucc.

KN 이질풀ⓝ, 쥐손이풀, 개발초, 거십초, 붉은이질풀, 민들이질풀, 분홍이질풀 EN nepalese-cranesbill CN or MN (8): 노관초#(老鸛草 Lao-Guan-Cao), 오엽초(五葉草 Wu-Ye-Cao), 현지초(玄之草 Xuan-Zhi-Cao)
[Character: dicotyledon. polypetalous flower. perennial herb. creeping and erect type. wild, medicinal, edible plant]

다년생 초본으로 근경이나 종자로 번식한다. 원줄기는 40~60㎝ 정도로 가지가 갈라지며 비스듬히 벋어가고 위로 퍼진 털이 있다. 마주나는 잎은 잎자루가 있고 잎몸은 너비 3~7㎝ 정도로서 3~5개의 열편이 장상으로 갈라지며 양면에 흔히 흑색 무늬가 있고 약간의 털이 있다. 8~9월에 개화하며 화경이 2개로 갈라져서 연한 홍색, 홍자색 또는 백색의 꽃이 핀다. 삭과는 5개로 갈라져서 위로 말리며 5개의 종자가 들어 있다. '쥐손이풀'에 비해 주근이 여러 개이고 꽃대에 꽃이 2개씩 달리고 소화경과 꽃받침에 긴 선모가 있다. 초여름 꽃이 피어 있을 때 채취해 햇빛에 말린다. 잘게 썬 것에 뜨거운 물을 부어 건강차로 마시거나 달여서 마신다. 다음과 같은 증상이나 효과에 약으로 쓰인다. 다음과 같은 증상이나 효과에 약으로 쓰인다. 이질풀(42): 각기, 감기, 강장보호, 갱년기장애, 거풍제습, 건위, 과민성대장증후군, 과식, 구순생창, 구창, 금창, 대하증, 방광염, 백적리, 변비, 산전후통, 소아변비증, 식중독, 역리, 열광, 열질, 궤양, 월경불순, 위궤양, 위산과다증, 위장염, 위하수, 자궁내막염, 장염, 장위카타르, 적백리, 제습, 종독, 종창, 지사, 지혈, 통경, 폐결핵, 풍, 피부병, 하리, 해독, 활혈

큰괭이밥* keun-gwaeng-i-bap

괭이밥과 Oxalidaceae
Oxalis obtriangulata Maxim.

LN 큰괭이밥풀ⓝ EN mountain-lady's-sorrel, shamrock-sorrel, white-woodsorrel, white-wood-sorrel CN or MN (2): 작장초#(酌漿草 Zhuo-Jiang-Cao), 초장초#(酢漿草 Cu-Jiang-Cao)
[Character: dicotyledon. polypetalous flower. perennial herb. erect type. wild, medicinal, edible, ornamental plant]

다년생 초본으로 땅속줄기나 종자로 번식한다. 전국적으로 분포하며 산지의 나무 그늘에서 자란다. 땅속줄기의 마디에서 나오는 잎은 3~5개가 모여 나고 긴 잎자루 끝에 달린 3개의 소엽은 옆으로 퍼진다. 소엽은 길이 3㎝, 너비 4~6㎝ 정도의 도삼각형 절두이며 상단의 중앙부가 약간 파지고 가장자리에 털이 약간 있다. 4~5월에 개화하며 화경 끝에 달리는 1개의 꽃은 백색이다. 삭과는 길이 2㎝ 정도의 원주상 난형이다. 신맛이 있어 생으로 먹는다. '애기괭이밥'과 달리 전체가 대형이고 소엽이 도삼각형이며 삭과는 길이 2㎝ 정도이며 각실에 4~5개의 종자가 들어 있다. 관상용으로 심기도 한다. 연구용이나 공업용으로도 이용한다. 부드러운 잎을 비빔밥에 넣거나 겉절이를 한다. 다른 산나물과 같이 데쳐서 무쳐 먹기도 한다. 다음과 같은 증상이나 효과에 약으로 쓰인다. 큰괭이밥(11): 소종해독, 소화제, 악창, 양혈산어, 옴, 인후염, 청열이습, 충독, 타박상, 피부병, 해독

광이밥* gwaeng-i-bap

광이밥과 Oxalidaceae
Oxalis corniculata L.

Ⓛⓝ 괭이밥풀ⓝ, 시금초, 외풀, 선시금초, 괴싱아, 눈괭이밥, 붉은괭이밥, 자주괭이밥, 덩불괭이밥, 선괭이밥, 선괭이밥풀 Ⓔⓝ yellow-sorrel, creeping-wood-sorrel, creeping-oxalis, creeping-lady's-sorrel, procumbent-yellow-wood-sorrel, sleeping-beauty Ⓒⓝ or Ⓜⓝ (15): 산거초(酸車草 Suan-Ju-Cao), 산모#(酸模 Suan-Mo), 산장초#(酸漿草 Suan-Jiang-Cao), 초장초#(酢漿草 Cu-Jiang-Cao)

[Character: dicotyledon. polypetalous flower. perennial herb. creeping and erect type. wild, medicinal, edible, ornamental plant]

다년생 초본으로 땅속줄기나 종자로 번식한다. 전국적으로 분포하며 밭이나 들에서 자란다. 원뿌리는 땅속으로 들어가고 지상부의 줄기는 옆으로 비스듬히 자라며 길이 10~30㎝ 정도로 가지가 많이 갈라진다. 어긋나는 잎은 긴 잎자루 끝에 3개의 소엽이 옆으로 퍼져 있으나 밤에는 오므라든다. 3개의 소엽은 길이와 너비가 각각 10~20㎜ 정도의 도심장형으로 가장자리와 뒷면에 약간의 털이 있다. 6~9월에 개화하며 잎겨드랑이에서 긴 화경이 곧추 나와 그 끝에 1~8개의 꽃이 산형으로 달리고 꽃은 황색이다. 삭과는 길이 15~25㎜ 정도의 원주형으로 많은 종자가 들어 있다. 종자는 렌즈모양이며 양쪽에 옆으로 주름살이 진다. 신맛이 있어 그대로 먹기도 하고 관상용으로 심기도 한다. 공업용이나 연구용으로도 이용한다. '선괭이밥'에 비해 뿌리가 수직으로 벋어 비후하고 지상경은 누우며 턱잎은 귀 모양으로 명확하고 꽃은 1~8개씩 달린다. 어린잎을 생으로 먹거나 무쳐서 나물로 비빔밥에 넣거나 된장국 등을 끓여 먹는다. 다음과 같은 증상이나 효과에 약으로 쓰인다. 괭이밥(24): 간염, 경혈, 소아탈항, 소종해독, 소화제, 악창, 양혈산어, 옴, 옹종, 인후염, 종창, 청열이습, 충독, 치핵, 타박상, 탈항, 토혈각혈, 피부병, 해독, 해열, 허혈통, 혈림, 화상, 황달

20050710표

20120607  19980827

20030801

19960525  20070602

20070703

20120621  20050625

19900606

한련* han-ryeon | 한련과 Tropaeolaceae *Tropaeolum majus* L.

LN 금련화ⓝ, 할련, 한련화, 금연화 EN nasturtium, common-nasturtium, garden-nasturtium, indian-cress, large-indian-cress CN or MN (4): 금련화(金蓮花 Jin-Lian-Hua), 한금련#(旱金蓮 Han-Jin-Lian), 한련화#(旱蓮花 Han-Lian-Hua)

[Character: dicotyledon. polypetalous flower. annual herb. vine. cultivated, medicinal, edible, ornamental plant]

1년생 초본의 덩굴식물로 종자로 번식한다. 페루가 원산지인 관상식물이다. 원줄기는 길이 50~100㎝ 정도로 가지가 갈라지며 털이 약간 있고 육질이다. 어긋나는 잎은 잎자루가 길고 잎몸은 지름 6~12㎝ 정도의 방패 같은 모양으로 뒷면에 다소의 털이 있다. 윗부분의 잎겨드랑이에서 나온 긴 화경의 끝에 1개씩 달린 꽃은 황색 또는 적색이다. 심피는 3개이고 종자가 1개씩 들어 있으며 성숙한 후에도 벌어지지 않는다. 관상용으로 심으며 어릴 때에는 전초를 식용하기도 한다. 꽃을 생으로 비빔밥의 재료로 이용한다. 다음과 같은 증상이나 효과에 약으로 쓰인다. 한련(7): 동통, 안구충혈, 양형, 종기, 지혈, 청열, 해독

백선* baek-seon

운향과 Rutaceae
Dictamnus dasycarpus Turcz.

Ⓛⓝ 검화ⓝ, 자래초 Ⓔⓝ densefruit-dittany, gas-plant. burning-bush-dittany, fraxinella-dittany Ⓒⓝ or Ⓜⓝ (21): 금작아초(金爵兒椒 Jin-Que-Er-Jiao), 백선#(白鮮 Bai-Xian), 백선피#(白鮮皮 Bai-Xian-Pi), 봉황삼(鳳凰蔘 Feng-Huang-Shen), 팔고우(八股牛 Ba-Gu-Niu)
[Character: dicotyledon. polypetalous flower. perennial herb. erect type. wild, medicinal, edible, ornamental plant]

다년생 초본으로 근경이나 종자로 번식한다. 전국적으로 분포하며 산지에서 자란다. 모여 나는 원줄기는 곧추 자라고 높이 50~90㎝ 정도이다. 어긋나는 잎은 기수 우상복엽이며 5~9개의 소엽은 타원형으로 가장자리에 잔톱니가 있다. 5~6월에 원줄기 끝에 총상꽃차례로 달리는 꽃은 연한 홍색이다. 삭과는 5개로 갈라지며 털이 있다. 엽축에 좁은 날개가 있고 꽃에서 강한 냄새가 난다. 향료나 관상용으로 심기도 한다. 뿌리를 조미료로도 이용한다. 다음과 같은 증상이나 효과에 약으로 쓰인다. 백선(36): 간염, 개선, 건선, 낙태, 두통, 산유, 열독증, 오풍, 요통, 위장염, 유즙결핍, 이뇨, 제습, 제습지통, 조비후증, 중풍, 청열해독, 타태, 탈피기급, 통경, 통리수도, 통풍, 폐결핵, 폐기천식, 풍, 풍비, 풍열, 풍질, 피부병, 피부소양증, 해독, 해수, 해열, 화분병, 황달, A형간염

19991106

19940829

20070616

19980425

19950505

19970619

19930515

19930818

20121030

운향* un-hyang | 운향과 Rutaceae *Ruta graveolens* L.

미확인 rue, common-rue, garden-rue, herb-of-grace or (5): 소향초(小香草 Xiao-Xiang-Cao), 운향#(芸香 Yun-Xiang), 취애(臭艾 Chou-Ai)
[Character: dicotyledon. polypetalous flower. semievergreen perennial herb. erect type. cultivated, medicinal, edible plant]

다년생인 반상록성 식물로 근경이나 종자로 번식한다. 향료나 약용으로 재배하고 지중해 연안이 원산지이다. 줄기나 가지의 일부는 목질화되며 높이는 60~90㎝ 정도이다. 황색의 꽃은 7~9월에 피며 꼬투리를 만든다. 전초는 '운향' 또는 '취초'라고 하여 말린 후 차로 이용하거나 다음과 같은 증상이나 효과에 약으로 쓰인다. 운향(22): 감기, 거담, 거풍, 경련, 담즙촉진, 소아경간, 소아경풍, 소종, 습진, 월경이상, 월경촉진, 진경, 치통, 타박상, 탈장, 통경, 퇴열, 풍, 하리, 해독, 해열, 활혈

20021204 19871005 20070606 20080929 19910512 20140608 20110720 20120428 20060618 19890924 20070610

탱자나무* taeng-ja-na-mu

운향과 Rutaceae
Poncirus trifoliatus (L.) Raf.

KN 탱자나무ⓝ, 지, EN trifoliate-orange, hardy-orange, bitter-orange, CN or MN (40): 구귤#(枸橘, Gou-Ju), 구귤엽#(枸橘葉, Gou-Ju-Ye), 구귤자#(枸橘刺, Gou-Ju-Ci), 구귤핵(枸橘核, Gou-Ju-He), 생지실(生枳實, Sheng-Zhi-Shi), 소지실(小枳實, Xiao-Zhi-Shi), 지각#(枳殼, Zhi-Ke), 지근피#(枳根皮, Zhi-Gen-Pi), 지실#(枳實, Zhi-Shi), 지실(只實, Zhi-Shi), 초지실(炒枳實, Chao-Zhi-Shi), 취귤(臭橘, Chou-Ju).
[Character: dicotyledon. polypetalous flower. deciduous shrub. erect type. cultivated, wild, medicinal, edible, ornamental plant.]

낙엽성 관목으로 종자로 번식한다. 강화도 이남의 중남부지방에 분포하며 마을 부근에 심는다. 높이 2~4m 정도로 가지는 녹색으로 많이 갈라지고 약간 편평하며, 길이 3~5㎝ 정도의 굳센 가시가 어긋난다. 어긋나는 잎에 3출하는 소엽은 길이 3~6㎝ 정도의 도란형으로 가장자리에 둔한 톱니가 있다. 5월에 개화하며, 가지의 끝이나 잎겨드랑이에 1~2개씩 달리는 꽃은 흰색이다. 열매는 지름 3㎝ 정도로 둥글고 9월에 익고 향기가 좋지만 먹을 수는 없고 약으로 쓰인다. 종자는 길이 10~13㎜ 정도의 장타원형이다. '귤나무속'에 비해 잎이 3소엽이고 과실에 털이 있으며 수술대가 넓지 않다. 내한성이 약하고 산울타리나 '귤나무'의 대목으로 이용한다. 관상용이나 밀원용, 식용으로 심기도 한다. 열매를 다려 마시며, 구귤주를 만들어 마신다. 다음과 같은 증상이나 효과에 약으로 쓰인다. 탱자나무(26): 각기, 건위, 기관지염, 내장무력증, 복부창만, 소화불량, 위축신, 위학, 자궁수축, 자궁하수, 지구역, 지혈, 진통, 축농증, 탈모증, 탈항, 토혈, 통기, 통리수도, 편도선염, 하리, 해소, 해수, 해열, 황달, 흉통.

참죽나무* cham-juk-na-mu

멀구슬나무과 Meliaceae
Cedrela sinensis A. Juss.

LN 참중나무ⓝ, 충나무, 쭉나무, 가죽, 가죽나무, 참가죽, 가죽나물, 참죽나물 EN red-toon, chinese-cedar, chinese-mahogany, CN or MN (23): 고춘피(苦椿皮, Ku-Chun-Pi), 저근피(樗根皮, Chu-Gen-Pi), 저백피(樗白皮, Chu-Bai-Pi), 저피#(樗皮, Chu-Pi), 춘#(椿, Chun), 춘근백피(椿根白皮, Chun-Gen-Bai-Pi), 춘근피#(椿根皮, Chun-Gen-Pi), 춘목엽(椿木葉, Chun-Mu-Ye), 춘목피(椿木皮, Chun-Mu-Pi), 춘백피#(椿白皮, Chun-Bai-Pi), 춘엽(椿葉, Chun-Ye), 춘피#(椿皮, Chun-Pi), 취춘피(臭椿皮, Chou-Chun-Pi), 향춘#(香椿, Xiang-Chun), 향춘엽#(香椿葉, Xiang-Chun-Ye), 향춘자#(香椿子, Xiang-Chun-Pi), 향춘피(香椿皮, Xiang-Chun-Pi).

[Character: dicotyledon. polypetalous flower. deciduous tree. erect type. cultivated, wild, medicinal, edible, ornamental plant.]

낙엽성 교목으로 뿌리나 종자로 번식한다. 중국이 원산지로 중남부지방에서 마을 근처에 심고, 야생으로도 자란다. 높이 7~15m 정도이며, 가지는 굵고 암갈색으로 어린 가지에는 털이 있다. 어긋나는 잎은 길이 30~60㎝ 정도의 1회 우상복엽이고, 10~20개의 소엽은 길이 5~15㎝ 정도의 긴 타원형으로 가장자리에 톱니가 약간 있다. 6~7월에 개화하며, 밑으로 처지는 원추화서에 피는 꽃은 작고 백색이다. '멀구슬나무'에 비해 잎이 우수우상복엽이고 수술은 기부가 떨어져나며 열매가 삭과이고 종자에 세로로 날개가 있다. 목재는 가구재로 이용한다. 관상용이나 울타리용으로 심기도 한다. 어린 순을 생으로 먹거나 데쳐서 나물, 튀김, 전 혹은 쌈으로 곁들여 먹는다. 무침과 부각을 해서 먹거나 장아찌를 담가먹는다. 다음과 같은 증상이나 효과에 약으로 쓰인다. 참죽나무(17): 개선, 거습, 버짐, 살충, 소아감적, 수감, 수렴, 악창, 옴, 자궁출혈, 적대하, 제열조습, 제충제, 조습, 지사, 지혈, 하리.

여우구슬* yeo-u-gu-seul | 대극과 Euphorbiaceae *Phyllanthus urinaria* L.

LN 구슬풀ⓝ EN common-leafflower, gale-of-wind, gripeweed CN or MN (7): 여감자#(餘甘子 Yu-Gan-Zi), 엽하주#(葉下珠 Ye-Xia-Zhu), 진주초#(珍珠草 Zhen-Zhu-Cao)
[Character: dicotyledon. polypetalous flower. annual herb. erect type. wild, medicinal plant]

1년생 초본으로 종자로 번식한다. 중남부지방에 분포하며 들에서 자란다. 원줄기는 높이 20~40㎝ 정도이고 가지가 옆으로 비스듬히 퍼진다. 원줄기와 가지에 어긋나는 잎은 우상복엽같이 보이고 잎몸은 길이 7~17㎜, 너비 3~7㎜ 정도의 도란상 장타원형으로 뒷면에 흰빛이 돈다. 7~8월에 액생하는 꽃은 화경이 거의 없고 적자색이다. 삭과는 지름 2.5㎜ 정도의 편구형으로 대가 없으며 적갈색이고, 옆으로 주름이 지며 익으면 3개로 갈라져서 종자가 나온다. 종자는 길이 1.2㎜ 정도이고 옆으로 주름이 진다. '여우주머니'와 달리 원줄기에 잎이 없고 가지에만 우상복엽같이 달리며 잎은 장타원형으로 둥글고 열매에 자루가 없고 옆으로 주름이 있다. 사방용으로 심기도 한다. 다음과 같은 증상이나 효과에 약으로 쓰인다. 여우구슬(12): 간염, 소간, 요로감염, 이수, 이질, 인후통증, 임파선염, 장염, 청열, 통리수도, 해독, 해열

20110826표

20050903  19940818 19950928

20060604  20120730  20120824  20030710

20110805 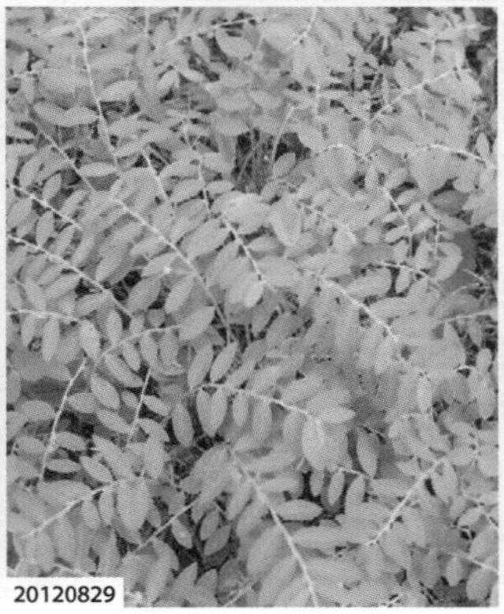 20120829  19911014  20021013 여우구슬과 여우주머니

여우주머니* yeo-u-ju-meo-ni

대극과 Euphorbiaceae
Phyllanthus ussuriensis Rupr. et Maxim.

LN 주머니구슬풀ⓝ, 좀여우구슬 EN simplex-leafflower CN or MN (1): 황주자초#(黃珠子草, Huang-Zhu-Zi-Cao)
[Character: dicotyledon. polypetalous flower. annual herb. erect type. wild, medicinal, forage plant]

1년생 초본으로 종자로 번식한다. 전국적으로 분포하며 황무지나 밭에서 자란다. 원줄기는 높이 25~50㎝ 정도로 곧추서고 가지가 옆으로 퍼진다. 원줄기와 가지에 어긋나는 잎의 잎몸은 길이 7~20㎜, 너비 3~6㎜ 정도의 긴 타원형으로 가장자리가 밋밋하고 뒷면에 다소 흰빛이 돈다. 6~7월에 원줄기와 가지의 잎겨드랑이에서 피는 꽃은 황록색이다. 삭과는 지름 2.5㎜ 정도의 편구형이며 대가 있고 연한 황록색이다. 종자는 지름 1.2㎜ 정도로서 황갈색이고 짙은 갈색 반점과 세로로 짧은 줄이 있다. '여우구슬'과 달리 줄기와 가지에 달리는 잎은 장타원형이고 열매에 자루가 있고 밋밋하다. 목초나 사방용으로 이용되기도 한다. 다음과 같은 증상이나 효과에 약으로 쓰인다. 여우주머니(8): 간염, 소간, 요로감염, 이수, 이질, 장염, 청열, 해독

깨풀* kkae-pul | 대극과 Euphorbiaceae *Acalypha australis* L.

Ⓛ 깨풀ⓝ, 들깨풀 Ⓔ copperleaf, threeseed-mercury, threeseed-copperleaf Ⓒ or Ⓜ (12): 묘안초(猫眼草 Mao-Yan-Cao), 전라초(田螺草 Tian-Luo-Cao), 철현채#(鐵莧菜 Tie-Xian-Cai)

[Character: dicotyledon. polypetalous flower. annual herb. erect type. wild, medicinal, edible, forage plant]

1년생 초본으로 종자로 번식한다. 전국적으로 분포하며 풀밭에서 자란다. 원줄기는 높이 30~60㎝ 정도이고 가지가 많이 갈라지며 짧은 털이 있다. 어긋나는 잎은 잎자루가 길이 1~4㎝ 정도이고 잎몸은 길이 3~8㎝, 너비 15~35㎜ 정도의 난형으로 뒷면에 털이 있으며 가장자리에 둔한 톱니가 있다. 7~8월에 개화하며 원줄기와 가지 끝에 수꽃이 달리고 잎겨드랑이에 암꽃이 핀다. 삭과는 지름 3㎜ 정도로 털이 있고 대가 없으며 종자는 길이 1.5㎜ 정도의 넓은 난형이고 흑갈색으로 밋밋하다. '산쪽풀'에 비해 잎이 호생하고 꽃밥은 원주상 장타원형으로 많은 것이 만곡한다. 여름작물의 포장에서 방제하기 어려운 문제잡초이다. 어릴 때에는 나물로 식용하거나 목초로 이용한다. 다음과 같은 증상이나 효과에 약으로 쓰인다. 깨풀(11): 감기, 살충, 이수, 자궁출혈, 지혈, 청열, 토혈각혈, 피부염, 해수토혈, 해열, 혈변

애기땅빈대* ae-gi-ttang-bin-dae

대극과 Euphorbiaceae
Euphorbia supina Raf.

KN 애기점박이풀ⓝ, 좀땅빈대, 비단풀 EN spotted-euphorbia, prostrate-spurge, milk-purslane, annual-spurge, spotted-sandmat, spotted-spurge CN or MN (12): 반지금(斑地錦 Ban-Di-Jin), 소금초#(小錦草 Xiao-Jin-Cao), 지금#(地錦 Di-Jin)
[Character: dicotyledon. polypetalous flower. annual herb. creeping type. wild, medicinal plant]

1년생 초본으로 종자로 번식한다. 북미가 원산지인 귀화식물로 들이나 길가에서 자란다. 원줄기는 밑부분에서 가지가 많이 갈라지고 지면을 따라 퍼지며 길이 10~25㎝ 정도로 잎과 더불어 털이 있다. 마주나는 잎은 길이 5~10㎜, 너비 2~4㎜ 정도의 긴 타원형으로 가장자리에 둔한 잔 톱니가 있고 중앙부에 붉은빛이 도는 갈색 반점이 있다. 6~8월에 배상꽃차례로 1~3개씩 달리는 꽃은 붉은빛을 띤다. 삭과는 꽃차례 밖으로 길게 나와서 옆으로 처지며 겉에 털이 있고 지름 1.8㎜ 정도로 3개의 둔한 능선이 있다. 종자는 길이 0.6㎜ 정도의 사각상 타원형이며 3개의 능선이 있고 표면에 몇 개의 옆주름이 있다. '땅빈대'와 비슷하지만 잎에 반점이 있고 열매에 털이 있으며 '큰땅빈대'와는 식물이 지면을 기어가는 것이 다르다. 사방용으로도 이용한다. 다음과 같은 증상이나 효과에 약으로 쓰인다. 애기땅빈대(14): 설사, 옹종, 유즙결핍, 장염, 정창, 지혈, 청습열, 타박상, 토혈각혈, 통유, 해독, 혈림, 활혈, 황달

등대풀* deung-dae-pul

대극과 Euphorbiaceae
Euphorbia helioscopia L.

ⓚ 등대풀ⓝ, 등대대극, 등대초 ⓔ sun-euphorbia, sun-spurge, wolf's-milk, devil's-milk, wartweed, umbrella-milkweed ⓒ or ⓜ (19): 택칠#(澤漆 Ze-Qi)
[Character: dicotyledon. polypetalous flower. biennial herb. erect type. halophyte. wild, medicinal, edible, harmful, ornamental plant]

2년생 초본으로 종자로 번식한다. 중남부지방에 분포하며 해안지방에서 잘 자란다. 원줄기는 높이 20~40㎝ 정도이고 가지가 많이 갈라진다. 자르면 유액이 나오고 윗부분에 긴 털이 약간 있다. 어긋나는 잎의 잎몸은 길이 1~3㎝, 너비 6~20㎜ 정도의 주걱상 도란형으로 가장자리에 잔 톱니가 있으며 가지가 갈라지는 부분에는 5개의 잎이 돌려난다. 가지 끝에 배상꽃차례로 달리는 꽃은 황록색이다. 삭과는 길이 3㎜ 정도로 밋밋하고 3개로 갈라진다. 종자는 길이 1.8㎜ 정도로 갈색이며 겉에 그물무늬가 있다. '대극'에 비해 2년초로 잎은 주걱모양의 도란형으로 잔톱니가 있으며 자방 및 삭과는 평활하고 종자에는 융기한 그물모양의 무늬가 있다. 관상용으로 심는다. 데쳐서 우려낸 뒤 나물로 해 먹는 곳도 있지만 먹으면 구토와 설사, 경련 등이 일어난다. 다음과 같은 증상이나 효과에 약으로 쓰인다. 등대풀(25): 건선, 경중양통, 골반염, 당뇨, 발한, 복중괴, 사독, 살충, 소담, 수종, 음부부종, 음종, 이뇨, 임질, 임파선염, 제습, 창종, 치통, 통경, 통리수도, 풍독, 풍습, 풍열, 해독, 활혈

대극* dae-geuk | 대극과 Euphorbiaceae *Euphorbia pekinensis* Rupr.

Ⓚ 버들옻ⓝ, 우독초, 능수버들 Ⓔ peking-euphorbia, spurge, euphorbia Ⓒ or Ⓜ (33): 경대극#(京大戟 Jing-Da-Ji), 대극#(大戟 Da-Ji), 천층탑#(千層塔 Qian-Ceng-Ta), 택칠#(澤漆 Ze-Qi)
[Character: dicotyledon. polypetalous flower. perennial herb. erect type. wild, medicinal, poisonous, ornamental plant]

다년생 초본으로 근경이나 종자로 번식한다. 전국적으로 분포하며 산이나 들에서 자란다. 원줄기는 60~80㎝ 정도로 곧추 자라고 가지가 많이 갈라진다. 어긋나는 잎의 잎몸은 길이 3~8㎝, 너비 6~12㎜ 정도의 긴 타원형으로 표면은 짙은 녹색이고 뒷면은 흰빛이 돌며 가장자리에 잔 톱니가 있고 중륵에 흰빛이 돈다. 줄기 끝에 5개의 잎이 돌려나고 5개의 가지가 나와서 산형으로 달리는 꽃은 검은 갈자색이다. 삭과는 사마귀 같은 돌기가 있으며 3개로 갈라지고, 종자는 길이 1.8㎜ 정도의 넓은 타원형으로 겉이 밋밋하다. 잎에 톱니가 있고 꼬부라진 털이 있는 것이 '암대극'과 다르고 '참대극'에 비해 포엽이 황색을 띠며 가장자리가 밋밋하다. 관상용으로 심으며, 대극 종류는 약으로 쓰지만 독이 강해서 나물로 먹으면 안 된다. 다음과 같은 증상이나 효과에 약으로 쓰인다. 대극(18): 당뇨, 발한, 백선, 사독, 사하축수, 소종산결, 악성종양, 옹종, 이뇨, 임질, 임파선염, 제습, 종독, 진통, 치통, 통경, 풍습, 흉통

암대극* am-dae-geuk | 대극과 Euphorbiaceae *Euphorbia jolkini* Boiss.

ⓚ 바위버들옻ⓝ, 갯대극, 갯바위대극, 바위대극 ⓔ jolkin-euphorbia ⓒ or ⓜ (1): 약대극#(約大戟 Yue-Da-Ji)
[Character: dicotyledon. polypetalous flower. perennial herb. erect type. halophyte. wild, medicinal, ornamental plant]

다년생 초본으로 근경이나 종자로 번식한다. 남부지방 해안의 암석지에서 자란다. 원줄기는 높이 40~60㎝ 정도까지 자란다. 어긋나는 잎은 밀생하고 잎몸은 길이 4~7㎝, 너비 8~12㎜ 정도의 선상 피침형으로 뒷면의 중륵이 돌출하며 가장자리가 밋밋하다. 5~6월에 개화하며 배상꽃차례로 피는 꽃은 황록색이다. 삭과는 지름 6㎜ 정도로 겉에 옴 같은 돌기가 있고 종자는 지름 3㎜ 정도로 다소 둥글고 밋밋하다. '두메대극'과 달리 줄기가 굵으며 잎은 끝이 둔하거나 둥글고 길이 4~7㎝ 정도이며 해안에서 자라며 잎에 톱니가 없는 것이 '대극'과 다르다. 관상용이나 사방용으로 심는다. 다음과 같은 증상이나 효과에 약으로 쓰인다. 암대극(15): 건선, 당뇨, 발한, 복중괴, 사독, 살균, 윤폐지해, 음종, 이뇨, 임질, 창종, 청열양혈, 치통, 통경, 풍습

20070616

20021204

20150628 20150501 옻순

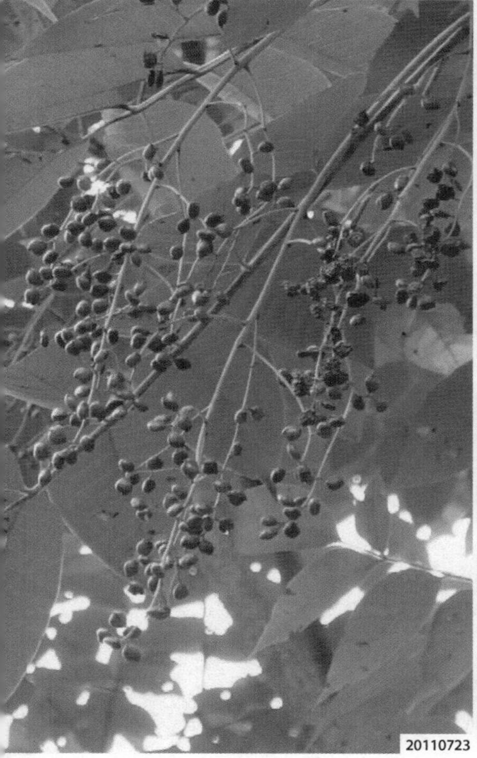

20060813  20160531

20110723 20110723  20070607

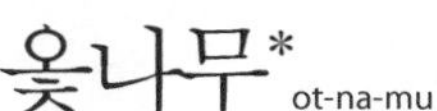

옻나무* ot-na-mu

옻나무과 Anacardiaceae
Rhus verniciflua Stokes

Ⓛⓝ 옻나무ⓝ, 옷나무, 참옷나무, 참옻순, 옻순, Ⓔⓝ varnish-tree, japanese-laquer-tree, chinese-lacquer, lacquer-tree, urushi, japanese-varnish-tree, chinese-lacquer-tree, Ⓒⓝ or Ⓜⓝ (23): 건칠#(乾漆, Gan-Qi), 산칠(山漆, Shan-Qi), 생칠(生漆, Sheng-Qi), 압시초(鴨屎草, Ya-Shi-Cao), 칠목(漆木, Qi-Mu), 칠수#(漆樹, Qi-Shu), 칠수심#(漆樹心, Qi-Shu-Xin), 칠수자#(漆樹子, Qi-Shu-Zi), 칠수피#(漆樹皮, Qi-Shu-Pi), 칠엽#(漆葉, Qi-Ye), 칠자(漆子, Qi-Zi), 칠저(漆底, Qi-Di), 칠피(漆皮, Qi-Pi), 흑건칠(黑乾漆, Hei-Gan-Qi), 흑칠(黑漆, Hei-Qi).

[Character: dicotyledon. polypetalous flower. deciduous tree. erect type. wild, medicinal, edible, poisonous plant.]

낙엽성 교목으로 근경과 종자로 번식한다. 전국적으로 분포하며 산지나 마을 근처에서 자라고 재배한다. 높이가 7~15m 정도에 달하고 작은 가지는 회황색이다. 어긋나는 잎은 길이 25~40㎝ 정도의 기수 우상복엽으로 9~11개의 소엽은 길이 7~20㎝, 너비 3~6㎝ 정도의 긴 타원형이며 가장자리가 밋밋하다. 6~7월에 개화하며, 액생하는 원추화서는 밑으로 처지며 꽃은 황록색이다. 열매는 지름 6~8㎜ 정도의 편원형으로 연한 황색이고 털이 없으며 윤기가 있고 9월에 익는다. '개옻나무'에 비해 교목성으로 소지와 엽축에 붉은빛이 돌지 않고 결맥의 간격이 5㎜ 이상이고, 과실이 평활하다. 잎 가장자리에 톱니가 없고 열매에 털이 없다. 산야에 흔히 자라고 수액은 '옻' 또는 '건칠'이라고 하여 도료, 포마드, 양초, 염료 등의 원료로 쓰인다. 만지면 독이 올라 가렵다. 어린 싹은 나물 해 먹기도 하지만 옻나무 종류는 일반적으로 독이 강해 먹으면 안 된다. 다음과 같은 증상이나 효과에 약으로 쓰인다. 옻나무(34): 강장보호, 건위, 견비통, 과실중독, 관절염, 구충, 근골동통, 당뇨, 방부, 생담, 소염, 안오장, 어깨결림, 어혈, 염증, 오십견, 요통, 위장염, 자궁근종, 전립선암, 정혈, 주독, 지혈, 직장암, 진해, 탄산토산, 통경, 통리수도, 풍한, 피부암, 학질, 해독, 해수, 해열.

풍선덩굴* pung-seon-deong-gul

무환자나무과 Sapindaceae
Cardiospermum halicacabum L.

LN 풍선덩굴ⓝ, 풍경덩굴, 풍선초, 방울초롱아재비 EN balloon-vine, heart-seed, heart-pea, heartseed CN or MN (8): 가고과#(假苦瓜 Jia-Ku-Gua), 괴등룡(塊登龍 Kuai-Deng-Long), 도지령#(倒地鈴 Dao-Di-Ling), 삼각포(三角泡 San-Jiao-Pao)
[Character: dicotyledon. polypetalous flower. annual herb. vine. cultivated, medicinal, edible, ornamental plant]

1년생 초본의 덩굴식물로 종자로 번식하고 북아메리카가 원산지인 관상식물이다. 줄기는 1~2m 정도이고 가지가 많이 갈라지며 덩굴손으로 다른 물체에 기어 올라간다. 어긋나는 잎은 2회3출 또는 2회우상으로 갈라지며 가장자리에 뾰족한 톱니가 있고 잎자루가 길다. 7~9월에 개화하며 잎겨드랑이에서 나온 화경은 잎보다 길고 1쌍의 덩굴손이 있으며 백색의 꽃이 핀다. 열매는 '꽈리' 같고 각 실에 검은 종자가 들어 있으며 한쪽에 심장상의 흰점이 있다. 관상용으로 정원에 심는다. 다음과 같은 증상이나 효과에 약으로 쓰인다. 필리핀에서는 식용하기도 한다. 풍선덩굴(12): 개선, 경혈, 독사교상, 양혈, 이수, 임병, 정혈, 청열, 타박상, 해독, 해수, 황달

노랑물봉선* no-rang-mul-bong-seon

봉선화과 Balsaminaceae
Impatiens noli-tangere L. var. *noli-tangere*

LN 노랑물봉선화ⓝ, 노랑물봉숭, 노랑물봉숭아 EN yellow-balsam, touch-me-not-balsam, touch-me-not, quick-in-the-hand, lightyellow-snapweed CN or MN (2): 수금봉#(水金鳳, Shui-Jin-Feng), 야봉선화#(野鳳仙花, Ye-Feng-Xian-Hua)
[Character: dicotyledon. polypetalous flower. annual herb. erect type. hygrophyte. wild, medicinal, ornamental plant]

1년생 초본으로 종자로 번식한다. 중북부지방에 분포하며 산지의 습지에서 자란다. 원줄기는 높이 40~80㎝ 정도로 곧추 자라며 가지가 많이 갈라지고 마디가 특히 두드러진다. 어긋나는 잎은 잎자루가 있고 잎몸은 길이 6~15㎝, 너비 3~7㎝ 정도의 긴 타원형으로 표면은 청회색이고 뒷면은 흰빛이 돌며 가장자리에 둔한 톱니가 있다. 8~9월에 개화하며 총상꽃차례에 1~5개가 달린 꽃은 연한 황색이다. 삭과는 피침형으로 탄력적으로 터지면서 종자가 튀어 나온다. '물봉선'에 비해 전체가 연약하고 털이 없으며 꽃이 황색이다. 관상용으로 심지만 염료로 사용하기도 한다. 다음과 같은 증상이나 효과에 약으로 쓰인다. 노랑물봉선(8): 난산, 사독, 소화, 오식, 요흉통, 청량해독, 타박상, 해독

물봉선* mul-bong-seon | 봉선화과 Balsaminaceae *Impatiens textori* Miq. var. *textori*

(LN) 물봉숭아ⓝ, 물봉숭 (EN) touch-me-not, balsam, jewelweed (CN) or (MN) (4): 가봉선화(假鳳仙花 Jia-Feng-Xian-Hua), 야봉선#(野鳳仙 Ye-Feng-Xian)
[Character: dicotyledon. polypetalous flower. annual herb. erect type. hygrophyte. wild, medicinal, ornamental plant]

1년생 초본으로 종자로 번식한다. 전국적으로 분포하며 산지나 들의 습지에서 자란다. 곧추 자라는 원줄기는 높이 50~100㎝ 정도로 가지가 많이 갈라지고 유연하며 마디가 튀어 나온다. 어긋나는 잎은 길이 6~15㎝, 너비 3~7㎝ 정도의 넓은 피침형이고 가장자리에 예리한 톱니가 있다. 밑부분의 잎은 잎자루가 있으나 꽃차례의 잎은 잎자루가 없다. 8~9월에 개화하는 총상꽃차례에 피는 꽃은 홍자색이다. 열매는 길이 1~2㎝ 정도의 피침형으로 익으면 탄력적으로 터지면서 종자가 튀어 나온다. '노랑물봉선'에 비해 전체가 억세고 줄기는 홍색을 띠며 꽃은 홍자색이다. '봉선화'과 달리 꽃이 총상으로 달린다. 염료용, 관상용으로 심기도 한다. 다음과 같은 증상이나 효과에 약으로 쓰인다. 물봉선(9): 난산, 사독, 오식, 요흉통, 위궤양, 종독, 청량해독, 타박상, 해독

봉선화* bong-seon-hwa

봉선화과 Balsaminaceae
Impatiens balsamina L.

LN 봉숭아ⓝ EN garden-balsam, balsamina, touch-me-not, balsam CN or MN (27): 계계초(季季草 Ji-Ji-Cao), 급성자#(急性子 Ji-Xing-Zi), 봉선#(鳳仙 Feng-Xian), 투골초(透骨草 Tou-Gu-Cao), 해련화(海蓮花 Hai-Lian-Hua)
[Character: dicotyledon. polypetalous flower. annual herb. erect type. cultivated, medicinal, ornamental plant]

1년생 초본으로 종자로 번식하고 동남아시아가 원산지로 관상용으로 심는다. 곧추서는 원줄기는 높이 40~80㎝ 정도이고 가지가 갈라진다. 잎은 어긋나며 잎자루가 짧고 피침형의 잎몸은 가장자리에 톱니가 있다. 잎겨드랑이에 달리는 화축은 밑으로 처지고 꽃은 여러 가지 색깔이 있다. 삭과는 타원형이고 털이 있으며 탄력적으로 터지면서 황갈색 종자가 튀어 나온다. '물봉선'과 달리 꽃은 잎겨드랑이에 달리고 꽃자루는 작으며 붉은 육질 털이 있다. 염료용으로 사용하기도 한다. 다음과 같은 증상이나 효과에 약으로 쓰인다. 봉선화(24): 간질, 거풍활혈, 관절염, 난산, 민감체질, 사독, 소종지통, 소화, 식해어체, 여드름, 오식, 요흉통, 월경이상, 임파선염, 종독, 종창, 진통, 타박상, 통경, 편도선염, 폐혈, 해독, 혈색불량, 활혈

담쟁이덩굴* dam-jaeng-i-deong-gul

포도과 Vitaceae
Parthenocissus tricuspidata (Siebold et Zucc.) Planch.

ⓚ 담쟁이덩굴ⓝ, 돌담장이, 담장넝쿨, 담장이덩쿨, 담장이덩굴 ⓔ boston-ivy, japanese-creeper, japanese-ivy ⓒ or ⓜ (8): 벽려#(薜荔 Bi-Li), 장춘등#(長春藤 Chang-Chun-Teng), 지금#(地錦 Di-Jin), 파산호(爬山虎 Pa-Shan-Hu)
[Character: dicotyledon. polypetalous flower. deciduous shrub. vine. cultivated, wild, medicinal, ornamental plant]

낙엽성 관목으로 덩굴식물이며 줄기나 종자로 번식한다. 전국의 돌담이나 바위 겉에서 자란다. 덩굴줄기는 가지가 많이 갈라지고 5~10m 정도로 자란다. 덩굴손은 갈라져서 끝에 둥근 흡착근이 생기고 붙으면 잘 떨어지지 않는다. 어긋나는 잎은 너비 5~20㎝ 정도의 넓은 난형으로 끝이 3개로 갈라지고 가장자리에 불규칙한 톱니가 있다. 때로는 긴 잎자루의 끝에서 3개의 소엽이 달리는 복엽이고 가을철에 붉게 단풍이 든다. 6~7월에 개화하며 취산꽃차례에 많이 달리는 꽃은 황록색이다. 열매는 지름 4~8㎜ 정도로 둥글고 흰 가루가 덮여 있으며 8~10월에 흑색으로 익는다. '미국담쟁이덩굴'과 달리 잎이 3개로 갈라지거나 3개의 소엽으로 되고 '개머루속'에 비해 덩굴손 끝에 흡반이 있고 화반은 자방과 합생한다. 관상용으로 심는다. 다음과 같은 증상이나 효과에 약으로 쓰인다. 담쟁이덩굴(20): 거풍, 경혈, 구건, 구창, 근골동통, 금창, 이완출혈, 제습, 종기, 종창, 종통, 지구역, 지통, 지혈, 치통, 통경, 편두통, 피부염, 허약체질, 활혈

미국담쟁이덩굴* mi-guk-dam-jaeng-i-deong-gul

포도과 Vitaceae
Parthenocissus quinquefolia (L.) Planch.

양담쟁이덩굴ⓝ, 양담쟁이 woodvine, virginia-creeper, american-ivy, ivy-vine.

[Character: dicotyledon. polypetalous flower. deciduous shrub. vine. cultivated, wild, medicinal, ornamental plant]

낙엽성 관목이며 덩굴성으로 줄기나 종자로 번식한다. 중남부지방에 분포하며 산지와 들에서 자란다. 6~7월에 개화하며 형태와 생육 습성은 '담쟁이덩굴'과 같으나 잎이 5개의 소엽으로 구성된 장상복엽이고 조금 큰 경향이 있다. 관상용으로 많이 심는다. 다음과 같은 증상이나 효과에 약으로 쓰인다. 미국담쟁이덩굴(6): 거풍, 금창, 종기, 종통, 지통, 활혈

거지덩굴* geo-ji-deong-gul | 포도과 Vitaceae *Cayratia japonica* (Thunb.) Gagnep.

LN 풀머루덩굴ⓝ, 풀덩굴, 울타리덩굴, 새발덩굴, 새받침덩굴 EN lakum, sorrel-vine, japanese-cayratia, bigleaf-cayratia CN or MN (16): 발룡갈#(拔龍葛 Ba-Long-Ge), 오렴매#(烏蘞莓 Wu-Lian-Mei), 적발등(赤潑藤 Chi-Po-Teng)
[Character: dicotyledon. polypetalous flower. perennial herb. vine. wild, medicinal, edible, ornamental plant]

다년생 초본의 덩굴식물로 근경이나 종자로 번식한다. 중남부지방에 분포하며 산지나 들에서 자란다. 뿌리가 옆으로 길게 벋는다. 새싹이 군데군데에서 나오며 원줄기는 녹자색으로 능선이 있고 마디에 긴 털이 있다. 어긋나는 잎은 장상복엽이며 5개의 소엽은 길이 4~8㎝, 너비 2~3㎝ 정도의 난형으로 가장자리에 톱니가 있다. 7~8월에 개화하며 취산꽃차례는 길이 7~14㎝ 정도이고 꽃은 연한 녹색이다. 장과는 지름 6~8㎜ 정도로서 둥글고 흑색으로 익으며 상반부에 옆으로 달린 줄이 있다. 종자는 길이 4㎜ 정도이다. '담쟁이덩굴'과 '개머루'에 비해 잎이 새발모양의 복엽이고 꽃은 4수성이며 꽃차례는 잎겨드랑이에 난다. 관상용으로도 심는다. 새싹이 잘 꺾일 때 채취해 물이 갈색이 될 때까지 잘 데쳐서 무침이나 초무침, 볶음으로 먹는다. 다음과 같은 증상이나 효과에 약으로 쓰인다. 거지덩굴(24): 간염, 금창, 나력, 동상, 면포창, 성병, 옹종, 이뇨, 인후통증, 제습, 종기, 종독, 종창, 창종, 청열이습, 치질, 치핵, 풍비, 해독, 해독소종, 해열, 혈뇨, 화상, 황달

어저귀* eo-jeo-gwi

아욱과 Malvaceae
Abutilon theophrasti Medicus

LN 어저귀ⓝ, 모싯대, 오작이, 청마 EN velvetleaf, china-jute, butterprint, indian-mallow, piemarker, chingma, abutilon, chingma-abutilon, chinese-lantern, velvet-leaf
CN or MN (11): 경마(苘麻 Qing-Ma), 백마#(白麻 Bai-Ma), 청마(青麻 Qing-Ma)
[Character: dicotyledon. polypetalous flower. annual herb. erect type. cultivated, wild, medicinal, ornamental plant]

1년생 초본으로 종자로 번식한다. 인도가 원산지인 섬유작물이나 야생하여 들이나 밭에서 자라며 여름작물 포장에서 문제잡초이다. 곧추 자라는 원줄기는 높이 100~200㎝ 정도이고 가지가 갈라지며 전체가 털로 덮여 있다. 어긋나는 잎은 잎자루가 길고 잎몸은 심장상 원형으로 끝이 갑자기 뾰족해지며 가장자리에 둔한 톱니가 있다. 8~9월에 잎겨드랑이에 달리는 꽃은 황색이고 소화경이 있다. 배주 및 종자는 자방의 각실 및 분과에 수 개씩 들어 있으며 식물체 전체에 잔털이 밀생한다. 관상용이나 공업용으로 이용한다. 다음과 같은 증상이나 효과에 약으로 쓰인다. 어저귀(14): 감기, 난산, 난청, 옹종, 임파선염, 장염, 장위카타르, 졸도, 종독, 통리수도, 하리, 현훈, 화상, 활혈

접시꽃* jeop-si-kkot | 아욱과 Malvaceae *Althaea rosea* Cav.

ⓛⓝ 접중화ⓝ, 촉규화, 떡두화 ⓔⓝ hollyhock, alcea-rosea, golden-holly-hock, rose-mallow
ⓒⓝ or ⓜⓝ (18): 규화(葵花 Kui-Hua), 촉규#(蜀葵 Shu-Kui), 촉규화#(蜀葵花 Shu-Kui-Hua), 홍추규(紅秋葵 Hong-Qiu-Kui)
[Character: dicotyledon. polypetalous flower. biennial herb. erect type. cultivated, medicinal, ornamental plant]

2년생 초본으로 종자로 번식한다. 중국이 원산지인 관상식물로 정원에 심는다. 원줄기는 높이 150~250㎝ 정도로 곧추서고 녹색의 털이 있으며 원주형이다. 어긋나는 잎은 잎자루가 길고 잎몸은 원형으로 가장자리가 5~7개로 얕게 갈라지며 톱니가 있다. 6~7월에 잎겨드랑이에서 피는 꽃은 화경이 짧고 꽃의 색깔은 여러 가지이며, 접시같은 열매에는 많은 종자가 들어 있다. 관상용으로 다양한 품종을 많이 심는다. 다음과 같은 증상이나 효과에 약으로 쓰인다. 접시꽃(20): 각혈, 간염, 개선, 관절염, 금창, 백대하, 완화, 요혈, 이뇨배농, 종독, 청열양혈, 토혈, 토혈각혈, 통경, 통리수도, 풍, 해열, 홍안, 화상, 활혈

19951107

20050710표

19890702 20070607

20120523 19890513

19900528

19940704 20120925

19871010

아욱* a-uk

아욱과 Malvaceae
Malva verticillata L.

ⓛ 아욱ⓝ, 아옥, 겨울아욱, 들아욱 ⓔ curled-mallow, cluster-mallow, whorled-mallow, chinese-mallow, mallow, curly-mallow ⓒ or ⓜ (24): 경마자(茼麻子 Qing-Ma-Zi), 규(葵 Kui), 동규자#(冬葵子 Dong-Kui-Zi), 활채자(滑菜子 Hua-Cai-Zi)

[Character: dicotyledon. polypetalous flower. biennial herb. erect type. cultivated, medicinal, edible plant]

2년생 초본으로 종자로 번식한다. 아열대지방이 원산지인 채소작물이다. 원줄기는 높이 50~100㎝ 정도이고 가지가 약간 갈라진다. 어긋나는 잎은 잎자루가 길며 잎몸은 원형이나 5~7개로 갈라지고 가장자리에 둔한 톱니가 있다. 6~8월에 잎겨드랑이에 연한 분홍색의 꽃이 모여 달린다. 열매는 꽃받침으로 싸여 있다. '당아욱'과 달리 잎이 5~7개로 갈라지고 꽃이 담홍색이다. 어린잎과 싹을 식용한다. 다음과 같은 증상이나 효과에 약으로 쓰인다. 아욱(26): 강화, 구토, 난산, 변비, 소갈, 소아토유, 식예어체, 오림, 완화, 유선염, 유즙결핍, 음식체, 이뇨, 이수통림, 이질, 임질, 주황병, 청열해독, 최유, 통리수도, 폐렴, 피부윤택, 해산촉진, 해수, 해열, 황달

당아욱* dang-a-uk

아욱과 Malvaceae
Malva sylvestris var. *mauritiana* Boiss.

LN 키아욱ⓝ, 당아옥 EN tree-mallow, blue-mallow, high-mallow, largeflowered-mallow, tall-mallow, common-mallow CN or MN (5): 구금규(歐錦葵 Ou-Jin-Kui), 금규#(錦葵 Jin-Kui), 면규#(綿葵 Mian-Kui)
[Character: dicotyledon. polypetalous flower. biennial herb. erect type. cultivated, wild, medicinal, edible, ornamental plant]

2년생 초본으로 종자로 번식한다. 중남부지방에서 자란다. 원줄기는 높이 50~100㎝ 정도이고 가지가 갈라진다. 어긋나는 잎은 잎자루가 길고 원형의 잎몸은 5~9개로 얕게 갈라지고 가장자리에 잔 톱니가 있다. 잎겨드랑이에 모여 달리는 꽃은 소화경이 있고 꽃잎은 연한 자주색 바탕에 진한 자줏빛이 도는 맥이 있다. 품종에 따라 여러 가지 색깔의 꽃이 핀다. '아욱'과 달리 잎이 5~9개로 갈라지고 꽃은 자줏빛 바탕에 자색 맥이 있다. 관상용으로 심고 식용하기도 한다. 다음과 같은 증상이나 효과에 약으로 쓰인다. 당아욱(9): 대하증, 완화, 유즙결핍, 이기통편, 이뇨, 점활, 제복동통, 청열이습, 통리수도

수박풀* su-bak-pul | 아욱과 Malvaceae *Hibiscus trionum* L.

Ⓚ 수박풀ⓝ Ⓔ bladderweed, venice-mallow, flower-of-an-hour, bladder-ketmia Ⓒ or Ⓜ (5): 야서과묘(野西瓜苗 Ye-Xi-Gua-Miao), 향령초(香鈴草 Xiang-Ling-Cao)

[Character: dicotyledon. polypetalous flower. annual herb. erect type. cultivated, wild, medicinal, edible, ornamental plant]

1년생 초본으로 종자로 번식한다. 중남미가 원산지인 귀화식물로 전국적으로 분포하며 풀밭에서 자란다. 원줄기는 높이 30~60㎝ 정도로 곧추 자라고 가지가 많이 갈라지며 전체에 백색 털이 있다. 어긋나는 잎은 짧은 잎자루가 있고 잎몸은 3~5개로 깊게 갈라진다. 중앙부의 열편이 가장 크며 가장자리에 톱니가 있다. 7~8월에 잎겨드랑이에서 나온 소화경의 끝에 1개씩 달리는 꽃은 연한 황색이다. 삭과가 꽃받침 속에 들어 있다. '닥풀'에 비해 위쪽의 잎은 거의 3전열하고 다시 우상의 결각이 있다. 전초는 '야서과묘'라 하여 약으로 쓰인다. 관상용으로 심었으나 야생으로 퍼져 여름작물의 포장에서 잡초가 되었다. 다음과 같은 증상이나 효과에 약으로 쓰인다. 수박풀(4): 일사병, 열사병, 해수, 해열

목화* mok-hwa | 아욱과 Malvaceae *Gossypium indicum* Lam.

LN 목화ⓝ, 면화, 미영, 재래면 EN cotton, tree-cotton, asiatic-cotton, short-staple-cotton, levant-cotton CN or MN (18): 면실#(棉實 Mian-Shi), 면화(棉花 Mian-Hua), 목면(木棉 Mu-Mian)
[Character: dicotyledon. polypetalous flower. annual herb. erect type. cultivated, medicinal, edible plant]

1년생 초본으로 종자로 번식한다. 동아시아가 원산지인 섬유작물이다. 원줄기는 높이 50~100㎝ 정도로 곧추서고 가지가 많이 갈라진다. 어긋나는 잎은 잎자루가 길고 잎몸은 3~5개로 갈라지며 열편은 삼각상 피침형으로 털이 있다. 8~9월에 액생하는 소화경 끝에 1개씩 피는 꽃은 흰색 또는 연한 자주색이다. 삭과는 포에 싸여 있고 난상 원형으로 익으면 3개로 갈라진다. 종자를 덮고 있는 털을 떼어 솜으로 사용하여 섬유, 탈지면, 붕대 등을 만드는 데 이용하며 종자로 기름을 짠다. 꽃이 진 후 다래를 식용한다. 다음과 같은 증상이나 효과에 약으로 쓰인다. 목화(19): 간작반, 기관지염, 보허, 온신, 옹종, 요결석, 요통, 위경련, 저혈압, 종독, 지혈, 진통, 척추질환, 최유, 치루, 칠독, 통경, 피임, 허약체질

다래* da-rae

다래나무과 Actinidiaceae
Actinidia arguta (Siebold et Zucc.) Planch. ex Miq. var. arguta

LN 다래나무ⓝ, 참다래나무, 다래넌출, 다래덩굴, 청다래나무, 다래너출, 다래넝쿨, 참다래, 청다래넌출, 다래순, 다래 EN bower-actinidia, tara-vine, yang-tao, vine-pear, hardy-kiwi, baby-kiwi, dessert-kiwi, cocktail-kiwi, CN or MN (11): 등리(藤梨, Teng-Li), 목천료#(木天蓼, Mu-Tian-Liao), 미후근(獼猴根, Mi-Hou-Gen), 미후도#(獼猴桃, Mi-Hou-Tao), 미후도과#(獼猴桃果, Mi-Hou-Tao-Guo), 미후도근#(獼猴桃根, Mi-Hou-Tao-Gen), 미후리#(獼猴梨, Mi-Hou-Li).

[Character: dicotyledon. polypetalous flower. deciduous shrub. vine. wild, medicinal, edible plant.]

가 있고 잎몸은 6~12㎝, 너비 3~7㎝ 정도의 넓은 난형으로 가장자리에 파상의 톱니가 있다. 5~6월에 액생하는 취산화서에 꽃은 백색이다. 열매는 길이 20~25㎜ 정도의 난상 원형으로 10월에 황록색으로 익고 맛이 좋다. '섬다래나무'에 비해 화서에 엷은 갈색연모가 있고 꽃받침 가장자리에 털이 있으며 자방에 털이 없다. 어린잎은 산나물로 먹으며, 열매도 식용한다. 가공 및 공업용으로도 이용하며, 봄에 연한 순을 데쳐서 무치거나, 묵나물로 먹는다. 열매는 생으로, 다래정과나 건강주로, 잼, 과실주로 먹는다. 다음과 같은 증상이나 효과에 약으로 쓰인다. 다래(32): 간경변증, 간염, 강장, 강장보호, 건위, 고양이병, 관절통, 구토, 기관지염, 대장암, 동비, 소아변비증, 소화불량, 식욕부진, 자궁경부암, 장위카타르, 장출혈, 제습, 종독, 중풍, 지갈, 진통, 태아양육, 통리수도, 통림, 풍습, 풍질, 해독, 해수, 해열, 허냉, 황달.

물레나물* mul-re-na-mul

물레나물과 Hypericaceae
Hypericum ascyron L.

Ⓛ 물레나물ⓝ, 물네나물, 애기물네나물, 애기물레나물, 큰물레나물, 매대채, 좀물레나물, 긴물레나물 EN St. John's-wort CN or MN (34): 대연교#(大連翹 Da-Lian-Qiao), 연시#(連翅 Lian-Chi), 원보초#(元寶草 Yuan-Bao-Cao), 홍한련#(紅旱蓮 Hong-Han-Lian)

[Character: dicotyledon. polypetalous flower. perennial herb. erect type. wild, medicinal, edible, ornamental plant]

다년생 초본으로 근경이나 종자로 번식한다. 전국적으로 분포하며 산지나 들의 풀밭에서 자란다. 모여 나는 원줄기는 곧추 자라고 높이 80~160㎝ 정도로 약간의 가지가 갈라지며 밑부분은 연한 갈색이고 윗부분은 녹색이다. 마주나는 잎은 잎자루가 없이 원줄기를 마주 싸고 있으며 길이 5~10㎝, 너비 1~2㎝ 정도의 피침형으로 가장자리가 밋밋하다. 6~7월에 가지 끝에 달리는 꽃은 황색 바탕에 붉은빛이 돈다. 암술대는 길이 6~8㎜ 정도이고 중앙까지 5개로 갈라진다. 삭과는 길이 12~18㎜ 정도의 난형이고 길이 1㎜ 정도의 종자에는 작은 그물망이 있고 한쪽에 능선이 있다. '고추나물'에 비해 식물체와 꽃이 크고 5수성이다. 관상용으로 심으며 어릴 때에는 식용하기도 한다. 봄·초여름에 연한 잎과 줄기를 삶아 나물로 먹으며 생식, 녹즙으로 먹는다. 데쳐서 고추장이나 된장, 간장에 무쳐 먹기도 한다. 다음과 같은 증상이나 효과에 약으로 쓰인다. 물레나물(18): 간염, 결핵, 구충, 근골동통, 부스럼, 소종, 연주창, 외상, 월경이상, 임파선염, 종독, 지혈, 타박상, 토혈각혈, 평간, 해독, 해열, 활혈

고추나물* go-chu-na-mul | 물레나물과 Hypericaceae *Hypericum erectum* Thunb.

LN 고추나물ⓝ, 소연교 EN erect-St. John's-wort CN or MN (13): 대금작(大金雀 Da-Jin-Que), 소연교#(小蓮翹 Xiao-Lian-Qiao), 홍한련#(紅旱蓮 Hong-Han-Lian)
[Character: dicotyledon. polypetalous flower. perennial herb. erect type. wild, medicinal, edible, ornamental plant]

다년생 초본으로 근경이나 종자로 번식한다. 전국적으로 분포하며 산지나 들의 풀밭에서 자란다. 곧추 자라는 원줄기는 높이 30~60㎝ 정도이고 가지가 갈라지며 둥글다. 마주나는 잎은 잎자루가 없고 잎몸은 길이 2~6㎝, 너비 7~30㎜ 정도의 피침형이다. 잎의 밑부분이 원줄기를 감싸고 흑색 점이 있으며 가장자리가 밋밋하다. 7~8월에 원추형의 꽃차례에 달린 꽃은 황색이다. 삭과는 길이 5~11㎜ 정도이고 많은 종자가 들어 있으며 종자는 겉에 잔 그물맥이 있다. '채고추나물'과 달리 줄기에 검은 점이 없고 잎에 명점이 없으며 '물레나물'에 비해 줄기가 둥글고 잎은 난상 피침형 또는 당난형으로 흑점이 있으며 암술대와 수술이 3개씩으로 3수성이다. 어릴 때에는 식용하며 관상용으로 심는다. 연한 잎과 줄기를 데쳐 나물로 먹거나 국을 끓여 먹는다. 다른 산나물과 같이 데쳐 무쳐 먹기도 한다. 다음과 같은 증상이나 효과에 약으로 쓰인다. 고추나물(17): 골절, 구충, 금창, 소종, 연주창, 요통, 유옹종, 월경이상, 외상, 조경통, 종독, 지혈, 타박상, 토혈각혈, 협심증, 활혈, 활혈지혈

남산제비꽃* nam-san-je-bi-kkot

제비꽃과 Violaceae
Viola albida var. *chaerophylloides* (Regel) F. Maek. ex Hara

LN 남산제비꽃ⓝ, 남산오랑캐 EN namsan-violet CN or MN (2): 열엽근채#(裂葉菫菜 Lie-Ye-Jin-Cai), 정독초#(疔毒草 Ding-Du-Cao)
[Character: dicotyledon. polypetalous flower. perennial herb. erect type. wild, medicinal, edible, ornamental plant]

다년생 초본으로 근경이나 종자로 번식한다. 전국적으로 분포하며 산지에서 자란다. 뿌리에서 모여 나는 잎은 잎자루가 길고 잎몸은 3개로 갈라지며 열편은 다시 2~3개로 갈라진다. 4~5월에 뿌리에서 나온 화경에 피는 꽃은 백색 바탕에 자주색 맥이 있다. 삭과는 길이 6㎜ 정도로 털이 없고 타원형이다. '태백제비꽃'에 비해 잎이 새발모양으로 갈라지고 열편은 다시 우상으로 갈라진다. 관상용으로 심는다. 봄에 어린순을 삶아 나물로 먹거나 쌈, 겉절이를 해 먹는다. 데쳐서 무쳐 먹기도 한다. 다음과 같은 증상이나 효과에 약으로 쓰인다. 남산제비꽃(14): 간기능촉진, 감기, 거풍, 기침, 부인병, 소옹종, 유아발육촉진, 정혈, 진해, 청열해독, 태독, 통경, 최토, 해독

고깔제비꽃* go-kkal-je-bi-kkot

제비꽃과 Violaceae
Viola rossii Hemsl.

LN 고깔제비꽃ⓝ, 고깔오랑캐 EN ross-violet CN or MN (1): 자화지정#(紫花地丁 Zi-Hua-Di-Ding)
[Character: dicotyledon. polypetalous flower. perennial herb. erect type. wild, medicinal, edible, ornamental plant]

다년생 초본으로 근경이나 종자로 번식한다. 전국적으로 분포하며 산지에서 자란다. 근경이 굵으며 마디가 많다. 뿌리에서 2~5개의 잎이 나오며 꽃이 필 무렵에는 잎의 양쪽 밑부분이 안쪽으로 말려서 고깔처럼 되므로 '고깔제비꽃'이라고 한다. 잎이 소형이고 근경에 포복지가 없으며 잎자루가 있고 성숙한 잎몸은 길이 4~8㎝, 너비 4~9㎝ 정도의 난상 심장형으로 가장자리에 둔한 톱니가 있다. 4~5월에 잎 사이에서 나오는 화경 끝에 1개씩 피는 꽃은 홍자색이다. 삭과는 길이 10~15㎜ 정도이며 털이 없고 뚜렷하지 않은 갈색 반점이 있다. '금강제비꽃'과 달리 잎의 뒷면 맥에 털이 있다. 폐쇄화가 없고 삭과는 갈색 반점이 있다. 봄에 연한 잎을 삶아 나물로 먹거나 쌈, 겉절이를 해 먹는다. 데쳐서 무쳐 먹기도 하고 된장국을 끓여 먹기도 한다. 다음과 같은 증상이나 효과에 약으로 쓰인다. 고깔제비꽃(17): 간장기능촉진, 감기, 거풍, 기침, 발육촉진, 부인병, 보익, 설사, 정혈, 종기, 중풍, 진해, 청열해독, 태독, 통경, 해독, 해민

제비꽃* je-bi-kkot | 제비꽃과 Violaceae *Viola mandshurica* W. Becker

Ⓛⓝ 제비꽃ⓝ, 오랑캐꽃, 장수꽃, 씨름꽃, 민오랑캐꽃, 병아리꽃, 외나물, 옥녀제비꽃, 앉은뱅이꽃, 가락지꽃, 참제비꽃, 참털제비꽃, 큰제비꽃 Ⓔⓝ manshurian-violet, violet Ⓒⓝ or Ⓜⓝ (23): 근근채(堇菫菜 Jin-Jin-Cai), 자화지정#(紫花地丁 Zi-Hua-Di-Ding), 전두초(箭頭草 Jian-Tou-Cao), 지정#(地丁 Di-Ding)

[Character: dicotyledon. polypetalous flower. perennial herb. erect type. wild, medicinal, edible plant]

다년생 초본으로 근경이나 종자로 번식한다. 전국적으로 분포하며 산지나 들에서 자란다. 뿌리에서 긴 잎자루가 있는 잎이 모여난다. 잎몸은 길이 3~8㎝, 너비 1~2.5㎝ 정도의 피침형으로 가장자리에 얕고 둔한 톱니가 있다. 4~5월에 개화하며 높이 5~20㎝ 정도의 화경이 나와 짙은 자주색의 꽃이 달린다. 삭과는 길이 8㎜ 정도로서 털이 없다. 관상용 또는 식용으로 이용한다. '호제비꽃'에 비해서는 잎자루 위쪽에 날개가 있으며 '흰제비꽃'에 비해서는 거가 길고 잎자루는 잎몸과 길이가 같거나 짧으며 입술꽃잎에는 자색 줄이 있다. 연한 잎을 삶아 나물로 먹거나 데쳐서 무침, 초무침하여 먹는다. 된장국을 끓여 먹기도 한다. 다음과 같은 증상이나 효과에 약으로 쓰인다. 제비꽃(59): 간경변증, 간열, 간염, 간장기능촉진, 감기, 강장보호, 개선, 거풍, 경련, 경선결핵, 골절증, 곽란, 관절염, 구내염, 구창, 목정통, 발육촉진, 발한, 부인병, 사하, 설사, 소아감적, 소아경간, 소아경풍, 소아청변, 신장증, 오로보호, 옹저, 옹종, 완선, 월경이상, 음양음창, 음축, 일체안병, 임파선염, 정혈, 종기, 종독, 주독, 중풍, 지방간, 지혈, 진해, 청열해독, 최토, 치열, 타박상, 태독, 통경, 편도선염, 폐결핵, 학질, 한열왕래, 해독, 해민, 해수, 해열, 화농, 황달

졸방제비꽃* jol-bang-je-bi-kkot | 제비꽃과 Violaceae *Viola acuminata* Ledeb.

Ⓚ 졸방제비꽃ⓝ, 졸방오랑캐, 졸방나물 Ⓔ acuminate-violet Ⓒ or Ⓙ (4): 산지정#(山地丁 Shan-Di-Ding), 주변강#(走邊彊 Zou-Bian-Jiang)
[Character: dicotyledon. polypetalous flower. perennial herb. erect type. wild, medicinal, edible, ornamental plant]

다년생 초본으로 근경이나 종자로 번식한다. 전국적으로 분포하며 산지에서 자란다. 모여 나는 원줄기는 높이 20~40㎝ 정도이고 전체에 털이 약간 있다. 어긋나는 잎은 잎자루가 2~6㎝ 정도이고 잎몸은 2~4㎝, 너비 3~5㎝ 정도의 삼각상 심장형으로 가장자리에 둔한 톱니가 있다. 턱잎은 긴 타원형으로 빗살 같은 톱니가 있다. 5~6월에 개화하며 옆을 향해 달리는 꽃은 백색 또는 연한 자줏빛이다. '선제비꽃'에 비해 잎이 난상 심장형이며 턱잎이 우상으로 현저하게 분열하고 꽃은 백색 또는 담자색이다. 식용 또는 관상용으로 이용한다. 봄에 어린순을 데쳐서 간장이나 된장, 고추장에 무쳐 먹는다. 삶아 나물로 먹기도 하고 다른 산나물과 섞어먹기도 한다. 다음과 같은 증상이나 효과에 약으로 쓰인다. 졸방제비꽃(15): 간장기능촉진, 감기, 거풍, 기침, 발육촉진, 부인병, 정혈, 종독, 진해, 최토, 태독, 통경, 해독, 해수, 해열

콩제비꽃* kong-je-bi-kkot

제비꽃과 Violaceae
Viola verecunda A. Gray var. *verecunda*

LN 콩제비꽃ⓝ, 콩오랑캐, 조개나물, 조갑지나물, 좀턱제비꽃 EN common-violet
CN or MN (3): 소독약#(消毒藥 Xiao-Du-Yao), 소독초(消毒草 Xiao-Du-Cao)
[Character: dicotyledon. polypetalous flower. perennial herb. erect type. wild, medicinal, edible, ornamental plant]

다년생 초본으로 근경이나 종자로 번식한다. 전국적으로 분포하며 산야의 풀밭에서 자란다. 모여 나는 원줄기는 높이 10~20㎝ 정도로 곧추서거나 비스듬히 옆으로 자라고 털이 없다. 잎몸은 길이 15~25㎜, 너비 15~35㎜ 정도의 신장상 난형으로 가장자리에 둔한 톱니가 있다. 4~5월에 개화하며 꽃은 백색이다. 삭과는 긴 난형으로 3개로 갈라진다. '졸방제비꽃'에 비해 개화기에 근엽이 있고 때로 줄기의 기부는 누우며 턱잎은 밋밋하거나 얕은 톱니가 있다. 식용하거나 관상용으로 이용한다. 봄에 어린순을 삶아 나물로 먹거나 다른 나물과 데쳐서 된장이나 간장, 고추장에 무쳐 먹는다. 또 된장국을 끓여 먹기도 한다. 다음과 같은 증상이나 효과에 약으로 쓰인다. 콩제비꽃(9): 발육촉진, 보간, 보익, 부인병, 태독, 통경, 하리, 해독, 해소

선인장* seon-in-jang | 선인장과 Opuntiaceae *Opuntia ficus-indica* Mill.

Ⓛⓝ 선인장ⓝ, 신선장, 단선, 손바닥선인장, 백년초, 천년초, 부채선인장, 보검선인장 Ⓔⓝ indian-pricklypear, cactus, cholla, indian-fig, mission-cactus, mission-prickly-pear, smooth-mountain-prickly-pear, indian-fig-prickly-pear Ⓒⓝ or Ⓜⓝ (15): 관음자(觀音刺 Guan-Yin-Ci), 선인자#(仙人子 Xian-Ren-Zi), 선인장#(仙人掌 Xian-Ren-Zhang), 선장화#(仙掌花 Xian-Zhang-Hua), 패왕(霸王 Ba-Wang)

[Character: dicotyledon. polypetalous flower. perennial herb. erect type. cultivated, wild, medicinal, edible, ornamental plant]

다년생 초본으로 삽수나 종자로 번식한다. 열대지방이 원산지이나 제주도에서는 야생으로 자란다. 높이 50~150㎝ 정도로 자라고 가지가 많이 갈라진다. 손바닥 같은 줄기가 되는 마디는 짙은 녹색의 긴 타원형으로 편평하며 육질이고 표면에 1~3㎝ 정도의 가시가 2~5개씩 돋아 있다. 7~8월에 줄기가 되는 마디 윗부분 가장자리에 큰 황색 꽃이 핀다. 열매는 서양배 같은 모양으로 많은 종자가 있다. 관상용으로 심는다. 과실을 식용하기도 한다. 다음과 같은 증상이나 효과에 약으로 쓰인다. 선인장(34): 각기, 건위, 골절, 골절증, 관절염, 급성이질, 기관지천식, 당뇨, 부종, 옹종, 위궤양, 유방염, 유선염, 이하선염, 인후통증, 장위카타르, 종독, 지구역, 청열해독, 추간판탈출층, 축농증, 치질, 치핵, 타박상, 통기, 폐결핵, 폐기천식, 폐렴, 풍, 해수, 해열, 행기활혈, 화상, 활혈. 제주도와 남부지방에서 자생하는 백년초와 달리 내한성이 강하여 중부지방에서도 월동하며 잎에 큰 가시가 적고 작은 가시가 많은 'O. humifusa (Raf.) Raf.'를 '천년초'라고 부르며 구분하기도 한다.

보리수나무* bo-ri-su-na-mu

보리수나무과 Elaeagnaceae
Elaeagnus umbellata Thunb.

LN 보리수나무ⓝ, 볼네나무, 보리장나무, 보리화주나무, 보리똥나무, 산보리수나무, EN autumn-elaeagnus, autumn-olive, CN or MN (10): 목우내#(牧牛奶, Mu-Niu-Nai), 목우내#(木牛奶, Mu-Niu-Nai), 양춘자(陽春子, Yang-Chun-Zi), 우내자#(牛奶子, Niu-Nai-Zi), 우내자근(牛奶子根, Niu-Nai-Zi-Gen), 첨조(甛棗, Tian-Zao), 호퇴자(胡頹子, Hu-Tui-Zi).
[Character: dicotyledon. polypetalous flower. deciduous shrub. erect type. wild, medicinal, edible plant.]

낙엽성 관목으로 근경이나 종자로 번식한다. 중남부지방에 분포하며 산지와 들에서 자란다. 높이 3~4m 정도로 가지가 많이 갈라지며 가시가 있고, 어린 가지는 은백색 또는 갈색이다. 어긋나는 잎은 잎자루가 5~10㎜ 정도이고 잎몸은 3~7㎝, 너비 1~3㎝ 정도의 타원형으로, 뒷면에 은백색 털이 있으며 가장자리에 톱니가 없다. 5~6월에 개화하며, 산형으로 달리는 꽃은 백색에서 연한 황색으로 변한다. 열매는 지름 5~8㎜ 정도로서 둥글고 비늘털로 덮여 있으며 10월에 익는다. 잔가지에 흰 비늘털이 밀포하고 소과경은 길이 5~12㎜ 정도로서 1~7개씩 달리며 열매는 길이 1㎝ 미만이다. '보리장나무'에 비해 잎은 낙엽성으로 약간 엷고 꽃은 여름에 피며 과실은 가을에 성숙한다. 열매는 생과로 또는 건강주를 만들거나 생식, 잼을 만들어 먹는다. 다음과 같은 증상이나 효과에 약으로 쓰인다. 보리수나무(10): 고장, 과식, 대하, 이질, 자궁출혈, 지갈, 지사, 지혈, 청열이습, 해수.

털부처꽃* teol-bu-cheo-kkot

부처꽃과 Lythraceae
Lythrum salicaria L.

ⓚ 털두렁꽃ⓝ, 좀부처꽃, 참부처꽃, 부처꼴 ⓔ spiked-loosestrife, purple-lythrum, purple-willowherb, grass-polly, purple-loosestrife, red-sally ⓒ or ⓜ (3): 천굴#(千屈 Qian-Qu), 천굴채#(千屈菜 Qian-Qu-Cai)

[Character : dicotyledon. polypetalous flower. perennial herb. creeping and erect type. hygrophyte. cultivated, wild, medicinal, ornamental plant]

다년생 초본으로 근경이나 종자로 번식한다. 전국적으로 분포하며 산야의 습지에서 자란다. 원줄기는 단면이 사각형으로 높이 1~2m 정도이다. 가지가 많이 갈라지고 잔털이 있으며 근경이 옆으로 길게 벋는다. 마주나는 잎은 잎자루가 없고 길이 4~6㎝, 너비 8~15㎜ 정도의 넓은 피침형으로 가장자리가 밋밋하다. 7~8월에 개화하며 총상꽃차례같이 피는 꽃은 홍자색이다. 삭과는 난형이고 꽃받침통 안에 있다. '부처꽃'과 비슷하지만 전체가 크고 잎도 크며 식물체에 돌기 같은 털이 있으며 잎은 반 정도 줄기를 감싼다. 관상용으로 심기도 하며 다음과 같은 증상이나 효과에 약으로 쓰인다. 털부처꽃(17): 각기, 경혈, 방광염, 수감, 수종, 암, 역리, 이뇨, 이질, 자궁출혈, 적백리, 제암, 종독, 지사, 청열양혈, 피부궤양, 해열

마름* ma-reum

마름과 Hydrocaryaceae
Trapa japonica Flerow.

ⓁⓃ 마름ⓝ, 골뱅이 ⒺⓃ waterchestnut, japanese-waterchestnut ⒸⓃ or ⓂⓃ (21): 능(菱 Ling), 능실#(菱實 Ling-Shi), 수능(水菱 Shui-Ling), 야릉#(野菱 Ye-Ling)
[Character: dicotyledon. polypetalous flower. annual herb. creeping type. surface hydrophyte. cultivated, wild, medicinal, edible, ornamental plant]

1년생 초본의 수생식물로 종자로 번식한다. 전국적으로 분포하며 연못에서 자란다. 뿌리가 땅속에 있고 원줄기는 수면까지 자라며 끝에 많은 잎이 사방으로 퍼져서 수면을 덮고 물속의 마디에서는 우상의 뿌리가 내린다. 어긋나거나 모여 나는 것처럼 보이는 잎은 잎자루의 중간에 부레가 생기고 잎몸은 길이 2~5㎝, 너비 3~8㎝ 정도의 능형 비슷한 삼각형으로 위쪽 가장자리에 불규칙한 치아상의 톱니가 있다. 7~8월에 피는 꽃은 흰빛 또는 약간 붉은빛이 돈다. 열매는 뼈대같이 딱딱하며 도삼각형으로 크고 2개의 뿔이 있다. '애기마름'에 비해 전체가 대형이고 털이 있으며 과실은 2개의 뿔이 있다. 수로에서 잡초가 된다. 관상용으로도 심는다. 어린잎과 줄기는 생채로, 또는 데쳐서 나물로 먹거나 묵나물로 이용한다. 열매는 '능'이라 하여 데쳐 먹거나 쪄서 먹는다. 다식, 떡, 죽을 만들어 먹기도 한다. 다음과 같은 증상이나 효과에 약으로 쓰인다. 마름(18): 강장, 건비위, 건위, 근골위약, 유선염, 자궁암, 주독, 제번지갈, 제암, 창진, 청서해열, 치암, 탈항, 피부암, 해독, 해열, 허약체질, 혈폐

20011119

20070729표 20030906

19980727  19980727

20060731

19930807  19930807

19930919

털이슬* teol-i-seul

바늘꽃과 Onagraceae
Circaea mollis Siebold et Zucc.

KN 말털이슬ⓝ EN south-circaea CN or MN (2): 분조근#(粉條根 Fen-Tiao-Gen), 금은화#(金銀花 Jin-Yin-Hua), 인동등#(忍冬藤 Ren-Dong-Teng)
[Character: dicotyledon. polypetalous flower. perennial herb. creeping and erect type. wild, medicinal, ornamental, forage, green manure plant]

다년생 초본으로 근경이나 종자로 번식한다. 전국적으로 분포하며 산지나 들의 음지에서 자란다. 높이 40~60㎝ 정도로서 근경이 옆으로 길게 벋으며 전체에 굽는 잔털이 있고 가지가 갈라진다. 마주나는 잎은 길이 1~4㎝ 정도의 잎자루가 있고 잎몸은 길이 2~10㎝, 너비 2~3㎝ 정도의 넓은 피침형으로 가장자리에 얕은 톱니가 있다. 8월에 개화하며 총상꽃차례에 피는 꽃은 흰색이다. 대가 있는 열매는 길이 3~4㎜ 정도의 넓은 도란형으로 4개의 홈이 있고 끝이 굽은 털이 밀생한다. '말털이슬'과 달리 줄기에 꼬부라진 털이 있고 잎은 원저이며 꽃차례축에 털이 없거나 선모가 있다. 관상용으로 심으며 사료나 녹비로 이용하기도 한다. 다음과 같은 증상이나 효과에 약으로 쓰인다. 털이슬(4): 개창, 농포진, 창상, 청열해독

분홍바늘꽃* bun-hong-ba-neul-kkot

바늘꽃과 Onagraceae
Epilobium angustifolium L.

LN 분홍바늘꽃ⓝ, 큰바늘꽃, 버들잎바늘꽃 EN great-willowherb, fireweed, bay-willowherb, rose-bay, wickup, bloodvine, rosebay-willowherb, french-willow, wicopy, french-willowherb CN or MN (4): 유란#(柳蘭 Liu-Lan), 홍쾌자#(紅筷子 Hong-Kuai-Zi)
[Character: dicotyledon. polypetalous flower. perennial herb. erect type. cultivated, wild, medicinal, ornamental, forage, green manure plant]

다년생 초본으로 근경이나 종자로 번식한다. 중북부지방에 분포하며 산이나 들에서 자란다. 땅속줄기가 옆으로 길게 벋으면서 나온 원줄기는 큰 군집을 형성하고 높이는 80~160㎝ 정도로 가지가 많이 갈라지지 않는다. 어긋나는 잎은 길이 8~15㎝, 너비 1~3㎝ 정도의 피침형으로 가장자리에 잔톱니가 있으며 털이 있어 전체가 분백색이다. 7~8월에 개화하며, 총상꽃차례에 달리는 꽃은 홍자색이다. 삭과는 길이 8~10㎝ 정도로 굽은 털이 있으며 종자에 관모가 있다. '바늘꽃'에 비해 줄기가 높고 잎이 호생하며 꽃잎이 길고 암술머리는 4열하며 꽃은 줄기 끝에 총상꽃차례로 달린다. 관상용으로 심고, 사료나 녹비로 이용하기도 한다. 다음과 같은 증상이나 효과에 약으로 쓰인다. 분홍바늘꽃(8): 복부팽만, 소종, 윤장, 음낭종대, 접골, 지통, 하리, 하유

여뀌바늘* yeo-kkwi-ba-neul | 바늘꽃과 Onagraceae *Ludwigia prostrata* Roxb.

Ⓛ 여뀌바늘꽃ⓝ, 물풀, 개좃방망이 Ⓔ climbing-seedbox, false-loosestrife Ⓒ or Ⓜ (6): 수금매(水金梅 Shui-Jin-Mei), 정향료#(丁香蓼 Ding-Xiang-Liao), 홍강두(紅豇豆 Hong-Jiang-Dou)
[Character: dicotyledon. polypetalous flower. hygrophyte. annual herb. erect type. cultivated, wild, medicinal, ornamental, forage plant]

1년생 초본으로 종자로 번식한다. 전국적으로 분포하며 냇가나 들의 습지에서 자란다. 원줄기는 높이 40~120㎝ 정도로 곧추 또는 비스듬히 서며 가지가 많이 갈라지고 붉은빛이 돌며 종선이 있다. 어긋나는 잎은 잎자루가 있고 잎몸은 길이 3~12㎝, 너비 1~3㎝ 정도의 넓은 피침형으로 윤기가 있다. 8~9월에 개화하며 윗부분의 잎겨드랑이에 달리는 꽃은 황색이다. 삭과는 길이 15~30㎜ 정도의 좁은 원주형이고 종자는 해면질인 과피의 한쪽에 싸여 있으며 길이 0.9㎜ 정도의 방추형으로 갈색의 세로줄이 있다. '눈여뀌바늘'과 달리 잎은 길이 3~12㎝ 정도의 피침형이고 꽃잎이 있으며 열매는 길이 1.5~5㎝ 정도이다. 논에서 방제하기 어려운 문제잡초이지만 관상용이나 사료용으로 심기도 한다. 다음과 같은 증상이나 효과에 약으로 쓰인다. 여뀌바늘(10): 고혈압, 방광염, 소염, 요도염, 위장염, 이습소종, 적리, 정혈, 청열해독, 치통

달맞이꽃* dal-mat-i-kkot | 바늘꽃과 Onagraceae *Oenothera biennis* L.

ⓛⓝ 올달맞이꽃ⓝ, 겹달맞이꽃 ⓔⓝ evening-primrose, common-evening-primrose, sand-evening-primrose, sand-eveningprimrose, fragrant-eveningprimrose, sweet-scented-eveningprimrose ⓒⓝ or ⓜⓝ (5): 대소초(待宵草 Dai-Xiao-Cao), 야래향(夜來香 Ye-Lai-Xiang), 월견초#(月見草 Yue-Jian-Cao)
[Character: dicotyledon. polypetalous flower. biennial herb. erect type. wild, medicinal, edible, ornamental, forage plant]

2년생 초본으로 종자로 번식한다. 북아메리카가 원산지인 귀화식물로 전국적으로 분포하며 들에서 자란다. 뿌리는 굵고 곧게 자라며 원줄기는 높이 100~200㎝ 정도이고 가지가 갈라진다. 로제트형으로 나오는 근생엽과 어긋나는 경생엽은 타원상 피침형으로 가장자리에 얕은 톱니가 있다. 7~8월에 개화하며 원줄기와 가지 끝에 수상꽃차례로 피는 꽃은 황색이고 '긴잎달맞이꽃'보다 크다. 삭과는 4개로 갈라져서 많은 종자가 나오고 종자는 젖으면 점액이 생긴다. 관상용으로 심으며 사료로 이용하기도 한다. 봄에 근생엽은 무침이나 초무침, 조림으로 먹고 꽃잎은 말려서 차로 만들어 마신다. 꽃은 튀김, 데쳐서 초무침이나 국으로 먹는다. 다음과 같은 증상이나 효과에 약으로 쓰인다. 달맞이꽃(11): 감기, 고혈압, 기관지염, 당뇨, 신장염, 인후염, 인후통증, 피부염, 해열, 화농, 화종

20070616 20061001표

19930511

19900613 20060614

19950712 19950712

큰달맞이꽃* keun-dal-mat-i-kkot

바늘꽃과 Onagraceae
Oenothera erythrosepala Borbás

ⓚ 달맞이꽃ⓝ, 왕달맞이꽃 ⓔ evening-primrose, large-flowered-evening-primrose, lamarck-evening-primrose, red-sepal-evening-primrose ⓒ or ⓜ (1): 대소초#(待霄草 Dai-Xiao-Cao)
[Character: dicotyledon. polypetalous flower. biennial herb. erect type. wild, medicinal, edible, ornamental, forage plant]

2년생 초본으로 종자로 번식한다. 북아메리카가 원산지인 귀화식물로 전국적으로 분포하며 들에서 자란다. 뿌리는 굵고 곧게 자라며 원줄기는 높이 70~140㎝ 정도이고 가지가 갈라진다. 로제트형으로 나오는 근생엽과 어긋나는 경생엽은 타원상 피침형으로 가장자리에 얕은 톱니가 있다. 7~8월에 개화하며 원줄기와 가지 끝에 수상꽃차례로 피는 꽃은 황색이고 '달맞이꽃'보다 크다. 삭과는 4개로 갈라져서 많은 종자가 나오고 종자는 젖으면 점액이 생긴다. 암술이 수술보다 길이가 길고 열매의 털기부에 점이 있는 것이 '달맞이꽃'과 다르다. 관상용으로 심으며 사료로 이용하기도 한다. 봄에 잎은 무침이나 초무침, 조림으로 먹고 꽃잎은 말려서 차로 마시거나 튀김, 데쳐서 초무침이나 국으로 먹는다. 다음과 같은 증상이나 효과에 약으로 쓰인다. 큰달맞이꽃(8): 감기, 고혈압, 기관지염, 당뇨, 신장염, 인후염, 해열, 화종

긴잎달맞이꽃* gin-ip-dal-mat-i-kkot

바늘꽃과 Onagraceae
Oenothera stricta Ledeb.

Ⓛ 금달맞이꽃ⓝ, 달맞이꽃 Ⓔ fragrant-evening-primrose, sand-eveningprimrose, sweetscented-eveningprimrose, sand-evening-primrose, fragrant-eveningprimrose, sweet-scented-eveningprimrose Ⓒ or Ⓜ (1): 대소초#(待霄草 Dai-Xiao-Cao)
[Character: dicotyledon. polypetalous flower. biennial herb. erect type. wild, medicinal, ornamental plant]

2년생 초본으로 종자로 번식한다. 남아메리카가 원산지인 귀화식물로 제주도와 남해안에 분포하며 들에서 자란다. 원줄기는 높이 70~140㎝ 정도이고 곧추 자라며 가지가 갈라진다. 근생엽은 로제트형으로 퍼지고 경생엽은 어긋나며 잎몸은 선상 피침형으로 길며 잎자루가 없고 가장자리에 얕은 톱니가 있다. 윗부분의 잎겨드랑이에 1개씩 달리는 꽃은 황색이나 황적색으로 변한다. 삭과는 4개로 갈라져서 많은 종자가 나오고 종자는 젖으면 점액이 생긴다. 관상용으로 이용하기도 한다. '큰달맞이꽃'에 비해 잎이 좁고 짙은 녹색이며 꽃이 작고 과실은 곤봉모양으로 터지면 열편이 말린다. 다음과 같은 증상이나 효과에 약으로 쓰인다. 긴잎달맞이꽃(8): 감기, 고혈압, 기관지염, 당뇨, 신장염, 인후염, 해열, 화종

송악* song-ak | 두릅나무과 Araliaceae *Hedera rhombea* (Miq.) Bean

ⓛⓝ 담장나무ⓝ, 소밥, 큰잎담장나무 ⓔⓝ english-ivy, japanese-ivy ⓒⓝ or ⓜⓝ (8): 상춘등#(常春藤 Chang-Chun-Teng), 첨엽벽려(尖葉薜荔 Jian-Ye-Bi-Li), 토고등(土鼓藤 Tu-Gu-Teng)
[Character: dicotyledon. polypetalous flower. evergreen shrub. vine. creeping and erect type. wild, medicinal, ornamental plant]

상록성 관목의 덩굴식물로 근경이나 종자로 번식한다. 남부지방과 제주도에 분포하며 산지와 들에서 자란다. 가지에서 기근이 나와 다른 물체에 붙고 어린가지는 잎 및 꽃차례와 함께 털이 있으나 잎의 털은 곧 없어진다. 어긋나는 잎은 잎자루가 길이 2~5㎝ 정도이고 잎몸은 길이 3~6㎝, 너비 2~4㎝ 정도의 삼각형이며 3~5개로 얕게 갈라진다. 9~10월에 개화하며 산형꽃차례는 1~5개가 가지 끝에 취산상으로 달리고 꽃은 녹황색이다. 열매는 지름 8~10㎜ 정도로 둥글고 다음해 5월에 흑색으로 익는다. 관상용으로 심으며 다음과 같은 증상이나 효과에 약으로 쓰인다. 송악(14): 간염, 거풍이습, 고혈압, 관절염, 급성간염, 요통, 일체안병, 제습, 종기, 지혈, 평간해독, 풍, 풍비, 황달

20060705

20011017

20120901 20150501 참두릅

20120503  20110419

20011017

20080521  20110524

19921004

두릅나무* du-reup-na-mu

두릅나무과 Araliaceae
Aralia elata (Miq.) Seem.

LN 두릅나무ⓝ, 드릅나무, 두릅, 참두릅, 참드릅, EN japanese-angelica, japanese-angelica-tree, japanese-aralia, angelica-tree, hercules-club, devil's-walking-stick, CN or MN (4): 목두채(木頭菜, Mu-Tou-Cai), 자노아#(刺老鴉, Ci-Lao-Ya), 총목#(楤木, Song-Mu), 총목피#(楤木皮, Song-Mu-Pi).

[Character: dicotyledon. polypetalous flower. deciduous shrub. erect type. cultivated, wild, medicinal, edible, ornamental plant.]

2~7㎝ 정도의 타원상 난형으로 가장자리에 톱니가 있다. 8~9월에 개화하며, 가지 끝에 복총상으로 달리는 산형화서에 피는 꽃은 백색이다. 열매는 지름 3㎜ 정도로 둥글며 10월에 흑색으로 익고 종자는 뒷면에 알맹이 같은 작은 돌기가 약간 있다. '독활'과 달리 관목이며 줄기와 잎에 가시가 있고 화서는 주축이 짧다. 식용이나 관상용으로 재배하기도 한다. 봄에 새순을 데쳐서 나물로 먹거나 찜이나 튀김으로 먹기도 하며, 무치거나 된장국을 끓여먹거나 장아찌를 담가 먹기도 한다. 다음과 같은 증상이나 효과에 약으로 쓰인다. 두릅나무(34): 간염, 강장, 강정자신, 강정제, 거담, 거풍활혈, 건비위, 건위, 고혈압, 골절번통, 골절증, 골증열, 관절염, 당뇨병, 만성간염, 보기안신, 신경쇠약, 위경련, 위궤양, 위암, 위장염, 음위, 장위카타르, 중풍, 진통, 축농증, 타박상, 통풍, 폐렴, 풍, 해열, 현벽, 활혈, 황달.

독활* dok-hwal

두릅나무과 Araliaceae
Aralia cordata var. *continentalis* (Kitag.) Y. C. Chu

KN 뫼두릅나무ⓝ, 땃두릅, 땅두릅나무, 땅두릅, 두릅 EN spikenard, salad-plant CN or MN (22): 독요초(獨摇草 Du-Yao-Cao), 독활#(獨活 Du-Huo), 총목#(㯡木 Cong-Mu), 호왕사자(胡王使者 Hu-Wang-Shi-Zhe)
[Character: dicotyledon. polypetalous flower. perennial herb. erect type. cultivated, wild, medicinal, edible, ornamental plant]

다년생 초본으로 근경이나 종자로 번식한다. 전국적으로 분포하며 산지에서 자란다. 원줄기는 높이 150~250㎝ 정도이고 가지가 갈라지며 전체에 짧은 털이 약간 있다. 어긋나는 잎은 길이 50~100㎝ 정도의 기수 2회 우상복엽으로 어릴 때에 연한 갈색 털이 있다. 5~9개의 소엽은 길이 5~30㎝, 너비 3~20㎝ 정도의 난형으로 가장자리에 톱니가 있고 표면은 녹색이나 뒷면은 흰빛이 돈다. 7~8월에 개화하며 총상으로 달린 산형꽃차례에 피는 꽃은 연한 녹색이다. 열매는 9~10월에 익는다. '두릅나무'와 달리 초본이며 가시가 없고 꽃차례의 주축은 약간 신장한다. 재배하여 어린순을 식용하며 관상용으로도 심는다. 봄에 일찍 돋아나는 새순을 데쳐서 초장과 함께 먹거나 무침, 치즈구이, 볶은 조림, 튀김 등으로 먹는다. 다음과 같은 증상이나 효과에 약으로 쓰인다. 독활(30): 강정, 강장, 거담, 거풍조습, 곽란, 구토, 당뇨, 당뇨병, 대보원기, 동상, 명안, 보비익폐, 보익, 사기, 생진지갈, 설사, 식욕, 신경쇠약, 신진대사촉진, 암세포살균, 위암, 이뇨, 익기, 제암, 천식, 췌장암, 토혈, 파상풍, 해열, 활혈지통

인삼* in-sam

두릅나무과 Araliaceae
Panax ginseng C. A. Mey.

LN 인삼ⓝ, 산삼 EN ginseng, asiatic-ginseng, chinese-ginseng CN or MN (82): 고려삼(高麗蔘 Gao-Li-Shen), 미삼#(尾蔘 Wei-Shen), 백삼#(白蔘 Bai-Shen), 산삼#(山蔘 Shan-Shen), 인삼#(人蔘 Ren-Shen)

[Character: dicotyledon. polypetalous flower. perennial herb. erect type. cultivated, wild, medicinal, edible, ornamental plant]

다년생 초본으로 종자로 번식한다. 전국적으로 재배하며 깊은 산에서 야생으로 자라기도 한다. 높이 40~90㎝ 정도로 자라고 근경은 짧으며 곧거나 비스듬히 선다. 근경에서 돌려나는 3~4개의 잎은 잎자루가 길고 장상복엽에 5개의 소엽은 난형으로서 가장자리에 톱니가 있다. 4~5월에 개화하며 산형꽃차례에 달리는 꽃은 백색이다. 산형꽃차례에 모여 달리는 열매는 둥글며 적색으로 익고 종자는 백색으로 편평한 원형이다. 깊은 산에서 자생하는 것은 '산삼'이고 '산삼'의 종자로 재배한 것이 '장뇌'이다. 관상용으로 심기도 하며 약으로 쓰이나 차로 마시고 미삼은 식용하기도 한다. 다음과 같은 증상이나 효과에 약으로 쓰인다. 인삼(70): 각혈, 강심제, 강장보호, 강정안정, 갱년기장애, 거담, 건망증, 건비위, 과민성대장증후군, 관절냉기, 구갈, 구토, 권태증, 금창, 기력증진, 기부족, 기억력감퇴, 냉복통, 담, 만성피로, 배가튀어나온증세, 소아변비증, 소아복냉증, 소아천식, 소아허약체질, 식도암, 안면창백, 야뇨증, 양위, 열격, 오심, 위궤양, 유방암, 음극사양, 음위, 이완출혈, 자궁내막염, 자궁암, 장위카타르, 저혈압, 정기, 정력증진, 정신분열증, 조루증, 종독, 주체, 중독증, 지구역, 청력보강, 탄산토산, 탈모증, 토혈각혈, 통기, 통리수도, 파상풍, 편도선염, 폐기천식, 피부미백, 피부윤택, 해독, 해수, 허로, 허약체질, 현훈, 현훈구토, 호흡곤란, 활혈, 흉부냉증, 흉통, 흉분제

20020731

20060429 음나무순  20100503  20020731

20070626  20110519

음나무* eum-na-mu

두릅나무과 Araliaceae
Kalopanax septemlobus (Thunb.) Koidz.

LN 엄나무ⓝ, 개두릅나무, 멍구나무, 당음나무, 털음나무, 엉개나무, 큰엄나무, 당엄나무, 털엄나무, 개두릅, 음나무순 CN or MN (20): 고동피(鼓桐皮, Gu-Tong-Pi), 자동피(刺桐皮, Ci-Tong-Pi), 자추#(刺楸, Ci-Qiu), 자추수피#(刺楸樹皮, Ci-Qiu-Shu-Pi), 정피(丁皮, Ding-Pi), 해동#(海桐, Hai-Tong), 해동근#(海桐根, Hai-Tong-Gen), 해동목#(海桐木, Hai-Tong-Mu), 해동수근(海桐樹根, Hai-Tong-Shu-Gen), 해동피#(海桐皮, Hai-Tong-Pi).
[Character: dicotyledon. polypetalous flower. deciduous tree or arborescent. erect type. wild, medicinal, edible, ornamental plant.]

낙엽성 교목 또는 소교목으로 근경이나 종자로 번식한다. 전국적으로 분포하며 산지의 양지 바른 곳에서 자란다. 원줄기는 높이 5~15m 정도이고 가지가 갈라지며 가시가 많다. 어긋나는 잎은 잎자루가 길이 10~30㎝ 정도이고, 잎몸은 길이와 너비가 각각 10~30㎝ 정도로서 장상으로 갈라진다. 5~9개의 열편은 난형이고 가장자리에 톱니가 있다. 7~8월에 개화하며, 새 가지 끝에 여러 개의 측지가 나와 달리는 산형화서에 피는 꽃은 황록색이다. 열매는 지름 4~6㎜ 정도로 둥글고 10월에 흑색으로 익으며, 종자는 길이 3~5㎜, 너비 3㎜ 정도의 반달형이고 편평하다. '땃두릅나무'와 달리 잎에는 가시가 없고 과실은 흑색이다. 관상용으로 심는다. 가공 및 공업용으로 이용하기도 한다. 어린순을 데쳐서 초고추장에 찍어 먹거나 무쳐 먹는다. 튀기거나 전을 부쳐먹기도 하고 장아찌를 담가먹기도 한다. 잎은 데쳐서 쌈으로 먹는다. 다음과 같은 증상이나 효과에 약으로 쓰인다. 음나무(35): 간혈파행증, 강장보호, 강직성척추관절염, 거담, 거풍습, 견비통, 관절염, 구충, 근육통, 만성요통, 살충, 습진, 옴, 요배통, 요부염좌, 요통, 위궤양, 위암, 위장염, 임신중요통, 장간막탈출증, 장위카타르, 제습, 좌골신경통, 좌섬요통, 중추신경장애, 진통, 척추관협착증, 척추질환, 통리수도, 풍치, 해수, 현벽, 활혈, 흉협통.

오갈피나무* o-gal-pi-na-mu

두릅나무과 Araliaceae
Eleutherococcus sessiliflorus (Rupr. et Maxim.) S. Y. Hu

KN 오갈피나무ⓝ, 오갈피, 참오갈피나무, 서울오갈피나무, 서울오갈피, 오가피, EN sessileflower-acanthopanax, CN or HN (27): 가피(加皮, Jia-Pi), 단경오가(短梗五加, Duan-Geng-Wu-Jia), 북오가(北五加, Bei-Wu-Jia), 시절(豺節, Chai-Jie), 시칠(豺漆, Chai-Qi), 오가#(五加, Wu-Jia), 오가엽#(五加葉, Wu-Jia-Ye), 오가자#(五加子, Wu-Jia-Zi), 오가피#(五加皮, Wu-Jia-Pi), 자통(刺通, Ci-Tong), 추풍사(追風使, Zhui-Feng-Shi).
[Character: dicotyledon. polypetalous flower. deciduous shrub. erect type. cultivated, wild, medicinal, edible, ornamental plant.]

낙엽성 관목으로 근경이나 종자로 번식한다. 전국적으로 분포하며 산지의 골짜기에서 자란다. 높이 3~4m 정도이고 밑부분에서 가지가 많이 갈라지며 작은 가지는 회갈색이고 털과 가시가 거의 없다. 어긋나는 잎은 장상복엽이며, 3~5개의 소엽은 길이 6~15㎝ 정도의 도란상 타원형으로 가장자리에 톱니가 있고 표면은 녹색, 뒷면은 연한 녹색이다. 8~9월에 개화하며, 취산상으로 달리는 산형화서에 피는 꽃은 자주색이다. 구형의 산형화서에 달리는 장과는 길이 8~12㎜, 지름 4~5㎜ 정도의 타원형이고 약간 편평하며 10월에 검은색으로 익는다. '서울오갈피'와 달리 소엽이 도란형 또는 도란상 타원형이며 불규칙한 톱니가 눕지 않는다. 약용으로 재배하고, 관상용으로 이용한다. 어린잎은 생으로 또는 데쳐서 쌈으로 먹거나 된장이나 간장에 무쳐먹고 장아찌를 담가먹는다. 오갈피 밥을 지어먹기도 한다. 다음과 같은 증상이나 효과에 약으로 쓰인다. 오갈피나무(41): 각기, 강근골, 강심제, 강장보호, 강정제, 거어, 거풍습, 건망증, 경혈, 골증열, 관절염, 구안괘사, 근골구급, 근골동통, 단독, 만성맹장염, 만성피로, 사독, 소수종, 소아구루, 양위, 요슬통, 요통, 위암, 위장염, 유정증, 음위, 익기, 제습, 조루증, 중풍, 진경, 진정, 진통, 치통, 타박상, 풍, 풍습, 해수, 활혈, 흉부냉증.

가시오갈피* ga-si-o-gal-pi

두릅나무과 Araliaceae
Eleutherococcus senticosus (Rupr. et Maxim.) Maxim.

㉠ 가시오갈피나무㉡, 민가시오갈피, 왕가시오갈피나무, 왕가시오갈피, ㉢ siberian-ginseng, manyprickle-acanthopanax, ㉣ or ㉤ (4): 남오가피(南五加皮, Nan-Wu-Jia-Pi), 오가피#(五加皮, Wu-Jia-Pi), 자오가#(刺五加, Ci-Wu-Jia), 자오가피#(刺五加皮, Ci-Wu-Jia-Pi).
[Character : dicotyledon. polypetalous flower. deciduous shrub. erect type. cultivated, wild, medicinal, edible, ornamental plant.]

가늘고 긴 가시가 밀생하며, 회갈색으로 특히 잎자루 밑에 가시가 많다. 어긋나는 잎은 장상복엽으로 3~5개의 소엽은 길이 6~12㎝, 너비 2~4㎝ 정도의 긴 타원형이고 가장자리에 톱니가 있으며, 가시가 많은 잎자루가 있다. 7~8월에 개화하며, 가지 끝에 1~3개씩 달리는 산형화서에 피는 꽃은 자황색이다. 열매는 지름 8~10㎜ 정도로 둥글고 털이 없으며 10월에 익는다. '오갈피'에 비해 소화경이 길고 가시는 침형이고 암술대는 끝까지 유합하며 자방은 5실이다. 염색체수는 48이다. 관상용으로 심는다. 근피와 경피는 '자오가'라 하여 약용하고, 어린순은 나물로 먹고, 수피, 근경은 차나 건강주를 빚어 먹는다. 다음과 같은 증상이나 효과에 약으로 쓰인다. 가시오갈피(7): 익기건비·보신안신·풍한습비·강심·강장·음위·요통.

병풀* byeong-pul | 산형과 Apiaceae *Centella asiatica* (L.) Urb.

KN 병풀ⓝ, 조개풀, 말굽풀, 호랑이풀 EN asiatic-pennywort, indian-pennywort, coinwort, gotu-kola, spadeleaf CN or MN (37): 대엽마제초(大葉馬蹄草 Da-Ye-Ma-Ti-Cao), 동전초(銅錢草 Tong-Qian-Cao), 연전초#(連錢草 Lian-Qian-Cao), 적설초#(積雪草 Ji-Xue-Cao), 지당초#(地棠草 Di-Tang-Cao)

[Character: dicotyledon. polypetalous flower. perennial herb. creeping and erect type. wild, medicinal, edible plant]

다년생 초본으로 근경이나 종자로 번식한다. 남부지방과 제주도에 분포하며 산지나 들에서 자란다. 원줄기는 옆으로 벋고 마디에서 뿌리가 내리며 2개의 비늘 같은 퇴화엽이 있다. 비늘 같은 잎에서 액생하는 정상적인 잎의 잎자루는 길이 4~20㎝ 정도이고 잎몸은 지름 2~5㎝ 정도의 신원형이고 가장자리에 둔한 톱니가 있다. 잎겨드랑이에서 나오는 짧은 화경 끝에 달리는 꽃은 홍자색이다. 열매는 길이 3㎜ 정도의 편원형이고 분과 겉에 튀어나온 그물눈이 있으며 털이 있다가 없어진다. '피막이풀속'에 비해 잎이 갈라지지 않고 분과는 7~9맥이 있으며 가로로 융기한 작은 맥이 있어 그물모양을 한다. 어린 줄기와 잎을 삶아 나물로 먹거나 튀김, 건조시켜 약주를 담가 먹는다. 병풀(20): 간염, 개선, 관절염, 대하, 복통, 소변림력, 소종해독, 옹종, 완선, 요결석, 음왜, 이질, 인후통증, 지혈, 청열이습, 토혈각혈, 해독, 해열, 현훈, 황달

시호* si-ho | 산형과 Apiaceae *Bupleurum falcatum* L.

KN 시호ⓝ, 큰일시호 EN sickle-leaved-hare's-ear, hare's-ear CN or MN (36): 북시호(北柴胡 Bei-Chai-Hu), 세시호(細柴胡 Xi-Chai-Hu), 시호#(柴胡 Chai-Hu), 표대초(飄帶草 Piao-Dai-Cao)
[Character: dicotyledon. polypetalous flower. perennial herb. erect type. cultivated, wild, medicinal, edible plant]

다년생 초본으로 근경이나 종자로 번식한다. 산지나 들에서 자라며 약용으로 재배한다. 짧은 근경은 굵으며 뿌리도 약간 굵어진다. 원줄기는 높이 40~80㎝ 정도로 털이 없고 윗부분에서 가지가 갈라진다. 근생엽은 길이 10~30㎝ 정도의 피침형으로 밑부분이 좁아져서 잎자루처럼 되고 경생엽은 길이 5~10㎝, 너비 5~15㎝ 정도의 선형으로 양끝이 뾰족하고 가장자리가 밋밋하며 털이 없다. 8~9월에 개화하며 복산형꽃차례에 피는 꽃은 황색이다. 열매는 타원형이고 9~10월에 익는다. '참시호'에 비해 가지가 심히 퍼지지 않고 잎이 넓은 선상피침형으로 보다 넓다. 약용식물로 재배하며 식용하기도 한다. 어린잎과 부드러운 순은 다른 산나물과 같이 데쳐서 무치거나 쌈으로 먹는다. 다음과 같은 증상이나 효과에 약으로 쓰인다. 시호(30): 강장보호, 거담, 경련, 고혈압, 골수암, 골절번통, 구안괘사, 난청, 늑막염, 말라리아, 소간해울, 승거양기, 암내, 오한, 월경불순, 자궁하수, 제암, 중풍, 진경, 진통, 치통, 탈항, 하리탈항, 학질, 해독, 해소, 해열, 화해퇴열, 황달, 흉통

섬시호* seom-si-ho | 산형과 Apiaceae *Bupleurum latissimum* Nakai

LN 섬시호ⓝ, 시호 CN or MN (7): 산채(山菜 Shan-Cai), 시호#(柴胡 Chai-Hu), 지훈(地熏 Di-Xun)
[Character: dicotyledon. polypetalous flower. perennial herb. erect type. wild, medicinal, edible plant]

울릉도 바닷가의 숲 속에서 자라는 다년생 초본이다. 높이가 40~80㎝ 정도에 달하고 근경이 갈라지며 세로로 능선이 있다. 잎은 거의 2줄로 배열되며 표면은 녹색이고 뒷면은 회청색이다. 근생엽은 모여 나고 잎자루의 길이가 12~18㎝ 정도이다. 잎몸은 길이 6~13㎝, 너비 4~11㎝ 정도의 넓은 난형이고 11맥이 있으며 끝이 뾰족하고 가장자리가 파상이다. 밑부분의 경생엽은 짧은 잎자루에 날개가 있고 원줄기를 감싸 11개의 조선이 있으며 윗부분의 경생엽은 긴 타원형으로 잎자루가 없이 완전히 원줄기를 감싼다. 꽃잎은 도란형이고 황색이다. '개시호'와 달리 잎은 너비 4~11㎝ 정도이고 신장상 난형이며 경생엽은 잎자루가 짧거나 없으며 밑이 귀모양으로 줄기를 감싼다. 어린잎과 부드러운 순은 다른 산나물과 같이 데쳐서 무치거나 쌈으로 먹는다. 다음과 같은 증상이나 효과에 약으로 쓰인다. 섬시호(12): 늑막염, 말라리아, 소간해울, 승거양기, 오한, 월경불순, 자궁하수, 제암, 하리탈항, 해소, 해열, 화해퇴열

20000917

19910614

20120331 19930625

20100424 20120428

19930501

20140827 20100503

참반디* cham-ban-di | 산형과 Apiaceae *Sanicula chinensis* Bunge

LN 참반디ⓝ, 참반듸, 참바디나물, 참바디 EN chinese-sanicle, sanicle CN or MN (1): 대폐근초#(大肺筋草 Da-Fei-Jin-Cao), 변두채#(變豆菜 Bian-Dou-Cai)
[Character: dicotyledon. polypetalous flower. perennial herb. erect type. wild, medicinal, edible plant]

다년생 초본으로 근경이나 종자로 번식한다. 전국적으로 분포하며 산지의 나무 그늘에서 자란다. 뿌리가 짧고 굵으며 곧추 자라는 원줄기는 높이 30~90㎝ 정도이고 윗부분에서 가지가 갈라진다. 근생엽은 잎자루가 길이 10~20㎝ 정도이고 잎몸은 지름 5~10㎝ 정도로 장상엽처럼 5개로 갈라지고 가장자리에 톱니가 있다. 어긋나는 경생엽은 잎자루가 점점 짧아지고 마침내 없어진다. 7~8월에 개화하며 복산형꽃차례에 달리는 꽃은 백색이다. 2~4개씩 달리는 열매는 길이 5~6㎜ 정도의 난상 구형으로 겉에 있는 가시는 길이 1.5㎜ 정도이고 끝이 꼬부라진다. '붉은참반디'에 비해 줄기에 자루가 있는 잎이 호생하고 위쪽에서 분지하며 꽃은 백색이다. 어린잎은 나물로 하여 먹는다. 잎과 어린순을 쌈이나 겉절이를 해 먹는다. 다른 산나물과 같이 데쳐서 간장이나 된장에 무쳐도 맛있다. 다음과 같은 증상이나 효과에 약으로 쓰인다. 참반디(11): 강정, 골통, 대하, 도한, 산풍청폐, 이뇨, 정력, 중독, 풍사, 해열, 화염행혈

전호* jeon-ho | 산형과 Apiaceae *Anthriscus sylvestris* (L.) Hoffm.

LN 생치나물ⓝ, 동지, 사약채, 반들전호, 큰전호 EN queen-anne's-lace, woodland-beak-chervil, cow-parsley, wild-chervil, hogfennel CN or MN (16): 눈전호(嫩前胡 Nen-Qian-Hu), 아삼#(蛾參 E-Shen), 전호#(前胡 Qian-Hu), 토전호(土前胡 Tu-Qian-Hu)
[Character: dicotyledon. polypetalous flower. perennial herb. erect type. wild, medicinal, edible plant]

다년생 초본으로 근경이나 종자로 번식한다. 전국적으로 분포하며 산지에서 자란다. 뿌리가 굵고 원줄기는 높이 70~140㎝ 정도이며 가지가 많이 갈라진다. 근생엽은 잎자루가 길고 잎몸은 길이 20~40㎝ 정도의 삼각형으로 3개씩 2~3회 우상으로 갈라지고 다시 우상으로 갈라지며 맥 위에 퍼진 털이 약간 있다. 어긋나는 경생엽은 위로 갈수록 점점 작아진다. 5~6월에 개화하며 복산형꽃차례에 달리는 꽃은 백색이다. 분과는 길이 5~8㎜ 정도의 피침형이며 녹색이 도는 흑색이고 밋밋하거나 돌기가 약간 있다. '무산상자'와 달리 분과에 작은 돌기 또는 털이 있다. 어린잎은 식용한다. 봄에 새싹이 약 20cm 자랐을 때 채취해 말린새우, 잔멸치와 함께 반죽하여 튀김, 국, 찌개로 먹거나 데쳐서 무쳐 먹는다. 다음과 같은 증상이나 효과에 약으로 쓰인다. 전호(14): 감기, 강기거염, 보중익기, 야뇨, 야뇨증, 지구역, 진정, 진통, 천식, 타박상, 통경, 폐기천식, 해수, 해열

사상자* sa-sang-ja

산형과 Apiaceae
Torilis japonica (Houtt.) DC.

ⓀⓃ 뱀도랏ⓝ, 진들개미나리 ⒺⓃ japanese-hedge-parsley, upright-hedge-parsley, hedge-parsley, hemlock-chevil, upright-hedgeparsley, japanese-hedgeparsley ⒸⓃ or ⓂⓃ (23): 귀노자(鬼老子 Gui-Lao-Zi), 사상자#(蛇床子 She-Chuang-Zi), 야회향(野茴香 Ye-Hui-Xiang), 파자초#(破子草 Po-Zi-Cao)

[Character: dicotyledon. polypetalous flower. biennial herb. erect type. wild, medicinal, edible, forage plant]

2년생 초본으로 종자로 번식하고 전국적으로 분포하며 들에서 자란다. 원줄기는 높이 40~80㎝ 정도이고 가지가 갈라지며 전체에 짧은 복모가 있다. 어긋나는 경생엽은 3출엽이고 2회 우상으로 갈라지며 소엽은 난상 피침형으로 잎자루의 밑부분이 원줄기를 감싼다. 6~8월에 개화하며 복산형 꽃차례에 피는 꽃은 백색이다. 열매는 4~10개씩 달리고 길이 2~3㎜ 정도의 난형으로 다른 물체에 잘 붙는 짧은 가시 같은 털이 있다. '개사상자'와 달리 소과경이 없거나 짧다. 사료용으로 심기도 한다. 어린잎과 순을 생으로나 데쳐서 쌈 싸먹고 간장이나 된장에 무쳐 먹기도 한다. 다음과 같은 증상이나 효과에 약으로 쓰인다. 사상자(35): 강정안정, 강정제, 거담, 골통, 관절염, 구충, 대하증, 발한, 백적리, 복통, 수렴살충, 양위, 요통, 음낭습, 음양, 음양음창, 음위, 자궁내막염, 자궁염, 자궁한냉, 지리, 채물중독, 치통, 탈강, 탈항, 통변, 파상풍, 풍비, 풍질, 피부소양증, 해소, 해수, 활혈소종, 흉부냉증, 흥분제

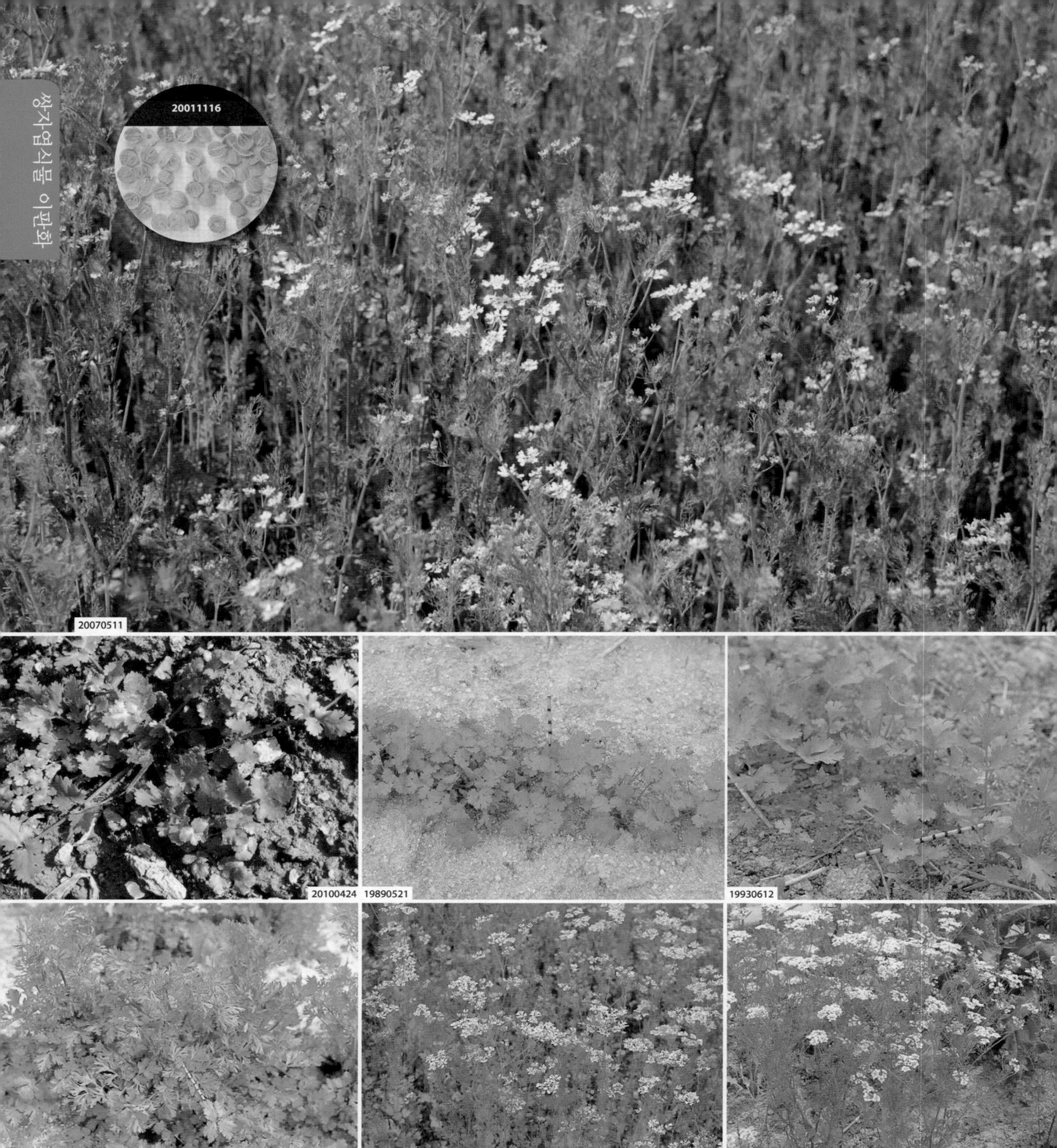

고수* go-su | 산형과 Apiaceae *Coriandrum sativum* L.

ⓚ 고수ⓝ, 고수나물 ⓔ common-coriander, coriander, chinese-parsley, cilantro ⓒ or ⓜ (15): 연유(延荽 Yan-Sui), 완유(莞荽 Guan-Sui), 향채#(香菜 Xiang-Cai), 호유#(胡荽 Hu-Sui)

[Character: dicotyledon. polypetalous flower. annual herb. erect type. cultivated, medicinal, edible plant]

1년생 초본으로 종자로 번식하고 동유럽이 원산지인 조미료식물이다. 곧게 자라는 원줄기는 높이 40~80㎝ 정도로 가지가 갈라지고 속이 비어 있으며 털이 없다. 경생엽은 위로 갈수록 잎자루가 짧아져서 잎집으로 되고 잎몸은 2~3회 우상으로 갈라지며 열편이 좁아진다. 6~7월에 개화하며 산형꽃차례에 피는 꽃은 백색이다. 열매는 둥글고 10개의 능선이 있으며 향기가 있다. '돌방풍'과 달리 열매에 털이 없으며 육상에서 자란다. 잎을 향료나 채소로 사용한다. 조미료로 많이 이용한다. 고수(11): 건비, 건위, 고혈압, 구풍, 발한투진, 소식하기, 지통, 진정, 치풍, 해표, 행기지사

파드득나물* pa-deu-deuk-na-mul

산형과 Apiaceae
Cryptotaenia japonica Hassk.

Ⓚ 파드득나물ⓝ, 반디나물, 참나물, 반듸나물, 미쯔바 Ⓔ japanese-cryptotaenia, hornwort, japanese-hornwort, mitsuba, umbelweed Ⓒ or Ⓜ (10): 기막#(起莫 Qi-Mo), 압아근#(鴨兒芹 Ya-Er-Qin), 야근채(野芹菜 Ye-Qin-Cai)
[Character: dicotyledon. polypetalous flower. perennial herb. erect type. cultivated, wild, medicinal, edible plant]

다년생 초본으로 근경이나 종자로 번식한다. 전국적으로 분포하며 산지에서 자란다. 근경은 짧고 굵은 뿌리가 있으며 곧게 자라는 원줄기는 높이 30~60㎝ 정도로 가지가 갈라지고 전체에 털이 없이 향기가 있다. 근생엽은 잎자루가 길고 어긋나는 경생엽은 잎자루가 점차 짧아져서 윗부분에서 잎집으로 된다. 3출엽인 소엽은 길이 3~8㎝, 너비 2~6㎝ 정도의 난형으로 가장자리에 불규칙한 톱니가 있다. 6~7월에 개화하며 복산형꽃차례에 피는 꽃은 백색이다. 열매는 털이 없으며 길이 3~4㎜ 정도의 타원형이고 분과의 단면은 둥근 오각형이다. 채소용으로 재배하기도 한다. '반디나물'이라고도 한다. 잎과 어린순으로 쌈이나 겉절이를 해 먹는다. 데쳐서 간장이나 다른 양념으로 무쳐 먹기도 하며 덮밥, 국으로 끓여 먹기도 한다. 파드득나물(15): 경풍, 고혈압, 기관지염, 대하, 신경통, 아감, 옹종, 음종, 익기, 종독, 중풍, 폐농양, 폐렴, 해독, 활혈

미나리* mi-na-ri | 산형과 Apiaceae *Oenanthe javanica* (Blume) DC.

LN 미나리ⓝ, 잔잎미나리, 밭미나리, 돌미나리, 불미나리 EN dropwort, javan-water-dropwort, water-dropwort, oriental-celery CN or MN (10): 근채#(芹菜 Qin-Cai), 수근#(水芹 Shui-Qin), 야근채(野芹菜 Ye-Qin-Cai)
[Character: dicotyledon. polypetalous flower. perennial herb. hydrophyte. creeping and erect type. cultivated, wild, medicinal, edible plant]

다년생 초본으로 근경이나 종자로 번식한다. 전국적으로 분포하며 들의 습지나 물가에서 자라고 논에서 재배한다. 밑에서 가지가 갈라져 옆으로 퍼지고 높이 20~40㎝ 정도의 원줄기에 능각이 있으며 털이 없다. 잎은 어긋나고 근생엽과 같이 긴 잎자루가 있으나 위로 갈수록 짧아지며 잎몸은 길이 7~15㎝ 정도의 삼각상 난형으로 1~2회 우상복엽이고 소엽은 길이 1~3㎝, 너비 7~15㎜ 정도의 난형으로 가장자리에 톱니가 있다. 7~9월에 개화하며 복산형꽃차례에 피는 꽃은 백색이다. 열매는 타원형이고 가장자리의 능선이 코르크화된다. '왜방풍'과 달리 분과의 단면이 거의 둥글며 능선이 굵다. 재배하여 식용한다. 봄에 연한 잎과 줄기는 생으로 먹거나 데쳐서 무쳐 먹는다. 나물, 절임, 국, 볶음 등과 김치 등 요리에 쓰인다. 다음과 같은 증상이나 효과에 약으로 쓰인다. 미나리(38): 간염, 감기, 강정제, 결막염, 고혈압, 과민성대장증후군, 구토, 대하, 부인하혈, 산울, 소아이질, 소아토유, 안질, 양위, 양정, 열독증, 열질, 오심, 위장염, 이뇨, 익기, 일체안병, 임파선염, 장위카타르, 정력증진, 정혈, 주독, 지혈, 청열이수, 췌장암, 통리수도, 폐렴, 폐부종, 해독, 해열, 혈뇨, 혼곤, 황달

참나물* cham-na-mul | 산형과 Apiaceae *Pimpinella brachycarpa* (Kom.) Nakai

KN 참나물ⓝ, 가는참나물, 산노루참나물, 겹참나물 EN shortfruit-pimpinella CN or MN (3): 구회향#(歐茴香 Ou-Hui-Xiang), 지과회근#(知果茴根 Zhi-Guo-Hui-Gen), 회근#(茴根 Hui-Gen)

[Character: dicotyledon. polypetalous flower. perennial herb. erect type. cultivated, wild, medicinal, edible plant]

다년생 초본으로 근경이나 종자로 번식한다. 전국적으로 분포하며 산지의 나무 그늘에서 자란다. 곧추 자라는 원줄기는 높이 50~100㎝ 정도이고 가지가 갈라진다. 근생엽은 잎자루가 길고 어긋나는 경생엽은 위로 갈수록 잎자루가 짧아지며 밑부분이 원줄기를 감싼다. 3출엽인 소엽은 난형으로 가장자리에 톱니가 있다. 7~9월에 개화하며 복산형꽃차례에 피는 꽃은 백색이다. 열매는 편평한 타원형으로 털이 없다. '노루참나물'에 비해 잎이 3출복엽이며 최하부의 잎은 갈라지지 않고 꽃대는 6개 이상의 돌출부가 있으며 잎자루 횡단면의 끝부분은 뚜렷이 돌출한다. 재배하여 식용하며 연한 잎을 잎자루와 함께 생으로 쌈을 싸 먹거나 데쳐서 나물로 먹는다. 겉절이로 무쳐 먹거나 전에 넣어먹기도 한다. 다음과 같은 증상이나 효과에 약으로 쓰인다. 참나물(13): 거풍산한, 경풍, 고혈압, 대하, 신경통, 양정, 양혈, 이기지통, 정혈, 중풍, 지혈, 폐렴, 해열

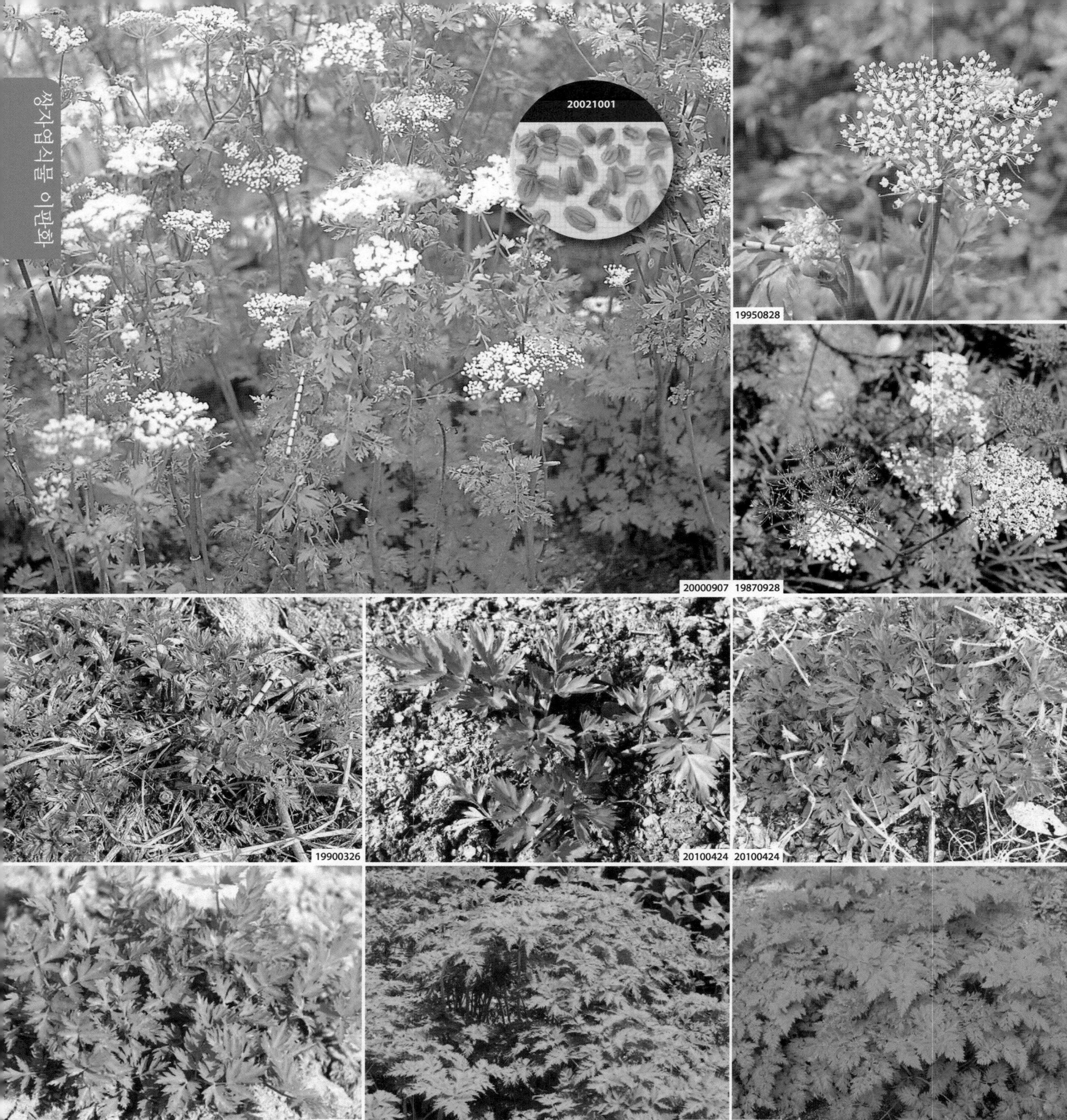

천궁* cheon-gung

산형과 Apiaceae
Cnidium officinale Makino

ⓛ 궁궁이ⓝ, 참천궁 ⓢ or ⓜ (30): 강리#(江籬 Jiang-Li), 궁궁(芎藭 Xiong-Qiong), 무궁(撫芎 Fu-Xiong), 일천궁#(日川芎 Ri-Chuan-Xiong), 천궁#(川芎 Chuan-Xiong), 토천궁#(土川芎 Tu-Chuan-Xiong)

[Character: dicotyledon. polypetalous flower. perennial herb. erect type. cultivated, medicinal, edible plant]

다년생 초본으로 근경으로 번식하고 중국이 원산지이며 약용작물이다. 곧추 자라는 원줄기는 높이 30~70㎝ 정도이며 가지가 갈라진다. 근생엽은 잎자루가 길고 어긋나는 경생엽은 위로 갈수록 짧아지며 잎집으로 되어 원줄기를 감싼다. 잎몸은 2회 우상복엽이고 난형의 소엽은 가장자리에 결각상의 톱니가 있다. 7~8월에 개화하며 산형꽃차례에 피는 꽃은 백색이다. 열매가 잘 익지 않는다. '벌사상자'와 달리 줄기에 달린 잎은 2회 우상복엽이고 뿌리는 염주상이다. 약용식물로 재배하며 식용하기도 한다. 다음과 같은 증상이나 효과에 약으로 쓰인다. 천궁(44): 간질, 강장보호, 강화, 건망증, 건비, 건선, 경련, 구취, 난산, 대하, 보익, 부인하혈, 부인혈증, 비체, 신허, 역상, 우울증, 월경이상, 음왜, 음위, 음축, 자양강장, 전립선비대증, 정혈, 조루증, 졸도, 지통, 진경, 진정, 진통, 총이명목약, 치매증, 치통, 치풍, 통경, 통기, 편두통, 풍, 현훈, 혈허복병, 협통, 활혈, 활혈행기, 흉부냉증

왜우산풀* wae-u-san-pul

산형과 Apiaceae
Pleurospermum camtschaticum Hoffm.

㉨ 우산풀⑪, 누룩치, 개우산풀, 개반디, 누리대, 왕우산바디, 왜우산나물
[Character: dicotyledon. polypetalous flower. perennial herb. erect type. wild, medicinal, edible plant]

다년생 초본으로 근경이나 종자로 번식한다. 산지나 들에서 자라며 뿌리가 굵다. 곧추서는 원줄기는 높이 60~120㎝ 정도이고 윗부분에서 굵고 짧은 가지가 나오며 속이 비고 전체에 털이 없다. 근생엽은 잎자루가 길고 어긋나는 경생엽은 위로 갈수록 짧아진다. 길이 20~40㎝ 정도의 난상 삼각형인 3출엽은 2회 우상으로 갈라지고 최종 열편은 길이 4~15㎝ 정도로 좁은 난형이며 가장자리에 결각상의 톱니가 있다. 7~8월에 개화하며 복산형꽃차례에 피는 꽃은 백색이다. 열매는 길이 6~7㎜ 정도의 난형이다. 강원도에서는 어릴 때에 잎과 잎자루를 '누룩치' 또는 '누리대'라고 하며 식용하기도 한다. 다음과 같은 증상이나 효과에 약으로 쓰인다. 왜우산풀(8): 강정, 골통, 대하증, 도한, 오한, 정력, 중독, 풍사

독미나리* dok-mi-na-ri | 산형과 Apiaceae *Cicuta virosa* L.

LN 독미나리ⓝ, 개발나물아재비 EN water-hemlock, european-water-hemlock, cowbane, northern-water-hemlock CN or MN (6): 독근근#(毒芹根 Du-Qin-Gen), 만년죽#(萬年竹 Wan-Nian-Zhu), 독근#(毒芹 Du-Qin)

[Character: dicotyledon. polypetalous flower. perennial herb. hygrophyte. erect type. wild, medicinal, poisonous plant]

다년생 초본으로 근경이나 종자로 번식한다. 중북부지방에 분포하며 늪이나 물가에서 자란다. 땅속줄기는 굵으며 녹색이고 마디가 있으며 속이 비어 있다. 원줄기는 높이 50~100㎝ 정도로 가지가 갈라진다. 근생엽은 잎자루가 길지만 어긋나는 경생엽은 짧고 잎몸은 길이 30~50㎝ 정도의 삼각상 난형으로 2회 우상으로 갈라진다. 최종열편은 길이 3~10㎝, 너비 7~20㎜ 정도의 선상 피침형 또는 넓은 피침형으로 가장자리에 뾰족한 톱니가 있으며 위로 가면서 잎이 작아지고 잎자루가 없어진다. 6~8월에 개화하며 산형꽃차례에 달리는 꽃은 백색이다. 열매는 길이 2.5㎜ 정도의 난상 구형으로 녹색이고 굵은 능선 사이에 1개의 유관이 있다. '개발나물'에 비해 잎이 2~3회 우상으로 갈라지고 과실의 늑은 늑간보다 넓으며 각 늑간에 1개의 유관이 있다. 유독식물이며 먹으면 구토, 복통, 설사, 호흡곤란 등이 일어난다. 다음과 같은 증상이나 효과에 약으로 쓰인다. 독미나리(6): 거담, 거어, 구풍, 발독, 월경통, 통경

개발나물* gae-bal-na-mul | 산형과 Apiaceae *Sium suave* Walter

LN 가락잎풀ⓝ, 가는개발나물, 당개발나물, 개발풀 EN **water-parsnip, hemlock-water-parsnip** CN or MN (4): 산고본#(山藁本 Shan-Gao-Ben), 이근#(泥根 Ni-Gen), 토고본#(土藁本 Tu-Gao-Ben)
[Character: dicotyledon. polypetalous flower. perennial herb. hygrophyte. erect type. wild, medicinal, edible plant]

다년생 초본으로 근경이나 종자로 번식한다. 중남부지방에 분포하며 늪이나 물가에서 자란다. 원줄기는 높이 60~120㎝ 정도이고 가지가 갈라지며 전체에 털이 없다. 근생엽과 어긋나는 경생엽은 기수 1회 우상복엽으로 위로 갈수록 잎자루가 작아지고 7~17개의 소엽은 길이 5~15㎝, 너비 7~50㎜ 정도의 선상 피침형으로 가장자리에 예리한 톱니가 있다. 8~9월에 개화하며 복산형꽃차례에 피는 꽃은 백색이다. 분과는 길이 2~3㎜ 정도로 거의 둥글다. '감자개발나물'에 비해 뿌리가 비후하지 않고 소엽이 7~17개이며 작은 잎자루가 있고 잎겨드랑이에 주아가 생기지 않는다. 어린잎은 식용한다. 다음과 같은 증상이나 효과에 약으로 쓰인다. 개발나물(7): 고혈압, 대하, 산풍한습, 신경통, 중풍, 지혈, 해열

갯방풍* gaet-bang-pung

산형과 Apiaceae
Glehnia littoralis F. Schmidt ex Miq.

LN 갯방풍ⓝ, 실바디, 갯향미나리, 방풍나물, 해방풍 EN coastae-glehnia, corkwing CN or MN (22): 내양사삼(萊陽沙蔘 Lai-Yang-Sha-Shen), 북사삼#(北沙蔘 Bei-Sha-Shen), 빈방풍#(賓防風 Bin-Fang-Feng), 산호채#(珊瑚菜 Shan-Hu-Cai), 해방풍#(海防風 Hai-Fang-Feng)
[Character: dicotyledon. polypetalous flower. perennial herb. halophyte, erect type. wild, medicinal, edible plant]

다년생 초본으로 근경이나 종자로 번식한다. 해변의 모래땅에서 자란다. 높이 5~20㎝ 정도이고 굵은 황색 뿌리가 땅속 깊이 들어가며 전체에 긴 백색 털이 있다. 근생엽과 밑부분의 경생엽은 지면을 따라 퍼지고 잎자루가 길다. 잎몸은 길이 10~20㎝ 정도의 난상 삼각형으로 3개씩 1~2회 갈라진다. 소엽은 길이 2~5㎝, 너비 1~3㎝ 정도의 타원형 또는 도란형으로 가장자리에 불규칙한 톱니가 있으며 표면은 백색을 띠고 딱딱해지기도 한다. 6~7월에 개화하며 복산형꽃차례에 밀생하는 꽃은 백색이다. 열매는 길이 4㎜ 정도로 둥글고 밀착하며 긴 털로 덮여 있으며 껍질은 코르크질이고 능선이 있다. 분과표면에 긴털이 있고 과피는 비후하며 늑은 굵고 예리하며 늑간이 현저히 넓다. 홍자색의 잎자루를 식용하기도 한다. 봄에 채취한 어린순을 데쳐서 튀겨먹거나 볶음, 데쳐서 무쳐 먹는다. 겉절이나 쌈으로 먹기도 한다. 다음과 같은 증상이나 효과에 약으로 쓰인다. 갯방풍(34): 각기, 간질, 감기, 거담, 곽란, 관절염, 구갈, 구토, 구풍, 기관지염, 대하, 부인음, 사독, 생진익위, 신경통, 양음청폐, 오심, 유즙결핍, 음왜, 음위, 음종, 조루증, 종독, 중종, 중풍, 진통, 창종, 최유, 치통, 폐기종, 폐기천식, 피부소양증, 해수, 해열

왜당귀* wae-dang-gwi

산형과 Apiaceae
Angelica acutiloba (Siebold et Zucc.) Kitag.

Ⓛⓝ 좀당귀ⓝ, 당귀, 일당귀, 재비당귀, 당귀순 Ⓒⓝ or Ⓜⓝ (6): 당귀(當歸 Dang-Gui), 동당귀#(東當歸 Dong-Dang-Gui), 왜당귀#(倭當歸 Ou-Dang-Gui), 일당귀#(日當歸 Ri-Dang-Gui)
[Character: dicotyledon. polypetalous flower. perennial herb. erect type. cultivated, medicinal, edible plant]

다년생 초본으로 근경이나 종자로 번식한다. 일본이 원산지로 약용으로 재배한다. 높이 50~100㎝ 정도로 곧추 자라는 원줄기는 잎자루와 더불어 검은빛이 도는 자주색이고 전체에 털이 없다. 근생엽과 밑부분의 경생엽은 잎자루가 길고 잎몸은 길이 10~25㎝ 정도의 삼각형으로 3개씩 1~3회 우상으로 갈라진다. 소엽은 길이 5~10㎝ 정도로 깊게 3개로 갈라지고 가장자리에 예리한 톱니가 있다. 8~9월에 개화하며 복산형꽃차례로 달리는 꽃은 백색이다. 열매는 길이 4~5㎜ 정도의 난상 긴 타원형이며 뒷면의 능선이 가늘고 가장자리에 좁은 날개가 있다. '기름당귀'와 달리 잎의 소열편이 피침형이고 소산경은 20~40개이며 분과는 길이 4~5㎜ 정도이다. '일당귀'라고 부르기도 한다. 어린순은 생으로 먹거나 데쳐서 나물로 한다. 다음과 같은 증상이나 효과에 약으로 쓰인다. 왜당귀(25): 간질, 감기, 강장보호, 거풍, 건비, 건위, 기부족, 변비, 보혈, 부인병, 신허, 오줌소태, 요슬산통, 월경이상, 정혈, 조경, 진정, 진통, 치통, 통경, 해수, 허리디스크, 허약체질, 화혈, 활혈

20070703

19930704 20020630

20000719

19920328  20100424  20020517

20030406  19891015

섬바디* seom-ba-di

산형과 Apiaceae
Dystaenia takeshimana (Nakai) Kitag.

섬바디ⓝ, 두메기름나물, 울릉강활, 백운기름나물, 백운산방풍, 돼지풀 or (1): 울근#(鬱根 Yu-Gen)

[Character: dicotyledon. polypetalous flower. perennial herb. erect type. cultivated, wild, medicinal, edible, forage plant]

다년생 초본으로 근경이나 종자로 번식한다. 중남부지방에 분포하며 산지나 들에서 자란다. 원줄기는 높이 2m 정도까지 자라고 윗부분에서 가지가 갈라지며 4~5개의 마디가 있다. 근생엽과 어긋나는 경생엽은 잎자루가 길고 잎몸은 3개씩 2회 갈라지며 소엽은 넓은 피침형이고 가장자리에 결각상의 겹톱니가 있다. 7~8월에 개화하는 산형꽃차례에 피는 꽃은 백색이다. 열매는 8~9월에 익는다. '산천궁'과 달리 분과의 날개가 두꺼우며 꽃받침잎이 현저하다. 울릉도에서 잘 자라고 식용하거나 사료로 이용한다. 어린순은 생으로 먹거나 데쳐서 나물로 한다. 다음과 같은 증상이나 효과에 약으로 쓰인다. 섬바디(6): 대장암, 양정신, 위암, 익정, 자궁암, 청열소종

19921107 19940605 19970613  19910705  20030322  19970502  19920418  20070607  19910615

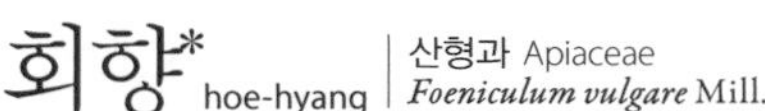

회향* hoe-hyang | 산형과 Apiaceae *Foeniculum vulgare* Mill.

LN 회양ⓝ EN fennel, common-fennel, florence-fennel, finocchio CN or MN (26): 대회향(大茴香 Da-Hui-Xiang), 소회향#(小茴香 Xiao-Hui-Xiang), 시라#(蒔蘿 Shi-Luo), 시라자(蒔蘿子 Shi-Luo-Zi), 회향#(茴香 Hui-Xiang), 회향자(茴香子 Hui-Xiang-Zi)
[Character: dicotyledon. polypetalous flower. perennial herb. erect type. cultivated, wild, medicinal, edible plant]

다년생 초본으로 근경이나 종자로 번식한다. 유럽이 원산지인 향료식물이다. 일출하여 야생으로도 자란다. 원줄기는 높이 1~2m 정도로 녹색의 원주형으로 털이 없고 가지가 많이 갈라진다. 전초에 독특한 향기가 있다. 뿌리에서 모여 나는 근생엽의 잎몸은 3~4회 우상으로 갈라지고 열편은 선형이다. 7~8월에 개화하며 산형꽃차례에 피는 꽃은 황색이다. 열매는 난상타원형으로 냄새가 강하다. 약용이나 향료식물로 재배하며 식용하기도 한다. 향이 있어 조미료로 이용한다. 다음과 같은 증상이나 효과에 약으로 쓰인다. 회향(37): 각기, 간질, 거담, 건위, 경혈, 곽란, 관절염, 구충, 구토, 구풍, 대하, 부인음, 사독, 산한, 식우육체, 신경통, 양위, 오심, 온신, 요통, 유즙결핍, 음동, 음왜, 음위, 이기개위, 장위카타르, 중종, 지구역, 지통, 진통, 창종, 최유, 치통, 토혈각혈, 통기, 풍, 흉부냉증

바디나물* ba-di-na-mul

산형과 Apiaceae
Angelica decursiva (Miq.) Franch. et Sav.

LN 바디나물ⓝ, 사약채, 흰꽃바디나물, 흰바디나물, 흰사약채, 개당귀 CN or MN (13): 야근채#(野芹菜 Ye-Qin-Cai), 전호#(前胡 Qian-Hu), 토당귀(土當歸 Tu-Dang-Gui)
[Character: dicotyledon. polypetalous flower. perennial herb. erect type. wild, medicinal, edible plant]

다년생 초본으로 근경이나 종자로 번식한다. 전국적으로 분포하며 산지나 들에서 자란다. 근경이 짧고 뿌리가 굵으며 원줄기는 높이 80~160㎝ 정도이고 가지가 갈라진다. 근생엽과 밑부분의 잎은 잎자루가 길고 잎몸은 길이 10~30㎝ 정도의 삼각상 넓은 난형이며 우상으로 갈라진다. 3~5개의 소엽은 다시 3~5개로 갈라지고 최종열편은 길이 5~10㎝, 너비 2~4㎝ 정도의 난형 또는 피침형이나 밑부분이 흘러 날개 모양이 되고 가장자리에 결각상의 톱니가 있다. 8~9월에 개화하며 복산형꽃차례에 달리는 꽃은 자주색이다. 열매는 길이 5㎜ 정도의 타원형으로 편평하고 능선 사이에 1~4개, 합생면에 4~6개의 유관이 있다. '참당귀'에 비해 소엽의 밑부분이 밑으로 흘러 날개모양으로 되고 꽃잎의 끝이 오목 들어가지 않는다. 열매는 길이 5㎜ 정도이고 유관은 능선 사이에 1~4개, 합생면에 4~6개씩 있다. 부드러운 잎과 순을 쌈이나 겉절이를 만들어 먹는다. 데쳐서 무쳐 먹기도 한다. 다음과 같은 증상이나 효과에 약으로 쓰인다. 바디나물(31): 간질, 감기, 건비위, 건위, 곽란, 구안괘사, 기력증진, 기부족, 부인병, 빈혈, 사기, 산풍소담, 야뇨증, 이뇨, 익기, 정혈, 지구역, 진정, 진통, 진해, 청열해독, 치통, 통경, 통리수도, 투통, 폐기천식, 폐농양, 폐렴, 폐혈, 해수, 해열

참당귀* cham-dang-gwi | 산형과 Apiaceae *Angelica gigas* Nakai

Ⓚ 참당귀ⓝ, 조선당귀, 토당귀, 당귀, 당귀순, 당귀잎 Ⓔ gagantic-angelica, chinese-angelica Ⓒ or Ⓜ (23): 당귀#(當歸 Dang-Gui), 문귀(文歸 Wen-Gui), 조선당귀(朝鮮當歸 Chao-Xian-Dang-Gui), 토당귀#(土當歸 Tu-Dang-Gui)
[Character: dicotyledon. polypetalous flower. perennial herb. erect type. cultivated, wild, medicinal, edible plant]

다년생 초본으로 근경이나 종자로 번식한다. 전국적으로 분포하며 산지나 들에서 자란다. 뿌리가 굵고 원줄기는 높이 1~2m 정도로 약간의 가지가 갈라지고 전체에 자줏빛이 돈다. 근생엽과 밑부분의 잎은 잎자루가 길고 기수 1~3회 우상복엽이다. 잎집이 타원형으로 커지고 3개의 소엽은 다시 2~3개로 갈라진다. 8~9월에 개화하며 복산형꽃차례에 피는 꽃은 자주색이다. 열매는 길이 8㎜, 너비 5㎜ 정도의 타원형이고 넓은 날개가 있으며 능선 사이에 유관이 1개씩 있다. '바디나물'과 달리 소엽과 열편은 끝이 뾰족해지고 정소엽은 잎자루가 있고 열매는 길이 8㎜, 너비 5㎜ 정도로 넓은 날개가 있고 유관은 능선 사이에 1개 있다. 약용식물로 많이 재배하고 있으며 어린순을 식용한다. 어린잎을 쌈으로 먹거나 겉절이를 한다. 데쳐서 무쳐도 먹는다. 간장이나 고추장에 박아 장아찌를 만들거나 묵나물로도 먹는다. 다음과 같은 증상이나 효과에 약으로 쓰인다. 참당귀(34): 간질, 강장, 강장보호, 거풍화혈, 경련, 경통, 경혈, 관절통, 구어혈, 구역질, 기부족, 부인하혈, 빈혈, 수태, 신열, 암내, 월경이상, 위암, 이뇨, 익기, 익정, 정기, 정혈, 진경, 진정, 진통, 치질, 치통, 타박상, 탄산토산, 해열, 허약체질, 현훈, 활혈

궁궁이* gung-gung-i

산형과 Apiaceae
Angelica polymorpha Maxim.

LN 백봉궁궁이ⓝ, 천궁, 토천궁, 심산천궁, 백봉천궁 EN polymorphic-angelica CN or MN (18): 궁궁#(芎藭 Xiong-Qiong), 당귀#(當歸 Dang-Gui), 산궁궁#(山芎藭 Shan-Xiong-Qiong), 천궁#(川芎 Chuan-Xiong)
[Character: dicotyledon. polypetalous flower. perennial herb. erect type. hygrophyte. wild, medicinal, edible plant]

다년생 초본으로 근경이나 종자로 번식한다. 전국적으로 분포하며 산지와 들의 습지에서 자라고 높이 80~160㎝ 정도로 가지가 갈라진다. 근생엽과 밑부분의 경생엽은 잎자루가 길고 백색이다. 잎몸은 길이 20~30㎝ 정도의 삼각상 넓은 난형으로 3개씩 3~4회 갈라진다. 소엽은 길이 3~6㎝ 정도의 난형으로 가장자리에 결각상의 톱니가 있고 끝이 뾰족하다. 8~9월에 개화하며 큰 복산형꽃차례에 달리는 꽃은 백색이다. 열매는 길이 4~5㎜ 정도의 편평한 타원형으로 양끝이 오목하고 털이 없다. '왜천궁'과 달리 소엽이 넓고 난형이며 겹톱니 같은 결각이 있고 끝이 뾰족하며 씨방에 털이 없으며 합생면에 2개의 유관이 있다. 어린순은 나물로 식용하며 '토천궁'이라고 부르기도 한다. 연한 잎과 줄기를 생으로 먹거나 데쳐 나물로 무쳐 먹는다. 다음과 같은 증상이나 효과에 약으로 쓰인다. 궁궁이(29): 간질, 강장, 거풍산한, 경련, 구역질, 난산, 빈혈, 소아간질, 소아감병, 소아경결, 소아청변, 수태, 신열, 월경이상, 이뇨, 익기, 익정, 정혈, 진경, 진정, 진통, 치질, 치통, 탄산토산, 통경, 편두통, 혈전증, 협통, 활혈

구릿대* gu-rit-dae

산형과 Apiaceae
Angelica dahurica (Fisch. ex Hoffm.) Benth. et Hook. f. ex Franch. et Sav.

Ⓛⓝ 구릿대ⓝ, 구리때, 구릿때, 백지, 구리대 Ⓔⓝ taiwan-angelica, dahurian-angelica
Ⓒⓝ or Ⓜⓝ (23): 백지#(白芷 Bai-Zhi), 항백지#(杭白芷 Hang-Bai-Zhi), 회백지(會白芷 Hui-Bai-Zhi)
[Character: dicotyledon. polypetalous flower. biennial or perennial herb. erect type. cultivated, wild, medicinal, edible plant]

2년 또는 다년생 초본으로 근경이나 종자로 번식한다. 전국적으로 분포하며 산지의 골짜기나 냇가에서 자란다. 원줄기는 높이 1~2m 정도이고, 밑부분이 지름 7~8㎝ 정도로 굵으며 윗부분에 잔털이 있고 가지가 갈라진다. 근생엽과 밑부분의 경생엽은 잎자루가 있고, 잎몸은 3개씩 2~3회 우상으로 갈라지며 소엽은 길이 5~10㎝, 너비 2~5㎝ 정도의 긴 타원형으로 가장자리에 예리한 톱니가 있다. 뒷면은 흰빛이 돌고 가장자리와 잎맥에 잔털이 있다. 윗부분의 잎은 작고 잎집은 굵어져서 긴 타원형으로 된다. 7~8월에 개화하며 원줄기와 가지 끝에 달리는 큰 산형꽃차례에 피는 꽃은 백색이다. 분과는 길이 8~9㎜ 정도의 타원형으로 기부가 들어가며 뒷면의 능선이 맥처럼 가늘고 가장자리의 것은 날개모양이다. '개구릿대'와 달리 잎이 3~4회 3출복엽이며 톱니 끝에 돌기가 있어 깔깔하고 소총포가 뚜렷하고 잎 가장자리에 잔털이 있다. 어린잎은 식용한다. 약용으로 재배하고 봄여름에 연한 잎을 채취하여 생채로, 또는 데쳐서 나물로 무쳐 먹는다. 다음과 같은 증상이나 효과에 약으로 쓰인다. 구릿대(54): 간질, 감기, 거풍제습, 건비, 건위, 경련, 경중양통, 경통, 고혈압, 구토, 난청, 두통, 부인병, 빈혈, 사기, 소종배농, 신허, 안산, 양궐사음, 역기, 오줌소태, 오한, 옹종, 요독증, 유선염, 음종, 이뇨, 익기, 일체안병, 장염, 정혈, 종독, 중풍, 지통, 지혈, 진경, 진정, 진통, 진해, 치루, 치통, 치핵, 통경, 통리수도, 편두통, 풍, 풍한, 피부병, 한열왕래, 해수, 현훈, 혈뇨, 활혈, 홍분제

갯강활* gaet-gang-hwal

산형과 Apiaceae
Angelica japonica A. Gray.

Ⓝ 갯강활ⓝ, 왜당귀
[Character: dicotyledon. polypetalous flower. perennial herb. erect type. halophyte. wild, medicinal, edible plant]

다년생 초본으로 근경이나 종자로 번식한다. 남해안과 제주도의 바닷가에서 자란다. 줄기는 높이 100~200㎝ 정도로 속에 황백색의 즙액이 있고 겉에 암자색의 줄이 있으며 잔털이 있다. 근생엽과 밑부분의 경생엽은 잎자루가 길며, 잎몸은 넓은 난상 삼각형이고 1~3회 3출우상복엽으로 털이 없다. 소엽은 길이 7~10㎝, 너비 2~5㎝ 정도의 난형 또는 난상 타원형으로 윤기가 있다. 윗부분의 잎집이 부풀어서 타원형으로 된다. 산형꽃차례에 백색의 꽃이 7~8월에 핀다. 열매는 길이 6~7㎜ 정도의 편평한 타원형으로 털이 없으며 뒷면에 맥이 있고 옆에는 두꺼운 날개모양의 능선이 있다. '신선초'와 달리 꽃이 희고 잎이 1~3회 3출엽이며 열매의 밑이 파졌고 '구릿대'에 비해 즙액은 황백색이고 소엽은 넓으며 두껍고 표면은 짙은 녹색으로 광택이 있다. 어린순은 데쳐서 나물로 한다. 다음과 같은 증상이나 효과에 약으로 쓰인다. 갯강활(15): 간질, 강장, 경통, 구역질, 빈혈, 수태, 신열, 이뇨, 익기, 익정, 정혈, 진정, 진통, 치질, 치통

고본* go-bon | 산형과 Apiaceae *Angelica tenuissima* Nakai

KN 고본ⓝ, 고번 EN chinese-lovage CN or MN (34): 고발(藁茇 Gao-Ba), 고본#(藁本 Gao-Ben), 천궁(川芎 Chuan-Xiong), 향고본(香藁本 Xiang-Gao-Ben)
[Character: dicotyledon. polypetalous flower. perennial herb. erect type. cultivated, wild, medicinal, edible plant]

다년생 초본으로 근경이나 종자로 번식한다. 전국적으로 분포하며 깊은 산의 산기슭에서 자란다. 원줄기는 높이 40~80㎝ 정도이고 전체에 털이 없으며 향기가 강하다. 근생엽과 밑부분의 잎은 잎자루가 길고 3회 우상으로 갈라지며 열편은 연약한 선형으로 길이가 일정하지 않다. 윗부분에서는 잎자루 전체가 잎집으로 되어 부풀어서 굵어진다. 8~9월에 개화하며 산형꽃차례에 피는 꽃은 백색이다. 분과는 길이 4㎜ 정도의 편평한 타원형으로 3개의 능선이 있고 가장자리에 날개가 있다. '기름당귀'에 비해 잎이 3회 우상복엽이고 열편은 선형이다. 약용으로 재배한다. 뿌리로 고본주를 만들어 음용한다. 다음과 같은 증상이나 효과에 약으로 쓰인다. 고본(31): 간작반, 감기, 개선, 거풍지통, 건위, 경련, 경혈, 구충, 두통, 발표산한, 부인병, 빈혈, 승습, 월경과다, 이뇨, 익기, 인플루엔자, 자한, 정혈, 제습, 제충제, 종독, 지혈, 진경, 진정, 진통, 진해, 치통, 토혈각혈, 통경, 해열

강활* gang-hwal

산형과 Apiaceae
Ostericum praeteritum Kitag.

Ⓚ 강활ⓝ, 강호리 Ⓔ incised-notopterygium Ⓒ or Ⓜ (21): 강청(羌靑 Qiang-Qing), 강활#(羌活 Qiang-Huo), 토강활(土羌活 Tu-Qiang-Huo), 호왕사자#(胡王使者 Hu-Wang-Shi-Zhe)
[Character: dicotyledon. polypetalous flower. perennial herb. erect type. cultivated, wild, medicinal, edible plant]

다년생 초본으로 근경이나 종자로 번식한다. 중북부지방에 분포하고 산지에서 자란다. 원줄기는 높이 2m 정도까지 자라고 가지가 갈라진다. 어긋나는 잎은 잎자루가 밑부분의 잎에서는 길지만 위로 갈수록 짧아지고 잎자루의 밑부분은 잎집과 같이 변한다. 잎몸은 2회 3출하며 열편은 난상 타원형으로 가장자리에 결각상의 톱니가 있다. 8~9월에 개화하며 복산형꽃차례에 피는 꽃은 백색이다. 열매는 타원형으로 날개가 있다. '묏미나리'와 달리 잎 뒷면의 맥상에 털이 있고 최하우편의 작은 잎자루가 아주 짧고 분과가 보다 편평하며 날개가 넓다. 지낭은 뒤에 1개, 복면에 2~4개 있다. 약용으로 재배하고 어린순은 데쳐서 나물로 한다. 다음과 같은 증상이나 효과에 약으로 쓰인다. 강활(23): 감기, 거풍승습, 경련, 관절염, 관절통, 구풍, 배절풍, 안면신경마비, 이관절, 제습, 중풍, 지통, 진경, 진통, 치통, 풍, 풍비, 풍열, 한열왕래, 항바이러스, 해열, 해표산한, 현벽

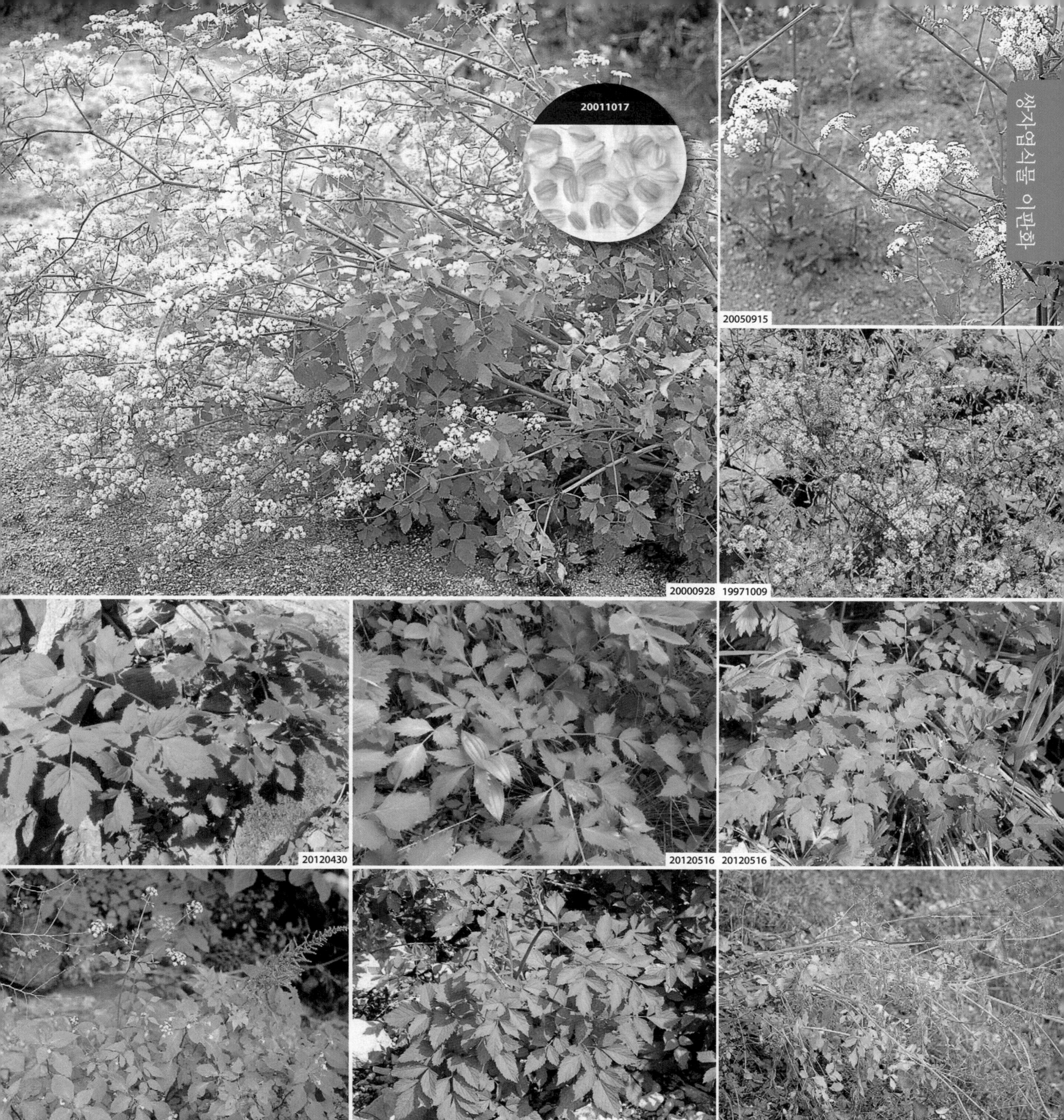

묏미나리* moet-mi-na-ri | 산형과 Apiaceae *Ostericum sieboldii* (Miq.) Nakai

Ⓚ 묏미나리ⓝ, 멧미나리, 메미나리, 산미나리 Ⓒ or Ⓜ (1): 시호#(柴胡 Chai-Hu), 산암황기#(山巖黃芪 Shan-Yan-Huang-Qi)

[Character: dicotyledon. polypetalous flower. perennial herb. erect type. hygrophyte. wild, medicinal, edible plant]

다년생 초본으로 근경이나 종자로 번식한다. 전국적으로 분포하며 산지나 골짜기 습지에서 자란다. 근경은 굵고 짧으며 원줄기는 높이 70~140㎝ 정도이고 약간의 가지가 갈라진다. 근생엽은 잎자루가 길며 어긋나는 경생엽은 올라갈수록 잎자루가 짧아지고 잎몸은 길이 10~40㎝ 정도의 2~3회 3출복엽이다. 소엽은 난형이고 간혹 2~3개로 깊게 갈라지기도 하며 가장자리에 톱니가 있다. 윗부분의 잎은 작아지고 퇴화되며 잎자루가 초상으로 된다. 8~9월에 개화하며 복산형꽃차례에 피는 꽃은 백색이다. 열매는 길이 4㎜ 정도의 편평한 타원형으로 양끝이 오그라들며 가장자리에 날개가 있다. '강활'과 달리 잎 뒷면에 털이 없고 소엽이 난형이며 분과 측부의 날개가 좁다. 어린잎과 순을 쌈으로 먹기도 하고 양념을 해서 비빔밥에 넣어도 맛있다. 데쳐서 무쳐 먹기도 한다. 다음과 같은 증상이나 효과에 약으로 쓰인다. 묏미나리(7): 구풍, 백절풍, 중풍, 진경, 진통, 치통, 해열

갯기름나물* gaet-gi-reum-na-mul

산형과 Apiaceae
Peucedanum japonicum Thunb.

LN 갯기름나물ⓝ, 미역방풍, 목단방풍, 보안기름나물, 개기름나물, 식방풍, 방풍, 방풍나물 EN japanese-hogfennel CN or MN (6): 모방풍(牡防風 Mu-Fang-Feng), 목방풍#(牧防風 Mu-Fang-Feng), 식방풍#(植防風 Zhi-Fang-Feng)
[Character: dicotyledon. polypetalous flower. perennial herb. halophyte, erect type. cultivated, wild, medicinal, edible plant]

다년생 초본으로 근경이나 종자로 번식한다. 중남부지방의 해변에서 자란다. 뿌리는 굵고 원줄기는 높이 50~100㎝ 정도로 가지가 갈라지며 끝부분에 짧은 털이 있다. 어긋나는 잎은 잎자루가 길고 회록색으로 백분을 칠한 듯하며 2~3회 우상복엽이다. 소엽은 길이 3~6㎝ 정도의 도란형으로 두꺼우며 흔히 3개로 갈라지고 불규칙한 치아상의 톱니가 있다. 윗부분의 잎은 퇴화되고 잎집이 커지지 않는다. 7~8월에 개화하며 복산형꽃차례에 피는 꽃은 백색이다. 열매는 타원형으로 잔털이 있고 뒷면의 능선이 실처럼 가늘다. '기름나물'과 달리 해안에서 자라고 잎이 두껍고 회백색이며 열편의 끝에 소수의 톱니가 있고 열매에 잔털이 있다. 어린순은 나물로 식용한다. 식용과 약용으로 재배하고 부드러운 잎과 줄기를 데쳐서 초고추장에 찍어 먹거나 무쳐 먹는다. 다음과 같은 증상이나 효과에 약으로 쓰인다. 갯기름나물(17): 강정, 거풍해표, 골절산통, 골통, 근골동통, 대하증, 도한, 식중독, 정력, 정력증진, 제습지통, 중독, 중풍, 진통, 풍, 풍사, 해열

기름나물* gi-reum-na-mul

산형과 Apiaceae
Peucedanum terebinthaceum (Fisch.) Fisch. ex DC.

KN 기름나물ⓝ, 참기름나물, 두메기름나물, 두메방풍, 산기름나물 EN terebinthaceous-hogfennel CN or MN (4): 산호채(珊瑚菜 Shan-Hu-Cai), 석방풍#(石防風 Shi-Fang-Feng)
[Character: dicotyledon. polypetalous flower. perennial herb. erect type. wild, medicinal, edible plant]

다년생 초본이나 3년 정도 생활하고 종자로 번식한다. 전국적으로 분포하며 산지나 들에서 자란다. 원줄기는 높이 50~150㎝ 정도로 가지가 많이 갈라지고 홍자색이 돈다. 어긋나는 잎은 잎자루가 있으며 넓은 난형으로 2회 3출엽이고 소엽은 길이 3~5㎝ 정도의 난형으로 다시 우상으로 갈라진다. 7~9월에 개화하고 복산형꽃차례에 피는 꽃은 백색이다. 열매는 편평한 타원형이며 털이 없고 뒷면의 능선이 실같이 가늘며 가장자리가 좁은 날개 모양이다. '갯기름나물'과 달리 산지에서 자라고 잎의 열편이 피침형 또는 난상피침형으로 반짝이고 녹색이며 열매에 털이 없다. 어린잎은 생으로 먹거나 데쳐서 무쳐 먹는다. 나물이나 국으로 식용하기도 한다. 다음과 같은 증상이나 효과에 약으로 쓰인다. 기름나물(19): 감기, 감모해수, 강정, 강장보호, 골통, 기관지염, 대하증, 도한, 월경이상, 자한, 정력, 중독, 중풍, 진정, 타박상, 풍, 풍사, 해수, 해열

어수리* eo-su-ri | 산형과 Apiaceae *Heracleum moellendorffii* Hance

Ⓛⓝ 어수리ⓝ, 개독활, 에누리 Ⓔⓝ moellendorffi-cow-parsnip, cow-parsnip Ⓒⓝ or Ⓜⓝ (7): 단모독활(短毛獨活 Duan-Mao-Du-Huo), 독활#(獨活 Du-Huo) 백지#(白芷 Bai-Zhi), 총목#(楤木 Cong-Mu)
[Character: dicotyledon. polypetalous flower. perennial herb. erect type. cultivated, wild, medicinal, edible plant]

다년생 초본으로 근경이나 종자로 번식한다. 전국적으로 분포하며 산지나 들에서 자란다. 높이 70~140㎝ 정도의 원줄기는 속이 빈 원주형이고 굵은 가지가 갈라지며 큰 털이 있다. 근생엽과 밑부분의 경생엽은 잎자루가 있고 잎몸은 우상으로 갈라져서 3~5개의 소엽으로 구성되며 뒷면과 잎자루에 털이 있다. 측소엽은 길이 7~20㎝의 넓은 난형 또는 삼각형으로 2~3개로 갈라지고 끝이 뾰족하며 결각상의 톱니가 있다. 7~9월에 개화하며 복산형 꽃차례에 피는 꽃은 백색이다. 열매는 편평한 도란형이며 윗부분에 독특한 무늬가 있고 털이 없다. 식용과 약용으로 재배하고 어린잎과 순을 나물로 해먹거나 생으로 쌈 싸 먹기도 한다. 다음과 같은 증상이나 효과에 약으로 쓰인다. 어수리(12): 감기, 누출, 목현, 미용, 배농, 생기, 숙혈, 요통, 중풍, 진통, 치루, 풍

방풍* bang-pung | 산형과 Apiaceae *Ledebouriella seseloides* (Hoffm.) H. Wolff

ⓚ 방풍ⓝ, 개방풍, 중국방풍, 신방풍, 원방풍 ⓒ or ⓜ (39): 관방풍(關防風 Guan-Fang-Feng), 방풍#(防風 Fang-Feng), 원방풍(元防風 Yuan-Fang-Feng), 회운(茴蕓 Hui-Yun)
[Character: dicotyledon. polypetalous flower. perennial herb. erect type. cultivated, medicinal, edible plant]

다년생 초본으로 근경이나 종자로 번식한다. 약용식물로 각지에서 재배한다. 원줄기는 높이 60~120㎝ 정도이고 가지가 많이 갈라지며 전체에 털이 없다. 근생엽은 한군데서 모여나며 어긋나는 경생엽의 잎자루는 길고 밑부분이 잎집으로 되며 잎몸은 3회 우상복엽이다. 열편은 선형이며 끝이 뾰족하고 곧다. 7~8월에 개화하며 복산형꽃차례에 피는 꽃은 백색이다. 분과는 편평한 넓은 타원형이다. 가지가 많이 갈라져 전체가 구형이 된다. '털기름나물'과 달리 분과에 짧은 털이 있다. 어릴 때에는 식용하기도 한다. 다음과 같은 증상이나 효과에 약으로 쓰인다. 방풍(31): 감기, 거담, 거풍해표, 관절염, 도한, 두통, 발한, 백열, 사기, 소아경풍, 식중독, 아편중독, 안면신경마비, 온풍, 유방동통, 인플루엔자, 자한, 제습지통, 중독, 중독증, 중풍, 진통, 통풍, 풍, 풍독, 풍열, 풍질, 피부소양증, 해열, 현훈, 활통

당근* dang-geun

산형과 Apiaceae
Daucus carota subsp. *sativa* (Hoffm.) Arcang.

LN 홍당무ⓝ EN carrot, garden-carrot CN or MN (5): 당근(唐根 Tang-Gen), 학슬풍#(鶴虱風 He-Shi-Feng), 호라복#(胡蘿蔔 Hu-Luo-Bu)
[Character: dicotyledon. polypetalous flower. biennial herb. erect type. cultivated, medicinal, edible plant]

2년생 초본으로 종자로 번식한다. 지중해 연안이 원산지인 재배식물이다. 곧추 들어가는 뿌리는 굵고 붉다. 원줄기는 높이 70~140㎝ 정도로 가지가 갈라지고 세로로 능선이 있으며 퍼진 털이 있다. 모여 나는 근생엽은 잎자루가 길고 경생엽은 어긋나며 잎몸은 3회 우상복엽으로 열편은 선형이다. 7~9월에 개화하며 큰 산형꽃차례에 피는 꽃은 백색이다. 열매는 긴 타원형으로 가시 같은 털이 있다. 뿌리를 식용한다. 다음과 같은 증상이나 효과에 약으로 쓰인다. 당근(10): 건비, 발한, 백일해, 살충, 소종, 야맹증, 양정신, 양혈, 익정, 항병

20130329

20011229

20150326 19941108

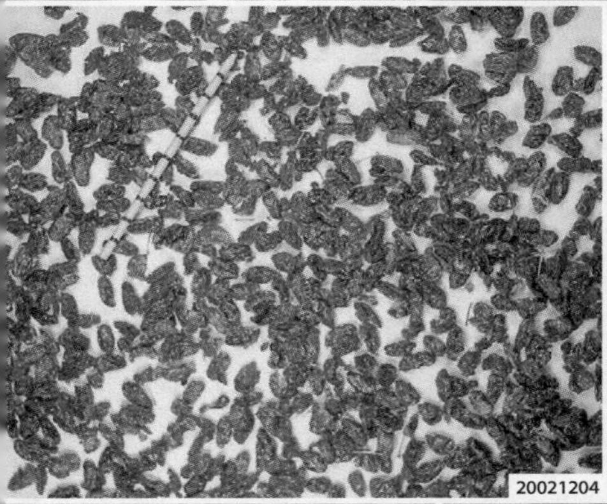

20021204

20110505  20101203

20160319  20080709

19880923  20060816

산수유* san-su-yu

층층나무과 Cornaceae
Cornus officinalis Siebold et Zucc.

LN 산수유나무ⓝ, 산시유나무, EN japanese-cornelian-cherry, japanese-cornel, macrocarpium-officinalis, asiatic-cornelian-cherry, CN or MN (30): 계족(鷄足, Ji-Zu), 산수유#(山茱萸, Shan-Zhu-Yu), 산수육(山茱肉, Shan-Zhu-Rou), 서실(鼠失, Shu-Shi), 서첨(鼠尖, Shu-Jian), 실조아#(實棗兒, Shi-Zao-Er), 유육(萸肉, Yu-Rou), 육조(肉棗, Rou-Zao), 지실#(鬾實, Ji-Shi), 진유육(陳萸肉, Chen-Yu-Rou), 촉조#(蜀棗, Shu-Zao).
[Character: dicotyledon. polypetalous flower. deciduous arborescent. erect type. cultivated, wild, medicinal, edible, ornamental plant.]

낙엽성 소교목으로 종자로 번식한다. 중남부지방에 분포하며 산지에서 자란다. 높이 4~8m 정도로 가지가 많이 갈라지고 수피는 연한 갈색이며 분록색의 작은 가지에는 짧은 털이 있다. 마주나는 잎은 길이 4~12㎝, 너비 2~6㎝ 정도의 난형 또는 타원형으로 표면은 녹색이고 털이 적으며, 뒷면은 연한 녹색으로 털이 많다. 3~4월에 잎보다 먼저 황색 꽃이 핀다. 열매는 길이 1~2㎝ 정도의 긴 타원형으로 10월에 익으며, 종자는 타원형으로 세로로 줄이 있다. '생강나무'에 비해 나무껍질이 벗겨진다. 관상용이나 가공 및 공업용으로 이용하며 약용식물로도 재식한다. '풀산딸나무'에 비해 꽃이 황색으로 잎보다 앞서 피고 산형화서로 달리며 총포편이 화서보다 작고 탈락한다. 가을에 열매가 붉게 익은 후 채취, 과실주를 담가 먹는다. 다음과 같은 증상이나 효과에 약으로 쓰인다. 산수유(35): 간기능회복, 간허, 감기, 강장보호, 강정, 건위, 난청, 내이염, 다뇨, 두풍, 보익, 보익간신, 부인하혈, 수감, 신경쇠약, 실뇨, 양위, 요삽, 요슬산통, 월경이상, 유정증, 음위, 이명, 자양강장, 정력증진, 조경, 조루증, 졸도, 진통, 탈모증, 통리수도, 한열왕래, 해수, 현훈, 활혈.

3 쌍자엽식물 합판화

앵초과 Primulaceae
감나무과 Ebenaceae
용담과 Gentianaceae
박주가리과 Asclepiadaceae
메꽃과 Convolvulaceae
지치과 Borraginaceae
마편초과 Verbenaceae
꿀풀과 Lamiaceae
가지과 Solanaceae
현삼과 Scrophulariaceae
쥐꼬리망초과 Acanthaceae
파리풀과 Phrymaceae
질경이과 Plantaginaceae
꼭두서니과 Rubiaceae
인동과 Caprifoliaceae
마타리과 Valerianaceae
산토끼꽃과 Dipsacaceae
박과 Cucurbitaceae
초롱꽃과 Campanulaceae
숫잔대과 Lobeliaceae
국화과 Asteraceae

좁쌀풀* jop-ssal-pul

앵초과 Primulaceae
Lysimachia vulgaris var. *davurica* (Ledeb.) R. Kunth

㉮ 노란꽃꼬리풀㉮, 큰좁쌀풀, 가는좁쌀풀, 노랑꽃꼬리풀 ㉯ loosestrife, yellow-loosestrife, common-yellow-loosestrife ㉰ or ㉱ (3): 황속채#(黃粟菜 Huang-Su-Cai), 황련화#(黃連花 Huang-Lian-Hua)
[Character: dicotyledon. sympetalous flower. perennial herb. creeping and erect type. wild, medicinal, edible, ornamental plant]

다년생 초본으로 근경이나 종자로 번식한다. 전국적으로 분포하며 산이나 들에서 자란다. 근경은 옆으로 벋으며 곧추서는 원줄기는 높이 60~120㎝ 정도이고 윗부분에서 약간의 가지가 갈라진다. 잎은 마주나거나 3~4개씩 돌려나고 길이 4~12㎝, 너비 1~4㎝ 정도의 피침형으로 가장자리가 밋밋하다. 6~8월에 개화하며 원추꽃차례에 달린 꽃은 황색이다. 열매는 지름 4㎜ 정도로 둥글고 끝에 길이 5~6㎜ 정도의 암술대가 남아 있다. '참좁쌀풀'과 달리 잎에 검은 점이 흩어져 있거나 간혹 3~4개씩 윤생하고 뒷면 밑에 잔선모가 있고 꽃받침잎 안쪽에 검은 줄이 있고 꽃잎에 황색 돌기가 있다. 어릴 때에는 식용하며 관상용으로 이용하기도 한다. 잎은 구충제로 이용한다. 연한 잎과 줄기를 삶아 나물로 먹는다. 다음과 같은 증상이나 효과에 약으로 쓰인다. 좁쌀풀(7): 강화, 고혈압, 두통, 불면증, 저혈압, 진정, 혈압강하

참좁쌀풀* cham-jop-ssal-pul

앵초과 Primulaceae
Lysimachia coreana Nakai

Ⓛ 고려꽃꼬리풀ⓝ, 참좁쌀까치수염, 고려까치수염, 참까치수염, 조선까치수염 Ⓔ korean-loosestrife Ⓒ or Ⓜ (2): 역자초#(癧子草, Li-Zi-Cao), 황련화#(黃連花, Huang-Lian-Hua)
[Character: dicotyledon. sympetalous flower. perennial herb. erect type. wild, medicinal, edible, ornamental plant]

다년생 초본으로 근경이나 종자로 번식한다. 중부지방에 분포하며 산지나 들에서 자란다. 원줄기는 높이 40~80㎝ 정도이고 능각이 있으며 가지가 많이 갈라진다. 잎자루가 짧은 잎은 마주나거나 돌려나며 길이 2~9㎝, 너비 1~4㎝ 정도의 타원형으로 가장자리가 밋밋하고 양면과 가장자리에 잔털이 산생한다. 6~7월에 개화하며 화경에 피는 꽃은 황색이다. 삭과는 지름 4㎜ 정도로 둥글고 꽃받침으로 싸여 있으며 끝에 길이 4㎜ 정도의 암술대가 달려 있다. '좁쌀풀'과 달리 줄기에 능각이 있으며 잎 가장자리에 잔털이 산생하며 꽃잎 양면에 황색 털이 있다. 어릴 때에 식용하고 관상용으로 심는다. 잎은 구충제로 쓰기도 한다. 연한 잎과 줄기를 삶아 나물로 먹는다. 다음과 같은 증상이나 효과에 약으로 쓰인다. 참좁쌀풀(4): 구충제, 두통, 불면증, 혈압강하

까치수염* kka-chi-su-yeom

앵초과 Primulaceae
Lysimachia barystachys Bunge

ⓁⓃ 꽃꼬리풀ⓝ, 까치수영 ⒺⓃ heavyspike-loosestrife ⒸⓃ or ⓂⓃ (11): 낭미파화#(狼尾巴花 Lang-Wei-Ba-Hua), 중수산채#(重穗酸菜 Zhong-Sui-Xian-Cai), 진주채(眞珠菜 Zhen-Zhu-Cai)
[Character: dicotyledon. sympetalous flower. perennial herb. creeping and erect type. wild, medicinal, edible, ornamental plant]

다년생 초본으로 근경이나 종자로 번식한다. 전국적으로 분포하며 들에서 자란다. 땅속줄기가 옆으로 퍼지고 원줄기는 높이 40~80㎝ 정도의 원주형이다. 전체에 잔털이 있고 약간의 가지가 갈라진다. 어긋나는 잎은 모여 나는 것처럼 보이고 잎몸은 길이 6~10㎝, 너비 8~15㎜ 정도의 선상 긴 타원형으로 가장자리가 밋밋하고 표면에 털이 있다. 6~8월에 개화하는 총상꽃차례는 꼬리처럼 옆으로 굽고 백색의 꽃이 핀다. '큰까치수염'과 달리 잎이 둔두 또는 예두이고 너비 1~2㎝ 정도이며 줄기와 더불어 털이 갈색이다. 삭과는 지름 2.5㎜ 정도로 둥글며 적갈색으로 익는다. 구충제로 쓰이기도 한다. 관상용으로도 심는다. 봄에 어린순을 생으로 먹거나 쌈을 싸먹고 데쳐서 나물로 먹는다. 비빔밥에 넣어 먹기도 하며 된장국을 끓여 먹기도 한다. 다음과 같은 증상이나 효과에 약으로 쓰인다. 까치수염(16): 각기, 감기, 경혈, 기관지염, 산어, 오줌소태, 월경불순, 월경이상, 월경통, 유선염, 인후종통, 조경, 종독, 청열소종, 타박상, 해열

큰까치수염* keun-kka-chi-su-yeom

앵초과 Primulaceae
Lysimachia clethroides Duby

KN 큰꽃꼬리풀ⓝ, 민까치수염, 큰까치수영, 홀아빗대, 큰꽃꼬리풀 EN gooseneck, clethra-loosestrife, gooseneck-loosestrife CN or MN (11): 낭미파화(狼尾巴花 Lang-Wei-Ba-Hua), 진주채#(珍珠菜 Zhen-Zhu-Cai), 호미진주채#(虎尾珍珠菜 Hu-Wei-Zhen-Zhu-Cai)
[Character: dicotyledon. sympetalous flower. perennial herb. creeping and erect type. wild, medicinal, edible, ornamental plant]

다년생 초본으로 근경이나 종자로 번식한다. 전국적으로 분포하며 산지에서 자란다. 옆으로 퍼지는 근경에서 나오는 원줄기는 높이 50~100㎝ 정도의 원주형으로 밑부분은 붉은빛이 돌고 보통 가지가 갈라지지 않는다. 어긋나는 잎은 길이 1~2㎝ 정도의 잎자루가 있고 잎몸은 길이 7~15㎝, 너비 2~5㎝ 정도의 긴 타원상 피침형으로 끝이 뾰족하고 표면에 약간의 털이 있다. 6~8월에 개화하는 총상꽃차례에 백색의 꽃이 밀착한다. 삭과는 지름 2.5㎜ 정도로 꽃받침으로 싸여 있다. '까치수염'과 달리 잎이 예첨두이고 너비 2~5㎝ 정도이며 줄기와 더불어 털이 있다. 관상용으로 심는다. 잎은 구충제로 이용하기도 한다. 부드러운 잎과 어린순을 나물 해 먹는다. 생으로 쌈을 싸 먹거나 잘게 썰어 비빔밥에 넣기도 한다. 다음과 같은 증상이나 효과에 약으로 쓰인다. 큰까치수염(12): 구충, 백대하, 생리불순, 신경통, 월경이상, 유방염, 이수소종, 이질, 인후염, 타박상, 활혈, 활혈조경

갯까치수염* gaet-kka-chi-su-yeom

앵초과 Primulaceae
Lysimachia mauritiana Lam.

LN 갯꽃꼬리풀ⓝ, 갯좁쌀풀, 갯까치수영 EN maurit-loosestrife CN or MN (2): 빈불자#(浜拂子 Bang-Fu-Zi), 해변진주초#(海邊珍珠草 Hai-Bian-Zhen-Zhu-Cao)
[Character: dicotyledon. sympetalous flower. biennial herb. erect type. halophyte. wild, medicinal, edible, ornamental plant]

2년생 초본으로 종자로 번식한다. 중남부지방에 분포하며 해변에서 자란다. 원줄기는 높이 10~40㎝ 정도로 가지가 갈라지고 밑부분에 붉은빛이 돈다. 잎자루가 없는 잎은 어긋나고 길이 2~5㎝, 너비 1~2㎝ 정도의 도피침형으로 주걱 같고 육질이며 가장자리가 밋밋하다. 잎의 표면에 윤기가 있다. 6~7월에 개화하는 총상꽃차례에 피는 꽃은 백색이다. 삭과는 지름 4~6㎜ 정도로 둥글고 끝에 작은 구멍이 뚫려 종자가 나온다. 포는 엽상이고 잎과 더불어 육질이다. 어릴 때에 식용하며 관상용으로도 이용한다. 잎을 구충제로 사용하기도 한다. 다음과 같은 증상이나 효과에 약으로 쓰인다. 갯까치수염(11): 구충, 구충제, 옹종, 외음부부종, 월경이상, 인후통증, 임파선염, 진통, 타박상, 통리수도, 활혈

앵초* aeng-cho

앵초과 Primulaceae
Primula sieboldii E. Morren

㊔ 앵초ⓝ, 취란화, 깨풀, 연앵초 ㊒ primrose, siebold's-primrose ㊥ or ㊐ (3): 앵초#(櫻草 Ying-Cao), 풍륜초(風輪草 Feng-Lun-Cao)
[Character: dicotyledon. sympetalous flower. perennial herb. creeping and erect type. wild, medicinal, edible, ornamental plant]

다년생 초본으로 근경이나 종자로 번식한다. 전국적으로 분포하며 산지에서 자란다. 근경이 짧고 옆으로 비스듬히 서며 잔뿌리가 내린다. 뿌리에서 모여 나는 잎은 잎자루가 길고 잎몸이 길이 3~9㎝, 너비 3~6㎝ 정도의 타원형으로 털이 있고 표면에 주름이 지며 가장자리가 얕게 갈라지고 열편에 톱니가 있다. 4~5월에 7~14개의 홍자색인 꽃이 산형으로 달린다. 삭과는 지름 5㎜ 정도의 원추상 편구형이다. '돌앵초'와 달리 잎이 너비 3~6㎝ 정도이며 난형 또는 타원형으로 크고 얕게 결각상으로 갈라진다. 관상용으로 심으며 어릴 때에는 식용하기도 한다. 봄에 연한 잎을 삶아 나물로 먹거나 데쳐서 된장이나 간장에 무쳐 먹는다. 된장국을 끓여 먹기도 한다. 다음과 같은 증상이나 효과에 약으로 쓰인다. 앵초(6): 담, 기관지염, 종독, 지해, 폐기천식, 해수

봄맞이* bom-mat-i

앵초과 Primulaceae
Androsace umbellata (Lour.) Merr.

LN 봄맞이ⓝ, 봄맞이꽃, 봄마지꽃 EN umbellate-rockjasmine CN or MN (3): 점지매#(点地梅 Dian-Di-Mei), 후롱초#(喉嚨草 Hou-Long-Cao)
[Character: dicotyledon. sympetalous flower. annual or biennial herb. erect type. hygrophyte. wild, medicinal, edible, ornamental plant]

1년생 또는 2년생 초본으로 종자로 번식한다. 전국적으로 분포하며 들의 습지나 논, 밭둑에서 자란다. 뿌리에서 모여 나는 잎은 지면으로 퍼진다. 잎몸은 길이와 너비가 각각 5~15㎜ 정도인 편원형으로 가장자리에 삼각상의 둔한 톱니가 있다. 꽃은 4~5월에 백색으로 피며 1~25개가 모여 나는 화경은 높이 5~10㎝ 정도이고 산형꽃차례로 핀다. 삭과는 지름 4㎜ 정도로 거의 둥글고 윗부분이 5개로 갈라진다. '애기봄맞이'에 비해 전체에 털이 있고 잎은 편원형으로 톱니가 있으며 꽃받침의 열편은 난형이고 별모양으로 퍼진다. '명천봄맞이'와 달리 잎이 반원형 또는 편원형이다. 어릴 때에 식용하며 관상용으로도 심는다. 봄에 어린순을 국을 끓여 먹는다. 다음과 같은 증상이나 효과에 약으로 쓰인다. 봄맞이(7): 거풍, 소종, 인후통, 적안, 청열, 편두통, 해독

20011102

20071003 20071003

20070531  20110617

20121003

20150730  20160716

20140629

고욤나무* go-yom-na-mu

감나무과 Ebenaceae
Diospyros lotus L.

ⓚ 고욤나무ⓝ, 고양나무, 민고욤나무, ⓔ date-plum, lotus-persimmon, date-plum-persimmon, caucasian-persimmon, ⓒ or ⓜ (6): 군천자#(桾櫏子, Jun-Qian-Zi), 소시#(小柿, Xiao-Shi), 소시엽#(小柿葉, Xiao-Shi-Ye), 소시자#(小柿子, Xiao-Shi-Zi), 시체#(柿蒂, Shi-Di).
[Character: dicotyledon. sympetalous flower. deciduous tree. erect type. cultivated, wild, medicinal, edible, ornamental plant.]

낙엽성 교목으로 종자로 번식한다. 전국적으로 분포하며 인가 부근에 심는다. 높이 10m 정도이고 가지가 많이 갈라지며, 작은 가지에 회색의 털이 있다가 없어진다. 어긋나는 잎의 잎몸은 길이 6~12cm, 너비 5~8cm 정도의 타원형으로 표면은 녹색이고 뒷면은 회록색이다. 6월에 개화하며, 2가화인 꽃은 연한 녹색이다. 열매는 지름 15mm 정도로 둥글고 10월에 황색에서 흑색으로 익는다. '감나무'와 달리 어린 가지에 회색 털이 없고 꽃은 화병이 있으며 열매는 지름 2cm 정도이다. 남부지방에서 재배하기도 하고 야생으로 자란다. 식용하거나 관상용으로 심고 '감나무'의 대목으로 이용한다. 익은 열매를 감과 같이 먹는다. 다음과 같은 증상이나 효과에 약으로 쓰인다. 고욤나무(17): 거번열, 경혈, 고혈압, 구갈, 동상, 딸꾹질, 야뇨, 야뇨증, 주독, 중풍, 지사, 지살, 지혈, 토혈, 토혈각혈, 한열, 해수.

용담* yong-dam

용담과 Gentianaceae
Gentiana scabra Bunge for. *scabra*

Ⓛⓝ 초룡담ⓝ, 섬용담, 과남풀, 선용담, 초용담, 룡담 Ⓔⓝ gentian, rough-gentian Ⓒⓝ or Ⓜⓝ (25): 고담(苦膽 Ku-Dan), 용담#(龍膽 Long-Dan), 용담초#(龍膽草 Long-Dan-Cao), 초용담(草龍膽 Cao-Long-Dan)
[Character: dicotyledon. sympetalous flower. perennial herb. erect type. cultivated, wild, medicinal, ornamental plant]

다년생 초본으로 근경이나 종자로 번식한다. 전국적으로 분포하며 산지나 들에서 자란다. 근경이 짧고 수염뿌리가 있다. 원줄기는 높이 20~60㎝ 정도이고 가지가 갈라지며 4개의 가는 줄이 있다. 잎자루가 없는 경생엽은 마주나며 길이 4~8㎝, 너비 1~3㎝ 정도의 피침형으로 3맥이 있고 예두 원저이다. 8~10월에 개화하며 꽃은 자주색이다. 삭과는 대가 있으며 종자는 넓은 피침형으로 양끝에 날개가 있다. '진퍼리용담'과 달리 잎이 3맥이고 '과남풀'에 비해 잎이 난형이며 녹백색이 아니고 주맥과 가장자리에 잔돌기가 있으며 줄기는 적자색을 띤다. 관상용으로 심으며 다음과 같은 증상이나 효과에 약으로 쓰인다. 용담(41): 각기, 간기능회복, 간열, 간염, 간질, 강장보호, 강화, 개선, 건위, 경련, 경풍, 과민성대장증후군, 관절염, 구충, 도한, 만성위염, 백혈병, 설사, 소아감적, 소아경풍, 습진, 신장염, 암, 연주창, 오한, 요도염, 위산과다증, 위산과소증, 유방암, 음낭습, 일체안병, 장위카타르, 종기, 창종, 통리수도, 풍, 피부암, 하초습열, 해열, 황달, 회충

자주쓴풀* ja-ju-sseun-pul

용담과 Gentianaceae
Swertia pseudochinensis H. Hara

ⓁⓃ 자주쓴풀ⓝ, 자지쓴풀, 쓴풀, 털쓴풀 ⒸⓃ or ⓂⓃ (6): 당약#(當藥 Dang-Yao), 어담초(魚膽草 Yu-Dan-Cao), 자당약#(紫當藥 Zi-Dang-Yao), 장아채(獐牙菜 Zhang-Ya-Cai)
[Character: dicotyledon. sympetalous flower. biennial herb. erect type. wild, medicinal plant]

산야에서 자라는 2년생 초본으로서 높이 15~30㎝ 정도이다. 뿌리가 갈라지며 쓴맛이 강하고 원줄기는 흑자색이 돌며 흔히 약간 네모가 지고 약간 도드라진 세포가 있다. 잎은 마주나고 피침형이며 길이 2~4㎝, 너비 3~8㎜ 정도로 양끝이 좁다. 꽃은 9~10월에 피고 자주색으로 원줄기 윗부분에 달려 전체가 원추형으로 되며 위에서부터 꽃이 핀다. '삭과'는 넓은 피침형으로 화관과 길이가 비슷하고 종자는 둥글며 밋밋하다. '쓴풀'과 달리 줄기와 꽃받침잎 및 소화경에 작은 돌기가 있다. 식물체는 자줏빛이 도는 것이 많고 밀선구의 털은 구불구불하다. 다음과 같은 증상이나 효과에 약으로 쓰인다. 자주쓴풀(29): 감기, 강심, 강심제, 개선, 건위, 경풍, 고미, 과식, 구충, 구토, 발모, 선기, 소아경풍, 소화불량, 습진, 식욕촉진, 신장염, 양모, 오심, 오풍, 월경이상, 유방동통, 일체안병, 임질, 장위카타르, 청열해독, 탄산토산, 태독, 통풍

노랑어리연꽃* no-rang-eo-ri-yeon-kkot

용담과 Gentianaceae
Nymphoides peltata (J. G. Gmelin) Kuntze

Ⓛ 노란어리연꽃ⓝ, 노랑어리연 Ⓔ water-fringe, yellow-floating-heart, shield-floating-heart, fringed-waterlily, floating-heart, marsh-flower, fringed-buckbean Ⓒ or Ⓜ (7): 금련자(金蓮子 Jin-Lian-Zi), 우소채(藕蔬菜 Ou-Shu-Cai), 행채#(莕菜 Xing-Cai)
[Character: dicotyledon. sympetalous flower. perennial herb. creeping and erect type. surface hydrophyte. wild, medicinal, edible, ornamental plant]

다년생 초본의 수생식물로서 근경이나 종자로 번식한다. 중남부지방에 분포하며 연못, 늪, 도랑에서 자란다. 근경이 옆으로 길게 벋고 원줄기가 물속에서 비스듬히 자란다. 잎자루가 길어 물위에 뜨는 잎몸은 지름 5~10㎝ 정도의 난형 또는 원형으로 밑부분이 옆으로 갈라진다. 7~9월에 개화하며 소화경에 달린 꽃은 황색이다. 삭과는 타원형이고 종자는 길이 3㎜ 정도의 도란형이다. '어리연꽃'에 비해 꽃은 황색으로 대형이고 종자는 편평하며 가장자리에 긴 기둥모양의 돌기가 줄지어 난다. 관상용으로 심고 잎을 식용하기도 한다. 다음과 같은 증상이나 효과에 약으로 쓰인다. 노랑어리연꽃(11): 건위, 고미, 발한, 사열, 옹종, 이뇨, 청열, 투진, 한열왕래, 해독, 해열

어리연꽃* eo-ri-yeon-kkot

용담과 Gentianaceae
Nymphoides indica (L.) Kuntze

Ⓝ 어리련꽃ⓝ, 금은연, 어린연 Ⓔ water-gentian, water-snowflake, indian-floating-heart, floating-heart, watergentian, watersnowflake Ⓒ or Ⓜ (2): 금은련화#(金銀蓮花 Jin-Yin-Lian-Hua), 행채#(荇菜 Xing-Cai)

[Character: dicotyledon. sympetalous flower. perennial herb. creeping and erect type. surface hydrophyte. wild, medicinal, edible, ornamental plant]

다년생 초본의 수생식물로서 근경이나 종자로 번식한다. 중남부지방에 분포하며 연못, 늪, 도랑에서 자란다. 마디에 수염 같은 뿌리가 있으며 원줄기는 가늘고 1~3개의 잎이 달린다. 물속에 있는 잎자루는 길고 물위에 뜨는 잎몸은 지름 7~20㎝ 정도의 원심형으로 밑부분이 깊게 갈라진다. 7~8월에 피는 꽃은 백색 바탕에 중심부는 황색이고 10여 개가 한 군데에서 달린다. 삭과는 길이 4~5㎜ 정도의 긴 타원형이고 종자는 길이 0.8㎜ 정도의 넓은 타원형으로 갈색이 도는 회백색이다. '좀어리연꽃'과 달리 잎자루는 길이 1~2㎝ 정도이며 꽃은 지름 15㎜ 정도로서 꽃부리 안에 긴 털이 있다. 관상용이나 식용으로 이용한다. 다음과 같은 증상이나 효과에 약으로 쓰인다. 어리연꽃(5): 건위, 고미, 사열, 생진, 양위

박주가리* bak-ju-ga-ri

박주가리과 Asclepiadaceae
Metaplexis japonica (Thunb.) Makino

KN 박주가리ⓝ, 나마 EN japanese-metaplexis, milkweed CN or MN (18): 나마#(蘿摩 Luo-Mo), 나마등#(蘿藦藤 Luo-Mo-Teng), 양파내(羊婆奶 Yang-Po-Nai), 환란(芄蘭 Wan-Lan)
[Character: dicotyledon. sympetalous flower. perennial herb. vine. wild, medicinal, edible plant]

다년생 초본의 덩굴식물로 땅속줄기나 종자로 번식한다. 전국적으로 분포하며 들에서 자란다. 땅속줄기가 길게 벋고 덩굴은 길이 3m 이상으로 자란다. 마주나는 잎은 길이 5~10㎝, 너비 3~6㎝ 정도의 난상 심장형으로 약간 두껍고 가장자리가 밋밋하다. 7~8월에 총상꽃차례에 피는 꽃은 연한 자주색이다. 열매는 길이 10㎝ 정도의 넓은 피침형으로 겉에 사마귀 같은 돌기가 있다. 도란형의 종자는 길이 6~8㎜ 정도로 편평하며 백색의 명주실 같은 것이 달려 있어 바람에 잘 날린다. '은조롱'에 비해 부화관은 암술대보다 훨씬 짧고 열편은 수술과 호생하며 암술머리는 긴 부리모양이다. 공업용으로 이용하기도 한다. 봄과 초여름에 새싹은 나물, 볶음, 샐러드로 먹고 열매는 튀김이나 절임으로 먹는다. 씨는 식용하고 꼬투리, 뿌리 모두 고기와 함께 양념해서 먹는다. 다음과 같은 증상이나 효과에 약으로 쓰인다. 박주가리(21): 간반, 강장, 강장보호, 강정제, 결핵, 백선, 백전풍, 보익정기, 양위, 옹종, 유즙결핍, 음위, 자반병, 정기, 정력증진, 지혈, 탈피기급, 통유, 해독, 허약체질, 홍조발진

큰조롱* keun-jo-rong

박주가리과 Asclepiadaceae
Cynanchum wilfordii (Maxim.) Hemsl.

LN 은조롱ⓝ, 새박풀, 하수오, 백하수오 EN wilford-swallow-wort CN or MN (13): 백수오#(白首烏 Bai-Shou-Wu), 백하수오#(白何首烏 Bai-He-Shou-Wu)
[Character: dicotyledon. sympetalous flower. perennial herb. vine. wild, medicinal, edible, ornamental plant]

다년생 초본의 덩굴식물로 땅속줄기나 종자로 번식한다. 전국적으로 분포하며 양지바른 산지나 바닷가 경사지에서 자란다. 굵은 뿌리는 깊게 들어가고 길이 1~3m 정도의 원줄기는 물체에 왼쪽으로 감아 올라가며 자르면 하얀 유액이 나온다. 마주나는 잎의 잎몸은 길이 5~10㎝, 너비 4~8㎝ 정도의 삼각상 심장형으로 끝이 뾰족하며 가장자리가 밋밋하다. 7~8월에 산형꽃차례에 피는 꽃은 연한 황록색이다. 열매는 길이 6~8㎝, 지름 1㎝ 정도의 피침형이고 종자에 백색의 털이 있다. 관상용으로 심으며 식용하기도 한다. 뿌리는 '백하수오' 또는 '백수오'라고 하여 다음과 같은 증상이나 효과에 약으로 쓰인다. 큰조롱(23): 강근골, 강장보호, 경선결핵, 금창, 냉복통, 보혈, 소아복냉증, 양위, 옹종, 요슬산통, 유정증, 이뇨, 익정, 자양강장, 장출혈, 정력증진, 종독, 중풍, 출혈, 치핵, 태아양육, 한열, 해독

민백미꽃* min-baek-mi-kkot

박주가리과 Asclepiadaceae
Cynanchum ascyrifolium (Franch. et Sav.) Matsum.

LN 흰백미ⓝ, 힌백미, 개백미, 민백미, 흰백미꽃 EN acuminate-swallow-wort CN or MN (14): 백전#(白前 Bai-Qian), 유엽백전(柳葉白前 Liu-Ye-Bai-Qian)
[Character: dicotyledon. sympetalous flower. perennial herb. erect type. wild, medicinal, ornamental plant]

다년생 초본으로 근경이나 종자로 번식한다. 전국적으로 분포하며 산지나 들에서 자란다. 굵은 수염뿌리가 있고, 높이 30~60cm 정도의 원줄기는 자르면 흰색의 유액이 나온다. 마주나는 잎의 잎몸은 길이 7~14cm, 너비 4~8cm 정도의 타원형으로, 양면에 털이 있으며 가장자리가 밋밋하다. 5~7월에 산형으로 달리는 꽃은 백색이다. 골돌과는 길이 4~6cm, 지름 5~8mm 정도로 피침형의 뿔과 같으며 종자는 길이 7mm 정도의 넓은 난형으로 흰색의 털이 있다. '선백미꽃'과 달리 꽃차례는 꽃자루가 있고 소화경은 길이 2cm 정도이며 꽃도 지름 2cm 정도이다. 관상용으로 심는다. 다음과 같은 증상이나 효과에 약으로 쓰인다. 민백미꽃(16): 강기, 거담, 건위, 금창, 이뇨, 익정, 부인병, 부종, 중풍, 지해, 출혈, 폐기천식, 한열, 해소, 해수, 해열

고구마* go-gu-ma

메꽃과 Convolvulaceae
Ipomoea batatas (L.) Lam.

LN 고구마ⓝ, 누른살고구마, 고구미, 고구메, 고구마순 EN sweet-potato, spanish-potato, batate CN or MN (10): 감서#(甘薯 Gan-Shu), 감저#(甘藷 Gan-Shu), 번서#(番薯 Fan-Shu), 지과#(地瓜 Di-Gua)

[Character: dicotyledon. sympetalous flower. perennial herb. vine. cultivated, medicinal, edible, forage plant]

다년생 초본의 덩굴식물로 전분자원으로 재배하는 작물이다. 괴근에서 나온 싹으로 번식한다. 줄기가 지면을 따라 벋으면서 뿌리가 내리며 괴근의 크기와 모양 및 색깔은 품종에 따라 다르다. 어긋나는 잎은 잎자루가 길다. 잎몸은 길이가 6~12㎝ 정도로 삼각형과 비슷하고 밑부분은 심장저이다. 8~9월에 드물게 홍자색 꽃이 피기도 한다. 괴근은 식용, 사료용, 양조원료 등으로 이용한다. 잎자루는 식용하고 줄기는 사료로 사용하기도 한다. '홍서' 또는 '번서'라 하여 다음과 같은 증상이나 효과에 약으로 쓰인다. 고구마(8): 간기능회복, 감기, 건위, 변비, 보중화혈, 위암, 익기생진, 활혈

나팔꽃* na-pal-kkot

메꽃과 Convolvulaceae
Pharbitis nil (L.) Choisy

LN 나팔꽃ⓝ, 털잎나팔꽃 EN blue-morning-glory, japanese-morningglory, lobedleaf-pharbitis CN or MN (21): 견우(牽牛 Qian-Niu), 견우자#(牽牛子 Qian-Niu-Zi), 백축#(白丑 Bai-Chou), 흑축#(黑丑 Hei-Chou)

[Character: dicotyledon. sympetalous flower. annual herb. vine. cultivated, wild, medicinal, ornamental plant]

1년생 초본의 덩굴식물로 종자로 번식하고 열대아시아가 원산지인 관상식물이다. 길이 2~3m 정도의 원줄기는 덩굴성으로 왼쪽으로 감아 올라가면서 자라고 밑을 향한 털이 있다. 어긋나는 잎은 잎자루가 길고 잎몸은 길이와 너비가 각각 7~14㎝ 정도인 심장형으로 3개 정도의 열편으로 갈라지며 가장자리가 밋밋하다. 7~9월에 피는 꽃은 자색, 백색, 적색 등의 색깔이 있다. 삭과는 꽃받침 안에 있고 3실에 각각 2개의 종자가 들어 있다. '둥근잎나팔꽃'과 달리 잎이 갈라진다. 나팔꽃류는 여러 종류가 귀화되어 관상식물로 이용되기도 하지만 농경지와 생활주변에 발생하여 방제하기 어려운 잡초가 되기도 하며, 다음과 같은 종류가 발생하여 다양한 색깔의 꽃을 피운다. 별나팔꽃*[*Ipomoea triloba* L.], 미국나팔꽃*[*Ipomoea hederacea* Jacq. var. *hederacea*], 둥근잎나팔꽃*[*Ipomoea purpurea* Roth], 애기나팔꽃*[*Ipomoea lacunosa* L.]. 종자는 '견우자' 또는 '흑축'이라 하여 다음과 같은 증상이나 효과에 약으로 쓰인다. 나팔꽃(25): 각기, 갱년기장애, 관절염, 관절통, 금창, 낙태, 부종, 사하, 설사, 소적통변, 수종, 수충, 식마령서체, 야맹증, 완화, 요통, 유옹, 음식체, 이뇨, 종기, 타태, 태독, 통리수도, 통풍, 풍종

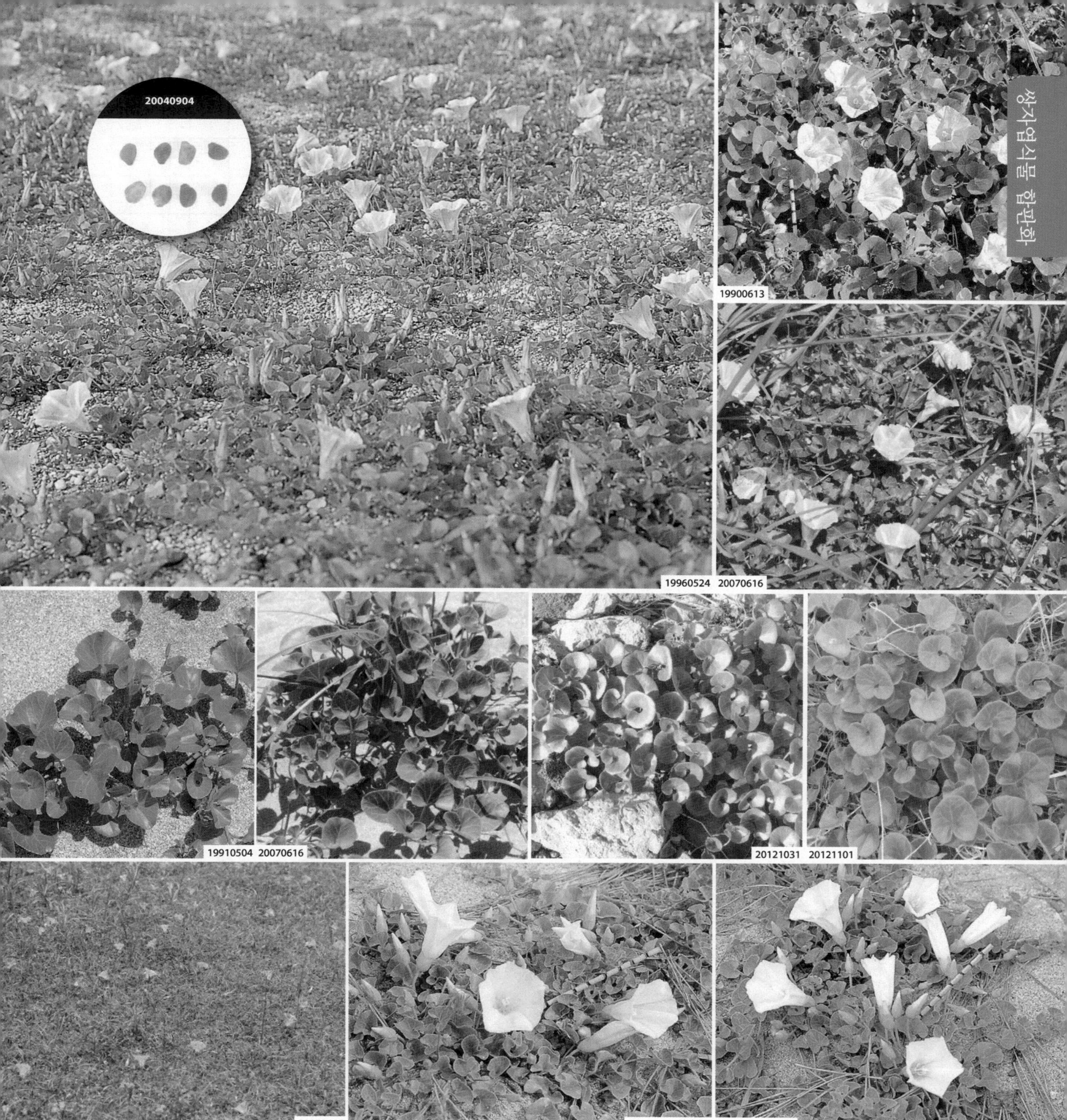

갯메꽃* gaet-me-kkot

메꽃과 Convolvulaceae
Calystegia soldanella (L.) Roem. et Schult.

ⓁⓃ 갯메꽃ⓝ, 해안메꽃, 개메꽃 ⒺⓃ seashore-glorybind, sea-bindweed, shore-bindweed, sea-bells,
ⒸⓃ or ⓂⓃ (7): 노편초근#(老扁草根 Lao-Bian-Cao-Gen), 신천검#(腎天劍 Shen-Tian-jian), 효선초#(孝扇草 Xiao-Shan-Cao)
[Character: dicotyledon. sympetalous flower. perennial herb. creeping type and vine. halophyte. wild, medicinal, edible, ornamental, poisonous plant]

약간 덩굴성인 다년생 초본으로 땅속줄기나 종자로 번식한다. 전국적으로 분포하며 해변의 모래땅에서 자란다. 굵은 땅속줄기는 옆으로 길게 벋으며 지상의 줄기는 길이 40~80㎝ 정도이다. 잎몸은 길이 2~3㎝, 너비 3~4㎝ 정도의 신장형으로 끝이 오목하거나 둥글며 두껍고 광택이 나며 가장자리에 파상의 요철이 있다. 5~6월에 개화하며 연한 홍색의 꽃이 핀다. 삭과는 둥글며 포와 꽃받침으로 싸여 있고 흑색의 종자가 들어 있다. 관상용과 식용으로 이용한다. 어린순은 나물 해 먹고 뿌리는 메라고 해서 '메꽃' 뿌리처럼 삶아 먹기도 하지만 독이 있으니 먹지 않는 게 좋다. 다음과 같은 증상이나 효과에 약으로 쓰인다. 갯메꽃(14): 감기, 거담, 관절염, 기관지염, 소종, 이뇨, 인두염, 인후염, 제습, 중풍, 진통, 통리수도, 풍습성관절염, 폐기천식

메꽃* me-kkot

메꽃과 Convolvulaceae
Calystegia sepium var. *japonicum* (Choisy) Makino

㊑ 메꽃ⓝ, 메, 좁은잎메꽃, 가는잎메꽃, 가는메꽃 ㊍ japanese-bindweed ㊌ or ㊏ (12): 구구앙#(狗狗秧 Gou-Gou-Yang), 선복화#(旋葍花 Xuan-Fu-Hua), 선화#(旋花 Xuan-Hua), 속근근#(續筋根 Xu-Jin-Gen), 순장초(肫腸草 Zhun-Chang-Cao)

[Character: dicotyledon. sympetalous flower. perennial herb. creeping type and vine. wild, medicinal, edible, ornamental, forage plant]

다년생 초본의 덩굴식물로 땅속줄기로 번식한다. 전국적으로 분포하며 들과 밭에서 자란다. 땅속줄기의 마디에서 발생한 줄기는 길이 50~100㎝ 정도의 덩굴로 다른 물체를 감아 올라가거나 서로 엉킨다. 어긋나는 잎은 잎자루가 길고 잎몸은 길이 6~12㎝, 너비 2~7㎝ 정도의 긴 타원상 피침형으로 밑부분이 뾰족하다. 6~8월에 피는 꽃은 깔때기 모양이고 연한 홍색이며 보통 열매를 맺지 않으나 결실하는 경우도 있다. '큰메꽃'과 달리 잎이 좁은 장타원형으로 둔두이며 측편이 갈라지지 않으며 포는 둔두 또는 요두이다. 여름 밭작물 포장에서 문제잡초이다. 땅속줄기와 어린순은 식용과 사료용으로 이용하며 관상용으로 심기도 한다. 봄여름에 연한 잎과 줄기를 삶아 나물로 먹으며 튀김이나 볶음, 데쳐서 무침으로 먹기도 한다. 다음과 같은 증상이나 효과에 약으로 쓰인다. 메꽃(29): 감기, 강장보호, 강정제, 건위, 고혈압, 근골동통, 근육통, 금창, 기억력감퇴, 당뇨, 만성피로, 윤피부, 이뇨, 자양강장, 자음, 정력증진, 주름살, 중풍, 천식, 청열, 춘곤증, 치열, 통기, 통리수도, 폐기천식, 해수, 허약체질, 활혈, 홍분제

20001024

20080907표

19900416 19900830

20010825 19890731

19940726 20120810

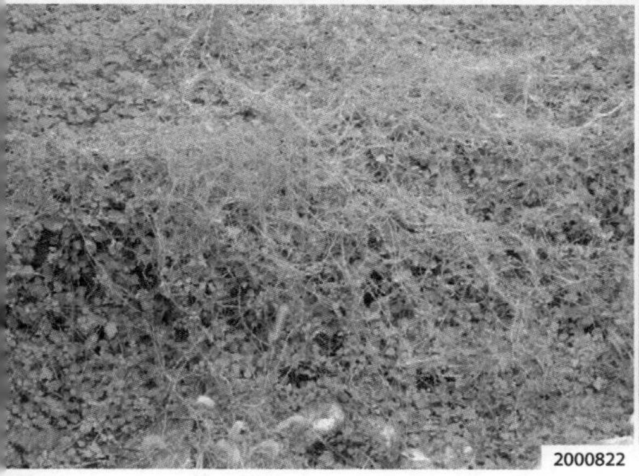

2000822 19911001

19961009

새삼* sae-sam | 메꽃과 Convolvulaceae *Cuscuta japonica* Choisy

새삼ⓝ, 토사, 토사자 EN japanese-dodder, houston-dodder CN or MN (47): 금사초(金絲草 Jin-Si-Cao), 금선초#(金線草 Jin-Xian-Cao), 대토사자#(大菟絲子 Da-Tu-Si-Zi), 토사자#(菟絲子 Tu-Si-Zi), 토사자#(吐絲子 Tu-Si-Zi)

[Character: dicotyledon. sympetalous flower. annual herb. vine. parasitic plant. wild, medicinal, edible plant]

1년생 초본의 덩굴성 기생식물로 종자로 번식한다. 전국적으로 분포하며 들이나 밭에서 자란다. 목본식물에 붙는 원줄기는 지름 2~4㎜ 정도이며 황적색으로 철사같이 서로 엉키기도 한다. 발아하여 기주식물에 붙으면 뿌리가 없어져서 기주식물에서 양분을 흡수한다. 잎은 비늘 같으며 길이 2㎜ 정도의 삼각형이다. 8~9월에 피는 화경이 짧은 총상꽃차례에 백색 꽃이 모여 달린다. 삭과는 난형으로 익으면 뚜껑이 떨어지면서 종자가 나온다. 종자는 지름 2~3㎜ 정도로 둥글고 편평하다. '실새삼'에 비해 줄기는 보다 굵고 꽃은 약간 수상으로 달리며 암술대는 1개이고 과실은 장난형이다. 식용하기도 한다. 즙이나 술을 만들어 먹거나 씨앗을 달여서 차로 마시기도 한다. 다음과 같은 증상이나 효과에 약으로 쓰인다. 새삼(47): 간기능회복, 간염, 간작반, 간질, 강장보호, 강정제, 골절, 구갈, 구고, 구창, 근골위약, 기력증진, 기부족, 면창, 명목, 미용, 보양익음, 사태, 식우육체, 식중독, 실뇨, 안태, 야뇨증, 양모발약, 양위, 여드름, 오로보호, 오줌소태, 요슬산통, 요통, 요혈, 월경이상, 위장염, 유정증, 윤폐, 음위, 익기, 자양강장, 정기, 정력증진, 정양, 조루증, 지갈, 척추질환, 최음제, 치질, 허랭

실새삼* sil-sae-sam

메꽃과 Convolvulaceae
Cuscuta australis R. Br.

KN 실새삼ⓝ, 토사자, 갯실새삼, 갯새삼 EN southern-dodder, australian-dodder, bushclover-dodder, five-angled-dodder, lespedeza-dodder CN or MN (22): 금사초(金絲草 Jin-Si-Cao), 남방토사자#(南方兎絲子 Nan-Fang-Tu-Si-Zi), 토사#(菟絲 Tu-Si), 토사자#(菟絲子 Tu-Si-Zi), 황라자(黃蘿子 Huang-Luo-Zi)
[Character: dicotyledon. sympetalous flower. annual herb. vine. parasitic plant. wild, medicinal, edible, forage plant]

1년생 초본의 기생식물로 종자로 번식한다. 전국적으로 분포하며 들이나 밭에서 자란다. 다른 식물에 붙으며 기주식물을 감거나 서로 엉켜서 자란다. 어긋나는 잎은 비늘 같고 왼쪽으로 감으면서 길이 50㎝ 정도로 벋는 줄기 전체에 털이 없다. 7~9월에 총산꽃차례에 피는 꽃은 백색이다. 삭과는 지름 4㎜ 정도의 편구형으로 껍질이 얇으며 종자는 황백색이다. '새삼'에 비해 전체가 섬세하고 꽃은 약간 속생하며 암술대는 2개이고 과실은 편구형이다. '갯실새삼'과 달리 꽃부리가 삭과보다 짧고 인편은 2열이다. 특히 콩과식물에 잘 기생하여 콩밭에서 문제잡초가 된다. 식용, 사료용으로 이용한다. 즙이나 술을 만들어 먹거나 씨앗을 달여서 차로 마시기도 한다. 다음과 같은 증상이나 효과에 약으로 쓰인다. 실새삼(26): 강장, 강정, 경혈, 구창, 구충, 기부족, 만성요통, 면창, 명목, 미용, 보양익음, 사태, 양모, 요슬산통, 요통, 요혈, 유정증, 음위, 익기, 익신, 지갈, 치질, 치핵, 피부미백, 해독, 허약체질

꽃받이* kkot-bat-i

지치과 Borraginaceae
Bothriospermum tenellum (Hornem.) Fisch. et C. A. Mey.

LN 꽃받이ⓝ, 나도꽃마리, 꽃마리, 꽃바지 EN tender-bothriospermum CN or MN (2): 귀점등#(鬼點燈 Gui-Nian-Deng), 유약반중초(柔弱斑种草 Rou-Rou-Ban-Zhong-Cao)
[Character: dicotyledon. sympetalous flower. annual or biennial herb. creeping and erect type. wild, medicinal, edible plant]

1년 또는 2년생 초본으로 종자로 번식하며 들이나 밭에서 자란다. 모여 나는 줄기는 높이 10~30㎝ 정도이고 밑부분이 옆으로 땅에 닿으며 털이 있다. 모여 나는 근생엽은 주걱형이고 어긋나는 경생엽은 길이 2~3㎝, 너비 1~2㎝ 정도의 긴 타원형으로 끝이 둥글거나 둔하다. 4~6월에 개화하며 총상꽃차례에 피는 꽃은 연한 하늘색이다. 열매는 길이 1~5㎜, 너비 1㎜ 정도의 타원형으로 혹 같은 돌기가 있다. '참꽃바지'와 달리 줄기에 누운 털이 있고 꽃이 교호로 나며 꽃차례 끝이 꼬리 모양으로 말리지 않으며 포엽이 크다. 월동 맥류포장에 잡초가 되기도 한다. 식용하기도 하고 '귀점등'이라 하여 약으로 쓰인다. 어린순을 삶아 나물로 먹는다.

컴프리* keom-peu-ri | 지치과 Borraginaceae *Symphytum officinale* L.

Ⓛⓝ 콤푸레ⓝ, 캄프리 Ⓔⓝ comfrey, common-comfrey, blackwort, shop-consound Ⓒⓝ or Ⓜⓝ (1): 감부리#(甘富利 Gan-Fu-Li)
[Character: dicotyledon. sympetalous flower. perennial herb. erect type. cultivated, wild, medicinal, edible, ornamental, forage plant]

다년생 초본으로 근경이나 종자로 번식한다. 유럽이 원산지인 귀화식물이다. 모여 나는 원줄기는 높이 40~80㎝ 정도이고 가지가 갈라지며 줄기에 약간의 날개가 있고 전체에 털이 있다. 모여 나는 근생엽은 잎자루가 길고 잎몸도 크며 어긋나는 경생엽은 잎자루가 짧고 잎몸도 작으며 난상 피침형이다. 7~8월에 피는 꽃은 자주색, 연한 홍색, 백색 등이며 밑을 향한다. 열매는 4개의 분과로 되며 분과는 난형이다. '뚝지치'에 비해 소화경과 꽃받침은 곧추서고 분과는 자반과 길이가 같으며 복부에 착접이 없다. 관상용으로 심고 사료로 이용하기도 한다. 식용하기도 하며 뿌리와 잎을 다음과 같은 증상이나 효과에 약으로 쓰인다. 컴프리(16): 간염, 강장보호, 건비위, 고혈압, 급성간염, 보혈허, 설사, 소화불량, 신체허약, 익정, 장위카타르, 지혈, 진정, 토혈각혈, 폐기천식, 황달

2010076표

20000905

20120726 20060517

20020425  19890620

20060504

20151230  20110805

지치* ji-chi

지치과 Borraginaceae
Lithospermum erythrorhizon Siebold et Zucc.

KN 지치ⓝ, 자초, 지추, 지초, 주치 EN redroot-gromwell CN or MN (31): 자근#(紫根 Zi-Gen), 자초#(紫草 Zi-Cao), 자초용#(紫草茸 Zi-Cao-Rong)
[Character: dicotyledon. sympetalous flower. perennial herb. erect type. cultivated, wild, medicinal, edible plant]

다년생 초본으로 근경이나 종자로 번식한다. 전국적으로 분포하며 산지나 들에서 자란다. 원줄기는 높이 30~80㎝ 정도이다. 가지가 많이 갈라지며 털이 있고 굵은 자주색의 뿌리는 땅속 깊이 들어간다. 어긋나는 잎은 피침형으로 양끝이 좁으며 밑부분이 좁아져서 잎자루처럼 된다. 5~6월에 개화하며 총상꽃차례에 피는 꽃은 백색이다. 열매는 회색으로 윤기가 있다. 뿌리를 자주색의 염료로 사용하기도 한다. '반디지치'와 달리 옆으로 벋어가지 않으며 뿌리가 굵다. '뚝지치'에 비해 소화경과 꽃받침은 곧추서고 분과는 자반과 길이가 같으며 복부에 착접이 없다. 어린순을 삶아 나물로 먹는다. 다음과 같은 증상이나 효과에 약으로 쓰인다. 지치(35): 간열, 간염, 강심제, 강장, 강장보호, 개선, 건위, 결막염, 습진, 양혈, 오로보호, 오풍, 이뇨, 임질, 정신분열증, 제창해독, 종독, 진통, 추간판탈출증, 충독, 치핵, 토혈각혈, 통리수도, 표저, 피부병, 피임, 하리, 해독, 해열, 혈뇨, 홍역, 화농, 화상, 활혈, 황달

꽃마리* kkot-ma-ri

지치과 Borraginaceae
Trigonotis peduncularis (Trevir.) Benth. ex Hemsl.

LN 꽃마리ⓝ, 꽃말이, 꽃따지, 잣냉이 EN pedunculate-trigonotis, korean-forget-me-not
CN or MN (5): 계양(鷄腸 Ji-Yang), 계장초#(鷄腸草 Ji-Chang-Cao), 부지채#(附地菜 Fu-Di-Cai)
[Character: dicotyledon. sympetalous flower. biennial herb. erect type. wild, medicinal, edible, ornamental plant]

2년생 초본으로 종자로 번식한다. 전국적으로 분포하며 들이나 길가에서 자란다. 줄기는 높이 15~30㎝ 정도이고 전체에 털이 있다. 어긋나는 잎은 위로 갈수록 잎자루가 짧아지고 잎몸은 길이 1~3㎝, 너비 6~10㎜ 정도의 긴 타원형으로 가장자리가 밋밋하다. 4~6월에 개화하며 총상꽃차례는 태엽처럼 풀리면서 자라고 꽃은 연한 하늘색이다. 열매는 짧은 대가 있고 꽃받침으로 싸여 있다. 겨울 발작물에서 문제잡초가 된다. 어릴 때에는 식용하며 관상용으로 심기도 한다. 봄에 어린 줄기와 잎을 데쳐서 나물로 먹거나 국을 끓여 먹는다. 참기름으로 무치거나 볶기도 한다. 다음과 같은 증상이나 효과에 약으로 쓰인다. 꽃마리(7): 늑막염, 다뇨, 설사, 수족마비, 이질, 종독, 풍

20010716

20010728

20120413 19930625 19920615

19920615 19920615 20020704

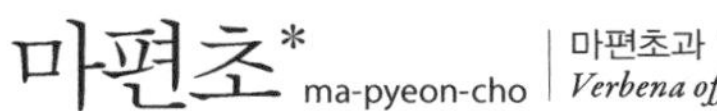

마편초* ma-pyeon-cho

마편초과 Verbenaceae
Verbena officinalis L.

ⓚⓝ 말초리풀ⓝ ⓔⓝ simpler's-joy, turkey-grass, verbana, european-vervain, common-verbena, common-vervain, juno's-tears, holy-herb, holywort ⓒⓝ or ⓜⓝ (41): 마편초#(馬鞭草 Ma-Bian-Cao), 야형개(野荆芥 Ye-Jing-Jie), 철마편#(鐵馬鞭 Tie-Ma-Bian), 토형개(土荆芥 Tu-Jing-Jie), 학슬풍(鶴膝風 He-Xi-Feng)
[Character: dicotyledon. sympetalous flower. perennial herb. erect type. cultivated, wild, medicinal plant]

다년생 초본으로 근경이나 종자로 번식한다. 남쪽 해안지방의 들이나 길가에서 자란다. 원줄기는 높이 40~80㎝ 정도이고 사각형으로 가지가 갈라지며 전체에 털이 있다. 마주나는 잎은 길이 5~10㎝, 너비 2~5㎝ 정도의 난형으로 3개로 갈라지며 열편은 다시 우상으로 갈라진다. 6~7월에 개화하며 총상꽃차례에 피는 꽃은 자주색이다. 길이 2㎜ 정도의 열매는 뒷면에 줄이 있다. 꽃이 필 때 꽃차례가 가늘고 길며 꽃이 촘촘히 핀다. 열매가 맺을 때에도 꽃차례가 자란다. '누린내풀'에 비해 잎은 우상으로 갈라지고 꽃차례는 수상이며 수술은 화관보다 짧고 과실은 분과이다. '뚝지치'에 비해 소화경과 꽃받침은 곧추서고 분과는 자반과 길이가 같으며 복부에 착접이 없다. 다음과 같은 증상이나 효과에 약으로 쓰인다. 마편초(18): 간염, 수소종, 수종, 이경학질, 이뇨, 이질, 종기, 청열해독, 촉산, 치주염, 태독, 통경, 통증, 피부병, 학질, 해열, 활혈산어, 황달

누린내풀* nu-rin-nae-pul

마편초과 Verbenaceae
Caryopteris divaricata (Siebold. et Zucc.) Maxim.

LN 누린내풀ⓝ, 노린재풀, 구렁내풀 EN divaricate-bluebeard CN or MN (7): 노변초(路邊草 Lu-Bian-Cao), 차지획#(叉枝獲 Cha-Zhi-Huo), 화골단#(花骨丹 Hua-Gu-Dan)
[Character: dicotyledon. sympetalous flower. perennial herb. erect type. wild, medicinal, edible, ornamental plant]

다년생 초본으로 근경이나 종자로 번식한다. 중남부지방에 분포하며 산지나 들에서 자란다. 원줄기는 높이 70~140㎝ 정도로 사각지이며 가지가 많이 갈라진다. 마주나는 잎의 잎몸은 길이 7~14㎝, 너비 4~8㎝ 정도의 넓은 난형으로 가장자리에 둔한 톱니가 있다. 7~8월에 원추꽃차례에 피는 꽃은 하늘색이 도는 자주색이다. 열매는 4개로 갈라지며 종자는 도란형이다. 강한 냄새가 난다. '층꽃나무'에 비해 줄기와 잎이 크고 꽃차례에는 꽃이 드문드문 달리고 꽃부리 열편이 갈라지지 않으며 종자는 털이 없으며 강문과 선점이 있고 열매에서 떨어진다. 관상용이나 밀원용으로 심으며 식용하기도 한다. 다음과 같은 증상이나 효과에 약으로 쓰인다. 누린내풀(14): 감기, 건위, 기관지염, 발한, 백일해, 소염, 이뇨, 자한, 종독, 지통, 지혈, 피임, 해수, 해열

금창초* geum-chang-cho | 꿀풀과 Lamiaceae *Ajuga decumbens* Thunb.

ⓁⓃ 가지조개나물ⓝ, 금란초, 금난초, 섬자란초 ⒺⓃ decumbent-bugle ⒸⓃ or ⓂⓃ (28): 고지담(苦地膽 Ku-Di-Dan), 금창초#(金瘡草 Jin-Chuang-Cao), 백모하고초#(白毛夏枯草 Bai-Mao-Xia-Ku-Cao), 지룡담(地龍膽 Di-Long-Dan)

[Character: dicotyledon. sympetalous flower. perennial herb. creeping and erect type. cultivated, wild, medicinal, edible, ornamental plant]

다년생 초본으로 근경이나 종자로 번식한다. 남부지방과 제주도에 분포하며 풀밭이나 길가에서 자란다. 원줄기는 옆으로 벋고 전체에 털이 있다. 근생엽은 방사상으로 퍼지고 길이 4~6㎝, 너비 1~2㎝ 정도의 넓은 피침형이다. 마주나는 경생엽은 길이 15~30㎜ 정도의 긴 타원형이다. 5~6월에 3~5개씩 달리는 꽃은 짙은 자주색이다. 열매는 길이 2㎜ 정도의 난상 구형으로 그물맥이 있다. '조개나물'에 비해 줄기는 땅위를 기고 꽃줄기는 모여 난다. 어릴 때에는 식용하며 관상용이나 밀원용으로 심는다. 어린순을 삶아 나물로 먹는다. 다음과 같은 증상이나 효과에 약으로 쓰인다. 금창초(21): 각혈, 감기, 개선, 거담지해, 경혈, 고혈압, 기관지염, 나력, 두창, 설사, 소종, 양혈지혈, 종독, 중이염, 청열해독, 타박상, 토혈각혈, 폐기천식, 풍, 해수, 해열

조개나물* jo-gae-na-mul | 꿀풀과 Lamiaceae *Ajuga multiflora* Bunge

ⓚ 조개나물ⓝ, 다화근골초 ⓔ korean-pyramid-bugle ⓒ or ⓜ (9): 다화근골초#(多花筋骨草 Duo-Hua-Jin-Gu-Cao), 백하초#(白夏草 Bai-Xia-Cao), 보개초#(寶蓋草 Bao-Gai-Cao)
[Character: dicotyledon. sympetalous flower. perennial herb. erect type. cultivated, wild, medicinal, edible, ornamental plant]

다년생 초본으로 근경이나 종자로 번식한다. 전국적으로 분포하며 산야의 풀밭이나 길가에서 자란다. 원줄기는 높이 10~25㎝ 정도이고 전체에 긴 털이 밀생한다. 근생엽은 큰 피침형이고 마주나는 경생엽은 길이 15~30㎜, 너비 7~20㎜ 정도의 타원형이며 가장자리에 파상의 톱니가 있다. 5~6월에 벽자색의 꽃이 총상으로 핀다. 열매는 도란형으로 그물맥이 있다. '자란초'와 달리 키가 30㎝ 이하이고 백색의 퍼진 털이 밀생한다. 어린잎은 식용하며 밀원용이나 관상용으로 심는다. 다음과 같은 증상이나 효과에 약으로 쓰인다. 조개나물(22): 간염, 감기, 개선, 고혈압, 근골동통, 기관지염, 나력, 두창, 매독, 연주창, 옹종, 이뇨, 이질, 임파선염, 진정, 청열해독, 치창, 치핵, 통리수도, 편도선염, 폐기천식, 활혈소종

20050619표

20050619표 20040527

20030612

20040419  20120503

19920531

20000616  20000616

20050625

자란초* ja-ran-cho

꿀풀과 Lamiaceae
Ajuga spectabilis Nakai

큰잎조개나물ⓝ, 자난초

[Character: dicotyledon. sympetalous flower. perennial herb. creeping and erect type. wild, medicinal, edible, ornamental plant]

다년생 초본으로 땅속줄기나 종자로 번식한다. 중남부지방에 분포하며 산지에서 자란다. 땅속줄기가 옆으로 벋으며 나오는 줄기는 높이 30~60㎝ 정도이고 털이 거의 없다. 마주나는 잎은 위로 올라갈수록 커지고 길이 9~18㎝, 너비 5~8㎝ 정도의 넓은 타원형으로 가장자리에 불규칙한 톱니와 털이 있다. 6~7월에 피는 꽃은 짙은 자주색 또는 흰색이다. 소견과는 둥글며 주름이 있다. '조개나물'과 달리 키가 50㎝ 내외이고 잎은 넓은 타원형으로 불규칙한 톱니가 있고 꽃은 줄기 끝에 총상으로 달리며 털이 거의 없으며 땅속줄기가 옆으로 벋는다. 관상용이나 밀원용으로 이용하고 어릴 때에는 식용하기도 한다. 다음과 같은 증상이나 효과에 약으로 쓰인다. 자란초(5): 감기, 개선, 고혈압, 나력, 두창

황금* hwang-geum | 꿀풀과 Lamiaceae *Scutellaria baicalensis* Georgi

LN 속썩은풀ⓝ, 골무꽃 EN chinese-skullcap, skullcap, baikal-skullcap CN or MN (34): 황금#(黃芩 Huang-Qin), 황금자#(黃芩子 Huang-Qin-Zi), 황문(黃文 Huang-Wen)
[Character: dicotyledon. sympetalous flower. perennial herb. erect type. cultivated, wild, medicinal plant]

다년생 초본으로 근경이나 종자로 번식한다. 동아시아 대륙이 원산지인 약용식물로 들이나 밭에서 자란다. 높이 40~60㎝ 정도의 원줄기는 네모가 지고 모여서 나오며 가지가 많이 갈라진다. 마주나는 잎의 잎몸은 길이 3~5㎝, 너비 6~8㎜ 정도의 피침형이다. 7~9월에 1개씩 달리는 꽃은 자주색이고 꽃받침 안에 들어 있는 열매는 둥글다. '가는골무꽃'에 비해 잎뒤에 흑색선점이 있고 꽃은 줄기 끝에 난다. 재배하며 어릴 때에는 식용한다. 공업용이나 밀원용으로도 이용한다. 다음과 같은 증상이나 효과에 약으로 쓰인다. 황금(25): 감기, 고혈압, 구토, 금창, 기관지염, 농혈, 단독, 복통, 소염, 악창, 안태, 오림, 이질, 장염, 장위카타르, 종독, 지사, 지혈, 청열조습, 토혈각혈, 풍, 하리, 해독, 해열, 황달

참골무꽃* cham-gol-mu-kkot

꿀풀과 Lamiaceae
Scutellaria strigillosa Hemsl.

LN 참골무꽃ⓝ, 갯골무꽃, 큰골무꽃, 민골무꽃, 흰참골무꽃 CN or MN (1): 병두황금#(倂頭黃芩 Bing-Tou-Huang-Qin)
[Character: dicotyledon. sympetalous flower. perennial herb. creeping and erect type. halophyte. wild, medicinal, edible, ornamental plant]

다년생 초본으로 근경이나 종자로 번식한다. 전국적으로 분포하며 해변의 모래땅에서 잘 자란다. 옆으로 길게 벋은 근경에서 나온 줄기는 높이 10~40㎝ 정도이고 능선에 위를 향한 털이 있다. 마주나는 잎의 잎몸은 길이 10~20㎜, 너비 5~12㎜ 정도의 타원형으로 양면에 털이 있으며 둔한 톱니가 있다. 7~8월에 피는 꽃은 자주색이고 열매는 길이 1.5㎜ 정도의 반원형으로 둥근 돌기가 있다. '구슬골무꽃'과 달리 근경이 잘록하지 않고 '왜골무꽃'에 비해 잎은 타원형으로 끝이 둥글고 위로 갈수록 작아진다. 어린 순은 식용하며 관상용이나 밀원용으로 심는다. 다음과 같은 증상이나 효과에 약으로 쓰인다. 참골무꽃(5): 위장염, 정혈, 태독, 폐렴, 해소

배초향* bae-cho-hyang

꿀풀과 Lamiaceae
Agastache rugosa (Fisch. et Mey.) Kuntze

㉿ 방아풀ⓝ, 방앳잎, 방아잎, 중개풀, 방애잎 EN wrinkled-giant-hyssop, giant-hyssop, korean-licorice-mint CN or MN (30): 곽향#(藿香 Huo-Xiang), 광곽향#(廣藿香 Guang-Huo-Xiang), 배초향(排草香 Pai-Cao-Xiang), 산곽향#(山藿香 Shan-Huo-Xiang), 토곽향#(土藿香 Tu-Huo-Xiang)

[Character: dicotyledon. sympetalous flower. perennial herb. erect type. cultivated, wild, medicinal, edible, ornamental plant]

다년생 초본으로 근경이나 종자로 번식한다. 전국적으로 분포하며 양지 바른 전석지나 들에서 자란다. 집 근처에 심어 식용, 약용, 관상용으로 이용한다. 근경에서 나온 원줄기는 높이 60~120㎝ 정도로 가지가 갈라지고 네모가 진다. 마주나는 잎의 잎몸은 길이 5~10㎝, 너비 3~7㎝ 정도의 난상 심장형으로 가장자리에 둔한 톱니가 있다. 7~10월에 피는 윤상꽃차례에 달리는 꽃은 자주색이다. 열매는 길이 2㎜ 정도의 도란상 타원형이다. '벌깨덩굴'과 달리 위쪽 수술이 밑을 향하고 밑의 것은 위를 향한다. 봄여름에 연한 잎을 생으로 먹거나 생선 등과 같이 먹고 나물로도 먹으며 튀김이나 국거리, 매운탕에도 이용한다. 다음과 같은 증상이나 효과에 약으로 쓰인다. 배초향(19): 감기, 개선, 거서, 건위, 곽란, 구토, 비위, 장염, 장위카타르, 제습, 종기, 종독, 중풍, 토역, 통기, 풍습, 한열왕래, 해표, 화습

벌깨덩굴* beol-kkae-deong-gul | 꿀풀과 Lamiaceae *Meehania urticifolia* (Miq.) Makino

ⓚ 벌깨덩굴ⓝ ⓔ japanese-dead-nettle, nettleleaf-meehania ⓒ or ⓜ (1): 미한화#(美漢花 Mei-Han-Hua)
[Character: dicotyledon. sympetalous flower. perennial herb. vine. wild, medicinal, edible plant]

다년생 초본으로 근경이나 종자로 번식한다. 전국적으로 분포하며 산지의 나무 밑에서 자란다. 옆으로 벋는 근경의 마디에서 나온 줄기는 길이 40~80㎝ 정도이고 5쌍 정도의 잎이 달린다. 마주나는 잎의 잎몸은 길이 3~6㎝, 너비 2~4㎝ 정도의 심장형으로 끝이 뾰족하고 가장자리에 둔한 톱니가 있다. 5~6월에 개화하며 4개 정도 달리는 순형화는 자주색이다. 열매는 길이 3㎜ 정도의 좁은 도란형으로 잔털이 있다. '배초향'과 달리 4개의 수술이 비스듬히 서고 꽃받침조각은 3각형으로 끝이 둔하고 꽃이 핀 뒤에 가자가 길게 벋는다. 어릴 때에는 식용하며 밀원용으로 심기도 한다. 봄여름에 연한 잎과 줄기를 데쳐서 나물로 먹거나 된장이나 간장, 고추장에 무쳐 먹는다. 다음과 같은 증상이나 효과에 약으로 쓰인다. 벌깨덩굴(4): 강장, 대하증, 소종지통, 청열해독

19921101

19890917 19941001

19920616 20120726 20120726

19880914 19941001

형개* hyeong-gae | 꿀풀과 Lamiaceae *Schizonepeta tenuifolia* var. *japonica* (Maxim.) Kitag.

LN 형개ⓝ EN **fineleaf-schizonepeta** CN or MN (20): 가선(假蘚 Jia-Xian), 형개#(荊芥 Jing-Jie), 형개수#(荊芥穗 Jing-Jie-Sui)

[Character: dicotyledon. sympetalous flower. annual herb. erect type. cultivated, medicinal plant]

1년생 초본의 약용식물로 종자로 번식하고 중국이 원산지이다. 원줄기는 높이 50~100㎝ 정도이고 가지가 갈라지며 네모가 진다. 마주나는 잎의 잎몸은 우상으로 깊게 갈라지고 열편은 선형으로 가장자리가 밋밋하다. 꽃은 줄기의 윗부분에 층층으로 달려서 수상꽃차례처럼 보이고 8~9월에 핀다. 약용으로 재배하고 다음과 같은 증상이나 효과에 약으로 쓰인다. 형개(33): 각기, 감기, 갱년기장애, 거풍해표, 경련, 곽란, 구풍, 근육통, 발한, 부인하혈, 옹종, 요부염좌, 음창, 인후통증, 임파선염, 자궁출혈, 자궁탈수, 정혈, 지혈, 진경, 진통, 청이, 치열, 토혈각혈, 편도선비대, 편도선염, 풍, 한열왕래, 항문주위농양, 해독, 해열, 혈변, 혈우병

긴병꽃풀* gin-byeong-kkot-pul

꿀풀과 Lamiaceae
Glechoma grandis (A. Gray) Kuprian.

LN 긴병꽃풀ⓝ, 조선광대수염, 덩굴광대수염, 참덩굴광대수염, 장군덩이 EN alehoof, groundivy, longtube-groundivy, gill-over-the-ground, creeping-charlie CN or MN (68): 강소금전초(江蘇金錢草 Jiang-Su-Jin-Qian-Cao), 과산룡(過山龍 Guo-Shan-Long), 금전초#(金錢草 Jin-Qian-Cao)
[Character: dicotyledon. sympetalous flower. perennial herb. creeping and erect type. cultivated, wild, medicinal, edible plant]

다년생 초본으로 근경이나 종자로 번식한다. 중부지방에 분포하며 산지나 들에서 자란다. 줄기는 길이 30~50㎝ 정도로 옆으로 벋으며 높이 10~20㎝ 정도로 곧추서기도 한다. 마주나는 잎의 잎몸은 길이 15~25㎜, 너비 2~3㎝ 정도인 신장상 원형으로 가장자리에 둔한 톱니가 있다. 꽃은 5~6월에 개화하며 연한 자주색이다. 열매는 길이 1.8㎜ 정도의 타원형이다. '개박하'에 비해 줄기는 눕고 잎은 난형 또는 신장상 원형이며 꽃이 잎겨드랑이에 나고 연한 자색이다. 밀원용으로 심으며 향료로 사용하기도 한다. 봄에 어린 줄기와 잎을 삶아 나물로 먹는다. 다음과 같은 증상이나 효과에 약으로 쓰인다. 긴병꽃풀(8): 발한, 소종, 수종, 이뇨, 진해, 청열, 해독, 해열

20001007

19900607  20120527표

20100424

20050429  20020506

20050604

20060606  20110720

용머리* yong-meo-ri

꿀풀과 Lamiaceae
Dracocephalum argunense Fisch. ex Link

LN 룽머리ⓝ, 광악청란 EN argun-dragonhead, dragonhead, japanese-dragonhead CN or MN (1): 광악청란#(光萼靑蘭 Guang-E-Qing-Lan)
[Character: dicotyledon. sympetalous flower. perennial herb. erect type. wild, medicinal, edible plant]

다년생 초본으로 근경이나 종자로 번식한다. 전국적으로 분포하며 산지에서 자란다. 근경에서 모여 나는 원줄기는 높이 15~40㎝ 정도이고 밑으로 굽는 흰색의 털이 있다. 마주나는 잎의 잎몸은 길이 2~5㎝, 너비 2~5㎜ 정도의 선형으로 가장자리가 밋밋하고 뒤로 말린다. 6~8월에 피는 꽃은 자주색이다. 꽃받침이 2순형이고 열편은 3각상 피침형이며 위쪽의 것이 다소 넓다. 어린순을 삶아 나물로 먹는다. 개화기에는 밀원용으로 이용한다. 다음과 같은 증상이나 효과에 약으로 쓰인다. 용머리(7): 발한, 소염, 수종, 이뇨, 장결핵, 진통, 폐결핵

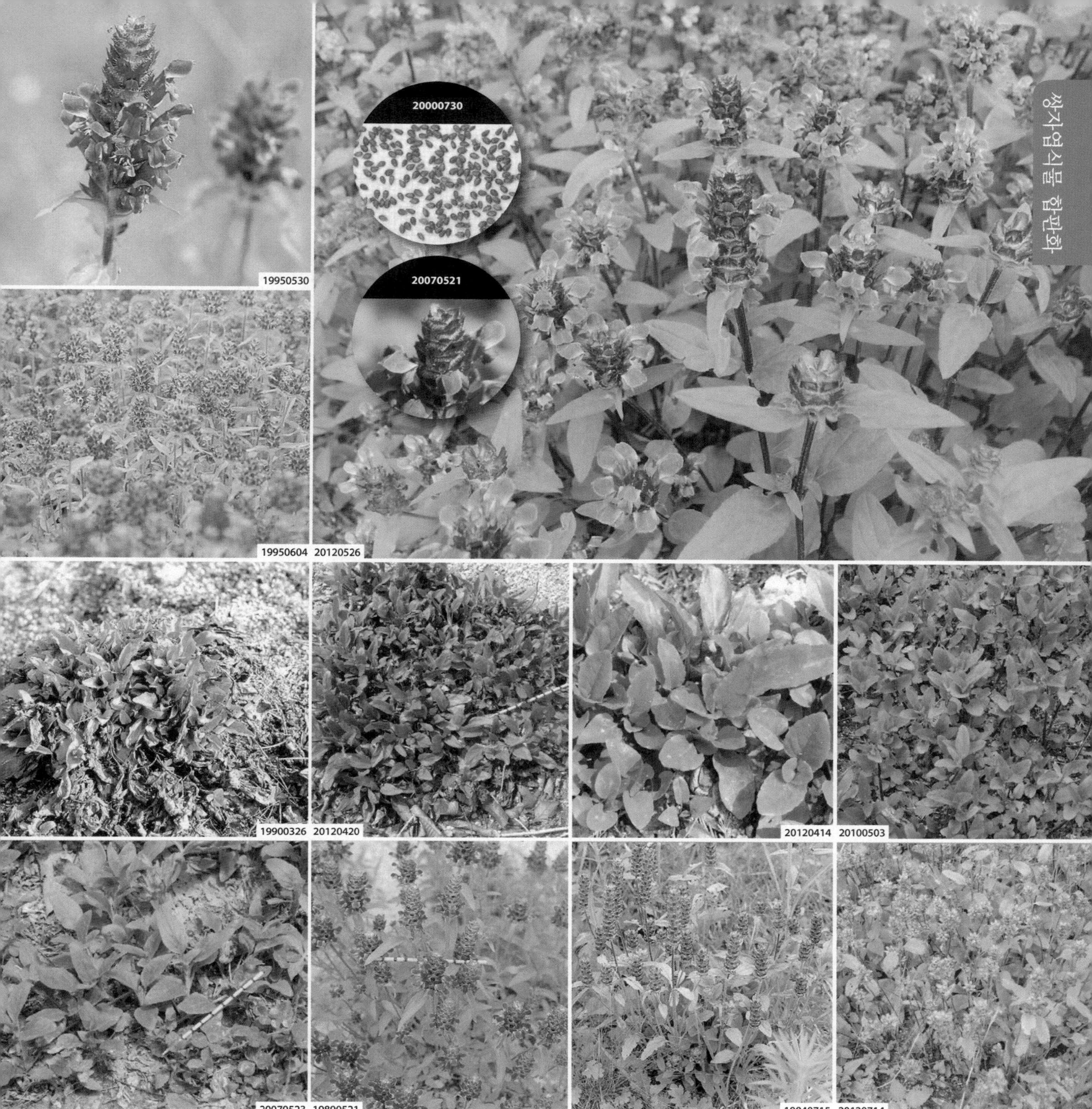

꿀풀* kkul-pul

꿀풀과 Lamiaceae
Prunella vulgaris var. *lilacina* Nakai

ⓁⓃ 꿀풀ⓝ, 하고초, 꿀방방이, 가지골나물, 붉은꿀풀, 가지가래꽃 ⒺⓃ self-heal, common-selfheal, heal-all ⒸⓃ or ⓂⓃ (53): 내동#(乃東 Nai-Dong), 하고초#(夏枯草 Xia-Ku-Cao), 하고화(夏枯花 Xia-Ku-Hua)

[Character: dicotyledon. sympetalous flower. perennial herb. erect type. cultivated, wild, medicinal, edible, ornamental plant]

다년생 초본으로 근경이나 종자로 번식한다. 전국적으로 분포하며 산지나 들에서 자란다. 근경에서 모여 나는 원줄기는 높이 15~30cm 정도이고 네모가 지며 전체에 흰털이 있다. 근생엽은 모여 나며 마주나는 경생엽의 잎몸은 길이 2~5cm 정도의 긴 타원형으로 가장자리가 밋밋하다. 잎자루는 길이 1~3cm 정도이지만 위로 갈수록 없어진다. 5~7월에 개화하며 수상꽃차례에 피는 꽃은 적자색이다. 분과는 길이 1.6mm 정도의 타원형으로 황갈색이다. 화관은 길이 약 2cm이며 수술대는 돌기가 있고 꽃이 질 때에 포복지가 나온다. 약용, 관상용, 밀원용으로 심는다. 봄에 연한 잎과 줄기를 삶아 나물로 먹거나 잎을 데쳐서 된장이나 간장에 무쳐 먹는다. 싱싱한 꽃은 샐러드, 튀김, 볶음으로 식용한다. 다음과 같은 증상이나 효과에 약으로 쓰인다. 꿀풀(39): 간염, 간허, 갑상선염, 갑상선종, 강장, 강장보호, 강혈압, 거담, 건위, 결기, 결핵, 경선결핵, 고혈압, 구안괘사, 나력, 두창, 목소양증, 산울결, 안심정지, 안질, 연주창, 열광, 월경이상, 유선염, 유옹, 이뇨, 일체안병, 임질, 임파선염, 자궁내막염, 자궁염, 적백리, 종독, 청간화, 축농증, 통리수도, 폐결핵, 풍열, 해열

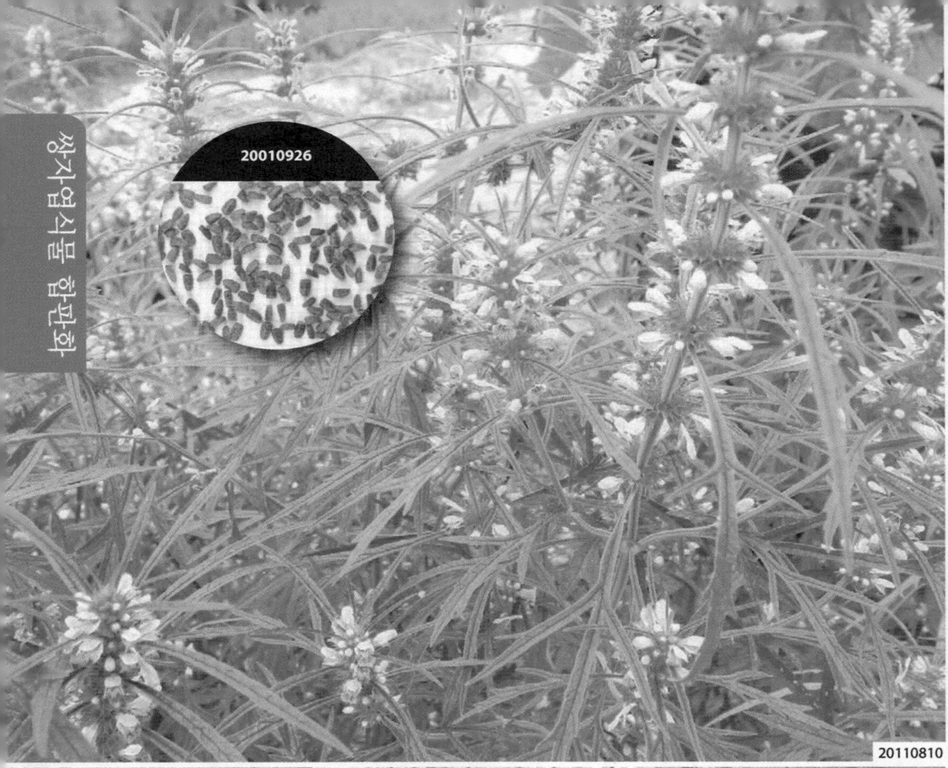
20010926 20110810

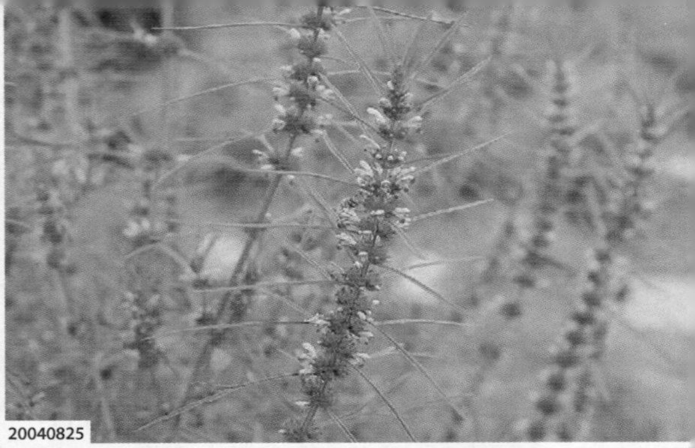
20040825

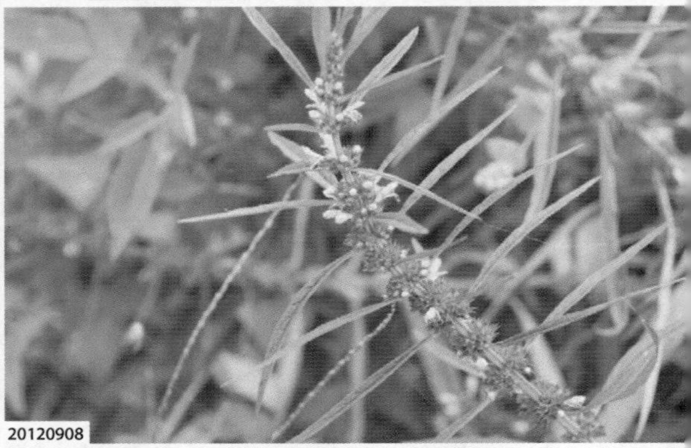
20120908

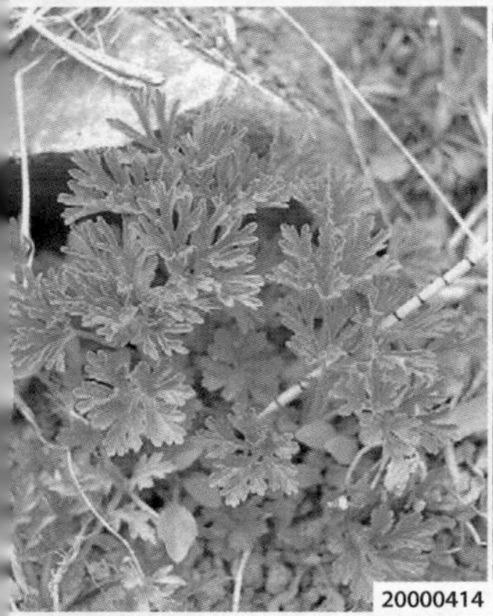
20000414

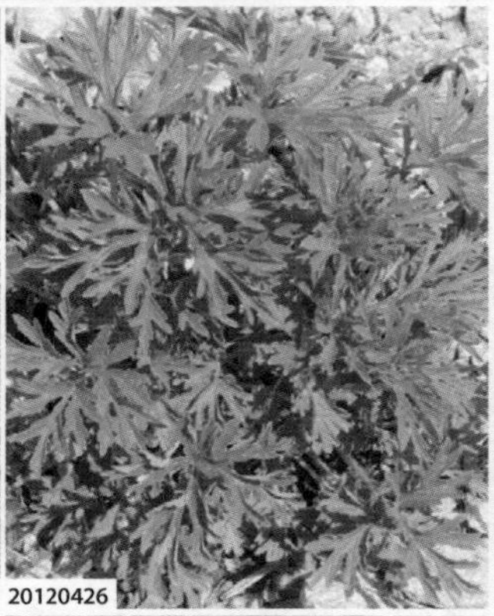
20120426

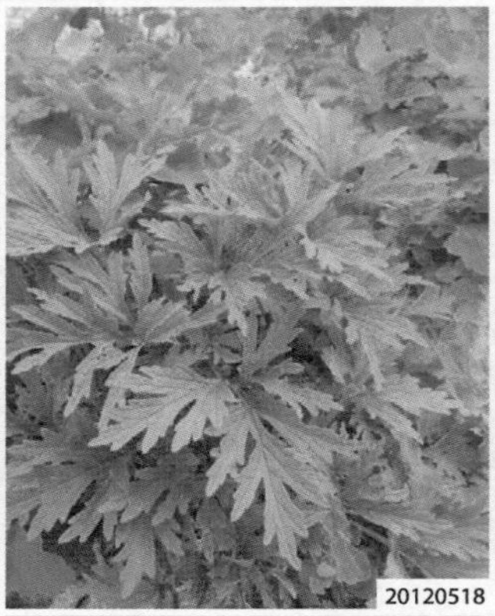
20120518

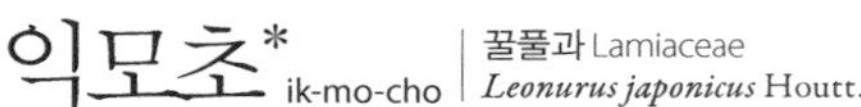

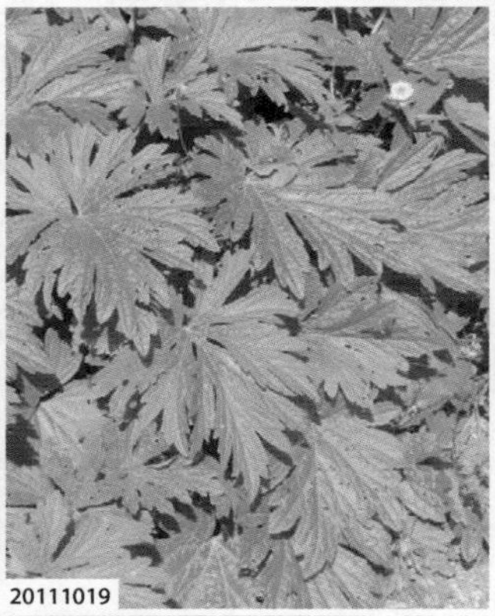
20111019

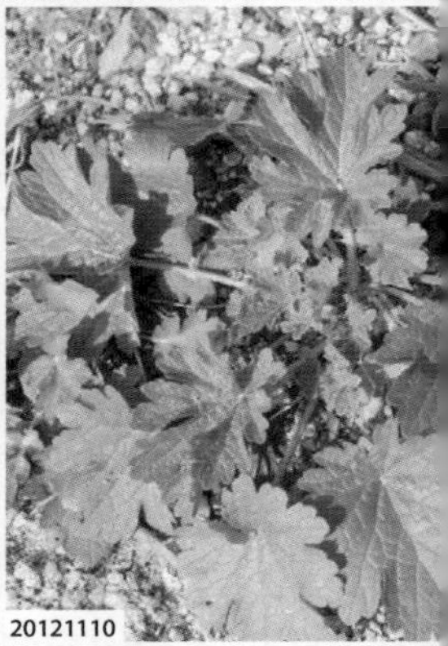
20121110

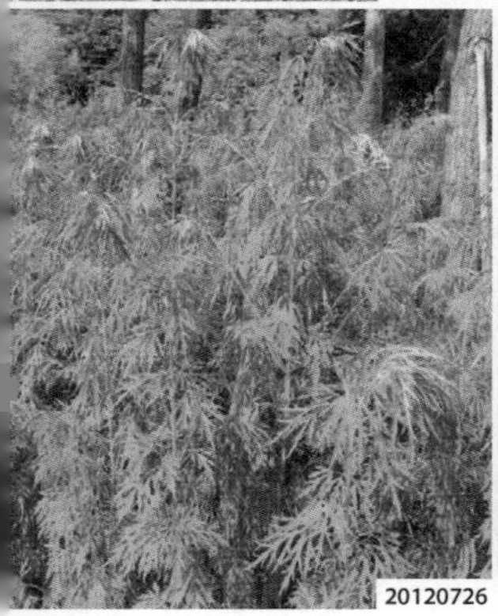
20120726

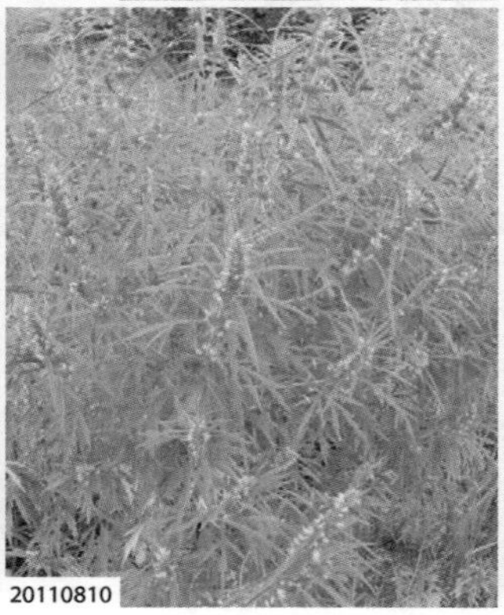
20110810

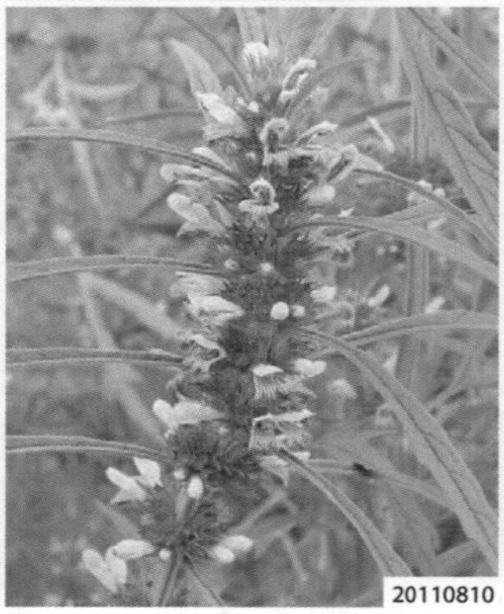
20110810

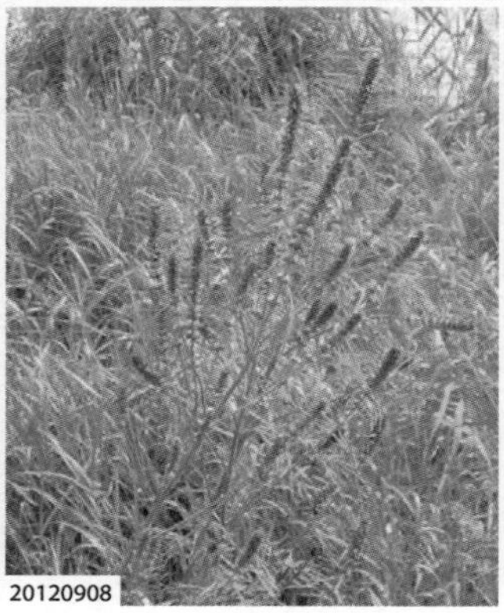
20120908

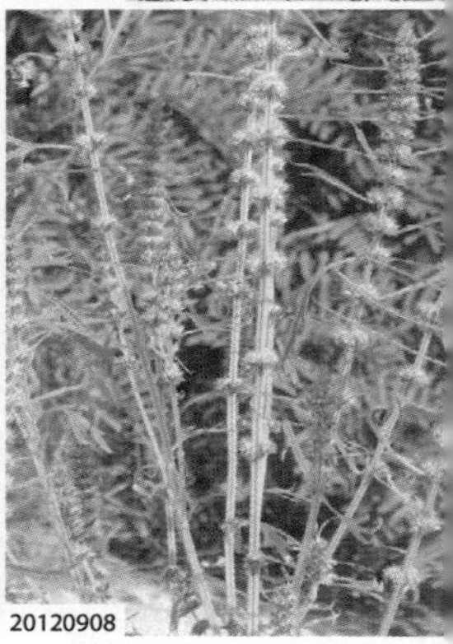
20120908

익모초* ik-mo-cho | 꿀풀과 Lamiaceae *Leonurus japonicus* Houtt.

LN 익모초ⓝ, 임모초, 개방아, 익무초 EN siberian-mother-wort, mother-wort CN or MN (63): 사릉초(四棱草 Si-Leng-Cao), 익모초#(益母草 Yi-Mu-Cao), 충위자#(茺蔚子 Chong-Wei-Zi), 화험(火杴 Huo-Xian)

[Character: dicotyledon. sympetalous flower. biennial herb. erect type. cultivated, wild, medicinal, edible, ornamental plant]

2년생 초본으로 종자로 번식한다. 전국적으로 분포하며 산지나 들에서 자란다. 원줄기는 높이 1~2m 정도로 가지가 많이 갈라지고 네모가 진다. 모여 나는 근생엽은 개화기에 없어진다. 마주나는 경생엽은 잎자루가 길고 잎몸은 3개로 갈라진 열편이 다시 2~3개의 소열편으로 갈라진다. 소열편은 톱니 모양이거나 우상으로 다시 갈라진다. 7~9월에 층층으로 달리는 꽃은 연한 홍자색이다. 열매는 넓은 난형으로 3개의 능각이 있다. '송장풀'과 달리 잎이 선상 피침형으로 깊게 갈라지고 털이 밀생한다. 개화기에 밀원으로 이용하며 관상용으로도 심는다. 어린순을 삶아 나물로 먹는다. 다음과 같은 증상이나 효과에 약으로 쓰인다. 익모초(73): 가성근시, 간작반, 갑상선염, 강장보호, 건위, 결핵, 관절냉기, 구고, 구토, 냉복통, 단독, 대하증, 만성맹장염, 보정, 부인하혈, 부종, 사독, 소아복냉증, 식고량체, 식교맥체, 안적, 암내, 야맹증, 양궐사음, 완선, 외이도절, 외한증, 월경이상, 위무력증, 위장염, 위한증, 유방염, 유옹, 음극사양, 음냉통, 음식체, 이뇨소종, 이완출혈, 일사병열사병, 일체안병, 임신중독증, 자궁내막염, 자궁냉증, 자궁수축, 자궁암, 자궁출혈, 장결핵, 적면증, 정혈, 조갈증, 종기, 중독증, 지혈, 창종, 청열해독, 최토제, 타박상, 태양병, 토혈각혈, 통리수도, 통풍, 피부윤택, 학질, 한습, 해독, 허랭, 현훈, 혈뇨, 혈압조절, 홍채, 활혈, 활혈거어, 흉부냉증

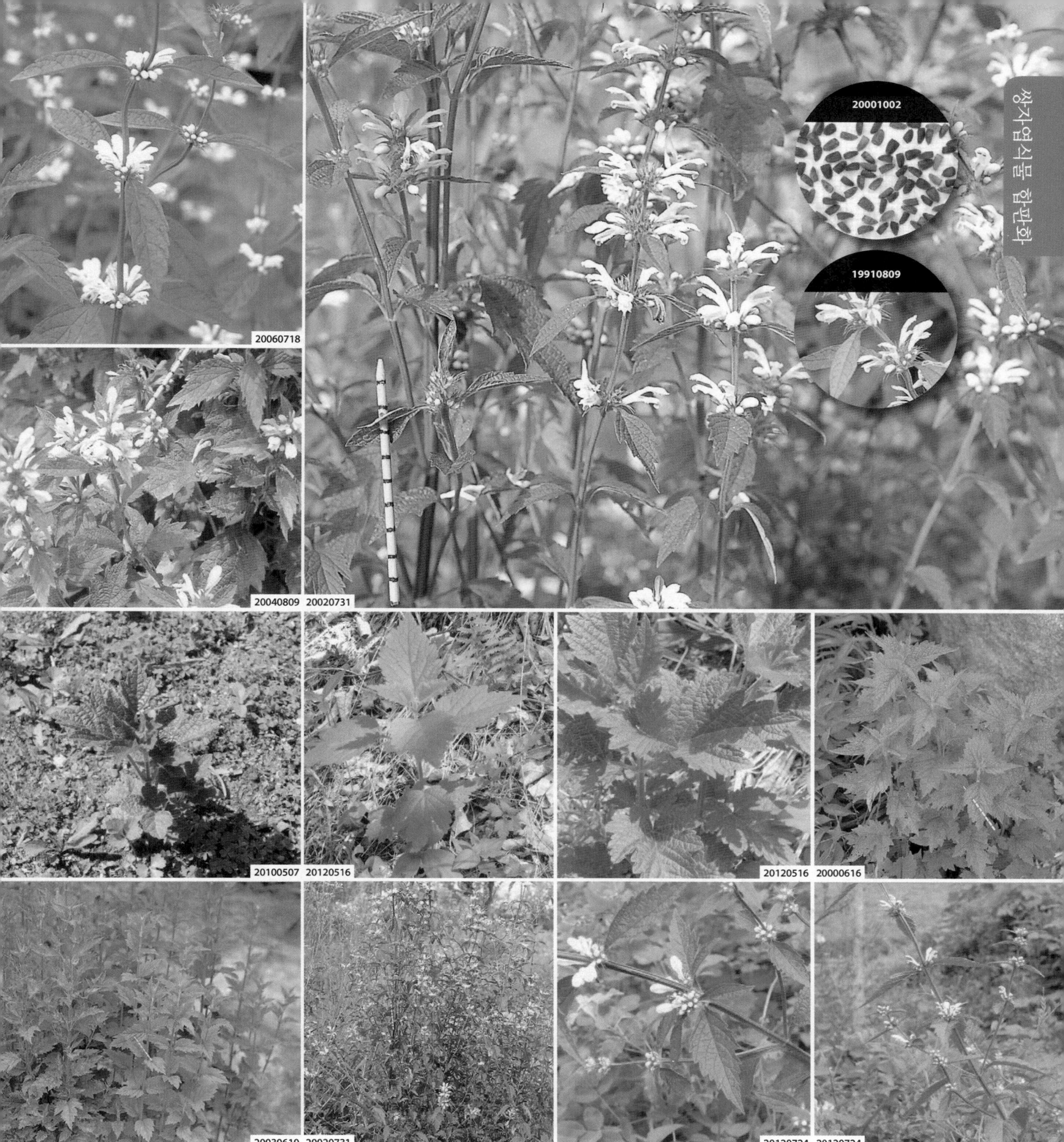

송장풀* song-jang-pul | 꿀풀과 Lamiaceae *Leonurus macranthus* Maxim.

LN 산익모초ⓝ, 개속단, 개방앳잎 EN largeflower-mother-wort CN or MN (1): 대화익모초#(大花益母草 Da-Hua-Yi-Mu-Cao)
[Character: dicotyledon. sympetalous flower. perennial herb. erect type. wild, medicinal, edible plant]

다년생 초본으로 근경이나 종자로 번식한다. 전국적으로 분포하며 산지나 들에서 자란다. 근경에서 나온 원줄기는 높이 60~120㎝ 정도로 사각형이 지고 털이 있다. 마주나는 잎의 잎몸은 길이 6~10㎝, 너비 3~6㎝ 정도의 난형으로 가장자리에 둔한 톱니가 있다. 잎자루는 길이 1~5㎝ 정도이다. 8~9월에 3~6개씩 달리는 꽃은 연한 홍색이다. 열매는 길이 2.5㎜ 정도의 쐐기형 비슷한 도란형으로 3개의 능각이 있으며 흑색으로 익는다. '익모초'와 달리 잎이 갈라지지 않고 톱니가 있고 꽃은 크며 꽃받침에 털이 있고 녹색 또는 황녹색을 띤다. 어린순을 삶아 나물로 먹는다. 다음과 같은 증상이나 효과에 약으로 쓰인다. 송장풀(5): 강정, 이뇨, 이뇨소종, 중풍, 활혈조경

석잠풀* seok-jam-pul

꿀풀과 Lamiaceae
Stachys japonica Miq.

ⓚⓝ 석잠풀ⓝ, 배암배추, 뱀배추, 민석잠화, 민석잠풀, 골뱅이초석잠 ⓔⓝ japanese-betony, wound-wort ⓒⓝ or ⓜⓝ (11): 광엽수소(光葉水蘇 Guang-Ye-Shui-Su), 야자소(野紫蘇 Ye-Zi-Su), 초석잠#(草石蠶 Cao-Shi-Can), 화수소(華水蘇 Hua-Shui-Su)
[Character: dicotyledon. sympetalous flower. perennial herb. erect type. cultivated, wild, medicinal, edible plant]

다년생 초본으로 근경이나 종자로 번식한다. 전국적으로 분포하며 산야의 풀밭에서 자란다. 백색의 땅속줄기가 옆으로 길게 벋는다. 원줄기는 높이 30~60㎝ 정도이고 네모가 지며 가지가 갈라진다. 마주나는 잎의 잎몸은 길이 4~8㎝, 너비 10~25㎜ 정도의 피침형으로 가장자리에 톱니가 있고 돌려나는 꽃은 연한 홍색이다. '털향유'에 비해 다년초이고 꽃밥이 세로로 터지며 털이 없다. '우단석잠풀'과 달리 잎자루가 있고 마디 이외에는 털이 없다. 개화기에는 밀원용으로 이용한다. 어린순을 데쳐서 된장이나 간장에 무쳐 먹는다. 다른 나물과 섞어 먹기도 한다. 약용으로 재배하며 다음과 같은 증상이나 효과에 약으로 쓰인다. 석잠풀(26): 감기, 경풍, 기관지염, 맹장염, 복통, 소아경풍, 월경이상, 자한, 정혈, 종독, 종염, 지혈, 진통, 청열, 청열이뇨, 태독, 토혈각혈, 폐농양, 폐렴, 하혈, 해소, 해수, 해열, 혈뇨, 활혈, 후통

광대나물* gwang-dae-na-mul | 꿀풀과 Lamiaceae *Lamium amplexicaule* L.

ⓁⓃ 작은잎꽃수염풀ⓝ, 코딱지풀, 코딱지나물 ⒺⓃ henbit-deadnettle, henbit, perfoliate-archangel ⒸⓃ or ⓋⓃ (4): 등롱초(燈龍草 Deng-Long-Cao), 보개초#(寶蓋草 Bao-Gai-Cao), 접골초(接骨草 Jie-Gu-Cao)

[Character: dicotyledon. sympetalous flower. biennial herb. erect type. wild, medicinal, edible, ornamental plant]

2년생 초본으로 종자로 번식하고 전국적으로 분포하며 풀밭에서 자란다. 원줄기는 가늘고 네모가 지며 자줏빛이 돈다. 마주나는 잎은 밑부분의 것은 잎자루가 길지만 윗부분의 것은 잎자루가 없다. 잎몸은 지름 1~2㎝ 정도의 반원형으로 양쪽에서 원줄기를 완전히 둘러싸며 가장자리에 톱니가 있다. 4~5월에 개화하며 돌려나는 것처럼 보이는 꽃은 홍자색이고 열매는 3개의 능선이 있는 도란형이다. '자주광대나물'과 달리 포엽에 자루가 없고 꽃받침에 털이 밀생한다. 과수원이나 월동 맥류포장에 발생하여 잡초가 된다. 어릴 때에는 식용, 개화기에는 밀원용으로 이용한다. 관상용으로 심기도 한다. 봄·초여름 연한 잎을 데쳐서 무치거나 된장국을 끓여 먹는다. 꽃을 말려 차로 마시기도 한다. 다음과 같은 증상이나 효과에 약으로 쓰인다. 광대나물(11): 거풍통락, 강장, 관절염, 대하증, 소종지통, 월경이상, 종독, 진통, 토혈, 풍, 활혈

광대수염* gwang-dae-su-yeom

꿀풀과 Lamiaceae
Lamium album var. ***barbatum*** (Siebold et Zucc.) Franch. et Sav.

㉠ 꽃수염풀㉠, 산광대 ㉢ white-deadnettle ㉢ or ㉢ (7): 백화채#(白花菜 Bai-Hua-Cai), 야지마#(野芝麻 Ye-Zhi-Ma), 포단초(包團草 Bao-Tuan-Cao)
[Character: dicotyledon. sympetalous flower. perennial herb. erect type. wild, medicinal, edible, ornamental plant]

다년생 초본으로 근경이나 종자로 번식한다. 전국적으로 분포하며 산지나 들에서 자란다. 땅속줄기에서 나온 원줄기는 높이 25~50㎝ 정도로 네모가 진다. 마주나는 잎의 잎몸은 길이 5~10㎝, 너비 3~8㎝ 정도의 난형으로 양면에 털이 약간 있으며 주름이 지고 가장자리에 톱니가 있다. 돌려난 것처럼 보이는 꽃은 연한 홍색 또는 흰색이며 화관 상순이 활모양이고 안으로 굽고 흰털이 있다. 분과는 길이 3㎜ 정도의 도란형으로 3개의 능선이 있다. 관상용이나 밀원용으로도 이용한다. 봄에 어린순은 나물, 국거리, 묵나물 등으로 식용한다. 또한 데쳐서 된장이나 간장에 무쳐 먹거나, 들기름에 볶아먹기도 한다. 다음과 같은 증상이나 효과에 약으로 쓰인다. 광대수염(23): 각혈, 감기, 강근골, 강장, 강장보호, 경혈, 근골동통, 금창, 대하증, 만성요통, 백대, 비뇨기질환, 요통, 월경이상, 자궁질환, 종독, 타박상, 토혈각혈, 폐열해혈, 혈뇨, 혈림, 활혈, 황달

배암차즈기* bae-am-cha-jeu-gi | 꿀풀과 Lamiaceae *Salvia plebeia* R. Br.

LN 뱀차조기ⓝ, 배암배추, 뱀배추, 배암차즈키, 곰보배추 EN common-sage CN or MN (25): 격동청(隔冬靑 Ge-Dong-Qing), 설견초#(雪見草 Xue-Jian-Cao), 야지황(野地黃 Ye-Di-Huang), 여지초#(輿枝草 Yu-Zhi-Cao), 천명정#(天明精 Tian-Ming-Jing), 풍안초#(風眼草 Feng-Yan-Cao)

[Character: dicotyledon. sympetalous flower. biennial herb. erect type. cultivated, wild, medicinal, edible, ornamental plant]

2년생 초본으로 종자로 번식한다. 전국적으로 분포하며 산야의 풀밭에서 자란다. 원줄기는 높이 35~70㎝ 정도로 가지가 갈라지고 네모가 지며 밑을 향한 잔털이 있다. 모여 나는 근생엽은 지면으로 퍼지고 마주나는 경생엽은 길이 3~6㎝, 너비 1~3㎝ 정도의 긴 타원형으로 주름이 지며 가장자리에 둔한 톱니가 있다. 5~7월에 피는 총상꽃차례의 꽃은 연한 자주색이다. 열매는 길이 0.8㎜ 정도의 넓은 타원형이다. '둥근배암차즈기'에 비해 2년초로 잎은 단엽이고 수술의 약격은 앞뒤의 길이가 같다. 겨울 밭작물 포장에 문제잡초가 된다. 식용으로 재배하고, 관상용, 밀원용으로 이용한다. 어린순을 삶아 나물로 먹는다. 다음과 같은 증상이나 효과에 약으로 쓰인다. 배암차즈기(22): 각기, 강장, 기관지염, 기관지확장증, 살충, 양혈, 이수, 인후통증, 자궁출혈, 조경, 치핵, 타박상, 토혈각혈, 통경, 통리수도, 폐혈, 해독, 해수, 혈뇨, 홍조발진, 화농, 화상

참배암차즈기* cham-bae-am-cha-jeu-gi

꿀풀과 Lamiaceae
Salvia chanryonica Nakai

Ⓛ 참뱀차조기ⓝ, 산뱀배추, 토단삼 Ⓔ snake-sage
[Character: dicotyledon. sympetalous flower. perennial herb. erect type. wild, medicinal, edible, ornamental plant]

다년생 초본으로 근경이나 종자로 번식한다. 중부지방에 분포하며 산지에서 자란다. 근경에서 나오는 줄기는 높이 35~70㎝ 정도이고 가지가 갈라지며 연한 털이 다소 있다. 근생엽은 잎자루가 길고, 마주나는 경생엽은 위로 갈수록 잎자루가 짧아진다. 잎몸은 길이 6~12㎝, 너비 3~10㎝ 정도의 난상 긴 타원형으로 털이 있으며 가장자리에 톱니가 있다. 8~9월에 피는 꽃은 황색으로 양순형이다. 종자는 털이 없고 길이 1.5~2㎜ 정도의 넓은 도란형이다. '둥근잎배암차즈기'에 비해 잎은 단엽이고 꽃은 황색이다. 밑부분의 잎이 보다 근접하여 달리고 비스듬히 옆으로 자라는 점이 '깨꽃'과 다르다. 관상용이나 밀원용으로도 이용한다. 어린순을 삶아 나물로 먹는다. 다음과 같은 증상이나 효과에 약으로 쓰인다. 참배암차즈기(5): 강장, 낙태, 산전후통, 자궁출혈, 통경

단삼* dan-sam

꿀풀과 Lamiaceae
Salvia miltiorrhiza Bunge

LN 단삼ⓝ EN dan-shen CN or MN (32): 단삼#(丹蔘 Dan-Shen), 산단삼(山丹蔘 Shan-Dan-Shen), 자당삼#(紫黨蔘 Zi-Dang-Shen), 자삼#(紫蔘 Zi-Shen), 활혈근(活血根 Huo-Xue-Gen)
[Character: dicotyledon. sympetalous flower. perennial herb. erect type. cultivated, wild, medicinal, edible, ornamental plant]

다년생 초본으로 근경이나 종자로 번식한다. 중국이 원산지로 중부지방에 분포하며 산지에서 자란다. 줄기는 높이 40~80㎝ 정도이고 전체에 털이 많다. 잎은 마주나고, 단엽 또는 2회 우상복엽으로 소엽은 1~3쌍으로 난형이고 뒷면에 털이 있으며 가장자리에 톱니가 있다. 5~6월에 층층으로 달리는 꽃은 자주색이다. '둥근배암차즈기'와 달리 전체 털이 많으며 꽃대축에 선모가 밀생하고 뿌리는 굵다. 약용식물로 재배하고 밀원용이나 관상용으로도 심는다. 어린순을 삶아 나물로 먹는다. 다음과 같은 증상이나 효과에 약으로 쓰인다. 단삼(25): 간염, 강장, 강장보호, 건위, 관절통, 급성간염, 낙태, 부인병, 산전후통, 소아경간, 양혈소옹, 월경이상, 자궁출혈, 종독, 종창, 진정, 진통, 청심제번, 타태, 탈모증, 통경, 혈폐, 협심증, 활혈, 활혈거어

들깨풀* deul-kkae-pul | 꿀풀과 Lamiaceae *Mosla punctulata* (J. F. Gmel.) Nakai

LN 들깨풀ⓝ, 개향유, 들깨 EN scabrous-mosla CN or MN (8): 석제정#(石薺薴 Shi-Ji-Ding), 야형개(野荊芥 Ye-Jing-Jie), 향여초#(香茹草 Xiang-Ru-Cao)
[Character: dicotyledon. sympetalous flower. annual herb. erect type. wild, medicinal, edible plant]

1년생 초본으로 종자로 번식한다. 전국적으로 분포하며 들의 풀밭에서 자란다. 줄기는 높이 30~60㎝ 정도이고 가지가 갈라지며 사각형으로 흔히 자줏빛이 돈다. 마주나는 잎의 잎몸은 길이 2~4㎝, 너비 10~25㎜ 정도의 긴 타원형으로 양면에 잔털이 있으며 가장자리에 톱니가 있다. 8~9월에 개화하며 총상으로 달리는 꽃은 연한 자주색이다. 열매는 4개가 꽃받침으로 싸여 있으며 지름 1㎜ 정도의 도란형으로 그물 같은 무늬가 있다. '쥐깨풀'과 달리 줄기의 윗부분과 꽃차례축에 짧은 털이 있고 잎은 난형으로 약간 두꺼우며 6~13쌍의 톱니가 있고 꽃받침조각은 끝이 뾰족하다. 식용하기도 한다. 다음과 같은 증상이나 효과에 약으로 쓰인다. 들깨풀(15): 감기, 건위, 구충, 기관지염, 살균, 소풍청서, 소화, 습종, 옹종, 이습지통, 자한, 진통, 해독, 해열, 행기이혈

쉽싸리* swip-ssa-ri | 꿀풀과 Lamiaceae *Lycopus lucidus* Turcz.

LN 쉽싸리ⓝ, 쉽싸리, 택란, 개조박이, 쉽사리, 털쉽사리, 쉽싸리초석잠, 누에초석잠 EN shiny-bugle-weed, bugle-weed CN or MN (29): 감로앙(甘露秧 Gan-Lu-Yang), 소택란(小澤蘭 Xiao-Ze-Lan), 택란#(澤蘭 Ze-Lan), 호란(虎蘭 Hu-Lan)
[Character: dicotyledon. sympetalous flower. perennial herb. erect type. hygrophyte. wild, medicinal, edible, ornamental plant]

다년생 초본으로 근경이나 종자로 번식한다. 전국적으로 분포하며 연못가나 물가에서 자란다. 원줄기는 높이 60~120㎝ 정도이고 네모가 지며 녹색이지만 마디에 검은빛이 돌고 흰색의 털이 있으며 가지가 없다. 마주나는 잎은 길이 6~12㎝, 너비 2~4㎝ 정도의 넓은 피침형으로 가장자리에 톱니가 있으며 옆으로 퍼진다. 7~8월에 피는 꽃은 백색이다. '개쉽사리'와 달리 곧추 자라며 가지가 없고 잎은 너비 1~2㎝ 정도의 장타원형으로 크고 줄기는 지름이 3~7㎜로 굵다. 어린순은 나물로 식용하며 밀원용, 관상용으로 이용한다. 어린순을 다른 나물과 데쳐서 무쳐 먹는다. 다음과 같은 증상이나 효과에 약으로 쓰인다. 쉽싸리(20): 각혈, 두풍, 부종, 생기, 양위, 월경이상, 요통, 이뇨, 익정, 종기, 종독, 타박상, 토혈, 토혈각혈, 통경, 피부염, 해산촉진, 해열, 활혈, 흉부냉증

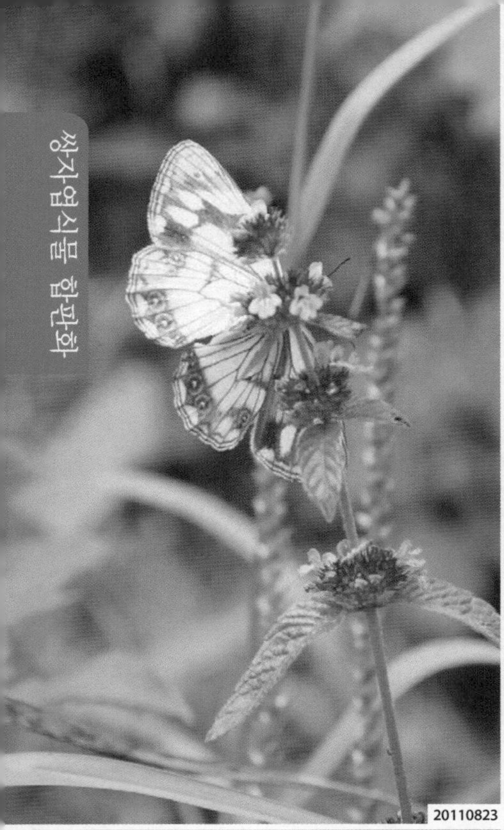
20110823

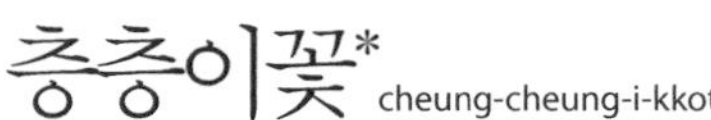

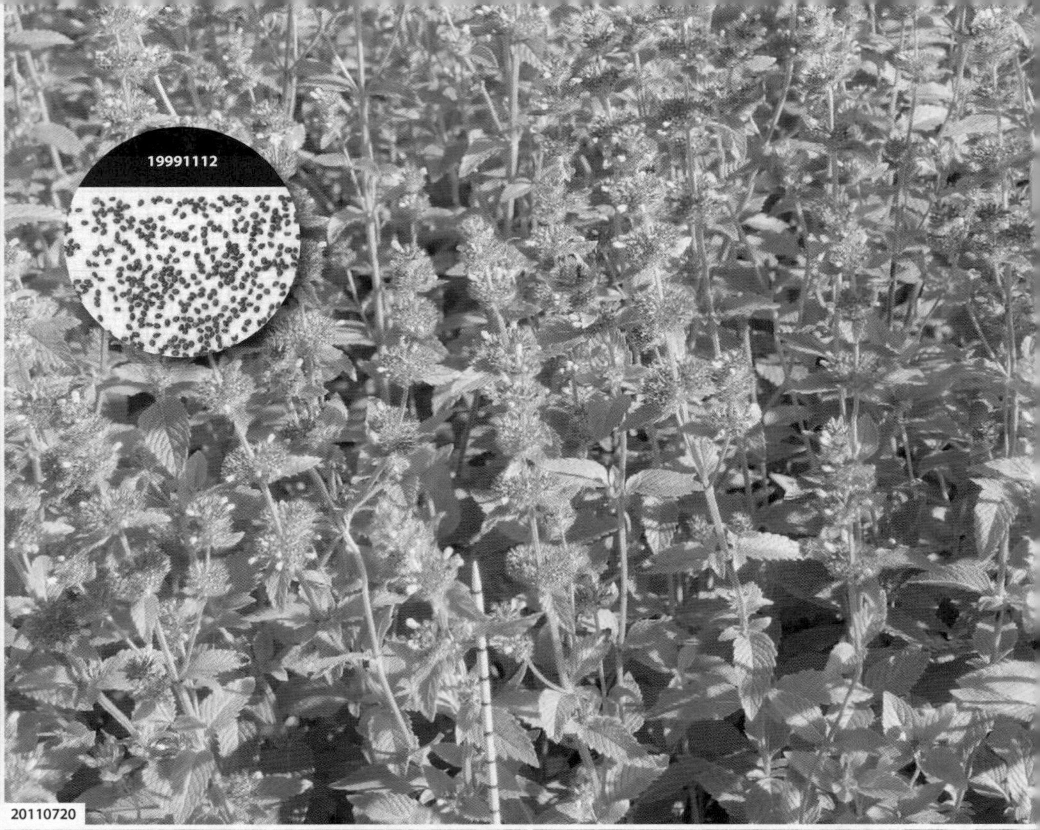

20110720

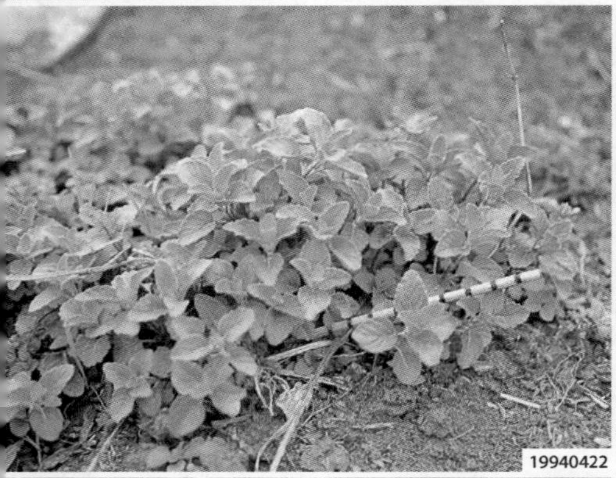
19940422

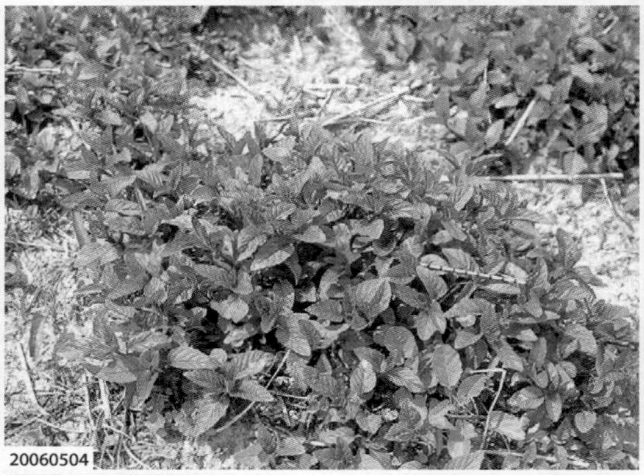
20060504

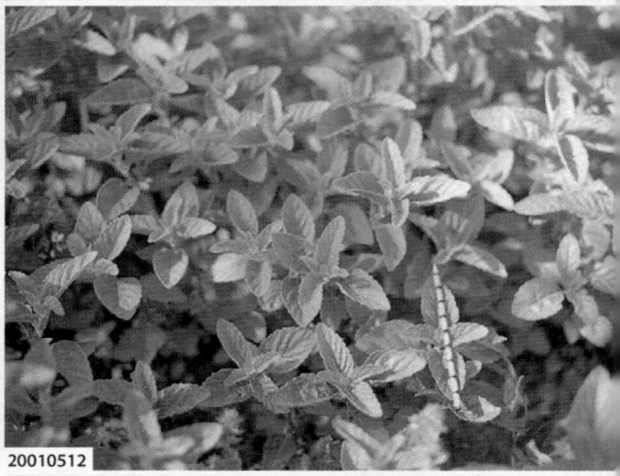
20010512

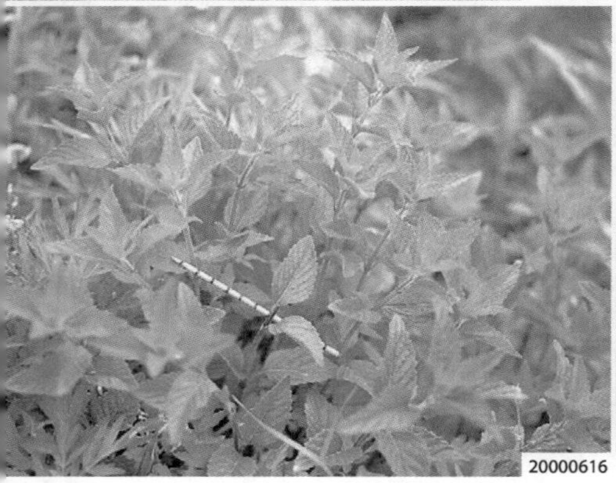
20000616

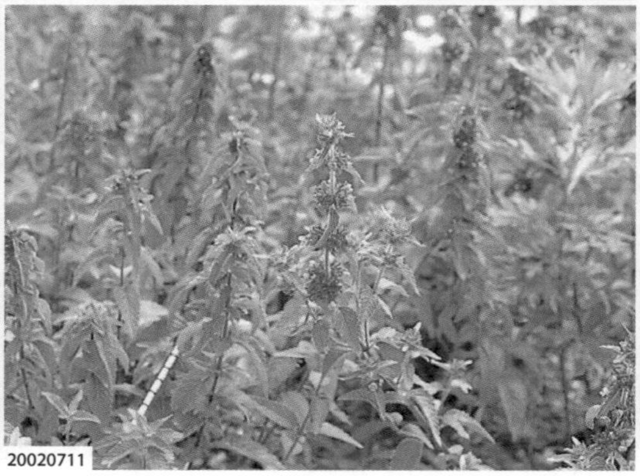
20020711

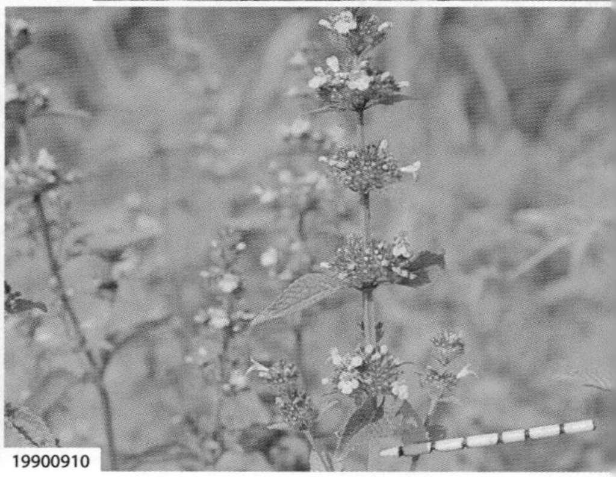
19900910

층층이꽃* cheung-cheung-i-kkot

꿀풀과 Lamiaceae
Clinopodium chinense var. *parviflorum* (Kudo) Hara

LN 층층이꽃ⓝ, 층꽃, 층층꽃 EN littleflower-bugleweed, clinopodium CN or MN (8): 고지담(苦地膽 Ku-Di-Dan), 구탑초#(九塔草 Jiu-Ta-Cao), 대화풍윤채#(大花風輪菜 Da-Hua-Feng-Lun-Cai), 풍륜채#(風輪菜 Feng-Lun-Cai)
[Character: dicotyledon. sympetalous flower. perennial herb. erect type. wild, medicinal, edible, ornamental, forage plant]

다년생 초본으로 근경이나 종자로 번식한다. 전국적으로 분포하며 산야의 풀밭에서 자란다. 원줄기는 높이 20~40㎝ 정도로 밑부분이 약간 옆으로 자라다가 곧추서고 네모가 지며 전체에 짧은 털이 있다. 마주나는 잎은 길이 2~4㎝, 너비 10~25㎜ 정도의 난형으로 가장자리에 톱니가 있다. 7~8월에 층층으로 달리는 꽃은 적자색이다. 열매는 지름 6㎜ 정도로 둥글며 약간 편평하다. '두메층층이'에 비해 꽃이 작고 꽃받침에 선모가 없으며 소포는 길다. 어린순은 나물로 식용하고 밀원용이나 관상용, 사료용으로 심기도 한다. 다음과 같은 증상이나 효과에 약으로 쓰인다. 층층이꽃(19): 감기, 개선, 결막염, 소아경풍, 소풍해표, 신장염, 위장염, 유선염, 인후통증, 중풍, 청열, 청열해독, 치통, 편도선염, 항균소염, 해독, 활혈지혈, 황달, B형간염

19890815 20001013 20040903

20110519 20040828 20110907

20050529 20040807 20040813 20120819

산층층이* san-cheung-cheung-i

꿀풀과 Lamiaceae
Clinopodium chinense var. *shibetchense* (H. Lev.) Koidz.

LN 산층층이꽃ⓝ, 개층층꽃, 민층층, 산층층꽃, 개층꽃 EN chinese-clinopodium CN or MN (5): 산대안#(山大顔 Shan-Da-Yan), 웅담초#(熊膽草 Xiong-Dan-Cao), 풍륜채(風輪菜 Feng-Lun-Cai)
[Character: dicotyledon. sympetalous flower. perennial herb. erect type. wild, medicinal, edible plant]

다년생 초본으로 근경이나 종자로 번식한다. 전국적으로 분포하며 산야의 풀밭에서 자란다. 원줄기는 높이 20~40㎝ 정도로 밑부분이 약간 옆으로 자라다가 곧추서고 네모가 지며 전체에 짧은 털이 있다. 마주나는 잎은 길이 2~4㎝ 정도의 난형으로 가장자리에 톱니가 있다. 7~8월에 층층으로 달리는 꽃은 백색이며 꽃받침에 짧은 선모가 있다. 열매는 둥글며 약간 편평하다. 어린순을 삶아 나물로 먹는다. 다음과 같은 증상이나 효과에 약으로 쓰인다. 산층층이(18): 개선, 결막염, 소풍해표, 신장염, 위장염, 유선염, 인후통증, 장염, 종창, 중풍, 지방간, 청열해독, 치통, 항균소염, 해독, 해열, 활혈지현, 황달

20070729표

19980608  20070607

20010422  20070527

19890528

20070609  19980621

20120628

백리향* baek-ri-hyang

꿀풀과 Lamiaceae
Thymus quinquecostatus Celak.

ⓁⓃ 백리향ⓝ, 섬백리향, 산백리향, 일본백리향 ⒺⓃ thyme, five-ribbed-thyme ⒸⓃ or ⓂⓃ (4): 백리향#(百里香 Bai-Li-Xiang), 사향초(麝香草 She-Xiang-Cao), 지초(地椒 Di-Jiao)
[Character: dicotyledon. sympetalous flower. deciduous suffrutescent. creeping and erect type. cultivated, wild, medicinal, ornamental plant]

낙엽성 반관목으로 근경이나 종자로 번식한다. 전국적으로 분포하며 높은 산의 바위 곁이나 바닷가에서 자란다. 높이 10~20㎝ 정도이고 가지가 많이 갈라지며 옆으로 퍼진다. 마주나는 잎은 길이 5~12㎜, 너비 3~8㎜ 정도의 난상 타원형으로 털이 약간 있다. 6~7월에 피는 홍자색의 꽃은 잎겨드랑이에 2~4개씩 달리지만 가지 끝부분에서 모여나기 때문에 짧은 총상으로 보인다. 열매는 지름 1㎜ 정도로 둥글고 암갈색으로 익는다. 줄기는 가늘고 딱딱해서 땅위를 벋으며 잎은 가장자리가 밋밋하고 꽃받침의 내면 목부분에 백색의 긴 털이 밀생한다. 관상용으로 심으며 향료용, 밀원용 등으로 이용한다. 다음과 같은 증상이나 효과에 약으로 쓰인다. 백리향(16): 거풍지통, 건비, 건위, 경련, 구충, 기관지염, 온중산한, 위장염, 제습, 진경, 진통, 탄산토산, 하혈, 해수, 해열, 활혈

들깨* deul-kkae

꿀풀과 Lamiaceae
Perilla frutescens var. *japonica* (Hassk.) Hara

ⓚ 들깨ⓝ, 임, 임자, 백소 ⓔ common-perilla, beefsteak-plant, oil-perilla ⓒ or ⓜ (12): 백소(白蘇 Bai-Su), 백소엽#(白蘇葉 Bai-Su-Ye), 임#(荏 Ren), 중유(重油 Zhong-You)
[Character: dicotyledon. sympetalous flower. annual herb. erect type. cultivated, wild, medicinal, edible plant]

1년생 초본의 재배작물로 종자로 번식한다. 동남아시아가 원산지인 유료작물이다. 제주도에서는 일출하여 야생하기도 한다. 원줄기는 높이 60~180㎝ 정도로 가지가 갈라지며 사각이 지고 털이 있다. 마주나는 잎은 길이 7~14㎝, 너비 5~8㎝ 정도의 난상 원형으로 가장자리에 톱니가 있으며 녹색이지만 뒷면에 연한 자줏빛을 띠는 것도 있다. 8~9월에 총상꽃차례로 달리는 꽃은 백색이다. 열매는 지름 2㎜ 정도의 타원형으로 그물 무늬가 있다. '소엽'과 달리 잎이 녹색이며 뒷면에 선점이 있다. 어릴 때의 식물체 전체와 성숙한 잎을 식용한다. 종자는 식용유의 원료로 한다. 씨에서 기름을 짜 쓰고 연한 잎을 봄여름·가을에 생으로 먹거나 삶아 나물로 먹고 된장 장아찌를 담근다. 다음과 같은 증상이나 효과에 약으로 쓰인다. 들깨(24): 감기, 강장, 강장보호, 건망증, 건위, 고혈압, 기관지천식, 만성위염, 만성피로, 소화, 안오장, 위산과다증, 위장염, 윤폐, 윤피부, 음종, 저혈압, 정력증진, 정수고갈, 조갈증, 충독, 칠독, 피부윤택, 해소

소엽* so-yeop

꿀풀과 Lamiaceae
Perilla frutescens var. *acuta* Kudo

LN 차조기ⓝ, 차즈기 EN perilla, dwarf-lilyturf, mondo-grass, snake's-beard CN or MN (35): 계소(桂蘇 Gui-Su), 백소엽#(白蘇葉 Bai-Su-Ye), 자소#(紫蘇 Zi-Su), 적소(赤蘇 Chi-Su)
[Character: dicotyledon. sympetalous flower. annual herb. erect type. cultivated, wild, medicinal, edible plant]

1년생 초본으로 종자로 번식하고 중국이 원산지인 약용식물이다. 일출하여 야생하기도 한다. 원줄기는 높이 40~80㎝ 정도로 가지가 갈라지며 둔한 사각형으로 곧추 자란다. 마주나는 잎은 길이 6~12㎝, 너비 4~7㎝ 정도의 난형으로 자줏빛이 돌며 가장자리에 톱니가 있다. 8~9월에 개화하며 총상꽃차례에 피는 꽃은 연한 자주색이다. 열매는 지름 1.5㎜ 정도로 꽃받침 안에 들어 있고 둥글다. 전체가 자색을 띠고 분과가 원형이며 그물무늬가 있다. '들깨'와 달리 잎이 자줏빛이 돈다. 잎과 열매는 식용한다. 식품착색제로 이용하기도 한다. 어린잎을 쌈으로 먹고 송송 썰어 비빔밥에 넣기도 한다. 열매는 익기 전에 꽃차례를 뜯어 장아찌를 담거나 튀김을 해 먹는다. 다음과 같은 증상이나 효과에 약으로 쓰인다. 소엽(45): 감기, 강장보호, 갱년기장애, 거담, 건비위, 건위, 경신익지, 고혈압, 관절냉기, 구토, 기관지천식, 기관지확장증, 담, 몽정, 발한, 사태, 식강어체, 안태, 염증, 오심, 우울증, 유방염, 유선염, 윤폐, 이뇨, 자한, 정신분열증, 주독, 지혈, 진정, 진통, 진해, 질벽염, 칠독, 통기, 통리수도, 폐기종, 폭식증, 풍질, 풍한, 해독, 해수, 해열, 홍조발진, 활혈, 흉부냉증

박하* bak-ha | 꿀풀과 Lamiaceae *Mentha piperascens* (Malinv.) Holmes

LN 박하ⓝ, 털박하, 재배종박하 EN field-mint, japanese-mint, corn-mint CN or MN (36): 박하#(薄荷 Bo-He), 박하뇌(薄荷腦 Bo-He-Nao), 번하(蕃荷 Fan-He), 파하(婆荷 Po-He)
[Character: dicotyledon. sympetalous flower. perennial herb. erect type. hydrophyte. cultivated, wild, medicinal, edible, ornamental plant]

다년생 초본으로 근경이나 종자로 번식한다. 전국적으로 분포하며 냇가나 풀밭의 습지에서 자란다. 줄기는 높이 30~60㎝ 정도이고 사각형이며 털이 약간 있다. 마주나는 잎은 길이 3~6㎝, 너비 10~25㎜ 정도의 긴 타원형으로 털이 약간 있으며 가장자리에 톱니가 있다. 7~9월에 개화하며 꽃은 연한 자주색이다. 분과는 길이 0.6㎜ 정도의 타원형이다. 꽃받침은 5열하고 화관은 4열하며 수술은 길이가 같고 꽃밥은 2실이며 꽃은 잎겨드랑이에 모여 나고 향기가 강하다. 밀원용이나 관상용으로 이용하고, 약용작물로도 재배한다. 식용하기도 하며 경엽을 '박하'라 하여 박하유를 추출한다. 새싹에 잎이 6~8장 달렸을 때 허브차 또는 케이크 등의 장식에 쓰인다. 다음과 같은 증상이나 효과에 약으로 쓰인다. 박하(42): 감기, 건위, 결핵, 경련, 곽란, 구충, 구토, 구풍, 기관지염, 발한, 비염, 선통, 소아경풍, 소화, 연주창, 열병, 위경련, 이급, 인후통증, 일체안병, 자한, 제습, 종독, 지혈, 진양, 진통, 치조농루, 치통, 타박상, 편두통, 폐결핵, 폐렴, 풍, 풍열, 풍혈, 하리, 항문주위농양, 해열, 현훈, 혈리, 화분병, 홍분제

향유* hyang-yu | 꿀풀과 Lamiaceae *Elsholtzia ciliata* (Thunb.) Hyl.

LN 향유ⓝ, 노야기 EN common-elsholtzia CN or MN (24): 향유#(香葇 Xiang-Rou), 황수지#(黃水枝 Huang-Shui-Zhi)
[Character: dicotyledon. sympetalous flower. annual herb. erect type. wild, medicinal, edible, ornamental plant]

1년생 초본으로 종자로 번식한다. 전국적으로 분포하며 산야의 풀밭과 길가에서 자란다. 원줄기는 높이 30~60㎝ 정도로 가지가 갈라지며 사각형이고 곧추 자라는 털과 강한 향기가 있다. 마주나는 잎은 길이 3~10㎝, 너비 1~6㎝ 정도의 난형으로 양면에 털이 있고 가장자리에 톱니가 있다. 8~9월에 피는 꽃은 연한 홍자색이며 꽃이 한쪽으로 치우쳐서 빽빽하게 달린다. 분과는 길이 1㎜ 정도의 좁은 도란형이고 물에 젖으면 점성이 있다. '꽃향유'와 달리 꽃차례는 길이 5~10㎝ 정도이며 지름 7㎜ 정도이다. 어린 순은 식용하며 밀원용, 관상용으로도 이용한다. 향유(20): 각기, 감기, 건위, 곽란, 구토, 기관지염, 발한, 발한해표, 소아경풍, 수종, 암내, 오한발열, 위축신, 이뇨, 이수소종, 지혈, 통리수도, 풍, 해열, 화중화습

꽃향유* kkot-hyang-yu

꿀풀과 Lamiaceae
Elsholtzia splendens Nakai

KN 꽃향유ⓝ, 붉은향유 EN haichow-elsholtzia CN or MN (10): 반변소(半邊蘇 Ban-Bian-Su), 향유#(香薷 Xiang-Ru)
[Character: dicotyledon. sympetalous flower. perennial herb. erect type. wild, medicinal, edible, ornamental plant]

다년생 초본으로 근경이나 종자로 번식한다. 전국적으로 분포하며 산지나 들에서 자란다. 원줄기는 높이 40~60㎝ 정도이고 사각형으로 백색의 굽은 털이 있다. 마주나는 잎은 길이 3~6㎝, 너비 1~4㎝ 정도의 난형으로 양면에 털이 있고 가장자리에 톱니가 있다. 9~10월에 피는 꽃은 자줏빛이고 꽃이 한쪽으로 치우쳐서 빽빽하게 수상으로 달린다. '향유'와 달리 꽃차례는 길이 5㎝ 이상이며 지름 1㎝ 정도로 크고 잎의 톱니는 규칙적이고 끝이 둔하다. 식용, 밀원용, 관상용으로 이용한다. 다음과 같은 증상이나 효과에 약으로 쓰인다. 꽃향유(19): 각기, 감기, 구토, 발한, 발한해표, 수종, 열격, 열질, 오한발열, 음부부종, 이뇨, 이수소종, 자한, 지혈, 탄산토산, 통리수도, 향료, 해열, 화중화습

방아풀* bang-a-pul

꿀풀과 Lamiaceae
Isodon japonicus (Burm.) H. Hara

Ⓛⓝ 방아오리방풀ⓝ, 회채화 Ⓔⓝ japanese-rabdosia Ⓒⓝ or Ⓜⓝ (11): 계황초#(溪黃草 Xi-Huang-Cao), 연명초#(延命草 Yan-Ming-Cao), 향다채#(香茶菜 Xiang-Cha-Cai)
[Character: dicotyledon. sympetalous flower. perennial herb. erect type. wild, medicinal, edible, ornamental plant]

다년생 초본으로 근경이나 종자로 번식한다. 전국적으로 분포하며 산지나 들에서 자란다. 원줄기는 높이 60~120㎝ 정도이고 가지가 많이 갈라지며 사각형으로 능선에 짧은 털이 있다. 마주나는 잎의 잎몸은 길이 6~12㎝, 너비 4~7㎝ 정도의 난형으로 녹색이고 맥 위에 잔털과 가장자리에 톱니가 있다. 8~9월에 개화하며 취산상인 원추꽃차례로 피는 꽃은 연한 자주색이다. 분과는 편평한 타원형이고 윗부분에 점 같은 선이 있다. '산박하'와 달리 수술이 밖에 나와 있으며 꽃받침에 선점이 있고 잎은 길이 6~15㎝ 정도의 넓은 난형으로 크고 꽃은 연한 자색이다. 밀원용, 관상용으로 이용한다. 어린순은 데쳐서 나물로 먹고 연한 잎은 생으로 먹는다. 김치를 해 먹거나 국의 양념, 고기를 구워 먹을 때의 쌈으로 먹기도 한다. 다음과 같은 증상이나 효과에 약으로 쓰인다. 방아풀(11): 건위, 고미건위, 구충, 식욕촉진, 옹종, 종독, 진통, 치암, 타박상, 피부암, 해독

산박하* san-bak-ha | 꿀풀과 Lamiaceae *Isodon inflexus* (Thunb.) Kudô

LN 깨잎오리방풀ⓝ, 깨잎나물, 깻잎오리방풀, 깻잎나물, 애잎나울 EN inflexed-rabdosia
CN or MN (1): 산박하#(山薄荷 Shan-Bo-He)
[Character: dicotyledon. sympetalous flower. perennial herb. erect type. wild, medicinal, edible, ornamental plant]

다년생 초본으로 근경이나 종자로 번식한다. 전국적으로 분포하며 산지나 들에서 자란다. 줄기는 높이 60~150㎝ 정도이고 가지가 많으며 사각형이고 능선에 흰털이 있다. 마주나는 잎의 잎몸은 길이 3~6㎝, 너비 2~4㎝ 정도의 삼각상 난형으로 끝이 뾰족하며 가장자리에 둔한 톱니가 있다. 7~10월에 취산꽃차례로 피는 꽃은 자주색이다. 열매는 꽃받침 속에 원반상의 사분과로 되어 있다. '방아풀'과 달리 암·수술이 하순 안에 들어 있고 잎은 길이 3~6㎝ 정도의 삼각상 난형으로 작고 꽃은 청회색이다. 어린순은 식용하고 밀원용, 관상용으로 이용한다. 봄과 초여름에 연한 잎을 삶아 나물로 먹는다. 다음과 같은 증상이나 효과에 약으로 쓰인다. 산박하(4): 고미건위, 구충, 담낭염, 식욕촉진

오리방풀* o-ri-bang-pul

꿀풀과 Lamiaceae
Isodon excisus (Maxim.) Kudô

UN 오리방풀ⓝ, 둥근오리방풀, 지이오리방풀, 지리오리방풀 EN taillike-leaf-rabdosia
CN or MN (1): 구일초#(狗日草 Gou-Ri-Cao)
[Character: dicotyledon. sympetalous flower. perennial herb. erect type. wild, medicinal, edible, ornamental plant]

다년생 초본으로 근경이나 종자로 번식한다. 전국적으로 분포하며 산지와 들에서 자란다. 여러 개가 같이 나오는 줄기는 높이 60~180㎝ 정도로 가지가 갈라지며 사각형이고 능선에 밑을 향한 털이 있다. 마주나는 잎의 잎몸은 길이 4~8㎝, 너비 3~6㎝ 정도인 난상 원형이고 길이 2~5㎝ 정도의 꼬리가 있으며 가장자리에 톱니가 있다. 7~10월에 개화하며 취산꽃차례에 달리는 꽃은 연한 자주색이다. 분과는 꽃받침으로 싸여 있다. '산박하'에 비해 잎이 3갈래로 되고 중앙열편이 꼬리 모양이다. 어린순은 나물로 식용하고 관상용으로 이용하기도 한다. 다음과 같은 증상이나 효과에 약으로 쓰인다. 오리방풀(3): 강장, 건위, 구충

20070707표  20100417  20120714 20001020 20021204  19980722  20120505  20000616  20110813

속단* sok-dan | 꿀풀과 Lamiaceae *Phlomis umbrosa* Turcz.

ⓁⓃ 속단ⓝ, 조소, 큰속단 ⒺⓃ shady-jerusalem-sage, jerusalem-sage ⒸⓃ or ⓂⓃ (22): 남초(南草 Nan-Cao), 속단(續斷 Xu-Duan), 조소#(糙蘇 Cao-Su), 천속단#(川續斷 Chuan-Xu-Duan), 토속단#(土續斷 Tu-Xu-Duan)

[Character: dicotyledon. sympetalous flower. perennial herb. erect type. cultivated, wild, medicinal, edible plant]

다년생 초본으로 괴근이나 종자로 번식한다. 전국적으로 분포하며 산지에서 자란다. 원줄기는 높이 60~120㎝ 정도이고 전체에 잔털이 있으며 뿌리에 비대한 괴근이 5개 정도 달린다. 마주나는 잎의 잎몸은 길이 10~15㎝, 너비 7~10㎝ 정도의 심장상 난형으로 뒷면에 잔털이 있고 가장자리에 둔한 톱니가 있다. 7~8월에 개화하며 원추꽃차례에 피는 꽃은 붉은빛이 돈다. 열매는 꽃받침으로 싸여 있다. '산속단'과 비슷하지만 식물체에 털이 드문드문 있으며 잎이 예두 원저 또는 아심장저이다. 어린순은 나물로 식용한다. 약용으로 재배하고 어린잎은 나물이나 국거리로, 어린순은 데쳐서 쌈으로 먹거나 장아찌를 담거나 무쳐 먹는다. 다음과 같은 증상이나 효과에 약으로 쓰인다. 속단(21): 강장보호, 골절증, 근골위약, 금창, 대하, 부인병, 소종, 안태, 옹종, 요슬산통, 요통, 유정증, 임질, 자궁내막염, 진통, 척추질환, 청열, 치핵, 타박상, 태루, 흉부냉증

미치광이풀* mi-chi-gwang-i-pul

가지과 Solanaceae
Scopolia japonica Maxim.

LN 독뿌리풀ⓝ, 미치광이, 미친풀, 광대작약, 초우성, 낭탕, 안질풀 EN japanese-scopolia
CN or MN (4): 낭탕(莨菪 Lang-Dang), 동랑탕#(東莨菪 Dong-Lang-Dang)
[Character: dicotyledon. sympetalous flower. perennial herb. erect type. hydrophyte. wild, medicinal, poisonous, ornamental plant]

다년생 초본으로 근경이나 종자로 번식한다. 중북부지방에 분포하며 깊은 산의 나무 밑 습기가 많은 곳에서 자란다. 원줄기는 높이 30~60㎝ 정도이고 가지가 갈라진다. 어긋나는 잎의 잎몸은 길이 10~20㎝, 너비 3~7㎝ 정도의 타원상 난형으로 양끝이 좁으며 가장자리가 밋밋하고 털이 없으며 연하다. 밑부분은 잎자루가 된다. 4~5월에 피는 꽃은 자줏빛이 도는 황색이고 밑으로 처진다. 삭과는 지름 1㎝ 정도의 구형이고 종자는 지름 2.5㎜ 정도의 신장형으로 도드라진 그물모양의 무늬가 있다. '독말풀속'에 비해 다년초로 근경이 굵고 꽃이 드리우며 과실은 삭과로 옆으로 갈라져 상반부가 탈락하고 꽃받침과 화관이 종 모양이다. '페튜니아'와 달리 꽃이 종 모양이며 삭과가 뚜껑 모양으로 열린다. 관상용으로 이용한다. 독이 강하여 먹으면 안 되고 먹으면 환각증상이 온다. 다음과 같은 증상이나 효과에 약으로 쓰인다. 미치광이풀(22): 감기, 구토, 근육통, 동통, 수한삽장, 옹종, 옹창종독, 외상출혈, 위산과다증, 위장염, 정신광조, 진정, 진통, 치통, 치핵, 탈항, 통리수도, 폐기천식, 해경, 해독, 해열, 흉협고만

땅꽈리* ttang-kkwa-ri

가지과 Solanaceae
Physalis angulata L.

LN 땅꽈리ⓝ, 때꽈리, 애기땅꽈리, 좀꼬아리, 덩굴꼬아리, 덩굴꽈리 EN cutleaf-groundberry, wild-cape-gooseberry, groundcherry, annual-groundcherry CN or MN (13): 고직#(苦蘵 Ku-Zhi), 고직과#(苦蘵果 Ku-Zhi-Guo), 등롱초#(橙龍草 Deng-Long-Cao), 황음#(黃蔭 Huang-Yin)
[Character: dicotyledon. sympetalous flower. annual herb. erect type. cultivated, wild, medicinal, edible, ornamental plant]

1년생 초본으로 종자로 번식하고 열대아메리카가 원산지인 귀화식물로 중남부지방에서 자란다. 원줄기는 높이 30~40㎝ 정도로 털이 있으며 가지가 갈라진다. 어긋나는 잎의 잎몸은 길이 3~8㎝, 너비 2~5㎝ 정도의 난형으로 끝이 뾰족하고 가장자리에 둔한 큰 톱니가 있거나 없다. 7~8월에 피는 꽃은 황백색으로 잎겨드랑이에서 밑을 향해 달린다. 꽃받침은 꽃이 진 다음 자라서 열매를 완전히 둘러싼다. 열매는 익어도 녹색이다. '꽈리'와 달리 일년초로 땅속줄기가 없고 전체에 털이 있으며 꽃받침은 성숙시에도 녹색이며 꽃은 지름 8㎜ 정도이다. 열매의 그물맥이 없거나 자주색의 맥이 짙지 않은 것으로 '노랑꽃땅꽈리'와 구분한다. 약용과 관상용으로 재배하고 있으며 식용하기도 한다. 다음과 같은 증상이나 효과에 약으로 쓰인다. 땅꽈리(29): 간경화, 간염, 감기, 거풍, 구충, 급성간염, 기관지염, 난산, 난소염, 늑막염, 사독, 소종산결, 아감, 안질, 이뇨, 임질, 임파선염, 자궁염, 조경, 종독, 진통, 청열해독, 통경, 편도선염, 피부염, 해독, 해열, 황달, 후통

꽈리* kkwa-ri

가지과 Solanaceae
Physalis alkekengi var. *francheti* (Mast.) Hort

ⓚ 꽈리ⓝ, 꼬아리, 때꽐 ⓔ franchet-groundcherry, chinese-lantern-plant, japanese-lantern-plant, common-cape-gooseberry ⓒ or ⓜ (20): 계금등(桂金燈 Gui-Jin-Deng), 괘금등#(卦金藤 Gua-Jin-Teng), 산장#(酸漿 Suan-Jiang)

[Character: dicotyledon. sympetalous flower. perennial herb. erect type. cultivated, wild, medicinal, poisonous, ornamental, edible plant]

다년생 초본으로 땅속줄기나 종자로 번식한다. 전국적으로 분포하고 인가 부근에서 자란다. 줄기는 높이 40~80㎝ 정도이고 털이 없다. 어긋나는 잎은 길이 5~10㎝, 너비 4~9㎝ 정도의 넓은 난형으로 가장자리에 결각상의 톱니가 있다. 6~8월에 피는 꽃은 약간 누른빛이 돌고 꽃이 핀 다음 꽃받침은 길이 3~5㎝ 정도로 자라 난형으로 되어 열매를 완전히 둘러싼다. '땅꽈리'와 달리 땅속줄기가 길게 자라고 꽃은 지름 1.5~2㎝ 정도이다. 열매는 장과로 둥글고 익으면 적색으로 되며 식용하기도 한다. 관상용으로 심으며 간혹 열매를 먹기도 하지만 새싹이나 뿌리는 독이 있어 먹을 수 없다. 다음과 같은 증상이나 효과에 약으로 쓰인다. 꽈리(38): 간경화, 간염, 감기, 거풍, 견비통, 구충, 금창, 난산, 난소염, 늑막염, 사독, 사태, 안질, 열병, 오로보호, 요충증, 요통, 월경이상, 이뇨, 인후통증, 임질, 임파선염, 자궁염, 조경, 종독, 진통, 청열해독, 치핵, 통경, 통리수도, 편도선염, 폐기천식, 해독, 해수, 해열, 황달, 후통, 흉통

알꽈리* al-kkwa-ri

가지과 Solanaceae
Tubocapsicum anomalum (Franch. et Sav.) Makino

LN 알꽈리ⓝ, 민꼬아리, 민꽈리, 산꽈리 EN japanese-tubocapsium, dragon-pearl CN or MN (3): ~~용주~~#(龍珠 Long-Zhu), ~~용주근~~#(龍珠根 Long-Zhu-Gen), ~~용주자~~(龍珠子 Long-Zhu-Zi)
[Character: dicotyledon. sympetalous flower. perennial herb. erect type. wild, medicinal plant]

다년생 초본으로 근경이나 종자로 번식한다. 중남부지방에 분포하며 산지에서 자란다. 원줄기는 높이 50~100㎝ 정도이고 가지가 갈라지며 털이 없다. 어긋나는 잎의 잎몸은 길이 8~18㎝, 너비 4~10㎝ 정도의 긴 타원형으로 양끝이 좁고 가장자리에 희미한 파상의 톱니가 있다. 7~8월에 피는 꽃은 연한 황색이며 밑으로 처진다. 열매는 지름 5~8㎜ 정도로 둥글고 나출되어 적색으로 익는다. '꽈리'와 '가시꽈리'에 비해 꽃받침은 성숙시에 과실을 싸지 않으며 '가지속'에 비해서는 꽃밥이 세로로 터지고 서로 떨어져 있다. '고추'와 달리 열매가 둥글고 지름 1㎝ 이내이다. 다음과 같은 증상이나 효과에 약으로 쓰인다. 알꽈리(4): 강장, 신경통, 종기, 해열

20001025

20070628

20040703  20070627

20020505

20070628 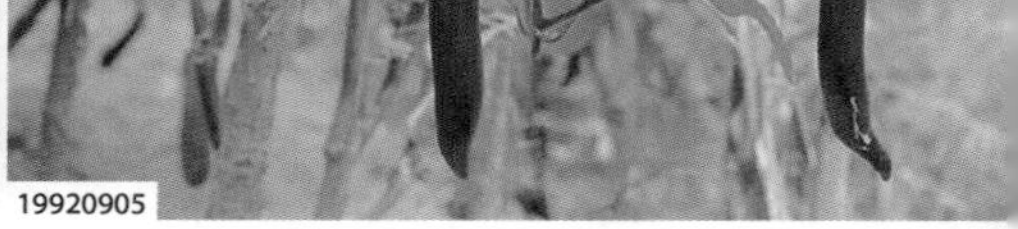 19920905

가지* ga-ji | 가지과 Solanaceae *Solanum melongena* L.

UN 가지ⓝ, 까지 EN eggplant, aubergine, garden-eggplant, nightshade CN or MN (12): 가(茄 Qie), 가체#(茄蒂 Qie-Di), 초별갑(草鱉甲 Cao-Bie-Jia), 낙소(落蘇 Luo-Su), 대가(大茄 Da-Qie)

[Character: dicotyledon. sympetalous flower. annual herb. erect type. cultivated, medicinal, edible plant]

1년생 초본의 작물로 종자로 번식한다. 인도가 원산지인 재배식물이다. 줄기는 높이 50~100㎝ 정도이며 가지가 갈라지고 회색의 털이 있다. 어긋나는 잎은 잎자루가 길고 잎몸은 길이 10~30㎝ 정도의 난상 타원형으로 끝이 뾰족하다. 6~9월에 피는 꽃은 자주색이다. 열매는 보통 길쭉하나 품종에 따라 다양하고 식용한다. 열매의 색깔은 보통 자흑색이나 품종에 따라 다양하다. 연한 열매를 생으로 먹거나 솥에 쪄 나물로 먹는다. 다음과 같은 증상이나 효과에 약으로 쓰인다. 가지(46): 각기, 간작반, 경중양통, 고혈압, 구내염, 동상, 딸꾹질, 부인하혈, 생선중독, 소종, 수은중독, 식감과체, 식행체, 아감, 약물중독, 열질, 요통, 위경련, 위궤양, 위암, 유두파열, 음식체, 음양음창, 인두염, 자궁하수, 종창, 적면증, 주체, 진통, 청열, 충치, 치통, 치핵, 타박, 통리수도, 파상풍, 표저, 풍치, 피임, 하혈, 해열, 혈림, 화농, 활혈, 활혈지통, 후두염

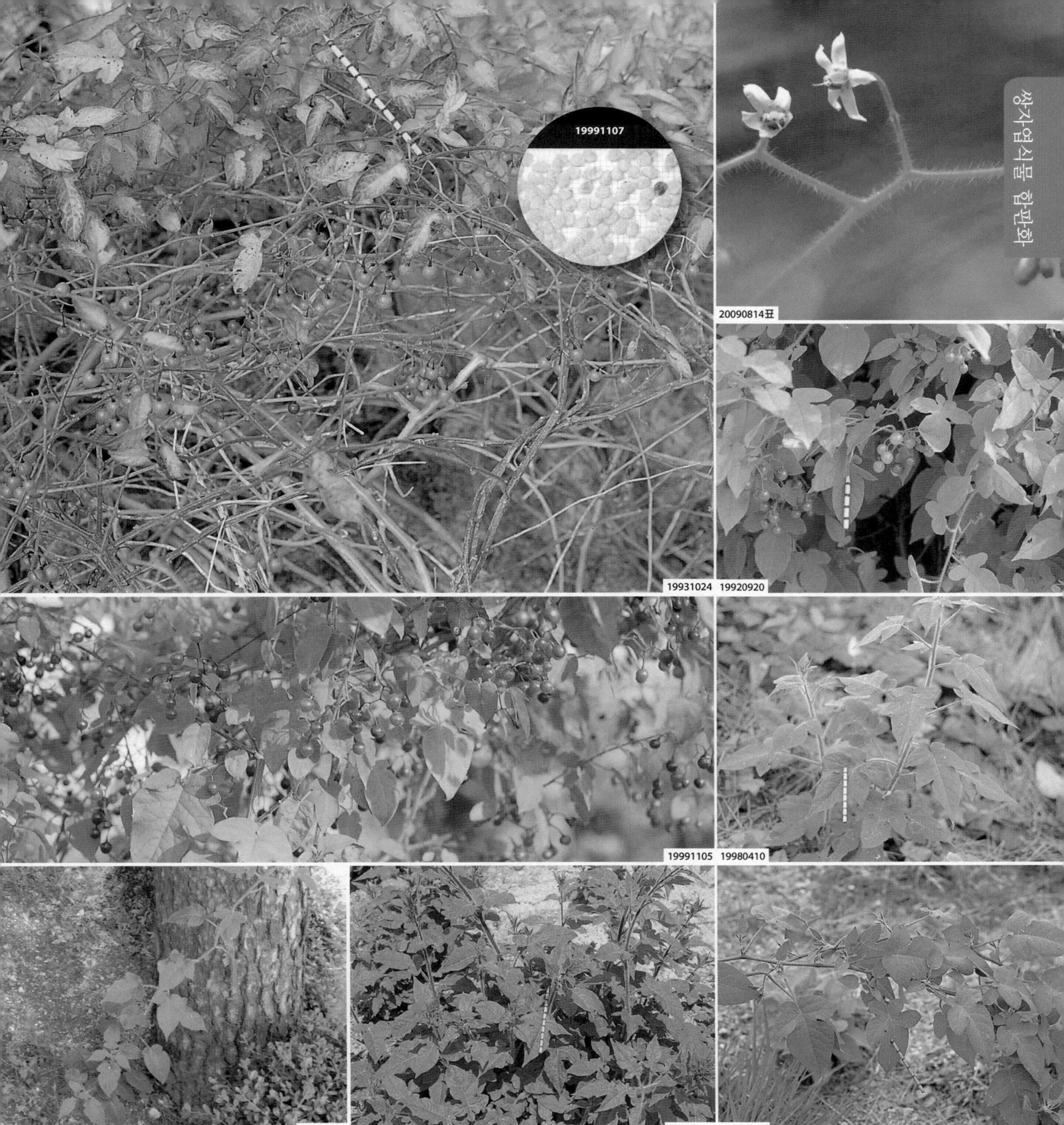

배풍등* bae-pung-deung

가지과 Solanaceae
Solanum lyratum Thunb.

KN 배풍등ⓝ, 배풍등나무 EN bittersweet CN or MN (49): 귀목#(鬼目 Gui-Mu), 배풍등(排風藤 Pai-Feng-Teng), 백모등#(白毛藤 Bai-Mao-Teng), 백영실#(白英實 Bai-Ying-Shi), 호로등(葫蘆藤 Hu-Lu-Teng)
[Character: dicotyledon. sympetalous flower. perennial herb or deciduous shrub. vine. erect type. wild, medicinal, poisonous, ornamental plant]

다년생 초본 또는 덩굴성 낙엽관목으로 근경이나 종자로 번식한다. 중남부지방에 분포하며 산지의 자갈이 있는 땅에서 자란다. 덩굴줄기는 길이 1~3m 정도로 자라고 줄기와 잎에 선상의 털이 있으며 줄기의 기부는 월동한다. 어긋나는 잎의 잎몸은 길이 3~8㎝, 너비 2~4㎝ 정도의 긴 타원형으로 보통 기부에서 1~2쌍의 열편이 갈라진다. 7~8월에 피는 꽃은 백색이다. 열매는 지름 7~8㎜ 정도로 둥글고 적색으로 익는다. '좁은잎배풍등'과 달리 꽃이 희고 전체에 다세포 털이 있고 보통 잎은 1~2쌍의 열편이 있다. 관상용으로 이용한다. 먹으면 구토와 설사, 호흡곤란이 일어난다. 다음과 같은 증상이나 효과에 약으로 쓰인다. 배풍등(19): 간염, 감기, 거풍해독, 관절염, 관절통, 급성간염, 부종, 신경통, 옹종, 요도염, 종기, 종독, 청열, 청열이습, 풍, 학질, 해독, 해열, 황달

까마중* kka-ma-jung

가지과 Solanaceae
Solanum nigrum L. var. *nigrum*

LN 까마중ⓝ, 가마중, 강태, 깜푸라지, 먹딸, 까마종이, 먹때꽐, 까마종 EN black-nightshade, common-nightshade, hound-berry, fox-grape CN or MN (38): 고규(苦葵 Ku-Kui), ~~용규#~~(龍葵 Long-Kui), ~~용규자#~~(龍葵子 Long-Kui-Zi), ~~흑천과~~(黑天棵 Hei-Tian-Ke)

[Character: dicotyledon. sympetalous flower. annual herb. erect type. wild, medicinal, edible, poisonous plant]

1년생 초본으로 종자로 번식한다. 전국적으로 분포하며 들의 풀밭에서 자란다. 원줄기는 높이 20~80㎝ 정도로 가지가 많이 갈라지고 능선이 약간 있다. 어긋나는 잎의 잎몸은 길이 4~9㎝, 너비 4~6㎝ 정도의 난형으로 가장자리가 밋밋하거나 파상의 톱니가 있다. 5~7월에 피는 꽃은 백색이다. 장과는 지름 6~7㎜ 정도로 둥글고 완전히 익으면 흑색이다. '배풍등'에 비해 줄기가 곧추서고 꽃차례는 갈라지지 않으며 꽃은 산형으로 달리고 과실은 검게 익는다. 여름 밭작물 포장에서 방제하기 어려운 문제잡초이다. 유독식물이지만 어린순은 삶아서 나물로 먹기도 한다. 열매는 생식하고 어린순은 잡채, 비빔밥에 넣어 먹는다. 다음과 같은 증상이나 효과에 약으로 쓰인다. 까마중(41): 간기능회복, 감기, 강장, 고혈압, 근시, 기관지염, 대하증, 부종, 식감과체, 식견육체, 식우육체, 식저육체, 식제수육체, 식해삼체, 신경통, 옹종, 유옹, 음식체, 이뇨, 이뇨통림, 일체안병, 장티푸스, 종기, 종독, 좌골신경통, 진통, 청열해독, 치열, 타박상, 탈강, 탈항, 통리수도, 폐기천식, 학질, 해독, 해수, 해열, 화농, 활혈, 활혈소종, 황달

흰독말풀* huin-dok-mal-pul

가지과 Solanaceae
Datura stramonium L.var. *stramonium*

Ⓛ 흰독말풀ⓝ, 힌독말풀, 가시독말풀, 흰꽃독말풀, 독말풀 Ⓔ downy-thorn-apple, common-thorn-apple, hoary-thorn-apple, horn-of-plenty, hindu-datura, metel Ⓒ or Ⓜ (16): 금가자(金茄子 Jin-Qie-Zi), 만타라자#(曼陀羅子 Man-Tuo-Luo-Zi), 양금화#(洋金花 Yang-Jin-Hua), 호가자(胡茄子 Hu-Qie-Zi)
[Character: dicotyledon. sympetalous flower. annual herb. erect type. wild, medicinal, poisonous plant]

1년생 초본의 유독성 식물로 종자로 번식한다. 열대 아시아가 원산지인 귀화식물이다. 원줄기는 높이 50~100㎝ 정도이고 굵은 가지가 많이 갈라진다. 잎은 어긋나지만 마주난 것 같이 보이기도 하며 난형의 잎몸은 가장자리에 결각상의 톱니가 있거나 밋밋하다. 7~8월에 피는 꽃은 백색이다. 삭과는 둥글며 가시 같은 돌기가 밀생하고 종자는 백색이다. 줄기가 녹색이고 꽃이 백색인 것이 '독말풀'과 다르다. 또 열매에 있는 가시가 길거나 짧은 것이 섞여 있으며 열매는 위를 향해 있는 것이 '털독말풀'과 다르다. 약용식물로 재배하던 것이 퍼져 길가나 빈터에서 자란다. 다음과 같은 증상이나 효과에 약으로 쓰인다. 흰독말풀(25): 각기, 간질, 강화, 거풍지통, 경련, 경풍, 나병, 마취, 소아경결, 소아경풍, 안심정지, 오줌소태, 제습, 지해평천, 진경, 진정, 진통, 천식, 탄산토산, 탈강, 탈항, 폐기천식, 하리, 해수, 히스테리

털독말풀* teol-dok-mal-pul

가지과 Solanaceae
Datura meteloides Dunal.

ⓁⓃ 털독말풀ⓝ, 가시독말풀, 흰꽃독말풀, 흰독말풀, 힌독말풀 ⒺⓃ sacred-datura, downy-thornapple, hoary-thorn-apple, downy-thorn-apple, prickly-burr, angel's-trumpet ⒸⓃ or ⓂⓃ (1): 모만타라#(毛蔓陀羅 Mao-Wan-Tuo-Luo)
[Character: dicotyledon. sympetalous flower. annual herb. erect type. wild, medicinal, poisonous plant]

1년생 초본의 유독성 식물로 종자로 번식한다. 북아메리카가 원산지인 귀화식물이다. 원줄기는 높이 100~150㎝ 정도이고 굵은 가지가 많이 갈라지며 미세한 털이 밀생한다. 어긋나는 잎은 잎자루가 있으며 잎몸은 길이 9~18㎝, 너비 5~10㎝의 광난형으로 뒷면에 털이 많다. 8~9월에 잎겨드랑이에 1개씩 피는 꽃은 흰색이며 화관은 길이 12~18㎝, 지름 8~12㎝의 깔때기 모양이고 밤에 핀다. 삭과는 둥글고 가시 같은 돌기가 밀생하며 백색의 종자를 가진다. '독말풀'과 달리 꽃이 희고 길이 15㎝ 내외이며 삭과는 둥글다. 또 열매에 있는 가시가 길고 열매는 자루가 굽어 아래쪽으로 향하는 것이 다르다. 약용식물로 재배하던 것이 퍼져 길가나 빈터에서 자란다. 다음과 같은 증상이나 효과에 약으로 쓰인다. 털독말풀(10): 각기, 간질, 경풍, 나병, 마취, 진정, 진통, 천식, 탈강, 히스테리

독말풀* dok-mal-pul

가지과 Solanaceae
Datura stramonium var. *chalybea* Koch

KN 흰나팔독말풀ⓝ, 네조각독말풀, 양독말풀 EN thornapple, jimsonweed, common-thornapple, purple-thornapple, false-castor-oil-plant CN or MN (17): 만타라#(曼陀羅 Man-Tuo-Luo), 양금화#(洋金花 Yang-Jin-Hua)

[Character: dicotyledon. sympetalous flower. annual herb. erect type. cultivated. wild, medicinal, poisonous, ornamental plant]

1년생 초본의 유독식물로 종자로 번식한다. 열대아메리카가 원산지인 귀화식물이다. 원줄기는 높이 70~150㎝ 정도이고 굵은 가지가 많이 갈라지며 자줏빛이 돈다. 어긋나는 잎의 잎몸은 난형으로 가장자리에 불규칙한 결각상의 톱니가 있다. 7~9월에 피는 꽃은 나팔꽃 모양의 연한 자주색이다. 삭과는 난형으로 가시 같은 돌기가 많으며 4개로 갈라져서 흑색 종자가 나온다. '털독말풀'과 달리 꽃이 담자색이고 길이 8㎝ 정도이며 삭과가 난형이다. 또 열매에 있는 가시가 길거나 짧은 것이 섞여 있으며 열매는 위를 향해 있는 것이 다르다. '흰독말풀'에 비해 줄기가 약간 자색을 띠고 꽃은 연한 자색으로 작으며 삭과는 난형이고 종자는 흑색이다. 약용식물로 재배하고 야생상태에서 자라기도 한다. 관상용으로 심기도 한다. 다음과 같은 증상이나 효과에 약으로 쓰인다. 독말풀(20): 각기, 간염, 간질, 간허, 감기, 경련, 경풍, 나병, 마취, 소아경풍, 월경이상, 장염, 진경, 진정, 진통, 천식, 탈강, 탈항, 폐기천식, 히스테리

사리풀* sa-ri-pul | 가지과 Solanaceae *Hyoscyamus niger* L.

LN 사리풀ⓝ, 싸리풀 EN hanbane, black-hanbane, common-hanbane CN or MN (17): 낭탕#(莨菪 Lang-Dang), 낭탕근#(莨菪根 Lang-Dang-Gen), 낭탕자#(莨菪子 Lang-Dang-Zi), 천선자#(天仙子 Tian-Xian-Zi)
[Character: dicotyledon. sympetalous flower. annual herb. erect type. cultivated, wild, medicinal, poisonous, ornamental plant]

1년생 초본으로 종자로 번식하고 유럽이 원산지인 귀화식물이다. 줄기의 전체에 털과 선모가 있으며 점성이 있다. 어긋나는 잎에는 잎자루가 없고 난형의 잎몸은 가장자리에 결각상의 톱니가 있다. 6~7월에 개화하며 꽃은 황색으로 삭과는 2실이 있다. 유독식물이나 약용이나 관상용으로도 심는다. 다음과 같은 증상이나 효과에 약으로 쓰인다. 사리풀(16): 경련, 백일해, 신경통, 옹종, 이뇨, 종독, 진경, 진정, 진통, 진해, 천식, 치통, 탈강, 편두통, 폐기천식, 해수

해란초* hae-ran-cho

현삼과 Scrophulariaceae
Linaria japonica Miq.

LN 운란초ⓝ, 꽁지꽃, 꼬리풀, 운난초 EN japanese-toadflax CN or MN (3): 운난초(雲蘭草 Yun-Lan-Cao), 유천어(柳穿魚 Liu-Chuan-Yu), 해란초(海蘭草 Hai-Lan-Cao)
[Character: dicotyledon. sympetalous flower. perennial herb. erect type. halophyte. wild, medicinal, ornamental plant]

다년생 초본으로 근경이나 종자로 번식한다. 전국적으로 분포하며 바닷가 모래땅에서 자란다. 줄기는 길이 15~40㎝ 정도로 둥글고 가지가 많이 갈라져서 비스듬히 자라며 전체에 분백색이 돈다. 잎은 마주나거나 3~4개는 돌려나지만 윗부분에서는 어긋나기도 한다. 잎몸은 길이 15~30㎜, 너비 5~15㎜ 정도의 타원형으로 뚜렷하지 않는 3맥이 있다. 7~8월에 개화하며 총상꽃차례에 피는 꽃은 연한 황색이다. 삭과는 지름 6~8㎜ 정도로 둥글고 밑부분에 꽃받침이 있으며 종자는 길이 3㎜ 정도이고 두꺼운 날개가 있다. '좁은잎해란초'와 비슷하지만 잎의 너비가 5~15㎜ 정도이고 윗부분에서 흔히 어긋난다. 관상용으로 심는다. 다음과 같은 증상이나 효과에 약으로 쓰인다. 해란초(7): 부병, 소종, 수종, 이뇨, 청열, 해독, 황달

20001020

19910804

20060722 20070610

20100424  20120331  20120407  20100417

20100503  19910706  20051013

현삼* hyeon-sam

현삼과 Scrophulariaceae
Scrophularia buergeriana Miq.

ⓛⓝ 현삼ⓝ, 원삼 ⓔⓝ figwort, buerger-figwort ⓒⓝ or ⓜⓝ (22): 현삼#(玄蔘 Xuan-Shen), 현태(玄台 Xuan-Tai), 흑현삼(黑玄蔘 Hei-Xuan-Shen)
[Character: dicotyledon. sympetalous flower. perennial herb. erect type. wild, medicinal, ornamental plant]

다년생 초본으로 근경이나 종자로 번식한다. 전국적으로 분포하며 산지에서 자란다. 원줄기는 높이 80~150㎝ 정도이고 사각형이며 가지가 약간 갈라지고 털이 없다. 마주나는 잎의 잎몸은 길이 5~10㎝, 너비 2~5㎝ 정도의 난형으로 가장자리에 뾰족한 톱니가 있다. 8~9월에 개화하며 수상 원추꽃차례를 이루는 취산꽃차례에 달린 꽃은 황록색이다. 삭과는 난형이다. '큰개현삼'에 비해 잎의 톱니는 균일하며 원추꽃차례는 매우 좁아 수상꽃차례 같고 빽빽이 나며 황녹색이고 주근은 비후한다. 관상용으로 심는다. 다음과 같은 증상이나 효과에 약으로 쓰인다. 현삼(30): 감기, 강심제, 강화, 결핵, 경선결핵, 고혈압, 골증열, 기관지염, 나력, 산결해독, 성병, 소염, 연주창, 옹종, 인두염, 인후통증, 임파선염, 자양강장, 종독, 진통, 청열양음, 토혈각혈, 통풍, 편도선염, 폐결핵, 폐렴, 해독, 해열, 혈비, 후두염

토현삼* to-hyeon-sam

현삼과 Scrophulariaceae
Scrophularia koraiensis Nakai

KN 토현삼ⓝ, 개현삼 EN korean-figwort, figwort CN or MN (5): 야지마(野脂麻 Ye-Zhi-Ma), 토현삼(土玄蔘 Tu-Xuan-Shen), 현삼#(玄蔘 Xuan-Shen), 흑삼(黑蔘 Hei-Shen)
[Character: dicotyledon. sympetalous flower. perennial herb. erect type. wild, medicinal, ornamental plant]

다년생 초본으로 근경이나 종자로 번식한다. 전국적으로 분포하며 산지에서 자란다. 원줄기는 높이 100~150㎝ 정도이고 사각형으로 가지가 갈라진다. 마주나는 잎의 잎몸은 길이 10~15㎝, 너비 4~7㎝ 정도인 난상 피침형으로 가장자리에 잘고 뾰족한 톱니가 있다. 7~8월에 개화하며 흑자색의 꽃이 달리는 취산꽃차례가 모여 원추꽃차례를 이룬다. 삭과는 난형으로 예두이며 2개로 갈라진다. '현삼'에 비해 꽃차례에 잎이 많고 잎겨드랑이에 나는 꽃차례는 잎과 길이가 같거나 짧으며 잎의 톱니는 균일하고 꽃자루가 많이 갈라진다. 식물체에 털이 적다. 관상용으로 심는다. 식물체에 털이 많은 것은 '일월토현삼'이라고 한다. 다음과 같은 증상이나 효과에 약으로 쓰인다. 토현삼(11): 나력, 산결해독, 성병, 소염, 인후염, 종독, 진통, 청열양음, 편도선염, 해열, 후두염

섬현삼* seom-hyeon-sam

현삼과 Scrophulariaceae
Scrophularia takesimensis Nakai

LN 섬현삼ⓝ, 섬개현삼 EN figwort CN or MN (1): 현삼#(玄蔘 Xuan-Shen)
[Character: dicotyledon. sympetalous flower. perennial herb. erect type. wild, medicinal, ornamental plant]

울릉도 해안에서 자라는 다년생 초본이다. 높이가 1m 정도에 달하고 줄기에 날개가 있다. 잎은 마주나고 중앙부의 경생엽은 길이 4~8㎝ 정도이지만 가장 큰 잎은 길이 12~18㎝, 너비 9~11㎝ 정도로서 가장자리에 크고 뾰족한 톱니가 있다. 꽃은 6~7월에 피고 원추꽃차례에 많이 꽃이 달린다. 삭과는 길이 8~9㎜ 정도로 둥글고 끝이 뾰족하다. '큰개현삼'에 비해 잎은 넓은 난형이며 둥글고 대형인 톱니가 있다. '설령개현삼'과 달리 잎이 넓은 난형으로 둔두이고 원저 또는 아심장저이며 톱니가 둔하고 삭과는 길이와 지름이 8㎜ 정도이다. 관상용으로 이용한다. 다음과 같은 증상이나 효과에 약으로 쓰인다. 섬현삼(8): 나력, 성병, 소염, 종독, 진통, 편도선염, 해열, 후두염

우단담배풀* u-dan-dam-bae-pul

현삼과 Scrophulariaceae
Verbascum thapsus L.

Ⓛⓝ 모예화 Ⓔⓝ mullein, woolly-mullein, aaron's-rod, white-mullein, great-mullein, common-mullein, flannel-mullein, candle-wick, flannel-leaf, velvet-plant, candlewick, Aaron's-rod
Ⓖⓝ or Ⓜⓝ (2): 모예초#(毛蕊草 Mao-Rui-Cao), 모예화#(毛蕊花 Mao-Rui-Hua)

[Character: dicotyledon. sympetalous flower. biennial herb. erect type. cultivated, wild, medicinal, ornamental plant]

2년생 초본으로 종자로 번식하고 유럽이 원산지인 귀화식물이다. 분지된 털이 우단처럼 밀생하고 있다. 줄기는 높이 100~200㎝ 정도이고 잎몸에서 흘러내린 날개 모양의 부수체가 있다. 어긋나는 잎은 잎자루가 없고 잎몸은 길이 10~40㎝, 너비 4~12㎝ 정도의 장타원형으로 두껍고 끝이 뾰족하며 기부는 긴 쐐기꼴로 좁아지며 둔한 톱니가 있고 전체적으로 하얀 털이 밀생한다. 6~9월에 개화하며 꽃은 지름 2~2.5㎝ 정도로 황색으로 화경이 없고 길이 50㎝ 정도의 긴 수상꽃차례에 밀착한다. 열매는 지름 7㎜ 정도의 구형이며 털로 덮여 있고 잔존하는 꽃받침에 싸여 있다. 약용이나 관상용으로 심고 다음과 같은 증상이나 효과에 약으로 쓰인다. 우단담배풀(5): 외상, 지혈, 청열, 폐렴, 해독

산꼬리풀* san-kko-ri-pul

현삼과 Scrophulariaceae
Veronica rotunda var. ***subintegra*** (Nakai) T. Yamaz.

Ⓛ 꼬리풀ⓝ, 북꼬리풀, 긴잎자주꼬리풀 Ⓒ or Ⓜ (5): 동북파파납(東北婆婆納 Dong-Bei-Po-Po-Na), 일지향#(一枝香 Yi-Zhi-Xiang)
[Character: dicotyledon. sympetalous flower. perennial herb. erect type. wild, medicinal, edible plant]

산지의 초원에서 자라는 다년생 초본이다. 높이 40~80㎝ 정도이고 가지가 거의 없으며 굽은 털이 산생한다. 잎자루가 거의 없는 잎은 마주나고 길이 5~10㎝, 너비 15~25㎜ 정도의 좁은 난형 또는 긴 타원형으로 끝이 뾰족하며 밑부분이 좁다. 꽃은 8월에 피며 벽자색이고 총상꽃차례는 연한 짧은 털이 있다. 열매는 타원형 또는 넓은 도란형으로 꽃받침보다 길다. '섬꼬리풀'에 비해 잎은 자루가 거의 없고 꽃차례는 짧으며 꽃은 밑을 향한다. '큰산꼬리풀'과 비슷하지만 잎이 좁은 난형 또는 장타원형이다. 식용과 밀원용으로 이용한다. 다음과 같은 증상이나 효과에 약으로 쓰인다. 산꼬리풀(7): 기관지염, 방광염, 외상, 요통, 중풍, 폐기천식, 해수

큰개불알풀* keun-gae-bul-al-pul

현삼과 Scrophulariaceae
Veronica persica Poir.

LN 왕지금꼬리풀ⓝ, 큰개불알꽃, 큰지금, 왕지금 EN persian-speedwell, iran-speedwell, creeping-speedwell, common-field-speedwell, bird's-eye-speedwell, scrambling-speedwell CN or MN (2): 아랍백파파납#(阿拉伯婆婆納 A-La-Bo-Po-Po-Na), 파사파파납#(波斯婆婆納 Bo-Si-Po-Po-Na)
[Character: dicotyledon. sympetalous flower. biennial herb. creeping and erect type. wild, medicinal, edible, ornamental plant]

2년생 초본으로 종자로 번식한다. 유럽이 원산지인 귀화식물로 중남부지방에 분포하며 들에서 자란다. 원줄기는 길이 10~30㎝ 정도로 밑부분에서 가지가 갈라지고 털이 있으며 옆으로 자라거나 비스듬히 자란다. 잎은 밑부분에서 마주나고 윗부분은 어긋나며 올라갈수록 잎자루가 짧아진다. 잎몸은 길이와 너비가 각각 10~20㎜ 정도로 둥글다. 5~6월에 피는 꽃은 하늘색으로 짙은 색의 줄이 있다. 삭과는 길이 5㎜, 너비 10㎜ 정도의 편평한 도심장형이며 끝이 파지고 그물 같은 무늬가 있다. 종자는 길이 1.5㎜ 정도의 타원형이며 잔주름이 있다. '개불알풀'과 비슷하지만 잎의 톱니가 3~5쌍이고 꽃은 하늘색이며 화관이 크고 소화경이 길다. 겨울작물에서 문제 잡초이다. 어린순은 식용하거나 밀원으로 이용한다. 관상용으로 심기도 한다. 나물로 먹고 꽃은 말려서 꽃차로도 마신다. 다음과 같은 증상이나 효과에 약으로 쓰인다. 큰개불알풀(4): 방광염, 외상, 요통, 중풍

큰물칭개나물* keun-mul-ching-gae-na-mul

현삼과 Scrophulariaceae
Veronica anagallis-aquatica L.

ⓁⓃ 물칭게꼬리풀ⓝ, 물까지꽃, 큰물꼬리풀, 물냉이아재비, 물칭개꼬리풀, 물칭개나물
ⒺⓃ water-speedwell ⒸⓃ or ⓂⓃ (4): 북수고맥(北水苦蕒 Bei-Shui-Ku-Mo), 수고매(水苦買 Shui-Ku-Mai)

[Character: dicotyledon. sympetalous flower. biennial herb. erect type. hydrophyte. wild, medicinal, edible, forage, green manure plant]

2년생 초본으로 종자로 번식하고 전국적으로 분포하며 냇가의 습지에서 자란다. 줄기는 높이 40~120㎝ 정도로 가지가 갈라지고 전체에 털이 없다. 마주나는 잎은 길이 5~15㎝, 너비 2~5㎝ 정도의 긴 타원형으로 가장자리에 낮은 톱니가 있다. 7~8월에 개화하며 총상꽃차례에 달리는 꽃은 연한 하늘색 바탕에 자주색의 줄이 있다. 삭과는 지름 3㎜ 정도로 둥글다. '물칭개나물'과 달리 소화경은 길이 3㎜ 정도로서 다소 위로 향하며 꽃차례의 지름이 8~12㎜ 정도에 이른다. 식용하거나 퇴비나 사료로 이용한다. 밀원용으로 심기도 한다. 어린잎과 싹을 데쳐서 나물로 먹는다. 다음과 같은 증상이나 효과에 약으로 쓰인다. 큰물칭개나물(4): 방광염, 요통, 절상, 중풍

냉초* naeng-cho

현삼과 Scrophulariaceae
Veronicastrum sibiricum (L.) Pennell

Ⓚ 냉초ⓝ, 숨위나물, 털냉초, 시베리아냉초, 민냉초, 좁은잎냉초, 민들냉초 Ⓔ siberian-veronicastrum, culver's-root Ⓒ or Ⓜ (8): 윤엽파파납#(輪葉婆婆納 Lun-Ye-Po-Po-Na), 냉초#(冷草 Leng-Cao), 산편초#(山鞭草 Shan-Bian-Cao)
[Character: dicotyledon. sympetalous flower. perennial herb. erect type. cultivated, wild, medicinal, edible, ornamental plant]

다년생 초본으로 근경이나 종자로 번식한다. 중북부지방에 분포하며 산지에서 자란다. 모여 나는 줄기는 높이 70~150㎝ 정도이다. 돌려나는 잎은 길이 6~17㎝, 너비 2~5㎝ 정도의 긴 타원형으로 가장자리에 잔 톱니가 있다. 7~8월에 개화하며 총상꽃차례에 피는 꽃은 홍자색이다. 삭과는 끝이 뾰족한 넓은 난형이고 밑부분에 꽃받침이 달려 있다. '꼬리풀류'에 비해 잎은 윤생하고 화관은 통으로 짧게 갈라지며 삭과는 난형으로 끝이 뾰족하다. 관상용이나 약용으로 심고 밀원으로도 이용한다. 어린잎은 나물이나 국거리로, 녹즙이나 건강주로도 이용한다. 다음과 같은 증상이나 효과에 약으로 쓰인다. 냉초(21): 감기, 거풍, 건위, 관절염, 근육통, 난청, 방광염, 외상, 이뇨, 정혈, 제습, 종기, 종창, 중풍, 진통, 통경, 통풍, 편두통, 폐결핵, 해독, 해열

디기탈리스* di-gi-tal-ri-seu

현삼과 Scrophulariaceae
Digitalis purpurea L.

LN 심장병풀ⓝ, 디기타리스, 디기타리스풀, 디기다리스, 심장풀, 디기달리스, 양지황
EN foxglove, common-foxglove, purple-foxglove, digitalis CN or MN (4): 모지황#(毛地黃 Mao-Di-Huang), 양지황#(洋地黃 Yang-Di-Huang), 양지황엽(洋地黃葉 Yang-Di-Huang-Ye)
[Character: dicotyledon. sympetalous flower. perennial herb. erect type. cultivated, wild, medicinal, ornamental, poisonous plant]

다년생 초본으로 근경이나 종자로 번식한다. 유럽이 원산지인 귀화식물로 남부지방의 풀밭에서 자란다. 줄기는 높이 50~100㎝ 정도로 곧추 자라고 전체에 짧은 털이 있다. 어긋나는 잎은 길이 7~15㎝ 정도의 난상 타원형으로 가장자리에 파상의 톱니가 있다. 6~8월에 총상꽃차례로 피는 종형의 꽃은 홍자색에 짙은 반점이 있으며 흰색과 분홍색의 꽃도 있다. 삭과는 원추형이며 꽃받침이 남아 있다. '지황'과 달리 꽃받침은 밑까지 갈라지며 꽃부리는 하순의 중앙열편이 가장 길다. 관상용이나 약용으로 심는다. 먹으면 구토와 설사, 마비, 심장마비가 일어난다. 다음과 같은 증상이나 효과에 약으로 쓰인다. 디기탈리스(8): 강심, 강심제, 건위, 만성판막증, 부종, 심장병, 이뇨, 통리수도

19970503

20090430 20070616

20040825

19870806  20070616

20120810

20060601  19990717

지황* ji-hwang

현삼과 Scrophulariaceae
Rehmannia glutinosa (Gaertner) Liboschitz

ⓁⓃ 지황ⓝ, 숙지황 ⒺⓃ chinese-foxglove, adhesive-rehmannia ⒸⓃ or ⓂⓃ (43): 건지황#(乾地黃 Gan-Di-Huang), 기(芑 Qi), 변(卞 Bian), 생지황#(生地黃 Sheng-Di-Huang), 숙지황#(熟地黃 Shu-Di-Huang), 지황#(地黃 Di-Huang)

[Character: dicotyledon. sympetalous flower. perennial herb. erect type. cultivated, medicinal, ornamental plant]

다년생 초본으로 근경이나 종자로 번식한다. 중국이 원산지인 약용식물로 각지에서 재배한다. 원줄기는 높이 15~30㎝ 정도로 전체에 짧은 털이 있다. 뿌리는 굵고 옆으로 번으며 감색이다. 어긋나는 경생엽은 작고 모여 나는 근생엽은 긴 타원형으로 크며 표면에 주름이 지고 가장자리에 둔한 톱니가 있다. 줄기 끝에 총상으로 달리는 꽃은 홍자색이다. '디기탈리스'와 달리 꽃받침은 통상으로 얕게 5열하고 꽃부리의 열편 길이는 비슷하다. 관상용으로도 심는다. 다음과 같은 증상이나 효과에 약으로 쓰인다. 지황(61): 각혈, 강근골, 강심제, 강장, 강장보호, 강정제, 결핵, 결핵성쇠약, 경혈, 골절증, 구순생창, 구토, 보수, 보혈, 부인하혈, 빈혈, 소아야뇨증, 아감, 안오장, 안태, 야뇨증, 양위, 양음생진, 양혈자음, 염증, 오발, 옹종, 완화, 월경이상, 유정증, 음위, 자궁출혈, 자양강장, 자음, 전립선비대증, 절옹, 정력증진, 조루증, 지혈, 진정, 진통, 질벽염, 창양, 청열양혈, 치조농루, 타박상, 태루, 토혈, 토혈각혈, 통경, 통리수도, 편도선염, 폐결핵, 폐기천식, 해독, 해수, 해열, 현훈, 혈뇨, 혈색불량, 활혈

애기며느리밥풀* ae-gi-myeo-neu-ri-bap-pul

현삼과 Scrophulariaceae
Melampyrum setaceum (Maxim. ex Palib.) Nakai

작은새애기풀ⓝ, 애기며느리바풀, 큰애기며느리밥풀, 구름며느리밥풀, 큰애기바풀, 백두산바풀, 백두산꽃며느리밥풀, 가는잎며느리밥풀, 금강산애기며느리밥풀, 맛며느리바풀, 아기며느리밥풀, 원산며느리밥풀, 원산바풀, or (1): 산라화#(山羅花, Shan-Luo-Hua).
[Character: dicotyledon. sympetalous flower. semiparasitic annual herb. erect type. wild. ornamental, forage, green manure plant.]

1년생초본으로 종자로 번식하는 반기생식물이다. 산지의 소나무 밑에서 잘 자란다. 원줄기는 높이 25~50㎝ 정도로 가지가 많이 갈라지고 둔한 능각이 지며 잔털이 있다. 마주나는 잎은 길이 2~4㎝, 너비 3~4㎜ 정도의 넓은 선형으로 끝이 길게 뾰족해지고 가장자리가 밋밋하다. 잎자루는 짧다. 8~9월에 총상화서로 피는 꽃은 짙은 홍자색이며 중앙 열편에 2개의 밥풀 모양의 무늬가 있다. 삭과는 길이 8~9㎜ 정도의 타원형으로 짧은 털이 있다. '새며느리밥풀'과 달리 잎은 좁은 피침형 내지 피침형이고 길이 2~3㎝, 너비 3~4㎜ 정도이며 끝이 점차 뾰족해지고 포는 피침형으로 홍자색이다. 관상용이나 밀원용으로 심으며 사료나 퇴비로 이용하기도 한다.

20160809 흰송이풀

19980908  19980817

19951010

19930504  20110508  19930528  19920614

19990704  20150815 흰송이풀  19920914  20150815 흰송이풀

송이풀* song-i-pul | 현삼과 Scrophulariaceae *Pedicularis resupinata* L.

LN 송이풀ⓝ, 마주송이풀, 수송이풀, 도시락나물, 마주잎송이풀, 털송이풀, 그늘송이풀, 잔털송이풀, 칠보송이풀, 명천송이풀, 가지송이풀, 이삭송이풀 EN resuspinate-wood-betony, louse-wort CN or MN (8): 마선호#(馬先蒿 Ma-Xian-Hao), 연석초#(練石草 Lian-Shi-Cao), 호마#(虎麻 Hu-Ma)

[Character: dicotyledon. sympetalous flower. perennial herb. erect type. wild, medicinal, edible, ornamental plant]

다년생 초본으로 근경이나 종자로 번식한다. 전국적으로 분포하며 산지에서 자란다. 여러 개가 나와서 함께 자라는 원줄기는 높이 30~60㎝ 정도이고 약간의 가지가 갈라진다. 어긋나는 잎은 길이 4~8㎝, 너비 1~2㎝ 정도의 좁은 난형으로 끝이 뾰족하고 가장자리에 규칙적인 겹톱니가 있다. 8~9월에 피는 홍자색의 꽃은 모여 난 것 같이 보인다. 삭과는 길이 8~12㎜ 정도로서 뾰족한 긴 난형이다. 꽃이 흰 것을 흰송이풀*(huin-song-i-pul) = *Pedicularis resupinata* L. for. *albiflora* Nakai라고 한다. 어린순을 식용하거나 관상용과 밀원으로 이용한다. 어린순을 데쳐서 간장이나 된장에 무쳐 먹거나 국을 끓여 먹는다. 다른 산나물과 섞어서 무쳐 먹기도 한다. 다음과 같은 증상이나 효과에 약으로 쓰인다. 송이풀(16): 강장보호, 거풍습, 관절염, 백대하, 소변림력, 요결석, 요로결석, 이뇨, 이수, 일사병열사병, 제습, 종기, 중풍, 통리수도, 피부병, 해열

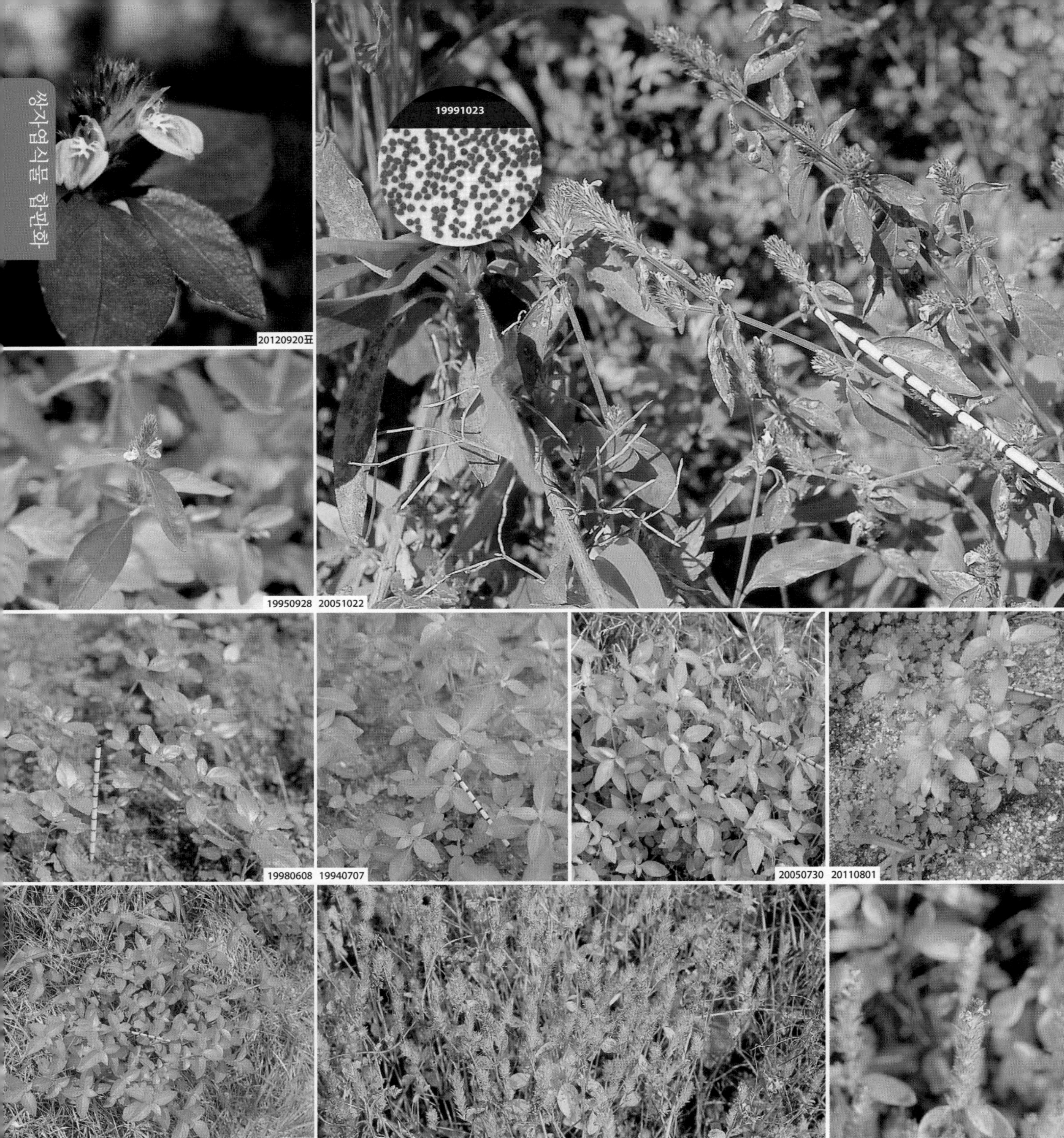

쥐꼬리망초* jwi-kko-ri-mang-cho

쥐꼬리망초과 Acanthaceae
Justicia procumbens L.

LN 꼬리망풀ⓝ, 무릎꼬리풀, 쥐꼬리망풀 EN justicia CN or MN (5): 작상#(爵床 Jue-Chuang), 적안노모초(赤眼老母草 Chi-Yan-Lao-Mu-Cao), 향소#(香蘇 Xiang-Su)
[Character: dicotyledon. sympetalous flower. annual herb. erect type. wild, medicinal, edible, forage plant]

1년생 초본으로 종자로 번식한다. 전국적으로 분포하며 산지나 들에서 자란다. 원줄기는 높이 20~40㎝ 정도이다. 가지가 갈라지고 밑부분이 굽고 윗부분이 곧추서며 마디가 굵은 사각형이다. 마주나는 잎은 길이 2~4㎝, 너비 1~2㎝ 정도의 긴 타원형이다. 7~9월에 개화하며 수상꽃차례에 피는 꽃은 연한 홍자색이다. 삭과는 2개로 갈라지며 종자는 4개로 잔주름이 있다. 어린순은 식용하고 사료나 밀원으로도 이용한다. '물잎풀'과 달리 상순이 2개로 갈라지고 하순은 3개로 갈라진다. 다음과 같은 증상이나 효과에 약으로 쓰인다. 쥐꼬리망초(25): 감기, 건비, 건위, 구토, 류머티즘, 사태, 생선중독, 설사, 신염부종, 안태, 열병, 온신, 이습소체, 자한, 지혈, 진통, 청열해독, 타박상, 통기, 해독, 해수, 해열, 활혈, 활혈지통, 황달

파리풀* pa-ri-pul

파리풀과 Phrymaceae
Phryma leptostachya var. *asiatica* H. Hara

KN 파리풀ⓝ, 꼬리창풀 EN lopseed CN or MN (9): 노파자침선#(老婆子針線 Lao-Po-Zi-Zhen-Xian), 투골초#(透骨草 Tou-Gu-Cao)
[Character: dicotyledon. sympetalous flower. perennial herb. erect type. wild, medicinal, poisonous, ornamental plant]

다년생 초본으로 근경이나 종자로 번식한다. 전국적으로 분포하며 산지의 나무 그늘에서 자란다. 원줄기는 높이 40~80㎝ 정도이고 약간의 가지가 갈라지며 마디부분이 두드러지게 굵다. 마주나는 잎은 길이 5~10㎝, 너비 4~7㎝ 정도의 난형으로 양면에 털이 있고 가장자리에 톱니가 있다. 7~9월에 수상꽃차례에 피는 꽃은 연한 자주색이다. 삭과는 꽃받침으로 싸여 있으며 1개의 종자가 들어 있다. 관상용으로 심기도 한다. 독이 있어 나물로 먹으면 안 된다. 다음과 같은 증상이나 효과에 약으로 쓰인다. 파리풀(12): 개선, 건위, 경풍, 발한, 버짐, 악창, 옴, 제충제, 창독, 치창, 해독, 해독살충

질경이* jil-gyeong-i

질경이과 Plantaginaceae
Plantago asiatica L.

KN 질경이ⓝ, 길장구, 빼부장, 배합조개, 빼부쟁이, 배부장이, 빼뿌쟁이, 톱니질경이
EN asiatic-plantain, common-plantain, rat's-tail-plantain, asian-plantain, bracted-plantain
CN or MN (83): 대차전(大車前 Da-Che-Qian), 우설초(牛舌草 Niu-She-Cao), 차전#(車前 Che-Qian), 차전초#(車前草 Che-Qian-Cao)
[Character: dicotyledon. sympetalous flower. perennial herb. rosette and erect type. wild, medicinal, edible, ornamental plant]

다년생 초본으로 근경이나 종자로 번식한다. 전국적으로 분포하며 들이나 길가에서 자란다. 로제트형으로 모여 나는 근생엽은 잎자루의 길이가 다양하다. 잎몸은 길이 4~12cm, 너비 3~8cm 정도의 난형으로 평행맥이 있고 가장자리가 물결형이다. 6~8월에 수상으로 달리는 꽃은 백색이다. 삭과는 갈라지면서 뚜껑이 열리고 6~8개의 흑색 종자가 나온다. '왕질경이'와 비슷하지만 삭과당 종자가 6~8개씩 들어 있고 삭과의 상반부는 원추상 난형이다. 관상용으로 심기도 한다. 연한 잎을 삶아 나물로 먹거나 국을 끓여서 먹고 데쳐서 말린 뒤 고추장이나 된장에 박아 장아찌를 만들어 먹기도 한다. 다음과 같은 증상이나 효과에 약으로 쓰인다. 질경이(93): 각기, 간경변증, 간염, 감기, 강심, 강심제, 경중양통, 경혈, 고혈압, 곽란, 관절염, 관절통, 구열, 구충, 구토, 금창, 기관지염, 난산, 목소양증, 목소양증, 방광암, 부인하혈, 소변림력, 소아구루, 소아변비증, 소아이질, 소아천식, 소아해열, 소염, 신장염, 안오장, 안질, 암내, 양위, 열질, 요결석, 요도염, 요독증, 요통, 월경이상, 위궤양, 위산과다증, 위산과소증, 위장염, 유방암, 음낭습, 음양음창, 이뇨, 이수, 익정, 인두염, 일체안병, 임질, 자궁내막염, 장염, 장위카타르, 전립선비대증, 정력증진, 조루증, 종독, 지사, 지혈, 진해, 척추질환, 청간명목, 청습열, 청폐화담, 출혈, 충치, 치조농루, 탄산토산, 태독, 토혈각혈, 통리수도, 통풍, 편도선비대, 폐결핵, 폐기, 폐기천식, 풍독, 풍열, 피부소양증, 피부윤택, 피부청결, 해독, 해수, 해열, 혈뇨, 혈림, 협심증, 화병, 후두염, 흉부답답

창질경이* chang-jil-gyeong-i

질경이과 Plantaginaceae
Plantago lanceolata L.

KN 창질경이ⓝ, 양질경이 EN buckhorn-plantain, english-plantain, ribwort, narrowleaved-plantain, long-plentain, leechwort, ribwort-plantain, rib-grass, narrow-leaved-plantain CN or MN (4): 장엽차전#(長葉車前 Chang-Ye-Che-Qian), 차전초(車前草 Che-Qian-Cao)
[Character: dicotyledon. sympetalous flower. perennial herb. rosette and erect type. wild, medicinal, edible plant]

다년생 초본으로 근경이나 종자로 번식한다. 유럽이 원산지인 귀화식물로 전국적으로 분포하며 들이나 길가에서 자란다. 화경은 높이 30~60㎝ 정도이다. 근경은 굵고 육질이며 근경에서 모여 나는 잎은 길이 10~30㎝, 너비 2~4㎝ 정도로 피침형이고 곧추선다. 5~10월에 길이 3~6㎝ 정도의 수상꽃차례로 피는 꽃은 백색이다. 삭과에는 1~2개의 종자가 있고 종자 앞쪽에 홈이 있다. '질경이'에 비해 잎이 피침형으로 곧추서고 화수는 짧은 원주형이며 종자는 삭과당 2개이고 배쪽에 홈이 있다. 어릴 때에는 전초를 식용한다. 연한 잎을 삶아 나물로 먹거나 국을 끓여서 먹고 데쳐서 말린 뒤 고추장이나 된장에 박아 장아찌를 만들어 먹기도 한다. 다음과 같은 증상이나 효과에 약으로 쓰인다. 창질경이(18): 강심, 금창, 난산, 소염, 신장염, 안질, 요혈, 음양, 이뇨, 익정, 임질, 종독, 지사, 진해, 출혈, 태독, 폐기, 해열

계요등* gye-yo-deung | 꼭두서니과 Rubiaceae *Paederia scandens* (Lour.) Merr. var. *scandens*

KN 계뇨등ⓝ, 구렁내덩굴 EN skunkvine, chinese-fevervine, stink-vine CN or MN (8): 계시등#(鷄屎藤 Ji-Shi-Teng), 계요등#(鷄尿藤 Ji-Niao-Teng), 취피등(臭皮藤 Chou-Pi-Teng)
[Character: dicotyledon. sympetalous flower. deciduous shrub. vine. wild, medicinal, ornamental plant]

낙엽성 관목의 덩굴식물로 근경이나 종자로 번식한다. 남부지방에 분포하며 대청도와 울릉도까지 바다를 따라 올라가 산지나 해변에서 자란다. 덩굴줄기는 길이 3~6m 정도이고 윗부분은 겨울동안에 죽으며 어린 가지에 잔털이 다소 있다. 마주나는 잎은 길이 4~10㎝, 너비 1~7㎝ 정도의 난형 또는 난상 피침형으로 가장자리가 밋밋하다. 6~7월에 원추꽃차례로 피는 꽃은 백색에 자주색 반점이 있다. 열매는 지름 5~6㎜ 정도로 둥글며 황갈색으로 익고 털이 없다. '호자덩굴'에 비해 덩굴성이고 잎은 낙엽성이다. 관상용으로 심는다. 다음과 같은 증상이나 효과에 약으로 쓰인다. 계요등(28): 간염, 감기, 거담, 거풍, 골수염, 관절염, 급성간염, 기관지염, 내풍, 무월경, 비괴, 식적, 신장염, 아통, 이질, 제습, 종독, 지혈, 진통, 충독, 타박상, 풍, 해수, 활혈, 해소, 해독, 황달, 흉협고만

꼭두서니* kkok-du-seo-ni

꼭두서니과 Rubiaceae
Rubia akane Nakai

ⓚ 꼭두선이ⓝ, 가삼자리 ⓔ common-madder, madder, indian-madder ⓒ or ⓜ (62): 과산룡(過山龍 Guo-Shan-Long), 천초#(茜草 Qian-Cao), 천초경#(茜草莖 Qian-Cao-Jing), 활혈초(活血草 Huo-Xue-Cao)
[Character: dicotyledon. sympetalous flower. perennial herb. vine. wild, medicinal, edible, forage, green manure plant]

다년생 초본으로 근경이나 종자로 번식하는 덩굴식물이다. 전국적으로 분포하며 산지나 들에서 자란다. 원줄기는 길이 60~120㎝ 정도로 사각형이며 능선에 밑을 향한 짧은 가시가 있고 가지가 갈라진다. 4개씩 돌려나는 잎 중에서 2개는 정상엽이나 2개는 턱잎이다. 잎몸은 길이 3~6㎝, 너비 1~3㎝ 정도의 심장형으로 가장자리에 잔가시가 있다. 7~8월에 개화하며 원추꽃차례에 달리는 꽃은 연한 황색이다. 2개씩 달리는 열매는 둥글고 흑색으로 익는다. '갈퀴꼭두서니'에 비해 잎은 심장형 또는 난상 심장형으로 4개씩 윤생한다. '우단꼭두서니'와 달리 털이 적다. 뿌리를 염료로 사용하고 식용, 사료용, 퇴비용으로 이용하기도 한다. 어린순을 데쳐서 쌈 싸 먹거나 간장이나 된장에 무쳐 먹는다. 다음과 같은 증상이나 효과에 약으로 쓰인다. 꼭두서니(24): 감기, 강장, 강장보호, 강정제, 구내염, 만성피로, 양혈지혈, 아감, 요혈, 월경이상, 정혈, 제습, 지혈, 토혈, 토혈각혈, 통경, 편도선염, 풍습, 피부소양증, 해열, 허약체질, 혈뇨, 활혈거어, 황달

솔나물* sol-na-mul | 꼭두서니과 Rubiaceae *Galium verum* var. *asiaticum* Nakai

ⓛⓝ 솔나물ⓝ, 큰솔나물 ⓔⓝ yellow-bedstraw, lady's-bedstraw ⓒⓝ or ⓜⓝ (6): 봉자채#(蓬子菜 Peng-Zi-Cai), 송엽초(松葉草 Song-Ye-Cao), 철척초(鐵尺草 Tie-Chi-Cao)
[Character: dicotyledon. sympetalous flower. perennial herb. erect type. wild, medicinal, edible. ornamental plant]

다년생 초본으로 근경이나 종자로 번식한다. 전국적으로 분포하며 산지나 들에서 자란다. 모여 나는 줄기는 높이 60~120㎝ 정도이고 곧추 자라며 윗부분에서 가지가 갈라진다. 8~10개가 돌려나는 잎은 길이 2~3㎝, 너비 1~3㎜ 정도의 선형으로 뒷면에 털이 있다. 6~8월에 원추꽃차례로 달리는 꽃은 황색이다. 2개씩 달리는 열매는 타원형이다. 관상용, 밀원용, 사방용으로 심기도 한다. 봄에 어린순을 삶아 나물로 먹거나 다른 나물과 섞어 데쳐서 된장이나 간장에 무쳐 먹거나 쌈장에 찍어 먹는다. 다음과 같은 증상이나 효과에 약으로 쓰인다. 솔나물(16): 간염, 감기, 독사교상, 월경이상, 인후통증, 종독, 지양, 청열해독, 타박상, 편도선염, 피부염, 해독, 해열, 행혈, 활혈, 황달

갈퀴덩굴* gal-kwi-deong-gul

꼭두서니과 Rubiaceae
Galium spurium var. *echinospermon* (Wallr.) Hayek

LN 갈퀴덩굴ⓝ, 갈키덩굴, 가시랑쿠, 수레갈키 EN false-cleavers, tender-catchweed-bedstrow CN or MN (8): 거거등(鋸鋸藤 Ju-Ju-Teng), 납납등(拉拉藤 La-La-Teng), 저앙앙#(猪殃殃 Zhu-Yang-Yang), 팔선초#(八仙草 Ba-Xian-Cao)
[Character: dicotyledon. sympetalous flower. biennial herb. vine. wild, medicinal, edible, ornamental, forage, green manure plant]

2년생 초본의 덩굴식물로 종자로 번식한다. 전국적으로 분포하며 들에서 자란다. 덩굴줄기는 길이 50~100㎝ 정도로 가지가 갈라지며 사각형이고 능선에 밑을 향한 가는 가시털이 있어 다른 물체에 잘 붙는다. 6~8개가 돌려나는 잎은 길이 1~3㎝, 너비 1~4㎜ 정도의 도피침형으로 가장자리와 중륵에 밑을 향한 가시가 있다. 5~6월에 개화하고 취상꽃차례에 달리는 꽃은 홍록색이다. 2개가 붙어 있는 열매는 갈고리 같은 딱딱한 털로 덮여 있어 다른 물체에 잘 붙는다. '큰잎갈퀴'에 비해 잎은 까락으로 끝나고 꽃차례는 줄기 끝이나 잎겨드랑이에 나며 꽃은 연한 황록색이다. 월동 맥류포장에서 문제잡초이다. 사료용, 퇴비용, 사방용, 관상용으로 이용하기도 한다. 어린순을 데쳐 쓴맛을 물에 우려 제거하여 나물로 식용한다. 다음과 같은 증상이나 효과에 약으로 쓰인다. 갈퀴덩굴(15): 고혈압, 산어혈, 소종, 식도암, 요혈, 유방암, 자궁암, 중이염, 진통, 청습열, 타박상, 폐암, 피부암, 해독, 혈뇨

인동덩굴* in-dong-deong-gul

인동과 Caprifoliaceae
Lonicera japonica Thunb.

KN 인동덩굴ⓝ, 인동, 금은화, 능박나무, 털인동덩굴, 우단인동, 섬인동, 우단인동덩굴, EN japanese-honeysuckle, gold-and-silver-flower, CN or MN (65): 금등화(金藤花, Jin-Teng-Hua), 금은등#(金銀藤, Jin-Yin-Teng), 금은화#(金銀花, Jin-Yin-Hua), 금은화등#(金銀花藤, Jin-Yin-Hua-Teng), 금화자(金花子, Jin-Hua-Zi), 남은화(南銀花, Nan-Yin-Hua), 노사등(鷺鷥藤, Lu-Si-Teng), 원앙등#(鴛鴦藤, Yuan-Yang-Teng), 원앙초(鴛鴦草, Yuan-Yang-Cao), 은화(銀花, Yin-Hua), 은화등(銀花藤, 인동(忍冬, Ren-Dong), 인동등#(忍冬藤, Ren-Dong-Teng), 인동자#(忍冬子, Ren-Dong-Zi), 인동초(忍冬草, Ren-Dong-Cao), 인동화(忍冬花, Ren-Dong-Hua), 천금등(千金藤, Qian-Jin-Teng), 통령초(通靈草, Tong-Ling-Cao).

[Character: dicotyledon. sympetalous flower. semievergreen shrub. vine. cultivated, wild, medicinal, edible. ornamental plant.]

른쪽으로 감아 올라간다. 마주나는 잎은 길이 3~8㎝, 너비 1~3㎝ 정도의 난상 타원형이다. 6~7월에 피는 꽃은 백색에서 황색으로 된다. 열매는 지름 7~8㎜ 정도로 둥글고 흑색으로 9~10월에 익는다. '괴불나무'에 비해 줄기가 덩굴성이고 과실이 검게 익는다. 관상용이나 밀원용으로 심는다. 봄에 잎이 벌어지기 시작할 때 채취, 튀김으로 먹거나 데쳐서 무침, 볶음으로 먹는다. 다음과 같은 증상이나 효과에 약으로 쓰인다. 인동덩굴(68): 각기, 간염, 감기, 개선, 건위, 결막염, 관절염, 관절통, 괴저, 구토, 근골동통, 늑막염, 만성요통, 부종, 소아탈항, 소염, 소염배농, 아감, 연주창, 열광, 열독증, 열병, 열질, 요독증, 요통, 위궤양, 위암, 위열, 유창통, 윤피부, 음부소양, 음양음창, 이뇨, 이하선염, 인두염, 임질, 자궁경부암, 자궁내막염, 장염, 장풍, 정혈, 종기, 종독, 지방간, 지혈, 진통, 청열해독, 초조감, 추간판탈출층, 치조농루, 치핵, 타박상, 탈항, 통경, 통락, 통리수도, 통풍, 편도선염, 풍, 하리, 한열왕래, 항바이러스, 해독, 해열, 혈리, 화농, 화상, 황달.

돌마타리* dol-ma-ta-ri

마타리과 Valerianaceae
Patrinia rupestris (Pall.) Juss.

KN 돌마타리ⓝ, 들마타리 EN cliff-patrinia CN or MN (2): 암패장#(巖敗醬 Yan-Bai-Jiang), 패장(敗醬 Bai-Jiang)

[Character: dicotyledon. sympetalous flower. perennial herb. erect type. cultivated, wild, medicinal, edible, ornamental plant]

다년생 초본으로 근경이나 종자로 번식한다. 중북부지방에 분포하며 산지에서 자란다. 원줄기는 높이 20~60㎝ 정도이고 윗부분에서 가지가 갈라진다. 마주나는 잎의 열편은 밑부분의 것은 작으나 위로 갈수록 점점 커진다. 7~9월에 산방꽃차례로 피는 꽃은 황색이다. 열매는 긴 타원형으로 다소 편평하고 복면에 1개의 능선이 있다. '마타리'와 달리 높이 20~60㎝ 정도이며 잎의 표면에 털이 없고 젖꼭지 모양의 돌기가 있고 '금마타리'에 비해 잎이 우상으로 갈라지고 화관에 거가 없다. 어린순은 식용하고 관상용으로도 심는다. 다음과 같은 증상이나 효과에 약으로 쓰인다. 돌마타리(9): 개선, 단독, 대하증, 부종, 소염, 안질, 정혈, 종창, 화상

마타리* ma-ta-ri

마타리과 Valerianaceae
Patrinia scabiosaefolia Fisch. ex Trevir.

LN 마타리ⓝ, 가양취, 미역취, 가얌취 EN dahurian-patrinia CN or MN (26): 고직(苦職 Ku-Zhi), 녹장#(鹿醬 Lu-Jiang), 패장#(敗醬 Bai-Jiang), 황화패장#(黃花敗醬 Huang-Hua-Bai-Jiang)
[Character: dicotyledon. sympetalous flower. perennial herb. creeping and erect type. cultivated, wild, medicinal, edible, ornamental plant]

다년생 초본으로 근경이나 종자로 번식한다. 전국적으로 분포하며 산지나 들에서 자란다. 근경은 굵으며 옆으로 벋는다. 곧추 자라는 원줄기는 높이 90~180㎝ 정도로 윗부분에서 가지가 갈라진다. 근생엽은 모여 나고 경생엽은 마주나며 잎몸은 우상으로 갈라진다. 7~9월에 산방상으로 달리는 꽃은 황색이다. 열매는 길이 3~4㎜ 정도의 타원형으로 약간 편평하고 복면에 맥이 있으며 뒷면에 능선이 있다. '돌마타리'와 달리 높이 60~150㎝ 정도이며 잎에 누운 털이 있고 '뚝갈'에 비해 전체에 털이 적고 꽃은 황색이며 소포는 현저하지 않고 과실에 날개가 발달하지 않는다. 어린순은 나물로 식용하며 약용이나 관상용으로 심는다. 잎과 어린순을 나물로 또는 다른 산나물과 데쳐서 무치거나 나물밥, 볶음밥, 잡채밥의 부재료에 이용하고 된장국을 끓여 먹는다. 다음과 같은 증상이나 효과에 약으로 쓰인다. 마타리(25): 간염, 개선, 거어지통, 급성간염, 대하증, 단독, 부종, 소염, 소종배농, 안질, 어혈, 옹종, 위궤양, 위장염, 일체안병, 정양, 정혈, 종창, 진통, 청혈해독, 피부소양증, 해독, 해열, 화상, 활혈

뚝갈* ttuk-gal | 마타리과 Valerianaceae *Patrinia villosa* (Thunb.) Juss.

ⓚ 뚝갈ⓝ, 뚜깔, 흰미역취 ⓔ whiteflower-patrinia ⓒ or ⓜ (14): 녹장#(鹿醬 Lu-Jiang), 패장#(敗醬 Bai-Jiang), 황굴화(黃屈花 Huang-Qu-Hua)

[Character: dicotyledon. sympetalous flower. perennial herb. erect type. cultivated, wild, medicinal, edible, ornamental plant]

다년생 초본으로 근경이나 종자로 번식한다. 전국적으로 분포하며 산지나 들에서 자란다. 원줄기는 높이 60~120㎝ 정도로 가지가 갈라지고 전체에 백색의 털이 있다. 근생엽은 모여 나고 경생엽은 마주난다. 잎몸은 길이 3~15㎝ 정도이며 우상으로 갈라져서 양면에 백색 털이 있고 가장자리에 톱니가 있다. 7~9월에 산방꽃차례로 피는 꽃은 백색이다. 열매는 길이 2~3㎜ 정도의 도란형으로 뒷면이 둥글며 날개까지 합치면 길이와 너비가 각각 5~6㎜ 정도인 원심형이다. '뚝마타리'와 비슷하지만 꽃이 백색이고 '마타리'에 비해 전체에 털이 많고 꽃은 백색이며 소포는 성숙기에 생장하여 날개로 된다. 관상용, 밀원용으로 심는다. 봄·초여름에 연한 잎과 새순을 삶아 말려 두고 나물로 먹거나, 다른 산나물과 데쳐서 무친다. 튀기거나 데쳐먹기도 한다. 다음과 같은 증상이나 효과에 약으로 쓰인다. 뚝갈(36): 간열, 간염, 개선, 거어지통, 경혈, 단독, 대하증, 부종, 산후제증, 소염, 소종배농, 안질, 어혈, 열독증, 열병, 옹종, 위궤양, 이하선염, 일체안병, 자궁내막염, 자궁암, 장위카타르, 정혈, 종기, 종창, 진통, 청혈해독, 치열, 치질, 치핵, 풍독, 풍비, 해독, 해열, 화상, 후두암

쥐오줌풀* jwi-o-jum-pul

마타리과 Valerianaceae
Valeriana fauriei Briq.

KN 바구니나물ⓝ, 길초, 긴잎쥐오줌, 줄댕가리, 은댕가리 EN common-valerian, garden-heliotrope CN or MN (10): 길초#(吉草 Ji-Cao), 녹자초#(鹿子草 Lu-Zi-Cao), 힐초#(纈草 Xie-Cao)
[Character: dicotyledon. sympetalous flower. perennial herb. erect type. cultivated, wild, medicinal, edible, ornamental plant]

다년생 초본으로 근경이나 종자로 번식한다. 전국적으로 분포하며 산지에서 자란다. 원줄기는 높이 45~90㎝ 정도로 곧추 자라며 윗부분에서 가지가 갈라진다. 마디 부근에 긴 백색 털이 있고 뿌리에 강한 향기가 있다. 근생엽은 모여 나고 경생엽은 마주난다. 5~6월에 산방상으로 달리는 꽃은 붉은빛이 돈다. 열매는 길이 4㎜ 정도의 피침형으로 윗부분에 꽃받침이 관모상으로 달려서 바람에 날린다. '넓은잎쥐오줌풀'과 달리 식물체가 소형이고 마디와 줄기에 털이 있다. 관상용 및 밀원용으로도 심는다. 봄·초여름에 연한 줄기와 잎을 삶아 나물로 먹거나 어린순을 데쳐서 된장이나 고추장에 무쳐 먹는다. 튀겨먹거나 국으로도 먹는다. 다음과 같은 증상이나 효과에 약으로 쓰인다. 쥐오줌풀(16): 간질, 경련, 고혈압, 신경과민, 심신불안, 요통, 월경부조, 월경이상, 위약, 정신분열증, 진경, 진정, 진통, 타박상, 탈항, 히스테리

산토끼꽃* san-to-kki-kkot

산토끼꽃과 Dipsacaceae
Dipsacus japonicus Miq.

UN 산토끼풀ⓝ EN japanese-teasel CN or MN (9): 속단#(續斷 Xu-Duan), 접골초(接骨草 Jie-Gu-Cao), 천속단#(川續斷 Chuan-Xu-Duan)
[Character: dicotyledon. sympetalous flower. biennial herb. erect type. wild, medicinal, ornamental plant]

2년생 초본으로 종자로 번식한다. 중부지방에 분포하며 산지에서 자란다. 원줄기는 높이 80~160㎝ 정도로 가지가 갈라지고 윗부분에 능선이 있으며 밑부분에 굵은 자모가 산생한다. 근생엽은 모여 나고 경생엽은 마주나며 밑부분의 잎은 우상으로 갈라진다. 윗부분의 큰 열편은 길이 6~15㎝ 정도의 긴 타원형이다. 7~8월에 두상꽃차례로 피는 꽃은 홍자색이다. 수과는 길이 6㎜ 정도로서 상반부에 털이 약간 있다. '체꽃속'에 비해 식물체에 강모가 있고 두상꽃차례는 구형이며 총포편은 화상의 인편과 더불어 끝이 단단한 자상이다. 관상용으로 이용하기도 한다. 다음과 같은 증상이나 효과에 약으로 쓰인다. 산토끼꽃(15): 강근골, 골절, 골절증, 안태, 옹종, 완선, 요배통, 유정증, 자궁냉증, 진통, 치핵, 타박상, 태루, 하지근무력증, 활혈

체꽃* che-kkot

산토끼꽃과 Dipsacaceae
Scabiosa tschiliensis for. *pinnata* (Nakai) W. T. Lee

Ⓛⓝ 체꽃ⓝ, 가는잎체꽃 Ⓔⓝ scabious, mourning-bride, pincushion-flower Ⓒⓝ or Ⓜⓝ (2): 남분화#(藍盆花 Lan-Pen-Hua), 속단#(續斷 Xu-Duan)
[Character: dicotyledon. sympetalous flower. biennial herb. erect type. cultivated, wild, medicinal, edible plant]

'솔체꽃'과 비슷하나 잎이 우상으로 갈라진다.

새박* sae-bak | 박과 Cucurbitaceae *Melothria japonica* Maxim.

Ⓛⓝ 새박ⓝ, 토백렴, 새박풀 Ⓒⓝ or Ⓜⓝ (5): 나마자#(蘿藦子 Luo-Mo-Zi), 모과#(茅瓜 Mao-Gua), 토백렴#(土白蘞 Tu-Bai-Lian)
[Character: dicotyledon. sympetalous flower. annual herb. vine. hygrophyte. wild, medicinal, edible, forage plant]

1년생 초본의 덩굴식물로 종자로 번식한다. 남부지방과 제주도에 분포하며 습지에서 자란다. 덩굴줄기는 길이 1~2m 정도로 잎과 마주나는 덩굴손으로 다른 물체를 감아 올라간다. 어긋나는 잎은 길이가 3~8㎝, 너비 4~8㎝ 정도인 삼각상 심원형으로 심장저이고 끝이 뾰족하며 가장자리에 불규칙한 톱니가 있다. 7~8월에 자웅이화로 피는 꽃은 백색이다. 열매는 둥글고 과경이 밑으로 처지며 녹색이지만 익으면 회백색으로 된다. '산외'에 비해 종자는 과실속에 수평으로 달려 있다. 어린순은 나물로 식용하고 사료로 이용하기도 한다. 다음과 같은 증상이나 효과에 약으로 쓰인다. 새박(12): 관절염, 당뇨, 사지마비, 산결소종, 습진, 이뇨, 이습, 인후염, 종기, 청열화염, 통유, 황달

20110828표

20050916  20050830

19950921

19980817  19910923  20070523

20120819  20050916  19990827

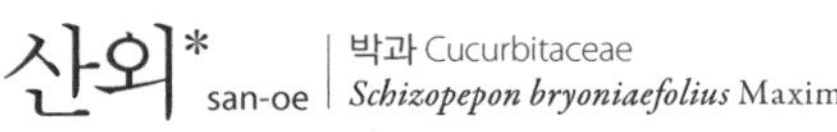

산외* san-oe

박과 Cucurbitaceae
Schizopepon bryoniaefolius Maxim.

LN 산외⑪ EN common-schizopepon.
[Character: dicotyledon. sympetalous flower. annual herb. vine. wild, medicinal, edible, ornamental plant]

1년생 초본의 덩굴식물로 종자로 번식한다. 전국적으로 분포하며 산지에서 자란다. 덩굴줄기는 길이 1~3m 정도이고 잎과 마주나는 덩굴손이 2개로 갈라져 다른 물체를 감아 올라간다. 어긋나는 잎은 길이와 너비가 각각 5~10㎝ 정도인 난상 심장형으로 끝이 뾰족한 심장저이고 양면에 털이 있으며 가장자리는 5~7개로 얕게 갈라지기도 한다. 총상꽃차례에는 수꽃이 달리고 잎겨드랑이에서 나오는 양성화는 누른빛이 도는 백색이다. 과경은 길이 1~10㎝ 정도로 밑으로 처지고 장과는 길이 1㎝ 정도의 난형으로 1~3개의 갈색 종자가 들어 있다. '새박'과 달리 밑씨가 위에서 밑으로 처져 있고 종자는 1~3개씩 들어 있다. 어린순은 나물로 식용하며 관상용으로도 이용한다. 다음과 같은 증상이나 효과에 약으로 쓰인다. 산외(3): 거담, 맹장염, 해열

20001008

20050726 20090908표 20120810

19910616 20060618 20070703 20120810

20110804 20120810 19900924 20120810

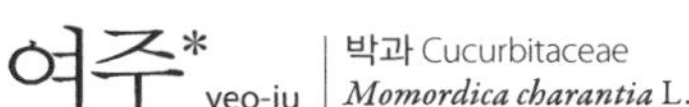

여주* yeo-ju

박과 Cucurbitaceae
Momordica charantia L.

ⓚⓝ 유자ⓝ, 긴여주, 여지, 여자 ⓔⓝ bittergourd, balsam-pear, balsam-apple, bitter-balsam-apple, bitter-melon, paria, bitter-gourd ⓒⓝ or ⓜⓝ (13): 고과#(苦瓜 Ku-Gua), 고과화#(苦瓜花 Ku-Gua-Hua), 면려지(綿荔枝 Mian-Li-Zhi)
[Character: dicotyledon. sympetalous flower. annual herb. vine. cultivated, medicinal, edible, ornamental plant]

1년생 초본의 덩굴식물로 종자로 번식한다. 열대아시아가 원산지인 관상식물이다. 덩굴줄기는 길이 3~6m 정도이고 잎과 마주나는 덩굴손으로 다른 물체를 감으면서 올라간다. 어긋나는 잎은 길이가 10~20㎝ 정도이고 5~7개의 열편으로 이루어진 장상엽이다. 잎겨드랑이에 1개씩 달리는 꽃은 1가화이며 황색이다. 열매는 길이 8~14㎝ 정도의 타원형으로 혹 같은 돌기로 싸여 있으며 황적색으로 익으면 갈라져서 홍색 육질로 싸여 있는 종자가 나타난다. 관상용으로 심으며 미숙한 열매를 식용하기도 한다. 다음과 같은 증상이나 효과에 약으로 쓰인다. 여주(16): 거담, 경신익지, 맹장염, 명목, 열병, 옹종, 위경련, 위한증, 이질, 일체안병, 종독, 청서조열, 치핵, 해독, 해열, 혈기심통

박* bak | 박과 Cucurbitaceae *Lagenaria leucantha* Rusby

LN 박ⓝ, 바가지, 바가지박 EN white-flowered-gourd, calabash-gourd, bottle-gourd, calabash, chinese-squash, cucuzzi, spaghetti-squash CN or MN (9): 고호#(苦瓠 Ku-Hu), 포로#(匏蘆 Pao-Lu), 호로(壺盧 Hu-Lu)
[Character: dicotyledon. sympetalous flower. annual herb. vine. cultivated, medicinal, edible, ornamental plant]

1년생 초본의 덩굴식물로 종자로 번식한다. 열대아시아가 원산지인 재배식물이다. 원줄기는 청록색으로 전체에 짧은 털이 있고 덩굴손이 있어 다른 물체를 감으면서 올라간다. 어긋나는 잎은 길이가 15~30㎝ 정도인 심장형으로 가장자리가 장상으로 갈라지고 둔한 톱니가 있다. 7~8월에 피는 자웅이화인 꽃은 백색으로 저녁때 개화하여 아침에 시든다. 장과는 지름 20~35㎝ 정도의 구형으로 처음에는 털이 있으나 점차 없어지고 표피가 딱딱해진다. 전국적으로 재배하며 공업용, 관상용, 식용으로 쓴다. 여름·초가을에 어린 열매를 삶아 나물로 먹거나 익은 열매의 속살을 양념하여 먹는다. 다음과 같은 증상이나 효과에 약으로 쓰인다. 박(16): 간염, 간질, 감기, 개선, 소아구루, 악창, 양모발약, 옴, 옹종, 이수소종, 종기, 종독, 치간화농, 치아동통, 통리수도, 황달

하늘타리* ha-neul-ta-ri

박과 Cucurbitaceae
Trichosanthes kirilowii Maxim.

LN 하늘타리ⓝ, 쥐참외, 하눌타리, 하눌수박, 하늘수박 EN chinese-cucumber, mongolian-snakegourd CN or MN 하늘타리(64): 고과근(苦瓜根 Ku-Gua-Gen), 과루#(瓜蔞 Gua-Lou), 괄루#(栝樓 Gua-Lou), 괄루피#(括蔞皮 Gua-Lou-Pi), 천화분#(天花粉 Tian-Hua-Fen)
[Character: dicotyledon. sympetalous flower. perennial herb. vine. cultivated, wild, medicinal, edible plant]

다년생 초본의 덩굴식물로 괴근이나 종자로 번식한다. 중남부지방에 분포하며 산지나 들에서 자란다. 덩굴줄기는 길이 2~6m 정도이고 잎과 마주나는 덩굴손이 나와 다른 물체에 붙어서 벋어간다. 어긋나는 잎은 길이가 7~15㎝ 정도인 심장형으로 가장자리가 5~7개의 장상으로 갈라지며 가장자리에 톱니가 있고 표면에 짧은 털이 있다. 7~8월에 피는 자웅이화인 꽃은 백색이다. 열매는 지름 5~8㎝ 정도의 구형으로 오렌지색으로 익으며 종자는 연한 다갈색이다. '노랑하늘타리'와 달리 잎이 5~7개로 갈라지고 열편에 톱니가 있으며 짧은 털이 있고 열매는 오렌지색으로 익으며 종자는 연한 다갈색이다. 약용으로 심고 괴근의 전분을 식용하며 공업용으로도 이용한다. 다음과 같은 증상이나 효과에 약으로 쓰인다. 하늘타리(52): 각혈, 간기능회복, 강장보호, 객혈, 거담, 결핵, 경혈, 기울증, 담, 당뇨, 백적리, 선열, 식도암, 안오장, 야뇨증, 어혈, 열광, 오풍, 요도염, 월경이상, 유두염, 유선염, 유옹, 유즙결핍, 윤피부, 이뇨, 자궁경부암, 자양강장, 장풍, 적백리, 종창, 중풍, 진정, 진통, 창종, 최유, 치루, 치창, 치핵, 타박상, 토혈각혈, 통경, 통리수도, 폐결핵, 폐기천식, 폐위해혈, 피부병, 피부윤택, 해수, 해열, 화상, 황달

20011025 19920810 19900605 19890719 19910910 19891015 19921019

돌외* dol-oe

박과 Cucurbitaceae
Gynostemma pentaphyllum (Thunb.) Makino

KN 돌외ⓝ, 덩굴차, 물외 EN fiveleaf-gynostemma CN or MN (4): 교고람#(絞股藍 Jiao-Gu-Lan), 칠엽담#(七葉膽 Qi-Ye-Dan)
[Character: dicotyledon. sympetalous flower. perennial herb. vine. cultivated, wild, medicinal, edible plant]

다년생 초본의 덩굴식물로 근경이나 종자로 번식한다. 중남부지방에 분포하며 산지나 들에서 자란다. 덩굴줄기는 길이 1~3m 정도로 가지가 갈라지며 잎과 마주나는 덩굴손이 다른 물체를 감아 올라가고 마디에 백색의 털이 있다. 어긋나는 잎은 새발모양의 복엽이고 길이 3~6㎝, 너비 2~3㎝ 정도의 난상 타원형으로 표면에 잔털이 있으며 가장자리에 톱니가 있다. 7~9월에 원추꽃차례로 피는 꽃은 황록색이고 수술은 유합하여 원주상을 이룬다. 장과는 지름 6~8㎜ 정도의 구형으로 흑녹색으로 익는다. 종자는 길이 4㎜ 정도이다. '가시박'과 달리 잎이 장상복엽이며 흰 털이 있으나 곧 없어진다. 약용으로 심는다. 어린순을 식용하고 어린 경엽을 말려서 '덩굴차'라고 하여 음용한다. 다음과 같은 증상이나 효과에 약으로 쓰인다. 돌외(7): 거담, 거담지해, 기관지염, 만성기관지염, 소염해독, 종독, 해독

왕과* wang-gwa

박과 Cucurbitaceae
Thladiantha dubia Bunge

LN 취참외ⓝ, 큰새박, 주먹외 EN red-hailstone, king-cucumber, goldencreeper, golden-creeper CN or MN (16): 야첨과(野甛瓜 Ye-Tian-Gua), 왕과(王瓜 Wang-Gua), 적박#(赤瓟 Chi-Bao)
[Character: dicotyledon. sympetalous flower. perennial herb. vine. cultivated, wild, medicinal, edible plant]

다년생 초본의 덩굴식물로 근경이나 종자로 번식한다. 중남부지방의 야산이나 들에서 자란다. 덩굴줄기는 2~3m 정도이고 어긋나게 달리는 잎은 심장형이다. 식물체 전체에 가는 섬모가 있고 가늘며 긴 덩굴손이 있다. 자웅동주인 꽃은 노란색으로 7~8월에 핀다. 열매는 길이 4~5㎝ 정도의 긴 타원형으로 노랗게 익는다. '뚜껑덩굴'에 비해 잎이 넓고 꺼칠꺼칠하며 꽃은 황색이고 2열편의 끝이 길게 뾰족하지 않고, 종자가 수평으로 달려 있다. 어린 싹을 데쳐서 나물로 한다. 약용으로 재배하고 다음과 같은 증상이나 효과에 약으로 쓰인다. 왕과(27): 간기능회복, 간염, 강역이습, 건위, 경선결핵, 경혈, 근골구급, 야뇨증, 열질, 옹종, 완화, 월경이상, 위산과다, 유방염, 유즙결핍, 이질, 주황병, 타태, 통리수도, 폐결핵, 하혈, 해수, 화상, 화어, 활혈, 황달가

가시박* ga-si-bak

박과 Cucurbitaceae
Sicyos angulatus L.

LN 안동오이, 안동대목 EN burcucumber, one-seeded-burcucumber, star-cucumber, bur-cucumber CN or MN (1): 소편과#(小扁瓜 Xiao-Bian-Gua)
[Character: dicotyledon. sympetalous flower. annual herb. vine. wild, medicinal, plant]

1년생 덩굴식물로 종자로 번식한다. 북아메리카가 원산지인 귀화식물로 전국적으로 분포하며 발생이 확산되고 있다. 덩굴줄기는 4~8m 정도로 각이 지고 연모가 밀생한다. 3~4개로 갈라진 덩굴손으로 다른 물체를 감으며 기어오른다. 어긋나는 잎은 잎자루가 3~12㎝ 정도이고 잎몸은 지름 7~14㎝ 정도의 원형이며 5~7개로 천열 된다. 꽃은 자웅동주로 수꽃은 황백색이며 암꽃은 담녹색이다. 뭉쳐 달리는 열매는 장타원형으로 가느다란 가시로 덮여 있다. '돌외'와 달리 잎이 단엽이며 가시 같은 털이 있다. 도로변이나 황무지에서 다른 식물을 덮어 생육을 저해하는 잡초이다. 다음과 같은 증상이나 효과에 약으로 쓰인다. 가시박(2): 살충, 청열

잔대* jan-dae

초롱꽃과 Campanulaceae
Adenophora triphylla var. *japonica* (Regel) H. Hara

Ⓛⓝ 잔대ⓝ, 층층잔대, 가는잎딱주, 갯딱주, 잔대싹 Ⓔⓝ giant-bellflower, lady-bell Ⓒⓝ or Ⓜⓝ (30): 남사삼#(南沙蔘 Nan-Sha-Shen), 백사삼(白沙蔘 Bai-Sha-Shen), 사삼#(沙蔘 Sha-Shen), 산사삼(山沙蔘 Shan-Sha-Shen), 제니(薺苨 Ji-Ni)

[Character: dicotyledon. sympetalous flower. perennial herb. erect type. cultivated, wild, medicinal, edible, ornamental plant]

재배하는 잔대포장에는 잔대와 층층잔대가 혼생하고 있다. 다년생 초본으로 근경이나 종자로 번식한다. 전국적으로 분포하며 산지에서 자란다. 굵은 뿌리에서 나오는 원줄기는 높이 60~120㎝ 정도이고 가지가 갈라지며 전체에 잔털이 있다. 근생엽은 잎자루가 길고 잎몸은 원심형이다. 경생엽은 돌려나기도 하고 마주나기도 하며 어긋나기도 한다. 잎몸은 길이 4~8㎝, 너비 5~40㎜ 정도의 긴 타원형, 피침형, 넓은 선형으로 가장자리에 톱니가 있다. 7~9월에 원추꽃차례로 피는 꽃은 하늘색이다. 삭과는 측면의 능선 사이에서 터진다. '털잔대'와 달리 식물체에 긴 털이 없고 잎은 위에서는 어긋나며 꽃은 길이 13~22㎜ 정도이다. '넓은잔대'와 '왕잔대'에 비해 꽃차례의 가지가 윤생하고 꽃받침조각은 바늘모양으로 보다 좁다. '잔대', '층층잔대', '가는층층잔대' 등으로 구분하기도 한다. 식용, 약용, 관상용 등으로 심는다. 봄·초여름에 연한 잎과 줄기를 삶아 나물로 먹으며 생으로 먹거나 데쳐서 무쳐 먹는다. 뿌리는 고추장구이로 먹거나 튀겨 먹는다. 다음과 같은 증상이나 효과에 약으로 쓰인다. 잔대(33): 강장보호, 거담지해, 경기, 경련, 경풍, 관장, 기관지염, 백일해, 소아감적, 소아경풍, 양음, 옹종, 위염, 익담기, 익위생진, 자양강장, 종독, 지음증, 천식, 청열해독, 청폐거담, 편도선염, 폐결핵, 폐기천식, 폐렴, 폐부종, 한열, 한열왕래, 해독, 해수, 해열, 호흡곤란, 홍분제

모시대* mo-si-dae | 초롱꽃과 Campanulaceae *Adenophora remotiflora* (Siebold et Zucc.) Miq.

LN 모시잔대ⓝ, 모시때, 모싯대, 그늘모시대, 모싯대참나물 EN scatterred-flower-ladybell
CN or MN (11): 제니#(薺苨 Ji-Ni), 행삼(杏蔘 Xing-Shen)
[Character: dicotyledon. sympetalous flower. perennial herb. erect type. cultivated, wild, medicinal, edible, ornamental plant]

다년생 초본으로 근경이나 종자로 번식한다. 전국적으로 분포하며 산지에서 자란다. 굵은 뿌리에서 나오는 줄기는 높이 50~100㎝ 정도이고 가지가 갈라진다. 어긋나는 잎은 길이 5~15㎝, 너비 3~8㎝ 정도의 난상 심장형으로 끝이 뾰족하고 가장자리에 예리한 톱니가 있다. 7~9월에 원추꽃차례로 달리는 꽃은 연한 자주색이다. '도라지모시대'와 달리 꽃은 길이 2~3㎝ 정도이고 지름 1㎝ 이상이다. 뿌리와 어린순은 식용하며 약용, 관상용으로도 심는다. 봄에 잎과 어린순은 데쳐서 된장이나 간장에 무쳐 먹거나 나물, 볶음, 묵나물, 김말이, 국거리로 먹는다. 쌈이나 튀김으로 먹기도 한다. 다음과 같은 증상이나 효과에 약으로 쓰인다. 모시대(19): 간염, 경기, 급성간염, 기관지염, 열광, 열질, 옹종, 익담기, 인후통증, 종독, 청열, 폐결핵, 한열, 한열왕래, 해독, 해수, 해열, 혈림, 화염

초롱꽃* cho-rong-kkot

초롱꽃과 Campanulaceae
Campanula punctata Lam.

Ⓚ 초롱꽃ⓝ, 자반풍령초 Ⓔ spotted-bellflower, dotted-bellflower, punctate-bellflower
Ⓒ or Ⓜ (1): 자반풍령초#(紫斑風鈴草 Zi-Ban-Feng-Ling-Cao)
[Character: dicotyledon. sympetalous flower. perennial herb. creeping and erect type. cultivated, wild, medicinal, edible, ornamental plant]

다년생 초본으로 근경이나 종자로 번식한다. 중북부지방에 분포하며 산지나 들에서 자란다. 옆으로 자라는 포복지에서 나온 원줄기는 높이 40~80㎝ 정도이고 전체에 퍼진 털이 있다. 모여 나는 근생엽은 잎자루가 길고 난상 심장형이다. 어긋나는 경생엽은 길이 4~8㎝, 너비 1~4㎝ 정도의 삼각상 난형으로 끝이 뾰족하고 가장자리에 불규칙하며 둔한 톱니가 있다. 6~8월에 피는 종 같은 꽃은 백색 또는 연한 황색 바탕에 짙은 반점이 있다. '섬초롱꽃'과 달리 꽃이 흰색 또는 담홍자색으로 짙은 반점이 있다. '자주꽃방망이'에 비해 꽃은 종 모양으로 드리우고 짧은 소화경이 있으며 포는 꽃의 기부를 싸지 않는다. 어린순은 나물로 식용하며 관상용으로도 심는다. 봄에 연한 잎과 줄기를 삶아 나물로 먹거나 말려 먹는다. 쌈으로 먹기도 하고 데쳐서 무쳐 먹는다. 꽃은 살짝 데쳐서 초무침으로 먹는다. 다음과 같은 증상이나 효과에 약으로 쓰인다. 초롱꽃(9): 경풍, 보익, 보폐, 인후염, 천식, 최생, 편도선염, 한열, 해산촉진

섬초롱꽃* seom-cho-rong-kkot

초롱꽃과 Campanulaceae
Campanula takesimana Nakai

Ⓛⓝ 섬초롱꽃ⓝ, 흰섬초롱꽃, 자주섬초롱꽃 Ⓔⓝ korean-bellflower Ⓒⓝ or Ⓜⓝ (1): 자반풍령초#(紫斑風鈴草 Zi-Ban-Feng-Ling-Cao)
[Character: dicotyledon. sympetalous flower. perennial herb. erect type. cultivated, wild, medicinal, edible, ornamental plant]

다년생 초본으로 근경이나 종자로 번식한다. 울릉도에서 자란다. 원줄기는 가지가 갈라지고 능선이 있으며 자줏빛이 돌고 털이 적다. 근생엽은 모여 나고 어긋나는 경생엽은 길이 4~8㎝, 너비 1.5~4㎝ 정도의 난상 심장형으로 끝이 뾰족하며 가장자리에 톱니가 있다. 6~8월에 총상으로 밑을 향해 달리는 꽃은 연한 자주색 바탕에 짙은 색의 반점이 있다. '초롱꽃'과 달리 잎이 두껍고 광택이 나며 꽃은 연한 자주색 바탕에 짙은 반점이 있고 꽃받침의 맥이 특히 현저하다. 식용, 약용, 관상용으로 중남부지방에 심는다. 봄에 연한 잎을 삶아 초장이나 양념에 무쳐 먹거나 말려 두고 기름에 볶아 나물로 먹는다. 다음과 같은 증상이나 효과에 약으로 쓰인다. 섬초롱꽃(9): 경풍, 보익, 보폐, 인후염, 천식, 최생, 편도선염, 한열, 해산촉진

자주꽃방망이* ja-ju-kkot-bang-mang-i

초롱꽃과 Campanulaceae
Campanula glomerata var. ***dahurica*** Fisch. ex Ker-Gawl.

LN 꽃방망이ⓝ, 자주꽃방맹이, 꽃방맹이, 자지꽃방망이 EN danesblood-bellflower, danesblood CN or MN (1): 취화풍령초#(聚花風鈴草 Ju-Hua-Feng-Ling-Cao)
[Character: dicotyledon. sympetalous flower. perennial herb. erect type. cultivated, wild, medicinal, edible, ornamental plant]

다년생 초본으로 근경이나 종자로 번식한다. 중북부지방에 분포하며 산지나 풀밭에서 자란다. 짧은 근경에서 나오는 원줄기는 높이 60~120㎝ 정도로 곧추 자라고 위에서 약간의 가지가 갈라진다. 모여 나는 근생엽은 잎자루가 길지만 어긋나는 경생엽은 위로 갈수록 잎자루가 짧아진다. 잎몸은 길이 5~10㎝, 너비 1~3㎝ 정도의 타원형으로 끝이 뾰족하며 가장자리에 톱니가 있다. 7~8월에 자주색 꽃이 두상으로 모여 달리거나 윗부분의 잎겨드랑이에도 몇 개씩 모여 달리며 흰색의 꽃도 있다. 식용, 약용, 관상용으로 심는다. 어린순을 삶아 말려 두고 나물로 한다. 다음과 같은 증상이나 효과에 약으로 쓰인다. 자주꽃방망이(7): 경풍, 보익, 보폐, 인후염, 천식, 편도선염, 한열

금강초롱꽃* geum-gang-cho-rong-kkot

초롱꽃과 Campanulaceae
Hanabusaya asiatica (Nakai) Nakai

ⓁⓃ 금강초롱, 화방초 ⒺⓃ diamond-bluebell ⒸⓃ or ⓂⓃ (1): 자반풍령초#(紫斑風鈴草 Zi-Ban-Feng-Ling-Cao)
[Character: dicotyledon. sympetalous flower. perennial herb. erect type. cultivated, wild, medicinal, edible, ornamental plant]

다년생 초본으로 근경이나 종자로 번식한다. 중북부지방에 분포하며 높은 산에서 자란다. 굵은 뿌리에서 나오는 원줄기는 높이 30~80㎝ 정도이고 가지가 갈라진다. 모여 나는 근생엽의 밑부분에 넓은 피침형의 인편이 달리고 줄기에는 4~6개의 잎이 어긋나지만 모여 달려서 모여 난 것 같다. 잎몸은 길이 6~12㎝, 너비 2.5~7㎝ 정도의 난상 타원형이고 가장자리에 안으로 굽는 불규칙한 톱니가 있다. 8~9월에 원줄기의 끝에서 달리는 자주색의 꽃은 고도가 낮아질수록 연한 자주색으로 변한다. '검산초롱꽃'과 달리 꽃받침잎은 길이 1~1.2㎝, 중앙부의 너비 1~2㎜ 정도이고 털이 없다. 식용, 약용, 관상용으로 심는다. 다음과 같은 증상이나 효과에 약으로 쓰인다. 금강초롱꽃(9): 경풍, 보익, 보폐, 인후염, 천식, 최생, 편도선염, 한열, 해산촉진

영아자* yeong-a-ja

초롱꽃과 Campanulaceae
Asyneuma japonicum (Miq.) Briq.

ⓛ 염아자ⓝ, 여마자, 염마자 ⓔ horned-rampion
[Character: dicotyledon. sympetalous flower. perennial herb. erect type. cultivated, wild, edible, ornamental plant]

다년생 초본으로 근경이나 종자로 번식한다. 전국적으로 분포하며 산지나 들에서 자란다. 원줄기는 높이 50~100㎝ 정도로 가지가 갈라지며 세로로 능선이 있고 전체에 털이 약간 있다. 어긋나는 잎은 길이 4~10㎝, 너비 2~4㎝ 정도의 긴 난형으로 끝부분이 뾰족하며 표면에 털이 있고 가장자리에 톱니가 있다. 7~9월에 총상으로 달리는 꽃은 자주색이지만 흰 꽃도 있다. 삭과는 지름 5~6㎜ 정도의 편구형으로 세로로 맥이 뚜렷하게 나타난다. '초롱꽃속'에 비해 화관이 가늘고 밑까지 깊게 갈라진다. 어린순은 나물로 식용하며 관상용으로 심기도 한다. 봄·초여름에 연한 잎과 줄기를 삶아 나물로 먹거나 데쳐서 무쳐 먹는다.

더덕* deo-deok

초롱꽃과 Campanulaceae
Codonopsis lanceolata (Siebold et Zucc.) Trautv.

LN 더덕ⓝ, 참더덕 EN lance-asiabell, bonnet-bellflower CN or MN (33): 만인삼#(蔓人蔘 Man-Ren-Shen), 사삼#(沙蔘 Sha-Shen), 산해라#(山海螺 Shan-Hai-Luo), 양유#(羊乳 Yang-Ru), 통유초(通乳草 Tong-Ru-Cao)
[Character: dicotyledon. sympetalous flower. perennial herb. vine. cultivated, wild, medicinal, edible, ornamental plant]

다년생 초본의 덩굴식물로 근경이나 종자로 번식한다. 전국적으로 분포하며 산지에서 자란다. 덩굴줄기는 길이 1~3m 정도로 다른 물체를 감아 올라간다. 어긋나는 잎은 짧은 가지 끝에서 4개의 잎이 서로 접근하여 마주난다. 잎몸은 길이 3~9㎝, 너비 1.5~4㎝ 정도의 긴 타원형으로 털이 없다. 잎의 표면은 녹색이고 뒷면은 분백색이며 가장자리가 밋밋하다. 8~9월에 피는 꽃은 겉이 연한 녹색이고 안쪽에 다갈색의 반점이 있다. '만삼'에 비해 뿌리가 굵으며 잎은 모여 나고 털이 없으며 잎자루가 짧고 화관은 연한 녹색이며 종자에 날개가 있다. 식용, 약용, 관상용으로 재배한다. 봄에 어린순을 데쳐서 나물로 먹으며 생으로 먹거나 튀김, 데쳐서 무쳐 먹기도 한다. 뿌리는 생으로 먹거나 더덕구이, 더덕무침 등으로 먹는다. 다음과 같은 증상이나 효과에 약으로 쓰인다. 더덕(51): 강장보호, 강정제, 거담, 건위, 경련, 경풍, 고혈압, 고환염, 구갈, 구고, 보익, 보폐, 소종배농, 식도암, 안오장, 옹종, 유방암, 유선염, 유즙결핍, 유창통, 음낭습, 음부질병, 음수체, 음양음창, 음종, 인두염, 인후염, 인후통증, 임파선염, 정력증진, 제습, 종독, 천식, 최유, 편도선염, 폐기천식, 폐혈, 풍, 풍사, 풍한, 피부노화방지, 피부소양증, 한열, 한열왕래, 해독, 화농, 화병, 후두염, 건비위, 흉통

만삼* man-sam

초롱꽃과 Campanulaceae
Codonopsis pilosula (Franch.) Nannf.

KN 만삼ⓝ, 삼승더덕 EN pilose-asiabell, tangshen CN or MN (30): 당삼#(黨蔘 Dang-Shen), 만삼#(蔓蔘 Man-Shen), 태당삼(台黨蔘 Tai-Dang-Shen)
[Character: dicotyledon. sympetalous flower. perennial herb. vine. cultivated, wild, medicinal, edible, ornamental plant]

다년생 초본의 덩굴식물로 근경이나 종자로 번식한다. 중북부지방에 분포하며 깊은 산에서 자란다. 덩굴줄기는 길이 1~2m 정도로 다른 물체를 감아 올라가며 전체에 털이 있고 자르면 유액이 나온다. 뿌리는 길이 30㎝ 정도까지 자란다. 잎은 어긋나지만 짧은 가지에서는 마주난다. 잎몸은 길이 1~4㎝, 너비 1~2㎝ 정도의 난형으로 양면에 잔털이 많다. 잎의 표면은 녹색 뒷면은 분백색이고 가장자리가 밋밋하다. 7~8월에 피는 꽃은 녹색을 띠는 황백색이다. '더덕'에 비해 뿌리가 곤봉모양이고 잎에 털이 있으며 잎자루가 길고 화관에 반점이 없으며 끝이 자색을 띠지 않고 종자에 날개가 없다. 꽃잎에 무늬와 반점이 없는 것이 '더덕'이나 '소경불알'과 다르다. 식용, 약용, 관상용으로 재배한다. 봄·초여름에 연한 잎과 순을 나물로 먹거나 겉절이를 한다. 쌈 싸 먹기도 하며 뿌리는 '더덕'과 같이 무침, 구이, 전, 조림 등으로 먹는다. 다음과 같은 증상이나 효과에 약으로 쓰인다. 만삼(33): 강장보호, 강정제, 거담, 건비위, 건위, 경풍, 고혈압, 관격, 구갈, 기력증진, 기부족, 보익, 보중익기, 보폐, 부인하혈, 생진양혈, 소아감적, 소아경풍, 소아소화불량, 인후염, 인후통증, 정혈, 천식, 탈항, 통경, 통기, 편도선염, 폐결핵, 폐기천식, 한열, 한열왕래, 항바이러스, 허약체질

도라지* do-ra-ji

초롱꽃과 Campanulaceae
Platycodon grandiflorum (Jacq.) A. DC.

LN 도라지ⓝ, 길경, 약도라지 EN balloon-flower, chinese-bellflower, japanese-bellflower
CN or MN (26): 길경#(桔梗 Jie-Geng), 제니(薺苨 Ji-Ni), 포복화(包袱花 Bao-Fu-Hua)
[Character: dicotyledon. sympetalous flower. perennial herb. erect type. cultivated, wild, medicinal, edible, ornamental plant]

다년생 초본으로 근경이나 종자로 번식한다. 전국적으로 분포하며 산지나 들에서 자란다. 뿌리가 굵고 뿌리에서 모여 나는 원줄기는 높이 50~100㎝ 정도로 자르면 백색 유액이 나온다. 어긋나는 잎은 길이 3~6㎝, 너비 1.5~4㎝ 정도의 긴 난형으로 표면은 녹색, 뒷면은 청회색이고 가장자리에 예리한 톱니가 있다. 7~8월에 피는 꽃은 짙은 하늘색이나 흰색이다. 삭과는 도란형으로 꽃받침열편이 달려 있다. '애기도라지속'에 비해 심피가 꽃받침조각 및 수술과 호생한다. 식용, 약용, 관상용으로 재배한다. 연한 잎과 줄기는 삶아 나물로 먹거나 튀겨 먹는다. 뿌리는 나물 무침, 튀김, 덮밥으로 먹는다. 초고추장에 무치거나 볶아먹는다. 다음과 같은 증상이나 효과에 약으로 쓰인다. 도라지(44): 감기, 거담, 고혈압, 골절, 기관지염, 늑막염, 담, 배가튀어나온증세, 배농, 보익, 복통, 선폐거담, 소아해열, 실뇨, 옹종, 월경이상, 위산과다증, 이인, 인두염, 인후통증, 임파선염, 종기, 종독, 지혈, 진정, 진통, 척추질환, 척추카리에스, 천식, 추간판탈출층, 치핵, 탄산토산, 토혈각혈, 편도선비대, 편도선염, 폐결핵, 폐기종, 폐기천식, 폐혈, 해소, 해열, 후두염, 후통, 흉통

숫잔대* sut-jan-dae | 숫잔대과 Lobeliaceae *Lobelia sessilifolia* Lamb.

LN 습잔대ⓝ, 진들도라지, 잔대아재비 EN sessile-lobelia, lobelia CN or MN (5): 고채(苦菜 Ku-Cai), 산경채#(山梗菜 Shan-Geng-Cai), 택길경#(澤桔梗 Ze-Jie-Geng)
[Character: dicotyledon. sympetalous flower. perennial herb. erect type. cultivated, hygrophyte. wild, medicinal, ornamental. poisonous plant]

다년생 초본으로 근경이나 종자로 번식한다. 전국적으로 분포하며 산지나 들의 습지에서 자란다. 짧고 굵은 근경에서 나오는 원줄기는 50~100㎝ 정도이고 가지가 갈라지지 않으며 털이 없다. 어긋나는 잎은 길이 4~8㎝, 너비 5~15㎜ 정도의 피침형으로 끝부분이 좁아진다. 7~8월에 총상꽃차례로 피는 꽃은 벽자색이다. 삭과는 길이 8~10㎜ 정도의 도란형이며 종자는 길이 1.5㎜ 정도의 편평한 난형으로 윤기가 있다. '수염가래꽃'과 달리 50㎝ 이상 곧추 자라며 전체가 대형이고 잎이 밀생하며 꽃은 짙은 자색이고 총상꽃차례로 달린다. 약용이나 관상용으로 심는다. 먹으면 구토, 설사, 심장마비 등이 일어난다. 다음과 같은 증상이나 효과에 약으로 쓰인다. 숫잔대(7): 거담지해, 관장, 백일해, 천식, 청열해독, 호흡곤란, 홍분

수염가래꽃* su-yeom-ga-rae-kkot

숫잔대과 Lobeliaceae
Lobelia chinensis Lour.

Ⓚ 수염가래ⓝ Ⓔ chinese-lobelia Ⓒ or Ⓜ (33): 반변#(半邊 Ban-Bian), 반변련#(半邊蓮 Ban-Bian-Lian), 편두초(偏頭草 Pian-Tou-Cao)

[Character: dicotyledon. sympetalous flower. perennial herb. creeping and erect type. hygrophyte. wild, medicinal, ornamental plant]

다년생 초본으로 근경이나 종자로 번식한다. 중남부지방에 분포하며 들이나 논과 밭의 습지에서 자란다. 줄기는 옆으로 벋고 마디에서 뿌리가 내리며 높이 5~15㎝ 정도로 비스듬히 선다. 어긋나는 잎은 2줄로 배열되며 길이 1~2㎝, 너비 2~4㎜ 정도의 피침형으로 가장자리에 둔한 톱니가 있다. 5~8월에 피는 꽃은 연한 자줏빛이나 흰색이다. 삭과는 길이 5~7㎜ 정도의 도란형이며 종자는 길이 0.4㎜ 정도로 적갈색이며 미끄럽다. '숫잔대'와 달리 소형식물로 높이 40㎝ 이하로서 줄기가 옆으로 벋어가다가 비스듬히 서며 꽃은 잎겨드랑이에 단생하고 홍자색을 띤다. 논이나 습한 밭에서 문제 잡초이지만 관상용으로 심기도 한다. 다음과 같은 증상이나 효과에 약으로 쓰인다. 수염가래꽃(24): 간경변증, 간염, 간장암, 개선, 관장, 급성간염, 백일해, 습진, 신장암, 옹종, 위암, 이뇨소종, 전립선염, 종독, 지혈, 직장암, 천식, 청열해독, 충독, 호흡곤란, 폐기천식, 해독, 황달, 홍분

떡쑥* tteok-ssuk | 국화과 Asteraceae *Gnaphalium affine* D. Don

KN 괴쑥ⓝ, 솜쑥, 흰떡쑥 EN cudweed, everlasting-cudweed CN or MN (36): 면견두(綿繭頭 Mian-Jian-Tou), 불이초#(佛耳草 Fo-Er-Cao), 서곡초#(鼠曲草 Shu-Qu-Cao), 황호#(黃蒿 Huang-Hao)
[Character: dicotyledon. sympetalous flower. biennial herb. erect type. wild, medicinal, edible plant]

2년생 초본으로 종자로 번식한다. 전국적으로 분포하며 산지나 들에서 자란다. 원줄기는 높이 15~40㎝ 정도이고 밑부분에서 가지가 많이 갈라지며 전체가 백색의 털로 덮여 있어 흰빛이 돈다. 모여 나는 근생엽은 개화기에 없어지며 어긋나는 경생엽은 길이 2~6㎝, 너비 4~12㎜ 정도의 긴 주걱형으로 끝이 둥글거나 뾰족하다. 5~6월에 개화하며 산방으로 달리는 꽃은 구상의 종형으로 황백색이다. 수과는 길이 0.5㎜ 정도의 긴 타원형으로 관모가 있다. '금떡쑥'과 달리 높이 10~40㎝ 정도이며 밑에서 가지가 갈라지고 잎 양면에 흰 솜털이 밀생하고 암술대는 화관보다 짧다. 어린순은 식용한다. 봄여름에 연한 잎을 삶아 나물로 먹거나 떡을 해 먹는다. 나물이나 국거리용으로도 이용한다. 떡쑥(23): 감기, 개선, 거담, 거풍한, 건위, 관절염, 근육통, 기관지염, 담, 백대하, 요통, 제습, 종창, 지혈, 천식, 타박상, 폐기천식, 풍, 하리, 해소, 해열, 근골동통, 화염지해

목향* mok-hyang | 국화과 Asteraceae *Inula helenium* L.

LN 목향ⓝ, 목형 EN elecampane, elecampane-inula, scabwort, elf-dock, inula, yellow-starwort, horse-heal CN or MN (24): 광목향(廣木香 Guang-Mu-Xiang), 목향#(木香 Mu-Xiang), 운목향(雲木香 Yun-Mu-Xiang), 토목향#(土木香 Tu-Mu-Xiang)
[Character: dicotyledon. sympetalous flower. perennial herb. erect type. cultivated. medicinal, edible, ornamental plant]

다년생 초본의 재배하는 약용식물로 근경이나 종자로 번식한다. 유럽이 원산지이고 전국 각지에서 재배한다. 원줄기는 높이 1~2m 정도이며 가지가 갈라지고 전체에 짧은 털이 밀생한다. 어긋나는 잎은 길이 15~45㎝, 너비 10~20㎝ 정도의 넓은 타원형으로 끝이 뾰족하고 가장자리에 불규칙한 톱니가 있다. 7~8월에 개화하며 두상꽃차례로 노란색이다. 수과는 연한 적갈색으로 관모가 있다. '버들금불초'와 달리 밑부분의 잎이 길이 50㎝에 달하고 톱니가 있으며 열매는 오면형이다. 식용, 관상용으로 재배한다. 어린 순을 데쳐서 식용한다. 다음과 같은 증상이나 효과에 약으로 쓰인다. 목향(21): 강장, 강장보호, 개선, 거담, 건비위, 건비화위, 건위, 곽란, 구충, 구토, 기관지염, 발한, 위경련, 이뇨, 이질, 장위카타르, 진통, 통기, 폐결핵, 해수, 행기지통

금불초* geum-bul-cho

국화과 Asteraceae
Inula britannica var. *japonica* (Thunb.) Franch. et Sav.

LN 금불초ⓝ, 들국화, 옷풀, 하국 EN british-elecampane, british-inula, fleabane CN or MN (46): 금불초(金佛草 Jin-Fo-Cao), 금비초#(金沸草 Jin-Fei-Cao), 선복#(旋覆 Xuan-Fu)

[Character: dicotyledon. sympetalous flower. perennial herb. erect type. wild, medicinal, edible, ornamental plant]

다년생 초본으로 근경이나 종자로 번식한다. 전국적으로 분포하며 들이나 과수원에서 자란다. 근경에서 나온 줄기는 높이 30~80㎝ 정도이다. 모여 나는 근생엽은 개화기에 없어지며 어긋나는 경생엽은 길이 5~10㎝, 너비 1~3㎝ 정도의 피침형으로 양면에 털이 있고 가장자리가 밋밋하다. 7~9월에 산방상으로 달리는 두상화는 황색이다. 수과는 길이 1㎜ 정도로 10개의 능선과 관모가 있다. '버들금불초'에 비해 전체에 누운 털이 약간 있고 엽질이 얇으며 융기한 맥이 없고 수과에 털이 있다. 관상용으로도 심는다. 어린 순은 데쳐서 쓴맛을 우려낸 뒤 간장이나 된장에 무치거나 나물로 먹고 된장국을 끓여 먹는다. 다음과 같은 증상이나 효과에 약으로 쓰인다. 금불초(17): 강기지구, 건위, 곽란, 구토, 소염행수, 소화불량, 외상, 위장염, 유선염, 이뇨, 지구역, 천식, 타박상, 통리수도, 폐기천식, 해수, 흉통

19871010 19940817 20110913 19930506 20120607 19840830 20121017 19970904 뚱딴지와 해바라기 20020420

뚱딴지* ttung-ttan-ji

국화과 Asteraceae
Helianthus tuberosus L.

LN 뚝감자ⓝ, 돼지감자 EN topinambur, jurusalem-artichoke, girasole, sunchoke, canada-potato CN or MN (1): 국우#(菊芋 Ju-Yu)
[Character: dicotyledon. sympetalous flower. perennial herb. erect type. cultivated, wild, medicinal, edible, forage plant]

다년생 초본으로 괴경이나 종자로 번식한다. 북아메리카가 원산지인 귀화식물로 전국적으로 분포하며 인가 부근에서 자란다. 괴경에서 나와 군생하는 원줄기는 높이 1.5~3m 정도이고 전체에 약간의 털이 있다. 경생엽은 밑부분에서는 마주나지만 윗부분에서는 어긋난다. 잎자루에는 날개가 있고 잎몸은 길이 7~15㎝, 너비 4~8㎝ 정도의 타원형으로 끝이 뾰족하며 가장자리에 톱니가 있다. 9~10월에 개화하는 지름 8㎝ 정도의 두상꽃차례에는 통상화는 갈색이고 설상화는 황색이다. 수과는 '해바라기'의 씨와 비슷하지만 작다. '해바라기'와 달리 꽃이 하늘을 향하고 덩이줄기가 있다. 공업용으로 이용하며 괴경을 식용하기도 한다. 괴경과 전초를 사료용으로 사용하기 위하여 재배한다. '돼지감자'라고 하고, 괴경을 생으로 먹거나 샐러드, 즙을 내어 마신다. 으깨어 죽으로 먹기도 하며 볶음 및 조림으로 먹기도 한다. 다음과 같은 증상이나 효과에 약으로 쓰인다. 뚱딴지(5): 골절, 당뇨, 양혈, 열성병, 청열

20011009 20050715표 20110810 20030717 19890425 20120523 20120523 19910705 20120810 20000816 20120810 겹꽃해바라기 20120810 겹꽃해바라기 19870822 19930715

해바라기* hae-ba-ra-gi | 국화과 Asteraceae *Helianthus annuus* L.

향 해바라기㉠, 해바래기 영 sunflower, common-sunflower, girasol 한 or 중 (16): 규화#(葵花 Kui-Hua), 향일규#(向日葵 Xiang-Ri-Kui), 향일화(向日花 Xiang-Ri-Hua)
[Character: dicotyledon. sympetalous flower. annual herb. erect type. cultivated, medicinal, edible, ornamental. forage plant]

1년생 초본으로 종자로 번식하고 북아메리카가 원산지인 재배식물이다. 원줄기는 높이 1.5~2.5m 정도이고 윗부분에서 가지가 갈라지며 전체적으로 굳은 털이 있다. 어긋나는 잎은 길이가 10~30㎝ 정도인 심장상 난형으로 가장자리에 큰 톱니가 있다. 8~9월에 개화하며 지름 8~50㎝ 정도의 두상꽃차례의 통상화는 갈색이고 가장자리의 설상화는 황색이다. 수과는 길이 8~15㎜ 정도의 도란형 또는 아원형으로 백색이나 회색이며 흑색 줄이 있다. '뚱딴지'와 달리 꽃이 옆을 향하며 덩이줄기가 없다. 여러 가지 품종이 있어 그 모양과 크기가 다르다. 식용이나 사료용으로 이용하고 관상용, 공업용으로 심기도 한다. 씨를 간식으로 먹기도 하고 꽃잎을 말린 뒤 우려내서 차로 마신다. 다음과 같은 증상이나 효과에 약으로 쓰인다. 해바라기(19): 강장보호, 고혈압, 골다공증, 구충, 구풍, 금창, 류머티즘, 보익, 사태, 식견육체, 요도염, 월경이상, 일사상, 지혈, 진통, 치통, 통리수도, 해수, 해열

20110920

19970502  20070606  20060618  19920713

20120901  20110920  20121015  20021217

야콘* ya-kon | 국화과 Asteraceae
Smallanthus sonchifolius (Poepp. et Endl.) H. Robinson

KN 미확인 EN yacon, yakon-strawberry CN or MN (3): 국서#(菊薯 Ju-Shu), 설련서#(雪蓮薯 Xue-Lian-Shu), 설련과#(雪蓮果 Xue-Lian-Gua)
[Character: dicotyledon. sympetalous flower. perennial herb. erect type. cultivated, medicinal, edible, forage plant]

열대 남아메리카가 원산지인 다년생 초본이며 전분자원으로 재배하는 작물이다. 괴근에서 나온 싹으로 번식한다. 줄기가 100~160㎝ 정도이며 마주나는 잎은 길이와 너비가 20~30㎝ 정도인 장타원형으로 날개가 있는 잎자루가 있다. 가을에 개화하는 꽃은 두상화로 황색이다. 줄기는 털이 나고 자색을 띤 녹색이다. 뿌리는 고구마처럼 생겼고 표피는 자주색을 띠고 내부조직은 황색이다. 야콘의 괴근은 물이 많고 아삭거린다. 줄기에 달린 괴근의 뇌두를 심어 재배하나 어린 줄기를 잘라서 삽목을 해도 뿌리가 잘 내린다. 고구마처럼 열대작물이므로 지상부가 서리를 맞으면 덩이뿌리가 잘 썩게 되므로 장기간 저장이 되지 않는다. 야콘의 괴근은 소화 흡수가 잘되지 않는 당류가 많아서 생식용으로 쓰이고 야콘의 잎도 음건하거나 냉동건조하여 차로 이용하고 있으며 지상부를 사료로 이용하기도 한다. 농촌진흥청의 자료에 의하면 올리고당이 많아 건강식품이며 생으로 껍질을 벗겨 과일처럼 깎아 먹는 것이 일반적이나 요리법의 개발로 밥, 국, 수프, 볶음, 조림, 절임, 무침, 김치, 국수, 튀김, 구이, 전, 장, 떡, 빵, 쿠키, 음료, 술, 차 등으로 먹기도 한다. 다음과 같은 증상이나 효과에 약으로 쓰인다.
야콘(5): 골다공증예방, 다이어트효과, 당뇨, 동맥경화, 변통

담배풀* dam-bae-pul

국화과 Asteraceae
Carpesium abrotanoides L.

ⓁⓃ 담배풀ⓝ, 학슬, 담배나물 ⒺⓃ common-carpesium ⒸⓃ or ⓂⓃ (38): 북학슬(北鶴虱 Bei-He-Shi), 천명정#(天名精 Tian-Ming-Jing), 학슬#(鶴蝨 He-Shi), 학슬초(鶴虱草 He-Shi-Cao)
[Character: dicotyledon. sympetalous flower. biennial herb. erect type. wild, medicinal, edible plant]

2년생 초본으로 종자로 번식한다. 중남부지방에 분포하며 산지나 들에서 자란다. 원줄기는 높이 40~80㎝ 정도로 가지가 갈라지고 뿌리는 방추형으로 목질이다. 모여 나는 근생엽은 개화기에 없어지며 어긋나는 경생엽은 길이 10~25㎝, 너비 8~15㎝ 정도의 긴 타원형으로 가장자리에 불규칙한 톱니가 있다. 8~9월에 잎겨드랑이에 총상으로 달리는 두상화는 황색이다. 수과는 길이 3~4㎜ 정도이다. 줄기 끝에서 가지가 방사상으로 퍼지고 두상화는 자루가 없이 잎겨드랑이에 편측으로 달린다. 어린잎과 순은 데쳐서 무치거나 나물과 쌈으로 먹거나 국으로 식용한다. 다음과 같은 증상이나 효과에 약으로 쓰인다. 담배풀(17): 간염, 거담, 구충, 급성간염, 살충, 소아경풍, 악창, 종창, 지혈, 청열, 치핵, 타박상, 피부소양증, 학질, 해독, 해열, 활혈

여우오줌* yeo-u-o-jum

국화과 Asteraceae
Carpesium macrocephalum Franch. et Sav.

KN 왕담배풀ⓝ EN big-head-carpesium CN or MN (22): 학슬#(鶴虱 He-Shi), 대화금알이#(大花金挖耳 Da-Hua-Jin-Wa-Er), 산향규#(山向葵 Shan-Xiang-Kui), 천명정#(天名精 Tian-Ming-Jing)
[Character: dicotyledon. sympetalous flower. perennial herb. erect type. wild, medicinal, edible plant]

다년생 초본으로 근경이나 종자로 번식한다. 중북부지방에 분포하며 산지에서 자란다. 원줄기는 높이 60~120㎝ 정도이고 가지가 갈라지며 굵다. 어긋나는 잎은 길이 15~30㎝, 너비 10~13㎝ 정도의 긴 타원형이나 올라갈수록 크기가 작아지고 모양도 긴 타원상 피침형으로 변하며 잎자루도 없어진다. 꽃은 8~9월에 피며 암꽃과 양성화가 있는 두상꽃차례는 황색으로 밑으로 처진다. 수과는 길이 5~6㎜ 정도로서 중앙부가 다소 굽으며 선점이 있다. *Carpesium*속의 다른 식물과 비교하여 전체가 장대하고 두상화가 큰 것으로 구별된다. 어린잎과 순은 데쳐서 무치거나 나물과 쌈으로 먹거나 국으로 식용한다. 다음과 같은 증상이나 효과에 약으로 쓰인다. 여우오줌(9): 거어, 교상, 구충, 지혈, 진통, 창종, 충독, 타박상, 활혈지혈

도꼬마리* do-kko-ma-ri | 국화과 Asteraceae *Xanthium strumarium* L.

ⓚⓝ 도꼬마리ⓝ, 창이자 ⓔⓝ california-bur, common-cocklebur, rough-cocklebur, heartleaf-cocklebur, siberian-cocklebur, burweed, beach-cocklebur, broad-cocklebur, heart-leaf-cocklebur, large-cocklebur ⓒⓝ or ⓜⓝ (60): 시이실(葈耳實 Xi-Er-Shi), 창이#(蒼耳 Cang-Er), 창이자#(蒼耳子 Cang-Er-Zi), 호창자(胡蒼子 Hu-Cang-Zi)
[Character: dicotyledon. sympetalous flower. annual herb. erect type. wild, medicinal, edible plant]

1년생 초본으로 종자로 번식한다. 전국적으로 분포하며 들이나 길가에서 자란다. 원줄기는 높이 50~100㎝ 정도이고 가지가 많이 갈라지며 털이 있다. 어긋나는 잎은 길이가 5~15㎝ 정도인 삼각형으로 예두 아심장저이고 가장자리가 3개로 갈라지며 결각상의 톱니가 있고 양면이 거칠다. 8~9월에 원추상으로 달리는 꽃은 황색이다. 길이 1㎝ 정도의 타원형인 열매는 갈고리 같은 돌기가 있고 그 속에 2개의 수과가 들어 있다. '큰도꼬마리'와 비슷하지만 총포는 길이 8~14㎜ 정도이고 털과 선모가 있으며 가시는 길이 1~2㎜ 정도로 작고 적다. 총포에 바늘모양의 가시가 없는 것이 '가시도꼬마리'와 다르다. 갈고리 같은 돌기로 다른 물체에 잘 붙는다. 초지의 문제잡초이다. 어린순을 데쳐서 식용한다. 다음과 같은 증상이나 효과에 약으로 쓰인다. 도꼬마리(57): 간열, 감기, 감창, 강직성척추관절염, 거품대변, 건선, 경련, 고혈압, 관절염, 광견병, 구창, 근골동통, 금창, 나력, 두통, 매독, 명목, 민감체질, 발한, 배농, 사지경련, 산풍습, 산후통, 소아두창, 수종, 습진, 아감, 연주창, 열독증, 음부질병, 이뇨, 자궁냉증, 자한, 장티푸스, 정종, 종독, 좌섬요통, 중풍, 지통, 진정, 진통, 창양, 척추관협착증, 축농증, 충독, 충치, 치조농루, 치질, 치통, 태독, 통리수도, 편도선염, 풍, 풍비, 피부소양증, 해독, 해열

등골나물* deung-gol-na-mul

국화과 Asteraceae
Eupatorium japonicum Thunb.

KN 등골나물ⓝ, 새등골나물, 산란, 패란 EN chinese-eupatorium, hemp-agrimonia, thoroughwort, boneset CN or MN (48): 광동토우슬#(廣東土牛膝 Guang-Dong-Tu-Niu-Xi), 대택란(大澤蘭 Da-Ze-Lan), 산택란#(山澤蘭 Shan-Ze-Lan), 패란#(佩蘭 Pei-Lan), 훈초(薰草 Xun-Cao)

[Character: dicotyledon. sympetalous flower. perennial herb. erect type. wild, medicinal, edible, ornamental plant]

다년생 초본으로 근경이나 종자로 번식한다. 전국적으로 분포하며 산지나 들에서 자란다. 원줄기는 높이 90~180㎝ 정도이고 가지가 갈라지며 자줏빛의 점과 꼬부라진 털이 있다. 마주나는 잎은 길이 9~18㎝, 너비 3~8㎝ 정도의 난상 긴 타원형으로 양면에 털이 있으며 가장자리에 톱니가 있다. 7~10월에 산방꽃차례로 피는 꽃은 백색 바탕에 자줏빛이다. 수과는 길이 3㎜ 정도의 원통형이고 선과 털이 있으며 길이 4㎜ 정도의 관모는 백색이다. '골등골나물'과 달리 잎자루가 있고 '벌등골나물'에 비해 근경이 짧고 잎 뒤에 선점이 있으며 줄기에 꼬부라진 털이 있어 까끌까끌하다. 관상용이나 밀원으로 심는다. 연한 잎과 줄기를 삶아 나물로 먹거나 데쳐서 무쳐 쌈으로 먹고 된장국을 끓여 먹기도 한다. 다음과 같은 증상이나 효과에 약으로 쓰인다. 등골나물(28): 감기, 거서, 고혈압, 관절염, 기관지염, 당뇨, 맹장염, 보익, 산후복통, 생기, 소종, 수종, 월경이상, 자궁암, 중풍, 치암, 토혈, 통경, 편도선염, 폐렴, 폐암, 풍, 피부암, 해독, 해열, 화습, 활혈, 황달

미역취* mi-yeok-chwi

국화과 Asteraceae
Solidago virgaurea subsp. *asiatica* Kitam. ex Hara var. *asiatica*

㉿ 미역취㉠, 돼지나물 ㊀ goldenrod, common-goldenrod, european-goldenrod ㊥ or ㊐ (13): 대패독#(大敗毒 Da-Bai-Du), 만산황#(滿山黄 Man-Shan-Huang), 야황국#(野黄菊 Ye-Huang-Ju), 일지황화#(一枝黄花 Yi-Zhi-Huang-Hua), 황화자#(黄花仔 Huang-Hua-Zi)
[Character: dicotyledon. sympetalous flower. perennial herb. erect type. wild, medicinal, edible ornamental plant]

다년생 초본으로 근경이나 종자로 번식한다. 전국적으로 분포하며 산지와 들에서 자란다. 원줄기는 높이 40~80㎝ 정도로 윗부분에서 가지가 갈라지고 잔털이 있다. 근생엽은 개화기에 없어지고 어긋나는 잎은 길이 5~10㎝, 너비 1.5~5㎝ 정도의 긴 타원상 피침형으로 가장자리에 톱니가 있다. 7~10월에 산방상 총상꽃차례로 피는 꽃은 황색이다. 수과는 원통형으로 털이 약간 있고 관모는 길이 3.5㎜ 정도이다. '울릉미역취'와 달리 수과에 털이 없다. 관상용이나 밀원으로도 이용한다. 연한 잎을 삶아 말려 두고 나물로 먹는다. 데쳐서 무쳐 먹거나 쌈으로 먹기도 한다. 다음과 같은 증상이나 효과에 약으로 쓰인다. 미역취(27): 간염, 감기, 건위, 급성간염, 백일해, 부종, 비암, 소아경련, 소아경풍, 소종해독, 소풍청열, 이뇨, 인후염, 전립선암, 종독, 청열, 타박상, 편도선염, 폐렴, 폐암, 피부염, 한열왕래, 해독, 해소, 해수, 해열, 황달

울릉미역취* ul-reung-mi-yeok-chwi

국화과 Asteraceae
Solidago virgaurea subsp. gigantea (Nakai) Kitam.

ⓚⓝ 큰미역취ⓝ, 섬미역취, 뫼미역취, 나래미역취, 미역취, 울릉취 ⓒⓝ or ⓜⓝ (7): 대패독#(大敗毒 Da-Bai-Du), 야황국#(野黃菊 Ye-Huang-Ju), 일지황화#(一枝黃花 Yi-Zhi-Huang-Hua)

[Character: dicotyledon. sympetalous flower. perennial herb. erect type. cultivated, wild, medicinal, edible plant]

다년생 초본으로 근경이나 종자로 번식한다. 남부지방에 분포하며 울릉도에서 많이 자란다. 원줄기는 높이 25~75㎝ 정도로 윗부분에서 가지가 갈라지고 전체에 잔털이 있다. 어긋나는 잎은 길이 5~10㎝, 너비 2~4㎝ 정도의 긴 타원형으로 위로 갈수록 점점 작아지며 양면에 털이 있고 가장자리에 톱니가 있다. 6~8월에 원추상으로 달리는 두상화는 황색이다. 수과는 원통형으로 종선이 있고 끝에 털이 있으며 관모는 길이 4~5㎜ 정도이다. '미역취'와 달리 잎이 크고 넓은 난형이며 두상화가 밀집하여 달리고 수과에 털이 있다. 식용으로 재배하고 '섬미역취' 또는 '큰미역취'라고도 한다. 연한 잎을 삶아 말려 두고 나물로 먹는다. 데쳐서 무쳐 먹거나 쌈으로 먹기도 한다. 다음과 같은 증상이나 효과에 약으로 쓰인다. 울릉미역취(11): 건위, 백일해, 부종, 소아경련, 소종해독, 소풍청열, 이뇨, 인후염, 타박상, 해소, 황달

벌개미취* beol-gae-mi-chwi | 국화과 Asteraceae *Aster koraiensis* Nakai

KN 벌개미취ⓝ, 고려쑥부쟁이, 별개미취 EN korean-starwort CN or MN (1): 자원#(紫菀 Zi-Wan)
[Character: dicotyledon. sympetalous flower. perennial herb. creeping and erect type. cultivated, wild, medicinal, edible, ornamental plant]

다년생 초본으로 근경이나 종자로 번식한다. 중남부지방에 분포하며 산지나 들에서 자란다. 옆으로 벋는 근경에서 자라는 줄기는 높이 30~60㎝ 정도로 가지가 갈라지며 줄기에 파진 홈과 줄이 있다. 근생엽은 모여 나고 어긋나는 경생엽은 길이 10~20㎝, 너비 1.5~3㎝ 정도의 피침형으로 끝이 뾰족하고 양면에 털이 없으며 가장자리에 잔 톱니가 있다. 6~10월에 피는 두상화는 지름 4~5㎝ 정도이고 연한 자주색이다. 수과는 길이 4㎜, 지름 1.3㎜ 정도의 긴 타원형이고 털이 없으며 관모도 없다. '개미취'에 비해 털이 거의 없고 두상화가 크며 통상화와 설상화에 관모가 없다. 어린순은 나물로 식용하며 관상용으로도 많이 심는다. 연한 잎을 삶아 나물로 먹거나 무쳐서 묵나물로 먹는다. 다른 나물과 무쳐 먹기도 한다. 다음과 같은 증상이나 효과에 약으로 쓰인다. 벌개미취(3): 보익, 이뇨, 해소

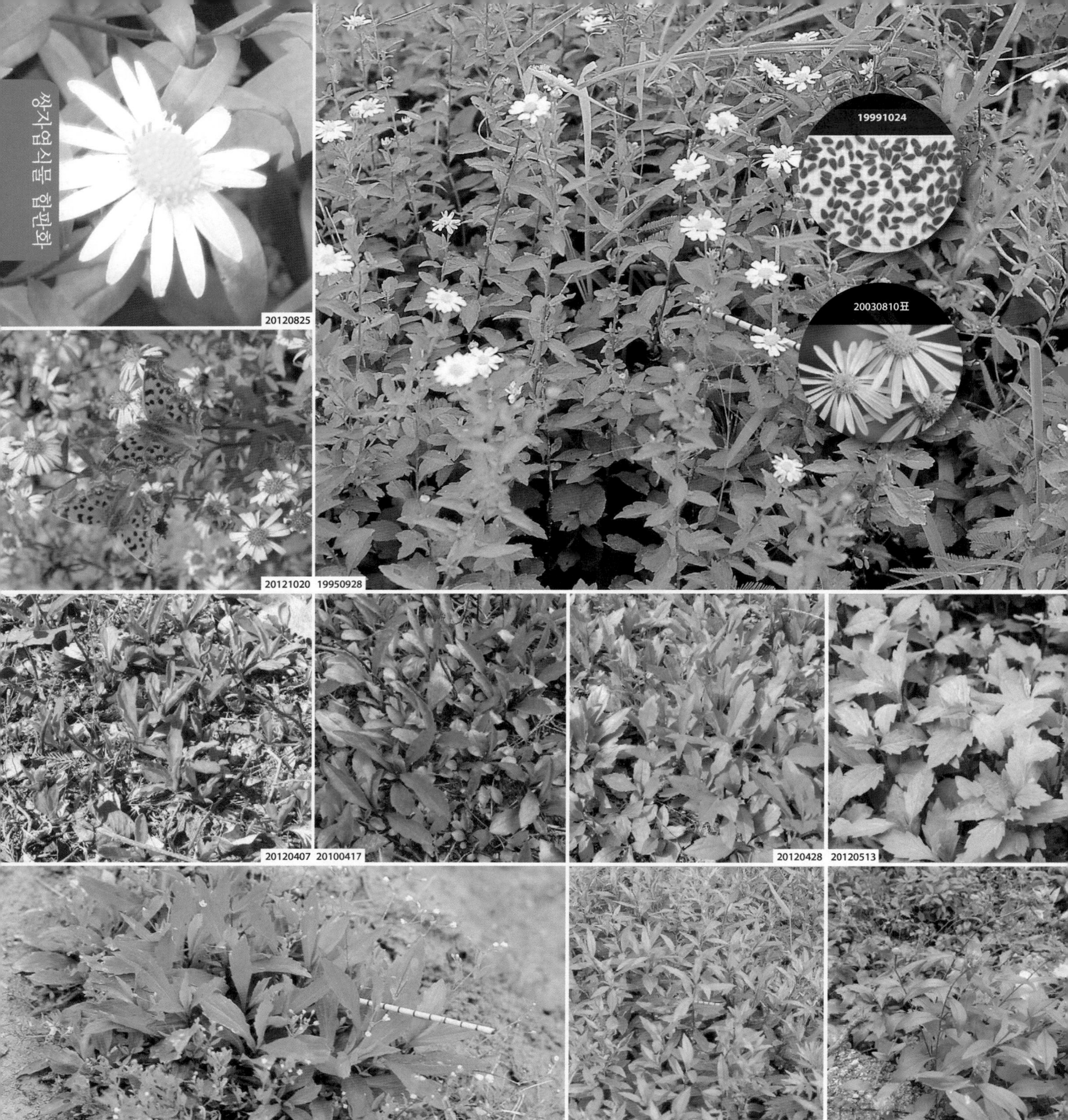

쑥부쟁이* ssuk-bu-jaeng-i

국화과 Asteraceae
Aster yomena (Kitam.) Honda

LN 푸른산국ⓝ, 쑥부장이, 권영초 CN or MN (4): 마란#(馬蘭 Ma-Lan), 산백국#(山白菊 Shan-Bai-Ju), 전변국(田邊菊 Tian-Bian-Ju)
[Character: dicotyledon. sympetalous flower. perennial herb. erect type. cultivated, wild, medicinal, edible, ornamental plant]

다년생 초본으로 근경이나 종자로 번식한다. 중남부지방에 분포하며 들에서 자란다. 근경에서 나온 줄기는 높이 40~80㎝ 정도로 가지가 갈라진다. 어긋나는 잎은 길이 4~8㎝ 정도의 피침형으로 가장자리에 굵은 톱니가 있다. 7~10월에 피는 지름 2.5㎝ 정도의 두상화는 연한 자주색을 띠고 중앙부의 통상화는 황색이다. '가새쑥부쟁이'에 비해 키가 작고 잎이 약간 두꺼우며 거친 톱니가 있고 '민쑥부쟁이'와 달리 톱니가 있으며 수과는 길이 2.5㎜, 관모는 길이 0.5㎜ 정도이며 가지가 굵다. 어린순은 나물로 식용하며 재배하기도 한다. 관상용으로 심기도 한다. 봄여름에 잎과 줄기를 삶아 말려두고 나물로 먹는다. 국으로 끓여 먹기도 하고 데쳐서 무쳐 먹고 쑥부쟁이밥을 해서 먹기도 한다. 다음과 같은 증상이나 효과에 약으로 쓰인다. 쑥부쟁이(7): 거담진해, 보익, 소풍, 이뇨, 청열, 해독, 해소

섬쑥부쟁이* seom-ssuk-bu-jaeng-i

국화과 Asteraceae
Aster glehni F. Schmidt

Ⓝ 섬푸른산국ⓝ, 섬쑥부장이, 구메리나물, 털부지깽이나물, 북녘쑥부쟁이, 부지깽이나물, 울릉취 ⒸⓃ or ⓂⓃ (1): 산백국#(山白菊 Shan-Bai-Ju)
[Character: dicotyledon. sympetalous flower. perennial herb. erect type. cultivated, wild, medicinal, edible, ornamental plant]

다년생 초본으로 근경이나 종자로 번식한다. 울릉도의 산지에서 자란다. 근경에서 나온 줄기는 높이 80~150㎝ 정도이고 가지가 갈라진다. 모여 나는 근생엽은 개화기에 없어지며 어긋나는 경생엽은 길이 9~18㎝, 너비 4~6㎝ 정도의 긴 타원형으로 양면에 잔털이 있고 가장자리에 톱니가 있다. 8~9월에 산방꽃차례로 피는 꽃은 지름 15㎜ 정도의 두상화로 백색이다. 수과는 길이 3㎜, 너비 0.8㎜ 정도의 긴 타원형이고 짧은 털과 선점이 다소 있다. 잎이 장타원형으로 잎자루가 짧고 과실에 선점이 있다. 어린순은 '부지깽이나물'이라고 하여 식용한다. 식용과 관상용으로 전국에서 재배한다. 연한 잎과 순을 나물로 데쳐 먹고 건조시켜 묵나물로 식용한다. 다음과 같은 증상이나 효과에 약으로 쓰인다. 섬쑥부쟁이(7): 거담진해, 보익, 소풍, 이뇨, 청열, 해독, 해소

개미취* gae-mi-chwi

국화과 Asteraceae
Aster tataricus L. f.

KN 개미취ⓝ, 자원, 들개미취, 애기개미취 EN tartarian-aster CN or MN (22): 반혼초(返魂草 Fan-Hun-Cao), 자완#(紫菀 Zi-Wan), 청완(靑菀 Qing-Wan)
[Character: dicotyledon. sympetalous flower. perennial herb. erect type. wild, cultivated, medicinal, edible, ornamental plant]

다년생 초본으로 근경이나 종자로 번식한다. 전국적으로 분포하며 산지나 들에서 자란다. 짧은 근경에서 나오는 줄기는 높이 1~2m 정도로 가지가 갈라지고 짧은 털이 있다. 모여 나는 근생엽은 길이 40~60㎝, 너비 12~14㎝ 정도의 긴 도란형이고 가장자리에 파상의 톱니가 있으나 개화기에 없어진다. 어긋나는 경생엽은 길이 20~30㎝, 너비 5~10㎝ 정도의 긴 타원형으로 가장자리에 톱니가 있다. 8~10월에 산방상으로 달리는 두상화는 지름 25~33㎜ 정도이고 하늘색이다. 수과는 길이 3㎜ 정도의 도란형으로 털이 있고 관모는 길이 6㎜ 정도이다. '좀개미취'와 달리 전체가 대형이고 두화는 지름 2.5~3.3㎝ 정도이고 잎은 너비 6~13㎝ 정도이고 두상화가 많으며 총포편은 끝이 뾰족하다. 식용, 관상용으로 심는다. 연한 잎과 순을 나물로 데쳐 먹고 건조시켜 묵나물로 식용한다. 다음과 같은 증상이나 효과에 약으로 쓰인다. 개미취(32): 각혈, 거담, 거풍, 경풍, 기관지염, 담, 보익, 소아경풍, 암, 윤폐, 이뇨, 인후종, 인후통증, 조갈증, 진통, 진해, 창종, 토혈, 토혈각혈, 통리수도, 폐기천식, 폐농양, 폐암, 폐혈, 피부암, 해소, 해수, 해열, 허약체질, 후두염, 흉부답답, A형간염

옹긋나물* ong-gut-na-mul | 국화과 Asteraceae *Aster fastigiatus* Fisch.

LN 옹긋나물ⓝ CN or MN (2): 여완#(女莞 Nü-Guan), 여완(女菀 Nü-Wei)
[Character: dicotyledon. sympetalous flower. perennial herb. erect type. wild, cultivated, medicinal, edible, ornamental plant]

다년생 초본으로 근경이나 종자로 번식한다. 전국적으로 분포하며 산야에서 자란다. 짧은 근경에서 나온 줄기는 높이 40~100㎝ 정도이고 윗부분에서 가지가 산방상으로 퍼지며 털이 있다. 모여 나는 근생엽은 길이 5~10㎝, 너비 4~15㎜ 정도의 선상 피침형이고 가장자리에 톱니가 드문드문 있다. 어긋나는 경생엽은 위로 갈수록 점점 작아지고 선형으로 된다. 8~10월에 산방상으로 달리는 두상화는 지름 7~9㎜ 정도이고 백색이다. 수과는 길이 1.2㎜, 지름 0.6㎜ 정도의 긴 타원형으로 잔털과 선점이 있으며 관모는 길이 4㎜ 정도이다. 잎뒤에 흰빛이 돌고 두상화는 소형으로 산방상으로 많이 모여 나며 통상화의 1부가 경실하지 않는다. 어린순은 나물로 식용하며 관상용으로 심기도 한다. 연한 잎과 순을 나물로 데쳐 먹고 건조시켜 묵나물로 식용한다. 다음과 같은 증상이나 효과에 약으로 쓰인다. 옹긋나물(6): 기관지염, 보익, 이뇨, 폐기천식, 해소, 해수

까실쑥부쟁이* kka-sil-ssuk-bu-jaeng-i

국화과 Asteraceae
Aster ageratoides Turcz. var. *ageratoides*

까실푸른산국ⓝ, 까실쑥부장이, 곰의수해, 산쑥부쟁이, 껄큼취, 흰까실쑥부쟁이
threevein-aster or (7): 산백국#(山白菊 Shan-Bai-Ju), 야백국(野白菊 Ye-Bai-Ju), 팔월백(八月白 Ba-Yue-Bai)
[Character: dicotyledon. sympetalous flower. perennial herb. erect type. wild, cultivated, medicinal, edible, ornamental plant]

다년생 초본으로 근경이나 종자로 번식한다. 전국적으로 분포하며 산지나 들에서 자란다. 옆으로 벋는 땅속줄기에서 나온 줄기는 높이 80~120㎝ 정도이고 윗부분에서 가지가 갈라지며 거칠다. 모여 나는 근생엽은 개화기에 없어지고 어긋나는 경생엽은 길이 7~14㎝, 너비 3~6㎝ 정도의 긴 타원상 피침형으로 가장자리에 톱니가 드문드문 있다. 8~10월에 산방상으로 달리는 두상화는 지름 20㎜ 정도이고 백색이다. 수과는 길이 2㎜, 지름 0.8㎜ 정도의 타원형으로 털이 있고 관모는 갈자색이다. '개미취'와 '좀개미취'에 비해 두상화가 작고 화상의 작은 오목점 가장자리가 가늘게 갈라진다. 어린순은 식용하며 관상용으로 심는다. 연한 잎과 순을 나물로 데쳐 먹고 건조시켜 묵나물로 식용한다. 다음과 같은 증상이나 효과에 약으로 쓰인다. 까실쑥부쟁이(13): 감기, 거담, 거담진해, 보익, 소풍, 유선염, 이뇨, 청열, 편도선염, 해독, 해소, 해수, 해열

참취* cham-chwi | 국화과 Asteraceae *Aster scaber* Thunb.

Ⓚ 참취ⓝ, 나물취, 암취, 취, 한라참취, 작은참취, 산취 Ⓔ aster, starwort Ⓒ or Ⓜ (9): 동풍채#(東風菜 Dong-Feng-Cai), 선백초(仙白草 Xian-Bai-Cao), 향소(香蔬 Xiang-Shu)
[Character: dicotyledon. sympetalous flower. perennial herb. erect type. cultivated, wild, medicinal, edible, ornamental plant]

다년생 초본으로 근경이나 종자로 번식한다. 전국적으로 분포하며 산지나 들에서 자란다. 굵고 짧은 근경에서 나오는 원줄기는 높이 80~160㎝ 정도로 끝에서 가지가 산방상으로 갈라진다. 어긋나는 경생엽은 길이 9~24㎝, 너비 6~18㎝ 정도의 심장형으로 양면에 털이 있고 가장자리에 톱니가 있다. 8~10월에 산방상으로 달리는 지름 1~2㎝ 정도의 두상화는 백색이다. 수과는 길이 3~3.5㎜, 지름 1㎜ 정도의 긴 타원상 피침형이고 관모는 길이 3~4㎜ 정도의 흑백색이다. 어린순은 나물로 식용하고 관상용, 식용, 밀원으로 재배한다. 어린순이나 연한 잎을 삶아 나물로 먹거나 쌈, 겉절이를 만들어 먹는다. 데쳐서 간장이나 된장에 무쳐 먹기도 한다. 다음과 같은 증상이나 효과에 약으로 쓰인다. 참취(18): 골다공증, 골절번통, 두통, 방광염, 보익, 사상, 요통, 이뇨, 인후통증, 장염, 장위카타르, 진통, 타박상, 통기, 통리수도, 해수, 현기증, 활혈

해국* hae-guk | 국화과 Asteraceae *Aster sphathulifolius* Maxim.

Ⓛ 해국㉠, 왕해국, 흰해국

[Character: dicotyledon. sympetalous flower. perennial herb or evergreen suffrutescent. creeping and erect type. cultivated, wild, medicinal, edible, ornamental plant]

상록성 반관목성 혹은 다년생 초본으로 근경이나 종자로 번식한다. 중남부 지방에 분포하며 해변에서 자란다. 줄기는 높이 20~40㎝ 정도이고 비스듬히 자라며 기부에서 여러 갈래로 갈라진다. 잎은 어긋나지만 밑부분의 것은 모여 난 것처럼 보이고 잎몸은 길이 3~12㎝, 너비 1.5~5.5㎝ 정도의 주걱형 또는 도란형으로 양면에 섬모가 있으며 가장자리에 큰 톱니가 있다. 7~10월에 피는 두상화는 지름 3.5~4㎝ 정도이고 연한 자주색이다. 종자는 11월에 익고 관모는 갈색이다. '단양쑥부쟁이'와 달리 잎은 털이 많고 넓은 주걱형이며 두화가 크다. 바닷가에서 잘 자라며 어린순은 식용하고 관상용으로도 심는다. 다음과 같은 증상이나 효과에 약으로 쓰인다. 해국(4): 방광염, 보익, 이뇨, 해소

갯개미취* gaet-gae-mi-chwi

국화과 Asteraceae
Aster tripolium L.

LN 갯개미취ⓝ, 갯자원, 개개미취 EN sea-aster, seas-tarwort, michaelmas-daisy, tripoli-ster
CN or MN (1): 함원#(鹹菀 Xian-Wan)

[Character: dicotyledon. sympetalous flower. biennial herb. erect type. halophyte. wild, medicinal, edible, ornamental plant]

2년생 초본으로 종자로 번식한다. 전국적으로 분포하며 해변의 갯벌에서 잘 자란다. 원줄기는 높이 40~120㎝ 정도이다. 가지가 많이 갈라지며 털이 없고 붉은빛이 돈다. 모여 나는 근생엽과 어긋나는 경생엽 중 밑부분의 잎은 길이 5~10㎝, 너비 6~12㎜ 정도의 선상 피침형으로 표면에 윤기가 있고 가장자리가 밋밋하다. 윗부분의 경생엽은 점점 작아져서 선형으로 된다. 9~10월에 피는 두상화는 지름 16~22㎜ 정도로 자주색이고 흰색도 있다. 수과는 길이 2.5~3㎜, 지름 1㎜ 정도의 긴 타원형으로 관모는 길이 15㎜ 정도이고 백색이다. 관모가 꽃이 핀 뒤에 신장한다. 어린순은 식용한다. 관상용으로도 이용한다. 연한 잎과 순을 나물로 데쳐 먹고 건조시켜 묵나물로 식용한다. 다음과 같은 증상이나 효과에 약으로 쓰인다. 갯개미취(9): 거풍, 경풍, 보익, 이뇨, 인후염, 창종, 토혈, 후두염, 해소

개망초* gae-mang-cho

국화과 Asteraceae
Erigeron annuus (L.) Pers.

Ⓛ 넓은잎잔꽃풀ⓝ, 왜풀, 버들개망초, 망국초, 개망풀, 넓은잎망풀 Ⓔ annual-fleabane, whitetop, daisy-fleabane, sweet-scabious Ⓒ or Ⓜ (6): 지백채(地白菜 Di-Bai-Cai), 일년봉#(一年蓬 Yi-Nian-Peng), 천장초(千張草 Qian-Zhang-Cao)

[Character: dicotyledon. sympetalous flower. biennial herb. erect type. wild, medicinal, edible forage plant]

2년생 초본으로 종자로 번식한다. 북아메리카에서 들어온 귀화식물로 전국적으로 분포하며 들과 길가에서 자란다. 원줄기는 높이 50~100㎝ 정도로 가지가 많이 갈라지고 전체에 굵은 털이 있다. 모여 나는 근생엽은 난형으로 개화기에 없어지며 어긋나는 경생엽은 길이 4~12㎝, 너비 1.5~3㎝ 정도의 난상 피침형으로 양면에 털이 있고 가장자리에 톱니가 있다. 6~7월에 가지와 원줄기 끝에 산방상으로 달리는 두상화는 지름 15~20㎜ 정도이고 백색이지만 때로는 자줏빛이 도는 설상화가 핀다. 밭작물 포장에서 문제잡초이고 개화 전에 청예사료로 이용한다. '민망초'와 달리 설상화는 편평하고 모관상의 암꽃이 없다. 봄에 연한 잎을 삶아 쌈을 싸 먹거나 국으로 먹는다. 겨울에 잎과 꽃을 튀겨먹기도 하고 겨울잎차로 마시기도 한다. 다음과 같은 증상이나 효과에 약으로 쓰인다. 개망초(15): 간염, 감기, 건위, 뇨혈, 설사, 소화불량, 장염, 장위카타르, 조소화, 지혈, 청열, 하리, 학질, 해독, 해열

망초* mang-cho

국화과 Asteraceae
Conyza canadensis (L.) Cronquist

ⓁⓃ 잔꽃풀ⓝ, 큰망초, 지붕초, 망풀 ⒺⓃ fleabane, canada-horseweed, hogweed, butterweed, canadian-fleabane, horseweed, mare's-tail ⒸⓃ or ⓂⓃ (26): 기주일지호#(祁州一枝蒿 Qi-Zhou-Yi-Zhi-Hao), 망초#(亡草 Wang-Cao), 비봉#(飛蓬 Fei-Peng), 사설초#(蛇舌草 She-She-Cao)

[Character: dicotyledon. sympetalous flower. biennial herb. erect type. wild, medicinal, edible, forage plant]

2년생 초본으로 종자로 번식한다. 북아메리카가 원산지인 귀화식물로 전국적으로 분포하며 들이나 길가에서 자란다. 원줄기는 높이 70~200㎝ 정도이고 가지가 갈라지며 전체에 털이 있다. 모여 나는 근생엽은 피침상 주걱형이며 개화기에 없어지고 조밀하게 어긋나는 경생엽은 길이 7~10㎝, 너비 10~15㎜ 정도의 도피침형으로 가장자리에 톱니가 있다. 7~9월에 큰 원추꽃차례로 달리는 두상화는 백색이다. 종자에 관모가 있다. '실망초'와 달리 녹색식물로서 총포는 길이 3㎜, 두화는 지름 3㎜ 정도이다. 줄기에 털이 있고 잎가장자리에 퍼진 긴 털이 있으며 두화가 꽃차례 전체에 달리는 것이 '애기망초'와 다르다. 밭작물 포장에서 문제잡초이다. 어린 근생엽은 식용하며 사료로 사용한다. 뿌리 잎과 새순을 데쳐서 매운맛을 우려내고 무치거나 볶아 먹는다. 된장국을 끓이거나 묵나물, 튀김으로 먹기도 한다. 다음과 같은 증상이나 효과에 약으로 쓰인다. 망초(24): 개선, 거풍지양, 결막염, 구강염, 구내염, 구창, 만성피로, 신경통, 일체안병, 제습, 종독, 주독, 주황병, 중이염, 지혈, 청열, 치통, 치풍, 치핵, 풍, 하리, 해독, 해열, 황달

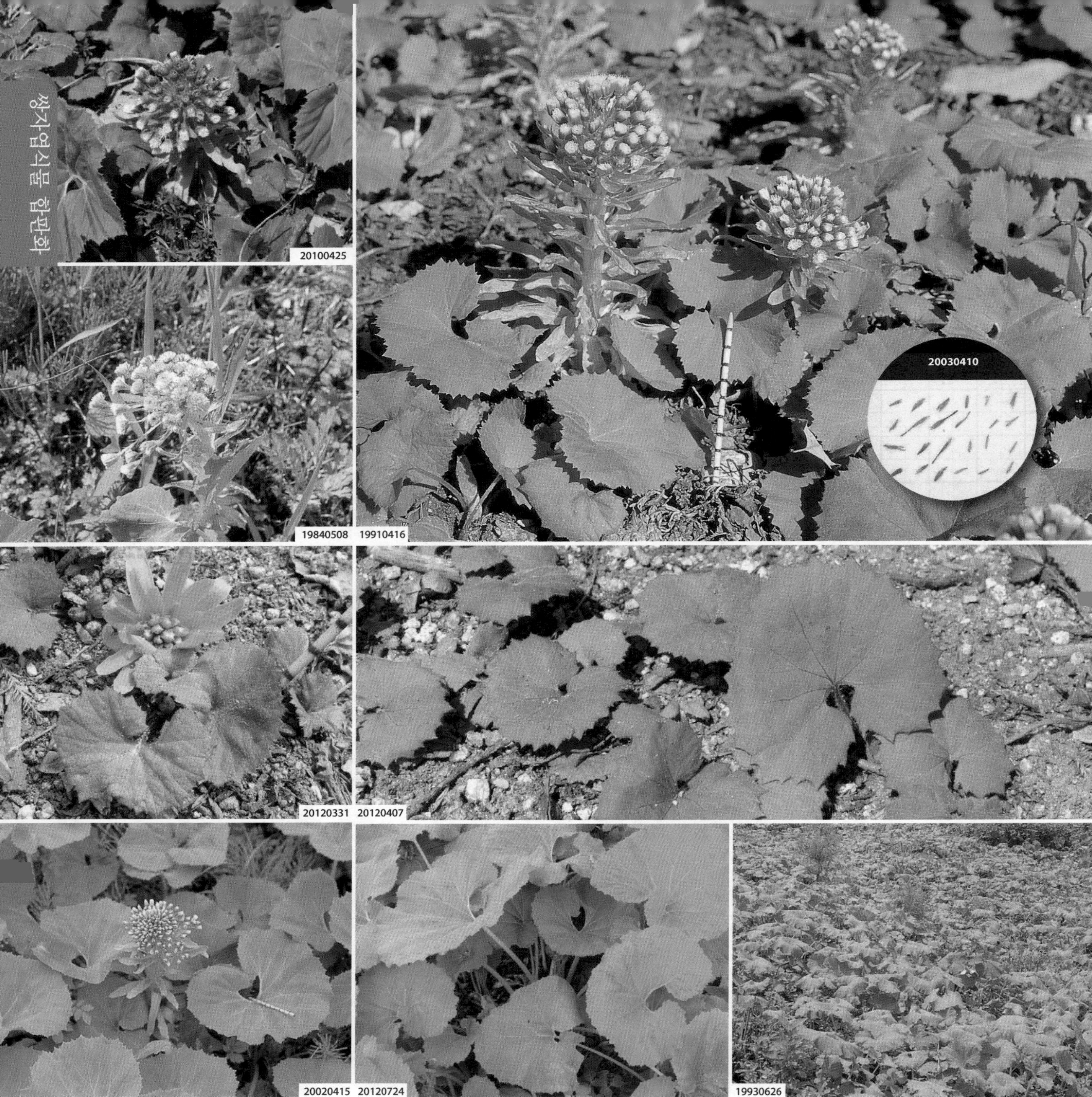

머위* meo-wi | 국화과 Asteraceae *Petasites japonicus* (Siebold et Zucc.) Maxim.

LN 머위ⓝ, 머구, 머우 EN butterbur, japanese-butterbur, sweet-coltsfoot, giant-butterbur, creamy-butterbur, ragwort CN or MN (26): 관동화#(款冬花 Kuan-Dong-Hua), 백채#(白菜 Bai-Cai), 봉두채#(峰斗菜 Feng-Dou-Cai), 탁오(橐吾 Tuo-Wu)

[Character: dicotyledon. sympetalous flower. perennial herb. erect type. cultivated, wild, medicinal, edible, ornamental plant]

다년생 초본으로 근경과 종자로 번식한다. 전국적으로 분포하며 들과 인가 주위에서 자란다. 3~4월에 옆으로 벋는 땅속줄기에서 나온 화경은 높이 10~30㎝ 정도이고 잎이 없다. 근생엽은 원주형이나 윗부분에서 홈이 생기고 밑부분은 자주색을 띤다. 잎자루는 길이 30~60㎝, 지름 1㎝ 정도로 길고 윗부분에 홈이 생기며 녹색이지만 밑부분은 자줏빛이 돈다. 잎몸은 너비가 15~30㎝ 정도인 신장상 원형으로 털이 있으며 가장자리에 불규칙한 톱니가 있다. 화경의 끝에 산방꽃차례로 다닥다닥 달린 두상화는 지름 7~10㎜ 정도이고 녹황색이다. 수과는 원통형으로 관모가 있다. '개머위'와 달리 잎이 두껍고 너비 15~30㎝ 정도이다. 긴 잎자루를 식용하고 관상용으로 심기도 한다. 봄에 어린잎을 데쳐서 초고추장에 무쳐 먹거나 쌈을 싸 먹고 여름에 된장국을 끓여 먹거나 장아찌를 담가 먹으며, 잎자루를 데쳐서 무쳐 먹고 꽃은 튀겨 먹는다. 다음과 같은 증상이나 효과에 약으로 쓰인다. 머위(37): 각혈, 감기, 건위, 경혈, 기관지염, 보비, 보식, 보신, 수종, 식강어체, 식도암, 식욕, 식해어체, 안심정지, 안정, 옹종, 윤폐하기, 이뇨, 인후통증, 제습, 종독, 종창, 지해화염, 진정, 진해, 천식, 치루, 치핵, 타박상, 토혈각혈, 통리수도, 편도선염, 폐결핵, 풍습, 해독, 해수, 화농

털머위* teol-meo-wi

국화과 Asteraceae
Farfugium japonicum (L.) Kitam.

ⓁⓃ 말곰취ⓝ, 갯머위, 넓은잎말곰취 ⒺⓃ leopard-plant, japanese-farfugium, green-leopard-plant, ligularia ⒸⓃ or ⓂⓃ (12): 독각련(獨脚蓮 Du-Jiao-Lian), 연봉초#(蓮蓬草 Lian-Peng-Cao), 염엽로#(艶葉蕗 Yan-Ye-Lu), 후엽로#(厚葉蕗 Hou-Ye-Lu)

[Character: dicotyledon. sympetalous flower. evergreen. perennial herb. erect type. cultivated, wild, medicinal, edible, ornamental plant]

상록성 다년초로서 근경이나 종자로 번식한다. 남부지방에 분포하며 산지에서 자란다. 짧은 근경에서 나온 화경은 높이 40~80㎝ 정도로 잎이 없고 포가 드문드문 어긋난다. 뿌리에서 모여 나는 잎은 잎자루가 길고 잎몸은 길이 7~20㎝, 너비 6~30㎝ 정도의 신장형으로 두껍고 윤기가 있으며 가장자리에 톱니가 있거나 밋밋하다. 9~10월에 화경 상부의 짧은 소화경에 1개씩 달리는 두상화는 지름 4~6㎝ 정도이고 황색이다. 수과는 길이 5~7㎜ 정도의 흑갈색이고 관모는 길이 8~11㎜ 정도로 백색이다. '곰취속'과 '솜방망이속'에 비해 어린잎은 안으로 말리고 수과는 털이 밀생하며 꽃밥 기부는 꼬리모양으로 뾰족하다. 잎자루를 식용하며 관상용으로도 심는다. 봄에 잎과 줄기는 데쳐 된장무침, 조림, 져려 먹는다. 꽃봉오리는 튀겨서 먹거나 데쳐서 조림, 나물이나 무침으로 먹는다. 다음과 같은 증상이나 효과에 약으로 쓰인다. 털머위(22): 감기, 개선, 기관지염, 보익, 어독, 윤피부, 인후종통, 종창, 진정, 진통, 척추질환, 척추카리에스, 청열해독, 충치, 치통, 타박상, 토혈각혈, 풍열감기, 해수, 해열, 화상, 활혈

갯취* gaet-chwi

국화과 Asteraceae
Ligularia taquetii (H. Lév. et Vaniot.) Nakai

㊐ 섬곰취㊐, 갯곰취

[Character: dicotyledon. sympetalous flower. perennial herb. erect type. cultivated, wild, medicinal, edible plant]

다년생 초본으로 근경이나 종자로 번식한다. 남부지방과 제주도에 분포하며 바닷가에서 자란다. 원줄기는 높이 50~150㎝ 정도이고 밑부분의 지름이 1㎝ 정도이며 가지가 없다. 어긋나는 잎은 잎자루는 길이 25~50㎝ 정도이고 잎몸은 길이 15~30㎝, 너비 12~15㎝ 정도의 긴 타원형으로 끝이 둥글며 회청색으로 가장자리가 파상으로서 거의 밋밋하다. 5개 정도의 경생엽은 위로 갈수록 잎자루가 짧아져서 없어지며 잎도 작아진다. 6~7월에 거의 수상으로 달리는 두상화는 황색이다. 수과는 원추형으로 붉은빛이 돌고 털이 없으며 관모는 길이 7㎜ 정도이다. 연한 잎을 나물로 데쳐 건조시켜 묵나물로 식용한다. 관상용으로 심는다. 갯취(4): 개선, 보익, 진정, 진통

곰취* gom-chwi

국화과 Asteraceae
Ligularia fischeri (Ledeb.) Turcz.

KN 곰취ⓝ, 큰곰취, 왕곰취 EN narrowbract-goldenray CN or MN (8): 제엽탁오(蹄葉橐吾 Ti-Ye-Tuo-Wu), 호로칠#(葫蘆七 Hu-Lu-Qi)

[Character: dicotyledon. sympetalous flower. perennial herb. erect type. hygrophyte. cultivated, wild, medicinal, edible, ornamental plant]

다년생 초본으로 근경이나 종자로 번식한다. 전국적으로 분포하며 깊은 산 습지에서 자란다. 굵은 근경에서 나오는 화경은 높이 80~150㎝ 정도이다. 근경에서 모여 나는 근생엽의 잎자루는 길이 40~60㎝ 정도이고 잎몸은 길이 10~30㎝, 너비 40㎝ 정도의 신장상 심장형으로 가장자리에 규칙적인 톱니가 있다. 7~9월에 총상꽃차례로 달리는 두상화는 지름 4~5㎝ 정도로서 황색이다. 수과는 길이 7~11㎜ 정도의 원통형으로 갈색이며 종선이 있고 관모는 길이 7㎜ 정도이다. '어리곤달비'와 달리 총포는 너비 8~14㎜ 정도이고 통화가 많다. 연한 잎은 나물로 식용하며 관상용으로 심기도 한다. 봄·초여름에 어린잎으로 쌈을 싸 먹거나 나물로 먹고 장아찌를 담가 먹는다. 녹즙을 내어 건강음료로 꽃은 튀겨서 먹기도 한다. 다음과 같은 증상이나 효과에 약으로 쓰인다. 곰취(16): 관절통, 동통, 백일해, 보익, 양궐사음, 요통, 이기활혈, 지통, 지해거담, 진정, 진통, 타박상, 폐결핵, 폐기천식, 해수, 활혈

솜방망이* som-bang-mang-i

국화과 Asteraceae
Tephroseris kirilowii (Turcz. ex DC.) Holub

Ⓛⓝ 솜방망이ⓝ, 산방망이, 들솜쟁이, 고솜쟁이, 구설초, 소곰쟁이 Ⓔⓝ ragwort, snow-weed-groundsel Ⓒⓝ or Ⓜⓝ (6): 구설초#(狗舌草 Gou-She-Cao), 산청채(山靑菜 Shan-Qing-Cai), 정미청(精米靑 Jing-Mi-Qing)
[Character: dicotyledon. sympetalous flower. perennial herb. erect type. cultivated, wild, medicinal, edible, ornamental. forage plant]

다년생 초본으로 근경이나 종자로 번식한다. 전국적으로 분포하며 산지나 들에서 자란다. 원줄기는 높이 30~60㎝ 정도로 가지가 없으며 백색의 털이 밀생하고 자줏빛이 돈다. 모여 나는 근생엽은 옆으로 퍼지고 길이 5~10㎝, 너비 1.5~2.5㎝ 정도의 긴 타원형으로 털이 있고 가장자리에 잔톱니가 있다. 어긋나는 경생엽은 길이 6~12㎝, 1~1.5㎝ 정도의 피침형으로 솜 같은 털이 많다. 5~7월에 산방상 또는 산형으로 달리는 두상화는 지름 3~4㎝ 정도로서 황색이다. 수과는 길이 2.5㎜ 정도의 원통형으로 관모는 길이 11㎜ 정도이다. '물솜방망이'와 달리 총포는 길이 6~8㎜ 정도이고 수과에 털이 있다. '솜쑥방망이'에 비해 근생엽이 작고 전체에 거미줄 같은 털이 밀생한다. 어린순은 식용하고 관상용이나 사료용으로 심는다. 어린잎을 다른 산나물과 데쳐서 된장이나 간장에 무쳐 먹는다. 다음과 같은 증상이나 효과에 약으로 쓰인다. 솜방망이(14): 감기, 거담, 구내염, 기관지염, 신우신염, 옹종, 이뇨, 인후통증, 종독, 청열해독, 타박상, 통리수도, 해열, 활혈소종

쑥방망이* ssuk-bang-mang-i

국화과 Asteraceae
Senecio argunensis Turcz.

ⓁⓃ 쑥방망이ⓝ, 가는잎쑥방맹이, 가는잎쑥방망이, 쑥방맹이, 털쑥방망이 ⒺⓃ argun-groundsel ⒸⓃ or ⓂⓃ (19): 금채초(金釵草 Jin-Chai-Cao), 야국화(野菊花 Ye-Ju-Hua) 참룡초#(斬龍草 Zhan-Long-Cao), 천리광#(千里光 Qian-Li-Guang)
[Character: dicotyledon. sympetalous flower. perennial herb. erect type. wild, medicinal, edible, ornamental. forage plant]

다년생 초본으로 근경이나 종자로 번식한다. 전국적으로 분포하며 산지나 들에서 자란다. 줄기는 높이 80~160㎝ 정도이고 약간의 가지가 갈라지며 희미한 능선과 거미줄 같은 털이 있다. 모여 나는 근생엽은 개화기에 없어지고 어긋나는 경생엽은 길이 6~12㎝, 너비 4~6㎝ 정도의 난상 긴 타원형으로 6쌍 정도의 열편이 있는 우상으로 깊게 또는 얕게 갈라지며 뒷면에는 털이 있다. 7~8월에 산방상으로 달리는 두상화는 지름 2~2.5㎝ 정도이고 황색이다. 수과는 길이 2~3㎜ 정도의 원추형으로 털이 없으며 관모는 길이 5.5㎜ 정도로 백색이다. '삼잎방망이'와 달리 잎은 잎자루가 없고 열편은 6쌍 정도이고 '민쑥방망이'에 비해 두상화가 적고 설상화관의 길이가 짧다. 관상용, 사료용, 식용으로 쓰인다. 다음과 같은 증상이나 효과에 약으로 쓰인다. 쑥방망이(14): 기, 결막염, 습진, 옹종, 완선, 음낭종독, 이질, 인후염, 임파선염, 종기, 종독, 청열해독, 피부염, 해독, 해열

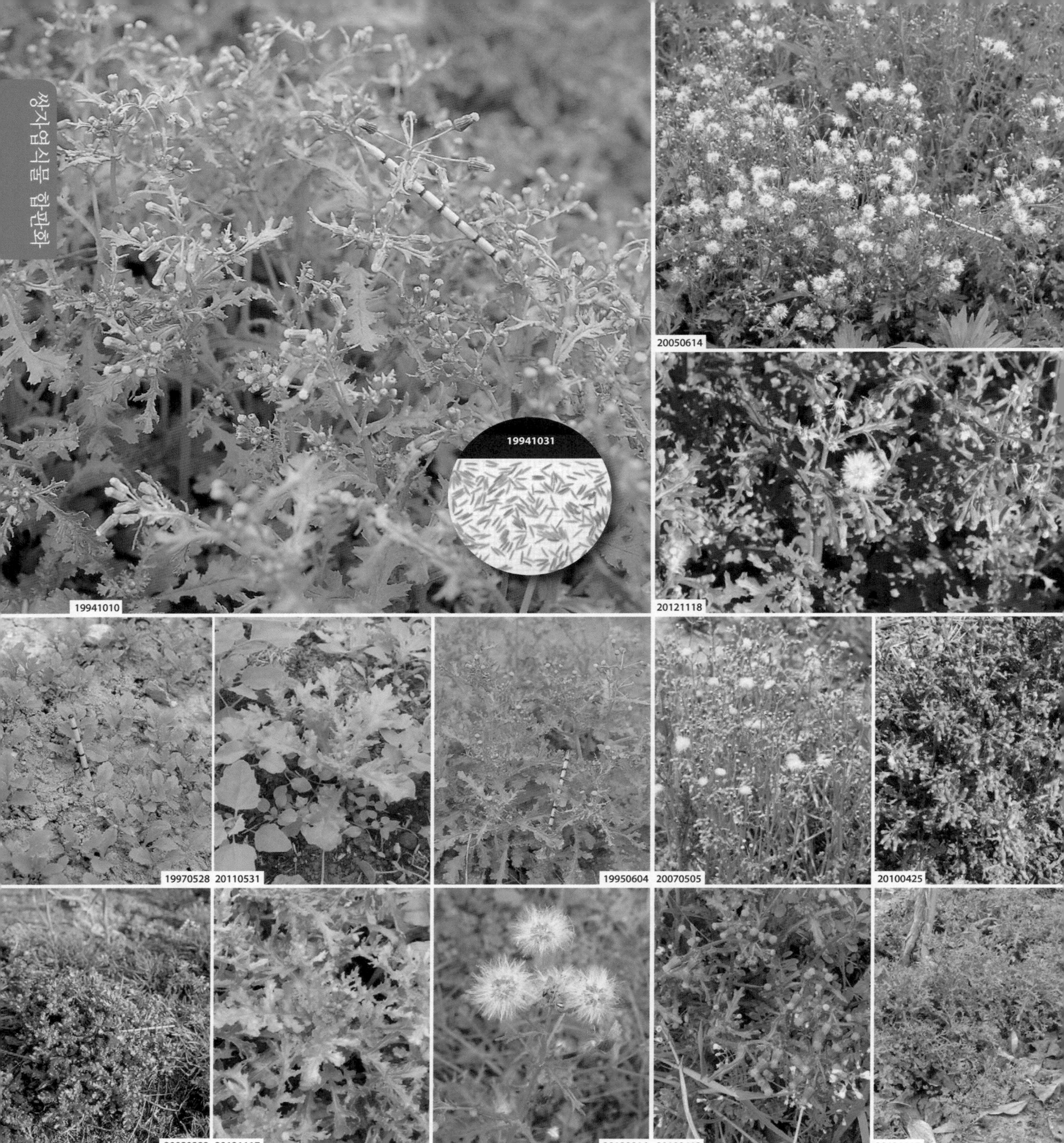

개쑥갓* gae-ssuk-gat

국화과 Asteraceae
Senecio vulgaris L.

Ⓚ 들쑥갓ⓝ Ⓔ groundsel, common-groundsel, birdseed Ⓒ or Ⓜ (3): 구주천리광#(歐洲千里光 Ou-Zhou-Qian-Li-Guang), 대백정초#(大白頂草 Da-Bai-Ding-Cao)
[Character: dicotyledon. sympetalous flower. annual or biennial herb. erect type. wild, medicinal, edible plant]

1년 또는 2년생 초본으로 종자로 번식한다. 유럽이 원산지인 귀화식물로 전국적으로 분포하며 들이나 길가에서 자란다. 줄기는 높이 10~30㎝ 정도로 가지가 갈라지고 적자색이 돈다. 어긋나는 잎은 길이 3~6㎝, 너비 1~2.5㎝ 정도의 난형으로 불규칙하게 우상으로 갈라진다. 5~11월에 산방상으로 달리는 두상화는 황색이다. 수과는 털이 없으며 종선이 있다. 두상화에 설상화가 없고 통상화만이 있다. 과수원이나 밭작물 포장에서 문제잡초가 된다. 식용하며 어린잎을 따서 나물로 무쳐서 먹는다. 다음과 같은 증상이나 효과에 약으로 쓰인다. 개쑥갓(15): 번조, 복통, 선통, 소염, 월경통, 인후염, 일사병, 열사병, 진통, 진정, 치질, 치핵, 편도선염, 해독, 해열

병풍쌈* byeong-pung-ssam

국화과 Asteraceae
Parasenecio firmus (Kom.) Y. L. Chen

Ⓝ 병풍㉮, 큰병풍
[Character: dicotyledon. sympetalous flower. perennial herb. erect type. cultivated, wild, edible plant]

다년생 초본으로 근경이나 종자로 번식한다. 중북부지방에 분포하며 깊은 산에서 자란다. 원줄기는 높이 1~2m 정도이고 종선이 있다. 잎자루가 긴 근생엽은 지름 40~80㎝ 정도의 원형으로 뒷면에 털이 약간 있으며 가장자리가 11~15개의 열편으로 깊게 갈라진다. 열편은 삼각상 난형으로 불규칙한 톱니가 있다. 어긋나는 경생엽은 잎자루가 짧고 잎몸도 작다. 7~9월에 총상꽃차례가 모여서 큰 원추꽃차례를 형성한다. '어리병풍'과 달리 잎이 결각상으로 갈라진다. 식용으로 심는다. 연한 잎을 나물로 데쳐 먹고 건조시켜 묵나물로 식용하며 총떡에는 생으로 이용하기도 한다.

우산나물* u-san-na-mul

국화과 Asteraceae
Syneilesis palmata (Thunb.) Maxim.

ⓀⓃ 우산나물ⓝ, 삿갓나물 ⒺⓃ yaburegasa ⒸⓃ or ⓂⓃ (8): 우산채(雨傘菜 Yu-San-Cai), 토아산#(兎兒傘 Tu-Er-San), 토아초(兎兒草 Tu-Er-Cao)

[Character: dicotyledon. sympetalous flower. perennial herb. erect type. cultivated, wild, medicinal, edible, ornamental plant]

다년생 초본으로 근경이나 종자로 번식한다. 전국적으로 분포하며 깊은 산에서 자란다. 원줄기는 가지가 없고 높이 70~140㎝ 정도이며 털이 있다가 없어지고 회청색이 돌며 2~3개의 잎이 달린다. 첫째 잎은 잎자루가 길이 9~15㎝ 정도이고 잎몸은 지름 35~50㎝ 정도의 원형으로 7~9개의 열편은 다시 2회 2개씩 갈라지고 가장자리에 톱니가 있다. 둘째 잎은 열편이 5개 정도이고 잎자루도 짧다. 6~8월에 원추꽃차례로 달리는 두상화는 지름 8~10㎜ 정도로 자갈색이다. 수과는 길이 5~6㎜, 너비 1.2~1.5㎜ 정도의 원통형으로 양끝이 좁고 관모가 있다. '애기우산나물'과 비슷하지만 두화가 원추상으로 달리고 잎의 열편은 너비 2~4㎝ 정도로 넓다. 어린순은 나물로 식용하며 관상용으로 심기도 한다. 봄에 어린순을 삶아 나물로 먹거나 생으로 먹고 데쳐서 무쳐 먹기도 하고 된장국을 끓여 먹기도 한다. 샐러드, 튀김, 숙채, 볶음 등으로도 먹는다. 다음과 같은 증상이나 효과에 약으로 쓰인다. 우산나물(15): 거풍제습, 관절염, 관절통, 대하증, 소종지통, 옹저, 옹종, 제습, 종독, 종창, 진통, 타박상, 풍, 해독활혈, 활혈

톱풀* top-pul

국화과 Asteraceae
Achillea alpina L.

LN 톱풀ⓝ, 가새풀, 배암세, 배암채, 배얌세 EN yarrow, siberian-yarrow, sneezewort
CN or MN (10): 시(蓍 Shi), 시초#(蓍草 Shi-Cao), 일지호#(一枝蒿 Yi-Zhi-Hao), 토일지호#(土一枝蒿 Tu-Yi-Zhi-Hao)
[Character: dicotyledon. sympetalous flower. perennial herb. erect type. cultivated, wild, medicinal, edible, ornamental plant]

다년생 초본으로 근경과 종자로 번식한다. 전국적으로 분포하며 산지나 들에서 자란다. 근경에서 군생하는 줄기는 높이 50~100㎝ 정도이고 윗부분에 털이 많으나 밑부분에는 털이 없다. 어긋나는 잎은 길이 5~12㎝, 너비 7~15㎜ 정도의 긴 타원상 피침형이다. 가장자리에서 갈라지는 열편은 길이 1~3㎜ 정도이고 톱니가 있다. 7~10월에 산방꽃차례로 달리는 두상화는 지름 7~9㎜ 정도로서 백색이고 수과는 길이 3㎜, 너비 1㎜ 정도로서 양끝이 편평하고 털이 없다. '붉은톱풀'과 달리 잎이 2회 우상으로 갈라지고 두화가 지름 7~9㎜ 정도로서 희다. 어린순은 식용하고 관상용으로도 심는다. 봄·초여름에 어린순을 삶아 나물로 먹거나 데쳐서 무친다. 튀기거나 볶아서 먹기도 한다. 다른 나물과 같이 데쳐서 먹는다. 다음과 같은 증상이나 효과에 약으로 쓰인다. 톱풀(19): 관절염, 류머티즘, 복강염, 소염, 옹종, 요통, 월경이상, 월경통, 종독, 지통해독, 진경, 진통, 타박상, 편도선염, 풍, 해열, 혈허복병, 활혈, 활혈거풍

중대가리풀* jung-dae-ga-ri-pul

국화과 Asteraceae
Centipeda minima (L.) A. Br. et Asch.

KN 토방풀ⓝ, 땅꽈리 EN spreading-sneezeweed, small-centipeda CN or MN (18): 계장초(鷄腸草 Ji-Chang-Cao), 석호유#(石胡荽 Shi-Hu-Sui), 석호채#(石胡菜 Shi-Hu-Cai), 아불식초#(鵝不食草 E-Bu-Shi-Cao)
[Character: dicotyledon. sympetalous flower. annual herb. creeping type. wild, medicinal, edible plant]

1년생 초본으로 종자로 번식한다. 전국적으로 분포하며 풀밭이나 길가에서 자란다. 줄기는 길이 10~20㎝ 정도로 옆으로 번으면서 가지가 갈라지고 뿌리가 내린다. 어긋나는 잎은 길이 5~15㎜ 정도의 주걱형으로 윗부분의 가장자리에 톱니가 있다. 7~8월에 피는 두상화는 지름 3~4㎜ 정도로서 보통 녹색이지만 갈색이 도는 자주색인 것도 있다. 수과는 길이 1.3㎜ 정도의 타원형으로 가는 털과 5개의 능선이 있다. 소형의 1년초로 두상화가 잎겨드랑이에 나며 설상화는 통상화보다 많다. 어린순은 식용한다. 다음과 같은 증상이나 효과에 약으로 쓰인다. 중대가리풀(20): 감기, 거풍, 당뇨, 두통, 명목, 백일해, 백태, 비새, 사독, 산한, 종독, 진통, 창종, 천식, 치질, 타박상, 토풍질, 학질, 해독, 해열

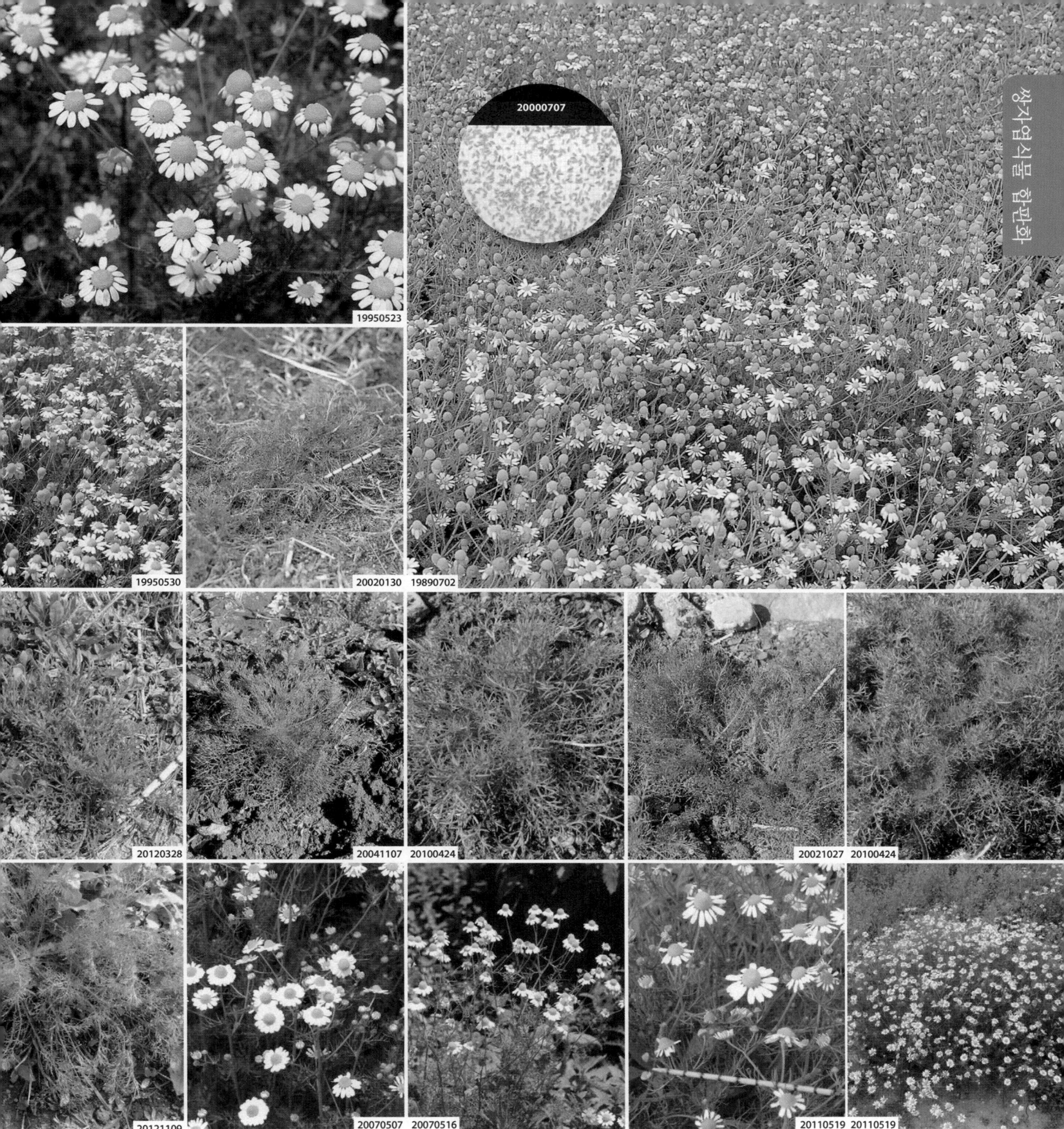

카밀레* ka-mil-re

국화과 Asteraceae
Matricaria chamomilla L.

ⓁⓃ 번대국화ⓝ, 중대가리국화 ⒺⓃ chamomile, wild-chamomile, sweet-false-chamomile, german-chamomile, scented-mayweed ⒸⓃ or ⓂⓃ (2): 가밀렬#(加密列 Jia-Mi-Lie), 모국#(母菊 Mu-Ju)
[Character: dicotyledon. sympetalous flower. annual or biennial herb. erect type. cultivated, wild, medicinal, edible, ornamental plant]

1년 또는 2년생 초본으로 종자로 번식하고 유럽이 원산지인 귀화식물로 전국적으로 분포하며 풀밭에서 자란다. 원줄기는 높이 30~60㎝ 정도이고 '능금' 같은 향기가 있다. 근생엽은 모여나지만 개화기에 없어지고 어긋나는 경생엽은 길이 5~10㎝ 정도의 타원상 피침형으로 2~3회 우상으로 갈라진다. 열편은 선형이고 가장자리가 밋밋하다. 4~6월에 1개씩 달려서 산방꽃차례를 이루는 두상화는 지름 14~20㎜ 정도로서 백색이다. 수과는 타원형으로 다소 굽고 관모가 없다. '개꽃'과 달리 향기가 있고 꽃턱은 구형이며 관모가 없다. 관상용으로 재배하나 야생으로도 자란다. 두상화서를 말려 차로 음용한다. 다음과 같은 증상이나 효과에 약으로 쓰인다. 카밀레(10): 감기, 강장, 과민성위장염, 구풍, 구풍해표, 기관지천식, 발한, 소염, 이뇨, 해경

국화* guk-hwa

국화과 Asteraceae
Chrysanthemum morifolium Kitam.

Ⓚ 국화ⓝ, 감국, 섬감국, 황국, 들국화, 야국화, 산국 Ⓔ florist's-chrysanthemum, chrysanthemum, chinese-chrysanthemum, chrysanthemum-koreanum-hybrids Ⓒ or Ⓜ (58): 가국(家菊 Jia-Ju), 감국화(甘菊花 Gan-Ju-Hua), 국화#(菊花 Ju-Hua)
[Character: dicotyledon. sympetalous flower. perennial herb. erect type. cultivated, medicinal, edible, ornamental plant]

사진은 국화의 여러 가지 품종이다. 다년생 초본의 관상식물이고 잡종성이다. 근경이나 어린 싹을 이용한 삽목으로 번식한다. 줄기는 높이 30~120㎝ 정도로 품종이나 재배지에 따라 다르다. 어긋나는 경생엽은 여러 가지 크기가 있으며 대체로 난형이고 우상으로 중앙부까지 갈라지고 열편은 불규칙한 결각과 톱니가 있다. 두상화의 크기와 색깔은 품종에 따라 다르고 보통 열매를 맺지 않는다. 관상용으로 재배하며 식용하기도 한다. 두상화서를 말려 차로 음용한다. 다음과 같은 증상이나 효과에 약으로 쓰인다. 국화(48): 간염, 감기, 강장, 강장보호, 강정안정, 거담, 건선, 건위, 고혈압, 난청, 부인병, 보익, 보장, 비체, 소풍청열, 식욕, 신경통, 신장증, 외이도염, 외이도절, 위한증, 윤피부, 음극사양, 음낭습, 음양음창, 일체안병, 정혈, 종기, 종독, 중풍, 진정, 진통, 충치, 치조농루, 타박상, 편두통, 평간명목, 풍, 피부병, 한습, 한열왕래, 해독, 해수, 해열, 현훈, 흉부냉증

구절초* gu-jeol-cho

국화과 Asteraceae
Dendranthema zawadskii var. *latilobum* (Maxim.) Kitam.

ⓚ 락동구절초ⓝ, 산구절초, 서홍구절초, 큰구절초, 산선모초, 낙동구절초, 넓은잎구절초, 서홍넓은잎구절초, 한라구절초 ⓔ siberian-chrysanthemum ⓒ or ⓜ (6): 고봉(苦蓬 Ku-Peng), 구절초#(九節草 Jiu-Jie-Cao), 선모초#(仙母草 Xian-Mu-Cao)
[Character: dicotyledon. sympetalous flower. perennial herb. erect type. cultivated, wild, medicinal, edible, ornamental plant]

다년생 초본으로 근경이나 종자로 번식한다. 전국적으로 분포하며 산지에서 자란다. 옆으로 벋는 땅속줄기에서 나온 줄기는 높이 40~60㎝ 정도이고 가지가 갈라진다. 어긋나는 잎의 잎몸은 넓은 난형이며 1회 우상으로 갈라지고 가장자리가 다소 갈라지거나 톱니가 있다. 9~10월에 피는 두상화는 지름 8㎝ 정도로 백색이거나 붉은빛이 돈다. 수과는 긴 타원형이며 밑으로 약간 굽는다. '산구절초'에 비해 키가 크고 잎은 크고 덜 갈라지거나 얕게 갈라지며 두상화의 지름이 8㎝ 정도에 달한다. '바위구절초'와 달리 잎의 측열편이 흔히 4개로 갈라지고 열편 가장자리는 톱니같이 갈라진다. 관상용으로 심으며 두상화서를 말려 차로 음용한다. 다음과 같은 증상이나 효과에 약으로 쓰인다. 구절초(33): 강장, 강장보호, 건위, 냉복통, 보온, 보익, 부인병, 식욕, 신경통, 양궐사음, 온신, 외한증, 월경이상, 위무력증, 위한증, 음극사양, 음냉통, 음부질병, 자궁냉증, 자궁허냉, 적면증, 정혈, 조경, 조루증, 중풍, 치풍, 통경, 풍, 풍한, 허랭, 현훈, 적면증, 흉부냉증

산국* san-guk

국화과 Asteraceae
Dendranthema boreale (Makino) Ling ex Kitam.

KN 기린국화ⓝ, 감국, 개국화, 들국, 나는개국화 EN north-chrysanthemum, boreal-dendranthema CN or MN (8): 감야국(甘野菊 Gan-Ye-Ju), 야국화#(野菊花 Ye-Ju-Hua), 야황국(野黃菊 Ye-Huang-Ju)
[Character: dicotyledon. sympetalous flower. perennial herb. erect type. cultivated, wild, medicinal, edible. ornamental plant]

다년생 초본으로 근경이나 종자로 번식한다. 전국적으로 분포하며 산지나 들에서 자란다. 모여 나는 줄기는 높이 70~140㎝ 정도이고 가지가 많이 갈라지며 백색의 털이 있다. 어긋나는 경생엽의 잎몸은 길이 3~6㎝, 너비 4~6㎝ 정도의 긴 타원상 난형으로 우상으로 갈라지고 가장자리에 결각상의 톱니가 있다. 9~10월에 피는 두상화는 지름 1.5㎝ 정도로 황색이고 수과는 길이 1㎜ 정도이다. '감국'과 비슷하지만 줄기는 늘 곧추서고 두화의 지름이 1.5㎝ 정도로 작으며 총포는 길이가 짧다. 어린순은 나물로 식용하며 관상용으로도 심는다. 공업용으로 이용하기도 한다. 두상화서를 말려 차로 음용한다. 다음과 같은 증상이나 효과에 약으로 쓰인다. 산국(27): 감기, 강심, 강심제, 강장보호, 거담, 고혈압, 구내염, 기관지염, 두통, 비체, 습진, 온신, 옹종, 음냉통, 인후염, 임파선염, 장염, 장위카타르, 정창, 진정, 청열해독, 폐렴, 해독, 해열, 허랭, 현기증, 현훈

감국* gam-guk

국화과 Asteraceae
Dendranthema indicum (L.) Des Moul.

KN 들국화ⓝ, 국화, 황국, 선감국 EN wild-chrysanthemum, indian-chrysanthemum, chinese-chrysanthemum, japanese-chrysanthemum, mother-chrysanthemum, chrysanthemum CN or MN (31): 가화(家花 Jia-Hua), 감국#(甘菊 Gan-Ju), 고의(苦薏 Ku-Yi), 국화#(菊花 Ju-Hua), 야국화#(野菊花 Ye-Ju-Hua), 황국화(黃菊花 Huang-Ju-Hua)
[Character: dicotyledon. sympetalous flower. perennial herb. erect type. cultivated, wild, medicinal, edible. ornamental plant]

다년생 초본으로 근경이나 종자로 번식한다. 전국적으로 분포하며 산야에서 자란다. 원줄기는 높이 5~100㎝ 정도이고 가지가 갈라진다. 어긋나는 경생엽은 길이 4~8㎝ 정도의 긴 타원상 난형으로 우상으로 갈라지고 가장자리에 결각상의 톱니가 있다. 9~10월에 산방상으로 달리는 두상화는 지름 2.5㎝ 정도로서 황색이다. '산국'과 달리 줄기의 기부가 땅에 닿으며 꽃은 산방상으로 달리고 두화의 지름이 2.5㎝ 정도로 크며 총포의 길이가 길다. 관상용으로 심는다. 두상화서를 말려 차로 음용한다. 다음과 같은 증상이나 효과에 약으로 쓰인다. 감국(50): 간염, 감기, 강심, 강심제, 거담, 건위, 결막염, 경선결핵, 고혈압, 곽란, 관절냉기, 난청, 냉복통, 두통, 목정통, 비체, 소아두창, 소아중독증, 습진, 신장증, 안오장, 열광, 열독증, 옹종, 위한증, 유옹, 음극사양, 음냉통, 음종, 인후염, 일체안병, 적면증, 제습, 종독, 주체, 지방간, 진정, 진통, 청열해독, 치열, 치통, 탈모증, 풍비, 풍열, 풍한, 해독, 해열, 현기증, 현훈, 흉부냉증

사철쑥* sa-cheol-ssuk

국화과 Asteraceae
Artemisia capillaris Thunb.

LN 사철쑥ⓝ, 애땅쑥, 애탕쑥, 인진쑥 EN capillary-wormwood, virgate-wormwood CN or MN (26): 각호(角蒿 Jiao-Hao), 인진#(茵蔯 Yin-Chen), 인진호#(茵蔯蒿 Yin-Chen-Hao), 인호(茵蒿 Yin-Hao), 파파호(婆婆蒿 Po-Po-Hao)
[Character: dicotyledon. sympetalous flower. perennial herb. erect type. wild, medicinal, edible plant]

다년생 초본으로 목본성이 있고, 근경이나 종자로 번식한다. 전국적으로 분포하며 냇가와 바닷가의 모래땅에서 자란다. 원줄기는 높이 50~100㎝ 정도로 가지가 많이 갈라진다. 어긋나고 마주나는 경생엽은 길이 2~8㎝, 너비 1~7㎝ 정도의 타원형으로 2회 우상으로 갈라지며 열편은 실처럼 가늘고 잎은 위로 갈수록 작아진다. 8~9월에 큰 원추꽃차례로 피는 꽃은 원형으로 황록색이다. 수과는 길이 0.8㎜ 정도이다. '제비쑥'에 비해 줄기의 기부가 목질화하고 잎은 2회 우상으로 전열하며 최종열편은 실모양이다. 어린순은 나물로 식용하며 사방용으로도 심는다. 쑥차, 쑥즙, 쑥떡 등을 만들거나 쑥조청, 쑥밥, 쑥튀김, 쑥단자, 쑥토장국, 쑥탕, 쑥강정을 만들어 먹는다. 다음과 같은 증상이나 효과에 약으로 쓰인다. 사철쑥(35): 간경변증, 간암, 간열, 간염, 간장암, 개선, 관절염, 급성간염, 두통, 만성간염, 명목소염, 발한, 비체, 소염, 아감, 안질, 위장염, 유방암, 이뇨, 일체안병, 자한, 제습, 지방간, 창질, 청열, 청열이습, 췌장염, 타박상, 풍습, 피부소양증, 피부암, 학질, 해열, 황달, B형간염

제비쑥* je-bi-ssuk

국화과 Asteraceae
Artemisia japonica Thunb.

ⓚ 제비쑥ⓝ, 자불쑥, 가는제비쑥, 큰제비쑥 ⓔ japanese-wormwood, western-mugwort, white-sagebrush ⓒ or ⓜ (18): 모호#(牡蒿 Mu-Hao), 청호#(菁蒿 Qing-Hao), 취애(臭艾 Chou-Ai), 토자호(土紫蒿 Tu-Zi-Hao)

[Character: dicotyledon. sympetalous flower. perennial herb. erect type. cultivated, wild, medicinal, edible, forage plant]

다년생 초본으로 근경이나 종자로 번식한다. 전국적으로 분포하며 산지나 들에서 자란다. 흔히 모여 나는 원줄기는 높이 30~90㎝ 정도이고 윗부분에서 짧은 가지가 갈라진다. 어긋나는 잎은 길이 3~8㎝, 너비 0.8~3㎝ 정도의 쐐기형으로 양면에 부드러운 털이 있으며 양쪽 가장자리는 밋밋하나 윗부분은 결각상의 톱니가 있다. 7~9월에 원추꽃차례로 피는 꽃은 길이 2㎜ 정도의 난상 구형으로 황록색이다. 수과는 길이 0.8㎜ 정도이고 털이 없다. '사철쑥'에 비해 잎의 열편이 실모양이 아니고 다양하게 갈라진다. '갯사철쑥'과 비슷하지만 두화가 지름 1.5㎜ 정도이고 잎이 불규칙하게 갈라진다. 어린순은 나물로 식용하며 사방용이나 사료용으로 심는다. 어린순을 겉절이를 해 먹거나 된장, 쌈장에 찍어 먹고 다른 산나물과 무쳐 먹는다. 쑥국, 쑥떡으로 먹기도 한다. 다음과 같은 증상이나 효과에 약으로 쓰인다.
제비쑥(10): 간열, 개선, 구창, 살충, 습진, 이뇨, 주독, 청열, 하혈, 해표

개똥쑥* gae-ttong-ssuk | 국화과 Asteraceae *Artemisia annua* L.

Ⓛ 잔잎쑥ⓝ, 개땅쑥, 비쑥 Ⓔ annual-wormwood, sweet-wormwood, sweet-sagewort
Ⓒ or Ⓜ (33): 계슬초(鷄虱草 Ji-Shi-Cao), 고호(苦蒿 Gao-Hao), 청호#(靑蒿 Qing-Hao), 취호(臭蒿 Chou-Hao), 황화호#(黃花蒿 Huang-Hua-Hao)
[Character: dicotyledon. sympetalous flower. annual or biennial herb. erect type. wild, medicinal, edible plant]

1년생 또는 2년생 초본으로 종자로 번식하고 전국적으로 분포하며 들에서 자란다. 원줄기는 높이 70~150cm 정도이다. 가지가 많이 갈라지고 털이 없으며 강한 냄새가 난다. 어긋나는 잎은 길이 4~7cm 정도이고 3회 우상복엽이며 최종열편은 0.3mm 정도이다. 표면에 가루 같은 잔털과 선점이 있고 중축이 빗살 모양이며 윗부분의 잎이 작다. 6~8월에 수상으로 달리는 두상화는 지름 1.5mm 정도로 황색이다. 삭과는 길이 0.7mm 정도이다. '개사철쑥'과 달리 잎이 3회 우상으로 갈라지며 우축이 밋밋하고 두과는 지름 1.5mm 정도이다. 어린순은 식용하기도 한다. 다음과 같은 증상이나 효과에 약으로 쓰인다. 개똥쑥(24): 감기, 개선, 건위, 경련, 구토, 소아경풍, 안질, 양혈, 열질, 유두파열, 이뇨, 인플루엔자, 일체안병, 제습, 진경, 창종, 청열거풍, 최토제, 퇴허열, 풍습, 학질, 해서, 해열, 황달

맑은대쑥* mak-eun-dae-ssuk

국화과 Asteraceae
Artemisia keiskeana Miq.

ⓁⓃ 맑은대쑥ⓝ, 개제비쑥, 국화잎쑥, 개쑥 ⒺⓃ keiske-wormwood ⒸⓃ or ⓂⓃ (9): 암려#(巖蕳 Yan-Lu), 암려자#(菴蕳子 An-Lu-Zi), 취호#(臭蒿 Chou-Hao), 회호#(茴蒿 Hui-Hao)
[Character: dicotyledon. sympetalous flower. perennial herb. erect type. cultivated, wild, medicinal, edible. forage plant]

다년생 초본으로 근경이나 종자로 번식한다. 전국적으로 분포하며 산지에서 자란다. 원줄기는 높이 35~70㎝ 정도이고 가지 끝에 잎이 모여 난다. 어긋나는 잎은 길이 3~6㎝, 너비 1.5~4.5㎝ 정도의 넓은 주걱형으로 양면에 털이 있으며 윗부분의 가장자리에 결각상의 톱니가 있다. 잎은 위로 갈수록 작아지고 선형으로 된다. 7~9월에 총상으로 달리는 꽃은 길이와 지름이 각각 3~3.5㎜ 정도로 둥글며 황록색이고 수과는 길이 2㎜ 정도로서 털이 없다. '구와쑥'에 비해 잎이 단엽이고 밑이 쐐기 모양이며 위쪽에 결각이 있고 암술대 가지 끝은 매우 뾰족하다. 어린순은 나물로 식용하고 사방용이나 사료용으로 심는다. 어린순을 다른 나물과 데쳐서 무쳐 먹는다. 쑥과 같이 된장국을 끓이거나 떡을 해 먹기도 한다. 다음과 같은 증상이나 효과에 약으로 쓰인다. 맑은대쑥(16): 거습, 경혈, 관절통, 두통, 음왜, 음위, 이뇨, 제습, 타박상, 통경, 풍, 풍비, 해열, 행어, 혈폐, 황달

더위지기* deo-wi-ji-gi

국화과 Asteraceae
Artemisia gmelini Weber ex Stechm.

LN 생당쑥ⓝ, 인진고, 산쑥, 사철쑥, 부덕쑥, 애기바위쑥, 생댕쑥 CN or MN (10): 인진#(茵蔯 Yin-Chen), 한인진#(韓茵蔯 Han-Yin-Chen)
[Character: dicotyledon. sympetalous flower. deciduous shrub. erect type. cultivated, wild, medicinal, edible plant]

낙엽성 관목으로 근경이나 종자로 번식한다. 중북부지방에 분포하며 산지와 들에서 자란다. 모여 나는 원줄기는 높이 80~160㎝ 정도이고 기주가 목질화되어 월동하며 윗부분에서 가지가 약간 갈라진다. 어긋나는 경생엽의 잎몸은 길이 8~16㎝ 정도의 난형으로 2회 우상으로 갈라진다. 7~8월에 총상으로 달리는 두상화는 반구형으로 황록색이다. 열매는 11월에 익는다. '털산쑥'과 달리 경엽은 길이 8~15㎝ 정도이며 열편은 너비 2~3㎜ 정도이다. 잎이 우상으로 전열하고 중축에 빗살 모양의 소열편이 있으며 종열편은 길이 5~8㎜ 정도이다. 어린순은 식용한다. 약용으로 재배하고 전초를 말려서 차로 음용한다. 다음과 같은 증상이나 효과에 약으로 쓰인다. 더위지기(34): 간염, 개선, 과식, 곽란, 구고, 구창, 누혈, 만성위염, 비체, 산후하혈, 소아청변, 소염, 안태, 열병, 온신, 위한증, 음부질병, 이뇨, 이습, 자궁냉증, 장위카타르, 지방간, 지혈, 청열, 출혈, 통리수도, 피부노화방지, 하리, 한습, 해열, 황달, 회충, 흉부냉증

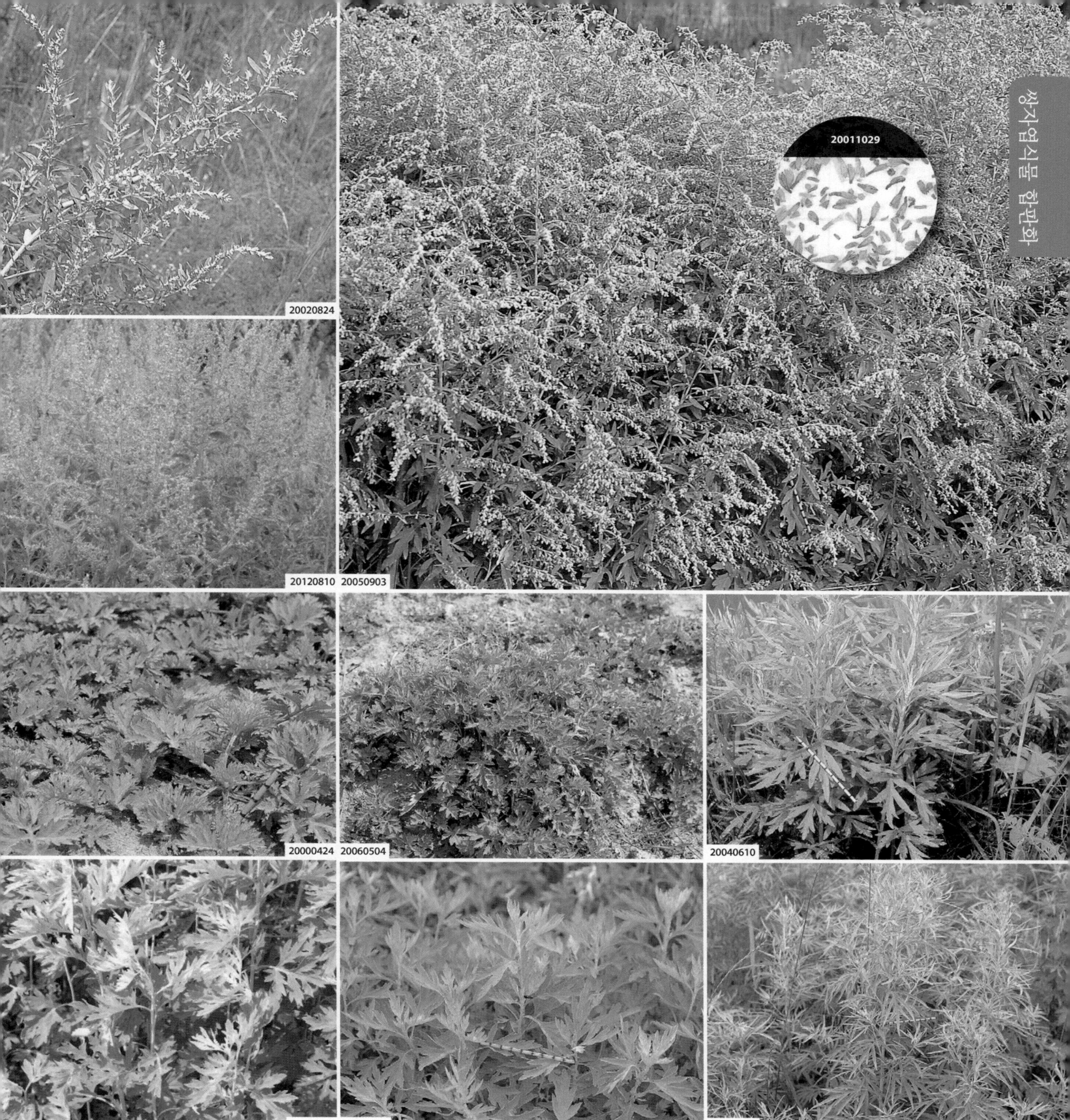

황해쑥* hwang-hae-ssuk | 국화과 Asteraceae *Artemisia argyi* H. Lev. et Vaniot

LN 황해쑥ⓝ, 모기쑥, 흰황새쑥, 강화약쑥, 사자발쑥, 약쑥 EN argy-wormwood CN or MN (12): 애(艾 Ai), 애엽#(艾葉 Ai-Ye), 의초(醫草 Yi-Cao), 황초(黃草 Huang-Cao)
[Character: dicotyledon. sympetalous flower. perennial herb. erect type. cultivated, wild, medicinal, edible plant]

다년생 초본으로 근경이나 종자로 번식한다. 중부지방에 분포하며 들에서 자란다. 근경에서 나온 원줄기는 높이 60~120㎝ 정도이고 가지가 많이 갈라진다. 어긋나는 경생엽은 두껍고 길이 6~9㎝, 너비 4~5㎝ 정도의 타원형이나 우상으로 깊게 갈라진다. 열편은 다시 우상으로 갈라져서 가장자리에 결각상의 톱니가 있다. 표면에 백색 점이 많으며 뒷면은 백색 면모로 덮여 있다. 윗부분의 잎은 밋밋하고 긴 타원형이다. 7~8월에 원추꽃차례로 달리는 꽃은 길이 3㎜, 너비 2~2.5㎜ 정도이고 밑으로 처졌다가 개화 후에 선다. 삭과는 긴 타원형으로 양끝이 좁고 털이 없다. '참쑥'에 비해 잎이 1회 우상으로 전열하고 약간 정삼각형으로 우편은 서로 접근해 나며 종종 얕게 다시 우열한다. 어린순은 식용한다. 전초를 말려서 차로 음용하며 약용으로 재배한다. 다음과 같은 증상이나 효과에 약으로 쓰인다. 황해쑥(10): 개선, 건위, 산한지통, 안질, 온경지혈, 이뇨, 제습지양, 창종, 풍습, 황달

물쑥* mul-ssuk | 국화과 Asteraceae *Artemisia selengensis* Turcz. ex Besser

(LN) 물쑥ⓝ, 뿔쑥 (EN) seleng-wormwood (CN) or (MN) (31): 누호#(蔞蒿 Lou-Hao), 유기노#(劉寄奴 Liu-Ji-Nu), 협엽애(狹葉艾 Xia-Ye-Ai)
[Character: dicotyledon. sympetalous flower. perennial herb. erect type. hygrophyte. wild, medicinal, edible plant]

다년생 초본으로 근경이나 종자로 번식한다. 중북부지방에 분포하며 냇가나 들의 약간 습기가 있는 곳에서 자란다. 땅속줄기에서 나온 원줄기는 높이 1~2m 정도이고 윗부분에서 약간의 가지가 갈라진다. 모여 나는 근생엽은 개화기에 없어진다. 어긋나는 경생엽은 길이 5~10㎝ 정도이고 5~7개의 넓고 긴 열편으로 갈라지는 밑부분에 백색의 털이 약간 있으며 가장자리에 톱니가 있다. 총상꽃차례에 달린 두상화는 길이 3㎜, 지름 2~2.5㎜ 정도로 황록색이다. '쑥'에 비해 중부 이하의 잎이 3열하고 열편에 톱니가 있으며 줄기가 짙은 녹색이다. 이른 봄에 근경을 식용하고 전초를 말려서 차로 음용한다. 다음과 같은 증상이나 효과에 약으로 쓰인다. 물쑥(17): 간경변증, 간염, 경혈, 급성간염, 안질, 옹종, 이뇨, 일체안병, 종독, 타박상, 통경, 파혈행어, 하기통락, 해열, 혈폐, 활혈, 흉협고만

넓은잎외잎쑥* neol-eun-ip-oe-ip-ssuk

국화과 Asteraceae
Artemisia stolonifera (Maxim.) Kom.

KN 넓은잎외잎쑥ⓝ, 넓은외잎쑥, 너른외잎쑥, 넓은잎외대쑥 EN stolonbearing-wormwood CN or MN (1): 산애#(山艾 Shan-Ai)
[Character: dicotyledon. sympetalous flower. perennial herb. erect type. wild, medicinal, edible plant]

다년생 초본으로 근경이나 종자로 번식한다. 전국적으로 분포하며 산지에서 자란다. 옆으로 번는 땅속줄기에서 나온 원줄기는 높이 50~100㎝ 정도이고 윗부분에서 약간의 가지가 갈라진다. 근생엽은 개화기에 없어지고 어긋나는 경생엽은 길이 7~15㎝, 너비 5~8㎝ 정도의 난상 긴 타원형으로 뒷면에 백색의 털이 있고 우상으로 얕게 갈라지며 가장자리에 톱니가 있다. 8~9월에 원줄기 끝의 원추꽃차례에 달리는 두상화는 길이 4~5㎜, 너비 3~4㎜ 정도이고 총포에 거미줄 같은 털이 있다. 수과는 길이 1.8㎜, 지름 0.6㎜ 정도의 긴 타원형으로 털이 없다. '비로봉쑥'과 달리 잎이 치아상 또는 깃처럼 갈라지고 길이 7~14㎝ 정도이며 열편이 서로 접근하다. 어린순은 식용한다. 전초를 말려서 차로 음용하고 약으로 쓰인다. 넓은잎외잎쑥(7): 이기혈, 안질, 온경, 이뇨, 지혈, 축한습, 해열

19991029

19980826

20120921 19971003

20120331  20050415

19940517

20070616 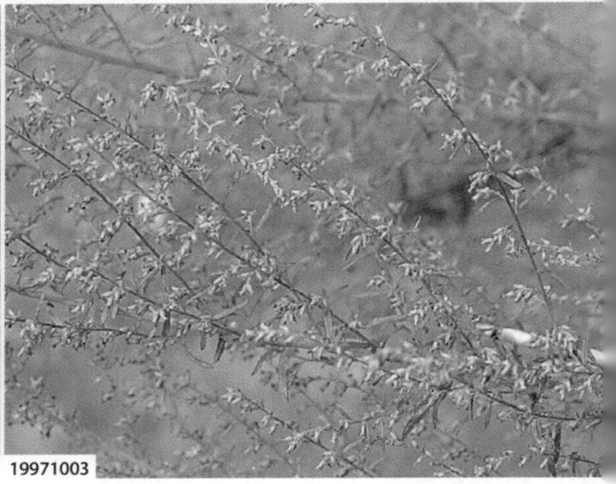 19971003

쑥* ssuk | 국화과 Asteraceae *Artemisia princeps* Pamp.

Ⓛⓝ 쑥ⓝ, 사재발쑥, 약쑥, 타래쑥, 바로쑥 Ⓔⓝ mugwort, japanese-mugwort, first-wormwood Ⓒⓝ or Ⓜⓝ (24): 단오애(端午艾 Duan-Wu-Ai), 애(艾 Ai), 애엽#(艾葉 Ai-Ye), 애호(艾蒿 Ai-Hao), 의초(醫草 Yi-Cao), 향애(香艾 Xiang-Ai)

[Character: dicotyledon. sympetalous flower. perennial herb. creeping and erect type. wild, medicinal, edible plant]

다년생 초본으로 근경이나 종자로 번식한다. 전국적으로 분포하며 들에서 자란다. 옆으로 뻗는 근경의 군데군데에서 싹이 나와 군생하는 줄기는 높이 60~120㎝ 정도이고 털이 있으며 가지가 갈라진다. 모여 나는 근생엽은 개화기에 없어지고 어긋나는 경생엽은 길이 6~12㎝, 너비 4~8㎝ 정도의 타원형으로 우상으로 깊게 갈라진다. 4~8개의 열편은 긴 타원상 피침형이며 백색 털이 밀생한다. 7~9월에 원추꽃차례로 한쪽으로 치우쳐서 달리는 두상화는 길이 2.5~3.5㎜, 지름 1.5㎜ 정도로 황록색이다. 수과는 길이 1.5㎜, 지름 0.5㎜ 정도의 타원형이고 털이 없다. '산쑥'과 달리 두화가 지름 1.5㎜, 길이 2.5~3.5㎜ 정도로 작고 평지에서 자라며 '참쑥'과 달리 잎 표면에 백색점이 없다. 초지나 밭작물 포장에서 문제잡초이다. 어린순은 식용하며 뜸쑥에 이용된다. 봄에 어린순으로 국을 끓여 먹고 향이 향긋하여 쑥인절미, 쑥꾸리, 쑥전, 쑥단자, 애탕, 쑥절편, 쑥경단, 쑥밥, 쑥나물 등을 먹는다. 식용과 약용으로 재배한다. 다음과 같은 증상이나 효과에 약으로 쓰인다. 쑥(98): 강장보호, 강정제, 개선, 견비통, 고혈압, 과식, 곽란, 관절염, 구창, 구충, 구토, 금창, 기관지염, 누혈, 만성요통, 만성위염, 만성피로, 목소양증, 민감체질, 배가튀어나온증세, 부인하혈, 비체, 산한지통, 산후하혈, 소아감적, 소아청변, 소아피부병, 식시비체, 신장증, 안질, 안태, 오심, 온경지혈, 온신, 외이도절, 외한증, 요충증, 요통, 월경과다, 월경이상, 위궤양, 위무력증, 위장염, 위한증, 음극사양, 음낭습, 음부부종, 음부질병, 음양음창, 음종, 이뇨, 이명, 이완출혈, 인두염, 일사상, 자궁냉증, 장위카타르, 적면증, 적백리, 정혈, 제습지양, 제충제, 종독, 종창, 주부습진, 중풍, 증세, 지혈, 진통, 창종, 청명, 출혈, 치출혈, 치통, 치핵, 타박상, 태루, 토혈각혈, 통경, 튀어나온편도선염, 편두통, 폐기천식, 풍습, 풍한, 피부소양증, 피부윤택, 하리, 한습, 한열왕래, 해독, 해열, 허랭, 활혈, 황달, 회충, 후두염, 흉부냉증

멸가치* myeol-ga-chi | 국화과 Asteraceae *Adenocaulon himalaicum* Edgew.

LN 멸가치ⓝ, 홍취, 개머위, 명가지, 옹취, 총취 EN himalayan-adenocaulon CN or MN (2): 선경채#(腺梗菜 Xian-Geng-Cai), 야로#(野蕗 Ye-Lu)
[Character: dicotyledon. sympetalous flower. perennial herb. erect type. hygrophyte. wild, medicinal, edible, ornamental plant]

다년생 초본으로 근경이나 종자로 번식한다. 전국적으로 분포하며 산지나 들의 음습지에서 자란다. 짧은 땅속줄기에서 나온 원줄기는 높이 30~60㎝ 정도이고 윗부분에서 가지가 많이 갈라진다. 근생엽은 모여 나고 어긋나는 경생엽은 길이 6~12㎝, 너비 11~22㎝ 정도의 신장형이다. 표면은 녹색이나 뒷면은 흰빛이 돌고 백색의 털이 있으며 가장자리에 결각상의 톱니가 있다. 8~9월에 피는 두상화는 길이 2.5㎜, 지름 5㎜ 정도로서 긴 화병이 있고 대가 있는 선이 있다. 열매는 방사상으로 배열되며 길이 6~7㎜ 정도의 도란형이다. '머위속'에 비해 자웅이주가 아니며 수과에 선체가 있어 잘 달라붙고 관모가 없다. 어린순은 나물로 식용하며 관상용으로 심는다. 봄여름에 연한 잎을 삶아 말려두고 나물로 먹는다. 된장이나 간장, 고추장에 무쳐 먹기도 하며 국을 끓이거나 묵나물로 먹기도 한다. 다음과 같은 증상이나 효과에 약으로 쓰인다. 멸가치(7): 강장, 건위, 이뇨산어, 지해평천, 지혈, 진정, 진통

진득찰* jin-deuk-chal

국화과 Asteraceae
Sigesbeckia glabrescens (Makino) Makino

LN 진득찰ⓝ, 진둥찰, 회첨, 찐득찰, 민득찰, 민진득찰 EN hairstalk-St. Pauls-wort
CN or MN (53): 점호채(粘糊菜 Zhan-Hu-Cai), 화렴#(火薟 Huo-Xian), 희렴#(希薟 Xi-Xian), 희첨#(豨簽 Xi-Qian)
[Character: dicotyledon. sympetalous flower. annual herb. erect type. wild, medicinal, edible plant]

1년생 초본으로 종자로 번식한다. 전국적으로 분포하며 들이나 길가에서 자란다. 원줄기는 높이 60~120㎝ 정도로 가지가 마주 갈라지고 자갈색이며 원주형이다. 마주나는 잎은 4~12㎝, 너비 3~11㎝ 정도의 난상 삼각형으로 양면에 약간의 털이 있고 가장자리에 불규칙한 톱니가 있다. 8~9월에 산방상으로 달리는 두상화는 황색이다. 수과는 길이 2㎜ 정도의 도란형으로 4개의 능각이 있으며 다른 물체에 잘 붙는다. '털진득찰'과 달리 식물체에 털이 적고 꽃자루에 선모가 없다. 여름 밭작물 포장에서 문제잡초이다. 어린순은 식용한다. 봄여름에 연한 잎을 삶아 말려 두고 나물로 먹거나 된장국을 끓여 먹는다. 다음과 같은 증상이나 효과에 약으로 쓰인다. 진득찰(30): 강근골, 강장, 거풍습, 건위, 경선결핵, 고혈압, 관절염, 구안괘사, 근골위약, 금창, 부종, 사지마비, 수종, 신경통, 악창, 제습, 종독, 중독, 중풍, 진통, 창종, 청열해독, 충독, 토역, 통경, 통경락, 풍, 풍비, 한열, 황달

털진득찰* teol-jin-deuk-chal

국화과 Asteraceae
Sigesbeckia pubescens (Makino) Makino

털진득찰ⓝ, 희첨 **glandularstalk-St. Pauls-wort** or (20): 희렴#(豨薟 Xi-Xian), 희렴초#(豨薟草 Xi-Xian-Cao), 희첨#(豨簽 Xi-Qian)
[Character: dicotyledon. sympetalous flower. annual herb. erect type. wild, medicinal, edible plant]

1년생 초본으로 종자로 번식한다. 전국적으로 분포하며 들에서 자란다. 원줄기는 높이 60~120㎝ 정도이고 가지는 마주 갈라지며 털이 많다. 마주나는 잎은 길이 9~18㎝, 너비 7~18㎝ 정도의 난상 삼각형으로 끝이 뾰족하고 양면에 털이 많고 가장자리에 불규칙한 톱니가 있다. 8~9월에 산방상으로 달리는 두상화는 황색이고 수과는 길이 2.5~3.5㎜ 정도의 도란형으로 약간 굽으며 4개의 능각이 있고 털이 없다. '진득찰'과 달리 식물체에 긴 털이 밀생하고 잎이 대형이며 화경에 흔히 선모가 있고 소과는 길이 2.5~3.5㎜ 정도로 보다 길다. 여름 밭작물 포장에서 문제잡초이다. 어린순은 식용한다. 봄여름에 연한 잎을 삶아 말려 두고 나물로 먹거나 된장국을 끓여 먹는다. 다음과 같은 증상이나 효과에 약으로 쓰인다. 털진득찰(28): 강장보호, 강장, 거풍습, 건위, 고혈압, 관절염, 구안와사, 근골동통, 금창, 부종, 사지마비, 수종, 신경통, 악창, 제습, 중독, 중풍, 지구역, 진통, 창종, 청열해독, 충독, 토역, 통경, 통경락, 한열, 한열왕래, 황달

한련초* han-ryeon-cho

국화과 Asteraceae
Eclipta prostrata (L.) L.

ⓛⓝ 한년풀ⓝ, 하년초, 하련초, 할년초, 한련풀, 할년초 ⓔⓝ eclipta, yerbadetago, american-false-daisy, false-daisy

ⓒⓝ or ⓜⓝ (62): 묵한련#(墨旱蓮 Mo-Han-Lian), 연자초#(蓮子草 Lian-Zi-Cao), 예장#(鱧腸 Li-Chang), 한련초#(旱蓮草 Han-Lian-Cao)

[Character: dicotyledon. sympetalous flower. annual herb. erect type. hygrophyte. wild, medicinal, edible plant]

1년생 초본으로 종자로 번식한다. 전국적으로 분포하며 풀밭이나 길가의 습한 곳에서 자란다. 원줄기는 높이 20~60㎝ 정도이고 마주나는 잎겨드랑이에서 나오는 가지가 많이 갈라지며 전체에 털이 있다. 마주나는 잎은 길이 3~9㎝, 너비 5~25㎜ 정도의 피침형으로 양면에 털이 있고 가장자리에 잔 톱니가 있다. 8~9월에 개화하며 지름 1㎝ 정도의 두상화는 백색이다. 수과는 길이 2.8㎜ 정도의 타원형으로 흑색으로 익으며 설상화의 것은 세모가 지지만 다른 것은 4개의 능각이 있다. '갯금불초속'에 비해 1년초로 총포편은 2열로 배열하고 화상의 인편은 너비가 좁고 열매 주변에 날개가 있는 것이 '가는잎한련초'와 다르다. 논이나 습한 밭에서 문제잡초이다. 어린순은 데쳐서 초고추장에 찍어 먹거나 무쳐 먹는다. 다음과 같은 증상이나 효과에 약으로 쓰인다. 한련초(17): 강장보호, 경혈, 근골동통, 악독대창, 양혈지혈, 오발, 음낭종독, 자음익신, 종기, 종독, 종창, 지혈, 진통, 충독, 토혈각혈, 해독, 혈분

겹삼잎국화* gyeop-sam-ip-guk-hwa

국화과 Asteraceae
Rudbeckia laciniata var. *hortensis* Bailey

㊞ 겹꽃삼잎국화, 양국화, 키다리노랑꽃, 만첩삼잎국화, 삼잎국화 ㊞ golden-glow, thimbleweed
[Character: dicotyledon. sympetalous flower. perennial herb. erect type. cultivated, wild, edible, ornamental plant]

다년생 초본으로 근경이나 종자로 번식한다. 북아메리카가 원산지인 귀화식물로 전국적으로 분포하며 인가 주변에서 자란다. 근경에서 모여 나는 원줄기는 높이 1~2m 정도이고 분백색이 돌며 가지가 갈라진다. 어긋나는 잎은 5~7개의 열편이 있는 우상으로 갈라지고 가장자리에 톱니가 약간 있다. 7~8월에 1개씩 달리는 지름 5~10㎝의 두상화는 설상화가 모인 겹꽃이고 선황색으로 7~9월에 핀다. '삼잎국화'와 달리 꽃잎이 만첩이다. 어린잎은 식용한다. 관상식물로 많이 심고 있다. 어린순은 데쳐서 초고추장에 찍어 먹거나 무쳐 먹는다.

가막사리* ga-mak-sa-ri | 국화과 Asteraceae *Bidens tripartita* L.

LN 가막사리ⓝ, 가막살, 제주가막사리, 털가막살이 EN leafbract-beggarticks, bur-beggarticks, threecleft-bur-marigold, trifid-bur-marigold, bur-marigold, water-agrimony, leafy-bract-beggarticks, three-cleft-bur-marigold, three-lobe-beggarticks CN or MN (9): 낭야초(狼耶草 Lang-Ye-Cao), 낭파초#(狼把草 Lang-Ba-Cao), 오파(烏杷 Wu-Pa), 파파침(婆婆針 Po-Po-Zhen)

[Character: dicotyledon. sympetalous flower. annual herb. erect type. hygrophyte. wild, medicinal, edible plant]

1년생 초본으로 종자로 번식한다. 전국적으로 분포하며 습지에서 자란다. 원줄기는 높이 50~100㎝ 정도이고 가지가 많이 갈라지고 육질이며 털이 없다. 마주하는 잎은 길이 4~12㎝ 정도로 3~4개로 갈라진 피침형으로 양 끝이 좁으며 가장자리에 톱니가 있다. 8~10월에 1개씩 달리는 두상화는 지름 25~35㎜ 정도이고 황색이다. 수과는 길이 7~11㎜, 너비 2~2.5㎜ 정도로서 납작하고 좁은 쐐기형이며 2개의 가시에는 아래로 향한 갈고리가 있다. '구와가막사리'와 달리 총포편의 수가 적고 수과는 길이 7~11㎜ 정도로 길다. 논이나 습한 밭에서 문제잡초이다. 어린순을 데쳐서 무쳐 먹거나 쌈, 묵나물, 튀김, 찌개, 국거리로 이용한다. 다음과 같은 증상이나 효과에 약으로 쓰인다. 가막사리(22): 건위, 결핵, 고혈압, 광견병, 교상, 기관지염, 단독, 양음익폐, 이질, 인후염, 인후통증, 임파선염, 장염, 진통, 창종, 청열해독, 충독, 편도선염, 폐결핵, 피부병, 하리, 해열

도깨비바늘* do-kkae-bi-ba-neul

국화과 Asteraceae
Bidens bipinnata L.

ⓛⓝ 털가막사리ⓝ, 도깨비바눌, 좀독개비바늘, 좀도개비바늘, 좀도깨비바늘, 좀독개비바눌 ⓔⓝ spanish-needles, beggarticks, spanish-blackjack, bipinnate-beggarticks, bur-marigold, tickseed, bipinnate-cobbler's-pegs ⓒⓝ or ⓜⓝ (18): 귀침초#(鬼針草 Gui-Zhen-Cao), 파파침(婆婆針 Po-Po-Zhen)

[Character: dicotyledon. sympetalous flower. annual herb. erect type. wild, medicinal, edible plant]

1년생 초본으로 종자로 번식한다. 전국적으로 분포하며 산야에서 자란다. 원줄기는 높이 30~90㎝ 정도로 사각형이며 가지가 갈라지고 털이 약간 있다. 마주나는 경생엽은 길이 9~18㎝ 정도이고 2회 우상으로 갈라지며 위로 올라갈수록 작아진다. 두상화는 지름 6~10㎜ 정도로 황색이다. 수과는 길이 12~18㎜, 너비 1㎜ 정도의 선형으로 3~4개의 능선과 관모가 있으며 밑을 향한 가시 같은 털이 있어서 물체에 잘 붙는다. '털도깨비바늘'과 달리 잎이 2회우열하며 정열편이 좁고 끝이 뾰족하며 약간의 톱니가 있고 털이 적다. 어린순은 나물로 식용한다. 다음과 같은 증상이나 효과에 약으로 쓰인다. 도깨비바늘(20): 간염, 감기, 견교독, 급성간염, 기관지염, 복통, 삼어, 상처, 설사, 소종, 이질, 정종, 창종, 청열, 충독, 타박상, 학질, 해독, 해열, 황달

삽주* sap-ju

국화과 Asteraceae
Atractylodes ovata (Thunb.) DC.

ⓛⓝ 삽주ⓝ, 창출, 백출, 사추싹 ⓔⓝ japanese-atractylodes ⓒⓝ or ⓜⓝ (61): 관창출#(關蒼朮 Guan-Cang-Shu), 모창출#(茅蒼朮 Mao-Cang-Shu), 백출#(白朮 Bai-Zhu), 창출#(蒼朮 Cang-Zhu), 출(朮, Shu)
[Character: dicotyledon. sympetalous flower. perennial herb. erect type. cultivated, wild, medicinal, edible, ornamental plant]

다년생 초본으로 근경이나 종자로 번식한다. 전국적으로 분포하며 산지에서 자란다. 굵은 뿌리에서 나오는 원줄기는 높이 40~80㎝ 정도이고 윗부분에서 가지가 갈라진다. 모여 나는 근생엽은 개화기에 없어진다. 어긋나는 경생엽은 잎자루가 길이 3~8㎝ 정도이고 잎몸은 길이 6~12㎝ 정도의 긴 타원형으로 3~5개의 열편으로 갈라진다. 난형의 열편은 표면에 윤기가 있고 뒷면은 흰빛이 돌며 가장자리에 짧은 바늘 같은 가시가 있다. 7~10월에 피는 두상화는 지름 15~20㎜ 정도로 백색이다. 수과는 길고 털이 있으며 관모는 길이 8~9㎜ 정도로 갈색이 돈다. '당삽주'에 비해 잎은 잎자루가 있고 3~5개로 갈라지며 우상의 포엽이 있다. 어린순은 식용하고 약용이나 관상용으로 심는다. 신생근을 '백출'로 이용하기도 한다. '백출(*Atractylodes macrocephala* Koidz.)'은 중국에서 재배된다. 봄에 어린순은 나물, 튀김 등에 이용하고 쌈으로 먹거나 겉절이를 하기도 한다. 다른 산나물과 무쳐 먹기도 하며 뿌리는 건강을 주로 먹는다. 다음과 같은 증상이나 효과에 약으로 쓰인다. 삽주(80): 간경변증, 감기, 강장보호, 거담, 거습, 거풍청열, 건망증, 건비위, 건위, 고혈압, 과민성대장증후군, 과식, 곽란, 관격, 관절냉기, 구토, 권태증, 기부족, 기화습, 나력, 냉복통, 담, 만성위염, 만성피로, 목소양증, 발한거풍습, 배가튀어나온증세, 사태, 소아복냉증, 소아소화불량, 소아토유, 소아해열, 식예어체, 안심정지, 안태, 야맹증, 열질, 오심, 온신, 온풍, 옹저, 요통, 월경이상, 위내정수, 위무력증, 위장염, 위한증, 음극사양, 음냉통, 음부질병, 음식체, 음위, 이뇨, 인플루엔자, 자한, 장위카타르, 장티푸스, 정력증진, 제습, 조갈증, 조루증, 조습, 조습건비, 졸도, 중풍, 진통, 척추질환, 탈항, 통리수도, 풍, 풍한, 하초습열, 해독, 해열, 허로, 현벽, 현훈, 활혈, 황달, 흉부냉증

지느러미엉겅퀴* ji-neu-reo-mi-eong-geong-kwi

국화과 Asteraceae
Carduus crispus L.

LN 지느러미엉겅퀴ⓝ, 지느레미엉겅퀴, 엉거시, 엉겅퀴 EN crisped-thistle, welted-thistle, curly-bristle-thistle, plumeless-thistle CN or MN (7): 비렴#(飛簾 Fei-Lian), 비렴호(飛簾蒿 Fei-Lian-Hao), 자타초(刺打草 Ci-Da-Cao)
[Character: dicotyledon. sympetalous flower. biennial herb. rosette and erect type. wild, medicinal, edible plant]

2년생 초본으로 종자로 번식한다. 전국적으로 분포하며 산지와 들에서 자란다. 원줄기는 높이 70~140㎝ 정도로 가지가 갈라지며 사각형에 달리는 날개의 가장자리에 가시로 끝나는 치아상의 톱니가 있다. 모여 나는 근생엽은 길이 30~40㎝ 정도의 긴 타원상 피침형이고 개화기에 없어진다. 어긋나는 경생엽은 길이 10~20㎝ 정도의 타원상 피침형이며 우상으로 갈라진다. 열편은 둔두이며 가시로 끝나고 거미줄 같은 백색 털이 있다. 6~8월에 피는 두상화는 지름 17~27㎜ 정도이고 자주색 또는 백색이다. 수과는 길이 3㎜, 지름 1.5㎜ 정도의 타원형이며 관모는 길이 15㎜ 정도이다. '엉겅퀴속'에 비해 줄기에 지느러미 같은 날개가 있고 관모는 우모상이 아니며 몹시 껄끔거린다. 연한 줄기는 식용한다. 연한 잎을 삶아 나물로 먹거나 국을 끓여 먹는다. 데쳐서 무쳐 먹기도 하고 튀김으로도 먹는다. 줄기는 장에 찍어 먹거나 장아찌로 먹는다. 다음과 같은 증상이나 효과에 약으로 쓰인다. 지느러미엉겅퀴(27): 간염, 감기, 강장, 거풍, 경혈, 관절염, 뇨혈, 복중괴, 양혈산어, 열광, 옹종, 요도염, 유방암, 이뇨, 제습, 종기, 종독, 지혈, 청열이습, 치질, 타박상, 파상풍, 풍, 풍비, 피부소양증, 해열, 화상

큰엉겅퀴* keun-eong-geong-kwi | 국화과 Asteraceae *Cirsium pendulum* Fisch. ex DC.

LN 큰엉겅퀴ⓝ, 장수엉겅퀴 EN pendulate-thistle CN or MN (11): 대계#(大薊 Da-Ji), 연관계(烟管薊 Yan-Guan-Ji), 호계(虎薊 Hu-Ji)

[Character: dicotyledon. sympetalous flower. perennial herb. rosette and erect type. wild, medicinal, edible plant]

다년생 초본으로 근경이나 종자로 번식한다. 전국적으로 분포하며 산야에서 자란다. 원줄기는 높이 1~2m 정도이고 종선이 있으며 윗부분에서 가지가 갈라지고 털이 있다. 모여 나는 근생엽은 개화기에 없어진다. 어긋나는 경생엽은 길이 20~40㎝, 너비 20㎝ 정도의 피침상 타원형으로 가장자리가 우상으로 갈라지고 열편에 결각상의 톱니와 가시가 있다. 8~10월에 피는 두상화는 지름 2~3㎝ 정도로 자줏빛이 돌며 밑을 향하여 구부러진다. 수과는 길이 3~3.5㎜ 정도의 타원형으로 4개의 능선이 있다. '물엉겅퀴'와 달리 잎은 우상심열하고 두상화는 밑으로 드리우고 꽃부리 통부의 좁은 부분이 다른 부분보다 1.5~2.5배 정도 길다. 어린순은 나물로 식용한다. 연한 잎을 삶아 나물로 먹거나 국을 끓여 먹는다. 데쳐서 무쳐 먹기도 하고 튀김으로도 먹는다. 줄기는 장에 찍어 먹거나 장아찌로 먹는다. 다음과 같은 증상이나 효과에 약으로 쓰인다. 큰엉겅퀴(24): 각혈, 간염, 감기, 고혈압, 금창, 대하증, 부종, 산어소종, 신경통, 안태, 양혈지혈, 음창, 자궁출혈, 정력증진, 종독, 지혈, 창종, 출혈, 토혈, 토혈각혈, 해열, 혈뇨, 활혈, 황달

엉겅퀴* eong-geong-kwi

국화과 Asteraceae
Cirsium japonicum var. *maackii* (Maxim.) Matsum.

KN 엉겅퀴ⓝ, 가시나물, 항가새, 가시엉겅퀴 EN tiger-thistle, wild-thistle, japanese-thistle
CN or MN (55): 계#(薊 Ji), 대계#(大薊 Da-Ji), 우구자(牛口刺 Niu-Kou-Ci), 호계(虎薊 Hu-Ji)
[Character: dicotyledon. sympetalous flower. perennial herb. rosette and erect type. wild, medicinal, edible plant]

다년생 초본으로 근경이나 종자로 번식한다. 전국적으로 분포하며 산야에서 자란다. 원줄기는 높이 60~120㎝ 정도이고 전체에 백색 털이 있으며 가지가 갈라진다. 모여 나는 근생엽은 개화기에도 붙어 있고 길이 15~30㎝, 너비 6~15㎝ 정도의 피침상 타원형으로 6~7쌍의 우상으로 깊게 갈라지고 양면에 털이 있으며 가장자리에 결각상의 톱니와 가시가 있다. 어긋나는 경생엽은 길이 10~20㎝ 정도의 피침상 타원형으로 원줄기를 감싸고 우상으로 갈라진 가장자리가 다시 갈라진다. 6~8월에 피는 두상화는 지름 3~4㎝ 정도로 자주색 또는 적색이다. 수과는 길이 3~4㎜ 정도의 타원형으로 관모가 길이 15~19㎜ 정도이다. '바늘엉겅퀴'와 달리 잎의 결각편이 겹쳐지지 않고 잎이 총포를 둘러싸지도 않는다. 어린순을 식용한다. 연한 잎을 삶아 나물로 먹거나 국을 끓여 먹는다. 데쳐서 무쳐 먹기도 하고 튀김으로도 먹는다. 줄기는 장에 찍어 먹거나 장아찌로 먹는다. 다음과 같은 증상이나 효과에 약으로 쓰인다. 엉겅퀴(61): 각기, 각혈, 간헐파행증, 감기, 강직성척추관절염, 개선, 견비통, 경결, 경혈, 고혈압, 관상동맥질환, 관절염, 구토, 근계, 근골동통, 금창, 난청, 대하증, 부인하혈, 부종, 산어소종, 소아경결, 신경통, 안태, 양혈거풍, 양혈지혈, 옹종, 유방암, 유창통, 음창, 이완출혈, 임신중요통, 자궁출혈, 장간막탈출증, 장위카타르, 정력증진, 좌섬요통, 중추신경장애, 지혈, 창종, 척추관협착증, 출혈, 태독, 태양병, 토혈, 토혈각혈, 통리수도, 투진, 피부궤양, 피부염, 해독, 허혈통, 현벽, 혈기심통, 혈담, 혈압조절, 혈우병, 활혈, 황달, 후굴전굴, 흉협통

고려엉겅퀴* go-ryeo-eong-geong-kwi

국화과 Asteraceae
Cirsium setidens (Dunn) Nakai

㉿ 고려엉겅퀴㉠, 독깨비엉겅퀴, 도깨비엉겅퀴, 구멍이, 곤드레, 곤드래
[Character: dicotyledon. sympetalous flower. perennial herb. rosette and erect type. cultivated, wild, medicinal, edible plant]

다년생 초본으로 근경이나 종자로 번식한다. 전국적으로 분포하며 산지에서 자란다. 원줄기는 높이 1~2m 정도이고 가지가 사방으로 갈라진다. 모여 나는 근생엽은 개화기에 없어진다. 어긋나는 경생엽은 길이 5~25㎝ 정도의 타원상 피침형으로 끝이 뾰족하고 뒷면에 흰빛이 돌며 가장자리가 밋밋하거나 가시 같은 톱니가 있다. 7~10월에 1개씩 달리는 두상화는 지름 2~3㎝ 정도로 자주색이다. 수과는 길이 3~4㎜ 정도의 긴 타원형이며 관모는 길이 11~16㎜ 정도로 갈색이다. '정영엉겅퀴'에 비해 잎이 갈라지지 않고 총포의 지름이 3㎝로 크고 포편이 강하며 화관이 자색으로 황백색이 아니다. 강원도에서는 '곤드레'라고 하여 어린순을 나물로 식용하고 재배하기도 한다. 어린순을 봄에서 여름까지 먹을 수 있다. 데쳐서 무치거나 된장국을 끓인다. 볶거나 묵나물로 먹기도 한다. 다음과 같은 증상이나 효과에 약으로 쓰인다. 고려엉겅퀴(10): 감기, 금창, 대하증, 부종, 안태, 음창, 지혈, 창종, 출혈, 토혈

물엉겅퀴* mul-eong-geong-kwi

국화과 Asteraceae
Cirsium nipponicum (Maxim.) Makino

울릉엉겅퀴ⓝ, 섬엉겅퀴 or (1): 대계#(大薊 Da-Ji)
[Character: dicotyledon. sympetalous flower. perennial herb. erect type. cultivated, wild, medicinal, edible plant]

다년생 초본으로 근경이나 종자로 번식한다. 울릉도의 계곡이나 길가에서 자라며 재배하기도 한다. 굵은 뿌리에서 나온 원줄기는 높이 100~200㎝ 정도이고 골이 파진 능선이 있으며 자줏빛이 돈다. 근생엽은 개화기에 없어지고 어긋나는 경생엽은 길이 20~40㎝ 정도의 피침상 타원형으로 가장자리가 결각상으로 갈라진다. 두상화는 지름 2~3㎝ 정도로 연한 자주색이고 개화기에 밑으로 처진다. 수과는 길이 3~3.5㎜ 정도로 네모가 지고 관모는 길이 13~15㎜ 정도이고 갈색이다. '큰엉겅퀴'에 비해 다년생이고 잎은 우상심열하지 않으며 두상화는 점두하고 화관이 약간 넓다. 어린순은 식용한다. '울릉엉겅퀴' 또는 '섬엉겅퀴'라고 하기도 한다. 어린순을 봄에서 여름까지 먹을 수 있다. 데쳐서 무치거나 된장국을 끓인다. 볶거나 묵나물로 먹기도 한다. 다음과 같은 증상이나 효과에 약으로 쓰인다. 물엉겅퀴(16): 감기, 고혈압, 금창, 대하증, 부종, 산어소종, 신경통, 안태, 양혈지혈, 음창, 자궁출혈, 지혈, 창종, 출혈, 토혈, 황달

지칭개* ji-ching-gae | 국화과 Asteraceae *Hemistepta lyrata* Bunge

LN 지칭개ⓝ, 지칭개나물 EN lyrate-hemistepta CN or MN (4): 이호채#(泥胡菜 Ni-Hu-Cai)
[Character: dicotyledon. sympetalous flower. biennial herb. rosette and erect type. wild, medicinal, edible plant]

2년생 초본으로 종자로 번식한다. 전국적으로 분포하며 밭이나 들에서 자란다. 원줄기는 높이 90~160㎝ 정도이고 가지가 갈라진다. 근생엽은 모여나며 어긋나는 경생엽은 길이 10~20㎝ 정도의 도피침상 긴 타원형으로 우상으로 깊게 갈라진다. 정열편은 삼각형이고 측열편은 선상 피침형으로 가장자리에 톱니가 있으며 뒷면에 백색 털이 밀생한다. 5~7월에 개화한다. 두상화는 길이 12~14㎜, 지름 18~22㎜ 정도로 연한 자주색이다. 수과는 길이 2.5㎜, 너비 1㎜ 정도의 긴 타원형으로 암갈색이고 관모는 2줄이다. '분취속'에 비해 총포편 등에 닭의 벼슬 같은 부속체가 있고 수과는 15개의 뾰족한 능선이 있다. 어린순은 나물로 식용한다. 봄에 어린순을 삶아 나물로 먹거나 된장국을 끓여 먹는다. 겉절이로 먹기도 하고 된장과 고추장에 무쳐 먹기도 한다. 다음과 같은 증상이나 효과에 약으로 쓰인다. 지칭개(20): 간염, 강심, 건위, 골절상, 급성간염, 보익, 보폐, 소종거어, 악창, 옹종, 외상출혈, 이뇨, 종기, 종독, 지혈, 진정, 청열해독, 치루, 해수, 활혈

각시취* gak-si-chwi | 국화과 Asteraceae *Saussurea pulchella* (Fisch.) Fisch.

LN 깃분취ⓝ, 나래취, 참솜나물, 고려솜나물, 나래솜나물, 큰잎솜나물, 가는각시취, 흩각시취, 민각시취 EN beautiful-flowered-saussurea CN or MN (2): 미화풍모국#(美花風毛菊 Mei-Hua-Feng-Mao-Ju), 초지풍모국(草地風毛菊 Cao-Di-Feng-Mao-Ju)
[Character: dicotyledon. sympetalous flower. biennial herb. erect type. wild, medicinal, edible, ornamental plant]

2년생 초본으로 종자로 번식한다. 전국적으로 분포하며 산지에서 자란다. 원줄기는 높이 70~150㎝ 정도이며 날개와 잔털이 있고 약간의 가지가 갈라진다. 근생엽은 모여 나고 어긋나는 경생엽은 길이 9~18㎝ 정도의 긴 타원형으로 우상으로 깊게 갈라진다. 5~10쌍의 열편은 피침형으로 양면에 털이 있으며 뒷면에 선점이 있다. 8~10월에 산방상으로 달리는 두상화는 지름 12~16㎜ 정도로 자주색이다. 수과는 길이 3~4㎜ 정도의 타원형이며 관모는 길이 7~9㎜ 정도이다. '큰각시취'와 달리 총포가 넓은 종 모양이며 너비 10~14㎜ 정도로 넓으며 잎의 결각 모양이 여러 가지이다. 어린순은 식용하며 관상용으로도 심는다. 어린순을 다른 산나물과 같이 데쳐서 무쳐 먹거나 연한 잎을 삶아 말려두고 나물로 먹거나 국을 끓여 먹는다. 다음과 같은 증상이나 효과에 약으로 쓰인다. 각시취(13): 간염, 고혈압, 관절염, 복통, 설사, 지사, 지통, 지혈, 진해, 토혈, 해열, 혈열, 황달

빼꾹채* ppeo-kkuk-chae

국화과 Asteraceae
Rhaponticum uniflorum (L.) DC.

KN 빼꾹채ⓝ, 뻑국채 EN uniflower-swisscentury CN or MN (14): 귀유마(鬼乳麻 Gui-You-Ma), 기주누로(祁州漏蘆 Qi-Zhou-Lou-Lu), 누로#(漏蘆 Lou-Lu), 포곡#(布穀 Bu-Gu)
[Character: dicotyledon. sympetalous flower. perennial herb. rosette and erect type. wild, medicinal, edible plant]

다년생 초본으로 근경이나 종자로 번식한다. 중북부지방에 분포하며 산야에서 자란다. 원줄기는 높이 40~80㎝ 정도이다. 가지가 없는 화경에는 줄이 있으며 백색 털로 덮여 있고 뿌리가 굵다. 모여 나는 근생엽의 잎몸은 길이 20~40㎝ 정도의 도피침상 타원형이나 우상으로 깊게 갈라진 9~15개의 열편은 긴 타원형이다. 잎의 양면에 백색 털이 밀생하고 가장자리에 결각상의 톱니가 있다. 어긋나는 경생엽은 위로 갈수록 작아진다. 6~8월에 1개씩 곧추 달리는 두상화는 지름 5~8㎝ 정도로 홍자색이다. 수과는 길이 5㎜, 지름 2㎜ 정도의 긴 타원형으로 관모가 길다. '산비장이속'에 비해 총포편에 건피질의 부속체가 있다. '수레국화'와 달리 총포가 밋밋하다. 어린순이나 연한 화경은 식용한다. 봄에 연한 잎을 삶아 나물로 먹거나 된장이나 간장에 무쳐 먹거나 된장국을 끓여 먹는다. 꽃봉오리도 나물로 이용한다. 다음과 같은 증상이나 효과에 약으로 쓰인다. 빼꾹채(19): 건위, 고미, 관절염, 근골동통, 소염, 소통하유, 옹저, 유선염, 유즙결핍, 임파선염, 제습, 종기, 진정, 청열해독, 치질, 치핵, 해독, 해열, 혈뇨

수리취* su-ri-chwi | 국화과 Asteraceae *Synurus deltoides* (Aiton) Nakai

LN 수리취ⓝ, 개취, 조선수리취, 떡취 EN deltoid-synurus CN or MN (2): 산우방#(山牛蒡 Shan-Niu-Bang), 자구채#(刺球菜 Ci-Qiu-Cai)

[Character: dicotyledon. sympetalous flower. perennial herb. erect type. wild, medicinal, edible plant]

다년생 초본으로 근경이나 종자로 번식한다. 전국적으로 분포하며 산야에서 자란다. 원줄기는 높이 50~100㎝ 정도이고 종선이 있으며 백색의 털이 밀생한다. 모여 나는 근생엽은 길이 10~20㎝ 정도의 난상 긴 타원형으로 끝이 뾰족하고 표면에 꼬불꼬불한 털이 있다. 뒷면에 백색의 면모가 밀생하며 가장자리에 결각상의 톱니가 있다. 어긋나는 경생엽은 위로 갈수록 잎자루가 짧아지고 잎몸도 작아진다. 9~10월에 개화하며 두상화는 지름 5㎝ 정도로 자주색이다. '국화수리취'와 달리 잎밑은 심장형이고 총포편은 피침형으로 가운데 너비 1.5~2㎜이며 두상화는 길고 굵으며 단단한 화경이 있다. 연한 잎은 식용하고 마른 잎은 부싯깃으로 이용한다. 봄여름에 연한 잎은 삶아 말려두고 나물이나 떡을 해 먹으며 다른 산나물과 같이 데쳐서 된장이나 간장에 무쳐 먹는다. 다음과 같은 증상이나 효과에 약으로 쓰인다. 수리취(5): 부종, 안태, 종창, 지혈, 토혈

절굿대* jeol-gut-dae

국화과 Asteraceae
Echinops setifer Iljin

Ⓚ 가시절구대ⓝ, 개수리취, 절구대, 둥둥방망이, 분취아재비, 절구때 Ⓔ globe-thistle Ⓒ or Ⓜ (6): 귀유마(鬼乳麻 Gui-You-Ma), 남자두(藍刺頭 Lan-Ci-Tou), 누로#(漏蘆 Lou-Lu), 야린(野藺 Ye-Lin)

[Character: dicotyledon. sympetalous flower. perennial herb. erect type. cultivated, wild, medicinal, edible. ornamental plant]

다년생 초본으로 근경이나 종자로 번식한다. 전국적으로 분포하며 산지에서 자란다. 원줄기는 높이 70~150㎝ 정도이고 가지가 갈라지며 전체가 거미줄 같은 흰털로 덮여 있다. 근생엽은 모여 나고 경생엽은 어긋나며 길이 15~30㎝ 정도의 긴 타원형이다. 우상으로 깊게 갈라지고 7~13개의 열편은 두껍고 넓은 피침형으로 가장자리에 가시가 달린 뾰족한 톱니가 있다. 7~9월에 피는 두상화는 지름 5㎝ 정도로 둥글고 남자색이며 수과는 원통형으로 털이 많다. '큰절굿대'에 비해 줄기에 깊은 홈이 있으며 잎 표면에 갈색털이 산생하고 우편이 다시 갈라지지 않는다. 관상용으로 심는다. 연한 잎을 삶아 나물로 먹거나 국을 끓여 먹는다. 다음과 같은 증상이나 효과에 약으로 쓰인다. 절굿대(39): 각혈, 간경변증, 간염, 간장암, 고혈압, 근골동통, 기관지염, 발모, 배농, 보혈, 생기, 소통하유, 수감, 양모발약, 염증, 유선염, 유옹, 유즙결핍, 인후염, 인후통증, 임질, 임파선염, 제습, 조경, 종독, 지방간, 지혈, 진해, 창종, 청열해독, 치핵, 토혈, 토혈각혈, 통유, 폐렴, 해독, 해열, 황달, 회충

잇꽃* it-kkot | 국화과 Asteraceae *Carthamus tinctorius* L.

ⓁⓃ 잇꽃ⓝ, 이꽃, 홍화 ⒺⓃ safflower, saffron, dyer's-saffron, fake-saffron, false-saffron, bastard-saffron ⒸⓃ or ⓂⓃ (24): 대홍화(大紅花 Da-Hong-Hua), 홍남자#(紅藍子 Hong-Lan-Zi), 홍화#(紅花 Hong-Hua) 황람(黃藍 Huang-Lan)
[Character: dicotyledon. sympetalous flower. annual herb. erect type. cultivated, medicinal, edible plant]

1년생 초본으로 종자로 번식한다. 이집트가 원산지인 유료작물이다. 원줄기는 높이 50~100㎝ 정도로 가지가 갈라지고 털이 없다. 어긋나는 경생엽은 길이 4~8㎝ 정도의 넓은 피침형으로 가장자리의 예리한 톱니 끝이 가시처럼 된다. 7~8월 가지에 1개씩 달리는 두상화는 길이 2.5㎝, 지름 2.5~4㎝ 정도로 붉은빛이 도는 황색이다. 수과는 길이 6㎜ 정도의 타원형이고 백색으로 윤기가 있으며 관모가 있다. 유료 및 약용작물로 재배하며 꽃은 착색염료로 사용한다. 종자는 식용유로 이용한다. 전초는 '홍화', 종자는 '홍화자'라고 하여 다음과 같은 증상이나 효과에 약으로 쓰인다. 잇꽃(30): 간경변증, 결절종, 경혈, 골절상, 구토, 난산, 부인병, 사태, 안산, 어혈, 월경이상, 위장염, 이급, 자궁수축, 지통, 지혈, 진정, 진통, 척추질환, 타박상, 통경, 편도선염, 폐결핵, 해산촉진, 혈압조절, 협심증, 홍역, 활혈, 활혈거어, 흉부냉증

조뱅이* jo-baeng-i | 국화과 Asteraceae *Breea segeta* (Willd.) Kitam. for. *segeta*

ⓛⓝ 조뱅이ⓝ, 자라귀, 조바리, 지칭개, 조병이, 자리귀 ⓔⓝ common-cirsium, creeping-thistle ⓒⓝ or ⓜⓝ (33): 대자아채(大刺兒菜 Da-Ci-Er-Cai), 소계#(小薊 Xiao-Ji), 자계채(刺薊菜 Ci-Ji-Cai), 청자계(靑刺薊 Qing-Ci-Ji)
[Character: dicotyledon. sympetalous flower. biennial herb. rosette and erect type. wild, medicinal, edible plant]

2년생 초본으로 종자로 번식한다. 전국적으로 분포하며 들이나 밭에서 자란다. 원줄기는 높이 25~30㎝ 정도로 약간의 가지가 갈라지며 근경이 길고 깊게 분포한다. 모여 나는 근생엽은 개화기에 없어지고 어긋나는 경생엽은 길이 5~10㎝ 정도의 긴 타원상 피침형으로 가장자리에 치아상의 톱니와 가시가 있다. 5~8월에 피는 두상화는 지름 15~30㎜ 정도로 연한 자주색이다. 수과의 관모는 30㎜ 정도로 길다. '큰조뱅이'에 비해 키가 작고 잎의 가장자리가 밋밋하며 관모는 결실기에 길어져 화관과 같아진다. 여름 밭작물 포장에서 방제하기 어려운 문제잡초이다. 어린순은 식용한다. 어린순을 데쳐서 된장이나 간장에 무치거나 볶아 먹기도 한다. 된장국을 끓여 먹기도 하고 녹즙이나 차로 먹는다. 열매는 잼을 만들어 먹는다. 다음과 같은 증상이나 효과에 약으로 쓰인다. 조뱅이(24): 간염, 감기, 강장, 경혈, 고혈압, 금창, 급성간염, 대하증, 부종, 신우신염, 안태, 양혈지혈, 옹종, 음창, 이뇨, 지혈, 창종, 출혈, 토혈, 토혈각혈, 해독소옹, 해열, 혈뇨, 황달

서양금혼초* seo-yang-geum-hon-cho

국화과 Asteraceae
Hypochaeris radicata L.

KR 개민들레, 민들레아재비 EN cat's-ear, gomore, california-dadelion, common-cat's-ear, spotted-cat's-ear, flatweed
[Character: dicotyledon. sympetalous flower. perennial herb. erect type. wild, ornamental plant]

다년생 초본으로 근경이나 종자로 번식한다. 유럽이 원산지인 귀화식물이다. 잎은 모두 근생엽이며 잎몸은 길이 4~12㎝, 너비 1~3㎝ 정도의 도피침형으로 우상천열하고 양면에 털이 밀생한다. 모여 나는 줄기는 높이 30~60㎝ 정도로 가지가 갈라지나 경생엽은 없다. 5~6월경 가지 끝에 1개씩 피는 두상화는 지름 3㎝ 정도로 등황색이며 민들레와 비슷하다. '금혼초'와 달리 줄기에 달린 잎이 특히 작으며 뿌리에서 돋은 잎은 깃처럼 갈라진다. 육지의 남부지방에서는 확산되지 않고 있으나 제주도에서는 발생이 확산되고 있다. 제주도의 도로변에서 발생하여 관상적인 가치도 있지만 초지에서는 문제잡초이다.

쇠채* soe-chae | 국화과 Asteraceae *Scorzonera albicaulis* Bunge

LN 쇠채ⓝ, 미역꽃, 쇄채 EN whitestem-serpent-root CN or MN (39): 독각선모(獨脚仙茅 Du-Jiao-Xian-Mao), 독모(獨茅 Du-Mao), 백경아총#(白莖鴉葱 Bai-Jing-Ya-Cong), 선모#(仙茅 Xian-Mao), 아총근#(鴉葱根 Ya-Cong-Gen)
[Character: dicotyledon. sympetalous flower. perennial herb. erect type. wild, medicinal, edible, ornamental, forage plant]

다년생 초본으로 근경이나 종자로 번식한다. 전국적으로 분포하며 산야에서 자란다. 원줄기는 높이 60~120㎝ 정도로 가지가 갈라지고 전체가 백색 털로 덮여 있다. 모여 나는 근생엽은 길이 10~30㎝, 너비 5~9㎜ 정도의 선상 피침형으로 백색 털로 덮여 있고 가장자리가 밋밋하다. 어긋나는 경생엽은 근생엽보다 작다. 7~8월에 피는 두상화는 황백색이다. 수과는 길이 16~20㎜, 지름 1.2~1.8㎜ 정도의 선형으로 약간 굽고 능선이 있으며 관모는 길이 16㎜ 정도로 약간 붉은빛이 돈다. '멱쇠채'와 달리 줄기는 가지가 갈라지고 잎이 달린다. 어린순은 나물로 식용하며 관상용과 사료용으로 이용한다. 연한 잎을 삶아 나물로 먹거나 국을 끓여 먹는다. 다음과 같은 증상이나 효과에 약으로 쓰인다. 쇠채(28): 각기, 감기, 관절염, 나력, 마교, 명목, 사독, 생목, 시력감퇴, 양혈, 이뇨, 이질, 제습, 종창, 지갈, 지혈, 청열해독, 촌충, 충독, 타박상, 통림, 편도선염, 폐기천식, 풍, 하리, 해독, 해열, 활혈

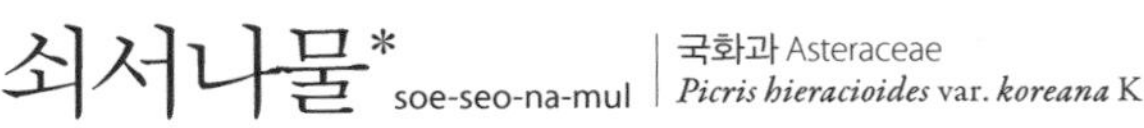

쇠서나물* soe-seo-na-mul

국화과 Asteraceae
Picris hieracioides var. ***koreana*** Kitam.

LN 모련채ⓝ, 쇠세나물, 참모련채, 조선모련채, 털쇠서나물 EN japanese-oxtongue, hawkweed-oxtongue CN or MN (1): 모련채#(毛蓮菜 Mao-Lian-Cai)
[Character: dicotyledon. sympetalous flower. biennial herb. rosette and erect type. wild, medicinal, edible plant]

2년생 초본으로 종자로 번식하고 전국적으로 분포하며 산야에서 자란다. 원줄기는 높이 60~150㎝ 정도이고 가지가 많이 갈라지며 전체에 퍼진 털이 있다. 근생엽은 모여 나고 어긋나는 경생엽은 길이 7~20㎝, 너비 1~4㎝ 정도의 도피침형으로 가장자리에 톱니가 있으며 위로 갈수록 잎자루가 짧아져서 없어지고 잎몸도 선상 피침형으로 작아진다. 7~10월에 피는 두상화는 지름 2~2.5㎝ 정도로 황색이다. 수과는 길이 3~4㎜, 지름 1㎜ 정도의 긴 타원형으로 6개의 능선과 관모가 있다. 어린순은 식용하고 '모련채'라 하여 약으로 쓰인다. 봄에 어린순을 삶아 나물로 먹거나 국에 넣어 먹는다. 다른 나물과 같이 데쳐서 무치기도 한다.

20000525

19880506

19980422 민들레와 서양민들레

20100501 20120404

19980407 흰민들레(좌), 민들레(중), 서양민들레(우) 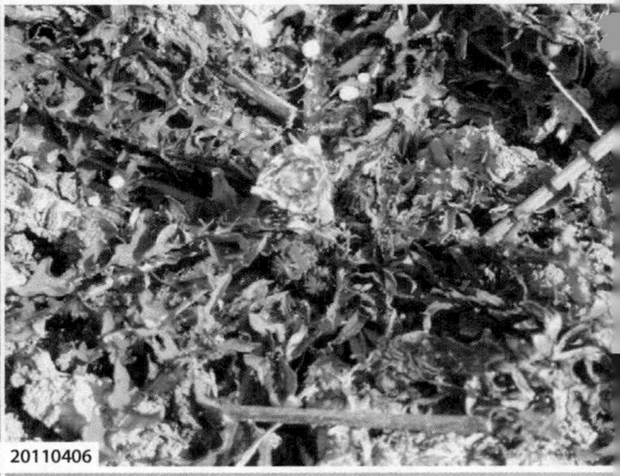 20110406

19861031

20041022 민들레와 뽀리뱅이  19880504

민들레* min-deul-re | 국화과 Asteraceae *Taraxacum platycarpum* Dahlst.

㊐ 민들레ⓝ, 안질방이, 민들래 ㊐ dandelion, mongolian-dandelion, japanese-dandelion
㊐ or ㊐ (41): 복공영(葍公英 Bo-Gong-Ying), 지정(地丁 Di-Ding), 포공영#(蒲公英 Pu-Gong-Ying), 황화지정(黃花地丁 Huang-Hua-Di-Ding)

[Character: dicotyledon. sympetalous flower. perennial herb. rosette and erect type. cultivated, wild, medicinal, edible, ornamental plant]

다년생 초본으로 근경이나 종자로 번식한다. 전국적으로 분포하며 들이나 길가에서 자라며 원줄기가 없다. 잎은 모여 나는 근생엽으로 길이 15~30㎝ 정도의 도피침상 선형으로 가장자리가 11~17개의 열편으로 깊게 갈라지고 털이 약간 있으며 톱니가 있다. 4~5월에 피는 두상화는 지름 4~6㎝ 정도로 옅은 황색이다. 수과는 길이 3~3.5㎜, 지름 1.2~1.5㎜ 정도의 타원형으로 갈색이고 긴 관모는 백색이다. '흰민들레'와 달리 꽃이 황색이고 총포는 길이 12㎜ 정도이며 외편은 장타원상 피침형이고 내편의 중부 이상까지 닿으며 털이 많고 두화 밑에 털이 있다. 어릴 때에는 식용하며 밀원이나 관상용으로 이용한다. 식용으로 재배하며 연한 잎으로 쌈을 싸 먹거나 데쳐서 된장국을 끓여 먹고 생즙을 내어 마시며 꽃은 튀김이나 초무침으로 뿌리는 기름에 튀겨 먹는다. 전초로 김치를 만들어 먹기도 한다. 다음과 같은 증상이나 효과에 약으로 쓰인다. 민들레(69): 가스중독, 각기, 간기능회복, 간염, 간장암, 감기, 강장, 강장보호, 강정제, 갱년기장애, 거담, 건선, 건위, 결핵, 고혈압, 금창, 기관지염, 담, 대하증, 만성위염, 만성위장염, 만성피로, 사태, 소아변비증, 식중독, 악창, 열독증, 옹종, 완화, 위궤양, 위무력증, 위산과다증, 위산과소증, 위암, 위장염, 유방염, 유선염, 유즙결핍, 윤장, 음부질병, 이습통림, 인두염, 인후염, 인후통증, 일체안병, 임파선염, 자상, 장위카타르, 정력증진, 정종, 정혈, 종기, 종독, 진정, 창종, 청열해독, 충혈, 치핵, 탄산토산, 통리수도, 폐결핵, 피부병, 해독, 해수, 해열, 허약체질, 황달, 후두염

산민들레* san-min-deul-re | 국화과 Asteraceae *Taraxacum ohwianum* Kitam.

KN 산민들레ⓝ, 노랑민들레, 민들레 EN manchurian-dandelion CN or MN (9): 복공영(僕公英 Pu-Gong-Ying), 지정(地丁 Di-Ding), 포공영#(蒲公英 Pu-Gong-Ying), 황화랑#(黃花朗 Huang-Hua-Lang)
[Character: dicotyledon. sympetalous flower. perennial herb. rosette and erect type. cultivated, wild, medicinal, edible, forage plant]

다년생 초본으로 근경이나 종자로 번식한다. 산지의 습기가 있는 곳에서 자란다. 원줄기는 없다. 모여 나는 근생엽은 길이 10~20㎝, 너비 2~5㎝ 정도의 도피침형으로 밑부분이 좁아져서 잎자루로 흐르고 양면에 털이 있으며 가장자리가 7~11개의 열편으로 밑을 향해 갈라지고 톱니가 있다. 5~6월에 피는 두상화는 지름 2.5~3.5㎝ 정도로서 황색이고 크기가 '민들레'보다 작다. 수과는 길이 3~3.5㎜, 지름 1㎜ 정도의 긴 타원형으로 갈색이며 관모는 회갈색이다. 잎의 측열편이 밑으로 처지며 총포외편에 늘 작은 뿔이 있고 내편의 2/5~1/2 길이이다. 어릴 때에는 식용한다. 밀원용이나 사료용으로 이용한다. 식용으로 재배하고 연한 잎으로 쌈을 싸 먹거나 데쳐서 된장국을 끓여 먹고 생즙을 내어 마시며 꽃은 튀김이나 초무침으로 뿌리는 기름에 튀겨 먹는다. 전초로 김치를 만들어 먹기도 한다. 다음과 같은 증상이나 효과에 약으로 쓰인다. 산민들레(17): 감기, 강장, 건위, 대하증, 악창, 옹종, 완화, 유방염, 이습통림, 인후염, 자상, 정종, 진정, 창종, 청열해독, 충혈, 황달

흰민들레* huin-min-deul-re | 국화과 Asteraceae *Taraxacum coreanum* Nakai

LN 흰민들레ⓝ, 힌민들레, 힌꽃민들레, 민들레 EN white-dandelion, korean-dandelion CN or MN (9): 구공영(鳩公英 Jiu-Gong-Ying), 복공영(僕公英 Pu-Gong-Ying), 지정(地丁 Di-Ding), 포공영#(蒲公英 Pu-Gong-Ying)

[Character: dicotyledon. sympetalous flower. perennial herb. rosette and erect type. cultivated, wild, medicinal, edible, forage plant]

다년생 초본으로 근경이나 종자로 번식한다. 전국적으로 분포하며 들이나 길가에서 자란다. 원줄기는 없다. 모여 나는 근생엽은 비스듬히 자라고 길이 8~25cm, 너비 1.5~6cm 정도의 도피침형으로 밑부분이 점차 좁아지며 가장자리는 9~13개의 열편으로 갈라지고 톱니가 있다. 4~6월에 피는 두상화는 지름 4~6cm 정도로 백색이다. 수과는 타원형으로 관모는 갈색이 도는 백색이다. '민들레'와 달리 꽃이 백색 또는 황백색이고 총포는 길이 15~18mm 정도로 담녹색이며 외편은 내편의 중부 이상까지 닿고 장타원상 피침형이다. 어릴 때에는 나물로 식용한다. 밀원용이나 사료용으로 이용한다. 식용으로 재배하며 연한 잎으로 쌈을 싸 먹거나 데쳐서 된장국을 끓여 먹고 생즙을 내어 마시며 꽃은 튀김이나 초무침으로, 뿌리는 기름에 튀겨 먹는다. 전초로 김치를 만들어 먹기도 한다. 다음과 같은 증상이나 효과에 약으로 쓰인다. 흰민들레(42): 각기, 강장보호, 건위, 경중양통, 기관지염, 대하증, 만성간염, 부종, 소감우독, 소아해열, 식중독, 악창, 오풍, 온신, 옹종, 완화, 요독증, 위궤양, 위무력증, 위산과소증, 위장염, 유방염, 유방왜소증, 유선염, 유즙결핍, 이습통림, 인후염, 인후통증, 일체안병, 임파선염, 자궁내막염, 자상, 정종, 정창, 진정, 창종, 청열해독, 충혈, 탈피기급, 해독, 해열, 황달

19950525 20100425 20100425 19950417 20070520 20121110 20121107 20121118 20070527 19950508 19950530 서양민들레 무결각 19970717 서양민들레 무결각 20050413 서양민들레와 붉은씨서양민들레

서양민들레* seo-yang-min-deul-re

국화과 Asteraceae
Taraxacum officinale Weber

들민들레(n), 양민들레, 포공영 common-dandelion, dandelion, milk-gown, blowball
or (1): 포공영#(蒲公英 Pu-Gong-Ying)
[Character: dicotyledon. sympetalous flower. perennial herb. rosette and erect type. wild, medicinal, edible, forage plant]

다년생 초본으로 근경이나 종자로 번식한다. 유럽이 원산지인 귀화식물로 전국적으로 분포하며 들이나 길가에서 자란다. 원줄기는 없다. 모여 나는 근생엽은 지면으로 퍼지고 뿌리가 깊이 들어간다. 잎은 길이 10~15㎝ 정도의 긴 타원형으로 밑부분이 좁으며 양면에 털이 없고 가장자리가 밑을 향해 갈라지거나 밋밋하다. 4~7월에 피는 두상화는 지름 4~5㎝ 정도로 황색이다. 수과는 갈색의 편평한 방추형이고 백색의 관모는 끝에서 산형으로 퍼진다. 총포외편이 피침형으로 개화시에 기부가 반곡하고 단위생식을 한다. 어릴 때에는 식용한다. 밀원용이나 사료용으로 이용한다. 연한 잎으로 쌈을 싸 먹거나 데쳐서 된장국을 끓여 먹고 생즙을 내어 마시며 꽃은 튀김이나 초무침으로, 뿌리는 기름에 튀겨 먹는다. 전초로 김치를 만들어 먹기도 한다. 다음과 같은 증상이나 효과에 약으로 쓰인다. 서양민들레(16): 강장, 건위, 대하증, 부종, 악창, 옹종, 완화, 유방염, 이습통림, 인후염, 자상, 정종, 진정, 창종, 청열해독, 충혈, 황달

조밥나물* jo-bap-na-mul

국화과 Asteraceae
Hieracium umbellatum L.

ⓚ 조밥나물ⓝ, 조팝나물, 버들나물 ⓔ umbellate-hawkweed, narrow-leaved-hawkweed, narrow-leaf-hawkweed ⓒ or ⓜ (1): 산유국#(山柳菊 Shan-Liu-Ju)
[Character: dicotyledon. sympetalous flower. perennial herb. erect type. wild, medicinal, edible, ornamental plant]

다년생 초본으로 근경이나 종자로 번식한다. 전국적으로 분포하며 산야의 습지에서 자란다. 원줄기는 높이 50~100㎝ 정도이고 윗부분에서 가지가 갈라진다. 근생엽은 개화기에 없어지고 어긋나는 경생엽은 길이 4~12㎝, 너비 5~12㎜ 정도의 선상 피침형으로 끝이 뾰족하며 가장자리에 뾰족한 톱니가 있다. 7~10월에 산방상으로 달리는 두상화는 지름 2~3㎝ 정도로 황색이다. 수과는 길이 2~3㎜ 정도의 타원형으로 흑색이고 10개의 능선과 관모가 있다. '껄껄이풀'과 달리 뿌리에서 돋은 잎이 꽃이 필 때 사라지며 잎에 톱니가 드문드문 있거나 밋밋하며 두화의 포린은 많고 복와상으로 선점이 없다. 어린순은 나물로 식용하며 관상용으로 심는다. 어린순을 다른 나물과 같이 데쳐서 된장이나 고추장에 무쳐 먹는다. 된장국을 끓여 먹기도 한다. 다음과 같은 증상이나 효과에 약으로 쓰인다. 조밥나물(10): 거담, 건위, 복통, 요로감염증, 이뇨, 이습소적, 이질, 종기, 창진, 청열해독

20040721 20070930표 19980410 19940501 19910504 19910923 19890731

갯씀바귀* gaet-sseum-ba-gwi

국화과 Asteraceae
Ixeris repens (L.) A. Gray

KN 갯씀바귀ⓝ, 갯씀바기 EN creeping-ixeris CN or MN (1): 포복고매채#(匍匐苦買菜 Pu-Bo-Ku-Mai-Cai)
[Character: dicotyledon. sympetalous flower. perennial herb. creeping and erect type. halophyte. wild, medicinal, edible, ornamental plant]

다년생 초본으로 근경이나 종자로 번식하며 바닷가 모래땅에서 자란다. 근경이 옆으로 길게 자라면서 잎이 달린다. 근경에 어긋나는 잎은 길이와 지름이 각각 2~5㎝ 정도인 삼각상 또는 오각상 심장형으로 가장자리가 3~5개의 장상으로 갈라진다. 열편은 넓은 타원형으로 희미한 톱니가 있다. 6~7월에 높이 3~15㎝ 정도의 액생하는 화경에 2~5개씩 달리는 두상화는 지름 2~3㎝ 정도로서 황색이다. 수과는 길이 5㎜ 정도의 타원형이며 관모는 길이 5~6㎜ 정도로서 백색이다. '벋음씀바귀'와 '좀씀바귀'에 비해 줄기는 모래밭 속으로 벋고 잎은 손바닥모양으로 갈라진다. 어린순은 식용한다. 관상용이나 사방용으로 심는다. 잎과 어린순을 생으로 먹거나 데쳐서 간장이나 된장, 고추장에 무쳐 먹는다. 뿌리째 캐서 무치거나 김치를 담기도 한다. 다음과 같은 증상이나 효과에 약으로 쓰인다. 갯씀바귀(5): 건위, 식욕촉진, 종창, 진정, 최면

번음씀바귀* beot-eum-sseum-ba-gwi

국화과 Asteraceae
Ixeris debilis (Thunb.) A. Gray

LN 번은씀바귀ⓝ, 큰덩굴씀바귀, 벋을씀바귀, 덩굴씀바귀, 벋줄씀바귀, 가시씀바귀, 씀바귀 CN or MN (1): 전도고#(剪刀股 Jian-Dao-Gu)
[Character: dicotyledon. sympetalous flower. perennial herb. creeping and erect type. hygrophyte. wild, medicinal, edible plant.]

다년생 초본으로 근경이나 종자로 번식한다. 밭이나 들의 습지에서 자란다. 근경이 옆으로 번고 마디에서 잎과 화경이 나와 번식한다. 모여 나는 근생엽은 개화기에도 남아 있으며 길이 4~12㎝, 너비 1.5~3㎜ 정도의 도피침형으로 가장자리가 밋밋하나 하반부에 깊은 톱니가 있다. 5~7월에 피는 두상화는 지름 2.5~3㎝ 정도로서 황색이다. 수과는 길이 7~8㎜ 정도의 긴 타원형으로 흑갈색으로 10개의 능선이 있으며 관모는 길이 7㎜ 정도로서 백색이다. '좀씀바귀'와 달리 전체가 크고 총포는 길이 12㎜ 정도이며 잎은 장타원형이며 크다. 이른 봄에 뿌리와 어린순은 나물로 식용한다. 잎과 어린순을 생으로 먹거나 데쳐서 간장이나 된장, 고추장에 무쳐 먹는다. 뿌리째 캐서 무치거나 김치를 담기도 한다. 다음과 같은 증상이나 효과에 약으로 쓰인다. 벋음씀바귀(5): 건위, 식욕촉진, 종창, 진정, 최면

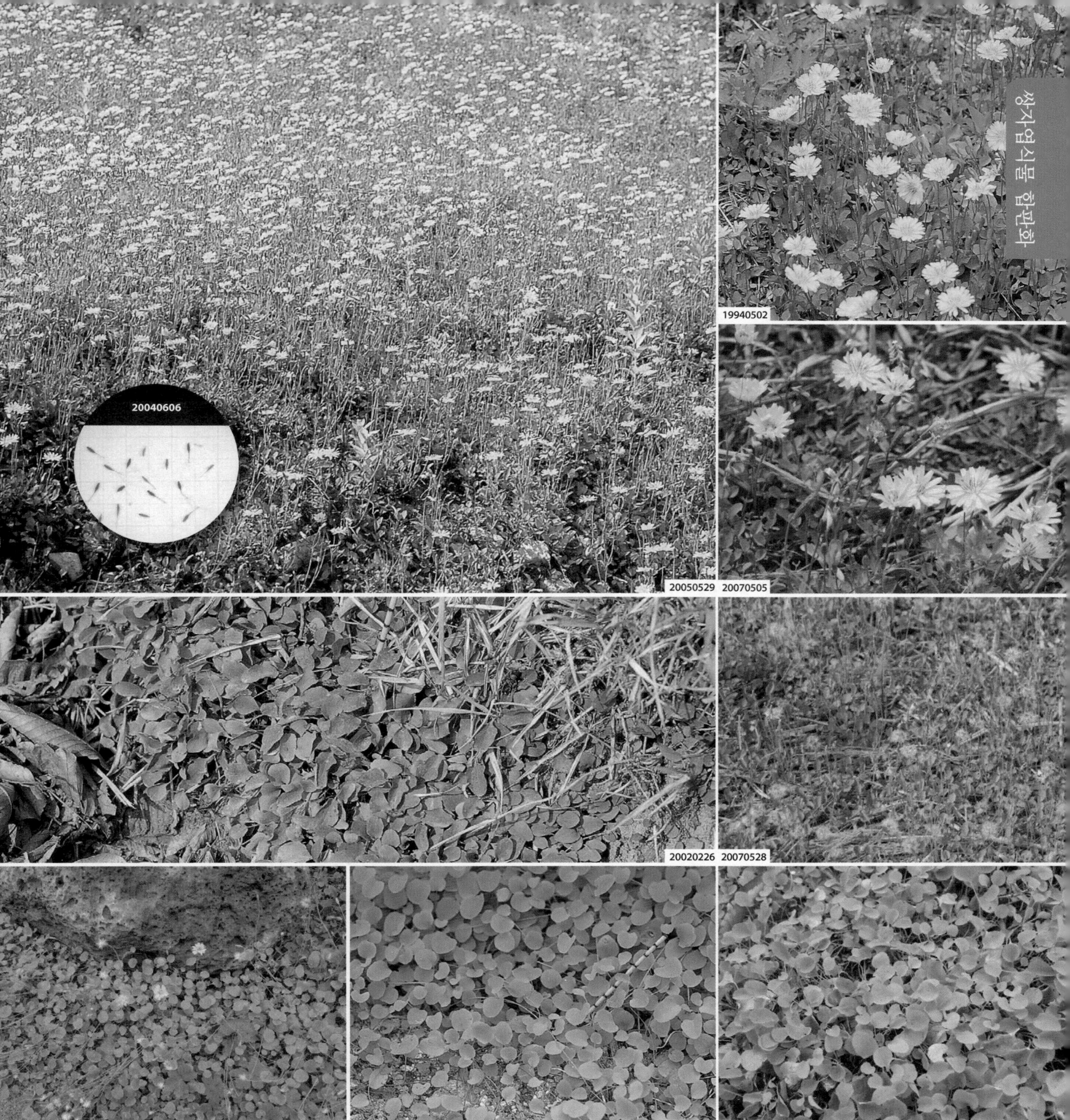

좀씀바귀* jom-sseum-ba-gwi | 국화과 Asteraceae *Ixeris stolonifera* A. Gray

LN 좀씀바귀ⓝ, 동굴잎씀바귀, 둥근잎씀바귀, 둥굴잎씀바귀, 둥근잎씀바기, 씀바귀
CN or MN (2): 고거#(苦苣 Ku-Ju), 고채#(苦菜 Ku-Cai)
[Character: dicotyledon. sympetalous flower. perennial herb. creeping and erect type. wild, medicinal, edible, ornamental plant]

다년생 초본으로 근경이나 종자로 번식한다. 전국적으로 분포하며 들이나 길가에서 자란다. 근경이 갈라져 옆으로 벋으면서 번식한다. 근경에서 어긋나는 잎은 길이 7~20㎜, 너비 5~15㎜ 정도의 난상 원형으로 가장자리가 밋밋하다. 5~6월에 피는 두상화는 지름 2~2.5㎝ 정도로서 황색이다. 수과는 길이 3㎜ 정도의 좁은 방추형으로 날개가 있고, 관모는 길이 5㎜ 정도로서 백색이다. '벋음씀바귀'와 달리 전체가 소형이고 총포는 길이 8~10㎜ 정도이고 잎은 난형이며 작다. 봄에 뿌리와 어린 싹은 식용한다. 조경용으로 많이 이용한다. 잎과 어린순을 생으로 먹거나 데쳐서 간장이나 된장, 고추장에 무쳐 먹는다. 뿌리째 캐서 무치거나 김치를 담기도 한다. 다음과 같은 증상이나 효과에 약으로 쓰인다. 좀씀바귀(13): 간경화, 건위, 고미, 구내염, 만성기관지염, 발한, 이뇨, 이질, 종창, 진정, 청열양혈, 최면, 해독

벌씀바귀* beol-sseum-ba-gwi

국화과 Asteraceae
Ixeris polycephala Cass.

ⓛⓝ 벌씀바귀ⓝ, 들씀바귀, 가새씀바귀, 가새벌씀바귀, 벌씀바기, 씀바귀 ⓔⓝ polycephalous-ixeris ⓒⓝ or ⓜⓝ (2): 고거#(苦苣 Ku-Ju), 다두고맥채#(多頭苦蕎菜 Duo-Tou-Ku-Mo-Cai)
[Character: dicotyledon. sympetalous flower. biennial herb. erect type. wild, medicinal, edible plant]

2년생 초본으로 종자로 번식한다. 전국적으로 분포하며 들이나 밭에서 자란다. 원줄기는 높이 25~50㎝ 정도이고 밑에서부터 가지가 많이 갈라지며 털이 없다. 모여 나는 근생엽은 선상 피침형으로 밑부분이 좁으며 가장자리에 톱니가 있거나 밋밋하다. 어긋나는 경생엽은 위로 갈수록 작아진다. 5~7월에 산방상으로 달리는 두상화는 지름 8~10㎜ 정도로 황색이다. 수과는 타원형으로 능선이 있다. 1~2년초로 경생엽의 기부가 화살 모양으로 줄기를 감싼다. 겨울 밭작물 포장에서 문제잡초이다. 어린순은 나물로 식용한다. 잎과 어린순을 생으로 먹거나 데쳐서 간장이나 된장, 고추장에 무쳐 먹는다. 뿌리째 캐서 무치거나 김치를 담기도 한다. 다음과 같은 증상이나 효과에 약으로 쓰인다. 벌씀바귀(12): 간경화, 건위, 고미, 구내염, 만성기관지염, 식욕촉진, 이질, 종창, 진정, 청열양혈, 최면, 해독

20000607

20030510 20070527

20120420  19840508  20110522  19920525  19910602

19930920  20121030  20121117  19980513  20150531 흰씀바귀

씀바귀* sseum-ba-gwi | 국화과 Asteraceae *Ixeridium dentatum* (Thunb. ex Mori) Tzvelev

LN 씀바귀ⓝ, 씸배나물, 씀바기, 쓴귀물, 싸랑부리, 꽃씀바귀 EN dentata-ixeris, lettuce CN or MN (9): 고채#(苦菜 Ku-Cai), 산고매#(山苦買 Shan-Ku-Mai), 황과채#(黃瓜菜 Huang-Gua-Cai)
[Character: dicotyledon. sympetalous flower. perennial herb. erect type. wild, medicinal, edible plant]

다년생 초본으로 근경이나 종자로 번식한다. 전국적으로 분포하며 산야에서 자란다. 원줄기는 높이 25~50㎝ 정도로 윗부분에서 가지가 갈라진다. 모여 나는 근생엽은 길이 6~12㎝ 정도의 도피침형으로 밑부분의 가장자리에는 치아상의 잔 톱니와 결각이 있다. 어긋나는 경생엽은 2~3개 정도이고 길이 4~9㎝ 정도의 긴 타원상 피침형으로 가장자리에 잔 톱니가 있다. 5~7월에 산방상으로 달리는 두상화는 지름 15㎜ 정도로 황색이다. 수과는 길이 4~5㎜ 정도의 방추형으로 10개의 능선과 관모가 있다. '냇씀바귀'에 비해 경생엽 기부가 귀 모양으로 줄기를 감싸며 관모는 연한 오갈색이고 총포가 가늘다. 봄에 뿌리와 어린순은 나물로 식용한다. 잎과 어린순을 생으로 먹거나 데쳐서 간장이나 된장, 고추장에 무쳐 먹는다. 뿌리째 캐서 무치거나 김치를 담기도 한다. 다음과 같은 증상이나 효과에 약으로 쓰인다. 씀바귀(31): 간경화, 강장보호, 강정안정, 건위, 고미, 골절, 골절증, 구고, 구내염, 구창, 만성간염, 만성기관지염, 비체, 식욕촉진, 안오장, 열병, 오심, 음낭습, 이질, 장위카타르, 종창, 진정, 진통, 청열양혈, 최면제, 축농증, 타박상, 탈피기급, 폐열, 해독, 해열

선씀바귀* seon-sseum-ba-gwi

국화과 Asteraceae
Ixeris strigosa (H. Lev. et Vaniot) J. H. Pak et Kawano

LN 선씀바귀ⓝ, 자주씀바귀, 쓴씀바귀, 선씀바기, 씀바귀 EN chinese-ixeris CN or MN (10): 고거(苦苣 Ku-Ju), 고채(苦菜 Ku-Cai), 사엽고채#(絲葉苦菜 Si-Ye-Ku-Cai), 산고매#(山苦買 Shan-Ku-Mai), 활혈초(活血草 Huo-Xue-Cao)
[Character: dicotyledon. sympetalous flower. perennial herb. erect type. cultivated, wild, medicinal, edible, forage plant]

다년생 초본으로 근경이나 종자로 번식한다. 전국적으로 분포하며 들에서 자란다. 모여 나는 원줄기는 높이 20~40㎝ 정도이고 가지가 갈라지며 털이 없다. 모여 나는 근생엽은 길이 8~24㎝, 너비 5~15㎜ 정도의 도피침상 긴 타원형으로 가장자리가 우상으로 갈라지거나 치아상의 톱니가 있고 밑부분이 좁아져서 잎자루로 된다. 어긋나는 경생엽은 1~3개 정도이고 길이 1~3㎝ 정도의 피침형이다. 5~6월에 산방상으로 달리는 두상화는 지름 2~2.5㎝ 정도로 백색에 연한 자주색을 띤다. 수과는 길이 5.5~7㎜ 정도의 방추형으로 10개의 능선과 백색의 관모가 있다. '냇씀바귀'에 비해 잎은 보통 도피침형이고 톱니 또는 우상으로 갈라지며 꽃은 연한 자색 또는 백자색이고 총포외편이 난형으로 짧다. 이른 봄에 뿌리와 어린 싹은 나물로 식용한다. 재배하여 계절에 관계없이 뿌리를 시장에 출하한다. 사료용으로도 이용하며 잎과 어린순을 생으로 먹거나 데쳐서 간장이나 된장, 고추장에 무쳐 먹는다. 뿌리째 캐서 무치거나 김치를 담기도 한다. 다음과 같은 증상이나 효과에 약으로 쓰인다. 선씀바귀(4): 건위, 식욕촉진, 진정, 최면

노랑선씀바귀* no-rang-seon-sseum-ba-gwi

국화과 Asteraceae
Ixeris chinensis (Thunb.) Nakai

LN 노란선씀바귀, 씀바귀 CN or MN (4): 사엽고채#(絲葉苦菜 Si-Ye-Ku-Cai), 산고매#(山苦買 Shan-Ku-Mai), 산고채#(山苦菜 Shan-Ku-Cai)
[Character: dicotyledon. sympetalous flower. perennial herb. erect type. cultivated, wild, medicinal, edible, forage plant]

다년생 초본으로 근경이나 종자로 번식한다. 전국적으로 분포하며 들에서 자란다. 모여 나는 원줄기는 높이 15~30㎝ 정도이고 가지가 갈라지며 털이 없다. 모여 나는 근생엽은 길이 8~24㎝, 너비 5~15㎜ 정도의 도피침상 긴 타원형으로 가장자리가 우상으로 갈라지거나 치아상의 톱니가 있고 밑부분이 좁아져서 잎자루로 된다. 어긋나는 경생엽은 1~3개 정도이고 길이 1~3㎝ 정도의 피침형이다. 5~6월에 산방상으로 달리는 두상화는 지름 2㎝ 정도로서 노란색이다. 수과는 길이 5.5~7㎜ 정도의 방추형으로 10개의 능선과 백색의 관모가 있다. '선씀바귀'와 같으며 노란색의 꽃이 피는 것을 '노랑선씀바귀'라고 하며 길가의 잔디밭에서 많이 발생한다. '냇씀바귀'와 달리 총포 외편은 길이 1~1.5㎜ 정도이고 뿌리에서 돋은 잎이 깃처럼 갈라진다. 이른 봄에 뿌리와 어린 싹은 나물로 식용한다. 재배하여 계절에 관계없이 뿌리를 시장에 출하하고 있다. 사료용으로도 이용하며 잎과 어린순을 생으로 먹거나 데쳐서 간장이나 된장, 고추장에 무쳐 먹는다. 뿌리째 캐서 무치거나 김치를 담기도 한다. 다음과 같은 증상이나 효과에 약으로 쓰인다. 노랑선씀바귀(4): 건위, 식욕촉진, 진정, 최면

왕고들빼기* wang-go-deul-ppae-gi

국화과 Asteraceae
Lactuca indica L.

Ⓛⓝ 왕고들빼기ⓝ, 약사초, 씀바귀 Ⓔⓝ indian-lettuce Ⓒⓝ or Ⓜⓝ (10): 백룡두#(白龍頭 Bai-Long-Tou), 산와거#(山萵苣 Shan-Wo-Ju), 약사초#(藥師草 Yao-Shi-Cao), 토와거(土萵苣 Tu-Wo-Ju)
[Character: dicotyledon. sympetalous flower. annual or biennial herb. rosette and erect type. cultivated, wild, medicinal, edible, forage plant]

1년 또는 2년생 초본으로 종자로 번식한다. 전국적으로 분포하며 산지나 들에서 자란다. 원줄기는 높이 80~150㎝ 정도이고 윗부분에서 가지가 많이 갈라진다. 근생엽은 모여 나며 어긋나는 경생엽은 길이 10~30㎝의 긴 타원상 피침형으로 표면은 녹색이고 뒷면은 분백색이며 털이 없다. 가장자리가 우상으로 깊게 갈라지거나 결각상의 큰 톱니가 있다. 8~10월에 원추상으로 달리는 두상화는 지름 2~3㎝ 정도로 연한 황색이다. 수과는 길이 5㎜ 정도의 타원형이고 백색의 관모는 길이 7~8㎜ 정도이다. '두메고들빼기'와 달리 잎이 갈라지며 수과는 길이 5~6㎜ 정도이고 총포편은 너비 2.5㎜ 정도이다. 뿌리와 잎을 식용하며 사료로도 이용한다. 식용으로 재배하며 연한 잎으로 쌈을 싸 먹으며 데쳐서 나물로 먹거나 초고추장이나 쌈장에 찍어 먹는다. 고들빼기처럼 김치를 담그기도 한다. 다음과 같은 증상이나 효과에 약으로 쓰인다. 왕고들빼기(13): 건위, 경혈, 발한, 소종, 옹종, 이뇨, 자한, 종독, 종창, 진정, 최면제, 편도선염, 해열

용설채* yong-seol-chae

국화과 Asteraceae
Lactuca indica var. *dracoglossa* Kitam.

LN 씀바귀, 왕고들빼기 CN or MN (8): 백룡두#(白龍頭 Bai-Long-Tou), 산와거#(山萵苣 Shan-Wo-Ju), 토와거#(土萵苣 Tu-Wo-Ju)

[Character: dicotyledon. sympetalous flower. annual or biennial herb. rosette and erect type. cultivated, wild, medicinal, edible, forage plant]

1년 또는 2년생 초본으로 종자로 번식한다. 전국적으로 분포하며 산지나 들에서 자란다. 원줄기는 높이 100~200㎝ 정도이고 윗부분에서 가지가 많이 갈라진다. 근생엽은 모여 나고 어긋나는 경생엽은 길이 10~30㎝ 정도의 긴 타원상 피침형으로 표면은 녹색이고, 뒷면은 분백색이며 털이 없다. 중륵은 흑자색으로 뚜렷하며 가장자리가 우상으로 깊게 갈라지거나 결각상의 큰 톱니가 있거나 선형으로 밋밋한 것이 많다. 8~10월에 원추상으로 달리는 두상화는 지름 2~3㎝ 정도로서 연한 황색이다. 수과는 길이 5㎜ 정도의 타원형이며 백색의 관모가 있다. 뿌리와 잎을 식용한다. 사료로도 이용한다. 식용과 약용으로 재배하고 일출된 것이 야생으로 발생하고 있다. 연한 잎으로 쌈을 싸 먹으며 데쳐서 나물로 먹거나 초고추장이나 쌈장에 찍어 먹는다. '고들빼기'처럼 김치를 담그기도 한다. 다음과 같은 증상이나 효과에 약으로 쓰인다. 용설채(6): 건위, 발한, 이뇨, 종창, 진정, 최면

사데풀* sa-de-pul

국화과 Asteraceae
Sonchus brachyotus DC.

LN 사데풀ⓝ, 사데나물, 삼비물, 석쿠리, 세투리, 시투리, 서덜채 EN field-sowthisle
CN or MN (6): 거매채#(苣買菜 Qu-Mai-Cai), 거맥채#(苣蕒菜 Qu-Mai-Cai), 고매채(苦買菜 Ku-Mai-Cai)
[Character: dicotyledon. sympetalous flower. perennial herb. erect type. halophyte. cultivated, wild, medicinal, edible, forage, ornamental plant]

다년생 초본으로 근경이나 종자로 번식한다. 전국적으로 분포하며 해안지방의 들에서 자란다. 원줄기는 높이 30~90㎝ 정도이고 가지가 갈라진다. 모여 나는 근생엽은 개화기에 없어지고 어긋나는 경생엽은 길이 7~18㎝, 너비 1~3㎝ 정도의 긴 타원형으로 밑부분이 좁아져서 원줄기를 감싼다. 가장자리가 불규칙한 우상으로 갈라지고 치아상의 톱니가 있으며 표면은 녹색이나 뒷면은 청회색이다. 7~10월에 산형으로 달리는 두상화는 설상화로 구성되고 황색이다. 수과는 길이 3.5㎜ 정도의 타원형으로 갈색이며 5개의 능선과 길이 12㎜ 정도의 백색 관모가 있다. '방가지똥'과 '큰방가지똥'에 비해 다년초로 근경이 옆으로 벋고 두상화가 크며 꽃은 밝은 황색이다. 어린순은 나물로 식용하며 사료로 이용하기도 한다. 정원에 관상용으로 심기도 한다. 어린순을 삶아 나물로 먹는다. 다음과 같은 증상이나 효과에 약으로 쓰인다. 사데풀(6): 소아감적, 일사병, 열사병, 해독, 해수, 해열

방가지똥* bang-ga-ji-ttong

국화과 Asteraceae
Sonchus oleraceus L.

KN 방가지풀ⓝ EN milk-thistle, common-milk-thistle, sow-thistle, annual-sowthistle, common-sowthistle, smooth-sowthistle CN or MN (12): 고거채#(苦苣菜 Ku-Ju-Cai), 속단국#(續斷菊 Xu-Duan-Ju), 천향채(天香菜 Tian-Xiang-Cai)

[Character: dicotyledon. sympetalous flower. annual or biennial herb. rosette and erect type. wild, medicinal, edible, forage plant]

1년 또는 2년생 초본으로 종자로 번식한다. 전국적으로 분포하며 길가나 빈터에서 자란다. 원줄기는 높이 60~120㎝ 정도로 가지가 갈라지고 둥글며 속이 비어 있다. 모여 나는 근생엽은 개화기에도 남아 있다. 어긋나는 경생엽은 길이 10~25㎝, 너비 5~8㎝ 정도의 넓은 도피침형이나 우상으로 깊게 갈라지고 밑부분은 원줄기를 감싸고 가장자리에 치아상의 톱니가 있으며 톱니 끝은 바늘처럼 뾰족하다. 5~10월에 피는 두상화는 지름 1~2㎝ 정도이고 설상화로 구성되며 황색이다. 수과는 갈색이며 길이 3㎜ 정도의 타원형으로 3개의 능선과 백색 관모가 있다. '큰방가지똥'과 달리 잎이 줄기에 달리는 곳은 뾰족한 이저로 되며 잎가장자리 톱니 끝의 가시는 작으며 수과의 옆줄이 뚜렷하다. 여름 밭작물 포장에서 문제잡초가 된다. 사료용으로도 이용한다. 어린순을 삶아 나물로 먹는다. 다음과 같은 증상이나 효과에 약으로 쓰인다. 방가지똥(16): 건위, 경혈, 급성인후염, 대변출혈, 대하증, 소변출혈, 소아감적, 소종화어, 양혈지혈, 이질, 종창, 청열해독, 치루, 해독, 해열, 황달

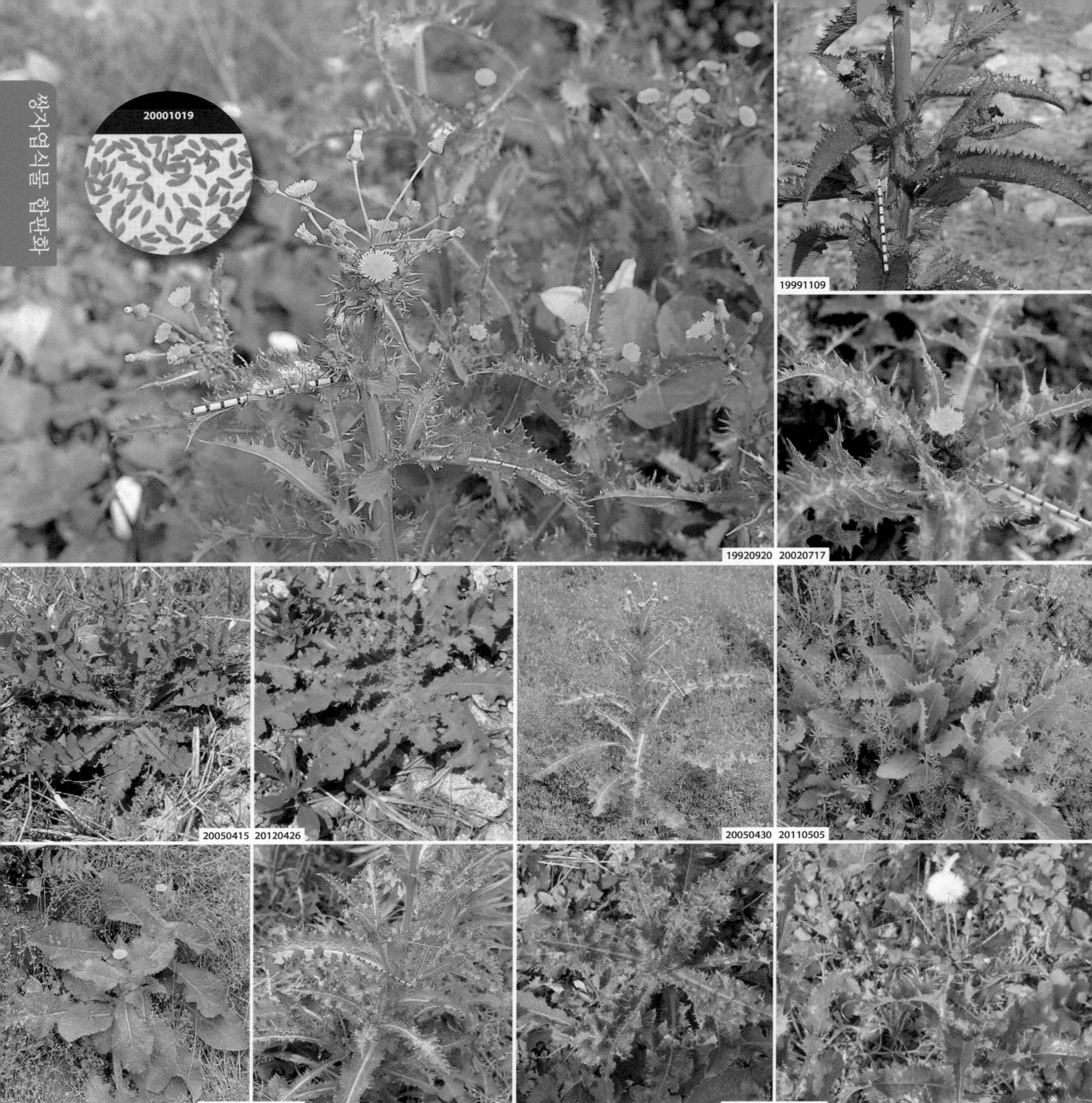

큰방가지똥* keun-bang-ga-ji-ttong

국화과 Asteraceae
Sonchus asper (L.) Hill

LN 큰방가지풀ⓝ, 개방가지똥 EN prickly-sowthistle, spiny-milk-thistle, spiny-sowthistle, spiny-leaved-sowthistle, rough-sowthistle CN or MN (3): 고거채(苦苣菜 Ku-Ju-Cai), 속단국#(續斷菊 Xu-Duan-Ju)
[Character: dicotyledon. sympetalous flower. annual or biennial herb. rosette and erect type. wild, medicinal, edible, forage plant]

1년 또는 2년생 초본으로 종자로 번식한다. 유럽이 원산지인 귀화식물로 전국적으로 분포하며 들에서 자란다. 원줄기는 높이 40~120㎝ 정도로 가지가 갈라진다. 둥근 줄기는 굵고 속이 비어 있으며 줄이 있고 남색이 도는 녹색으로 자르면 유액이 나온다. 근생엽은 모여 나고 어긋나는 경생엽은 길이 7~21㎝ 정도의 긴 타원형으로 밑부분이 줄기를 감싸며 우상으로 갈라지거나 날카롭고 불규칙한 톱니가 가시처럼 보인다. 잎 표면에 윤기가 있다. 6~10월에 산형으로 달리는 두상화는 지름 1~2㎝ 정도로 설상화로 구성되며 황색이다. 수과는 길이 3㎜ 정도의 난상 타원형으로 3개의 능선과 백색의 관모가 있다. '방가지똥'과 달리 잎이 줄기에 달리는 곳은 둥근 이저로 되며 잎 가장자리의 가시는 굵고 수과의 옆줄은 뚜렷하지 않다. 어린순을 식용하며 사료용으로 이용한다. 다음과 같은 증상이나 효과에 약으로 쓰인다. 큰방가지똥(11): 급성인후염, 대변출혈, 대하증, 소변출혈, 소종화어, 양혈지혈, 이질, 종창, 청열해독, 치루, 황달

뽀리뱅이* ppo-ri-baeng-i | 국화과 Asteraceae *Youngia japonica* (L.) DC.

Ⓛⓝ 뽀리뱅이ⓝ, 박주가리나물, 박조가리나물, 보리뱅이 Ⓔⓝ oriental-hawksbeard, native-hawksbeard, japanese-youngia, oriental-false-hawksbeard, asiatic-hawksbeard Ⓒⓝ or Ⓜⓝ (8): 고채약(苦菜藥 Ku-Cai-Yao), 귀전평자#(鬼田平子 Gui-Tian-Ping-Zi), 황과채#(黃瓜菜 Huang-Gua-Cai)
[Character: dicotyledon. sympetalous flower. biennial herb. rosette and erect type. wild, medicinal, edible, forage plant]

2년생 초본으로 종자로 번식한다. 중남부지방에 분포하며 들이나 길가에서 자란다. 모여 나는 원줄기는 높이 20~80㎝ 정도이고 가지가 갈라진다. 모여 나는 근생엽은 길이 8~25㎝, 너비 1.7~6㎝ 정도의 도피침형으로 밑부분이 점차 좁아지고 가장자리가 우상으로 갈라지며 양면에 털이 있다. 어긋나는 경생엽은 길이 8~12㎝ 정도의 선상 피침형으로 된다. 5~6월에 원추상으로 달리는 두상화는 지름 7~8㎜ 정도로 황색이다. 수과는 길이 1.5~2㎜ 정도의 타원형으로 갈색이며 12개의 능선과 백색의 관모가 있다. 전체에 털이 있고 두상화는 꽃이 진 후에도 곧추서며 수과에 부리가 없고 관모의 털은 있다. 겨울 밭작물에서 문제잡초이다. 어린순을 나물로 식용하거나 사료로 이용한다. 봄에 어린순과 잎을 데쳐서 나물로 먹거나 된장국을 끓여 먹는다. 즙을 내어 먹거나 기름에 볶아 먹기도 한다. 다음과 같은 증상이나 효과에 약으로 쓰인다. 뽀리뱅이(18): 감기, 결막염, 관절염, 백대하, 소종, 옹종, 요도염, 요로감염, 유선염, 인후통, 일체안병, 종독, 지통, 진통, 청열, 편도선염, 해독, 해열

이고들빼기* i-go-deul-ppae-gi

국화과 Asteraceae
Crepidiastrum denticulatum (Houtt.) Pak et Kawano

LN 고들빼기ⓝ, 니고들빼기, 꼬들빽이, 강화고들빼기, 고들빽이, 깃고들빼기, 꽃고들빼기, 씀바귀 CN or MN (1): 약사초#(藥師草 Yao-Shi-Cao)
[Character: dicotyledon. sympetalous flower. annual or biennial herb. erect type. wild, medicinal, edible plant]

1년 또는 2년생 초본으로 종자로 번식한다. 전국적으로 분포하며 산야의 건조한 곳에서 자란다. 원줄기는 높이 30~90㎝ 정도로 가지가 갈라지고 자주색이다. 모여 나는 근생엽은 개화기에 없어지고 어긋나는 경생엽은 잎자루가 있으나 위로 갈수록 짧아진다. 잎몸은 길이 3~9㎝, 너비 3~6㎝ 정도의 난상 타원형으로 털이 없고 가장자리에 불규칙한 둔한 톱니가 있다. 8~10월에 산형으로 달리는 두상화는 지름 0.8~1.2㎝ 정도로 황색이다. 수과는 길이 3.5㎜ 정도의 타원형으로 흑색 또는 갈색이고 12개의 능선과 백색의 관모가 있다. '고들빼기'와 달리 두화는 꽃이 핀 다음 처지며 잎은 바이올린형 또는 도란상 장타원형이고 수과는 너비 0.7㎜ 정도로 짧은 부리가 있다. 어릴 때 뿌리째 캐서 데친 뒤 초고추장에 무쳐 먹거나 김치를 담가 먹기도 한다. 생으로 쌈 싸먹거나 겉절이를 해 먹기도 한다. 다음과 같은 증상이나 효과에 약으로 쓰인다. 이고들빼기(11): 건위, 발한, 소종, 이뇨, 이질, 장염, 종창, 진정, 최면, 충수염, 흉통

20020828표 20110612 20050528 20000613 19910416 20120427 19890402 19900420 20120827 20121017 20121117

고들빼기* go-deul-ppae-gi

국화과 Asteraceae
Crepidiastrum sonchifolium (Bunge) Pak et Kawano

ⓛⓝ 비치개씀바귀ⓝ, 씬나물, 참꼬들빽이, 애기번줄씀바귀, 좀고들빼기, 좀두메고들빼기, 빗치개씀바귀, 씀바귀 ⓔⓝ sowthistle-leaf-ixeris ⓒⓝ or ⓜⓝ (8): 고매채#(苦賣菜 Ku-Qiao-Cai), 고채#(苦菜 Ku-Cai), 약사초#(藥師草 Yao-Shi-Cao)
[Character: dicotyledon. sympetalous flower. biennial herb. rosette and erect type. cultivated, wild, medicinal, edible, forage plant]

2년생 초본으로 종자로 번식한다. 전국적으로 분포하며 산지나 들에서 자란다. 원줄기는 높이 20~80㎝ 정도이고 가지가 많이 갈라지며 자줏빛이 돌고 털이 없다. 모여 나는 근생엽은 길이 4~8cmm, 너비 14~17㎜ 정도의 긴 타원형으로 가장자리에 톱니가 있고 어긋나는 경생엽은 길이 3~6㎝ 정도의 난상 긴 타원형으로 가장자리에 큰 결각상의 톱니가 있으며 위로 갈수록 작아진다. 5~7월에 산방상으로 달리는 두상화는 지름 8~12㎜ 정도로 황색이다. 수과는 길이 2~3㎜ 정도의 편평한 원추형으로 흑색이고 12개의 능선과 백색의 관모가 있다. '이고들빼기'와 달리 경생엽 기부가 넓게 줄기를 감싸며 두상화는 개화 후에도 곧추선다. 잎은 난상 장타원형이며 수과는 너비 0.4㎜ 정도이다. 채소로 많이 재배하며 사료로도 이용한다. 어릴 때 뿌리째 캐서 데친 뒤 초고추장에 무쳐 먹거나 김치를 담가 먹기도 한다. 생으로 쌈 싸먹거나 겉절이를 해 먹기도 한다. 다음과 같은 증상이나 효과에 약으로 쓰인다. 고들빼기(22): 건위, 골절증, 구고, 발한, 소아해열, 소종, 유두파열, 음낭습, 음낭종독, 음종, 이뇨, 익신, 자한, 종독, 종창, 진정, 최면, 최면제, 타박상, 폐렴, 해열, A형간염

갯고들빼기* gaet-go-deul-ppae-gi

국화과 Asteraceae
Crepidiastrum lanceolatum (Houtt.) Nakai

ⓝ 갯고들빼기ⓝ, 개고들빼기, 갯고들백이, 깃고들빼기, 갯꼬들백이, 긴갯고들빼기, 개꼬들빼기
[Character: dicotyledon. sympetalous flower. perennial herb. creeping and erect type. halophyte. wild, medicinal, edible plant]

다년생 초본으로 근경이나 종자로 번식한다. 남부지방에 분포하며 바닷가에서 자란다. 원줄기는 높이 30~60㎝ 정도이다. 근경 같은 줄기에서 모여 나는 잎은 길이 7~15㎝, 너비 1.2~4.5㎝ 정도의 긴 타원상으로 밑부분이 잎자루의 날개로 되고 가장자리가 밋밋하다. 9~10월에 산방상으로 달리는 두상화는 황색이다. 수과는 길이 2.5~4㎜ 정도의 긴 타원형으로 10~15개의 능선이 있으며 관모는 길이 3~4㎜ 정도로 백색이다. 개화시까지 근생엽이 있고 총포편이 굵으며 총포내편이 7~8개이다. 잎과 어린순을 생으로 먹거나 데쳐서 간장이나 된장, 고추장에 무쳐 먹는다. 뿌리째 캐서 무치거나 김치를 담기도 한다. 다음과 같은 증상에 약으로 쓰인다. 갯고들빼기(1): 창종

4 단자엽식물

부들* bu-deul

부들과 Typhaceae
Typha orientalis C. Presl

LN 부들ⓝ, 좀부들 EN cumbungi, raupo, poker-plant, cattail, oriental-cattail, reed-mace
CN or MN (24): 감포(甘蒲 Gan-Pu), 포황#(蒲黃 Pu-Huang), 향포#(香蒲 Xiang-Pu)
[Character: monocotyledon. perennial herb. hydrophyte. halophyte. erect type. wild, medicinal plant]

다년생 초본으로 근경이나 종자로 번식하는 수생식물이며 염생식물이다. 전국적으로 분포하고 강 가장자리와 연못가 및 수로에서 잘 자란다. 줄기는 원주형이고 높이 100~150㎝ 정도로 털이 없으며 밋밋하다. 잎은 선형이고 길이 60~110㎝, 너비 5~10㎜ 정도로 털이 없으며 밑부분이 원줄기를 완전히 둘러싼다. 꽃은 7월에 피고 수꽃은 황색으로 꽃가루가 서로 붙지 않는다. 암꽃은 소포가 없다. 수이삭과 암이삭은 거의 붙어 있다. 과수는 긴 타원형으로 적갈색이다. '참부들'과 달리 잎이 좁고 화수가 짧으며 화분은 유합하지 않는다. '애기부들'과 비슷하지만 수이삭 바로 밑에 암이삭이 달리며 중간에 꽃줄기가 없는 것이 다르다. 논에서 방제하기 어려운 잡초이다. 잎으로 방석을 만들고 화수는 꽃꽂이용으로 이용한다. 섬유, 펄프 등에 재료로 쓴다. 다음과 같은 증상이나 효과에 약으로 쓰인다. 부들(33): 경혈, 고치, 구창, 난산, 대하, 방광염, 부인하혈, 소아탈항, 수렴지혈, 열질, 요도염, 월경이상, 유옹, 음낭습, 음양음창, 이뇨, 이완출혈, 지혈, 치질, 치핵, 타박상, 탈강, 탈항, 토혈, 토혈각혈, 통경, 통리수도, 폐기천식, 하리, 한열왕래, 혈뇨, 행혈거어, 활혈

큰잎부들* keun-ip-bu-deul

부들과 Typhaceae
Typha latifolia L.

LN 큰부들, 참부들, 개부들, 부들, 넓은잎부들 EN bulrush, cat-tail, poker-plant, broadleaved-reedmace, common-cattail, broadleaved-catail, march-beetle, reed-mace, broad-leaved-reed-mace, bulrush CN or MN (1): 관엽향포#(寬葉香蒲 Kuan-Ye-Xiang-Pu)
[Character: monocotyledon. perennial herb. hydrophyte. halophyte. erect type. wild, medicinal plant]

다년생 초본으로 근경이나 종자로 번식하는 수생식물이며 염생식물이다. 전국적으로 분포하고 강 가장자리와 연못가 및 수로에서 잘 자란다. 줄기는 원주형이고 높이 150~200㎝ 정도로 털이 없으며 밋밋하다. 잎은 선형이고 길이 70~140㎝, 너비 15~30㎜ 정도로 털이 없으며 밑부분이 원줄기를 완전히 둘러싼다. '부들'에 비하여 전체적으로 높이, 잎, 엽폭, 화수 등이 크고 잎 표면이 분백색을 띠며 화분이 4개씩이고 '참부들' 또는 '큰부들'이라고 부르기도 한다. 7월에 개화하고 수이삭과 암이삭이 거의 붙어 있다. 논에서 방제하기 어려운 잡초이다. 잎으로 방석을 만들고 화수는 꽃꽂이용으로 이용한다. 다음과 같은 증상이나 효과에 약으로 쓰인다. 큰잎부들(10): 대하, 방광염, 수렴지혈, 유옹, 이뇨, 지혈, 치질, 탈강, 통경, 행혈거어

애기부들* ae-gi-bu-deul

부들과 Typhaceae
Typha angustifolia L.

KN 애기부들ⓝ, 좀부들, 부들 EN lesser-bulrush, southern-cattail, narrowleaf-cattail, little-cattail, lesser-reedmace, narrow-leaf-cat-tail CN or MN (11): 장포향포#(長包香蒲 Chang-Bao-Xiang-Pu), 포황#(蒲黃 Pu-Huang), 향포#(香蒲 Xiang-Pu)
[Character: monocotyledon. perennial herb. hydrophyte. halophyte. erect type. wild, medicinal plant]

다년생 초본으로 근경이나 종자로 번식하는 수생식물이며 염생식물이다. 전국적으로 분포하고 강 가장자리나 수로 및 습지에서 자란다. 근경은 옆으로 길게 벋고 줄기는 높이 100~150㎝ 정도까지 자란다. '좀부들'이라고 부르기도 한다. 황색의 꽃은 화피가 없고 밑부분에 끝이 뾰족한 백색의 털이 있으며 수이삭과 암이삭이 떨어져 있다. '부들'과 '참부들'과 달리 잎이 좁고 수꽃이삭과 암꽃이삭의 사이가 떨어져 달리며 화분은 합생하지 않는다. 7월에 개화하고 벼농사에서 방제하기 어려운 잡초이다. 잎으로 방석을 만들고 화수는 꽃꽂이용으로 이용한다. 섬유, 펄프 등에 재료로 쓰인다. 다음과 같은 증상이나 효과에 약으로 쓰인다. 애기부들(24): 경선결핵, 경혈, 대하, 방광염, 소아탈항, 수렴지혈, 옹종, 월경이상, 유옹, 음낭습, 이뇨, 지혈, 치질, 치핵, 타박상, 탈강, 탈항, 토혈, 토혈각혈, 통경, 한열왕래, 행혈거어, 혈뇨, 활혈

흑삼릉* heuk-sam-reung

흑삼릉과 Sparganiaceae
Sparganium erectum L.

ⓁⓃ 흑삼릉ⓝ, 흑삼능, 호흑삼능 ⒺⓃ common-burreed, bur-reed, knope-sedge, branched-bur-reed, common-bur-reed ⒸⓃ or ⓂⓃ (15): 경삼릉(京三棱 Jing-San-Leng), 삼릉#(三棱 San-Leng), 형삼릉(荆三棱 Jing-San-Leng), 흑삼릉#(黑三棱 Hei-San-Leng)
[Character: monocotyledon. perennial herb. hydrophyte. erect type. wild, medicinal plant]

다년생 초본으로 포복지나 종자로 번식하는 수생식물이다. 전국적으로 분포하며 강 가장자리나 연못가 및 수로에서 자란다. 옆으로 벋는 포복지가 있으며 전체가 해면질이다. 주경은 곧고 굵으며 높이 70~100㎝ 정도로 윗부분에 가지가 있다. 잎은 서로 감싸면서 자라 원줄기보다 길어지고 너비 20~30㎜ 정도로 뒷면에 1개의 능선이 있다. 7~8월에 두상화수가 이삭처럼 달리고 밑부분에는 암꽃, 윗부분에는 수꽃만 달린다. '긴흑삼릉'과 달리 전체가 크고 잎이 넓으며 꽃차례는 늘 가지치고 암술머리가 실모양으로 길이 3~4㎜이다. 전초를 가축이 잘 먹어 사료용으로 이용한다. 다음과 같은 증상이나 효과에 약으로 쓰인다. 흑삼릉(13): 기혈응체, 소적, 월경이상, 종독, 진경, 타박상, 통경, 통기, 파혈거어, 학질, 행기지통, 협하창통, 활혈

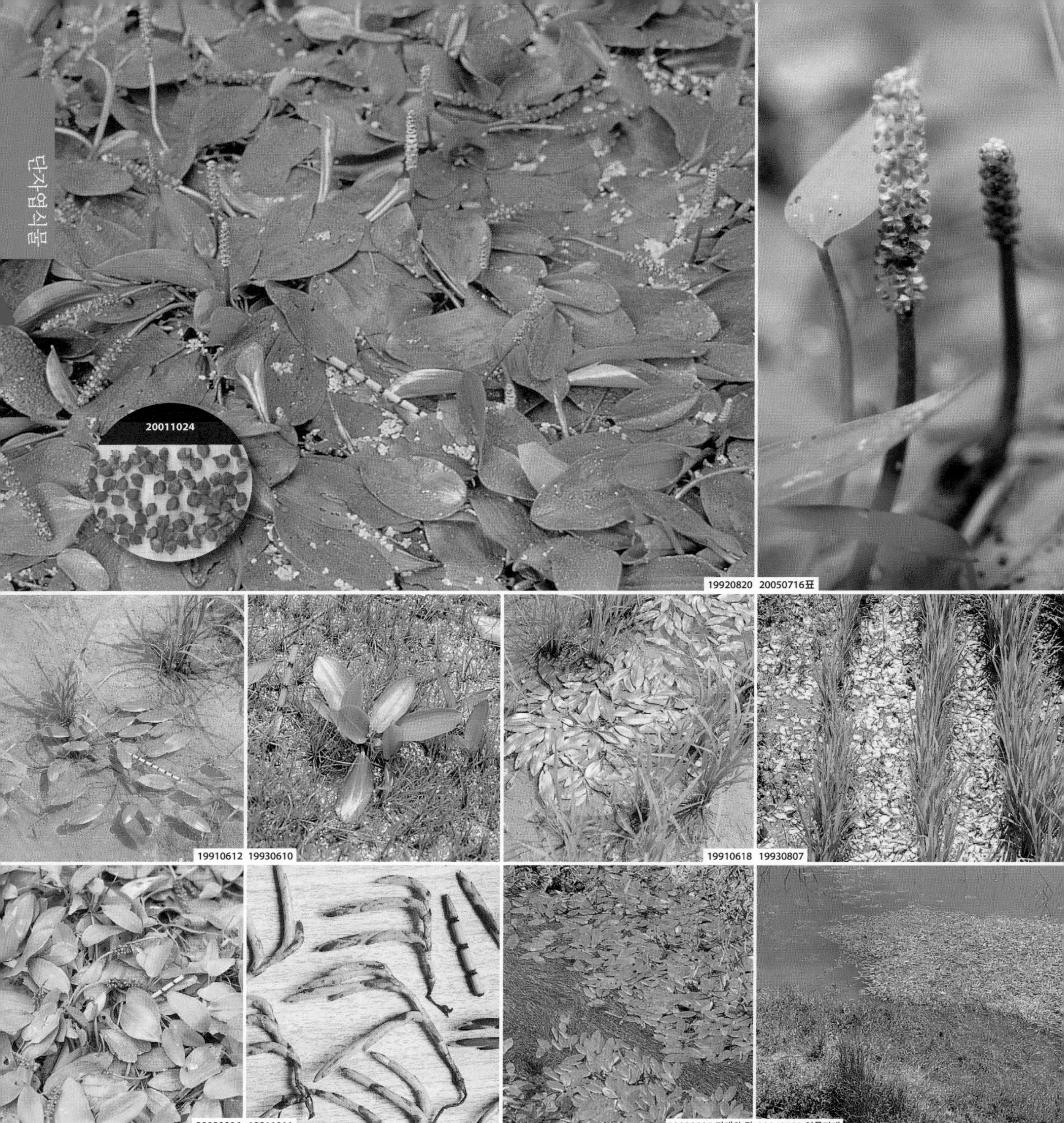

가래* ga-rae

가래과 Potamogetonaceae
Potamogeton distincuts A. Benn.

LN 가래ⓝ, 긴잎가래 EN roundleaf-pondweed, distinct-pondweed CN or MN (3): 수안판(水案板 Shui-An-Ban), 안자채#(眼子菜 Yan-Zi-Cai)
[Character: monocotyledon. perennial herb. surface hydrophyte. wild, medicinal, ornamental plant]

다년생 초본으로 인경이나 종자로 번식하는 수생식물이다. 전국적으로 분포하고 연못가나 수로와 논에서 잘 자란다. 가을에 인경이 땅속 10~20㎝ 정도의 깊이에 형성되었다가 봄에 새싹이 나와 땅속줄기가 벋어 나온다. 수중엽은 피침형으로 잎자루가 길고 물위에 뜬 잎은 난상 타원형으로 길이 2~5㎝ 정도이다. 잎자루의 길이는 5~10㎝ 정도이지만 물의 깊이에 따라 다르다. 7~8월에 수상꽃차례에 달리는 꽃은 황록색이다. '선가래'와 달리 부엽 잎자루 끝이 파상으로 되지 않고 심피가 1~4개이다. 논에서 방제하기 어려운 문제잡초이다. 수중 관상식물로 이용하며 퇴비로도 쓰인다. 다음과 같은 증상이나 효과에 약으로 쓰인다. 가래(22): 간염, 건위, 과실식체, 구충, 소종, 식강어체, 식예어체, 양궐사음, 음식체, 이수, 일체안병, 임질, 자궁출혈, 주독, 지방간, 지사, 지혈, 치질, 치핵, 해독, 해열, 황달

지채* ji-chae

지채과 Juncaginaceae
Triglochin maritimum L.

LN 지채ⓝ, 갯창포, 갯장포 EN shore-podgrass, seaside-arrow-grass, sea-arrow-grass CN or MN (1): 해구채#(海韭菜 Hai-Jiu-Cai)
[Character: monocotyledon. perennial herb. erect type. hydrophyte. halophyte. wild, medicinal, edible, ornamental plant]

다년생 초본으로 근경이나 종자로 번식한다. 해안지방에 분포하며 바닷물이 닿는 습지에서 잘 자란다. 뿌리에서 모여 나오는 선형의 잎은 길이 10~30㎝, 너비 1~4㎜ 정도이고 윗부분이 약간 편평하며 밑부분이 초상으로 된다. 잎 사이에서 길이 10~25㎝ 정도의 화경이 나와 자줏빛이 도는 녹색의 꽃이 7~8월에 수상으로 많이 달리며 소화경은 길이 2~4㎜ 정도로 비스듬히 퍼진다. 열매는 삭과로 긴 타원형이고 익으면 6개의 심피가 중축에서 떨어져 종자가 나온다. '물지채'와 달리 심피와 암술머리가 각 6개이며 과실은 장타원형으로 하부는 둔한 원형이고 과병은 비스듬히 올라간다. 연한 잎은 나물로 이용하며 관상용으로 이용하기도 한다. 다음과 같은 증상이나 효과에 약으로 쓰인다. 지채(8): 구충, 생진액, 자보, 지갈, 지사, 지통, 청열양음, 폐결핵

질경이택사* jil-gyeong-i-taek-sa

택사과 Alismataceae
Alisma orientale (Sam.) Juz.

KN 질경이택사ⓝ, 택사 EN oriental-waterplantain, waterplantain CN or MN (11): 택사#(澤瀉 Ze-Xie), 택지(澤芝 Ze-Zhi)
[Character: monocotyledon. perennial herb. erect type. hydrophyte. wild, medicinal, ornamental plant]

다년생 초본으로 괴경이나 종자로 번식하는 수생식물이다. 전국적으로 분포하고 강 가장자리와 연못가의 얕은 물에서 잘 자란다. 근경은 짧으며 수염뿌리가 돋는다. 잎은 모두 뿌리에서 나오고 길이 30㎝ 내외의 잎자루가 있다. 잎몸은 길이 10~20㎝, 너비 5~15㎝ 정도의 난상 타원형으로 양면에 털이 없다. 잎 사이에서 길이 60~120㎝ 정도의 화경이 나오고 가지가 돌려나며 그 끝에 꽃잎이 3개인 흰색의 꽃이 7~8월에 핀다. 수과는 둥글게 돌려 달리고 편평하며 도란형으로 뒷면에 2개의 홈이 깊이 파진다. '택사'와 달리 잎은 타원형이며 밑은 급히 좁아진다. 수과는 뒷면에 깊은 골이 2개 있다. 벼를 심은 논에서도 잘 자라 잡초가 되기도 한다. 관상식물로 습지에 심기도 한다. 다음과 같은 증상이나 효과에 약으로 쓰인다. 질경이택사(12): 각기, 구갈, 기관지염, 나병, 빈뇨, 수종, 위내정수, 이뇨, 이수거습, 임질, 지갈, 현훈

20000926

19930818

19940807 20110823

20010511  20120522

19910612  20060722

20060722

택사* taek-sa

택사과 Alismataceae
Alisma canaliculatum A. Br. et Bouché

LN 택사ⓝ, 쇠태나물, 물택사, 쇠대나물, 쇠택나물 EN channelled-waterplatain CN or MN (29): 착엽택사#(窄葉澤瀉 Zhai-Ye-Ze-Xie), 택사#(澤瀉 Ze-Xie), 택사엽#(澤瀉葉 Ze-Xie-Ye), 택하(澤下 Ze-Xia)
[Character: monocotyledon. perennial herb. erect type. hydrophyte. wild, cultivated, medicinal, ornamental plant]

다년생 초본으로 괴경이나 종자로 번식하는 수생식물이다. 전국적으로 분포하고 강 가장자리와 연못의 습지에서 자라며 남부지방에서는 논에 재배한다. 뿌리에서 모여 나는 밑부분이 넓어져서 서로 감싸는 잎자루가 있고 길이는 10~20㎝ 정도이다. 광피침형의 잎몸은 길이 10~30㎝, 너비 1~4㎝ 정도로 털이 없고 5~7개의 평행한 맥이 있다. 화경은 잎 중앙에서 나오며 높이 60~120㎝ 정도이고 많은 가지가 윤상으로 달린다. 7~8월에 백색의 많은 꽃이 가지에 돌려 달리고 소화경이 있으며 꽃잎과 꽃받침이 3개, 수술은 6개로 개화한다. 수과는 둥글게 돌려 달리며 편평하고 뒷면에 1개의 깊은 골이 있다. '질경이택사'와 달리 잎은 피침형 내지 좁은 장타원형이며 밑이 점차 좁아지고 수과는 뒷면에 깊은 골이 1개 있다. 관상식물로 심기도 한다. 다음과 같은 증상이나 효과에 약으로 쓰인다. 택사(28): 각기, 간경변증, 감기, 강장보호, 고혈압, 골절번통, 구갈, 기관지염, 나병, 부종, 빈뇨, 수종, 위내정수, 위하수, 유즙결핍, 이뇨, 이수거습, 임질, 전립선비대증, 전립선염, 종창, 지갈, 최유, 통리수도, 항종, 해수, 해열, 현훈

19870925

19871020

20050828 표

19940818 20050828

19910612

19910612 20120710

20110920

20110831 19870915

올미* ol-mi

택사과 Alismataceae
Sagittaria pygmaea Miq.

LN 잔보풀ⓝ, 가차라기 EN pygmy-arrowhead, dwarf-arrowhead CN or MN (3): 압설두#(鴨舌頭 Ya-She-Tou), 왜자고#(矮慈姑 Ai-Ci-Gu)
[Character: monocotyledon. perennial herb. erect type. hydrophyte. wild, medicinal, ornamental plant]

다년생 초본으로 괴경이나 종자로 번식하는 수생식물이다. 전국적으로 분포하고 연못가나 수로 및 논에서 잘 자란다. 뿌리에서 모여 나는 잎은 길이 6~12㎝, 너비 5~10㎜ 정도의 선형으로 가장자리가 밋밋하고 털이 없다. 화경의 높이는 10~20㎝ 정도로 7~8월에 흰색의 꽃이 핀다. 모여 나는 단성화에는 꽃받침과 꽃잎이 각각 3개이며 암꽃은 소화경이 없고 수꽃은 길이 1~3㎝ 정도의 소화경이 있다. 열매는 편평한 도란형이고 가장자리에 돌기가 있는 날개가 있다. '벗풀'에 비해 잎이 선형이고 꽃은 단성이며 화상은 구형으로 부풀어나고 수술은 9개 이상이며 수과에 닭 볏 같은 날개가 있다. 논에서는 문제잡초 중의 하나이다. 관상식물로 심기도 한다. 다음과 같은 증상이나 효과에 약으로 쓰인다. 올미(9): 독사교상, 부종, 이뇨, 지갈, 창종, 청열해독, 최유, 통유, 행혈

벗풀* beot-pul

택사과 Alismataceae
Sagittaria sagittifola subsp. *leucopetala* (Mig.) Hartog

KN 벗풀ⓝ, 가는택사, 가는벗풀, 택사, 쇠귀나물 EN long-lobed-arrowhead, chinese-arrowhead, oldworld-arrowhead CN or MN (8): 수자고#(水慈菰 Shui-Ci-Gu), 야자고#(野慈姑 Ye-Ci-Gu), 자고#(慈姑 Ci-Gu), 전도초#(剪刀草 Jian-Dao-Cao)
[Character: monocotyledon. perennial herb. erect type. hydrophyte. wild, medicinal, ornamental, edible plant]

다년생 초본으로 괴경이나 종자로 번식하는 수생식물이다. 전국적으로 분포하고 연못가나 수로 및 논에서 잘 자란다. 뿌리에서 모여 나는 잎의 잎자루는 길이 25~50㎝ 정도로 밑부분을 서로 감싸고 있다. 잎몸은 화살 모양이고 길이 5~15㎝ 정도이며 윗부분은 피침형 또는 난형이고 끝이 뾰족하며, 밑부분은 화살 밑처럼 길게 벋어 윗부분보다 길어진다. 높이 20~50㎝ 정도의 화경에 꽃이 돌려나는데 밑부분에 암꽃이, 윗부분에 수꽃이 달리고 각각 소화경이 있다. 꽃받침과 꽃잎이 각각 3개이고 흰색으로 8~9월에 개화한다. 수과는 양쪽에 넓은 날개가 있고 도란형이다. '보풀'과 달리 잎의 열편이 넓고 끝이 사상으로 끝나며 근경에서 땅속줄기를 내어 그 끝에 구경이 생기며 잎겨드랑이에 작은 구경이 생기지 않는다. 논에서 문제잡초 중의 하나이며 제초제의 보급으로 발생이 많아지고 있다. 어린잎을 식용하기도 하며 가을에 줄기가 시들었을 때 채취해 껍질을 벗겨 조림, 튀김, 전병, 데쳐서 무쳐 먹는다. 관상식물로 이용하기도 한다. 다음과 같은 증상이나 효과에 약으로 쓰인다. 벗풀(16): 경혈, 부종, 옹종, 유즙결핍, 이뇨, 조갈증, 지갈, 지방간, 창종, 최유, 통유, 폐부종, 항문주위농양, 해독, 해수담열, 황달

물질경이* mul-jil-gyeong-i | 자라풀과 Hydrocharitaceae *Ottelia alismoides* (L.) Pers.

LN 물질경이ⓝ, 물배추 EN ottelia, waterplantain-ottelia, water-plantain CN or MN (2): 수차전#(水車前 Shui-Che-Qian), 용설초#(龍舌草 Long-She-Cao)
[Character: monocotyledon. annual herb. erect type. submerged hydrophyte. wild, ornamental, medicine plant]

1년생 초본으로 종자로 번식하는 수중식물이다. 전국적으로 분포하고 연못이나 수로 및 논의 물속에서 잘 자란다. 줄기가 없으며 뿌리에서 모여 나는 잎은 잎자루가 있고 잎몸은 길이 5~20㎝, 너비 3~15㎝ 정도의 난상 심장형으로 잎은 7~9개의 맥이 있고 가장자리에 주름과 더불어 톱니가 약간 있다. 8~9월에 피는 양성화이고 꽃잎은 백색의 바탕에 연한 홍자색이 돈다. 수술은 6개이고 꽃밥은 외향이며 화사는 꽃밥보다 짧고 자방은 6~9실이다. 열매는 길이 2~4㎝ 정도의 타원형으로 많은 종자가 들어 있으며 종자는 길이 2㎜ 정도의 긴 타원형으로 털이 있다. '자라풀'과 달리 꽃이 양성이며 포복하는 줄기가 없다. 논에서 잡초가 된다. 관상식물로 물속에 심기도 하며 퇴비로 이용하기도 한다. 다음과 같은 증상이나 효과에 약으로 쓰인다. 물질경이(12): 옹종, 위장염, 유방염, 이뇨, 종기, 지사, 지해화담, 청열이뇨, 탕화창, 해수, 해열, 화상

조릿대* jo-rit-dae | 벼과 Poaceae *Sasa borealis* (Hack.) Makino et Shibata

ⓛⓝ 조릿대ⓝ, 산죽, 산대, 긔주조릿대, 신우대, 기주조릿대, 조리대 ⓒⓝ or ⓜⓝ (5): 산죽#(山竹 Shan-Zhu), 죽엽#(竹葉 Zhu-Ye), 죽엽맥동(竹葉麥冬 Zhu-Ye-Mai-Dong)
[Character: monocotyledon. perennial shrubby evergreen plant. erect type. cultivated, wild, medicinal, edible, ornamental plant]

상록성 목본으로 전국적으로 분포한다. 깊은 산의 나무 밑이나 산 가장자리에서 높이 50~100㎝ 정도로 자란다. 포는 줄기를 감싸고 있으며 털과 더불어 끝에 피침형의 잎몸이 있고 마디 사이는 거꾸로 된 털과 흰 가루로 덮여 있다. 잎몸은 길이 10~20㎝ 정도의 장타원상 피침형으로 양면에 털이 없고 기부에는 털이 있으며 가장자리에 가시 같은 털이 있다. 3~11월에 생육하며 4~5월에 개화하고 열매는 5~6월에 익는다. '이대속'과 달리 잎은 가죽질로 표면에 윤채가 나며 견모가 없고 수술은 3개이다. 낚싯대, 대바구니, 소가구재 등 공업용으로 쓰인다. 관상용, 사방용으로 심기도 한다. 연한 잎을 데쳐서 식용하거나 말린 잎을 차로 이용한다. 다음과 같은 증상이나 효과에 약으로 쓰인다. 조릿대(25): 경풍, 구갈, 구내염, 구역질, 구토, 발한, 보약, 소아경풍, 소아번열증, 실음, 악창, 자한, 정신분열증, 주독, 중풍, 지구역, 진정, 진통, 진해, 청열, 토혈, 토혈각혈, 파상풍, 해수, 해열

뚝새풀* ttuk-sae-pul

벼과 Poaceae
Alopecurus aequalis Sobol.

LN 둑새풀ⓝ, 독개풀, 독새풀, 산독새풀, 독새, 독새기, 개풀 EN foxtail, dent-foxtail, equal-alopecurus, marsh-foxtail, water-foxtail, orange-foxtail, short-awn-foxtail, floating-foxtail, kneed-foxtail CN or MN (1): 간맥낭#(看麥娘 Kan-Mai-Niang)
[Character: monocotyledon. biennial herb. erect type. hygrophyte. wild, medicinal, edible, forage, green manure plant]

2년생 초본으로 종자로 번식한다. 전국적으로 분포하며 논과 밭에서 잘 자란다. 줄기는 모여 나서 자라고 가지가 없으며 높이 20~40㎝ 정도로 털이 없다. 꽃은 4~5월에 피며 연한 녹색이고 가지에 털이 약간 있다. 1개의 꽃으로 된 소수는 좌우로 납작하고 짧은 대가 있다. '털뚝새풀'보다 짧은 까락이 있고 꽃밥이 황갈색이다. 월동 맥류포장에서 가장 피해를 많이 주는 잡초이다. 봄철에 개화 초기까지 소가 잘 먹어 청예사료 작물로 이용이 가능하다. 논에서 발생하는 것은 벼에 오히려 녹비작물의 역할을 한다. 과거에 춘궁기에는 종자로 죽을 쑤어 식용하기도 하였다. 다음과 같은 증상이나 효과에 약으로 쓰인다. 뚝새풀(5): 복통설사, 소아수두, 이수소종, 전신부종, 해독

향모* hyang-mo

벼과 Poaceae
Hierochloe odorata (L.) P.Beauv.

KN 향모ⓝ, 참기름새, 향기름새, 털향모 EN vanillagrass, holygrass, sweetgrass, holy-grass
CN or MN (3): 모향#(茅香 Mao-Xiang), 모향화(茅香花 Mao-Xiang-Hua), 향마(香麻 Xiang-Ma)
[Character: monocotyledon. perennial herb. erect type. wild, forage, ornamental, medicinal plant]

다년생 초본으로 근경이나 종자로 번식한다. 전국적으로 분포하며 낮은 지대의 풀밭과 논밭의 둑에서 잘 자란다. 가늘고 백색이며 향기가 있는 땅속줄기가 벋으면서 번식하고 줄기는 높이 15~30㎝ 정도로 작은 군락을 형성한다. 화경에 달리는 잎은 길이 1~4㎝ 정도이지만 근생엽은 자라서 길이 20~40㎝ 정도로 되며 안으로 말리거나 편평하고 너비 2~5㎜ 정도이다. 잎혀는 길이 1.5~3㎜ 정도로 절두 또는 둔두이고 털이 없다. 3~4월에 개화하며 화본과 식물 중에서 가장 일찍 출수한다. 원추꽃차례는 길이 4~8㎝ 정도의 넓은 난형이고 소수경이 2~3개씩 달린다. 소수는 광도란형으로 다소 편평하고 황갈색이 돌며 까락이 없다. '산향모'와 달리 잎혀가 길고 호영에 까락이 보통 없으나 수꽃의 경우 곧추서는 짧은 까락이 있기도 하다. 목초나 관상식물로 이용하고 약이나 향료로 쓰이기도 한다. 다음과 같은 증상이나 효과에 약으로 쓰인다. 향모(6): 거풍활락, 반신불수, 사지마비, 지혈생기, 인후건조, 해열

20000822

20110906

20010415

20070530  20050617

20000811

19930818  20110906

줄* jul | 벼과 Poaceae *Zizania latifolia* (Griseb.) Turcz. ex Stapf

Ⓛⓝ 줄ⓝ, 줄풀 ⒺⓃ water-rice, wild-rice, water-bamboo, manchurian-wildrice, fewflower-wildrice ⒸⓃ or ⓂⓃ (19): 고#(菰 Gu), 고초#(菰草 Gu-Cao), 교백#(茭白 Jiao-Bai), 장초(莊草 Zhuang-Cao)
[Character: monocotyledon. perennial herb. hydrophyte. erect type. wild, medicinal, edible, forage, green manure plant]

다년생 초본으로 근경이나 종자로 번식한다. 전국적으로 분포하며 강 가장자리, 연못과 수로 및 논둑의 물이 있는 곳에서 잘 자란다. 진흙 속에서 근경과 줄기가 옆으로 벋는다. 모여 나는 줄기는 높이가 100~200㎝ 정도에 이른다. 선형의 잎몸은 길이 50~100㎝, 너비 2~3㎝ 정도로 밑부분이 둥근 잎집으로 되며 잎혀는 백색이고 긴 삼각형으로서 끝이 뾰족하다. 8~9월에 개화하며 원추꽃차례는 길이 30~50㎝ 정도로 가지가 반돌려나고 갈라지는 곳에 털이 있다. 암꽃은 윗부분에 달리고 연한 황록색이며 수꽃은 밑부분에 달리고 연한 자줏빛이다. '겨풀속'과 '벼속'과 달리 소수는 단성이다. 사료나 퇴비로 이용하며 섶을 가공하여 이용한다. 밑동이 굵고 흰색을 띨 때 채취해 바깥쪽 잎을 벗겨 튀김, 볶음, 조림으로 먹는다. 다음과 같은 증상이나 효과에 약으로 쓰인다. 줄(17): 간경변증, 간염, 감기, 강장보호, 고혈압, 위장염, 장위카타르, 주독, 지혈, 진통, 폐기천식, 피부병, 해독, 해열, 현훈, 화상, 활혈

갈대* gal-dae | 벼과 Poaceae *Phragmites communis* Trin.

Ⓚ 갈ⓝ, 갈때, 달, 북달 Ⓔ common-reed, reed, reedgrass Ⓒ or Ⓜ (35): 노(蘆 Lu), 노경#(蘆莖 Lu-Jing), 노근#(蘆根 Lu-Gen), 문견초(文見草 Wen-Jian-Cao), 위(葦 Wei)
[Character: monocotyledon. perennial herb. halophyte. creeping and erect type. hygrophyte. wild, medicinal, edible, forage, green manure plant]

다년생 초본으로 근경이나 종자로 번식한다. 전국적으로 분포하며 연못이나 개울가의 습지에서 잘 자란다. 높이 1~3m 정도까지 자란다. 근경은 땅속으로 길게 옆으로 벋으면서 마디에서 수염뿌리를 내린다. 줄기의 속은 비어 있으며 마디에 털이 있는 것도 있다. 잎은 어긋나고 선형의 잎몸은 길이 20~40㎝, 너비 2~4㎝ 정도로서 끝이 뾰족해지고 처지며 잎집은 원줄기를 둘러싸고 털이 있다. 8~9월에 개화하며 길이 15~40㎝ 정도의 원추꽃차례는 넓은 난형으로 끝이 처지며 자주색에서 자갈색으로 변하고 소수는 2~4개의 소화로 된다. 땅위에 포복지가 벋지 않으며 줄기의 마디에 털이 없고 잎집 상부가 자색을 띠지 않는 것이 '달뿌리풀'과 다르다. 사방용으로 심기도 하고 어린순을 식용하기도 한다. 줄기는 공업용으로 사용한다. 사료나 녹비로 이용하기도 한다. 다음과 같은 증상이나 효과에 약으로 쓰인다. 갈대(37): 건위, 곽란, 구토, 번위, 비체, 설사, 식균용체, 식저육체, 식중독, 심번, 암내, 요독증, 위경련, 위한증, 이급, 자양, 자양강장, 장위카타르, 주독, 중독증, 지구역, 지구제번, 진토, 청열생진, 탈항, 토혈, 폐결핵, 폐옹, 폐위, 폐혈, 하돈중독, 해독, 해산촉진, 해열, 협심증, 홍역, 황달

그령* geu-ryeong

벼과 Poaceae
Eragrostis ferruginea (Thunb.) P. Beauv.

Ⓛ 암크령ⓝ, 꾸부령, 암그령, 그량, 거령, 지지랑풀, 지령풀, 결초보은풀 Ⓔ korean-lovegrass Ⓒ or Ⓜ (1): 지풍초#(知風草 Zhi-Feng-Cao)
[Character: monocotyledon. perennial herb. erect type. wild, medicinal, forage, green manure, ornamental plant]

다년생 초본으로 근경이나 종자로 번식한다. 전국적으로 분포하며 길가나 빈터에서 잘 자란다. 줄기는 높이 30~70㎝ 정도이고 여러 개가 한군데 모여 나서 큰 포기를 이룬다. 선형의 잎몸은 길이 20~40㎝, 너비 2~6㎜ 정도로 표면 밑부분과 잎집 윗부분에 털이 있다. 8~9월에 개화한다. 길이 20~40㎝ 정도의 원추꽃차례는 가지가 어긋나서 퍼지고 털이 없으며 소수는 긴 타원형으로 5~10개의 소화가 들어 있다. 호영은 길이 2~3㎜ 정도의 좁은 난형으로 예두이다. 소수 자루에 마디 모양으로 부푼 선점이 있는 것이 '능수참새그령'과 다르다. 공업용, 사료용, 퇴비용, 관상용으로 쓰인다. 사방용으로 심기도 한다. 다음과 같은 증상이나 효과에 약으로 쓰인다. 그령(4): 동통, 타박상, 항암, 활혈산어

강아지풀* gang-a-ji-pul

벼과 Poaceae
Setaria viridis (L.) P. Beauv. var. *viridis*

LN 강아지풀ⓝ, 개꼬리풀, 자주강아지풀, 제주개피 EN bottlegrass, green-panicgrass, green-foxtail, green-bristle-grass, foxtail-grass, green-bristlegrass, green-foxtail, green-pigeongrass CN or MN (1): 구미초#(狗尾草 Gou-Wei-Cao)

[Character: monocotyledon. annual herb. erect type. wild, edible, forage, green manure, medicinal plant]

1년생 초본으로 종자로 번식한다. 전국적으로 분포하고 산야의 풀밭이나 밭에서 잘 자란다. 줄기는 분얼하여 포기를 이루고 높이 20~80㎝ 정도로 자라며 털이 없다. 선형의 잎은 길이 5~20㎝, 너비 5~15㎜ 정도이며 밑부분이 잎집이 되고 가장자리에 잎혀와 같이 줄로 돋은 털이 있다. 7~8월에 개화하며 수상꽃차례는 길이 3~6㎝ 정도의 원주형으로 곧추서고 중축에 털이 있으며 연한 녹색 또는 자주색이다. 양성화의 호영에는 잔 점과 옆주름이 있고 꽃밥은 흑갈색이다. '갯강아지풀'과 달리 소수는 긴 원주형이며 끝이 처졌다. '금강아지풀'과 달리 잎집 가장자리에 털이 있고 소수의 강모는 녹색 또는 자색을 띤다. 대부분의 여름작물 포장에서 문제잡초가 된다. 종실을 새 모이로 이용하며 목초로 사용하거나 종자를 쌀, 보리나 조와 섞어 밥을 짓거나 죽을 끓여 먹거나 갈아서 쌀가루와 섞어 떡을 해먹기도 한다. 다음과 같은 증상이나 효과에 약으로 쓰인다. 강아지풀(5): 민감체질, 옹종, 일체안병, 종독, 해열

19920801 19920922 19890821 20000928 19910528 20120523 20110609 20120621 20110722 20120710 20120924 19871026 민바랭이(상), 바랭이(중), 왕바랭이(하)

바랭이* ba-raeng-i | 벼과 Poaceae *Digitaria ciliaris* (Retz.) Koel.

Ⓚ 바랭이ⓝ, 바랑이, 털바랑이 Ⓔ large-crabgrass, hairy-crabgrass, common-crabgrass, fingergrass, hairy-fingergrass, crabgrass, tropical-fingergrass, henry-crab-grass, southern-crab-grass, summer-grass, tropical-finger-grass Ⓒ or Ⓜ (4): 마당#(馬唐 Ma-Tang), 홍수초(紅水草 Hong-Shui-Cao)
[Character: monocotyledon. annual herb. creeping and erect type. wild, medicinal, forage, green manure, ornamental plant]

1년생 초본으로 종자로 번식한다. 전국적으로 분포하며 들에서도 자라지만 과수원이나 작물을 재배하는 밭에서 잘 자란다. 줄기의 밑부분이 지상을 기면서 마디에서 뿌리가 돋고 측지와 더불어 윗부분이 높이 40~80㎝ 정도까지 곧추 자란다. 선형의 잎몸은 길이 10~20㎝, 너비 6~12㎜ 정도로 분록색 또는 연한 녹색이다. 잎집은 흔히 퍼진 털이 있고 잎혀는 흰빛이 돈다. 7~8월에 개화한다. 꽃차례는 3~7개의 가지가 있고 가지에 수상꽃차례로 달리는 소수는 대가 있는 것과 없는 것이 같이 달리며 연한 녹색에 자줏빛이 돈다. '좀바랭이'와 다르게 잎의 길이는 8~20㎝ 정도이고 꽃차례는 3~7개이며 날개가 깔깔하고 잎집에 털이 있다. 여름작물 포장에서 가장 문제가 되는 밭 잡초이다. 사방용으로도 쓰이고 소가 잘 먹어 목초로도 이용한다. 관상식물로 심거나 퇴비로 쓰기도 한다. 다음과 같은 증상이나 효과에 약으로 쓰인다. 바랭이(7): 기와, 소아경풍, 소아해열, 온신, 일사병열사병, 해열, 황달

띠* tti

벼과 Poaceae
Imperata cylindrica var. ***koenigii*** (Retz.) Pilg.

KN 띠풀ⓝ, 띄, 삘기, 삐비 EN cogon-grass, blady-grass, lalang-grass, japanese-blood-grass
CN or MN (37): 모초#(茅草 Mao-Cao), 모초근#(茅草根 Mao-Cao-Gen), 모침#(茅鍼 Mao-Zhen), 백모#(白茅 Bai-Mao), 첨근(甛根 Tian-Gen)
[Character: monocotyledon. perennial herb. erect type. wild, medicinal, edible, forage, green manure, ornamental plant]

다년생 초본으로 근경이나 종자로 번식한다. 전국적으로 분포하며 산야나 논, 밭둑 및 과수원에서 자란다. 근경은 땅속에 깊이 벋고 화경의 높이는 30~60㎝ 정도로 마디에 털이 있다. 잎몸은 선형이고 길이 20~50㎝, 너비 7~12㎜ 정도이며 잎집에 털이 있기도 하고 잎혀는 짧으며 절두이다. 4~5월에 개화하는 원주상의 꽃차례는 길이 10~20㎝ 정도이고 소수는 은백색 털이 밀생한다. 이른 봄에 잎과 거의 동시에 화경이 나와서 개화하고 그 후에는 근생엽만 자란다. 화수가 은백색의 털로 덮여 있다. 개간지나 묘역에서는 방제하기 어려운 잡초이다. 어린 화수를 식용하기도 한다. 조경식물로 많이 식재하고 있다. 목초나 퇴비로 이용된다. 다음과 같은 증상이나 효과에 약으로 쓰인다. 띠(34): 각혈, 간염, 강정안정, 강정제, 개선, 결핵, 경혈, 고혈압, 구갈, 구충, 구토, 부종, 소염, 신장염, 양혈지혈, 월경불순, 월경이상, 이뇨, 종창, 주독, 지혈, 청열이뇨, 청폐위열, 칠독, 코피, 토혈, 토혈각혈, 통리수도, 폐병, 피부염, 한열왕래, 해열, 혈폐, 황달

억새* eok-sae

벼과 Poaceae
Miscanthus sinensis var. *purpurascens* (Andersson) Rendle

LN 자주억새ⓝ, 미 EN chinese-fairygrass, eulalia-grass, japanese-plume-grass, chinese-fairy-grass, chinese-silver-grass CN or MN (5): 두영(杜榮 Du-Rong), 망경#(芒莖 Mang-Jing) 파망(笆芒 Ba-Mang)
[Character: monocotyledon. perennial herb. erect type. wild, medicinal, forage, green manure plant]

다년생 초본으로 근경이나 종자로 번식한다. 전국적으로 분포하며 산지에서 자란다. 형태와 생태는 '참억새'와 비슷하나 소수가 자주색이고 첫째 포영에 4개의 맥이 있는 것이 다르다. 목초나 퇴비로 이용된다. 다음과 같은 증상이나 효과에 약으로 쓰인다. 억새(9): 감기, 백대하, 산혈, 소변불리, 이뇨, 통리수도, 해독, 해수, 해열

20001024

19911005 율무현미

19911005 율무쌀

20110907

19890930  19890521

20060630

20130719  20120726

19940824

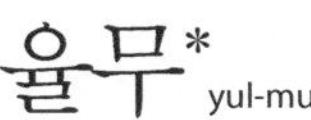

율무* yul-mu

벼과 Poaceae
Coix lacrymajobi var. *mayuen* (Rom. Caill.) Stapf

ⓁⓃ 율무ⓝ, 울미, 율미, 재배율무 ⒺⓃ job's-tears, tear-grass ⒸⓃ or ⓂⓃ (54): 기실(芑實 Ji-Shi), 옥미(玉米 Yu-Mi), 의미인(薏米仁 Yi-Mi-Ren), 의이인#(薏苡仁 Yi-Yi-Ren), 천곡(川穀 Chuan-Gu)
[Character: monocotyledon. annual herb. erect type. cultivated, medicinal, edible, forage, green manure plant]

1년생 초본으로 종자로 번식하는 재배작물로 전국적으로 재배된다. 줄기는 높이 100~200㎝ 정도에 이르고 분얼하여 여러 대가 한군데서 자란다. 어긋나는 잎의 잎몸은 길이 25~50㎝, 너비 2~4㎝ 정도의 피침형이고 밑부분이 잎집이 되며 가장자리가 껄껄하다. 7~8월에 잎겨드랑이에서 1~6개의 짧은 수상꽃차례가 나오며 밑부분에 암꽃이 달린다. 수꽃은 암꽃을 뚫고 위로 자라며 각 마디에 1~3개의 소수가 달린다. 각 소수에 꽃이 2개씩 달리는데 1개는 대가 있고 1개는 대가 없으며 수술은 3개씩이고 영과는 타원형이다. 항아리 모양의 총포엽은 부서지기 쉽고 표면에 세로로 홈이 있고 꽃차례는 비스듬히 위를 향하거나 늘어지는 것이 '염주'와 다르다. 가을에 열매가 갈색으로 익은 후 채취하여 식용하며 햇빛에 말려서 볶아서 차로 먹는다. 열매는 염주를 만들기도 한다. 사료나 퇴비로 이용하기도 한다. 다음과 같은 증상이나 효과에 약으로 쓰인다. 율무(68): 각기, 간경변증, 간염, 간작반, 감기, 강장보호, 강정제, 거담, 건비위, 건위, 견비통, 경련, 고혈압, 관절염, 구충, 구취, 급성간염, 기관지염, 난청, 농혈, 담, 목소양증, 부종, 비육, 사마귀, 설사, 소아구루, 소아리수, 소염, 수종, 식도암, 식중독, 야뇨증, 오로보호, 오발, 위무력증, 위암, 위장염, 윤피부, 이뇨, 이습건비, 장옹, 장위카타르, 종독, 주비, 진경, 진통, 진해, 청열배농, 축농증, 치통, 타태, 탄산토산, 토혈각혈, 통리수도, 폐결핵, 폐렴, 피부노화방지, 피부미백, 피부염, 피부윤택, 피부청결, 해수, 해열, 허약체질, 혈뇨, 활혈, 황달

올방개* ol-bang-gae

사초과 Cyperaceae
Eleocharis kuroguwai Ohwi

LN 올방개ⓝ, 올메, 올미장대, 울미 EN water-chestnut CN or MN (4): 발제#(荸薺 Bi-Qi), 오우#(烏芋 Wu-Yu), 통천초#(通天草 Tong-Tian-Cao)
[Character: monocotyledon. perennial herb. erect type. hydrophyte. wild, medicinal, edible plant]

다년생 초본으로 괴경이나 종자로 번식한다. 전국적으로 분포하며 연못이나 수로 및 논에서 자란다. 화경은 그 형태가 잎과 같고 끝에 화수가 달리는 것이 다르다. 잎은 높이 40~80㎝, 지름 3~4㎜ 정도로 둥글며 속이 비어 있고 격막이 있다. 잎집은 얇은 막질이며 짙은 적갈색이다. 7~9월에 개화한다. 화수는 길이 2~4㎝, 지름 3~5㎜ 정도의 원주형이고 끝이 둥글며 황록색 또는 볏짚색이다. 수과는 길이 1.8~2㎜ 정도의 부풀은 렌즈형이고 황갈색이다. 소수가 원주형으로 줄기보다 굵지 않고 인편은 연한 녹색이며 줄기 내부에 횡막이 있어 마르면 마디와 같이 보인다. 인편은 황록색 또는 볏짚색이며 길이 6~8㎜ 정도이며 끝이 둥글고 뾰족한 점이 '남방개'와 다르다. 논에서 방제하기 어려운 문제잡초이다. 괴경을 생으로 먹거나 전분을 이용하여 묵을 만들어 먹는다. 다음과 같은 증상이나 효과에 약으로 쓰인다. 올방개(3): 통경, 어혈, 기침

도루박이* do-ru-bak-i | 사초과 Cyperaceae *Scirpus radicans* Schkuhr

㉯ 민검정골ⓝ, 도로박, 먼검정골, 줄검정골 ㉰ woodland-bulrush
[Character: monocotyledon. perennial herb. creeping and erect type. hygrophyte. wild, medicinal, ornamental plant]

다년생 초본으로 근경이나 종자로 번식한다. 냇가나 연못가 등의 습지에서 자란다. 짧은 근경에서 자란 줄기는 높이 70~140㎝ 정도로서 7~10개의 마디가 있고 잎은 길이 20~35㎝, 너비 7~10㎜ 정도이다. 7~8월에 개화한다. 화경의 끝에 달리는 꽃차례는 길이와 지름이 각각 10~20㎝ 정도로 가지와 잔가지가 많이 갈라지고 밋밋하며 1개씩 달리는 소수는 장타원상 난형이다. 수과는 길이 1~1.5㎜ 정도의 도란형으로 편평하게 세모가 지고 자침은 몹시 굴곡한다. 꽃이 달리지 않은 줄기가 길이 70~200㎝ 정도로 자라서 끝이 땅에 닿으면 뿌리와 더불어 새순이 자라기 때문에 '도루박이'라고 한다. 관상용으로 심으며 세공의 원료로 이용하기도 한다. 다음과 같은 증상이나 효과에 약으로 쓰인다. 도루박이(5): 구토, 어혈, 진통, 통경, 학질

매자기* mae-ja-gi

사초과 Cyperaceae
Scirpus maritimus L.

LN 매자기ⓝ, 매재기, 큰매자기 EN river-bulrush, sea-clubrush, purua-grass CN or MN (16): 경삼릉#(京三稜 Jing-San-Leng), 삼릉초#(三稜草 San-Leng-Cao), 형삼능#(荊三稜 Jing-San-Leng), 홍포근(紅蒲根 Hong-Pu-Gen)

[Character: monocotyledon. perennial herb. creeping and erect type. hygrophyte. halophyte. wild, medicinal, ornamental, green manure plant]

다년생 초본으로 괴경이나 종자로 번식한다. 해안지방의 수로나 연못가에서 잘 자라고 내륙지방에도 발생한다. 지름 3~4㎝ 정도의 괴경에서 굵은 땅속줄기가 벋고 땅속줄기에서 나오는 화경은 높이 80~160㎝ 정도의 삼각주로서 3~5개의 마디가 있다. 화경에 달리는 잎은 너비 5~10㎜ 정도이다. 8~9월에 개화한다. 화경의 끝에 산방꽃차례에 달리는 소수는 길이 9~20㎜ 정도의 긴 타원형으로 녹색이다. 수과는 길이 2~3㎜ 정도의 긴 타원형으로 회갈색이다. '새섬매자기'와 다르게 꽃차례가 갈라지며 암술머리가 3개이다. 논이나 수로에서 잘 자라고 간척지의 논에서 문제잡초이다. 관상용으로 심으며 세공의 원료나 퇴비로 이용하기도 한다. 다음과 같은 증상이나 효과에 약으로 쓰인다. 매자기(23): 건위, 경혈, 구토, 기창만, 기혈체, 산후복통, 소적, 심복통, 악심, 어혈, 어혈동통, 월경불순, 월경이상, 유즙결핍, 적취, 지통, 진통, 최유, 통경, 파혈, 학질, 혈훈, 행기

20120513 20120513 20070619 20000822 20120407 20030410 20030417 20120428 19900729 19880730

큰고랭이* keun-go-raeng-i

사초과 Cyperaceae
Scirpus lacustris var. *creber* (Fern.) T. Koyama

LN 큰골ⓝ, 돗자리골, 고랭이 EN tabernaemontanus-bulrush, gray-clubrush CN or MN (1): 수총#(水葱 Shui-Cong)
[Character: monocotyledon. perennial herb. creeping and erect type. hydrophyte. wild, medicinal, ornamental plant]

다년생 초본으로 근경이나 종자로 번식한다. 전국적으로 분포하며 연못가나 냇가의 물이 얕은 곳에서 군락으로 자라는 수생식물이다. 옆으로 벋는 땅속줄기의 마디에서 1개씩 돋아난 줄기는 높이 90~180㎝, 지름 0.5~1.5㎜ 정도의 원주형으로 짙은 분록색이다. 윗부분의 잎집은 길이 10~30㎝ 정도로 가장자리가 비스듬히 잘린다. 8~9월에 개화한다. 꽃차례는 옆에 달리고 산방상으로 4~7개의 가지가 발달하여 달리는 소수는 길이 5~10㎜ 정도의 장타원상 난형이며 갈색으로 익는다. 수과는 길이 2~3㎜ 정도의 넓은 타원형으로 황갈색으로 익고 단면이 렌즈형이다. '세모고랭이'와 다르게 줄기가 원주형이고 근경이 굵으며, 꽃줄기는 능선이 없다. 관상식물로 심거나 공업용으로 이용하기도 한다. 다음과 같은 증상이나 효과에 약으로 쓰인다. 큰고랭이(8): 구토, 어혈, 전신부종, 제습이뇨, 진통, 최유, 통경, 학질

향부자* hyang-bu-ja

사초과 Cyperaceae
Cyperus rotundus L.

LN 약방동사니ⓝ, 갯뿌리방동사니 EN **nutsedge, purple-nutsedge, nutgrass-galingale, cocograss, purple-nutgrass, nut-grass, nutgrass, coco-grass** CN or MN (38): 고강두(苦羌頭 Ku-Qiang-Tou), 변향부#(便香附 Bian-Xiang-Fu), 빈영#(浜營 Bang-Ying), 사초#(莎草 Suo-Cao), 향부자#(香附子 Xiang-Fu-Zi)
[Character: monocotyledon. perennial herb. creeping and erect type. halophyte. cultivated, wild, medicinal, ornamental plant]

다년생 초본으로 괴경이나 종자로 번식한다. 남부지방에 분포하며 해안이나 냇가의 모래땅에서 자라고 약용으로 재배하기도 한다. 괴경에서 싹이 나오고 땅속줄기가 옆으로 길게 벋어 확산되어 군락을 이루며 화경은 높이 20~40㎝ 정도이다. 선형의 잎몸은 너비 3~8㎜ 정도이고 밑부분이 잎집으로 되어 화경을 감싼다. 8~9월에 개화한다. 포는 2~3개이고 꽃차례의 가지는 2~7개로서 길이가 서로 같지 않다. 소수는 선형으로 길이 1~3㎝ 정도로 20~30개의 꽃이 2줄로 달리며 적색이다. 수과는 긴 타원형이고 흑갈색이다. 근경이 길게 자라고 가는 포복지가 있는 것이 '왕골'과 다르다. 괴경의 육질이 백색이고 향기가 있기 때문에 '향부자'라고 한다. 관상식물로 심기도 한다. 세계적으로는 10대 문제잡초 중의 하나이다. 다음과 같은 증상이나 효과에 약으로 쓰인다. 향부자(39): 감기, 개울, 객혈, 거풍, 건위, 경련, 경풍, 관격, 구토, 기관지염, 만성피로, 목정통, 부인병, 사태, 소간이기, 소아경풍, 신경통, 옹종, 우울증, 월경이상, 위축신, 임신오조, 자궁진통, 장위카타르, 장출혈, 조경지통, 진경, 진통, 진해, 토혈각혈, 통경, 통기, 편도선염, 풍, 풍양, 하리, 행기, 흉만, 흉부답답

20021001

20020920  19890724

20120426  19890518

20070607

20070627  20020809

20020908

토란* to-ran

천남성과 Araceae
Colocasia esculenta (L.) Schott

KN 토란ⓝ, 토련 EN taro, eddo, dasheen, cocoyam, egyptian-colocasia, chinese-potato, wild-taro CN or MN (19): 토련(土蓮 Tu-Lian), 토인삼(土人蔘 Tu-Ren-Shen)
[Character: monocotyledon. perennial herb. erect type. hygrophyte. cultivated, medicinal, edible, harmful plant]

다년생 초본으로 괴경으로 번식한다. 열대아시아 원산이며 약간 습한 밭에서 재배하는 작물이다. 근생하는 잎의 잎자루는 높이 70~150㎝ 정도까지 자란다. 잎몸은 길이와 너비가 각각 30~50㎝ 정도의 난상 광타원형으로 양면에 털이 없으며 가장자리가 파상이고 밋밋하다. 우리나라에서 재배하는 것은 개화습성이 없고 간혹 8~9월에 개화하기도 하나 종자를 맺진 못한다. 수술이 합생하는 점이 '산부채'와 다르다. 가을에 잎자루를 말려 두고 삶아 나물로 먹고 알뿌리는 껍질을 벗겨 물에 담가 독을 뺀 후 국을 끓여 먹거나 각종 요리를 해 먹는다. 공업용으로도 이용한다. 다음과 같은 증상이나 효과에 약으로 쓰인다. 토란(25): 강장, 개선, 견비통, 마풍, 소영, 요통, 우울증, 유선염, 유옹, 인후통증, 종독, 중이염, 지사, 충치, 치핵, 타박상, 태독, 편도선염, 폐렴, 피부윤택, 해독, 혈리, 홍역, 화상, 흉통

20021013 19950604 20070519 20120428  20050515표 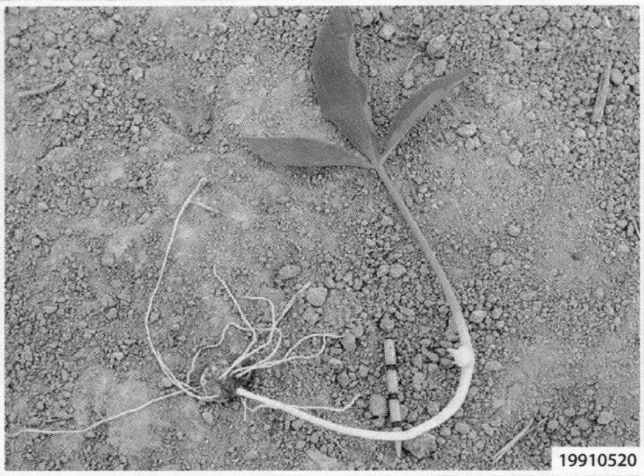 19910520  20110518  20121013  20021011

반하* ban-ha | 천남성과 Araceae *Pinellia ternata* (Thunb.) Breitenb.

LN 끼무릇ⓝ EN pinellia, ternate-pinellia, east-african-arum CN or MN (52): 강반하#(薑半夏 Jiang-Ban-Xia), 반하#(半夏 Ban-Xia), 청반하(靑半夏 Qing-Ban-Xia)
[Character: monocotyledon. perennial herb. erect type. cultivated, wild, medicinal, poisonous plant]

다년생 초본으로 구경과 주아 또는 종자로 번식한다. 전국적으로 분포하며 산 가장자리나 들에서 자란다. 구경에서 나오는 잎자루는 높이 10~20㎝ 정도이다. 잎몸은 타원형으로 가장자리가 밋밋하고 털이 없다. 5~6월에 개화한다. 구경에서 나오는 화경은 높이 15~30㎝ 정도이고 길이 3~6㎝ 정도의 잎 같은 녹색의 포에 둘러싸인 꽃차례는 윗부분에 암꽃, 밑부분에 수꽃이 달린다. 장과는 녹색이며 작다. '천남성속'과 달리 자방은 1개의 배주로 되고 암꽃이삭 등쪽은 포의 안쪽에 합착한다. 유독식물이며 독이 있어 먹으면 구토, 허탈 증세, 심장마비 등이 일어나지만 구경은 약으로 쓰고 재배하기도 한다. 다음과 같은 증상이나 효과에 약으로 쓰인다. 반하(46): 감기, 거담, 거풍, 건비위, 건위, 결기, 결핵, 경련, 경혈, 구안와사, 구토, 담, 목소양증, 반신불수, 배멀미, 소종, 연주창, 옹종, 위내정수, 위장염, 윤피부, 이뇨, 인후염, 인후통증, 임신오조, 장위카타르, 제습, 조습, 졸도, 종독, 중독증, 중풍, 진경, 진통, 진해, 창종, 통리수도, 편도선염, 편두통, 해수, 해열, 현훈, 현훈구토, 혈담, 화담, 흉분제

큰천남성* keun-cheon-nam-seong

천남성과 Araceae
Arisaema ringens (Thunb.) Schott

LN 큰천남성ⓝ, 푸른천남성, 자주큰천남성, 왕사두초 EN puto-jackinthepulpit CN or MN (7): 남성(南星 Nan-Xing), 삼봉자(三棒子 San-Bang-Zi), 야우두#(野芋頭 Ye-Yu-Tou), 천남성#(天南星 Tian-Nan-Xing), 호고(虎膏 Hu-Gao)
[Character: monocotyledon. perennial herb. erect type. wild, medicinal, poisonous, ornamental plant]

다년생 초본으로 구경이나 종자로 번식한다. 중남부지방의 섬이나 산에서 자란다. 5~6월에 개화하며 구경은 편평한 구형이고 위에서 수염뿌리가 사방으로 퍼지며 작은 구경이 옆에 달린다. 잎은 2개가 마주나고 길이 15~25㎝ 정도의 잎자루가 있으며 소엽은 3개이다. 소엽은 잎자루가 없고 잎몸은 길이 8~30㎝, 너비 4~10㎝ 정도의 마름모 비슷한 넓은 난형으로서 표면은 윤기가 있는 녹색이고 뒷면은 흰빛이 돌며 두껍고 끝이 실같이 된다. 화경은 길이 5~10㎝ 정도이며 불염포는 윗부분이 넓게 밖으로 젖혀지고 겉은 녹색이며 안쪽은 흑자색이다. 장과는 꽃차례축에 옥수수 알처럼 달리고 적색으로 익는다. 소엽이 3개씩 나고 표면에 윤채가 풍부하며 끝이 실같이 되고 포는 모자 모양이다. 관상식물로 심기도 한다. 다음과 같은 증상이나 효과에 약으로 쓰인다. 큰천남성(21): 간경화, 간질, 거담, 거습, 경련, 구토, 산결지통, 소아경풍, 안면신경마비, 암, 옹종, 이뇨, 조습, 조습화담, 종창, 중풍, 진경, 진정, 파상풍, 풍, 해소

천남성* cheon-nam-seong

천남성과 Araceae
Arisaema amurense for. serratum (Nakai) Kitag.

ⓁⓃ 톱이아물천남성ⓝ, 청사두초, 가새천남성 ⒺⓃ dragon-arum, cobramlily, serrate-amur-jackinthepulpit, indian-turnip ⒸⓃ or ⓂⓃ (40): 담남성#(膽南星 Dan-Nan-Xing), 담성#(膽星 Dan-Xing), 야우두#(野芋頭 Ye-Yu-Tou), 천남성#(天南星 Tian-Nan-Xing)
[Character: monocotyledon. perennial herb. erect type. hydrophyte. wild, medicinal, poisonous plant]

다년생 초본으로 구경이나 종자로 번식한다. 전국적으로 분포하며 산지의 그늘진 습지에서 자란다. 초장이 20~30cm 정도이며 지름 2~4cm 정도의 구경은 편평한 구형이고 윗부분에서 수염뿌리가 사방으로 퍼지며 옆에 작은 구경이 2~3개 달린다. 원줄기의 겉은 녹색이나 때로는 자주색의 반점이 있다. 잎자루가 있는 잎에 달리는 소엽은 7~12개 정도이고 길이 10~20cm 정도의 난상 피침형으로 가장자리에 톱니가 있다. 5~6월에 개화한다. 꽃은 2가화이고 포는 통부의 길이가 8cm 정도로 녹색이며 윗부분은 모자처럼 앞으로 굽는다. 꽃차례의 연장부는 곤봉형이고 옥수수 알처럼 달리는 장과는 적색으로 익는다. '둥근잎천남성'과 다르게 소엽은 7~12개이고 화병의 길이는 6~17cm 정도이며 포의 길이는 8cm 정도이다. 먹으면 구토, 허탈증세, 심장마비 등이 일어나는 독초이다. 다음과 같은 증상이나 효과에 약으로 쓰인다. 천남성(21): 간경변증, 간질, 거담, 건위, 경련, 관절염, 구안와사, 구토, 반신불수, 상한, 소아경풍, 요통, 전간, 중풍, 진경, 창종, 척추질환, 파상풍, 한경, 해수, 혈담

앉은부채* an-eun-bu-chae | 천남성과 Araceae *Symplocarpus renifolius* Schott ex Miq.

KN 삿부채ⓝ, 안진부채, 삿부채풀, 우엉취, 산부채풀 EN skunk-cabbage CN or MN (5): 수파초#(水芭草 Shui-Ba-Cao), 지용금련#(地湧金蓮 Di-Yong-Jin-Lian), 취숭#(臭菘 Chou-Song)
[Character: monocotyledon. perennial herb. erect type. wild, medicinal, edible, poisonous, ornamental plant]

다년생 초본으로 근경이나 종자로 번식한다. 전국적으로 분포하며 산골짜기의 그늘진 비탈에서 자란다. 줄기가 없으며 근경에서 뿌리와 잎이 나오고 잎몸은 길이 30~50㎝ 정도의 난상 타원형이다. 3~4월에 개화한다. 이른 봄에 잎보다 먼저 1개씩 나오는 화경은 길이 10~20㎝ 정도이고 육수꽃차례가 있으며 포는 길이 8~15㎝, 지름 5~10㎝ 정도로 연한 녹색에 자갈색의 반점이 있다. 둥글게 모여 달리는 열매는 여름철에 익는다. '애기앉은부채'와 다르게 잎이 원심형이며 꽃은 잎보다 먼저 피고 식물체 전체에서 암모니아 같은 냄새가 난다. 뿌리는 유독하지만 잎은 일부 산간 지방에서는 독을 제거한 후 묵나물로 먹기도 한다. 일반적으로는 독성이 강하여 먹지 않는다. 정원에 심어 관상용으로도 이용한다. 다음과 같은 증상이나 효과에 약으로 쓰인다. 앉은부채(14): 강심, 거담, 경련, 구토, 실면증, 위장염, 유두파열, 이뇨, 자한, 종창, 진경, 진정, 파상풍, 해수

애기앉은부채* ae-gi-an-eun-bu-chae

천남성과 Araceae
Symplocarpus nipponicus Makino

Ⓛⓝ 작은삿부채ⓝ, 애기안진부채, 애기우엉취 Ⓒⓝ or Ⓜⓝ (2): 일본취숭#(日本臭菘 Ri-Ben-Chou-Song), 취숭#(臭菘 Chou-Song)
[Character: monocotyledon. perennial herb. erect type. hygrophyte. wild, medicinal, poisonous, ornamental plant]

다년생 초본으로 근경이나 종자로 번식한다. 중북부지방에 분포하며 높은 산의 그늘진 습지에서 자란다. 봄에 짧은 근경에서 모여 나오는 잎은 잎자루가 길며 잎몸은 길이 10~20㎝, 너비 7~12㎝ 정도의 난상 타원형으로 가장자리가 밋밋하다. 7~8월에 잎이 진 다음 개화하고 그 다음해 여름에 성숙한다. 1~2개의 꽃차례는 지면 가까이에 달리며 검은 자갈색의 포로 싸여 있다. 잎이 난상 타원형이며 꽃이 잎보다 나중에 피는 점이 '애기앉은부채'와 구별된다. 독초이나 '일본취숭'이라 한다. 정원에 심어 관상용으로 이용한다. 애기앉은부채(10): 강심, 거담, 구토, 실면증, 이뇨, 종창, 진경, 진정, 파상풍, 해소

20060527 20060614 20120726 20030629 20120414 20100417 20120516 20120726 20040801 창포와 연꽃

창포* chang-po | 천남성과 Araceae *Acorus calamus* L.

LN 창포ⓝ, 장포, 향포, 왕창포 EN sweetflag, calamus, flagroot, sweet-myrtle, drug-sweetflag, sweet-rush, sweetcane, sweet-root, sweet-cane, sweet-flag CN or MN (20): 니창포(泥菖蒲 Ni-Chang-Pu), 백창포#(白菖蒲 Bai-Chang-Pu), 창포#(菖蒲 Chang-Pu), 향포(香蒲 Xiang-Pu)
[Character: monocotyledon. perennial herb. creeping and erect type. hygrophyte. cultivated, wild, medicinal, poisonous, ornamental plant]

다년생 초본으로 근경이나 종자로 번식한다. 전국적으로 분포하며 연못가나 강가의 물이 있는 곳에서 자란다. 근경은 굵고 옆으로 벋으며 마디에서 수염뿌리가 난다. 근경의 끝에서 모여 나는 선형의 잎은 길이 50~70㎝, 너비 1~2㎝ 정도이며 주맥이 있다. 6~7월에 개화한다. 잎같이 생긴 화경은 잎보다 약간 짧고 중앙부에 달리는 수상꽃차례는 연한 황색 꽃이 화대축면에 밀생하여 육수꽃차례처럼 된다. '석창포'와 다르게 잎은 주맥이 있고 너비 1~2㎝ 정도이며 포는 꽃차례보다 길다. 재배하여 관상용, 공업용으로 이용하며 방향성이 있어 전초를 목욕탕에서 사용하기도 한다. 독성이 있으나 다음과 같은 증상이나 효과에 약으로 쓰인다. 창포(47): 가성근시, 각기, 간작반, 감창, 개선, 개창, 거담, 건망증, 건위, 경련, 고미, 고혈압, 구충, 구토, 기관지염, 난청, 담, 산후하혈, 설사, 소아감적, 소아경풍, 소아피부병, 안태, 양위, 옹종, 우울증, 위축신, 음식체, 이완출혈, 일체안병, 장위카타르, 정신분열증, 제습, 제충제, 종창, 중이염, 진경, 진정, 진통, 치통, 치풍, 통풍, 풍비, 풍한, 해수, 혈담, 흉부냉증

석창포* seok-chang-po | 천남성과 Araceae *Acorus gramineus* Sol.

LN 석창포ⓝ, 석장포, 석향포, 창포, 애기석창포, 바위석창포, 애기석청포 EN japanese-sweet-flag, grassleaf-sweet-flag CN or MN (43): 검엽창포(劍葉菖蒲 Jian-Ye-Chang-Pu), 석상창포(石上菖蒲 Shi-Shang-Chang-Pu), 석창포#(石菖蒲 Shi-Chang-Pu), 창포#(菖蒲 Chang-Pu)
[Character: monocotyledon. perennial herb. creeping and erect type. hygrophyte. cultivated, wild, medicinal, poisonous, ornamental plant]

다년생 초본으로 근경이나 종자로 번식한다. 남부지방에 분포하며 골짜기의 물가에서 자란다. 근경은 옆으로 번으며 마디가 많고 밑부분에서 수염뿌리가 돋는다. 땅속줄기는 백색이지만 지상에 나오는 근경은 마디 사이가 짧고 녹색이다. 근경 끝에서 모여 나는 선형의 잎은 길이 20~40㎝, 너비 2~8㎜ 정도로 주맥이 없고 밋밋하다. 6~7월에 개화하며 수상꽃차례는 연한 황색 꽃이 화대축면에 밀생하여 길이 5~10㎝, 지름 3~5㎜ 정도의 육수꽃차례처럼 된다. 잎이 주맥이 없고 너비가 2~8㎜ 정도이며(중복) 포는 꽃차례와 길이가 같거나 약간 긴 점이 '창포'와 다르다. 식물 전체에서 좋은 향기가 있어 재배하여 '창포'와 같이 목욕물에도 사용한다. 독성이 있으나 조경식물로 이용하기도 한다. 다음과 같은 증상이나 효과에 약으로 쓰인다. 석창포(24): 개선, 거습, 건망증, 건위, 고미, 고창, 관절통, 구충, 복통, 안질, 옹저, 일체안병, 제습, 종창, 진정, 진통, 총이명목약, 치통, 타박상, 풍비, 피부병, 피부윤택, 화농성종양, 활혈

19880801

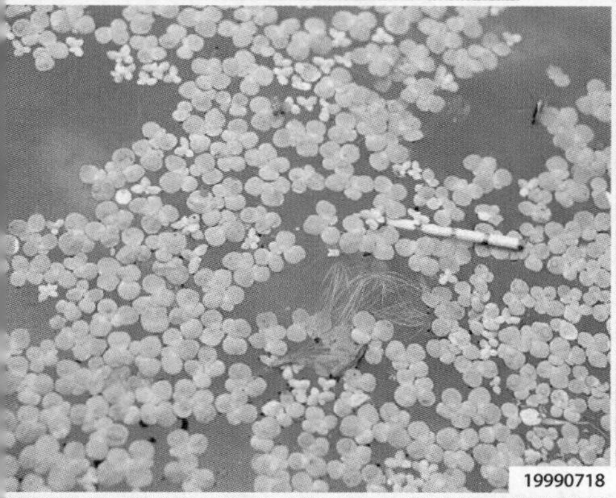

19990718  19890707

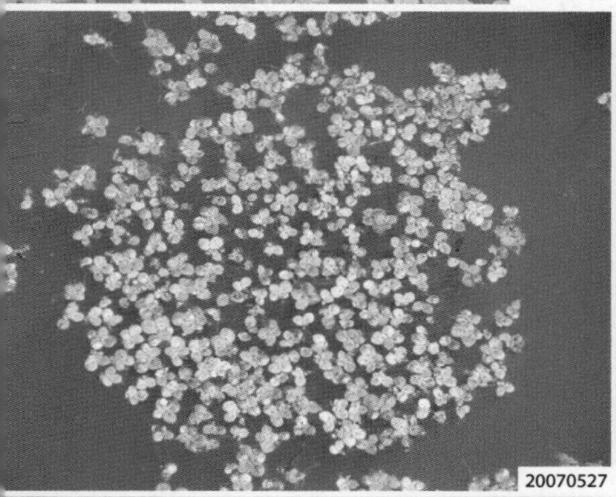

20070527  20070527

19930710  20110719 좀개구리밥

19920620 개구리밥과 좀개구리밥

개구리밥* gae-gu-ri-bap

개구리밥과 Lemnaceae
Spirodela polyrhiza (L.) Sch.

ⓁⓃ 머구리밥풀ⓝ, 부평초, 머구리밥 ⒺⓃ duckweed, duck's-meat, giant-duckweed, great-duckweed, common-ducksmeat, polyrhiza-duckweed ⒸⓃ or ⓂⓃ (19): 부평#(浮萍 Fu-Ping), 부평초(浮萍草 Fu-Ping-Cao), 수평초#(水萍草 Shui-Ping-Cao), 평(苹 Ping)
[Character: monocotyledon. perennial herb. floating hydrophyte. cultivated, wild, medicinal, ornamental plant]

다년생 초본으로 동아로 번식하는 부유식물이다. 전국적으로 분포하고 논이나 연못 같은 정체된 물위에 떠서 자란다. 모체에서 생긴 동아는 물 속 밑바닥에서 월동한 후 다음 해에 물위에 올라와 번식을 시작한다. 7~8월에 개화하며 5~11개의 뿌리가 나오는 곳에서 싹이 생겨 번식한다. 잎처럼 생긴 넓은 도란형의 식물체는 길이 4~8㎜, 너비 4~6㎜ 정도이며 뒷면은 자줏빛이 돌고 5~11개의 장상맥이 있다. 뿌리가 여러 개이고 잎 같은 식물체의 뒷면은 보통 자줏빛이 돌아 '좀개구리밥'과 구별된다. 논에서는 문제 잡초가 된다. 최근에는 재배하여 관상용으로 쓰이기도 한다. 다음과 같은 증상이나 효과에 약으로 쓰인다. 개구리밥(31): 강장, 난관난소염, 단독, 당뇨, 매독, 발한, 수종, 양모발약, 열광, 열독증, 열병, 열질, 염증, 이뇨, 임질, 종독, 종창, 중풍, 지갈, 창종, 청열, 통리수도, 편두통, 풍비, 풍치, 피부소양, 피부소양증, 해독, 해열, 허약체질, 화상

넓은잎개수염* neol-eun-ip-gae-su-yeom

곡정초과 Eriocaulaceae
Eriocaulon robustius (Maxim.) Makino

LN 넓은잎별수염풀ⓝ, 넓은잎곡정초, 넓은잎고위까람 EN robust-pipewort CN or MN (1): 관엽곡정초#(寬葉谷精草 Kuan-Ye-Gu-Jing-Cao)
[Character: monocotyledon. annual herb. erect type. hydrophyte. wild, medicinal, ornamental, green manure plant]

1년생 초본으로 종자로 번식한다. 전국적으로 분포하며 냇가나 연못가 및 논에서 자란다. 잎과 화경이 밑에서 모여 나고 선형의 잎몸은 길이 5~10㎝, 밑부분의 너비는 5~10㎜ 정도이며 7~17개의 맥이 있고 점차 좁아진다. 뿌리에서 많이 나오는 화경은 높이 4~25㎝ 정도로 다양하다. 8~9월에 개화하며 두상화는 지름 4~5㎜ 정도로 많은 꽃으로 구성되고 반구형이거나 도원추형으로 연한 갈색이다. 종자는 길이 0.8㎜ 정도의 긴 타원형이며 겉에 갈고리 같은 털이 있다. '큰개수염'과 달리 총포편이 두화보다 짧고 꽃받침 상부에 잔털이 드문드문 난다. '검은곡정초'와 다르게 잎은 9~17맥이고 폭이 넓으며 두상화는 연한 갈색이며 꽃이 많다. 논에서 문제잡초가 되며 퇴비나 관상식물로도 이용한다. 다음과 같은 증상이나 효과에 약으로 쓰인다. 넓은잎개수염(5): 안질, 창개, 치풍통, 해독, 후비염

덩굴닭의장풀* deong-gul-dak-ui-jang-pul

닭의장풀과 Commelinaceae
Streptolirion volubile Edgew.

Ⓛⓝ 덩굴닭개비ⓝ, 덩굴닭의밑씻개, 덩굴닭의밑씾개, 덩굴달개비, 명주풀 Ⓒⓝ or Ⓜⓝ (1): 순각채#(笋殼菜 Sun-Qiao-Cai)
[Character: monocotyledon. annual herb. vine. hygrophyte. wild, medicinal, edible, forage, green manure, ornamental plant]

1년생 초본으로 종자로 번식한다. 전국적으로 분포하며 산, 계곡의 습지에서 자란다. 덩굴성식물로 줄기의 길이가 1~3m 정도이고 가지가 갈라진다. 어긋나는 잎은 잎자루가 길고 밑부분이 잎집처럼 줄기를 감싸고 있다. 잎몸은 길이 4~8㎝, 너비 3~5㎝ 정도의 심장형으로 가장자리가 밋밋하며 표면에 털이 있다. 7~8월에 개화하며 꽃은 원줄기와 가지 끝에 2~3개씩 달리고 지름 5~6㎜ 정도로서 백색이다. 수술은 황색이고 수술대에 털이 있다. 삭과는 길이 6~10㎜ 정도의 타원형으로 3개의 능선이 있으며 털이 없고, 종자가 2~6개씩 들어 있으며 겉에 잔돌기가 있다. '닭의장풀속'과 달리 줄기가 덩굴성이고 수술 6개가 완전하다. 어린순과 연한 잎과 줄기를 삶아 나물이나 토장국으로 먹거나 데쳐서 다진 마늘, 참기름, 깨소금을 넣고 된장에 무쳐서 먹기도 한다. 관상용으로 심기도 한다. 사료나 퇴비로 사용하기도 한다. 다음과 같은 증상이나 효과에 약으로 쓰인다. 덩굴닭의장풀(7): 당뇨, 이뇨, 인후염, 종기, 창진, 청열, 해독

닭의장풀* dak-ui-jang-pul

닭의장풀과 Commelinaceae
Commelina communis L.

ⓁⓃ 닭개비ⓝ, 달개비, 닭기씻개비, 닭의밑씻개, 닭의꼬꼬, 닭의발씻개, 명주풀 ⒺⓃ dayflower, common-dayflower, asiatic-dayflower ⒸⓃ or ⓂⓃ (56): 계장초#(鷄腸草 Ji-Chang-Cao), 압설초(鴨舌草 Ya-She-Cao), 압척초#(鴨跖草 Ya-Zhi-Cao), 지지우(地地藕 Di-Di-Ou)

[Character: monocotyledon. annual herb. creeping and erect type. wild, medicinal, edible, forage, green manure plant]

1년생 초본으로 종자로 번식한다. 전국적으로 분포하며 풀밭이나 길가에서 자란다. 줄기는 길이 25~50㎝ 정도로 밑부분이 옆으로 비스듬히 자라고 밑부분의 마디에서 뿌리가 내리며 가지가 많이 갈라진다. 어긋나는 잎의 잎몸은 길이 3~6㎝, 너비 1~3㎝ 정도의 난상 피침형으로 밑부분이 막질의 잎집으로 되어 있다. 7~8월에 개화한다. 잎겨드랑이에서 나오는 화경의 끝에 포로 싸인 꽃은 청색 또는 하늘색이며 가끔 흰색도 있다. 3장의 꽃잎 중에서 위쪽의 2장은 크고 둥글며 아래쪽의 1장은 작고 흰색이다. 삭과는 타원형으로 육질이지만 마르면 3개로 갈라져서 종자가 나온다. '사마귀풀속'과 달리 꽃이 총포로 싸이며 꽃잎은 외측의 2개가 크고 수술대에 털이 없다. '좀닭의장풀'과 다르게 잎은 너비 1~3㎝ 정도이고 털이 없거나 약간 있다. 집주위에서 자라고 여름 밭에서 문제잡초가 된다. 봄과 여름에 연한 잎과 줄기를 삶아 나물로 먹거나 토장국으로 먹거나 전초를 말려서 차로 마신다. 사료로도 이용한다. 다음과 같은 증상이나 효과에 약으로 쓰인다. 닭의장풀(27): 간염, 감기, 거어, 결막염, 곽란, 당뇨, 옹종, 이질, 인후통증, 적면증, 조갈증, 종기, 종독, 지혈, 청열, 치열, 타박상, 토혈, 통리수도, 폐기천식, 해독, 혈뇨, 협심증, 토혈각혈, 혈뇨, 혈변, 황달

사마귀풀* sa-ma-gwi-pul

닭의장풀과 Commelinaceae
Aneilema keisak Hassk.

Ⓚ 사마귀약풀ⓝ, 애기닭의밑씿개, 애기닭의밑씻개, 애기달개비 Ⓔ marsh-dayflower, spiderwort, asian-dayflower, asian-spiderwort Ⓒ or Ⓜ (6): 수죽채#(水竹菜 Shui-Zhu-Cai), 수죽초(水竹草 Shui-Zhu-Cao), 우초(疣草 You-Cao)
[Character: monocotyledon. annual herb. creeping and erect type. hydrophyte. wild, medicinal, forage, green manure plant]

1년생 초본으로 종자로 번식한다. 전국적으로 분포하며 강가나 늪, 논에서 자란다. 줄기는 밑부분이 비스듬히 기면서 자라 길이 20~40㎝ 정도이며 가지가 많이 갈라지고 밑부분의 마디가 땅에 닿으면 뿌리가 내린다. 어긋나는 잎은 길이 3~6㎝, 너비 4~8㎜ 정도로서 좁은 피침형이며 밑부분이 길이 1㎝ 정도의 잎집으로 되며 잎집 전체에 털이 있다. 8~9월에 개화한다. 잎겨드랑이에서 나오는 화경 끝에 1개씩의 연한 홍자색의 꽃이 피고 꽃받침과 꽃잎은 3장씩이며 드물게 흰 꽃이 피는 것도 있다. 삭과는 길이 8~10㎜ 정도의 타원형으로 5~6개의 종자가 들어 있으며 과경은 길이 15~30㎜ 정도로서 밑으로 굽는다. '닭의장풀속'과 달리 꽃은 잎겨드랑이에서 나오는 가지 끝에 1개씩 나고 총포가 없으며 꽃잎이 동형이고 수술대 기부에 털이 있다. 논에서 문제잡초이나 사료나 퇴비로 쓰이기도 한다. 다음과 같은 증상이나 효과에 약으로 쓰인다. 사마귀풀(14): 간염, 경혈, 고혈압, 소종, 옹종, 위열, 이뇨, 인후통증, 종기, 청열, 해독, 해수, 해열, A형간염

물옥잠* mul-ok-jam

물옥잠과 Pontederiaceae
Monochoria korsakowii Regel et Maack

LN 물옥잠ⓝ, 우구화, 우구 EN korsakow-monochoria, pickerel-weed CN or MN (7): 곡초(蔛草 Hu-Cao), 우구#(雨韭 Yu-Jiu), 우구초#(雨久草 Yu-Jiu-Cao), 우구화#(雨久花 Yu-Jiu-Hua)
[Character: monocotyledon. annual herb. erect type. hydrophyte. wild, medicinal, edible, forage, green manure, ornamental plant]

1년생 초본으로 종자로 번식한다. 전국적으로 분포하며 냇가나 연못가 및 논에서 자라는 수생식물이다. 높이 25~50㎝ 정도이고 몇 개의 가지가 있다. 어긋나는 잎의 잎자루는 밑부분에서는 길고 올라갈수록 짧아지며 밑부분이 넓어져서 원줄기를 감싼다. 잎몸은 길이와 너비가 각각 5~10㎝ 정도인 심장형으로 가장자리가 밋밋하며 끝이 뾰족하다. 8~9월에 개화한다. 화경이 잎보다 높이 올라오고 꽃차례는 길이 10~15㎝ 정도로 소화경이 있다. 꽃은 지름 2~3㎝ 정도로 청자색이다. 삭과는 길이 10㎜ 정도의 난상 긴 타원형으로 끝에 암술대가 남아 있으며 속에 많은 종자가 들어 있다. '물달개비'와 다르게 약간 대형으로 잎은 심장형이고 꽃차례에 꽃이 많으며 화경이 길고 꽃이 보다 크다. 논에서 문제잡초이나 관상용으로 이용하거나 사료나 퇴비로 쓰이기도 한다. 전초를 '우구초'라 하고 다음과 같은 증상이나 효과에 약으로 쓰인다. 물옥잠(9): 거습, 단독, 종독, 청열, 치질, 폐기천식, 해독, 해수, 해열

물달개비* mul-dal-gae-bi

물옥잠과 Pontederiaceae
Monochoria vaginalis var. *plantaginea* (Roxb.) Solms

LN 물닭개비ⓝ EN pickerelweed, monochoria, sheathed-monochoria CN or MN (6): 곡채#(斛菜 Hu-Cai), 압설초#(鴨舌草 Ya-She-Cao), 압자채#(鴨仔菜 Ya-Zi-Cai)
[Character: monocotyledon. annual herb. erect type. hydrophyte. wild, medicinal, edible, forage, green manure, ornamental plant]

1년생 초본으로 종자로 번식한다. 전국적으로 분포하며 냇가와 연못가 및 논에서 자라는 수생식물이다. 5~6개의 줄기가 모여 나오고 길이 10~20㎝ 정도이며 1개의 잎이 달린다. 근생엽의 잎자루는 길이 10~20㎝ 정도이지만 원줄기의 것은 3~7㎝ 정도이다. 잎몸은 길이 3~7㎝, 너비 1.5~4㎝ 정도의 삼각상 난형이고 물속에 잠긴 잎은 잎몸이 넓은 피침형이다. 8~9월에 개화한다. 화경은 잎보다 짧아서 군락상태에서는 꽃이 보이지 않는데 꽃은 청자색이다. 삭과는 길이 10㎜ 정도의 타원형으로 밑으로 처진 과경에 달리고 길이 1㎜ 정도의 종자가 많이 들어 있다. '물옥잠'과 다르게 잎은 넓은 피침형 내지 난상 심장형이며 너비 1.5~4㎝ 정도이고 꽃차례는 잎보다 짧으며 꽃의 수가 적다. 논에서 문제가 되는 수생잡초이다. 관상용으로 이용하거나 사료나 퇴비로 쓰이기도 한다. 식용하기도 한다. 다음과 같은 증상이나 효과에 약으로 쓰인다. 물달개비(15): 각혈, 경혈, 기관지염, 단독, 소종, 이뇨, 이질, 일체안병, 장염, 종독, 청간, 청열, 치주염, 해독, 혈뇨

골풀* gol-pul

골풀과 Juncaceae
Juncus effusus var. *decipiens* Buchenau

LN 골풀ⓝ, 등심초, 골, 인초, 조리풀 EN common-rush, soft-rush, mat-rush, lamp-rush, japanese-mat-rush CN or MN (22): 등심초#(燈心草Deng-Xin-Cao), 인초(藺草 Lin-Cao), 호주초(虎酒草,Hu-Jiu-Cao)

[Character: monocotyledon. perennial herb. creeping and erect type. hygrophyte. wild, medicinal, forage, ornamental, green manure plant]

다년생 초본으로 근경이나 종자로 번식한다. 전국적으로 분포하며 풀밭의 습지나 강가 및 논둑에서 자란다. 옆으로 벋는 근경은 마디사이가 짧아 줄기가 모여난다. 높이 40~100㎝ 정도의 줄기는 원주형이며 희미한 종선이 있고 줄기속이 뼈처럼 하얗고 스폰지 모양으로 탄력이 있다. 잎은 원줄기 밑부분에 달리고 비늘 같다. 6~7월에 개화하며 꽃차례는 줄기의 끝부분에서 측면으로 달린다. 포는 원줄기와 연속해서 길이 10~20㎝ 정도 자라므로 줄기의 끝부분처럼 보인다. 삭과는 길이 2~3㎜ 정도의 난형 또는 도란형으로 갈색이 돌고 종자는 길이 0.5㎜ 정도이다. 줄기는 생육지에 따라 변이가 심하여 여러 가지로 세분되기도 한다. 줄기를 말려서 돗자리를 만든다. 사료와 퇴비나 관상식물로 이용하기도 한다. 다음과 같은 증상이나 효과에 약으로 쓰인다. 골풀(17): 강화, 경련, 금창, 비뇨기염증, 소아감적, 소아경련, 소아경풍, 외상, 이뇨, 지혈, 진경, 진통, 청심, 통림, 편도선염, 해열, 황달

여로* yeo-ro

백합과 Liliaceae
Veratrum maackii var. *japonicum* (Baker) T. Schmizu

LN 여로ⓝ EN hellebore CN or MN (32): 감총(憨葱 Han-Cong), 여로#(藜蘆 Li-Lu), 총백여로(葱白藜蘆 Cong-Bai-Li-Lu), 혜규(惠葵 Hui-Kui)
[Character: monocotyledon. perennial herb. erect type. wild, medicinal, poisonous, ornamental plant]

다년생 초본으로 근경이나 종자로 번식한다. 전국적으로 분포하며 산지의 나무 밑에서 자란다. 짧은 근경은 비스듬히 땅속으로 들어가고 화경은 높이 60~120㎝ 정도로서 돌기 같은 털이 있다. 어긋나는 밑부분의 잎은 길이 15~30㎝, 너비 2~4㎝ 정도로서 좁은 피침형이다. 7~8월에 개화하며 화경의 상부에 갈라진 가지마다 드문드문 달리는 꽃은 밑부분에 수꽃, 윗부분에 양성화가 달리며 짙은 자줏빛이 도는 갈색이다. 삭과는 길이 12~15㎜ 정도로 3줄이 있고 끝에 암술대가 수평으로 달린다. '긴잎여로'와 다르게 소화경은 길이 8~12㎜ 정도이고 잎은 너비 3~5㎝ 정도이며 화피는 짙은 자줏빛이 도는 갈색이다. 관상용으로 심기도 하지만 독성이 있다. 독초이므로 잎이 새로 날 때는 마치 '산마늘', '참나리', '둥굴레'와 비슷해 보이므로 주의해야 한다. 다음과 같은 증상이나 효과에 약으로 쓰인다. 여로(12): 감기, 강심, 개선, 고혈압, 두통, 사독, 살충, 악창, 어중독, 임질, 중풍, 황달

박새* bak-sae | 백합과 Liliaceae *Veratrum oxysepalum* Turcz.

Ⓛ 박새풀ⓝ, 뭇박새, 넓은잎박새, 꽃박새 Ⓒ or Ⓜ (20): 녹총#(鹿葱 Lu-Cong), 동운초(東雲草 Dong-Yun-Cao), 여로#(藜蘆 Li-Lu), 총염#(葱苒 Cong-Ran), 한총(汗葱 Han-Cong)
[Character: monocotyledon. perennial herb. erect type. hygrophyte. wild, medicinal, poisonous, ornamental plant]

다년생 초본으로 근경이나 종자로 번식한다. 전국적으로 분포하고 산지의 습지에서 군락으로 자란다. 근경은 굵고 짧으며 밑에서 긴 수염뿌리가 사방으로 퍼진다. 곧추서는 원줄기는 100~150㎝ 정도로 자라고 원주형이며 속이 비어 있다. 어긋나는 잎은 길이 20~30㎝ 정도로 광타원형이고 세로로 주름이 지며 잎집은 원줄기를 감싼다. 꽃은 연한 황백색으로 7~8월에 피고 원줄기 끝에 달리는 원추꽃차례에 밀생하며 털이 많고 지름 20~25㎜ 정도이다. 삭과는 길이 2㎝ 정도의 난상 타원형으로 윗부분이 3개로 갈라진다. '관모박새'와 다르게 키가 120㎝ 정도이고 꽃차례분지각은 30° 정도이다. 소화경은 길이 5㎜ 정도이고 화피는 주걱형이다. 관상식물로 이용하기도 한다. '산마늘'과 착각하기 쉽고 독이 강해 먹으면 안 된다. 다음과 같은 증상이나 효과에 약으로 쓰인다. 박새(29): 간질, 감기, 강심, 강심제, 개선, 거담, 건선, 고혈압, 골수암, 곽란, 구역질, 구토, 담옹, 사독, 살충, 식해어체, 어중독, 월경이상, 유즙결핍, 임질, 중풍, 최토, 축농증, 치통, 통유, 풍비, 하리, 혈뇨, 황달

일월비비추* il-wol-bi-bi-chu

백합과 Liliaceae
Hosta capitata (Koidz.) Nakai

LN 산지보, 방울비비추, 비녀비비추 CN or MN (1): 옥잠화#(玉簪花 Yu-Can-Hua)
[Character: monocotyledon. perennial herb. erect type. hygrophyte. wild, medicinal, ornamental plant]

다년생 초본으로 근경이나 종자로 번식한다. 산속의 물가나 습지에서 자란다. 근경에서 모여 나는 잎 사이에서 나오는 화경은 높이 40~60㎝ 정도이다. 잎자루는 길며 밑부분에 자주색 점이 있다. 잎몸은 길이 10~15㎝, 너비 5~7㎝ 정도의 넓은 난형이고 심장저이며 가장자리가 파상이다. 8~9월에 개화하며 포는 길이 2㎝ 정도의 타원형이고 꽃은 자줏빛이 돌며 꽃차례에 여러 개가 머리 모양으로 배게 달린다. 삭과는 길이 2~3㎝ 정도로 털이 없으며 종자는 길이 9㎝ 정도의 긴 타원형으로 편평하고 흑색의 날개가 있다. 화경의 속이 차 있고 꽃은 두상으로 모여 나며 포는 백색으로 자색을 띤다. 관상식물로 심기도 한다. 다음과 같은 증상이나 효과에 약으로 쓰인다. 일월비비추(4): 소변불통, 인후종통, 창독, 화상

옥잠화* ok-jam-hwa

백합과 Liliaceae
Hosta plantaginea (Lam.) Aschers.

LN 옥잠화ⓝ, 비녀옥잠화, 둥근옥잠화 EN august-lily, fragrant-plantain-lily, large-white-plantain-lily, fragrant-plantainlily CN or MN (8): 백옥잠(白玉簪 Bai-Yu-Can), 옥잠#(玉簪 Yu-Can), 옥잠화#(玉簪花 Yu-Can-Hua)
[Character: monocotyledon. perennial herb. erect type. wild, medicinal, edible, ornamental plant]

다년생 초본으로 근경이나 종자로 번식하며 많은 품종이 있어 잎의 모양이 다른 경우가 많다. 중국원산으로 관상식물로 심고 있으며 노지에서 월동한다. 근경에서 모여 나는 잎 사이에서 나오는 화경은 높이 40~60㎝ 정도이다. 잎자루가 길고 녹색의 잎몸은 길이 15~20㎝, 너비 10~15㎝ 정도의 타원형으로 끝이 뾰족하고 심장저이며 가장자리가 파상으로 8~9쌍의 맥이 있다. 7~8월에 개화하며 화경에 1~4개의 포가 달리고 끝에 모여나 달리는 꽃은 길이 10~14㎝ 정도이고 흰색이다. 삭과는 길이 6~7㎝, 지름 7~8㎜ 정도의 삼각상 원주형으로 밑으로 처지며, 종자는 가장자리에 날개가 있다. 어린순은 나물, 찌개, 국거리로 이용하거나 데쳐서 쌈을 싸 먹거나 무쳐 먹기도 한다. 정원 조경용이나 밀원식물로 많이 심는다. 다음과 같은 증상이나 효과에 약으로 쓰인다. 옥잠화(12): 소변불통, 옹저, 유옹, 윤폐, 인후통증, 임파선염, 지혈, 창독, 토혈각혈, 통리수도, 해독, 화상

비비추* bi-bi-chu

백합과 Liliaceae
Hosta longipes (Franch. et Sav.) Matsum.

LN 바위비비추ⓝ EN purple-bracted-plantain-lily plantain-lily CN or MN (6): 옥잠화#(玉簪花 Yu-Can-Hua), 자옥잠화#(紫玉簪花 Zi-Yu-Can-Hua), 장병옥잠(長柄玉簪 Chang-Bing-Yu-Can)
[Character: monocotyledon. perennial herb. erect type. hygrophyte. wild, medicinal, edible, ornamental plant]

다년생 초본으로 근경이나 종자로 번식한다. 산골짜기의 습지에서 자란다. 모여 나는 잎 사이에서 나오는 화경은 높이 30~60㎝ 정도이다. 잎자루가 있고 잎몸은 길이 10~13㎝, 너비 8~9㎝ 정도의 타원상 난형으로 8~9개의 맥이 있고 가장자리가 밋밋하지만 약간 우글쭈글하다. 7~8월에 개화하며 화경 끝에 한쪽으로 치우쳐서 총상으로 달리는 꽃은 길이 4㎝ 정도의 깔때기 모양이고 연한 자주색이다. 삭과는 비스듬히 서며 긴 타원형이다. 잎의 너비가 7~10㎝ 정도이고 엽맥이 7~9쌍이며 포가 꽃이 진 다음에 시드는 점이 '큰비비추'와 다르다. 봄에 어린순을 삶아 나물로 먹거나 된장국을 끓여 먹고 말려서 묵나물로 이용한다. 관상용이나 밀원용으로 심기도 한다. 다음과 같은 증상이나 효과에 약으로 쓰인다. 비비추(12): 소변불통, 옹종, 인후종통, 인후통증, 임파선염, 종독, 진통, 창독, 치통, 타박상, 화상, 활혈

원추리 20000921

원추리 20090622 원추리 20140401

왕원추리 20070802

겹왕원추리 20160709 원추리 201540316

골잎원추리 20030702

골잎원추리 19890528 홍도원추리 20100721

홍도원추리 19950928

노랑원추리 20160620 큰원추리19970723

원추리* won-chu-ri | 백합과 Liliaceae *Hemerocallis spp.*

LN 원추리ⓝ, 넘나물, 들원추리, 큰겹원추리, 겹첩넘나물, 홑왕원추리 EN day-lily, orange-day-lily, tawny-day-lily, fulvous-day-lily, tawny-daylily CN or MN (14): 금침채(金針菜 Jin-Zhen-Cai), 녹총(鹿葱 Lu-Cong), 망우초(忘憂草 Wang-You-Cao), 훤초#(萱草 Xuan-Cao)
[Character: monocotyledon. perennial herb. erect type. cultivated, wild, medicinal, edible, ornamental plant]

다년생 초본으로 근경이나 종자로 번식한다. 전국적으로 분포하며 산야의 풀밭에서 자란다. 괴경이 방추형으로 굵어지고 화경은 높이 80~100㎝ 정도로 자란다. 선형의 잎은 길이 60~80㎝, 너비 12~25㎜ 정도로 밑부분에서 마주나 서로 감싸고 끝이 뒤로 처지며 흰빛이 도는 녹색이다. 6~7월에 개화한다. 전체가 장대하고 길이 10~13㎝ 정도의 꽃이 총상으로 달리며, 원추리류는 문헌마다 우리명과 학명을 다르게 표기하고 있으나 약과 먹거리로 쓰임새는 같다. 국가표준식물목록에 원예품종을 포함하여 133개가 수록되어 있어 통일명이 마련되면 개정판에 수록하고자 한다. 봄에 새순을 삶아 나물로 먹거나 데친 뒤 초고추장에 무쳐 먹기도 한다. 장아찌를 담가 먹거나 튀김, 밥, 녹즙 등을 해 먹기도 하며 꽃잎을 말려 '금침채'라고 부르며 식용한다. 밀원용이나 관상용으로 심기도 한다. 다음과 같은 증상이나 효과에 약으로 쓰인다. 원추리(25): 간질, 강장, 강장보호, 번열, 소아번열증, 소영, 안오장, 양혈, 월경이상, 위장염, 유선염, 유옹, 유즙결핍, 유창통, 이뇨, 자궁외임신, 자양강장, 지혈, 총이명목약, 혈각혈, 치림, 통리수도, 해독, 혈변, 황달

산마늘* san-ma-neul | 백합과 Liliaceae *Allium microdictyon* Prokh.

LN 서수레ⓝ, 맹이풀, 산마눌, 망부추, 멍이, 멩 EN alpine-leek CN or MN (5): 각총#(茖葱 Ge-Cong), 산총#(山葱 Shan-Cong)
[Character: monocotyledon. perennial herb. erect type. cultivated, wild, medicinal, edible, ornamental plant]

다년생 초본으로 인경이나 종자로 번식한다. 중북부지방에 분포하며 산지의 나무 밑에서 자란다. 인경은 길이 3~6㎝ 정도로 피침형으로 갈색이 돌고 화경은 높이 40~80㎝ 정도이며 둥글다. 2~3개씩 달리는 잎은 길이 20~30㎝, 너비 3~10㎝ 정도의 타원형 또는 좁은 타원형으로 가장자리가 밋밋하고 약간 흰빛을 띤 녹색이다. 잎자루 밑부분은 잎집으로 되어 서로 감싸고 윗부분에 흑자색 점이 있다. 5~6월에 개화한다. 화경 끝의 산형꽃차례에 달리는 많은 꽃은 황록색이다. 삭과는 3개의 심피로 된 도심장형이고 끝이 오그라들며 종자는 흑색이다. 명이, 멩 또는 서수레라고 하며 봄에 연한 잎을 생으로 초장과 함께 무쳐 나물로 먹거나 된장에 장아찌를 담가 먹기도 한다. 관상식물로 심기도 한다. 다음과 같은 증상이나 효과에 약으로 쓰인다. 산마늘(18): 강심, 강장, 강장보호, 건위, 곽란, 구충, 소화불량, 심복통, 옹종, 자양, 제습, 진정, 진통, 창독, 포징, 풍, 해독, 해수

19900830

20120830  20050820

20001008

19920328  19930406

20020415

19880730  19950630

19871010

부추* bu-chu | 백합과 Liliaceae *Allium tuberosum* Rottler ex Spreng.

LN 부추ⓝ, 정구지, 솔 EN chinese-chives, oriental-garlic, tuber-onion CN or MN 부추(20): 구#(韭 Jiu), 구근#(韭根 Jiu-Gen), 구채#(韭菜 Jiu-Cai), 비(菲 Fei), 편채자(扁菜子 Bian-Cai-Cao)
[Character: monocotyledon. perennial herb. erect type. cultivated, wild, medicinal, edible plant]

다년생 초본으로 인경이나 종자로 번식한다. 전국적으로 흔히 재배한다. 인경은 밑부분에 짧은 근경이 달리고 화경은 길이 20~40㎝ 정도에 이른다. 선형의 잎은 연약하다. 6~7월에 개화한다. 화경 끝에 산형꽃차례가 달리며 꽃은 흰색이다. 삭과는 도심장형이며 3개로 개열되어 6개의 흑색 종자가 나온다. 전초에서 매운 냄새가 나며 연한 잎을 나물로 한다. 다음과 같은 증상이나 효과에 약으로 쓰인다. 부추(44): 간경변증, 강장보호, 강정제, 건뇌, 건위, 경련, 관격, 구토, 금창, 몽정, 소갈, 산혈, 신장염, 야뇨증, 양위, 온중, 요결석, 요도염, 요슬산통, 월경이상, 유정증, 음위, 자양강장, 정장, 조루증, 중풍, 지혈, 진통, 췌장염, 치핵, 칠독, 탈항, 토혈, 통리수도, 폐기천식, 하리, 해독, 해수, 혈뇨, 홍역, 화상, 후종, 흉비, 흉분제

20000614 19910608 19910512 20000706 19930406 20120407 20120413 20170606 20051013 재배포장 20121229 은달래 20120419 자연산달래 20120419 흙달래

산달래* san-dal-rae | 백합과 Liliaceae *Allium macrostemon* Bunge

LN 달래ⓝ, 돌달래, 원산부추, 큰달래, 달룽게, 들달래, 은달래, 흙달래, 밭달래 EN longstamen-onion, chinese-garlic CN or MN (29): 산#(蒜 Suan), 산산#(山蒜 Shan-Suan), 산해(山薤 Shan-Xie), 소근산#(小根蒜 Xiao-Gen-Suan), 해백#(薤白 Xie-Bai)
[Character: monocotyledon. perennial herb. erect type. cultivated, wild, medicinal, edible plant]

다년생 초본으로 인경이나 주아로 번식한다. 산야의 풀밭에서 자란다. 인경은 지름 10~15㎜ 정도로 넓은 난형이고 백색 막질로 덮여 있으며 화경은 높이 40~80㎝ 정도로 밑부분에 2~3개의 잎이 달리고 잎은 흰빛이 도는 연한 녹색이다. 잎 밑부분은 잎집으로 되어 화경을 둘러싸며 윗부분은 단면이 삼각형이고 표면에 얕은 홈이 생기며 지름 2~3㎜ 정도이고 밋밋하다. 5~6월에 개화하며 화경의 끝에 산형꽃차례가 달리고 많은 꽃이 두상을 이루며 소화경은 길이가 7~15㎜ 정도이다. 꽃의 일부 또는 전부가 대가 없는 작은 주아로 변하기도 한다. '달래'와 달리 대형이고 잎은 화경보다 짧으며 단면은 반월중공이고 꽃차례에 꽃과 살눈이 많이 달린다. 봄에 채취해 잔뿌리를 제거하여 생으로 무쳐 먹기도 하고 데쳐서 무치거나 양념, 튀김, 날것을 된장에 찍어 먹는다. 재배하여 팔고 있는 '달래'는 식물학적으로 '산달래'이다. 다음과 같은 증상이나 효과에 약으로 쓰인다. 산달래(19): 강장보호, 강정제, 건뇌, 건위, 결기, 골절통, 곽란, 만성피로, 보익, 부종, 이뇨, 인후통증, 정장, 정혈, 지한, 진통, 학질, 해독, 화상

20001019 20050925표 19881017 20111120 29120331 20120420 20100417 19910416 20120420 20100424 20020505

산부추* san-bu-chu

백합과 Liliaceae
Allium thunbergii G. Don

LN 산부추ⓝ, 맹산부추, 큰산부추, 참산부추, 왕정구지, 산달래 EN thunberg-onion CN or MN (7): 구채자(韭菜子 Jiu-Cai-Zi), 산구#(山韭 Shan-Jiu), 해#(薤 Xie), 해백#(薤白 Xie-Bai)
[Character: monocotyledon. perennial herb. erect type. wild, medicinal, edible plant]

다년생 초본으로 인경이나 종자로 번식한다. 전국적으로 분포하며 산이나 들에서 자란다. 인경은 길이 2㎝ 정도의 난상 피침형으로 마른 잎집으로 쌓여 있고 외피는 약간 두꺼우며 갈색이 돈다. 단면이 삼각형인 잎은 지름 2~5㎜ 정도로 2~3개가 비스듬히 위로 퍼지고 흰빛이 도는 녹색이며 생육 중에는 갈색을 띠는 분백색이기도 하다. 8~9월에 개화하며 화경은 길이 30~60㎝ 정도이고 끝에 산형꽃차례로 홍자색의 꽃이 많이 달린다. '한라부추'와 다르게 소화경의 길이는 10~15㎜ 정도이다. 봄에 잎이 연할 때 생으로 초장에 먹거나 삶아서 나물로 먹는다. 또는 장아찌를 만들어 먹기도 하며 겉절이 또는 된장찌개에도 넣는다. 어릴 때에는 인경과 연한 부분을 식용하며 공업용으로 이용하기도 한다. 다음과 같은 증상이나 효과에 약으로 쓰인다. 산부추(22): 강심제, 강장, 강장보호, 건뇌, 건위, 곽란, 구충, 기부족, 소화, 야뇨증, 양위, 온풍, 요슬산통, 유정증, 이뇨, 제습, 진정, 진통, 충독, 풍습, 해독, 홍분제

20001019

20110921

20050915 20050410

20120921  20010422

20100408

20100507  20070607

두메부추* du-me-bu-chu

백합과 Liliaceae
Allium senescens L. var. *senescens*

LN 두메부추ⓝ, 설령파, 두메달래, 메부추, 딱두메부추 EN german-garlic, aging-onion
CN or MN (1): 산구#(山韭 Shan-Jiu)
[Character: monocotyledon. perennial herb. erect type. cultivated, wild, medicinal, edible plant]

다년생 초본으로 인경이나 종자로 번식한다. 울릉도와 중부지방의 바닷가나 북부지방에 분포한다. 인경은 길이 3㎝ 정도의 난상 타원형이고 외피가 얇은 막질로 섬유가 없으며, 화경은 높이 15~30㎝ 정도이다. 인경에서 많이 나오는 잎은 길이 20~30㎝, 너비 3~9㎜ 정도의 선형으로 두터운 부추잎과 비슷하다. 8~9월에 개화한다. 높이 20~35㎝ 정도의 화경 끝에 피는 둥근 산형꽃차례에 달리는 꽃은 연한 적자색이다. 근경이 있고 화경상부에 다소 날개가 있으며 단면은 타원형이고 자방단면은 3능형이다. '참산부추'와 다르게 꽃줄기는 편평하고 날개가 있으며 수술대 밑에 톱니가 없다. 공업용으로 쓰인다. 재배하여 연한 잎을 생으로 초장에 넣어 먹거나 뿌리와 잎을 데쳐서 나물로 먹는다. 다음과 같은 증상이나 효과에 약으로 쓰인다. 두메부추(16): 강심, 강장, 건뇌, 건위, 곽란, 구충, 소염, 소화, 이뇨, 익신, 진정, 진통, 충독, 풍습, 해독, 항균

한라부추* han-ra-bu-chu

백합과 Liliaceae
Allium taquetii H. Lév. et Vaniot var. *taquetii*

LN 섬산파, 흰한라부추 CN or MN (1): 구자#(韭子 Jiu-Zi)
[Character: monocotyledon. perennial herb. erect type. wild, medicinal, edible plant]

다년생 초본으로 인경이나 종자로 번식한다. 화경은 높이 20~30㎝ 정도이며 한라산, 지리산 및 가야산의 능선을 따라 바위틈에서 자란다. 인경은 긴 난형이며 여러 개가 한군데에서 모여 나고 겉은 엉킨 섬유로 덮여 있다. 잎은 부추잎 같으며 3~4개가 달리고 길이는 15~30㎝ 정도이며 화경보다 짧다. 꽃은 8~9월에 피며 화경 끝에 5~30개의 꽃이 산형으로 달리고 적자색이다. 삭과는 둥글고 종자는 흑색이다. '산부추'와 다르게 소화경은 길이 5~9㎜ 정도이다. 공업용으로 이용하며, 인경과 더불어 전초를 식용하기도 하며 연한 잎을 생으로 초장에 넣어 먹거나 뿌리와 잎을 데쳐서 나물로 먹는다. 다음과 같은 증상이나 효과에 약으로 쓰인다. 한라부추(17): 강심, 강장, 건뇌, 건위, 곽란, 구충, 소염, 소화, 식용, 이뇨, 익신, 진정, 진통, 충독, 풍습, 항균, 해독

20120412

20120412 20120412

20040418 20120407 20120407

20120412 20120412 20120412 20040418

달래* dal-rae | 백합과 Liliaceae *Allium monanthum* Maxim.

Ⓛ 애기달래ⓝ, 들달래, 쇠달래, 산달래 Ⓔ uniflower-onion Ⓒ or Ⓜ (10): 산(蒜 Suan), 소산#(小蒜 Xiao-Suan), 해백(薤白 Xie-Bai)
[Character: monocotyledon. perennial herb. erect type. wild, medicinal, edible plant]

다년생 초본으로 인경이나 무성아로 번식한다. 전국적으로 분포하며 산지나 들의 풀밭에서 자란다. 인경은 길이 5~10㎜ 정도의 넓은 난형이고 화경은 높이 5~12㎝ 정도이다. 화경보다 긴 잎은 길이 10~20㎝, 너비 3~8㎜ 정도의 선형이고 단면이 초승달 모양이며 9~13개의 맥이 있다. 4~5월에 개화하며 화경 끝에 1~2개가 달리는 꽃은 백색이거나 붉은빛이 돈다. 열매는 삭과로서 둥글다. 봄에 연한 잎을 생으로 무쳐 먹거나 된장국이나 생선 조림에 넣어 먹는다. 달래무침, 달래장아찌, 달래전 등을 먹기도 한다. 다음과 같은 증상이나 효과에 약으로 쓰인다. 달래(16): 개선, 몽정, 비암, 살충, 설사, 소곡, 신장염, 온중, 요삽, 종독, 진통, 폐렴, 하기, 하리, 해독, 후종

20060630

20120921 20070703

20050429 20050520 20070703

20070627 20070703 19950712 19990725

하늘말나리* ha-neul-mal-na-ri

백합과 Liliaceae
Lilium tsingtauense Gilg

LN 하늘말나리ⓝ, 우산말나리 EN tsingtao-lily CN or MN (5): 동북백합#(東北百合 Dong-Bei-Bai-He), 소근백합(小芹百合 Xiao-Qin-Bai-He), 야백합(野百合 Ye-Bai-He)
[Character: monocotyledon. perennial herb. erect type. wild, medicinal, edible, ornamental plant]

다년생 초본으로 인경이나 종자로 번식한다. 전국적으로 분포하며 산지에서 자란다. 인경은 지름 2~3㎝ 정도이며 구상 난형이고 줄기는 높이 60~120㎝ 정도이다. 밑부분에는 크게 돌려나는 잎이 6~12개씩 달리고 윗부분에는 작게 어긋나는 잎이 달리며 위로 올라갈수록 작아진다. 7~8월에 개화하며 지름 4㎝ 정도의 꽃은 1~3개가 위를 향해 달리고 황적색 바탕에 자주색 반점이 밀포하며 약간 뒤로 굽는다. 삭과는 길이 22㎜, 지름 20~25㎜ 정도의 도란상 원주형으로 3개로 갈라진다. '말나리'와 다르게 꽃은 하늘을 향하고 꽃잎에 자주색 반점이 있다. 어린순과 인경을 식용하고, 봄에 어린순을 삶아 나물로 먹거나 다른 산나물과 같이 데쳐서 무치거나 조린다. 관상용으로 심기도 한다. 다음과 같은 증상이나 효과에 약으로 쓰인다. 하늘말나리(27): 각혈, 강심제, 강장보호, 객혈, 구역증, 기관지염, 기부족, 동통, 백일해, 보폐, 신경쇠약, 안오장, 역질, 유방염, 유방왜소증, 유선염, 윤폐지해, 익지, 종기, 진정, 청심안신, 토혈, 토혈각혈, 폐렴, 해독, 해수, 후두염

섬말나리* seom-mal-na-ri

백합과 Liliaceae
Lilium hansonii Leichtlin ex Baker

KN 섬말나리ⓝ, 섬나리, 성인봉나리 EN hanson-lily CN or MN (2): 동북백합#(東北百合 Dong-Bei-Bai-He), 백합(白合 Bai-He)
[Character: monocotyledon. perennial herb. erect type. wild, medicinal, edible, ornamental plant]

다년생 초본으로 인경이나 종자로 번식한다. 남부지방과 울릉도에서 자란다. 인경은 난형으로 약간 붉은빛이 돌고 원줄기는 높이 50~100㎝ 정도이다. 여러 층의 돌려나는 잎과 작은 어긋나는 잎이 달린다. 6~10개씩 돌려나는 잎은 길이 10~18㎝, 너비 2~4㎝ 정도의 도피침형 또는 긴 타원형이며 어긋나는 잎은 위로 갈수록 점점 작아져서 포와 연결되고 꽃이 밑을 향해 핀다. 6~7월에 개화하며 꽃잎은 피침형으로 붉은빛이 도는 황색이며 뒤로 말린다. 삭과는 지름 25~35㎜ 정도이며 둥글다. '말나리'와 달리 윤생엽이 2~4층이고 인편은 환절이 없으며 꽃은 등황색으로 향기가 있다. 밀원용, 관상용으로 심으며 어린순을 삶아 나물로 먹으며 땅속의 비늘줄기를 어린순과 함께 먹기도 한다. 다음과 같은 증상이나 효과에 약으로 쓰인다. 섬말나리(6): 강장, 건위, 윤폐지해, 자양, 청심안신, 해독

20120727

20050730 표  20120727

20001005

20100424  20050508

20110519  19930622

19930818

말나리* mal-na-ri

백합과 Liliaceae
Lilium distichum Nakai ex Kamib.

Ⓛ 말나리ⓝ, 왜말나리, 개말나리 Ⓒ or Ⓜ (9): 동북백합#(東北百合 Dong-Bei-Bai-He), 백합#(百合 Bai-He), 백합산(百合蒜 Bai-He-Suan)

[Character: monocotyledon. perennial herb. erect type. wild, medicinal, edible, ornamental plant]

다년생 초본으로 인경이나 종자로 번식한다. '하늘나리'와 비슷하지만 꽃이 옆을 향해 피며 인경의 인편에 둥근 마디가 있는 것이 다르다. 주로 북부지방에서 자란다. 인경은 둥글고 줄기는 60~80㎝ 정도이다. 4~9개의 돌려나는 잎은 길이 8~12㎝, 너비 15~30㎜ 정도의 긴 타원형 또는 도란상 타원형으로 10~20개가 달리고 어긋나는 잎은 작지만 도피침형인 것도 있다. 6~7월에 개화한다. 1~10개의 꽃이 옆을 향해 황적색으로 피고 안쪽에 짙은 갈자색 반점이 있다. '하늘말나리'와 다르게 꽃은 옆을 향하고 꽃잎에 갈자색 반점이 있다. '섬말나리'와 달리 윤생엽이 1층이고 인경에 환절이 있으며 화피편은 등적색으로 크게 말리고 향기가 없다. 밀원용, 관상용으로 심으며 봄에 새순을 삶아 나물로 먹고 인경을 식용하기도 한다. 다음과 같은 증상이나 효과에 약으로 쓰인다. 말나리(22): 강장, 강장보호, 건위, 소아경풍, 소아열병, 소아중독증, 식용, 열병, 위열, 윤폐, 윤폐지해, 자양, 자양강장, 자폐증, 정신분열증, 종독, 진정, 청심안신, 통리수도, 폐결핵, 해독, 허약체질

하늘나리* ha-neul-na-ri

백합과 Liliaceae
Lilium concolor Salisb.

KN 하늘나리ⓝ, 하눌나리 EN morning-star-lily, star-lily CN or MN (11): 뇌백합(雷百合 Lei-Bai-He), 백합#(百合 Bai-He), 산뇌서(蒜腦薯 Suan-Nao-Shu)
[Character: monocotyledon. perennial herb. erect type. wild, medicinal, edible, ornamental plant]

다년생 초본으로 인경이나 종자로 번식하고 중북부지방에 분포하며 산야에서 자란다. 인경은 작은 난형이고 화경은 높이 35~70㎝ 정도이다. 어긋나는 잎은 조밀하게 달리고 잎자루와 털이 없으며 길이 3~10㎝, 너비 3~6㎜ 정도의 선형으로 가장자리에 잔돌기가 있다. 6~7월에 개화하며 꽃은 1~5개가 위를 향해 피고 꽃잎은 도피침형이며 짙은 분홍색이지만 안쪽에 자주색 반점이 산포한다. '날개하늘나리'와 다르게 꽃은 홍색 바탕에 자주색 반점이 있고 잎 가장자리에 작은 돌기가 있다. 밀원식물과 관상식물로 이용하며 인경을 식용하기도 하고 봄에 새순을 삶아 나물로 먹는다. 다음과 같은 증상이나 효과에 약으로 쓰인다. 하늘나리(14): 강장보호, 건위, 소아경풍, 소아열병, 열병, 자양강장, 자음, 자폐증, 정신분열증, 종기, 지음증, 폐열, 해수, 허약체질

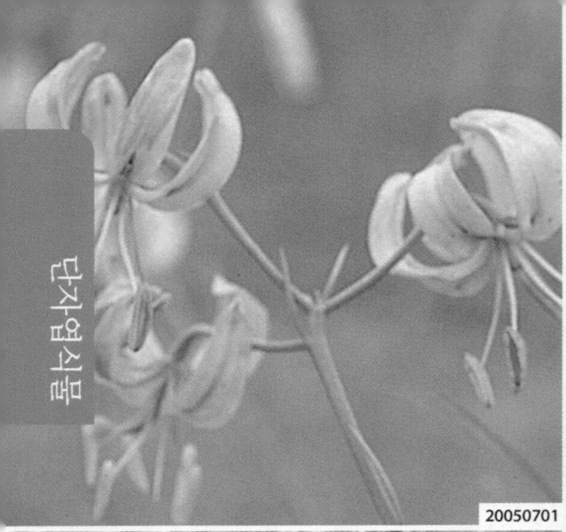

솔나리* sol-na-ri | 백합과 Liliaceae *Lilium cernuum* Kom.

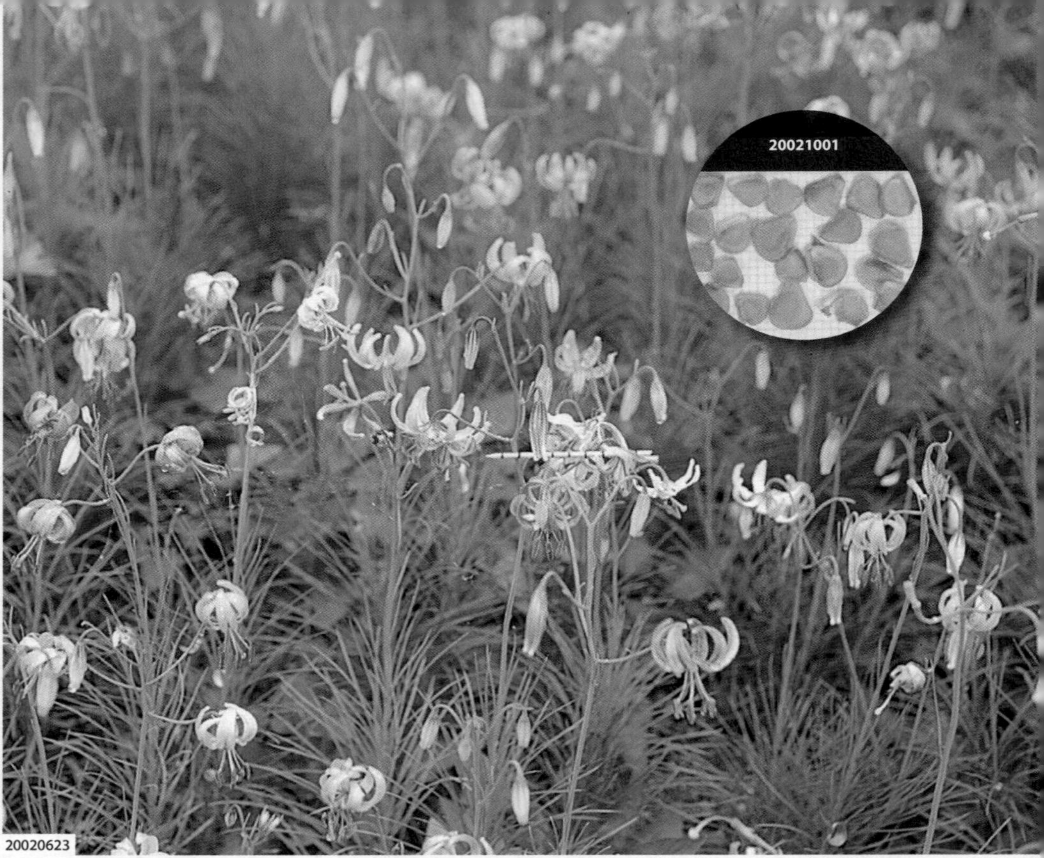

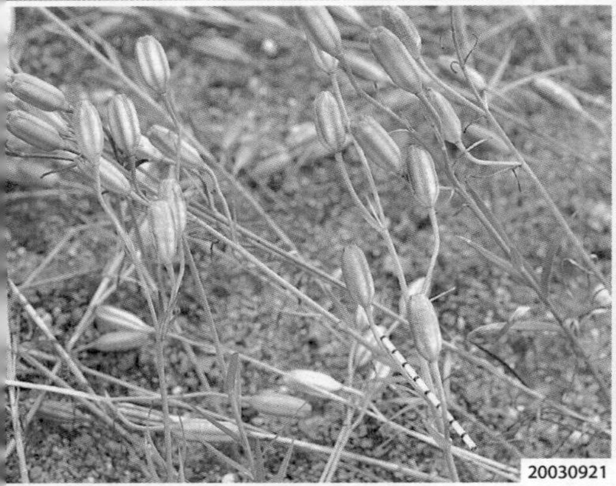

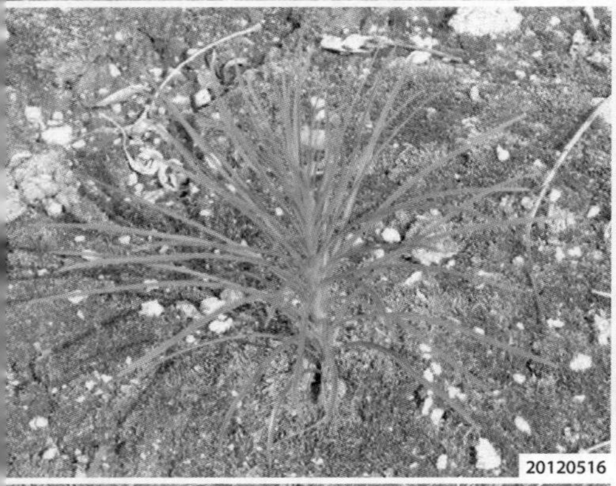

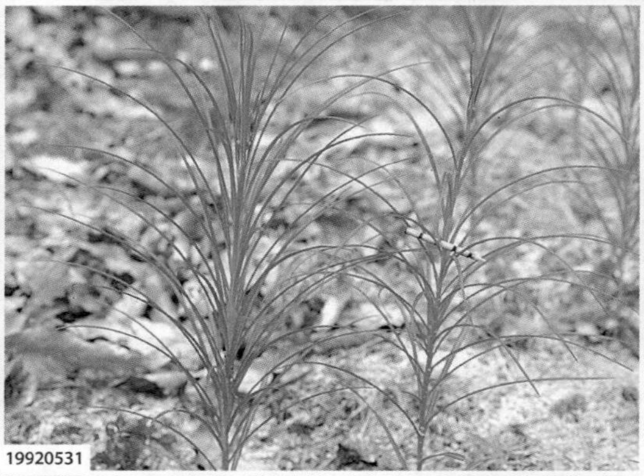

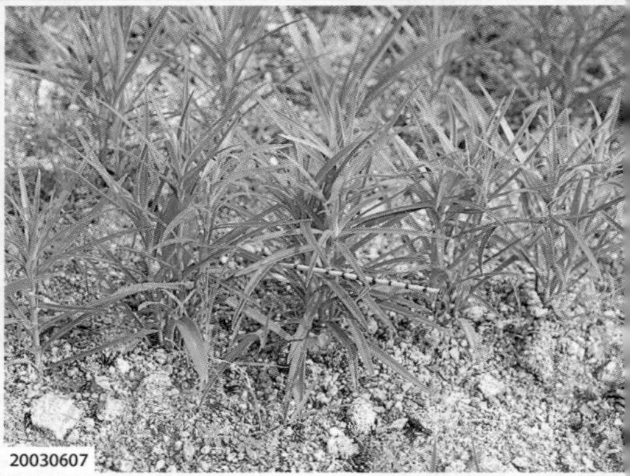

LN 솔나리ⓝ, 흰솔나리, 힌솔나리, 솔잎나리, 검솔잎나리, 검은솔나리 EN nodding-lily
CN or MN (9): 강구(强瞿 Qiang-Qu), 마라(摩羅 Mo-Luo), 백합#(百合 Bai-He)
[Character: monocotyledon. perennial herb. erect type. wild, medicinal, edible, ornamental plant]

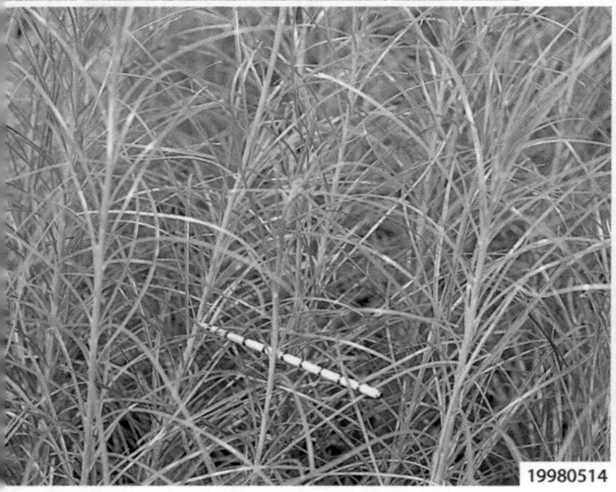

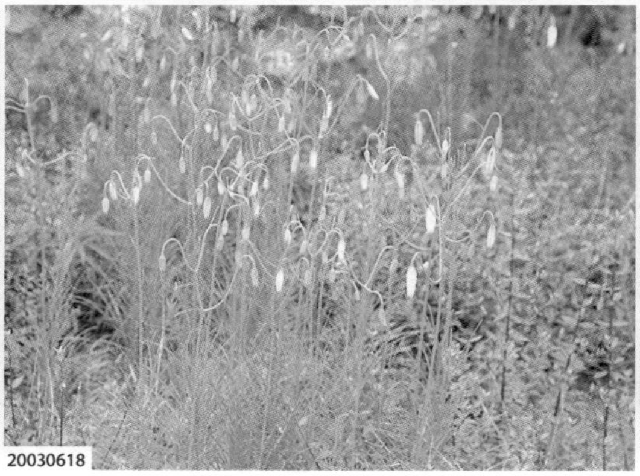

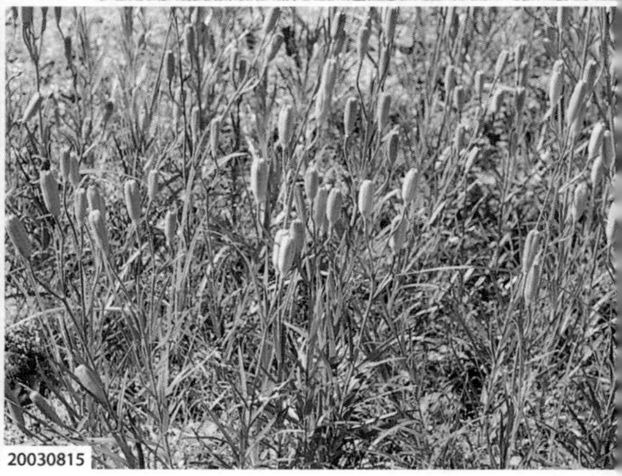

다년생 초본으로 근경이나 종자로 번식한다. 전국적으로 분포하며 깊은 산에서 자란다. 인경은 길이 3㎝, 지름 2㎝ 정도의 난상 타원형이고 줄기는 높이 35~70㎝ 정도이다. 다닥다닥 어긋나게 달리는 잎은 길이 10~15㎝, 너비 1~5㎜ 정도의 선형이며 위로 갈수록 짧아지고 털이 없다. 7~8월에 개화하며 2~4개의 꽃이 밑을 향해 달리고 꽃잎은 분홍색이지만 자주색 반점이 있으며 뒤로 말린다. 삭과는 넓은 도란형이고 끝이 편평하며 3개로 갈라져서 갈색 종자가 나온다. '큰솔나리'와 다르게 비늘줄기는 길이 3㎝ 정도로 난상 타원형이고 화피는 짙은 분홍색이다. 밀원식물이나 관상식물로 심기도 한다. 다음과 같은 증상이나 효과에 약으로 쓰인다. 솔나리(17): 강장보호, 건위, 소아경풍, 열병, 위열, 윤폐, 윤폐지해, 자양강장, 자음, 정신분열증, 종기, 진정, 청심, 청심안신, 폐결핵, 해수, 허약체질

땅나리* ttang-na-ri

백합과 Liliaceae
Lilium callosum Siebold et Zucc.

KN 땅나리ⓝ, 작은중나리, 애기중나리 EN slim-stem-lily, slimstem-lily CN or MN (9): 백합#(百合 Bai-He), 야백합#(野百合 Ye-Bai-He), 중정(中庭 Zhong-Ting)
[Character: monocotyledon. perennial herb. erect type. wild, medicinal, edible, ornamental plant]

다년생 초본으로 인경이나 종자로 번식한다. 중남부지방에 분포하며 산지나 들에서 자란다. 인경은 작고 줄기는 높이 40~100㎝ 정도이다. 다닥다닥 달리며 어긋나는 잎은 길이 3~15㎝, 너비 3~6㎜ 정도의 선형으로 털이 없으며 가장자리가 밋밋하지만 때로는 반원형의 돌기가 있다. 7~8월에 개화한다. 원줄기와 가지 끝에 1~8개의 꽃이 밑을 향해 달리고 꽃잎은 도피침형으로 적황색이며 반점이 없고 뒤로 완전히 말린다. '중나리'와 달리 전체가 작고 포지가 없으며 잎은 양끝이 좁아지고 암술대가 자방보다 길지 않다. 인경은 식용하기도 한다. 밀원식물이나 관상식물로 심기도 한다. 다음과 같은 증상이나 효과에 약으로 쓰인다. 땅나리(4): 강장, 건위, 자양, 종기

털중나리* teol-jung-na-ri

백합과 Liliaceae
Lilium amabile Palib.

LN 털중나리ⓝ, 털종나리 CN or MN (8): 귀산(鬼蒜 Gui-Suan), 백합#(百合 Bai-He), 야백합(野百合 Ye-Bai-He)
[Character: monocotyledon. perennial herb. erect type. wild, medicinal, edible, ornamental plant]

다년생 초본으로 인경이나 종자로 번식한다. 전국적으로 분포하며 산지의 숲 속에서 자란다. 인경은 길이 3㎝ 정도의 난상 타원형이고 줄기는 높이 50~100㎝ 정도로 윗부분에서 가지가 갈라지며 전체에 회색을 띠는 잔털이 있다. 어긋나는 잎은 길이 3~7㎝, 너비 3~8㎜ 정도의 피침형으로 잎자루가 없다. 둔두와 둔저로서 가장자리가 밋밋하고 둔한 녹색이며 양면에 잔털이 밀생한다. 7~8월에 개화하며 1~5개의 꽃은 원줄기와 가지 끝에 1개씩 밑을 향해 피고, 꽃잎은 황적색 바탕에 자주색 반점이 있다. '참나리'와 '중나리'와 달리 잎은 선형 또는 피침형이고 전체에 회색을 띠는 잔털이 밀생한다. 밀원식물이나 관상식물로 심기도 한다. 인경은 식용하고 봄에 어린순과 땅속의 비늘줄기를 삶아 나물로 먹는다. 다음과 같은 증상이나 효과에 약으로 쓰인다. 털중나리(13): 강장보호, 건위, 소아경풍, 열병, 윤폐, 자궁음허, 자양강장, 정신분열증, 종기, 청심, 폐결핵, 해수, 허약체질

20070618

19991023

19910615 20130613

20130613  20070606  20110624  20130628

20120516  20130606  20110624  19890617  19920906

중나리* jung-na-ri

백합과 Liliaceae
Lilium leichtlinii var. *maximowiczii* (Regel) Baker

ⓚ 중나리ⓝ, 단나리 ⓔ maximowicz's-lily ⓒ or ⓜ 중나리(10): 동북백합#(東北百合 Dong-Bei-Bai-He), 백합#(百合 Bai-He) 야백합(野百合 Ye-Bai-He)
[Character: monocotyledon. perennial herb. erect type. wild, medicinal, edible, ornamental plant]

다년생 초본으로 인경이나 종자로 번식한다. 전국적으로 분포하며 산지에서 자란다. 인경은 지름 3~4㎝ 정도로 둥글고 인편에 관절이 없으며 줄기는 높이 40~80㎝ 정도이다. 어긋나는 잎은 길이 8~15㎝, 너비 5~12㎜ 정도의 넓은 선형이고 털이 없거나 백색 털이 약간 있으며 가장자리는 밋밋하지만 잔돌기가 있다. 7~8월에 개화하며 2~10개의 꽃이 밑을 향해 핀다. 꽃잎은 길이 6~8㎝ 정도의 피침형으로 황적색이며 안쪽에 자주색 반점이 있고 뒤로 말린다. '참나리'와 다르게 주아가 없고 화피는 길이 6~8㎝ 정도로 황적색이며 자주색 잔점이 있다. 어릴 때에는 전초를 식용하며 밀원용이나 관상용으로 심기도 한다. 다음과 같은 증상이나 효과에 약으로 쓰인다. 중나리(37): 각혈, 강심, 강심제, 강장, 강장보호, 객혈, 기관지염, 동통, 백일해, 소아경풍, 소아허약체질, 신경쇠약, 안오장, 안정피로, 역질, 유방염, 유방왜소증, 유선염, 윤폐, 윤폐지해, 익기, 익지, 정기, 정신분열증, 종기, 진정, 청심, 청심안신, 토혈, 토혈각혈, 폐결핵, 폐렴, 해독, 해소, 해수, 허약체질, 후두염

20120726

20110804 20020721

20021023

20120404 20100424

20100425

19950810 19950817

20051004

참나리* cham-na-ri

백합과 Liliaceae
Lilium lancifolium Thunb.

LN 참나리ⓝ, 백합, 나리, 알나리 EN devil-lily, tiger-lily, kentan-tiger-lily CN or MN (19): 백합#(百合 Bai-He), 백합화(百合花 Bai-He-Hua), 야백합(野百合 Ye-Bai-He), 중정(中庭 Zhong-Ting)
[Character: monocotyledon. perennial herb. erect type. wild, medicinal, edible, ornamental plant]

다년생 초본으로 주아 및 인경으로 번식한다. 전국적으로 분포하며 산이나 들에서 자란다. 인경은 지름 4~8㎝ 정도로서 둥글고 줄기는 높이 100~200㎝ 정도까지 자란다. 다닥다닥 어긋나게 달리는 잎은 길이 5~18㎝, 너비 5~15㎜ 정도의 피침형이며 짙은 갈색의 주아가 잎겨드랑이에 달린다. 7~8월에 개화하며 4~20개의 꽃이 밑을 향해 달린다. 꽃잎은 길이 7~10㎝ 정도의 피침형으로 황적색 바탕에 흑자색 반점이 많고 뒤로 말린다. '중나리'와 달리 전체가 대형이고 잎겨드랑이에 살눈이 있으며 화피의 길이는 7~10㎝ 정도로 짙은 황적색 바탕에 흑자색 점이 있다. 봄에 연한 새싹을 삶아 나물 또는 볶음으로 먹으며 땅속의 비늘줄기를 밥에 넣거나 구워 먹는다. 시루떡에 넣기도 한다. 밀원용이나 관상용으로 심기도 한다. 다음과 같은 증상이나 효과에 약으로 쓰인다. 참나리(45): 각기, 각혈, 강장, 강장보호, 강정안정, 강정제, 갱년기장애, 건위, 건해, 금창, 기관지염, 비체, 소아경풍, 소아해열, 안정피로, 양궐사음, 오심, 유옹, 윤폐, 윤폐지해, 인후통증, 일사병열사병, 자양, 자양강장, 자율신경실조증, 자폐증, 정신분열증, 종독, 진해, 청력보강, 청심안신, 편도선비대, 폐결핵, 폐기천식, 폐혈, 표저, 한열왕래, 해독, 해수, 해열, 허로, 허약체질, 혈담, 홍역, 흉부담

백합* baek-hap

백합과 Liliaceae
Lilium longiflorum Thunb.

LN 왕나리ⓝ, 나팔나리, 백향나리 EN trumpet-lily, white-trumpet-lily, longflower-lily, lily, easter-lily CN or MN (22): 백합#(百合 Bai-He), 야백합(野百合 Ye-Bai-He), 약백합#(藥白合 Yao-Bai-He), 첨백합(甛百合 Tian-Bai-He)
[Character: monocotyledon. perennial herb. erect type. cultivated, medicinal, edible, ornamental plant]

사진은 백합의 여러 가지 품종이다. 다년생 초본으로 인경이나 종자로 번식한다. 류큐 원산으로 관상용으로 재배하며 여러 가지 품종이 있다. 인경은 지름 5~6㎝ 정도의 편구형으로 인편에 둥근 마디가 없으며 연한 황색이고 줄기는 높이 50~100㎝ 정도이다. 어긋나는 잎은 잎자루가 없고 길이 10~18㎝, 너비 10~20㎜ 정도의 피침형이며 털이 없다. 6~7월에 개화하며, 꽃이 옆을 향해 벌어지고 통부는 나팔처럼 생겨서 길며 향기가 있다. 꽃잎은 길이 12~16㎝ 정도의 도피침형으로 백색이고 반점이 없다. 절화용으로 많이 사용한다. 밀원식물이나 관상식물로 심기도 하며, 줄기가 시든 후 채취해 비늘줄기를 1장씩 벗겨내어 튀김, 계란찜, 덮밥, 조림, 데쳐서 무침으로 먹는다. 다음과 같은 증상이나 효과에 약으로 쓰인다. 백합(42): 각기부종, 각혈, 강장, 강장보호, 강정제, 객혈, 기관지염, 기부족, 동통, 백일해, 소아경풍, 신경쇠약, 안오장, 열병, 위장염, 유방염, 유선염, 윤폐, 윤폐지해, 익기, 익지, 자율신경실조증, 자폐증, 정신분열증, 졸도, 종기, 중이염, 진정, 청심, 청심안신, 치질, 치핵, 토혈, 토혈각혈, 폐결핵, 폐렴, 폐열, 해독, 해소, 해수, 허약체질, 후두염

19970409

19920413 20010509

20010601

19930415  20100505표

20010509  19930523

20120331

얼레지* eol-re-ji

백합과 Liliaceae
Erythronium japonicum (Baker) Decne.

KN 얼레지ⓝ, 얼네지, 가재무릇 EN dog-tooth-violet, japanese-fawn-lily, japanese-dog-tooth-violet, adder's-tongue CN or MN (2): 편속전분#(片粟澱粉 Pian-Su-Dian-Fen), 차전엽산자고#(車前葉山慈姑 Che-Qian-Ye-Shan-Ci-Gu)
[Character: monocotyledon. perennial herb. erect type. wild, medicinal, edible, ornamental plant]

다년생 초본으로 인경이나 종자로 번식한다. 전국적으로 분포하며 높은 산속의 비옥한 숲 속에서 자란다. 인경은 땅속 20~30㎝ 정도 깊게 들어 있고 길이 4~6㎝, 지름 1㎝ 정도이다. 지면 가까이에 달리는 2개의 잎은 잎자루가 있으며 잎몸은 길이 6~12㎝, 너비 2~5㎝ 정도로서 긴 타원형이고 가장자리가 밋밋하지만 약간 주름이 지며 표면은 녹색 바탕에 자주색 무늬가 있다. 4~5월에 개화한다. 길이 15~25㎝ 정도의 화경 끝에 1개의 꽃이 밑을 향해 달리고 6개의 꽃잎은 길이 5~6㎝, 너비 5~10㎜ 정도의 피침형으로 자주색이며 뒤로 말린다. 삭과는 넓은 타원형 또는 구형이며 3개의 능선이 있다. 잎과 꽃을 나물로 먹거나 국거리로 먹으며 생으로 튀겨먹기도 하고 쌈으로 먹기도 한다. 뿌리는 찌거나, 조림, 정과로 먹는다. 공업용으로 이용하기도 하며 관상식물로 심기도 한다. 다음과 같은 증상이나 효과에 약으로 쓰인다. 얼레지(16): 강장보호, 건뇌, 건위, 경혈, 구토, 연골증, 완하, 위장염, 장염, 장위카타르, 지사, 진토, 진통, 창종, 하리, 화상

산자고* san-ja-go

백합과 Liliaceae
Tulipa edulis (Miq.) Baker

LN 까치무릇ⓝ, 물구, 물굿 EN edible-tulip CN or MN (41): 가패모(假貝母 Jia-Bei-Mu), 광자고#(光慈菇 Guang-Ci-Gu), 금등롱(金燈籠 Jin-Deng-Long), 산자고#(山慈姑 Shan-Ci-Gu)
[Character: monocotyledon. perennial herb. erect type. wild, medicinal, edible, poisonous , ornamental plant]

다년생 초본으로 인경이나 종자로 번식한다. 중남부지방에 분포하며 산야의 양지쪽 풀밭에서 자란다. 인경은 길이 3~4㎝ 정도의 난상원형이고 화경은 높이 15~30㎝ 정도이다. 근생엽은 2개이고 길이 15~25㎝, 너비 5~10㎜ 정도의 선형으로서 백록색이며 털이 없다. 4~5월에 개화한다. 포는 2~3개로 길이 2~3㎝ 정도이고 소화경은 길이 2~4㎝ 정도이다. 6개의 꽃잎은 길이 20~24㎜ 정도의 피침형으로 백색 바탕에 자주색 맥이 있다. 삭과는 길이와 지름이 각각 1.2㎝ 정도로 거의 둥글고 세모가 진다. '금대산자고'와 다르게 꽃줄기에 1쌍의 포가 있다. 봄에 꽃봉오리가 나오기 전에 채취하여 무침, 국으로 먹고 생뿌리를 된장에 찍어 먹기도 하지만 독이 강해 많이 먹으면 안 된다. 관상용으로 심기도 한다. 다음과 같은 증상이나 효과에 약으로 쓰인다. 산자고(13): 강심제, 강장보호, 광견병, 옹종, 요결석, 유방암, 전립선암, 종독, 진정, 진통, 통기, 폐결핵, 활혈

패모* pae-mo

백합과 Liliaceae
Fritillaria ussuriensis Maxim.

LN 패모ⓝ, 검정나리, 검나리, 조선패모 EN ussuri-fritillary CN or MN (55): 대패모(大貝母, Da-Bei-Mu), 이패모#(伊貝母, Yi-Bei-Mu), 절패모#(浙貝母, Zhe-Bei-Mu), 천패모#(川貝母, Chuan-Bei-Mu), 토패모#(土貝母, Tu-Bei-Mu), 평패모#(平貝母, Ping-Bei-Mu)
[Character: monocotyledon. perennial herb. erect type. cultivated, wild, medicinal, poisonous, ornamental plant]

다년생 초본으로 인경이나 종자로 번식한다. 북부지방의 산지에서 자란다. 둥근 인경은 백색이고 5~6개의 육질 인편으로 되어 있으며 밑부분에서 수염뿌리가 나온다. 줄기는 높이 20~40㎝ 정도로 자란다. 마주나거나 3개씩 돌려나는 잎은 길이 6~12㎝, 너비 5~8㎜ 정도의 선형이고 잎자루가 없으며 윗부분의 잎은 덩굴손처럼 말린다. 5~6월에 개화한다. 1개씩 밑을 향해 달리는 꽃은 길이 2~3㎝ 정도로서 자주색이다. 삭과는 6개의 날개가 있다. 상부 잎의 끝이 말려 덩굴손처럼 되고 '튤립속'과 달리 꽃이 하향하며 화피편에 선체가 있다. '중국패모'와 다르게 비늘줄기의 인편은 5~6개이다. 관상이나 약용식물로 심기도 하며 독이 있으나 다음과 같은 증상이나 효과에 약으로 쓰인다. 패모(33): 거담, 결기, 고혈압, 기관지염, 나력, 산결, 소아경풍, 악창, 유방염, 유선염, 유즙결핍, 유창통, 인후통증, 임파선염, 지혈, 진정, 진통, 진해, 창양종독, 청열, 토혈각혈, 통유, 편도선염, 폐결핵, 폐기종, 폐기천식, 폐혈, 해수, 해열, 혈압강하

무릇* mu-reut

백합과 Liliaceae
Scilla scilloides (Lindl.) Druce

LN 물구지ⓝ, 물구, 물굿, 물곳 EN japanese-squill, common-squill, japanese-hyacinth, japanese-jacinth CN or MN(12): 면조아#(綿棗兒 Mian-Zao-Er), 전도초#(剪刀草 Jian-Dao-Cao), 최생초(催生草 Cui-Sheng-Cao)
[Character: monocotyledon. perennial herb. erect type. wild, medicinal, edible, ornamental plant]

다년생 초본으로 인경이나 종자로 번식한다. 전국적으로 분포하며 산 가장자리와 들이나 밭에서 자란다. 인경은 길이 2~3㎝ 정도로서 난상 구형이며 외피는 흑갈색이고 화경은 높이 25~50㎝ 정도이다. 선형의 잎은 길이 15~30㎝, 너비 4~8㎜ 정도로 약간 두꺼우며 털이 없고 윤택이 있다. 7~8월에 개화한다. 길이 12㎝ 정도의 총상꽃차례에 달리는 꽃은 아래에서부터 무한형으로 피고 6개의 꽃잎은 도피침형으로 연한 자주색이다. 삭과는 길이 5㎜ 정도의 도란상 구형이고 종자는 넓은 피침형이다. 초지나 과수원에서 문제잡초가 된다. 꽃차례의 길이가 15~30㎝ 정도인 점이 '무스카리'와 다르다. 인경과 어린잎을 식용하고, 봄에 어린잎은 데쳐서 우려내고 초고추장이나 된장에 무쳐 먹는다. 새싹은 삶아 나물로 먹는다. 비늘줄기는 조려서 먹거나 데쳐서 조림을 한다. 인경이 엷은 껍질로 싸이고 화경에 잎이 없다. 관상식물로 심기도 한다. 다음과 같은 증상이나 효과에 약으로 쓰인다. 무릇(30): 강근, 강심, 강심제, 강장, 강장보호, 강정안정, 건뇌, 건위, 구충, 근골구급, 근골동통, 근육통, 소종지통, 옹종, 요통, 유선염, 유옹, 유창통, 자양강장, 장염, 장옹, 장위카타르, 종독, 진통, 타박상, 해독, 해열, 허약체질, 활혈, 활혈해독

천문동* cheon-mun-dong

백합과 Liliaceae
Asparagus cochinchinensis (Lour.) Merr.

LN 천문동ⓝ, 홀아지좃, 부지깽이나물, 호라지좃 CN or MN (30): 문동(門冬 Men-Dong), 천문동#(天門冬 Tian-Men-Dong), 파라수(婆羅樹 Po-Luo-Shu)
[Character: monocotyledon. perennial herb. climbing vine. halophyte. cultivated, wild, medicinal, edible, ornamental plant]

다년생 초본으로 괴근이나 종자로 번식한다. 중남부 해안지방의 산기슭이나 바닷가 모래땅에서 자란다. 방추형의 괴근은 다수 모여 나고 길이 5~15㎝ 정도이다. 덩굴이 지는 줄기는 길이 1~2m 정도이며 가늘고 다소 가지가 있으며 선형의 잎이 2~3개씩 속생한다. 6~7월에 개화하며 잎겨드랑이에서 2~3개의 꽃이 모여 나온다. 장과는 지름 6㎜ 정도의 구형이며 백색 또는 황백색으로 익고 흑색 종자가 1개 들어 있다. '비짜루'와 달리 화경 중앙에 관절이 있고 굵은 줄기에 가시가 있다. 관상용으로도 심는다. 괴경을 조려서 식용한다. 다음과 같은 증상이나 효과에 약으로 쓰인다. 천문동(53): 각혈, 간질, 강장보호, 강화, 거담, 건해, 경련, 골반염, 골수염, 골증열, 근골무력증, 근골위약, 난청, 변비, 보골수, 보로, 보신, 소갈, 아편중독, 안오장, 양기, 양정, 오로보호, 음위, 이뇨, 인두염, 인후통증, 자양강장, 자음윤조, 절옹, 종독, 중독증, 진경, 진정, 진해, 청폐강화, 토혈, 토혈각혈, 파상풍, 폐결핵, 폐기, 폐기종, 폐렴, 폐옹, 폐혈, 풍, 풍한, 해수, 해수토혈, 해열, 허약체질, 후두염, 흉부답답

둥굴레* dung-gul-re

백합과 Liliaceae
Polygonatum odoratum var. *pluriflorum* (Miq.) Ohwi

Ⓚ 둥굴레ⓝ, 둥굴네, 괴불꽃, 맥도둥굴레 Ⓔ fragrant-solomonsseal, scented-salomonsseal Ⓒ or Ⓜ (82): 백급(白及 Bai-Ji), 백급황정(白芨黃精 Bai-Ji-Huang-Jing), 옥죽#(玉竹 Yu-Zhu), 황정#(黃精 Huang-Jing)
[Character: monocotyledon. perennial herb. creeping and erect type. cultivated, wild, medicinal, edible, ornamental plant]

다년생 초본으로 근경이나 종자로 번식한다. 전국적으로 분포하고 산이나 들에서 자란다. 육질의 근경은 점질이고 옆으로 벋으며 줄기는 높이 30~60㎝ 정도로서 6줄의 능각이 있으며 끝이 처진다. 어긋나는 잎은 한쪽으로 치우쳐서 퍼지며 길이 5~10㎝, 너비 2~5㎝ 정도의 긴 타원형이다. 6~7월에 개화한다. 꽃은 1~2개씩 잎겨드랑이에 달리며 밑부분은 백색, 윗부분은 녹색이고 소화경은 밑부분이 합쳐져서 화경이 된다. 장과는 둥글고 흑색으로 익는다. '진황정'과 다르게 줄기의 중부 이상은 능선이 있다. 꽃은 1~2개씩 달리고 화통은 소화경과 같이 좁아지지 않는다. 어린순과 근경을 식용한다. 봄에 어린순을 데쳐서 무치거나 나물로 먹고 쌈으로 먹기도 한다. 뿌리는 쪄서 먹거나 밥과 섞거나 장아찌, 튀김, 조림, 볶음으로 먹는다. 관상식물로 심기도 한다. 다음과 같은 증상이나 효과에 약으로 쓰인다. 둥굴레(45): 간작반, 강심, 강심제, 강장, 강장보호, 강정제, 건해, 근골위약, 당뇨, 만성피로, 명목, 생진양위, 소아천식, 안오장, 오지, 오풍, 완화, 요통, 윤폐, 자양, 자양강장, 장생, 정력증진, 제습, 조갈증, 졸도, 종창, 지음윤폐, 청력보강, 치열, 치한, 타박상, 태독, 통풍, 폐결핵, 폐기천식, 폐렴, 폐창, 풍습, 풍열, 피부윤택, 해열, 허약체질, 협심증, 흉부냉증

풀솜대* pul-som-dae

백합과 Liliaceae
Smilacina japonica A. Gray var. *japonica*

ⓛⓝ 솜대ⓝ, 솜때, 솜죽대, 지장보살 ⓔⓝ japanese-false-solomonseal, false-solomon's-seal
ⓒⓝ or ⓜⓝ (3): 녹약#(鹿藥 Lu-Yao), 편두칠(偏頭七 Pian-Tou-Qi)
[Character: monocotyledon. perennial herb. creeping and erect type. wild, medicinal, edible, ornamental, forage, green manure plant]

다년생 초본으로 근경이나 종자로 번식한다. 전국적으로 분포하며 산지의 그늘 밑에서 자란다. 옆으로 벋는 근경은 지름 4~8㎜ 정도이고 비스듬히 자라는 줄기는 길이 25~50㎝ 정도로 위로 갈수록 털이 많아진다. 어긋나는 잎은 5~7개가 2줄로 배열되고 길이 6~15㎝, 너비 2~5㎝ 정도로 긴 타원형이다. 밑부분의 잎은 잎자루가 있으나 올라갈수록 없어지며 양면에 털이 있고 특히 뒷면에 많다. 6~7월에 개화하며 복총상꽃차례로 피는 양성화는 백색이고 꽃잎은 길이 4㎜, 너비 1.5㎜ 정도의 긴 타원형이다. '민솜대'와 달리 잎에 잎자루가 있다. 봄에 어린순을 삶아 나물로 먹거나 데쳐서 쌈으로 먹는다. 다른 산나물과 섞어 무쳐 먹기도 하며 튀김, 볶음으로 먹기도 한다. 관상용으로 심으며, 목초나 녹비로 이용하기도 한다. '솜대' 또는 '지장나물'이라고 하기도 한다. 다음과 같은 증상이나 효과에 약으로 쓰인다. 풀솜대(18): 강장보호, 거풍지통, 노상, 두통, 보기, 양위, 월경불순, 월경이상, 유선염, 유옹, 음위, 익신, 조루증, 종독, 타박상, 풍, 허약체질, 활혈

윤판나물* yun-pan-na-mul

백합과 Liliaceae
Disporum uniflorum Baker

LN 대애기나리ⓝ, 누른대애기나리, 큰가지애기나리, 금윤판나물, 윤판나물아재비
CN or MN (4): 백미순#(百尾笋 Bai-Wei-Sun), 석죽근#(石竹根 Shi-Zhu-Gen), 죽림초(竹林梢 Zhu-Lin-Shao)
[Character: monocotyledon. perennial herb. creeping and erect type. wild, medicinal, edible, harmful, ornamental plant]

다년생 초본으로 근경이나 종자로 번식한다. 중남부지방에 분포하며 산기슭의 숲 속에서 자란다. 짧은 근경은 옆으로 벋으면서 자라고 원줄기는 높이 30~80㎝ 정도이며 가지가 크게 갈라진다. 어긋나는 잎은 길이 5~15㎝, 너비 1.5~4㎝ 정도로 긴 타원형이며 3~5개의 잎맥이 있고 잎자루가 없다. 5~6월에 개화하며 꽃은 가지 끝에 1~3개가 밑을 향해 달리고 길이 2㎝ 정도로서 황색이다. 장과는 지름 1㎝ 정도로 둥글며 흑색으로 익는다. 지역에 따라 어린순을 데쳐서 먹는 곳도 있지만 많이 먹으면 설사나 중독 사고를 일으킬 수 있으니 주의해야 한다. 관상용으로 심기도 한다. 다음과 같은 증상이나 효과에 약으로 쓰인다. 윤판나물(20): 강장보호, 건비소종, 건비위, 나창, 냉습, 대장출혈, 명안, 윤폐지해, 자양강장, 장염, 장위카타르, 장출혈, 적취, 치질, 치핵, 폐결핵, 폐기종, 폐혈, 해수, 흉부냉증

애기나리* ae-gi-na-ri

백합과 Liliaceae
Disporum smilacinum A. Gray

애기나리ⓝ, 가지애기나리 or (2): 보주초#(寶珠草 Bao-Zhu-Cao), 석죽근(石竹根 Shi-Zhu-Gen)
[Character: monocotyledon. perennial herb. creeping and erect type. wild, medicinal, edible, harmful, ornamental plant]

다년생 초본으로 근경이나 종자로 번식한다. 산지의 숲 속에서 자라며 근경이 옆으로 벋으며 번식한다. 줄기는 높이 20~40㎝ 정도로 1~2개의 가지가 있다. 원줄기 밑부분을 3~4개의 잎집 같은 잎이 둘러싼다. 어긋나는 잎은 길이 4~7㎝, 너비 1.5~3.5㎝ 정도로서 난상 긴 타원형이고 가장자리가 밋밋하다. 5~6월에 개화하며 꽃은 가지 끝에 1~2개가 밑을 향해 달리고 소화경은 길이 1~2㎝ 정도이다. 6개의 꽃잎은 길이 15~18㎜ 정도의 피침형으로 흰색이다. 열매는 지름 7㎜ 정도로 둥글며 흑색으로 익는다. '큰애기나리'와 비슷하지만 꽃이 희고 씨방이 도란형이고 암술대가 씨방보다 2배로 긴 점이 다르다. 봄에 어린순을 나물로 한다. 관상용으로 심기도 한다. 어린순을 데쳐서 먹기도 하는데 줄기와 뿌리에 독이 있으니 먹으면 안 된다. '둥굴레'와 비슷하니 조심해야 한다. 다음과 같은 증상이나 효과에 약으로 쓰인다. 애기나리(7): 강장, 건비소적, 나창, 냉습, 명안, 윤폐지해, 자양

은방울꽃* eun-bang-ul-kkot

백합과 Liliaceae
Convallaria keiskei Miq.

KN 은방울꽃ⓝ, 비비추, 초롱꽃, 영란 EN lily-of-the-valley, may-lily CN or MN (7): 노려화(蘆藜花 Lu-Li-Hua), 영란#(鈴蘭 Ling-Lan), 초옥령(草玉鈴 Cao-Yu-Ling)
[Character: monocotyledon. perennial herb. creeping and erect type. wild, medicinal, poisonous, ornamental plant]

다년생 초본으로 땅속줄기나 종자로 번식한다. 전국적으로 분포하며 산 가장자리의 다소 습기가 있는 곳에서 군락으로 자란다. 땅속줄기가 옆으로 길게 번고 마디에서 새순이 지상으로 나오며 밑부분에 수염뿌리가 있다. 화경은 7~15㎝ 정도로서 잎보다 짧다. 밑에는 막질의 초상엽이 있고 그 속에서 2개의 잎이 나와 밑부분을 서로 감싸고 있다. 잎몸은 길이 12~18㎝, 너비 3~7㎝ 정도로서 난상 타원형으로 가장자리가 밋밋하며 표면은 짙은 녹색이고 뒷면은 연한 흰빛이 돈다. 5~6월에 개화한다. 백색의 꽃은 종 같고 끝이 6개로 갈라져서 뒤로 젖혀지며 향기가 매우 좋다. 장과는 지름 6~8㎜ 정도로 둥글며 적색으로 익는다. 꽃은 총상꽃차례이고 밑으로 드리우며 화피는 넓은 종형이다. 잎이 '산마늘'과 비슷하지만 독이 강해 먹으면 안 된다. 구토와 설사, 심장 마비 등 중독 증상을 일으킬 수 있으나 약으로 쓰인다. 관상용으로 심기도 한다. 다음과 같은 증상이나 효과에 약으로 쓰인다. 은방울꽃(12): 강심, 강심제, 노상, 단독, 부종, 심장쇠약, 온양이수, 이뇨, 타박상, 통리수도, 활혈, 활혈거풍

삿갓나물* sat-gat-na-mul

백합과 Liliaceae
Paris verticillata M. Bieb.

LN 삿갓풀ⓝ, 자주삿갓나물, 자주삿갓풀, 만주삿갓나물 EN verticillate-paris, herb-paris, love-apple CN or MN (44): 조휴#(蚤休 Zao-Xiu), 중루금선(重樓金線 Zhong-Lou-Jin-Xian), 칠엽일지화(七葉一枝花 Qi-Ye-Yi-Zhi-Hua), 칠층탑(七層塔 Qi-Ceng-Ta)

[Character: monocotyledon. perennial herb. creeping and erect type. wild, medicinal, poisonous, ornamental, edible plant]

다년생 초본으로 근경이나 종자로 번식한다. 전국적으로 분포하며 산지의 나무 그늘 밑에서 자란다. 근경은 옆으로 길게 벋고 끝에서 원줄기가 나와 높이 20~40㎝ 정도 자라며 끝에서 6~8개의 잎이 돌려난다. 잎은 길이 4~10㎝, 너비 2~4㎝ 정도의 넓은 피침형으로 3맥이 있으며 털이 없다. 5~6월에 개화하며 돌려나는 잎의 중앙에서 길이 5~15㎝ 정도인 1개의 화병이 나와 끝에 1개의 꽃이 위를 향해 피며 자방은 검은 자갈색이다. 장과는 둥글며 자흑색이다. 외화피편의 안쪽과 수술대가 자색을 띤다. 봄에 어린순을 식용하지만 독성이 있고 특히 뿌리에 독성이 많다. 관상식물로 심기도 한다. 다음과 같은 증상이나 효과에 약으로 쓰인다. 삿갓나물(16): 기관지염, 만성기관지염, 소아경기, 소종지통, 옹종, 위장병, 청열해독, 최토, 토혈각혈, 편도선염, 평천지해, 폐기천식, 해독, 해수, 해열, 후두염

맥문동* maek-mun-dong

백합과 Liliaceae
Liriope platyphylla F. T. Wang et T. Tang

ⓚ 맥문동ⓝ, 알꽃맥문동, 넓은잎맥문동 ⓔ snake's-beard, broadleaf-liriope, big-blue-lily-turf, black-leek, big-blue-lilyturf, lilyturf, border-grass, monkey-grass ⓒ or ⓜ (31): 맥동#(麥冬 Mai-Dong), 맥문#(麥門 Mai-Men), 맥문동#(麥門冬 Mai-Men-Dong), 우여량#(禹餘粮 Yu-Yu-Liang), 촌맥동(寸麥冬 Cun-Mai-Dong)
[Character: monocotyledon. perennial herb. erect type. wild, medicinal, edible, ornamental plant]

다년생 초본으로 근경이나 종자로 번식한다. 중남부지방에 분포하며 산지의 나무 그늘 밑에서 자란다. 딱딱하고 굵은 근경은 옆으로 번지 않고 수염뿌리의 끝에 '땅콩'과 같은 괴근이 생기며 화경은 길이 30~50㎝ 정도이다. 밑에서 모여 나는 선형의 잎은 길이 20~40㎝, 너비 8~12㎜ 정도이고 밑부분이 잎자루처럼 가늘어진다. 6~7월에 개화하며 연한 자주색의 꽃은 6개의 꽃잎이 있다. 열매는 지름 7㎜ 정도의 둥근 장과이나 얇은 껍질이 벗겨지면서 흑색 종자가 노출된다. '개맥문동'과 다르게 잎의 너비는 8~12㎜ 정도이고 엽맥이 11~15개이다. 또한 옆으로 뻗어가는 가지가 없으며 화경에 능선이 없고 꽃은 조밀하게 달린다. 뿌리는 약으로 쓰이고 마른뿌리를 다려서 차로 마신다. 관상용으로 심기도 한다. 다음과 같은 증상이나 효과에 약으로 쓰인다. 맥문동(45): 각기, 감기, 강심제, 강장, 강장보호, 객혈, 건뇌, 건위, 건해, 구갈, 기관지염, 기울증, 변비, 소갈, 소아번열증, 신장염, 양위, 완화, 유즙결핍, 윤폐양음, 음위, 이뇨, 익위생진, 인건구조, 자궁발육부전, 자양강장, 조갈증, 졸도, 종기, 진정, 창종, 청심제번, 충이명목약, 탈모증, 태아양육, 토혈, 토혈각혈, 통리수도, 폐결핵, 폐혈, 피부노화방지, 해열, 허약체질, 호흡곤란, 흉부답답

맥문아재비* maek-mun-a-jae-bi

백합과 Liliaceae
Ophiopogon jaburan (Kunth) Lodd.

EN white-lily-turf, white-lilyturf, white-mondo, giant-lilyturf CN or MN (1): 맥문동#(麥門冬 Mai-Men-Dong)
[Character: monocotyledon. perennial herb. creeping and erect type. wild, medicinal, edible, ornamental plant]

남쪽 지방의 섬에서 자라는 다년생 초본이다. 땅속줄기가 옆으로 벋고 잎이 모여 난다. 땅속줄기나 종자로 번식한다. 잎은 선형이며 길이 30~80㎝, 너비 1~2㎝ 정도로 짙은 녹색이다. 꽃은 5~7월에 피며 백색 바탕에 연한 자줏빛이 돌고 밑으로 처진다. 화경은 높이 30~50㎝, 너비 4~8㎜ 정도로서 편평하고 윗부분이 넓으며 좁은 날개가 있다. 열매는 장과이나 나출된 종자로 되어 있으며 청색이다. '소엽맥문동'과 다르게 뻗어가는 가지가 없고 잎은 너비 7~15㎜ 정도이고 꽃줄기는 길이 12~15㎜ 정도이며 좁은 날개가 있다. 관상용으로 쓰인다. 뿌리는 약으로 쓰이고 마른뿌리를 다려서 차로 마신다. 다음과 같은 증상이나 효과에 약으로 쓰인다. 맥문아재비(14): 감기, 강장, 객혈, 변비, 소갈, 신장염, 윤폐양음, 이뇨, 익위생진, 인건구조, 진정, 청심제번, 토혈, 해열

소엽맥문동* so-yeop-maek-mun-dong

백합과 Liliaceae
Ophiopogon japonicus (L.f.) Ker-Gawler

KN 좁은잎맥문동아재비ⓝ, 겨우사리맥문동, 좁은잎맥문동, 긴잎맥문동, 좁은맥문동 EN lily-turf, snake's-beard, mondo-grass, dwarf-lilyturf CN or MN (12): 맥문동#(麥門冬 Mai-Men-Dong), 연계초(沿階草 Yan-Jie-Cao), 촌맥동(寸麥冬 Cun-Mai-Dong)
[Character: monocotyledon. perennial herb. creeping and erect type. wild, medicinal, edible, ornamental plant]

다년생 초본으로 근경이나 종자로 번식한다. 중남부지방에 분포하며 산지의 나무 밑에서 자란다. 근경은 옆으로 벋으면서 새순이 나오고 수염뿌리 끝에 괴근이 생긴다. 화경은 길이 5~10㎝ 정도로 편평하며 예리한 능선이 있다. 밑부분에서 모여 나는 잎은 길이 15~30㎝, 너비 2~4㎜ 정도로 선형이고 끝이 둔하다. 5~6월에 5~10개의 연한 자주색 또는 백색의 꽃이 핀다. 열매는 짙은 하늘색이며 둥글다. '맥문아재비'와 다르게 근경이 벋어가며 전체가 소형이고 잎의 너비는 2~4㎜ 정도이며 가장자리의 잔톱니는 뚜렷하며 많다. 뿌리는 약으로 쓰이고 마른뿌리를 다려서 차로 마신다. 관상용으로도 심는다. 다음과 같은 증상이나 효과에 약으로 쓰인다. 소엽맥문동(27): 감기, 강장보호, 객혈, 기관지염, 변비, 소갈, 소아허약체질, 신장염, 양위, 유두파열, 유즙결핍, 윤폐, 윤폐양음, 이뇨, 익위생진, 인건구조, 자양강장, 조갈증, 진정, 창종, 청심, 청심제번, 토혈, 폐결핵, 해수, 해열, 허약체질

선밀나물* seon-mil-na-mul

백합과 Liliaceae
Smilax nipponica Miq.

LN 선밀나물ⓝ, 새밀 EN cat-brier CN or MN (9): 신근초(伸筋草 Shen-Jin-Cao), 우미채#(牛尾菜 Niu-Wei-Cai), 장엽우미채#(長葉牛尾菜 Chang-Ye-Niu-Wei-Cai), 토복령(土茯苓 Tu-Fu-Ling)
[Character: monocotyledon. perennial herb. erect type. wild, medicinal, edible, ornamental plant]

다년생 초본으로 근경이나 종자로 번식한다. 전국적으로 분포하며 산지나 들에서 자란다. 줄기는 높이 50~100㎝ 정도이다. 어긋나는 잎은 길이 5~15㎝, 너비 3~7㎝ 정도의 난상 타원형이며 표면은 녹색이고 뒷면은 연한 분백색이며 소돌기가 있고 가장자리가 밋밋하다. 잎자루는 길이 1~4㎝ 정도로서 턱잎이 변한 1쌍의 덩굴손이 달려 있다. 5~6월에 개화하며 산형꽃차례에 양성화의 꽃이 여러 개가 달린다. 열매는 흑색으로 익고 흰 가루로 덮여 있으며 둥글다. '밀나물'과 비슷하지만 잎의 뒷면이 녹백색이고 잎자루는 길이 1~4㎝ 정도이며 줄기가 끝까지 선다. 봄에 어린순을 나물로 하며 어린순을 데쳐서 초고추장에 찍어 먹거나 무쳐 먹는다. 관상용으로 심기도 한다. 다음과 같은 증상이나 효과에 약으로 쓰인다. 선밀나물(10): 과식, 관절염, 다소변증, 매독, 요통, 임질, 진통, 하리, 혈폐, 활혈

밀나물* mil-na-mul

백합과 Liliaceae
Smilax riparia var. *ussuriensis* (Regel) Hara et T. Koyama

LN 밀나물ⓝ, 우미채 EN green-brier, cat-brier CN or MN (8): 노룡수#(老龍須 Lao-Long-Xu), 우미채#(牛尾菜 Niu-Wei-Cai), 천층탑(千層塔 Qian-Ceng-Ta), 초발계(草菝葜 Cao-Ba-Qia)
[Character: monocotyledon. perennial herb. vine. wild, medicinal, edible, ornamental plant]

다년생 초본의 덩굴식물이며 근경이나 종자로 번식한다. 전국적으로 분포하며 산이나 들에서 자란다. 덩굴성인 줄기는 2~4m 정도로 자라고 가지가 많이 갈라지며 능선이 있고 잎이 어긋난다. 잎은 길이 5~15㎝, 너비 2.5~7㎝ 정도의 난상 긴 타원형이다. 가장자리가 밋밋하며 표면은 털이 없으나 뒷면의 맥 위에 잔돌기가 있다. 잎자루는 길이 5~30㎜ 정도이고 밑부분에 턱잎이 변한 덩굴손이 있다. 5~6월에 개화하며 잎겨드랑이에서 나오는 화경은 잎자루보다 길고 산형꽃차례에 15~30개의 황록색 꽃이 핀다. 열매는 둥글며 흑색으로 익는다. '선밀나물'과 비슷하지만 잎의 뒷면이 담녹색이고 잎자루의 길이가 0.5~3㎝ 정도이며 덩굴식물이다. 어린순을 데쳐서 초고추장에 찍어 먹거나, 초무침을 한다. 간장에 된장에 무치거나 찍어 먹기도 하고 데쳐서 쌈으로 먹기도 한다. 관상용으로도 심는다. 잎이 좁은 것을 '좁은잎밀나물, for. *stenophylla* T. Koyama'라고 한다. 다음과 같은 증상이나 효과에 약으로 쓰인다. 밀나물(15): 결핵, 골반염, 골수염, 과식, 근골동통, 다소변증, 매독, 임질, 제습, 졸도, 타박상, 풍, 하리, 현훈, 활혈

청미래덩굴* cheong-mi-rae-deong-gul

백합과 Liliaceae
Smilax china L.

Ⓚ 청미래덩굴ⓝ, 명감, 망개나무, 매발톱가시, 명감나무, 종가시나무, 청열매덤불, 좀청미래, 팟청미래, 좀명감나무, 섬명감나무, 망개, 팥청미래덩굴, 좀청미래덩굴, 칡멀개덩굴, 팔청미래 EN chinaroot, chinaroot-greenbrier, chinese-smilax CN or HN (79): 과산룡#(過山龍 Guo-Shan-Long), 금강과#(金剛果 Jin-Gang-Guo), 발계#(菝葜 Ba-Qia), 비해#(萆薢 Bi-Xie), 우여량#(禹余粮 Yu-Yu-Liang), 토복령#(土茯苓 Tu-Fu-Ling), 황우근(黃牛根 Huang-Niu-Gen)
[Character: monocotyledon. deciduous shrub. vine. wild, medicinal, edible plant]

낙엽이 지는 덩굴성 관목으로 근경이나 종자로 번식한다. 중남부지방에 분포하며 산기슭의 양지에서 자란다. 굵은 뿌리가 옆으로 꾸불꾸불 벋고, 줄기는 마디에서 이리저리 굽으며 길이 3m 정도로 자라고 갈고리 같은 가시가 있다. 어긋나는 잎은 길이 4~12㎝, 너비 2~10㎝ 정도의 넓은 타원형으로 가장자리가 밋밋하며 기부에서 5~7맥이 나오고 다시 그물맥으로 되며 윤기가 있다. 잎자루는 길이 7~20㎜ 정도이고 턱잎은 덩굴손으로 된다. 5~6월에 개화하며 산형꽃차례에 5~15개의 황록색 꽃이 핀다. 열매는 지름 1㎝ 정도이며 둥글고 적색으로 익는다. '청가시덩굴'과 비슷하지만 열매가 붉고 산형으로 달린다. 어린순을 나물로 튀겨먹거나 데쳐서 무침, 볶아 먹는다. 열매는 생식하기도 한다. 소금에 절여 망개떡을 해 먹기도 하고 쌈으로 먹기도 한다. 편세공 원료로 이용하거나 울타리용으로 심기도 한다. '명감', '망개'라고 하기도 한다. 다음과 같은 증상이나 효과에 약으로 쓰인다. 청미래덩굴(58): 거풍, 고치, 관절동통, 관절염, 관절통, 근골구급, 근육마비, 뇌암, 다소변, 대장암, 매독, 비암, 설사, 소감우독, 소종독, 소화, 수은중독, 수종, 식도암, 신장암, 아감, 암, 야뇨증, 약물중독, 요독증, 위암, 유방암, 이뇨, 이질, 임질, 임파선염, 자궁경부암, 자궁암, 장염, 장위카타르, 전립선비대증, 전립선암, 전립선염, 종독, 종창, 지혈, 직장암, 청열, 치암, 치창, 치출혈, 치통, 치풍, 치한, 타박상, 태양병, 통리수도, 통풍, 풍, 하리, 해독, 해열, 후굴전굴

청가시덩굴* cheong-ga-si-deong-gul

백합과 Liliaceae
Smilax sieboldii Miq. for. sieboldii

LN 청가시나무ⓝ, 청열매덤불, 청밀개덤불, 청경개, 까시남, 청가시덩굴, 청미래, 종가시나무, 청가시덤불, 청경개까시나무 EN siebold-greenbrier CN or MN (7): 용수채(龍須菜 Long-Xu-Cai), 점어수#(粘魚鬚 Zhan-Yu-Xu), 철사영선#(鐵絲靈仙 Tie-Si-Ling-Xian), 토복령(土茯苓 Tu-Fu-Ling)
[Character: monocotyledon. deciduous shrub. vine. wild, medicinal, edible, ornamental plant]

낙엽덩굴성 관목으로 근경이나 종자로 번식한다. 전국적으로 분포하며 산기슭의 숲 속에서 자란다. 줄기는 길이가 5m 정도에 달하고 능선과 곧은 가시가 있으며 가지는 녹색으로 흑색 반점이 있고 털이 없다. 어긋나는 잎은 길이 5~14㎝, 너비 3~9㎝ 정도로서 난상 타원형이고 가장자리가 파상이며 표면은 녹색, 뒷면은 연한 녹색으로 약간 윤기가 있다. 잎자루는 길이 5~15㎜ 정도이고 턱잎이 변한 1쌍의 덩굴손이 있다. 5~6월에 개화하며 잎겨드랑이에서 나오는 산형꽃차례에 달리는 꽃은 길이 2~3㎜ 정도이며넓은 종 같다. 열매는 길이 7~9㎜ 정도로 둥글며 장과처럼 흑색으로 익는다. '청미래덩굴'과 달리 잎이 얇고 엷은 녹색이며 과실은 검게 익는다. 어린순을 데쳐서 초고추장에 찍어 먹거나 초무침을 한다. 관상용으로 심기도 한다. 다음과 같은 증상이나 효과에 약으로 쓰인다. 청가시덩굴(16): 과식, 관절염, 다소변증, 매독, 요통, 임질, 제습, 종독, 진통, 치출혈, 치통, 치풍, 치한, 풍, 하리, 활혈

19950928 베라

19930625 아보레쓴 20030417 베라

19920925 아보레쓴 19950928 아보레쓴 20120413 아보레쓴

알로에* al-ro-e

백합과 Liliaceae
Aloe arborescens Mill.

LN 노회, 검산 EN aloe, candelabra-aloe, octopus-plant, torch-plant CN or MN (18): 노회#(蘆薈 Lu-Hui), 노회엽(蘆薈葉 Lu-Hui-Ye), 무위(菰偉 Wu-Wei), 진노회(眞蘆薈 Zhen-Lu-Hui)
[Character: monocotyledon. perennial herb. freshy erect type. cultivated, medicinal, ornamental, edible plant]

남아프리카가 원산지인 다육질의 다년생 초본이다. 우리나라에서는 관상용이나 약용 및 식용으로 온실에서 재배한다. 잎은 뿌리에서 뭉쳐나고 그 중앙에서 줄기와 화경이 벋는다. 식물체는 연한 회백색이고 가지가 갈라진다. 잎은 반원주형으로 뒷면은 둥글고 앞면은 약간 파이며 끝은 점차 가늘어져 예리하게 뾰족하고 가장자리에 가시모양의 털이 있다. 산형꽃차례에 달리는 꽃은 등황색이다. *Aloe vera* (L.) Burman f. (bitter-aloe, true-aloe, barbados-aloe)는 뿌리에서 모여 나는 잎이 선형으로 다육질이며 가장자리에 톱니가 있고 가지가 없다. 다음과 같은 증상이나 효과에 약으로 쓰인다. 알로에(34): 간염, 간작반, 강정제, 건위, 골절증, 구창, 구충, 금창, 민감체질, 발한, 변비, 신경통, 암, 월경이상, 위장염, 윤조활장, 임파선염, 자음강화, 장위카타르, 저혈압, 제번소갈, 주부습진, 지방간, 진통, 치통, 치핵, 타박상, 통경, 피부미백, 피부윤택, 해독, 해열, 현훈구토, 화상

지모* ji-mo

지모과 Haemodoraceae
Anemarrhena asphodeloides Bunge

LN 지모ⓝ, 평양지모 EN common-anemarrhena, zhi-mu CN or MN (37): 지모#(知母 Zhi-Mu), 지삼(地蔘 Di-Shen), 천지룡(天地龍 Tian-Di-Long)
[Character: monocotyledon. perennial herb. creeping and erect type. cultivated, wild, medicinal, ornamental plant]

다년생 초본으로 근경이나 종자로 번식한다. 황해도의 산이나 들에 야생하며 약용으로 재배한다. 굵은 근경은 옆으로 벋으며 끝에서 잎이 모여 나고 잎 속에서 나오는 화경은 높이 60~90㎝ 정도까지 자란다. 선형의 잎은 길이 25~50㎝, 너비 4~8㎜ 정도로 끝이 실처럼 가늘며 밑부분은 줄기를 감싼다. 6~7월에 개화한다. 꽃은 수상꽃차례에 2~3개씩 모여 달리며 통같이 생겼고 윗부분이 6개로 갈라진다. 삭과는 길이 10~12㎜ 정도의 긴 타원형으로 양끝이 좁고 3실이며 각 실에 흑색 종자가 1개씩 들어 있다. 관상용으로 심기도 한다. 지모(11): 간기능회복, 강화, 갱년기장애, 거담, 야뇨증, 진통, 통리수도, 해수, 해열, 호흡곤란, 황달

흰꽃나도사프란* huin-kkot-na-do-sa-peu-ran

수선화과 Amarylidaceae
Zephyranthes candida (Lindl.) Herb.

LN 구슬수선화ⓝ, 달래꽃무릇, 구슬수선, 산자고, 사프란아재비 EN flower-of-the-westernwind, autumn-zephyr-lily, peruvian-swamp-lily, white-amaryllis, autumn-zephir-lily CN or MN (1): 간풍초#(肝風草 Gan-Feng-Cao)
[Character: monocotyledon. perennial herb. erect type. cultivated, wild, medicinal, ornamental plant]

다년생 초본으로 인경이나 종자로 번식하고 남아메리카가 원산지이다. '파' 같은 인경에서 모여 나는 잎은 가늘고 두꺼우며 짙은 녹색으로 화경보다 길고 3~4월에 새 잎으로 바뀐다. 7~9월에 개화하고 잎 사이에서 나오는 화경은 길이 20~30㎝ 정도이며 끝에 1개의 꽃이 위를 향해 핀다. 꽃은 백색이지만 연한 홍색이 돌기도 한다. 음지에서는 반쯤 벌어지고 양지에서는 활짝 피며 밤에는 오그라든다. 삭과는 3개로 울툭불툭 튀어나오며 녹색이고 벌어져서 종자가 나온다. '나도샤프란'과 비슷하지만 잎이 가늘고 두꺼우며 꽃이 희다. 제주도에서 관상용으로 많이 심는다. 다음과 같은 증상이나 효과에 약으로 쓰인다. 흰꽃나도사프란(6): 거담, 구토, 백일해, 종기, 천식, 폐렴

문주란* mun-ju-ran | 수선화과 Amarylidaceae *Crinum asiaticum* var. *japonicum* Baker

KN 문주화ⓝ EN asiatic-poison-bulb, chinese-crinum, largest-crinum CN or MN (10): 나군대#(羅裙帶 Luo-Qun-Dai), 만년청(萬年靑 Wan-Nian-Qing), 문주란#(文珠蘭 Wen-Zhu-Lan)
[Character: monocotyledon. evergreen, perennial herb. erect type. halophyte. cultivated, wild, medicinal, ornamental plant]

상록다년초로 인경이나 종자로 번식한다. 제주도에 분포하며 따뜻한 해변의 모래땅에서 자란다. 원주형의 인경은 지름 5~10㎝ 정도이고 화경은 높이 40~80㎝, 지름 18㎜ 정도로 잎이 없다. 선상 피침형의 잎은 털이 없고 육질이며 윗부분은 길이 30~60㎝, 너비 4~9㎝ 정도이며 끝이 뾰족하고 밑부분이 잎집으로 되어 인경을 둘러싼다. 6~8월에 개화한다. 산형꽃차례에는 많은 꽃이 달리고 소화경은 길이 2~3㎝ 정도이며 화관은 백색으로 향기가 있다. 삭과는 둥글며 종자는 둔한 능선이 있고 회백색이며 길이와 너비가 각각 2~2.5㎝ 정도로 둥글고 해면질이다. '아프리카문주란'과 다르게 잎은 너비 4~9㎝ 정도이고 소화경은 길이 2.5㎝ 정도이며 꽃은 위를 향한다. 제주도에서 관상용으로 길가에 심는다. 다음과 같은 증상이나 효과에 약으로 쓰인다. 문주란(19): 객혈, 거담, 관절통, 기관지염, 백일해, 산어소종, 옹종, 적리, 종통, 진통, 창종, 청화해독, 타박상, 토혈, 폐결핵, 해독, 해수, 해열, 후통

아마릴리스* a-ma-ril-ri-seu

수선화과 Amarylidaceae
Hippeastrum hybridum Hort.

KN 진주화ⓝ EN amaryllis, mexican-lily CN or MN (1): 주정란#(朱頂蘭 Zhu-Ding-Lan)
[Character: monocotyledon. perennial herb. erect type. cultivated, medicinal, ornamental plant]

다년생 초본으로 인경으로 번식하고 멕시코 원산의 관상식물이다. 인경은 흑갈색 껍질이 있으며 양파와 비슷하고, 굵은 화경은 높이 30~60㎝ 정도로서 속이 비어 있고 겉은 백분을 칠한 것 같다. 잎은 두꺼우며 넓은 선형이고 2줄로 나오며 붉은빛이 도는 짙은 녹색이다. 5~6월에 개화하며 화경 끝에 3~4개의 꽃이 밖을 향해 산형으로 달리고 여러 가지 색깔이 있다. '군자란'과 비슷하지만 꽃줄기의 속이 비어 있다. '주정란'이라 하여 약으로 쓰이고 관상용으로 온실에 많이 심는다.

석산* seok-san

수선화과 Amarylidaceae
Lycoris radiata (L'Hérit.) Herb.

LN 꽃무릇ⓝ, 가을가재무릇, 바퀴잎상사화 EN spider-lily, red-spider-lily, shorttube-lycoris, cluster-amaryllis CN or MN (5): 독산(獨蒜 Du-Suan), 석산#(石蒜 Shi-Suan), 피안화#(彼岸花 Bi-An-Hua)

[Character: monocotyledon. perennial herb. erect type. cultivated, wild, medicinal, poisonous, ornamental, edible plant]

다년생 초본이며 인경으로 번식한다. 중국이 원산지인 관상식물이다. 넓은 타원형의 인경은 지름 2~4㎝ 정도로 외피가 흑색이며 9~10월에 잎이 없어진 인경에서 나오는 화경은 높이 25~50㎝ 정도이다. 잎은 길이 20~40㎝, 너비 6~8㎜ 정도의 선형이고 꽃이 진 다음 짙은 녹색의 잎이 나와 이듬해 화경이 올라올 때에 잎이 없어진다. 9~10월에 개화한다. 화경의 끝에 산형으로 달리는 꽃은 적색으로 꽃잎은 도피침형이고 뒤로 말리며 가장자리에 주름이 진다. 열매는 맺지 못한다. 관상용으로 심는다. 뿌리가 매운맛이 있어 파, 마늘 대용, 김치 양념으로, 전을 부치거나 쪄서 식용하나 독성이 있어 삶아서 우려내고 먹어야 한다. 그렇지 않은 경우에는 먹으면 구토와 설사, 경련 등이 일어난다. 다음과 같은 증상이나 효과에 약으로 쓰인다. 석산(19): 객혈, 거담, 곽란, 구토, 기관지염, 백일해, 옹종, 이뇨, 인후통, 적리, 종독, 창종, 최토, 토혈, 폐결핵, 풍, 해독, 해수, 해열

상사화* sang-sa-hwa

수선화과 Amarylidaceae
Lycoris squamigera Maxim.

KN 상사화ⓝ, 녹총, 개가재무릇 EN magic-lily, resurrection-lily, hardy-amaryllis, hardy-cluster-amaryllis, hardy-cluster CN or MN (3): 녹총#(鹿葱 Lu-Cong), 상사화#(相思花 Xiang-Si-Hua), 이별초(離別草 Li-Bie-Cao)
[Character: monocotyledon. perennial herb. erect type. cultivated, wild, medicinal, poisonous, ornamental plant]

다년생 초본으로 인경으로 번식한다. 일본이 원산지인 관상식물로 절에서 많이 심고 있다. 인경은 지름 4~5㎝ 정도로서 겉은 흑갈색이고 6~7월에 잎이 마른 다음 8~9월에 나오는 화경은 원주형으로 높이 50~70㎝ 정도이다. 봄에 나오는 선형의 잎은 길이 20~40㎝, 너비 1~2㎝ 정도이며 연한 녹색이고 6~7월에 마른다. 8~9월에 개화한다. 연한 홍자색으로 피는 꽃은 산형꽃차례에 4~8개가 달리고 수술이 화피편보다 짧고 열매를 맺지 못한다. 독이 있어 먹으면 안 된다. 다음과 같은 증상이나 효과에 약으로 쓰인다. 상사화(14): 각혈, 객혈, 거담, 기관지염, 백일해, 적리, 적백리, 종독, 진통, 창종, 토혈, 폐결핵, 해독, 해열

수선화* su-seon-hwa

수선화과 Amarylidaceae
Narcissus tazetta var. *chinensis* Roem.

KN 수선화ⓝ, 수선, 겹첩수선화 EN chinese-narcissus, polyanthus-narcissus, daffodie, narcissus, french-daffodie, grand-emperor, chinese-grand-emperor, sacred-chinese-lily, new-year-lily CN or MN (6): 설중화(雪中花 Xue-Zhong-Hua), 수선#(水仙 Shui-Xian), 수선화#(水仙花 Shui-Xian-Hua), 제주수선(濟州水仙 Ji-Zhou-Shui-Xian)

[Character: monocotyledon. perennial herb. erect type. cultivated, wild, medicinal, poisonous, ornamental plant]

사진은 수선화의 여러 가지 품종이다. 다년생 초본으로 인경으로 번식한다. 지중해 연안이 원산지로 관상용으로 많이 재배한다. 제주도에서 자생한다. 넓은 난형의 인경은 껍질이 흑색이고 화경은 높이 20~40㎝ 정도이다. 선형의 잎은 길이 20~40㎝, 너비 8~15㎜ 정도이며 끝이 둔하고 백록색이다. 3~4월에 개화한다. 화경 끝에 달리는 5~6개의 꽃은 옆으로 달리며 여러 가지 색깔이 있고, 종자를 맺지 못한다. '상사화속'과 달리 화경과 잎이 동시에 나오고 부화관이 현저히 발달하였으며 수술은 부화관 안에 난다. 관상용으로는 여러 가지 품종이 있어 꽃의 색깔도 다양하다. 다음과 같은 증상이나 효과에 약으로 쓰인다. 수선화(19): 거담, 견비통, 경혈, 구토, 배농, 백일해, 소종, 옹종, 일체안병, 종기, 종독, 천식, 충치, 타박상, 토혈각혈, 폐기천식, 폐렴, 풍, 활혈

제주도온실 20110322 떨어진꽃

20030417 제주도온실 20110126 개화말기

19980410 전주온실 20110322 개화기 20020710

20110126 19950928 20110126

용설란* yong-seol-ran

용설란과 Agavaceae
Agave americana L.

LN 룡설란ⓝ, 세기식물, 청용설란 EN century-plant, maguey, american-aloe, american-agave CN or MN (1): 용설란#(龍舌蘭 Long-She-Lan)
[Character: monocotyledon. evergreen, perennial herb. freshy erect type. cultivated, wild, medicinal, poisonous, ornamental plant]

사진은 용설란의 여러 가지 품종이다. 상록다년초로 분지나 종자로 번식한다. 멕시코가 원산지이다. 화경은 높이 2m 이상 자라고 가지가 갈라져서 큰 원추꽃차례를 형성한다. 다육질인 잎은 1m 이상 자라고 도피침형으로 가장자리에 날카로운 가시가 있다. 좀처럼 꽃이 피지 않으나 개화한 다음에는 죽는다. '실유카'와 달리 잎이 다육질이며 가장자리에 톱니가 있다. 꽃이 100년 만에 핀다고 하여 세기식물(century plant)이라고 하지만 100년까지는 걸리지 않는다. 관상용으로 심으며 다육질의 잎은 독성이 있다. 섬유직물이나 제지원료로 쓰이기도 한다. 다음과 같은 증상이나 효과에 약으로 쓰인다. 용설란(7): 늑막염, 복막염, 소염, 수종, 지혈, 창종, 항균

실유카* sil-yu-ka | 용설란과 Agavaceae *Yucca filamentosa* L.

LN 실잎나무ⓝ, 실육카, 실육까, 실란 EN adam's-needle, common-yucca, needle-palm, silk-grass, spoon-leaf-yucca CN or MN (1): 사란#(絲蘭 Si-Lan)
[Character: monocotyledon. evergreen, perennial herb. erect type. cultivated, wild, medicinal, ornamental plant]

상록다년초로 측지나 종자로 번식한다. 북아메리카가 원산지이다. 화경은 높이 1~2m 정도로 가지가 많이 갈라지고 100~200개 정도의 꽃이 달린다. 밑부분에서 모여 나는 잎은 비스듬히 사방으로 퍼지며 딱딱하고 길이 40~80㎝, 너비 2~4㎝ 정도의 선상 피침형으로 청록색이며 가장자리에 실이 있다. 6~7월에 개화한다. 흰색의 꽃은 밑을 향해 반 정도 벌어진다. 잎 가장자리에 실이 갈라지기 때문에 '실유카'라고 한다. 잎은 육질이 아니고 톱니가 없으며 가장자리에 실이 있는 점이 '용설란'과 다르다. '사란'이라 하여 약으로 쓰인다. 관상용으로 심기도 하며 섬유를 채취하여 이용하기도 한다.

유카* yu-ka | 용설란과 Agavaceae *Yucca gloriosa* L.

LN 실잎나무, 육까 EN roman-candle, soft-tip-yucca, yucca, load's-candlestick, spanisch-dagger CN or MN (1): 봉미란#(鳳尾蘭 Feng-Wei-Lan)

[Character: monocotyledon. evergreen shrub. erect type. cultivated, wild, medicinal, ornamental plant]

상록성 관목으로 측지나 종자로 번식한다. 남부지방과 제주도의 자연조건에서 월동하여 자라고 북아메리카가 원산지이다. 화경은 높이 1~2m 정도로 자라고 가지가 많이 갈라지며 100~200개 정도의 꽃이 달린다. 마디 부분에서 모여 나는 잎은 비스듬히 사방으로 퍼지며 딱딱하고 길이 40~80㎝ 정도의 선상 피침형으로 청록색이며 가장자리에 실이 없다. 5~12월에 수시로 개화한다. 흰색의 꽃은 밑을 향해 반 정도 벌어지며 '실유카'와 유사하다. 관상용으로 심으며 약용으로 쓰인다. 중부지방에서는 자연 상태로 월동이 불가능하다.

마* ma

마과 Dioscoreaceae
Dioscorea batatus Decne.

LN 마ⓝ, 참마, 당마 EN chinese-yam, cinnamon-vine, common-yam, yam-vine CN or MN (61): 산약#(山藥 Shan-Yao), 산약등#(山藥藤 Shan-Yao-Teng), 산여#(山蕷 Shan-Yu), 서#(薯 Shu), 서여#(薯蕷 Shu-Yu), 영여자#(零餘子 Ling-Yu-Zi), 장우#(長芋 Chang-Yu)
[Character: monocotyledon. perennial herb. vine. cultivated, wild, medicinal, edible, ornamental plant]

다년생 초본으로 괴근, 주아 및 종자로 번식한다. 전국적으로 분포하며 산간지에서 자라나 주로 밭에서 재배한다. 덩굴성의 줄기는 2~3m 정도 자라며 자줏빛이 돌고 뿌리는 육질로서 땅속으로 깊게 들어간다. 마주나거나 돌려나는 잎은 길이 3~7㎝, 너비 2~4㎝ 정도의 삼각상 난형으로 잎자루가 길며 잎자루와 잎맥은 자줏빛이 돌고 잎겨드랑이에 주아가 생긴다. 6~7월에 개화한다. 단성화인 꽃은 잎겨드랑이에서 2~3개씩 나오는 수상꽃차례에 달리며 수꽃차례는 곧추서고 암꽃차례는 밑으로 처진다. '참마'와 달리 줄기, 잎자루 및 엽맥에 자색을 띠는 잎은 심장상 난형이고 잎의 기부는 귀 모양으로 되고 가장자리가 잘룩하며 열매는 지름 18~20㎜ 정도이다. 약용과 관상용으로 심으며 편공재로 쓰인다. 덩이뿌리를 참기름과 소금에 찍어 먹거나 갈거나 또는 삶아먹는다. 마조림, 마스프, 마샐러드, 마튀김, 마잡곡즙, 마젤리로 먹는다. 다음과 같은 증상이나 효과에 약으로 쓰인다. 마(76): 갑상선염, 갑상선종, 강장, 강장보호, 강정안정, 강정제, 건망증, 건비위, 건위, 경선결핵, 과민성대장증후군, 구창, 구토, 근골, 근골동통, 기억력감퇴, 대하, 동상, 만성위장염, 만성피로, 몽정, 보비폐신, 빈뇨, 소갈, 소아감병, 소아리수, 소아청변, 소아토유, 소아허약체질, 소영, 식욕부진, 신장염, 안오장, 안정피로, 야뇨증, 양모, 양모발약, 양위, 예근, 오심, 오한, 요삽, 요통, 위장염, 원형탈모증, 유옹, 유정, 유정증, 유창통, 음낭종독, 이명, 익기양음, 익신, 자궁외임신, 자양강장, 자양불로, 정기, 정력증진, 정양, 종독, 지사, 진정, 청력보강, 청명, 충치, 치핵, 토담, 폐결핵, 폐기천식, 한열왕래, 해독, 해라, 허로, 허약체질, 화상, 흉통

노랑꽃창포* no-rang-kkot-chang-po | 붓꽃과 Iridaceae *Iris pseudacorus* L.

ⓛⓝ 노랑꽃창포ⓝ, 노랑장포 ⓔⓝ flag-iris, yellow-flag, yellowflag-iris, water-flag, yellow-iris, jacob's-wort, yellow-flag-iris, rocky-mountain-iris ⓒⓝ or ⓜⓝ (1): 옥선화#(玉蟬花 Yu-Chan-Hua)
[Character: monocotyledon. perennial herb. erect type. hygrophyte. wild, cultivated, medicinal, ornamental plant]

다년생 초본으로 근경이나 종자로 번식한다. 유럽이 원산지인 습생식물이다. 근경에서 모여 나는 줄기는 높이가 1m 정도까지 자란다. 잎은 길이 80~100㎝, 너비 3~6㎝ 정도의 선형으로 밑부분은 줄기를 감싸고 있다. 5~6월에 개화한다. 황색의 꽃잎은 광난형이고 밑으로 처진다. 삭과는 다소 밑으로 처지며 삼각상 타원형으로 끝이 뾰족하고 3개로 갈라져서 갈색 종자가 나온다. 관상용으로 심는다. 다음과 같은 증상이나 효과에 약으로 쓰인다. 노랑꽃창포(6): 복부팽만증, 복통, 소화, 이뇨, 청열, 타박상

타래붓꽃* ta-rae-but-kkot

붓꽃과 Iridaceae
Iris lactea var. *chinensis* (Fisch.) Koidz.

LN 타래붓꽃ⓝ, 마린자 EN chinese-iris CN or MN (17): 마린근#(馬蘭根 Ma-Lin-Gen), 마린화#(馬藺花 Ma-Lin-Hua), 마해(馬薤 Ma-Xie), 여실(荔實 Li-Shi), 여화엽#(蠡花葉 Li-Hua-Ye)
[Character: monocotyledon. perennial herb. erect type. hygrophyte. wild, medicinal, ornamental plant]

다년생 초본으로 근경이나 종자로 번식한다. 전국적으로 분포하며 산지나 풀밭의 습지에서 자란다. 근경에서 모여 나는 화경은 높이 15~25㎝ 정도이다. 선형의 잎은 길이 30~40㎝, 너비 4~8㎜ 정도로 녹색이나 밑부분이 연한 자줏빛이 돈다. 잎 전체가 약간 비틀려서 꼬이기 때문에 '타래붓꽃'이라 한다. 5~6월에 개화하고 잎보다 짧은 화경에 향기가 있는 연한 보라색 꽃이 달리며 꽃잎은 3개로 밖으로 퍼진다. 삭과는 길이 4~6㎝, 지름 1㎝ 정도의 원주형으로 끝이 부리처럼 뾰족하다. 관상용으로 심기도 한다. 다음과 같은 증상이나 효과에 약으로 쓰인다. 타래붓꽃(24): 간염, 골수염, 급성간염, 백일해, 안태, 옹종, 위중열, 이뇨, 인후염, 장위카타르, 절상, 종독, 주독, 지혈, 창달, 청열해독, 토혈, 토혈각혈, 편도선염, 폐렴, 해독, 해소, 해열, 황달

부채붓꽃* bu-chae-but-kkot

붓꽃과 Iridaceae
Iris setosa Pall. ex Link

LN 부채붓꽃ⓝ, 얼이범부채 EN beach-head-iris, arctic-iris CN or MN (2): 산연미#(山鳶尾 Shan-Yuan-Wei), 연미#(鳶尾 Yuan-Wei)
[Character: monocotyledon. perennial herb. erect type. wild, medicinal, ornamental plant]

다년생 초본으로 근경이나 종자로 번식한다. 중북부지방에 분포하며 산지의 습원에서 자란다. 화경은 높이 30~70㎝ 정도이다. 어긋나는 잎은 서로 포개지고 선형의 잎몸은 길이 20~40㎝, 너비 1~2㎝ 정도이고 끝이 뾰족하며 주맥이 뚜렷하지 않다. 6~7월에 개화하며 자주색의 꽃은 지름 8㎝ 정도이고 꽃잎은 광도란형이며 밑부분에 뾰족뾰족한 흰색의 무늬가 있다. 내화피가 곧게 서는 '붓꽃'과 달리 내화피가 퇴화되어 작으며 옆으로 퍼진다. 삭과는 길이 3㎝ 정도의 타원체이고 종자는 연한 갈색이다. 관상용으로 심기도 한다. 다음과 같은 증상이나 효과에 약으로 쓰인다. 부채붓꽃(11): 백일해, 안태, 인후염, 위중열, 절상, 주독, 창달, 토혈, 편도선염, 폐렴, 해소

꽃창포* kkot-chang-po

붓꽃과 Iridaceae
Iris ensata var. *spontanea* (Makino) Nakai

LN 들꽃창포ⓝ, 꽃장포, 들꽃장포 EN japanese-water-iris, japanese-iris CN or MN (3): 옥선화#(玉蟬花 Yu-Chan-Hua), 자화연미#(紫花鳶尾 Zi-Hua-Yuan-Wei)
[Character: monocotyledon. perennial herb. erect type. hygrophyte. wild, medicinal, ornamental plant]

다년생 초본으로 근경이나 종자로 번식한다. 전국적으로 분포하며 산이나 들의 습지에서 자란다. 화경의 높이는 60~120㎝ 정도에 달하고 털이 없으며 가지가 갈라진다. 선형의 잎은 길이 30~60㎝, 너비 6~12㎜ 정도이며 주맥이 뚜렷하다. 6~7월에 개화한다. 적자색의 꽃에는 밑부분에 녹색인 잎집 모양의 포가 2개가 있고 타원형의 꽃잎의 중앙에 황색의 뾰족한 무늬가 있다. 삭과는 갈색이며 뒤쪽에서 터지고 종자는 편평하고 적갈색이다. '제비붓꽃'과 달리 잎의 주맥이 뚜렷하고 화피열편은 적자색이며 꽃밥은 황색이다. 관상용으로 심기도 한다. 다음과 같은 증상이나 효과에 약으로 쓰인다. 꽃창포(10): 나창, 백일해, 인후염, 주독, 창달, 촌충, 토혈, 편도선염, 폐렴, 해소

붓꽃* but-kkot | 붓꽃과 Iridaceae *Iris sanguinea* Donn ex Horn

ⓁⓃ 붓꽃ⓝ, 란초, 난초 ⒺⓃ siberian-iris ⒸⓃ or ⓂⓃ (14): 계손(溪蓀 Xi-Sun), 두시초#(豆豉草 Dou-Chi-Cao), 마린자#(馬藺子 Ma-Lin-Zi), 연미#(鳶尾 Yuan-Wei)
[Character: monocotyledon. perennial herb. creeping and erect type. hygrophyte. wild, medicinal, ornamental plant]

다년생 초본으로 근경이나 종자로 번식한다. 전국적으로 분포하며 산이나 들의 습지에서 자란다. 옆으로 벋는 근경에서 모여 나오는 화경은 높이가 40~80㎝ 정도이다. 곧추서는 선형의 잎은 길이 20~40㎝, 너비 5~10㎜ 정도로서 밑부분이 잎집 같으며 붉은빛이 돌기도 한다. 5~6월에 개화하며 화경 끝에 2~3개씩 달리는 꽃은 보라색이고 잎 같은 포가 있다. 삭과는 대가 있으며 길이 3~4㎝ 정도이고 3개의 능선이 있는 방추형이다. 갈색의 종자는 삭과 끝이 터지면서 나온다. '부채붓꽃'과 달리 잎이 좁고 화경은 갈라지지 않으며 내화피편이 곧추서고 눈에 띈다. '시베리아붓꽃'과 비슷하지만 꽃줄기가 갈라지지 않고 근경은 황갈색이며 잎의 기부는 적자색이다. 관상용으로 심기도 한다. 다음과 같은 증상이나 효과에 약으로 쓰인다. 붓꽃(18): 개선, 경혈, 나창, 백일해, 옹종, 인후염, 적취, 종독, 주독, 창달, 촌충, 치핵, 타박상, 토혈, 편도선염, 폐렴, 피부병, 해소

범부채* beom-bu-chae | 붓꽃과 Iridaceae *Belamcanda chinensis* (L.) DC.

ⓛⓝ 범부채ⓝ, 사간 ⓔⓝ blackberry-lily, leopard-lily, leopard-flower ⓒⓝ or ⓜⓝ (49): 귀선(鬼扇 Gui-Shan), 냉수화(冷水花 Leng-Shui-Hua), 사간#(射干 She-Gan), 오취(烏吹 Wu-Chui), 황화편축(黃花萹蓄 Huang-Hua-Bian-Xu)

[Character: monocotyledon. perennial herb. creeping and erect type. cultivated, wild, medicinal, ornamental plant]

다년생 초본으로 근경이나 종자로 번식한다. 전국적으로 분포하며 들에서 자라거나 재배한다. 옆으로 벋는 근경에서 모여 나는 화경은 높이 60~120㎝ 정도이고 위에서 가지가 많이 갈라진다. 어긋나는 잎은 2줄로 부채처럼 배열되고 녹색 바탕에 다소 흰빛이 돌며 길이 25~50㎝, 너비 2~4㎝ 정도이며 끝이 뾰족하고 밑부분이 서로 껴안는다. 7~8월에 개화한다. 꽃은 수평으로 퍼지고 황적색 바탕에 짙은 반점이 있다. 삭과는 길이 3㎝ 정도의 도란상 타원형이며 종자는 흑색으로 윤기가 있다. 관상용으로 심기도 한다. 다음과 같은 증상이나 효과에 약으로 쓰인다. 범부채(22): 각기, 강화, 거염, 구창, 무월경, 소염, 아통, 외이도염, 외이도절, 인후통증, 일체안병, 임파선염, 진경, 진통, 진해, 청열해독, 치통, 편도선염, 폐렴, 해수, 해열, 현훈구토

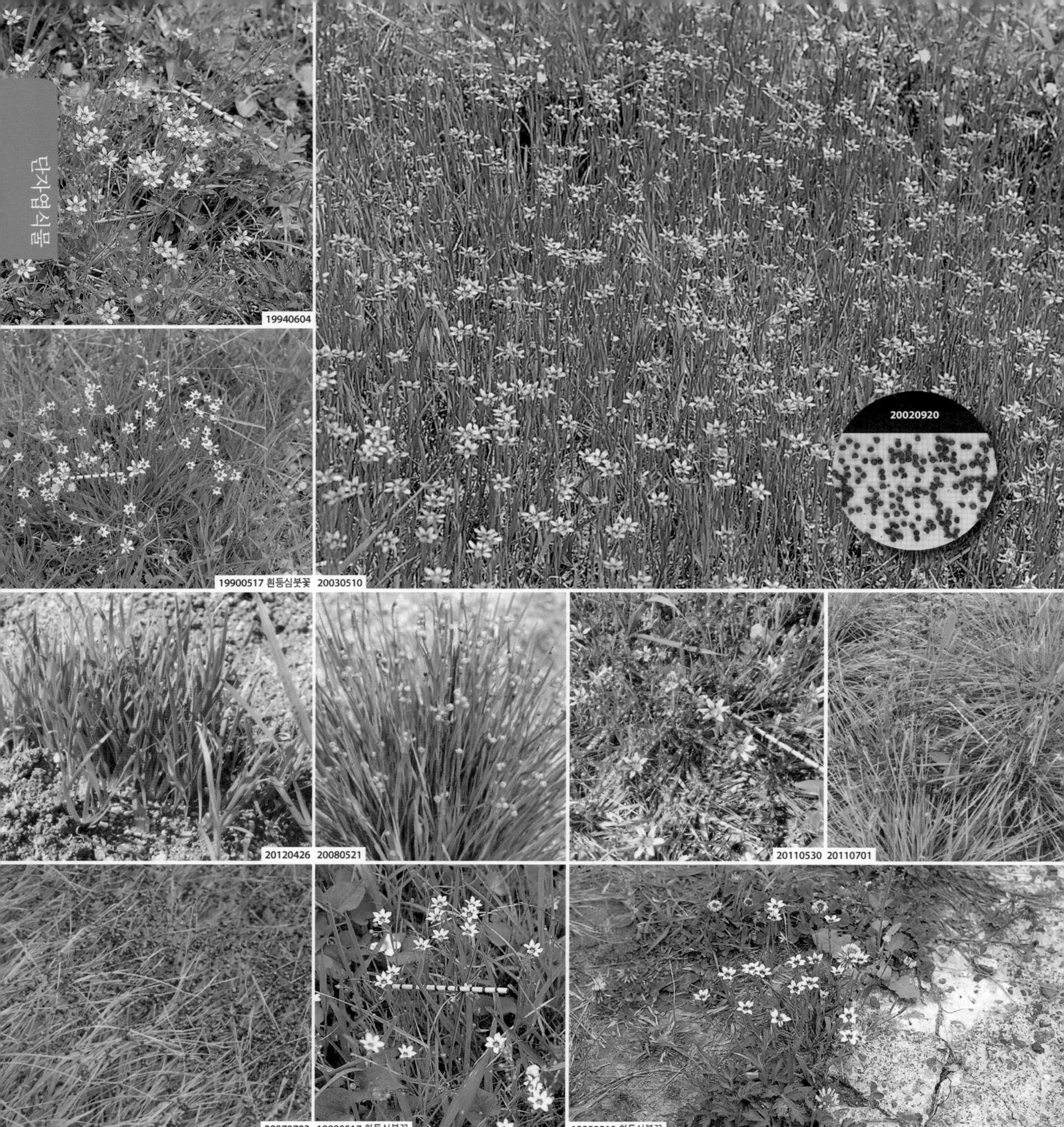

등심붓꽃* deung-sim-but-kkot

붓꽃과 Iridaceae
Sisyrinchium angustifolium Mill.

Ⓛ 등심붓꽃ⓝ, 골붓꽃 Ⓔ narrowleaf-sisyrinchium, narrowleaf-blue-eyed-grass, blue-pigroot
[Character: monocotyledon. perennial herb. erect type. cultivated, wild, medicinal, ornamental plant]

다년생 초본으로 근경이나 종자로 번식한다. 북아메리카에서 귀화한 식물로 남부지방과 제주도의 풀밭에서 자란다. 근경에서 모여 나는 화경은 높이 10~20㎝ 정도로서 편평하며 녹색이고 좁은 날개가 있다. 경생엽의 밑부분은 잎집으로서 원줄기를 감싸고 있고 윗부분은 뾰족하며 녹색으로 가장자리에 잔 톱니가 있다. 5~6월에 개화한다. 2~5개씩 달리는 꽃은 지름 15㎜ 정도이고 자주색 또는 백색 바탕에 자주색 줄이 있다. 잎이 선형이고 줄기에 좁은 날개가 있다. 관상용으로 심기도 한다. 꽃이 흰 것을 흰등심붓꽃[*Sisyrinchium angustifolium* Mill. f. *album* J. K. Kim et Y. S. Kim]이라 하기도 한다. 다음과 같은 증상이나 효과에 약으로 쓰인다. 등심붓꽃(10): 백일해, 위중열, 인후염, 절상, 주독, 창달, 토혈, 편도선염, 폐렴, 해소

양하* yang-ha

생강과 Zingiberaceae
Zingiber mioga (Thunb.) Roscoe

ⓁⓃ 양하ⓝ, 양애, 양해깐 ⒺⓃ mioga, ginger, mioga-ginger ⒸⓃ or ⓂⓃ (13): 명하#(茗荷 Ming-He), 양하#(蘘荷 Rang-He), 우거(芋渠 Yu-Qu)
[Character: monocotyledon. perennial herb. erect type. cultivated, wild, medicinal, edible, ornamental plant]

다년생 초본으로 땅속줄기나 종자로 번식한다. 남부지방에서 재배한다. 밑부분의 잎집이 서로 감싸면서 원줄기처럼 자라서 높이가 40~80㎝ 정도에 이른다. 긴 타원형의 잎몸은 길이 15~30㎝, 너비 3~6㎝ 정도로 밑부분이 좁아져서 잎자루처럼 된다. 8~9월에 개화한다. 땅속줄기의 끝에 인편엽으로 싸인 화경은 길이 5~15㎝ 정도이고 황색의 꽃이 핀다. '생강'과 달리 땅속줄기는 옆으로 자라며 비늘 같은 잎으로 싸여 있다. 열대 아시아가 원산지로 꽃차례와 어린잎은 식용하며, 조미료로 이용하기도 한다. 관상용으로 심기도 한다. 다음과 같은 증상이나 효과에 약으로 쓰인다. 양하(13): 거담, 건위, 경혈, 소종해독, 월경불순, 월경이상, 위통, 종독, 진통, 진해, 통리수도, 해수, 활혈

생강*

saeng-gang | 생강과 Zingiberaceae
Zingiber officinale Roscoe

ⓁⓃ 생강ⓝ, 새양 ⒺⓃ ginger, common-ginger ⒸⓃ or ⓂⓃ (46): 강(薑 Jiang), 강(姜 Jiang), 건강#(乾薑 Gan-Jiang), 백강#(白薑 Bai-Jiang), 생강#(生薑 Sheng-Jiang), 어습초(御濕草 Yu-Shi-Cao)
[Character: monocotyledon. perennial herb. erect type. cultivated, medicinal, edible, ornamental plant]

다년생 초본이며 근경으로 번식한다. 열대 아시아가 원산으로 우리나라는 중남부지방에서 조미료 식물로 재배하고 있다. 우리나라에서는 개화하지 않는다. 각 마디에서 잎집으로 형성된 가짜 줄기가 곧추 자라서 높이 30~50㎝ 정도에 이르고 윗부분에 잎이 2줄로 배열된다. 잎몸은 선상 피침형이고 양끝이 좁으며 밑부분이 긴 잎집으로 된다. '양하'와 달리 땅속줄기가 육질이다. 근경은 굵고 옆으로 자라며 연한 황색의 육질로서 맵고 향기가 있다. 근경은 식품이나 과자로 이용하며 향료나 조미료로 쓰기도 한다. 관상용으로 심기도 한다. 다음과 같은 증상이나 효과에 약으로 쓰인다. 생강(75): 간질, 감기, 개선, 거담, 건비위, 건위, 고혈압, 곽란, 관절염, 광견병, 구금불언, 구충, 구토, 기관지염, 기관지천식, 냉복통, 발한, 변비, 소아간질, 소아경풍, 소영, 식강어체, 식계육체, 식제수육체, 식중독, 식해어체, 심복냉통, 암내, 액취, 열성경련, 오발, 오심, 온중거한, 원형탈모증, 월경이상, 위한증, 유선염, 음극사양, 음부소양, 음식체, 음양음창, 일사병열사병, 임신오조, 임신중독증, 저혈압, 적백리, 절옹, 정력증진, 제습, 주름살, 주부습진, 중독증, 중풍, 지구역, 지혈, 진통, 치루, 치핵, 타박상, 통기, 편도선비대, 폐기천식, 풍비, 풍사, 풍한, 하리, 한습, 한열왕래, 해수, 현훈구토, 혈기심통, 홍역, 화분병, 후굴전굴, 흉통

울금* ul-geum

생강과 Zingiberaceae
Curcuma domestica Valeton.

LN 강황 EN turmeric, curcuma, long-turmeric
CN or MN (49): 강황(姜黃 Jiang-Huang), 강황(薑黃 Jiang-Huang), 아출(莪朮 E-Zhu), 울금#(鬱金 Yu-Jin), 편강황(片薑黃 Pian-Jiang-Huang), 황사울금(黃絲鬱金 Huang-Si-Yu-Jin), 황울(黃鬱 Huang-Yu)
[Character: monocotyledon. perennial herb. erect type. cultivated, medicinal, edible, ornamental plant]

다년생 초본이며 근경으로 번식한다. 인도가 원산으로 우리나라는 중남부 지방에서 조미료 식물로 재배하고 있다. 각 마디에서 나온 잎이 곧추 자라서 높이 50~100㎝ 정도에 이르고 윗부분에 잎이 2줄로 배열된다. 잎몸은 길이 20~40㎝ 정도의 긴 타원형으로 양끝이 좁으며 밑부분이 긴 잎집으로 된다. '양하'와 달리 땅속줄기가 육질이다. 근경은 굵고 옆으로 자라며 연한 황색의 육질로서 맵고 향기가 있다. 근경은 식품이나 과자로 이용하며 향료나 조미료로 쓰기도 한다. 관상용으로 심기도 한다. 다음과 같은 증상이나 효과에 약으로 쓰인다. 울금(9): 구충, 간기능회복, 건위, 산후회복, 월경이상, 토혈각혈, 통경, 혈뇨, 혈변

19950928
19950601 19940502

파초* pa-cho

파초과 Musaceae
Musa basjoo Siebold et Zucc.

LN 파초ⓝ EN hardy-banana, hardy-fiber-banana, japanese-banana, japanese-fiber-banana-tree, japanese-fiber-banana CN or MN (10): 감초(甘草 Gan-Cao), 파초#(芭蕉 Ba-Jiao), 파초화(芭蕉花 Ba-Jiao-Hua), 홍화초(紅花蕉 Hong-Hua-Jiao)
[Character: monocotyledon. perennial herb. erect type. cultivated, wild, medicinal, edible, ornamental plant]

다년생 초본이며 근경에 붙은 괴경으로 번식한다. 일본 남부와 중국 남부가 원산지인 관엽식물이다. 잎집이 서로 감싸면서 자라 원줄기처럼 되고 높이 4m, 지름 20㎝ 정도까지 자란다. 잎몸은 처음에 말려서 나와 사방으로 퍼지며 길이 2m 정도까지 자라고 녹색으로 결맥이 평행한다. 8~9월에 개화한다. 잎 속에서 자란 화경에 15개 정도 달리는 꽃은 길이 6~7㎝ 정도이며 황백색이다. 남부지방과 제주도에서는 뜰에서도 월동이 되고 관상용으로 심는다. 어린 싹을 식용하기도 한다. 다음과 같은 증상이나 효과에 약으로 쓰인다. 파초(6): 각기, 감기, 위장염, 지혈, 해열, 황달

바나나* ba-na-na

파초과 Musaceae
Musa paradisiaca L.

LN 바나나ⓝ, 빠나나 EN edible-banana, banana plantain, cooking-banana CN or MN (2): 대초#(大蕉 Da-Jiao), 향초#(香蕉 Xiang-Jiao)
[Character : monocotyledon. perennial herb. erect type. cultivated, edible, medicinal, ornamental plant]

다년생 초본이며 근경으로 번식한다. 열대지방이 원산지로 열대과실로는 으뜸이며 한동안 제주도의 비닐하우스에서 재배하기도 하였다. 잎집과 잎몸은 길이가 5m 이상까지 자라고 과경의 길이가 30~60㎝ 정도로 100~200개의 과실이 달린다. 열대 및 아열대지방에서 재배되며 제주도와 남부지방의 온실에서 재배하고 관상용 관엽식물로도 이용한다. 다음과 같은 증상이나 효과에 약으로 쓰인다. 바나나(8): 각기, 감기, 소아조성장, 위장염, 자궁발육부전, 지혈, 탄산토산, 현훈

홍초* hong-cho

홍초과 Cannaceae
Canna generalis Bailey

Ⓚ 꽃홍초ⓝ, 뜰홍초, 칸나, 꽃칸나, 왕홍초 Ⓔ canna, common-garden-canna, canna-lily, indian-shot Ⓒ or Ⓜ 홍초(5): 대화미인초(大花美人蕉 Da-Hua-Mei-Ren-Jiao), 홍초#(葒草 Hong-Cao)

[Character: monocotyledon. perennial herb. erect type. cultivated, medicinal, ornamental plant]

다년생 초본으로 근경이나 종자로 번식하고 열대지방이 원산지인 관상식물이다. 근경에서 나오는 줄기는 높이 1~2.5m 정도로 원주형이며 홍자색 또는 녹색이고 자르면 점액이 나온다. 잎몸은 길이 30~40㎝, 너비 10~20㎝ 정도의 광타원형이며 밑부분이 잎집으로 되어 원줄기를 감싸고 결맥이 평행으로 된다. 7~10월에 개화하며 꽃색은 붉은색이나 품종에 따라 여러 가지이고 꽃잎은 3개이다. 관상용으로 인공적인 잡종이 많으며 전국적으로 재배되고 있다. 중북부지방에서는 노지에서 월동하지 못한다. 다음과 같은 증상이나 효과에 약으로 쓰인다. 홍초(4): 간염, 구리, 소종, 지혈

20070729표

19890528

20070530 20070530

19890528

20020711  19971109

천마* cheon-ma | 난초과 Orchidaceae *Gastrodia elata* Blume

ⓛⓝ 천마ⓝ, 수자해좆 ⓔⓝ tall-gastrodia ⓒⓝ or ⓜⓝ (38): 귀독우(鬼督郵 Gui-Du-You), 적전#(赤箭 Chi-Jian), 천마#(天麻 Tian-Ma), 합리초(合离草 He-Li-Cao)

[Character: monocotyledon. perennial herb. erect type. wild, medicinal, edible, ornamental plant]

다년생 초본으로 괴경이나 종자로 번식한다. 전국적으로 분포하며 산이나 들의 숲 속에서 자란다. 잎이 없는 줄기는 높이 50~100㎝ 정도에 이르고 괴경은 긴 감자같이 생겼다. 초상엽은 막질이고 길이 1~2㎝ 정도로 가는 맥이 있으며 밑부분이 원줄기를 둘러싼다. 6~7월에 개화하며 꽃차례는 길이 10~20㎝ 정도로 황갈색의 많은 꽃이 달린다. 괴경이 감자 모양으로 굵어지고 꽃받침조각이 합생하여 통같이 된다. 관상식물로 심으며 뿌리는 식용으로도 쓰인다. 다음과 같은 증상이나 효과에 약으로 쓰인다. 천마(30): 간질, 감기, 강장보호, 강정제, 견비통, 경련, 고혈압, 소아감병, 소아경결, 소아경풍, 소아청변, 어깨결림, 언어장애, 열성경련, 윤장, 자율신경실조증, 자음, 장위카타르, 정신분열증, 제습, 중풍, 진경, 진정, 진통, 척추질환, 척추카리에스, 풍, 풍열, 현훈, 활혈

타래난초* ta-rae-nan-cho

난초과 Orchidaceae
Spiranthes sinensis (Pers.) Ames

LN 타래란ⓝ EN chinese-ladie's-tresses, ladie's-tresses CN or MN (7): 반룡삼(盤龍蔘 Pan-Long-Shen), 용포#(龍抱 Long-Bao), 저편초(楮鞭草 Chu-Bian-Cao)
[Character: monocotyledon. perennial herb. erect type. wild, medicinal, ornamental plant]

다년생 초본으로 근경이나 종자로 번식한다. 전국적으로 분포하며 산 가장자리나 들의 풀밭에서 자란다. 화경은 길이 20~40㎝ 정도이고 뿌리가 다소 굵다. 근생엽은 길이 10~20㎝, 너비 3~10㎜ 정도로 주맥이 들어가고 밑부분이 짧은 초로 되며 경생엽은 피침형으로 끝이 뾰족하다. 6~8월에 개화한다. 원줄기 윗부분의 나선상으로 꼬인 수상꽃차례에 분홍색 꽃이 옆을 향해 달린다. 수상꽃차례가 타래처럼 꼬여서 '타래난초'라고 한다. 관상용으로 심기도 한다. 다음과 같은 증상이나 효과에 약으로 쓰인다. 타래난초(18): 구갈, 보음, 소아인후통, 소종해독, 옹종, 유정증, 인후통증, 자음, 진해, 청열, 토혈, 편도선염, 해독, 해수, 해열, 해혈, 허약체질, 현훈

자란* ja-ran | 난초과 Orchidaceae *Bletilla striata* (Thunb. ex A. Murray) Rchb. f.

ⓛⓝ 대암풀ⓝ, 대왕풀, 백급 ⓔⓝ chinese-ground-orchid, common-bletilla ⓒⓝ or ⓜⓝ (26): 백급#(白及 Bai-Ji), 자란#(紫蘭 Zi-Lan), 주란(朱蘭 Zhu-Lan)
[Character: monocotyledon. perennial herb. erect type. wild, medicinal, ornamental plant]

다년생 초본으로 구경이나 종자로 번식한다. 남부지방이나 섬에 분포하며 산지의 바위틈에서 자란다. 구경은 지름 4㎝ 정도의 난상 구형으로 백색이며 육질이다. 5~6개의 잎은 밑부분에서 서로 감싸면서 원줄기처럼 되고 길이 20~30㎝, 너비 2~5㎝ 정도의 긴 타원형으로 끝이 뾰족하며 밑부분이 좁아져서 잎집으로 되며 세로로 많은 주름이 있다. 5~6월에 개화한다. 높이 30~60㎝ 정도의 화경 끝에 5~7개씩 달리는 꽃은 홍자색이며 관상용으로 심는다. 다음과 같은 증상이나 효과에 약으로 쓰인다. 자란(15): 배농, 보폐, 비출혈, 소염, 소종, 수감, 수렴지혈, 옹종, 종독, 지혈, 토혈, 토혈각혈, 폐결핵, 폐농양, 피부궤양

부록

식물 용어해설

1. 식물의 일반 용어

하등식물(下等植物), lower plants 유관속이 없고 뿌리, 줄기, 잎이 뚜렷하게 구분이 없는 식물로 조류와 이끼류가 있음.

고등식물(高等植物), higher plants 유관속이 있고 뿌리, 줄기, 잎이 뚜렷하게 구분이 있는 식물로 유배식물, 관속식물, 현화식물, 양치식물, 나자식물, 피자식물 등을 말하고 이 같은 대조는 어느 것이 발달했는지를 나누는 관점에 따라서 다소 달라질 수 있음.

양치식물(羊齒植物), pteridophyte 뿌리, 줄기, 잎을 갖고 관다발이 있으며 무성세대에서 만들어진 포자가 자라서 전엽체를 형성하고 여기에서 만들어진 정자와 난세포가 정받이를 하는 식물로 고사리 종류를 말하기도 함.

종자식물(種子植物), seed plants 종자를 널리 퍼드려서 자손을 늘리는 식물로 나자식물과 피자식물을 말함.

나자식물(裸子植物) = 겉씨식물, gymnosperm 씨방이 없이 밑씨가 노출되는 식물로 중복수정을 하지 않고 은행나무와 소나무류가 있음.

피자식물(被子植物) = 속씨식물, angiosperm 쌍떡잎식물[쌍자엽식물(雙子葉植物), dicotyledon]과 외떡잎식물[단자엽식물(單子葉植物), monocotyledon]로 나누어 대별하기도 함. 중복수정을 하고 자방 속에서 종자가 발달하는 식물로 꽃식물이라고 하기도 함.

단자엽식물(單子葉植物) = 홀떡잎식물, 홑떡잎식물, monocotyledonous plant, monocotyledon, monocotyledonae 속씨식물에 속하는 하나의 강(綱). 1개의 떡잎을 가진 식물로 형성층이 없으며 줄기와 뿌리의 성장은 각 세포의 증식과 증대로 이루어짐. 잎은 평행맥(平行脈)으로 섬유근계(纖維根系)의 관근이며 줄기 하단의 절간 부위에 생장점이 있음.

쌍자엽식물(雙子葉植物) = 쌍떡잎식물, dicotyledonous plant, dicotyledon, dicotyledonae 속씨식물에 속하는 한 강(綱). 배유 대신 2매의 자엽으로 되어 있고 잎은 우상맥(羽狀脈)으로 직근계(直根系)의 뿌리를 가지고 있으며 식물체의 윗부분에 생장점이 있음. 꽃잎 상태에 따라 이판화류, 합판화류로 분류함.

이판화(離瓣花) = 갈래꽃, polypetalous flower 꽃잎이 한 장 한 장 떨어져 있는 갈래꽃.

합판화(合瓣花) = 통꽃, gamopetalous , sympetalous flower 꽃잎의 일부 또는 전부가 합쳐져 통처럼 생긴 꽃.

단성화(單性花) = 불완전화(不完全花), 홑성꽃, incomplete flower, monosexual flower, unisexual flower ① 자웅이화(雌雄異花). ② 수분법은 꽃의 종측에 따라서 다르나 단성화 중에서 암술, 수술 중 어느 한 쪽만을 가지는 꽃. 일가화(一家花)는 옥수수, 호박, 수박 등과 같이 자웅동주식물(雌雄同株植物)에 붙는 꽃으로서 자가수분과 타가수분을 함.

양성화(兩性花) = 쌍성꽃, 양성꽃, 완전화(完全花), bisexual flower, hermaphrodite flower, complete flower 암술, 수술이 한 꽃에 다 있는 것.

풀 = 초본(草本), herbaceous plant, herb 겨울에 그 지상부가 완전히 말라버리는 식물로 목질화된 줄기가 없고 해마다 새로운 지상부가 자라는 식물.

나무 = 목본(木本), woody plant, arbor, tree 줄기와 뿌리에서 비대 성장에 의해 다량의 목부를 이루고 그 세포벽의 대부분이 목화하여 견고해지는 식물. 겨울철이 있는 기후대에서는 해가 바뀌어도 지상부가 살아남아 다시 자라는 식물.

일년생식물(一年生植物) = 1년초(一年草), 한해살이풀, annual plant 1년 안에 발아, 생장, 개화, 결실의 생육단계를 거쳐서 일생을 마치는 풀.

이년생식물(二年生植物) = 2년초(二年草), 두해살이풀, 월년초(越年草), biennial plant 싹이 나서 꽃이 피고 열매가 맺은 후 죽을 때까지의 생활기간이 두해살이인 풀. 싹이 튼 이듬해에 자라 꽃 피고 열매 맺은 뒤에 말라 죽는 풀.

월년생작물(越年生作物) = 월동일년생작물(越冬一年生作物), winter annual crops 가을에 파종하여 그 다음 해에 성숙 · 고사하는 작물(가을보리, 가을밀). 농학(農學)에서 월년생으로 표기하는 것을 식물학(植物學)에서는 이년생으로 통용함.

다년생식물(多年生植物) = 다년초(多年草), 숙근초(宿根草), 영년초(永年草), 여러해살이풀, herbaceous perennial plant, perennial herb 여러 해 동안 살아가는 풀 또는 잇따라 여러 해를 사는 풀. 겨울에 땅 위의 기관은 죽어도 땅속의 기관은 살아서 이듬해 봄에 다시 새싹이 돋음.

직근(直根), tap root 주근 또는 곧은 뿌리.

측근(側根) = 곁뿌리, lateral root 원뿌리에서 갈라져 나온 뿌리로서 식물체를 더 잘 떠받치고 땅속의 양분을 더 잘 흡수하게 함.

관근(冠根), crown root, coronal root 초엽의 마디 이상의 줄기의 각 마디에서 발생하는 뿌리로서 아랫마디에서 순차로 윗마디로 올라가면서 뿌리를 내림. 관근이란 여러 개의 뿌리가 각 마디의 둘레에서 거의 동시에 발근하되, 흡사 관상(冠狀)으로 뿌리가 나온다고 하여 관근이라 칭하고 있음.

괴근(塊根) = 덩이뿌리, tuberous root, swollen, napiform 고구마 등과 같이 저장기관으로 살찐 뿌리이며 영양분을 저장하고 덩어리 모양을 하고 있음.

기근(氣根), aerial root 대기 중에 나와 있는 뿌리(난고).

기근(氣根), pneumatophore 물가에 나는 나무의 뿌리가 수면 위로 솟아올라 자라서 통기 역할을 하는 것(낙우송).

지하경(地下莖) = 땅속줄기, rhizome, subterranean stem 땅속을 수평으로 기어서 자라는 줄기. 땅속에서 자라는 줄기를 통틀어 일컬음. 흡지(吸枝) 또는 근경(根莖)이라 하기도 함.

포복경(匍匐莖) = 기는줄기, stolon, runner, creeper, creeping stem, prostrate stem 땅위를 기면서 자라는 줄기로 경우에 따라 마디에서 뿌리가 내림(딸기, 달뿌리풀, 벋음씀바귀).

구경(球莖) = 알줄기, corm 줄기가 저장기관인 것 가운데서 건조한 막질의 잎에 싸여 있으며 물고기질이거나 비늘조각 모양의 둥근꼴로 되어 있는 것. 땅속에서 녹말 같은 양분을 갈무리하여 공이나 달걀 모양으로 비대한 줄기(토란, 글라디올러스, 수선화, 천남성).

괴경(塊莖) = 덩이줄기, tuber 저장기관으로서의 역할을 하는 땅속의 줄기. 지하경이 비대하여 육질의 덩어리로 변한 줄기로 감자나 튤립 등에서 볼 수 있음(감자).

인경(鱗莖) = 비늘줄기, bulb 줄기의 밑부분이나 땅을 기는 줄기의 선단에 다육화한 다수의 비늘조각이 줄기를 둘러싸고 지하 저장기관으로 되어 있는 것(마늘). 잎이 육질화(肉質化)하여 짧은 줄기의 주위에 동심원상(同心圓狀)으로 여러 층의 인편(鱗片)이 밀생함(양파, 튤립).

만경(蔓莖) = 덩굴줄기, 덩굴성줄기, 만연경(蔓延莖), 만경식물(蔓莖植物), climbing stem 나팔꽃, 칡, 더덕 등과 같이 다른 물체에 의존하여 기어오르며 자라는 줄기.

만경목(蔓莖木) = 덩굴나무, 덩굴식물, 덩굴줄기나무, 만경식물(蔓莖植物), 만목(蔓木), vine 머루 또는 등나무처럼 덩굴이 발달하는 나무로 줄기가 곧게 서서 자라지 않고 땅바닥을 기든지 다른 물체를 감거나 타고 오름.

관목(灌木) = 떨기나무, 작은키나무, shurb, frutex 대개 단일줄기가 없는 다년생의 목본성 식물로서 뿌리나 밑부분에서 여러 개의 가지가 갈라져 자라고 죽은 가지가 생기지 않음. 높이는 2m 정도까지로 키가 작고 원줄기와 가지의 구별이 확실하지 않은 나무(진달래, 노린재나무).

교목(喬木) = 큰키나무, 키나무, tree, arbor 줄기가 곧고 굵으며 높이 자라고 위쪽에서 가지가 퍼지며 키가 4~5m 이상 크는 큰키나무(은행나무, 참나무).

고유식물(固有植物), native plant 특산식물(特産植物, endemic plant)이라고도 하며 특정지역에만 분포하는 식물의 종으로 지리적으로 격리되고 전파나 이동 능력이 약한 식물.

자생식물(自生植物) 재배에 의하지 않고 산과 들이나 강에서 저절로 자라는 식물. 넓은 의미로는 spontaneus plant로 어떤 지역에서 보호가 없이 자연 상태로 생활하고 있는 식물이고 좁은 의미로는 indigenous plant로 어떤 지역에 원래부터 자연적으로 살고 있는 식물. 예외로는 일출식물이나 귀화식물은 자생식물이 아니라 하여 그 구분이 어려움.

외래식물(外來植物), exotic plant 외국이 원산지인 식물.

도입식물(導入植物), imported plant 인위적으로 도입된 식물.

귀화식물(歸化植物), naturalized plant 자연 상태로 국내에 적응된 외래식물.

작물(作物), crop 이용성과 경제성이 있어 대량으로 재배하는 식물.

재배식물(栽培植物), cultivated plant 작물(作物, crop)과 기타 재배식물.

일출식물(逸出植物), escaped plant 재배하기 위하여 도입된 식물이 자연 상태로 자라는 식물.

관상식물(觀賞植物), ornamental plant 관상용으로 이용되는 식물.

농업식물(農業植物), agricultural plant 농업적으로 이용되는 식물.

잡초(雜草), weed 이로움보다 해로움이 많은 식물로 방제(防除)해야 하는 식물.

학명(學名), scientific name 일반명이나 국명은 나라와 지역에 따라 다르게 사용하고 있으나 학명은 세계적으로 통용(通用)되는 식물명.

학명의 제정 국제명명규약(ICBN = International Code of Botanical Nomenclature)에 의하여 제정함.

학명(學名, scientific name)의 표기

이명법(二名法, binomial nomenclature)에 의한 학명(學名)의 명명(命名)

종(種, species)의 학명(學名, scientific name) = 속명(屬名, genus name) + 종소명(種小名, specific epithet) + 명명자명(命名者名)

예) 벼 : *Oryza sativa* L.

삼명법 trinomial nomenclature = 속명 + 종소명 + 명명자명 + var. 변종명 + 명명자명

예) 물피 : *Echinochloa crus-galli* (L.)P. Beauv. var. *echinata* (Willd.) Honda

아종(亞種) : subsp. = subspecies의 약자(略字)

변종(變種) : var. = varietas 의 약자

품종(品種) : f. = forma의 약자

재배변종 또는 품종 Cultivar = Cv. 또는 cv.

2. 잎에 관한 용어

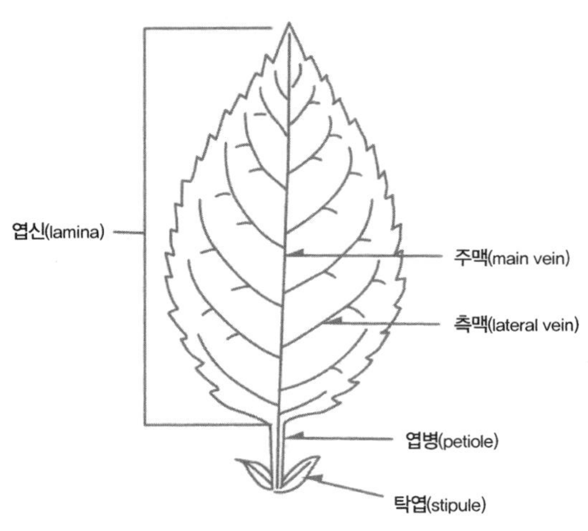

잎[엽(葉)], leaf 잎은 광합성, 호흡 및 증산작용을 하는 기관으로 잎자루[엽병(葉柄), petiole]과 잎몸[엽신(葉身), leaf blade]으로 구성되어 있음.

엽맥(葉脈) = 맥(脈), 잎맥, 잎줄, vein, nerve 잎으로 통하는 유관속의 줄. 잎살 안에 있는 관다발과 그것을 둘러싼 부분으로 물과 양분의 통로가 됨.

주맥(主脈) = 중륵(中肋), 중심맥(中心脈), 가운데잎줄, 중맥(中脈), main vein, midrib 엽신의 중앙 기부에서 끝을 향해 있는 커다란 맥. 주된 잎맥으로 보통 가장 굵은 맥.

측맥(側脈) = 곁맥, 곁잎줄, 옆맥, lateral vein 가운데 잎줄에서 좌우로 갈라져서 가장자리로 향하는 잎줄.

탁엽(托葉) = 턱잎, stipule 잎자루가 줄기와 붙어 있는 곳에 좌우로 달려있는 비늘 같은 잎.

엽병(葉柄) = 잎자루, petiole, leafstalk 잎과 줄기를 연결하는 부분. 잎자루 없이 잎몸이 바로 붙은 식물도 있으며 줄기의 위치에 따라 길이나 모양이 다름.

엽서(葉序) = 잎차례, leaf arrangement, phyllotaxy 잎의 배열순서. 마주나기, 어긋나기, 모여나기, 돌려나기 등이 있음.

엽선(葉先) = 잎끝, 엽두(葉頭), leaf apices, leaf apex 엽병으로부터 가장 먼 곳. 잎의 끝부분.

엽설(葉舌) = 소설(小舌), 잎혀, ligule 잎집과 잎몸 연결부의 안쪽에 있는 막질의 작은 돌기. 줄기와 엽의 사이에 불순물이 들어가는 것을 막아주는 역할을 함.

엽신(葉身) = 잎몸, 잎새, lamina, leaf blade 잎에서 잎자루를 제외한 잎사귀를 이루는 넓은 몸통 부분.

엽아(葉芽) = 영양아(營養芽), 잎눈, leaf bud, vegetative bud 눈 중에서 앞으로 잎이 될 겨울눈.

엽액(葉腋) = 잎겨드랑이, 잎짬, axil 잎과 줄기 사이의 짬.

엽연(葉緣) = 잎가장자리, leaf margin 잎의 가장자리로서 잎몸의 발달이나 잎맥의 분포에 따라 여러 모양으로 나타남.

엽육(葉肉) = 잎살, mesophyll 잎의 위, 아래 표피 사이의 조직. 주로 유세포로 되어 있으며 엽록체를 갖는 동화조직의 일을 함.

엽이(葉耳) = 잎귀, auricle 잎몸의 양쪽 밑과 잎집이 잇닿는 부분에서 속으로 굽어 귓불처럼 보이는 돌기. 잎집 속으로 빗물이 들어가는 것을 막음.

엽저(葉底) = 엽각(葉脚), 잎밑, 잎의 기부, leaf base 잎몸의 밑부분. 엽병으로부터 가장 가까운 곳.

엽적(葉跡), leaf trace 고등식물의 줄기마디에 잎이 달릴 때, 줄기에서 갈라져 잎으로 들어가는 관다발.

엽초(葉鞘) = 잎집, leaf sheath 잎자루 또는 잎몸의 기부가 줄기를 감싼 것.

엽축(葉軸) = 잎줄기, rachis 겹잎에서 작은 잎이 붙은 잎자루로서 큰잎자루와 같은 뜻으로 쓰이기도 함.

엽침(葉針) = 잎가시, spine 잎이 가시로 변화된 것.

엽흔(葉痕) = 잎자국, 잎흔적, leaf scar 잎이 탈락한 흔적.

생식기관(生殖器官), reproductive organ 다음 세대를 만드는데 필요한 기관으로 꽃, 열매, 씨를 말함.

생식생장(生殖生長), reproductive growth 생식기관의 발육단계를 생식적 발육(生殖的発育, reproductive development) 또는 생식생장이라고 함.

영양기관(榮養器官), vegetative organ 생장에 필요한 양분을 합성하고 물과 무기염류를 섭취하며 동화물질을 이동 저장하는 기관으로 잎, 줄기, 뿌리가 있음.

영양생장(營養生長), vegetative growth 영양기관의 발육단계를 영양적발육(營養的発育, vegetative development) 또는 영양생장이라고 함.

고출엽(高出葉), **hypsophyll** 상단에 달린 화부의 포엽으로 보통잎과 다름.

근생엽(根生葉) **= 근출엽**(根出葉), **뿌리잎, basal leaf, radical leaf** 지표 가까운 줄기의 마디에서 지면과 수평으로 잎이 달려 마치 뿌리에서 난 것처럼 보이는 잎.

경생엽(莖生葉) **= 경엽**(莖葉), **줄기잎, cauline leaf** 줄기에 달린 잎, 뿌리에서 나는 뿌리잎과 구별할 때 쓰임.

근생(根生), **= 뿌리나기, radical** 지하 줄기의 끝에서 지상으로 나오는 것을 말함.

경생(莖生), **= 줄기나기, cauline** 지상 줄기의 위에서 나오는 것.

총생(叢生) **= 모여나기, fasciculate** 마디 사이가 극히 짧아 마치 한군데에서 나온 것처럼 보이는 것으로 더부룩하게 무더기로 난 것을 말함. 여러 장의 잎이 땅속의 줄기에서 한꺼번에 나오는 모양으로 마치 뿌리에서 나오는 것처럼 보임.

대생(對生) **= 마주나기, opposite, opposite phyllotaxis** 한 마디에 잎이 2개씩 마주나기로 달리는 것.

호생(互生) **= 어긋나기, alternate phyllotaxis** 마디마다 1개의 잎이 줄기를 돌아가면서 배열한 상태.

윤생(輪生) **= 돌려나기, 둘러나기, whorled, vertcillate phyllotaxis** 한 마디에 잎 또는 가지가 3개 이상 수레바퀴 모양으로 돌려나는 상태.

단엽(單葉) **= 홑잎, simple leaf** 하나의 잎몸으로 이루어진 잎. 잎자루에 1개의 잎몸이 붙어 있는 잎. 잎몸이 작은 잎으로 쪼개지지 않고 온전하게 하나로 된 잎. 대체로 잎가장자리가 깊이 갈라지거나 톱니가 있음.

복엽(複葉) **= 겹잎, compound leaf** 잎이 여러 장 달린 것처럼 보이지만, 하나의 잎몸이 갈라져서 2개 이상의 작은 잎을 이룬 잎을 말함(호두나무, 매자나무).

우상복엽(羽狀複葉) **= 깃꼴겹잎, 깃모양겹잎, pinnate compound leaf** 작은잎 여러 장이 잎자루의 양쪽으로 나란히 줄지어 붙어서 새의 깃털처럼 보이는 겹잎. 소엽이 중륵에 마주 붙어나서 새의 깃 모양을 이루는 것으로 복엽선단의 1매의 소엽유무(小葉有無)에 따라 기수우상복엽[기수(奇數) = 홀수]과 우수우상복엽[우수(偶數) = 짝수]으로 나뉨.

장상복엽(掌狀複葉) **= 손바닥모양겹잎, palmately compound leaf** 자루 끝에 여러 개의 작은 잎이 손바닥 모양으로 평면 배열한 겹잎(개소시랑개비).

3출잎 = 삼엽(三葉), **삼출엽**(三出葉), **ternated or trifoliolate leaf** 소엽이 3개 있는 복엽(괭이밥, 싸리나무).

5출잎 = 오엽(五葉), **오출엽**(五出葉), **ternated or pentafoliolate leaf** 소엽이 5개 있는 복엽.

기수우상복엽(奇數羽狀複葉) **= 홀수깃꼴겹잎, 홀수깃모양겹잎, impari-pinnately compound leaf, imparipinnate leaf, odd pinnate compound leaf** 작은 잎이 끝부분에도 1개가 달리는 홀수의 깃꼴 겹잎.

우수우상복엽(偶數羽狀複葉) **= 짝수깃꼴겹잎, equally pinnate, paripinnately compoundle** 깃 모양의 잎에서 끝부분에 작은 잎이 없는 것.

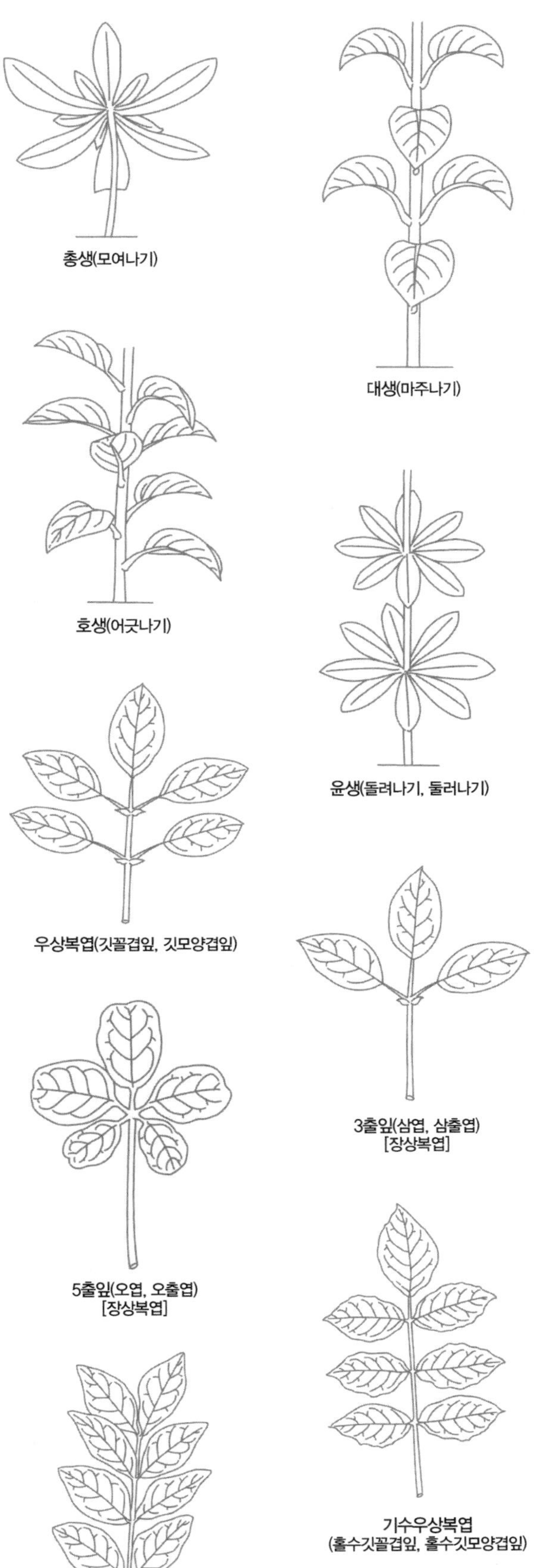

2-1. 잎몸[엽신(葉身), leaf blade]의 종류

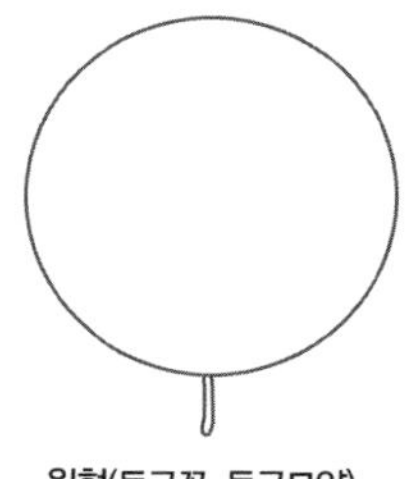
원형(둥근꼴, 둥근모양)

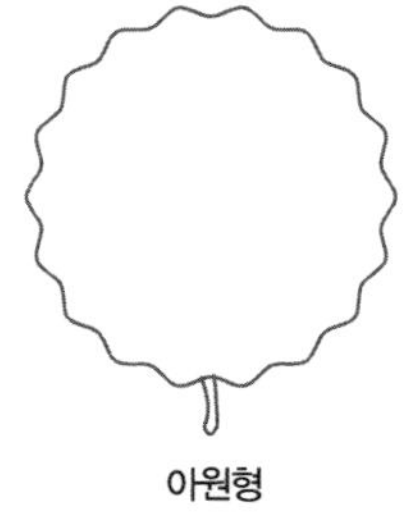
아원형

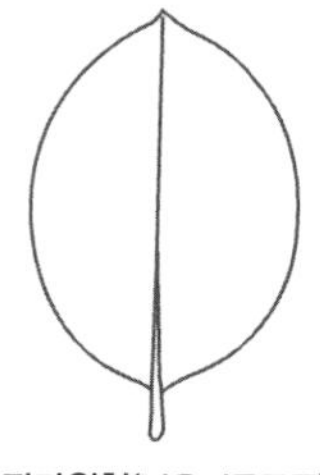
광타원형(넓은길둥근꼴)

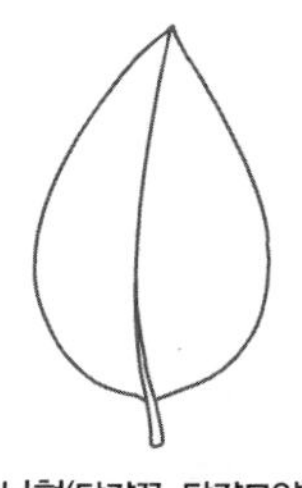
난형(달걀꼴, 달걀모양)

원형(圓形) = **둥근꼴, 둥근모양**, orbicular, orbicularis 전체적으로 둥근 모양을 나타내는 잎이나 꽃잎 등의 모양을 표현하는 말.

아원형(亞原形), roundish 잎의 윤곽이 원형에 가까운 형태.

광타원형(廣橢圓形) = **넓은길둥근꼴**, oval, widely elliptical 너비가 길이의 1/2 이상 되는 잎의 모양으로 길둥근꼴보다 약간 넓은 것.

난형(卵形) = **달걀꼴, 달걀모양**, ovate 겉모양이 달걀 같고 하반부의 폭이 가장 넓음. 잎의 가운데 부분에서 잎자루 쪽까지의 부분이 넓고 길이와 폭의 비가 2:1에서 3:2 정도인 형태.

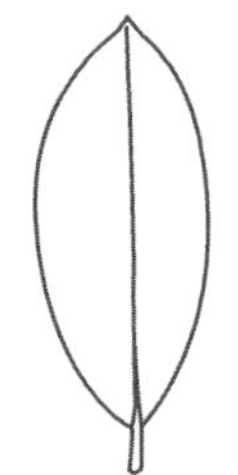
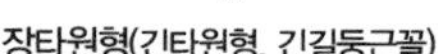
장타원형(긴타원형, 긴길둥근꼴)

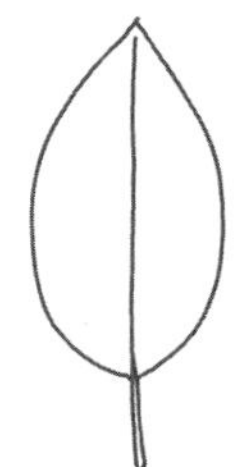
타원형(타원꼴, 길둥근꼴)

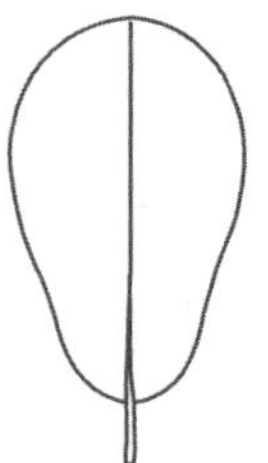
도란형(거꿀달걀꼴, 도란상)

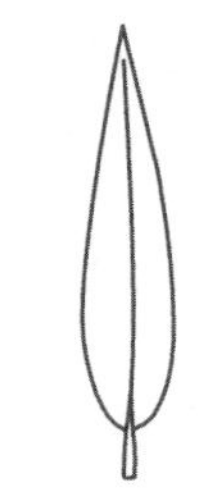
피침형(피침꼴, 바소꼴)

장타원형(長橢圓形) = **긴타원형, 긴길둥근꼴**, oblong 세로와 가로의 비가 약 3:1에서 2:1 사이로서 길둥근꼴보다 약간 길고 긴 양 측면이 평행을 이루는 모양.

타원형(橢圓形) = **타원꼴, 길둥근꼴**, elliptical 잎의 전체 모양이 길둥근 모양인 것.

도란형(倒卵形) = **거꿀달걀꼴, 도란상**(倒卵狀), obovate, obovoid 거꾸로 선 달걀 모양.

피침형(披針形) = **피침꼴, 바소꼴**, lanceolate 창처럼 생겼으며 길이가 너비의 몇 배가 되고 밑에서 1/3 정도 되는 부분이 가장 넓으며 끝이 뾰족한 모양.

선형(줄꼴)

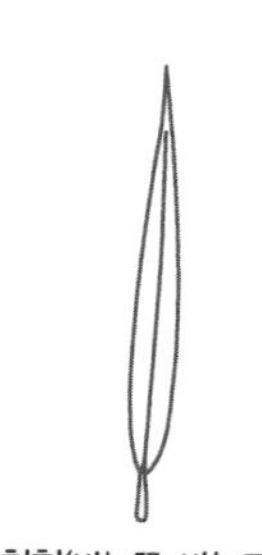
침형(바늘꼴, 바늘모양)

신월형

도피침형(거꿀바소꼴)

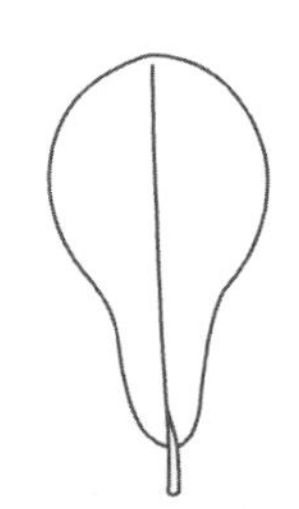
비형(주걱꼴, 주걱모양, 주걱형)

선형(線形) = **줄꼴**, linear 길이와 폭의 비가 5:1에서 10:1 정도이고 양 가장자리가 거의 평행을 이루는 잎이나 꽃잎 꽃받침조각 등의 모양 (솔잎가래나 시호의 잎).

침형(針形) = **바늘꼴, 바늘모양**, needle-shaped, acicular, subulate 가늘고 길며 끝이 뾰족한 바늘 모양.

신월형(新月形), crescent-shaped, lunate 초승달처럼 생긴 잎의 형태.

도피침형(倒披針形) = **거꿀바소꼴**, oblanceolate 창을 거꾸로 세운 것 같은 잎의 형태. 피침형과 같은 모양이나 기준으로 하는 위치가 거꾸로 되었을 때의 모양. 바소꼴이 뒤집혀진 모양.

비형(篦形) = **주걱꼴, 주걱모양, 주걱형**, spatulate, spatulatus 주걱처럼 위쪽이 넓고 바로 밑은 좁아지는 모양.

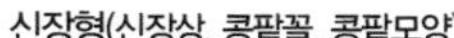

신장형(신장상, 콩팥꼴, 콩팥모양)

심장형(심장꼴, 염통꼴, 염통모양)

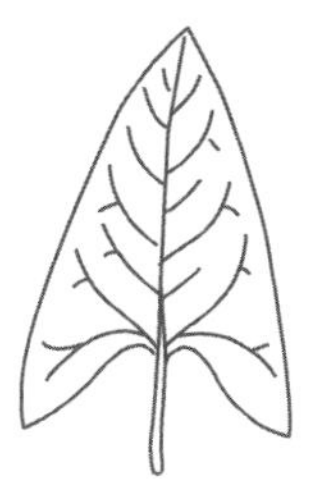

전형(화살모양, 화살형)

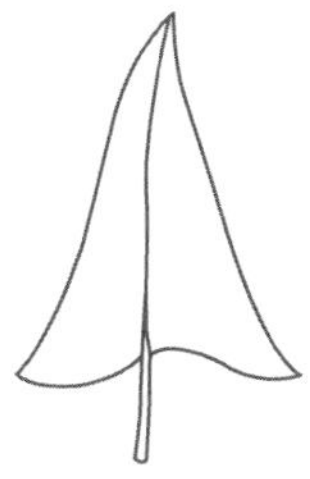

심장상 화살형

신장형(腎臟形) = 신장상(腎臟狀), 콩팥꼴, 콩팥모양, reinform, kidney-shaped 가로가 길고 밑부분이 들어가서 콩팥 모양을 하는 것.

심장형(心臟形) = 심장꼴, 염통꼴, 염통모양, heart-shaped, cordate 잎의 전체 모양이 염통처럼 생긴 것(피나무, 졸방제비꽃의 잎).

전형(箭形) = 화살모양, 화살형, sagittate, arrow-shaped 화살처럼 생긴 잎의 형태.

심장상 화살형 심장형과 화살형이 혼합된 잎의 형태.

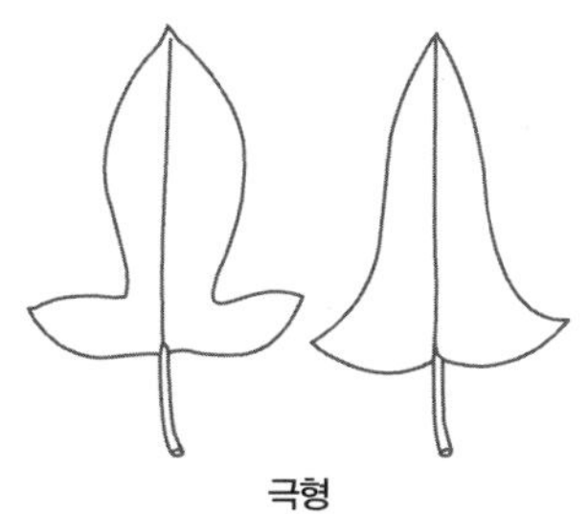

극형

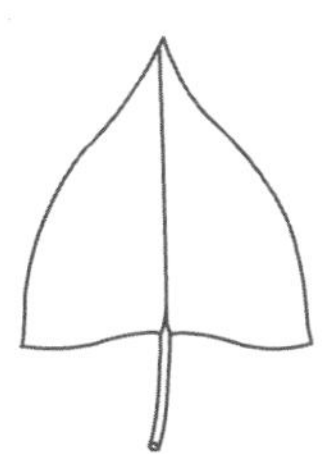

삼각형(세모꼴)

제금형

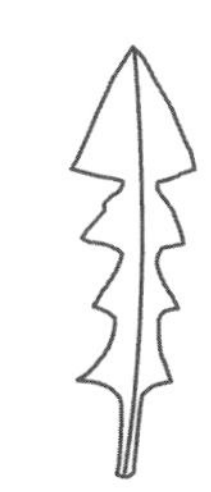

민들레형(민들레잎모양)

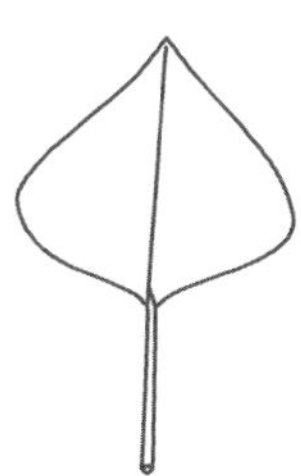

능형(마름모꼴)

극형(戟形), hastate 화살촉 또는 방패 모양의 잎의 형태로 잎의 양쪽 밑부분이 퍼져 삼각형을 이룸(고마리, 메꽃).

삼각형(三角形) = 세모꼴, deltoid 세 개의 각으로 이루어진 잎의 모양.

제금형(提琴形), pandurate, panduriform 바이올린처럼 생긴 잎의 형태.

민들레형 = 민들레잎모양, runcinate, lyre-shaped 민들레 잎처럼 잎의 양쪽 가장자리에 굵은 톱니나 결각이 밑으로 향한 새의 깃 모양으로 찢어진 것.

능형(菱形) = 마름모꼴, rhomboid 마름모꼴이나 다이아몬드꼴인 형태(마름 잎).

2-2. 잎가장자리[엽연(葉緣), leaf margin]의 종류

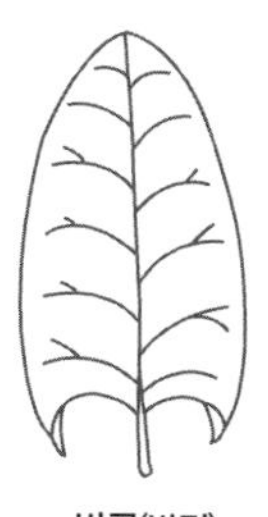

반곡(반전)

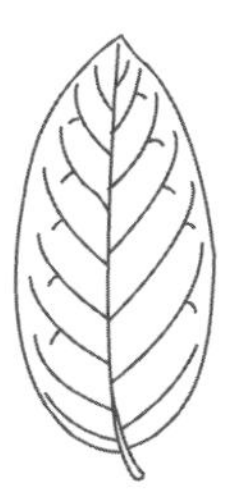

전연

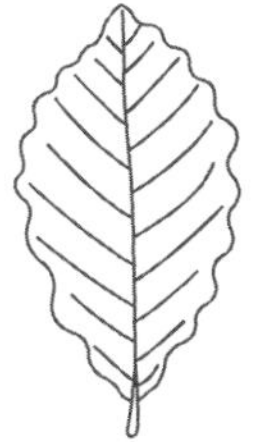

파상(물결모양)

심파상

반곡(反曲) = 반전(反轉), revolute, recurved 잎 따위의 끝이 바깥쪽으로 말린 모양. 외선(外旋)한 모양.

전연(全緣), entire 잎가장자리가 갈라지지 않거나 또는 톱니나 가시 등이 없고 매끄러운 모양.

파상(波狀) = 물결모양, repand, sinuate, undulate 잎의 가장자리가 중앙맥에 대해 평행을 이루면서 물결을 이루고 있는 것처럼 생긴 모양. 가장자리의 톱니 모양이 날카롭지 않고 물결 모양인 것.

심파상(深波狀), sinuate 엽연이 기복이 심하며 앞뒤로 우그러진 형태.

둔거치(둔한톱니)

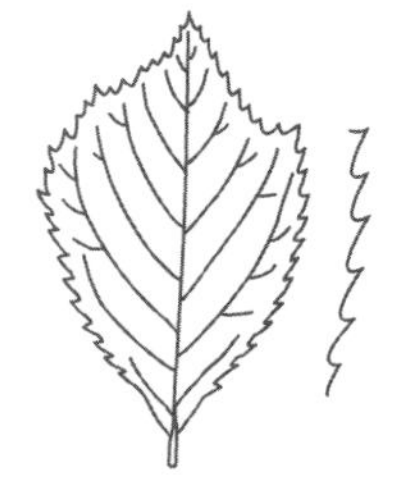

예거치(뾰족톱니)

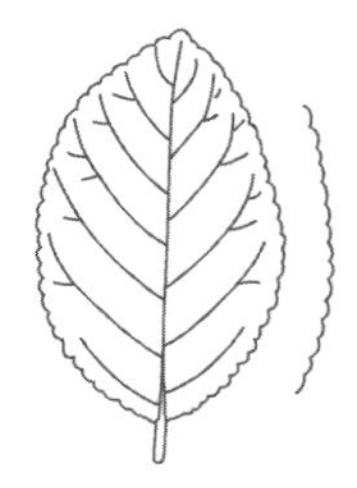

소둔거치(작고둔한톱니)

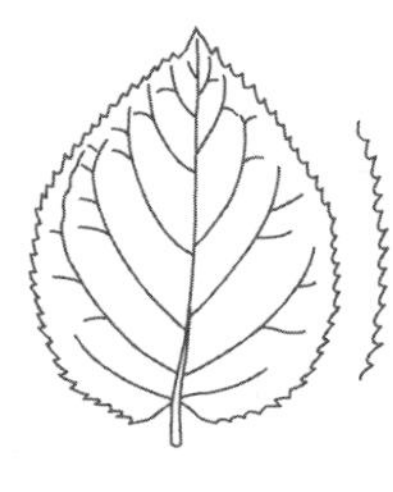

소예거치(작고뾰족한톱니)

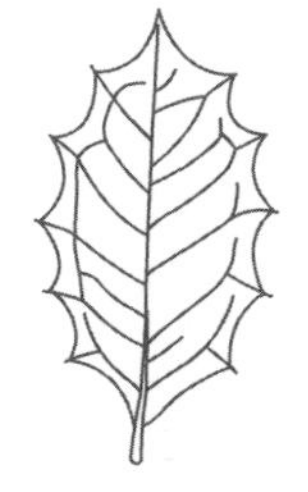

침상거치
(바늘모양톱니, 침상톱니)

둔거치(鈍鉅齒) **= 둔한톱니,** crenate 잎 가장자리에 생긴 톱니의 폭이 넓고 무딘 것.

예거치(銳鋸齒) **= 뾰족톱니,** serrate 가장자리가 톱니처럼 날카로운 것.

소둔거치(小鈍鉅齒) **= 작고둔한톱니,** crenulate 엽연이 작은 둔거치 형태.

소예거치(小銳鋸齒) **= 작고뾰족한톱니,** serrulate 엽연이 잔톱니 모양의 형태.

침상거치(針狀鋸齒) **= 바늘모양톱니, 침상톱니,** aristate 가장자리의 톱니 끝에 짧은 바늘 같은 것이 달려 있는 것.

세모상거치(세모상톱니)

치아상거치(치아상톱니)

소치아상거치(작은치아상톱니)

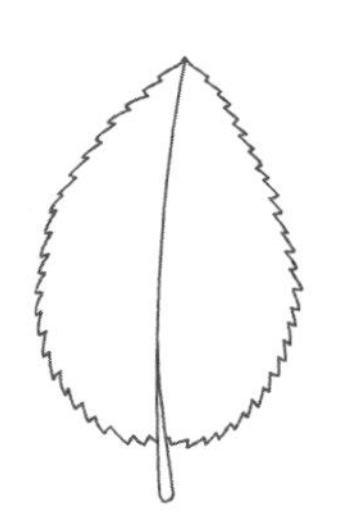

하향예거치(하향뾰족한톱니)

하향치아상거치
(하향치아상톱니)

세모상거치(細毛狀鋸齒) **= 세모상톱니,** cillate 잎가장자리가 털처럼 가는 모양.

치아상거치(齒牙狀鋸齒) **= 치아상톱니,** dentate 엽연의 톱니가 밖으로 퍼진 형태.

소치아상거치(小齒牙狀鋸齒) **= 작은치아상톱니,** denticulate 엽연의 톱니가 다시 갈라진 형태.

하향예거치(下向銳鋸齒) **= 하향뾰족한톱니,** retro-serrate 예거치가 아래로 향한 형태.

하향치아상거치(下向齒牙狀鋸齒) **= 하향치아상톱니,** renicinate 치아상거치가 아래로 향한 형태.

천열

중열

전열

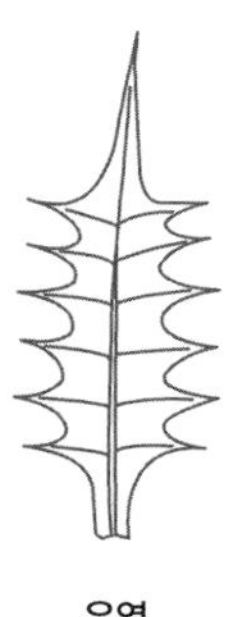

우열

장상열

천열(淺裂), lobate, lobed 결각상에 속하며 가장자리에서 중륵까지 반 이하가 길게 갈라진 형태.

중열(中裂), cleft 결각상에 속하며 가장자리에서 중륵까지 반 이상이 갈라진 형태.

전열(全裂), divided, parted 잎의 가장자리에서 주맥이 있는 부분까지 완전히 전부 갈라진 모양.

우열(羽裂), pinnatifid 우상중열(羽狀中裂)을 줄인 말. 결각상에 속하며 깃 모양으로 갈라진 것이 잎가장자리에서 주맥(主脈) 쪽으로 절반까지 이른 형태.

장상열(掌狀裂), palmatifid 결각상에 속하며 손바닥 모양으로 갈라진 형태.

2-3. 잎줄[엽맥(葉脈), leaf venation]의 종류

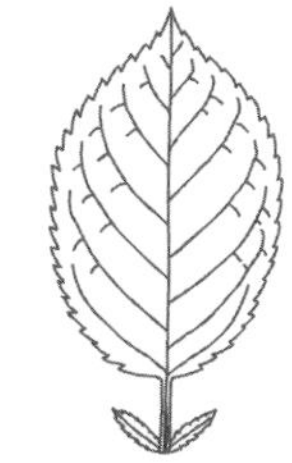

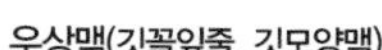
우상맥(깃꼴잎줄, 깃모양맥)

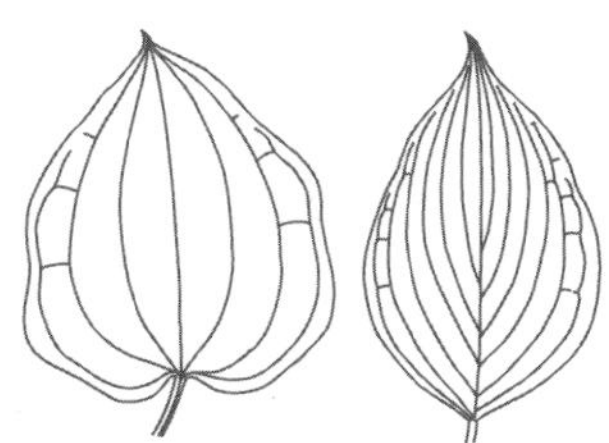
평행맥(나란히맥, 나란히잎줄)

장상맥(손바닥모양잎줄)

장상천열

우상맥(羽狀脈) = 깃꼴잎줄, 깃모양맥, pinnately veined, pinnate venation 새의 깃 모양으로 좌우로 갈라진 잎줄(까치박달).

평행맥(平行脈) = 나란히맥, 나란히잎줄, parallel vein, closed vein 가운데 잎줄이 따로 없고 여러 잎줄이 서로 나란히 달리는 것(화본과).

장상맥(掌狀脈) = 손바닥모양잎줄, palmiveined , palmately vein 잎자루의 끝에서 여러 개의 잎줄이 뻗어 나와 손바닥처럼 생긴 잎줄(단풍나무, 팔손이나무).

장상천열(掌狀淺裂), palmately parted 장상엽의 열편이 반이하 기부까지 갈리진 것(단풍나무).

2-4. 잎밑[엽저(葉底), leaf base]의 종류

유저

설저(쐐기꼴밑)

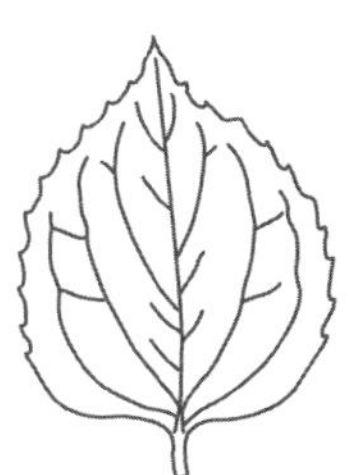
둔저(둔한밑)

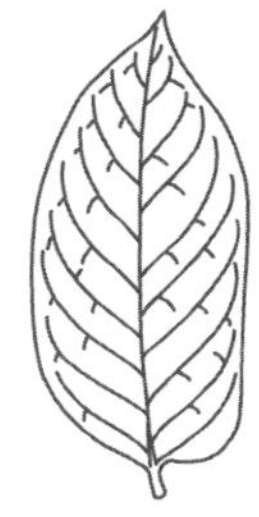
왜저(부등변)

유저(流底), attenuate, decurrent 잎몸의 양쪽 가장자리 밑에 잎자루를 따라 합치지 않고 날개처럼 된 밑부분.

설저(楔底) = 쐐기꼴밑, cuneate, wedge shaped 쐐기 모양으로 점점 좁아져 뾰족하게 된 잎의 밑부분.

둔저(鈍底) = 둔한밑, leaf base, obtuse 잎 밑부분의 양쪽가장자리가 무딘 것. 양쪽 잎가장자리가 90° 이상으로 합쳐져서 뭉뚝한 형태.

왜저(歪底) = 부등변(不等邊), oblique, inequilateral 잎몸 밑부분의 좌우 양측이 대칭을 이루지 않고 한쪽이 일그러진 모양.

예저(뾰족꼴밑)

심장저(염통꼴밑)

순형저

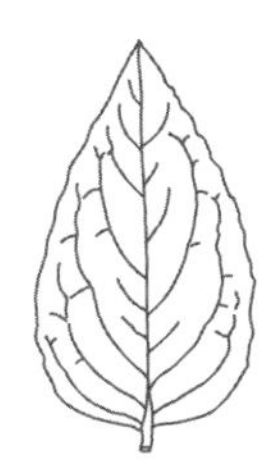
원저

예저(銳底) = 뾰족꼴밑, acute 밑 모양이 좁아지면서 뾰족한 것.

심장저(心臟底) = 염통꼴밑, cordate 잎의 밑부분이 마치 염통의 밑처럼 생긴 것.

순형저(楯形底), peltate 잎밑이 방패 모양.

원저(圓底), round, rounded leafbase 잎의 밑부분이 둥글게 생긴 것.

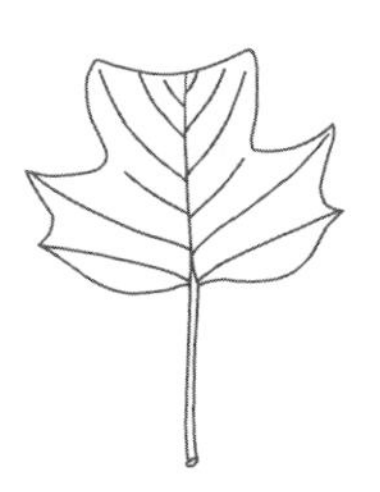

절저(평저)

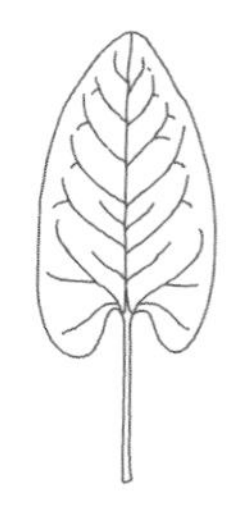

이저(귀꼴밑)

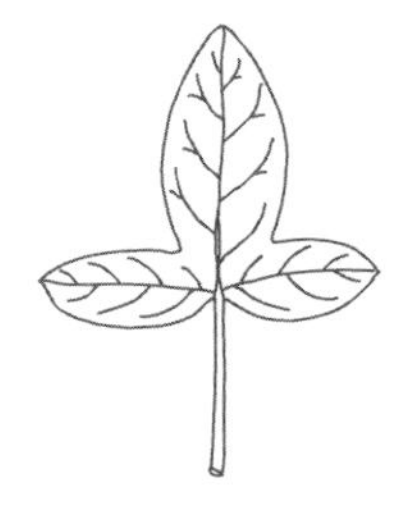

극저(극형)

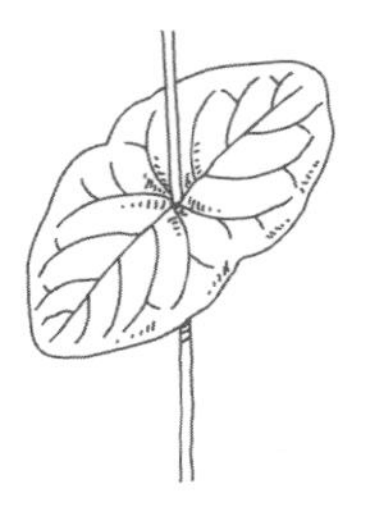

관천저

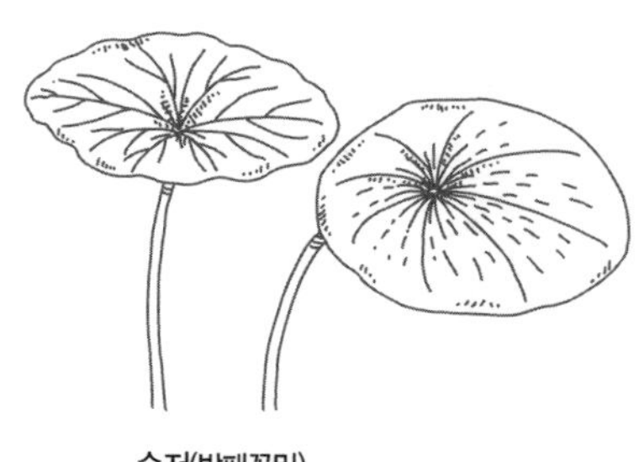

순저(방패꼴밑)

절저(截底) = 평저(平底), truncate 잎의 밑 모양이 마치 가위로 자른 것처럼 거의 직선에 가까운 것.

이저(耳底) = 귀꼴밑, auriculate 잎몸의 밑부분이 잎자루 윗부분에서 좌우로 넓게 사람의 귀 모양으로 갈라진 상태.

극저(戟底) = 극형(戟形), hastate 이저와 비슷하고 화살촉 또는 방패 모양의 잎의 형태로 잎의 양쪽 밑부분이 퍼져 삼각형을 이룸(고마리, 메꽃).

관천저(貫穿底), perfoliate, connate perfoliate 1개 또는 2개의 잎 아랫부분이 줄기를 둘러싼 엽저.

순저(盾底) = 방패꼴밑, peltate 방패처럼 생긴 잎의 밑부분.

2-5. 잎끝[엽선(葉先), leaf apex]의 종류

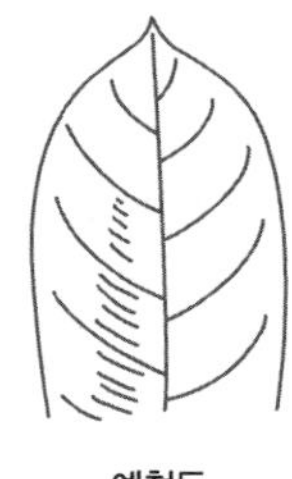

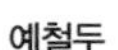

예철두

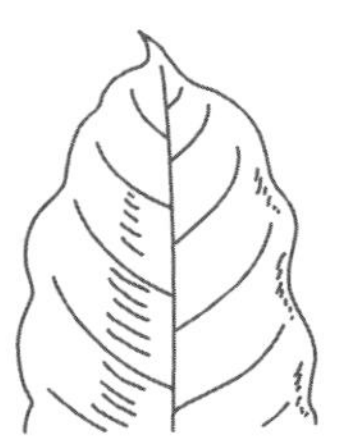

급첨두(미철두)

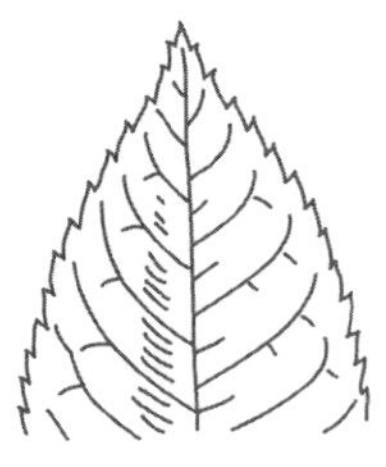

예두(뾰족끝, 첨두)

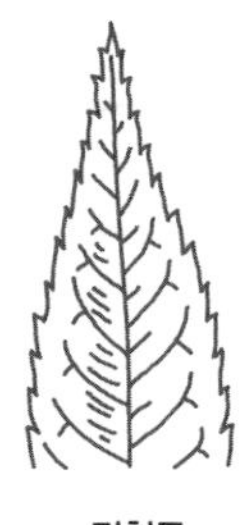

점첨두

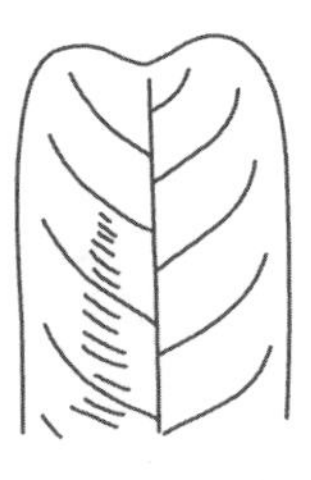

요두

예철두(銳凸頭), cuspidate 끝이 짧고 예리하게 뾰족한 모양.

급첨두(急尖頭) = 미철두(微凸頭), mucronate 엽선의 끝이 가시 또는 털이 달린 것처럼 급격히 뾰족하면서 긴 형태.

예두(銳頭) = 뾰족끝, 첨두(尖頭), acute 잎몸의 끝이 길게 뾰족한 모양보다 짧으며 그 이루는 각도가 45~90°를 표현.

점첨두(漸尖頭), acuminate 엽선이 점차 뾰족하여 꼬리와 비슷한 형태.

요두(凹頭), emarginate 잎몸이나 꽃잎의 끝이 오목하게 파인 모양을 나타냄.

절두(재두, 평두, 절두형)

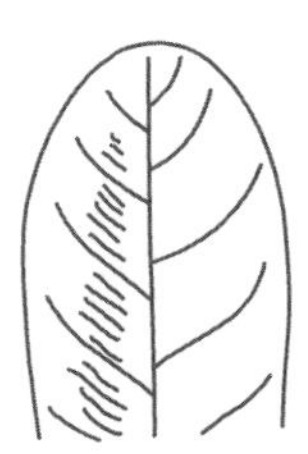

원두

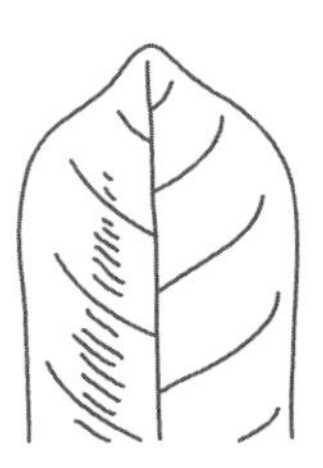

둔두(둔한끝)

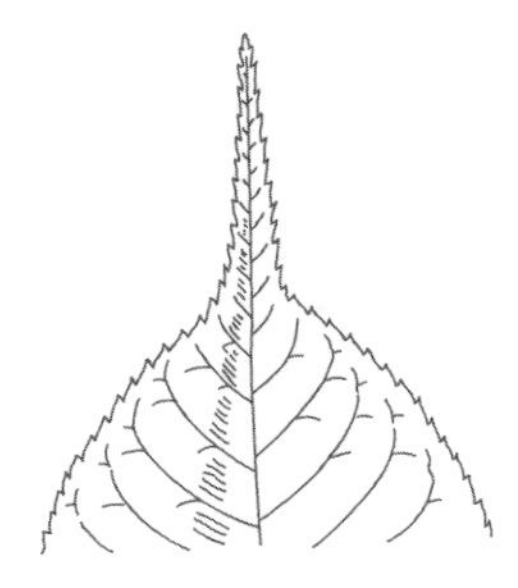

미상(꼬리모양, 꼬리형)

절두(截頭) = 재두(載頭), 평두(平頭), 절두형(截頭形), truncate 잎몸의 끝이 뾰족하거나 파이지 않고 중앙맥에 대해 거의 직각을 이룰 정도로 수평을 이룬 모양(백합나무).

원두(圓頭), round, rounded leaf apex 잎 끝이 둥글게 생긴 것.

둔두(鈍頭)= 둔한끝, obtuse 잎의 끝이 날카롭지 않고 둥그스름하게 생긴 것.

미상(尾狀) = 꼬리모양, 꼬리형, caudate, tailed 잎의 끝이 가늘고 길게 신장하여 동물의 꼬리 같은 모양을 이룬 것.

3. 꽃에 관한 용어

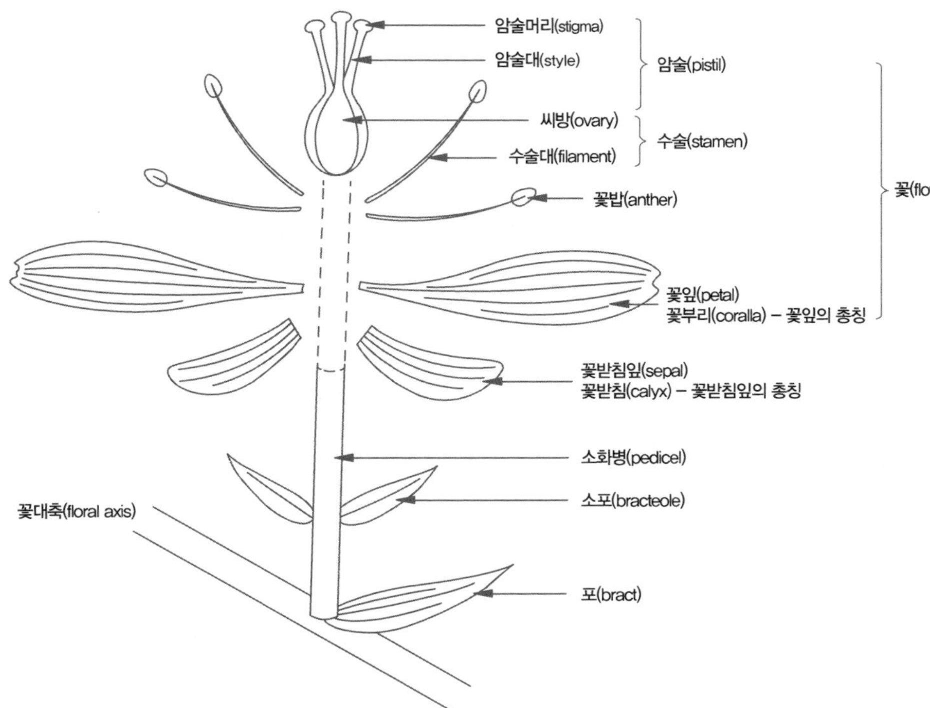

꽃(花), flower, blossom 꽃은 식물의 생식기관(生殖器官)으로 꽃받침(calyx, sepal)과 꽃잎(petal)은 보호기관이며 암술(pistil)과 수술(stamen)은 필수기관임. 4기관이 모두 있으면 완비화(完備花, perfect flower)이고 하나라도 없으면 불완비화(不完備花, imperfect flower)임. 완전화(完全花, complete flower)는 양성화(兩性花, bisexual flower)이고 불완전화(不完全花, incomplete flower)는 단성화(單性花, monosexual flower)로 암꽃(female flower)과 수꽃(male flower) 및 중성화(neutral flower)가 있음.

3-1. 꽃 모양의 종류

나비형(접형)

장미형

십자화형

백합형

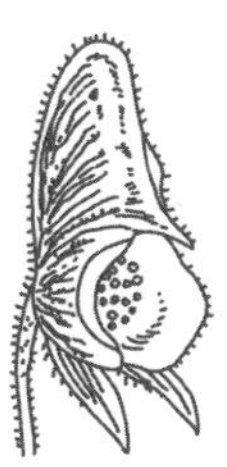
투구형

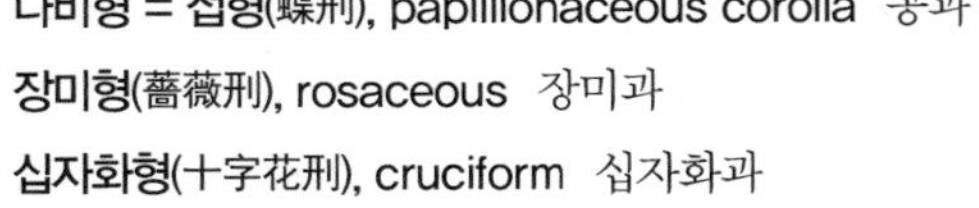

나비형 = 접형(蝶刑), papillionaceous corolla 콩과

장미형(薔薇刑), rosaceous 장미과

십자화형(十字花刑), cruciform 십자화과

백합형(百合刑), liliaceous 백합과

투구형(鬪毆形), galeate corolla 투구꽃속

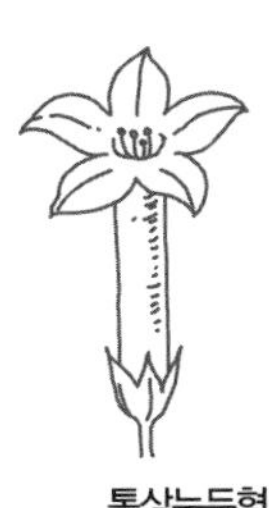
통상누두형

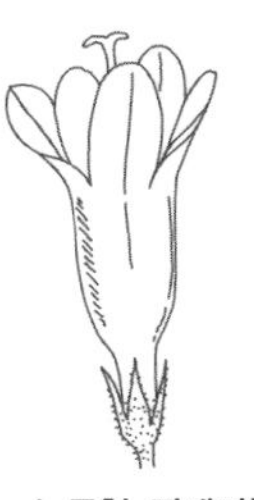
누두형, 깔때기형

종형

복형

호형

통상누두형(筒狀漏斗形), tubular funnel form

누두형(漏斗形), **깔때기형**, funnel form 가지속

종형(鐘形), campanulate, bell-shaped 초롱꽃속

복형(輻形), rotate, wheel shaped 지치과

호형(壺形), urceolate, U-shaped 은방울꽃

순형(입술모양)

가면형

설형(혀모양)

통상순형

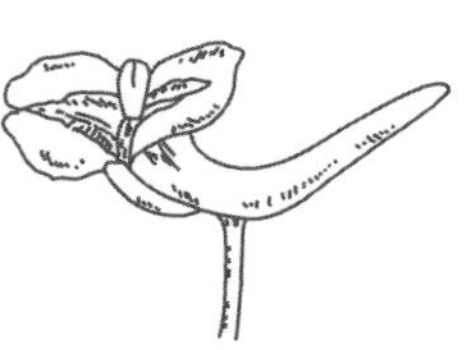
거형

석죽형

순형(脣形) = 입술모양, bilabiate, labiate 꿀풀과

가면형(假面形), personate, masket 금어초

설형(舌形) = 혀모양, ligulata 민들레속

통상순형(筒狀脣形), tubular bilabiate

거형(距形), calcarate 제비꽃속, 현호색속

석죽형(石竹形), caryophyllaceous 패랭이꽃

3-2. 꽃차례[화서(花序)]의 종류

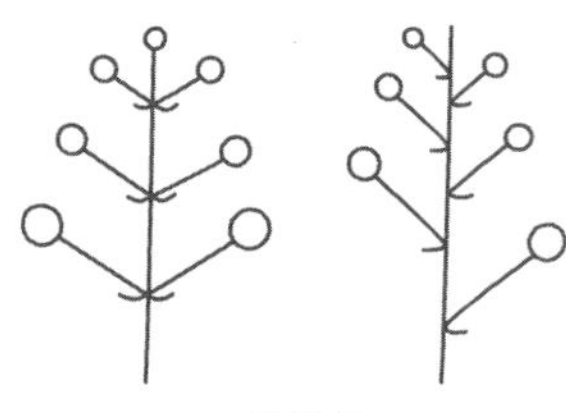
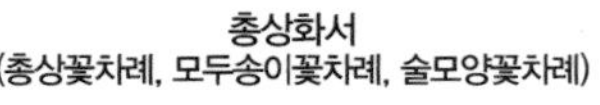
총상화서
(총상꽃차례, 모두송이꽃차례, 술모양꽃차례)

수상화서
(수상꽃차례, 이삭꽃차례, 이삭화서)

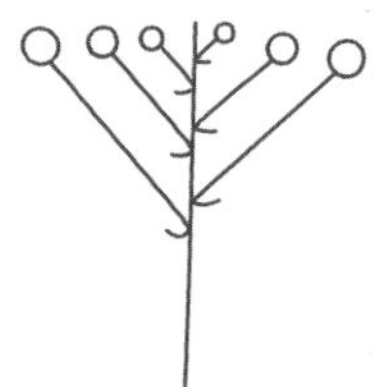
산방화서
(고른우산꽃차례, 산방꽃차례, 수평우산꽃차례)

총상화서(總狀花序) = 총상꽃차례, 모두송이꽃차례, 술모양꽃차례, raceme 긴 꽃대에 꽃자루가 있는 여러 개의 꽃이 어긋나게 붙어서 밑에서부터 피기 시작하는 꽃차례(아까시나무, 냉이).

수상화서(穗狀花序) = 수상꽃차례, 이삭꽃차례, 이삭화서 spike 길고 가느다란 꽃차례축에 작은 꽃자루가 없는 꽃이 조밀하게 달린 꽃차례(보리, 질경이).

산방화서(繖房花序) = 고른우산꽃차례, 산방꽃차례, 수평우산꽃차례, corymb 바깥쪽 꽃의 꽃자루는 길고 안쪽 꽃은 꽃자루가 짧아서 위가 평평한 모양이 되는 꽃차례(기린초). 일반적으로 꽃은 평면 가장자리의 것이 먼저 피고 안의 것이 나중에 핌.

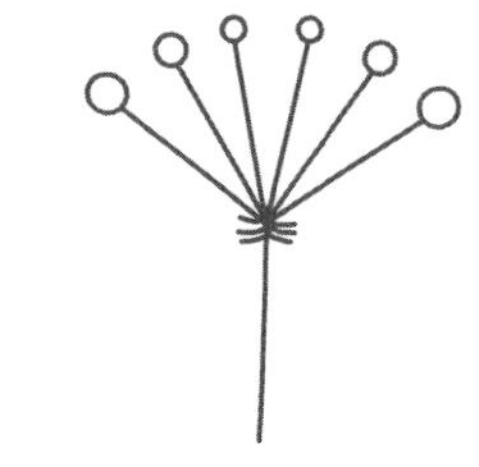
산형화서
(산형꽃차례, 우산모양꽃차례, 우산꽃차례)

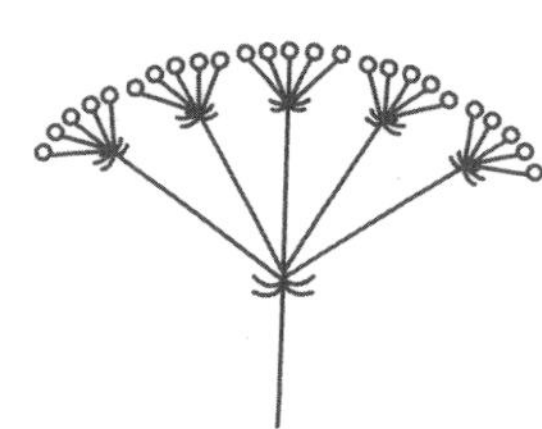
복산형화서
(겹산형꽃차례, 겹우산꽃차례, 겹우산모양꽃차례)

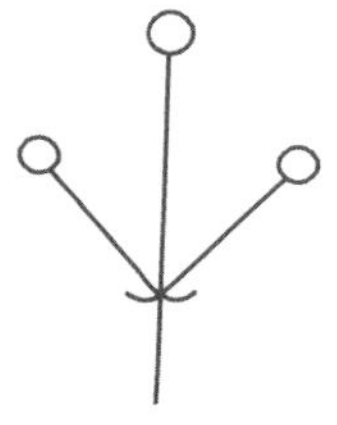
소취산화서(소취산꽃차례)

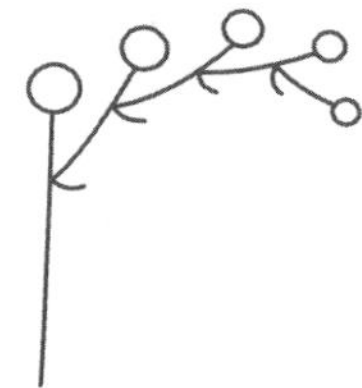
권산화서(권산꽃차례)

산형화서(傘形花序) = 산형꽃차례, 우산모양꽃차례, 우산꽃차례, umbel 무한꽃차례의 일종으로서 꽃차례 축의 끝에 작은 꽃자루를 갖는 꽃들이 방사상으로 배열한 꽃차례(산형과).

복산형화서(複傘形花序) = 겹산형꽃차례, 겹우산꽃차례, 겹우산모양꽃차례, compound umbel 산형꽃차례가 몇 개 모여서 이루어진 꽃차례(어수리).

소취산화서(小聚散花序) = 소취산꽃차례, cymule 꽃대축 끝에 붙은 꽃 아래 마주나기로 2개의 꽃이 붙는 꽃차례.

권산화서(卷繖花序) = 권산꽃차례, drepanium, helicoid cyme 꽃이 한쪽 방향으로 달리며 끝이 나선상으로 동그랗게 말리는 꽃차례(꽃마리).

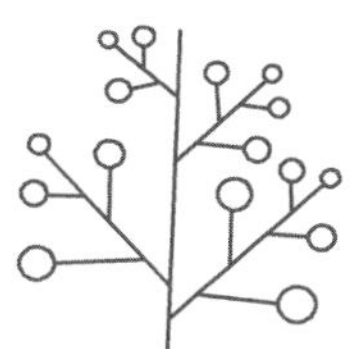
원추화서
(둥근뿔꽃차례, 원뿔꽃차례, 원뿔모양꽃차례, 원추꽃차례)

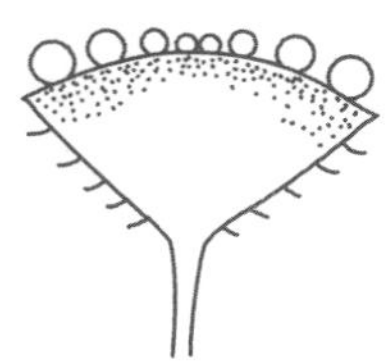
두상화서
(두상꽃차례, 머리모양꽃차례)

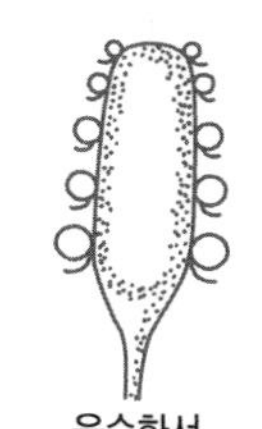
육수화서
(육수꽃차례, 살이삭꽃차례)

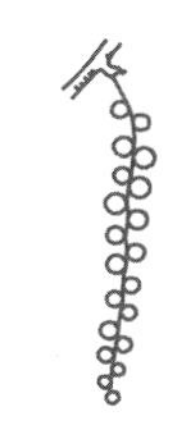
미상화서
(미상꽃차례, 꼬리꽃차례, 꼬리모양꽃차례, 유이화서)

원추화서(圓錐花序) = 둥근뿔꽃차례, 원뿔꽃차례, 원뿔모양꽃차례, 원추꽃차례, panicle 모두송이꽃차례 또는 이삭꽃차례 등의 축이 갈라져서 전체적으로 원뿔 모양을 이룬 꽃차례(광나무).

두상화서(頭狀花序) = 두상꽃차례, 머리모양꽃차례, capitulum, head 무한꽃차례의 일종으로 대롱꽃과 혀꽃이 다닥다닥 붙어 전체적으로 하나의 꽃으로 보이며 머리 모양으로 배열하는 꽃차례. 줄기 끝에서 나온 원반 모양의 아주 짧은 꽃줄기에 꽃자루가 없는 작은 꽃이 여러 송이 달린 꽃차례(국화과, 버즘나무).

육수화서(肉穗花序) = 육수꽃차례, 살이삭꽃차례, spadix 주축이 육질이고 꽃자루가 없이 작고 많은 꽃이 밀집한 꽃차례(천남성과).

미상화서(尾狀花序) = 미상꽃차례, 꼬리꽃차례, 꼬리모양꽃차례, 유이화서(葇荑花序), catkin, ament 꽃차례의 줄기가 길고 홑성꽃이 많이 붙은 꼬리 모양이면서 밑으로 처지는 이삭꽃차례의 일종(버드나무, 자작나무, 호두나무).

3-3. 열매[과실(果實)]의 종류

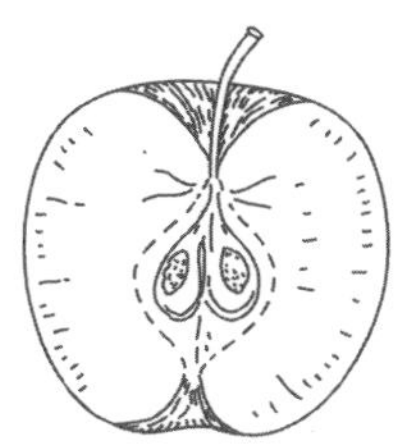
이과(배모양 열매)

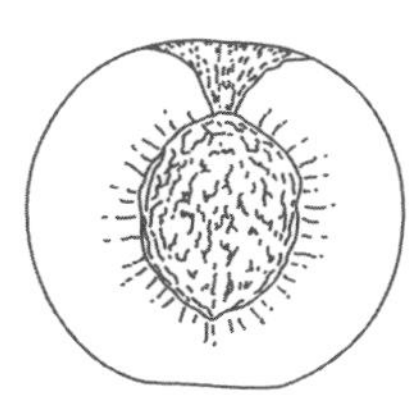
핵과(굳은씨열매, 석과)

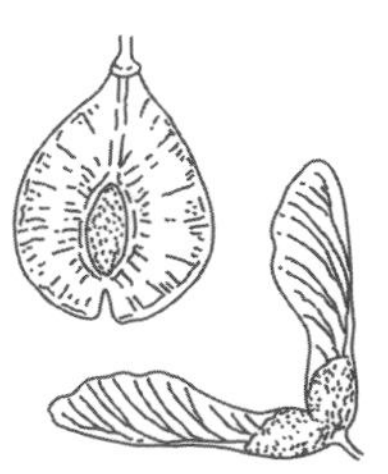
시과(날개열매, 익과)

이과(梨果) = 배모양 열매, pome 화탁이나 화상이 발달하여 심피를 둘러싼 액과의 일종(사과, 배).

핵과(核果) = 굳은씨열매, 석과, drupe 가운데 들어 있는 씨는 매우 굳은 것으로 되어 있고 열매껍질은 얇으며 보통 1방에 1개의 씨가 들어 있고 내과피(內果皮)가 목질화되어 견고함(살구, 앵두, 복숭아, 대추, 산수유, 매실, 은행, 비자).

시과(翅果) = 날개열매, 익과(翼果), samara, wing 씨방의 벽이 늘어나 날개 모양으로 달려 있는 열매. 2개의 심피로 되어 있으며 종선에 따라 갈라지는 것과 날개만 달려 있는 것이 있음. 열매껍질이 얇은 막처럼 툭 튀어 나와 날개 모양이 되면서 바람을 타고 멀리 날아가는 열매(단풍나무, 느릅나무, 물푸레나무).

협과(꼬투리열매, 꼬투리, 두과)

장과(물열매, 액과)

취과(다화과, 매과, 집과, 상과, 모인열매, 집합과)

협과(莢果) = 꼬투리열매, 꼬투리, 두과(豆果), legume 콩과식물의 전형적인 열매로 하나의 심피에서 씨방이 발달한 열매로 보통 2개의 봉선을 따라 터짐(콩과).

장과(漿果) = 물열매, 액과(液果), berry, sap fruit 고기질로 되어 있는 벽 안에 많은 씨가 들어 있는 열매. 과피가 다육질이고 다즙한 열매. 자방은 다육질이며 1개 또는 그 이상의 심피(心皮)가 종자를 싸고 있음(포도, 토마토, 인삼, 오미자, 자리공, 오갈피).

취과(聚果) = 다화과(多花果), 매과(莓果), 집과(集果), 상과(桑果), 모인열매, 집합과(集合果), aggregate fruit, multiple fruit, sorosis 화피는 육

질 또는 목질로 되어 붙어 있고 자방은 수과 또는 핵과상으로 되어 있음. 다수의 이생심피로 이루어진 하나의 꽃의 암술군이 발달하여 생긴 열매의 집합체. 1개의 꽃 안에 여러 개의 심피가 있으며 1개의 열매처럼 되어 있음(딸기, 나무딸기).

수과(얇은열매) 삭과(튀는열매)

수과(瘦果) = 얇은열매, achenium, achene, akene 성숙해도 열매껍질이 작고 말라서 단단하여 터지지 않고 가죽질이나 나무질로 되어 있으며 1방에 1개의 씨가 들어 있는 얇은 열매껍질에 싸인 민들레 씨와 같은 열매(메밀, 해바라기, 미나리아재비, 으아리, 국화과).

삭과(蒴果) = 튀는열매, capsule 2개 이상인 여러 개의 심피에서 유래하는 열매로 익어서 마르면 거의 심피의 수만큼 갈라짐(양귀비, 붓꽃, 도라지, 더덕, 만삼, 나팔꽃, 독말풀, 담배, 오동나무, 무궁화, 모감주나무, 마, 질경이).

분열과 골돌과(대과, 쪽꼬투리열매) 분리과

분열과(分裂果), schizocarp 중축에 두 개 내지 여러 개의 분과가 달려 있다가 성숙하면 한 개의 씨가 들어 있는 분과가 각각 떨어져 나감(산형과, 쥐손이풀과, 무, 당귀, 당근, 파드득나물).

골돌과(骨突果) = 대과(袋果), 쪽꼬투리열매, follicle 작약의 열매껍질처럼 단일 심피로 되어 있고 한 군데의 갈라지는 금만이 열개하는 열매. 1개의 봉합선을 따라 벌어지며 1개의 심피 안에는 1개 또는 여러 개의 씨앗이 들어 있음(목련, 작약, 박주가리, 투구꽃).

분리과(分離果), loment (콩꼬투리와 비슷하지만) 협과의 일종으로 열매 사이가 매우 잘록하여 익으면 각 1개의 씨가 들어 있는 부분이 따로 따로 분리됨(도둑놈의갈구리).

견과(각과, 굳은껍질열매) 감과

견과(堅果) = 각과(殼果), 굳은껍질열매, nut, glans 흔히 딱딱한 껍질에 싸이며 보통 1개의 큰 씨가 들어 있는 열매로 다 익어도 갈라지지 않음(밤나무, 참나무).

감과(柑果), hesperidium 내과피에 의해 과육이 여러 개의 방으로 분리되어 있는 것으로 감귤 속의 열매같이 과피가 가죽질인 열매. 밀감류에서 볼 수 있으며 튼튼한 겉껍질에 기름샘이 많고 중간껍질은 부드러우며 속껍질 속에 즙이 많은 알맹이가 있음(귤, 유자, 탱자).

동양의학에서 증상과 효과의 용어설명

가래톳 허벅다리 기부(基部)의 림프선이 부어 아프게 된 멍울. 감염이나 피로가 심하여 림프절이 부어오른 멍울로 결핵과 종양에 전이로 나타나는 경우도 있음.

가성근시(假性近視) 오랫동안 책을 읽거나 가까이서 텔레비전 또는 컴퓨터를 오래 보면 나타나는 가벼운 근시상태.

가스중독 연탄가스를 마시면 대뇌중추신경이 마비되고 질식되어 생명을 잃게 될 수도 있음.

각기(脚氣) 영양실조의 하나로 처음 발병하면 말초신경 실조증 때문에 다리 부위가 나른하고 입 주위, 손끝, 발끝 등에 저린 감이 오며 심한 경우 무릎에 힘이 빠져 엉금엉금 기게 됨.

각기(脚氣) = 각약(脚弱) 비타민 B_1의 결핍으로 일어나는 병으로 부기가 있으며 다리가 마비되어 감각이 없어지고 맥이 빨라지며 변비를 수반함. 완풍, 연각풍이라고도 함.

각기부종(脚氣浮腫) 각기(脚氣)로 인한 부종.

각막염(角膜炎) 각막에 염증이 생겨 각막이 흐려지는 병.

각종(角腫) 눈자위가 부은 것.

각췌(角贅) 안과질환의 일종으로 눈자위에서 시작하여 눈을 덮는 익상편을 의미.

각풍(脚風) 다리에 풍병이 오는 증상으로 요산이 배설되지 않고 혈중과다로 다리가 아프고 붓는 것으로 통풍과 같은 개념.

각혈(咯血) = 객혈(喀血) 결핵이나 폐암을 앓아 기침이 심할 때 피를 토하는 것으로 이때 피는 폐, 기관지, 점막 등에서 나온 것.

간경(間經) 2~4개월에 한 번씩 하는 월경.

간경변증(肝硬變症) 간장의 일부가 딱딱하게 굳어지면서 오그라들어 기능을 상실하는 병.

간경화(肝硬化) = 간경변(肝硬變) 간세포(肝細胞)의 장애와 결합조직(結合組織)의 증가에 의하여 간(肝)이 경화(硬化, 굳어짐), 축소(縮小, 오므라듦)된 상태.

간경화증(肝梗化症) = 간경변증(肝硬變症) 간경화증과 동의어로 간이 굳어지는 병.

간기능촉진(肝機能促進) 간장의 기능을 활성화하여 정상화시키는 것.

간기능회복(肝機能回復) 간장의 기능을 활성화하여 정상화시키는 것.

간기능회복(肝機能回復) 간의 기능이 나빠지면 단백질 합성이 잘 안 되고 담즙 배설이 안 되는데 이러한 기능을 회복시킴.

간기울결(肝氣鬱結) 사려과도(思慮過度)로 담즙 배설이 안 되어 소화 장애를 일으키며 옆구리가 결리고 아픈 증세.

간반(肝斑) 얼굴 특히 이마나 눈언저리, 볼에 잘 생기는 갈색 또는 흑갈색 얼룩.

간보호(肝保護) 오장(五臟)의 하나인 간의 기능을 보호하도록 하는 것.

간암(肝癌) 간의 암.

간열(肝熱) ① 간(肝)에 질환이 생김으로써 나타나는 열. 화를 잘 내고 경기(驚氣)를 잘 하며 근육이 위약(萎弱)되고 사지가 부자유스럽고, 어린이의 경우에는 소화불량과 자주 놀라는 증세가 나타남. ② 간에 생기는 여러 가지 열증(간화, 간화상승, 간기열, 간실열).

간염(肝炎, hepatitis) = 간장염(肝臟炎) 간에 생기는 염증의 총칭. 주로 음식물과 혈액을 통한 바이러스로 감염.

간작반(鼾雀斑) = 기미 · 주근깨 주로 자외선에 의해 생기는 갈색 기미 등.

간장(肝臟) 오장의 하나. 혈(血)을 저장하고 혈량을 조절하는 기능을 함.

간장기능촉진 간의 생리적 활성을 촉진하여 기능을 정상화하는 것.

간장병(肝臟病) 간장의 병.

간장암(肝臟癌) 간염 바이러스에 감염된 사람에게 많이 발생하는 암.

간장염(肝臟炎) 간에 생기는 염증을 통틀어 이르는 말.

간질(癎疾) = 전간(癲癎), 전(癲), 간증(癎症), 간(癎), 천질(天疾), 지랄병 발작적으로 의식이 장애되는 것을 위주로 하는 병증으로 심한 놀람, 음식, 풍, 화 그리고 선천적 요인들이 원인이 됨. 갑자기 몸을 떨며 눈을 뒤집고 거품을 내뿜으며 뻣뻣해지는 병. 다른 말로 지랄병이라고도 함.

간허(肝虛) 간의 기 · 혈 · 음 · 양이 모두 허하거나 부족해서 생기는 병.

간헐파행증(間歇跛行症) 지속적으로 걸음을 걸을 때 일정시간이 지나면 둔부나 대퇴부 등이 통증을 느끼나 쉬면 없어지는 증상(intermittent claudication).

간활혈(肝活血) 간에 피를 잘 돌게 하는 것.

갈충(蝎蟲) 전갈과 같은 벌레.

감기(坎炁) 감기(坎氣)를 말하는데 제대(臍帶)의 별칭.

감기(感氣) 바이러스 또는 세균의 감염에 의하여 생기는 호흡기 계통의 가벼운 병.

감기후증(感氣後症) 감기 후에 나타나는 병징.

감모(感冒) = 감기(感氣) 감기(感氣)와 같은 뜻으로 일반 감모, 유행성 감모, 상기도 감염 등이 있음.

감모발열(感冒發熱) 감기 때문에 열이 나는 증상.

감모해수(感冒咳嗽) 감기로 인해 기침을 하는 증상.

감비(減肥) = 콜레스테롤 억제 콜레스테롤 수치가 너무 높은 경우 이를 낮추기 위한 처방(체중을 줄이고 살을 빼는 것).

감창(疳瘡) 매독균에 의해 음부에 부스럼이 생기는 병.

감충(感蟲) 기생충에 감염됨.

감한(甘寒) 약물의 성미가 달고 약성이 차가운 약물.

갑상선염(甲狀腺炎) 갑상선 질환은 정신적으로 스트레스를 많이 받는 사람이 잘 걸리며, 특히 중년 여성들에게 잘 나타남.

갑상선종(甲狀腺腫) 갑상선에 종양이 생긴 것.

강근(强筋) 근육을 강하게 하는 효능.

강근골(强筋骨) 근육과 뼈를 강하고 튼튼하게 함.

강기(降氣) = 강역(降逆), 강역기(降逆氣), 하기(下氣) 이기법(理氣法)의 하나로 기가 치밀어 오르는 것을 내리는 방법.

강기거염(降氣祛炎) = 강기거담(降氣祛痰) 기를 다스려 염증을 가라앉힘.

강기지구(降氣止嘔) 기를 내리고 구토를 멈추는 효능.

강신(强腎) 신(腎)을 강하게 함.

강심(强心) 병으로 쇠약해진 심장의 기운을 강하게 하는 것.

강심이뇨(强心利尿) 심장을 자극하여 소변의 배설을 촉진하는 것. 심실의 수축력을 강화시켜 전신혈류를 증가시키면 신장으로 도달하는 혈류가 증가하여 소변을 보게 됨.

강심익지(强心益志) 마음과 의지를 강하게 하는 것.

강심제(强心劑) 병으로 쇠약해진 심장을 강하게 하여 그 기능을 회복시키기 위한 약제.

강역이습(降逆利濕) 기가 치솟은 것을 내리고 습(濕)을 제거하는 효능.

강장(强壯) 뼈대가 강하고 혈기가 왕성함.

강장보호(腔腸保護) 소화기 계통인 위와 장을 보호함.

강장제(强壯劑, tonic) 영양을 돕거나 체력을 증진시켜 몸을 튼튼하게 하는 약제.

강정(强精) 정기를 강화함.

강정안정(强精安靜) 강정(强精)과 안정(安靜). 정기를 강하게 하여서 마음을 편하게 가라앉힘.

강정자신(强精滋腎) 정기를 강화하고 신장을 보함.

강정제(强精劑) 심신불안, 심신산란, 심신피로를 풀어주고 쇠약해진 정력을 되찾게 하는 약제.

강직성척추관절염(强直性脊椎炎) 척추 사이에 칼슘이 침착되어 허리가 굳어지고 뻣뻣하여 주로 아침에 일어날 때 몸이 잘 말을 안 듣고 요통이 오는 병.

강화(强火) 강한 불, 화기를 강화시킨다는 개념.

강화(降火) 피가 머리로 모여서 얼굴이 붉어지는 증세를 몸속의 화기(火氣)로 풀어 내리는 것.

개규화담(開竅化痰) 구규(九竅)를 열어주고 담을 화하는 것.

개선(疥癬) 옴과 버짐. 옴벌레의 기생으로 생기는 전염성 피부병.

개울(開鬱) 기(氣)가 울체(鬱滯)된 것을 통하게 하여 기능장애를 원활하게 하는 것.

개위(開胃) 위의 소화기능을 돕고 식욕을 돋우는 것.

개창(疥瘡) = 창개(瘡疥) 옴과 헌데를 겸한 것. 습한 부분에 생기는 옴.

객혈(喀血) = 각혈(咯血), 토혈(吐血) 주로 폐결핵을 앓아 기침이 심할 때 피를 토하는 것으로 이때 피는 폐, 기관지, 점막 등에서 나온 것.

갱년기장애(更年期障碍) 여성 호르몬을 비롯한 내분비자율신경계의 변조로 인한 증상.

거담(去痰) 염증을 가라앉힘. 가래를 제거함.

거담(祛痰) = 거담(祛痰) 담을 뱉도록 도와주고 담이 생기는 원인을 없애주는 치료법. 폐의 점액질 분비를 촉진시켜서 가래가 묽어져서 잘 나오게 하는 것.

거담제(祛痰劑) 담을 제거하는 약물.

거담지해(去痰止咳) 담을 없애고 기침을 멈추게 함.

거번열(祛煩熱) 번열(煩熱)을 제거하는 효능.

거부생기(祛腐生肌) 상처를 치료하여 새살이 돋게 함.

거서(祛暑) 서사(暑邪)를 제거하는 것.

거습(祛濕) 습기로 인한 질병을 제거함.

거습(祛濕) 습한 환경으로 인하여 몸이 저리고 부으며 뼈마디가 쑤시는 증세를 치료하기 위함.

거어(祛瘀) = 거어(祛瘀) 활혈약(活血藥)으로 어혈(瘀血)을 없애는 방법.

거어지통(祛瘀止痛) 어혈(瘀血)을 제거하고 통증을 멈추는 효능.

거위 = 회충(蛔蟲) 회충과의 기생충.

거치(擧痔) 치질의 하나로 항문 주위에 군살이 생겨서 아픈 것.

거품대변 속이 메스껍고 곱똥이 나오면서 배가 가끔 아픈 증상.

거풍(祛風) = 거풍(祛風) 밖으로부터 들어온 풍사(風邪)를 없애는 방법.

거풍명목(祛風明目) 풍을 없애고 눈을 밝게 함.

거풍산독(祛風散毒) 풍(風)을 제거하고 독(毒)을 흩어지게 하는 효능.

거풍산습(祛風散濕) 풍(風)을 제거하고 습(濕)을 흩어지게 하는 효능.

거풍산한(祛風散寒) 풍증을 없애고 한사를 흩어버림. 외감풍한증의 치료법.

거풍살충(祛風殺蟲) 풍(風)을 제거하고 살충(殺蟲)하는 효능.

거풍소종(祛風消腫) 풍(風)을 제거하고 종(腫)을 없애는 효능.

거풍습(祛風濕) 풍사(風邪), 습사(濕邪)로 나타난 질병 치료.

거풍승습(祛風勝濕) 풍(風)을 제거하고 습(濕)을 없애는 효능.

거풍열(祛風熱) 풍열을 없애는 것.

거풍윤장(祛風潤腸) 풍(風)을 제거하고 장(腸)을 윤택하게 하는 효능.

거풍이습(祛風利濕) 풍사와 습사로 인한 질병 치료.

거풍제습(祛風除濕) ① 풍습(風濕)을 없애는 방법. ② 거풍(祛風)과 제습(除濕)을 합하여서 이르는 말.

거풍조습(祛風燥濕) 거풍법(祛風法)의 하나로 풍습(風濕)을 없애는 방법. 풍을 제거하고 습기를 말리는 것. 풍과 습은 6기(한, 서, 조, 습, 풍, 열)의 하나로 각기 다른 병인이 됨.

거풍지양(祛風止痒) 풍(風)을 제거하고 양(痒)을 멈추는 효능.

거풍지통(祛風止痛) 풍(風)을 제거하고 통증을 멈추는 효능.

거풍청열(祛風淸熱) 풍(風)을 제거하고 열을 없애는 효능.

거풍통락(祛風通絡) 풍사로 생긴 병을 물리쳐서 경락에 기가 잘 통하게 함.

거풍한(祛風寒) 풍사와 한사로 인한 질병 치료.

거풍해독(祛風解毒) 풍(風)을 제거하고 해독하는 효능.

거풍해표(祛風解表) 풍사를 제거하고 발한법을 통해 사기(邪氣)를 제거하는 치료.

거풍화담(祛風化痰) 풍사(風邪)를 없애고 가래를 없앰.

거풍화혈(祛風和血) 풍(風)을 제거하고 화혈(和血)하는 효능.

거풍활락(祛風活絡) 풍(風)을 제거하고 활락(活絡)하는 효능.

거풍활혈(祛風活血) 풍(風)을 제거하고 피를 잘 돌게 하는 효능.

건근골(健筋骨) 근육과 뼈를 튼튼하게 하는 효능.

건뇌(健腦) 뇌를 건강하게 하는 처방.

건망증(健忘症) 기억장애의 하나로 지나간 일이나 행동을 기억하지 못하는 병적 상태.

건비(健脾) = 건비보신(健脾補身), 보비(補脾) 비(脾)가 허(虛)한 것을 보하거나 튼튼하게 하는 방법.

건비개위(健脾開胃) 비(脾)를 튼튼하게 하고 위(胃)를 열어주는 효능.

건비소적(健脾消積) 비(脾)를 튼튼하게 하고 적(積)을 없애는 효능.

건비소종(健脾消腫) 비(脾)를 튼튼하게 하고 붓기를 없애는 효능.

건비소화(健脾消化) 비(脾)를 튼튼하게 하고 소화시키는 효능.

건비위(健脾胃) 음식을 보면 비위가 거슬려 먹을 수 없을 때 비장과 위경의 기운을 보양함.

건비익신(健脾益腎) 비(脾)를 튼튼하게 하고 신(腎)을 유익하게 하는 효능.

건비화위(健脾和胃) 비(脾)를 튼튼하게 하고 위(胃)를 조화롭게 하는 효능.

건선(乾癬) 피부병의 하나로 피부가 건조하거나 트면서 태선이 생기고 가려운 증상.

건습(乾濕) 마른 것과 습한 것.

건위(健胃) 위를 튼튼하게 하여 소화기능을 높이기 위한 처방.

건위강장(健胃强壯) 위장을 튼튼하게 하고 몸을 건강하고 혈기가 왕성하게 함.

건위소식(健胃消食) 위(胃)를 튼튼하게 하고 음식을 소화시킴.

건위지사(健胃止瀉) 위(脾)를 튼튼하게 하고 설사를 멈추는 효능.

건위청장(健胃淸腸) 위의 소화기능을 강하게 하고 변비를 치료함.

건폐위(健肺胃) 폐와 위를 튼튼하게 함.

건해(乾咳) = 건수(乾嗽), 건해수(乾咳嗽) 마른기침. 가래 없이 기침을 하는 증상.

견골(肩骨) 어깨뼈.

견광(狷狂) 성미가 급하고 고집이 세며 과장이 심하거나 극단에 치우친 행동을 하는 사람.

견교(犬咬) 개에게 물린 것.

견교독(犬咬毒) = 견독(犬毒) 개에 물린 독.

견교상(犬咬傷) 개에게 물린 상처.

견독(肩毒) 일반적으로 어깨 부위에 생긴 악성종기.

견비통(肩臂痛) 어깨 부분이 아파서 팔을 잘 움직이지 못하는 신경통.

견인통(牽引痛) 근육이 땅기거나 켕겨 아픈 증세.

결기(決氣) 기가 막힌 것을 흐르게 하는 것.

결막염(結膜炎) 눈의 결막에 생기는 염증.

결절종(結節腫) 관절낭이나 건초에 생기는 도토리만 한 종기.

결핵(結核) ① 결핵균이나 그 밖의 원인에 의해서 국소적(局所的)으로 생기는 작은 결절성(結節性) 멍울. 그 부분의 조직이 건조한 빛으로 변하면서 염증이 생기고 고름이 나옴. ② 몸의 일정한 부위에 단단한 멍울이 생긴 것.

결핵성림프염(結核性lymph炎, tuberculous lymphadenitis) 림프에 결핵균이 들어가서 염증을 일으키는 질환.

결핵성쇠약(結核性衰弱) 결핵균으로 인하여 힘이 쇠하고 약해짐.

경결(硬結) 조직의 일부분이 이물의 자극을 받아 변성하여 결합조직이 증식되어 굳어짐.

경기(經氣) 경락을 흐르는 기로서 생명활동을 주재함.

경련(痙攣) 근육이 자기 의사와 관계없이 병적으로 급격한 수축을 일으키는 현상.

경변(硬便) = 변비(便秘) 대변이 굳은 것.

경선결핵(經腺結核) 목이나 귀 부근 혹은 겨드랑이에 단단한 멍울이 생겨 쉽게 풀어지지 않으면서 심하게 곪아 진물이 흐르고 농이 생겨나는 결핵성 병증.

경신익기(輕身益氣) 몸을 가볍게 하고 기(氣)를 더해줌.

경신익지(輕身益志) 정신이 상쾌해지고 기분이 좋아지고 머리가 맑아지게 하는 처방.

경중양통(莖中痒痛) 음경이 가렵고 아픈 것.

경충(頸衝) 수양명대장경의 혈인 비노혈.

경통(莖痛) 남자의 외생식기인 음경의 통증.

경풍(痙風) 태양병에 열이 나면서 의식이 혼미하고 몸이 뻣뻣해지고 눈을 치켜뜨고 목이 뒤로 젖혀지면서 빳빳해지는 증상.

경학질(輕瘧疾) 가벼운 학질로 오슬오슬 추웠다 더웠다 하는 증상.

경혈(驚血) 놀란 피, 멍든 피 또는 피하출혈(皮下出血)을 말함.

고미(尻尾) 해부학에서 선골(仙骨) 부위를 말하며 엉덩뼈와 꼬리뼈를 뜻함.

고미건위(苦味健胃) 쓴맛이 위의 소화기능을 강하게 함.

고비(痼痺) 오래도록 잘 낫지 않는 비증상.

고지방혈증(高脂肪血症) 혈청 속에 콜레스테롤, 중성지방 등의 지방질이 증가하여 걸쭉하고 뿌옇게 된 상태.

고지혈증(高脂血症) 혈청 속에 콜레스테롤이나 중성지방이 평균 이상으로 높아져서 혈액이 점도가 진하고 탁해진 상태.

고창(鼓脹) 위장관(胃腸管) 안에 가스가 차서 배가 땡땡하게 붓는 병.

고치(固齒) 이와 잇몸을 튼튼하게 하기 위한 경우.

고혈압(高血壓) 혈액이 혈관을 통해 온몸을 순환할 때 혈관 벽에 가해지는 압력이 정상치보다 높은 경우.

고환염(睾丸炎) 고환에 생긴 염증.

골격통(骨格痛) 뼈가 상했거나 비증(痺證), 허로증(虛勞症) 등에서 흔히 볼 수 있으며 뼈가 아픈 증상.

골다공증(骨多孔症) 뼈의 석회 성분이 줄고 밀도가 떨어져서 뼈가 약해지고 쉽게 부서짐.

골반염(骨盤炎) ① 병원균에 의해 자궁, 난소, 난관 및 인접조직에 발생하는 염증을 포괄함. ② 엉덩이 부위의 골반에 생긴 염증.

골수암(骨髓癌) 뼛속에 들어 있는 연한 물질에 암세포가 증식되는 것.

골수염(骨髓炎) 골수의 적색 혹은 황색의 연한 조직체에 화농균이 침입하여 생기는 염증.

골습(骨濕) 무릎 뼈가 쑤시는 병증.

골절(骨絶) 골수가 고갈되고 허로증이 위중해져서 등뼈가 시큰거리고 허리가 무거워 돌아눕기 힘든 병증.

골절(骨折) 뼈가 부러지는 것.

골절번통(骨節煩痛) 특별한 자극이 없는데도 골절이 쑤시거나 통증이 나타나는 증상.

골절산통(骨節痠痛) 관절이 시큰하게 아픈 것.

골절상(骨折傷) 골절로 인한 병증.

골절증(骨絶症) 신(腎)의 정기(精氣)인 신기(腎氣)가 절(絶)하여 생기는 병.

골절통(骨節痛) 관절이 아픈 것.

골중독(骨中毒) 뼈에 중독(中毒)된 것.

골증(骨蒸) = 골증로열(骨蒸勞熱), 골증로(骨蒸勞), 골증열(骨蒸熱) 몸의 정기와 기혈이 허손해진 허로병(虛勞病) 때문에 뼛속이 후끈후끈 달아오르는 증세.

골통(骨痛) 일정한 곳의 뼈가 아픈 것.

과로(過勞) 육체적 과로, 정신적 스트레스 등으로 인하여 몸이 나른하고 피로한 경우.

과민성대장증후군(過敏性大腸症候群) 자율신경계의 실조(失調)가 원인이 되어 발생하는 결장(結腸)운동 · 분비기능의 이상.

과민성위장염(過敏性胃腸炎) 정서적 긴장이나 스트레스로 인하여 위장의 운동 및 분비 등에 발생한 기능장애.

과산증(過酸症) 위에서 분비되는 염산이나 pepsin 등 소화액이 많아 결과적으로 염증을 일으켜 위의 내벽이 벗겨지는 병증으로 설사나 변비 증세의 전후에 많이 나타남.

과식(過食) 생리적 요구량 이상으로 음식물을 섭취하는 일.

과실식체(果實食滯) 과일을 먹고 체한 경우.

과실중독(果實中毒) = 제과중독(諸果中毒) 과일을 먹고 그 독성 때문에 신체기능이 장애를 일으킨 경우.

곽란(癨亂) 음식을 잘못 먹고 체하여 위로는 토하고 아래로는 설사를 하는 급성 위장병.

곽란(霍亂) = 도와리 여름철에 급히 토하고 설사를 일으키는 급성병.

곽란설사(霍亂泄瀉) 곽란 때 설사하는 증상.

관격(關格) 먹은 음식이 갑작스럽게 체해 대소변도 잘 보지 못하고 정신을 잃는 경우.

관상동맥질환(冠狀動脈疾患) 관상동맥경화증, 관상동맥혈전증 등으로 혈관이 좁아지거나 막힘.

관장(灌漿) 두창 발병 후 7~8일경 농포가 가득 찬 병증.

관절냉기(關節冷氣) 뼈와 뼈가 서로 맞닿는 연결 부위에 냉기를 느끼는 증세.

관절동통(關節疼痛) 관절 부위의 통증.

관절염(關節炎) 관절의 염증. 일반적으로 관절부에 발적, 종창, 동통 따위가 일어나고 발열함.

관절통(關節痛) = 관절동통(關節疼痛) 관절의 통증.

광견병(狂犬病) 바이러스를 보유한 개나 동물에 물려서 생기는 바이러스성 뇌척수염.

괴저(壞疽) 혈관이 막혀서 환부가 썩고 상처가 아물지 않는 병으로 주로 말초 수족지에 잘 나타남.

괴혈병(壞血病) 비타민C의 결핍으로 온몸에 종창 및 출혈이 일어나는 병.

교미(矯味) 맛을 좋게 함.

교상(咬傷) 짐승, 뱀, 독충 등의 동물에 물린 것.

교취(矯臭) 냄새를 제거하는 것.

구갈(嘔渴) 구역과 갈증을 합하여 이르는 말.

구갈(口渴) 입안이 말라 심하면 말도 하지 못하게 되는 증상.

구갈증(口渴症) = 구갈(口渴) 갈증. 입안과 목이 마르면서 물을 많이 먹는 증상.

구강염(口腔炎) 입안에 염증이 생긴 병증.

구건(口乾) 입안이 마르는 증세.

구고(口苦) 입에서 쓴맛을 느끼는 증상.

구금(口噤) = 구금불개(口噤不開), 아관긴급(牙關緊急) 어금니를 꽉 깨물고 입을 벌리지 못하는 증상으로 주로 뇌척수염에서 나타남.

구금불언(口噤不言) 입을 꼭 다물고 말을 못하는 증상.

구내염(口內炎) 입의 점막에 생기는 염증.

구리(久痢) 곧 낫지 않고 오래 끄는 이질.

구순생창(口脣生瘡) 입술이 부르튼 데, 입속과 혀에 헐고 터진 데.

구안와사(口眼喎斜) = 구안편사(口眼偏斜), 구안와벽(口眼喎僻) 입과 눈이 한쪽으로 삐뚤어진 것.

구어혈(驅瘀血) 뭉친 혈을 풀어주는 방법.

구역(嘔逆) 속이 메스꺼워 토함.

구역증(嘔逆症) 속이 느글거려 구역이 나려는 증세.

구역질(嘔逆疾) 구토에 앞서 일어나는, 속이 메스꺼워 토하려고 하는 상태.

구열(口熱) 입의 열로 인해 침이 마르고 약간의 두통이 오며 현기증이 나는 증세.

구창(灸瘡) 뜸 뜬 자국이 헐어서 생긴 부스럼.

구창(口瘡) 입이 헐고 부스럼이 생기는 일종의 궤양성 구내염.

구충(九蟲) 아홉 가지 기생충의 총칭.

구충(驅蟲) 약품 따위로 몸속의 기생충(회충, 요충, 십이지장충, 촌충

등)을 없앰.

구충제(驅蟲劑) 장 속 또는 피부에 기생하는 기생충을 구제하는 작용이 있는 약물 및 방제.

구취(口臭) 입에서 좋지 않은 냄새가 나는 증상.

구토(嘔吐) = 토역(吐逆) 질병이나 독소 등 몸속의 여러 가지 이상으로 먹은 음식물을 토하는 증상.

구풍(驅風) 풍을 없애는 것.

구풍해표(驅風解表) 인체에 침입한 풍사(風邪)를 쫓고 땀을 내서 외표(外表)에 사기(邪氣)를 제거함.

권태감(倦怠感) 몸이 피곤해서 움직이기 싫다고 느끼는 증상.

권태증(倦怠症) 몸이 피곤하고 힘들어서 게을러지거나 싫증을 내는 증상.

귀밝이 = 귀밝이술 음력 정월 대보름날 아침에 마시는 술.

근계(筋瘈) 쥐가 날 때. 몸의 어느 부분에 경련이 일어나서 부분적으로 근육이 수축되어 제 기능을 일시적으로 잃는 경우.

근골(跟骨) 발뒤축 뼈.

근골구급(筋骨拘急) 근골을 못 펼 때. 근골에 이상이 생겨 움직이는 데 장애가 오는 경우.

근골동통(筋骨疼痛) 근육과 뼈에 통증이 생겨 움직이는 데 많은 장애가 따르는 경우.

근골무력증(筋骨無力症) 근골이 약한 데서 오는 무력증.

근골산통(筋骨痠痛) 근육과 뼈가 시큰하게 아픔.

근골위약(筋骨萎弱) 근육이 약해지고 뼈가 말라서 힘을 잘 못 쓰는 증상.

근골통(筋骨痛) 근육과 뼈의 통증.

근력(筋癧) 목 양쪽에 크고 작은 멍울이 생겨 비교적 단단하고 대소가 일정하지 않으며 항상 한열을 수반하고 피로가 심하며 몸은 점차 야위는 증상.

근시(近視) 가까운 곳은 잘 보이고 먼 곳은 잘 보지 못하는 눈의 상태.

근염(筋炎) 근육에 화농균이 들어가서 생기는 염증.

근육경련(筋肉痙攣) 근육(힘줄과 살)의 경련.

근육마비(筋肉麻痺) 신경이나 근육 형태의 변화 없이 기능을 잃어버리는 상태. 감각이 없어지고 힘을 제대로 쓰지 못하게 됨.

근육손상(筋肉損傷) 근육이 손상됨.

근육통(筋肉痛) 주로 감기 등이 원인이 되어 살과 힘줄 등에 통증이 나타나는 경우.

금창(金瘡) ① 쇠붙이로 된 칼, 창, 화살 등으로 입은 상처. ② 칼에 베이거나 연장 같은 것에 다친 상처를 그대로 방치해 나쁜 균이 침입하여 곪게 되고 점점 커져 환부가 심한 고통을 받을 만큼 악화되는 증상.

급만성기관지염(急慢性氣管支炎) 기관지계의 염증으로 인해 발생하는 호흡기 질환.

급만성충수염(急慢性蟲垂炎) 맹장(막창자) 선단에 붙은 충수에 일어나는 염증.

급성간염(急性肝炎) 바이러스, 약물 따위로 간에 생기는 급성 염증.

급성결막염(急性結膜炎) 결막에 생기는 급성 염증의 총칭.

급성복막염(急性腹膜炎) 급성으로 세균감염에 의해 복막에 발생한 염증.

급성신우염(急性腎盂炎) 급성으로 신우(신장)에 세균이 감염되어 일어나는 염증.

급성이질(急性痢疾) = 적리(赤痢) 유행성 또는 급성으로 발병하는 소화기 계통의 전염성 질환.

급성인후염(急性咽喉炎) 급성으로 인후에 생긴 염증.

급성장염(急性腸炎) 균류 등의 감염에 의한 장염.

급성폐렴(急性肺炎) 증상이 빠르게 진행되는 폐렴.

급성피부염(急性皮膚炎) 급성으로 나타나는 피부염.

기관지염(氣管支炎) 기관지의 점막에 생기는 염증.

기관지천식(氣管支喘息) 기관지가 과민하여 보통의 자극에도 기관지가 수축되고 점막이 부으며 점액이 분비되고 내강이 좁아져 숨쉬기가 매우 곤란해지는 병.

기관지확장증(氣管支擴張症) 기관지가 원통, 주머니 모양 등으로 늘어나 염증을 일으키는 병.

기력증진(氣力增進) 기력을 보하는 데 효험이 있는 것.

기부족(氣不足) 생활의 활력소가 되는 힘, 기력, 정기가 부족하거나 정신력이 허약해서 생기는 증상.

기생충(寄生蟲) 체내외에 붙어살며 기생체로부터 영양분을 얻어 생활하는 벌레.

기억력감퇴(記憶力減退) 노화 또는 제반여건에 따라 기억력이 감퇴하는 현상.

기와(嗜臥) = 기면(嗜眠) 잠이 많이 올 때, 잠이 많이 오는 증상이 계속되는 경우.

기울증(氣鬱症) 억압되고 침울한 정신 상태로 인하여 모든 생리기능이 침체되는 현상.

기창만(氣脹滿) 기가 몰려서 배가 몹시 불러 오르는 증세로 간경화나 암증의 말기에 복수가 찬 형태.

기통(氣痛) 경락의 기가 막혀 생긴 통증.

기해(氣海) 단중을 말하는 것. 임맥의 혈.

기혈응체(氣血凝滯) 기와 혈의 기능장애로 울체됨.

기혈체(氣血體) 기와 혈로 구성된 몸.

나력(瘰癧) 목이나 귀에 멍울이 생기는 병.

나병(癩病) 문둥병, 한센씨병.

나창(癩瘡) 나병.

낙태(落胎) 유산.

난관난소염(卵管卵巢炎) 자궁에 화농균이나 임균(淋菌)이 침입하여 난관에서 염증을 일으킴.

난산(難産) 해산을 순조롭게 하지 못하는 각종 이상분만.

난소염(卵巢炎) 난소(卵巢)에 염증이 생긴 것.

난소종양(卵巢腫瘍) 여성의 복부에 발생하는 난소의 종양으로 주로 복통과 하혈 등의 증상을 동반할 수 있음.

난청(難聽) = 이롱(耳聾) 풍증이나 기타 경미한 귀앓이 또는 질병의 후유증에서 생긴 청각장애.

납중독 용해성인 납을 삼키거나 흡입하여 일어나는 중독 증상.

내분비기능항진(內分泌機能亢進) 내분비선의 호르몬 분비가 필요 이상으로 많아 생기는 병

내열복통(內熱腹痛) 내열(內熱)로 인해서 발생한 복통.

내이염(內耳炎) 귓속이 곪는 병으로 급성과 만성이 있음.

내장무력증(內臟無力症) 내장기관에 한해서 일어나는 기능저하 현상.

내풍(內風) 임부가 출산 후에 바람이 드는 것.

냉리(冷痢) 몸이 차고 습하게 되면 생기는 설사병.

냉복통(冷腹痛) 배를 만져보면 차갑고 통증이 오며 소화가 안 되는 경우.

냉습(冷濕) 차가운 성질과 습한 성질의 사기(邪氣).

냉풍(冷風) 신과 비가 함께 허하여 풍습의 사기가 지절에 침입하여 기육에 차 넘쳐서 발병하며 때로 냉통 등의 증상을 보임.

노통(勞痛) 과로로 몸살이 나고 몸이 쑤시는 증상.

농포진(膿疱疹) 수포(水疱)나 농포(膿疱)를 동반한 형태의 발진(發疹).

농혈(膿血) 피와 고름이 섞인 피고름.

뇌암(腦癌) 뇌 속에 암세포가 증식하는 것.

뇌염(腦炎) 뇌의 염증성 반응의 총칭.

뇌일혈(腦溢血) 뇌졸중, 동맥경화증으로 인해 뇌동맥이 터져서 뇌 속에 출혈하는 병증.

뇨혈(尿血) = 혈뇨(血尿) 오줌에 피가 섞여 나오는 병.

누뇨(漏尿) 소변이 흐르는 상태.

누출(淚出) 감정에 의해서 마음이 동하여 오장육부에 파급하며 눈물이 나는 형태.

누태(漏胎) 임신 중 하혈하는 것.

누혈(漏血) ① 붕루(崩漏) 증상 중에 누증(漏症)에 피가 흘러나오는 증상이 함께 나타나는 병증. ② 자궁출혈. 월경이 아닌데 성기에서 피가 조금씩 끊이지 않고 나오는 것.

늑막염(肋膜炎) 흉막염. 흉곽 내에서 폐를 둘러싸고 있는 막에 생기는 염증.

다뇨(多溺) 소갈.

다망증(多忘症) = 다망(多忘) 심신이 허해져서 발생하는 병증.

다발성경화증(多發性硬化症) 중추신경계 질환으로 뇌와 척수에 걸쳐서 작은 탈수(脫髓) 변화가 되풀이하여 산발적으로 일어나는 병.

다소변(小便多) 소변다(小便多). 소변의 양이 많은 병증.

다소변증(小便多症) 소변의 양이 많은 증상.

단독(丹毒) 화상과 같이 피부가 벌겋게 되면서 화끈거리고 열이 나는 병증.

단종(丹腫) 붉게 붓는 증상.

단종독(丹腫毒) 붉게 헐은 증상.

단종창(丹腫瘡) 붉게 붓고 부스럼이 이는 것.

단청(蛋淸) 계란의 흰자위.

담(痰) 감기, 기침, 알레르기성 비염, 천식, 해수 등으로 인하여 체내의 진액이 변화되어 생긴 물질.

담낭염(膽囊炎) 쓸개에 염증이 생긴 병증.

담다해수(痰多咳嗽) 가래가 많으며 해수(咳嗽) 증상이 나타나는 병증.

담석(膽石) 담낭(膽囊쓸개) 속에 생긴 결석(結石).

담석증(膽石症) 급성복증의 하나로 쓸개나 담관에 결석이 생겨 산통발작을 비롯한 심통, 황달 등 여러 증상을 일으키는 병증.

담옹(痰壅) 객담이 기관지, 또는 폐포 속에 옹체하여 객출할 수 없는 병증.

담즙촉진(膽汁促進) 담즙(쓸개즙)의 생성을 활성화함.

담혈(痰血) 가래에 피가 묻어 나오는 병증.

당뇨병(糖尿病, diabetes mellitus) 당뇨가 오랫동안 계속되는 병. 인슐린의 결핍으로 당이나 녹말을 대사할 수 없어 고혈당과 당뇨가 나타나는 만성대사질환. 당뇨병은 크게 인슐린 생성 장애에 의한 인슐린의존성(제Ⅰ형)과 주로 비만과 운동부족에 의한 인슐린 비의존성(제Ⅱ형)으로 나뉨. 제Ⅰ형은 소아당뇨병, 제Ⅱ형은 성인당뇨병이라고도 함.

대변출혈(大便出血) 대변에서 피가 나오는 증상.

대보원기(大補元氣) 인체의 원기를 크게 보함.

대상포진(帶狀疱疹) 하나의 바이러스에 의한 수포성 질환으로 안면, 목 등에 띠 모양으로 발갛게 발생.

대소변불통(大小便不通) 대소변을 보지 못하는 것.

대열(大熱) 체표의 열을 말하는 것으로 이열에 상대되는 열.

대장암(大腸癌) 대장에 생긴 암으로 출혈이 생겨 변에 피가 섞여 나옴.

대장염(大腸炎) 대장에 생긴 염증.

대장출혈(大腸出血) 대장에서 피가 나오는 증상.

대풍나질(大風癩疾) = 대풍악질(大風惡疾) 문둥병. 나(癩)라고도 함.

대하(帶下) 성숙한 여자의 생식기로부터 나오는 분비물의 총칭.

대하증(帶下症) 한사나 습열로 인하여 여성의 질에서 악취가 나거나 흰색 또는 황색의 액체가 흘러나오는 질환.

도한(盜汗) 식은땀. 잠자는 동안에 땀이 나고 잠이 깨면 땀이 멎는 것.

독사교상(毒蛇咬傷) 독사에 물려 상처를 입은 것.

독창(禿瘡) 머리가 헐면서 모발이 끊어지거나 빠져 없어지는 병증.

독충(毒蟲) 여러 가지 독이 있는 벌레.

동맥경화(動脈硬化) 동맥의 벽이 두꺼워지고 굳어져서 탄력을 잃는 질환.

동맥경화증(動脈硬化症, arteriosclerosis) 동맥벽이 두꺼워지며 굳어지는 병. 동맥에 지방질의 침착과 섬유의 증가로 일어남. 이 병에 걸리면 혈압이 높아지고 혈액순환이 나빠짐.

동맥염(動脈炎) 동맥에 생긴 염증.

동상(凍傷) 심한 추위로 피부가 얼어서 상하는 것.

동통(疼痛) 통증을 말함.

두창(頭瘡) ① 두부습진. ② 태독.

두통(頭痛) 머리가 아픈 병증 또는 증상.

두풍(頭風) ① 두통이 낫지 않고 오래 지속되면서 때에 따라 발생했다 멎었다 하며 오랫동안 치유되지 않는 병증. ② 머리에 풍사를 받아 발생하는 증후의 총칭.

두현(頭眩) 머리가 어지러운 것. 현기증.

딸꾹질(hiccough) 횡격막(橫隔膜)의 경련으로 갑자기 터져 나오는 숨이 목구멍에 울려 소리가 나는 증세.

류마티스 류머티즘.

류마티스성 관절염(rheumatoid arthritis, ~性關節炎) RA로 약기. 골격, 관절, 근육 등의 운동지지기관의 동통과 결합조직의 침습을 초래하는 염증성 다발성 만성관절질환.

류머티즘(rheumatism) 전신 결합조직 특히, 관절 및 근육, 인대, 활액낭, 건(腱), 섬유조직 등에 침투하여 여러 질환을 일으키며 그곳에 염증, 변성, 대사장애를 특징으로 하는 질환.

류마티스성 근육통 류마티스로 인한 근육의 통증.

이기혈(理氣血) 기혈순환을 활발하게 하는 치료법으로 기체(氣滯)나 어혈(瘀血) 등을 치료하는 데 사용.

이이변(利二便) 대소변을 잘 나오게 하는 효능.

림프절결핵(tuberculosis of lymph nodes) 결핵균에 의한 림프절의 만성염증.

마교(馬咬) 말에게 물리거나 밟혀서 생긴 병증.

마비(馬痹) 인후가 붓고 아파서 물도 넘기지 못하는 병증.

마약중독(麻藥中毒) 아편류, 기타 마약 등을 장기간 복용하여 중독증에 처했을 때.

마취(痲醉) 몸의 일부나 전체의 감각을 마비시키는 효능.

마풍(麻風, 痲瘋) 문둥병.

만성간염(慢性肝炎) 6개월 이상에 걸쳐 간염의 증상과 간 기능의 장애 등 간 조직에 염증이 계속되어 간세포에 병리조직학적 변화가 인정되는 상태.

만성기관지염([慢性氣管支炎) 기관지의 만성적 염증으로 기도가 좁아지는 질환.

만성맹장염(慢性盲腸炎) 회맹부 통증을 통칭하는 것으로 이따금 쑤시고 아픈 것.

만성변비(慢性便秘) 오랫동안 정상적으로 배변이 이루어지지 않는 증상.

만성요통(慢性腰痛) 허리 운동에 관계있는 많은 근육과 인대의 탄력성에 문제가 생겨 전후 상하 좌우의 균형이 무너진 상태가 계속되는 증상.

만성위염(慢性胃炎) 위 점막의 만성염증성 질병.

만성위장염(chronic gastritis, 慢性胃腸炎) 폭음, 폭식, 부패식품의 섭취 등에 의하여 일어나며 운동부족, 사양관리 부실, 기생충 등에 의해서도 발생되어 만성으로 경과하는 위의 염증. 스트레스 음주나 일정한 음식 등에 자극되어 지속적으로 산분비가 과다하여 위 점막이 손상되고 변형되는 것으로 위축성 위염을 동반할 수 있음.

만성판막증(慢性瓣膜症) 만성인 판막의 장애 증상으로 맥박이 빠르고 불규칙하게 되어 호흡이 곤란하고 피로를 느끼며 붓는 증상이 나타남.

만성풍습성관절염(慢性風濕性關節炎) 류마티스성 관절염의 다른 말.

만성피로(慢性疲勞) 신장의 양기가 부족할 때 발기 장애, 빈뇨 증상, 몸이 차고 허리와 무릎이 시리고 아픈 증상 등이 나타남.

만성하리(慢性下利, chronic diarrhea) 장기간에 걸쳐 나타나는 설사.

만성해수(慢性咳嗽) 3주 이상 지속되는 기침.

말라리아(malaria) 말라리아원충에 의한 대표적인 열대병.

매독(梅毒) 만성 전신성 질병이며 성병의 일종인 전염병.

맹장염(inflammation of the caecum, 盲腸炎) 맹장의 충양돌기염에 잇따라 일어나는 염증.

면독(面毒) 면발독.

면목부종(面目浮腫) 얼굴이나 눈이 붓는 병증.

면창(面瘡) 얼굴에 생긴 종기.

면포창(面疱瘡) 얼굴에 물집이 나고 부스럼이 생긴 것.

명목(瞑目) ① 눈을 감는 것. ② 눈이 어두운 것. ③ 조는 것, 자는 것.

명목소염(明目消炎) 눈을 밝게 하고 염증을 가라앉힘.

명목퇴예(明目退翳) 눈을 밝게 하고 예막(瞖膜)을 치료하는 효능.

모세혈관염(毛細血管炎) 실핏줄염, 모세관염.

목소양증(目瘙痒證) = 란현풍(爛弦風), 트라코마 먼지나 이물질이 눈에 들어갔을 때 손으로 비비거나 자극에 의해 일어나는 증상으로, 결막 부위가 붉게 충혈되어 부어오르고 올록볼록한 과립이 생김.

목적(目赤) 눈이 벌겋게 충혈되는 증후.

목적동통(目赤疼痛) 눈이 충혈되고 아픈 병증.

목적홍종(目赤紅腫) 눈이 붉게 충혈되고 부어오르는 증상.

목정통(目睛痛)= 안주동통(眼珠疼痛) 눈망울이 아플 때. 몸의 피로, 망막의 피로 등 눈의 질환으로 눈망울에 통증이 생기는 경우.

목탈(目脫) 눈이 빠질 것 같은 증상.

목통(目痛) 눈의 통증.

목통유루(目痛流淚) 눈에 통증이 있으며 눈물이 그치지 않고 계속 흘러내리는 것.

목현(目眩) 현기증. 눈앞이 깜깜해지면서 혼화가 나타나는 환각 증상.

몽정(夢精) 꿈을 꾸면서 사정이 되는 것.

무도병(舞蹈病, chorea) 얼굴, 손, 발, 혀 등의 근육에 불수의적(不隨意的) 운동장애를 나타내는 증후군.

무력(無力) 힘이 없음.

무릎동통 무릎통증.

무월경(無月經) 월경(月經)이 오지 않는 병증. 월경을 할 나이에 월경이 끊어지는 병.

무좀 백선균이나 효모균이 손바닥이나 발바닥, 특히 발가락 사이에 많이 침입하여 생기는 전염 피부병. 물집이 잡히고 부스럼이 돋으며 피부 껍질이 벗겨지기도 하고 몹시 가려운 것이 특징인데, 봄부터 여름까지 심하고 겨울에는 다소 약함.

미용(美容) ① 아름다운 얼굴, ② 얼굴이나 머리를 아름답게 매만짐.

민감체질(敏感體質) = 과민체질(過敏體質), 알레르기성 체질 주로 식중독, 티끌, 황사, 꽃가루 또는 금속이나 화장품 때문에 일어남.

반신불수(半身不隨, 半身不遂) 반신을 쓰지 못하는 병증. 일반적으로 중풍의 경우에 나타나는 후유증.

반위(反胃) 음식을 먹은 후 일정한 시간이 경과한 후 먹은 것을 도로 토해내는 병증.

발기불능(勃起不能) 남성의 성기능장애 중 발기장애(erection disorder; ED).

발독(撥毒) 치료법의 하나로 병독을 제거하는 것.

발모(發毛) 몸에 털이 남. 흔히 머리털이 나는 것을 이르는 말.

발열(發熱) 열이 나서 체온이 상승하는 것. 체온이 정상치보다 높은 증후.

발육촉진(發育促進) 신체를 증대하는 작용을 활성화함.

발진(發陳) 양기가 소생하는 기운이 왕성해져서 묵은 것을 밀어내고 새것이 생겨나게 한다는 것.

발질 발길질. 발로 걷어차는 짓.

발표산한(發表散寒) 땀을 내서 표(表)에 있는 한사(寒邪)를 없앰.

발한(發汗) 약물을 통해서 땀을 유도하여 사기를 배출시키는 것으로 한토하(汗吐下)의 삼법 중 하나.

발한투진(發汗透疹) 땀을 내서 표(表)에 있는 사기(邪氣)를 없애고 반진(斑疹)과 사기를 담으로 내몰아서 반진을 소실시키는 것.

발한해표(發汗解表) 발한(發汗)시키고 표(表)에 있는 땀을 내게 하여서 체표를 이완시키는 것.

방광결석(膀胱結石) 방광 속에 돌과 같은 물질이 생기는 병.

방광무력(膀胱無力) 방광의 기능이 저하되는 증상.

방광암(膀胱癌) 방광 점막에 발생하는 암.

방광염(膀胱炎) 방광에 염증이 생김.

방부(防腐) 썩는 것을 막음.

배가 튀어나온 증세 3~4세가 되어서도 배만 튀어나오고 걷지도 못하는 증세로 기생충으로 인한 경우가 많음.

배농(排膿) 고름을 뽑아내는 것.

배농해독(排膿解毒) 고름을 뽑아내고 독성물질의 작용을 없앰.

배멀미 배를 탔을 때 어지럽고 메스꺼워 구역질이 나는 일. 또는 그런 증세.

배석(排石) 결석을 없애는 작용.

배절풍(背癤風) 등에 뾰루지가 연이어 생기거나 재발하는 것.

배종(背腫) 등에 생긴 종창.

백대(白帶) 백대하의 준말.

백대백탁(白帶白濁) 여성의 음부(陰部)에서 나오는 흰 이슬과 소변이 뿌연 증상.

백대하(白帶下) 여성의 생식기에서 병적으로 분비되는 흰 점액이 나오는 병증.

백대하증(白帶下症) 자궁이나 질벽의 점막에 염증이나 울혈이 생겨서 백혈구가 많이 섞인 흰색의 대하가 질로부터 나오는 병.

백독(白禿) 백독창의 별칭.

백리(白痢) 이질의 일종. 백색점액이나 백색농액이 섞인 대변을 보는 하리.

백발(白髮) 모발이 전반적으로 또는 부분적으로 희어지는 병증.

백선(白癬) 쇠버짐. 백선균에 의해서 생기는 전염성 피부병.

백열(白熱) 기운이나 열정이 최고 상태에 달함.

백일해(百日咳) 5세 미만의 소아에게 봄과 겨울에 유행하는 전염병의 하나인 역해.

백적리(白赤痢) 대변에 흰 곱이나 고름, 피가 섞여 나오는 것.

백전풍(白癜風) 피부에 흰 반점이 생기는 병증.

백절풍(百節風) 비증(痺證)의 하나.

백태(白苔) 백색을 띠는 설태.

백혈병(白血病) 비정상적인 백혈구가 무제한으로 증가하여 혈류 속에 나타나며 골수나 림프 등의 조혈조직에 생기는 암.

버짐 = 백선(白癬) 백선균에 의하여 일어나는 피부병. 주로 얼굴에 생김.

번란혼미(煩亂昏迷) 마음이 괴롭고 정신이 불안한 상태.

번열(煩熱) 가슴이 답답하고 열이 나는 증후.

번위(翻胃) ① 반위의 별칭. ② 대변은 묽으며 먹을 때마다 토하는 것.

번조(煩躁) 가슴이 열이 얽히어 괴로우며 초조하고 불안한 것이 밖으로 드러나는 것.

변독(便毒) 경외기혈(經外寄血)의 하나로 횡현 또는 부인횡현과 같은 뜻으로 통용.

변비(便秘) 대변이 건조하고 굳어져 배변이 곤란하며 보통 2~3일이 지나서 대변을 보는 병증.

보간(補肝) 간기의 기능을 보강시키는 것.

보간신(補肝腎) 간(肝)과 신(腎)을 보하는 것.

보강(補强) 보태거나 채워서 본디보다 더 튼튼하게 함.

보골수(補骨髓) 골수를 보함.

보기(補氣) 기허증을 치료하는 방법.

보기생진(補氣生津) 기(氣)를 보하고 진액(津液)을 생기게 하는 것.

보기안신(補氣安神) 기를 보하고 정신을 안정되게 하는 것.

보기혈(補氣血) 기(氣)와 혈(血)을 보하는 것.

보로(補勞) 허로(虛勞)한 것을 보함.

보비(補脾) 비기가 허해져 심신피로, 소화불량 등을 일으킨 경우 강장약물을 사용하여 비기를 튼튼하게 하는 것.

보비거습(補脾祛濕) 비기를 보하고 습사(濕邪)를 없앰.

보비생진(補脾生津) 비(脾)를 보하여 진액(津液)을 생성함.

보비윤폐(補脾潤肺) 비의 기(氣)를 보충하고 폐(肺)를 적셔주는 치료법.

보비익기(補脾益氣) 지라를 튼튼하게 하여 기허증을 치료하는 것.

보비익폐(補脾益肺) 지라를 보하고 기를 보좌하는 약을 써서 폐기를 보하는 방법.

보비지사(補脾止瀉) 비(脾)를 보하여 설사를 멈추는 효능.

보비폐신(補脾肺腎) 비폐신(脾肺腎)을 보하는 것.

보습제(補濕劑) 안면의 피부를 윤택하게 가꾸기 위한 처방.

보신(補腎) 콩팥을 보하는 방법.

보신강골(補腎强骨) 신(腎)을 보하고 뼈를 강하게 하는 효능.

보신삽정(補腎澁精) 신(腎)을 보하고 정(精)을 저장하는 효능.

보신안신(補腎安神) 신(腎)을 보하고 불안정한 정신적 상태를 치료함.

보신익정(補腎益精) 신(腎)을 보하고 정(精)을 더하는 것.

보신장양(補腎壯陽) 신(腎)을 보하고 인체의 양기(陽氣)를 강건하게 하는 것.

보약(補藥) 허증의 치료에 사용되는 약물. 인체의 전반적 기능을 잘 조절하여 저항성을 높이고 건강하게 하는 약물.

보양익음(補陽益陰) 양기를 보하고 음기(陰氣)를 보익(補益)하는 것.

보온(保溫) 주위의 온도에 관계없이 일정한 온도를 유지함.

보위(補胃) 위양(胃陽)과 위음(胃陰)을 보(補)하는 치료법.

보음(補陰) 음허증을 치료하는 방법.

보음도(補陰道) 음도(陰道)를 보하는 효능.

보익(補益) 인체의 기혈과 음양의 부족을 치료하는 방법.

보익간신(補益肝腎) 간(肝)과 신(腎)을 보익(補益)하는 효능.

보익정기(補益精氣) 정기(精氣)를 보익(補益)하는 작용.

보익정혈(補益精血) 정혈(精血)을 보충하여 유익하게 하는 치료방법.

보익제(補益劑) 허한 것을 보하는 약물이나 방제.

보정(補精) ① 정혈(精血)을 보하는 것을 말함. ② 정기(精氣), 정력(精力), 정신(精神), 진액(津液)은 다 정혈(精血)과 관련이 있으므로 보정(補精)은 정기, 정력, 정신, 진액을 보한다는 뜻으로 쓰일 때도 있음.

보정익수(補精益髓) 경혈(精血)을 보하고 골수(骨髓)를 보익(補益)하는 효능.

보중익기(補中益氣) ① 비위를 보해서 기허증을 치료하는 방법. ② 중초의 기를 보하여 기를 이롭게 함.

보중화혈(補中和血) 비위(脾胃)를 보(補)하여 혈(血)의 운행을 조화롭게 함.

보폐(補肺) 폐기를 보익하는 것과 폐음을 보양하는 것.

보폐신(補肺腎) 폐(肺)와 신(腎)을 보호하는 것.

보허(補虛) 허한 것을 보하는 것.

보혈(補血) 혈허증의 치료법으로 혈액을 보충하거나 조혈기능을 강화시킴.

보혈허(補血虛) 혈허증(血虛症)을 치료하는 것.

복강염(腹腔炎) 복강에 생긴 염증.

복괴(腹塊) 배 속에 덩어리가 생기는 병. 또는 그 덩어리.

복막염(腹膜炎) 복막에 급성 또는 만성으로 생기는 염증.

복부창만(腹部脹滿) 배가 더부룩하면서 그득한 것.

복부팽만(腹部膨滿) 배가 빵빵하게 부푸는 것.

복부팽만증(腹部膨滿症) 장운동이 느려져서 가스가 차고 배가 부푸는 증상.

복사(伏邪) 사기가 체내에 잠복해 있으면서 바로 발생하지 않는 병사.

복수(腹水) 배 속에 장액성의 액체가 괴는 병증.

복요통(腹腰痛) 배와 허리가 아픈 증상.

복중괴(腹中塊) 배 속에 덩어리가 생기는 병. 또는 그 덩어리.

복진통(腹鎭痛) 배가 은은히 무겁게 누르듯 아픈 통증.

복창(腹脹) 배가 그득하고 팽창한 증후.

복통(腹痛) 복부의 통증.

복통설사(腹痛泄瀉) 배가 아프면서 설사(泄瀉)를 하는 증상.

복통하리(腹痛下痢) 배가 아프면서 하리(下痢)를 하는 증상.

볼거리염 유행성이하선염(流行性耳下腺炎), 멈프스(mumps) 바이러스의 감염으로 고열이 나고 이하선이 부어오르는 병.

부병(腑病) 육부에 생긴 병증.

부스럼 피부에 나는 종기를 통틀어 이르는 말.

부식(腐蝕) ① 썩어서 형체가 뭉그러지는 것. ② 부식독에 의한 신체의 손상, 조직의 응고, 붕괴, 괴저 등을 발생시킴.

부완(膚頑) 기부가 타인의 살같이 감각이 둔해지고 마비되는 증후.

부인구통(婦人九痛) 부인병 때 나타나는 9종의 통증. 1) 음중통(陰中痛), 2) 소변임력통(小便淋瀝痛), 3) 배뇨후통, 4) 한랭통(寒冷痛), 5) 월경통, 6) 기체비통(氣滯痞痛), 7) 땀이 나서 음부 속이 벌레가 무는 듯이 아픔, 8) 협하통(脇下痛), 9) 허리와 근육이 아픔.

부인병(婦人病) 부인의 자궁을 중심으로 하여 생기는 일련의 병증.

부인음(婦人陰) 부인의 음부(陰部).

부인음창(婦人陰瘡) 부인의 음부(陰部)에 부스럼이 생긴 병변.

부인하혈(婦人下血) 자궁에서 피를 흘리는 것.

부인혈기(婦人血氣) 부인의 혈기(血氣).

부인혈증(婦人血證) 부인의 출혈증.

부자중독(附子中毒) 부자를 기준량보다 많이 복용했거나 용법을 지키지 않은 경우로 중독되어서 온몸이 발적되고 눈이 잘 안 보임.

부종(浮腫) 몸이 붓는 병증.

분청거탁(分淸祛濁) 소장(小腸)에서 소변(小便)과 대변(大便)이 잘 나오도록 하는 것. 소장의 작용으로 체내에 흡수된 영양의 청탁을 나누어서 맑은 것은 소변으로 나오게 하고 탁한 것은 대변으로 나오게 하는 분리작용.

불면증(不眠症) = 불면(不眠) 통상 잠을 이루기 어렵고, 또는 잠이 들었더라도 쉽게 깨며 심하면 밤새 잠을 이루지 못하는 병증.

불안(不安) 마음이 편하지 않고 조마조마한 증상.

불임(不妊) 정상적인 부부생활을 하여도 임신이 되지 못하는 경우.

불임증(不妊症, sterility) ① 동물이 아이나 새끼를 배지 못함. 생식세포의 불안전형성, 수정과 착상장애 또는 태아의 발육이상 등으로 자손이 생길 수 없는 현상. ② 식물이 다음 세대로 발달할 수 있는 열매를 맺지 않음.

붕중(崩中) 여성의 부정기 자궁출혈.

비괴(痞塊) 복강에 생긴 적괴. 음식, 어혈 등으로 인해 적이 생겨 명치끝에 덩어리가 생겨서 그득한 것.

비뇨기염증(泌尿器炎症) 비뇨기관에 생긴 염증.

비뇨기질환(泌尿器疾患) 비뇨기관에 생긴 질환(疾患).

비만(肥滿) 인체의 지방조직이 지나치게 많이 축적되어 살찐 상태.

비색(鼻塞) 코가 꽉 막히는 것.

비암(鼻癌) 코에 발생한 암.

비염(髀厭) 넓적다리뼈 바깥쪽 위 부위와 골반이 접하는 대전자 부위.

비위(脾痿) 위증의 하나. 육위.

비위허약(脾胃虛弱) 비위(脾胃)의 기(氣)가 허(虛)한 것.

비육(肥肉) 살을 찌게 할 때. 살을 찌게 할 필요가 있을 때 약용식물의 처방.

비체(鼻涕) 콧물이 많이 날 때. 감기에 걸렸을 때 급성비염으로 콧물이 나오는 경우의 처방.

비체(鼻嚏) 재채기. 대개는 바로 그치게 되나 오래도록 계속되는 경우.

비출혈(鼻出血) 코피.

비허설사(脾虛泄瀉) 비(脾)가 허하여 설사를 하는 증상.

빈뇨(頻尿) 소변을 자주 봄.

빈혈(貧血, anemia) 핏속에 적혈구 세포 또는 헤모글로빈이 부족한 상태. 원인은 적혈구의 생산 저하, 적혈구의 수명 단축, 출혈, 유전 등이다. 증상으로는 현기증, 심계항진, 숨이 참, 두통, 발열 등이 있음.

빈혈증(貧血症) = 빈혈(貧血) 혈액의 단위용적당 적혈구 수 또는 혈색소 양이 정상 범위 이하로 감소된 상태.

사교독(蛇咬毒) 뱀에 물린 독.

사교상(蛇咬傷) 뱀에 물려서 생긴 상처.

사기(四氣) ① 약물의 네 가지 약성. ② 기후의 춘하추동 사시의 기. ③ 운기에 네 번째 기.

사독(痧毒) ① 사기의 별칭. ② 사창을 야기하는 독기.

사리(瀉利) 설사.

사리산통(瀉利疝痛) 설사로 배가 아픈 것.

사림(沙痳) 임증(淋症)의 하나로 소변으로 작은 모래알 같은 것이 나오는 증상.

사마귀(wart) 피부 또는 점막에 사람 유두종 바이러스(human papilloma virus, HPV)의 감염이 발생하여 표피의 과다한 증식이 일어나 임상적으로는 표면이 오돌도돌한 구진(1cm 미만 크기로 피부가 솟아오른 것)으로 나타나는 것.

사상(四象) ① 음양을 태음, 태양, 소음, 소양으로 구분한 것. ② 사상의학에서 사람의 체질을 네 가지로 구분해 놓은 형체. ③ 의사를 기술에 의해서 사등급으로 구분해 놓은 것. *사상의학에서 사람의 체질을 구분할 때 사용하는 개념으로 주역의 사상에 의거하고 「황제내경」의 통천편에서 나오는 사상인론에서 연유한 것으로 구한말 이제마가 이를 이용하여서 인체에 적용함.

사상(蛇傷) 뱀에 물린 상처.

사수축음(瀉水逐飮) 수(水)를 없애고 음사(飮邪)를 배출시킴.

사열(邪熱) ① 병인의 하나. 열사. ② 증후의 하나. 외사로 인해서 생기는 발열.

사지경련(四肢痙攣) 팔다리의 떨림.

사지동통(四肢凍痛) 손과 발이 냉하며 통증이 있는 것.

사지마비(四肢麻痺) 사지의 마비.

사지마비통(四肢麻痺痛) = 사지마비동통(四肢麻痺疼痛) 사지마비 증상에 수반하는 통증.

사지면통(四肢面通) 손발과 얼굴이 아픈 증상.

사태(死胎) 태아가 배 속에서 이미 죽어서 나오는 경우.

사하(瀉下) 설사약이나 축수약으로 설사를 시켜 대변을 나가게 하여 대장에 몰린 실열(實熱), 적체(積滯)를 없애는 방법.

사하축수(瀉下逐水) 설사법을 통하여서 대변을 순조롭게 하여 실열(實熱)을 없애고 수음(水飮)을 제거하는 것.

사하투수(瀉下透水) 설사를 시켜서 복수 등을 뱉어내는 것.

사혈(瀉血) = 혈리(血痢) ① 설사를 동반하는 혈증. ② 삼능침(三稜針) 등을 이용하여 피가 나게 하는 것.

사화해독(瀉火解毒) ① 화열과 열결을 제거하고 겸해서 해독하는 치료법. ② 장부에 열독이 심할 때 청열해독하는 약물 중에서 해당한 장부의 화를 제거하기 위해 약을 쓰는 것.

산결(散結) 울체되어 뭉친 것을 풀어줌.

산결소종(散結消腫) 뭉친 것을 풀어주어 부은 종기나 상처를 치료하는 것.

산결지통(散結止痛) 맺힌 것을 풀고 통증을 멈추는 효능.

산결해독(散結解毒) 맺힌 것을 풀어주고 독(毒)을 해독하는 효능.

산어(散瘀) 활혈거어(活血祛瘀)하는 약으로 어혈(瘀血)을 헤치고 부종을 삭아지게 하는 방법.

산어소종(散瘀消腫) 어혈(瘀血)을 제거하고 부종을 가라앉히는 효능.

산어지통(散瘀止痛) 어혈(瘀血)을 제거하고 통증을 멈춤.

산어지해(散瘀止咳) 어혈(瘀血)을 제거하고 기침을 멈춤.

산어지혈(散瘀止血) 어혈(瘀血)을 제거하고 출혈을 멈추게 함.

산어혈(散瘀血) 어혈을 없애주는 약.

산어화적(散瘀化積) 어혈(瘀血)을 제거하고 적취된 것을 푸는 효능.

산울(散鬱) 막힌 것을 풀어줌.

산울개결(散鬱開結) 나쁜 기운이 울체되어 있는 것을 풀어줌으로써 뭉친 것을 풀어주는 방법.

산전후상(産前後傷) 출산 전후에 몸의 상함.

산전후제통(産前後諸痛) 아기를 낳기 전이나 아기를 낳은 후에 나타나는 모든 통증.

산전후통(産前後痛) 출산(出産) 전후에 나타나는 통증.

산풍(産風) 사지가 산후에 동통하는 병증.

산풍소담(散風消痰) 풍사(風邪)를 흩뜨리고 막혀 있는 탁한 담(痰)을 쳐 내리는 거담(祛痰) 방법.

산풍습(散風濕) 풍습사(風濕邪)를 없애는 효능.

산풍청폐(散淸肺) 풍사(風邪)를 흩뜨리고 폐기를 맑게 식히는 효능.

산풍한습(散風寒濕) 풍한습(風寒濕)이 몸에 침범하여 근육이나 기부가 뻣뻣해지고 저린 것을 없애는 것.

산한(散寒) 차가운 기운을 몰아내는 법.

산한발표(散寒發表) 땀을 내서 겉에 있는 사기(邪氣)와 한사(寒邪)를 발산시키는 치료법.

산한제습(散寒除濕) 한사(寒邪)를 없애고 습(濕)을 제거하는 효능.

산한지통(散寒止痛) 차가운 기운을 몰아내어 통증을 없앰.

산혈(散血) 혈을 소산되게 함. 혈중에 뭉친 어혈 등을 푸는 것.

산후병(産後病) 산후(産後)에 나타날 수 있는 모든 병증.

산후복통(産後腹痛) 출산 후 아랫배가 아픈 병증.

산후어혈(産後瘀血) = 산후어저(産後瘀沮) 출산 후에 생긴 어혈.

산후열(産後熱) = 산욕열(産褥熱) 태아, 태반 및 그 부속물을 만출(娩出)한 후에 생식기관이 비임신 상태로 회복되면서 나는 열(熱). 출산 후 회복기에 나는 열.

산후제증(産後諸症) 산후의 여러 가지 병의 증세.

산후출혈(産後出血) 출산 후 나타난 출혈.

산후통(産後痛) 출산 후 통증.

산후풍(産後風) 출산 후에 몸이 붓고 쑤시고 소변이 잘 안 나오는 증상.

산후하혈(産後下血) 아기를 낳은 후에 출혈이 계속되는 증상.

산후혈민(産後血悶) 출산 후 혈액순환이 잘 안 되어 답답한 증세.

산후혈붕(産後血崩) ① 산후에 자궁에서 갑자기 많은 양의 출혈을 하는 병증. ② 산후혈붕부지.

살균(殺菌, sterilization) 미생물을 죽임. 『우리나라 식품공전』에서는 "살균이란 미생물의 영양세포를 죽이는 것", "멸균이란 미생물의 영양세포와 포자를 모두 죽이는 것"으로 구별하고 있으나 영어에서는 살균과 멸균을 구별하지 않음.

살균제(殺菌劑, germicide) 유해미생물 특히 병원성 미생물을 죽이는 약제. 식물병원균 처리약제, 목재, 섬유, 페인트 등의 방부제로 사용하나 가장 흔한 것은 의료용과 공중위생용임.

살어독(殺魚毒) 생선의 독을 없앰.

살충(殺蟲) 벌레 특히 해충을 죽임.

살충제(殺蟲劑, insecticide) 해충을 죽이는 데 쓰는 물질. 대상 해충으로는 농작물해충, 식품해충, 위생해충, 목재해충이 있고 유효성분으로는 유기인계, 카바메이트계, 유기염소계, 천연물계 등이 있음.

삼충(三蟲) 장충(長蟲), 적충(赤蟲), 요충(蟯蟲) 등의 기생충을 말함.

삼투제(滲透劑) = 침윤제(浸潤劑) 어떤 고체의 물질에 용액이 잘 스며들어 젖도록 하는 계면활성제.

삽장위(澁腸胃) 설사를 그치게 하는 효능.

상근(傷筋) 힘줄과 힘살 같은 연부조직이 상하는 것으로 타박이나 염좌가 원인.

상어소종(傷瘀消腫) 상처로 어혈이 진 데 붓기를 빠지게 하는 것.

상처(傷處) ① 몸을 다쳐서 부상을 입은 자리. ② 피해를 입은 흔적.

상풍감모(傷風感冒) 풍사(風邪)의 침입을 받아 생긴 감기.

상피암(上皮癌) 피부조직에 나타나는 암세포. 상피조직에 나타나는 암.

상한(上寒) 몸의 윗부분이 찬 증상.

생기(生氣) ① 봄철에 만물이 생겨나게 하는 기운. ② 원기. ③ 몸의 생명활동 전반. ④ 원기를 돋우고 강하게 하는 것.

생기지통(生肌止痛) 기육(肌肉)이 생기게 하고 통증을 멈추게 함.

생담(生痰) 가래가 생기는 것.

생리불순(生理不順) 여성의 월경이 주기적으로 나오지 않는 증상.

생리통(生理痛) = 월경통(月經痛) 생리 중의 통증.

생목(生目) = 생안(生眼) 눈이 잘 보이게 됨.

생선중독(生鮮中毒) 부패된 생선, 독이 있는 생선 등 독성이 있는 생선류 또는 여름 산란기의 갑각류를 섭취하였을 경우 일어날 수 있는 중독증.

생진(生津) 질병을 오랫동안 앓다 보면 진액의 소모가 발생되는데 그 소모된 진액을 자양시키는 방법.

생진액(生津液) 진액(津液)을 생기게 하는 약.

생진양위(生津養胃) 진액을 생기게 하고 허약한 위장과 십이지장을 튼튼하게 함.

생진양혈(生津凉血) 기를 보충하고 몸의 진액과 혈을 보양함.

생진익위(生津益胃) 진액(津液)을 생기게 하고 위(胃)의 기능을 더욱 좋게 함.

생진지갈(生津止渴) 진액이 생겨 갈증을 해소하는 약.

생진해갈(生津解渴) 진액을 생기게 하고 갈증을 해소함.

생혈(生血) 피를 생겨나게 함.

생환(生還) 살아서 돌아옴.

서간(舒肝) 간기(肝氣)가 울결(鬱結)된 것을 풀어주는 방법.

서근활락(舒筋活絡) 근육을 이완시키고 경락(經絡)을 소통시킴.

서근활혈(舒筋活血) 근육을 이완시키고 혈(血)을 소통시킴.

석림(石淋) = 사림(砂淋), 사석림(砂石淋) 방광결석, 수뇨관결석, 신장결석 등으로 신(腎), 방광, 요도 등에 생기는 결석(結石).

선기(善飢) 자주 배고파하는 증세.

선열(腺熱, glandular fever) 림프선종창, 발열, 혈액 속의 단핵세포증가의 3가지 주징(主徵)을 나타내는 질환. 전염성 단핵세포증다증, 전염성 단핵구증이라고도 함.

선창(癬瘡) = 선(癬) 피부병의 하나인 버짐.

선통(宣通) 잘 풀어서 통하게 하는 것.

선폐거담(宣肺去痰) 폐를 치료하고 담을 제거함.

선혈(鮮血) 피를 맑게 하는 방법.

선형(線形) 선처럼 가늘고 긴 모양.

설사(泄瀉) = 하리(下痢) 배탈이 났을 때 자주 누는 묽은 똥.

설사약(泄瀉藥) 설사를 시켜 질병을 치료하는 처방이나 약재를 통틀어 일컫는 말.

설창(舌瘡) 궤양성 구내염(口內炎)으로 혀가 허는 증세.

성병(性病, venereal disease) 성교에 의해 감염되고 성기를 침해하여 초발증세를 일으키게 하는 병.

성비안신(腥脾安神) 비(脾)의 효능을 활성화시키고 마음을 편안하게 함.

성주(醒酒) 술을 깨게 하는 효능.

성한(盛寒) 한추위. 한창 심한 추위.

성홍열(猩紅熱) = 역후사(疫喉痧) 열병.

세안(洗眼) 눈을 씻음.

소간(疏肝) 간기(肝氣)가 울결(鬱結)된 것을 풀어주는 방법.

소간이기(疎肝理氣) 간기(肝氣)가 울결된 것을 흩어지게 하고 기(氣)를 통하게 함.

소간해울(疏肝解鬱) 간의 소설 기능이 저하된 것을 개선하여 막힌 것을 뚫어냄.

소갈(消渴) = 소(消), 소단(消癉) ① 당뇨병, 요붕증, 신경성구갈, 갑상선기능항진증 등으로 물을 많이 마시고 음식을 많이 먹으며 소변의 양이 많아지고 요당이 나오며 몸은 계속 여위는 병증. ② 목마른 증상.

소감독(燒鹼毒) 양잿물중독, 양잿물로 인하여 중독이 걸렸을 경우 빠른 치료가 요구됨.

소결산어(消結散瘀) 맺힌 것을 풀고 어혈을 제거함.

소곡(消穀) 음식을 소화하는 것으로 당뇨를 말함.

소곡선기(消穀善飢) 소화가 빨리 되어서 쉽게 배고픈 증상으로 당뇨병을 말함.

소기(少氣) 기가 허하고 부족한 것.

소담(消痰) 가래를 삭임.

소담음(消痰飮) 담음(痰飮)을 없애는 효능.

소독(小毒) 약재의 성미에서 독이 약간 있는 것.

소변림력(小便淋瀝) = 뇨삽(尿澁) 오줌량이 적을 때. 소변이 찔찔 나오는 것. 방광이 차 있음에도 불구하고 소변을 다 배출하지 못하는 증상.

소변불리(小便不利) = 수익색(水溺濇) 소변의 양이 적으면서 잘 나오지 않는 증세.

소변불통(小便不通) = 수폐(水閉), 소변불리(小便不利) 오줌이 나오지 못하는 것.

소변실금(小便失禁) = 소변불금(小便不禁) 소변을 참지 못하여 저절로 나오는 증상.

소변적삽(小便赤澁) 소변이 붉고 시원하지 않은 증세.

소변출혈(小便出血) 소변을 볼 때 피가 섞여 나오는 증상.

소산풍열(疎散風熱) 풍열(風熱)의 독(毒)을 발산(發散)하여 해소하는 치료법.

소생(蘇生) 다시 살아남.

소서(消暑) 더위를 사라지게 함.

소수종(消水腫) 부종(浮腫)을 가라앉히는 효능.

소식(消食) 음식의 소화.

소식(少食) 입맛이 없어 밥을 적게 먹게 되는 증상.

소식제창(消食諸脹) 음식을 소화시키고 모든 배부른 증상을 꺼지게 함.

소식하기(消食下氣) 음식을 소화시키고 하기(下氣)하는 효능.

소식화적(消食化積) 음식을 소화시키고 적취(積聚)를 제거하는 효능.

소식화중(消食和中) 음식을 소화시키고 중기(中氣)를 조화시키는 효능.

소아간질(小兒癎疾) 어린이 간질. 순간적으로 뇌파가 이상파형(異常波形)을 나타내며 발작을 일으킴.

소아감기(小兒感氣) 어린아이의 감기.

소아감병(小兒疳病) 어린이 감병. 젖먹이의 젖의 양 조절을 잘못하여 체하여 생기는 병.

소아감적(小兒疳積) 어린이 감적. 아이의 얼굴이 누렇고 배가 부르고 몸이 마르는 병으로 주로 기생충에 의한 영양흡수 장애.

소아경간(小兒驚癎) 어린이 경간. 어린아이가 깜짝깜짝 놀라면서 경련을 일으키는 병.

소아경결(小兒驚結) = 소아급경풍(小兒急驚風) 어린이 경결. 간질과 뇌염, 수막염에 걸린 경우에 일어나는 경련.

소아경기(小兒驚氣) 소아가 작은 소리에도 놀라거나 잠을 이루지 못하는 경우로 심하면 소화가 안 되어 다 토하게 됨.

소아경련(小兒痙攣, convulsion in childhood) 어린이에게 일어나는 경련. 어린이는 경련발작을 일으키기 쉬운 신체조건을 가지고 있어 10% 정도의 어린이가 소아경련을 경험하게 됨.

소아경풍(小兒驚風) = 소아만경풍(小兒慢驚風) 어린이 경풍. 유아에게 발병하는 풍(風).

소아구루(小兒佝僂) 어린이 구루병. 비타민D 결핍으로 뼈의 발육이 부진해 등이 앞으로 구부러짐.

소아구설창(小兒口舌瘡) = 소아설생망자(小兒舌生芒刺) 어린이 혓바늘. 구강 내 혀에 붉은 반점이 나타나며 혀가 아파서 음식을 잘 먹지 못함.

소아궐증(小兒厥證) 소아의 진원이 허하여 손발이 궐냉한 병증.

소아두창(小兒痘瘡) 어린이 두창. 두창(마마, 천연두)은 두창 바이러스에 의해서 일어나는 급성 감염병.

소아리수(小兒羸瘦) 어린이 야윔. 3살이 안 된 어린이가 몸이 여위는 것.

소아발육촉진(小兒發育促進) 소아의 성장을 활성화하여 발육을 촉진하도록 하는 것.

소아번열증(小兒煩熱蒸) 어린이 번열증. 열이 나면서 약간 땀이 나는데 그 증세가 놀란 것과 같음.

소아변비증(小兒便秘症) 어린이 변비증. 음식의 찌꺼기가 장내에 머물러 혈액이 탁해지고 순환에 영향을 줌. 어린아이가 장운동의 무력이나 장에 진액 부족으로 오는 변을 보지 못하는 증상.

소아복냉증(小兒腹冷症) 어린이 배 냉증. 배가 차면서 아프다고 보채는 증상.

소아불면증(小兒不眠症) 어린이 불면증. 어린이들이 잠을 잘 자지 않는 경우.

소아소화불량(小兒消化不良) = 소아토유(小兒吐乳) 어린이 소화불량. 어린아이가 소화가 잘 되지 않는 증상. 자주 젖을 토하고 대변도 설사 쪽이며 횟수가 많아짐.

소아수두(小兒水痘) 소아에게 나타나는 수두.

소아식탐(小兒食貪) = 소아식소증(小兒食消證) 어린이가 식탐이 많아서 좀 줄여서 먹여야 되는 소아당뇨증.

소아야뇨증(小兒夜尿症) 어린이 야뇨증. 잠을 자다가 잠결에 그냥 소변을 잠자리에서 자신도 모르게 보는 것.

소아열병(小兒熱病) 어린이 열병. 어린이가 보채거나 짜증을 내면서 머리나 온몸에 열이 있는 증세.

소아오감(小兒五疳) 어린이가 위장이 나빠져서 몸이 야위고 배가 불러지는 병.

소아요혈(小兒溺血) 소아의 혈뇨증.

소아요혈(小兒尿血) 어린이 요혈. 어린이에게 발생하는 비뇨기질환.

소아이질(小兒痢疾) 어린이 이질. 독소나 전염성 생물체에 오염된 음식물이나 음료수를 섭취하여 발생하는 급성질환.

소아인후통(小兒咽喉痛) 어린이 인후통. 어린이가 목구멍이 불편하거나 아픈 경우.

소아조성장(小兒助成長) = 소아조발육(小兒助發育) 어린이 발육촉진. 신체적으로나 정신적으로 발육을 촉진시킴.

소아천식(小兒喘息) 어린이 천식. 기침, 천명(가슴에서 씩씩거리는 소리가 남), 호흡곤란 등이 일어나는 증상.

소아청변(小兒靑便) 어린이가 푸른 똥을 눌 때. 위의 수축작용이 약한 데다 놀라서 생긴 경증 때문에 먹은 음식물이 소화불량이 된 경우.

소아탈항(小兒脫肛) 어린이 탈항. 치질의 일종으로 만성변비 등이 원인이 되어 직장의 밑점막이 항문 밖으로 빠져 나온 상태.

소아토유(小兒吐乳) 어린이가 젖 토할 때. 어린이가 수유 후 소량의 우유를 게워내는 것.

소아피부병(小兒皮膚病) 어린이 피부병. 어린이의 피부가 민감하고 자극이나 알레르기에 약해서 생김.

소아해열(小兒解熱) 어린이 해열. 어린이가 놀랐거나 감기 또는 소화기계 병증으로 몸에 열증이 있는 경우.

소아허약체질(小兒虛弱體質) 어린이 허약체질. 과체중이나 저체중이 지속되어 성장해서도 건강에 문제를 가짐.

소아후통(小兒喉痛) 소아에게 나타나는 목 안에 통증이 있는 증상.

소양(搔痒) = 가려움증 피부가 가려운 증상.

소양증(搔痒症) 가려움증.

소염(消炎) 염증을 없애는 것.

소염배농(消炎排膿) 염증을 제거하고 고름을 뽑아내는 치료방법.

소염지사(消炎止瀉) 염증(炎症)을 가라앉히고 설사(泄瀉)를 멎게 함.

소염지통(消炎止痛) 염증(炎症)을 가라앉히고 통증을 멎게 함.

소염지혈(消炎止血) 염증(炎症)을 가라앉히고 지혈(止血)하게 함.

소염평천(消炎平喘) 염증(炎症)을 가라앉히고 기침을 멎게 함.

소염해독(消炎解毒) 염증(炎症)을 가라앉히고 독기(毒氣)를 제거하는 효능.

소염행수(消炎行水) 염증을 가라앉히고 소변을 통하게 함.

소영(消癭) 영이란 한방에서 혹을 말하며 주로 목에 생기는 데 때로 어깨에도 생김.

소옹(消癰) 청열해독, 활혈배농 등의 작용이 있는 약물을 사용해서 체내외의 옹종창독을 삭히고 제거하는 것.

소옹종(消癰腫) 종창을 없애는 것.

소적(消積) 가슴과 배가 답답한 것을 없애는 것.

소적체(消積滯) 적체(積滯,음식물을 먹고 체함)를 치료하는 효능.

소적통변(消積通便) 적취(積聚)를 제거하고 변이 막혀 나오지 않는 것을 소통시킴.

소종(消腫) 옹저나 상처가 부은 것을 삭아 없어지게 하는 방법.

소종거어(消腫去瘀) 옹저(癰疽)나 상처가 부은 것을 가라앉히고 어혈(瘀血)을 제거함.

소종독(消腫毒) 종창의 독을 제거하는 것.

소종배농(消腫排膿) 종기를 없애고 곪은 곳을 째거나 따서 고름을 빼냄.

소종산결(消腫散結) 옹저(癰疽)나 상처가 부은 것을 삭아 없어지게 하고 뭉치거나 몰린 것을 헤치는 치료법.

소종지통(消腫止痛) 소염진통.

소종해독(消腫解毒) 종기를 없애고 독성(毒性)을 풀어주는 효능.

소종화어(消腫化瘀) 종기를 없애게 하고 어혈(瘀血)을 제거하는 효능.

소창(小瘡) 개선창.

소창독(消脹毒) 두창의 원인인 창독을 제거하는 것.

소통하유(疎通下乳) 혈을 잘 통하게 하여 유즙이 잘 나오게 하는 효능.

소풍(疏風) 거풍해표약으로 몸의 겉에 있는 풍사를 없애는 방법.

소풍청서(疎風淸暑) 풍사(風邪)를 제거하고 서사(暑邪)를 제거함.

소풍청열(疎風淸熱) 풍사(風邪)를 제거하고 열을 내리게 함.

소풍해표(疎風解表) 풍사(風邪)를 제거하고 표사(表邪)를 없애는 효능.

소화(消化) 섭취한 음식물을 소화기에서 분해해 체내에 흡수할 수 있도록 하는 물리적 · 화학적 작용.

소화불량(消化不良) 소화기의 병. 폭음, 폭식, 과로 혹은 소화불량물, 부패물 등을 먹음으로써 일어나는 증세. 위의 동통, 구토, 설사와 더불어 뇌 운동을 해침.

소화제(消化劑) 소화를 촉진하는 약제.

속근골(續筋骨) 뼈나 근육이 끊어진 것을 이어주는 효능.

수감(水疳) 신과 담에 병사가 침범하여 안포 또는 목정에 흑두 같은 반점이 생기는 것.

수렴(收斂) ① 인체조직이 수축함. ② 해진 것을 아물게 하고 늘어진 것을 줄어들게 하는 것.

수렴살충(收斂殺蟲) 기생충을 없애고 수렴하는 효능.

수렴지혈(收斂止血) 수삽(收澁)하는 약물로 지혈(止血)하는 효능.

수삽지대(收澁止帶) 수삽(收澁)하는 약물로 대하(帶下)를 멎게 하는 효능.

수양성하리(水樣性下痢) 물 같은 설사.

수은중독 수은에 의한 중독 증상.

수족관절통풍(手足關節痛風) 통풍.

수족마비(手足痲痺) 사지마목. 팔다리가 마비되는 증상.

수종(水腫) = 수기(水氣), 수병(水病), 부종(浮腫) 신장염, 신우신염, 심부전증, 저단백혈증, 중증빈혈 등으로 신체의 조직 간격(間隔)이나 체강(體腔) 안에 임파액이나 장액(漿液)이 많이 고여 있어서 온몸이 붓는 병. 신장(腎臟)이나 심장(心臟) 그리고 영양과 혈액순환 등의 장애로 옴.

수체(髓涕) 고름 같은 콧물이 흘러내리는 증상.

수충(水蟲) ① 수중에 있는 벌레의 총칭. ② 수중의 독충. ③ 복강 속에 수독이 정체 · 팽만하는 것. ④ 무좀.

수태(受胎) 임신한 것.

수포(水疱) ① 수두. ② 피부에 생긴 물집. ③ 물방울.

수풍(髓風) 뼛속이 쑤시고 바람이 든 것 같음.

수풍(首風) 머리를 감은 다음 바람을 맞아 생긴 병.

수풍(水風) 몸에 물집이 생겨서 터진 다음에 허는 피부병.

수풍(搜風) 풍사가 장부경락에 침입하여 유체된 병증에 대해서 비교적 거풍작용이 강한 약물을 써서 치료하는 것.

수한삽장(收汗澁腸) 땀과 설사를 멎게 함.

숙식(宿食) ① 만성소화불량 증상. ② 잠자고 먹는 일.

숙취(宿醉) 이튿날까지 깨지 아니하는 취기.

숙혈(宿血) 혈액이 정체되어 있는 것.

순기(順氣) 기(氣)를 순조롭게 하는 것.

순기고혈(順氣固血) 기(氣)를 소통시켜 출혈(出血)을 멎게 함.

슬종(膝腫) 무릎이 붓는 것.

습열이질(濕熱痢疾) 습열로 인한 이질.

습종(濕腫) 부종의 하나. 습사로 인하여 온몸이 붓고 누르면 자국이 남음. 허리 아래가 무겁고 다리는 팽팽하게 부으며 오줌 양이 적고 가끔 숨이 차기도 함.

습진(濕疹) 습사에 의하여 피부에 좁쌀알 정도로 작은 종기가 일어나는 염증.

습창(濕瘡) 다리에 나는 부스럼이나 습진.

습창양진(濕瘡痒疹) = 하주창(下注瘡) 하지에 발생하는 일종의 습진.

승거양기(昇擧陽氣) 양기가 하함하면 수렴성이 약화되어서 항문이나 자궁이 탈출되는데 양기를 돋아서 이를 회복시키는 것.

승습(勝濕) 습을 없애 하체가 약해지고 설사하는 것을 치료하는 것.

시력감퇴(視力減退) 눈의 건강이 점점 나빠져서 잘 보이지 않는 증상.

시력강화(視力强化) 눈을 튼튼하게 하여 잘 보이게 함.

식감과체(食甘瓜滯) 참외를 먹고 체한 경우.

식감저체(食甘藷滯) 고구마를 먹고 체한 경우.

식강어체(食江魚滯) = 담어독(淡魚毒) 민물고기를 먹고 체한 경우.

식견육체(食犬肉滯) 개고기를 먹고 체한 경우.

식계란체(食鷄卵滯) 계란을 먹고 체한 경우.

식계육체(食鷄肉滯) 닭고기를 먹고 체한 경우.

식고량체(食高粱滯) 수수로 밥을 하거나 부침개를 하거나 떡 또는 기타 음식을 하여 먹고 체한 경우.

식교맥체(食蕎麥滯) 메밀 음식을 먹고 체한 경우.

식군대채체(食裙帶菜滯) 미역을 먹고 체한 경우.

식균용체(食菌茸滯) 버섯 중독. 독이 있는 버섯을 복용하고 중독된 경우.

식도암(食道癌) 식도에 생기는 암으로 음식이 잘 넘어가지 않고 막히는 증상이 나타남.

식두부체(食豆腐滯) 두부를 먹고 체한 경우.

식마령서체(食馬鈴薯滯) 감자를 먹고 체한 경우.

식면체(食麵滯) 밀가루 음식을 먹고 체한 경우.

식병(識病) 아는 것이 병.

식병나체(食餠糯滯) 떡이나 찹쌀밥을 먹고 체한 경우.

식시비체(食柿泌滯) 떫은 감을 담금질하여 먹어도 체하는 경우.

식예어체(食鱧魚滯) = 식뢰어체(食雷魚滯) 가물치를 먹고 체한 경우.

식욕(食慾, appetite) 음식을 먹고 싶어 하는 욕심. 심리적 · 정신적 요소가 크고 과거의 학습이나 기호에도 영향을 받음.

식욕감소(食慾減少) 비위(脾胃)가 허(虛)하여 입맛이 없고 음식을 먹고 싶어 하지 않는 병증.

식욕부진(食慾不振) 식욕이 줄어드는 상태.

식욕촉진(食慾促進) 식욕(食欲)을 좋게 함.

식용해열(食用解熱) 음식으로 사용하거나 열을 내리는 효능.

식우유체(食牛乳滯) 우유를 먹고 체한 경우.

식우육체(食牛肉滯) = 우육독(牛肉毒) 쇠고기를 먹고 체한 경우.

식저육체(食猪肉滯) 돼지고기를 먹고 체한 경우.

식적(息積) 기가 솟아올라 소화장애를 일으키면 옆구리가 팽만하여 복통이 일어나는 증상. 대변 후에는 복통이 가라앉지만 식욕이 떨어짐. 과식으로 인한 소화불량.

식제수육체(食諸獸肉滯) 육류를 먹고 체한 경우.

식중독(食中毒, food poisoning) 오염된 음식물을 먹어 일어나는 급성질환. 급성위장염을 주 증상으로 하는 건강장애. 세균이나 자연독소, 화학약품 등의 유독성분으로 오염된 음식물을 먹어 일어나는 식인성 질환의 하나.

식체(食滯) = 식상(食傷), 상식(傷食) 음식에 체해 위장이 상한 병증.

식풍(熄風) 내풍을 치료하는 것.

식하돈체(食河豚滯) 복어를 먹고 체한 경우.

식해삼체(食海參滯) 해삼을 먹고 체한 경우.

식해어체(食海魚滯) = 제어독(諸魚毒) 생선을 먹고 체한 경우.

식행체(食杏滯) 살구를 먹고 체한 경우.

신경과민(overdelicate, 神經過敏) 사소한 자극에 대하여서도 쉽사리 감응하는 신경계통의 불안정한 상태.

신경성두통(神經性頭痛) 심리적인 긴장이나 스트레스가 원인이 되어 나타나는 두통.

신경쇠약(神經衰弱) 신경이 쇠약해지는 것.

신경염(神經炎, neuritis) 신경섬유 또는 그 조직의 염증 및 넓은 뜻의 퇴행성변성(退行性變性).

신경이상(神經異常) 심리적 원인에 의하여 정신 증상이나 신체 증상이 나타나는 질환.

신경통(神經痛) 감각신경의 일정한 분포 구역에 일어나는 아픈 증세.

신낭풍(腎囊風) 음낭습진, 음낭 신경성 피부염, 수구풍, 신낭양 등으로 인해 음낭에 생긴 습진.

신염(腎炎) = 신장염(腎臟炎) 신장에 생기는 염증.

신염부종(腎炎浮腫) 신장에 염증이 있어서 생긴 부종.

신우신염(腎盂腎炎) 신우염(腎盂炎)에서 속발하는 신염(腎炎).

신우염(腎盂炎) 신우에 세균이 감염되어 일어나는 염증.

신장병(腎臟病) 신장에 일어난 병의 총칭.

신장쇠약(腎臟衰弱) 신장의 힘이 쇠하고 약함.

신장암(腎臟癌) 신장에 암이 발생하여 장애를 입었을 경우.

신장염(腎臟炎) 신장에 생기는 염증.

신장증(腎臟症) 신장의 세뇨관(細尿管)에 질병이 생긴 경우.

신장풍(腎臟風) 몸이 가렵고 창이 나며 얼굴이 발적이 되고 어지러운 증상.

신진대사촉진(新陳代謝促進) 신체의 물질대사를 촉진하는 것.

신체허약(身體虛弱) 신체가 힘이 없고 연약한 병증.

신탄(哂歎) 웃음과 탄식하는 것.

신허(腎虛) 콩팥이 약한 데. 주로 양기가 부족하여 유정, 요통, 슬통 등의 증상이 나타남.

신허요통(腎虛腰痛) 신장의 기능이 허약해져서 나타나는 요통.

실기(失氣) ① 방귀를 뜻하기도 하고, ② 진기(眞氣)를 잃어버리는 것을 뜻하기도 함.

실뇨(失尿) 신경질, 간질 등 기질적 질환으로 소변이 나오는 것을 느끼지 못해 소변을 가리지 못하는 경우.

실면증(失眠症) 불면증과 같은 의미로 잠을 이루지 못하는 증세.

실명(失明) 눈이 보이지 않는 것.

실성(失聲) 말을 하지 못하는 증세.

실신(失神) = 궐훈(厥暈), 쇼크 담과 열이 지나쳐서 잠시 정신을 잃는 것. 정신에 급격한 타격을 받거나 외상, 뇌빈혈로 인하여 일시적으로 의식을 잃는 일.

실음(失音) 목소리가 쉬어 말을 하지 못하는 증세.

심계정충(心悸怔忡) 가슴이 몹시 두근거리고 불안한 증세.

심량(心凉) 가슴이 서늘한 느낌.

심력쇠갈(心力衰竭) 심(心)의 기운이 다한 것.

심번(心煩) 속에 열이 있어 가슴이 답답한 것.

심복(心腹) 배와 가슴을 아울러 이르는 말.

심복냉통(心腹冷痛) 배가 차고 아픈 것.

심복통(心腹痛) 근심으로 생긴 가슴앓이로 명치 아래와 배가 아픈 것.

심신불안(心神不安) 심신이 불안함.

심열량계(心熱悢悸) 심장에서 발생한 각종 열성 병증.

심위통(心胃痛) 심장부와 위완부의 통증이 겸한 것.

심장기능부전(心臟機能不全) 심장의 기능이 상실된 것.

심장병(心臟病) 심장에 생기는 여러 가지 질환.

심장쇠약(心腸衰弱) = 심부전(心不全) 심장의 기능이 쇠약해져서 혈액의 공급이 불안정한 병.

심장염(心臟炎) 심장에 생긴 염증.

심장통(心臟痛) 흉골 아래 심장부에 생기는 통증.

십이지장충(十二指腸蟲) 원충목(圓蟲目) 구충과(鉤蟲科)의 선형동물.

십이지장충증 빈혈, 식욕부진, 만복감 등의 증세가 나타나고 체력이 쇠약해짐.

아감(牙疳) 잇몸이 어떤 병증으로 인해 헐어 터지면서 썩는 경우.

아구창(牙口瘡) 아감창.

아통(牙痛) = 치통(齒痛) 이가 아픈 증세. 이앓이.

아편중독(阿片中毒) 아편 또는 양귀비를 많이 복용하거나 잘못 복용해서 생기는 증상.

악독대창(惡毒大瘡) 흉악하고 독살스러운 부스럼.

악성종양(惡性腫瘍) 암(癌).

악심(惡心) 오심.

악종(惡腫) 악성의 종양.

악창(惡瘡) 고치기 힘든 부스럼.

악창종(惡瘡腫) 고치기 어려운 모진 부스럼.

악혈(惡血) ① 부스럼에서 나오는 고름이 섞인 피. ② 해산한 뒤에 나오는 굳은 피.

안구충혈(眼球充血) 안구에 혈사(血絲)가 나타나 붉은빛을 띠는 병증.

안면(安眠) ① 편안히 잠을 자는 것. ② 경외기혈의 하나로 편두통, 현훈 등에 쓰임.

안면경련(顔面痙攣) 중년 여성에게 흔히 발생하는 증상으로 볼, 입,

목까지 퍼짐.

안면신경마비(顏面神經麻痺) 근육의 역할을 조정하는 안면이 신경마비가 되는 경우.

안면창백(顏面蒼白) 얼굴이 푸르거나 희고 핼쑥해서 혈색이 나쁜 경우.

안산(安産) = 순산(順産), 순만(順娩) 아이를 아무 탈 없이 순하게 낳.

안신(安身) 몸을 편안하게 함.

안신해울(安神解鬱) 심신(心神)을 안정시켜 정신의 억울함을 가라앉히는 효능.

안심정지(安心定志) 히스테리 해소. 어떤 일이나 심리적 스트레스를 당하여 히스테리가 심한 경우의 처방.

안염(眼炎, ophthalmia, ophthalmitis) = 안구염(眼球炎) 안구에 생긴 염증.

안오장(安五臟) 다섯 가지 내장(간장, 비장, 신장, 심장, 폐장)을 편안하게 만들어 주는 처방.

안적(顔赤) 결막에 있는 혈관이 터져 눈의 흰자위와 눈꺼풀을 덮는 막 아래에 출혈이 생김.

안적(眼赤) 눈이 충혈되는 증상.

안정(眼睛) 눈동자.

안정피로(眼睛疲勞) 각막염, 수면 부족 등으로 눈에 피로가 오고 눈이 자꾸 감기는 증상.

안질(眼疾) = 안질염증(眼疾炎症) 눈병. 눈의 여러 가지 질환 중 특히 염증성 질환을 가리킴.

안태(安胎) 배 속의 아기에게 또는 산모에게 안정된 상태를 줄 수 있는 처방.

암(癌) 정상 세포가 특수한 환경 및 내재적인 요인에 의해 악화되어 정상적인 성장조절 방법을 벗어나 무한대로 증식하는 현상.

암내 겨드랑이에서 심한 인내(노린내)가 나는 증세.

암세포살균(癌細胞殺菌) 암을 이루는 세포를 죽임.

애기(噯氣) 구조적 이상과 관련이 없는 상복부의 불편함 때문에 위(胃)로부터 입을 통해 기체를 내뿜는 트림.

액취(腋臭) = 호취(狐臭), 호취(胡臭), 체기(体氣), 액기(腋氣), 액취증(腋臭症), 암내 ① 겨드랑이에서 역한 냄새가 나는 것. ② 유방, 배꼽, 외생식기, 항문 주위 등에서 역한 냄새가 나는 것.

야뇨(夜尿) = 야뇨증(夜尿症) 뇌의 통제력이 약할 경우 무의식중에 소변을 보는 경우. 밤에 무의식적으로 소변을 봄.

야맹증(夜盲症, night blindness) 약한 빛 상태에서 사물을 볼 수 없는 증상. 밤소경증이라고도 함. 선천성과 후천성이 모두 유전됨. 후천성은 비타민A의 부족으로 간상세포 안의 시홍의 재합성이 떨어져 어둠에 대한 순응이 늦어지는 증상.

야제증(夜啼症) 동통이나 공복 또는 특별한 원인 없이 밤이 되면 발작적으로 우는 병.

약물중독(藥物中毒) 약물이 위에 들어가 혈압의 저하가 오고 두통과 구토를 비롯하여 위화감을 느끼고 사지나 혀, 입술 등에 특유의 마비 현상, 감각 또는 호흡 장애가 오는 것.

약용(藥用) 약으로 씀.

양궐사음(陽厥似陰) 몸에 신열이 난 후 몸 안에 열이 막히고 팔다리에 양기가 전달되지 않아 손발이 차가워지며 겉으로는 음종과 유사한 한증이 나는 병. 신체 내의 양기가 극에 도달하면 음으로 하강되지 않아서 나타나는 극단적인 증상으로 오한이 들고 몸이 떨리고 심하면 각궁반장을 일으킴.

양기(養氣) 몸과 마음의 원기를 기르는 것.

양기혈(養氣血) 기혈을 도움.

양모(養毛) 머리카락이 잘 자라게 하는 방법.

양모발약(養毛髮藥) 머리 나는 약. 인위적으로 또는 어떤 병의 후유증으로 머리가 빠진 상태를 개선.

양위(陽萎) 정기의 흐름이 정체하지 않도록 정력과 양기를 북돋워 주기 위한 처방.

양음(陽陰) 양기와 음기.

양음생진(養陰生津) 음분(陰分)과 진액(津液)을 보태는 효능.

양음윤조(養陰潤燥) 조열의 사기로 인해서 폐와 위의 진액 손상을 치료하는 방법.

양음익폐(養陰益肺) 폐(肺)에 진액(津液)을 보태주어 기능을 잘 하도록 하는 효능.

양음청폐(養陰淸肺) 폐열음허를 치료하는 방법.

양정(陽挺) 음경.

양정신(養精神) 정기와 신기를 북돋우는 것.

양혈(養血) 보혈.

양혈거풍(養血祛風) 혈을 보하여 풍사를 제거하는 치법.

양혈근력(養血筋力) 혈액을 좋게 하여 근력을 증강시킴.

양혈산어(凉血散瘀) 혈을 식히고 어혈을 풂.

양혈소반(凉血消斑) 혈(血)을 맑게 하여 몸의 반점을 없애는 효능.

양혈소옹(凉血消癰) 혈분의 열사를 치료해서 부스럼을 치유하는 방법.

양혈소종(凉血消腫) 혈을 식히고 부종을 빼냄.

양혈식풍(凉血熄風) 혈(血)을 맑게 하여 풍(風)을 없애는 효능.

양혈안신(養血安神) 혈(血)을 자양(滋養)하여 심신(心神)을 안정시키는 효능.

양혈자음(養血滋陰) 혈을 자양하고 음기(陰氣)를 기르는 효능.

양혈지리(凉血止痢) 혈분(血分)의 열사(熱邪)를 제거하여 설사를 멈추게 하는 방법.

양혈지혈(凉血止血) 양혈(凉血)함으로써 지혈하는 효능.

양혈해독(凉血解毒) 혈분(血分)에 열독(熱毒)이 몹시 성한 병증을 치료하는 방법.

양형(養形) 육체를 기르는 양생법의 하나. 호흡조절이나 운동, **섭생(攝生)** 따위로 몸과 마음의 건강을 증진하는 것.

어깨결림 어깨 관절의 통증과 경직 또는 결리는 증세.

어독(魚毒) 물고기를 먹고 생긴 병.

어중독(魚中毒) 어독(魚毒)을 먹고 중독된 것.

어혈(瘀血) = 어혈증(瘀血症), 혈어(血瘀), 적혈(積血), 건혈(乾血) 허로 손상으로 혈이 몹시 부족하여 피가 잘 돌지 못하고 한곳에 남아 있어 생기는 병.

어혈동통(瘀血疼痛) 어혈로 인한 동통.

어혈복통(瘀血腹痛) 타박을 받았거나 월경 때, 출산 후 기혈(氣血)이 잘 돌지 못하여 굳은 피가 몰려 생기는 복통(腹痛)의 하나.

언어장애(言語障碍) 발음 불명, 말더듬기, 실어증 따위의 언어장애 현상.

여드름 신체의 모낭(毛囊) 주위의 피지선 이상으로 인해 발생하는 피부 질환.

역기(逆氣) 기가 상승되는 것.

역리(疫痢) = 역독리(疫毒痢), 시역리(時疫痢) 전염성이 강하고 중하게 경과하는 병증.

역상(逆上) 기가 아래에서 위로 치밀어 오르는 것.

역질(疫疾) 강한 유행성과 전염성을 지닌 질병의 하나. 대부분 계절적으로 유행하는 여기(厲氣)가 입과 코를 통해 몸 안으로 침입함으로써 발생함.

연견(軟堅) 굳은 부위를 유연하게 하는 약물치료.

연견소적((軟堅消積) 대변(大便)이나 종괴(腫塊) 등의 딱딱하게 굳은 것을 무르게 하고 적취(積聚)를 제거하는 효능.

연골증(軟骨症) 나이가 어려서 뼈가 채 크지 않거나 단단해지지 않는 경우.

연주창(連珠瘡) 목 부위에 단단한 멍울이 생겨 삭지 않아 통증이 계속되고 연주나력(連珠瘰歷)이 터져 진물이 흐르며 자꾸 퍼져나가는 부스럼.

열격 먹는 음식물이 잘 내려가지 않거나 도로 올라오는 병증.

열광(熱狂) 견딜 수 없이 아프거나 열기가 있고 몸이 나른하며 권태감이 나고 아픈 경우.

열독(熱毒) ① 열증을 일으키는 병독. ② 옹저와 창양 등의 주요 원인의 하나. ③ 더위로 말미암아 생기는 발진의 한 가지.

열독증(熱毒症) 더위로 생기는 열성증(熱性症), 피부 점막에 종기가 생기며 충혈됨.

열로(熱勞) 열사로 인해서 생긴 허로.

열병(熱病) 몸에 열이 상당히 많이 나는 질병으로 두통, 불면증, 식욕 부진 등이 따름. 장티푸스라고도 함.

열병대갈(熱病大渴) 고열을 수반하는 갈증이 심한 증세.

열성경련(熱性痙攣) 열성이 있으면서 자신의 의지대로 조절되지 않는 경련이 지속적인 경우.

열성병(熱性病) 상한의 외감 열성병.

열안색(悅顔色) 안색(顔色)을 윤택하고 밝게 함.

열질(熱疾) 열이 나면서 설사를 하는 경우.

염발(染髮) 머리를 물들이는 것.

염좌(捻挫) 외부의 힘에 의하여 관절, 힘줄, 신경 등이 비틀려 생긴 폐쇄성 손상.

염증(炎症) 몸의 어느 한 부분이 붉게 부어오르고 통증이 심한 경우.

염폐평천(斂肺平喘) 염폐(斂肺)하여 기침을 멈추는 효능. 폐기를 누르고 수렴시켜 기침을 멈추게 함.

영양강장(營養强壯) 식생활을 통하여 몸을 건강하고 혈기가 왕성하게 함.

영양장애(營養障礙, nutritional disorders) 영양 부족으로 인한 질환. 각기병, 펠라그라, 괴혈병, 구루병 등이 있음.

오로보호(五勞保護) 심로(心勞), 폐로(肺勞), 간로(肝勞), 비로(脾勞), 신로(腎勞) 등 오장(五腸)의 과로를 뜻하는 것.

오로칠상(五勞七傷) 오로는 오장이 허약해서 생기는 허로(虛勞)를 5가지로 나눈 것으로, 심로(心勞), 폐로(肺勞), 간로(肝勞), 비로(脾勞), 신로(腎勞) 등이고, 칠상은 남자의 신기(腎氣)가 허약하여 생기는 음한(陰寒), 음위(陰痿), 이급(裏急), 정루(精漏), 정소(精少), 정청(精淸), 소변삭(小便數) 등 7가지 증상을 일컬음.

오림(五淋) 기림(氣淋), 혈림(血淋), 석림(石淋), 고림(膏淋), 노림(勞淋)의 5가지 소변의 증상.

오발(烏髮) 검어야 하는 모발이 붉은빛이 돌거나 갈색 또는 흰머리가 이따금씩 나고 백발이 점점한 상태에서 흑발을 원하는 경우.

오식(惡食) 음식 먹기를 싫어하는 것.

오심(惡心) 가슴이 불쾌해지며 토할 듯한 기분이 생기는 현상, 즉 메스꺼운 증상.

오십견(五十肩) 경락과 혈맥이 폐색됨으로써 어깨 관절이 굳어지고 통증을 일으키는 증상.

오줌소태 방광염이나 요도염이 그 원인이 되며 나이가 들어서 방광근육 이상이나 염증으로 인해서 일어남.

오지(汚池) 검버섯, 눈 주위나 볼, 이마 중에 흑갈색이나 옮은 갈색으로 침착이 생기는 증상.

오충(五充) 오장이 영양을 근, 혈맥, 기, 피, 골에 보충하는 것.

오풍(惡風) 오슬오슬 추운 증세 또는 눈이 가렵고 아프며 머리를 움직일 수 없는 증세.

오한(惡寒) 몸이 오슬오슬 춥고 괴로운 증세로 급성 열병이 발생할 때 피부의 혈관이 갑자기 수축되어 일어남.

오한발열(惡寒發熱) 오한과 발열이 겹친 증상.

온경(溫經) 경맥(經脈)을 따뜻하게 해주는 것.

온경지혈(溫經止血) 경맥(經脈)을 따뜻하게 하여 지혈(止血)하는 효능.

온신(溫身) 약이나 초근목피를 복용하여 몸을 덥게 하는 것.

온양이수(溫陽利水) 양기(陽氣)를 보태어 몸에 정체된 수기(水氣)를 제거하는 효능.

온위(溫胃) 위(胃)를 따뜻하게 하는 효능.

온위장(溫胃腸) 위장을 따뜻하게 함.

온중(溫中) 중초(中焦)를 따뜻하게 하는 방법.

온중거한(溫中祛寒) 중초(中焦)를 따뜻하게 하고 찬 기운을 없애는 방법.

온중건위(溫中健胃) 중초(中焦)를 따뜻하게 하고 위를 건강하게 함.

온중산한(溫中散寒) 비위의 양이 허하고 음이 성한 경우를 치료하는 방법.

온중진식(溫中進食) 속을 따뜻하게 하고 소화를 돕는 효능.

온중하기(溫中下氣) 속을 따뜻하게 하고 기(氣)를 내려주는 효능.

온폐(溫肺) 맛이 맵고 성질이 더운약으로 폐한증(肺寒症)을 치료하는 방법.

온폐거염(溫肺祛痰) 폐를 따뜻하게 하여 염증을 가라앉힘.

온풍(溫風) 풍(風)을 사전에 예방하는 것.

온혈(溫血) ① 사슴이나 노루의 더운 피. ② 외기(外氣)의 온도에 관계없이 항상 더운 피.

옴(scabies) 진드기(Scabies mite)에 의하여 발생되는 전염성이 매우 강한 피부질환.

옹저(癰疽) 잘 낫지 않는 피부병으로 악성 종기.

옹종(擁腫) 몸에 난 작은 종기가 좀처럼 없어지지 않는 증세로 가려움증이나 따가운 증세.

옹종(癰腫) 부어오른 옹.

옹창(癰瘡) 외옹이 곪아 터진 후 오랫동안 아물지 않는 병증.

옹창종독(癰瘡腫毒) 옹창(癰瘡)과 종독(腫毒)이 겸한 증상.

완선(頑癬) 음부, 겨드랑이, 가슴 같은 보드라운 살갗에 생기는 둥글고 불그스름한 헌 데가 생기는 피부병.

완하(緩下) 대변을 무르게 함. 즉 설사를 유도함. 성질이 줄어들어 부드럽게 함.

완화(緩和) 급한 일이 닥쳤을 때 마음을 느긋하게 해주는 처방

완화제(緩和劑) 완화약.

외상(外傷) 넘어지거나 타박을 받는 등 외부적 요인에 의해 피부, 근육, 뼈, 장기 등이 손상을 받은 것.

외상동통(外傷疼痛) 상처로 인한 통증.

외상출혈(外傷出血) 상처로 인한 출혈.

외상통(外傷痛) 상처로 인한 통증.

외용살충(外用殺蟲) 살충을 위하여 외부에 사용하는 것.

외음부부종(外陰部浮腫) 다친 경험이 없는데 감염으로 음경이 붓거나 통증이 오는 것.

외이도염(外耳道炎) 귓속을 후비다가 생긴 상처에 균이 들어가서 발생하며 처음에는 귀가 욱신거리며 쑤시는 정도이나 염증이 생기면 통증이 아주 심해짐.

외이도절(外耳道癤) 화농균이나 세균 등이 귀의 상처로 유입되어 감염된 증상.

외질(瘣疾) 자궁이 탈출되고 음부가 심하게 아픈 병증.

외치(外痔) 항문의 외부로 나온 치질.

외한증(畏寒證) = 한전(寒戰) 춥지 않은 날씨에도 추위를 느끼거나 몹시 떨리는 경우.

요각쇠약(腰脚衰弱) 허리와 다리가 쇠약해지는 것.

요결석(尿結石) 오줌 성분인 염류가 신장 등의 내부에 침전석축(沈澱石縮)되어 결석으로 변한 것.

요도염(尿道炎) 오줌이 나오는 관에 생긴 염증.

요독증(尿毒症) 오줌이 잘 나오지 못하여 몸쓸 것이 핏속으로 들어가 막혀 중독된 병증. 신장염을 앓는 중에 나타나는 신경계통의 중독증상.

요로감염(尿路感染) 요도의 감염.

요로감염증(尿路感染症) 요로감염의 증상.

요로결석(尿路結石) 오줌의 통로에 생긴 결석.

요배산통(尿排疝痛) 배변 시 느끼는 통증.

요배산통(腰背酸痛) 요배부가 시큰하게 아픈 것.

요배통(腰背痛) 허리와 등골이 땅기면서 아픈 병증.

요부염좌(腰部捻挫) 무거운 물건을 들거나 기타 사고 등으로 허리에 압박을 받아서 접질린 상태.

요삽(尿澁) 소변이 잘 안 나오는 증상.

요슬산통(腰膝酸痛) 무릎이 쑤시고 저리며 걷거나 앉아 있을 때에도 매우 심한 고통을 느끼는 증상.

요슬통(腰膝痛) = 요슬동통(腰膝疼痛) 허리와 무릎의 통증.

요슬통천식(腰膝痛喘息) 요슬통과 천식.

요슬풍통(腰膝風痛) 허리와 무릎이 번갈아가며 통증을 느끼는 증세.

요종통(腰腫痛) 허리가 부은 듯이 아픈 것.

요충증(蟯蟲症) 요충에 의해 걸리는 병으로 항문에 가려움증을 일으킴.

요통(腰痛) = 요산(腰痠) 만성신장염, 만성신우신염, 신장하수, 척추질병, 요부타박, 노인병 등으로 허리가 아픈 병.

요혈(要穴) 특정의 질병 치료에 필요한 경혈.

요흉통(腰胸痛) 허리와 가슴의 통증.

우울증(憂鬱症) 근심걱정으로 마음이나 분위기 따위가 답답하고 맑지 못한 병.

운화(運化) 음식을 소화시킴.

원형탈모증(圓形脫毛症) 갑자기 머리카락이 원형 또는 타원형으로 빠지는 것.

월경감소(月經減少) 월경량이 감소되는 것.

월경과다(月經過多) 월경주기는 일정하지만 월경의 양이 정상보다 많은 병증.

월경부조(月經不調) = 경기부조(經期不調), 경맥부조(經脈不調), 경부조(經不調), 경수무상(經水無常), 경수부정(經水不定), 경수부조(經水不調), 경혈부정(經血不定), 경후부조(經候不調), 경후불금(經候不禁), 실신(失信), 월사부조(月事不調), 월수부조(月水不調), 월후부조(月候不調) 월경의 주기, 월경량, 월경색의 이상과 월경 때 월경 장애와 아픔이 있는 것을 통틀어 이른 병증.

월경불순(月經不順) 월경의 주기가 일정치 않는 상태.

월경이상(月經異常) 주기가 불규칙하거나 짧은 빈발성 월경, 주기가 40일 이상 되는 희발성 월경 또는 월경 전후에 허리가 아프거

나 아랫배가 아픈 경우.

월경촉진(月經促進) 월경이 없을 경우 배란 등을 촉진하여 월경을 촉진하는 것.

월경통(月經痛) = 경행복통(經行腹痛), 통경(痛經), 경통(經痛) 월경할 때마다 주기적으로 아랫배 아픔을 위주로 하여 허리아픔과 메스꺼움, 구토와 몸이 괴로운 증상이 나타나는 증세.

월경폐색(月經閉塞) 월경(月經)이 막혀 안 나오는 증.

위경련(胃痙攣) 위가 갑자기 수축하여 심히 아픈 병.

위궤양(胃潰瘍) 위의 점막이 상하여 점점 깊게 허는 병. 식후의 위통, 구토, 토혈 등의 증세가 있으며 동시에 위산과다증이 나타남.

위내정수(胃內停水) 음식물이 내려가지 않고 위에 고여 있는 상태, 즉 소화가 안 되는 증상.

위무력증(胃無力症) = 위아토니 위가 약한 병증. 정상적인 소화운동이 불가능하며 섭취하는 음식이 위 속에서 소화가 잘 안 되고 정체되어 트림이나 하품이 나오며 토하는 경우가 자주 일어남.

위산과다(胃酸過多) 위에서 산이 너무 많이 분비되는 것.

위산과다증(胃酸過多症) 위에서 분비되는 염산이나 pepsin 등 소화액이 많아 결과적으로 염증을 일으켜 위의 내벽이 벗겨지는 병증으로 설사나 변비 증세의 전후에 많이 나타남.

위산과소증(胃酸過小症) 음식물을 분해하는 소화액이 적은 경우.

위암(胃癌) 위 속에 발생하는 암종(癌腫).

위약(胃弱) ① 위가 약함. ② 소화력이 약해지는 위의 여러 가지 병.

위열(胃熱) 위에 열이 있는 병증. 심하면 열이 나면서 가슴이 쓰리고 갈증이 나며 배고파함.

위염(胃炎) = 위장염(胃腸炎), 위장카타르, 위카타르 위의 점막에 생기는 염증으로 급성위염과 만성위염으로 구분.

위장(胃臟) 위(胃)와 같은 말.

위장동통(胃腸疼痛) 위장의 통증.

위장병(胃腸病) 위장에 일어나는 병증.

위장염(胃腸炎) 위와 장에 생기는 염증.

위장장애(胃腸障碍) 복부나 흉부에 통증이나 각종 불쾌감이 지속되는 병.

위중열(胃中熱) 위의 열이 있는 병증.

위축신(萎縮腎) 신장조직이 파괴되어 신장이 위축되는 경우.

위통(胃痛) 위가 아픈 증세.

위하수(胃下垂) 위가 밑으로 처져 있는 경우로 신경질적이고 무기력하며 피로를 잘 느낌.

위학(胃瘧) 위에 탈이 생겨 일어나는 학질로서 비정상적으로 확장되어 좀처럼 원상태로 되지 않는 경우.

위한증(胃寒症) 위가 찬 증세, 비위가 약하거나 찬 음식을 지나치게 먹어서 생김.

위한토식(胃寒吐食) 진양부족으로 비위가 허한하여 수곡을 운화하지 못해 발생하는 구토.

위한통증(胃寒痛症) 위장통.

유뇨(遺尿) = 실수(失溲), 소변불금(小便不禁) 밤에 자다가 무의식중에 오줌을 자주 싸는 증상.

유두염(乳頭炎) ① papillitis, 시각신경의 유두에 생기는 염증. ② thelitis, 유수의 염증으로 젖소에 많음.

유두파열(乳頭破裂) 젖꼭지가 갈라지고 통증이 생기는 증상.

유방동통(乳房疼痛) 유방이 몹시 아픈 경우.

유방암(乳房癌) 유방을 만졌을 때 딱딱한 멍울이 잡히고 유두에서 피가 섞인 분비물이 나옴.

유방염(乳房炎) 여자의 유방에 생기는 염상.

유방왜소증(乳房矮小症) 비정상적으로 너무 작은 경우 또는 사춘기 때 유방 발육에 문제가 있었거나 유전적인 문제로 유방이 작은 경우.

유방통(乳房痛, mastodynia) 유방에 나타나는 통증.

유산(流產) = 타태(墮胎) 태아가 달이 차기 전에 죽어서 나옴.

유선염(乳腺炎) 유선의 염증성 질환. 초산 부인의 수유기에 많음.

유아발육촉진(乳兒發育促進) 어린아이의 성장을 촉진하도록 하는 작용.

유옹(幽癰) 배꼽 위의 상완혈 부위의 복피에 발생하는 복옹.

유옹(乳癰) 젖이 곪는 증세(젖멍울).

유정(遺精) 경외기혈의 하나로 유정, 조설, 음위 등의 치료에 쓰임.

유정증(遺精症) 자신도 모르게 정액이 흘러나오는 증세.

유종(瘤腫) 유췌.

유종(流腫) 단독이 번지면서 붓는 것.

유종(乳腫) 여자들의 젖이 곪는 종기. 유옹(乳癰) 또는 유선염(乳腺炎).

유종(遊腫) 종기가 여기저기 돌아다니면서 나는 것.

유즙결핍(乳汁缺乏) 아기를 낳은 산모가 젖은 불어 있으나 단단하고 잘 나오지 않거나 극히 적은 양밖에 나오지 않는 경우.

유즙불통(乳汁不通) = 유소, 유난(乳難) 해산한 후에 젖이 잘 나오지 않는 증상.

유창통(乳脹痛) = 젖앓이 유방이 붓거나 통증이 느껴지는 증세.

유체(溜滯) 그득하게 고여 있음.

유행성감기(流行性感氣) 유행성감모. 인플루엔자 바이러스에 의하여 일어나는 감기. 고열이 나며 폐렴, 가운데귀염, 뇌염 따위의 합병증을 일으킴.

육자(肉刺) = 티눈 손이나 발가락에 생기는 일종의 원형 형태의 각질 또는 증식물.

육체(肉滯) 고기를 먹어서 생긴 체 증상.

윤부택용(潤膚澤容) 얼굴 윤기. 윤기 있는 건강한 얼굴을 가꿀 수 있는 처방.

윤심폐(潤心肺) 심폐의 기운을 원활히 해줌.

윤장(潤腸) 장의 기운을 원활히 해줌.

윤장통변(潤腸通便) 대장에 수분을 공급하여 대변을 내려 보냄.

윤조(潤燥) 음을 보하고 진액을 생겨나게 하는 방법.

윤조통변(潤燥通便) 마른 곳을 적셔주고 대변(大便)을 통하게 하는

효능.

윤조활장(潤燥活腸) 음을 보하고 진액을 생겨나게 함으로써 장의 기운을 활성화하는 방법.

윤폐(潤肺) 폐의 기운을 원활히 해줌.

윤폐양음(潤肺養陰) 폐의 기운을 원활히 하고 음기를 돋음.

윤폐지해(潤肺止咳) 폐의 기운을 원활하게 하여 기침을 멎게 함.

윤폐진해(潤肺鎭咳) 폐(肺)를 적셔주고 해수(咳嗽)를 진정시킴.

윤폐청열(潤肺淸熱) 폐(肺)를 윤택하게 하고 청열(淸熱)시키는 치료법.

윤폐하기(潤肺下氣) 폐를 윤택하게 하고 기운을 아래로 내리는 치료법.

윤피부(潤皮膚) 살결이 부드럽고 촉촉하며 화장이 잘 먹고 기미, 주근깨 등을 미리 방지하는 효과.

음경(陰痙) ① 유경. ② 사지궐랭, 발한, 맥이 침세하는 등의 증상을 보이는 경병.

음극사양(陰極似陽) 체내에 냉기가 극심하면 체외로는 반대로 양증(陽症)처럼 나타나는 경우.

음낭습(陰囊濕) 고환을 둘러싸고 있는 주머니에 땀이 정상보다 많이 차는 경우.

음낭종대(陰囊腫大) 음낭이 붓고 커진 것.

음낭종독(陰囊腫毒) 고환을 둘러싸고 있는 주머니의 2중으로 된 막 사이에 비정상적인 종기가 나는 것.

음냉통(陰冷痛) 음부가 차고 아픈 데.

음동(陰冬) 음부 즉 외생식기 부위가 아픈 증상.

음부부종(陰部浮腫) 여성의 생식기관 중 외부로 보이는 외음부 부분에 부종이 생긴 경우.

음부소양(陰部搔癢) 모낭염, 사면발이, 습진, 신경증, 완선 등으로 외음부가 가려운 증세.

음부소양(陰部瘙痒) 음부(陰部) 가려움증.

음부질병(陰部疾病) 여성의 생식기관 질환이 심한 경우 월경과 폐경, 성적 발달에 영향을 줌.

음수체(飮水滯) 물을 먹고 체한 경우.

음양(陰陽) 모든 사물을 서로 대립되는 속성을 가진 두 개의 측면으로 이루어져 있다고 보고 한 측면은 음, 다른 한 측면은 양이라 하고 그것을 사물현상의 발생, 변화, 발전의 원인을 설명하는데 이용한 동방 고대 및 중세 철학의 개념. 주역(周易)의 중심 사상으로, 상대성 이원론(二元論). 만물이 음과 양으로 생성된다는 원리를 한의학(韓醫學)에서는 병리론(病理論)에 원용했음.

음양음창(陰痒陰瘡) 여성의 음부에 나는 부스럼으로 매우 가렵고 심하면 따가워짐.

음왜(淫娃) 음란함.

음위(陰痿) 남자의 생식기가 위축되는 병. 음경의 질병이나 마비 또는 정신적 장해 따위의 원인으로 성교가 불가능한 증상.

음종(陰縱) 남자의 생식기에 열이 나고 발기된 뒤 좀처럼 시들지 않는 증세.

음종(陰腫) ① 외부의 충격을 받지 않았는데도 불알이 커지는 것으로 주로 탈장으로 인함. ② 여자의 음부가 붓고 아픈 병.

음창(淫瘡) 매독의 별명.

음축(陰縮) 남자의 생식기가 차고 겉으로 보이지 않을 만큼 바싹 줄어드는 병증.

이관절(利關節) 관절의 움직임을 편하게 하는 효능.

이구부지(痢久不止) 설사가 오래되어 그치지 않는 증세.

이규(耳竅) 귓구멍.

이급(裏急) 복부의 피하에서 경련이 일어나 속에서 잡아당기는 것 같은 통증이 오는 경우.

이기(理氣) ① 성질과 기질. ② 기를 통하게 하는 치료법 중 하나.

이기개위(理氣開胃) 기를 다스려 위를 열어줌.

이기산결(利氣散結) 기(氣)가 울체된 것을 풀어 맺힌 것을 흩어지게 함.

이기통변(理氣通便) 기(氣)를 잘 통하게 하고 대변(大便)을 잘 나오게 함.

이기화습(理氣化濕) 기(氣)를 통하게 하고 몸 안의 습사(濕邪)를 제거하게 함.

이기활혈(理氣活血) 기(氣)를 통하게 하고 혈맥(血脈)을 소통시켜 기체(氣滯), 기역(氣逆), 기허증(氣虛症)을 치료하도록 하여 혈액순환을 촉진하는 치료법을 말함.

이뇨(利尿) = 이수(利水) 오줌이 잘 나오게 함.

이뇨배농(利尿排膿) 오줌을 잘 나오게 하고 고름을 뽑아냄.

이뇨산어(利尿散瘀) 오줌을 잘 나오게 해서 어체를 풀어주는 방법.

이뇨소종(利尿消腫) 이뇨(利尿)시키고 부종을 가라앉히는 효능.

이뇨제(利尿劑) 소변이 잘 나오게 하여 몸이 붓는 것을 미리 막거나 부기(浮氣)를 가라앉히는 약.

이뇨통림(利尿通淋) 이뇨(利尿)시키고 소변이 잘 통하게 하는 효능.

이뇨투수(利尿透水) 소변으로 복수 등의 물을 빼는 것.

이뇨해독(利尿解毒) 이뇨(利尿)시키고 해독시키는 효능.

이뇨해열(利尿解熱) 이뇨(利尿)시키고 열을 흩어지게 하는 효능.

이명(耳鳴) = 이작선명(耳作蟬鳴) 기혈이 부족하거나 종맥이 허했을 때 풍사가 경맥을 따라 귀로 들어가 생기는 귀울림. 귓속에서 여러 가지 잡음을 느끼는 증세.

이변불통(二便不通) 대소변을 누지 못하는 것.

이병(耳屛) 귀 젖.

이비(耳泌) 어린이의 귀 안이 붓고 아픈 것.

이소변(利小便) = 이뇨(利尿), 이수(利水) 소변을 잘 나가게 한다는 말.

이수(羸瘦) 몸이 여위는 증상.

이수거습(利水祛濕) 소변을 잘 나오게 하고 습사(濕邪)를 없애는 것임.

이수소종(利水消腫) 소변을 잘 나오게 해서 부기를 없앰.

이수제습(利水除濕) 이수(利水)하고 습(濕)을 제거하는 효능.

이수제열(利水除熱) 소변(小便)을 잘 나가게 하고 열(熱)을 없애는

효능.

이수통림(利水通淋) 하초(下焦)에 습열(濕熱)이 몰려서 생긴 임증(淋症)을 치료하는 방법.

이습(利濕) 이수약(利水藥)으로 하초(下焦)에 있는 수습(水濕)을 소변으로 나가게 하는 방법.

이습건비(利濕健脾) 몸에서 수분을 제거하면서 소화기관을 보호하는 기능.

이습소적(利濕消積) 소변을 통하게 하여 하초(下焦)에 막힌 습사(濕邪)를 제거하여 몸 안에 적체된 것을 없애는 효능.

이습소종(利濕消腫) 소변을 통하게 하여 하초(下焦)에 막힌 습사(濕邪)를 제거하여 부종을 가라앉히는 효능.

이습소체(利濕消滯) 소변을 통하게 하여 하초(下焦)에 막힌 습사(濕邪)를 제거하여 울체된 것을 없애는 효능.

이습지리(利濕止痢) 소변을 통하게 하여 하초(下焦)에 막힌 습사(濕邪)를 제거하여 이질(痢疾)을 치료함.

이습지통(利濕止痛) 소변을 통하게 하여 하초(下焦)에 막힌 습사(濕邪)를 제거하여 통증을 멈추게 함.

이습통림(利濕通淋) 소변을 통하게 하여 하초(下焦)의 습열(濕熱)을 없애고 결석(結石)을 제거하며 소변 볼 때 깔깔하면서 아프고 방울방울 떨어지면서 시원하게 나가지 않는 병증을 제거하는 방법.

이습퇴황(利濕退黃) 소변을 통하게 하여 하초(下焦)에 막힌 습사(濕邪)를 제거하여 황달을 치료하는 방법.

이염(耳炎, otitis) 귀에 생긴 염증.

이오장(利五臟) 오장(五臟)의 기능을 윤활하게 함.

이완출혈(弛緩出血) 아이를 낳은 산모가 계속해서 피를 흘리는 증세.

이인(利咽) 인후에 감염성 질환으로 인하여 적체현상을 제거하는 일.

이질(痢疾) = 장벽(腸澼), 하리(下痢), 체하(滯下), 이(痢) 만성대장염, 적리 등으로 똥에 곱이 섞이면서 배가 아프며 뒤가 잦고 당기는 병증.

이통(耳痛) = 이저통(耳底痛), 이심통(耳心痛) 귓속이 아픈 것.

이하선염(耳下腺炎) = 차시(痄腮) 침샘, 특히 이하선이 염증으로 부어오르는 여과성 병원체에 의한 전염병.

이혈(理血) 혈분(血分)의 병 또는 혈병(血病)을 치료하는 방법.

익기(益氣) 기를 보하는 보기(補氣)와 같은 말.

익기건비(益氣健脾) 기(氣)와 비(脾)를 보(補)하는 것으로 기허(氣虛)와 비허(脾虛)를 치료하여 튼튼하게 함.

익기고표(益氣固表) 표(表)의 위기(衛氣)를 튼튼하게 하는 방법.

익기보중(益氣補中) 기(氣)를 더하고 중초(中焦)를 보(補)함.

익기생진(益氣生津) 기허와 진액 부족을 동시에 보하는 치법.

익기양음(益氣養陰) 기를 돋우고 음기를 길러주는 치료법.

익기제열(益氣除熱) 기(氣)를 보익(補益)하고 열(熱)을 없앰.

익담기(益膽氣) 담(膽)의 기능 활동을 원활하게 함.

익비(益脾) 건비(健脾)의 다른 말로 비(脾)가 허(虛)한 것을 보하거나 튼튼하게 하는 방법.

익신(益腎) 신장의 기를 돋우기 위한 것.

익신고정(益腎固精) 신(腎)을 보익(補益)하고 정(精)을 튼튼히 하는 효능.

익신장원(益腎壯元) 신(腎)을 보익(補益)하고 원기(元氣)를 튼튼하게 함.

익심(益心) 심기를 보함.

익위생진(益胃生津) 위(胃)를 보익(補益)하고 진액(津液)을 만드는 효능.

익정(益精) 정기에 이로운 것.

익정위(益正胃) 위의 기능을 정상화하도록 도움.

익중기(益中氣) 중기(中氣)를 보익(補益)하는 효능.

익지(益智) 지혜를 더하는 효능.

익폐(益肺) 폐(肺)를 보익(補益)하는 효능.

익혈(溺血) 요혈.

인건구조(咽乾口燥) 목이 건조하고 입이 마르는 증세.

인두염(咽頭炎) 인두에 염증이 생겨 약간의 열이 나거나 두통이나 두중(頭重)이 있는 경우.

인통(忍痛) 임부가 출산에 임할 때 배 속이 쑤시고 아프더라도 참지 않으면 안 된다는 것.

인플루엔자 유행성 감기로 인플루엔자 바이러스 A, A_1, A_2, B, C형에 의해 생기는 급성전염병 독감.

인후(咽喉) 목안(인-음식이 들어가는 구멍, 후-숨 쉬는 구멍).

인후건조(咽喉乾燥) 인건구조.

인후염(咽喉炎) 인후 점막에 생기는 염증.

인후정통(咽喉定痛) 인후의 통증을 그치게 하는 함.

인후종(咽喉腫) 인후 점막이 붓는 것.

인후종통(咽喉腫痛) 목안이 붓고 아픈 것을 통틀어 이르는 말.

인후통(咽喉痛) 목안이 아픈 것.

인후통증(咽喉痛症) 목구멍이 아프고 붓는 경우이며 주로 감기 등에 의하여 일어나는 경우.

인후팽창(咽喉膨脹) 목안이 부은 것.

일사병(日射病) 여름철 햇볕을 오래 쐬었거나 무더운 날씨 때문에 갑자기 현기증을 일으켜 실신하기도 함.

일사상(日射傷) 피부가 햇볕의 자극을 받아서 심하면 물집이 생겨나고 따가움.

일체안병(一切眼病) 눈병. 짓무른 눈, 침침한 눈, 피로한 눈 등 각종 안질.

일해(日害) 음양가(陰陽家)에서 말하는 하루 중(中)의 흉한 시각(時刻).

임병(淋病) = 임질(淋疾) 임균으로 일어나는 병. 소변이 잘 나오지 않는 병.

임비(淋秘) 오줌이 잘 나오지 않으면서 아픈 것. 소변이 찔끔찔끔 나오면서 잘 나오지 않는 병증.

임신구토(妊娠嘔吐) 입덧.

임신오조(妊娠惡阻) 입덧. 임신 초기에 구토가 너무 심해 음식물을 먹지 못하는 경우.

임신중독증(妊娠中毒症) 임산부에게 일어나는 부종이나 고혈압, 당뇨 등의 증상으로 소변이 잘 안 나오고 붓고 쑤시고 아프며 혈압과 혈당이 올라감.

임신중요통(妊娠中腰痛) 임신한 여성에게서 일어나는 요통, 즉 요부에서 일어나는 통증.

임질(淋疾) = 임증(淋症), 임병(淋病), 음질(陰疾) 임균으로 일어나는 성병.

임탁(淋濁) 임증과 탁병을 합한 말로 음경 속이 아프고 멀건 고름 같은 액이 나오는 증상.

임파선염(淋巴腺炎) 임파선에 세균이 침입하여 염증을 일으키는 병.

자궁(子宮) = 여자포(女子胞), 포궁(胞宮), 자장(子臟), 자처(子處), 포장(胞臟) ① 여성생식기관 중의 하나로 태아가 성장하는 모체의 기관. ② 경외기혈의 하나.

자궁경부암(子宮頸部癌, cervical cancer) 자궁목암. 자궁의 경부에 생기는 암.

자궁근종(子宮筋腫) 여성의 자궁에서 발견되는 살혹.

자궁내막염(子宮內膜炎) 여러 가지 세균감염으로 인하여 자궁 안의 점막에 생기는 염증. 임균, 결핵균 따위가 원인이 되며 대하증, 하복통, 월경불순 따위의 증상이 나타남.

자궁냉증(子宮冷症) 여자의 아랫배가 찬 경우를 말하는데 주로 찬 기운을 쏘여서 일어나는 병증.

자궁발육부전(子宮發育不全) 난소 내 분비 부전으로 자궁의 발육 정도가 불완전한 병증.

자궁수축(子宮收縮) 분만 유도, 산후 자궁 퇴축, 지혈 등을 목적으로 자궁을 수축시키는 것.

자궁암(子宮癌) 자궁에 생기는 악성 종양. 처음에 불규칙한 자궁출혈을 일으키고 대하증이 생기며 나중에는 온몸이 쇠약해져 몹시 괴로운 증상. 발생 위치에 따라 자궁경부에 생기는 자궁경부암과 자궁체에 생기는 자궁체암(子宮體癌)으로 나뉨.

자궁염(子宮炎) 자궁벽의 심부에 생기는 염증.

자궁염증(子宮炎症) 자궁염과 같은 말.

자궁외임신(子宮外妊娠) 수정란이 난소, 난관, 복강에 착상 발육하는 이상 임신.

자궁음허(子宮陰虛) 자궁의 음기가 허해지는 것.

자궁진통(子宮陣痛) 임신, 분만, 산욕 시에 나타나는 불수의적 자궁근의 수축.

자궁질환(子宮疾患) 여성 자궁에 나타나는 질환의 총칭.

자궁출혈(子宮出血) 자궁의 출혈을 말하는데 매월 규칙적으로 나오는 자궁출혈은 월경이라고 하고 월경이 아닌 자궁출혈은 특별히 붕루증(崩漏症)이라고 함.

자궁탈수(子宮脫垂) 자궁이 정상 위치에서 아래쪽으로 내려와서 음렬(陰裂)을 이탈한 상태.

자궁하수(子宮下垂) 자궁 질부(膣部)가 질구에 접근한 사태로 자궁이 정상 위치보다 아래로 처진 병증.

자궁한랭(子宮寒冷) 자궁이 차고 냉랭한 기운의 사기(邪氣)를 일컫는 것.

자궁허랭(子宮虛冷) 자궁이 차고 허하여 기운이 없음.

자반병(紫斑病) 피부에 적자색의 반점이 발생하는 병증. 피부에 피하출혈로 인하여서 일어나는 증상으로 주로 혈소판이 감소된 경우가 많음.

자보(滋補) 음액을 보충하는 것.

자상(刺傷) 칼 같은 물건에 찔린 상처.

자신보간(滋腎補肝) 신장을 보호하고 간을 보함.

자신양간(滋腎養肝) 신(腎)을 기르고 간(肝)의 음액(陰液)을 보탬.

자양(眥瘍) 안쪽과 바깥쪽 눈구석이 허는 병증.

자양강장(滋養强壯) 몸의 영양을 붇게 하여 영양불량이나 쇠약을 다스리고 특히 장(臟)의 기운을 돋우며 오장(심 · 간 · 비 · 폐 · 신)을 튼튼히 하는 데 처방.

자양보로(滋養保老) 인체에 음액(陰液) 및 영양분을 공급하여 몸을 보함.

자양불로(滋養不老) 인체에 영양을 보하여 늙지 않도록 함.

자율신경실조증(自律神經失調症) 자율신경의 교감신경과 부교감신경의 길항(拮抗)작용에 부조화가 일어나는 여러 가지 이상 자각 증상.

자음(滋陰) = 보음(補陰) 음이 허한 것을 보함.

자음강화(滋陰降火) 음액을 보충하고 화를 끌어내림. 음허양항(陰虛陽亢)의 치료법.

자음윤조(滋陰潤燥) 음기(陰氣)를 길러 마른 것을 적셔주는 효능.

자음윤폐(滋陰潤肺) 음기(陰氣)를 길러 폐를 적셔주는 효능.

자음익신(滋陰益腎) 음기(陰氣)를 길러 신(腎)을 보익(補益)하는 효능.

자음제열(滋陰除熱) 음기(陰氣)를 길러 열(熱)을 제거하는 효능.

자침(刺針) ① 나무가시가 살갗에 쑥 들어가 보이지 않는 경우. ② 침을 놓는다는 뜻.

자폐증(自閉症) 자신의 세계에만 빠져 주위에는 관심이 없고 타인과 공감을 전혀 느끼지 못하는 증상.

자한(自汗) 땀낼 약을 먹지 않고 몹시 덥지도 않은데 저절로 땀이 축축하게 나는 것. 잠이 깨어 있는 상태에서 땀이 흐르는 것.

잔뇨감(殘尿感) 소변을 보고 난 뒤 개운하지 않고 소변이 남아 있는 듯한 느낌이 오는 것.

장간막탈출증(腸間膜脫出症) 장관을 싸고 있는 쭈글쭈글한 반투명의 엷은 장간막이 떨어져 나온 현상.

장결핵(腸結核) 장 점막에 생기는 결핵으로 결핵균이 침, 가래 등과 함께 삼켜지면 장 점막을 침해하여 발병함.

장근골(壯筋骨) 근육과 골격을 강화함.

장뇌유(樟腦油) 녹나무를 증류할 때 장뇌와 함께 얻는 정유. 노란색이나 갈색을 띠며 방부제, 방충제, 방취제 등에 쓰임.

장생(長生) 오래 사는 것.

장염(腸炎) 장에 세균 감염이나 폭음, 폭식 등으로 복통, 설사, 구토, 발열 등의 증상이 나타나는 것. 창자의 점막(粘膜)에 생기는 염증.

장옹(腸癰) 충수염, 맹장 주위염, 맹장 주위농양, 회장 말단염 등으로 아랫배가 붓고 오한이 나는 병. 장암의 일종.

장위(腸胃)카타르 장과 위에 점액이 많아서 생기는 염증으로 설사를 동반하는 급성이 많음.

장출혈(腸出血) 궤양, 악성 종양 등으로 장에 생기는 출혈로 혈변이나 하혈이 나타남.

장티푸스 살모넬라티푸스균에 의해 고열과 발진이 발생하는 전염성이 강한 병증.

장풍(腸風) 결핵성 치질에 의해 대변을 볼 때 피가 나오는 병증.

저혈압(低血壓) 전신에 힘이 없고 피로하기 쉬우며 현기증, 두통, 수족냉증 등을 동반하며 동맥의 혈압이 최하한계치보다 낮은 경우를 말함.

적대하(赤帶下) 성숙된 여자의 질강에서 병적으로 빛이 홍색을 띠고 피 같으면서도 피가 아닌 점탁성의 분비물이 흐르는 병증.

적리(積痢) 음식에 체하여 생기는 이질. 누렇거나 물고기의 골 같은 똥을 눔.

적면증(赤面症) 사람들 앞에 서면 갑자기 얼굴이 붉어지는 증상.

적백대하(赤白帶下) 여자의 생식기에서 병적으로 붉은 피 같은 분비물과 백대하가 섞여 나오는 증상.

적백리(赤白痢) 적리(赤痢)와 백리(白痢)가 발병하는 이질성 질병.

적안(赤眼) 충혈과 눈곱을 주증으로 하는 눈병.

적체(積滯) 음식물이 체하여 잘 소화되지 않고 머물러 있는 병증.

적취(積聚) 체증(滯症)이 오래되어 배 속에 덩어리가 생겨나는 경우.

전간(癲癎) = 전(癲), 간증(癎症), 간(癎), 간질(癎疾), 천질(天疾), 지랄병 ① 발작적으로 의식이 장애되는 것을 위주로 하는 병증으로 심한 놀람, 음식, 풍, 화 그리고 선천적 요인들이 원인이 됨. ② 때로는 경풍(驚風)이나 정신적인 원인에서 오는 신경성 질환 또는 정신병 등을 가리키는 경우도 있음. ③ 어린이가 깜짝깜짝 놀라면서 경련을 일으키는 병으로 간질(癎疾)을 뜻함.

전근족종(轉筋足腫) 쥐가 나고 발이 붓는 증세.

전립선비대증(前立腺肥大症) 나이가 들어 남성 호르몬의 분비가 줄어들면서 전립선이 점차 커져 계란만 하게 되는 증상.

전립선암(前立腺癌) 전립선에 암증이 발생하는 것으로 남성 특유의 암.

전립선염(前立腺炎) 전립선에 생기는 염증. 소변을 볼 때 통증, 잔뇨, 빈뇨 등이 옴.

전신동통(全身疼痛) 온몸에 통증이 있는 것.

전신부종(全身浮腫) 전신(全身)에 부종(浮腫)이 있는 것. 즉, 온몸이 붓는 것.

전신불수(全身不隨) 신체의 마비.

전신통(全身痛) 전신의 통증을 일컫는 말.

전염성간염(傳染性肝炎, infectious hepatitis) 입을 통해 바이러스가 감염되어 생기는 급성간염.

전초(全草) 잎, 줄기, 꽃, 뿌리 따위를 가진 풀포기 전체를 일컫는 것.

절상(折傷) 뼈가 부러져 다침.

절옹(折癰) 절(折)과 옹(癰). 피부에 화농성 세균이 침입하여 염증을 일으키는 부스럼.

점활(粘滑) 미끈하고 윤기 있음.

점활약(粘滑藥) 미끈하고 윤기 있게 하는 약으로 변비 등에 쓰임.

접골(接骨) 부러지거나 어그러진 뼈를 바로 맞춤.

정경통(定痙痛) 경련(痙攣)과 통증을 그치게 하는 효능.

정기(精氣) 심신의 힘을 얻을 수 있는 처방.

정력(精力) ① 심신의 원기. ② 활동하는 힘.

정력감퇴(精力減退) 심신의 활동력이나 남자의 성적(性的) 능력이 감퇴되는 것을 뜻함.

정력증진(精力增進) 병후 허약이나 심신허약, 노쇠현상 또는 원기부족 현상이 심할 때 정력을 보강하는 것.

정수고갈(精水枯渴) 정력이 감퇴되면 의욕 저하는 물론이고 남성기능 또한 저하되는 것.

정신광조(精神狂躁) 정신이 미쳐서 날뜀.

정신분열증(精神分裂症) 혼자서 환각에 빠져 중얼대며 웃다가 울다가 침묵한다든가, 심하면 난폭한 행동을 하며 소리를 크게 지르거나 공연히 쓸데없는 말을 하는 병증.

정신불안(情緖不安) 정신적으로 불안정함.

정신피로(精神疲勞) 정신적인 기능의 저하상태.

정양(靜養) 심신을 편하게 하며 피로 권태, 또는 병의 전후에 오는 병약한 상태를 다스림.

정장(挺長) 음경이 발기되어 수축되지 않는 것.

정종(疔腫) 화농균의 침입으로 피부 및 피하에 생기는 부스럼.

정창(疔瘡) 멍울이 져 좁처럼 풀어지지 않는 종기.

정천(定喘) 기침과 가래를 멎게 하는 방법.

정혈(精血) 혈분이 쇠(衰)하여 부족한 증상에 피를 생생하게 하는 처방.

제독(諸毒) 모든 종류의 독.

제번소갈(除煩消渴) 답답함을 풀어줌으로써 갈증을 해소함.

제번열(除煩熱) 번조하고 답답하면서 열이 나는 것을 없앰.

제번지갈(除煩止渴) 번조(煩躁)한 것을 제거하며 갈증을 제거하는 효능.

제복동통(臍腹疼痛) 배꼽노리에 동통(疼痛)이 있는 것으로 하복부와 구분됨.

제습(除濕) ① 거습(祛濕)을 달리 이르는 말. ② 습사나 수습을 없애거나 내보낸다는 뜻.

제습살충(除濕殺蟲) 습(濕)을 제거하며 살충(殺蟲)을 하는 효능.

제습이뇨(除濕利尿) 습(濕)을 제거하며 소변이 잘 통하게 함.

제습이수(除濕利水) 습(濕)을 제거하고 이수(利水)하는 효능.

제습지양(除濕止痒) 습(濕)을 제거하여 양증(痒症)을 치료하는 것.

제습지통(除濕止痛) 습(濕)을 제거하며 통증을 그치게 하는 효능.

제습지해(除濕止咳) 습(濕)을 제거하며 기침을 그치게 하는 효능.

제암(制癌, anticarcino) 항암.

제열(除熱) 열을 없앰.

제열조습(除熱燥濕) 열(熱)을 제거하고 습(濕)을 말리는 효능.

제열해독(除熱解毒) 열(熱)을 제거하고 해독(解毒)함.

제창해독(除瘡解毒) 부스럼을 가라앉히고 독성을 풀어줌.

제출혈(諸出血) 모든 출혈병(出血病).

제충제(除蟲劑) 파리, 구더기, 모기, 지네 등 해충을 없애기 위한 방법.

제풍(臍風) = 풍축(風搐), 풍금(風噤), 칠일구금(七日口噤), 사륙풍(四陸風), 마아풍(馬牙風), 칠일풍(七日風), 사천풍(四天風), 칠천풍(七天風) 갓난아이가 태어난 후 7일 이내에 배꼽으로 습기나 병독이 들어가 풍증을 일으키는 것.

조갈증(燥喝症) 속이 타서 물을 자꾸 마시게 되는 경우.

조경(燥痙) 메마른 기운으로 진액이 줄어들어 경련을 일으키는 병증.

조경지통(調經止痛) 월경(月經)을 조화롭게 하며 통증을 그치게 하는 효능.

조경통유(調經通乳) 월경(月經)을 조화롭게 하며 젖이 잘 나오게 하는 효능.

조경활혈(調經活血) 조경(調經)시키고 혈액순환이 원활하도록 하는 치료 방법.

조루증(早漏症) 남녀가 교접할 때 남자의 사정이 너무 빠른 현상을 지칭하는 남자만의 병증.

조비후증(爪肥厚症) 손톱이 두꺼워지는 증상.

조소화(助消化) 소화(消化)를 도와주는 효능.

조습(燥濕) 물기의 마름과 젖음을 일컫는 말로 몸이 신진대사를 통해 수분대사가 잘 조절되어야 한다는 뜻.

조습건비(燥濕健脾) 습한 것을 마르게 하고 비(脾)의 기능을 강화시켜주는 치료 방법.

조습화담(燥濕化痰) 습담(濕痰)을 치료하는 방법.

조식(調息) 숨을 순조롭게 쉬는 것.

조중(調中) 중초(中焦)를 조절함.

조해(燥咳) 폐의 진액 부족으로 생긴 기침.

조혈(造血) (생물체의 어떤 기관이) 피를 만들어냄.

졸도(卒倒) 심한 충격, 피로, 일사병 등으로 갑자기 현기증을 일으키며 넘어지는 경우.

종(腫) 피부가 곪으면서 생기는 큰 부스럼. 종기.

종기(腫氣) 부스럼. 털구멍이 포도상구균에 감염되어 염증이 피부 깊은 곳까지 미친 경우.

종독(腫毒) 독기에 의한 종기로서 좀처럼 낫지 않고 주위에 시퍼렇게 죽은피가 뭉쳐서 점점 악화되면서 잘 곪지도 않아 통증이 심한 경우. 종기의 독기.

종두(種痘) 천연두의 병균을 약화시킨 것을 앓지 않은 사람에게 접종해서 앓지 않게 하는 천연두의 예방법으로 우두(牛痘)를 접종함.

종염(踵炎) 팔다리의 구절 및 발목 부분에 생기는 염증성 종창.

종창(腫脹) 염증이나 종기로 인하여 피부가 부어오르는 증상.

종창종독(腫瘡腫毒) 피부가 부으면서 부스럼이 생기고 거기에 독이 생긴 증상.

종통(腫痛) 종기가 나거나 종독, 종창으로 인해 통증이 있는 경우.

좌골신경통(坐骨神經痛) 좌골신경이 외상, 압박, 한랭, 요추질병 등의 침해를 받아 일어나는 동통. 주로 허리에서 발까지 이르는 확산 통증.

좌상(挫傷) 타박, 압박 또는 둔한 물건 등에 부딪쳐서 생긴 연부조직의 손상.

좌상근(挫傷筋) 피하조직이 손상되는 상처.

좌섬요통(挫閃腰痛) 외부의 충격에 의해 접질려 일어나는 요통으로 뼈마디가 물러앉아 붓고 아픈 증상.

주독(酒毒) 술의 중독으로 인하여 얼굴에 붉은 점이 생기는 증세. 술독.

주독풍(酒毒風) 술을 많이 마셔 주독(酒毒)으로 인하여 풍(風)이 생긴 병증.

주름 ① 피부가 쇠하여 생긴 잔줄. ② 옷의 가닥을 접어서 줄이 지게 한 것. ③ 종이나 옷감 따위의 구김살. ④ 버섯의 갓 뒤에 방사상으로 줄지어 있어 그 면에 홀씨가 붙는 벽.

주름살(wrinkle) 피부의 탄력성이 상실되어 느슨해진 상태.

주부습진(主婦濕疹) 엄지손가락에서 집게손가락, 가운데손가락 끝이 조금 빨개지고 딱딱해지면서 작은 금이 가고 심해지면 손바닥의 피부가 딱딱하고 두꺼워짐.

주비(周痺) 온몸이 아프고 무거우며 감각이 둔해지고 목과 잔등이 당김.

주중독(酒中毒) = 주상(酒傷) 알코올 중독. 간장을 해칠 수 있으며 과음이나 장복하는 것은 여러 모로 몸에 이롭지 않음.

주체(酒滯) = 주적(酒積) 술을 마시고 체한 경우.

주취(舟醉) 뱃멀미.

주황병(酒荒病) 술을 자주 들거나 술을 조금만 마셔도 마음이 거칠어지는 증상.

중독(中毒) 생체가 음식물이나 약물의 독성에 의하여 기능장애를 일으키는 병.

중독증(中毒症) 몸에 독을 풀어주는 처방으로 식중독을 비롯한 여러 가지 독증으로 인해 신체에 이상이 있을 때 쓰는 처방.

중이염(中耳炎) 병원균의 감염으로 중이에 생기는 염증. 감기, 전염병 기타 여러 가지 장애가 원인이 되며 만성과 급성으로 나뉨. 발열, 두통, 이통, 이명, 난청 등의 증상이 나타남.

중종(重腫) 중혀, 혓줄기 옆으로 희고 푸른 물집을 이루는 종기.

중추신경장애(中樞神經障碍) 뇌와 척추로 이루어진 신경계의 부분에 장애가 오는 경우.

중통(重痛) 몹시 아픈 것.

중풍(中風) = 졸중(卒中) ① 갑자기 정신을 잃고 넘어져 사람을 가려보지 못하며 정신이 들어도 입과 눈이 비뚤어지고 말을 제대로 하지 못하며 반신불수 등 일련의 후유증이 있는 병증. ② 풍사가 겉으로 침범해서 생긴 병증.

중풍실음(中風失音) 풍사에 상해서 갑자기 말소리를 내지 못하는 증상.

지갈(止渴) 목마름을 그치게 함.

지갈생진(止渴生津) 갈증을 멈추게 하고 진액(津液)을 만들게 함.

지갈제번(止渴除煩) 갈증을 멈추게 하고 번거로운 느낌을 없애는 것.

지경(止痙) 경련을 멈추게 함.

지곽란(止霍亂) 곽란(霍亂, 찬 것으로 인하여 설사하고 토하는 증상)을 멈추게 하는 것.

지구역(持嘔逆) 구역질이 오래 계속되는 증상.

지구제번(止嘔除煩) 번조(煩躁)한 것을 제거하며 구역(嘔逆)을 그치게 하는 효능.

지도한(止盜汗) 도한(盜汗, 한증(汗證)의 하나로 잠잘 때에는 땀이 나다가 잠에서 깨어나면 곧 땀이 멎는 것)을 그치게 하는 것.

지리(止痢) 이질을 멈추게 함.

지방간(脂肪肝) 중성지방이 비정상적으로 축적되어 간이 비대해지는 것.

지사(止瀉) 설사를 멈추게 하는 것.

지사제(止瀉劑) 설사를 멈추는 약.

지살(地煞) 풍수지리에서 터가 좋지 못한 데서 생기는 살.

지양(至陽) ① 윗몸에 있는 양기. ② 태양. ③ 침혈의 이름.

지음윤폐(支飮潤肺) 지음(支飮)하여 폐가 답답한 것을 윤폐(潤肺, 폐를 적셔줌)하여 풀어주는 효능.

지음증(支飮症) 해수(咳嗽)의 호흡 곤란으로 옆으로 눕기가 몹시 힘든 병.

지통(支痛) 무엇이 가로 질린 것처럼 아픈 것.

지통지혈(止痛止血) 통증(痛症)을 그치게 하고 지혈(止血)하는 효능.

지통해독(止痛解毒) 통증을 멈추게 하고 해독시키는 치료법.

지한(止汗) 땀나는 것을 멈추게 하는 것.

지해(止咳) 기침을 멈추게 하는 것.

지해거담(止咳祛痰) 기침을 그치게 하고 담(痰)을 제거하는 효능.

지해지혈(止咳止血) 기침을 멈추게 하고 지혈(止血)하는 효능.

지해평천(止咳平喘) 기침을 멈추게 하고 숨찬 것을 편하게 해주는 것.

지해화담(止咳化痰) 기침을 멈추고 담(痰)을 없애는 효능.

지해화염(止咳化炎) 기침을 멈추게 하고 염증을 가라앉힘.

지혈(止血) 나오던 피가 그침. 또는 그치게 함.

지혈산어(止血散瘀) 지혈(止血)하고 어혈(瘀血)을 흩어버리는 효능.

지혈생기(止血生肌) 지혈(止血)하고 새살을 돋게 하는 효능.

지혈제(止血劑) 나오는 피를 그치게 하는 약제.

직장암(直腸癌) 출혈, 설사, 변비 등을 일으키는 직장 부위에 생기는 암.

진경(鎭痙) 내장에서 일어나는 경련이나 몸에서 나는 경련 또는 쥐를 진정시키는 것.

진복통(鎭腹痛) 배가 아픈 것을 진정시키는 것.

진수(眞水) 신음, 진음, 원음 등.

진양(鎭痒) 가려운 증세를 없앰.

진정(鎭靜) 들뜬 신경을 가라앉히는 경우.

진토(鎭吐) 구토를 멈추게 하는 것.

진통(陣痛) 신경을 마비시켜 아픔을 진정시키기 위한 방법.

진통(陳痛) 아이를 낳으려 할 때에 배가 아픈 것.

진해(鎭咳) 기침을 그치게 함.

질염(膣炎) 여성의 생식기에 생긴 염증.

창개(瘡疥) = 개창(疥瘡) 옴과 헌데를 겸한 것. 습한 부분에 생기는 옴.

창구(瘡口) 창상이 곪아서 터진 구멍.

창달(瘡疸) 부스럼과 황달.

창독(瘡毒) 부스럼의 독기.

창상(創傷) 날이 있는 연장이나 칼 등에 다친 상처.

창상출혈(創傷出血) 창, 총검, 칼 등에 의해 다친 상처로 인한 출혈.

창양(瘡瘍) 옴이 곪아 터져 진물이 심한 경우.

창양종독(瘡瘍腫毒) 피부질환으로 생긴 종기에서 나오는 독.

창옹종(瘡擁腫) 피부질환으로 생긴 조그마한 종기.

창저(滄疽) = 창종(瘡腫), 창양(瘡瘍) 온갖 부스럼.

창진(瘡疹) 부스럼과 발진(發疹).

창질(瘡疾) = 창병(瘡病) 피부에 나는 질병을 통틀어 이르는 말.

채물중독(菜物中毒) 채소를 날 것으로 먹음으로 인해 발생하는 각종 병증.

채소독(菜蔬毒) 채소 속에 함유된 유독 물질.

척추관협착증(脊椎管狹窄症) 척추의 척추체(脊椎體)와 후방 구조물에 의해 형성되는 척추관, 신경근관(神經筋管), 척추 간 공간이 좁아져서 요통과 하지통 및 보행 시 오는 통증 및 감각이상 등의 신경 증상.

척추질환(脊椎疾患) 척추카리에스(척추염)나 추간판탈출증의 경우.

척추카리에스(脊椎caries) 결핵균의 척추 감염으로 인한 염증.

천식(喘息) = 천증(喘症), 천역(喘逆), 천촉(喘促), 기천(氣喘), 천급(喘急), 상기(上氣) ① 기관지에 경련이 일어나는 병. 기관지성천식과 심장성천식이 있어 두 경우가 다 호흡 곤란을 일으키고 심할 때에는 안면이 창백해지며 잠을 이룰 수가 없어 일어나 앉아 호흡함. 폐창이라 하기도 함. ② 숨이 찬 것.

천해(喘咳) 가래가 성해서 숨이 차고 겸해서 기침을 하는 증상.

청간(清肝) 간의 화기를 가라앉히는 것.

청간담습열(清肝膽濕熱) 간(肝)과 담(膽)에 습사(濕邪)와 열사(熱邪)가 상겸(相兼)한 것을 가라앉히는 것.

청간명목(清肝明目) 간열을 식히는 약물과 간음을 자양하는 약물을 조합하여 간열이 성하여 간음이 손상됨에 따라 안질이 발생한 증상을 치료하는 방법.

청간이습(清肝利濕) 간(肝)을 식혀주며 소변(小便)을 잘 통하게 하는 효능.

청간화(清肝火) = 사간(瀉肝), 사청(瀉清), 청간사화(清肝瀉火), 사간화(瀉肝火) 맛이 쓰고 성질이 찬 약을 써서 간화가 떠오르는 것을 내리우는 치료법.

청감열(清疳熱) 감질(疳疾)로 인한 열(熱)을 가라앉히는 작용.

청량(清凉) 성질이 차고 서늘한 것을 뜻함.

청량지갈(清凉止渴) 열(熱)을 식혀주며 갈증을 멈추게 하는 효능.

청량해독(清凉解毒) 열(熱)을 식혀주며 해독(解毒)하는 효능.

청력보강(聽力補强) 청력이 약한 경우.

청력장애((聽力障碍) 청력(聽力)이 충분한 기능을 하지 못하는 것.

청리두목(清利頭目) 머리와 얼굴, 눈 등에 열이 치솟는 것을 차가운 성질의 약으로 식히는 것.

청명(清明) 눈을 대상으로 사물을 보고 감지하는 데 선명하게 보기 위한 조치.

청서(清暑) 더위를 가라앉히는 것.

청서열(清暑熱) 습하고 무더운 날씨의 열기에 상한 것을 식히는 효능.

청서이습(清暑利濕) 서(暑)는 보통 습(濕)을 수반하기 때문에 서(暑)를 치료할 때 습을 빼내는 여름철의 서습병(暑濕病)을 치료하는 기본 방법.

청서조열(清暑燥熱) 서(暑)를 가라앉혀 진액(津液)이 모상(耗傷)되어 열이 나는 병증을 치료함.

청서지갈(清暑止渴) 더위를 가라앉히고 갈증을 그치게 하는 효능.

청서해열(清暑解熱) 습열사에 상해서 진액과 기가 손상되었을 때 열기를 식히는 효능.

청습열(清濕熱) 습열을 가라앉힘.

청심(清心) 심장을 깨끗이, 즉 건강하게 하기 위한 처방.

청심안신(清心安神) 마음이 깨끗하여 정신이 안정됨.

청심화(清心火) 심경의 열을 푸는 방법.

청열(清熱) 열을 없애는 것.

청열강화(清熱降火) 열기를 식히고 화기를 가라앉히는 효능.

청열거풍(清熱袪風) 열기를 식히고 안과 밖, 경락(經絡)및 장부(臟腑) 사이에 머물러 있는 풍사(風邪)를 제거하는 것.

청열배농(清熱排膿) 열기를 식히고 고름을 빼내는 효능.

청열생진(清熱生津) 열기를 식히고 열로 인해 고갈된 진액을 회복시키는 효능.

청열소종(清熱消腫) 열을 식히고 열로 인해 생긴 붓기를 가라앉히는 효능.

청열안태(清熱安胎) 열기를 식히고 태아를 안정시키는 효능.

청열양음(清熱養陰) 열을 가라앉혀서 음액의 기운을 북돋움.

청열양혈(清熱凉血) 열증을 해소하고 혈분의 열을 없앰.

청열윤폐(清熱潤肺) 열기를 식히고 열기로 고갈된 폐의 진액을 보충하여 윤택하게 함.

청열이뇨(清熱利尿) 열기를 식히고 소변을 잘 나가게 하여 이를 통해 열기를 빼내는 효능.

청열이수(清熱利水) 열기를 식히고 소변을 잘 나가게 하여 이를 통해 열기를 빼내는 효능.

청열이습(清熱利濕) 하초(下焦)의 습열증(濕熱症)을 치료하는 방법.

청열제번(清熱除煩) 열과 가슴이 답답한 것을 제거하는 방법.

청열제습(清熱除濕) = 청열조습(清熱燥濕) 열과 습사를 제거하는 방법.

청열조습(清熱燥濕) 열기를 식히고 습기를 말리는 효능.

청열진해(清熱鎭咳) 열을 식히고 열기로 인해 생긴 기침을 가라앉히는 효능.

청열해독(清熱解毒) 열독(熱毒)이 몰려서 생긴 외과 질병과 온역(溫疫), 온독(溫毒)을 치료하는 방법.

청열해표(清熱解表) 이열(裏熱)이 비교적 심하면서 표증(表症)이 겸한 것을 치료하는 방법.

청열화염(清熱化炎) 열(熱)을 내려주고 심한 열증(熱症)을 풀어주는 치료 방법.

청열활혈(清熱活血) 열을 식히고 혈액의 순환을 원활히 하는 효능.

청이(清耳) 귀를 맑게 해줌.

청폐(清肺) 맑고 깨끗한 폐.

청폐강화(清肺降火) 폐기를 맑게 하고 화기를 가라앉히는 효능.

청폐거담(清肺袪痰) 폐기를 맑게 식히고 담을 제거하는 효능.

청폐위열(清肺胃熱) 폐와 위의 열을 내려줌.

청폐지해(清肺止咳) 폐의 열기를 제거하고 기침을 멎게 하는 효능.

청폐해독(清肺解毒) 폐의 열기를 식히고 독기를 제거하는 효능.

청폐화담(清肺化痰) 폐의 열기를 식히고 열로 인해 생긴 담, 가래 등을 제거하는 효능.

청풍열(清風熱) 풍열을 흩고 식히는 효능.

청혈(清血) 맑고 깨끗한 피.

청혈해독(清血解毒) 피를 맑게 하고 독을 풀어줌.

청화습열(清化濕熱) 습사(濕邪)와 열사(熱邪)를 깨끗하게 하고 열을 꺼줌.

청화해독(清火解毒) 화기로 인한 독기를 제거하고 화기를 내리는 효능.

체력쇠약(體力衰弱) 몸의 힘이 쇠하여 약해지는 것.

초오중독(草烏中毒) 초오(지리바꽃)를 약으로 사용할 시 복용량을 초과했거나 또는 여러 날 장복하여 그 독증으로 인해 중독이 되었거나 부작용이 일어났을 때.

초유(初乳) 해산 시 나오는 젖.

초조감(焦燥感) 애를 태워서 마음을 졸이는 경우.

초황(炒黃) 약재를 빛깔이 누르스름할 정도로 불에 볶는 일.

촉산(促産) = 분만촉진(分娩促進) ① 서둘러 해산(解産)하게 함. ② 해산을 촉진하도록 약을 사용하는 것.

촌충(寸蟲, tapeworm) 편형동물문(扁形動物門, Platyhelminthes) 촌충강(寸蟲綱, estoda)에 속하는 3,000여 종(種)의 기생성 편형동물들.

촌충증(寸蟲症) 배가 은근히 아프고 설사를 하며 배가 팽만해짐.

총이명목약(總耳明目藥) 머리가 좋아지는 약. 대뇌의 지적 능력을 향상시키는 데 효험이 있는 처방.

최면(催眠) ① 잠이 오게 함. ② 인위적으로 유치(誘致)된 일종의 수면 상태.

최면제(催眠劑) 정신요법의 하나인 최면 치료로 병이나 나쁜 버릇을 치료하기 위한 처방.

최산(催産) = 최생(催生) 아이를 쉽게 빨리 낳도록 하는 분만촉진.

최생(催生) 약으로 산모(産母)의 정기(正氣)를 도와 빨리 분만시키는 방법.

최유(催乳) = 통유(通乳), 하유(下乳) 해산한 뒤에 젖이 나오지 않거나 적게 나오는 것을 치료하는 것.

최음제(催淫劑) 남녀의 생식기를 자극해서 그 기능을 촉진시키기 위한 처방으로 성적 욕구를 자극하는 약.

최토(催吐) 음식물을 토하게 함.

최토제(催吐劑) 먹은 음식이 위에 정체되어 소화불량을 일으켜 배가 아프거나 몸을 움직이기 괴로운 상태에서 먹은 음식물을 빨리 토해내거나 가라앉히게 하는 약.

최통(腠痛) 피부에 옷이 닿거나 손이 스치기만 해도 몹시 아픈 병증으로 어린아이가 불알이 아픈 병.

추간판탈출증(椎間板脫出症) 외부로부터 충격이 가해지면 속에 있는 수핵(綏核)이 척추 쪽으로 튀어나와 통증이 오는 경우.

축농증(蓄膿症) 체강(體腔) 안에 고름이 괴는 병. 일반적으로 부비강 점막의 염증을 이름. 두통, 협부긴장 따위를 일으켜 건망증이 되고 때로는 악취가 나고 탁한 분비물이 코에서 나옴.

축수(縮水) 늑막강, 복강, 골수 따위에서 삼출액이나 공기, 복수, 피, 오줌 등을 뽑아내는 일. 늑막강이나 복강 등에 삼출액을 소변으로 배설시켜서 줄이는 것.

축열(蓄熱) 어열(瘀熱).

축한습(逐寒濕) 한습을 제거하는 효능.

축혈(蓄血) ① 외감열병 때 열사가 속으로 들어가 혈과 상반되어 생긴 어혈이 속에 몰려서 생긴 병증. ② 여러 가지 어혈이 속에 몰려 있는 병증.

춘곤증(春困症) 집중력이 떨어지고 전신이 저리기도 하며 자꾸 졸리고 몸이 무겁고 의욕상실과 아울러 쉽게 피로해짐.

출혈(出血) 피가 흘러나옴.

출혈증(出血症) 피가 흘러나오는 증상.

출혈현훈(出血眩暈) 피가 나며 눈앞이 아찔하고 머리가 핑 도는 어지러운 증상.

충독(蟲毒) 벌레에 물려 얻은 독.

충수염(蟲垂炎) 충양돌기에 생긴 화농성 염증.

충치(蟲齒) 벌레가 먹은 것같이 치아의 경조직이 결손하는 증세

충치(蟲痔) 치루의 하나로 치창이 오래되어 패이고 가렵고 아파 견딜 수 없을 정도이며 피가 나오기도 함.

충혈(充血) 몸의 일정한 부분에 동맥혈이 비정상적으로 많이 모임. 염증이나 외부 자극으로 일어남.

췌장암(膵臟癌) 췌장에 생기는 악성 종양.

췌장염(膵臟炎) 식후 바로 상복부에 심한 통증이 오며 심하면 어깨의 왼쪽까지 통증이 옴.

치근통(齒根痛) 치조골(齒槽骨)에 박혀 있는 이 부분의 통증.

치루(痔瘻) 치질의 일종으로 항문주위염(肛門周圍炎).

치루(痔漏) 항문 부근에 관공(管孔)이 1~2개 생겨 그 구멍에서 고름이 스며 나오는 병증.

치루종통(痔漏腫痛) 치루(痔漏)로 인해서 발생한 통증.

치루하혈(痔漏下血) 치루(痔漏)로 인해서 하혈(下血)이 발생한 병증.

치림(治淋) 임질(淋疾)을 치료함.

치매증(癡呆症) 정신적인 능력이 상실되어 언어 동작이 느리고 정신작용이 완만치 못함.

치아동통(齒牙疼痛) 이뿌리의 통증.

치암(齒癌) 이나 잇몸에 생기는 암.

치열(熾熱) 몸에 열이 매우 높은 경우.

치은종통(齒齦腫痛) 잇몸이 붓고 통증이 생김.

치은출혈(齒齦出血) 잇몸에서 피가 나는 것.

치은화농(齒齦化膿) 잇몸이 붓고 고름이 생김.

치조농루(齒槽膿漏) 급성 전염병, 당뇨병, 비타민 부족, 영양실조, 치석, 치은염 등으로 잇몸 사이에 틈이 생기고 그곳에서 노란 고름이 나옴.

치주염(齒周炎) 이를 둘러싼 연조직의 염증.

치질(痔疾) = 치(痔), 치핵(痔核), 치루(痔漏), 치열(痔裂) 여러 가지 인자들이 항문에 있는 혈맥의 기혈순환에 장애를 주어 어혈이 생기고 이 어혈과 기타 원인들이 합하여 생김.

치질출혈(痔疾出血) 치질로 인하여 출혈이 나는 경우.

치창(齒瘡) 통증이 오면서 잇몸이 붓고 곪기 시작하여 며칠 지나면 고름이 터져서 나왔다가 또다시 도져서 고통을 자주 겪게 되는 경우.

치출혈(齒出血) 잇몸에서 피가 나오는 증상.

치통(齒痛) 충치(蟲齒)나 풍치(風齒) 등으로 이가 쑤시거나 아픈 증세.

치통(痔痛) 치질에 의한 통증.

치풍(治風) ① 충치가 없는데 이가 쑤시면서 얼굴과 머리까지 아픈

증세를 다스림. ② 병의 근원인 바람기를 다스림.

치풍(齒風) 치육(齒肉)이나 주위의 조직이 염증을 일으켜 이가 아픈 증상.

치풍통(齒風痛) 풍열사(風熱邪)나 풍한사(風寒邪)로 생긴 치통. 부종(浮腫)이 있은 후 이가 쏘고 얼굴과 머리까지 아픔. 풍열치통(風熱齒痛), 풍랭치통(風冷齒痛)이 있음.

치한(齒寒) 이가 아픈 증세로 대개는 풍(風)이 원인이 됨.

치핵(痔核) 항문 및 직장의 정맥이 울혈에 의해 결정상의 종창을 이룬 치질로서 종기 질환, 임신, 변비 등이 원인이 됨.

치혈(痔血) 치질로 인한 출혈.

칠독(漆毒) 옻나무의 진과 접촉할 때 발생하며 좁쌀 같은 발진이 생기고 터져 곪게 됨.

칠창(漆瘡) 옻독에 의하여 생기는 피부병.

코피 = 비출혈(鼻出血) 비강점막(鼻腔粘膜)으로부터의 출혈.

콜레라(cholera) 콜레라균에서 일어나는 소화기계의 전염병. 주요 증상으로 격심한 구토와 설사가 있음.

타박(打撲) = 질박(跌撲) 넘어지거나 부딪쳐서 상처가 생기는 것.

타박상(打撲傷) 높은 곳에서 떨어지거나 교통사고를 당했을 때 출혈로 군데군데 피멍이 들면 온몸이 영향을 받고 자율신경이 마비되어 심한 통증을 느낌.

타박손상(打撲損傷) 부딪치거나 맞아 다쳐 손상된 병증.

타복(打扑) 부딪히거나 맞은 것(혹은 그 부위).

타태(墮胎) 인위적으로 유산을 시키고자 하는 경우.

탄산토산(呑酸吐酸) 윗배, 아랫배가 아프고 소화불량, 구토 등이 나타나는 경우.

탈력(脫力) 힘이 빠지는 증상.

탈모증(脫毛症) 유전적인 소인에 의한 탈모증, 외사에 의한 탈모증, 내부적인 원인에 의한 탈모증 등 모발이 빠지는 경우의 증세.

탈장(脫腸) 복부 내장의 한 부분이 선천적으로 있거나 또는 후천적으로 생긴 구멍으로부터 복벽(腹壁), 복막에 싸인 채로 복강(腹腔) 밖으로 나오는 병.

탈피기급(脫皮肌急) 몸의 어느 한 부위에 허물이 벗겨지는 증세.

탈항(脫肛) 배변 때나 그 밖에 복압을 가한 때 직장 항문부의 점막 또는 전층이 항문 밖으로 나와 제자리에 돌아가지 않음. 항문 괄약근의 긴장, 불완전 또는 직장 주위의 고정력 부족이 원인임. 때때로 치핵, 만성변비, 장염 등이 원인이 되기도 함.

탈홍(脫肛) '탈항'의 북한어.

탈홍증(脫肛症) '탈항증'의 북한어.

탕창(湯瘡) 화상으로 살갗에 물집이 생기고 벗겨지는 증상.

탕화창(湯火瘡) 끓는 물이나 불에 덴 것이 아물지 않고 헌데가 생긴 것.

태독(胎毒) ① 태아가 배 속에 있을 때 얻은 병독. ② 갓난아이로부터 젖먹이 시기에 생기는 헌데를 통틀어 이르는 말이며 젖먹이의 머리나 얼굴에 나는 피부병의 총칭. 유전 매독 이외에는 체질이나 세균에 의한 것으로 태반의 독에서 오는 어린이의 피부병.

태루(胎漏) 태아를 가진 임산부의 자궁에서 피가 흐르는 경우.

태생(胎生) 사생(四生)의 하나. 모태(母胎)로부터 태어나는 생물을 이르는 말. 태반에서 영양을 공급받아서 성장하여 출산하는 것으로 난생과 대비되는 개념.

태아양육(胎兒養育) 배 속에 있는 태아에게 양호한 발육을 촉진하는 데 효험이 있음.

태양병(太陽病) 풍사(風邪), 한사(寒邪) 등 외사(外邪)가 족태양경(足太陽經)과 그에 해당하는 부위에 침범하여 생긴 병증을 말하고 주로 발열, 오한, 두통을 동반함.

태의불하(胎衣不下) 태아만출 후 태반이 시간이 경과해도 나오지 않는 것, 태반이 박리되어 저류된 것, 또는 유착태반일 수 있음.

태풍(胎風) 소아가 출생 후 열이 나고 피부가 벌건 것이 마치 열탕이나 불에 덴 것 같은 일련의 증후를 나타내는 병증.

토담(吐痰) 담(痰)을 토하는 증상.

토사(吐瀉) 음식물을 토하고 설사를 하는 증세.

토사곽란(吐瀉癨亂) 토하고 설사하여 배가 심하게 아픈 증상.

토사부지(吐瀉不止) 음식물을 토하고 설사하는 증세가 멈추지 않음.

토역(吐逆) = 구토(嘔吐) 급성위염, 유문협착, 위암 등으로 먹은 것을 입 밖으로 게움.

토제(吐劑) 먹은 것을 토하게 하는 약제.

토풍질(土風疾) 토질병으로 일정한 지역에서 발생하는 풍토병.

토혈(吐血) 식도정맥류파열, 십이지장궤양 따위의 질환으로 피를 토하는 증상. 위와 식도 등에서 피를 토하는 것.

토혈(吐血) = 객혈(喀血) 폐, 기관지 등으로부터 피를 토하는 증상.

토혈각혈(吐血咯血) 각혈은 호흡기 계통에서 나오는 것으로 선홍색을 띠고 토혈은 소화기 계통에서 나오는 것으로 적홍색을 띠고 있음.

통경(通經) ① 처음으로 월경이 시작됨. ② 월경의 시기가 되었는데도 없을 경우 월경을 초래시키는 방법.

통경락(通經絡) 인체의 기혈이 운행되는 통로를 원활하게 하는 것.

통경활혈(通經活血) 통경(通經)하고 혈액순환을 원활히 하는 효능.

통규(通竅) 풍한으로 코가 막히고 목이 쉬고 냄새를 맡을 수 없는 증상 등을 통하게 함.

통기(通氣) 기를 잘 돌게 하기 위한 처방.

통락(通絡) 맥락을 통하게 함.

통락거풍(通絡祛風) 맥을 통하게 하고 풍사(風邪)를 소산(消散)시킴.

통리수도(通利水道) 오줌이 막혀 잘 나오지 않을 때 요통(尿通)이 잘 되게 하기 위한 방법.

통림(通淋) 임증을 치료하는 것.

통맥(通脈) 혈맥을 통하게 하는 방법.

통변(通便) 대변을 잘 보게 하는 것.

통변살충(通便殺蟲) 변을 잘 보게 하고 기생충을 없애줌.

통유(通乳) = 최유(催乳), 하유(下乳) 출산 후 젖이 나오지 않거나 적게 나오는 것을 치료하는 것.

통이변(通二便) 대변과 소변을 순조롭게 하는 것.

통재(痛哉) 마음이 아프다는 뜻.

통증(痛症) 몹시 아픈 증세.

통체(通滯) 막힌 것을 통하게 하는 것.

통풍(痛風) = 통비(痛痺) 요산대사(尿酸代謝)의 이상으로 일어나는 관절염으로 현대중국에서는 제왕병(帝王病)이라는 속어로 사용.

통혈(統血) 피를 통솔하는 것.

통혈기(通血氣) 혈기가 통하게 하는 것.

퇴열(退熱) 열을 물리침.

퇴예(退翳) 눈동자에 덮인 예막을 제거하는 것.

퇴허열(退虛熱) 체표의 허열이 야간에는 더욱 심한 증세를 치료하는 것.

투옹농(透癰膿) 옹저의 고름을 빼내는 효능.

투진(透疹) 발진(發疹)하는 병에 대하여 발진(發疹)의 배출을 순조롭게 하여 질병이 전변(轉變)하는 것을 막는 방법. 발진을 잘 돋게 하는 것.

투통(透通) 투과. 장애물에 빛이 비치거나 액체가 스미면서 통과함.

파상풍(破傷風) = 상경, 금창경 ① 파상풍균이 원인이 되어 발생하는 병증. ② 상한 피부로 사기가 침습하여 경련을 일으키는 병증.

파어(破瘀) 어혈을 없애주는 방법.

파킨슨병(Parkinson's disease) 신경장애의 한 군. 중년 이후에 발생하는 원인불명의 뇌질환으로 영국의 의사 파킨슨이 보고한 질환. 뇌경색, 무운동증, 머리, 손, 몸의 무의식적이고 불규칙한 떨림, 자세 유지 장애의 네 가지 특징이 있으며 환자 특유의 앞으로 굽은 자세를 보임.

파혈(破血) = 파어(破瘀) 체내에 뭉쳐 있는 나쁜 피를 약을 써서 없어지게 함.

파혈거어(破血祛瘀) 어혈(瘀血)을 깨트리고 없애주는 효능.

파혈통경(破血通經) 어혈(瘀血)을 없애어 부인의 월경(月經)을 순조롭게 하게 하는 효능.

파혈행어(破血行瘀) 어혈(瘀血)을 깨트리고 몰아내는 효능.

패신(敗腎) 신이 심하게 손상된 것.

패혈(敗血) 어혈의 하나.

편도선(扁桃腺) 구강 및 그 부근의 점막에서 림프성의 조직이 발달한 부분. 신체의 발육기에 있어서 멸균, 면역 따위의 작용으로 신체를 보호하는 기능을 함. 구개편도.

편도선비대(扁桃腺肥大) 보통 목 안의 구개(口蓋)나 편도선 비대를 말하며 비강(鼻腔) 안에 있는 인두편도선(咽頭扁桃腺)이 비대(肥大)해지는 것.

편도선염(扁桃腺炎) 편도선에 생기는 염증. 주로 환절기에 감기에 걸렸을 때 또는 과로로 말미암아 일어나는데 고열, 연하통, 관절통 따위를 일으키기도 함.

편두염(偏頭炎) 한쪽 머리에 생긴 염증.

편두통(偏頭痛) = 두편통(頭偏痛), 변두풍(邊頭風), 편두풍(偏頭風) 머리 한쪽이 아픈 병증.

평간(平肝) 간기(肝氣)가 몰리거나 치밀어 오르거나 간양(肝陽)이 왕성한 것을 정상으로 돌려놓는 것.

평간명목(平肝明目) 간장(肝臟)의 기운을 조화롭게 유지하여 눈을 밝히는 효능.

평간해독(平肝解毒) 간장(肝臟)의 기운을 조화롭게 유지하여 체내의 독을 풀어주는 효능.

평천(平喘) 기침을 멎게 하는 것.

평천지해(平喘止咳) 기침과 해수를 멈추게 하는 치료.

폐결핵(肺結核) 결핵균의 침입에 의해 생겨나는 소모성 만성질환의 한 병증으로 전염성을 띰.

폐기(肺氣) ① 폐(肺)의 기능과 활동. ② 호흡의 기(氣). ③ 폐의 정기(精氣).

폐기종(肺氣腫) 흡연이나 기타 질병의 후유증으로 폐포가 탄력성을 잃고 깨져 폐포의 막이 소실되면서 공간이 생기고 호흡곤란, 천식 등을 유발하는 증상.

폐기천식(肺氣喘息) 폐가 확장되어 호흡곤란을 느끼는 병증.

폐농(肺濃) 염증이 생겨서 푸르고 노란 가래를 뱉는 증상.

폐농양(肺膿瘍) 화농균(化膿菌), 아메바, 진균(眞菌) 등에 의해 폐 조직에 화농, 괴사성(塊死性) 종류(腫瘤)가 형성된 상태.

폐렴(肺炎) 폐렴균의 침입에 의해 폐에 생긴 염증.

폐병(肺病) 폐에 생긴 여러 가지 병증으로 5장병의 하나.

폐보(肺補) 폐(肺)를 보하는 효능.

폐보익(肺補益) 폐(肺)를 보익(補益)하는 효능.

폐부(肺腑) ① 마음의 깊은 속. ② 허파.

폐부종(肺浮腫) 호흡기 질환으로 폐가 부은 것을 말함.

폐암(肺癌) 폐에 생기는 암. 흔히 기관지의 점막 상피에 생김. 고질적인 기침, 가래, 흉통 따위의 증상이 나타나지만 발생 부위에 따라 상당히 진행되어도 증상이 보이지 않는 수도 있음.

폐열(肺熱) 폐에 열이 있는 것.

폐열해혈(肺熱咳血) 폐열(肺熱)로 인한 해혈(咳血).

폐옹(肺癰) 폐농양, 폐암, 건락성폐결핵, 폐괴저, 기관지확장증 등으로 폐에 농양(膿瘍)이 생긴 증상.

폐위(肺痿) 폐의 기능 손상으로 위축된 것으로 폐엽이 메말라 발생하는 병증.

폐위해혈(肺痿咳血) 폐열로 진액이 소모되어 가래에 피가 섞여 나오는 증상.

폐음(肺陰) 폐의 진액으로서 음양의 균형을 유지하는 중요한 역할을 함.

폐종(肺腫) 폐에 생긴 종기.

폐질(廢疾) 고칠 수 없고 불구가 되는 병.

폐창(肺脹) 폐염(肺炎)과 천식(喘息).

폐한해수(肺寒咳嗽) 폐에 한이 성하여 기침과 가래가 나오는 증상.

폐혈(肺血) 폐병으로 인하여 입으로 피가 나오는 각혈.

폐혈병 패혈증(敗血症)의 잘못된 말. 곪아서 고름이 생긴 상처나 종기 따위에서 병원균이나 독소가 계속 혈관으로 들어가 순환하여 심한 중독 증상이나 급성 염증을 일으키는 병.

포징(暴懲) 먹은 것이 소화되지 않고 배 속에서 뭉쳐서 돌과 같이 단단하게 되어 아프고 결리는 증상.

포태(胞胎) ① 임신한 것. ② 임신된 첫 달의 태아.

폭식증(暴食症) 음식의 섭취가 지나치게 많거나 적은 경우로 섭식장애(攝食障碍)라고 함.

표저(瘭疽) 손톱이나 발톱 밑에 세균이 침입하여 생겨나는 염증, 즉 생인손앓이의 일종.

풍(風) 신체 내의 각 신경은 척추(脊椎)에서 나와 몸 전체로 퍼져 각 조직의 운동을 조절 지배하는데, 이때 정신이나 근육작용 또는 감각에 이상이 생기는 병증이며 혈류의 순환을 방해하여 신체의 일부가 감각이상과 마비증상이 오는데 오늘날 뇌색전과 유사함.

풍독(風毒) 가끔 두통 증세가 오며 현기증이 나기도 함. 바람을 맞았다고도 표현함.

풍비(風秘) 변비의 하나. 풍사로 인한 변비증.

풍비(風痹) 중풍으로 인한 마비 혹은 사지가 쑤시고 아픈 관절염으로 류마티스성 관절염.

풍사(風邪) 바람이 병을 일으키는 원인이 되는 사기.

풍선(風癬) 풍사로 인해 피부가 가렵고 각질이 떨어져 나옴.

풍습(風濕) 습한 땅에서 사는 까닭에 습기를 받아서 뼈마디가 저리고 아픈 병.

풍습관절염(風濕關節炎) 풍, 한, 습사를 감수함으로 인해 나타나는 관절염.

풍습근골통(風濕筋骨痛) 풍습(風濕)으로 인해 근육과 뼈가 아픈 병증.

풍습동통(風濕疼痛) 풍, 한, 습사를 감수함으로 인해 나타나는 통증.

풍습두통(風濕頭痛) 풍습사(風濕邪)가 머리에 침범하여 생기는 두통(頭痛).

풍습비(風濕痺) 풍사(風邪)와 습사(濕邪)가 겹친 비증(痺症)으로서 팔다리를 잘 쓰지 못하며 저리고 아픔.

풍습성관절염(風濕性關節炎) 습기 찬 기후에서 더 아파지는 관절염.

풍습통(風濕痛) 풍습(風濕)으로 인한 통증이 있는 병증.

풍식(風蝕) 풍식작용(바람 때문에 일어나는 침식작용). '바람 침식'으로 순화.

풍식(豐殖) 풍성하게 늘어남.

풍양(風痒) 가려운 곳이 일정하지 않은 증세.

풍열(風熱) 체내의 열사와 풍사가 겹쳐 발열이 심하고 구갈과 안구출혈 및 인후통을 동반하는 병증.

풍열감기(風熱感氣) = 풍열감모(風熱感冒) 풍열사(風熱邪)를 받아서 생긴 감기.

풍열목적(風熱目赤) 풍사(風邪)와 열사(熱邪)로 말미암아 열이 나며 목이 붓고 눈이 충혈되는 증상.

풍염(豊艶) 얼굴 생김새가 살지고 아름다움.

풍염(風炎) 푄현상. 산을 넘어서 불어 내리는 고온건조한 공기.

풍종(風腫) 부종의 하나. 해산 후에 바람을 맞아서 부종이 생기는 병증.

풍진(風疹) ① 풍사(風邪)를 받아서 생긴 발진성 전염병. ② 풍사(風邪)에 의한 신경마비.

풍질(風疾) 신경의 고장으로 생기는 온갖 병의 총칭. 풍기 또는 풍병이라고도 함.

풍치(風癡) 경련성 질환.

풍치(風齒) 풍증(風症)으로 일어나는 치통의 경련선 병증.

풍한(風寒) 바람과 추위 즉 풍사와 한사를 합하여 이르는 말.

풍한감모(風寒感冒) 풍한사(風寒邪)를 받아서 생긴 감기 증상.

풍한서습(風寒暑濕) 바람과 추위와 더위와 습기를 아울러 이르는 말.

풍한습비(風寒濕痺) 풍, 한, 습 3기가 뒤섞여 혈기를 울체로 몰아 신중, 두통, 수족마비 등의 증상이 나타나는 것.

풍한해수(風寒咳嗽) 풍한사(風寒邪)가 폐에 침범하여 생긴 기침.

풍혈(風血) 질병을 일으키는 원인 중 하나로 ① 외인성(外因性) 사기인 풍사와 열이 섞인 것. ② 내인성(內因性)으로 간에 열이 있거나 울체된 기가 열로 변하여 질병을 일으키는 요인이 되는 것.

피로회복(疲勞回復, fatigue recovery) 적절한 휴식과 영양공급을 통해 신진대사를 원활히 함으로써 피로 증상이 제거된 상태.

피부(皮膚) 살가죽.

피부궤양(皮膚潰瘍) 피부의 일부분이 짓무른 현상.

피부노화방지(皮膚老化防止) 피부 관리를 잘 하면 같은 환경, 같은 나이 또래에서 정도 차이는 있겠지만 아주 젊게 보일 수 있음.

피부미백(皮膚美白) 불필요해진 멜라닌 색소를 재빨리 배출해서 그 사람이 지니고 있는 본래 피부의 투명함을 되찾는 일.

피부병(皮膚病) 피부에 생기는 모든 병증.

피부상피암(皮膚上皮癌) 피부의 상피에 발생하는 악성 종양을 총칭하는 말.

피부소양(皮膚瘙痒) 풍한(風寒), 풍열(風熱) 등의 사기(邪氣)로 피부에 생기는 가려운 증상.

피부소양증(皮膚搔痒(癢)症) 속발성으로 긁은 자리, 가피(痂皮) 등을 동반하는 만성 피부 질병으로 피부가려움을 주 증상으로 하는 병증.

피부암(皮膚癌) 대개 햇빛에 노출되는 시간과 관계되며 자외선에 장시간 노출되었을 경우에는 위험이 커짐.

피부열진(皮膚熱疹) 피부에 열에 의하여 나타난 생긴 발진.

피부염(皮膚炎) 체내 또는 체외의 영향으로 일어나는 피부의 염증. 발적, 종창, 부종, 수포, 작열, 미란, 소양, 동통 따위의 증상이 생김.

피부윤택(皮膚潤澤) 여러 병증이나 또는 몸의 변화로 인하여 피부가 거칠어진 것을 매끄럽게 하여 주기 위한 처방.

피부종기(皮膚腫氣) 부스럼. 피부에 비정상적인 솟아오름.

피부진균병(皮膚眞菌病, dermatomycoses) 사상균(Hyphomyceres)의 기생에 의한 전염성 질환.

피부청결(皮膚淸潔) 피부를 곱게 유지하고 윤택하게 가꾸기 위한 방법.

피임(避妊, contraception) 임신을 원하지 않는 남녀가 성교 시 일시적으로 임신을 방지하는 것.

피하주사(皮下注射) 피하결합조직 내에 주사바늘을 삽입하여 물약을 주입하는 것.

하감(下疳) = **감창**(疳瘡), **투정창**(妬精瘡) 매독으로 남자나 여자의 외생식기에 생긴 헌데.

하강혈압(下降血壓) 혈압을 낮추어주는 것을 가리키는 용어.

하기(下氣) ① 하초의 기운. ② 위로 치민 기가 가라앉는 것. ③ 강기(降氣)와 같은 뜻으로 방귀가 나가는 것.

하기소적(下氣消積) 기를 내려서 적취를 없애는 것.

하기통락(下氣通絡) 기운을 아래로 내려 경락(經絡)이 두루 잘 소통되게 하는 효능.

하기행수(下氣行水) 기운을 아래로 내려 더불어 수기(水氣)가 잘 소통되게 하는 효능.

하돈중독(河豚中毒) = **복어 중독** 복어 알을 먹거나 국을 많이 먹으면 체내에 독기가 퍼져 부작용으로 생명을 잃게 되는 수도 있음.

하리(下痢) = **설사**(泄瀉) 배탈이 났을 때 자주 누는 묽은 똥. 이질과 설사를 통틀어 부르는 것.

하리궤양(下痢潰瘍) 하리괴양.

하리탈항(下痢脫肛) 이질에 걸려서 직장이 항문 밖으로 나오는 증세.

하사(瘕瀉) 습열(濕熱)이 쌓임으로 인해서 대변이 나오지 않고 후중(後重)하면서 아픈 병증.

하유(下乳) = **최유**(催乳), **통유**(通乳) 출산 후 젖이 나오지 않거나 적게 나오는 것을 치료하는 것.

하종(下種) 씨를 뿌림.

하지근무력증(下肢筋無力症) 하체가 약한 경우.

하초(下焦) 배꼽 아래의 부위로 콩팥, 방광, 대장, 소장 등을 포함.

하초습열(下焦濕熱) 배꼽 아래 부분의 하체에 습기가 많아지면서 열이 심한 증세

하혈(下血) ① 항문으로 피가 나오는 것. ② 자궁출혈.

학질(瘧疾) = **학병**(瘧病), **해학**(痎瘧), **학**(瘧), **말라리아** 일정한 시간 간격을 두고 추워서 떨다가 높은 열이 나고 땀을 흘리면서 열이 내렸다가 하루나 이틀이 지나 다시 발작하는 것. 학질 모기가 매개하는 말라리아 원충이 혈구에 기생해서 생기는 전염병.

한경(寒炅) 한과 열이 동시에 일어나는 증상.

한반(汗斑) 목이나 몸통 등 땀이 많이 나는 부위에 희기도 하고 푸르기도 하며 꽃모양의 반점이 생기는 증상으로 자백전풍(紫白癜風)이라고도 함.

한습(寒濕) 한기나 습기에 의해 약간의 열이 생기는데 이것은 허해서 생기는 열로 과민한 피부, 만성기침, 만성피로천식 등이 일어남.

한열(悍熱) 성질이 사나운 열사(熱邪).

한열두통(寒熱頭痛) 한열로 생긴 두통.

한열왕래(寒熱往來) 병을 앓는 중에 추운 기운과 더운 기운이 서로 번갈아 나타나는 경우.

한창(寒脹) 비위가 허하거나 한습사에 의해 생기는 창만의 하나.

항(抗)**바이러스** 인플루엔자, 천연두, 소아마비 등을 일으키는 여과성 병원체인 바이러스를 미리 막아주기 위한 처방.

항균(抗菌) 세균이 자라는 것을 막는 현상.

항균성(抗菌性) 항균(抗菌)하는 성질.

항균소염(抗菌消炎) 세균을 막고 염증을 가라앉히는 것.

항문염(肛門炎) 항문 주위가 붉고 가려운 염증이 생김.

항문주위농양(肛門周圍膿瘍) 항문 주위에 종양이 생겨 저절로 터지거나 절개되어 고름이 유출되는 누공이 형성되는 것.

항병(抗病) 병에 저항하는 성질.

항암(抗癌) 암세포의 증식을 막는 것. 또는 암에 저항하는 효력.

항암제(抗癌劑) 암세포의 증식을 막는 약물.

항종(項腫) 목에 생긴 큰 부스럼.

항탈(肛脫) 항문 및 직장 점막 또는 전층이 항문 밖으로 빠져나온 증상.

해경(解痙) 경련을 푸는 방법으로 진경(鎭痙)이라고도 함.

해독(解毒) 몸 안이나 몸 표면에 있는 독소를 없애는 것.

해독살충(解毒殺蟲) 해독(解毒)하고 기생충을 제거하는 것을 이르는 용어.

해독소옹(解毒消癰) 해독(解毒)하여서 피부에 발생된 옹저(癰疽)를 없애는 효능.

해독소종(解毒消腫) 해독(解毒)하여서 피부에 발생된 옹저(癰疽)나 상처가 부은 것을 삭아 없어지게 하는 효능.

해독지리(解毒止痢) 독성(毒性)을 없애주고 설사를 그치게 하는 효능.

해독촉진(解毒促進) 해독작용이 빨리 되도록 도와주는 것.

해독투진(解毒透疹) 독성(毒性)을 없애주고 반진(瘢疹), 홍역(紅疫)의 사기(邪氣)를 피부 밖으로 뿜어내는 효능.

해독화염(解毒化炎) 독성을 없애고 염증을 없애주는 효능.

해독활혈(解毒活血) 독(毒)을 없애고 혈(血)의 운행을 활발히 함.

해동(解凍, thawing) 냉동식품을 데워 얼음을 액체로 변화시키거나 또는 부드럽게 하는 것으로 공기 또는 물을 이용하는 방법, 전기를 이용하는 방법(고주파, 전자레인지), 직접 가열하는 방법 등이 있음.

해라(海螺) 참고둥(Rapana thomasiana)의 신선한 고기로 심와부(心窩部)의 열사(熱邪)에 의한 동통(疼痛)을 치료하고 눈을 밝게 하는 효능이 있는 약재.

해민(解悶) 근심이나 고민을 풀어 버림.

해산촉진(解産促進) 아이를 낳을 때 빨리 그리고 통증 없이 낳게 하기 위한 방법.

해서(解暑) 더위를 먹은 탓으로 물을 너무 많이 마셔 메스껍고 머리가 무거우며 구토와 설사하는 증세를 치료하는 것.

해성(解腥) 비린내를 없애는 것.

해수(咳嗽) 잘 낫지 않는 기침을 심하게 하는 경우.

해수담열(咳嗽痰熱) 열사로 인한 담이 있는 기침 증상.

해수담천(咳嗽痰喘) 담이 있는 기침.

해수토혈(咳嗽吐血) 기침과 함께 피를 토하는 증상.

해열(解熱) 질병이나 위장장애로 인한 열을 내리고자 하는 경우.

해열거풍(解熱祛風) 열을 내리고 체내에 발생하는 비정상적인 풍(風)을 잠재우는 효능.

해열양혈(解熱凉血) 열을 내리고 피를 식혀주는 효능.

해열제(解熱劑) 생리기능의 이상에서 발열로 체온이 상승되는 것을 해열시키는 약물을 말하는 것.

해울(解鬱) 기(氣)가 울체(鬱滯)된 것을 푸는 것.

해울결(解鬱結) 응체(凝體) 풀어주기. 근육이나 섬유성 조직이 덩어리처럼 엉기어 굳으며 뭉치는 것

해족(海族) 바다에 사는 물고기의 종류.

해표(解表) 발한작용이 있는 약을 써서 땀과 함께 표(表)에 있는 사기(邪氣)를 밖으로 내보내는 방법으로 한법(汗法)이라고도 함.

해표산한(解表散寒) 표에 있는 한사(寒邪)를 없앰.

해혈(解血) 적혈구의 세포막이 파괴되어 그 안의 헤모글로빈이 혈구 밖으로 흘러나오는 현상.

행기(行氣) ① 몸을 움직임. ② 숨결을 잘 통하게 함. ③ 기를 돌게 함.

행기이혈(行氣理血) 기(氣)를 소통시키고 혈(血)을 조화롭게 하여 순리대로 기능하게 하는 효능.

행기지사(行氣止瀉) 기(氣)를 소통시키고 설사를 멎게 하는 효능.

행기지통(行氣止痛) 울체된 기를 풀어 통증을 멈추는 것.

행기활혈(行氣活血) 기혈을 잘 돌게 하는 방법.

행수(行水) 기를 잘 돌게 하고 수도(水道)를 통하게 하는 약으로 수습(水濕)을 내보내는 방법.

행어(行瘀) 활혈약(活血藥)과 이기약(理氣藥)을 써서 어혈(瘀血)을 없애는 방법.

행혈(行血) 약으로 피를 잘 돌게 함.

행혈거어(行血祛瘀) 피를 소통시켜 비정상적으로 생긴 어혈(瘀血)을 제거하는 효능.

행혈산어(行血散瘀) 혈액순환을 원활히 함으로써 어혈을 풀어줌.

행혈통림(行血通淋) 혈액순환을 원활히 함으로써 임질을 치료하는 것.

향료(香料) 향(香)을 만들거나 향미를 주기 위해 쓰는 물질이며 천연향료와 합성향료가 있음.

허냉(虛冷) 허랭. 양기가 부족하여 몸이 참. 또는 그런 증상.

허로(虛勞) = 허로손상(虛勞損傷), 노겁(勞怯), 허손(虛損) 신체 내의 원기가 부족하거나 피로가 지나쳤을 때 따르는 증상으로 심신이 허약하고 피로함. 장부와 기혈에 허손으로 생긴 여러 가지 허약한 증후를 통틀어 이름.

허손한열(虛損寒熱) 심신이 허약하고 피로해서 한기를 느끼다가 열이 나기도 하는 증세.

허약(虛弱) 힘이나 기운이 없고 약함.

허약증(虛弱症) 항상 기운이 없고 땀이 많이 나며 피곤해하는 증세.

허약체질(虛弱體質) 몸은 크고 살이 쪘지만 근육이 단단하지 않은 물살이고 체격이 약해 보이는 체질.

허완(虛緩) 맥상(脈象)의 하나로 허맥(虛脈)과 완맥(緩脈). 즉, 느리고 부실함을 뜻함.

허한(虛汗) 몸이 허약하여 나는 땀. 식은땀.

허혈통(虛血痛) 피가 부족한 상태를 이르는데 원기가 부실하고 몸 전체가 시름시름 아픔.

현기증(眩氣症) 어지러운 증세.

현벽(眩癖) 목과 등이 뻣뻣하고 긴장되며 가끔 경련이 일어나는 증상.

현훈(眩暈) = 현운(眩暈), 현운(玄雲), 현기(眩氣), 두현(頭眩), 두훈(頭暈), 두운(頭運) ① 6음이나 장부기혈의 부족, 7정 등에 의해 생기는 어지럼증상. ② 고혈압, 뇌동맥경화증, 빈혈, 내이질병, 신경쇠약증 등에 의한 어지러운 증상. 눈이 캄캄해지면서 머리가 어찔어찔 어지러운 상태.

현훈구토(眩暈嘔吐) = 차멀미 자율신경의 충동으로 인하여 두통 또는 빈혈증상을 보이고 구토를 하는 경우.

혈결(血結) ① 피가 엉겨 잘 통하지 않는 것. ② 혈로 인하여 대변이 굳어져 잘 나가지 않는 것.

혈기(血氣) 생명을 부지하는 혈액과 기운.

혈기심통(血氣心通) 평소 격하기 쉬운 감정을 억누르는 일.

혈뇨(血尿) 소변에 피가 섞여 나오는 증상.

혈담(血痰) 기침이 심하여 가래에 피가 섞여 나오는 증세.

혈리(血痢) 똥에 피와 곱이 섞여 나오는 이질의 한 가지로 적리라고도 함.

혈림(血淋) 오줌에 피가 섞여 나오는 임독성 요도염.

혈변(血變) ① 피부혈색의 변화. ② 혈분의 병적 변화.

혈분(血分) 혈(血)이 맡고 있는 부분 즉 혈액순환 부분.

혈붕(血崩) 월경하는 기간이 아닌 때 갑자기 음도로 많은 양의 피가 나오는 것.

혈비(血痺) 과로를 틈타서 땀이 과도할 때 바람이 혈분으로 들어가 사지가 아프고 뼈마디가 쑤시는 것.

혈색불량(血色不良) 내장질환으로 혈색이 이상 현상이 생기거나 생리불순 또는 노화로 피부가 윤택하지 못하고 거친 경우.

혈압강하(血壓降下) 혈압을 내려주는 것.

혈압조절(血壓調節) 심장의 수축력에 의한 혈관벽의 탄력성 및 저항성에 의해 생기는 혈액의 압력을 약재로 조절하는 것.

혈압하강(血壓下降) 혈압강하.

혈액(血液, blood) 혈관을 통하여 몸 안을 돌며 조직에 산소를 공급하고 조직으로부터 이산화탄소를 운반하는 붉은색 액체.

혈열(血熱) 혈분(血分)에 사열(邪熱)이 있는 것.

혈우병(血友病) 유전성 혈액 응고인자의 결핍에 의한 출혈성 질환.

혈전증(血栓症) 생물체의 혈관 속에서 피가 굳어져서 된 고형물.

혈폐(血閉) 노쇠 현상이 아닌데도 월경이 그치는 경우.

혈해(血海) 기경팔맥의 일종인 충맥을 말하며 오장육부에 기가 모이는 곳으로 십이경맥에 맥기를 전달함.

혈허(血虛) 영양불량으로 피가 부족한 것.

혈허복병(血虛腹病) 영양부족으로 혈액이상이 생기고 배가 아픈 증상.

혈훈(血暈) 출산 후 피를 많이 흘려 생긴 어지럼증상.

협심증(狹心症) 혈관벽이 죽상동맥경화증 등의 질환으로 좁아지고 관상동맥의 혈액 공급이 나빠져서 심장이 찌르듯 쪼개지듯 아프고 호흡곤란이 오는 증상.

협통(脇痛) 갈빗대 있는 곳이 결리고 아픈 경우.

협하창통(脇下脹痛) 겨드랑이 밑부분이 무엇이 걸린 듯하면서 아픈 것.

호흡곤란(呼吸困難) 힘쓰지 아니하면 숨쉬기가 어렵거나 숨 쉬는데 고통을 느끼는 상태. 이물질이 차있거나 천식, 폐렴인 경우에 일어남.

호흡기감염증(呼吸器感染症) 호흡기관에 미생물이 증식하여 일으키는 병의 통칭.

호흡기질환(呼吸器疾患) 호흡작용을 맡은 기관, 즉 폐기 질환을 말하며 주로 폐결핵, 폐열, 기관지염, 기침, 감기, 기관지천식 등을 발병하게 됨.

호흡진정(呼吸鎭靜) 호흡을 안정시킴.

혼곤(昏困) 의식이 혼미할 때. 뇌 조직 퇴행에 의한 진행성 정신 기능 약화.

홍색습진(紅色濕疹) 붉은색을 띠는 개선충에 의해서 생기는 염증.

홍안(紅顔) 얼굴이 평소보다 붉은색이 돌 때에는 심장병증(心臟病症)이나 뇌신경질환(腦神經疾患) 또는 주황병(酒荒病)을 의심할 수 있는 경우.

홍역(紅疫) = 마진(痲疹) 바이러스로 말미암아 생기는 급성 발진성 전염병. 발열, 기침 기타 결막염의 증세가 있고 구강(口腔) 점막의 반점 및 피부에 홍색의 발진이 생김. 소아급성발진성의 전염병으로 붉은색의 발진이 돋는 증상.

홍조발진(紅潮發疹) 얼굴이 평소보다 붉은빛이 들 때에는 심장병이나 뇌신경 질환, 주황병(酒荒病) 증세를 의심할 수 있음.

홍종(紅腫) 붉은빛의 종양.

홍채(虹彩) 안구의 각막과 수정체와의 사이에 있는 원반 모양의 부분.

홍탈(肛脫) 항문이 빠져나가는 증상.

화농(化膿) 종기가 곪아서 고름이 생기는 증상.

화농성유선염(化膿性乳腺炎) 화농이 있는 유선염.

화농성종양(化膿性腫瘍) 종기가 곪는 것.

화담(化痰) ① 담을 삭게 하는 방법으로 거담법(祛痰法)의 하나. ② 가래를 삭인다는 뜻으로도 쓰임.

화담지해(化痰止咳) 화담(化痰)하고 기침을 멈추게 하는 효능.

화독(火毒) 불의 독한 기운.

화병(火病) 신경을 많이 쓰면서 풀지 못해 순환에 기가 울체되어 막힘.

화분병(花粉病) 알레르기성 비염. 일명 꽃가루병이라고도 함.

화비위(和脾胃) 비위(脾胃)의 기능을 정상으로 만드는 효능.

화상(火傷) 불에 뎀, 또는 그 상처.

화습(化濕) 방향성 거습약으로 상초(上焦)나 표에 있는 습을 없애는 방법.

화어(化瘀) 어혈을 제거하는 방법.

화어서종(化瘀署腫) 어혈(瘀血)을 풀어 종기를 없애는 효능.

화어지통(化瘀止痛) 어혈(瘀血)을 풀어주고 통증을 없애는 효능.

화염(火炎) = 화염(火焰) 타는 불에서 일어나는 붉은빛의 기운.

화염지해(化炎止咳) 염증을 가라앉히고 기침을 멈추게 함.

화염행혈(火炎行血) 염증을 없애고 혈행을 좋게 함.

화위(和胃) 위기(胃氣)가 조화를 이루는 방법.

화장(化粧) ① 화장품을 바르거나 문질러 얼굴을 곱게 꾸밈. ② 머리나 옷의 매무새를 매만져 맵시를 냄.

화장(火葬) 죽은 사람의 시체를 불에 태워서 처리하는 장법(葬法).

화종(火腫) 종창(腫瘡)의 하나. 종창 부위가 벌겋게 붓고 열감(熱感)이 심하며 윤기가 있고 말랑말랑한 감도 있는 종기.

화중(和中) 비위를 조화롭게 하여 소화를 돕는 것.

화중화습(和中化濕) 중초(中焦)를 조화롭게 하여 기능을 정상으로 만들고 방향성(芳香性)을 가진 거습약으로 습사(濕邪)를 없애는 것.

화해퇴열(和解退熱) 비교적 가벼운 처방으로 열병을 치료하는 것으로 시호를 사용해서 열병을 누르는 것.

화혈(和血) 혈분(血分)을 고르게 함.

화혈산어(和血散瘀) 병으로 인해 혈이 부족하거나 몰린 것을 고르게 하여 어혈을 푸는 것.

화혈소종(和血消腫) 혈(血)의 운행을 조화롭게 하여 옹저(癰疽)나 상처가 부은 것을 가라앉히는 치료법.

환각치료(幻覺治療) 대응하는 자극이 외계에 없음에도 불구하고 그것이 실재하는 것처럼 시각표상을 갖는 경우의 치료.

활신(活身) 몸을 살림. 몸을 활발하게 함.

활통(活通) 활발히 잘 통하게 함.

활혈(活血) 피를 잘 돌아가게 하는 것.

활혈거어(活血祛瘀) 혈액순환을 촉진하여 어혈을 제거하는 것.

활혈거풍(活血祛風) 역절풍(歷節風)과 같이 사지의 관절의 붓고 아픈 것을 치료함.

활혈맥(活血脈) 혈맥의 소통을 원활하게 함.

활혈산어(活血散瘀) 혈의 소통을 원활하게 하고 어혈을 품.

활혈서근(活血舒筋) 혈액 순환을 원활하게 하고 근육의 긴장을 풀어주는 치료 방법.

활혈소종(活血消腫) 혈액순환을 촉진하여 종기를 치료하는 것.

활혈정통(活血定痛) 혈(血)의 운행을 활발히 하여 통증을 없애주는

효능.

활혈조경(活血調經) 혈액순환을 촉진하여 생리불순을 치료하는 것.

활혈지통(活血止痛) 혈(血)의 운행을 활발히 하여 통증을 없애주는 효능.

활혈지혈(活血止血) 혈(血)의 운행을 활발히 하고 출혈을 그치게 하는 효능.

활혈통경(活血通經) 이혈법(理血法)의 하나.

활혈파어(活血破瘀) 혈(血)의 운행을 활발히 하여 어혈(瘀血)을 없애는 효능.

활혈해독(活血解毒) 혈(血)의 운행을 활발히 하여 독(毒)을 없애는 효능.

활혈행기(活血行氣) 혈액순환을 원활하게 하고 기(氣)의 운행이 원활하게 돕는 치료 방법.

활혈화어(活血化瘀) 혈(血)의 운행을 활발히 하여 어혈(瘀血)을 없애는 효능.

황달(黃疸) = 황단(黃癉), 황병(黃病) 급성유행성간염, 만성간염, 간경변증, 간암, 췌장두부암, 담낭염, 담석증, 용혈성황달 등에 의하여 담낭의 담즙 속의 빌리루빈이라는 황색의 색소가 혈액 속으로 들어가 온몸이 누렇게 되는 증상. 담즙이 십이지장으로 흐르는 구멍이 막히거나 간장에 병이 생겼을 때에 일어남. 달병 또는 달기라고도 함.

황달간염(黃疸肝炎) 황달(黃疸)이 동반되어 나타나는 간염(肝炎).

황달성간염(黃疸性肝炎) 황달감염. 황달(黃疸)이 동반되어 나타나는 간염(肝炎).

회충(蛔蟲) 선형동물 쌍선충강 회충과의 돼지회충, 말회충, 회충 따위를 통틀어 이르는 말.

회충증(蛔蟲症) 회충에 의해 걸리는 병으로 메스꺼우며 입맛이 없고 몸이 점차 여위며 배가 아픔.

후굴전굴(後屈前屈) 자궁이 골반저(骨盤底)에 받쳐져 정상 위치를 유지하고 있지 못한 경우.

후두암(喉頭癌) 후두를 이루고 있는 갑상연골(甲狀軟骨), 윤상연골(輪狀軟骨), 회염연골(會厭軟骨) 등에 암종이 생기는 경우.

후두염(喉頭炎) 후두에 생기는 염증.

후비염(喉痺炎) 목구멍에 생긴 염증.

후비종통(喉痺腫痛) 목구멍이 붓고 통증이 있으면서 막힌 느낌이 있어서 답답한 증상.

후종(喉腫) 목이 부은 증세.

후통(喉痛) 인후에 오는 통증.

흉격기창(胸膈氣脹) 가슴 부위가 더부룩한 증세.

흉격팽창(胸隔膨脹) 가슴 부위가 부풀어 오르는 것.

흉막염(胸膜炎) 늑막염의 또 다른 말.

흉만(胸滿) 가슴이 그득한 증상.

흉민심통(胸悶心痛) 가슴 부위가 답답하여 심장이 아픈 증세.

흉부냉증(胸部冷症) 가슴이 냉한 데 가슴과 위의 냉기로 인해 설사가 잦고 소화가 되지 않는 경우.

흉부담(胸部痰) 가슴이 결리는 데 쉬거나 움직일 때 가슴이 아프게 딱딱 마치는 증상.

흉부답답(胸部沓沓) 가슴이 답답할 때 가슴에 압박감이 생기고 답답함을 느끼는 증상.

흉비(胸痞) 가슴이 그득하면서 아프지 않는 증상.

흉통(胸痛) = 심통(心痛) 협심증, 심근경색, 관상동맥경화증, 심근염, 심내막염, 늑간신경통 등에 따른 심장 부위와 명치 부위의 아픔 즉 가슴이 아픈 것을 통틀어 이름.

흉협고만(胸脇苦滿) 명치 부위에도 충만감이 있어 답답한 상태.

흉협통(胸脇痛) 옆구리 통증. 무거운 짐을 들거나 심한 작업 또는 운동의 집중 훈련 등으로 옆구리가 결리거나 통증이 나타나는 경우.

흑달(黑疸) 만성간염, 간경변증 등에 의한 황달(黃疸)의 하나로 오래도록 낫지 않아 얼굴에 검은색이 도는 증상.

흥분(興奮) ① 어떤 자극을 받아 감정이 북받쳐 일어남. 또는 그 감정. ② 자극을 받아 생기는 감각 세포나 신경 단위의 변화. 또는 그로 인하여 일어나는 신체 상태의 변화.

흥분제(興奮劑) 뇌수(腦髓)의 신경이나 심장을 자극하여 흥분시켜야 할 경우.

흥탈(興奪) 일어났다가 가라앉음.

히스테리(hysterie) 정신적 · 심리적 갈등 때문에 생기는 정신병의 일종.

A형간염 A형간염 바이러스의 감염으로 일어나는 급성간염.

B형간염 B형간염 바이러스에 의한 감염, 수혈성.

한글명 찾아보기 [표준우리명]

ㅇ

ㅈ

학명 찾아보기

B

C

D

E

F

G

M

N

O

S

T

V

W

X

Y

Z

참고문헌

강병수, 이장천, 주영승, 오수석, 박용기. 原色漢藥圖鑑. 동아문화사.

강병화 외. 1986. 생물생산학. 고려대학교 출판부.

강병화 외. 2006. 삼고재배학원론. 향문사.

강병화 외. 2009. 자원식물학-야생식물과 재배식물-. 향문사

강병화 외. 2012. 식물학 · 재배학 · 동양의학 · 식품학 용어해설. 한국학술정보[주]

강병화 외. 2012. 한국과 세계의 자원식물명 전2권. 한국학술정보[주]

강병화, 심상인. 1997. 한국자원식물명 총람. 고려대학교 민족문화연구소

강병화, 한태영, 하헌용. 2012. 본초명과 기원소재. 한국학술정보[주]

강병화. 2003. 우리나라 자원식물. 고려대학교 출판부

강병화. 2005. 자원식물 생태도감. 고려대학교 출판부

강병화. 2008. 한국생약자원생태도감 1,2,3권. 지오북

강병화. 2012. 우리나라 자원식물. 한국학술정보[주]

강병화. 2013. 우리주변식물생태도감. 한국학술정보[주]

강병화. 2014. 한국자원식물총람ebook. 리치바닐라

강성호, 박상규, 이영아, 오혁근, 최희욱, 황기준. 2007. 천연물 추출 및 분리 분석. 자유아카데미.

고경식, 전의식. 2003. 한국의 야생식물. 일진사.

高橋秀男 · 勝山輝男 · 城川四郎. 1990. 野草大圖鑑. 北隆館.

국립수목원, 한국식물분류학회. 2007. 국가표준식물목록. 국립수목원.

堀田満, 緒方健, 新田あや, 星川请親, 柳宗民, 山崎耕宇. 1989. 世界有用植物事典. 平凡社.

권혁세. 2007. 익생양술 1,2,3,4권. 도서출판 동의서원.

길봉섭. 2004. 한방식물학. 학술정보.

김수정 외. 2012. 야콘을 요리하다. 농촌진흥청 국립식량과학원 고령지농업연구센터.

김옥임, 남첨일, 이원규. 2009. 식물비교도감. 남산당.

김재길. 1984. 원색천연약물대사전(상 · 하). 남산당.

김창민, 신민교, 안덕균, 이경순. 1997. 완역중약대사전 전10권. 도서출판 정담.

김태정, 신재용. 2003. 우리약초로 지키는 생활한방. 1권(2001) · 2권(2001) · 3권(2003). 도서출판 이유.

김태정. 1996. 한국의 자원식물. Ⅰ,Ⅱ,Ⅲ,Ⅳ,Ⅴ. 서울대학교 출판부.

김태희, 이경순, 문영희, 박종희, 육창수, 황완균 편집. 1998. 아세아 본초학. 계축문화사.

김현삼 외. 1988. 식물원색도감. 과학백과사전종합출판사(평양).

도봉섭, 임록재. 1988. 식물도감. 과학출판사(평양).

동의학사전 편찬위원회. 2005. 신동의학사전. 여강출판사.

동의학연구소 역. 1984. 동의보감 전5권.(허준. 1613.). 여강출판사.

박수현. 2002. 양치식물의 용어정리. 한국양치식물연구회지 3:22-26.

박수현. 2009. 한국의 귀화식물. 일조각.

박위근, 김동일, 로룡갑, 윤각병, 계수웅. 1985. 동의학용어해설집. 과학백과사전출판사.

박종희. 2004. 한국약초도감. 신일상사.

박창희. 2007. 한방용어사전. 도서출판. 한방서당.

박희운, 박춘근, 성정숙, 김동휘. 2005. 자연에서 찾는 민간요법 약초. 작물과학원.
배기환. 2000. 한국의 약용식물. 교학사.
서울대학교 천연물과학연구소 문헌정보학연구실. 2003. 동양의약과학대전 제1권(천연약물). 학술편수관.
송주택, 정현배, 김병우, 진희성. 1989. 한국식물대보감. 한국자원식물연구소.
식품의약품안전청 자료실. 2006. 인터넷 홈페이지.
식품의학품안전청 대한약전 제8개정 편찬위원회. 2005. 대한약전-제8개정-. 신일상사.
신전휘, 신용욱. 2006. 향약집성방의 향약본초. 계명대학교 출판부.
신전휘, 신용욱. 2007. 우리 약초 바르게 알기. 계명대학교 출판부.
안덕균. 1998. 원색 한국본초도감. 교학사.
안완식. 2009. 우리땅, 우리종자 한국토종작물자원도감. 도서출판 이유.
야외생물연구회. 2003. 이야기식물도감. 현암사.
영림사편집실. 2007. 韓醫藥 用語大辭典. 도서출판 영림사.
우원식. 2005. 개정판 천연물화학 연구법. 서울대학교 출판부.
윤평섭. 1989. 한국원예식물도감. 지식산업사.
이덕봉. 1974. 한국동식물도감. 제15권 유용식물편. 문교부.
이상태, 김무열, 홍석표, 정영재, 박기룡, 이정희, 이중구, 김상태 역. 2005. 식물분류학. 신일상사.
이상태. 2010. 식물의 역사. 지오북.
이숭녕. 1986. 국어대사전. 삼성문화사.
李揚漢. 1998. 中國雜草志. 中國農業出版社.
이영노. 1976. 한국동식물도감. 제18권 식물편(계절식물). 문교부.
이영노. 1996. 원색한국식물도감. 교학사.
이영노. 2006. 새로운한국식물도감. Ⅰ · Ⅱ권. 교학사.
이우철. 2005. 한국 식물명의 유래. 일조각.
이유미, 서민환, 이원규. 2003. 우리풀백과사전. 현암사.
이유성, 이상태. 1991. 현대식물분류학. 우성문화사.
이정석, 이계한, 오찬진. 2010. 한국수목대백과도감. 학술정보센터. 295개 식물학용어 해설.
이정희, 이혜정, 김은정, 유혜선, 권지연, 이유미, 조동광. 2010. 알기쉽게 정리한 식물용어. 국립수목원.
이창복, 김윤식, 김정석, 이정석. 1985. 신고식물분류학.
이창복. 1969. 우리나라의 식물자원. 서울대 논문집 20:89-229.
이창복. 1979. 대한식물도감. 향문사.
이창복. 1982. Endemic Plants and Their Distribution in Korea. 한국학술원보고서 11.
이창복. 2003. 원색 대한식물도감 상 · 하권. 향문사.
임록재 외. 1979. 조선식물지. 과학출판사(평양).
임록재 외. 2000. 조선식물지 증보판. 과학기술출판사(평양).
임록재. 1999. 조선약용식물지. 평양농업출판사.
전국한의과대학 공동교재편찬위원회 편저. 2007. 본초학. 영림사.
전통의학연구소. 1994. 본초약재도감. 성보사.
정보섭, 신민교. 1990. 향약대사전. 영림사.
정태현. 1965. 한국동식물도감. 제5권 식물편(목초본류). 문교부.
조재영. 1974. 신고재배학원론. 향문사.

朱有昌, 吳德成, 李景富. 1989. 東北藥用植物. 黑龍江科學技術出版社.
竹松哲夫, 一前宣正. 1987. 世界の 雜草 I, 合瓣花類. 全國農村教育協會.
竹松哲夫, 一前宣正. 1993. 世界の 雜草 II, 離瓣花類. 全國農村教育協會.

竹松哲夫, 一前宣正. 1997. 世界の 雜草 III, 單子葉類. 全國農村敎育協會.

中華人民共和國衛生部藥典委員會. 1995. 中華人民共和國藥典中藥彩色圖集. 三聯書店.

村上孝夫 · 許田倉園. 2001. 中國有用植物圖鑑. 東京廣川書店.

하헌용. 2005. 韓藥漢文. 正文閣.

하헌용. 2007. 本草學異名辭典. 문두사.

한국생약학교수협의회 편저. 2002. 본초학. 아카데미서적.

한국약용식물학연구회. 2001. 종합 약용식물학. 학창사.

한국약학대학협의회 약전분과회. 2003. 대한약전 제8개정해설서. 신일상사.

한국원예학회. 2003. 원예학용어 및 작물명집. 한국원예학회

한국잡초학회. 2001. 잡초학 용어집. 한국잡초학회.

한농. 1993. 원색도감 한국의 논잡초. 한농.

한의과대학 본초학 편집위원회 편저. 2007. 본초학. 영림사.

한종률, 소균(번역). 1982. 중의명사술어사전(중의연구원 · 광동주의학원 편). 연변인민출판사.

한진건, 장광문, 왕용, 풍지원. 1982. 한조식물명칭사전. 료녕인민출판사.

Bensky, D. and A. Gamble. 1992. Chinese Herbal Medicine-MATERIA MEDICA. Eastland Press.

Bown, Deni. 1995. Encyclopedia of HERBS. -& Their Uses-. Dorling Kindersley.

Fleischhauer, Steffen Guido. 2006. Enzyklopaedie der essbaren Wildpflanzen-1500 Pflanzen Mitteleuropas Mit 400 Farbfotos. AT Verlag.

Kothe, Hans W. 2002. 1000 Kraeuter-Heilpflanzen von A-Z Wirkstoffe und Anwendung. Naumann & Goebel Verlaggesellschaft mbH.

Lee, S. Y., Q u e k, P., Cho, GT., Hong, LT., Gorothy, C., Park, YJ., Batugal, PA., and VR. Rao. 2006. Catalogue for Ex-Situ Collections to Facilitate Conservation and Effective Utilization of Medicinal Plants in 12 Asian Countries(아시아 약용식물). IPGRI(국제식물유전자원연구소) · RDA(농촌진흥청). 발간등록번호: 11-1390564-000059-01.

Nakai, T. 1952. A Synoptical Sketch of Korean Flora. Bull. Nat. Sci. Mus. Tokyo. 31:1-52.

Treben, Maria. 1980. Gesundheit aus der Apotheke Gottes -Ratschlaege und Erfahrungen mit Heilkraeutern. Weltbild.

사단법인 야생자원식물소재연구회 정관

제1장 총칙

제1조 (명칭) 이 법인의 명칭은 '사단법인 야생자원식물소재연구회(이하 "연구회")'라 한다.

제2조 (목적) 이 법인은 유용야생자원식물을 탐사 및 수집하고 그 결과를 연구자 및 일반인에 널리 알려 식물자원의 중요성을 일깨우며, 관련 연구기관 및 행정당국에 유용한 야생자원식물의 소재를 제공함으로써 식물 주권 확보 및 자원화를 통해 국익에 이바지하며 나아가 국가 생물종 다양성 확보를 그 목적으로 한다.

제3조 (사무소의 소재지) 이 법인의 주 사무소는 서울특별시 성북구 안암로 145번지 고려대학교 CJ식품안전관 211호에 두고 업무의 필요에 따라 분 사무소를 둘 수 있다.

제4조 (사업) 이 법인은 제2조의 목적을 달성하기 위하여 다음의 목적사업을 수행한다.

① 자생지 현장 탐사 및 수집 사업
② 야생자원식물의 유용성 연구 및 개발
③ 유용야생자원식물의 대량재배기술 개발 및 증식사업
④ 식물자원에 관련된 지식과 이해를 증진시키는 계몽교육사업
⑤ 기후변화에 따른 야생자원식물, 희귀식물, 특산식물, 특별산림보호종, 멸종위기에 놓여 있는 식물의 현황조사, 원인규명 등
⑥ 야생자원식물 자생지 자연환경에 관련된 정보의 자료화 사업
⑦ 통일 후를 대비한 남·북한 식물명에 대한 비교 분석 사업
⑧ 식물원 및 수목원의 사업 협조
⑨ 국내외 유관기관과의 자료 및 정보교환
⑩ 이 연구회 설립 목적과 관련된 사업을 정부 및 기업 등으로부터 위탁받은 학술연구 용역사업
⑪ 기타 이 연구회의 목적 수행에 필요한 사업

*** 생물다양성과 녹색생존을 위하여 식물에 대한 관심과 자연환경의 청정관리에 대한 공감대를 형성하기 위하여, 제4조의 ④항과 ⑩항의 목적사업을 수행하고자 각 지방의 관광자원과 믿는 농산물의 홍보를 위한 각 지방의 출향인사들의 '회사 및 고향 홍보와 주변식물'에 관한 책자를 제작하고 녹색생활을 위한 각 회사의 '회사 홍보와 생활 주변 자원식물'의 책자도 기획 준비하고 있사오니 관심 있는 분들께서는 이메일(seedbank@korea.ac.kr)로 문의하여 주시기 바랍니다.

저자약력

강병화(姜炳華, Kang Byeung-Hoa)

1947.02	경상북도 상주시 출생
1965.03 ~ 1973.02	고려대학교 농과대학 농학과(농학사)
1967.08 ~ 1970.11	대한민국 공군사병 만기 전역(공군병장)
1973.03 ~ 1975.02	고려대학교 대학원 농학과(농학석사)
1975.03 ~ 1779.03	농촌진흥청 작물시험장 수도재배과(연구요원)
1979.10 ~ 1983.11	독일 Universitaet Hohenheim(농학박사)
1985.03 ~ 2012.02	고려대학교 생명환경과학대학 환경생태공학부(교수)
1996.04 ~ 1998.03	고려대학교 자연자원대학(학장)
1998.05 ~ 2002.10	한국잡초학회(외래 및 문제잡초 연구회장)
1999.11 ~ 2004.08	야생초본식물자원종자은행 운영책임자(한국과학재단)
2009.10 ~ 2011.09	고려대학교 환경생태연구소(소장)
2010.01 ~ 2012.02	야생자원식물종자은행 운영책임자(고려대학교)
2012.03 ~ 현재	고려대학교 생명과학대학 환경생태공학부(명예교수)
2012.03 ~ 현재	사단법인 야생자원식물소재연구회(이사장)
2015.03 ~ 현재	사설 무곡주변약초연구소(초빙연구원)

1997.05	제7회 과학기술우수논문상 수상(한국환경농학회 추천)
2000.05	제10회 과학기술우수논문상 수상(한국잡초학회 추천)
2000.12	제10회 화농상 수상(서울대학교 화농연학재단)
2008.05	석탑강의상 수상(고려대학교)
2012.03	근정포장 제91425호
2016.04	학술상(한국잡초학회)

『삼고재배학원론』, 2006

『한국생약자원생태도감』 전3권, 2008

『자원식물학-야생식물과재배식물-』, 2009

『우리나라 자원식물』, 2012

『식물학 · 재배학 · 동양의학 · 식품학 용어해설』, 2012

『본초명과 기원소재』, 2012

『한국과 세계의 자원식물명』 전2권, 2012

우리주변식물생태도감. 2013

한국자원식물총람ebook. 2014

자원식물 총람

우리나라 자원식물

강병화 | 152×225mm, 양장 | 750쪽 | 값 45,000원 | 2012.04.20.

저자가 28년간 여러 가지 참고문헌을 참조하여 각 식물의 특성과 용도를 조사한 식물이 3,626분류군이다. 우리나라에서 자라는 식물 중에서 약으로 쓰이는 식물(2,190종)과 먹거리로 쓰이는 식물(1,527종)을 가나다순으로 정리하고, 식물별 증상 및 효과(2,190종), 증상 및 효과별 식물(1,923단어), 자원식물의 학명(3,626분류군), 자원식물 용어해설(6,859단어) 등을 수록하여 자원식물의 개발과 이용에 도움이 되도록 했다.

한국과 세계의 자원식물명 1, 2

강병화 외 96명 | 188×257mm, 양장 | 800쪽, 값 70,000원(1권) / 1,110쪽, 80,000원(2권) | 2012.06.19.

한국인과 외국인을 위하여 '국가표준식물목록'을 기준으로 문헌에 따라 다른 표기를 사용한 학명과 우리명을 비교하도록 정리하고, 한국과 세계의 자원식물 38,456개의 학명과 영어명, 독일어명, 일본명, 중국명을 수록하여 누구나 자원식물의 학명과 한국어 및 외국어명을 찾기 쉽도록 저술하였다. 아울러 학명을 구성하는 속명과 종소명 11,272개의 라틴어 단어를 간단하게 해설하였으며, 식물전문가뿐만 아니라 번역가, 언론인 및 일반인들도 국제적인 식물이름을 쉽게 이해하고 찾을 수 있도록 편집하였다.

식물학 · 재배학 · 동양의학 · 식품학 용어해설

강병화 외 | 188×257mm, 양장 | 1,093쪽 | 값 80,000원 | 2012.06.19.

자원식물을 재배하여 약이나 먹거리로 이용하는 데 도움이 되도록 여러 문헌을 참고하여 식물학과 재배학에 관련된 용어를 설명하였고, 자원식물의 약용과 식용에 관한 설명에 필요한 동양의학용어와 식품학 용어를 조사하여 간단한 설명을 하였다. 수록된 35,163개 용어 중 식물학과 재배학에 관한 용어가 4,873개, 증상과 효과에 관한 동양의학과 식품학 용어가 30,290개다.

본초명과 기원소재

강병화 · 한태영 · 하헌용 | 188×257mm, 양장 | 1,182쪽 | 값 80,000원 | 2012.06.19.

우리나라 약재시장에서 취급하는 본초는 300~400종이며, 그중 중요하게 상용되는 것은 100여 종에 불과하다. 저자인 강병화 교수가 1983년 독일에서 박사학위 취득 후, 고려대학교에서 28년간 공부하면서 자원식물학, 한의학, 생약학, 중의학에 관한 우리나라 문헌, 중국문헌, 북한문헌 등을 참고로 하여 본초명과 한글로 표기된 기원소재명을 비교하여 조사한 것이 28,019개였다. 이 중에는 본초학에서 다루지 않은 자원식물의 중국어명도 많이 포함되어 있다.

우리주변식물 생태도감

강병화 | 210×290mm, 양장 | 총 1,072쪽 | 값 150,000원 | 2013.08.19.

주변에서 자주 접할 수 있는 1,000여 종의 식물을 9,522장의 사진으로 담은 생태도감이 출간되었다. 이번에 출간된《가정과 학교에서 함께 보는 우리 주변식물 생태도감》(이하 생태도감)은 독일에서 잡초학 박사학위를 받고 평생 동안 식물을 연구한 고려대학교 생명환경과학대학 환경생태공학부 강병화 명예교수가 지난 30년 동안 수집한 생태사진을 종마다 10장 내외로 편집 · 구성한 결과물이다.